普通高等教育“十一五”国家级规划教材

全国高等医药院校药学类专业第五轮规划教材

生物制药工艺学

第5版

（供生物制药、生物技术、生物工程和海洋药学专业使用）

主　审　吴梧桐

主　编　高向东

副主编　郑　珩

编　者　（以姓氏笔画为序）

王晓杰（温州医科大学）

尹登科（安徽中医药大学）

孔　毅（中国药科大学）

吕正兵（浙江理工大学）

劳兴珍（中国药科大学）

何书英（中国药科大学）

邵红伟（广东药科大学）

郑　珩（中国药科大学）

高向东（中国药科大学）

章　良（苏州大学）

童　玥（中国药科大学）

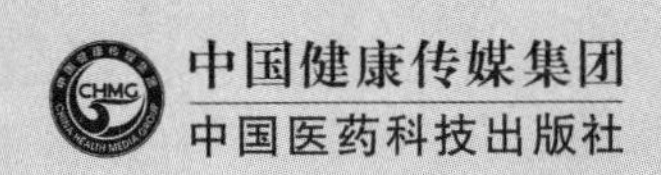

中国健康传媒集团

中国医药科技出版社

内容提要

本教材是“全国高等医药院校药学类专业第五轮规划教材”之一，全书分三篇共十五章，第一篇为生物制药工艺基础，包括第一章和第二章，主要介绍生物药物概述和生物药物的制造工艺基础知识；第二篇为生物分离工程技术，共十章，重点介绍离子交换法、亲和层析、离心技术、膜分离技术等十大单元工艺技术；第三篇为重要生物制药工艺，共三章，主要介绍生物技术药物、微生物药物及生化药物的制造方法，并通过实例介绍这三大类生物药物中典型药物的制造过程。本教材为书网融合教材，即纸质教材有机融合电子教材、教学配套资源（PPT、微课、视频、图片等）、题库系统、数字化教学服务（在线教学、在线作业、在线考试），使教学资源更加多样化、立体化。

本教材供生物制药、生物工程、生物技术、海洋药学等专业使用，也可作为药学类其他专业和生物化工类专业的教学参考书，对生物制药科技人员也有重要参考价值。

图书在版编目（CIP）数据

生物制药工艺学/高向东主编．—5版．—北京：中国医药科技出版社，2019.12
全国高等医药院校药学类专业第五轮规划教材
ISBN 978－7－5214－1463－9

Ⅰ.①生…　Ⅱ.①高…　Ⅲ.①生物制品－生产工艺－医学院校－教材　Ⅳ.①TQ464

中国版本图书馆CIP数据核字（2019）第301680号

美术编辑　陈君杞
版式设计　友全图文

出版　**中国健康传媒集团**｜中国医药科技出版社
地址　北京市海淀区文慧园北路甲22号
邮编　100082
电话　发行：010－62227427　邮购：010－62236938
网址　www.cmstp.com
规格　889×1194 mm $^{1}/_{16}$
印张　34 $^{3}/_{4}$
字数　775千字
初版　1993年9月第1版
版次　2019年12月第5版
印次　2023年1月第4次印刷
印刷　三河市百盛印装有限公司
经销　全国各地新华书店
书号　ISBN 978－7－5214－1463－9
定价　95.00元

获取新书信息、投稿、为图书纠错，请扫码联系我们。

数字化教材编委会

主　审　吴梧桐

主　编　高向东

副主编　郑　珩

编　者　（以姓氏笔画为序）

王晓杰（温州医科大学）

尹登科（安徽中医药大学）

孔　毅（中国药科大学）

吕正兵（浙江理工大学）

劳兴珍（中国药科大学）

何书英（中国药科大学）

邵红伟（广东药科大学）

郑　珩（中国药科大学）

高向东（中国药科大学）

章　良（苏州大学）

童　玥（中国药科大学）

常务编委会

出版说明

“全国高等医药院校药学类规划教材”，于20世纪90年代启动建设，是在教育部、国家药品监督管理局的领导和指导下，由中国医药科技出版社组织中国药科大学、沈阳药科大学、北京大学药学院、复旦大学药学院、四川大学华西药学院、广东药科大学等20余所院校和医疗单位的领导和权威专家成立教材常务委员会共同规划而成。

本套教材坚持“紧密结合药学类专业培养目标以及行业对人才的需求，借鉴国内外药学教育、教学的经验和成果”的编写思路，近30年来历经四轮编写修订，逐渐完善，形成了一套行业特色鲜明、课程门类齐全、学科系统优化、内容衔接合理的高质量精品教材，深受广大师生的欢迎，其中多数教材入选普通高等教育“十一五”“十二五”国家级规划教材，为药学本科教育和药学人才培养做出了积极贡献。

为进一步提升教材质量，紧跟学科发展，建设符合教育部相关教学标准和要求，以及可更好地服务于院校教学的教材，我们在广泛调研和充分论证的基础上，于2019年5月对第三轮和第四轮规划教材的品种进行整合修订，启动“全国高等医药院校药学类专业第五轮规划教材”的编写工作，本套教材共56门，主要供全国高等院校药学类、中药学类专业教学使用。

全国高等医药院校药学类专业第五轮规划教材，是在深入贯彻落实教育部高等教育教学改革精神，依据高等药学教育培养目标及满足新时期医药行业高素质技术型、复合型、创新型人才需求，紧密结合《中国药典》《药品生产质量管理规范》（GMP）、《药品经营质量管理规范》（GSP）等新版国家药品标准、法律法规和《国家执业药师资格考试大纲》进行编写，体现医药行业最新要求，更好地服务于各院校药学教学与人才培养的需要。

本套教材定位清晰、特色鲜明，主要体现在以下方面。

1.契合人才需求，体现行业要求 契合新时期药学人才需求的变化，以培养创新型、应用型人才并重为目标，适应医药行业要求，及时体现新版《中国药典》及新版GMP、新版GSP等国家标准、法规和规范以及新版《国家执业药师资格考试大纲》等行业最新要求。

2.充实完善内容，打造教材精品 专家们在上一轮教材基础上进一步优化、精炼和充实内容，坚持“三基、五性、三特定”，注重整套教材的系统科学性、学科的衔接性，精炼教材内容，突出重点，强调理论与实际需求相结合，进一步提升教材质量。

3.创新编写形式，便于学生学习 本轮教材设有“学习目标”“知识拓展”“重点小结”“复习题”等模块，以增强教材的可读性及学生学习的主动性，提升学习效率。

4.配套增值服务，丰富教学资源 本套教材为书网融合教材，即纸质教材有机融合数字教材，配套教学资源、题库系统、数字化教学服务，使教学资源更加多样化、立体化，满足信息化教学的需求。通过“一书一码”的强关联，为读者提供免费增值服务。按教材封底的提示激活教材后，读者可通过PC、手机阅读电子教材和配套课程资源（PPT、微课、视频、图片等），并可在线进行同步练习，实时反馈答案和解析。同时，读者也可以直接扫描书中二维码，阅读与教材内容关联的课程资源（“扫码学一学”，轻松学习PPT课件；“扫码看一看”，即可浏览微课、视频等教学资源；“扫码练一练”，随时做题检测学习效果），从而丰富学习体验，使学习更便捷。

编写出版本套高质量的全国本科药学类专业规划教材，得到了药学专家的精心指导，以及全国各有关院校领导和编者的大力支持，在此一并表示衷心感谢。希望本套教材的出版，能受到广大师生的欢迎，为促进我国药学类专业教育教学改革和人才培养做出积极贡献。希望广大师生在教学中积极使用本套教材，并提出宝贵意见，以便修订完善，共同打造精品教材。

中国医药科技出版社

2019年9月

前言

本教材是“全国高等医药院校药学类专业第五轮规划教材”之一，在经多年教学实践的基础上，经过四次修订，本教材日益适应学科的发展与教学的需要。在上一轮修订之后，生物技术与生物制药领域又有许多新进展，生物制药工业已成为现代制药工业的重要门类，也是当今世界重要的高新技术产业。为进一步适应学科发展和继续提高教材水平与质量，在第 4 版教材的基础上，我们组织多所院校一线教师进行修订，修订重点是进一步精简教材内容，增加新型生物制药技术与某些生物分离工程技术以及某些生物技术药物新品种、新工艺及其临床应用等。本教材为书网融合教材，即纸质教材有机融合电子教材、教学配套资源（PPT、微课、视频、图片等）、题库系统、数字化教学服务（在线教学、在线作业、在线考试），使教学资源更加多样化、立体化。

生物制药工艺学是生物制药、生物工程、生物技术、海洋药学等专业的重要骨干专业课程，在药学专门人才的培养中具有重要地位。本教材也可作为药学类其他专业和生物化工类专业的教学参考书，对生物制药科技人员也有重要参考价值。

本教材由中国药科大学吴梧桐教授任主审，高向东教授任主编，郑珩副教授任副主编，浙江理工大学吕正兵教授、苏州大学章良教授、广东药科大学邵红伟教授、温州医科大学王晓杰教授、安徽中医药大学尹登科教授，以及中国药科大学何书英副教授、孔毅副教授、劳兴珍副教授、童玥副教授参加编写，在此感谢同仁们的鼎力合作及所在院校的大力支持。

由于编者水平有限，本教材存在不足之处在所难免，恳请广大读者批评指正。

编　者
2019 年 10 月

目录

第一篇　生物制药工艺基础

第二篇 生物分离工程技术

第三篇 重要生物药物制造工艺

第一篇

生物制药工艺基础

第一章　生物药物概述

第一节　生物药物与生物制药工艺学

扫码“学一学”

扫码“看一看”

一、生物药物的概念

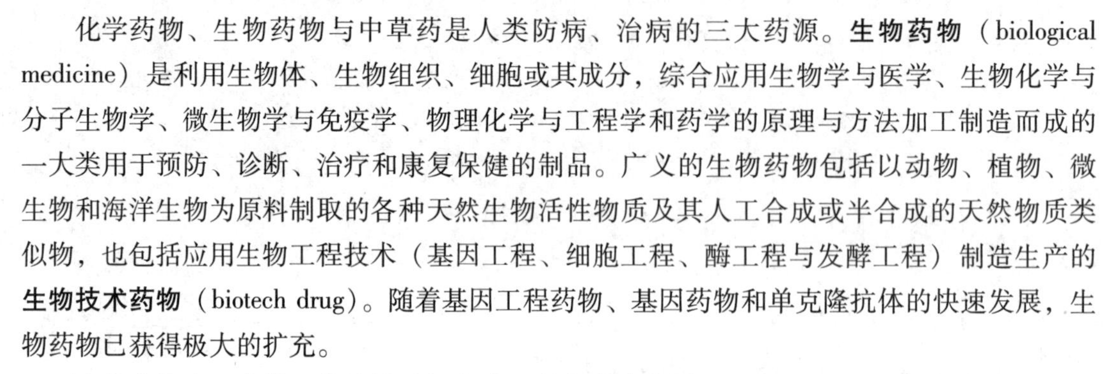

化学药物、生物药物与中草药是人类防病、治病的三大药源。**生物药物**（biological medicine）是利用生物体、生物组织、细胞或其成分，综合应用生物学与医学、生物化学与分子生物学、微生物学与免疫学、物理化学与工程学和药学的原理与方法加工制造而成的一大类用于预防、诊断、治疗和康复保健的制品。广义的生物药物包括以动物、植物、微生物和海洋生物为原料制取的各种天然生物活性物质及其人工合成或半合成的天然物质类似物，也包括应用生物工程技术（基因工程、细胞工程、酶工程与发酵工程）制造生产的**生物技术药物**（biotech drug）。随着基因工程药物、基因药物和单克隆抗体的快速发展，生物药物已获得极大的扩充。

生物药物有四大类：①基因重组多肽、蛋白类治疗剂，即应用重组 DNA 技术（包括基因工程技术和蛋白质工程技术）制造的重组多肽、蛋白质类药物和疫苗、单克隆抗体与细胞因子等。②**基因药物**（gene medicine），即以基因物质（DNA 或 RNA）为基础，研究而成的基因治疗剂、基因疫苗、反义药物、干扰核酸和核酶等。③**天然生物药物**（nature biological medicine），即来自动物、植物、微生物和海洋生物的天然产物，包括天然生化药物（biochemical medicine）、微生物药物（microbial medicine）、海洋药物（marine medicine）。④合成与部分合成的生物药物，以天然生物药物为分子母体，经化学或生物学方法修饰改构合成的生物药物。如半合成抗生素哌拉西林、氨苄西林、羧苄西林等。

以 1985 年我国出台第一部《新生物制品审批办法》为开端，我国的生物制品管理法规与制度从简单到丰富，从模糊到清晰，在不断的变化中发展。我国生物制品和一般药品的注册法规从一开始的完全分离，到最后的逐步融合，直至目前已经合二为一。根据《中华人民共和国药典》（2020 年版）三部对于生物制品的定义，生物制品（biological products）指以微生物、细胞、动物或人源组织和体液等为起始原材料，用生物学技术制成，用于预防、治疗和诊断人类疾病的制剂，如疫苗、血液制品、生物技术药物、微生态制剂、免疫调节剂、诊断制品等。

二、生物制药工业的历史与现状

现代制药工业的最初发展可以追溯到 20 世纪初。当时有 4 种药物广泛用作疾病治疗：用洋地黄强心苷治疗心脏病；用奎宁治疗疟疾；用吐根生物碱治疗痢疾；用汞制剂治疗梅毒。20 世纪 30 年代磺胺药物的发现是医药工业的里程碑。之后胰岛素被规模生产和广泛用于治疗糖尿病。20 世纪 40 年代 Florey 与 Chain 开始工业化生产由 Fleming 发现的青霉素。生物制药工业从此蓬勃发展，相继成立了迄今闻名于世的许多制药公司，如 Ciba Geigy、Elililly、Welcome、Glaxo 和 Roche，它们制造了四环素、肾上腺皮质激素、口服避孕药、抗

抑郁药等多种有效药物。1982年，重组人胰岛素投放市场，开创了生物技术制药工业新门类。依照生物制药工业发展的技术特征，生物制药工业的发展过程大致可划分为3个阶段。

1. 传统生物制药发展阶段 传统生物制药技术历史悠久。公元4世纪，葛洪所著的《肘后备急方》就有用海藻酒治疗瘿病（地方性甲状腺肿）的记载。孙思邈（公元581～682年）首用羊肝（富含维生素A）治疗“雀目”，神农最早应用生物材料制成天然产品用作治疗剂，如用羊靥（甲状腺头部肌肉）治疗甲状腺肿，用紫河车（胎盘）作强壮剂，用蟾酥治疗创伤，用羚羊角治中风，用鸡内金止遗尿及消食健胃。用秋石（男性尿中的沉淀物）治疗类固醇缺乏症，其制备原理与Windaus于20世纪30年代创立的类固醇分离方法近似，此方法则出自11世纪沈括所著的《沈氏良方》中，可见人类从生物材料分离活性物质用作治疗药物实为国人所创始。明代李时珍《本草纲目》收载药物1892种，除植物药外，还有动物药444种（其中鱼类63种，兽类123种，鸟类77种，蚧类45种，昆虫百余种），书中还记载了入药的人体代谢物、分泌物及排泄物等。

远在公元前几千年，我国就有酿酒、制醋的酿造技术。1897年发现了磨碎的“死”酵母仍能使糖发酵生成酒精，其中的活性物质是“酶”，从而揭开了微生物发酵的奥秘，开创了工业微生物的新时代。20世纪30年代后，许多微生物发酵产品（如乳酸、酒精、柠檬酸、淀粉酶等）开始进入医疗领域。

早期的生物制药多以动物脏器为原料进行加工制造，多为粗制剂，曾有脏器制剂之称，到了20世纪20年代，对动物脏器的有效成分才逐渐有所了解，有关蛋白质和酶的分离纯化技术，如盐析法、有机溶剂分级沉淀法、离心分离法等，开始应用于制药工业领域。纯化胰岛素，甲状腺素，多种必需氨基酸、必需脂肪酸与多种维生素制造工艺的相继成功开发，促使生物制药步入了工业化时代。

2. 近代生物制药发展阶段 由于第一次世界大战的爆发，急需疗效好、副作用小的抗细菌感染药物，1947年美国与英国合作开发成功青霉素，为了进一步增加品种，扩大生产规模，降低成本，微生物制药工业快速步入了发酵工程技术新阶段，在菌种选育、培养、诱变深层多级发酵技术，提炼技术及其设备等方面都取得了巨大发展，促进发酵工程技术成为近代生物制药工业的基础技术。随后又发展了一系列发酵新技术，如灭菌技术、发酵控制技术、补料技术等。此后链霉素、金霉素、红霉素也相继问世。20世纪50～60年代，抗生素工业、氨基酸工业、酶制剂工业在近代生物制药工业中已居重要地位。

20世纪60年代后，生物分离工程技术与设备在生物制药工业中广泛获得应用，离子交换技术、凝胶层析技术、膜分离技术、亲和层析技术、细胞培养与组织工程技术及其相关设备为近代生物制药工业的发展提供了强有力的技术支撑，许多结构明确、疗效独特的生物药物迅速占领市场。如胰岛素、前列腺素、尿激酶、链激酶、溶菌酶、缩宫素、肝素钠等。

我国民间早有种牛痘预防天花的实践。1796年英国医生琴纳发明了预防天花的牛痘疫苗，从而保护了人类免受天花病毒的侵害，肯定了生物制品预防传染性疾病的有效性。随着病毒培养技术的发展，疫苗种类日益增多，制造工艺日新月异。

在20世纪30年代中期建立了小鼠和鸡胚培养病毒的方法，从而用小鼠脑组织或鸡胚制成黄热病、流感、乙型脑炎、森林脑炎和斑疹伤寒疫苗。20世纪50年代，在离体细胞培养物中繁殖病毒的技术取得突破，从而研制成功预防小儿麻痹症、麻疹、腮腺炎等新疫苗。在贯彻以“预防为主”的医疗保健体系中预防性生物制品（包括传染性疾病疫苗和非传染性疾病疫苗如肿瘤疫苗、风湿性关节炎疫苗等）已成为现代生物制药工业的重要发展领域。

3. 现代生物制药发展阶段 1953 年 Watson 和 Crick 提出了 DNA 的双螺旋结构，1966 年人们破译了 DNA 三联体密码随之证明了遗传的中心法则，1973 年 Boy 和 Chen 建立了体外重组 DNA 方法。1976 年诞生了全球首家 DNA 重组技术新药研发公司——美国的 Genetech 公司，1982 年欧洲首先批准 DNA 重组动物球虫病疫苗。1982 年重组人胰岛素投放市场，从而形成了一个以基因工程为主导，包括现代细胞工程、发酵工程、酶工程和组织工程为技术基础的现代生物制药工业新领域。至今已上市生物技术药物 300 多个，已研究制备的候选生物技术药物达 5400 多种。第一代重组 DNA 药物是其结构与天然产物完全一致的药物，第二代生物技术药物是应用蛋白质工程技术制造的天然界不存在的新的重组药物。第二代生物技术药物正在成为第一代多肽蛋白质类重组药物的替代治疗剂。各国正在大力发展以知名大学和研究机构为中心，带动企业而形成的产业群。

我国主要采取“立足创新、集成应用，需求导向和重点突破”的战略，对成熟技术进行多学科、多领域的集成，走“官、产、学、研、资”相结合的发展体制。我国的生物技术药物研究开发已步入自主创新时期，并以“新型生物技术药物和疫苗”作为发展重点。各国制药公司正在加强研究新型的生物技术药物，用于新的适应证和开辟新市场，生物制药工业已进入自主创新、全面现代化的新时期。

三、生物制药工艺学的性质与任务

生物制药工艺学（biopharmaceutical process）是从事各种生物药物的研究、生产和制剂的综合应用技术科学。其研究内容包括生化制药工艺、微生物制药工艺、生物技术制药工艺、生物制品制造与相关的生物医药产品的生产工艺，讨论各类生物药物的来源、结构、性质、制造原理、工艺过程、生产技术操作和质量控制。所以生物制药工艺学是一门生命科学和工程技术理论与药物生产实践紧密结合的综合性制药工程学科。

生化制药（biochemical pharmaceuticals）是运用生物化学的理论、方法、技术与研究成果，从生物体（包括动物、植物、微生物和海洋生物）分离、纯化得到的一些重要生理活性物质，经药效学和毒理学研究证明对于疾病的防治是安全有效的一大类药物，如氨基酸、多肽、蛋白质、酶、辅酶、维生素、激素、糖类、脂类、核酸、核苷酸及其衍生物等。这些物质都是维持生命正常活动所必需的。其中大多数物质的分子量都比较大，组成和结构都比较复杂，有的还具有严格的空间构象。所以生化药物的内在质量（药理活性）的优势既决定于制品的组成及其有效成分的纯度，也取决于其特定的三维结构的完整性。为了确保制品的有效性，在研制过程中，需要具有坚实的理论基础知识和严格的操作技术，才能对有效物质的结构、性质与影响生物活性的因素有深入的了解，进而设计出合理的制造工艺，选用高效、可靠的分离纯化方法，创制符合药物质控标准、适用于临床需要、生产和贮藏运输又比较方便应用的合理剂型。

海洋生物制药（marine biopharmaceuticals）是以海洋生物活性物质为原料应用制药工程技术加工制造的新型生物药物。重点研究海洋生物药物的资源、分布、性状、鉴别、采集加工、活性成分的药效药理研究及制剂和临床应用的综合性学科。已从海洋生物中分离和鉴定上万种活性物质，其中许多具有增强免疫功能和免疫抑制作用，还有具有强心作用、抗病毒、抗肿瘤、抗凝、降血脂、降血压、抗菌、抗炎、益智和防治老年痴呆等药理活性的新型化合物。主要有脂类、糖类、苷类、氨基酸、多肽、蛋白质类、酶类、萜类、聚醚类、甾类和生物碱等。

微生物制药（microbial pharmaceuticals）以发酵工程技术为基础，通过纯培养与大规模工业发酵生产微生物的生理活性物质（包括初级代谢产物、次级代谢产物和衍生物），主要有受体拮抗剂，抗氧化剂，抗菌、抗肿瘤作用的抗生素，酶抑制剂，免疫调节剂以及氨基酸、维生素、核苷酸、微生物酶制剂等。菌种选育、工业发酵与发酵产物的提炼技术和质量控制等，是微生物制药过程的关键技术。

生物技术制药（biotech pharmaceuticals）是运用现代生物技术（包括基因工程、细胞工程、酶工程与发酵工程），尤其是重组 DNA 技术和抗体工程技术，生产多肽、蛋白质、激素、核酸类药物、酶类药物以及疫苗、单抗和细胞因子类药物等。基因工程技术、蛋白质工程技术、动植物细胞大规模培养技术以及抗体工程技术与现代制药工程的理论与技术是生物技术制药的关键研究内容。生物技术药物新品种、新工艺与产品的质量控制研究是生物技术制药快速发展的领域。

第二节 生物药物的特性、分类与用途

扫码“学一学”

所谓疾病主要是机体受到病原体的侵袭或内外环境的改变而使代谢失常，导致起调控作用的酶、激素、核酸、细胞因子和各种活性蛋白质等生物活性物质自身或环境发生障碍。如酶催化作用的失控、产物过多的积累而造成中毒；或底物大量消耗得不到补偿；或激素分泌紊乱；或免疫功能下降；或基因表达调控失灵等。正常机体在生命活动中之所以能不断战胜疾病，保持健康状态，就在于生物体内部具有调节、控制和战胜各种疾病的物质基础和生理功能。维持正常代谢的各种生物活性物质应是人类长期进化和自然选择的合理结果，人们还可根据其构效关系进行结构的修饰和改造使之能更有效、更专一、更合理地为机体所接受。在机体需要时（如生病时），应用这些活性物质作为药物来补充、调整、增强、抑制、替换或纠正人体的代谢失调，比较有效和合理。如用胰岛素治疗糖尿病，用生长激素治疗侏儒症，用尿激酶治疗各种血栓病，用细胞色素 C 治疗因组织缺氧所致的一系列疾病等。生物药物就是根据生物体的这些特点，以多种技术手段从生物材料中制得的相关药物。

一、生物药物的特性

1. 药理学特性

（1）药理活性高。生物药物是体内原先存在的生理活性物质，以生物分离工程技术从大量生物材料精制而成，具有高效的药理活性。如 IFN－α 纯品的比活 $>10^8$ U/mg，而临床使用一次剂量一般为 $3\times10^6\sim5\times10^6$ U，才相当于 30～50μg 蛋白量。

（2）治疗的针对性强，治疗的生理、生化机制合理，疗效可靠。如细胞色素 C 为呼吸链的一个重要成员，用它治疗因组织缺氧的一系列疾病效果显著。

（3）毒副作用较少，营养价值高。生物药物的组成单元多为机体的重要营养素。如氨基酸、核苷酸、单糖、脂肪酸及微量元素和维生素等，其化学组成更接近人体的正常生理物质，进入体内后更易为机体吸收、利用和参与人体的正常代谢与调节，所以生物药物对人体毒副作用一般较少，还具有一定的营养作用。

（4）生理副作用常有发生。生物药物来自生物材料，不同生物或相同生物的不同个体，所含的生物活性物质结构上常有很大差异，尤其是分子量较大的蛋白质类药物更为突出，这种差异在临床使用时常会表现出免疫原性反应和过敏反应等。另外，生物药物在机体内的原

有生理活性一般受到机体的调控平衡，当用这些活性物质作为治疗药物时，常常使用超过正常生理浓度的剂量，致使其超过了体内的生理平衡调节以致发生副作用，如发热等症状。

2. 理化特性

（1）生物材料中的有效物质含量低，杂质种类多且含量相对较高。如胰腺中脱氧核糖核酸酶的含量为0.004%，胰岛素含量为0.002%，共存多种酶、蛋白质等杂质，分离纯化工艺很复杂。

（2）生物活性物质组成结构复杂、稳定性差。生物药物多数为生物大分子，组成结构复杂，并且有严格空间构象和特定活性中心，以维持其特定的生理功能，一旦遭到破坏，就失去生物活性。引起活性破坏的因素有生物性因素，如被自身的酶水解；理化因素，如温度、压力、pH、重金属、光照及强烈机械搅拌等。

（3）生物材料易染菌，腐败。生物原料及产品均为高营养物质，极易染菌腐败使有效物质分解破坏，产生有毒物质、热原或致敏物质和降压物质等。因此生物材料的选择要新鲜无污染，及时低温冻存。生产过程中对于低温、无菌操作要求严格，为确保产品的质量，就要从原料制造、工艺过程、制剂、储存、运输和使用多个环节严加控制。

（4）生物药物制剂的特殊要求。生物药物易受消化道的酸碱环境和水解酶的破坏，常常以注射给药，因此对制剂的均一性、安全性和有效性都有严格要求。必须有严格的制造管理要求，即优质产品规范（good manufacturing practice，GMP），简称GMP质量管理要求，并对制品的有效期、储存期、储存条件和使用方法做出明确规定。

生物药物是具有特殊生理功能的生物活性物质，因此对其有效成分的检测，不仅要有理化检验指标，而且要根据制品的特异生理效应或专一生化反应拟定生物活性检测方法。通常采用一个国际上法定的标准品或按严格方法制备的参照品作为测定时的参考标准。生物药物标准品在国际上有统一规定的制法与规格，依照这样拟定的制法和规定各国药品鉴定机构就可以复制成相应的副品，供有关生产单位使用，有关国际专业组织曾公布和制定了一些主要激素类药物的标准，见表1-1。

表1-1　主要激素类药物国际标准品

品　名	效　价	制定单位
胰岛素（猪、牛）	28U/mg	第四次国际标准
胰高血糖素（猪）	1U/mg	第一次国际标准
降钙素（猪）	200U/mg	第一次世界卫生组织专业会议
降钙素（鲑）	2700U/mg	第一次世界卫生组织专业会议
催产素（牛）	450U/mg	第三次国际标准
加压素（牛）	400U/mg	第三次国际标准
绒毛膜促性腺激素（人）	10000～15000U/mg	第二次国际标准
甲状旁腺素（牛）	2500U/mg	第一次世界卫生组织专业会议
促黄体生成激素（人）	140000U/mg	第一次世界卫生组织专业会议
促卵泡激素（人）	5000U/mg	第一次世界卫生组织专业会议
肾素（牛）	780U/mg	药物研究委员会（伦敦）
催乳素（羊）	280U/mg	第二次国际标准
促甲状腺素（人）	20U/mg	药物研究委员会（伦敦）

二、生物药物的分类

生物药物可以按药物的化学本质和化学特性分类，也可以按其来源和制造方法分类，还可以按其生理功能和临床用途分类，通常是将三者结合进行综合分类。现代生物药物可分为4大类。

（一）基因工程药物（gene engineering medicine）

应用基因工程和蛋白质工程技术制造的重组活性多肽、蛋白质及其修饰物，如治疗性多肽、蛋白质、激素、酶、抗体、细胞因子、疫苗、融合蛋白、可溶性受体等均属于基因工程药物。

1. 细胞因子干扰素类　有 α－干扰素、β－干扰素和 γ－干扰素，α－干扰素又有 α_1b、α_2a、α_2b 等。

2. 细胞因子白介素类和肿瘤坏死因子　已在临床应用的有白介素－2（IL－2）和突变型白介素－2（Ser^{125}－IL－2），正在研究开发的还有 IL－1、IL－3、IL－4、IL－5、IL－6、IL－11 和 IL－12 等。肿瘤坏死因子类主要有 TNF－α 和 TNF－α 受体。

3. 造血系统生长因子类　主要用于促进造血系统，增加白细胞、红细胞和血小板，主要品种有粒细胞集落刺激因子（G－CSF）、巨噬细胞集落刺激因子（M－CSF）、巨噬细胞粒细胞集落刺激因子（GM－CSF）、促红细胞生成素（EPO）、促血小板生成素（TPO）以及干细胞生长因子（SCF）等。

4. 生长因子类　用于促进细胞生长、组织再生和创伤治疗，主要品种有胰岛素样生长因子（IGF）、表皮生长因子（EGF）、血小板衍生生长因子（PDFD）、转化生长因子（TGF－α 和 TGF－β）、神经生长因子（NGF）及各种神经营养因子。

5. 重组多肽与蛋白质类激素　主要品种有重组人胰岛素（rhInsulin）、重组人生长激素（rhGH）、促卵泡激素（FSH）、促黄体生成素（LH）和绒毛膜促性腺激素（HCG）等，还有重组人白蛋白和重组人血红蛋白。

6. 心血管病治疗剂与酶制剂　用于心血管疾病和抗肿瘤治疗，主要品种有Ⅷ因子、水蛭素－Ⅱ、tPA、rtPA、尿激酶、链激酶、葡激酶、天冬酰胺酶、超氧化物歧化酶、葡萄糖脑苷酶及 DNase 等。

7. 重组疫苗与单抗制品　重组疫苗有重组乙肝表面抗原疫苗（酵母）、乙肝基因疫苗（重组乙肝表面抗原疫苗、CHO 细胞）、AIDS 疫苗、流感疫苗、痢疾疫苗和肿瘤疫苗等。

（二）基因药物（gene medicine）

基因药物是以基因物质（RNA 或 DNA 及其衍生物）作为治疗的物质基础，包括基因治疗用的重组目的 DNA 片段、核酸疫苗、反义药物、干扰核酸 RNAi 和核酶等。基因治疗除用于遗传病治疗外，已扩展到用于治疗肿瘤、艾滋病、囊性纤维变性、糖尿病和心血管疾病等，美国 FDA 已批准700多个基因治疗方案进入临床试验。反义药物是以人工合成的十到几十个反义寡核苷酸序列与模板 DNA 或 mRNA 互补形成稳定的双链结构，抑制靶基因的转录和 mRNA 的翻译，从而起到抗肿瘤和抗病毒作用，目前已有50多种反义药物进入临床试验，其中4种获美国 FDA 批准上市，Vitravene（福来韦生）是美国 FDA 批准的第一个反义药物，用于治疗艾滋病患者的巨噬细胞病毒性视网膜炎。

（三）天然生物药物（nature biological medicine）

尽管有一些天然活性物质已可以用化学合成法生产，但仍然有许多生物药物还会从生

物材料提取、纯化获得或用生物转化法制取，同时来自天然活性物质的生物药物常常是创制新药的有效先导物，因此从动物、植物、微生物和海洋生物中发现、研究、生产的天然生物药物仍然是生物制药工业的重要领域。

1. 微生物药物（microbial medicine） 微生物药物是一类特异的天然有机化合物，包括微生物的初级代谢产物、次级代谢产物和微生物结构物质，还包括借助微生物转化（microbial transformation）产生的用化学方法难以全合成的药物或中间体。

（1）抗生素类药物（antibiotics medicine） 抗生素是生物（微生物、植物、动物）在其生命活动中产生的，具有抗感染和抗肿瘤作用，在低浓度下能选择性地抑制多种生物功能的有机化学物质。有些抗生素还有特殊的药理活性，如盐酸多西环素有镇咳作用，新霉素有降低胆固醇作用。

①β - 内酰胺类抗生素：这类抗生素的化学结构含有一个四元内酰胺环，有青霉素、头孢菌素和最近发现的一系列抗生素，如头孢克洛、头孢吡肟、头孢拉定等。

②氨基糖苷类抗生素：此类抗生素结构中有氨基糖苷，还含有氨基环醇，主要品种有链霉素、卡那霉素、庆大霉素、新霉素、阿卡米星和核糖霉素等。

③大环内酯类抗生素：它们含有一个大环内酯作为配糖体，以糖苷键连接 1 ~ 3 个单糖分子。其中有红霉素、麦白霉素、克拉霉素、阿奇霉素等。

④四环类抗生素：这类抗生素是以氢化骈四苯为母核，包括四环素、金霉素、土霉素等。

⑤多肽类抗生素：由多种氨基酸经肽键缩合成线状、环状或带侧链的环状多肽类化合物，其中有多黏菌素 B、放线菌素 D 和杆菌肽等。

⑥多烯类抗生素：结构中含有大环内酯而且内酯中有共轭双键，属于这类抗生素有制霉菌素、两性霉素 B、万古霉素等。

⑦苯烃基胺类抗生素：属于这类抗生素的有氯霉素、琥珀氯霉素等。

⑧蒽环类抗生素：属于这类抗生素有表柔比星、多柔比星、柔红霉素等。

⑨环桥类抗生素：它们含有一个脂肪链桥经酰胺键与平面的芳香基团的两个不相邻位置相联结的环桥式化合物，如利福昔明、利福平等。

⑩其他抗生素：除上述 9 类抗生素外均归属其他类抗生素，如磷霉素等。

（2）维生素类药物（vitamins medicine） 由微生物发酵生产的维生素有维生素 B_2、维生素 B_{12}、维生素 A、维生素 D_2 和维生素 C 等。

（3）氨基酸类药物（amino acids medicine） 用微生物野生菌株发酵生产的氨基酸有 L - 谷氨酸、L - 缬氨酸，L - 丙氨酸、DL - 丙氨酸；采用营养缺陷型突变菌株发酵的氨基酸有 L - 赖氨酸、L - 苏氨酸、L - 缬氨酸、L - 亮氨酸、L - 脯氨酸、L - 乌氨酸、L - 瓜氨酸、L - 高丝氨酸；采用前体发酵的氨基酸有 L - 异亮氨酸、L - 色氨酸、L - 丝氨酸、L - 苏氨酸、L - 苯丙氨酸。

（4）核苷酸类药物（nucleotides medicine） 用微生物由糖直接发酵制取的核苷酸及其衍生物有：肌苷酸（5′ - IMP）、腺苷酸（5′ - AMP）、鸟苷酸（5′ - GMP）、5′ - XMP、肌苷、腺苷、鸟苷、黄苷、次黄嘌呤和腺嘌呤等；采用前体发酵法制取的有 5′ - FUMP、ADP、ATP、CDP - 胆碱等。

（5）酶与辅酶类药物（enzyme and coenzymes medicine）

①心血管疾病治疗酶：如链激酶、纳豆激酶与葡激酶。

②抗肿瘤酶：如 L – 天冬酰胺酶。

③辅酶类药物：如辅酶Ⅰ（NAD）、辅酶Ⅱ（NADP）、谷胱甘肽、辅酶 Q_{10}、CoASH。

（6）酶抑制剂（enzyme inhibitors）　由微生物来源的酶抑制剂有亮氨酸氨肽酶抑制剂苯丁亮氨酸，用于抗肿瘤；β – 内酰胺酶抑制剂——克拉维酸，与羟氨苄青霉素、羟噻吩青霉素分别组成安灭菌与泰灭菌都能保持对产青霉素酶的耐药菌有效；HMG – CoA 还原酶抑制剂普伐他汀是有效降低胆固醇的药物。

（7）免疫调节剂（immunomodulators）　有免疫增强作用的免疫调节剂有沙培林和香菇多糖；免疫抑制有环孢菌素 A、他克莫司，已在抗器官移植排斥反应的治疗中取得成功，雷帕霉素比环孢菌素 A 和他克莫司疗效更好。

（8）受体拮抗剂（receptor antagonists）　洋葱曲霉中的 Asperlicin 是缩胆囊素（CCK）受体拮抗剂，由链霉菌产生的催产素受体拮抗剂 L – 156373 是一环状六肽，可能用于延缓早产。

此外，还可应用微生物转化法生产甾体激素衍生物，如醋酸可的松、氢化可的松、醋酸泼尼松等。

2. 天然生化药物（nature biochemical medicine）　天然生化药物是指从生物体（动物、植物和微生物）中获得的天然存在的生化活性物质，通常按其化学本质和药理作用分类命名。

（1）氨基酸类药物　氨基酸类药物有个别氨基酸制剂和复方氨基酸制剂两类。如胱氨酸用于抗过敏、肝炎辅助治疗和白细胞减少症；甲硫氨酸用于防治肝炎、肝坏死和脂肪肝；精氨酸、鸟氨酸用于肝昏迷；谷氨酸用于肝昏迷、神经衰弱和癫痫。复方氨基酸制剂主要为重症患者提供合成蛋白质的原料，以补充消化道摄取不足。复方氨基酸注射液由多种结晶氨基酸根据治疗需要按比例配制而成，如有 7 种氨基酸复方、13 种氨基酸复方等。

有些氨基酸衍生物具有特殊医疗价值。如 N – 乙酰半胱氨酸是黏液溶解剂，用于咳痰困难；L – 多巴（L – 二羟苯丙氨酸）用于治疗帕金森病。

氨基酸类药物已有不少品种用酶法生产，如 L – 天冬氨酸、L – 赖氨酸、L – 苏氨酸、L – 色氨酸、L – 丝氨酸、L – 苯丙氨酸、L – 5 – 羟色胺、L – 酪氨酸、L – 半胱氨酸和 L – 丙氨酸。少数氨基酸仍用蛋白质水解法生产，如胱氨酸和 L – 精氨酸等。

（2）多肽和蛋白质类药物（peptide and proteins medicine）　多肽在生物体内浓度很低，但活性很强，分子量一般较小，多数无特定空间构象。

①多肽激素　垂体多肽激素：ACTH（39 肽）、促黑激素（MSH）、脂肪水解激素（LPH）、催产素（9 肽）、加压素（9 肽）。奥曲肽（8 肽）是垂体激素释放抑制剂。

下丘脑激素：促甲状腺素释放激素（TRH）、生长激素释放激素（GHRH）、生长激素抑制激素（GHIH）、促性腺激素释放激素（CRH）、黑素细胞刺激激素释放激素（MRH）、黑素细胞刺激激素抑制激素（MIH）、催乳素释放激素（PRH）、催乳素抑制激素（PIH）、促肾上腺皮质激素释放激素（LRH）。

甲状腺激素：甲状旁腺素（PTH）、降钙素（32 肽）。

胰岛激素：胰岛素、胰高血糖素、胰解痉多肽。

消化道激素：胰泌素（27 肽）、胃泌素（34 肽，17 肽，14 肽）。

胆囊收缩素（39 肽，33 肽），胆囊收缩素 – 促胰酶素（CCK – P2），胃肽（43 肽）、胃动肽（22 肽）、肠血管活性肽（28 肽）、胰多肽（16 肽）、P 物质（11 肽）、神经降压肽

(13肽)、蛙皮肽(14肽,10肽)。

舒缓激肽是由激肽原酶作用于激肽原而产生的一类具有舒张血管、降低血压和收缩平滑肌作用的多肽,它还与炎症和疼痛有关。主要有血管紧张肽Ⅰ(10肽)、Ⅱ(8肽)及Ⅲ(7肽),具有收缩血管、升高血压作用,用于急性低血压或休克抢救治疗。

胸腺激素:胸腺素、胸腺肽、胸腺血清因子。

抑肽酶为胰蛋白酶抑制剂,是治疗急性胰腺炎的有效药物。乌司他丁是人尿蛋白酶抑制剂。脑啡肽、内啡肽、睡眠肽、记忆肽有镇痛、催眠和增强记忆的功能;松果肽(3肽)有抑制促性腺激素的作用,用于性早熟;虎纹多肽是从蜘蛛毒液纯化得到的镇痛多肽。

②蛋白质类药物:蛋白质类药物有单纯蛋白质与结合蛋白类(包括糖蛋白、脂蛋白和色蛋白等)。

人血浆蛋白质是蛋白类药物的最主要品种,主要有白蛋白(A1b)和免疫球蛋白(IgA、IgM、IgG),还有纤维蛋白质(Fg)、补体C_3、转换蛋白(Tr)、巨球蛋白(α-2M)、触珠蛋白(Hp)、α_1-抗胰蛋白酶(α_1-AT)、血色素结合蛋白(HPX)和α_1-酸性糖蛋白C(α_1-AG),还有人血红蛋白等。

特异免疫球蛋白制剂的发展十分引人注目,如丙种球蛋白A、丙种球蛋白M、抗淋巴细胞球蛋白、人抗RHO(D)球蛋白,以及对麻疹、水痘、破伤风、百日咳、带状疱疹、腮腺炎等病毒有特殊抵抗作用的特异免疫球蛋白制剂。

蛋白质激素有生长素(GH)、催乳素(PRL)、促甲状腺素(TSH)、促黄体生成激素(LH)、促卵泡激素(FSH)、人绒毛膜促性腺激素(HCG)、尿促性腺激素、血清性促性腺激素(SGH)、松弛素与尿抑胃素等。糖蛋白质类药物主要有胃膜素、硫酸糖肽、血型物质A和B等。

胶原蛋白类有明胶、阿胶、氧化聚合明胶等。

其他类:如硫酸鱼精蛋白、植物凝集素(PHA,ConA)、天花粉蛋白、蓖麻毒蛋白、相思豆蛋白等。

(3)酶类药物

①助消化酶类:如胃蛋白酶、胰酶、凝乳酶、纤维素酶和麦芽淀粉酶等。

②消炎酶类:如溶菌酶(常用于五官科)、胰蛋白酶、糜蛋白酶、胰DNA酶、菠萝蛋白酶、无花果蛋白酶等,用于消炎、消肿、清疮、排脓和促进伤口愈合。胶原蛋白酶用于治疗褥疮和溃疡,木瓜凝乳蛋白酶用于治疗椎间盘突出症,胰蛋白酶还用于治疗毒蛇咬伤。

③心脑血管疾病治疗酶:防治血栓的酶制剂有纤溶酶、尿激酶、链激酶、蚓激酶、蛇毒降纤酶。凝血酶可用于止血,弹性酶能降低血脂,用于防治动脉粥样硬化,胰激肽原酶有扩张血管、降低血压作用。

④抗肿瘤酶类:*L*-天冬酰胺酶用于治疗白血病和淋巴肉瘤,谷氨酰胺酶、精氨酸脱亚胺酶、豹蛙RNase等有不同程度的抗肿瘤作用。

⑤其他治疗用酶:超氧化物歧化酶(SOD)用于治疗风湿性关节炎和放射病。PEG-腺苷脱氨酶用于治疗严重的综合免疫缺陷症。DNA酶可降低痰液黏度,用于治疗慢性气管炎。细胞色素C用于组织缺氧急救(如一氧化碳中毒)。透明质酸酶用作药物扩散剂和关节炎治疗。青霉素酶可治疗青霉素过敏。

(4)核酸及其降解物和衍生物类药物

①核酸:猪、牛肝RNA用于治疗慢性肝炎、肝硬化和改善肝癌症状有一定疗效。免疫

RNA（iRNA）是一种高度特异性的免疫触发剂，存在于受免疫动物的淋巴细胞和巨噬细胞中，如治疗肺癌 iRNA，用于肝炎治疗的抗乙肝 iRNA。转移因子（TF）含有多核苷酸、多肽化合物，用于肝炎治疗等。

②多聚核苷酸：多聚胞苷酸、多聚次黄苷酸、双链聚肌胞苷酸（Poly I：C）、聚肌苷酸及巯基聚胞苷酸是干扰素诱导剂，用于抗病毒、抗肿瘤。

③核苷、核苷酸及其衍生物：较为重要的核苷酸类药物有混合核苷酸、混合脱氧核苷酸注射液、ATP、CTP、cAMP、CDP－胆碱、GMP、IMP 和肌苷等。

核苷或其碱基衍生物是有效的核酸抗代谢物，常用于治疗肿瘤和病毒感染。用于肿瘤治疗的有 6－巯基嘌呤、6－硫代鸟嘌呤、5－氟尿嘧啶、呋喃氟尿嘧啶、氟尿嘧啶脱氧核苷、阿糖胞苷等，用于抗病毒的有阿糖腺苷、2－氟－5－碘阿糖胞苷、环胞苷、5－氟环胞苷、5－碘苷和无环鸟苷等。

（5）多糖类药物（polysaccharides medicine）　多糖类药物的来源有动物、植物、微生物和海洋生物，它们在抗凝、降血脂、抗病毒、抗肿瘤、增强免疫功能和抗衰老方面具有较强的药理作用。

肝素有很强的抗凝作用，小分子肝素有降血脂、防治冠心病的作用。硫酸软骨素 A、类肝素在降血脂、防治冠心病方面有一定疗效。胎盘脂多糖是一种促 B 淋巴细胞分裂剂，能增强机体免疫力。透明质酸具有健肤、抗皱、美容作用。壳聚糖有降血脂作用，也是良好的片剂肠溶衣材料。各种真菌多糖具有抗肿瘤、增强免疫功能和抗辐射作用，有的还有升白和抗炎作用。常见的有银耳多糖、香菇多糖、灵芝多糖、人参多糖和黄芪多糖等。

（6）脂类药物（lipids medicine），主要有：

①磷脂类：脑磷脂、卵磷脂多用于肝病、冠心病和神经衰弱症。

②多价不饱和脂肪酸和前列腺素：亚油酸、亚麻酸、花生四烯酸和二十碳五烯酸、二十二碳六烯酸等必需脂肪酸常有降血脂、降血压、抗脂肪肝作用，用于冠心病的防治。前列腺素是一大类含五元环的不饱和脂肪酸，重要的天然前列腺素有 PGE_1、PGE_2、$PGF_{2\alpha}$ 和 PGI_2。

③胆酸类：去氧胆酸可治胆囊炎，猪去氧胆酸用于高脂血症，鹅去氧胆酸和熊去氧胆酸是良好的胆石溶解药。

④固醇类：主要有胆固醇、麦角固醇和 β－谷固醇。胆固醇是人工牛黄的主要原料之一，还有护发作用。

⑤卟啉类：胆红素是人工牛黄的重要成分（人工牛黄是由胆固醇、胆红素、胆酸和一些无机盐、淀粉混合而成的复方制剂，具有清热、解毒、抗惊厥、祛痰、抗菌作用）。

（7）细胞生长因子与组织制剂　细胞生长因子（growth factors）在体内外对效应细胞的生长增殖和分化起调节作用。有细胞生长刺激因子与细胞生长抑制因子两大类。如神经生长因子（NGF）、表皮细胞生长因子（EGF）、成纤维细胞生长因子（FGF）、血小板生长因子（PDGF）、血管内皮细胞生长因子（VEGF）、促红细胞生长素（EPO）以及胰岛素样生长因子（IGF）等。

3. 海洋生物药物（marine biological medicine）　从海洋生物分离纯化的活性物质与通过生物技术制造的海洋生物药物按照其化学结构类型分类主要有多糖类、聚醚类、大环内酯、萜类、生物碱、核苷、多肽、蛋白质、酶、甾醇类、苷类和不饱和脂肪酸等，已获得的新化合物以甾醇最多，其次是萜类，生物碱也有一定比例。

海洋生物毒素具有强烈的生物活性，主要为多肽和蛋白质类毒素，多为各种神经、心脑血管和细胞毒素的混合物，混合物作用时，对哺乳动物是致命的，但经纯化和适当控制剂量时，会产生麻醉，升压、降压、强心、降脂、抗癌，抗病毒等药理作用。常见的海洋毒素有河豚毒素、海蛇毒素、海葵毒素和芋螺毒素等。

（四）医学生物制品

生物制品有预防用制品、治疗用制品和诊断用制品。随着生物技术的迅速发展，生物制品在我国已获得极大发展，重组药物、基因药物等生物技术药物以及天然生物药物的多组分制品均属于生物制品范畴。

医学生物制品（medical biologics）：按制造的原材料不同，预防用制品可分为菌苗（如卡介苗、霍乱菌苗、百日咳菌苗、鼠疫菌苗等）、疫苗（如乙肝疫苗、流感疫苗、乙型脑炎疫苗、狂犬疫苗、痘苗、斑疹伤寒疫苗等）及类毒素（如白喉类毒素、破伤风类毒素）。治疗用制品有特异性治疗用品与非特异性治疗用品，前者如狂犬病免疫球蛋白，后者如白蛋白。诊断用制品主要指免疫诊断用品，如结核菌素、锡克试验毒素及多种诊断用单克隆抗体等。

血液制品主要有：①人血液成分制品如红细胞制剂、白细胞浓缩液、血小板制剂、新鲜冰冻血浆；②血浆各种成分的综合利用，如转运蛋白（白蛋白、转铁蛋白等）；③免疫球蛋白；④各种凝血因子如纤维蛋白原，凝血因子Ⅷ、Ⅸ；⑤补体系统蛋白；⑥蛋白酶抑制物（α_1-抗胰蛋白酶、抗凝血酶Ⅲ）等。

诊断试剂是生物制品开发中最活跃的领域，许多疾病的诊断、病原体的鉴别、机体中各种代谢物的分析都需要研究各种诊断测试试剂。方法学的发展将会导致产生更多的高效、特异优良试剂，各种单克隆抗体诊断试剂的大量上市，以及特异诊断病种的试剂盒和基因芯片也已广泛进入临床应用，从而促使临床诊断试剂朝着更快速、方便、准确、可靠和更加标准化的方向发展，使临床检验从医院走向社区、进入家庭。

三、生物药物的用途

生物药物广泛用作医疗用品，特别在传染病的预防和某些疑难病的诊断和治疗上起着其他药物所不能替代的独特作用。

（一）作为治疗药物

对许多常见病和多发病，生物药物都有较好的疗效。对目前危害人类健康最严重的一些疾病如肿瘤、糖尿病、心血管疾病、乙型肝炎、内分泌障碍、免疫性疾病、遗传病和延缓机体衰老等生物药物将发挥更好的治疗作用。

（1）内分泌障碍治疗剂　如胰岛素、生长素、甲状腺素等。

（2）维生素类药物　主要起营养作用，用于维生素缺乏症。某些维生素大剂量使用时有一定治疗和预防癌症、感冒和骨病的作用。如维生素C、维生素D_3、维生素B_{12}、维生素B_{14}等。

（3）中枢神经系统药物　如左旋多巴（治神经震颤）、人工牛黄（镇静，抗惊厥）、脑啡肽（镇痛）。

（4）血液和造血系统药物　常用的有抗贫血药（维生素B_{12}）、抗凝药（肝素）、纤溶剂-抗血栓药（尿激酶、tPA、水蛭素）、止血药（凝血酶）、血容量扩充剂（右旋糖酐）、

凝血因子制剂（凝血因子Ⅷ和Ⅸ），以及造血系统因子 EPO、TPO、SCF 等。

（5）呼吸系统药物　有平喘药（前列腺素 E_1、肾上腺素）、祛痰剂（乙酰半胱氨酸）、镇咳药（蛇胆、鸡胆）、慢性气管炎治疗剂（核酪注射液、DNA 酶）。

（6）心血管系统药物　有抗高血压药（甲巯丙脯酸、激肽原酶）、降血脂药（弹性蛋白酶、猪去氧胆酸）、冠心病防治药物（硫酸软骨素 A、类肝素）。

（7）消化系统药物　常见的有助消化药（胰酶、胃蛋白酶）、溃疡治疗剂（胃膜素、维生素 U）、止泻药（鞣酸蛋白）。

（8）抗感染药物　各类抗细菌、抗真菌抗生素。如头孢菌素用于尿路和呼吸道感染与小儿肠道感染，红霉素及其衍生物对呼吸道感染疗效明确，半合成链阳菌素能快速杀灭多耐药性葡萄球菌和链球菌。

（9）免疫调节剂　免疫增强剂能提高机体的免疫功能，增加白细胞、血小板。如灵芝多糖、香菇多糖、GM－CSF、C－CSF；特异性免疫抑制剂如环孢霉素 A、他克莫司、西罗莫司用于器官移植排斥反应等。

（10）抗病毒药物　主要有三种作用类型：①抑制病毒核酸的合成，如碘苷、三氟碘苷；②抑制病毒合成酶，如阿糖腺苷、无环鸟苷；③调节免疫功能，如异丙肌苷、干扰素。

（11）抗肿瘤药物　主要有核酸类抗代谢物（阿糖胞苷、6－巯基嘌呤、5－氟尿嘧啶），抗癌天然生物大分子（天冬酰胺酶、香菇多糖 PSK），提高免疫力抗癌剂（白介素－2、干扰素、集落细胞刺激因子），杀伤和抑制肿瘤细胞（肿瘤坏死因子）。

（12）抗辐射药物　如超氧化物歧化酶（SOD）、2－巯基丙酰甘氨酸（MPG）。

（13）计划生育用药　有口服避孕药（复方炔诺酮）和早中期引产药（前列腺素及其类似物，如 PGE_2、$PGF_{2\alpha}$、15－甲基 $PGF_{2\alpha}$、16,16－二甲基 $PGF_{2\alpha}$）。

（14）生物制品类治疗药　如各种人血免疫球蛋白（破伤风免疫球蛋白、乙型肝炎免疫球蛋白）、抗毒素（白喉抗毒素）和抗血清（抗腹蛇毒血清、抗五步蛇毒血清）。

（二）作为预防药物

以预防为主的方针是我国医疗卫生工作的一项重要战略。许多疾病，尤其是传染病（如细菌性和病毒性传染病）的预防比治疗更为重要。通过预防，许多传染病得以控制，直到根绝，如我国已消灭的天花、鼠疫就是广泛开展预防接种痘苗、鼠疫菌苗所取得的重大成果。

常见的预防药物有菌苗、疫苗、类毒素及冠心病防治药物（如：改构肝素及多种不饱和脂肪酸）。菌苗有活菌苗、死菌苗、亚单位菌苗、基因工程菌苗等；活菌苗如布氏杆菌病、鼠疫、土拉、炭疽和卡介苗等；亚单位菌苗肺炎链球菌多糖菌苗、A 型脑膜炎球菌多糖疫苗等；基因工程菌苗如口服福氏宋内菌痢疾双价活菌疫苗等。疫苗也有灭活疫苗（死疫苗）、减毒疫苗（活疫苗）、亚单位疫苗、基因工程疫苗等。死疫苗如乙型脑炎、森林脑炎、狂犬病和斑疹伤寒疫苗；活疫苗如麻疹、脊髓灰质炎、腮腺炎、流感、黄热病疫苗等；亚单位疫苗如流感病毒裂解疫苗；基因工程疫苗如重组乙型肝炎疫苗。类毒素是细菌产生的致病毒素，经甲醛处理使失去致病作用，但保持原有的免疫原性的变性毒素，如破伤风类毒素和白喉类毒素。

（三）作为诊断药物

生物药物用作诊断试剂是其最突出又独特的另一临床用途，绝大部分临床诊断试剂都

来自生物药物。诊断用药有体内（注射）和体外（试管）两大使用途径。诊断用品发展迅速，品种繁多，正朝着特异、敏感、快速、简便方向发展。

（1）免疫诊断试剂　利用高度特异性和敏感性的抗原抗体反应，检测样品中有无相应的抗原或抗体，可为临床提供疾病诊断依据，主要有诊断抗原和诊断血清。常见诊断抗原有：①细菌类，如伤寒、副伤寒菌、布氏菌、结核菌素等；②病毒类，如乙肝表面抗原血凝制剂、乙脑和森林脑炎抗原、麻疹血凝素；③毒素类，如链球菌溶血素 O、锡克及狄克诊断液等。诊断血清包括：①细菌类（如痢疾菌分型血清）；②病毒类（如流感肠道病毒诊断血清）；③肿瘤类（如甲胎蛋白诊断血清）；④抗毒素类（如霍乱 CT）；⑤激素类（如绒毛膜促性腺激素 HCG）；⑥血型及人类白细胞抗原诊断血清（包括抗人五类 Ig 和 K，λ 轻链的诊断血清）；⑦其他类，如转铁蛋白诊断血清。

（2）诊断试剂　利用酶反应的专一性和快速灵敏的特点，定量测定体液内的某一成分变化作为病情诊断的参考。商品化的酶诊断试剂盒是一种或几种酶及其辅酶组成的一个多酶反应系统，通过酶促反应的偶联，以最终反应产物作为检测指标。经常用于配制诊断试剂的酶有氧化酶、脱氢酶、激酶和水解酶等。已普遍使用的常规检测项目有血清胆固醇、甘油三酯、葡萄糖、血氨、ATP、尿素、乙醇及血清 sGPT（谷丙转氨酶）利 sGOT（谷草转氨酶）等。

（3）器官功能诊断药物　利用某些药物对器官功能的刺激作用、排泄速度或味觉等以检查器官动能损害程度；如磷酸组织胺、促甲状腺素释放激素、促性腺激素释放激素、胰多肽（BT－PABA）、甘露醇等。

（4）放射性核素诊断药物　放射性核素诊断药物有聚集于不同组织或器官的特性，故进入体内后，可检测其在体内的吸收、分布、转运、利用及排泄等情况，从而显出器官功能及其形态，以供疾病的诊断。如^{131}碘化血清白蛋白用于测定心脏放射图及心输出量、脑扫描；氰^{57}钴素用于诊断恶性贫血；柠檬酸^{59}铁用于诊断缺铁性贫血；^{75}硒－蛋氨酸用于胰脏扫描和淋巴瘤、淋巴网状细胞瘤和甲状旁腺组织瘤的诊断。

（5）诊断用单克隆抗体（McAb）　McAb 的特点之一是专一性强，由一个 B 细胞所产生的抗体，只针对抗原分子上的一个特异抗原决定簇。应用 McAb 诊断血清能专一检测病毒、细菌、寄生虫或细胞之分子量很小的一个抗原分子片段，因此测定时可以避免交叉反应。McAb 诊断试剂已广泛用于测定体内激素的含量（如 HCG、催乳素、前列腺素），诊断 T 淋巴细胞亚群和 B 淋巴细胞亚群及检测肿瘤相关抗原。McAb 对病毒性传染源的分型分析，有时是唯一的诊断工具，如脊髓灰质炎有毒株或无毒株的鉴别、登革热不同型的区分、肾病综合征的诊断等。

（6）诊断用 DNA 芯片　应用基因芯片进行突变基因检测是对遗传病，肿瘤等进行临床诊断的重要手段。如血友病、地中海贫血、苯丙酮尿症等遗传病的诊断和癌症等，癌基因芯片与抑癌基因芯片的应用已愈来愈广泛。

（四）生物医药用品的其他用途

生物药物应用的另一个重要发展趋势就是渗入到生化试制、生物医学材料、营养、食品及日用化工，保健品和化妆品等各个领域。

（1）生化试剂　生化试剂品种繁多，不胜枚举，如细胞培养剂、细菌培养剂、电泳与层析配套试剂、DNA 重组用的一系列工具酶、植物血凝素、同位素标记试剂和各种抗血清与免疫试剂等。

（2）生物医学材料　主要是用于器官的修复、移植或外科手术矫形及创伤治疗等的一些生物材料。如止血海绵，人造皮，牛、猪心脏瓣膜，人工肾脏，人工胰脏等。

（3）营养保健品及美容化妆品　这类药物已渗入到广大人民的日常生活中，前景可观。如各种软饮料及食品添加剂的营养成分，包括多种氨基酸、维生素、甜味剂、天然色素，以及各种有机酸，如苹果酸、柠檬酸、乳酸等。另外众多的酶制剂（如SOD）、生长因子（如EGF）、多糖类（如肝素）、脂类（如胆固醇）和多种维生素均已广泛用于制造多种日用化妆品，包括护肤护发、美容化妆品，清洁卫生劳动保护用品，以及营养治疗化妆品。

第三节　生物药物的研究发展前景

扫码“学一学”

生物制药产业已成为制药工业中发展最快、活力最强和技术含量最高的领域，是21世纪的“钻石”产业。也是衡量一个国家生物技术发展水平的一个重要标志。生物药物的创新研究已成为新药开发的重要发展方向。许多疑难杂症将在此突破，如肿瘤、感染性疾病、AIDS/HIV感染、自身免疫性疾病、心血管疾病、神经障碍性疾病、呼吸系统疾病、糖尿病和器官移植等。有些生物药物具有确切、突出的临床疗效，其治疗作用是其他类药物不可替代的，如胰岛素治疗糖尿病，溶栓药物tPA、TNK－tPA 、rp－A，治疗风湿性关节炎的anti－TNFα的抗体类药物Humira，治疗遗传性疾病的酶类药物以及预防和控制传染性疾病的多种疫苗等。

生物技术是生物新药发现的关键，并贯穿于生物新药，尤其是生物技术药物研发的全过程。人类基因组学与蛋白质组学的生物信息学研究使得对人类疾病与相关生理活性物质的认识进入分子水平，为新的药物靶点与先导物的发现和确证提供了依据；对功能蛋白的结构与生物活性关系的研究使得设计新的生物药物成为可能；通过DNA重组技术建立生物分子库，从中以高通量筛选获得新的药理活性分子，再经药效学与安全性评估和下游工程的研究开发成新的生物药物，新的生物药物剂型研究使其能更方便、安全、有效地应用于临床，并加速生物制药工业的现代化与市场化。

一、生物药物的发展现状

（一）全球现状

自1998年起，全球生物制药产业的年销售额连续10年增长速度保持在30%左右，大大高于全球医药行业年均不到10%的增长速度，成为发展最快的高新技术产业之一。重组药物年销售额已超过两千亿美元。

截至2018年，美国食品药品监督管理局（FDA）已批准上市300多种生物技术药物，其中年销售额超过10亿美元的“重磅炸弹”药物约40种，处于各期临床试验的生物技术药物有2600多种。世界年销售额超过50亿美元的“超级重磅炸弹”药物共11种，基因工程蛋白质类药物就占8种。

2014年至2018年，连续五年全球十大畅销药物中生物技术药物达7个以上。其中一直排在第一位的是治疗类风湿关节炎、强直性脊柱炎、银屑病等免疫性疾病的生物技术药物Humira（阿达木单抗），其在2012年接棒波立维之后，连续七年成为全球销量第一的生物制剂并保持高速增长，充分显示了生物技术药物在医疗领域的强势地位。

截至2008年，美国食品药品监督管理局（FDA）已批准100多种生物技术药物，已上

市的生物技术药物已达200多种，还有723种生物技术药物正在进行FDA审批，处于各期临床试验的生物技术药物有700多种，处于不同研究阶段的有1700多种。已上市的生物技术药物有29种，年销售额超过10亿美元，即有30%的上市生物技术药物是“重磅炸弹”药物。

全球年销售额超过40亿美元的“超级重磅炸弹”药物共16种，其中，基因工程蛋白质类药物就占7种。年销售额超过1亿美元的56种重组药物，产值达835亿美元，占全球生物制药市场的99.5%。

全球现有十大畅销药物，其中5个是生物技术药物，排在第一位的就是生物技术药物骨质疏松治疗药Prolia。世界生物药物市场销售额分布，北美占60%，欧洲占20%，日本占10%，其他国家占10%。充分显示生物技术药物在医疗领域的强势地位。

（二）国内现状

我国的生物制药企业近900家，其中有200多家有生产生物技术药物的技术与批文，上市公司近200多家，无论是数量、规模及效益与国际上的生物制药企业相比均有不小差距。

1989年我国自行研制成功IFN－α1b，1993年上市，开启了我国生物技术药物产业的新时代。目前，我国生物制药产业年工业产值已达2000亿元，年增长30%左右，处于快速发展阶段，预计到2021年，市场规模可达3000亿元。我国生物制药产业正在向规模化、系列化、专门化方向发展。

我国已批准生产的生物药物新药共60多种，主要品种如下。①生物技术药物：重组人干扰素（α1b、α2b、α2a、γ），重组人胰岛素，重组人生长激素，精蛋白重组人胰岛素，重组人白介素－2，重组人白介素－11，重组人粒细胞刺激因子，重组人粒细胞巨噬细胞刺激因子，重组B亚单位/菌体霍乱疫苗，重组乙型肝炎疫苗，重组人促红素，重组牛碱性成纤维细胞生长因子，重组人表皮生长因子，重组链激酶，尼妥珠单抗，抗A、抗B血型定型试剂（单克隆抗体）等。②生化药物：注射用鼠神经生长因子、人血白蛋白、人免疫球蛋白、乙型肝炎人免疫球蛋白、破伤风人免疫球蛋白、狂犬病人免疫球蛋白、人凝血因子Ⅷ、人纤维蛋白原、结核菌素纯蛋白衍生物、卡介菌纯蛋白衍生物、布氏菌纯蛋白衍生物、抗人T细胞猪免疫球蛋白、抗人T细胞兔免疫球蛋白、人凝血酶原复合物等。

二、生物技术药物的研究发展前景

目前市场累计销售额最高的6大类生物技术药物分别为：肿瘤治疗用抗体类、anti－TNFα治疗性抗体、EPO类、胰岛素类、干扰素类和凝血因子类，这6大类药物占生物制药市场的75%以上，说明生物技术药物主要用于癌症、糖尿病、心血管疾病、自身免疫性疾病和遗传疾病等重大疾病的治疗。全球处于临床研究的生物技术药物中，治疗性抗体占比约43%，重组治疗性蛋白约38%，疫苗约17%，说明这三大类生物技术药物是当前发展重点领域。

我国将大力支持人源化抗体，治疗性疫苗，重组治疗蛋白，多肽、核酸药物及干细胞为主的生物治疗品种的研究开发，突破规模化制备，药物递送及释药系统，质量控制等关键技术。重点包括：动物细胞高效表达和产品纯化技术，生物技术药物“二次创新”关键技术，如蛋白质工程技术，PEG化学修饰技术，新型疫苗研发与生产技术，多肽药物大规模合成技术，干细胞治疗相关技术，核酸药物化学修饰，规模化制备及递送缓释技术。

（一）研究发展新型疫苗

疫苗可分为传统疫苗（traditional vaccine）及新型疫苗（new generation vaccine）或高技术疫苗（high-tech vaccine）两类。传统疫苗主要包括减毒活疫苗、灭活疫苗和传统亚单位疫苗等；新型疫苗以基因工程疫苗为主体，包括基因工程疫苗、合成肽疫苗、遗传重组疫苗等。疫苗的作用也从单纯的预防传染病发展到预防或治疗疾病（包括传染病）以及防治兼具，预估到2022年，全球疫苗市场规模将超500亿美元。

1. 传统疫苗　我国是全球最大的疫苗产业大国，可生产60多种疫苗，预防35种疾病，如卡介苗、乙型肝炎疫苗、百白破疫苗、乙脑疫苗等。目前细菌来源的疫苗质量和效果较好，有些病毒疫苗存在质量不稳定或产品缺乏等问题，可以利用基因工程技术对传统疫苗进行改造，如狂犬疫苗、轮状病毒疫苗、口蹄疫疫苗、流感疫苗等。

2. 新型疫苗　随着基因工程、新载体、佐剂等技术及免疫学的发展，新型疫苗的研究进展迅速，其适应证也从传染性疾病扩展到肿瘤等非传染性疾病。近年疫苗领域出现的重磅新型疫苗如13价肺炎疫苗、HPV疫苗、五价口服轮状病毒疫苗、百白破－Hib－IPV五联苗、四价流感疫苗等。目前诸如癌症、艾滋病、疟疾、寨卡病毒、埃博拉病毒等对人类健康具有重大威胁的疾病尚无有效的防治方法，新型疫苗的开发将对这些疾病的预防和治疗提供新的手段。

（二）治疗性抗体成为生物制药的发展引擎

治疗性抗体（therapeutic antibody）由于具备治疗专一性强、疗效好、副反应小的优点，已成为生物制药的重要支柱。随着抗体技术和大规模哺乳动物生产技术的进步，截至2018年，FDA批准的治疗性抗体药物已达近90种，在全球生物制品行业中的市场占比已由1997年2.5%上升到2018年的43.2%。抗体技术经历了鼠源单抗→人－鼠嵌合抗体→人源化抗体→全人源抗体→单链抗体→双/多特异性抗体→抗体融合蛋白等的演变历程，人源化、小型化、功能化抗体是今后治疗性抗体的主要发展方向。

治疗性抗体最重要的产品是经过人源化改构的基因工程抗体，无论从药物疗效、在研药物品种数量、批准上市药物数量、药物市场、药物产量及药物生产技术水平看，治疗性抗体都是在生物制药产业中一枝独秀的研究、开发和生产领域，是全球制药企业重点发展和争夺的领域，是拉动生物制药产业高速发展的主要引擎，更是评价一个国家生物技术发展水平最重要的指标。

（三）重组治疗蛋白进入蛋白质工程药物新时期

依据发现的药物新靶标应用蛋白质工程技术，研究开发新的重组治疗蛋白质药物，利用蛋白质构效关系的研究，通过定向改造、分子模拟与设计或转译后修饰研制开发出创新药物，这是重组蛋白质药物开发研究的新特点。

（1）融合蛋白（fusion-proteins）　融合蛋白在新生物技术药物的开发上占有重要的地位。如胸腺肽α_1－复合IFN（胸腺肽α_1－复合干扰素）、TPO－SCF（血小板生成素－干细胞因子）等。

（2）靶向性治疗蛋白　靶向性的治疗蛋白主要有毒素抗体等与功能性蛋白融合形成具有靶向性的融合蛋白，如IL－10－铜绿假单胞菌外毒素40、重组TNFα受体抗体融合蛋白等。

肿瘤靶向药物是指与肿瘤发生、生长、转移和凋亡密切相关的分子或基因为靶向而设

计的药物，应用肿瘤靶向药物治疗肿瘤是肿瘤治疗的首选策略。如蛋白酪氨酸激酶靶向药物，抑制肿瘤血管形成的靶向药物、诱导肿瘤细胞凋亡的靶向药物以及信号传导的靶向药物等。

（3）长效治疗蛋白药物　多肽蛋白类生物药物一般血浆半衰期比较短，长效蛋白质类药物可以通过更为稳定的血药浓度，增强疗效，降低副反应。

①聚乙二醇修饰蛋白，PEG 修饰可以部分遮蔽活性位点，修饰后蛋白比活会有所下降，但体内半衰期大大延长，因此其在体内的活性高于其前体蛋白。②抗体 Fc 片段融合蛋白，将蛋白与抗体 Fc 融合，获得类抗体的结构，不仅可延长蛋白药物的体内半衰期，而且还由单价变成了双价，提高了其与靶蛋白的结合力。如 TNFα 可溶性受体与 IgG_1 Fc 的融合蛋白 TNFR/Fc（商品名 Enbrel），用于治疗风湿性关节炎和脓血症，取得巨大成功。③人血清白蛋白融合蛋白，如 IFNα－2b 与 HAS 融合蛋白（Albuferon）。④高度糖基化治疗蛋白，如在 EPO 分子上引入 2 个 *N*－糖基化位点和 2 个 *O*－糖基化位点，产生高糖基化 EPO 衍生物 NESP（商品名 Aranesp），其半衰期大大延长，可达 2 周注射一次。

（四）加快发展多肽类药物

多肽类药物具有毒性低、特异性高、分子量小等独特优势，化学合成多肽技术，特别是固相多肽合成成本显著下降，促使多肽药物的研发蓬勃发展，如抗肿瘤多肽 RasGAP 肽段衍生物，胰高血糖素样多肽－1（GLP－1）用于口服型糖尿病治疗，还有昆虫抗菌肽，动物抗菌肽、海洋生物抗菌肽等都是近期研究热点。

（五）开发新的高效表达系统

已上市的基因工程药物多数以 *E. coli* 表达系统生产（如 Ins、tPA），其次是酿酒酵母（如用毕赤酵母 *Pichia pastoris* 生产人体白蛋白）和哺乳动物细胞（中国仓鼠卵细胞 CHO 和幼仓鼠肾细胞 BHK），正在进一步研究的重组蛋白表达体系有真菌、昆虫细胞和转基因动物和转达基因植物表达体系，转基因动物作为新的表达体系能更便宜地大量生产复杂产品，有多家生物制药公司如 Genezyme、Transgenics 和 Pharming 等，已应用转基因动物生产多种产品获 FDA 批准上市，如重组人抗凝血酶Ⅲ、重组人 C1 酯酶抑制剂等，尚有多种应用转基因动物制备的重组蛋白药物如血清白蛋白、单克隆抗体 CD20、抗胰蛋白酶、重组人凝血因子Ⅸ、tPA、人乳铁蛋白、甲种胎儿球蛋白等处于临床研究阶段。另外通过克隆动物用于生产重组药物也具有发展前景，如用克隆山羊使其带有Ⅸ因子基因，用于制备Ⅸ因子也取得良好进展。

（六）将基因组学和蛋白质组学的研究成果转化为生物技术新药的研究与开发

通过药物基因组学和药物蛋白组学的研究，药物作用的靶标已增至 10000 个以上，必将进一步阐明在一个特定的细胞内表达的动物蛋白或在特异疾病状态下或代谢状态下表达的蛋白组，从而为药物研究提供更多的信息。药物作用靶点涉及受体、酶、离子通道、转运体、免疫系统、基因等，这些新靶点一旦被确定，通过分子模拟的合理药物设计与蛋白质工程技术，可以设计出更多的新药或获得更有治疗特性的新治疗蛋白。随着人类基因组计划的完成，目前共发现超过 11000 种与疾病相关的基因靶点，可用来研究、开发生物技术药物，这将推进生物技术药物的更快发展。

（七）药物递送系统与生物技术药物新剂型研究快速发展

药物递送系统将药物有效地递送到药物发挥疗效的目的部位，从而调节药物的药代动力学、药效、毒性、免疫原性和生物识别性。常可采取长效、靶向、受体介导、内吞非注射给药策略，应用细胞穿透，内涵体逃逸，抗体－药物偶联物、超分子复合物等有效地递送生物药物。进而促进生物技术药物新剂型迅速发展。如对药物进行化学修饰、制成前体药物、应用吸收促进剂、添加酶抑制剂、增加药物透皮吸收及设计各种给药系统等。研究的主攻方向是开发方便、安全、合理的给药途径和新剂型。主要有两个方向：①埋植剂与缓释注射剂。②非注射剂型，如呼吸道吸入，直肠给药，鼻腔，口服和透皮给药等。如LHRH缓释注射剂作用可达1～3个月。尤其是纳米粒给药系统，常见的有纳米粒和纳米囊，如环孢素A纳米球、胰岛素纳米粒、降钙素钠米粒，结果表明多肽和蛋白质类纳米粒制剂具有更高的生物利用度和有效的缓释作用。

三、天然生物药物的研究发展前景

天然药物的有效成分是生物体在其长期进化过程中，在自然选择的胁迫形成的，具有特定的功能和活性，是生物适应环境、健康生存和繁衍后代的物质基础，因此，有些天然生物药物有的已沿用很长的时间，迄今还在广泛使用，而且随着生命科学的进展，人们从天然产物中不断发现许多新的活性物质，如从动物与人体的呼吸系统内发现多种神经肽，表明呼吸功能除受肾上腺素能神经和胆碱能神经的调节外还受非肾上腺素能和非胆碱能神经的调节，此类神经系统的递质主要是神经肽，结果从心房中分离到心钠素，从大脑分离到脑钠素。又如对细胞生长调节因子的发现，使免疫调节剂成批出现。实际上，人类对生物与人体全身的了解还十分不够，对疾病、健康、长寿等问题还远不能解决，因此对天然活性物质的研究必将随着生命科学的发展而不断深入。众多的天然产物除可直接开发成为有效的生物药物外，还可以为应用现代生物技术生产重组药物和通过组合化学与合理药物设计提供新的药物作用靶标和设计合成新的化学实体。

（一）深入研究开发人体来源的新型生物药物

人体血浆蛋白成分繁多，目前已利用的不多，主要原因是含量低、难于纯化，因此进行综合应用、提高纯化技术生活水平与效率是关键，如纤维蛋白原，凝血因子Ⅱ、Ⅶ、Ⅸ，蛋白C，α_2－巨球蛋白，β_2－微球蛋白，多种补体成分，抗凝血酶Ⅲ，α_1－抗胰蛋白酶，转铁蛋白，铜蓝蛋白，触珠蛋白，CI酯酶抑制物，前白蛋白等均是亟待开发的有效产品。另外各种人胎盘因子以及人尿中的各种活性物质也有良好的研究价值。

（二）扩大和深入研究开发动物来源的天然活性物质

继续从哺乳动物发现新的活性物质，如从红细胞分离获得新型降压因子，从猪胸腺分离得到淋巴细胞抑裂素（LC），从猪脑分离得到镇痛肽AOP（分子量为12000）等，扩大其他动物来源的活性物质的研究也是一个重要发展方向，包括从鸟类、昆虫类、爬行类、两栖类等动物中寻找具有特殊功能的天然药物，已研究成功蛇毒降纤维酶、蛇毒镇痛肽，还发现多种抗肿瘤蛇毒成分。

（三）努力促进海洋药物和海洋活性物质的开发研究

海洋活性物质在抗肿瘤、抗炎、抗心脑血管疾病、抗放射和降血脂及海洋前列腺素等方面已取得重要进展，今后将加快对海洋活性物质如多肽、萜类、大环内酯类、聚醚类、海洋毒素等化合物的筛选及其化学修饰和半合成研究，以获得活性强、毒副作用少的有药用价值的海洋活性物质。另外充分利用海洋资源积极研发海洋保健功能食品和海洋医用材

料以及海洋中成药也是亟待发展的重要领域。

（四）综合应用现代生物技术，加速天然生物药物的创新和产业化

通过基因工程、细胞工程、酶工程、发酵工程和抗体工程、组织工程与合成生物学途径等现代生物技术的综合应用，不仅可以解决天然生物活性物质的规模化生产，而且可以对活性多肽、活性多糖、核酸酶等生物大分子进行结构修饰、改造，进而进行生物药物的创新设计和结构模拟，再通过合成或半合成技术，创制和大量生产疗效独特、毒副作用少的新型生物药物。如将2个合成青蒿素基因导入酵母细胞，而取得青蒿素的高表达，已达到工业化要求。

（五）中西结合创制新型生物药物

"中国医药是一个伟大的宝库"，我国在发掘中医中药，创制具有我国特色的生物药物方面已取得可喜的成果，如人工麝香、天花粉蛋白、骨肽注射液、香菇多糖、复方干扰素、药物菌和食用菌及植物多糖等，都是应用生物化学等方法整理和发掘祖国医药遗产及民间验方开发研制成功的。祖国医药学是几千年来我国人民与疾病作斗争的成果，具有丰富的实践经验，结合现代生物科学，一定可以创制一批具有中西结合特色的新型药物，如应用分子工程技术将抗体和毒素（如天花粉蛋白、蓖麻毒蛋白、相思豆蛋白等）相偶联，所构成的导向药物（免疫毒素）是一类很有希望的抗癌药物。应用生物分离工程技术从斑蝥、全蝎、地龙、蜈蚣等动物类中药中分离纯化活性生化物质，再进一步应用重组DNA技术进行克隆表达生产也是实现中药现代化的一条重要研究途径。

扫码"练一练"

（高向东）

第二章　生物制药工艺技术基础

第一节　生化制药工艺技术基础

扫码“学一学”

天然生化药物是以人体组织、动物、植物、微生物和海洋生物为原料，应用生物化学的原理、方法与生物分离工程技术加工制造的一大类天然生物药物。由人体组织来源的生化药物具有疗效好、副作用较小的独特优点。但由于以人体组织提供的原料受到法律或伦理方面的严格限制，有许多人源性的生化药物已更多地采用生物工程技术生产。目前已生产应用的制品主要有血液制品类、人胎盘制品类和人尿制品类。动物来源的生化药物是天然生化药物的主要品种，它具有原料来源丰富、价格低廉，便于综合利用和批量生产的优点。但由于提供原料的动物种族差异较大，所以对原料的品质和制品的质控要比一般药物更为严格。近来研究发现有些以小动物和昆虫等为原料制造的天然生化药物具有特殊医疗价值，如蛇毒、蜂毒和蝎毒等。植物来源的生化药物品种正逐年增加，主要为来自植物组织的天然生化活性物质，如酶、蛋白质、多糖和核酸等。海洋生物来源的生化药物是发展最快的一大类生化药物。海洋生物种类繁多，是丰富的药物资源宝库，具有很大发展潜力。

一、生物材料与生化活性物质

（一）生化制药的生物材料来源

供生产生化药物的生物资源主要有动物、植物、海洋生物和微生物的组织、器官、细胞与代谢产物。应用动、植物细胞培养与微生物发酵技术也是获得生化制药原料的重要途径。基因工程技术与细胞工程技术和酶工程技术更是开发生化制药资源的新途径。

1. 动物脏器（animal organ）　以动物组织器官为原料可以综合利用制备100多种生化药品。动物组织器官的主要来源是猪，其次是牛、羊、家禽和鱼类等的脏器。

（1）胰脏　用胰脏提取的生化药物有40多种，如激素、酶、多肽、核酸、多糖、脂类及氨基酸等。

（2）脑　脑组织中脂类占13.5%，蛋白质占8%～10%，还有少量黏多糖。脑组织中的主要脂类物质是脑磷脂、肌醇磷脂、神经磷脂、脑苷脂、神经节苷脂和胆固醇。还有神经递质和多种神经肽。

（3）胃黏膜　胃黏膜是生产胃蛋白酶和胃膜素的原料。羔羊与乳猪胃黏膜可供制造胃优乐和双歧因子，牛、羊胃可供生产凝乳酶。

（4）肝脏　用肝脏可制备肝注射液、肝水解物、肝细胞生长因子、造血因子、抑肽酶、抗脂血因子、促进组织呼吸物、含铜肽、SOD、肝抑素、肝脏解毒素、肝RNA、免疫RAN、鳍鲛鲨烯等。

（5）脾脏　脾脏是体内最大的免疫器官，已生产的药物有脾水解物，脾RNA和脾转移因子。人脾混合淋巴因子制剂对原发性肝癌具有良好疗效。

（6）小肠　猪小肠黏膜是生产肝素的原料，类肝素、冠心舒、脑心舒也是用十二指肠

为原料制取的。胃肠道含有30多种胃肠道激素，已试制成功用于临床治疗和诊断的有促胰液素、胰高血糖素、P物质和胃泌素等。

（7）脑垂体　用垂体为原料生产的药物有ACTH、LH、FSH、缩宫素注射液、加压素、垂体后叶注射液及助应素等。

（8）心脏　用心脏为原料生产的药物主要有细胞色素C、辅酶Q_{10}和心血通注射液。

其他动物脏器如肺、肾、胸腺、肾上腺、扁桃体、甲状腺、睾丸、胎盘、羊精囊、气管软骨、眼球、鸡冠等也都是重要的生物制药原料。

2. 血液、分泌物和其他代谢物（blood，secretion and metabolites）　血液资源丰富，可用于生产药品、生化试剂、营养食品、医用化妆品及饲料添加剂等。以人血为原料生产的制品有人血制剂，抗凝血酶Ⅲ、Ⅷ、Ⅸ，纤维蛋白原，免疫球蛋白，人血浆，血纤溶酶原，血纤维结合蛋白，人血白蛋白，α_2－巨球蛋白，SOD等。以动物血为原料生产的制品有小牛血去蛋白提取物注射液，凝血酶、血活素、原卟啉、血红蛋白、血红素、SOD、要素膳及各种氨基酸。

尿液、胆汁、蛇毒、蜂毒等也是重要的生物材料。由尿液可制备尿激酶、乌司他汀、尿抑胃素、HCG、HMG。由胆汁可生产胆酸、胆红素；从蛇毒可生产纤溶酶，如蝮蛇抗栓酶等。

3. 海洋生物（marine organism）

（1）海藻　已从藻类植物中发现和提取了一些抗肿瘤、防止心血管疾病、治疗慢性气管炎、驱虫和抗放射性物质及血浆代用品等生物活性物质。如烟酸甘露醇酯、六硝基甘露醇、褐藻酸钠、海人草酸、β－二甲基丙基噻宁。

（2）腔肠动物　如从柳珊瑚提取前列腺素A_2和前列腺素异构物（15－*epi* PGA_2）以及萜类抗菌物质，从海葵中分离Polytoxin（分子量3300）具有抗癌作用，从僧帽水母分离活性多肽和毒素。

（3）节肢动物　如红点黎明蟹的活性物质有抗癌作用，龙虾肌碱具有抑制心脏作用，美洲螯龙虾毒素有神经阻断作用。

（4）软体动物　从软体动物中分离的活性物质有多糖、多肽、糖肽、毒素等。它们分别具有抗病毒、抗肿瘤、抗菌、降血脂、止血和平喘等生理功能。如珍珠母注射液治疗功能性子宫出血，清开灵注射液（珍珠贝等）治疗高热神昏等。

（5）棘皮动物　海星的毒素大多数类似溶血性的皂素型化合物，如海星皂素A和B能使精子失去移动能力，海胆毒素能使呼吸困难，回肠收缩，红细胞溶解。海胆还含有丰富的二十碳五烯酸，它是冠心病的有效防治剂。海参素有抗癌作用。由棘皮动物分离的活性物质还有龙虾肌碱、5－羟色胺、磷肌酸、磷酰精氨酸、黏多糖、磷酸肌酐、胆固醇、乙酰胆碱等。

（6）鱼类　如用鲨鱼或其他鱼类肝脏制取鱼肝油，用鱼精制取鱼精蛋白，用鱼软骨制取软骨素。还可从鱼类中提取细胞色素C、卵磷脂、脑磷脂、从河豚鱼肝制取“新生油”用于治疗鼻咽癌、食管癌、胃癌、结肠癌等。由鱼鳞提取鸟嘌呤，由鲱鱼的精巢中提取DNA。分泌毒液的鱼类有200多种，一般毒液中含有多肽、蛋白质及多种酶，对心肌、中枢神经系统和肌肉有强烈作用。

（7）爬行动物　长吻海蛇提取物对中枢神经、呼吸系统和运动系统有明显活性作用。海蛇毒液含有蛋白酶、转氨酶、透明质酸酶、*L*－氨基酸氧化酶、磷脂酶、胆碱酯酶、卵磷

脂酶、核糖核酸酶、脱氧核糖核酸酶。

（8）海洋哺乳动物　如鲸肝抗贫血剂，维生素 A、D 制剂，鲸油和江豚油抗癌剂及垂体激素等。来自海狗骨骼肌的海狗 17 肽有扩张血管、降低血压作用。海狗油含多种不饱和脂肪酸，用于降血脂和防治脂肪肝。

4. 植物（plant）　由植物材料寻找有效生物药物，品种逐年增加，如天花粉蛋白、相思豆蛋白、菠萝蛋白酶、木瓜蛋白酶、木瓜凝乳蛋白酶、无花果蛋白酶、苦瓜胰岛素、前列腺素 E、伴刀豆球蛋白、植物凝集素、香菇多糖、月橘多糖、人参多糖、刺五加多糖、黄芪多糖、天麻多糖、红花多糖、薜荔果多糖、茶叶多糖、牛膝糖肽以及各种蛋白酶抑制剂。

5. 微生物（microorganism）　微生物资源非常丰富，已研究的品种仅占自然界中微生物总数的 10% 左右。微生物的代谢物有 1300 多种，已大量生产的才近百种。微生物酶有几千种，已被应用的才几十种，其应用前景很大。

（1）细菌（bacteria）　主要发展领域如下。

①氨基酸：如亮氨酸、异亮氨酸、色氨酸、缬氨酸、苯丙氨酸、苏氨酸等。

②有机酸：利用假单胞菌属可转化油酸为 10 – 羟基十八酸，转化 *D* – 木糖为 α – 酮 – *D* – 木质酸，转化山梨醇为 α – 酮 – *L* – 古龙酮酸，转化萘为水杨酸和龙胆酸。利用黏质塞氏杆菌制造 α – 酮二酸。用霉菌、产氨短杆菌、黄色短杆菌制造 *L* – 苹果酸，用短杆菌、棒状杆菌制造乳清酸。

③糖类：利用细菌可制取葡聚糖、聚果糖、聚甘露糖、脂多糖，还可生产单糖和寡糖，如葡萄糖、果糖、阿拉伯糖、核糖、海藻糖、麦芽三糖等。

④核苷酸类：用细菌可生产 5′ – AMP、5′ – 肌苷酸、核苷和磷酸核糖。

⑤维生素：用细菌可制取多种维生素如维生素 B_1、维生素 B_2、维生素 B_6、烟酸、生物素等。

⑥酶：应用细菌可生产 α – 淀粉酶、蛋白酶、凝乳酶、脂肪酶、角蛋白酶、弹性蛋白酶、几丁质酶、昆布糖酶。由大肠埃希菌产生的 *L* – 天冬酰胺酶是治疗肿瘤的第一个酶制剂。

（2）放线菌（actinomycetes）　放线菌是最重要的抗生素产生菌，其代谢产物也是重要的生物制药资源。

①氨基酸：如丙氨酸、蛋氨酸、赖氨酸、鸟氨酸、色氨酸、苏氨酸。

②核苷酸类：用链霉菌可利用 DNA 生产 5′ – 脱氧肌苷酸。还可用放线菌制造 5′ – 氟尿苷酸、6 – 巯基嘌呤核糖核苷、呋喃腺嘌呤。

③维生素：利用放线菌可产生维生素 B_{12}、B 族维生素、胡萝卜素、番茄红素等。

④酶：主要有高温蛋白酶、中性和碱性蛋白酶、纤维素酶、淀粉酶、脂肪酶、卵磷脂酶、磷酸二酯酶、尿酸酶、葡萄糖异构酶、半乳糖糖苷酶、玻璃酸酶、海藻糖酶、蛋氨酸脱氢酶等。

（3）真菌（fungi）

①酶：真菌是生产工业酶制剂的主要资源，如淀粉酶、蛋白酶、脂肪酶、果胶酶、葡萄糖氧化酶、纤维素酶、凝乳酶、凝血致活酶、5′ – 磷酸二酯酶、腺苷酸脱氨酶、柚苷酶、虫漆酶。

②有机酸：如柠檬酸、葡萄糖酸、丁烯二酸、顺乌头酸、苹果酸、曲酸五倍子酸、齿

孔酸、抗坏血酸和异抗坏血酸。

③氨基酸：如丙氨酸、谷氨酸、赖氨酸、蛋氨酸、精氨酸等。

④核酸及其有关物质：已筛出60多个属的真菌有分解RNA、DNA，生成核苷酸和核苷的能力。如5′-核苷酸、3′-核苷酸、5′-脱氧核苷酸、5′-脱氧胸苷酸、很多真菌能将5′-AMP转化为5′-肌苷酸。

⑤维生素：工业上可用真菌生产核黄素与β胡萝卜素。

⑥促生素：主要品种有异生长素、赤霉素、RAL化合物（resocylic acid lactones）。

⑦多糖：由真菌制备的多糖包括匀多糖和杂多糖，如葡聚糖、半乳聚糖、甘露聚糖、银耳多糖等。

（4）酵母菌（yeast）

①维生素：酵母菌富含肌醇，维生素 B_1、B_2、B_6，烟酸，叶酸，泛酸，生物素，邻氨基苯甲酸，麦角醇，类胡萝卜素等。

②蛋白质与多肽：白地霉的蛋白质含量为菌体量的50%左右，是良好的食品与饲料。加入半胱氨酸培养真菌可提高三倍产量的GSH。酵母产生一种干酪素类似蛋白叫酵母酪素（zymocasein），用于造纸工业。

③核酸：酵母含2.67%～10.0%的RNA，0.03%～0.516%的DNA是核酸工业的原料。用酵母可以制造核酸铜、核酸铁、核酸锰、核素、腺苷、鸟苷、次黄嘌呤核苷酸、胞苷酸、腺苷酸、尿苷、核糖。

还可利用酵母生产柠檬酸、苹果酸、油脂、核黄素、维生素C、麦角醇、辅酶A、ATP、凝血质等。

（二）生物材料的准备

1. 生物材料的选择 生化药物生产原料的选择原则是：有效成分含量高，原料新鲜、无污染；来源丰富、易得，原料产地较近，价格低廉；原料中杂质含量少，便于分离纯化等。

（1）有效成分的含量

①生物品种：根据目的物的分布，选择富含有效成分的生物品种。如制备催乳素，不要选用禽类、鱼类、微生物，应以哺乳动物为材料。又如羊精囊富含前列腺素合成酶是分离此酶的最佳材料。为保证有效成分含量的稳定性，对采集的生物材料要事先进行品种鉴定，并注意该生物的自然分布区域。

②合适的组织器官：如制备胃蛋白酶只能选用胃为原料；制取免疫球蛋白以血液或富含血液的胎盘为原料；提取胸腺素应选用幼年动物胸腺为原料；提取绒毛膜促性腺激素（HCG）要收集孕期为1～4个月孕妇的尿。另外动物的年龄、性别、营养状况、产地、季节对活性物质的含量也有影响。植物原料要注意采集地点、季节，微生物原料要注意其对数生长期时间与活性成分的关系。

（2）杂质情况 选材时，应避免与目的物性质相似的杂质对纯化过程的干扰。如胰脏含有磷酸单酯酶和磷酸二酯酶，两者难于分开，故不选用胰脏为原料制备磷酸单酯酶，而改用前列腺为原料，因为它不含磷酸二酯酶，使操作较为简化。

（3）来源 应选用来源丰富的材料，尽量不与其他产品争原料，最好能一物多用，综合利用。如用胰脏生产弹性蛋白酶和激肽原酶，胰岛素与胰酶等。

2. 生物材料的采集、预处理与保存 生物材料采集时必须保证环境卫生符合要求，并尽力保持原材料的新鲜，防止腐败、变质与微生物污染。选取材料时，要求目的组织、器官完整，并进行初步整理，尽量不带入无用组织（如脂肪和结缔组织等），所选用的材料要防止污染微生物及其他有害物质（如化学农药与重金属）。必要时，应作致病微生物与外源病毒的污染检查。生物材料采摘选取后，必须快速及时速冻，低温保存，防止生物活性成分的变性、失活，酶原提取要及时进行，防止酶原激活转变为酶，胆汁不可在空气中久置，以防止胆红素氧化等。植物原料采集后可就地去除不用的部分，将有用部分保鲜处理。收集微生物原料时，要及时将菌体细胞与培养液分开，根据有效成分存在部位及时进行保鲜处理。

生物材料的保存方法主要有：①冷冻法。本法适用于所有生物材料。一般先速冻后置于 $-40℃$ 低温保存。②有机溶剂脱水法，常用的有机溶剂是丙酮，本法适用于原料稀少而价值高的材料，有机溶剂对活性物质不起破坏作用的原料，如脑垂体等。③防腐剂保鲜法，常用乙醇、苯酚等。本法适用于液体原料，如发酵液、提取液等。

二、生化活性物质的提取

（一）生化活性物质常用的提取方法

1. 酸、碱、盐水溶液提取法　用酸、碱、盐水溶液可以提取水溶性、盐溶性的生化物质。这类溶剂提供了一定的离子强度、pH 及相当的缓冲能力。如胰蛋白酶用稀硫酸提取，肝素用 pH 9 的 3% 氯化钠溶液提取，某些与细胞结构结合牢固的生物高分子，采用高浓度盐溶液提取（如 4mol/L 盐酸胍，8mol/L 脲或其他变性剂），这种方法称“盐解”。

2. 表面活性剂提取法　表面活性剂分子兼有亲水与疏水基团，在分布于水—油界面时有分散、乳化和增溶作用。表面活性剂又称“去垢剂”，可分为阳离子型、阴离子型、中性与非离子型去垢剂；离子型表面活性剂作用强，但易引起蛋白质等生物大分子的变性，非离子型表面活性剂变性作用小，适合于用水、盐系统无法提取的蛋白质或酶的提取。某些阴离子去垢剂如十二烷基硫酸钠（SDS）等可以破坏核酸与蛋白质的离子键合，对核酸酶又有一定抑制作用，常用于核酸的提取。

使用去垢剂时应注意它的亲油、亲水性能的强弱，通常以亲水基与亲油基的平衡值（HLB）表示：

$$\mathrm{HLB}=\frac{\text{亲水基的亲水性}}{\text{亲油基的亲油性}} \tag{2-1}$$

生物提取常用的表面活性剂，其 HLB 值多在 10～20 之间，除十二烷基硫酸钠（SDS）外，实验室中常见的还有吐温类（Tween 20、40、60、80）、Span 和 Triton 系列，以及十六烷基二乙基溴化铵等。离子型表面活性剂的化学本质多为高级有机酸盐、季铵盐、高级醇的无机酸酯。非离子表面活性剂多为高级醇醚的衍生物。

在适当 pH 及低离子强度的条件下，表面活性剂能与脂蛋白形成微泡，使膜的渗透性改变或使之溶解。微泡的形成严格地依赖于 pH 与温度。一般说离子型比非离子型更有效。虽然它易于导致蛋白质变性，甚至使肽键断裂，但对于膜结合酶的提取，如呼吸链的一些酶及乙酰胆碱酯酶等，还是相当有效的。

表面活性剂的存在对酶、蛋白等的进一步纯化带来一定困难，如盐析时很难使蛋白质沉淀，因此，需先除去。离子型表面活性剂可用离子交换层析法除去，非离子型表面活性剂可以用 Sephadex LH－50 层析法除去，其他表面活性剂可以用分子筛层析法除去。如采用

DEAE－Sephadex 柱层析纯化样品，则不必预先去除表面活性剂。经层析获得的蛋白质样品可用盐析或有机溶剂分部沉淀，十二烷基硫酸钠处理菌体悬浮液时，浓度一般为1%左右，低温放置12小时即可。

3. 有机溶剂提取　用有机溶剂提取生化物质可分为固－液提取和液－液提取（萃取）两类。

（1）固－液提取　常用于水不溶性的脂类、脂蛋白、膜蛋白结合酶等。例如用丙酮从动物脑中提取胆固醇，用醇醚混合物提取辅酶 Q_{10}，用三氯甲烷提取胆红素等。有机溶剂在提取分离物质时，有单一溶剂分离法与多种溶剂组合分离法，如先用丙酮，再用乙醇，最后用乙醚提取，可以从脑中依次分离出胆固醇、卵磷脂和脑磷脂。在生物制药中常用的有机溶剂有甲醇、乙醇、丙酮、丁醇等极性溶剂以及乙醚、三氯甲烷、苯等非极性溶剂。极性溶剂既有亲水基团又有疏水基团，从广义上说，也是一种表面活性剂。甲醇、乙醇、丙酮能同水混溶，同时又有较强的亲脂性，对某些蛋白质、类脂起增溶作用，乙醚、三氯甲烷、苯是脂质化合物的良好溶剂。

在选用有机溶剂时一般采用“相似相溶”的原则。与细胞颗粒结构如线粒体等结合的酶，有的是与脂类物质紧密结合，采用丁醇为溶剂，效果较好。丁醇在水中有一定溶解度，对细胞膜上磷脂蛋白的溶解能力强，能迅速透入酶的脂质复合物中。丁醇也能用于干燥生物材料的脱脂，但它在水溶液中解离脂蛋白的能力更强。在生化物质提取前，有时还用丙酮处理原材料，制成“丙酮粉”，其作用是使材料脱水、脱脂，使细胞结构松散，增加了某些物质的稳定性，有利于提取，同时又减少了体积，便于储存和运输。而且应用“丙酮粉”提取可以减少提取液的乳化程度及黏度，有利于离心与过滤操作。

有机溶剂既能抑制微生物的生长和某些酶的作用，防止目的物降解失活，也能阻止大量无关蛋白质的溶出，有利于进一步纯化。如用酸－醇法提取胰岛素既可抑制胰蛋白酶对胰岛素的降解作用，还能减少其他杂蛋白的共存，使后处理较为简便。

（2）液－液萃取　液－液萃取是利用溶质在两个互不混溶的溶剂中溶解度的差异将溶质从一个溶剂相向另一个溶剂相转移的操作。影响液－液萃取的因素主要有目的物在两相的分配比（分配系数 K）和有机溶剂的用量等。分配系数 K 值增大，提取效率也增大，萃取就易于进行完全。当 K 值较小时，可以适当增加有机溶剂用量来提高萃取率，但有机溶剂用量增加会增加后处理的工作量，因此在实际工作中，常常采用分次加入溶剂，连续多次提取来提高萃取率。

（3）溶剂萃取的注意事项

①pH：在萃取操作中正确选择 pH 很重要。因为在水溶液中某些酸、碱物质会解离，在萃取时改变了分配系数，直接影响提取效率。所以萃取具有酸、碱基团的物质时，酸性物质在酸性条件下萃取，碱性物质在碱性条件下萃取，对氨基酸等两性电解质，则采用 pH 在等电点时进行提取较好。

②盐析：加入中性盐如硫酸铵、氯化钠等可以使一些生化物质溶解度减少，这种现象称作盐析。在提取液中加入中性盐，可以促使生化物质转入有机相从而提高萃取率。盐析作用也能减少有机溶剂在水中的溶解度，使提取液中的水分含量减少。

③温度：温度升高可使生化物质不稳定，又易使有机溶剂挥发，所以一般在室温或低温下进行萃取操作。

④乳化：液－液萃取时，常发生乳化作用，使有机溶剂与水相分层困难。去乳化的常

用方法有：过滤与离心；轻轻搅动；改变两相的比例；加热；加电解质（氯化钠、氢氧化钠、盐酸及高价离子等）；加吸附剂（如碳酸钙）等。

（4）液－液萃取时溶剂的选择要注意以下几点。

①选用的溶剂必须具有较高选择性，各种溶质在所选溶剂中的分配系数差异愈大愈好。

②选用的溶剂，在萃取后，溶质与溶剂要容易分离与回收。

③两种溶剂的密度相差不大时，易形成乳化，不利于萃取液的分离。

④要选用无毒、不易燃烧、价廉易得的溶剂。

在生化药物提取分离工艺中，为保持目的物的生物活性与提取效率的提高还常用一些新型萃取法，如反胶束萃取法、双水相萃取法和超临界萃取法等。有关这些方法的原理和操作技术将在“第四章　萃取分离法”中进行专门讨论。

（二）影响提取效率的因素

1. 温度　多数物质的溶解度随提取温度的升高而增加。另外较高的温度可以降低物料的黏度，有利于分子扩散和机械搅拌，所以对一些植物成分，某些较耐热的生化成分，如多糖类，可以用浸煮法提取。加热温度一般为 50～90℃。但对大多数不耐热生物活性物质不宜采用浸煮法，一般在 0～10℃。对一些热稳定性较好的成分，如胰弹性蛋白酶可在20～25℃提取。有些生化物质在提取时，需要酶解激活，如胃蛋白酶的提取，温度可以控制在 30～40℃。应用有机溶剂提取生化成分时，一般在较低的温度下进行提取，一方面是为了减少溶剂挥发损失和生产安全，另一方面也是为了减少活力损失。

2. 酸碱度　多数生化物质在中性条件下较稳定，所以提取用的溶剂系统原则上应避免过酸或过碱，pH 一般应控制在 4～9 范围内。为了增加目的物的溶解度，往往要避免在目的物的等电点附近进行提取。

有些生化物质在酸性环境中较稳定，且稀酸又有破坏细胞的作用，所以有些酶如胰蛋白酶、弹性蛋白酶及胰岛素等都在偏酸性介质中进行提取。多糖类物质因在碱性环境中更加稳定，故多用碱性溶剂系统提取多糖类药物。

巧妙地选择溶剂系统的 pH，不但直接影响目的物与杂质的溶解度，还可以抑制有害酶类的水解破坏作用，防止降解，提高收得率。对于小分子脂溶性物质而言，调节适当的溶剂 pH 还可使其转入有机相中，便于与水溶性杂质分离。

3. 盐浓度　盐离子的存在能减弱生物分子间离子键及氢键的作用力。稀盐溶液对蛋白质等生物大分子有助溶作用。一些不溶于纯水的球蛋白在稀盐中能增加溶解度，这是由于盐离子作用于生物大分子表面，增加了表面电荷，使之极性增加，水合作用增强，促使形成稳定的双电层，此现象称“盐溶”作用。多种盐溶液的盐溶能力既与其浓度有关，也与其离子强度有关，一般高价酸盐的盐溶作用比单价酸盐的盐溶作用强。常用的稀盐提取液有：氯化钠溶液（0.1～0.15mol/L）、磷酸盐缓冲液（0.02～0.05mol/L）、焦磷酸钠缓冲液（0.02～0.05mol/L）、醋酸盐缓冲液（0.10～0.15mol/L）、柠檬酸缓冲液（0.02～0.05mol/L）。其中焦磷酸盐的缓冲范围较大，对氢键和离子键有较强的解离作用，还能结合二价离子，对某些生化物质有保护作用。柠檬酸缓冲液常在酸性条件下使用，作用近似焦磷酸盐。

（三）提取方法的选择

最重要的是要针对生物材料和目的物的性质选择合适的溶剂系统与提取条件。生物材

料及其目的物与提取有关的一些性状包括溶解性质、分子量，等电点、存在方式、稳定性、相对密度、粒度、黏度、目的物含量、主要杂质种类及溶解性质、有关酶类的特征等。其中最主要的是目的物与主要杂质在溶解度方面的差异以及它们的稳定性。操作者可根据文献资料及本人的试验探索获得有关信息，在提取过程中尽量增加目的物的溶出度，尽可能减少杂质的溶出度，同时充分重视生物材料及目的物在提取过程中的活性变化。对酶类药物的提取要防止辅酶的丢失和其他失活因素的干扰；对蛋白质类药物要防止其高级结构的破坏（即变性作用），应避免高热、强烈搅拌、大量泡沫、强酸、强碱及重金属离子的作用；多肽类及核酸类药物需注意避免酶的降解作用，提取过程中，应在低温下操作，并添加某些酶抑制剂；对脂类药物应特别注意防止氧化作用，减少与空气的接触、如添加抗氧剂，通氮气及避光等。

对于一些生物大分子，如蛋白质、酶及核酸类药物常采用下列保护措施。

（1）采用缓冲系统　防止提取过程中某些酸碱基团的解离导致溶液 pH 的大幅度变化，使某些活性物质变性失活或因 pH 变化影响提取效果。在生化药物制备中，常用的缓冲系统有磷酸盐缓冲液、柠檬酸盐缓冲液、Tris 缓冲液、醋酸缓冲液、碳酸盐缓冲液、硼酸盐缓冲液和巴比妥缓冲液等，所使用的缓冲液浓度均较低，以利于增加溶质的溶解性能。

（2）添加保护剂　防止某些生理活性物质的活性基团及酶的活性中心受破坏，如巯基是许多活性蛋白质和酶的催化活性基团，极易被氧化，故提取时，常添加某些还原剂如半胱氨酸、β-巯基乙醇、二巯基赤藓糖醇、还原型谷胱甘肽等。其他措施如提取某些酶时，常加入适量底物以保护活性中心。对易受重金属离子抑制的活性物质，可在提取时添加某些金属螯合剂，以保护活性物质的稳定性。

（3）抑制水解酶的作用　抑制水解酶对目的物的作用是提取操作中的最重要保护性措施之一。可根据不同水解酶的性质采用不同方法，如需要金属离子激活的水解酶（如 DNase）常加入 EDTA 或用柠檬酸缓冲液，以降低或除去金属离子使水解酶活力受到抑制。对热不稳定的水解酶，可用选择性热变性提取法，使酶失活使目的物不受酶作用。根据酶的溶解性质的不同，可用 pH 不同的缓冲体系提取，以减少酶的释放或根据酶的最适 pH，选用酶发挥活力最低的 pH 进行提取。最有效的办法是在提取时，添加酶抑制剂，以抑制水解酶的活力。如提取 RNA 时添加核糖核酸酶抑制剂［常用的有 SDS（十二烷基硫酸钠）、脱氧胆酸钠、萘-1,5-二磺酸钠、三异丙基萘磺酸钠、4-氨基水杨酸钠，以及皂土、肝素、DEPC（二乙基焦碳酸盐）、蛋白酶 K 等）］。又如在提取活性蛋白和酶类药物时，加入各种蛋白酶抑制剂如 PMSF（甲基磺酰氟化物）、二异丙基氟磷酸（DFP）、碘乙酸等。

（4）其他保护措施　为了保持某些生物大分子的活性，还要注意避免紫外线、强烈搅拌、过酸、过碱或高温、高频震荡等。有些活性物质还应防止氧化，如固氮酶、铜-铁蛋白提取分离时要求在无氧条件下进行，有些活性蛋白对冷、热变化也十分敏感，如免疫球蛋白就不宜在低温冻结。所以提取时要根据目的物的不同性质，具体对待。

三、生化活性物质的浓缩与干燥

（一）生化活性物质的浓缩

根据物料性能可采用不同方法浓缩，除了常规的蒸发和减压浓缩外，由于多数生化活性成分对热不稳定，因此常采用一些较为缓和的浓缩方法。

1. 盐析浓缩　用添加中性盐的方法来使某些蛋白质（或酶）从稀溶液中沉淀出来，从

而达到样品浓缩的目的。最常用的中性盐是硫酸铵，其次是硫酸钠、氯化钠、硫酸镁、硫酸钾等。

2. 有机溶剂沉淀浓缩　在生物大分子的水溶液中，逐渐加入乙醇、丙酮等有机溶剂，可以使生化物质的溶解度明显降低，从溶液中沉淀出来，这也是浓缩生物样品的常用方法。其优点是溶剂易于回收，样品不必透析除盐，在低温操作下，对多种生物大分子较为稳定，但对某些蛋白质或酶却易变性失活，应小心操作。应用本法获得的浓缩物，为防止生物活性物质变性应尽快除去有机溶剂。

3. 用葡聚糖凝胶（Sephadex）浓缩　向稀样品溶液中，加入固体的干葡聚糖凝胶G－25，缓慢搅拌30分钟，葡聚糖凝胶吸水膨胀，进行吸滤，生物大分子全部留在溶液中，如此重复数次，可在短时间内使溶液浓缩，每次葡聚糖凝胶的加入量为溶液量的1/5为宜，用过的葡聚糖凝胶经蒸馏水洗净后，可用乙醇脱水，干燥后重复使用。

4. 用聚乙二醇浓缩　将待浓缩液放入透析袋内，袋外覆以聚乙二醇，袋内的水分很快被袋外的聚乙二醇所吸收，在极短时间内，可以浓缩几十倍至上百倍。

5. 超滤浓缩　应用不同型号超滤膜浓缩不同分子量的生物大分子。超滤浓缩设备有固定末端式系统，搅拌式系统、管状流动式系统和细管流式系统。

6. 真空减压浓缩与薄膜浓缩　真空减压浓缩在生物药物生产中使用较为普遍，具有生产规模较大、蒸发温度较低、蒸发速度较快等优点。浓缩的目的是除去挥发性溶剂，保持物料的生物活性，故一般对被蒸馏出的液体的要求不如物料在蒸馏时那么严格。近年来，从蒸发速度方面改善蒸发器的发展较快，如薄膜蒸发器便是其中一例。

薄膜浓缩器的加速蒸发原理是增加汽化表面积。使液体形成薄膜而蒸发，成膜的液体具有极大的表面。热的传播快而均匀，没有液体静压的影响，能较好地防止物料的过热现象，物料总的受热时间也有所缩短，而且能连续进行操作。

薄膜蒸发的进行方式有二：一是使液膜快速流过加热面而蒸发，另一是使物料剧烈地沸腾，产生大量泡沫，以泡沫的内外表面为蒸发面进行蒸发，后一方法使用较普遍。

薄膜蒸发器装置如图2－1所示。欲蒸发的物料经输液管，通过流量计，先进入预热器预热后，自预热器上部流出，从蒸发器底部进入列管蒸发器，被蒸汽加热后，即剧烈沸腾，形成大量泡沫；泡沫与蒸汽的混合物自汽沫出口进入分离器中，此时汽沫分离为浓缩液经连接于分离器下口的导管流入接受器收集，蒸汽自导管进入预热器的夹层中供预热药液之用，多余的废气则进入混合冷凝器中冷凝后，自冷凝水出口排出，未冷凝的废气自冷凝器顶端排至大气中。

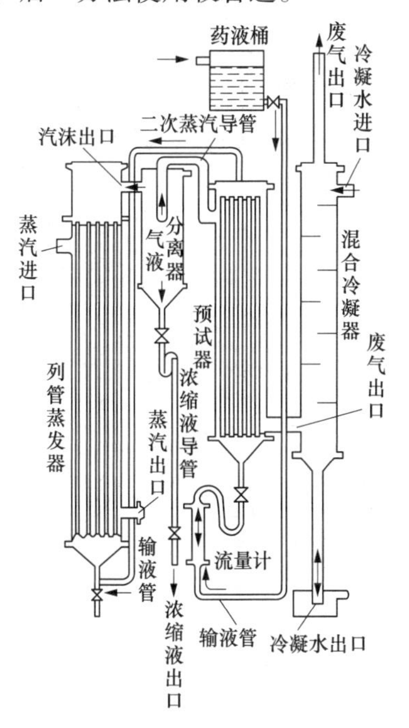

图2－1　大型薄膜蒸发器

（二）干燥

干燥是使物质从固体或半固体状经除去存在的水分或他种溶剂，从而获得干燥物品的过程。在生化制药工艺中干燥的目的在于：①提高药物或药剂的稳定性，以利保存与运输；②使药物或制剂有一定的规格标准；③便于进一步处理。

水分在干燥的物料中，有三种情况：即表面水、毛细

管中的水与细胞内的水。表面水很容易通过汽化除去。毛细管中的水，由于毛细管壁的作用，较难除去。细胞内的水由于被细胞膜包围封闭，如不扩散到膜外则不容易蒸发除去。水分在固体物料中的存在情况可能是单一的，也可能是多样的。因此，干燥应缓慢进行，使各种情况存在的水能被逐步去除。干燥速度在温度及压力不变的条件下取决于液体到达表面的速度。物质在空气中的干燥度，也常称为物质的平衡湿度，在一定条件下是一个不变值。因此，除非改变大气的温度、湿度或压力，否则即使无限地延长干燥的时间也不能改变物质的湿度。

干燥多用加热法进行。常用的方法有膜式干燥、气流干燥、减压干燥等。此外，冷冻干燥、喷雾干燥以及红外线干燥等也常选用。

1. 减压干燥（vacuum drying） 减压干燥是在密闭容器中抽去空气后进行干燥的方法，亦称真空干燥，减压干燥除能加速干燥、降低湿度外，还能使干燥产品疏松和易于粉碎。此外，由于抽去空气减少了空气影响，故对保证药剂质量有一定意义。

2. 喷雾干燥（spray drying） 喷雾干燥是流化技术用于干燥的最早方法。待干燥的物质先浓缩成一定浓度的液体。由于液体经喷雾后具有极大的表面，故能在很短时间内干燥，使受热时间缩短，而且干燥物为粉状，不需粉碎即可应用。

喷雾干燥的效果决定于雾滴的大小，喷嘴愈小，喷速愈高，喷出的雾滴也就愈小，干燥愈易进行。当雾滴直径为 10μm 左右时，每升液体所构成的液滴滴数可达 1.91×10^{12}，其总表面积可达 $600m^2$。当雾滴直径在 10～50μm 时，一般在 100～200℃的气流中，经0.01～0.04s 内可完成干燥。

一种喷雾干燥装置如图 2－2 所示。药液自导管经流量计至喷头后，被进入喷头的压缩空气（$39.2\times10^4\sim49\times10^4Pa$）将药液自喷头嘴形成雾滴喷入干燥室，再与热气流混合进行热交换，很快即被干燥。当开动鼓风机后空气经滤过器，预热器加热至 200℃左右后，自干燥器上部沿切线方向进入干燥室，干燥室温度一般保持在 120℃以下，已干燥的细粉灌入收集桶中，部分干燥的粉末随热气流进入分离室后捕集于布袋中，热废气自排气口排出。

3. 冷冻干燥（freeze drying） 冷冻干燥是在低温、低压条件下，利用水的升华性能而进行的一种干燥方法。冻干制品的质量要求是：生物活性不变，外观色泽均匀，形态饱满，结构牢固，溶解速度快，残留水分低。冻干工艺包括预冻结、升华和再干燥三个阶段。

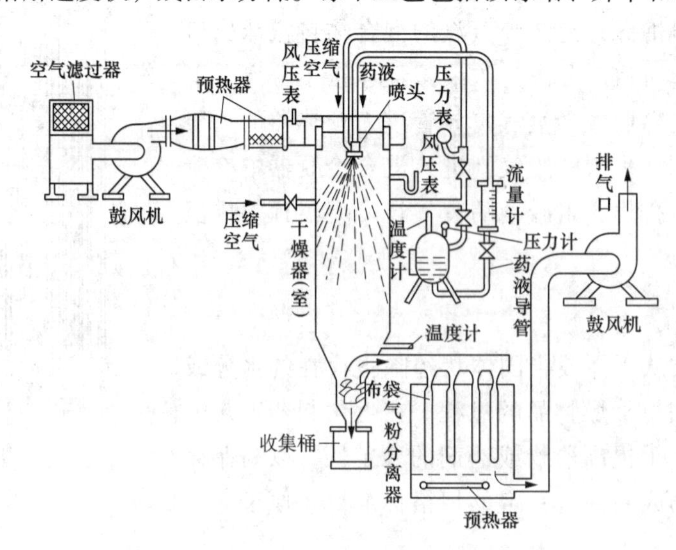

图 2－2 喷雾干燥装置

在预冻结过程中，制品热量的转移可以通过传导、对流、辐射三种方式进行。制品的预冻有两种方式：其一是制品与干燥箱同时降温；另一种是待干燥箱搁板降温至 -40℃左右，再将制品放入。前者相当于慢冻，后者则介于慢冻与速冻之间。

常规的冻干操作是将分装制品的容器放入与冻干箱尺寸相适应的金属盘内。待干燥箱降温至 -35℃左右，将制品迅速放入；或将制品装箱后再行降温。将测量制品温度的铂热电阻安放在1～2瓶有代表性的样品溶液中，并将瓶放在对着观察孔的位置，便于观察制品。待样品达到 -35℃左右，再恒温1～2小时，以保证全部制品冻结。在冻结前，凝结器先降温至 -50℃以下、以免水分污染真空泵。待真空度达到10托（1托 = 133Pa）以下，再启动增压泵，使真空度达到0.1托左右，便可对搁板进行加热，冻结的制品随之开始大量升华。随着制品自上而下层层干燥，冰层升华阻力逐渐增大，制品温度会有小幅度上升，直至用肉眼已见不到冰晶的存在，此时90%以上的水分已经除去，大量升华过程已基本结束。为了确保全部制品质量，大量升华完毕，板温仍应保持一个阶段，再进行第二阶段升华。一般在此阶段将板温控制在30℃左右，并保持恒定。待制品温度与板温相近（或相差1℃以内）表示水分已很少，冻干终点已到。根据板温与制品温度随时间变化记录下来的曲线称冻干曲线，已经实验确定的冻干曲线应严格遵循。

制品在升华过程中温度保持在最低共熔点以下（约为 -25℃），因而冷冻干燥对于不耐热的生物药物，如酶、激素、核酸、血液和免疫制品等的干燥尤为适宜，干燥结果能排出95%～99%以上水分，有利于长期保存。冻干在真空条件下进行，故不易氧化，是制造生物药物的一种有效手段。

冷冻干燥机系由制冷系统、真空系统、加热系统、电器仪表控制系统所组成，主要部件为干燥箱，凝结器、冷冻机组、真空泵组和加热装置等（图2-3）。

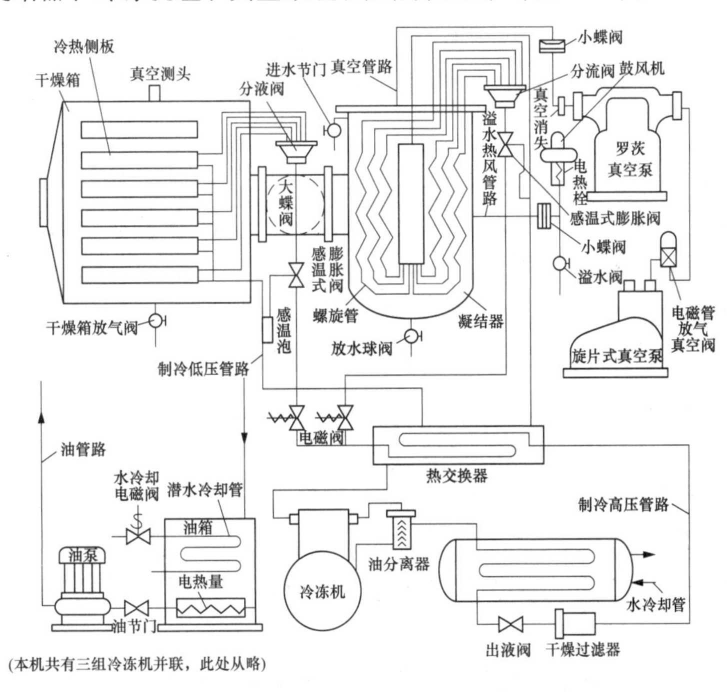

图2-3　LZG-40型冷冻干燥机系统图

四、生化活性物质的分离与纯化

1. 生化制药工艺中分离制备方法的特点　生化分离技术包括：生化分离分析和生化制

备。前者主要对生物体内部组分加以分离后进行定性、定量鉴定，它不一定要把某组分从混合物中分离提取出来。而后者则主要是为了获得生物体内某一单纯组分。生物制药工艺中分离制备方法有下列特点。

（1）生物材料组成非常复杂。一种生物材料常含成千上万种成分，各种化合物的形状、大小、分子量和理化性质都各不相同，其中有不少化合物迄今还是未知物，而且生物活性物质在分离进程中仍处于不断代谢变化中，因此常无固定操作方法可循。

（2）有些化合物在生物材料中含量极微，只达万分之一，十万分之一，甚至百万分之一。因此分离操作步骤多，不易获得高收率。

（3）生物活性成分分离后，易变性破坏，分离进程必须十分小心地保护这些化合物的生理活性，这也是生物制药中分离、制备的难点。

（4）生物制药中的分离方法几乎都在溶液中进行，各种参数（温度、pH、离子强度等）对溶液中各种组分的综合影响常常无法固定，以致许多实验设计理论性不强。实验结果常常带有很大经验成分。因此，要使实验获得重复，从材料、方法、条件及试剂药品等都必须严格地加以规定。

（5）为了保护目的物的生理活性及结构上的完整性，生物制药中的分离方法多采用温和的“多阶式”方法进行，即常说的“逐级分离”方法。为了纯化一种生化物质常常要联用几个，甚至十几个步骤，并不断变换各种不同类型的分离方法，才能达到目的。因此操作时间长，手续繁琐，给制备工作带来众多影响。亲和层析法具有从复杂生物组成中专一“钓出”特异生化成分的特点，目前已在生物大分子，如酶、蛋白、抗体和核酸等的纯化中得到广泛应用。

（6）生物产品最后均一性的证明与化学上纯度的概念不完全相同，因生物分子对环境反应十分敏感，结构与功能关系比较复杂，故对其均一性的评估常常是有条件的，或者只能通过不同角度测定，最后才能给出相对“均一性”结论，只凭一种方法得到的纯度结论往往是片面的，甚至是错误的。

2. 生化制药工艺中分离制备方法的基本原理 生物制药工艺中的分离制备技术大都根据混合物中的不同组分分配率的差别，把它们分配于可用机械方法分离的两个或几个物相中（如有机溶剂抽提、盐析、结晶等）。或者将混合物置于某一物相（大多数是液相）中，外加一定作用力，使多组分分配于不同区域，从而达到分离的目的（如电泳、超离心、超滤等）。除了一些小分子如氨基酸、脂肪酸、某些维生素及固醇类外，几乎所有生物大分子都不能融化，也不能蒸发，只限于分配在固相或液相中，并在两相中相互交替进行分离纯化。生物大分子分离纯化的主要原理如下。

（1）根据分子形状和大小不同进行分离。如差速离心与超离心、膜分离（透析、电渗析）与超滤法、凝胶过滤法。

（2）根据分子电离性质（带电性）的差异进行分离。如离子交换法、电泳法、等电聚焦法。

（3）根据分子极性大小及溶解度不同进行分离。如溶剂提取法、逆流分配法、分配层析法、盐析法、等电点沉淀法及有机溶剂分级沉淀法。

（4）根据物质吸附性质的不同进行分离。如选择性吸附与吸附层析法。

（5）根据配体特异性进行分离——亲和层析法。

精制一个具体生物药物，常常需要根据它的各种理化性质和生物学特性，采用以上各种分离方法进行有机组合，才能达到预期目的。

3. 分离纯化的基本程序和实验设计　生物体内某一组分，特别是未知结构的组分的分离制备设计大致可分为五个基本阶段：①确定制备物的研究目的及建立相应的分析鉴定方法；②制备物的理化性质和稳定性的预备试验；③材料处理及抽提方法的选择；④分离纯化方法的摸索；⑤产物的均一性测定。

分离纯化是生化制备的核心操作。由于生化物质种类成千上万，因此分离纯化的实验方案也千变万化，没有一种分离纯化方法可适用于所有物质的分离纯化。一种物质也不会只有一种分离纯化方法。所以合理的分离纯化方法是根据目的物的理化性质与生物学性质依具体实验条件而定。认真参考前人经验可以避免许多盲目性，节省实验摸索时间，即使是分离一个新的未知组分，根据分析和预试验的初步结果，参考别人对类似物质的分离纯化经验，也可以少走弯路。

（1）分离纯化早期使用方法的选择　分离纯化的早期，由于提取液中的成分复杂，目的物浓度较稀，与目的物理化性质相似的杂质多，所以不宜选择分辨能力较高的纯化方法。因为在杂质大量存在情况下，任何一种高分辨力的分离方法都难以奏效，被分离的目的物难于集中在一个区域。因为此时，大批理化性质相近的分子在相同分离条件下，彼此在电场中或力场中竞争占据同一位置。这样，被目的物占据的机会就很少，或者分散在一个很长区域中而无法集中于一点，所以早期分离纯化用萃取、沉淀、吸附等一些分辨力低的方法较为有利，这些方法负荷能力大，分离量多兼有分离提纯和浓缩作用，为进一步分离纯化创造良好的基础。

总的来说，早期分离方法的选择原则是低分辨能力，而且负荷量较大者为合适，但随着许多新技术的建立，一个特异性方法的分辨力愈高，便意味着提纯步骤愈简化，收率愈高，生化物质的变性危险愈少，因此亲和层析法、纤维素离子交换色谱法、连续流动电泳、连续流动等电聚焦等在一定条件下，也用于从粗提取液中分离制备小量目的物。

（2）各种分离纯化方法的使用程序　生化物质的分离都是在液相中进行，故分离方法主要根据物质的分配系数、分子量大小、离子电荷性质及数量和外加环境条件的差别等因素为基础。而每一种方法又都在特定条件下发挥作用。因此，在相同或相似条件下连续使用同一种分离方法就不太适宜。例如纯化某一两性物质时，前一步已利用该物质的阴离子性质，使用了阴离子交换色谱法，下一步提纯时再应用其阳离子性质作色谱层析或电泳分离便会取得较好分离效果。各种分离方法的交叉使用对于除去大量理化性质相近的杂质也较为有效。如有些杂质在各种条件下带电荷性质可能与目的物相似，但在某条件下与目的物的电荷性质不同，在这种情况下，先用分子筛，用离心或膜过滤法除去分子量相差较大的杂质，然后在一定 pH 和离子强度范围下，使目的物变成有利的离子状态。便能有效地进行色谱分离。当然，这两种步骤的先后顺序反过来应用也会得到同样效果。

在安排纯化方法顺序时，还要考虑到有利于减少工作量，提高效率，如在盐析后采取吸附法，必然会因离子过多而影响吸附效果，如增加透析除盐，则使操作大大复杂化。如倒过来进行，先吸附，后盐析就比较合理。

对于一未知物通过各种方法的交叉应用，有助于进一步了解目的物的性质。不论是已知物或未知物，当条件改变时，连续使用一种分离方法是允许的，如分级盐析和分级有机溶剂沉淀等。分离纯化中期，由于某种原因，如含盐太多，样品量过大等，一个方法一次分离效果不理想，可以连续使用两次，这种情况常见于凝胶过滤与DEAE－C层析。在分离

纯化后期，杂质已除去大部分，目的物已十分集中，重复应用先前几步所应用的方法，对进一步肯定所制备的物质在分离过程中其理化性质有无变化和验证所得的制备物是否属于矫作物又有新的意义。

（3）分离后期的保护性措施　在分离操作的后期必须注意避免产品的损失，主要损失途径是器皿的吸附，操作过程样品液体的残留，空气的氧化和某些事先无法了解的因素。为了取得足够量的样品，常常需要加大原料的用量，并在后期纯化工序中注意保持样品溶液有较高的浓度，以防止制备物在稀溶液中的变性，有时常加入一些电解质以保护生化物质的活性，减少样品溶液在器皿中的残留量。

4. 分离纯化方法步骤优劣的综合评价　判定分离纯化步骤的好坏，主要有分辨力和重现性，还要注意方法的回收率，回收率的高低十分重要。一般经过5～6步提纯后，活力回收在25%以上；但不同物质的稳定性不同，分离难易不同，回收率也不同。

对每一步聚方法的优劣的记录，体现在所得产品重量及活性平衡关系上。这一关系，可通过每一步骤的分析鉴定求出。例如酶的分离纯化，每一步骤产物重量与活性关系，通过测定酶的比活力及溶液中蛋白质浓度的比例。其他活性物质也可以通过测定总活性的变化与样品重量或体积与测出的活力列表进行对比分析，算出每步的提纯倍数及回收率。

5. 制备物均一性的鉴定　一个制备物是否纯，常以“均一性”表示。均一性是指所获得的制备物只具有一种完全相同的成分。均一性的评价常须经过数种方法的验证才能肯定。有时某一种测定方法认为该物质是均一的，但另一种测定方法却可把它分成两个甚至更多的组分，这就说明前一种鉴定方法所得的结果是片面的。如果某物质所具有的物理、化学各方面性质经过几种高灵敏度方法的鉴定都是均一的，那么大致可以认为它是均一的。当然，随着更好的鉴定方法的出现，还可能发现它不是均一的。绝对的标准只有把制备物全部结构搞清楚，并经过人工合成证明具有相同生理活性时，才能肯定制备物是绝对纯净的。

生物分子纯度的鉴定方法很多，常用的有溶解度法、化学组成分析法、电泳法、免疫学方法、离心沉降分析法、各种色谱法、生物功能测定法，以及质谱法等。

第二节　微生物制药工艺技术基础

扫码“学一学”

一、微生物菌种的选育与菌种保藏

（一）菌种的分离与筛选

1. 菌种分离（separation strain）

（1）含菌样品的收集　根据微生物的生态特点，从自然界取样，分离所需菌种，如到堆积和腐烂纤维素的地方取样分离纤维素酶产生菌；到温泉附近取样分离高温蛋白酶产生菌。也可以从发酵生产材料中进行分离。如事先不了解产生目的物的微生物的具体来源，一般可从土壤中分离。取样时先将表土刮去2～3cm，在同一条件下选好2～5点土样混在一起包好，标明采样地点及日期备用。

（2）富集培养　收集到的样品若含所需要的菌较多，可直接分离。若含所需要的菌很少，就需要经过富集培养，使所需要的菌大量生长，以利筛选。再配合控制温度、pH或营养成分即可达到目的。有时用能分解的底物作为生长和诱导产生所需成分的培养基成分，以使所需的菌种得到快速生长，有利于进一步分离。

（3）菌种的纯化 在自然条件下，各种类型的菌混杂在一起生长，所以要进行分离，以获得纯种。菌种纯化的方法一般采用稀释分离法或划线分离法。

一般说，霉菌多采用马铃薯浸汁，葡萄糖琼脂培养基或麦芽汁培养基。对于细菌，大多采用肉汤培养基。

2. 菌种的筛选 筛选前，先要考虑哪些微生物是筛选的对象。如有报道，则可根据文献收集可能性最大的微生物进行筛选。如无报道，则可根据一般知识，以不同种属代表，先进行广泛比较，再进行自然选育或诱变育种以获得优良菌株。

（二）菌种的选育与保藏

1. 菌株的选育（selection strain） 抗生素、氨基酸、核苷酸或酶制剂的发酵生产，从自然界直接分离到的菌种，都不能适合实际生产需要。只有通过诱变、选育才能使产量成倍、成百倍地提高。

（1）自然选育（nature selection strain） 自然选育是一种纯种选育的方法。它利用微生物在一定条件下产生自发突变的原理，通过分离、筛选排除衰变型菌落，从中选择维持原有生产水平的菌株。因此，它能达到纯化、复壮菌种，稳定生产的目的，自然选育有时也可用来选育高产突变株，不过这种正突变的几率很低，获得优良菌种的可能性极小，因此也就难以依赖自然选育来获得高产突变株。

自然选育一般包括单孢子悬浮液的制备、分离及单菌落培养、筛选等操作过程，为保持生产菌种的稳定性，自然选育作为日常工作的一部分。

（2）诱变育种（selection strain with induced mutation） 诱变育种是指有意识地将生物体暴露于物理的、化学的或生物的一种或多种诱变因子，促使生物体发生突变，进而从突变体中筛选具有优良性状的突变株的过程。诱变育种主要包括出发菌株的选择、诱变处理和筛选突变株3个部分。

1）出发菌株的选择：出发菌株是用于诱变的原始菌株，挑选合适的出发菌株对提高育种效率有重要意义。选择出发菌株时，应考虑以下问题：①出发菌株的稳定性，尽量挑选纯系菌株，以排除异核体系与异质体菌株，因此对选定的出发菌株常需通过自然选育进一步纯化；②选用具备某种优良特性的菌株，如土霉素、四环素的通氨补料工艺的成功，是因为选育了一系列能把较高的糖、氨通过合成途径转化成抗生素的新菌株；③挑选对诱变剂敏感的菌株，以提高突变频率；④菌种的生理状态及生长发育时间，因为诱变剂对处于转录状态或翻译状态的菌种效应要比静止状态或休眠状态的菌种敏感得多。一般细菌处于营养体，比处于对数生长期的菌体为佳。真菌和放线菌则以它们的孢子，或处于刚开始萌发状态的孢子为佳。为了保证菌体和诱变剂均匀接触，出发菌株都必须制备成单细胞（孢子）悬浮液，严格控制单孢子的分散度在95%以上。

2）诱变处理：能够提高生物体突变频率的物质称为诱变剂。大多数诱变剂在诱发生物体发生突变的同时造成生物体的大量死亡。诱变剂可分为物理诱变因子、化学诱变剂和生物诱变因子三大类。在选择诱变剂时，应考虑试验菌株的遗传背景，因为各种诱变剂有不同的作用机制，一种诱变剂的作用常主要集中在DNA的某些特异部位上，多次反复用同一种诱变因子处理易出现“饱和”或回复突变现象，因此常采用多种不同的诱变因子或复合因子诱变。

①物理诱变：物理诱变因子主要包括紫外线（UV）、X射线（X-ray）、γ射线（γ-ray）、快中子（FN）、β射线、超声波、激光等，其中以紫外线辐照使用最为普遍。近年来

用离子束注入细胞技术进行诱变育种，取得了一些可喜的成果。

紫外线引起 DNA 结构变化的形式很多，如 DNA 链断裂、DNA 分子内和分子间的交联、核酸和蛋白质的交联、胞嘧啶水合作用，以及胸腺嘧啶二聚体的形成等。紫外线引起的突变主要可能是 G: C→A: T 的转换。

②化学诱变：化学诱变剂是一些能和 DNA 起作用，改变其结构，并引起遗传变异的化学物质（表 2－1）。其稳定性与温度、光照、pH、化合物的半衰期以及与溶剂是否起反应等因素有关。

表 2－1　一些化学诱变剂的常用浓度、处理时间及其中止方法

诱变型	诱变剂浓度	处理时间	缓冲液	中止反应方法
亚硝酸	0.01～0.1mol/L	5～10min	pH 4.5，1mol/L 乙酸缓冲液	加入 pH 8.6 磷酸氢二钠溶液
甲基磺酸乙酯	0.05～0.5mol/L	10～60min，孢子：3～6h	pH 7.0 磷酸缓冲液	加硫代硫酸钠或大量稀释
硫酸二乙酯	0.5%～1%	15～30min，孢子：18～24h	pH 7.0 磷酸缓冲液	加硫代硫酸钠或大量稀释
N－甲基－*N′*－硝基－*N*－亚硝基胍	0.1～1.0mg/ml，孢子：3mg/ml	15～60min，孢子：90～120min	pH 6.0 磷酸缓冲液或 Tris－苹果酸缓冲液	大量稀释
亚硝基甲基脲	0.1～1.0mg/ml	5～10min	pH 6.0 磷酸缓冲液或 Tris－苹果酸缓冲液	大量稀释
氮芥	0.1～1.0mg/ml	5～10min		加甘氨酸或稀释
乙烯亚胺	1:1000～1:10000	30min		稀释
羟胺	0.1%～0.5%	数小时，或在生长过程中诱变		稀释
氯化锂	0.3%～0.5%	数小时，或在生长过程中诱变		稀释
秋水仙碱	0.01%～0.2%	数小时，或在生长过程中诱变		稀释

化学诱变剂有 3 类：a. 烷化剂如氮芥（NM）、乙烯亚胺（E1）、硫酸二乙酯（DES）、甲基磺酸乙酯（EMS）、亚硝基脲（NIG）、亚硝酸（HNO_2）等，它们与 DNA 碱基起反应，引起碱基配对的转换而发生遗传变异；b. 碱基类似物，它们掺入到 DNA 分子中而导致遗传变异如 5－溴尿嘧啶（5－BU）、5－氟尿嘧啶（5－FU）等；c. 移码诱变剂如吖啶黄、吖啶橙等。它们可插入 DNA 双螺旋的邻近碱基对之间造成碱基的插入或缺失导致转录和翻译的移码突变。

③生物诱变：噬菌体可作为诱变剂应用于抗噬菌体菌种的选育，其作用原理可能与诱发抗性突变有关。

诱变剂量的选择能够提高正变株获得率的诱变剂量即为最适剂量，剂量大小一般是以诱变后的死亡率、形态变异率、营养缺陷型出现率来确定的。任何诱变剂都有杀菌和诱变两方面的作用，一般情况下，诱变处理后的细胞死亡率越高，活下来的细胞的突变率也越高，故可用死亡率作为相对剂量。在自动化程度高的大规模筛选中，常采用死亡率在 90%～99.9% 的高剂量，小规模的人工筛选，一般采用死亡率 70%～90% 的低剂量，也有报道采用死亡率 40%～60% 的更低剂量。

增变剂的使用：氯化锂本身并无诱变作用，但在抗生素产生菌的诱变育种中表明氯化锂与一些诱变因子具有协同作用。如在土霉素产生菌育种中，用氯化锂与紫外线、乙烯亚胺等诱变因子复合处理或分代累积处理，曾多次选育得到高产变株。氯化锂使用剂量一般为0.5%，处理方法多是后处理，即加在平板培养基中，在菌种的生长发育过程中发生作用。

3）突变株的筛选

①随机筛选：随机筛选指菌种经诱变处理后，凭经验随机选择一定数量的菌落，其中包括未发生突变的野生型菌株和发生突变后的正向及负向突变株，再进行摇瓶筛选。摇瓶筛选的一般流程如图2－4所示。

②半理性化筛选：近年来，随着遗传学、生物化学知识的积累，人们对多种抗生素生物合成途径及代谢调控机制的了解不断深入，抗生素产生菌的推理选育技术应运而生，即根据已知的或可能的生物合成途径、代谢调控机制和产物分子结构来设计筛选方法，以打破微生物原有的代谢调控机制，获得能大量形成产物的高产突变株。根据这种推理性设计，人们得到了多种类型的突变株，诸如去代谢物调节突变株、抗生素酶缺失突变株、形态突变株、耐前体及结构类似物突变株、膜渗透性突变株等，并得到了满意的结果。

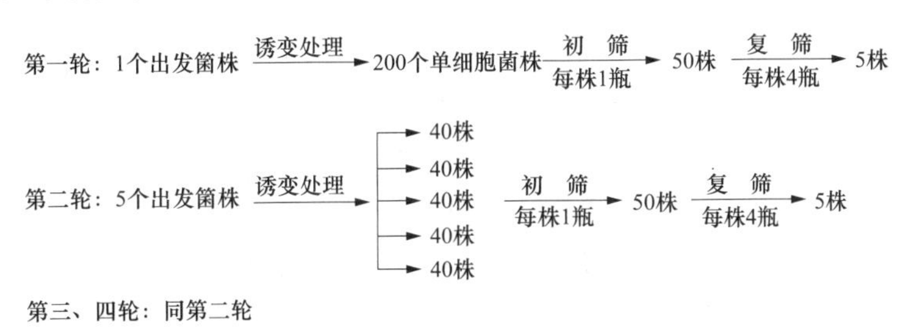

图2－4　菌种筛选的一般过程

（3）现代菌种选育技术

①杂交育种（hybridization breeding）：杂交育种一般指将两个基因型不同的菌株通过接合使遗传物质重新组合，再从中分离和筛选出具有新性状的菌株。杂交育种是选用已知性状的供体菌株和受体菌株作为亲本，把不同菌株的优良性状集中于重组体中。因此杂交育种具有定向育种的性质。杂交后的杂种不仅能克服原有菌种活力衰退的趋势，而且，杂交育种使得遗传物质重新组合，扩大了变异范围，改善了产品质量和产量。

②原生质体融合（protoplast fusion）：用脱壁酶处理将微生物细胞壁除去，制成原生质体，如细菌和放线菌用溶菌酶处理，霉菌用纤维素酶处理，酵母菌用蜗牛酶处理，再用聚乙二醇（PEG）促进原生质体发生融合，从而获得融合子，这一技术叫原生质体融合。原生质体融合的重组频率高于普通杂交方法，并实现了种间、属间的融合，为亲缘关系较远的、性能差别较大的原菌株实现杂交，开辟了一条有效的途径。

③基因工程技术：基因工程技术可完成超远缘杂交。是将某一生物体（W共体）的遗传信息在体外经人工与载体相接（重组），构成重组DNA分子，然后转入另一微生物体（受体）细胞中，使外源DNA片段在后者内部得以表达和遗传。所以基因工程是在分子生物学理论指导下的一种自觉的、能像工程一样可事先设计和控制的育种技术。基因工程育种技术主要用于表达多肽、蛋白质类产品，对一些受多基因控制代谢途径未完全确证的产品，基因工程技术还难于完全取代传统的菌种选育技术。

2. 菌种的保藏（store strain）

（1）菌种的退化与防止　生产菌种本来在自然环境下生长，所以在人工培养条件下，任何菌株通过一系列的转接传代都可能发生“退化”。广义地说：退化意味着随时间的推移菌种的一个或多个特性逐步减退或消失，最终导致营养细胞的死亡。一般把菌株的生活力、产孢子能力的衰退和特殊产物产量的下降统称为退化。

菌种退化现象的综合比较鉴别是：①单位容积中发酵液的活性物质含量；②琼脂平皿上的单菌落形态；③不同培养时期菌体细胞的形态和主要遗传特征，如形成孢子能力；④发酵过程的 pH 变动情况；⑤发酵液的气味、色泽。

菌种退化防止措施：①防止基因突变，基因突变是菌种退化的一个重要原因，减少突变是防止退化的重要措施，应用低温保藏法可以减少突变的发生；②采用双重缺陷型，利用营养缺陷型作为主产菌株时，回复突变可导致产量下降，采用双重缺陷标志可间接而有效地防止突变；③制定科学管理制度，使用菌种时大批制作平行的菌种斜面，少转接传代；④分离单菌落，在建立新菌株和使用过程中认真进行单菌落分离，再多制作平行的菌种斜面；⑤选择培养条件，选择有利高产菌株（或其他有利性状）而不利于低产菌株（或其他不利性状）的培养条件，如对一些抗药性、抗噬菌体菌株作单菌落分离后，在有药物或噬菌体存在的条件下培养一定时间。

（2）常用的菌种保藏法　菌种保藏的原理是根据菌种的生理、生化特点，创造条件使菌体的代谢处于不活泼的状态。保藏时，先挑选优良的纯种，最好是选取它们的休眠体（孢子、芽孢等），然后创造一个最有利于休眠的环境条件（如低温、干燥、缺氧和缺乏营养物质等），以降低菌种代谢活动的速度，达到延长保存期的目的。

①斜面低温保藏法：斜面低温保藏法是最早使用的而且现今仍然普遍采用的方法。具体方法是将菌种接种于所要求的斜面培养基上，置最适温度下培养，待得到健壮的菌体后，放在 4℃左右，湿度小于 70% 的条件下保藏，每间隔一定时间重新移植培养 1 次。一般，细菌每月移植一次，放线菌每 3 个月移植一次，酵母菌每 4～6 个月移植一次，丝状真菌每 4 个月移植一次。保存期间应注意冰箱温度，切忌保存在 0℃以下，否则培养基会结冰脱水，造成菌种衰退。

②液体石蜡封藏法：在长好菌苔的斜面试管中，加入灭过菌的液体石蜡，可防止或减少培养基内水分蒸发，隔绝培养物与氧的接触，从而降低微生物的代谢活动，推迟细胞老化，延长了保存时间。适用于不能利用石蜡油作碳源的微生物的保藏。方法为选用优质纯净无色中性的液体石蜡，经 121℃加压蒸汽灭菌 30 分钟，然后在 150～170℃烘箱中干燥1～2 小时，使水汽蒸发，石蜡油变清。再按无菌操作将灭菌的石蜡油注入长好菌苔的斜面试管中，液面高出斜面 1cm，加塞封口，置 4℃保藏，可保存 1～2 年。

③冷冻干燥保藏法：冷冻干燥保藏法是在较低的温度下（－15℃以下），快速地将细胞冻结，并且保持细胞完整，然后在真空中使水分升华。为防止冻结和水分不断升华对细胞的损害，采用保护剂来制备细胞悬液。常将菌种悬浮于脱脂消毒牛奶中，快速冷冻，真空干燥，经过冷冻干燥的微生物的生长和代谢活动处于极低水平，不易发生变异或死亡，因此菌种可以保存很长时间，一般 5～10 年，最多可达 15 年之久。真空冷冻干燥保藏法是保存菌种的一种比较好的方法。

④液氮超低温保藏法：微生物在－130℃的低温下，所有的代谢活动暂时停止而生命延续，微生物菌种得以长期保存。可通过加入保护剂来降低细胞内溶液的冰点，减少冰晶对

细胞的伤害。其方法是取合适的培养物，以5% ~10%的甘油或二甲亚砜（DMSO）制成孢子悬液或菌悬液，浓度以大于10^8/ml为宜。将此悬液注入无菌的安瓿管或聚丙烯小管内，密封。采用专用冷冻温度控制仪以每1分钟降低1℃的速度，从0℃降到-35℃，然后取出直接放入液氮中。保藏的菌种如需用时，将安瓿管由液氮中取出，立即置于38 ~40℃温水浴中，振荡，直到全部融化为止，开启移种。这种方法可用于微生物的多种培养材料的保藏，不论孢子或菌体、液体培养或固体培养、菌落或斜面均可。此法是目前最可靠的一种长期保存菌种的方法。

⑤甘油冷冻保藏法：将对数期菌体悬浮于新鲜培养基中，加入消毒甘油到终浓度为10% ~15%，混匀速冻，冻存于-70 ~ -80℃，可保存10年，若存于-20℃，可保藏0.5 ~1年。

⑥其他干燥保藏法：将微生物细胞或孢子附着在一种基物上进行干燥，然后加以保存。例如用沙、土或沙土混合，明胶、硅胶、滤纸、麸皮、陶瓷玻璃珠等作附着剂或载体粘连上细胞干燥后保存。最常用的如沙土保藏法。

沙土管保藏法的操作如下：取细沙除去有机杂质及铁屑，过40 ~60目筛；取庭园土过100 ~120目筛，洗净。将细土与沙按1:2（质量百分比）混合，分装入小管内约2cm高，加棉塞，于121℃灭菌1h，间歇灭菌3 ~5次。将菌苔已长好的斜面，注入无菌水3 ~5ml，用接种针轻轻将菌苔刮下，制成菌悬液，接种0.2 ~0.3ml菌悬液于沙土管中，然后放在装有干燥剂（如无水氯化钙）的真空干燥器中，抽干（一般4 ~6h即可抽干，管内沙土成松散状）。干燥后的沙土管放在干燥器内置4℃冰箱中保存。此法适用于产孢子的微生物，如产芽孢的细菌、放线菌和丝状真菌等，也是保存抗生素产生菌常用的方法。其缺点是存活率低，变异率高。

二、微生物的培养

（一）微生物生长的六大营养要素

微生物要维持其正常生命活动，必须从外界环境中不断摄取必需的能量和物质，凡具营养功能的物质称为营养物，光可提供光能自养微生物的能源，故也属于某些微生物的营养物。

1. 碳源　凡能提供微生物营养所需碳元素（有机物的碳架）的营养源，称为碳源。微生物可利用的碳源是生物界中最广的（表2-2）。

表2-2　微生物的碳源谱

类型	元素水平	化合物水平	培养基原料水平
有机碳	C·H·O·N·X	复杂蛋白质、核酸等	牛肉膏、蛋白胨、花生饼粉等
	C·H·O·N	多数氨基酸、简单蛋白质等	一般氨基酸、明胶等
	C·H·O	糖、有机酸，醇、脂类等	葡萄糖、蔗糖、各种淀粉、糖蜜等
	C·H	烃类	天然气、石油及其馏分、石蜡油等
无机碳	C	—	—
	C·O	CO_2	CO_2
	C·O·X	$NaHCO_3$、$CaCO_3$等	$NaHCO_3$、$CaCO_3$、白垩等

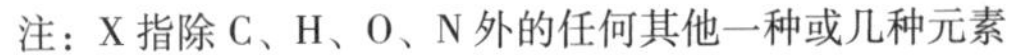

注：X指除C、H、O、N外的任何其他一种或几种元素

2. 氮源 凡能提供微生物生长繁殖所需氮元素的营养源，称为氮源。与碳源谱相似，微生物作为一个整体来说，能利用的氮源类型即氮源谱也是生物界最为广泛的（表2-3）。

表2-3 微生物的氮源谱

类型	元素水平	化合物水平	培养基原料水平
有机氮	N·C·H·O·X	复杂蛋白质、核酸等	牛肉膏、酵母膏、饼粕粉、蚕蛹粉等
	N·C·H·O	尿素、一般氨基酸、简单蛋白质等	尿素、蛋白胨、明胶等
无机氮	N·H	NH_3、铵盐等	$(NH_4)_2SO_4$等
	N·O	硝酸盐等	KNO_3等
	N	N酸	空气

3. 能源 凡能为微生物的生命活动提供最初能量来源的营养物或辐射能称为能源。由于各种异养微生物的能源就是其碳源，故其能源谱就显得十分简单。

能源谱：
- 化学物质（化学营养菌）
  - 有机物：化能异养微生物用
  - 无机物：化能自养微生物用
- 辐射能（光能营养菌）：光能自养和光能异养微生物用

4. 生长因子 一类对微生物正常代谢必不可少且不能用简单的碳源或氮源自行合成的有机物。需要量很少，例如各种维生素、碱基、卟啉、甾醇等。不同种类微生物对生长因子并非都须外界供给的。多数真菌、放线菌和不少细菌，都不需要外界提供生长因子；少数微生物还能自行合成过量的生长因子分泌到环境中，因此可用作维生素的生产菌种，例如阿舒假囊酵母（*Eremothecium ashbyii*）可生产维生素B_2，谢氏丙酸杆菌（*Propionibacterium shermanii*）可生产维生素B_{12}等。

有一些天然材料如酵母膏、玉米浆、麦芽汁和肝浸液中富含生长因子，因此可用于配制乳酸菌等对生长因子要求高的微生物培养基。

5. 无机盐 除碳、氮元素以外，对微生物生长繁殖所必需的无机物中的元素，如磷、硫、钾、镁、钠、铁和锌、锰、钼、钴、铜等。

6. 水 水是微生物一切生命活动赖以进行的基本条件，虽较少用作真正的营养物，但因其不能缺少，故也属营养素之一。

（二）微生物培养基

培养基（microorganism culture medium）是人工配制的适合于不同微生物生长繁殖或产生代谢产物的营养基质。它是微生物的营养基础，是合成代谢产物的物质来源。培养基成分和配比合适与否，对微生物生长发育、物质代谢、发酵产物的积累以及生产工艺等都有很大的影响。只有选用适宜的培养基成分和配方，才能充分发挥微生物合成代谢产物的能力，获得良好的生产效果。一种良好培养基的确定，往往要经过长期的反复的试验，并不断调整改进，逐渐趋于完善。同时，良好的培养基组成并不是一成不变的，应根据菌种特性、发酵条件和工艺的改变进行相应的调整、改善。除培养基组成外，还需考虑其他培养条件的控制，才能发挥其最大效能。

任何培养基都应具备微生物生长所需要的6大营养要素，即碳源、氮源、能源、无机盐、生长因子和水。在发酵过程中，为提高产物的量或减少杂质的生成，有时还添加前体、诱导物或抑制剂等成分。培养基配好后必须立即进行灭菌，否则会因杂菌生长而破坏其固有成分和性质。

培养基按其组成物质的来源可分为合成培养基和天然培养基，前者所用原料的化学成分明确、稳定，但营养单一且价格昂贵，用这种培养基进行实验重现性好、低泡沫、呈半透明，适用于研究菌种基本代谢和过程的物质变化，不适用于大规模工业生产。发酵工业普遍使用天然培养基，它的原料是一些天然的动植物产品，如花生饼粉、酵母膏、蛋白胨等。天然培养基的特点是营养丰富，适合于微生物的生长繁殖和目的产物的合成。一般天然培养基中不需要另加微量元素、维生素等物质，且组成培养基的原料来源丰富，价格低廉，适用于工业生产。但由于天然培养基的组分复杂，不易重复，故若对原料质量等方面不加控制会严重影响生产的稳定性。

培养基按状态可分为固体培养基、半固体培养基和液体培养基。固体培养基比较适用于菌种的分离和保存。半固体培养基即在配好的液体培养基中加入少量琼脂，一般用量为0.5%～0.8%，培养基即呈半固体状态，主要用于鉴定菌种、观察细菌运动特征及噬菌体的效价测定等。液体培养基中的80%～90%是水，其中配有可溶性的或不溶性的营养成分，是发酵工业大规模使用的培养基，它有利于氧和物质的传递。

培养基按其用途可分为孢子培养基、种子培养基和发酵培养基。孢子培养基是供菌种繁殖孢子的一种常用的固体培养基。这种培养基的要求是能使菌体迅速生长，产生较多优质孢子并不易引起菌种发生变异。种子培养基一般指一、二级种子罐的培养基和摇瓶培养基，这种培养基主要含有容易被利用的碳源、氮源、无机盐等，使孢子很快发芽、生长以及大量繁殖菌丝体，并使菌体长得粗壮和使各种有关的初级代谢酶的活力提高。种子培养基要和发酵培养基相适应，成分不应相差太大，以避免进罐后的种子对新环境的适应时间延长。发酵培养基可供菌种生长、繁殖和合成产物。它既要使种子接种后能迅速生长达到一定的菌体浓度，又要使长好的菌体能迅速合成所需的产物，因此，发酵培养基的组成除有菌体生长所必需的元素和化合物外，还要有产物所需的特定元素、前体和促进剂等。

（三）灭菌与除菌方法

1. 灭菌方法（sterilization method）

（1）加热灭菌　这是大规模装置中最行之有效的灭菌方法。影响这种方法有效程度的因素主要有：待杀灭微生物的种类、待灭培养基的组成、pH以及培养基中颗粒成分的粒度。一般说，生物的营养体在较低温度下很快就可杀灭；而要杀死微生物的孢子，则需要至少121℃的高温。在所有的微生物孢子中，嗜热脂肪芽孢杆菌的孢子对热的耐受性最强，因此，人们常常用它作为检验灭菌是否彻底的指标。表2－4给出了湿热灭菌法杀死某些微生物所需的灭菌时间和温度。

表2－4　不同微生物的灭菌时间和温度

细胞	灭菌时间（min）	灭菌温度（℃）
营养体细胞	5～10	60
真菌孢子/酵母孢子	15	80
链霉菌孢子	5～10	60～80
普通细菌孢子	5	121
嗜热脂肪芽孢杆菌芽孢	15	121

常用的加热灭菌方式有高温蒸汽湿热灭菌法和干热灭菌法。湿热灭菌比干热灭菌更为

有效，用蒸汽将物料升温至115~140℃保持一定时间，可杀死各种微生物。这种方法普遍被用来对培养基和设备容器进行灭菌。干热灭菌只适用于工业要求为灭菌后能保持干燥状态的物料灭菌。玻璃器皿等器具常采用干热灭菌。一般干热灭菌的条件是160℃，120分钟。

（2）辐射灭菌　辐射灭菌即利用紫外线、高能量的电磁波或粒子辐射灭菌，其中以紫外线最常用。其波长在210~313.2nm范围内有效，常用的有效波长为253.7nm。紫外线对芽孢和营养细胞都能起作用，但其穿透力极低，只能用于表面灭菌，它对真菌孢子的杀灭能力不大。在发酵生产和实验室规模，紫外线主要用来进行一定空间内空气的灭菌（如无菌室等），紫外线的作用与温度的关系不大，因此处理时不必控制温度，但白色光具有光复活作用。

（3）介质过滤除菌　对培养液中某些不耐热的成分可采用过滤除菌法，例如可用滤膜过滤装置、烧结玻璃滤板过滤器、石棉板过滤器、素烧瓷过滤器以及硅藻土过滤器等。

发酵过程中所用的大量无菌空气也是采用过滤除菌法。传统的过滤方式是深层过滤，所采用的过滤介质有棉花、活性炭、石棉滤板、活性炭、纤维素和超细玻璃纤维纸等。深层过滤的除菌效果靠多种物理因素的共同作用来完成，这些因素主要包括沉降作用、扩散作用、惯性撞击作用、拦截作用和静电吸附作用等。深层过滤所用的介质有着良好的过滤效果，在生产中已长期沿用。但它们存在着使用寿命短、更换作业麻烦的缺点。为克服这些缺点并进一步降低工业成本，又开发了一些新的过滤介质，如烧结金属板、烧结金属管、烧结玻璃纤维等烧结多孔材料以及硝酸纤维酯、聚砜、聚四氟乙烯、尼龙微孔滤膜等新型高效过滤介质。这些过滤介质具有与深层过滤相同的过滤除菌效果，尤其适用于反复加热灭菌。且使用寿命较长，介质更换作业简便，使用方便。

从大气空间采集的空气，在进过滤器之前，还要经过一系列复杂的处理过程，以尽量除去其中的粉尘、油和水，从而确保进罐空气的洁净，如图2-5所示。

（4）化学灭菌法　化学灭菌法是通过药剂与微生物细胞接触达到杀灭微生物的目的。常用的化学药剂包括乙醇、甲醛、苯扎溴铵（新洁尔灭）、戊二醛、环氧乙烷、含氯石灰（漂白粉）和苯酚（石炭酸）等。化学灭菌主要用来进行皮肤表面、器具及无菌区域的灭菌，不能用于培养基的灭菌。

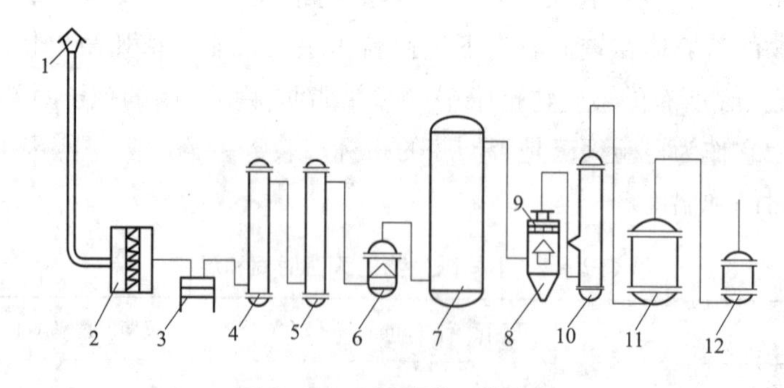

图2-5　空气净化工艺流程

1. 空气吸及口；2. 粗过滤器；3. 空气压缩机；4. 一级空气冷却器；
5. 二级空气冷却器；6. 分水器；7. 空气贮藏；8. 旋风分离器；9. 丝网除末器；
10. 空气加热器；11. 总空气过滤器；12. 分过滤器

2. 培养基与发酵设备的灭菌方法　生产上通常采用蒸汽灭菌法，包括实罐灭菌（实消）、空罐灭菌（空消）、连续灭菌（连消）及附属设备灭菌。

（1）实罐灭菌（实消）　实消是半配制好的培养基投入发酵罐中，同时开动搅拌器，通入高温蒸汽进行灭菌。实消的温度一般为121℃。灭菌时间则视培养基组成、罐容积而定，一般在30～60分钟之间。实消又分直接加热和间接加热两种形式。间接加热是使高温蒸汽通过发酵罐的夹层或内部蛇管，与培养基发生热交换；而直接加热则是使经纯化处理的高温蒸汽通入培养基中，使其温度在短时间内升至要求的温度。在实消过程中，通常同时使用直接加热和间接加热两种方式，一般的做法是，先将各排气阀打开，用间接加热方式进行预热，使罐温升至80～90℃，然后同时采用直接加热和间接加热两种方式，使温度迅速升至121℃。

（2）空罐灭菌（空消）　空罐灭菌即发酵罐罐体的灭菌。空罐灭菌一般维持罐压1.5×10^5～2.0×10^5Pa、罐温125～130℃、时间30～45分钟。灭菌时要求总蒸汽压力不低于3.0×10^5～3.5×10^5Pa，使用压力不低于2.5×10^5～3.0×10^5Pa。灭菌后为避免罐压急速下降造成负压，要等到经过连续灭菌的无菌培养基输入罐内后，才可以开冷却水冷却。

（3）连续灭菌（连消）　培养基通过连续灭菌装置（图2-6）、进行快速连续加热灭菌，并快速冷却，再立即输入预先经过空罐灭菌后的发酵罐中，与分批灭菌相比，需要较高的温度和较短的时间。其操作包括以下步骤：

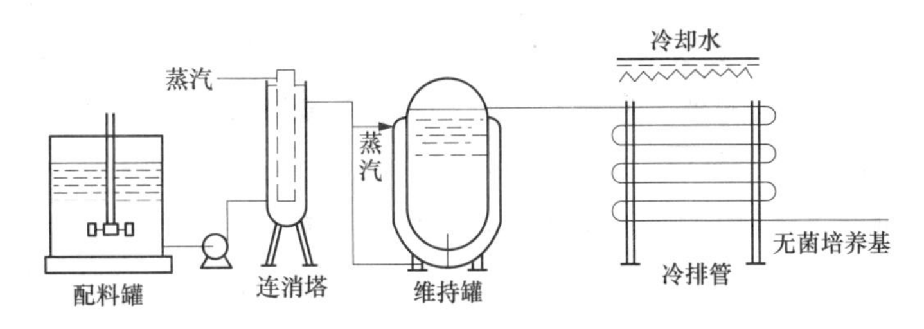

图2-6　连续灭菌流程图

①培养基预热：将料液预热到60～75℃，避免连续灭菌时由于料液与蒸汽温度相差过大而产生水汽撞击声。

②连续灭菌：连续灭菌是在连消塔中完成的。连消塔的主要作用是使高温蒸汽与料液迅速接触混合，并使料液温度很快升高到灭菌温度。连续灭菌的温度一般以126～132℃为宜，由于输送培养基的连消泵的出口压力一般为6×10^5Pa，所以总蒸汽压力要求达到4.5×10^5～5.0×10^5Pa以上。只有当两者压力接近，培养基流速才能均匀稳定，否则流速非快即慢，影响灭菌质量。

③维持灭菌温度：由于连消塔加热时间较短，光靠这么短时间的灭菌是不够的。因此，利用维持罐使料液在灭菌温度下保持5～7min，以达到灭菌的目的。罐压一般维持在4×10^5Pa左右。

④冷却：生产上一般采用冷水喷淋冷却，即用冷水在排管外从上向下喷淋，使管内料液逐渐冷却。一般料液冷却到40%～50%后，输送到预先空消过的罐内。在冷水喷淋前，冷却管内应充满填料。

连续灭菌的时间短、温度较高，培养基受到的破坏较少，故质量较好。连续灭菌时蒸汽负荷均衡一致，但不足之处是所需设备较多，操作较麻烦，染菌的机会也相应增多。

（4）发酵附属设备及管路的灭菌　发酵附属设备有总空气过滤器、管道、计量罐、补料罐等。一般糖水罐灭菌时罐压为1×10^5Pa、时间为30min；油罐（消沫剂罐）灭菌的蒸

汽压力为 1.5×10^5 ~ 1.8×10^5 Pa、时间为60min。灭菌时要使糖水翻腾良好，温度不宜过高，否则糖料易炭化。总空气过滤器灭菌时，先关闭总进气和出气阀门，开启放气阀门，使总空气过滤器内的压力降到零（表压）。灭菌时的蒸汽压力为 3.5×10^5 Pa 左右，蒸汽自上端输入，上下放气口同时放汽，总过滤器内压控制为 1.5×10^5 ~ 2.0×10^5 Pa（表压），灭菌时间为 2 小时。灭菌完毕，自上端输入空气，自上而下吹干过滤介质。

管道灭菌的蒸汽压力不应低于 3.4×10^5 Pa（表压），灭菌时间为 1h。新安装的管道或长期未使用的管道灭菌时间可适当延长到 1.5 小时。灭菌后以无菌空气保压，自然冷却 30min 即可交付使用。

（四）微生物的培养方法

将微生物接种于培养基中，在特定的条件下增殖，此过程称为培养。特定条件一般是指温度、通气、pH 和培养基组成。

1. 培养装置

（1）恒温箱　它是将微生物保持在一定温度进行培养的器具。可用于斜面和平板静置培养。

（2）振荡培养器　用于好气菌的液体培养。①旋转式振荡器：三角烧瓶；②往复式振荡器：试管、三角烧瓶等；③独臂振荡器：L 型管。

（3）其他　对于嫌气菌或分解气体菌的培养，使用密闭型或能够交换气体的容器。大量液体培养使用发泡塔、发酵桶、发酵罐。特殊装置有温度梯度振荡培养装置，气体培养用振荡器、连续发酵罐。用于微生物大规模培养的工业发酵罐主要有三种类型：①搅拌釜反应器（stirred tank reactor，STR）。主要包括罐体、搅拌器、挡板，冷却装置，轴封等装置。它利用机械搅拌器的作用，使无菌空气与发酵液充分混合，促进氧的溶解。②鼓泡式反应器（bubble column）。气体由反应器底部高压导入，利用在通气中产生的空气泡上升时的动力带动反应器中液体的运动，从而使反应液混合。③气升式反应器（airlift reactor）。有内置挡板型和外置循环管型两种型式。在通入空气的一侧由于液体密度降低，使液面上升，导致液体环流，使罐内培养物混合。此类反应器较适合于基因工程菌的发酵培养。

2. 培养方法

（1）固体培养法

①斜面培养：对于细菌、酵母，用接种针在斜面培养上划一条直线或全面涂抹；对于霉菌，则取一部分孢子或菌丝体在斜面上划成弯曲钩状，然后进行培养。

②平板培养：对于细菌、酵母，在平板培养基上适当涂抹，对于霉菌，接种时要将平板反过来，从下轻轻一点即可，然后再翻过来培养。

③穿刺培养：常用于嫌气菌（乳酸菌等）的保藏或明胶的液化试验等。它用接种针对深层培养基穿刺接种后培养，若是产生气体的菌会发生龟裂现象。

④其他固体培养法：此类培养为用米曲、马铃薯和面包进行的培养。

（2）液体培养法

①静止培养法：一般用于酵母、嫌气性细菌、兼性嫌气性细菌的培养以及各种生理试验等。对于霉菌也可在液体培养基中使用称作表面培养的静置培养法。

②振荡培养法：这是实验室最常使用的好气性菌、兼性菌的液体培养法。使用振荡培养器时（摇床），转速和液量的关系根据机械种类而有所不同，一般使用条件如表 2－5。

表 2-5　振荡培养法的培养条件

振荡装置	培养容器	培养基液量（ml）			转速（r/min）		
		一般	最小	最大	一般	最小	最大
旋转式振荡器	250ml 三角烧瓶	20~30	10	70	220	140	250
	2L 三角烧瓶	300	100	500	200	140	230
往复式振荡器	坂口瓶	30	15	80	120	90	150
	大试管	10	5	20	280	280	400
	小试管	5	3	7	280	280	400
独臂振荡器	L 型管	10	5	15		40	100

为提高搅拌效果，增加通气量，可在装有挡板的烧瓶内培养，此时必须控制液量不要使瓶塞弄湿，因为塞沾湿后易污染杂菌，并同时降低通气效果。试管振荡器主要用于菌种筛选等大量菌株的处理。单臂振荡器能使 L 型管置于比色计中，所以常用于菌的生长、变异等实验。在为生产某种物质的试验中，常用 250ml 三角烧瓶在实验室制备大量培养液。而作为大量培养的种子培养可用 2L 三角烧瓶。

③通气搅拌培养法：在发泡塔、发酵桶、发酵罐等容器内的培养，多采用通气搅拌式的大规模培养。

三、发酵过程的控制

（一）发酵过程的主要控制参数

1. 物理参数

（1）温度（℃）　指发酵（fermentation）整个过程或不同阶段所维持的温度。它的高低与发酵中的酶反应速率、氧在培养液中的溶解度和传递速率、菌体生长速率和产物结合速率等有密切关系。

（2）压力（Pa）　指发酵过程中发酵罐维持的压力。罐内维持正压可以防止外界空气中的杂菌侵入而避免污染，以保证纯种培养。同时罐压的高低还与 O_2 与 CO_2 在培养液中的溶解度有关，间接影响菌体代谢。罐压一般维持在 0.2×10^5 ~ 0.5×10^5Pa。

（3）搅拌转速（r/min）　指搅拌器在发酵过程中的转动速度，通常以每 1min 的转速来表示，它的大小与氧容量传递速率与发酵液的均匀性有关。

（4）搅拌功率（kW）　指搅拌器搅拌时所消耗的功率，常指每 $1m^3$ 发酵液所有消耗的功率（kW/m^3）；它的大小与氧容量传递系数 K_{La} 有关。

（5）空气流量［L/（L·min）］空气流量是每 1min 内每单位体积发酵液通入空气的体积，也是需氧发酵的控制参数。它的大小与氧的传递和其他控制参数有关。一般控制在 0.5~1.0L/（L·min）范围内。

（6）黏度（Pa·s）　黏度大小可以作为细胞生长或细胞形态的一项标志，也能反映发酵罐中菌丝分裂过程的情况。通常以表观黏度表示。它的大小可改变氧传递的阻力，又可表示相对菌体浓度。

（7）浊度（%）　浊度能及时反应单细胞生长状况的参数，对某些产品的生产是极其重要的。

（8）料液流量（L/min）　这是控制流体进料的参数。

2. 化学参数

（1）pH（酸碱度） 发酵液的pH是发酵过程中各种产酸和产碱的生化反应的综合结果。它是发酵工艺控制的重要参数之一。它的高低与菌体生长和产物合成有重要的关系。

（2）基质浓度（g/100ml或mg/100ml） 指发酵液中糖、氮、磷等重要营养物质的浓度。它的变化对产生菌的生长和产物的合成有重要的影响，也是提高代谢产物产量的重要控制手段。因此，在发酵过程中，必须定时测定糖（还原糖和总糖）、氮（氨基氮和铵盐）等基质的浓度。

（3）溶解氧浓度［10^{-6}（ppm）或饱和度（%）］ 溶解氧是需氧菌发酵的必备条件。利用溶氧浓度的变化，可了解产生菌对氧利用的规律，反映发酵的异常情况，也可作为发酵中间控制的参数及设备供氧能力的指标。溶氧浓度一般用绝对含量（10^{-6}）来表示，有时也用在相同条件下，氧在培养液中饱和度的百分数（%）来表示。

（4）氧化还原电位（mV） 培养基的氧化还原电位是影响微生物生长及其生化活性的因素之一。氧化还原电位常作为控制发酵过程的参数之一，特别是某些氨基酸发酵是在限氧条件下进行的，氧电极已不能精确的使用，这时用氧化还原参数控制则较为理想。

（5）产物的浓度（μg/ml或U/ml） 这是发酵产物产量高低或合成代谢正常与否的重要参数，也是决定发酵周期长短的根据。

（6）废气中的氧浓度（Pa） 废气中氧含量与产生菌的摄氧率和K_{La}有关。从废气中的O_2与CO_2的含量可以算出产生菌的摄氧率、呼吸熵和发酵罐的供氧能力。

（7）废气中的CO_2浓度（%） 测定废气中的CO_2可以算出产生菌的呼吸熵，从而了解产生菌的呼吸代谢规律。

除上述外，还有跟踪细胞生物活性的其他参数，如NAD－NADH体系、ATP－ADP－AMP体系、DNA、RNA、生物合成的关键酶等，需要时可查有关资料。

3. 生物参数

（1）菌丝形态 丝状菌发酵过程中菌丝形态的改变是生化代谢变化的反映。一般都以菌丝形态作为衡量种子质量、区分发酵阶段、控制发酵过程的代谢变化和决定发酵周期的依据之一。

（2）菌体浓度 菌体浓度是控制微生物发酵的重要参数之一，特别是对抗生素次级代谢产物的发酵。它的大小和变化速度对菌体的生化反应都有影响，因此测定菌体浓度具有重要意义。菌体浓度与培养基的表观黏度有关，间接影响发酵液的溶氧浓度。在生产上，常根据菌体浓度来决定适合补料量和供氧量，以保证生产达到预期的水平。

根据发酵液的菌体量和单位时间的菌浓、溶氧浓度、糖浓度、氮浓度和产物浓度的变化值，即可分别算出菌体的比生长速率、氧比消耗速率、糖比消耗速率、氮比消耗速率和产物比生长速率。这些参数也是控制产生菌代谢、决定补料和供氧条件的主要依据，多应用于发酵动力学的研究。

（二）发酵过程的变化规律与控制

1. 分批发酵 分批培养是指在一封闭培养系统内含有初始限制量的基质的发酵方法。发酵过程从接种开始，要经过4个期，即迟滞期（也称迟缓期）、对数生长期、减速期（也称衰减期）和稳定期（也称静止期）。

（1）迟滞期 在接种后，这是一个不生长期。其实，这段过程是菌体从一个环境转向另一个环境的适应过程，因此可把这段不生长期称为适应期。迟滞期的长短与3个因素有

关，一是新的培养基组成及培养条件与旧的越接近，则一般迟滞期越短；二是种子的质量，一般移种对数生长期的比移种其他生长期的细胞迟滞期短；三与接种量有关，接种量大，迟滞期要相对短些。对于工业生产来说，迟滞期越短越好。

（2）对数生长期　在这个分期中，细胞的生长率逐渐加大，达到最大生长率，此时将菌体浓度的自然对数与时间作图可得一直线。处于对数生长期的微生物其各种酶系的活力最强，因此工业生产中，常以此作为种子移入新环境中以缩短发酵过程中的迟滞期。

（3）减速期和稳定期　在培养过程中，培养基中的营养物逐步耗尽，微生物生长速度变慢（进入减速期），直至停止（进入稳定期）。由于这一时期菌体代谢十分活跃，有许多次级代谢产物在此期合成，因此也被称为生产期或分化期。

2. 补料分批发酵　补料分批发酵是指在分批培养过程中，连续地或间歇地补加培养基（或某营养成分），而不从发酵罐中间断地放出培养液。在发酵过程中采用补料分批培养技术的优越性如下。

（1）可使底物的残留浓度保持在较低的水平，以免微生物受到这些底物的调节作用。

（2）能够增加微生物细胞的合成能力。因为通过补料工艺能够不断地提供足够的养料用于合成微生物细胞。

（3）能够提高非生长偶联型产物（如抗生素等次级代谢产物）的合成量。因为通过工艺可在微生物生长期和产物合成期提供不同质量和不同量的养分用于微生物生长和产物合成。

（4）可以解除快速利用底物而造成的阻遏效应。

（5）能够降低发酵液的黏度，提高溶解氧的浓度。

3. 连续发酵　所谓连续发酵是指培养基料液连续输入发酵罐，并同时放出含有产品的发酵液的过程。与分批发酵和补料分批发酵相比，连续发酵具有以下 3 个优点。

（1）能维持较低的基质浓度，有利于产物形成。

（2）可以提高设备利用率和单位时间的产量，节省发酵罐的非生产时间。

（3）由于发酵罐内微生物、基质、产物和溶解氧浓度等各种参数维持在一定水平故便于自动化控制。

连续发酵尽管有如此多的优点，但在工业规模生产上尚未得到广泛应用，其关键因素是由于长时间的连续培养难以保证纯种培养，且菌种发生变异的可能性较大。

（三）发酵过程的重要影响参数与控制

1. 温度的影响及与控制　在发酵过程中，随着菌体对培养基的利用以及机械搅拌的作用，将产生一定的热量。同时因罐壁散热、水分蒸发等也带走部分热量，因此可用发酵热代表整个发酵过程中释放出来的净热量：

$$Q_{发酵}=Q_{生物}+Q_{搅拌}-Q_{蒸发}-Q_{湿}-Q_{辐射}$$

最适发酵温度随菌种、培养基成分、培养条件和菌体生长阶段而改变，理论上，在整个发酵过程中不应只选一个培养温度，而应根据培养的不同阶段调整温度，以达到最佳效果。有试验报道青霉素发酵时，起初 5 小时维持在 30℃，然后降至 25℃培养 35 小时，再降到 20℃培养 85 小时，最后又提高到 25℃培养 40 小时，放罐，青霉素产量可比在 25℃恒温培养提高 50% 以上。然而在工业发酵过程中，由于发酵液的体积很大，升降温度都比较困难，所以在整个发酵过程中，往往采用一个比较适合的培养温度，使得到的产物产量最高，或者在可能条件下进行适当的调整。

2. pH的影响与控制 发酵培养基的pH对微生物生长具有非常明显的影响，也是影响发酵过程中各种酶活的重要因素。微生物生长都有最适pH范围及其变化的上下限，超出此上下限，菌体将无法忍受而自溶。pH对产物的合成也有明显的影响。合适的pH是根据试验结果来确定的。在发酵过程中，首先考虑和试验发酵培养基的基础配方，采用适当的配比，使发酵过程中pH变化在合适的范围内。因为培养基中含有代谢产酸（如葡萄糖、硫酸铵等）和代谢产碱（如硝酸钠、尿素等）物质以及缓冲剂（如碳酸钙），它们在发酵过程中要影响pH的变化。在分批发酵中，常采用这种方法来控制pH的变化。然而利用上述方法调节pH的能力是有限的，如果达不到要求，就可在发酵过程中直接补加酸或碱和补料的方式来控制。

3. 溶氧的影响与控制 溶氧是需氧发酵控制的最重要参数之一。氧在水中的溶解度很小，所以需要不断通气和搅拌，才能满足溶氧的要求。溶氧的多少对菌体生长和产物的生成及产量都会产生不同的影响。溶氧高虽然有利于菌体生长和产物合成，但溶氧太大有时反而会抑制产物的形成。因此需考查每种发酵的临界氧浓度和最适氧浓度，并使发酵过程保持在最适浓度。在已有设备和正常的发酵条件下，每种产物发酵过程中溶氧的变化都有自己的规律，并与菌体自身的繁殖和代谢密切相关。有时会出现溶氧浓度明显降低或明显升高的异常变化，常见的是溶氧下降，这可能有几种原因：①污染了好气性杂菌，大量的溶氧被消耗；②菌体代谢发生异常现象，需氧要求增加，使溶氧下降；③某些设备或工艺控制发生故障或变化，如搅拌功率消耗变小或搅拌速度下降等，也可能引起溶氧的下降。因此，从发酵液中溶解氧的浓度的变化，可了解微生物代谢是否正常，工艺控制是否合理，设备供氧能力是否充足等问题，以帮助查找不正常的原因和控制好发酵生产。

4. 二氧化碳的影响与控制 CO_2是微生物生长繁殖过程中的代谢产物，也是某些合成代谢的基质，对微生物生长和发酵具有刺激或抑制作用。CO_2还能使发酵液的pH下降，或与其他物质如生长所必需的金属离子形成碳酸盐沉淀等，造成间接作用而影响菌的生长代谢和产物的合成。CO_2在发酵液中的浓度不像溶氧那样，它的变化没有一定的规律。它的大小受到许多因素的影响，如菌体的呼吸强度、发酵液流变学特性、通气搅拌程度和外界压力大小等因素。设备规模大小也有影响，由于CO_2的溶解度随压力增加而增大，大发酵罐中发酵液的静压较大，尤其在罐的底部，CO_2浓度较大，形成碳酸，进而影响菌体的呼吸和产物的合成。在发酵过程中，如遇到泡沫上升而引起“逃液”时，采用增加罐压的方法来消泡，也会增加CO_2的溶解度，对菌体产生不利的影响。CO_2浓度的控制可通过通气搅拌来控制，对其形成的碳酸，可用碱中和，罐压的调节，也影响CO_2的浓度，对菌体代谢和其他参数产生影响。

5. 泡沫的影响与控制 在大多数微生物发酵过程中，由于培养基中有蛋白质类表面活性剂存在，在通气条件下，培养液中就形成了泡沫。起泡会带来许多不利因素，如发酵罐的装料系数减少，氧传递系数减小等。泡沫过多时，影响更为严重，可能会造成大量逃逸，发酵液从排气管路或轴封逃出而增加染菌机会等，严重时通气搅拌也无法进行，菌体呼吸受到阻碍，导致代谢异常或菌体自溶。所以，控制泡沫乃是正常发酵的基本条件。

消沫可采用机械消沫和消沫剂消沫两大类方法：机械消沫是利用机械强烈振动或压力变化而使泡沫破裂，常用在罐内靠消沫桨转动打碎泡沫。该法的优点是节省原料，染菌机会小，但消沫效果不理想，仅可作为消沫的辅助方法；另一种消沫的方法是加消沫剂，使泡沫破裂，常用的消沫剂主要有天然油脂类、高碳醇、脂肪酸和酯类、聚醚类、硅酮类等，

其中以天然油脂类和聚醚类在微生物发酵中最为常用。天然油脂中有豆油、玉米油、棉籽油、菜籽油和猪油等。油脂的质量和新鲜程度对发酵及消沫也有影响。聚醚类消沫剂的品种很多，它们是氧化丙烯或氧化丙烯和环氧乙烷与甘油聚合而成的聚合物。氧化丙烯和甘油聚合而成的，叫聚氧/丙烯甘油（简称 GP 型），氧化丙烯、环氧乙烷和甘油聚合而成的叫作聚氧乙烯氧丙烯甘油（简称 GPE 型），又称泡敌。GP 型亲水性差，在发泡介质的溶解度小，消泡能力相当于豆油的 60 ~ 80 倍；GPE 型亲水性好，在发泡介质中易铺展，消沫能力强，作用快，通常用量为 0.03% ~ 0.035%，消沫能力一般相当于豆油的 10 ~ 20 倍。消沫剂的使用应结合生产实际加以选择。

第三节　生物技术制药工艺技术基础

扫码“学一学”

一、基因工程制药技术基础

基因工程药物（gene engineering pharmaceuticals）制造过程的主要程序是：获得目的基因→构建 DNA 重组体→将重组体导入宿主细胞→鉴定筛选阳性克隆→构建基因工程菌（或工程细胞）→培养工程菌→分离纯化表达产物→除菌过滤→半成品检定→制剂→成品检定→包装，以上程序的每个阶段都包含若干操作技术单元，并依产品的性质，随研究和生产条件的不同而有所改变。

上述制造过程分为上游和下游两个阶段。上游阶段是研究开发基因工程药物的必不可少的基础，主要包括分离获得的目的基因，获得重组 DNA，阳性克隆的筛选与鉴定及构建工程菌（工程细胞）等步骤。下游阶段是从工程菌（工程细胞）的大规模培养直到产品的纯化、制剂和成品的检定与包装。上游阶段的工作主要在实验室完成，下游阶段在 GMP 认证生产车间进行。其主要技术过程分为下列 5 个部分。

1. 获得具有遗传信息的目的基因　从复杂的生物体基因组中采用不同方法分离并获得带有目的基因的 DNA 片段。获得目的基因主要通过下述方法。

（1）鸟枪克隆法　一般包括提取细胞总 DNA，经过酶切、克隆至特定载体，再转化至特定宿主细胞，构建成具有一定大小的基因文库，以同源基因为探针，进行杂交获得的目的基因。

（2）人工合成目的基因　人工合成目的基因主要采用下列 3 种途径。

①酶促方法：经提取获得编码基因的信息 RNA（mRNA），在逆转录酶的作用下，合成互补 DNA（cDNA）链，在 DNA 聚合酶 I 的作用下，加工成为双链 DNA 分子。

②化学合成法：前提是必须已知基因的核苷酸序列，化学合成的 DNA 片段一般较短，需要用 DNA 连接酶进行连接，从而获得较长的 DNA 片段。

③聚合酶链反应（PCR）：先决条件是必须已知基因的核苷酸序列，根据序列设计引物，进行 PCR 扩增获得的目的基因。也可以采用反转录 PCR（RT - PCR）等方法，直接从富含目的基因的实验材料提取 RNA，在逆转录酶的作用下获得 cDNA，以此为模板进行 PCR 扩增获得目的基因。

2. 选择基因载体构建重组 DNA　在体外将含目的基因的 DNA 片段和具有自我复制功能、并带有选择标记的载体分子进行酶切连接，获得重组 DNA 分子。常见基因载体有质粒、噬菌体（phage）、黏粒（cosmid）、病毒载体等。

3. 将重组 DNA 分子导入宿主细胞 采用特定的方法将重组 DNA 分子转移至适当受体细胞（也称寄主细胞），并与之同步增殖。被导入的受体细胞分为两大类：第一类为原核细胞，目前常用的有大肠埃希菌、枯草芽孢杆菌、链霉菌等；第二类为真核细胞，其中真核微生物主要有酵母、丝状真菌等，此外为动物细胞、植物细胞。另外也可以导人动物和植物体。

导入的方法主要有转化、转染等方法，此外也可采用电融合、显微注射和基因枪等技术。

4. 鉴定带有目的基因的克隆 从大量的细胞繁殖群体中，筛选出克隆有重组 DNA 分子的寄主细胞。为了挑选出重组子，针对不同基因的表达产物，采用各自特有的测活方法确定其生物活性；也可以采用酶联免疫方法确定其抗原性；以目的基因为探针，通过 DNA 杂交方法可以直接确定重组子。

5. 目的基因的扩增及获得目的产物 培养克隆有目的基因的重组子，提取获得扩增的目的基因以进行深入的研究。

将目的基因克隆至适当的表达载体，采用特定的方法将基因导入受体细胞，使其在新的遗传背景下获得活性表达，从而得到人类需要的特定目的物质。

下游阶段是将实验室成果产业化、商品化，主要包括工程菌大规模发酵最佳参数的确立，新型生物反应器的研制、高效分离介质及装置的开发，分离纯化的优化控制，高纯度产品的制备技术，生物传感器等一系列仪器仪表的设计和制造，电子计算机的优化控制等。工程菌的发酵工艺不同于传统的抗生素和氨基酸发酵，需要对影响目的基因表达的因素进行分析，对各种影响因素进行优化，建立适于目的基因高效表达的发酵工艺，以便获得较高产量的目的基因表达产物。为了获得合格的目的产物，必须建立起一系列相应的分离纯化、质量控制、产品保存等技术。

（一）基因工程的主要操作技术

1. 目的基因的制备（preparation of target gene） 为实现某一目的基因（靶基因）的转移与表达，首先必须克隆得到该基因。基因克隆的方法很多，主要有以下 4 种方法。

（1）建立 cDNA 文库，筛选目的基因（construction of cDNA bank） 在高等生物中由于结构基因是由外显子（exon，蛋白质编码序列）与内含子（intron，非蛋白质编码的间隔序列）排列组成的，其转录物需要经过剪接（splicing）去除内含子，使外显子连接加工产生成熟的 mRNA，为获得完整的能直接进行表达的真核生物编码目的基因，就必须构建 cDNA（complementary DNA）文库。所谓 cDNA 是指以 mRNA 为模板，在反转录酶作用下合成的互补 DNA，它是成熟 mRNA 的拷贝，不含有任何内含子序列，可以在任何一种生物体中进行表达。将细胞总 mRNA 反转录成 cDNA 并获得克隆，由此得到的 cDNA 克隆群体称为 cDNA 克隆群体，也称为 cDNA 文库，它代表了某种生物的全部 mRNA 序列，即蛋白质编码信息。构建 cDNA 文库主要包括以下几个步骤（图2－7 和图 2－8）。

①mRNA 的分离：真核细胞 mRNA 分子是单顺反子，具有 5′端帽子结构（m^7G）和 3′多聚腺苷酸［poly（A）］尾巴，这为 mRNA 的提取提供了极大的方便。目前，以利用寡聚脱氧胸苷酸（oligodT）－纤维素柱层析提取法为常用，其原理是 oligodT 与 poly（A）之间可形成氢键，从而将 mRNA 分子有效吸附。值得注意的是，提取的 mRNA 愈完整，构建的 cDNA 文库质量也就愈高；其次是提取的 mRNA 不能有 DNA 污染。

②cDNA 第一条链的合成：利用 oligodT 或 6～10 个核苷酸长的寡核苷酸随机引物与 poly（A）mRNA 杂交，形成引物，在反转录酶 AMV 或 MLV 作用下，以 mRNA 为模板，利用 4 种脱氧核苷三磷酸（dNTPS），从引物 3′端 OH 基开始合成 sscDNA。

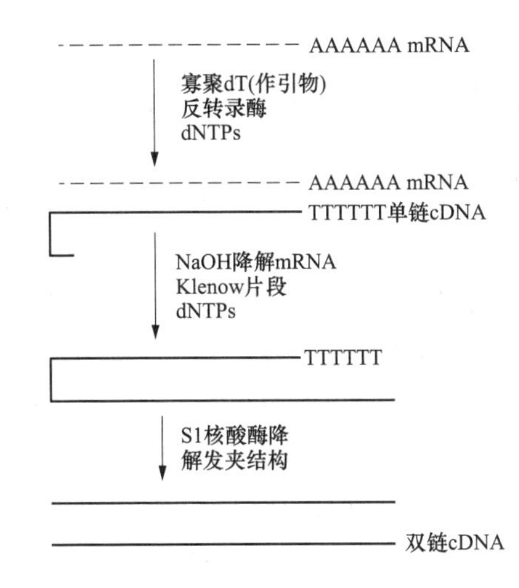

图 2－7　cDNA 的合成步骤

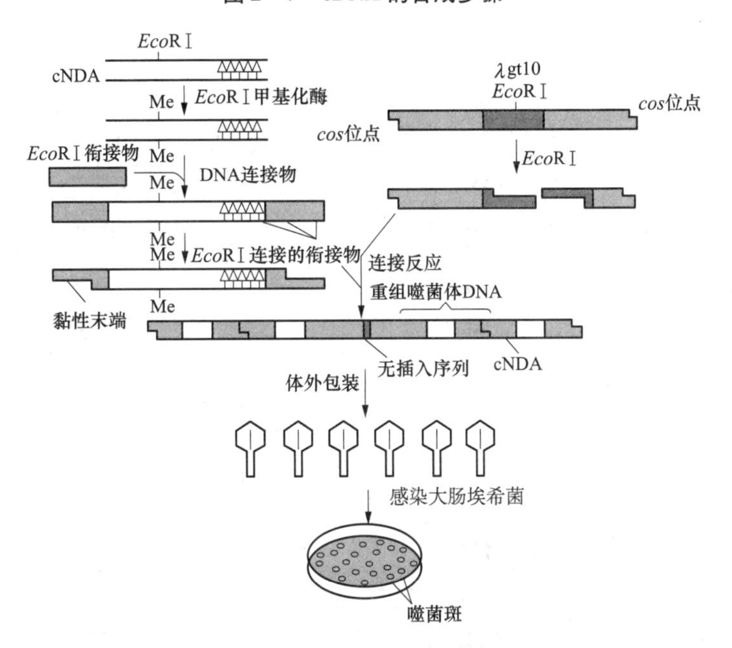

图 2－8　以 λ 噬菌体为载体构建 cDNA 文库

③cDNA 第二条链的合成：碱处理去除 DNA/RNA 中的 mRNA，sscDNA 3′末端自身环化，形成发夹结构，以此为引物在 *E. coli* DNA 聚合酶 I 或 Klenow 片段和反转录酶的共同作用下，利用 4dNTPs 完成 cDNA 第二条链的合成。在核酸酶 S1 作用下，将发夹结构和另一端的单链切除。

④cDNA 与载体的连接：最常用的载体有 λgt10 和 λgt11 两种。它们都具有供外源 cDNA 片段插入的 *Eco*R I 位点。由于合成的 cDNA 为平头末端，需在其两端加上 *Eco*R I 连接子，再经，*Eco*R I 甲基化酶甲基化，以免在酶切产生黏性末端时 cDNA 内部的 *Eco*R I 位点被切开。

⑤噬菌体的包装及转染或质粒的转化：若用质粒作载体，cDNA 与载体连接后可直接转化宿主细胞；若采用噬菌体作载体，必须体外包装成噬菌体颗粒感染宿主菌。

从 cDNA 文库中筛选目的克隆主要有以下方法：a. 核酸杂交。这是从 cDNA 文库中筛选目的克隆的最常用、最可靠的方法。根据靶蛋白纯品的氨基酸序列，合成一组所有可能的简并寡核苷酸序列，其中至少有一条会与目的 cDNA 克隆完全配对。用它作为探针可筛选出目的 cDNA 克隆。b. 免疫法。在构建 cDNA 文库时，选用可使外源 DNA 表达的载体（如 λgt10 和 λgt11 等），文库构建后，可用靶蛋白的特异性抗体筛选目的 cDNA 克隆。

（2）通过 PCR 技术制备目的基因

1）PCR 基本原理（principle of PCR）：PCR 技术可在短时间内于试管中获得数百万个特异 DNA 序列的拷贝。它实际上是在欲扩增的目的 DNA 的两侧设计一对正向和反向引物，在模板 DNA 以及四种脱氧核糖核酸（dNTPs）底物存在的条件下由 TaqDNA 聚合酶所引导催化的 DNA 扩增酶促反应。PCR 由 3 个基本反应组成：a. 高温变性（denaturation）。通过加热使 DNA 双螺旋的氢键断裂，双链解离形成单链 DNA。b. 低温退火（annealing）。使温度下降，引物与模板 DNA 中所要扩增的目的序列的两侧互补序列进行配对结合。c. 适温延伸（extension）。在 TaqDNA 聚合酶、4dNTPs 及 Mg^{2+} 存在下，引物 3′端向前延伸，合成与模板碱基序列完全互补的 DNA 链。以上变性、退火和延伸便构成一个循环，每一次循环产物可作为下一次循环的模板，数小时之后（约 25～30 次循环），介于两引物间的目的 DNA 片段便可扩增 10^5～10^7拷贝（图 2－9）。

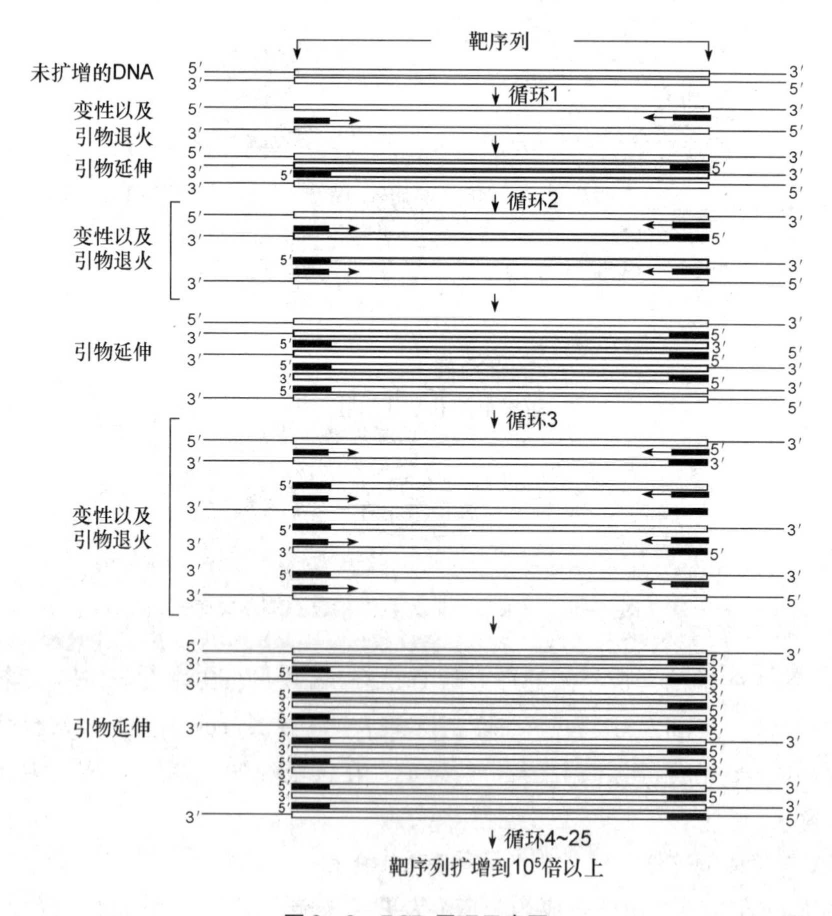

图 2－9　PCR 原理示意图

由此可知，我们可以利用目的基因两侧的核苷酸序列，设计一对和模板互补的引物，十分便捷地以基因组 DNA、mRNA 或已克隆在某一载体中的基因为模板则可获得无内含子及不带调控序列的结构基因。此外，通过在引物的 5′端添加额外的与模板不互补的所需

DNA 序列，如限制性酶切位点、起始密码子、核糖体结合位点、启动子、终止密码及终止子等，便可以将其引入目的基因中，从而方便进行目的基因的克隆、表达与调控研究。

2）PCR 反应的影响因素：PCR 反应成功与否影响因素很多，主要有以下几种。

①引物：为了提高扩增效率和特异性，一般遵循下列原则：a. 引物长度以 15 ~ 30 核苷酸为宜，过短会使特异性降低，过长则成本增加，而且也会降低特异性；b. 碱基应尽可能随机分布，避免出现嘌呤、嘧啶堆积现象，引物 G + C 含量应在 45% ~55% 左右；c. 引物内部无发夹结构（发夹是指发夹柄至少有 4 个碱基，而发夹环至少有 3 个碱基）这种结构尤其应避免在引物 3′端出现。两引物间应避免出现二聚体，因为一旦出现二聚体，引物就不能很好地与模板结合（二聚体是指引物序列之间至少有 5 个以上的碱基互补配对），尤其在引物 3′不应有 2 个以上碱基互补；d. 引物 3′端最好选 A，其次选 G、C，而不要选 T；e. 在引物 5′端可加上限制性酶切位点及保护碱基，以便扩增产物进行酶切和克隆。

②模板：单链 DNA（ssDNA）、双链 DNA（dsDNA）以及由 RNA 反转录成的 cDNA 均可作为 PCR 模板。模板 DNA 可以是线性分子也可以是环状分子，然而前者略优于后者。PCR 对模板纯度要求不严，样品可以是粗提物，但不可混有任何 DNA 聚合酶抑制剂、核酸酶、蛋白酶及能结合 DNA 的蛋白质。尿素、SDS、甲酰胺等也会严重影响 PCR 反应效率。此外应避免交叉污染。

③Mg^{2+} 浓度：TaqDNA 聚合酶是一种 Mg^{2+} 依赖酶，因此，反应体系中必须有 Mg^{2+} 存在，保持适当的 Mg^{2+} 浓度十分重要，因为 Mg^{2+} 浓度过高或过低均会影响引物与模板的结合、模板与 PCR 产物的解链温度、引物二聚体的形成以及酶的活性与精确性。

④TaqDNA 聚合酶：Taq 酶的添加量必须适当，如过高会增加非特异性产物扩增，而酶量过低则又会降低产物量。此外，为了保证产物的正确率，可以采用高保真酶如 Pfu 酶等。

⑤温度循环参数：PCR 涉及变性、退火、延伸 3 个不同温度和时间，每步反应时间不宜过长，以免降低 TaqDNA 聚合酶活性。变性温度和时间一般为 94℃和 1 分钟，温度过高、时间过长会降低 TaqDNA 聚合酶活性，破坏 dNTP 分子；退火的温度和时间取决于引物的碱基组成、长度、引物与模板的匹配程度以及引物的浓度，典型的退火温度和时间为 50℃和 1 ~1.5 分钟，延伸的温度一般为 72℃，接近 TaqDNA 聚合酶的最适反应温度 75℃。延伸时间与待扩增片段长度有关，一般 1kb 以内的片段，延伸时间为 1 分钟，如扩增片段更长，则可适当延长时间。最后一次循环的延伸时间一般都再适当延长（7 ~10 分钟），以便所有 PCR 扩增产物合成完全。其他参数确定后，PCR 循环次数主要取决于模板 DNA 浓度。一般循环 25 ~35 次为宜，循环次数过多会使 PCR 产物严重出错，非特异性产物大大增加。

（3）通过 RT – PCR 制备目的基因（preparation of target gene by RT – PCR）　RT – PCR 是指以由 mRNA 逆转录得到的 cDNA 第一链为模板的 PCR 反应。其原理是：以 mRNA 为模板，以 oligo（dT）为引物，在逆转录酶的催化下，在体外合成 cDNA 第一链后，在目的基因序列已知情况下，设计特定的引物。通过 PCR 应用扩增此链，便可以获得目的基因。此法简便易行，不需要构建文库，不需要对目的基因进行筛选，鉴定。由于引物是根据已知目的基因序列设计的，具有高度选择性，因此细胞总 RNA 无需进行分离 mRNA 便可直接使用。但是此法必须以目的基因序列已知为前提。

RT – PCR 一般可分为 cDNA 的合成与 PCR 反应两个步骤，cDNA 合成的具体方法同构建 cDNA 文库中 cDNA 第一链合成相同。RT – PCR 反应与上述 PCR 技术制备目的基因操作相同。

（4）人工合成目的基因（chemical synthesis of target gene）　自从 1983 年美国 ABI 公司研制的 DNA 自动合成仪投放市场以来，通过化学合成寡核苷酸链获得某些真核生物小分子蛋白或多肽的编码基因已成为一种重要的基因克隆手段。然而，由于 DNA 自动合成仪只能合成单链的寡核苷酸链，如何才能获得双链的目的基因 DNA 呢？最简单的办法就是首先利用化学合成法分别合成两条互补的寡核苷酸链，然后让这两条链在适当条件下退火，形成双链。但是这种方法仅限于合成组装较短的基因（60～80bp），这是由于随着寡核苷酸链合成长度的增加，出错率也会增加，同时产物的得率也会下降。为了获得较长的双链 DNA，人们尝试采用了多种人工基因组装方法（图 2－10）。

一种方法是先将设计好目的基因进行分段，每一片段间设计成 4～6 个 bp 互补的黏性末端，寡核苷酸链合成后以 T4 多聚糖核苷酸激酶对其 5′端进行磷酸化，彼此对应互补的核苷酸链退火后再以 T4DNA 连接酶连接［图 2－10（a）］；另一种方法是合成一套包括一系列具有重叠区域的短的（约 40～100bp）寡核苷酸链，在适当条件下退火，这样就得到了包括全长基因，但每条单链上都有缺失的双链 DNA，然后再用 *E. coli* DNA 聚合酶 I 补足缺失的片断，并以 T4DNA 连接酶将它们之间的切口连接起来就得到了完整的目的基因［图 2－10（b）］。

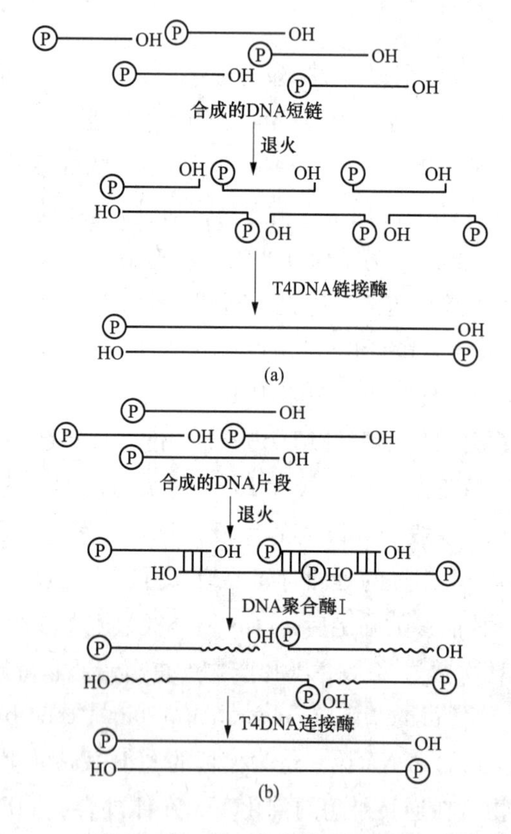

图 2－10　人工合成基因的方法

2. 重组子的构建（construction of recombinant DNA molecular）　目的基因必须与载体连接形成一种重组 DNA 分子，并转入相应的宿主细胞后才能实现目的基因的克隆与表达。根据目的基因片段的来源与类型不同，可以采取不同的连接策略，目前应用较多的连接方式有 3 种：黏端连接、平端连接和 TA 克隆。

（1）黏端连接　黏端连接是指目的基因与载体之间具有彼此互补的黏性末端，在较低

的温度下可以形成氢键，再通过T4DNA连接酶的催化便可以连接成完整的重组DNA分子。

为了让基因连接入载体之后保持正确的方向，连接时一般采取定向克隆的策略，即对基因和载体分别采用不同的限制性酶进行切割，这样载体就无法自连，且外源基因只能按照正确的方向插入载体才能形成重组DNA分子。

有时限于条件如果只能用一种限制酶对基因和载体进行切割，为了防止载体自连，酶切后可以先对载体进行脱磷处理，即用小牛肠碱性磷酸酶（CIP）或细菌碱性磷酸酶（BAP）对其进行处理，脱除其5′磷酸基团，这样并不影响其与目的基因的连接。

为了方便重组子的筛选，有时将外源基因插入载体的某个选择性标记基因使其失活，这种策略称为插入灭活法。

（2）平端连接　有时为了满足实验设计的需要，必须进行DNA的平齐末端之间进行连接。这种连接方式的优点是给不同DNA分子之间的连接带来了极大的方便，因为除内切酶酶切DNA直接产生的平齐末端分子外，黏性末端通过一定的修饰也能产生平齐末端。然而，与黏性末端相比，平齐末端的连接效率较低。因此，在进行平齐末端连接时一般需加入更多的T4DNA连接酶（一般为黏端连接的10～100倍），同时适当提高DNA底物浓度。

（3）TA克隆　TA克隆是一种直接将PCR基因产物进行快速克隆的方法，这一方法省略了诸如用Klenow酶或T4多聚激酶对PCR产物进行修饰的酶法修饰过程，大大提高了克隆效率。其原理是，在PCR反应过程中热稳定聚合酶（即Taq聚合酶）可以向PCR产物的3′末端加上一个不依赖于模板的腺苷酸（A）。利用这些末端突出的3′A，即可将PCR产物直接插入到插入位点只有一个3′T突出的线性T载体分子。这种方法只限于PCR产物的克隆，且必须采用3′T突出的T－载体（如Promega公司的pGEMR－T载体等）。

3. DNA重组体导入宿主细胞技术

（1）DNA重组体导入微生物细胞的方法

①转化作用：转化（transformation）是指微生物细胞直接吸收外源DNA的过程，而通过转化接受了外源DNA的细胞称为转化子。在分子克隆中，宿主细胞需经人工处理成能吸收重组DNA分子的敏感细胞才能用于转化，此时的细胞称为感受态细胞。Cohn（1972）证实，将细菌处于0℃的$CaCl_2$低渗溶液中，细胞膨胀成球型（感受态），经42℃短时间热冲击后，细胞可吸收外源DNA，在丰富培养基上生长数小时后，球状细胞复原，并分裂增殖。在选择性平板上即可选出转化子。Ca^{2+}处理的感受态细胞，一般每微克DNA可获得10^7～10^8个转化子。此外，还发展出氯化钙/氯化铯法、氯化钙/氯化锰法、氯化镁法等。

除化学法转化细菌外，还可采用高压脉冲电击转化法，电击法不需要预先诱导细菌的感受态，依靠短暂的电击，促使DNA进入细胞。

②转导作用：λ噬菌体载体所构建的重组DNA分子可以直接感染进入*E. coli*寄主细胞内，这叫转染（transfection），但转移效率很低，难以达到实验要求。为了提高转移效率，重组的λ－噬菌体DNA或重组的黏粒DNA必须包装成完整的噬菌体颗粒，通过温和噬菌体颗粒的释放和感染将重组DNA转移至宿主内，这称为转导（transduction），而通过转导接受外源DNA的细胞则称为转导子。所谓温和噬菌体是指既能进入溶菌生长周期，又能进入溶源生长周期的噬菌体，而烈性噬菌体是指只具有溶菌生长周期的噬菌体。

（2）DNA重组体导入动植物细胞的方法　随着高等动植物细胞基因工程的发展，人们发明了多种基因转移技术，根据原理不同，主要可分为物理方法、化学方法和生物学方法3

大类，见表2－6。

表2－6　真核细胞基因导入方法

方　法	优　点	缺　点
物理方法		
显微注射	很有效	技术困难
基因枪	很有效	需专门仪器
电穿孔	适用于悬浮细胞	需专门仪器
化学方法		
磷酸钙共沉淀法	简单	不适合悬浮细胞
脂质体法	简单，很有效	不适合悬浮细胞
二乙胺乙基葡聚糖	简单	仅用于瞬时表达
生物学方法		
反转录病毒法	很有效	宿主范围限制
原生体融合法	适用于悬浮细胞	结果不稳定

①显微注射：显微注射技术是利用显微操作仪（micromanipulator）通过显微操作将外源基因直接注入细胞核内的一项技术，它常用于制备转基因动物。注射时首先用口径约100μm的细玻璃管吸住受精卵细胞，然后再用口径为1～2μm的细玻璃针刺入细胞核将DNA注入。

②基因枪：基因枪（gene gun）技术是将外表附着有DNA的、高速运动的微小金属颗粒射向靶细胞，金属颗粒穿过细胞壁和细胞膜，同时将DNA分子引入受体细胞，这种颗粒直径为0.2～0.4μm，由钨或金制成。基因枪技术可应用于动物细胞、真菌，尤其是植物细胞的转化。它可以转化植物细胞的悬浮细胞、愈伤组织、未成熟胚，甚至是未成熟的花序。

③电穿孔：电穿孔（electroporation）是指在高压电脉冲的作用下使细胞膜上出现微小的孔洞，外界环境中的DNA穿孔进入细胞，最终进入细胞核内部的方法。该方法既适合于贴壁生长的细胞，也适用于悬浮生长的细胞，既可用于瞬时表达也可用于稳定转染。对于不同的细胞需要采用不同的电击电压和电击时间。

④磷酸钙共沉淀法：磷酸钙共沉淀法（calcium phosphate co-precipitation）是通过使DNA形成DNA－磷酸钙沉淀复合物，然后黏附到培养的哺乳动物细胞表面，从而迅速被细胞所捕获的方法。基本过程是将溶解的DNA加在Na_2HPO_4溶液内，再逐渐加入$CaCl_2$溶液，当Na_2HPO_4与$CaCl_2$形成磷酸钙沉淀时，DNA被包裹在沉淀之中，形成DNA－磷酸钙共沉淀物，当该沉淀物与细胞表面接触时，细胞则通过吞噬作用将DNA摄入其中。该法的优点是方法简单，且可以进行共转化，即将不含选择标记的DNA和含选择标记的DNA放在一起形成混合的共沉淀物，一起导入细胞；其不足在于不太适用于悬浮细胞的转染。

⑤脂质体法：通过脂质体（liposome）包裹DNA并将其载入细胞的方法，具有方法简单、实验结果可靠、可重复性强的优点。目前市场上已有多种脂质体转染试剂出售。这些试剂都是以合成的阳离子脂质所形成一薄层脂质体，它与DNA形成复合物，这些复合物迅速被细胞吸收。应用这种方法，已成功地将外源DNA在多种不同的细胞中进行了有效表达。

⑥二乙胺乙基葡聚糖转染技术：二乙胺乙基葡聚糖（DEAE Dextran）是一种高分子质量的多聚阴离子试剂，它能促进哺乳动物细胞捕获外源DNA，但其机制还不清楚，可能是

由于葡聚糖与DNA形成复合物而抑制了核酸酶对DNA的作用，也可能是葡聚糖与细胞结合而引发了细胞的内吞作用。它与磷酸钙共沉淀法比较有3点不同：①它一般用于克隆基因的瞬时表达，不易形成稳定转化细胞系；②由于它对细胞有毒性作用，造成有些细胞系转染效率很高，而其他细胞转染效率则不理想；③DEAE－Dextran可用于转染小量DNA。

⑦反转录病毒感染：通过反转录病毒（retrovirus）感染可以将基因转移并整合到受体细胞核基因组中，它是各种基因转移方法中最有效的方法之一，具有转移率高、感染率高和高度黏合的特点，尤其适用于处于多细胞发育阶段的胚胎。但反转录病毒载体容量有限，只能转移小片段DNA（≤10kb），因此，转入的基因很容易缺少其相邻的调控序列。

⑧原生质体融合法：植物细胞和微生物细胞具有坚韧的细胞壁，首先需要用酶将其去除后制得原生质体，然后再将外源基因与原生质体混合，在PEG作用下经短暂的共培养，即可将外源基因导入细胞内。1982年，Kren首次应用该法将一段T－DNA转入烟草原生质体中，并获得转化植株。至此，在PEG作用下已实现多种植物细胞原生质体的转化。

4. 筛选与鉴定带有目的基因的阳性克隆　当DNA重组体通过转化或转导等手段导入宿主细胞后，必须从大量的宿主细胞群体中筛选出所需要的阳性重组子，并对其进行鉴定与分析。为了提高筛选效率，建立好的筛选模型十分重要。因此，在进行基因克隆实验设计时首先必须考虑重组子的筛选方案，根据目的基因的特性，选择合适的载体与宿主细胞。

（1）根据遗传表型差异进行筛选　由于外源基因的插入使得载体分子上的一些筛选标记基因的失活，从而导致宿主细胞的某些遗传表型的改变，通过在平板中添加一些相应的筛选物质，便可直接筛选出重组子菌落。

①抗药性筛选：在含有两个抗药性基因的载体中，插入失活其中一个基因，再用两个不同抗性平板对照筛选出重组子。如pBR322的细菌表型为Tc，Ap双抗药性，在Pst I位点插入外源基因后，会导致Ap抗性基因失活。因此，重组子表型为Tc^r，Ap^s，而含pBR322的细菌表型为Tc^r，Ap^r。

②β－半乳糖酶显色反应选择：某些质粒如pUC、pGEM系列载体，质粒含一来自*E. coli* Lac操纵子的DNA片段（其中含一多克隆位点，以便插入外源基因），在诱导物IPTG（异丙基－β－D－硫代半乳糖苷）存在下，位于诱导型启动子Plac下的编码区可表达lac Z基因产物－β－半乳糖苷酶的N端片段，（α－肽，含146个氨基酸），而相应的宿主细胞可编码β－半乳糖苷酶的C端片段，虽然它们各自都没有酶活性，但融为一体后便具有酶活性（α－互补），从而可将无色的X－gal（5－溴－4－氯－3－吲哚－β－D－半乳糖）水解变成蓝色。因此，当多克隆位点插入外源基因时，宿主菌菌落显白色（阳性克隆）；反之，显蓝色（阴性克隆）。

③噬菌斑形成能力：以λ噬菌体载体进行克隆时，重组DNA分子大小必须在野生型λDNA长度的78%～105%范围内，才能在体外包装成具有感染力的噬菌体颗粒，感染宿主菌后形成清晰的噬菌斑。没有外源DNA插入的载体不能包装成噬菌体颗粒，不能感染细菌形成噬菌体，从而达到初步筛选的作用。

（2）根据重组子的结构特征进行筛选

①快速裂解菌落比较重组DNA分子大小：本法是初步筛选插入片断较大的重组子的常用方法。具体过程是直接从平板上挑取菌落裂解获得质粒后，不经内切酶消化，直接进行凝胶电泳，与原载体比较电泳迁移率，根据其他电泳迁移率的差别进行鉴定，初步判别是否有插入片断存在。

②限制性内切酶分析：即快速提取质粒 DNA，用限制性内切酶进行双酶切，将酶切产物进行凝胶电泳分析，与分子质量标准作对照，根据片段的大小和酶谱特征判断是否为阳性克隆。

③原位杂交：原位杂交是以基因探针检出培养板上阳性重组子菌落位置的技术。其操作过程是采用印迹技术将培养板上的菌落转移到一种支撑膜上（如硝酸纤维素膜）。再用 0.5mol/L NaOH 裂解细菌，并使 DNA 变性，在原位结合于膜上，经中和酶解，冲洗再于 80℃烘烤，使变性 DNA 固定在膜上，再用^{32}P标记的探针（DNA 或 RNA）与膜上的 DNA 杂交，杂交后漂洗去未杂交的探针，干燥后进行放射自显影，根据显影斑点与原培养板对照，即可从平板上挑出阳性重组菌落。该法可进行大量筛选（一次可筛 5×10^5 ~ 5×10^6 个菌落），是从基因文库筛选阳性克隆的首选方法。

④PCR 筛选法：根据目的基因两端已知核苷酸序列设计合成一对引物，依据实验目的与要求的不同快速抽提宿主细胞质粒 DNA 或染色体 DNA 作为模板进行 PCR 扩增反应，将扩增反应物进行凝胶电泳分析，若出现特异片段的扩增条带，即说明该克隆为阳性克隆。该法快速、灵敏、简单、易行，广泛应用于阳性重组子的筛选。

5. 基因表达系统（system of gene expression） 基因工程的最终目的是在合适的宿主系统中使目的基因获得高效表达，从而生产出有重要价值的目的蛋白质或多肽。基因表达包括转录、翻译及翻译后加工等过程。基因工程根据宿主细胞种类不同，分为原核基因工程与真核基因工程两大类。原核基因工程则以原核细胞作为表达宿主，如大肠埃希菌、枯草芽孢杆菌等；而真核基因工程则以真核细胞为表达宿主，如酵母、昆虫细胞、哺乳动物细胞、植物细胞等。

（1）大肠埃希菌表达系统（*E. coli* expression system） 大肠埃希菌表达系统虽然不能像真核系统那样进行翻译后加工（尤其不能进行糖基化），因此像 EPO 等需要糖基化才有活性的目的蛋白不能在该体系进行表达。但它具有遗传背景比较清楚，使用安全、技术操作简便，繁殖力强（平均 20 ~ 30min 即可繁殖一代），便于大规模培养，成本较低，表达水平较高（可达总蛋白的 5% ~ 30%），下游技术成熟、易于控制。是目前使用最广泛、最成功的表达系统。外源基因在大肠埃希菌的表达形式可以定位在胞内表达，周质表达与胞外分泌表达。胞内表达形式有非融合表达和融合表达，分泌表达可以分泌到细胞周质空间的表达或分泌到胞外的表达形式。

①启动子和终止子：启动子是 DNA 链上一段能与 RNA 聚合酶结合并启动 mRNA 合成的长 40 ~ 50bp 序列。它是基因表达不可缺少的重要调控序列，没有启动子就不能实现基因的转录。原核生物启动子包括两个高度保守区域，一是 Pribnow box，位于起始位点上游 5 ~ 10bp，由 6 ~ 8bp 组成，富含 A、T，故又称为 TATAbox 或 -10 区，来源不同的启动子，Pribnow box 的碱基序列稍有变化；另一个是 -35 区，位于转录起始位点上游约 35bp 处，一般由 10bp 组成。-35 区提供了 RNA 聚合酶识别信号，-10 序列则有利于 DNA 局部双链解开。

5′—TYGACA——TATAAT——//——3′

-35 区　　-10 区　转录起始点

Pribnow box

启动子有强弱之分，强启动子与 RNA 聚合酶结合紧密，可使基因获得高水平转录，而弱启动子则相反。原核生物 RNA 聚合酶不能识别真核细胞启动子，因此只有将真核基因置于原核生物强启动子下游才能实现高效转录。大肠埃希菌常用的强启动子有 Lac（乳糖启动子）、Trp（色氨酸启动子）、Tac（乳糖和色氨酸的杂合启动子）、λPL（λ 噬菌体左向启动子）、T7（T7 噬菌体启动子）等。

终止子是指一个基因或操纵子 3′末端能有效终止转录的一段特定的 DNA 序列。在构建基因表达载体时，为了防止过度转录而引起载体不稳定，以及杂蛋白的合成，一般在外源基因下游插入一强转录终止子（rmb 核糖体 RNA 转录终止子）。大肠埃希菌的转录终止有依赖与不依赖 P 蛋白两种形式，在构建表达载体时最好选用后者。通常外源基因与终止子距离越近，表达水平越高。

②SD（Shine - Dalgamo）序列：大肠埃希菌核糖体结合位点对外源基因的高效表达十分重要。在翻译过程中，mRNA 必须先与核糖体结合才能进行蛋白质合成。mRNA 分子上有两个核糖体结合位点，一个是起始密码 AUG 上游 3 ~ 11bp 处的序列，后者由 Shine 及 Dalgamo 发现，故称为 SD 序列。SD 序列富含嘌呤核苷酸，刚好与 16S rRNA 3′末端的富含嘧啶的序列互补，可促进 mRNA 与核糖体结合，提高翻译效率。

mRNA　5′—AGGAGGU—UUGACCU—AUG—

UCCUCCA

rRNA　3′—AU　　　　CUAG—

SD 序列与起始密码子之间的距离，也是 mRNA 翻译效率的重要因素。有人指出；SD 序列与 AUG 之间的最佳距离为（9 ± 3）bp。Marqiusv 等发现当 Lac 启动子的 SD 序列距 AUG7 个核苷酸时，IL - 2 表达量最高，为 2581 单位，而间隔 8 个核苷酸时，表达量不足 5 个单位。另一个影响外源基因 mRNA 翻译效率的重要因素是 mRNA 二级结构，尤其是 mRNA 5′端 TIR（翻译起始区域：指 SD 序列 AUG 之间及其上、下游附近的部位）的二级结构。通过减少二级结构的形成（尤其是 TIR 前后 100 ~ 200bp 范围内的二级结构），可以提高 mRNA 翻译水平。

③非融合表达：表达蛋白的 *N* 端不会有任何其他原核生物肽段的蛋白质称为非融合蛋白。为了实现非融合表达，必须将带有起始密码 AUG 的外源基因插到原核启动子和 SD 序列的下游，组成一个杂合的核糖体结合位点，经转录翻译，表达出非融合蛋白。

非融合表达的优点在于，表达的非融合蛋白与天然蛋白在结构、功能以及免疫原性等基本一致。缺点是，表达产物 *N* 端不可避免地带上一个甲硫氨酸，一级结构与天然蛋白存在差异；其次，当进行高表达时表达产物易形成包涵体，虽然包涵体的形成给表达产物的下游处理带来某些方便，但包涵体的处理非常麻烦，往往需要采用强变性剂将其溶解，然后再进行产物复性，最后才能得到具有生物活性的目的重组蛋白，但复性时体积很大，不易处理，且复性得率很低。

为了阻止非融合蛋白表达时形成包涵体，有些研究表明，降低工程菌的培养温度（从 37℃降到 30℃）能显著降低包涵体的形成率。另外，与硫氧还原蛋白一起进行融合表达，在很多实例中，可消除包涵体的形成。硫氧还原蛋白是大肠埃希菌的同源蛋白，且高水平表达，它定位于大肠埃希菌的黏附带（周质），是一种热稳定蛋白。融合蛋白由硫氧还原蛋白通过一个被肠激酶所识别的短肽与目的蛋白相连接，其表达产物保持溶解状态，可稳定高水平表达，并可通过渗透振扰提取使目的物进入介质中，所获得的融合蛋白经肠激酶水解即可释放出目的蛋白。

④融合表达：当小分子外源多肽蛋白在原核系统中表达时，很易被宿主细胞内的蛋白

酶降解，为解决这一问题，常采用融合表达方法。所谓融合表达就是通过 DNA 重组技术，将外源基因拼接于原核多肽编码基因下游进行表达。在拼接外源基因时，应使其阅读框架与原核多肽基因阅读框架保持一致。这样表达出的融合蛋白 N 端为原核多肽序列，而 C 端为目的蛋白序列。

融合表达蛋白在大肠埃希菌内较稳定，表达效率较高，并可在原核融合肽段分子内设计可用于亲和纯化的标签，从而简化融合蛋白的纯化操作。常用的融合蛋白表达体系有谷胱甘肽 S 转移酶（GST）表达体系、金黄色葡球菌蛋白 A 表达体系，麦芽糖结合蛋白 MBP 表达体系等，所得的融合蛋白可以通过化学法或酶法切除融合蛋白中的原核肽段，从而获得具有天然活性的目的蛋白。

⑤分泌表达：分泌表达是指将目的基因嵌合在信号肽基因下游进行表达，目的产物在信号肽介导下分泌至细胞周质或培养基中，同时信号肽被信号肽酶识别并切除，从而可以直接获得成熟的活性蛋白或多肽产物。

分泌表达可以防止宿主细胞对目的产物的降解，减轻宿主细胞代谢负荷，有利于直接形成具有天然构象的活性产物，同时避免了 N 端非融合表达中出现的甲硫氨酸延伸的情况。但分泌表达的主要缺点是表达量不高，有时信号肽不被切割或不在特异位置上切割等，且并非所有的蛋白都可以在 E. coli 中进行分泌表达。

（2）酵母表达体系（yeast expression system） 以往多采用酿酒酵母作为表达体系，近年来已被毕赤酵母（Pichia pastoris）所替代。其优点是：①转录外源基因的启动子来自甲醇调节的毕赤酵母乙醇氧化酶Ⅰ基因（AOXⅠ），该启动子受甲醇控制，以达到高效表达；②易于高密度培养、菌丝干重可达 100g/L。作为表达体系它有以下特点：①是真核表达体系，对表达蛋白可进行折叠和翻译后修饰与糖基化；②表达量高，如明胶表达量达 14.8g/L；③培养基成本低；④适用高密度发酵；⑤杂蛋白少，产物易纯化。

毕赤酵母载体均为大肠埃希菌 - 毕赤酵母穿梭质粒，含有氨苄西林抗性基因的复制起始区，多数以组氨酸脱氢酶基因（His4）作为选择标记。在进行转化前，要在 His 4 或 AOX I 区的限制性内切酶单酶切位点进行酶切使载体线性化，导致高频率单交换插入发生在 His^+ 的转化子中，频率可达 50% ~80%。His^+ 转化子，常用载体有两类：①非分泌型载体：PHIL – D2，pA0815，pPIC3K，pPICZ；②分泌型载体：pHIL – S1，pPIC9K，pPIC2α，pGAPzα。

已有许多外源基因在毕赤酵母中获得成功表达与应用，如乙肝病毒表面抗原、蛋白激酶 C、肿瘤坏死因子、表皮生长因子、人血白蛋白、IL –6、转铁蛋白、tPA 等。

（3）哺乳动物表达体系（animal cell expression system） 许多哺乳动物细胞可以作为基因表达体系，其中以中国仓鼠卵巢细胞（CHO）和猴肾细胞（COS）使用最多。CHO 细胞属成纤维细胞，该细胞缺乏二氢叶酸还原酶（DHFR），经转染可将 DHFR 重组至细胞中，含有 DHFR 表达载体的重组 CHO 细胞，经甲氨蝶呤（MTX）培养筛选后可选择出克隆表达异源基因的重组细胞。

哺乳动物细胞表达外源基因的主要优点是能识别和剪切外源基因中的内含子并加工成为成熟的 mRNA。

人工构建的哺乳动物细胞表达载体条件如下：①含有原核基因序列，包括大肠埃希菌的复制子及抗生素抗性基因等，这样便于基因工程的操作，此外也应具有真核基因的选择性标记如酶、抗生素等，还可包括病毒的复制子等。②含有哺乳动物的启动子和增强子元

件，使外源基因能有效转录。③含有终止信号及加 poly（A）信号，poly（A）位点上游 11～30 个核苷酸处有一高度保守的 6 个核苷酸序列 AAUAAA，下游为富含 GU 或 U 区。④若存在内含子不利于外源基因表达时，则以 cDNA 作为外源基因；当内含子的存在可提高表达率时，则载体需含可选择的剪切信号。⑤含有一个以上限制性内切酶的单一酶切位点。

哺乳动物细胞表达载体主要有：a. SV40 衍生载体；b. 逆转录病毒载体；c. 腺病毒载体（AV）；d. 腺相关病毒载体；e. 痘苗病毒载体（UV）。用于建立哺乳动物细胞表达体系的质粒一般都是经改造过的穿梭载体，它们既可在原核细胞中复制筛选又含有在真核细胞中完成表达过程所需的序列元件。如具有强启动子，具有选择性标记（药物抗性基因一新霉素磷酸转移酶基因，二氢叶酸还原酶基因，胸苷激酶基因等），具有 mRNA 剪接位点和多聚腺苷序列；具有在细菌体内复制的质粒起始位点及多克隆位点等。此外，不同的表达载体对宿主细胞的要求也不一样，如 SV40 病毒载体的受体细胞是猴肾细胞 COSl、COS3、COS7。COS 细胞有一段已整合在基因组中的 SV40DNA，它编码 T 抗原，可以支持含有 SV40 复制起始点而不含 T 抗原基因的 SV40 病毒载体的复制，它们已被广泛应用于外源基因的瞬时表达；含有二氢叶酸还原酶基因（dhfr），选择标记的病毒质粒表达载体一般选用 dhfr 缺陷型的细胞如 CHO 细胞/dhfr -（中国仓鼠卵巢细胞），它们已被广泛用于多种重组药物的生产；而痘苗病毒载体应用小鼠 L 细胞（小鼠皮下结缔组织培养的细胞），腺病毒载体应用 Hela 细胞（人子宫颈癌细胞）。

哺乳动物表达系统，可获得结构与天然蛋白相一致的活性蛋白，对于制造结构复杂的生物药物是其他系统所无法比拟的。但其培养技术难度大，成本高，研究与生产周期长是其缺点。表 2－7 归纳比较了三种不同基因工程表达体系的特点。

表 2－7　大肠埃希菌、酵母与动物细胞表达体系特点比较

表达体系	产物	产生部位	培养方式	提纯	产物活性	潜在危险性
大肠埃希菌	多肽、蛋白质或融合蛋白质	菌体内	容易	一般	对原核者好，真核者稍差	不大
酵母	多肽、蛋白质或糖基化蛋白	菌体内或分泌出细胞	容易可高产	菌体内稍复杂	真核的接近天然	不大
哺乳动物细胞	完整，糖基化蛋白	分泌出细胞	较难、成本高可高产	简单	几乎可为天然产物	需注意有致癌因素

（4）昆虫细胞表达系统　昆虫细胞表达系统，即杆状病毒表达系统（baculovirus expression vector system，BEVS）是近年来应用较多的真核表达系统。

目前最常用的杆状病毒是苜蓿尺蠖核型多角体病毒（Autographa californica multiple nuclear polyhedrosis virus，AcMNPV 或 AcNPV 和家蚕核型（Bombyx mori）多角体病毒（BmNPV）。最常用的宿主细胞是来自秋黏虫（*Spodoptera frugiperda*）的 Sf9 细胞。

1）杆状病毒载体的构建与筛选：杆状病毒由于基因组庞大，外源基因的克隆不能通过酶切连接的方式直接插入，必须通过转移载体的介导才能实现其重组，即将多角体极晚期基因及其边界区克隆到细菌的质粒中，消除其编码区和不合适的酶切位点，保留其 5′端对高效表达必需的调控区，并在其下游引入合适的酶切位点供外源基因的插入，即得到转移载体。将要表达的外源基因插入其启动子下游，再与野生型 AcNPV DNA 共转染昆虫细胞，通过两侧同源边界区在体内发生同源重组，使多角体蛋白基因被外源基因取代，而将外源基因整合到病毒基因组的相应位置，由于多角体基因被破坏，则不能形成多角体。这种表型在进行常规空斑测定时，可同野生型具有多角体的病毒空斑区别开来，这就是最初的筛

选重组病毒的方式。除上述方法外，β-半乳糖苷酶的蓝白筛选、体外酶促定位重组、Bacmid、TK基因、Neo基因等方法也用于筛选重组病毒。

2）杆状病毒表达系统的特点：相对其他系统，该系统具有以下特点：①重组蛋白具有完整的生物学功能：杆状病毒表达系统可为高表达的外源蛋白在细胞内进行正确折叠、二硫键的搭配及寡聚物的形成提供良好的环境，可使表达产物在结构及功能上接近天然蛋白。②能进行翻译后的加工修饰：杆状病毒表达系统具有对蛋白质完整的翻译后加工能力，包括糖基化、磷酸化、酰基化、信号肽切除及肽段的切割和分解等。③表达水平高：与其他真核表达系统相比较，此系统最突出的特点就是能获得重组蛋白高水平的表达，最高可使目的蛋白的表达量达到细胞总蛋白的50%。④能容纳大分子的插入片段：杆状病毒毒粒可以扩大，并能包装大的基因片段，目前尚不知杆状病毒所能容纳的外源基因长度的上限。⑤能同时表达多个基因：杆状病毒表达系统具有在同一细胞内同时表达多个基因的能力。

（二）基因工程菌的规模化培养

大肠埃希菌是基因工程制药的主要宿主菌，人Ins、各种生长因子、干扰素、白介素、集落刺激因子等都在大肠埃希菌中表达成功。已有许多产品投放市场。因此，重组大肠埃希菌的大规模培养及各种培养条件对其生长和外源基因表达的影响是重点研究内容。

基因工程菌的培养过程主要包括：①通过摇瓶操作了解工程菌生长的基础条件，如温度、pH、培养基各种组分以及碳氮比，分析表达产物的合成、积累对受体菌的影响；②通过培养罐操作确定培养参数和控制的方案及顺序。由于工程菌生长和异源基因表达之间有着较大的差异，各培养参数在全过程中必须分段控制。

在不同的发酵条件下，工程菌的代谢途径也不一样，因而对下游的纯化工艺会造成不同的影响。因此在高表达高密度发酵的前提下，还要尽量建立有利于纯化的发酵工艺，以提高产品的纯度及改善其性质。

1. 重组大肠埃希菌的培养基组成　培养基是影响菌体生长及产物合成的主要因素之一，基本组成包括碳源、氮源、无机盐、微量元素、维生素和生物素等，对营养缺陷型菌还应考虑补加相应的营养成分。常用氮源有酵母粉、蛋白胨、酪蛋白、氨基酸、玉米浆、氨水、硫酸铵、硝酸铵、氯化铵等，常用碳源有葡萄糖、甘油、乳糖、甘露糖、果糖等。应用正交设计及均匀设计等数学工具优化培养基成分及配比是提高外源蛋白产量的重要手段。在实验室研究中常使用LB培养基和M9培养基，见表2-8。

表2-8　大肠埃希菌常用培养基

类型	内容
LB培养基	酵母抽提物：5g 胰蛋白胨：10g NaCl：5g H_2O：1000ml pH 7 溶液于0.67MPa（121℃）下蒸汽灭菌
M9培养基	A. $Na_2HPO_4 \cdot 7H_2O$：12.8g；KH_2PO_4：3g NaCl：0.5g；NH_4Cl：1g；H_2O：980ml B. 20%葡萄糖，20ml 溶液A于0.67MPa（121℃）蒸汽灭菌20min，溶液B于0.44MPa（110℃）蒸汽灭菌15min或过滤除菌。在无菌环境下将两者合并即可

注：配制固体培养基时，在其中加15~20g的琼脂粉（M9培养基加在A液中）

2. 基本培养方式

（1）分批培养（batch culture）　分批培养是一种间歇的培养方式，除了进气、排气和补加酸碱调节 pH 外，在培养过程中与外界没有其他的物料交换。工程菌在诱导后生长速率都会下降，这是因为外源基因表达增加了代谢负荷。

（2）补料分批培养（fed - batch culture）　补料分批培养也是一种间歇的培养方式，与分批培养不同之处在于，在培养过程中需要往发酵液中补加新鲜的营养成分。

（3）连续培养（continuous culture）　连续培养是在连续流加新鲜培养基的同时连续放出发酵液。由于重组菌的不稳定性，很难进行连续培养。为了解决这一问题，人们把重组菌的生长阶段和基因表达阶段分开，进行两阶段连续培养（two - stage continuous culture）。在这样的系统中关键操作参数是诱导水平、稀释率和细胞比生长速率。优化这 3 个参数以保证在第一阶段培养时质粒稳定，菌体进入第二阶段后可获得最高表达水平或最大产率。

（4）透析培养（dialysis culture）　该法是用物理方法把乙酸等代谢废物从培养基中除去。在补料分批培养中，大量乙酸在透析器中透过半透膜降低了培养基中乙酸浓度从而获得高菌体密度。

3. 基因工程菌的培养设备　常规微生物发酵设备可直接用于基因工程菌的培养。但是微生物发酵和基因工程菌发酵有所不同，微生物发酵主要收获的是它们的初级或次级代谢产物，细胞生长并非主要目标，而基因工程菌发酵是为了获得最大量的基因表达产物，由于这类物质是相对独立于细胞染色体之外的重组质粒上的外源基因所合成的、细胞并不需要的蛋白质，因此，培养设备以及控制应满足获得高浓度的受体细胞和高表达的基因产物。

发酵罐的组成部分有：发酵罐体、保证高传质作用的搅拌器、精细的温度控制和灭菌系统、空气无菌过滤装置、残留气体处理装置、参数测量与控制系统（如 pH、O_2、CO_2 等）以及培养液配制及连续操作装置等（图 2 - 11）。由于基因工程菌在发酵培养过程中要求环境条件恒定，不影响其遗传特性，更不能引起所带质粒丢失，因此对发酵罐有特殊要求：要提供菌体生长的最适条件，培养过程不得污染，保证纯菌培养，培养及消毒过程中不得游离出异物，不能干扰细菌代谢活动等。为达到上述要求，发酵罐材料的稳定性要好，一般要用不锈钢制成，罐体表面光滑易清洗，灭菌时没有死角。与发酵罐连接的阀门要用膜式阀，不用球形阀；所有的连接接口均要用密封圈封闭，不留“死腔”。搅拌器转速和通气应适当，任何接口处均不得有泄漏。要防止操作中杂菌污染，空气过滤系统要采用活性炭和玻璃纤维棉材料。为避免基因工程菌株在自然界扩散，培养液要经化学处理或热处理后才可排放，发酵罐的排气口要用蒸汽灭菌或微孔滤器除菌后，才可以将废气放出。轴封可采用磁力搅拌或双端面密封。

4. 基因工程菌的高密度发酵和高效表达策略　理论上认为大肠埃希菌发酵的最高菌体密度可达（干重）200 ~400g/L。补料策略是重组大肠埃希菌高密度发酵的成功关键技术。大肠埃希菌在过量葡萄糖或缺氧的条件下会发生“葡萄糖效应”，积累大量有机酸而影响重组菌的生长和外源蛋白的有效表达。因此在大肠埃希菌高密度发酵中，合理流加碳源使葡萄糖效应降低，是成功的关键。常用的流加模式有 3 种：恒速流加补料、变速补料和指数流加补料。

在恒速流加培养中，葡萄糖是以恒定的速率流加，相对于发酵罐中的菌体来说，营养浓度是逐渐降低的，菌体的比生长速率也慢慢下降，总的菌体量在培养过程中是线性增加的。

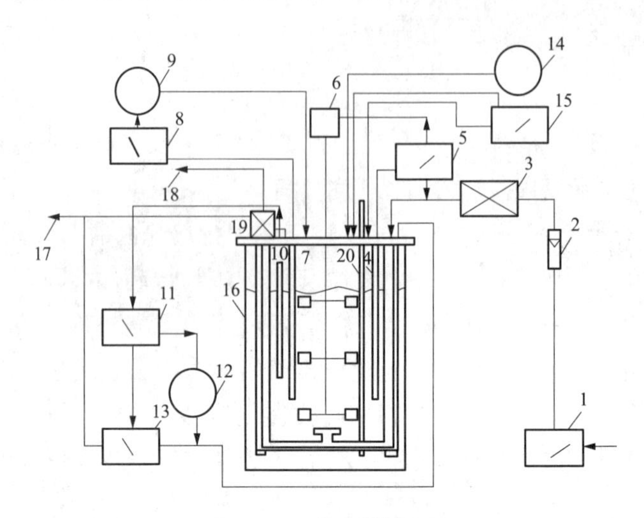

图 2－11　发酵罐简示图

1. 去水去油空压机系统；2. 转子流量计；3. 空气过滤系统；4. 溶解氧电极；
5. 溶解氧控制系统；6. 搅拌转速器；7. pH 电极；8. pH 控制系统；9. 酸碱补加装置；
10. 热敏电极；11. 温度控制系统；12. 加热器；13. 冷冻水浴系统；14. 消沫装置；
15. 培养基流加装置；16. 培养罐体；17. 冷却水排出；18. 排气；19. 排气冷凝器；20. 取样管

改变流速或梯度增加流加速度可以在菌体密度较高的情况下通过加入更多的营养物质促进细胞的生长，并对产物的表达有利。

指数流加技术是一个简单而有效的补料技术，它能够使反应器中基质的浓度控制在较低的水平，这可以大大减少乙酸等有害代谢物的生成，菌体以一定的比生长速率呈指数形式增加，还可以通过控制流加的速率控制细菌的生长速率，使菌体稳定生长的同时有利于外源蛋白的充分表达，该技术已广泛地在重组大肠埃希菌的高密度培养中用于生产外源蛋白。影响高密度下表达水平的因素主要有高渗的抑制、乙酸的抑制、补料成分、蛋白酶的降解以及外源基因表达蛋白与菌体蛋白之间氨基酸组成的差异。

为了减少乙酸的产生，可以通过选择合适的受体后，优化培养基组成，降低比生长速率，降低培养温度和流加葡萄糖等方法来克服。如流加或间隙加入有机复合氮源（外加酪蛋白水解物等），能提高重组菌的表达水平。通过补充某些氨基酸也可以提高外源基因的表达水平，为了降低蛋白酶对目的蛋白的降解作用，也可以加入 PMSP（苯基甲烷磺酰氟）抑制蛋白酶活性，从而提高目的蛋白的表达量。

二、动物细胞工程制药技术基础

（一）非基因工程动物细胞的获得

供生产生物技术药物的动物细胞有 3 类。

1. 原代细胞　原代细胞是直接取自动动物组织器官，经过分散、消化制得的细胞悬液。1g 组织约有 10^9 个细胞。供作原代培养的动物细胞常见的有鸡胚细胞，原代兔肾细胞或鼠肾细胞，以及淋巴细胞。

2. 二倍体细胞系　原代细胞经过传代、筛选、克隆，从而由多种细胞中挑选强化具有一定特性的细胞株，其特点是：①染色体组织仍然是 2n 的模型［所以又称为二倍体细胞系（diploidcell line）］；②具有明显贴壁依赖和接触抑制的特性；③具有有限的增殖能力，一般可连续传代培养 50 代；④无致癌性。二倍体细胞通常由胚胎组织中获取，生产上广泛应用

的有 W_1 -38，MRC -5，ZBS 等。

3. 转化细胞系　这类细胞是通过某个转化过程形成的，常常因染色体的断裂而变成异倍体，从而失去了正常细胞的特点，而获得无限繁殖的能力。这种转化进程可以是自发的，也可以通过人为的方法进行的转化，常采用某些病毒如 SV40 或某些化学试剂处理如甲基胆蒽等。

另外从动物肿瘤组织中建立的细胞系也是转化细胞，转化细胞具有无限生命力，倍增时间较短，培养条件要求较低，适于大规模生产培养。近来用于生产的转化细胞系，如 Namalwa、CHO、BHK -21、Vero 细胞等。

（二）基因工程细胞的构建

通过细胞融合或基因重组技术构建的细胞系称为基因工程细胞系。根据构建方式的不同可分为杂种细胞（hybrid cell）和重组细胞（reconstituted cell）。

1. 杂种细胞的构建（construction of hybrid cell）　杂种细胞是通过动物细胞融合技术而构建的，是以自然或人工的方法将两个或几个不同的动物细胞合并成为一个双核或多核细胞的过程。细胞融合的结果，可能是基因型相同的细胞融合为同核体（homokaryon），也可能是不同基因型的细胞融合而形成异核体（heterokaryon），只有异核体才属于杂种细胞。存活下来的异核体经有丝分裂和染色体重排；可分裂形成两个具有新的遗传性状的单核杂种细胞，即为合核体（synkaryon）。其中，肿瘤细胞与体细胞融合而成的杂种细胞又称为杂交瘤细胞，它广泛应用于单克隆抗体（monoclonal antibody，McAb）的生产。一般来说，杂种细胞的构建主要包括细胞融合和细胞筛选两个过程。用于诱导动物细胞融合的方法主要有：病毒法，PEG 法，电击法和激光法。杂种细胞的筛选方法主要有三种：第一种方法是利用各种营养缺陷型细胞系或抗性细胞系作为参与融合的亲本细胞，通过选择性培养基将互补的杂种细胞筛选出来；第二种方法是利用或人为地造成两个或几个亲本细胞之间的物理特性差异，如大小、颜色或漂浮密度等方面的不同，从中筛选出杂种细胞；第三种方法是利用或人为地造成杂种细胞与未融合细胞之间生长或分化能力等方面的差异，从而进行选择筛选。

2. 重组细胞的构建　当前用于构建重组细胞的动物细胞主要有 CHO 细胞、BHK -21 细胞、SP2/0 细胞和 Veto 细胞等。其中 CHO 细胞被应用得最多，至今批准的重组蛋白，其表达生产的宿主细胞大多是 CHO 细胞。重组细胞的构建大致包括表达载体的构建，表达载体的导入以及表达细胞株的筛选等过程。

（1）表达载体的构建　常用于动物细胞的表达载体有病毒载体和质粒载体两类。

病毒载体是通过病毒包膜蛋白，与宿主细胞膜的相互作用而使外源基因进入到细胞内的表达载体；病毒表达载体的构建包括：选择性地删除病毒的某些必需基因；缺失的必需基因的功能由互补细胞反式提供；用外源基因替代病毒非必需基因区；病毒复制和包装所需的顺式作用元件保持不变。目前常用的病毒载体有牛痘病毒、腺病毒、反转录病毒和杆状病毒等。

质粒载体是借助于物理或化学的手段而被导入细胞内。用于动物细胞表达的质粒载体一般为穿梭质粒载体，即在细菌和哺乳动物细胞内都能扩增，质粒载体的构建包括如下一些基本元件：允许质粒载体在细菌内扩增的基因序列，其中包括使质粒在细菌内复制的起始位点和抗生素标记序列；含有能使基因转录表达的调控元件，在 5′端和 3′端应分别有转录启动子和转录终止序列；含有用以筛选外源基因已整合的选择标记；通常还带有选择性

增加拷贝数的扩增系统，如二氢叶酸还原酶、谷氨酰胺合成酶和腺苷脱氨酶等系统，可大大提高目的产物的表达量。目前常用的质粒表达载体有 SV40、BKV、BPV 和 EBV 等载体。

（2）表达载体的导入与高效表达工程细胞株的筛选　病毒表达载体的导入，可直接将其感染宿主细胞，此法定向性好，实验重复性和导入率高。

质粒载体需要经过一定的物理或化学的作用才能导入动物细胞。常用的化学法有 DNA－磷酸钙沉淀法、DEAE－葡聚糖法和脂质体介导法；物理方法有电穿孔法，显微注射法和基因枪法等。

外源基因导入动物细胞的效率是很低的，因此必须从大量的细胞中筛选出已整合并表达外源基因的细胞株。筛选的策略首先是借助基因载体内的选择性标记，通过相应的筛选系统选出转化细胞如利用 GPT（HAT、黄嘌呤、甘氨酸、霉酚酸）选择系统筛选 gpt^+ 的转化细胞，然后对选出的细胞进行克隆和亚克隆使其纯化。最后常常利用扩增系统，不断增加目的基因的拷贝数，从而获得高效表达的稳定的工程细胞株。

（三）动物细胞培养条件

营养、pH 及温度是细胞生长所要求的重要条件。培养细胞的最适温度为 37℃ ±0.5℃，偏离此温度，细胞的正常生长及代谢将会受到影响，甚至导致死亡。细胞培养的最适 pH 7.2～7.4 间，当 pH 低于 6.0 或高于 7.6 时，细胞的生长会受到影响，甚至导致死亡。细胞生长代谢离不开气体，培养瓶中的 O_2 与 CO_2 足以保证细胞体内代谢活动的进行，但作为代谢产物 CO_2 在培养环境中还有调节 pH 的作用，CO_2 培养箱可以维持一定比例的 CO_2，使培养环境中的氢离子浓度保持恒定。

在保证细胞渗透压的情况下，培养液里的成分要满足细胞进行糖代谢、脂代谢、蛋白质代谢及核酸代谢所需要的各种组成，如各种必需氨基酸和非必需氨基酸、维生素、碳水化合物及无机盐类等，只有满足了这些基本条件，细胞才能在体外正常存活、生长。另外，在单克隆抗体实验培养中加入一些饲养细胞，或在换液时留一些原培养液，也有利于细胞生长。影响动物细胞培养的存活条件主要有培养基、气体、pH、温度、水的质量，渗透压及灭菌条件等。

目前已有人工合成培养基出售，如 NCTC、109 培养液、DMEM－199、RPMI－1640 培养液。原代培养及较难培养的细胞还可用 MCCOY5A 及 HAMF12 培养液。

各种合成培养基给细胞培养提供了方便，但单纯采用合成培养基，细胞还不能很好地增殖，甚至细胞不贴壁生长，因此使用时常要添加 5%～10% 小牛血清，对杂交瘤细胞的培养添加胎牛血清要达 10%～20%，其使用有几方面作用：①提供细胞生长所需的条件生长因子和激素，包括胰岛素样生长因子，表皮生长因子，成纤维细胞生长因子，血小板衍生的生长因子以及雌激素，皮质醇、睾酮、黄体酮和甲状腺素等；②提供细胞贴壁所需的贴附因子和伸展因子（spreading factors）；③提供识别金属、激素、维生素和脂类的结合蛋白；④提供细胞生长所需的脂肪酸和微量元素。近代还大力研究无血清培养基。无血清培养基具有以下优点：①提高了细胞培养的可重复性，避免了由于血清批之间差异的影响；②减少了由血清带来的病毒、真菌和支原体等微生物污染的危险；③供应充足、稳定；④细胞产品易于纯化；⑤避免了血清中某些因素对某些细胞的毒性；⑥减少了血清中蛋白对某些生物测定的干扰，便于实验结果的分析。

无血清培养基是以合成培养基为基础加入各种细胞生长所需的添加因子。如激素和生长因子，结合蛋白，贴附和伸展因子，有利于细胞生长的因子和微量元素等。

表 2-9　市售常用的无血清培养基

供应公司	杂交瘤细胞	CHO 细胞	昆虫细胞	淋巴样细胞	通用
Bio-Whittakerlnc	Utradoma（30） UhradomaPF（0）	Utra-CHO（<300）	InsectXFress（0）	Ex-Vivo range（1000~2000）	UtraCulture（3000）
Boehringer Mannheim	Nutridoma range（40~1000）	—	—	—	—
Gibco	Hybridoma SFM（730） Hybridoma PHFM（0）	CHO-SFM（400）	SF900	AIM V	—
Hyclone Laboratories	CCM-1（200）	CCM-5（<400）	CCM-3（0）	—	—
ICN Flow	Biorich 2	—	Biorich 2	—	—
JRH Biosciences（Seralab）	Ex-cell300（11） Ex-cell300（10）	Ex-cell301（100）	Ex-cell401（0）	Aprotain-1（0）	—
Sigma	QBSF-52（45） QBSF-55（65）	—	SF insect Medium（0）	—	—
TCS Biologicals Ltd	Softcell-doma LP（3） Softcell-doma HP（0）	SoftCell-CHO（300）	SoftCell-insecta（0）	—	SoftCell-Universal（3000）
Ventrex	HL-1（<50）	—	—	—	—

注：括号内为蛋白质含量（μg/ml）

（四）动物细胞大规模培养方法

动物细胞的大规模培养主要可分为悬浮培养、贴壁培养和贴壁-悬浮培养。

1. 悬浮培养（suspension culture）　悬浮培养即让细胞自由地悬浮于培养基内生长增殖。它适用于一切种类的非贴壁依赖性细胞（悬浮细胞），也适用于兼性贴壁细胞。该培养方法的优点是操作简便，培养条件比较均一，传质和传氧较好，容易扩大培养规模，在培养设备的设计和实际操作中可借鉴许多有关细菌发酵的经验。不足之处是由于细胞体积较小，较难采用灌流培养（perfusion culture），因此细胞密度一般较低。目前在生产中用于悬浮培养的设备主要是通气搅拌罐式生物反应器和气升式生物反应器。如英国的 Wellcone 公司采用 8000L 的搅拌罐式生物反应器培养 Namalwa 细胞大量生产 α-干扰素，商品名为"Wellferon"。英国的 Celltech 公司则用 2000L 的气升式生物反应器大量培养杂交瘤细胞生产单克隆抗体。

2. 贴壁培养（anchorage-dependent culture）　贴壁培养是必须让细胞附在某种基质上生长繁殖的培养方法。它适用于一切贴附依赖性细胞（贴壁细胞），也适用于兼性贴壁细胞。该方法的优缺点与悬浮培养正好相反，优点是适用的细胞种类广（因为生产中所使用的细胞绝大多数是贴壁细胞），较容易采用灌流培养的方式使细胞达到高密度；不足之处是操作比较麻烦，需要合适的贴附材料和足够的面积，培养条件不易均一，传质和传氧较差，这些不足常常成为扩大培养的"瓶颈"。生产疫苗中早期大多采用转瓶（roller bottle）大量培养原代鸡胚或肾细胞。近代有些生物制品的生产仍在采用这种方法，为降低劳动强度，采用了计算机自动控制方法。

贴壁培养在传代或扩大培养时，常常需要用酶将其从基质上消化下来。常用的消化物有胰蛋白酶（trypsin）、二乙氨基四乙酸钠（EDTA），或胰酶－柠檬酸盐、胰酶－EDTA 联合使用。其他如胶原酶（collagenase）、链霉素蛋白酶（pronase）、木瓜酶（Papain）也可使用。

3. 微载体培养（microcarrier culture） 微载体培养是使细胞贴附在微小颗粒载体上，它创造了相当大的贴附面积，供细胞贴附生长、增殖。载体体积很小，比重较轻，在轻度搅拌下即可使细胞自由悬浮于培养基内，充分发挥悬浮培养的优点。

理想的微载体需具备如下一些条件：①微载体表面性质与细胞有良好的相容性，适用细胞附着、伸展和增殖；②微载体的材料无毒性。不仅要求对细胞的生长无毒性，而且也不会产生影响产品和人体健康的有害因子；③微载体的材料是惰性的，不与培养基成分发生化学变化，也不会吸收培养基中的营养成分；④微载体的比重在 1.030～1.045g/ml，使载体在低速搅拌下就可悬浮，而在静止时又可很快沉降，便于换液和收获；⑤粒径在 60～250μm（溶胀后）之间为好，并要尽可能地均一，差异不大于 20μm。这样有利于细胞均匀分布在各微载体表面；⑥具有良好的光学透明性，适用在倒置显微镜下观察细胞在载体上的生长情况；⑦基质的性质最好是软性的，避免在搅拌中由于载体互相摩擦而损伤细胞；⑧可耐 120℃高温，便于采用高压蒸汽灭菌；⑨经简单的适当处理后，可反复多次地使用；⑩原料充分，制作简便，价廉。

常见的微载体基质有葡聚糖、聚丙烯酰胺、交联明胶、聚苯乙烯和纤维素等。

（五）动物细胞大规模培养的操作方式

1. 分批式操作 分批式培养操作主要有两种方式：①将细胞和培养基一次性加入反应器内进行培养，此后细胞不断增长，产物不断形成和积累，直到达到培养终点，将含有细胞产物的培养基或连同细胞一并取出。如采用搅拌式反应器或气升式反应器培养杂交瘤细胞生产单克隆抗体就用此法生产。②先将细胞和培养基加入反应器，培养至细胞生长到一定密度后，加入诱导剂或病毒等，再培养一段时间后，达到培养终点，将反应物取出，如生产干扰素和疫苗等就采用此法。

2. 半连续式操作 该方式是当细胞和培养基一起加入反应器后，在细胞增长和产物形成过程中，每间隔一段时间，取出部分培养物，或单纯是条件培养基，或连同细胞、载体一起，然后补充同样数量的新鲜培养基，或另加新鲜载体，继续培养。该操作方式在动物细胞培养和药品生产中被广泛采用，它的优点是操作简便，生产效率高，可长时期进行生产，反复收获产品，而且可使细胞密度和产品产量一直保持在较高的水平。

3. 灌流式操作 该方式是当细胞和培养基一起加入反应器后，在细胞增长和产物形成过程中，不断地将部分条件培养基取出，同时不断地补充新鲜培养基。它与半连续式操作不同之处在于取出部分条件培养基时，绝大部分细胞仍保留在反应器内，而连续式培养则同时也取出了部分细胞。该操作方式是近代用动物细胞培养生产各种药品中最被推崇的方式。它的优点是：①细胞可处在较稳定的良好环境中，营养条件较好，有害代谢物浓度较低；②可极大地提高细胞密度，一般都可达到每毫升 10^7～10^8，从而极大地提高产品产量；③产品在罐内停留时间缩短，可及时收集在低温下保存，有利于产品质量的提高；④培养基的比消耗率较低，加之产量质量的提高，生产成本明显降低。

（六）动物细胞的种质保存

动物细胞种质保存的形式有组织块、细胞悬浮物及细胞单层培养物等。保存方式有常温、低温及超低温冰冻法3种。目前超低温冰冻法是保存种质细胞最有效和最重要的方法。常温法是将特定种质形式保存于20～30℃的方法，如人肾及猴肾细胞单层于25～30℃可保存1个月以上，人二倍体细胞单层可保存两周，中间换液可保存30d以上，若生长液中小牛血清减至0.5%～1%，于37%培养并有规律地更换培养基，则可长期保存。低温法是将特定种质形式保存于4℃的方法，如原代猴肾细胞悬浮于4℃生长液中，可保存3周。超低温冰冻法系将种质细胞保存于－70℃以下冰箱或液氮中的保存方法。在此条件下，种质可长期保存，如二倍体细胞2BS自1973年保存至今仍无遗传性变化。但是本法需用保护剂，常用的保护剂有二甲亚砜（DMSO）及甘油等。甘油使用浓度为5%、20%，DMSO使用浓度为5%～12.5%。DMSO因起作用更快，毒性及黏度更低，膜透性更高，抗冻伤能力更强而应用最多，细胞在DMSO中30s左右即达到内外平衡，但在甘油中2h才能平衡。在深冻过程中，先配制含8%～10% DMSO、15%～20%小牛血清及适量$NaHCO_3$的保护液，再将细胞培养物消化与分散，离心收集细胞，按5×10^6个细胞/ml浓度添加保护液，按1ml/支分装于安瓿中，0～4℃放置2～4h，移至－70℃冰箱中或置于液氮中保存。保冻细胞在继代培养前需复苏，复苏时将安瓿取出，包裹4层纱布浸入40℃水中，除去纱布后再浸入水中融化40s，混匀后立即接种1～2瓶（100ml培养瓶），并按1～2ml→4ml→8ml缓慢而依次加入生长液，最终加至20ml。若保护液含DMSO可直接用于接种，但其浓度应降至1%以下。若保护液含甘油，则应离心除去甘油，以防影响细胞增殖，加生长液后可通过台盼蓝染色法计算活细胞数，然后用于培养。

三、植物细胞工程制药技术基础

（一）植物组织和细胞培养的基本概念

1. 植物组织细胞无菌培养技术类型　植物组织和细胞是指在无菌和人工控制的营养（培养基）及环境条件（光照、温度等）下，研究植物的细胞、组织和器官以及控制其生长发育的技术。植物无菌培养技术有以下几类：①幼苗及较大植株的培养，即为“植物培养”（plant culture）；②从植物各种器官的外植体增殖而形成的愈伤组织的培养叫作“愈伤组织培养”（callus culture）；③能够保持较好分散性的离体细胞或较小细胞团的液体培养，称为“悬浮培养”（suspension culture）；④离体器官的培养，如茎尖、根尖、叶片、花器官各部分原基或未成熟的花器官各部分以及未成熟果实的培养，称为“器官培养”（organ culture）；⑤未成熟或成熟的胚胎的离体培养，则为胚胎培养（embryo culture）。

2. 悬浮培养　悬浮培养是指在液体培养基中，能够保持良好分散性的细胞和小的细胞聚集体的培养。

3. 细胞培养　细胞培养是指利用单个细胞进行液体或固体培养，诱导其增殖及分化。其目的是为了得到单细胞无性繁殖系。

4. 分生组织培养　分生组织培养（meristem culture）又称生长锥培养，是指在人工培养基上培养茎端分生组织细胞。分生组织如茎尖分生组织的部位仅限于顶端圆锥区，其长度不超过0.1mm。研究表明，通过组织培养技术进行植物的快速繁殖试验往往并没有利用这么小的外植体，而是利用较大的茎尖组织，通常包括1～2个原基。

5. 外植体、愈伤组织和毛状根培养　外植体（explant）是指用于植物组织（细胞）培养的器官或组织（的切段），植物的各部位如根、茎、叶、花、果、穗、胚珠、胚乳、花药和花粉等均可作为外植体进行组织培养。

外植体在一定条件下培养，可以由分化细胞诱导出愈伤组织（callus），愈伤组织是在植物的伤口或外植体的切口长出的蓬松细胞团，它可以用于次级代谢物的生产和生物转化，又可以再生成植株。

毛状根（hairy root）是植株或其组织、器官、细胞受发根农杆菌（*Agrobacterium rhizogenes*）感染形成的类似头发一样众多而细长的根组织，在遗传上较为稳定且易于操作，有可能在次生代谢产物生产方面发挥重要作用。

6. 器官形成培养 器官形成（organogenesis）一般是指在组织培养或悬浮培养中芽，根或花等器官的分化与形成。或者在先形成的小根基部迅速形成愈伤组织，然后再形成芽；或者在不同部位分别形成芽和根之后，再形成维管组织而将二者连成一个轴，最后形成小植株。

（二）植物组织和细胞培养所用的培养基

植物组织和细胞培养所用培养基种类较多。但通常都含有无机盐、碳源、有机氮源、植物生长激素、维生素等化学成分。应用最广的是 MS 培养基和 LS（Linsmaier-Besnar & Skoog）培养基。

MS 培养基含两类成分：①无机元素，如 N、P、K、Ca、Fe、Mg、Cu、Mn、Zn、B、Mo、I 等；②有机元素，如维生素 B_1、B_6、烟酸、肌醇、氨基酸、蔗糖等，还有其他一些培养基，如 White's S－3Nitsh's H，Gamborg's B5 等；这些培养基的组分大致与 MS 差不多，只是某些成分和元素的浓度以及配比略有不同。在培养基中，一些必需元素，如 N、P、K、Ca、Mg 等的加入与否及其浓度的高低与组分的相对浓度对培养基结果都有重大影响。

在植物组织培养过程中激素的作用非常重要，如果没有激素存在，细胞就不能快速分裂甚至不分裂。组织培养的优势就在于让植物细胞快速分裂，在短期内产生大量细胞从而实现快速繁殖的目的。其次激素对于组织的器官和胚状体形成起着重要而明显的调节作用。其中影响最显著的是生长素和细胞分裂素。有时也使用赤霉素（GA）、脱落酸（ABA）、乙烯以及其他人工合成的生长调节物质。其中生长素包括：吲哚乙酸（IAA）、萘乙酸（NAA）、2,4－二氯乙氧苯酸（2,4－D）、吲哚丁酸（IBA）。细胞分裂素包括：激动素（KT）、6－苄基腺嘌呤（6－BA）、玉米素（ZT）等。一般认为形成的器官的类型受培养基中这两种激素的相对浓度的控制，较高浓度的生长素有利于根的形成而抑制芽的形成；相反，较高浓度的细胞分裂素则促进芽的形成而抑制根的形成。

（三）培养材料与培养方式

植物的根、茎、叶、花、果实、种子、髓等组织或器官都可用来诱导愈伤组织，在实际工作中往往是在生长活跃的部位取材，进行愈伤组织的培养，此时可以进行各种培养基的选择，经过一段时间的培养，可以选择出适当的培养基作为以后培养的基本培养基。等愈伤组织长大后，转移到液体培养基中进行振荡，分离细胞。一般愈伤组织不会很好地分散成理想的单细胞悬浮液，大多为 50～200 个细胞组成的细胞团。

上述培养出来的细胞悬浮液是异源的，为了进一步得到均一的无性细胞，可以在这种悬浮培养基的基础上，当细胞分散程度和迅速生长达到一定阶段后，利用平板培养技术进行细胞无性系分离。即细胞悬浮液通常通过双层不锈钢网或尼龙网除去细胞聚集体，将滤过的细胞液与选定的琼脂培养基在35℃左右混合，浇到培养皿上使其形成一薄层，当琼脂

冷却凝固后，细胞就比较均匀地分布并固定在琼脂培养基中。此方法也称单细胞培养。在做平板培养基时细胞密度应以10^3/ml为宜。

小规模培养可选择大小适当的三角瓶（50～2000ml），里面有选定的培养基，把筛选好的细胞株接入以后，旋转培养（60～150r/min），4周后可进行继代培养。若采用固体培养，在培养基中加入0.7%～0.9%琼脂。大规模培养方式主要是液体悬浮培养法，培养容器用桨式搅拌罐、空气气升式反应器。

为了保证细胞系的定产稳定，已研究了多种适宜的培养方式，简介如下。

（1）二步法　从许多植物细胞培养与次生产物的形成来看，生物合成作用往往在细胞生长的后期，据此提出二步培养法（two-step culture）。第一步培养基称为生长培养基，主要适合于细胞的生长；第二步称为合成培养基，用于次生产物的合成。两种培养基往往有所区别，后者通常具有较低含量的硝酸盐或磷酸盐，或两者含量均较低。此外，通常也含有较低的糖分或少量可利用的碳源。二步培养已在许多药用植物细胞培养中得到应用。日本首次利用紫草细胞工业化生产紫草宁的二步法。Mei等（1996）在10L反应器中采用二步培养红豆杉细胞，20天后生物细胞增加了3倍，经过比较，培养基中紫杉醇含量达19.4～27.5mg/L。

（2）固定化培养（immobilized culture）将悬浮培养的植物细胞包埋于固体基质中，成为一个固定的生物反应系统。包埋的基质可为多糖和多聚化合物，如褐藻酸盐、琼脂（糖）、聚丙烯酰胺、角叉菜胶。由于这些支持物胶体本身的交联方式，使之对养料、水分及气体有一定的通透性，在不同程度上维持细胞的生物活力，从而保证进行生化反应的酶系和辅助因子的存在。基于此原理，在细胞产生次生产物的时期，就将其固定化，加以营养介质及底物进行反应，将其制成颗粒状，注入柱式反应器，就可以进行连续循环反应。通过固定化细胞进行连续培养是实现商业化生产的有效途径。

（3）代谢产物胞外释放　由于大部分有用的次生代谢物并不释放到培养基中，而是储存于液泡中，传统的提取药用次生代谢物的方法始于破碎细胞，使细胞只能一次性的使用。解决储存液泡中的次生代谢物使之释放到胞外，也是通过固定化细胞进行连续培养要解决的一个主要问题。已发展出了化学试剂法、改变离子强度法、pH扰动法、电击法等。

（4）两相培养技术（two-phase culture）　即在培养基中引入第二相，细胞产物在原培养系统合成后，向第二相富集，从而减少了产物的反馈抑制，不仅提高了产量，而且简化了后处理。

（四）植物细胞转基因技术原理

植物细胞具有全能性，如将外源基因整合到植物细胞中，再通过细胞和组织培养，就能获得再生的转基因植株。将外源基因导入植物细胞的基因转化技术有两类：①农杆菌转化技术，是利用农杆菌的Ti质粒作为外源基因载体将外源基因转入植物细胞。②直接转化技术，是利用各种转化方法将外源基因直接导入植物细胞。直接转化方法主要有基因枪法、电击法、显微注射法、PEG法、脂质体介导法、花粉管通道法和碳化硅介导法等。以基因枪法与农杆菌转化法最为常用。农杆菌转化法原理如下：农杆菌属（*A. grobaterium*）是一类土壤杆菌，该属中的根癌农杆菌（*A. tumefeciens*）侵染植物细胞后，可以引发植物组织产生根癌，另一种发根农杆菌（*A. rhizogenes*）能诱导植物产生毛状根。根癌农杆菌含有染色体外的遗传物质Ti质粒，它是环形DNA分子，是诱导植物产生根癌的直接原因。Ti质粒上有一段T－DNA，可以将外源DNA转移到植物细胞的染色体中，并在植物细胞中表达外

源基因。发根农杆菌含有 Ri 质粒，Ri 质粒是发根诱导质粒，其 T－DNA 也可以作为外源 DNA 的转移载体，并诱发植物根部组织产生毛状根。

经研究改造，人们构建了一种双元载体系统，此系统由两个质粒组成，一个是辅助 Ti 质粒，另一个是含 T－DNA 的穿梭质粒，其特点是：①质粒小，只有 10kb，便于外源 DNA 插入。②含有两个复制位点，一个大肠埃希菌复制位点，便于在大肠埃希菌中复制，另一个是农杆菌复制位点，便于在农杆菌中复制，并能使质粒在大肠埃希菌和农杆菌之间顺利接合转移。③含有农杆菌的 T－DNA 区段，作为外源 DNA 表达载体。④具有两个选择性标记和报告基因、便于选择，筛选转化系和检测表达水平。这种双元载体利用其 T－DNA 载体将外源 DNA 重组体在大肠埃希菌中构建、克隆和鉴定，然后转移到带有合适 Ti 辅助质粒的农杆菌中，将含有重组 Ti 质粒的农杆菌进行培养、选择合适的外植体与其共培养，外植体经脱毒及筛选培养和转化植株再生等则获得转基因植株。转化植株的常用方法有叶盘转化法、原生质体共培养法和整株感染法等。目前，已有多种蛋白质和多肽药物在转基因植物中得到成功表达，如 EPO，表皮生产因子、生长激素、干扰素、白蛋白、治疗性抗体和重组疫苗等。

（五）植物细胞大规模培养的生物反应器

反应器的选择取决于生产细胞的密度、通气量以及营养成分的分散程度。常用的反应器有 3 种类型。

1. 摇瓶 气体和营养成分的均匀分布通过振荡而实现搅拌目的。

2. 搅拌型生物反应器 通过不同类型搅拌器的灵活应用有利于植物培养的高度混合，反应器内的温度、pH、溶氧以及营养物浓度易控制，实验结果显示桨型搅拌器适用于植物细胞培养。图 2－12 是一种搅拌型植物细胞培养反应器设计图。

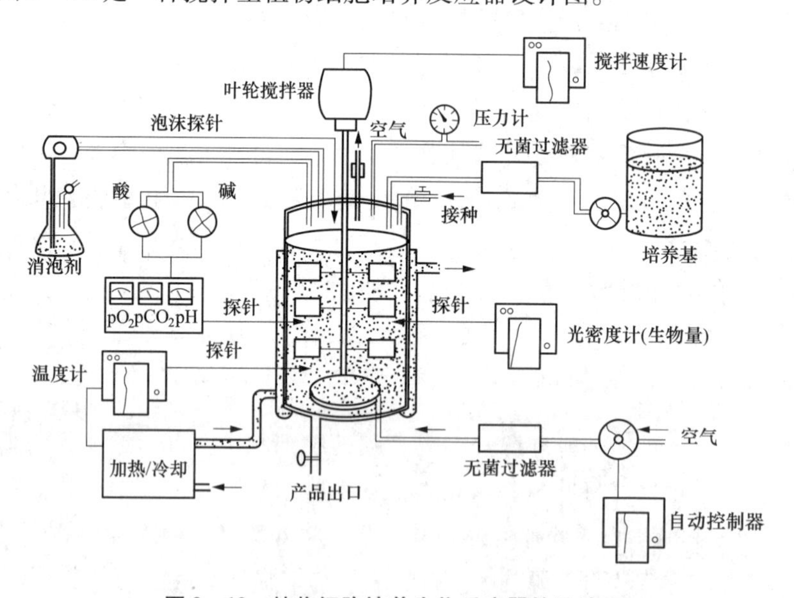

图 2－12　植物细胞培养生物反应器的设计图

3. 鼓泡塔生物反应器与气升式生物反应器 这类反应器通过外部循环泵或压缩空气作为动力，使反应器内的培养物上下混合翻动。

（1）鼓泡塔生物反应器　鼓泡塔生物反应器是通过反应器底部的喷嘴及多孔板而实现气体分散。尚有用烧结的微孔板作为气体反应器，可以在很低的气速下培养植物细胞。鼓泡塔生物反应器主要优点是：没有运动部件，操作不易染菌，在无机械能输入情况下，提

供了较高的热量和质量传递；适用于对剪切敏感性细胞的培养，放大相对容易。缺点是混合不匀，缺乏有关反应器内的非牛顿流体的流动与传递特性的数据等。

（2）气升式生物反应器　气升式生物反应器是植物细胞培养最合适的反应器之一，可以在低剪切下达到较好的混合和较高的氧传递效果。而且不易污染，操作费用也较低。

4. 转鼓式生物反应器　转鼓式生物反应器是通过转动促进反应器内的氧及营养物的混合，设置挡板有助于提高氧的传递，在高密度培养时有高的传氧能力，在高密度培养时，转鼓式优于搅拌式。其缺点是难于大规模放大。

四、酶工程制药技术基础

酶工程（enzyme engineering）是酶学与工程学互相渗透结合，发展形成的生物技术。它是研究酶和应用酶的特异催化功能，并通过工程化过程将相应原料转化成所需产物的技术。酶工程的主要内容包括酶的生产、分离、纯化、酶的固定化、酶与固定化酶的反应器以及酶与固定化酶的应用等。

（一）固定化酶的概念和优点

固定化酶（immobilized enzyme）是指借助于物理和化学的方法把酶束缚在一定空间内并具有催化活性的酶制剂，是近代酶工程技术的主要研究领域。广义的固定化酶又包括固定化酶和固定化细胞两类。

酶在水溶液中不稳定，一般不便反复使用，也不易与产物分离，不利于产品的纯化。固定化酶可以弥补这些缺点，它在催化反应中具有如下优点：①酶经固定化后，稳定性有了提高；②可反复使用，提高了使用效率、降低了成本；③有了一定机械强度，可进行柱式反应或分批反应，使反应连续化、自动化，适合现代化规模的工业生产；④极易和产物分离，酶不混入产物中，简化了产品的纯化工艺。

（二）固定化酶的制备方法

酶的固定化方法有吸附法、包埋法、交联法、共价键结合法共4种。

1. 吸附法（adsorbing immobilization）　吸附法分为物理吸附法和离子吸附法。用物理吸附法制成固定化酶，酶活力损失很少，但附着在载体上的酶，易于脱落，实用价值少。离子吸附法是将酶与含有离子交换剂的水溶性载体相结合，酶吸附于载体上较为牢固，在工业上用途颇广。离子吸附法常用的载体有：①阴离子交换剂，如DEAE－C、ECATEOLA－纤维素、TEAE－纤维素、DEAE－葡聚糖凝胶、Amberlite TRA－93，410，90等；②阳离子交换剂，如CM－C－纤维素－柠檬酸盐、Amberlite CG－50、IRC－50、IR－120、IR－200、Dowex－50等。

用于物理吸附法的载体有高岭土、磷酸钙凝胶、多孔玻璃、氧化铝、硅胶、羟基磷灰石、纤维素、胶原、淀粉等。

2. 包埋法（embedding immobilization）

（1）凝胶包埋法　本法是使酶定位于凝胶高聚物网格中的技术，其基本过程是先将凝胶材料（如卡拉胶、海藻胶、琼脂及明胶等）与水混合，加热使溶解，再降温至其凝固点以上，然后加入预保温的酶液，混合均匀，再冷却凝固成型和破碎即成固定化酶；此外，亦可在聚合单体产生聚合反应同时实现包埋法固定化（如聚丙烯酰胺包埋法），其过程是向酶、混合单体及交联剂缓冲液中加入催化剂，在单体产生聚合反应形成凝胶的同时，将酶

限制于网格中，经破碎后即成固定化酶。

用合成和天然高聚物凝胶包埋时，可通过调节凝胶材料的浓度来改变包埋率及固定化酶的机械强度，高聚物浓度越大，包埋率越高，固定化酶机械强度越大。为防止酶或细胞从固定化酶颗粒中渗漏出，可在包埋后再用交联法使酶更牢固地保留于网格中。

在聚丙烯酰胺包埋过程中，常用单体为丙烯酰胺：丙烯酸或甲基丙烯酸，交联剂为 N, N - 甲叉双丙烯酰胺。凝胶结构与胶液中单体总浓度（T）总单体中交联剂比例（C）有关，当 C 为 5% ~7% 时，T = 15% 为宜，T 值越大凝胶强度越大。当单体总浓度固定时，随着 C 值增大，凝胶脆性越大，酶活力回收率越高。聚合过程中所用催化剂有：①TEMED 和过硫酸铵，β - 甲基氨基丙胺和过硫酸钾；②核黄素和过硫酸铵；③γ - 射线辐射；④丙烯酰胺溶液于 -80℃无氧辐射聚合，氧对聚合有强烈抑制作用，故通常在室温或低温无氧条件下聚合。此外，包埋率尚与酶的溶解度和分子量有关，酶在溶液中溶解度越大及分子质量越高时包埋率越高。另外，在聚合前的单体溶液中加入碳二亚胺，在聚合过程中，使酶蛋白的氨基与载体的羟基缩合，如葡萄糖 -6 - 磷酸脱氢酶用丙烯酰胺及丙烯酸加碳二亚胺集合物包埋时，酶即与基质牢固结合，减少了酶的渗漏。

（2）微囊化包埋法　将酶定位于具有半透性膜的微小囊内的技术称为微囊化包埋法，包有酶的微囊亦称为人工细胞。人工细胞半透膜厚约 20nm，膜孔径 4nm 左右，其表面积与体积比很大，包埋酶量也多。其制备方法有界面沉降及界面聚合法两类。

（3）纤维包埋法　将可形成纤维的高聚物溶于与水不混溶的有机溶剂中，再与酶溶液混合与乳化，然后将乳化液经喷头挤入促凝剂（如甲苯及石油醚等）中形成纤维，称为酶纤维，可将酶纤维装成酶柱或织成酶布使用。

包埋法制备固定化酶的操作条件温和，不改变酶的结构，操作时保护剂及稳定剂均不影响酶的包埋率，适用于多种酶、粗酶制剂、细胞器及细胞的固定化。但包埋的固定化酶只适用于小分子底物及小分子产物的转化反应，不适用于催化大分子底物或产物的反应。且因扩散阻力将导致酶动力学行为的改变而降低活力。

3. 交联法（cross-linking immobilization）　交联法是用双功能或多功能试剂使酶分子内或分子间彼此连接成网络结构而使酶固定化的技术。本法又分为交联酶法、酶与辅助蛋白交联法、吸附交联法及载体交联法 4 种。常用交联剂有戊二醛、双重氮联苯胺 -2,2′ - 二磺酸、1,5 - 二氟 -2,4 - 二硝基苯及己二酰亚胺二甲酯等。以戊二醛为交联剂的酶结合模式是将戊二醛与酶分子之间通过 Shift 碱方式相连接，在 pH 5 ~9 范围内反应 1h 即可实现连接，反应速度随 pK_a 不同而改变。

（1）交联酶法　本法基本过程是向酶液中加人多功能试剂，在一定条件下形成固定化酶的技术。反应速度与酶的浓度、试剂的浓度、pH、离子强度、温度及反应时间有关，如 0.2% 木瓜蛋白酶和 0.3% 戊二醛在 pH 5.2 ~7.2，0℃，24 小时即完成反应，反应速度随温度升高而增大。

（2）酶 - 辅助蛋白交联法　本法系指在酶溶液中加入辅助蛋白的交联过程。辅助蛋白可用明胶、胶原及动物血清白蛋白等。此法可制成酶膜或在混合后经低温处理及预热制成泡沫状共聚物，亦可制成多孔性颗粒，活力回收率及机械强度较交联酶法为佳。

（3）吸附交联法　其过程是先将酶吸附于载体上再与交联剂反应的方法。所得固定化酶称为壳状固定化酶。此法兼具吸附与交联双重优点，既提高了固定化酶机械强度，又提高了酶与载体结合能力，酶分布于载体表面，与底物接触良好。但必须保证载体对酶的吸

附并需防止载体颗粒的凝聚。

（4）载体交联法　同一多功能试剂分子的部分化学基团与载体偶联而另一部分化学基团与酶分子偶联的方法称为载体交联法。其过程是多功能试剂（如戊二醛）先与载体（如氨乙基纤维素、部分水解的尼龙及其他含伯氨基载体）偶联，洗去多余试剂后再与酶偶联，如葡萄糖氧化酶、丁烯－3,4－氧化物和丙烯酰胺共聚即可得稳定的固定化葡萄糖氧化酶。

4. 共价键结合法（covalent linkage method）　酶分子的活性基团与载体表面活泼基团，通过化学偶联形成共价键的连接法称共价键结合法，是研究最广泛，内容最丰富的固定化酶制备方法。

进行共价结合的基团主要是氨基、羧基、酚基及咪唑基等。共价结合法有数十种，如重氮化、叠氮化、酸酐活化法、异硫氰酸酯法、双功能试剂反应、溴化氰活化法、硫交换法、醛胺缩合法、四元缩合法、金属螯合法、酰氯反应、异氰酸反应、烷基化反应及硅烷化反应等。本法优点是酶与载体结合牢固，操作稳定性良好，缺点是载体需活化，固定化操作复杂，反应条件较剧烈，酶易失活并产生空间位阻效应。因此，在进行共价结合法操作之前应充了解相应酶的氨基酸组成及其活性中心的氨基酸组成，选择适当的化学试剂及抑制剂，掌握化学修饰对酶性质的影响以及酶构象等有关信息，以便严格控制反应条件，提高固定化酶活力回收率及其相对活力。

在共价结合法中，载体活化是个重要问题，活化过程首先应考虑使载体获得能与酶分子特定基团产生特异反应的活泼基团，且要求与酶偶联时反应条件要尽可能温和。目前用载体活化的方法有酰基化、芳基化、烷基化及氨甲酰化等反应。

酶的定向固定化是通过不同方法，把酶和载体在酶的特定位置上连接起来，使酶在载体表面按一定的方向排列，使它的活性位置面朝固体表面的外侧排列。有利于底物进入到酶的活性中心，能够显著提高固定化酶的活性。目前已发展了一些不同的定向固定化酶的方法，如利用酶和它的抗体之间的亲和性，先在载体上固定化蛋白质 A，然后通过蛋白 A 连接抗体，再通过抗体定向固定化酶；通过酶分子上的糖基部分进行固定化，如先用戊二醛将 ConA 与载体交联，再用羧基多肽酶 Y（CPY）的糖基与 ConA 连接起来，可以形成定向固定化，固定化后酶活仍保持 96%。还有利用酶和金属离子形成复合物进行定向固定化等。

（四）固定化细胞的制备

将细胞限制或定位于特定空间位置的方法称为细胞固定化技术，被限制或定位于特定空间位置的细胞称为固定化细胞（immobilized cell），它与固定化酶同被称为固定化生物催化剂。细胞固定化技术是酶固定化技术的发展，因此固定化细胞也称为第二代固定化酶。固定化细胞主要是利用细胞内酶和酶系，它的应用比固定化酶更为普遍。现今该技术已扩展至动植物细胞，甚至线粒体、叶绿体及微粒体等细胞器的固定化。细胞固定化技术的应用比固定化酶更为普遍。

细胞的固定化主要适用胞内酶，要求底物和产物容易通过细胞膜，细胞内不存在产物分解转化系统及其他副反应，若存在副反应应具有相应的消除措施。固定化细胞的制备方法有包埋法、载体结合法、交联法及无载体法等，其中以包埋法应用最为广泛。常用的载体有卡拉胶，聚丙烯酰胺，琼脂，明胶及海藻酸等。

无载体法是靠细胞自身的絮凝作用制备固定化细胞的技术。本法是通过助凝剂或选择性热变性的方法实现细胞的固定化，如含葡萄糖异构酶的链霉菌细胞经柠檬酸处理，使酶

保留于细胞内，再加絮凝剂脱乙酰甲壳素，获得的菌体干燥后即为固定化细胞，也可以在60℃对链霉菌加热10分钟，即得固定化细胞。无载体法的优点是可以获得高密度的细胞，固定化条件温和；缺点是机械强度差。

（五）固定化酶的性质

1. 酶活力的变化 酶经过固定化后活力大都下降，其原因主要是酶的活性中心的重要氨基酸与载体发生了结合，酶的空间结构发生了变化或酶与底物结合时存在空间位阻效应，包埋法制备的固定化酶活力下降的原因还有底物和产物的扩散阻力增大等。要减少固定化过程酶活力的损失，反应条件要温和。此外，在固定化反应体系中加入抑制剂、底物或产物可以保护酶的活性中心。如在乳糖酶固定化时，在其抑制剂葡萄糖酸-δ-内酯的存在下进行聚丙烯酰胺凝胶的包埋，即可获得高活力的固定化乳糖酶；又如包埋天门冬氨酸酶时，在其底物（延胡索酸铵）或其产物（*L*-天门冬氨酸）的存在下，进行聚丙烯酰胺凝胶的包埋，也可以获得高活力的固定化天门冬氨酸酶。

2. 酶稳定性的变化 固定化酶的稳定性包括对温度、pH、蛋白酶变性剂和抑制剂的耐受程度。蛋白酶经过固定化后，限制了酶分子之间的相互作用，阻止了其自溶，稳定性明显增加。其他的酶经过固定化后可以增加酶构型的牢固程度，因此稳定性提高。但是如果固定化的过程影响到酶的活性中心和酶的高级结构的敏感区域，也可能引起酶的活性降低，不过大部分酶在固定化后，其稳定性和有效寿命均比游离酶高。稳定性包括以下几方面。

（1）操作稳定性 固定化酶的操作稳定性是能否实际应用的关键因素。操作稳定性通常用半衰期表示，固定化酶的活力下降为初活力一半时所经历的连续操作时间称为半衰期。进行长时间的实际操作是一种直接的观察方法，但往往通过较短时间的操作便可以推算出半衰期。假定活力损失和时间呈指数关系，那么半衰期可按下式计算：

$$t_{1/2}=0.693/K_D$$

上式中K_D为衰减系数，K_D可按下式计算：

$$K_D=2.303\log([ED]/[E])$$

其中［ED］为起始酶活力；［E］为时间t后残留酶活力。

固定化酶稳定性的测定过程必须注明测定和处理条件，通常半衰期达到1个月以上时，即具有工业应用价值。

（2）贮藏稳定性 酶经过固定化后最好立即投入使用否则活力会逐渐降低。若需长期储存，可在储存液中添加底物、产物、抑制剂和防腐剂等，并于低温下放置。有些酶如果储存适当，可较长时间保存活力，如固定化的胰蛋白酶于20℃保存数月，其活力仍不减弱。

（3）热稳定性 固定化酶的热稳定性反映了它对温度的敏感程度，热稳定性越高，工业化的意义就越大。热稳定性高可以提高反应温度和反应速度，提高效率。许多酶如乳酸脱氢酶和脲酶等，固定化后的热稳定性均比游离酶高。此外，有些酶的不同存在形式或不同的固定化方法，其热稳定性也不同，如游离的葡萄糖异构酶用多孔玻璃吸附后，在60℃下连接操作，其半衰期为14.4日；但细胞内葡萄糖异构酶用胶原固定后，于70℃连续操作，半衰期为50日。因此，要制备热稳定性高的固定化酶，需要考虑多种因素。

（4）对蛋白酶的稳定性 大多数天然酶经固定化后对蛋白酶的耐受力有所提高，可能由于空间位阻效应使蛋白酶不能进入固定化酶颗粒的内部。如用尼龙、聚脲膜或聚丙烯酰胺凝胶包埋的固定化天门冬酰胺酶对蛋白酶极为稳定，而在同样条件下的游离酶几乎完全失活。因此，在工业生产中应用固定化酶是极为有利的。

3. 酶学特性的变化　天然酶经过固定化后，许多特性如底物专一性、最适 pH、最适温度、动力学常数及最大反应速度等，均可能发生变化。

（1）底物专一性　酶经过固定化后，由于位阻效应，对高分子底物的活性明显下降。如糖化酶用 CM－纤维叠氮衍生物固定化后，对于相对分子质量为 8×10^3 的直链淀粉的水解活力为游离酶的 77%，但对于相对分子质量为 5×10^5 的直链淀粉的水解活力仅为游离酶的 15%～17%，反映了固定化酶的底物专一性有所改变。

（2）最适 pH　酶经固定化后，其反应的最适 pH 可能变大，也可能变小；pH－酶活曲线也可能发生改变，其变化与酶蛋白和载体的带电性质有关。在固定化酶的反应体系中，酶的颗粒周围存在着一个极薄的扩散层，带电的载体使固定化酶的微环境中的带电状态不同于微环境以外的料液。带负电荷的载体会使料液中的 H^+ 局部地集中于扩散层，使固定化酶微环境的 pH 低于其外侧料液的 pH。为抵消这种影响，需提高料液的 pH，才能使固定化酶达到最大的催化速度。所以带负电荷的载体通常使固定化酶的最适 pH 向碱侧偏移；反之，带正电荷的载体则使固定化酶的最适 pH 向酸偏移；中性的载体通常不改变固定化酶的最适 pH。

（3）最适温度　酶经过固定化后可能导致其空间结构更为稳定，大多数酶经固定化后，最适温度升高，如 CM－纤维素共价结合的胰蛋白酶和糜蛋白酶的最适温度比天然酶高 5～15℃；有些酶则不变，如多孔玻璃共价结合的葡萄糖异构酶和亮氨酸氨肽酶的最适温度与游离酶一样。

（4）米氏常数（K_m）　K_m 值是表示酶和底物的亲和力大小的客观指标。天然酶经固定化后，其 K_m 值均发生变化，有的增加很少，有的增加很多，但 K_m 值不会变小。K_m 值变化的幅度视具体情况而定，当底物为大分子时，如果对酶采用包埋法的固定，则是 K_m 值增加较大；若底物为小分子时，K_m 值变化甚微。例如凝胶包埋法制备的固定化葡萄糖异构酶的 K_m 值变化不大。

（5）最大反应速度（υ_m）　大多数的天然酶经固定化后，其 υ_m 与天然酶相同或接近，但也有由于固定化的方法不同而有差异者。如多孔玻璃共价结合的转化酶，其 υ_m 与天然酶相同，但用聚丙烯酰胺包埋的转化酶，其 υ_m 比天然酶小 10%。

第四节　生物制药中试放大工艺设计

一、生物制药中试放大工艺特点

扫码“学一学”

（一）中试放大实验的目的

扫码“看一看”

中试放大（medium-scale manufacture process）是由小试转入工业化生产的过渡性研究工作，对小试工艺能否成功地进入规模化生产至关重要。这些研究工作都是围绕着如何提高收率，改进操作，提高质量，形成批量生产等方面进行。一个工艺研究项目的最终目的是能在生产上采用。因此，当实验室研究工作进行到一定阶段，就应考虑中试放大，以验证实验室工艺路线的可行性以及在实验室阶段难以解决或尚未发现的问题，且中试放大规模应当与实际生产规模相匹配，一般来讲，中试产品的批量不应少于实际生产批量的十分之一。

通过中试研究要达到四个基本要求：①通过工艺验证提供稳定的大规模生产工艺条件及参数；②经中试放大制备的批量产品其稳定性应符合其关键质量属性（CQAs）要求。③为临床前研究与临床实验的评价提供足量的合格产品；④拟定符合 GMP 要求的制造规程与检定规程，保证有足量的合格受试药物恒定供应临床实验，而且用于临床前试验和临床试验的受试药物应当具有完全一样的品质。还要确定采用与临床实验所用药品的相同制造工艺，以保证在日后生产中的产品与供临床实验所用药品的品质相同。因为生产工艺的任何变更都可能潜在性地改变最新产品的特性（包含有效成分和杂质的变化）。

（二）进入中试应具备的条件

实验进行到什么阶段才能进入中试？尚难制定一个标准。但除了人为因素外，至少下列一些内容在进入中试前应该基本具备。①收率稳定，质量可靠；②操作条件已经确定，产品、中间体及原料的分析方法已经制定；③生物材料的资源（包括菌种、细胞株等）已确定并已系统鉴定；④进行过物料平衡，“三废”问题已有初步的处理方法；⑤提出中试规模及所需原辅料的规格和数量；⑥提出安全生产的要求。

根据上述要求，在考察工艺条件的研究阶段中，必须注意和解决下列问题。

1. 原辅材料规格的过渡实验 在小试后，一般采用的原辅材料（如原料、试剂、溶剂、纯化载体等）规格较高，目的是为了排除原料中所含杂质的不良影响，从而保证实验结果的准确性。但是当工艺路线确定之后，在进一步考察工艺条件时，应尽量改用大规模生产时容易得到的原辅材料。为此，应考察某些工业规格的原辅材料所含杂质对反应收率和产品质量的影响，制定原辅材料质量标准，规定各种杂质的允许限度。同时还应考虑在工艺过程中应尽量选用药用级别的原辅材料，特别是在制剂制备阶段。

2. 设备选型与材料质量实验 在小试阶段，大部分实验是在小型玻璃仪器中进行，但在工业生产中，物料要接触到各种设备材料，如微生物发酵罐、细胞培养罐、固定化生物反应器、多种层析材料以及产品后处理的过滤、浓缩、结晶、干燥设备等。有时某种材质对某一反应有极大影响甚至使整个反应无法进行。如应用固定化细胞工艺生产 L－苹果酸时，因产品具有巨大腐蚀性，因此，在浓缩、结晶、干燥工段都需选用钛质设备。故在中试时，要对设备材料的质量及设备的选型进行实验，为工业化生产提供数据。

3. 反应条件限度实验 反应条件限度实验可以找到最适宜的工艺条件（如培养基种类、反应温度、压力、pH 等），一般均有一个许可范围。有些反应对工艺条件要求很严，超过一定限度后，就会造成重大损失，如使生物活性物质失活，或超过设备能力造成事故。在这种情况下，应进行工艺条件的限度实验，以全面掌握反应规律。

4. 原辅材料，中间体及产品质量分析方法研究 在生物药物研究过程中，一些质量分析方法可遵循现行版《中国药典》，药典中没有的分析方法可由研发单位自行建立，但无论是已有的还是自己建立的检测方法均应进行分析方法的适用性验证。分析方法学验证可应用中试规模的产品进行。

5. 下游工艺的研究 在生物制药工艺中，以生物材料资源生产为核心的研究内容属上游工艺，以产品的后处理为研究内容的操作为下游工艺。上游工艺固然十分重要，如基因克隆、细胞融合、微生物选育等，是生物药物生产的源泉，但下游工艺包括产品的提取、分离、纯化，母液处理，溶剂回收等生化工程操作也必须认真对待。因为这是产品的收率、质量及经济效益好坏的关键所在。因此必须研究尽量简化的下游工艺操作，采用新工艺、新技术和新设备，以提高劳动生产率，降低成本。

二、中试放大方法与内容

（一）中试放大方法

中试放大的方法有经验放大法，相似放大法和数学模型放大法。经验放大法主要是凭借经验通过逐级放大（实验装置，中间装置，中型装置和大型装置）来摸索反应器的特征。制药工艺研究中试放大主要采用经验放大法，这是化工科研中采用的主要方法。

中试放大程序，可采取“步步为营”法，或“一竿子到底”法。“步步为营”法可以集中精力，对每步反应的收率、质量进行考核，在得到结论后，再进行下一步反应。“一竿子到底”可先看到产品质量是否符合要求，并让一些问题先暴露出来，然后制定对策，重点解决。不论哪种方法，首先应弄清楚中试放大过程中出现的一些问题，是属于原料问题，工艺问题，操作问题，还是设备问题。常用的方法是同时进行小试与中试做对照实验，逐一排除各种变动因素。进行小试的人员参加中试研究对发现与解决中试出现的问题是有利的。

（二）中试放大内容

为了评价生物新药，必须生产出足够量的受试药物供临床前研究和临床试验。对于生物药品，可能需要几百克到超过千克以上的活性成分。在开始临床试验前设计的工艺路线十分重要，该工艺必须经过中试放大，并经优化而确定，临床前研究与临床试验所用样品应采用同一工艺生产，尤其临床实验所用产品的制造工艺应与大规模生产最终上市产品的生产工艺一致，以确保上市产品的有效性与安全性。新药投产后，如对生产工艺需要进行变更，应通过科学实验，获得可靠资料后，重新向药品监督管理部门申报工艺改进操作与质控标准。有关小试研究，中试放大和工业化生产的生物药品逐级放大规模如下所示：

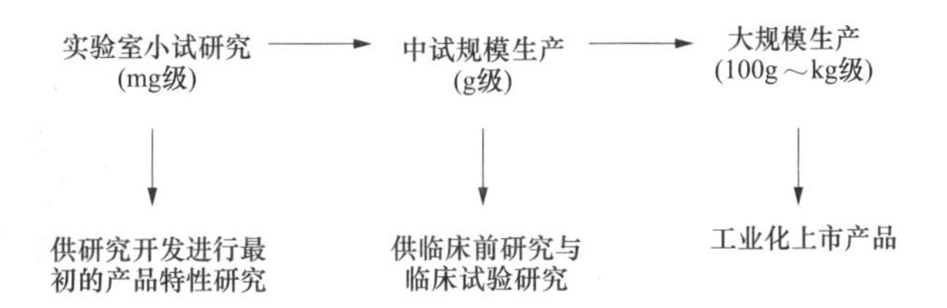

在中试研究过程中应对工艺研究进行验证。从小试到中试工艺研究过程中，由于试验规模的改变将影响工艺过程，如：投料量增大、反应容器由摇瓶改为发酵罐、纯化柱层析由试验用小柱改为层析系统，制剂由手工制备改为灌装设备制备。工艺系统中每一个改变都将影响到生物药物质量属性的变化。比如生物药物表达规模的变化将影响蛋白表达量，又如层析柱的扩大将影响杂质的去除效果。因此，无论工艺规模的改变还是工艺设备参数的改变，均应对其进行验证，以确认改变后的工艺是否适合该产品生产。这就是我们常说的工艺验证。在美国 FDA 2008 年发布的《工艺验证的一般原则和方法》中指出“第一阶段的工艺验证应在工艺设计及中试放大中进行”。我国通常在中试 3 批产品制备的过程中同步进行改变后的工艺验证。其过程一般包括：风险评估，验证方案设计，验证实施及分析，工艺确定。所有工艺验证方案的设定均应基于风险评估的结果，可以根据风险评估设定对直接影响产品质量的高风险的工艺步骤进行验证，通过在可接受的参数范围内变动参数来考察产品的质量指标，最终确定可获得高质量产品的工艺参数。比如：纯化工艺的中试放大时，常通过改变上样量、上样流速、洗脱条件，以产品关键质量属性（如生物活性、杂

质含量）来验证在该层析系统规模下的最优工艺参数。这里强调的是，工艺的每一步骤均应进行风险评估且以其质量指标进行验证。

中试研究的另一项重要内容是对产品质量的分析方法进行验证。在药品质量研究的过程中，无论采用现行版《中国药典》中收载的方法还是自我建立的分析方法，均需验证这些方法适用于所开发的产品。通常以中试产品进行质量分析方法的验证，因为小试研究得到的产品质量不够稳定，而中试工艺确定后，产品的质量一致性较好，只有用质量一致的产品进行分析方法的验证才有可信性。《中国药典》（2020版四部）中有关“药品质量标准分析方法验证指导原则”中规定“药品质量标准分析方验证的目的是证明采用的方法适合于相应检测要求。在建立药品质量标准时，分析方法需经验证”。分析方法验证过程通常包括：验证方案的设计、验证实施及分析，分析方法确定。一般分析方法验证设计的项目通常可参考表2－10。

表2－10　一般分析方法验证设计的项目

内容	项目				
	鉴别	杂质测定		含量测定及溶出量测定	校正因子
		定量	限度		
精确度	－	＋	－	＋	＋
精密度	－	＋	－	＋	＋
重复性	－	＋	－	＋	＋
中间精密度	－	＋	－	＋	＋
专属性	＋	＋	＋	＋	＋
检测限	－	－	＋	－	－
定量限	－	＋	－	－	＋
线性	－	＋	－	＋	＋
范围	－	＋	－	＋	＋
耐用性	＋	＋	＋	＋	＋

中试放大研究总结内容主要有：①工艺路线与各步反应方法的最后确定；②设备材质与型号的选择；③反应器的规模选择及反应搅拌器型式与搅拌速度的考查；④生产反应条件的研究；⑤工艺流程与操作方法的确定；⑥物料衡算；⑦安全生产与“三废”防治措施研究；⑧原辅材料、中间体的物理性质和化工常数的测定；⑨原辅材料、中间体质量标准的制定；⑩消耗定额、原料成本、操作工时与生产周期等的计算。

中试放大完成后，根据中试总结报告与生产任务等可进行基建设计，制定定型设备选购计划及非标设备的设计，制造。然后按照施工图进行车间的厂房建筑和设备安装。在全部生产设备和辅助设备安装完成后，如试车合格，生产稳定，即可制定生产工艺规程，交付生产。

扫码“学一学”

第五节　生物药物的研究与新药申报

一、生物药物的研究开发过程

新药研究（new medicine research）是一项综合性的探索工作，是一项创造性的科学研究，必须多学科相互配合。发现有效化合物是研究新药的基础，开发新药的物质来源可以是天然资源或生物合成或化学合成的化合物。

先导化合物的发现是研究新药的起始。在研究其结构和性质后，通过生物系统的各项试验，了解化合物的药效、毒性、药代以及与机体的相互作用，再进一步进行构效关系研究和结构的简化、改造、修饰或优化，从而发现并创造具有新型结构与特殊药理作用的新药。

上述信息的反馈又可为新化合物的设计提供参考，在进一步了解其作用机制后还可以为设计生物系统实验指明方向；所以新药研究工作是药物设计、药物发现，生物系统试验和药效关系的循环过程。一个新药研究开发过程可简示如图 2－13 所示。

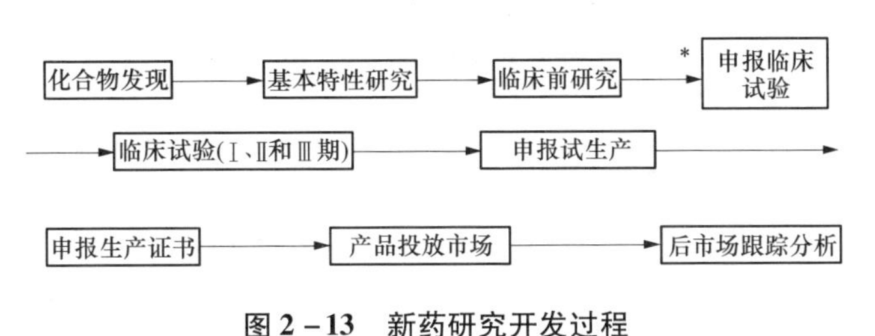

图 2－13　新药研究开发过程

＊通常在进入临床试验之初同时申请专利

生物药物的研究开发过程一般有以下 3 个阶段。

（一）制订研究计划和制备新化合物阶段

这一阶段是调查研究，收集资料，整理文献，制定计划进行实验和制备供筛选化合物（生物药物供筛选的化合物包括从天然资源获得的化合物和以生物技术手段获得的化合物）。此阶段研究主要是为筛选和进行实验室研究提供物质基础。

（二）筛选和临床前研究阶段

首先进行药效学的药理筛选，通常用实验动物模型进行筛选，也可以通过药效学靶标进行分子水平或细胞水平筛选，然后再用动物模型进行体内筛选，筛选时应尽量缩短动物模型和临床病理作用之间的差距。生物新药的临床前研究主要包括实验研究，小量试制和中间试制三个阶段。

1. 实验研究阶段　实验研究是基础性研究，研究内容主要有生产用菌、毒种和细胞株的构建、培养、遗传稳定性和生物组织选择，有效成分的提取，纯化及其理化特性、结构与生物特性的分析等研究，取得制造和质量检定的基本条件和方法。

2. 小量试验阶段　根据实验研究结果，确定配方及给药方式，建立制备工艺和检定方法，试验小批量样品进行临床前初步安全性和有效性的实验（包括药效作用及其特点、毒理及初步药代试验），并制定制造与检定基本要求。确定目的化合物具有成为新药的可行性。

3. 中间试制阶段　此阶段研究包括如下内容。

（1）生产工艺基本定型，产品质量和产率相对稳定，并能放大生产。

（2）有产品质量标准、检定方法和保存稳定性资料，并有测定效价的参考品或对照品。

（3）全面、系统地完成临床前研究工作，包括新药的药学研究，药理学研究（主要药效学研究，一般药理学研究，药物代谢动力学研究），毒理学研究（急性毒性试验研究，长期毒性试验研究，生殖毒性与致畸试验研究，致突变、致癌和其他试验研究等）以及生物

等效性、生物利用度研究和耐受性、依赖性试验等。

（4）提供自检或中国食品药品检定研究院复检报告及能满足临床试验研究用量的连续三批产品。

（5）制定较完善的制造检定试行规程和产品使用说明书（草案）。在新药临床前研究项目中，最重要的是新药的安全性及其有效性是否优于已知药物，因此取得临床试验批件的最重要资料是满意的药理学和毒理学研究结果。

（三）临床试验研究阶段

新药临床试验（clinical trials research）是指对其临床疗效和安全性作出评价，通过各期临床试验，对新药作出能否上市的结论。所以临床试验是新药评价的关键阶段，是对新药实际应用价值的最终验证，证实新药能否为人民健康服务，能否产生经济效益和社会效益。

药物的临床试验（包括生物等效性试验），必须经过 CFDA 批准；必须执行《药物临床试验质量管理规范》（GCP）。申请新药注册，应当进行临床试验。临床试验分为Ⅰ、Ⅱ、Ⅲ、Ⅳ期。新药在批准上市前，应当进行Ⅰ、Ⅱ、Ⅲ期临床试验。经批准后，有些情况下可仅进行Ⅱ期和Ⅲ期临床试验或者仅进行Ⅲ期临床试验。

1. Ⅰ期临床试验 初步的临床药理学及人体安全性评价试验。观察人体对于新药的耐受程度和药代动力学，为制定给药方案提供依据。

2. Ⅱ期临床试验 治疗作用初步评价阶段。其目的是初步评价药物对目标适应证患者的治疗作用和安全性，也包括为设计Ⅲ期临床试验研究和确定给药剂量的方案提供依据。此阶段的研究设计可以根据具体的研究目的，采用多种形式，包括随机双盲法对照临床试验。

3. Ⅲ期临床试验 治疗作用确证阶段。其目的是进一步验证药物对目标适应证患者的治疗作用和安全性，评价其利益与风险关系，最终为药物注册申请的审查提供充分的依据。试验一般应采用具有足够样本量的随机双盲法对照试验。

4. Ⅳ期临床试验 新药上市后由申请人进行的应用研究阶段。其目的是考察在广泛使用条件下药物的疗效和不良反应、评价在普通或者特殊人群中使用的利益与风险关系以及改进给药剂量等。

新生物药物的种类繁多，如天然生物药物、反义药物、新型疫苗、治疗性抗体、基因工程药物、基因治疗药物等。药物种类不同，新药申报和审批程序大同小异，但这些药物的研究过程是不同的。现仅以基因工程药物为例来说明它的研究过程。

（1）实验室研究阶段（research in laboratory） 基因工程药物是生物药物的重要组成部分，研究开发一个新的基因工程药物，并把研究成果推向产业化生产，这中间有很多步骤和技术环节。首先选择有药用价值的蛋白质，也称“目的蛋白”，研究该蛋白的结构、功能、性质和作用。其次，构建具有目的基因的高效表达的工程细胞。目的基因的来源有全合成法、以 mRNA 为模板的 RT - PCR 法、以 cDNA 文库为模板的 PCR 法等。一般大目的基因可从总 RNA 文库中分离出总 mRNA，利用亲和层析分离出目标蛋白的 mRNA，并经反转录获得 cDNA 或从 cDNA 文库通过 PCR 扩增所需的 cDNA，测 cDNA 序列以确定为目的 DNA；选择一种合适的宿主细胞系统（细菌、酵母、动物细胞等）和合适的载体；重组（构建）高效表达载体，并转染入宿主细胞；筛选阳性克隆，获得工程细胞或工程菌株，测定该工程细胞或工程菌株的稳定性（传代 50 ~ 100 代）和载体结构稳定性以及表达产率的

稳定性（SDS－PAGE）；符合预定目标后，建立生产种子细胞库，为了保证种子细胞库的稳定性，要建立两级种子库，包括主细胞库和生产细胞库，要保证建细胞库时细胞的均一性。

建立生产细胞库后，要在实验室规模的条件下，研究细胞培养和发酵最佳方案。初步建立目标蛋白的高效分离、纯化和制剂方案。这两个方案确定后，写出工艺规程。参照有关基因工程药物质量标准，建立目标蛋白质量控制方法和标准。在得到少量的纯目的蛋白后，初步进行药物体内、外疗效试验，基本明确目的蛋白疗效后，再进行以下研究。

（2）中试研究阶段（research on medium-scale process）　这一阶段的主要任务是把实验室研究成果扩大成中试规模的产业化生产。将实验室规模扩大成中试生产，所采用的工艺路线基本与实验室工艺规程一致，要最大可能地提高目标蛋白的得率及保证蛋白的纯度和活性，并能有效的去除核酸、内毒素及其他有害杂质。要有工艺路线优化记录；对发酵培养、粗提、纯化各步的体积、蛋白量、浓度、纯度、活性及比活性、回收率等均应记录；要有中间产品质量控制要求等。中试规模连续生产三批产品，要求工艺稳定，质量稳定，有工艺规程和质量控制标准。三批产品的总量要达到：自检和中检所全部检用量，加上临床前动物试验全部用量和Ⅰ、Ⅱ期临床试验用量。如果临床剂量大、疗程长，需要产品的量就大，要根据不同产品来确定中试规模。对于目的蛋白制剂的研究在新药研究与开发中也占有重要的地位，要提供处方依据；进行主药与辅料相互作用研究；要依据《中国药典》制剂通则的要求进行制剂稳定性试验研究等。

（3）临床前动物试验阶段（testing in animal before clinical trails）　药物临床前研究应当执行有关管理规定，其中安全性评价研究必须执行《药物非临床研究质量管理规范》（GLP）。从事药物研究开发的机构必须具有与试验研究项目相适应的人员、场地、设备、仪器和管理制度；所用试验动物、试剂和原材料应当符合国家有关规定和要求，并应当保证所有试验数据和资料的真实性。临床前所有动物试验最好在国家药品监督管理部门已认证的 GLP 实验室进行，包括：①体内、体外药效试验；②一般药理试验；③过敏试验；④急性毒性试验；⑤长期毒性试验；⑥药代动力学试验；⑦三致试验（致癌、致畸、致突变）。临床前安全性评价试验，必须在 GLP 实验室进行。

这些试验的目的是对中试产品进行综合性评价，并为初步确定产品的临床试验方案提供设计依据。

二、生物药物的新药申报

（一）生物药物新药申请和生物制品的分类

新药申请（application of new medicine）是指未曾在中国境内上市销售的药品的注册申请。已上市药品改变剂型、改变给药途径、增加新适应证的，也按照新药申请管理。已有国家标准的药品申请，是指生产 CFDA 已经颁布正式标准的药品的注册申请，此类新药申请，按照已有国家标准药品申请的程序和要求办理。药品注册申请人是指提出药品注册申请并承担相应法律责任的机构。境内申请人应当是在中国境内合法登记并能独立承担法律责任的药品生产企业或研发机构。境外申请人应当是境外合法制药厂商，应当指定境内具备相应质量管理、风险防控、责任赔偿能力的法人办理注册事项。国家实行药品上市许可持有人制度。药品上市许可持有人对上市药品的安全性、有效性和质量可控性进行持续考察研究，履行药品的全生命周期管理，并承担法律责任。

治疗用生物制品分类如下：

（1）未在国内外上市销售的生物制品。

（2）单克隆抗体。

（3）基因治疗、体细胞治疗及其制品。

（4）变态反应原制品。

（5）由人的、动物的组织或者体液提取的，或者通过发酵制备的具有生物活性的多组分制品。

（6）由已上市销售生物制品组成新的复方制品。

（7）已在国外上市销售但尚未在国内上市销售的生物制品。

（8）含未经批准菌种制备的微生物制品。

（9）与已上市销售制品结构不完全相同且国内外均未上市销售的制品（包括氨基酸位点突变、缺失，因表达系统不同而产生、消除或者改变翻译后修饰，对产物进行化学修饰等）。

（10）与已上市销售制品制备方法不同的制品（例如采用不同表达体系、宿主细胞等）。

（11）首次采用DNA重组技术制备的制品（例如以重组技术替代合成技术、生物组织提取或者发酵技术等）。

（12）国内外尚未上市销售的由非注射途径改为注射途径给药，或者由局部用药改为全身给药的制品。

（13）改变已上市销售制品的剂型但不改变给药途径的生物制品。

（14）改变给药途径的生物制品（不包括上述12项）。

（15）已有国家药品标准的生物制品。

（二）新药注册申请应报送的资料

1. 综述资料

（1）药品名称。

（2）证明性文件。

（3）立题目的与依据。

（4）研究结果总结及评价。

（5）药品说明书样稿、起草说明及参考文献。

（6）包装、标签设计样稿。

2. 药学研究资料

（7）药学研究资料综述。

（8）生产用原材料研究资料　①生产用动物、生物组织或细胞、原料血浆的来源、收集及质量控制等研究资料；②生产用细胞的来源、构建（或筛选）过程及鉴定等研究资料；③种子库的建立、检定、保存及传代稳定性资料；④生产用其他原材料的来源及质量标准。

（9）原液或原料生产工艺的研究资料，确定的理论和实验依据及验证资料。

（10）制剂处方及工艺的研究资料，辅料的来源和质量标准，及有关文献资料。

（11）质量研究资料及有关文献，包括参考品或者对照品的制备及标定，以及与国内外已上市销售的同类产品比较的资料。

（12）临床试验申请用样品的制造和检定记录。

（13）制造和检定规程草案，附起草说明及检定方法验证资料。

（14）初步稳定性研究资料。

（15）直接接触制品的包装材料和容器的选择依据及质量标准。

3. 药理毒理研究资料

（16）药理毒理研究资料综述。

（17）主要药效学试验资料及文献资料。

（18）一般药理研究的试验资料及文献资料。

（19）急性毒性试验资料及文献资料。

（20）长期毒性试验资料及文献资料。

（21）动物药代动力学试验资料及文献资料。

（22）致突变试验资料及文献资料。

（23）生殖毒性试验资料及文献资料。

（24）致癌试验资料及文献资料。

（25）免疫毒性和（或）免疫原性研究资料及文献资料。

（26）溶血性和局部（血管、皮肤、黏膜、肌肉等）刺激性等主要与局部、全身给药相关的特殊安全性试验研究和文献资料。

（27）复方制剂中多种组分药效、毒性、药代动力学相互影响的试验资料及文献资料。

（28）依赖性试验资料及文献资料。

4. 临床试验资料

（29）国内外相关的临床试验资料综述。

（30）临床试验计划及研究方案草案。

（31）知情同意书草案。

（32）临床研究者手册及伦理委员会批准文件。

（33）临床试验报告。

5. 其他

（34）临床前研究工作简要总结。

（35）临床试验期间进行的有关改进工艺、完善质量标准和药理毒理研究等方面的工作总结及试验研究资料。

（36）对审定的制造和检定规程的修改内容及修改依据。

（37）稳定性试验研究资料。

（38）连续 3 批试产品制造及检定记录。

扫码“练一练”

（王晓杰　尹登科）

第二篇

生物分离工程技术

第三章　生物材料的预处理和液固分离

第一节　生物材料的预处理

生物活性物质主要来自动物、植物、微生物的组织、器官、细胞及代谢产物，通常浓度是很低的，而杂质含量却很高。可通过微生物工程、细胞工程、基因工程和酶工程等技术使生物活性物质富集在细胞、发酵液或酶转化液中，大幅度降低生产成本，如通过遗传选育等方法得到抗生素高产菌，可使发酵液中抗生素的含量一般达到10~30kg/m^3；用基因工程技术，可使目的蛋白占到细胞总蛋白的50%以上，但发酵代谢物中生物活性物质含量还是较低的，存在有大量的菌体细胞、未用完的培养基、各种蛋白质胶状物、色素、金属离子以及其他代谢产物等。这些杂质有些是可溶的，有些是不可溶的，它们都会影响目的产物的有效提取，所以培养液的预处理和细胞回收是进行分离纯化的必须工序。通过预处理（pre-treatment）去除大部分杂质，使得提取工序能够顺利进行。

一、选择预处理方法的依据

（一）生物活性物质存在方式与特点

生物活性物质的存在方式与其生物功能关系十分密切。一般情况下，可以根据生物活性物质的生物功能推断其存在部位和分布方式。生物活性物质分为“胞内”与“胞外”两种存在部位。“胞外”物质是由细胞产生，再释放出来的，因此两者实质上没有严格界限。如尿中的尿激酶是由肾细胞产生，血中的γ-球蛋白来自B淋巴细胞。多数微生物酶如淀粉酶，蛋白质水解酶，糖化酶常大量存在于胞外培养液中。而合成酶类、代谢酶类、遗传物质和代谢中间产物则存在于细胞内，如DNA聚合酶、细胞色素C等。真核细胞的DNA大部分存在细胞核内，只有少量存在于线粒体和微粒体中，而RNA则主要存在于胞质中，电子传递系统物质包括黄素蛋白，细胞色素类以及糖类，脂肪酸合成、氧化和氧化磷酸化有关的酶系大部分存在于线粒体中。消化酶虽然可分泌到胞外，但难以从消化道进行收集，只能由相应的腺体提取分离，而且这些酶在细胞内刚合成时常常是以无活性的酶原形式存在，提取时需要预先激活。如胰蛋白酶、糜蛋白酶等都是以酶原的形式存在于胰脏中，在提取制备过程中需活化。目前常采用的方式有两种，一种是提取前先通过预处理加入活化剂和保护剂，在一定温度下放置一段时间使其激活成有活性的酶，然后再分离纯化；另一种方式是先以酶原的形式初步提纯，然后加入激活剂等活化，再通过精制纯化得到有活性的酶类产品。细胞内的生物活性物质有些游离在胞浆中，有些结合于质膜或器膜上，或存在于细胞器内。对于胞内物质的提取要先破碎细胞，对于膜上物质则要选择适当的溶剂使其从膜上溶解下来。有少数的抗生素如属于多烯类的制霉菌素、两性霉素和曲古霉素产生后都累积于菌丝体内，且水溶性很小；提取时需要获得其菌体滤饼，再用其他溶剂萃取。

生物材料中的化学组成十分复杂。不同生物含有不同种类的活性物质。同种生物，在细胞与细胞之间，组织与组织之间，由于细胞的类型、年龄、分化程度的不同，都会改变

活性物质的组成。尤其是色素类物质和某些生理活性成分的种类与组成在不同生物间的差别更大。如植物含叶绿素、胡萝卜素、花色素类；动物与微生物含细胞色素、原卟啉，藻类含藻胆色素；脊椎动物含脊椎动物激素：ACTH、MSH、GH、后叶激素、胰岛素、肾上腺素、甲状腺素、甾体激素；无脊椎动物含蜕皮激素（变态激素）和促幼激素及外激素（信息素）如蚕的性外激素与蚂蚁的报警激素；植物含吲哚乙酸、脱落酸、玉米素、乙烯、赤霉素等植物激素。

总之，生物材料中的生化组成数量大、种类多。目的物与杂质的理化性质如溶解度、分子量、等电点等都十分接近，所以分离、纯化比较困难。尤其是在纯化过程中生物材料中的有效成分的生理活性处于不断变化中，它们可能被材料中自身的代谢酶所破坏，或为微生物活动所分解，还可能在制备过程中受到酸、碱、盐、重金属离子，机械搅拌，温度，甚至空气和光线的作用而改变其生理活性，因此在整个制造过程中都要把防止目的物的失活作用放在首位。

（二）后续操作的要求

经过预处理和固－液分离后，一般要求得到的滤液澄清、pH 适中、有一定的浓度，但不同的提取工艺路线，对滤液质量的要求不完全相同，预处理时也对应要采用不同的方法。如后续工艺中需用离子交换法，则对滤液中无机离子（特别是高价离子）、灰份含量、澄清度方面要求比较严格。如采用溶剂萃取法，则要求蛋白质含量较低，以减轻乳化现象。而四环类抗生素目前均采用直接沉淀法，故对滤液质量要求更高，其发酵液除了加草酸外还要加一些净化剂，滤液还需复滤，结晶前滤液还要经过脱色处理。

（三）目的物稳定性

生物材料在分离纯化过程中，其活性成分可被酶破坏，或受环境因素如酸、碱、温度等影响而改变。因此在整个制造过程中都要把防止目的物的失活放在首位。如青霉素稳定性较差，发酵液酸化 pH 只能控制在 4.8～5.2，并且要求低温；对蛋白质类药物要防止其高级结构的破坏，应避免高热、强烈搅拌、强酸、强碱及重金属离子的作用等；但是对一些相对较稳定的生物活性物质，则可通过较剧烈的变性和处理条件，使蛋白类杂质变性沉淀，如链霉素稳定性较好，可在 pH 2.8～3.2，75℃加热处理，提高过滤速度。

二、动物材料的预处理

用绞肉机将事先切成小块的组织绞碎，当绞成组织糜后，许多蛋白质和酶都能从粒子较粗的组织糜中提取出来，但组织糜粒子不能太粗，这需要选择好绞肉板的孔径，否则影响产率。通常先用粗孔径的绞，再用细孔径的绞，有时甚至要反复多次，如是速冻的组织也可在冰冻状态下直接切块绞。

用绞肉机绞，一般细胞并不破碎，一些胞内产物不能有效地提取，须通过特殊的匀浆才行。在实验室常用的是玻璃匀浆器和组织捣碎器，工业上可用高压匀浆泵。对一些胞内产物用机械处理仍不能有效提取，需采用反复冻融或制备成丙酮粉的方法使细胞破碎，具体操作方法参见本章第二节。

三、细胞培养液的预处理

动、植物或微生物细胞在合适的培养基及一定的培养条件下进行生长、繁殖，并积累

生物活性物质，其培养液的预处理主要去除两大类杂质，一类是可溶性黏胶状物质，包括核酸、杂蛋白质、多糖等，这些杂质不仅使培养液黏度提高，液固分离速度受影响，而且还会影响后面的提取操作；另一类是某些无机盐，它们不仅影响成品质量，而且在采用离子交换法提取时，由于树脂大量吸附无机离子而减少对目的物的交换。因此，应将这些无机离子，特别是高价金属离子如 Fe^{3+}、Ca^{2+}、Mg^{2+} 预先除去。

（一）细胞及蛋白质的处理

1. 加入凝聚剂 某些无机盐可使细胞、细胞碎片和蛋白质等胶体颗粒发生凝聚作用而被去除。凝聚作用（coagulation）是指在某些电解质作用下，使胶体粒子的扩散双电层的排斥电位降低，破坏了胶体系统的分散状态，而使胶体粒子聚集的过程。

培养液中的细胞、菌体或蛋白质等胶体粒子的表面一般都带有电荷，带电原因很多，主要是吸附溶液中的离子或自身基团的电离。胶粒能保持分散状态的原因是带有相同电荷，一旦布朗热运动使粒子间距离缩小到它们的扩散层而部分重叠时，即产生电排斥作用，使两个粒子分开，从而阻止了粒子的聚集。胶粒能稳定存在的另一个原因是其表面的水化作用，即形成了粒子周围的水化层，阻碍胶粒间的直接聚集。

无机盐促进胶体颗粒凝聚主要有两方面原因：一是加入相反电性的电解质，能中和胶粒的电性，降低了双电层的排斥力，由于热运动的结果就导致胶粒的互相碰撞；二是无机盐离子在水中的水化作用，会破坏胶粒周围的水化层，使其能直接碰撞而聚集起来。

影响凝聚作用的主要因素是无机盐的种类、化合价以及无机盐的用量等。通常培养液中的细胞或菌体带负电荷，因此常用高价阳离子促其凝聚。阳离子对带负电荷的胶粒凝聚能力的次序为：$Al^{3+} > Fe^{3+} > H^{+} > Ca^{2+} > Mg^{2+} > K^{+} > Na^{+} > Li^{+}$；常用的凝聚剂有：$Al_2(SO_4)_3 \cdot 18H_2O$、$AlCl_3 \cdot 6H_2O$、$FeCl_3$、$ZnSO_4$、$MgCO_3$ 等。

2. 加入絮凝剂 絮凝剂是具有长链线状结构的有机高分子化合物，易溶于水，其分子量可达数万至一千万以上，在长的链上含有相当多的活性功能团。当往胶体悬浮液中加入絮凝剂时，胶粒可强烈地吸附在絮凝剂表面的功能团上，而且一个高分子聚合物的许多链节分别吸附在不同颗粒的表面上，产生架桥联接，形成粗大的絮凝团沉淀出来，有助于过滤，这一过程称为絮凝作用（flocculation）。絮凝剂根据所带电性不同，可分为阴离子型、阳离子型和非离子型三类。常用的絮凝剂有壳聚糖、海藻酸钠、明胶和酰胺类衍生物、聚苯乙烯类衍生物及聚丙烯酸类等。

絮凝的效果主要受絮凝剂分子量、絮凝剂用量、pH 值以及操作条件等的影响：絮凝剂分子量越大，链越长，吸附架桥效果就越明显，但是随分子量增大，絮凝剂在水中的溶解度降低，因此应选择适当的絮凝剂分子量；当絮凝剂浓度较低时，增加用量有助于架桥，提高絮凝效果，但是用量过多反而会引起吸附饱和，在胶粒表面上形成覆盖层而失去与其他胶粒架桥的作用，使胶粒更加稳定，降低了絮凝效果；溶液 pH 值的变化会影响离子型絮凝剂功能团的电离度，提高电离度可使链分子上同种电荷间的电排斥作用增大，链从卷曲状态变为伸展状态，发挥最佳的架桥能力；搅拌速度对絮凝作用也有较大影响，刚加入絮凝剂时，搅拌速度较快能使絮凝剂迅速分散，发挥絮凝作用，但当絮凝团形成后，高的剪切力会打碎絮凝团，因此操作时搅拌转速和搅拌时间都应注意控制。

3. 变性沉淀 天然蛋白质分子受到某些物理因素如热、紫外线照射，高压和表面张力等或化学因素如有机溶剂、脲、胍、酸、碱等的影响时，生物活性丧失，溶解度降低，不对称性增高以及其他的物理化学常数发生改变，这种过程称为变性作用（denaturation）。通

过适当的方法可使杂蛋白质变性沉淀析出，提高样品纯度，但在操作过程中要考虑目的物的稳定性，避免变性方法造成活性物质损失。

最常使用的蛋白质变性方法是加热，几乎所有的蛋白质都会因加热变性而凝固。加热可加速分子运动，如碰撞、凝聚，破坏胶体平衡，还能使液体黏度降低，加快过滤速度。例如在链霉素生产中，采取 pH 3.0～3.5 情况下，加热至 70～75℃以凝固蛋白质，过滤速度可提高 3 倍，黏度降低到原来的 1/6。加热变性的方法只适合于对热较稳定的物质，因此加热温度和时间必须严加选择。

使蛋白质变性的其他方法还有：大幅度改变 pH，加有机溶剂、重金属盐或表面活性剂等。

4. 吸附 应用吸附法去除杂蛋白质可通过两种方法，一种方法是加入吸附剂，如用活性炭除热原等；另一种更常用的方法是在溶液中加入一些反应剂，利用它们互相反应生成的沉淀物来吸附蛋白质，使其凝固。例如四环素发酵液中加入黄血盐和硫酸锌，生成亚铁氰化锌钾 $K_2Zn_3[Fe(CN)_6]_2$ 的胶状沉淀，能将杂蛋白质和菌体等黏附在其中而除去。又如在枯草杆菌的碱性蛋白酶发酵液中，常利用氯化钙和磷酸盐的反应生成磷酸钙盐沉淀物，该沉淀物不仅能吸附杂蛋白和菌体等胶状悬浮物，还能起助滤剂作用，大大加快了过滤速度。利用吸附作用常能有效地除去杂蛋白。

5. 等电点沉淀 蛋白质是一种两性物质，在酸性溶液中带正电荷，碱性溶液中带负电荷，而在某一 pH 下，净电荷为零，称为等电点，此时它在水中溶解度最小，能沉淀除去。如在硫酸软骨素制备过程中，先将猪喉（鼻）软骨提取出来、盐解后调 pH 2～3，搅拌10min，静置后再滤至澄清，以除去酸性杂蛋白。

有些蛋白质在等电点时仍有一定的溶解度，单靠等电点的方法还不能将其大部分沉淀除去，通常可结合其他方法，如加热、盐析、有机溶剂沉淀等以增强沉淀效果。

6. 加各种沉淀剂沉淀 某些化学试剂能与蛋白质结合形成复合物沉淀。在酸性溶液中，蛋白质能与一些阴离子如三氯乙酸盐、水杨酸盐、钨酸盐、苦味酸盐、鞣酸盐、过氯酸盐等形成沉淀。在碱性溶液中，能与一些阳离子如 Ag^+、Cu^{2+}、Zn^{2+}、Fe^{3+} 和 Pb^{2+} 等形成沉淀。如在四环素发酵液中加入的硫酸锌，可促进一些蛋白质沉淀。

（二）多糖的去除

当发酵液中含有较多多糖时，黏度增大，液固分离困难，可用酶将它转化为单糖以提高过滤速度。在真菌或放线菌发酵时，培养基中常含有淀粉（作为碳源），发酵终止时，培养基中常残留未消耗完的淀粉，加入淀粉酶将它水解成单糖，可降低发酵液黏度，提高滤速。例如在去甲万古霉素发酵液中加入 0.025% 淀粉酶，搅拌 30min 后，再加 2.5%（*W/V*）助滤剂过滤，可大幅度提高滤速。

黏多糖能与一些阳离子表面活性剂如十六烷基三甲基溴化铵（CTAB）和十六烷基氯化吡啶（CPC）等形成季胺盐络合物而沉淀，因而可通过向培养液中引入这些物质使多糖沉淀去除。

（三）高价金属离子的去除

高价金属离子如 Ca^{2+}、Mg^{2+}、Fe^{3+} 等对提取和成品质量影响较大，尤其在后续工艺为离子交换法时，会降低树脂的交换容量，预处理中应将它们除去。

1. 离子交换法 滤液通过阳离子交换树脂，可除去某些离子。例如，将土霉素、四环

素的发酵滤液通过122树脂，除去了部分Fe^{3+}，同时也吸附了色素，提高了滤液质量。头孢菌素C发酵滤液通过S×14阳离子H型树脂，一方面除去部分阳离子，同时释放出H^{+}，从而破坏分解滤液中头孢菌素N，便于后提取。

2. 沉淀法 利用这些金属能形成某些不溶性的盐类，从发酵液中沉淀出来，最后被过滤除去。

去除Ca^{2+}，常加入草酸钠或草酸，反应后生成的草酸钙在水中溶度积很小(1.8×10^{-9}，18℃)，因此能将Ca^{2+}较完全地去除，生成的草酸钙沉淀还能促使杂蛋白质凝固，提高滤速和滤液质量。

Mg^{2+}的去除也可用草酸，但草酸镁溶度积较大（8.6×10^{-5}，18℃），故沉淀不完全，还可采用磷酸盐，在碱性条件下，生成磷酸镁盐沉淀而除去，但一般说来，碱性会影响抗生素的稳定性。除形成沉淀外，还可用三聚磷酸钠，生成一种可溶性络合物而消除Mg^{2+}的影响：

$$Na_5P_3O_{10} + Mg^{2+} \longrightarrow MgNa_3P_3O_{10} + 2Na^{+}$$

三聚磷酸钠也能与钙、铁离子形成络合物。采用三聚磷酸钠的主要缺点是容易造成河水污染，大量使用时应注意“三废”处理。

除去Fe^{3+}，效果最好的是加入黄血盐，形成普鲁士蓝沉淀：

$$4Fe^{3+} + 3K_4Fe(CN)_6 \longrightarrow Fe_4[Fe(CN)_6]_3\downarrow + 12K^{+}$$

第二节 细胞破碎

扫码“学一学”

扫码“看一看”

细胞破碎（cell disruption）目的是使胞内产物获得最大程度的释放。通常细胞膜强度较差，易受渗透压冲击而破碎；细胞壁较坚韧，各种微生物的细胞壁结构和组成不完全相同。因此，细胞破碎的难易程度也不同。另外，不同的生化物质，其稳定性亦存在很大差异，在破碎过程中应防止其变性或被细胞内存在的酶水解，因而选择适宜的破碎方法十分重要。

细胞破碎的方法很多，表3-1列出了一些常用的细胞破碎方法。

表3-1 常用的细胞破碎方法

方法		原理	特点
机械法	匀浆法	基于液相的剪切力	适用面广，处理量大，速度快，在工业生产上广泛应用，但不适用于某些高度分支的微生物，另外产热大，可能造成生物活性物质失活
	珠磨法	利用研磨作用破碎	适用面广，处理量大，在工业生产上广泛应用；产热大，可能造成生物活性物质失活
	超声波	利用超声波的空穴作用使细胞破碎	产热量大，且散热不易，成本高，仅适用于小量样品破碎
物理法	干燥法	干燥后的菌体细胞膜渗透性变化，自溶	较剧烈，易引起蛋白质或其他组分变性
	冻融法	胞内冰晶引起细胞膨胀破裂	较温和，但破碎作用较弱，常需反复冻融，仅适于在实验室中使用
	渗透压冲击法	渗透压突然变化，使细胞快速膨胀破裂	较温和，但破碎作用较弱，常与酶法合用

续表

方 法		原 理	特 点
化学法	化学试剂处理	应用化学试剂溶解细胞或抽提某些细胞组分	需选择合适的试剂，减小对活性物质的破坏，可应用于大规模生产
	制成丙酮粉	丙酮迅速脱水，破坏蛋白质与脂质结合的键	迅速脱水，可减少蛋白质变性，促进某些结合酶释放
生物法	酶解法	用酶反应分解破坏细胞壁上特殊的化学键	反应条件温和，但成本较高，一般仅适用于小规模应用
	组织自溶法	利用组织中的酶改变、破坏细胞结构，使组织自溶	反应条件温和，成本低，不适用于易受酶降解的目的物的提取

一、机械法

常用的机械破碎方法有高压匀浆法、高速珠磨法等，其基本原理是基于液相或固相剪切力来破碎细胞，这些剪切力可以通过高压匀浆器或机械驱动的破碎机如胶质磨、珠磨等设备中获得。在高压匀浆器中，进入高压室中的细胞悬浮液被强迫通过一个狭窄的小孔，产生液相剪切力引起细胞破碎。在机械驱动的破碎机中，剪切力是由细胞与设备中的固体表面间的相互作用产生的。

（一）高压匀浆器

高压匀浆器（high pressure homogenizer）是用作细胞破碎的较好的设备，它是由可产生高压的正向排代泵（positive displacement pump）和排出阀（discharge valve）组成，排出阀具有狭窄的小孔，其大小可以调节。图 3－1 为高压匀浆器的排出阀结构简图，细胞浆液通过止逆阀进入泵体内，在高压下迫使其在排出阀的小孔中冲击，并高速撞击在撞击环上，使细胞得到破碎。高压匀浆器对很多种微生物细胞的破碎都能适用，例如酵母菌、大肠埃希菌、巨大芽孢杆菌和黑曲菌等。但是，该法不适用于一些高度分枝的微生物，因为其菌丝体可能会阻塞匀浆器的阀，使操作发生困难。在操作方式上，可以采用单次通过匀浆器或多次循环通过等方式。某些较难破碎的细胞，如小球菌、链球菌、酵母菌和乳酸杆菌等，以及处于生长静止期的细胞或通入的细胞浓度较高时，应采用多次循环的方式才能达到较高的破碎率。表 3－2 显示高压匀浆器对不同菌体的破碎率。

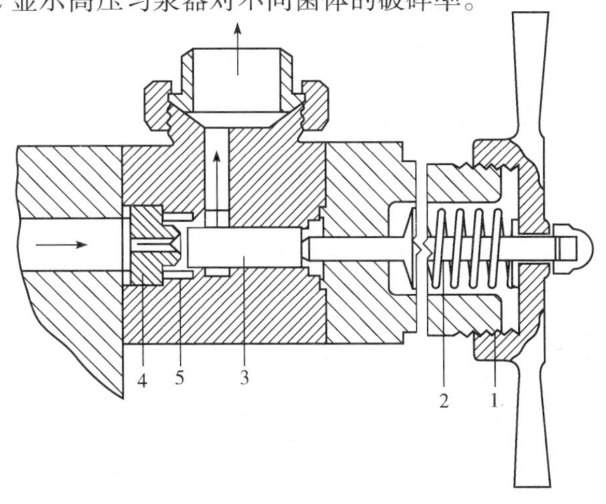

图 3－1　高压匀浆器排出阀结构简图

1. 手轮；2. 阀杆；3. 阀体；4. 阀座；5. 撞击环

表 3-2 各种菌体一次通过高压匀浆器的破碎率

菌　体	压力（MPa）	破碎率（%）
面包酵母	53	62
啤酒酵母	55	61
大肠埃希菌	53	67
解脂假丝酵母	55	43

（二）高速珠磨机

高速珠磨机（high speed bead mill）是另一种常用的破碎细胞的机械。其原理是利用玻璃小珠与细胞悬浮液一起快速搅拌，由于研磨作用，使细胞得以破碎。工业规模典型的珠磨机结构示意图见图 3-2。水平位置的磨室内放置玻璃小珠，装在同心轴上的圆盘搅拌器高速旋转，使细胞悬浮液和玻璃小珠相互搅动，在料液出口处，旋转圆盘和出口平板之间的狭缝很小，可阻挡玻璃小珠，不致被料液带出。由于操作过程中会产生热量，易造成某些生化物质破坏，故磨室还装有冷却夹套，以冷却细胞悬浮液和玻璃小珠。

细胞的破碎效率与搅拌转速、料液的循环流速、细胞悬浮液的浓度、玻璃小珠的大小及装量等因素有关。在实际操作时，各种参数的变化必须适当，如过大的搅拌转速和过多的玻璃小珠装量均会增大能耗，并使磨室内温度迅速升高。珠体的直径应根据细胞的大小和浓度以及在操作时不使珠体带出为限度进行选择。例如细菌的体积比酵母小得多，采用珠磨就较困难，必须采用较小的玻璃小珠才有效，但是其直径又不能低于珠磨机出口狭缝的宽度，否则珠体就会被带出。

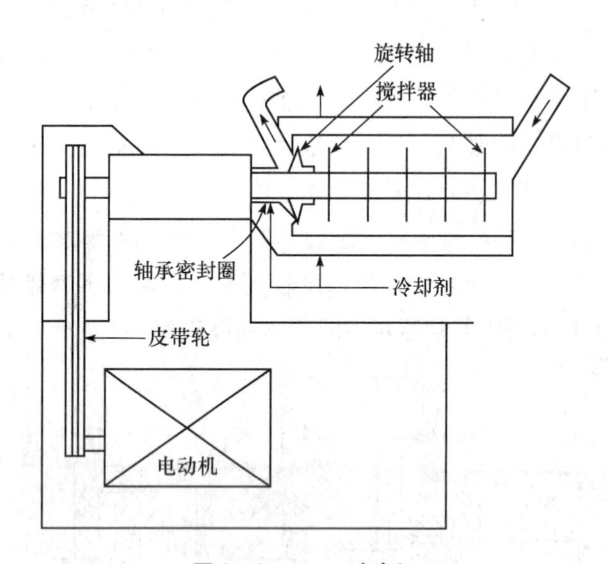

图 3-2 Dyno 珠磨机

（三）超声波振荡器

超声波对细胞的破碎作用与液体中空穴的形成有关。当超声波在液体中传播时，液体中的某一小区域交替重复地产生巨大的压力和拉力。由于拉力的作用，出现细小的空穴。这种空穴泡在超声波的继续作用下，又迅速闭合，产生一个极为强烈的冲击波压力，由它引起的黏滞性漩涡在悬浮细胞上造成了剪切应力，促使其内部液体发生流动，而使细胞破碎。超声波振荡容易引起温度的剧烈上升，操作时应将细胞悬浮液预先冷却到 0～5℃，然

后置于冰浴或用冷却液连续通入容器夹套进行冷却。超声波通常在15～25kHz的频率下操作，具有频率高、波长短、定向传播等特点，但该法不适于大规模操作，因为其产热较多，工业上需输入很高的能量用以提供必要的冷却。

超声波振荡器（ultrasonic oscillator）有不同的类型，常用的为电声型，它是由发声器和换能器组成，发声器能产生高频电流，换能器的作用是把电磁振荡转换成机械振动。超声波振荡器又可分为槽式和探头直接插入介质两种型式，一般破碎效果后者比前者好。

超声波处理细胞悬浮液时，破碎作用受许多因素的影响，如超声波探头的形状和材料、声强、频率，被处理液体的温度、体积、黏度和处理时间等，此外介质的离子强度、pH值和菌种的性质等也有很大的影响。不同的菌种，用超声波处理的效果也不同：杆菌比球菌易破碎，革兰阴性菌细胞比革兰阳性菌易破碎，酵母菌效果较差。

二、物理法

（一）干燥法

经干燥后的菌体，其细胞膜的渗透性发生变化，同时部分菌体会产生自溶，然后用丙酮、丁醇或缓冲液等溶剂处理时，胞内物质就会被抽提出来。

干燥法的操作可分空气干燥、真空干燥、喷雾干燥和冷冻干燥等。酵母菌常用空气干燥，在25～30℃的热空气流中吹干，部分酵母产生自溶，再用水、缓冲液或其他溶剂抽提时，效果就较好。真空干燥适用于细菌，把干燥成块的菌体磨碎再进行抽提。冷冻干燥适用于制备不稳定的活性物质，在冷冻条件下磨成粉，再用缓冲液抽提。

（二）反复冻融法

将细胞放在低温下冷冻（约－15℃），然后在室温中融化。如此反复多次，就能使细胞壁破裂。冻结－融化法破壁的机制有两方面：一方面在冷冻过程中会促使细胞膜的疏水键结构破裂，从而增加细胞的亲水性能；另一方面，冷冻时胞内水结晶，形成冰晶粒，引起细胞膨胀而破裂。比较脆弱的菌体可采用此法，但释放的蛋白质仅为10%左右。

（三）渗透压冲击法

先把细胞放在高渗溶液中（例如一定浓度的甘油或蔗糖溶液），由于渗透压的作用，细胞内的水分便向外渗出，细胞发生收缩，当达到平衡后，将介质快速稀释或将细胞转入水或缓冲液中，由于渗透压发生突然变化，胞外的水分迅速渗入胞内，使细胞快速膨胀而破裂，使产物释放到溶液中。用此法处理大肠埃希菌时，可使磷酸脂酶、核糖核酸酶和脱氧核糖核酸酶等释放至溶液中，蛋白质释放量一般仅为菌体蛋白总量的4%～7%。此法对革兰阳性菌不适用。

三、化学法

（一）加入化学试剂

采用化学试剂处理微生物细胞可以溶解细胞或抽提某些细胞组分。例如酸、碱、某些表面活性剂及脂溶性有机溶剂等都可以改变细胞壁或膜的通透性，从而使内含物有选择性地渗透出来。

（1）用碱处理细胞，可以溶解除去细胞壁以外的大部分组分。酸碱还用来调节溶液的pH值，改变细胞所处的环境，从而改变蛋白质的电荷性质，使蛋白质之间或蛋白质与其他

物质之间的作用力降低而易于溶解到液相中去，便于后面的提取。

（2）某些脂溶性有机溶剂，如丁醇、丙酮、三氯甲烷等，它们能溶解细胞膜上的脂质化合物，使细胞结构破坏，而将胞内产物抽提出来。但是，这些溶剂容易引起生物活性物质破坏，使用时应考虑其稳定性，操作要在低温下进行，处理后还必须将抽提液中的有机溶剂进行分离回收。

（3）某些表面活性剂（如洗涤剂）也常能引起细胞溶解或使某些组分从细胞内渗漏出来。表面活性剂都是两性化合物，分子中有一个亲水基团和一个疏水基团，在适当的 pH 和离子强度下，它们凝集在一起形成微胶束，疏水基团聚集在胶束内部将溶解的脂蛋白包在中心，而亲水基团则向外层，这样使膜的通透性改变或使之溶解。如对胞内的异淀粉酶可加入 0.1% 十二烷基硫酸钠或 0.4% Triton X－100 于酶液中，30℃振荡 30 小时，就能较完全地将异淀粉酶抽提出来，且酶的比活较机械破碎法的高。

（二）制成丙酮粉

组织经丙酮迅速脱水干燥制成丙酮粉，不仅可以减少酶的变性，同时因细胞结构成分的破碎使蛋白质与脂质结合的某些化学键打开，促使某些结合酶释放到溶液中，如鸽肝乙酰化酶的提取就用此法。常用的方法是将组织糜或匀浆悬浮于 0.01mol/L，pH 6.5 的磷酸缓冲液中，在 0℃下一边搅拌，一边徐徐倒入 10 倍体积的－15℃丙酮内，10 分钟后，离心过滤取其沉淀物，反复用冷丙酮洗几次，真空干燥即得丙酮粉。丙酮粉在低温下可保存数年。

四、生物法

（一）酶解法

酶解法是利用酶反应分解破坏细胞壁上特殊的化学键，以达到破壁的目的。酶解的方法可以在细胞悬浮液中加入特定的酶，如细胞蛋白酶、纤维蛋白酶、蜗牛酶、酯酶、壳聚糖酶等。酶解法优点是：①产品释放的选择性高；②抽提的速率和收率高；③产品的破坏最少；④对 pH 和温度等外界条件要求低；⑤不残留细胞碎片。但是酶解法费用较高，若在超滤反应器中使用固定化酶可望解决酶的费用问题。

因单一酶不易降解细胞壁，需要选择适宜的酶及酶反应系统，并要控制特定的反应条件。某些微生物体可能仅在生长的某一阶段或生长处于特定的情况下，对酶解才是灵敏的。有时，还需附加其他的处理，如辐射、渗透压冲击、反复冻融等或加金属螯合剂 EDTA，除去与膜蛋白结合的金属离子，暴露出对酶解敏感的结构部分，也可利用生物因素以促进活性，变得对酶解作用敏感。

对于微生物细胞，常用的酶是溶菌酶，它能专一地分解细胞壁上糖蛋白分子的 β－1,4－糖苷键，使脂多糖分解，经溶菌酶处理后的细胞移至低渗溶液中，细胞就会破裂。例如在巨大芽孢杆菌或小球菌悬浮液中加入溶菌酶，很快就产生溶菌现象。除溶菌酶外，还可选用蛋白酶、脂肪酶、核酸酶、透明质酸酶等。

自溶作用是利用微生物自身产生的酶来溶菌，而不需外加其他的酶。在微生物代谢过程中，大多数都能产生一种能水解细胞壁上聚合物的酶，以便生长过程继续下去。有时改变其生长的环境，可以诱发产生过剩的这种酶或激发产生其他的自溶酶，以达到自溶目的。影响自溶过程的因素有温度、时间、pH、缓冲液浓度、细胞代谢途径等。微生物细胞的自

溶常采用加热法或干燥法。例如，谷氨酸产生菌，可加入 0.028mol/L Na_2CO_3 和0.018mol/L $NaHCO_3$ pH 10 的缓冲液，制成 3% 的悬浮液，加热至 70℃，保温搅拌 20 分钟，菌体即自溶。又如酵母细胞的自溶需在 45～50℃温度下保持 12～24 小时。

采用抑制细胞壁合成的方法能导致类似于酶解的结果。某些抗生素如青霉素或环丝氨酸等，能阻止新细胞壁物质的合成。抑制剂加入的时间很重要，应在发酵过程中细胞生长的后期加入，不影响生物合成和再生的继续进行，使得在细胞的分裂阶段，细胞壁造成缺陷，即达到溶胞作用。

（二）组织自溶法

利用组织中自身酶的作用改变、破坏细胞结构，释放出目的物称为组织自溶。自溶过程酶原被激活为酶，既便于提取又提高了效率，但不适用于易受酶降解的目的物的提取。

五、选择破碎方法的依据

（一）规模及成本

细胞破碎的方法很多，但是它们的破碎效率和适用范围不同。其中许多方法仅适用于实验室和小规模的破碎，迄今为止，能适用于工业化的大规模破碎方法还很少，由于高压匀浆和珠磨两种机械破碎方法，处理量大，速度非常快，目前在工业生产上应用最广泛。在机械法破碎过程中，由于消耗机械能而产生大量的热量，使料液温度升高，而易造成生物活性物质的破坏，这是机械法破碎中存在的共同问题，因此，在大多数情况下都要采取冷却措施，对于较小的设备，可采用冷却夹套或直接投入冰块冷却，但是在大型设备中热量的除去是必须考虑的一个主要问题。

超声波处理时，热量的驱散不太容易，很容易引起介质温度的迅速上升，这就限制了它的放大使用，因为要输入很高的能量来提供必要的冷却，在经济上是不合算的，所以仅用于实验室中少量细胞样品的破碎。

物理法、化学法大多处在实验室应用阶段，其工业化的应用还受到诸多因素的限制，因此人们还在寻找新的破碎方法，如激光破碎法、高速相向流撞击法、冷冻－喷射法等。

（二）目的物的稳定性

由于大多数生物活性物质尤其是蛋白质和酶类物质，存在稳定性较差、易变性失活的特点，因此在选择破碎方法时，必须考虑目的物自身的稳定性。如物理法中的干燥法以及化学法中的加入化学试剂处理等，它们可用于工业化大规模生产，但应用上都受到一定的限制，必须根据具体待分离的物质情况来选择适宜的操作条件。干燥法较剧烈，容易引起蛋白质或其他组分变性，当提取不稳定的活性物质时，常加入一些试剂进行保护，如可加入少量还原剂半胱氨酸、巯基乙醇、亚硫酸钠等；加入化学试剂如酸、碱、表面活性剂和有机溶剂等必须考虑这些试剂对活性物质不能具有损害作用，在操作后，还必须采用常规的分离手段，从产物中除去这些试剂，以保证产品的纯净。

酶解法的优点是专一性强，发生酶解的条件温和，采用该法时必须选择好特定的酶和适宜的操作条件。由于溶菌酶价格较高，一般仅适用于小规模应用，但是对于酵母细胞壁的破碎，已有应用于工业规模的报道。自溶法价格较低，在一定程度上能用于工业规模，但是，对不稳定的微生物容易引起所需蛋白质的变性，自溶后的细胞培养液过滤速度也会降低。抑制细胞壁合成的方法由于要加入抗生素，费用也很高。

（三）破碎效果和产物释放率

在细胞破碎时还要考虑细胞破碎的难易程度和产物的释放率。如对于无细胞壁结构的动物细胞，可考虑使用渗透压冲击和冻融法，这两种方法都比较温和，但破碎作用也较弱。如果是对微生物细胞，它们只适用于细胞壁较脆弱的微生物菌体或者细胞壁合成受抑制、强度减弱了的微生物，因此常与酶解法结合起来使用，提高破碎效果。

无论是机械法还是非机械法破碎细胞都有自身的局限性和不足，在破碎时需要考虑下列因素：细胞的数量和细胞壁的强度；产物对破碎条件（温度、化学试剂、酶等）的敏感性；要达到的破碎程度及破碎所必要的速度等，具有大规模应用潜力的产品应选择适合于放大的破碎技术。同时还应把破碎条件和后面的提取步骤结合起来考虑。在固－液分离中，细胞碎片的大小是重要因素，太小的碎片很难分离除去，因此，破碎时既要获得高的产物释放率又不能使细胞碎片太小，如果在碎片很小的情况下才能获得高的产物释放率，这种操作条件仍不是合适的，适宜的细胞破碎条件应该从高的活性产物释放率、低的成本消耗和便于后步提取这三方面进行权衡。

扫码“学一学”

第三节　液－固分离

液－固分离是将悬浮液中的固体和液体分离的过程，在生物活性物质的分离纯化过程中不可避免地要用到液－固分离技术，如将生物组织的提取液与细胞碎片分离，将发酵液中细胞、菌体、细胞碎片以及蛋白质沉淀物分离等。常规的固－液分离技术主要有过滤和离心分离等。

一、过滤

（一）过滤方式

传统的过滤操作是在某一支承物上放过滤介质，注入含固体颗粒的溶液，使液体通过，固体颗粒留下。按料液流动方向不同，将过滤分为常规过滤（conventional filtration）和错流过滤（cross－flow filtration）。

1. 常规过滤　常规过滤是指料液流动方向和过滤介质垂直的过滤方式。常规过滤时，固体颗粒易被填塞在过滤介质上，形成滤饼，料液必须穿过滤饼和过滤介质的微孔。恒压下，随着滤饼厚度的增加，滤速不断减慢。

2. 错流过滤　人们通过研究得到，如果滤液给过滤介质表面一个平行的大流量冲刷，则过滤介质表面积累的滤饼就会减少到可以忽略的程度，而通过过滤介质的流速却比较小。这种过滤方式称为错流过滤。现代膜分离过程主要采用这种过滤方式，如微滤和超滤。它们与传统过滤方法的主要差别体现在膜是薄的多孔的高分子材质，可渗透度比较小，流体流动阻力比较大。而且由于滤液不断地通过膜而除去，悬浮物浓度越来越高，所以必须周期性地放料。详细内容参见膜分离技术一章。

与常规过滤方式相比，错流过滤具有如下优点。

（1）过滤收率高，由于过滤过程中，洗涤充分、合理，少量多次，故滤液稀释量不大的情况下，获得高达97%～98%的收率。

（2）滤液质量好，凡体积大于膜孔的固体，包括菌体、培养基、杂蛋白等均不能通过

膜进入滤液，大部分杂质被排除掉，给后续分离及最终产品质量均带来好处。

（3）减少处理步骤，鼓式真空过滤器一般需预涂助滤剂，板框过滤器则需清洗、拆装，都费时、费力，而错流过滤只需在 18～20 小时连续操作之后，用清水沿原管流洗 4～6 小时。

（4）对染菌罐易于批处理，也容易进行扩大生产。

（二）过滤设备

1. 板框压滤机　板框压滤机（plate and frame filter press）是目前较常用的一种过滤设备。它由多个滤板和滤框交替重叠排列而组成滤室的一种间歇操作加压过滤机。滤板两面铺有滤布，用压紧装置把滤板和滤框压紧。滤框中的空间构成过滤的操作空间。在板框的上端开有孔道从第一块滤板一直通到最后一块滤框，悬浮液在压力下送入，并由每一块滤框上的支路孔道送入过滤空间。滤板表面刻有垂直的或纵横交错的浅沟，其下端钻有供液体排出的孔道。滤液在压力下通过滤布流入滤板表面的浅沟中，顺浅沟往下流，最后汇集于滤板下端的排液孔道中排出。固体颗粒被滤布截留在滤框中，一定时间后，松开滤板和滤框，卸除滤渣。

板框压滤机的过滤面积大，能耐受较高压力差，故对不同过滤特性的发酵液适应性强，同时还具有结构简单，造价较低，动力消耗少等优点。但是这种设备不能连续操作，设备笨重，劳动强度大，非生产的辅助时间长（包括解框、卸饼、洗滤布、重新压紧板框等），生产能力低，一般过滤速度为 22～50L/(m^2·h)。

自动板框过滤机（automatic board filter press）是一种能自动清除滤饼的板框压滤机。它除具有压滤机本体外，还有压滤机的紧固装置、开板用的油泵装置、辅助阀以及清除滤饼等辅助装置。进料过滤时，用泵将悬浮液从滤板上部的加压口压入滤室内，在滤室内的两片滤布进行过滤。待过滤完毕后，即向橡胶压榨隔膜内侧注入 2MPa 压力的高压水，以使滤饼进行压榨脱水。待压榨脱水工序完成后，将橡胶隔膜中的水排出，即可卸除滤饼。待滤饼卸出以后，滤布由上部转轮带动而开始上升，与此同时，由喷嘴喷出 2MPa 的高压水对滤布进行洗涤，直到滤布升回原位。此设备大大缩短了非生产的辅助时间，并减轻了劳动强度。

2. 真空鼓式过滤机　真空鼓式过滤机能连续操作，实现自动控制，其基本原理是普通的真空吸滤。操作过程分为四个阶段：吸滤、洗涤、吸洗液、刮除固形物。但是用这种方法压差较小，主要适用于菌丝较粗的真菌发酵液的过滤，如青霉素发酵液的过滤，滤速可达 800L/(m^2·h)。而对菌体较细或黏稠的发酵液，则需在转鼓面上预铺一层 50～60mm 厚的助滤剂，在鼓面缓慢移动时，利用过滤机上的一把特殊的刮刀将滤饼连同极薄的一层助滤剂（约 1mm）一起刮去，使过滤面积不断更新，以维持正常的过滤速度（图 3－3）。

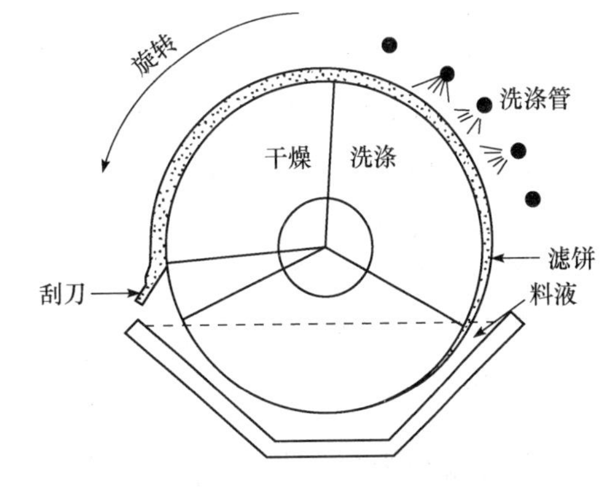

图 3－3　真空鼓式过滤机

（三）过滤介质和助滤剂

1. 过滤介质　过滤介质是指能使固－液混合料液得以分离的某一介面，通常指滤布或

膜过滤中所用的膜。过滤介质要求能耐酸碱，耐高温，耐化学试剂，抗拉性能好，有一定的机械强度和孔隙度。常用的滤布材料有法兰绒、帆布、斜纹布、白细布及一些合成纤维。膜材料主要有醋酸纤维素、硝酸纤维素、聚砜、聚酰胺、聚丙烯等。

2. 助滤剂 工业生产中有时需加入某种固体物质，以加快过滤速度，提高滤液质量，这种能提高过滤速度的物质称为助滤剂。助滤剂应无毒，属惰性物质，在液体中不起反应，对目的产物无吸附作用；并需具有一定细度及硬度而不具有压缩性的固体颗粒，方可增加滤渣结构的疏松性，减少滤饼阻力，滤孔不会被全部堵塞，以利于提高过滤速度；另外还应来源方便，成本低廉。

可作为惰性助滤机的材料很多，如硅藻土、纸浆、石棉、纤维素、未活化的碳。硅藻土使用较为广泛，它的成分90%以上是SiO_2，其余为Fe_2O_3、CaO、MgO等，常用于非极性溶液的过滤。

助滤剂的加入和使用方式有三种。一是预铺法：先将硅藻土等预铺在过滤机上，然后打入发酵液，它可防止滤渣堵塞滤布孔，因而减少过滤阻力，另外也易除去滤饼；二是混合法：在发酵液中先加入一定量的助滤剂，一起进入过滤机，能增加滤渣疏松性，降低它的压缩性，从而减少滤饼阻力；三是生成法：在反应过程中，产生大量无机盐沉淀物，使滤饼疏松，从而起到助滤作用。如在新生霉素发酵液中加入$CaCl_2$和Na_2HPO_4生成$CaHPO_4$沉淀，作为助滤剂。

二、离心分离

离心分离法速度快，效率高，操作时卫生条件好，占地面积小，能自动化、连续化和程序控制，适合于大规模的分离过程，但是设备投资费用高、能耗也较高。根据操作原理，可将离心机分为过滤式离心机和沉降式离心机。

过滤式离心机（filtering centrifuge）的转鼓壁上开有均匀密集的小孔，转鼓内表面覆盖过滤介质（滤布），加入转鼓的悬浮液随转鼓一同旋转，在离心力作用下，悬浮液中的液体流经过滤介质并由转鼓壁上的孔甩出，固体被截留在过滤介质表面，实现液体与固体的分离。国内广泛应用的是三足式离心机，立式转鼓悬挂于三根支柱上，它具有稳定性好，操作平稳，进出料方便，操作简单，适应性强和占地面积小等优点，可用于分离悬浮液中直径为0.01～1.0mm的颗粒和结晶状物质，如工业中已用于收集*L*－谷氨酸、*L*－苹果酸和蛋白质及酶类沉淀物。其缺点是处理量有限，需人工卸料，劳动强度大。

沉降式离心机（sedimentation centrifuge）的转筒或转鼓壁上没有开孔，也不需要滤布，在离心力作用下，固体沉降于筒壁或转鼓壁上，余下的即为澄清的液体。对于发酵液，通常采用沉降式离心设备，因为它适合于含固体量较低（10%）的场合，而过滤式离心设备主要用于分离晶体和母液。工业上应用的沉降式离心机有管式离心机、碟片式离心机、螺旋卸料离心机等，详见第十章。

三、影响液－固分离的因素

大多数微生物发酵液都属于非牛顿型液体；液－固分离较困难，发酵液的流变特性与很多因素有关，主要取决于菌种和培养条件。

（一）微生物种类对液－固分离的影响

一般真菌的菌丝比较粗大，液－固分离容易，含真菌菌体及絮凝蛋白质的发酵液，可采用鼓式真空过滤或板框过滤。对于酵母，离心分离的方法具有较好的效果。但是细菌或细胞碎片相当细小，液-固分离十分困难，用一般的离心分离或过滤方法效果很差，因此应先用预处理的各种手段来增大粒子，才能获得澄清的滤液。

（二）发酵液的黏度

液-固分离的速度通常与黏度成反比。影响发酵液黏度的因素很多：①菌体种类和浓度不同，其黏度有很大差别。②不同的培养基组分和用量也会影响黏度，如用黄豆饼粉、花生饼粉作氮源，用淀粉作碳源会使黏度增大。发酵液中未用完的培养基较多或发酵后期用油作消沫剂也会使过滤困难。③一般说来发酵进入菌丝自溶阶段，抗生素产量才能达到高峰，但菌丝自溶使发酵液变黏，为保证过滤工序的顺利进行，必须正确选择发酵终点和放罐时间。④染菌的发酵液黏度也会增高。

（三）其他因素

发酵液的 pH、温度和加热时间也会影响过滤速度。加助滤剂有利于改善液-固分离速度。如灰色链霉菌发酵液过滤时，随 pH 降低比阻值减小，滤速提高。由于链霉素对热较稳定，因此将灰色链霉菌发酵液在 75℃加热处理，使蛋白质变性凝固后可加快过滤速度，但加热时间也不易过长，长时间加热可能使凝固的蛋白又分解，反而使滤速下降。在使用热处理时，还要考虑生化物质对热的敏感程度，对不耐热的物质显然不能用此方法。

扫码“练一练”

（郑　珩　劳兴珍）

第四章　萃取法分离原理

扫码“学一学”

第一节　溶剂萃取法

溶剂萃取法（solvent extraction）是工业生产中常用的提取方法之一。广义的溶剂萃取法包括液-固萃取和液-液萃取两大类。液-固萃取也称浸取，多用于提取存在于细胞内的有效成分，如用酸醇从胰脏中提取胰岛素；用乙醇从菌丝体内提取制霉菌素、庐山霉素、曲古霉素，用丙酮从菌丝体内提取脱落酸等。液-固萃取方法比较简单，亦不需结构复杂的设备。但在多数情况下，生物活性物质大量存在于胞外培养液中，需用液-液法进行萃取。液-液萃取是指用一种溶剂将物质从另一种溶剂（如发酵液）中提取出来的方法，根据所用萃取剂的性质不同或萃取机制的不同，可将液-液萃取分为多种类型。本节所介绍的溶剂萃取法是指经典的液-液萃取，即用有机溶剂对非极性或弱极性物质进行的萃取，这是一种利用物质在两种互不相溶的液相中分配特性不同而进行的分离过程。

溶剂萃取法具有以下优点：①操作可连续化，反应速度快，生产周期短；②对热敏物质破坏少；③采用多级萃取时，溶质浓缩倍数大、纯化度高。但是由于有机溶剂使用量大，对设备和安全要求高，需要各项防火防爆等措施。

一、基本概念

（一）萃取与反萃取

在溶剂萃取中，被提取的溶液称为料液，其中欲提取的物质称溶质，而用以进行萃取的溶剂称为萃取剂（extractant）。料液与萃取剂接触后，料液中的溶质向萃取剂转移的过程称为萃取，达到萃取平衡后，大部分溶质转移到萃取剂中，这种含有溶质的萃取剂溶液称为萃取液，而被萃取出溶质以后的料液称为萃余液。

将萃取剂和料液放在萃取器中，经充分振荡混合，静置分层后形成两相，即萃余相和萃取相。这是多相多组分体系，所谓相是指体系中具有相同物理性质和化学性质的均匀部分，互不相溶的两相可以用机械方法分开。

反萃取（stripping 或 back extraction）是将萃取液与反萃取剂（含无机酸或碱的水溶液，有时也可以是水）相接触，使某种被萃入有机相的溶质转入水相，可把这种过程看作是萃取的逆过程。反萃取后不含溶质的有机相被称为再生有机相，含有溶质的水溶液被称为反萃液。

（二）分配定律

能斯特（Nernst）在1891年提出的分配定律（distribution law）：即在一定温度、一定压力下，某一溶质在互不相溶的两种溶剂间分配时，达到平衡后，在两相中的活度之比为一常数。如果是稀溶液，可以用浓度代替活度，即：

$$\frac{C_L}{C_R}=\frac{\text{萃取相浓度}}{\text{萃余相浓度}}=K \quad (4-1)$$

上式即为分配定律，K 称为分配系数。

应用分配定律时，须符合下列条件：①必须是稀溶液，即适用于接近理想溶液的萃取体系；②溶质对溶剂的互溶度没有影响；③溶质在两相中必须是同一分子形式（分子量相等），即不发生缔合或解离。当满足这些条件时，分配系数为一常数，它与溶质的总浓度和相比都没有关系，只与溶质分子在有机相中的溶解度有关。但是在大多数溶质萃取体系中，情况往往比较复杂。首先溶质在溶液中的浓度比较大，此时分配在两相中的溶质只能用活度来表示；其次，在萃取过程中，常常伴随着解离、缔合、络合等化学反应，因此溶质在两相的分子形式并不相同。所以说这些体系并不完全服从分配定律，但在溶剂萃取的实际研究中，仍然采用类似分配定律的公式作为基本公式。这时候溶质在萃取相和萃余相中的浓度，实际上是以各种化学形式进行分配的溶质总浓度，它们的比值以分配比（distribution ratio）表示：

$$D=\frac{C_L}{C_R}=\frac{C_{L1}+C_{L2}+C_{L3}+\cdots+C_{Ln}}{C_{R1}+C_{R2}+C_{R3}+\cdots+C_{Rn}} \quad (4-2)$$

式中，D 为分配比，它不是常数，而随被萃取溶质的浓度、萃余相的酸碱度、萃取剂的浓度、体系温度以及其他物质的存在等因素的变化而变化。总之，分配比表示一个实际萃取体系达到平衡后，被萃取溶质在两相的实际分配情况，因此它在萃取研究和生产中具有重要的实际意义。

（三）萃取因素

萃取因素也称萃取比，其定义为被萃取溶质进入萃取相的总量与该溶质在萃余相中总量之比。通常以 E 表示。若以 V_1 和 V_2 分别表示萃取相和萃余相的体积，C_1 和 C_2 分别表示溶质在萃取相和萃余相中的平衡浓度。根据定义，萃取因素（E）为：

$$E=\frac{\text{萃取相中溶质总量}}{\text{萃余相中溶质总量}}=\frac{C_1V_1}{C_2V_2}=K\frac{V_1}{V_2} \quad (4-3)$$

萃取因素不是常数，其数值与相比、萃取剂浓度、温度、pH、溶质在萃取相和萃余相中的解离情况等因素有关。

（四）萃取率

生产上常用萃取率（percentage extraction）来表示一种萃取剂对某种溶质的萃取能力，衡量萃取效果。其计算公式为：

$$\begin{aligned}\eta&=\frac{\text{萃取相中溶质总量}}{\text{原始料液中溶质总量}}\times 100\%\\&=\frac{C_1V_1}{C_1V_1+C_2V_2}\times 100\%=\frac{E}{E+1}\times 100\%\end{aligned} \quad (4-4)$$

由上式可以看出，萃取率与萃取因素有关。

（五）分离因素

在生物活性物质的制备过程中，料液中的溶质并非是单一的组分，除了所需产物（A）外，还存在有杂质（B）。萃取时难免会把杂质一同带到萃取液中，为了定量地表示某种萃取剂分离两种溶质的难易程度，引入分离因素（separation factor）的概念，常用 β 表示。其

定义为：在同一萃取体系内两种溶质在同样条件下分配系数的比值。

$$\beta = \frac{C_{A1}/C_{B1}}{C_{A2}/C_{B2}} = \frac{K_A}{K_B} \tag{4-5}$$

式中，β 为分离因素；C_{A1}、C_{B1} 分别为萃取相中溶质 A 和 B 的浓度；C_{A2}、C_{B2} 分别为萃余相中溶质 A 和 B 的浓度；K_A、K_B 分别为溶质 A 和 B 的分配系数。

β 值的大小表示出了两种溶质的分离效果。由式（4－5）可以看出，如果溶质 A 的分配系数大于溶质 B，则萃取相中溶质 A 的浓度就高于溶质 B。这样，溶质 A 与溶质 B 就能够在一定程度上得到分离。β 值愈大（或愈小），说明两种溶质分离效果愈好，易达到提纯目的。当 $K_A = K_B$，$\beta = 1$ 时，这两种溶质就分不开了。值得注意的是，当萃取剂浓度、组成、水相成分、相比以及温度等改变时，β 值会发生变化。

在一个实际萃取工艺中，总希望有较大的分配比和较大的分离因素。分配比高，意味着有较高的萃取率；分离因素大，意味着两种溶质分离较彻底，但实际操作中产品纯度和回收率常常是矛盾的，通常要根据要求对这两方面进行协调并以此为出发点来制定萃取流程和工艺操作条件。

二、溶剂萃取法的基本原理

所谓溶剂萃取是设法使一种溶解于液相的物质传递到另一液相的操作。如某一抗生素在有机溶剂（这种有机溶剂必须不溶于水）中溶解度较大，当料液与有机溶剂接触后，抗生素就从水相转移到有机相中。另外抗生素在不同的 pH 条件下，可以有不同的化学状态（如游离酸、碱或成盐），其分配系数亦有差别，若适度改变 pH，可将抗生素自有机相再转入水相，这样反复萃取，可以达到浓缩和提纯的目的。

弱电解质以非离子化的形式溶解在有机溶剂中，而在水中会部分离子化并存在有电离平衡，反映在分配系数上，除了热力学常数外，还有表观分配系数（或称分配比），它们之间存在一定的依赖关系。弱酸与弱碱在有机相与水相间存在两种分配平衡，如图 4－1 和图 4－2 所示。

AH　有机相

K_o　K_p

AH $\rightleftharpoons$ $A^- + H^+$　水相

图 4－1　弱酸分配和电离平衡

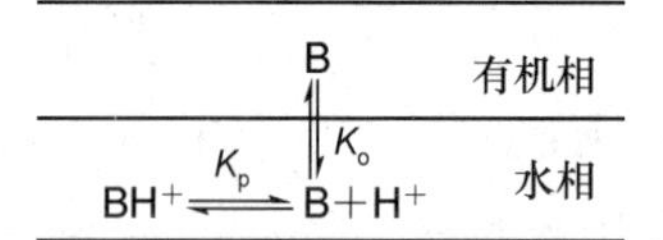

图 4－2　弱碱分配和电离平衡

弱酸与弱碱在有机相与水相间存在着不同的分子类型，故不遵守 Nernst 分配定律。如弱酸性抗生素在水溶液中存在离解平衡：

$$AH \overset{K_p}{\rightleftharpoons} A^- + H^+$$

设 [AH]、[A^-] 和 [H^+] 分别为分子型、离子型溶质及氢离子的浓度，K_p 为离解常数。当用有机溶剂萃取弱酸性抗生素的水溶液，在两相间又存在分配平衡：

$$AH_{水相} \overset{K_o}{\rightleftharpoons} AH_{有机相}$$

设 [AH]、$\overline{[AH]}$ 分别为弱酸性抗生素在水相和有机相的浓度，K_o 为分配系数。那么，萃取体系同时存在两种平衡：

离解平衡：

$$K_p = \frac{[A^-][H^+]}{[AH]} \tag{4-6}$$

$$[A^-] = \frac{K_p[AH]}{[H^+]} \tag{4-7}$$

分配平衡：

$$K_o = \frac{\overline{[AH]}}{[AH]} \tag{4-8}$$

$$\overline{[AH]} = K_o[AH] \tag{4-9}$$

在水溶液中，弱酸性抗生素总浓度 C 等于［AH］与［A^-］之和，表观分配系数定义为：

$$K_{表} = \frac{\overline{[AH]}}{[AH]+[A^-]} \tag{4-10}$$

将式（4－7）、（4－9）代入式（4－10）得：

$$K_{表} = \frac{K_o}{1+\frac{K_p}{[H^+]}} = \frac{K_o}{1+10^{pH-pK_p}} \tag{4-11}$$

同理，推得弱碱性物质的表观分配系数为：

$$K_{表} = \frac{K_o}{1+10^{pK_p-pH}} \tag{4-12}$$

三、萃取方法和理论收率的计算

工业上萃取操作包括 3 个步骤。①混合：将料液和萃取剂在混合设备中充分混合，使溶质自料液转入萃取剂中；②分离：将混合液通过离心分离设备或其他方法分成萃取相和萃余相；③溶剂回收。

工业上的萃取过程按操作方式分类，可分为单级萃取和多级萃取，后者又可分为错流萃取和逆流萃取。以下将介绍各种萃取操作及其理论收率的计算公式。在计算中假定萃取相和萃余相能很快达到平衡，而且两相不互溶，能完全分离。

（一）单级萃取

单级萃取只包括一个混合器和一个分离器。料液 F 和溶剂 S 先经混和器混合，达到平衡后，用分离器分离得到萃取液 L 和萃余液 R，如图 4－3。

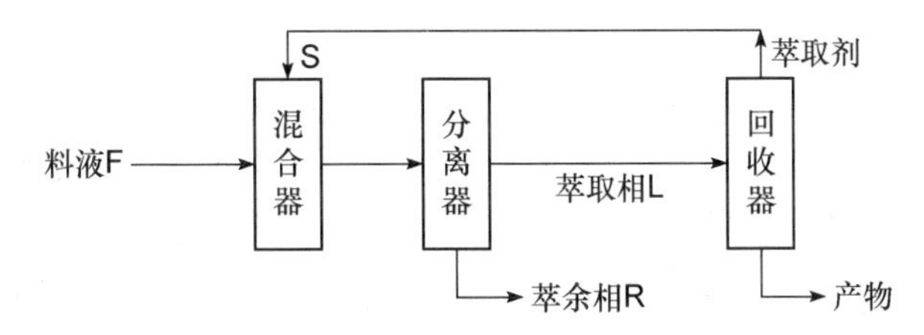

图 4－3 单级萃取

溶质经萃取后，萃取因素 E 为：

$$E = \frac{C_1 V_S}{C_2 V_F} = K \frac{V_S}{V_F} = K \frac{1}{m} \quad (4-13)$$

式中，V_F 为料液体积；V_S 为萃取剂的体积；C_1 为溶质在萃取液的浓度；C_2 为溶质在萃余相的浓度；K 为分配系数；m 为浓缩倍数。

萃余率：
$$\varphi = \frac{\text{萃余液中溶质总量}}{\text{原始料液中溶质总量}} \times 100\% = \frac{1}{E+1} \times 100\% \quad (4-14)$$

理论收率：
$$1 - \varphi = 1 - \frac{1}{E+1} \times 100\% = \frac{E}{E+1} \times 100\% \quad (4-15)$$

（二）多级错流萃取

料液经萃取后的萃余液再用新鲜萃取剂进行萃取的方法称多级错流萃取。图 4－4 示三级错流萃取过程。

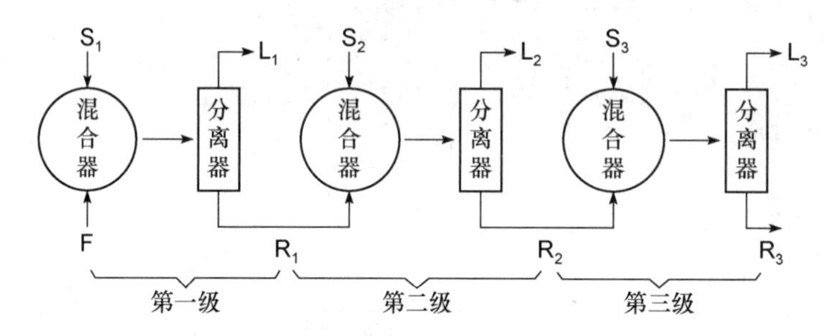

图 4－4　多级错流萃取示意图

由图 4－4 可以看出，第一级的萃余液（R_1）进入第二级作为料液，并加入新鲜萃取剂进行萃取；第二级的萃余液（R_2）再作为第三级的料液，也同样用新鲜萃取剂进行萃取。同理还可进行 4 级、5 级以至 n 级萃取，此法与单级萃取相比，溶剂消耗量大，而得到的萃取液平均浓度较稀，但萃取较完全，经 n 级萃取后，萃余率为：

$$\varphi_n = \frac{1}{(E_1+1)(E_2+1)\cdots(E_n+1)} \times 100\% \quad (4-16)$$

用同一种溶剂，各级萃取因素 E 值皆相同，则萃余率为：

$$\varphi_n = \frac{1}{(E+1)_n} \times 100\% \quad (4-17)$$

n 级萃取后，理论收率为：

$$1 - \varphi_n = 1 - \frac{1}{(E+1)^n} \times 100\% = \frac{(E+1)^n - 1}{(E+1)^n} \times 100\% \quad (4-18)$$

当萃取剂用量相同时，二级萃取收率比单级萃取收率要高。也就是说，在萃取用量一定的情况下，萃取次数愈多，则萃取愈完全。

（三）多级逆流萃取

在第一级中加入料液（F），萃余液顺序作为后一级的料液，而在最后一级加入萃取剂（S），萃取液顺序作为前一级的萃取剂。由于料液移动的方向和萃取剂移动的方向相反，故称为逆流萃取（图 4－5）。此法与错流萃取相比，萃取剂耗量较少，因而萃取液平均浓度较高。

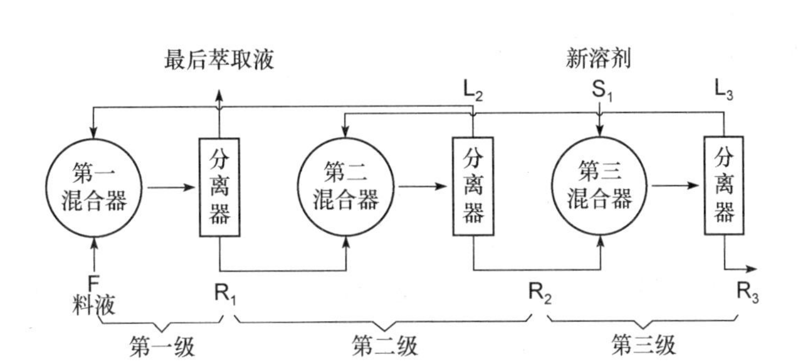

图 4－5　多级逆流萃取示意图

n 级萃取后，萃余率为：

$$\varphi = \frac{E-1}{E^{n+1}-1} \times 100\% \tag{4-19}$$

理论收率为：

$$1-\varphi = 1-\frac{E-1}{E^{n+1}-1} \times 100\% = \frac{E^{n+1}-E}{E^{n+1}-1} \times 100\% \tag{4-20}$$

按上述收率公式计算得出的是理论收率，但实际生产情况较为复杂，收率不仅取决于分配系数的大小和萃余液中残留量，还取决于提取过程中产物的局部破坏，以及蛋白质造成提取过程乳化所带来的损失等，因此实际收率要比理论收率低。

第二节　影响溶剂萃取的因素

扫码“学一学”

一、乳化和破乳化

（一）乳状液的形成和稳定条件

乳状液是一种液体分散在另一种互不相溶的液体中所构成的分散体系。当有机溶剂（通称为油）与水混和并加以搅拌时，可能产生乳浊液，但油与水是不相溶的，二者混合在一起很快会分层，不能形成稳定的混浊液。必须有第三种物质——乳化剂存在时，才容易形成稳定的乳浊液。乳化剂多为表面活性剂。其分子结构有共同的特点：一般是由亲油基和亲水基两部分组成的。

乳状液中被分散的一相称作分散相或内相，另一相则称作分散介质或外相。内相是不连续相，而外相是连续相。据内相与外相的性质，乳状液有两种类型：一类是油分散在水中，简称水包油型乳状液，用 O/W 表示；另一类是水分散在油中，简称油包水型乳状液，用 W/O 表示。表面活性剂的亲水基强度大于亲油基时，则容易形成 O/W 型乳浊液。反之，如亲油基强度大于亲水基时，则容易形成 W/O 型乳浊液。欲判断乳状液类型，常用三种方法：稀释法、染料法及电导法。

乳化剂之所以能使乳状液稳定，与下列几个因素有关。

1. 界面膜形成　表面活性剂分子积聚在界面上，形成排列紧密的吸附层，并在分散相液滴周围形成保护膜，保护膜具有一定的机械强度，不易破裂，能防止液滴碰撞而引起聚沉。

2. 界面电荷的影响 分散相的液珠可由下列原因而荷电：电离、吸附和液珠与介质之间摩擦，其中主要是由于液珠表面上吸附了电离的乳化剂离子。由于乳状液液珠带电，当液珠相互接近时就产生排斥力，阻止了液滴聚结。

3. 介质黏度 若乳化剂能增加乳状液的黏度，能增加保护膜的机械强度，则形成的界面膜不易被破坏，并可阻止液珠的聚结。

料液中含有大量蛋白质，它们分散成微粒，呈胶体状态。蛋白质一般是由疏水性肽链和亲水性极性基团构成。由于某些蛋白质是疏水性的（亲油基强度大于亲水基），故发酵液和有机溶剂所成的乳状液很多属于 W/O 型。当进行溶剂萃取时引起乳化，在有机相与水相的界面上形成一稳定的乳化层，使有机相与水相难以分层，即使用离心机往往也不能将两相完全分离，给后续操作带来困难，还造成收率下降和溶剂消耗的增加。因此，在萃取过程中防止乳化和破乳化是一个极为重要的步骤。

（二）影响乳状液类型的因素

影响乳状液类型的因素很多，有时某一因素起主要作用，当条件改变了，则另一个因素起主要作用。

1. 相体积的影响 假定分散相为大小均匀的圆球，按立体几何最紧密地堆积，则圆球体积占总体积的 74%。如水的体积占总体积的 26% ~74% 时，W/O 型和 O/W 型两种乳状液都可能形成。若其小于 26% 时，只能形成 W/O 型乳状液；大于 74% 时，只能形成 O/W 型乳状液。多数情况下，乳状液的液珠大小不一，有时内相是多面体结构。在这种情况下，相体积和乳状液类型的关系不符合上述规律。

2. 乳化剂分子空间构型的影响 乳化剂分子中极性基团与非极性基团的截面积大小之比对乳状液的类型起重要作用。截面积小的一头总是指向分散相，截面积大的一头指向分散介质，所以一价金属皂形成 O/W 型乳状液，而二价金属皂形成 W/O 型乳状液，见图 4 - 6。但也有例外。

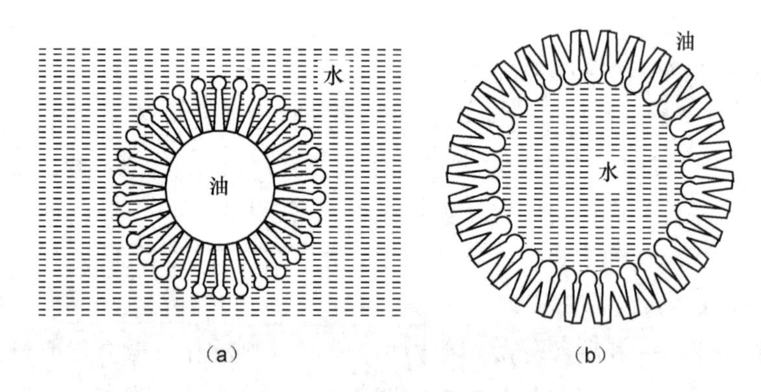

图 4 - 6 皂类稳定乳状液示意图

（a）一元金属皂对 O/W 型乳状液的稳定作用

（b）二元金属皂对 W/O 型乳状液的稳定作用

3. 界面张力的影响 乳化剂聚集于界面形成薄膜，若将薄膜看作一相，此相具有两个界面张力，即膜与水间的界面张力和膜与油间的界面张力。若两者不等，则使膜弯曲，其凹面一侧为界面张力较高的相，结果高界面张力这侧的液体就成了内相。

4. 容器壁性质的影响 在乳化过程中，容器壁的亲水性或亲油性对乳状液的类型有一定影响，亲水性强的容器易得 O/W 型乳状液，亲油性强的容器易形成 W/O 型乳状液。如

果加入乳化剂的量足以克服容器壁润湿所带来的影响，那么乳状液类型将由乳化剂性质决定。

关于乳状液的形成和稳定性至今还没有一个统一的理论，上面的论述对某些体系是适用的，而对另一些体系就未必适用了。

（三）乳状液的破坏

为了保证溶剂萃取操作的正常进行，措施要分两方面：一方面要加强溶剂萃取以前的预处理和过滤操作，使蛋白质含量达到最低浓度；另一方面在溶剂萃取过程中采用一些措施进行破乳化。破乳方法有下列几种。

1. 加入表面活性剂 表面活性剂可改变界面的表面张力，促使乳浊液转型。如在 O/W 型乳状液中，加入亲油性乳化剂，则乳状液有从 O/W 型转变成 W/O 型的趋向，如控制条件不允许形成 W/O 型乳状液，则在转变过程中，乳状液就被破坏。另外，若选择一种能强烈吸附于油 - 水界面的表面活性剂，用以顶替在乳状液中生成牢固膜的乳化剂，产生一种新膜，其强度较低，有利于破乳。

2. 离心 在离心力作用下，促进乳状液液滴碰撞聚集，加速比重不同的液 - 液两相分离，由于不需加入新的物质，是实验室中和工业上常用的一种破乳化方法。

3. 加电解质 加入电解质，中和乳浊液分散相所带的电荷，而促使其聚凝沉淀，同时可增加二相的比重差，以便于二相分离，也就起到盐析蛋白质的作用。常用的电解质如氯化钠、硫酸铵等。这种方法适用于小量乳浊液的处理或乳化不严重的乳浊液的处理。

4. 加热 温度升高，使乳状液液珠的布朗运动增加，使絮凝速度加快，同时还能降低黏度，使聚结速度加快，有利于膜的破裂。如果所需物质对热稳定，则可采用此法。

5. 吸附法破乳 当乳状液经过一个多孔性介质时，由于该介质对油和水的吸附能力的差异，也可以引起破乳。例如，碳酸钙或无水碳酸钠易为水所润湿，但不能为有机溶剂所润湿，故将乳状液通过碳酸钙或无水碳酸钠层时，其中水分被吸附。生产上将红霉素的一次醋酸丁酯提取液通过装有碳酸钙的小板框压滤机，以除去微量水分，有利于后工序的提取。

6. 高压电破乳 高压电场破乳比较复杂，不能只看作是扩散双电层的破坏。在电场作用下液珠质点可排成一行，成珍珠项链式，当电压升到某值时，聚结过程将瞬间完成。如片冈键等发明的破乳静电法，其原理是让 W/O 型乳状液通过两枚平行的裸电极之间，借助两极板间外加的脉冲式直流高电压达到破乳目的。这种破乳装置的特点是两极板间的距离可在 1 ~5cm 内改变，破乳后的油相能通过上部极板的孔，而水相则由下部极板的孔分别从装置中不断排出。至于未被破乳的乳状液则根据需要可从装置中导出。

7. 稀释法 在乳状液中，加入连续相，可使乳化剂浓度降低而减轻乳化。在实验室的化学分析中有时用此法较为方便。

8. 其他途径

（1）超滤 选择适当孔径的超滤介质，将蛋白质截留滤除，而抗生素分子可以顺利通过超滤滤膜，从而使物料得到净化。选择超滤介质孔径的大小，一般选用能去除分子量在 10000 以上孔径的超滤膜进行过滤。

（2）反应萃取 如用醋酸丁酯作为主体溶剂，并在其中加入不同种类的胺作为反应剂进行萃取。

（3）把萃取剂的筛选和破乳剂的筛选工作结合起来进行研究，目的在于筛选出既能够

提高萃取平衡 pH，又不影响反萃取及产品质量。如中性磷萃取剂、脂肪醇类萃取剂的应用，不仅减轻了乳化，而且提高了收率。

（四）常用的去乳化剂

去乳化剂即破乳剂，也是一种表面活性剂，具有相当高的表面活性，因此能顶替界面上原来存在的乳化剂，但由于破乳剂碳氢链很短或具有分支结构，不能在相界面上紧密排列成牢固的界面膜，从而使乳状液稳定性大大降低，达到破乳目的。常用的去乳化剂有：

1. 阳离子表面活性剂

（1）十二烷基三甲基溴化铵（1231） 其结构式为$[CH_3(CH_2)_{10}CH_2N^+(CH_3)_3]Br^-$，易溶于水，为浅黄色浆状液体，含量50%左右，在酸性条件下不溶于有机溶剂，因此适用于破坏 W/O 型乳状液。其作为去乳化剂破乳机制为：由于 1231 的离子带正电荷，溶液中蛋白质带负电荷，它的加入会中和蛋白质中的负电荷，形成沉淀。其特点是在破乳离心时，能使蛋白质留在水相底层，相界面清晰。不仅去乳化效果好，而且能提高产品质量。

（2）溴代十五烷吡啶（PPB） 其结构式为$[C_5H_5N^+C_{15}H_{31}]Br^-$，它是一种棕褐色稠厚浆状半固体，含量 55% 以上。在水中溶解度约为 7%，使用时先加热溶解，然后再稀释，其用量为 0.01% ~0.05%。在有机溶剂中溶解度较小，因此适用于破坏 W/O 型乳状液。目前广泛用于青霉素等抗生素的提取，但对成品混浊度有一定影响（因为 PPB 中含有尚未反应的棕榈酸和其他羟基脂肪酸等，在酸性条件下亦转入醋酸丁酯相中）。

2. 阴离子表面活性剂 阴离子表面活性剂，如亚油酸钠、十二烷基磺酸钠、石油磺酸钠等，其破乳机制和性能与阳离子表面活性剂有所不同。亚油酸钠由于其表面活性较弱故其效果不好，但与 1231 配合，可减少 1231 的用量，改善青霉素发酵液的破乳效果。

十二烷基磺酸钠的化学结构式为$CH_3(CH_2)_{10}CH_2SO_3^-Na^+$，是阴离子表面活性剂，也是一种洗涤剂，为淡黄色透明液体，含量 25%（使用时稀释到 6% 左右），易溶于水，微溶于有机溶剂，因此适用于破坏 W/O 型乳状液，目前广泛用于红霉素的提取。因为它是酸性物质，在碱性条件下留在水相，不随红霉素转入醋酸丁酯萃取液中，有利于成品质量的提高。

3. 其他破乳剂 国外报道，用溴代四烷基吡啶作去乳化剂，因其既易溶于水，又易溶于醋酸丁酯中，所以既能破坏 W/O 型，也能破坏 O/W 型乳状液，比 PPB 破乳完全，用量为 0.03% ~0.05%。它能降低青霉素提取时随废液的损失，提高收率。

国内有报道用硫酸铝作为青霉素工艺中的破乳化剂的效能，通过对其作用规律及操作条件的试验结果表明，先将硫酸铝溶液与滤液预混，使混合液的 $pH>4.5$，萃取平衡 $pH>3.0$，0.1% ~0.3%（W/V）硫酸铝即可有较好的破乳效果，但需严格控制溶液的 pH。

二、pH 的影响

在萃取操作中，正确选择 pH 值很重要。pH 影响弱酸或弱碱性药物的分配系数，如式（4-11）或（4-12）所示，而分配系数又直接和收率有关，另外，溶液的 pH 也影响药物的稳定性。所以合适的 pH 应权衡这两方面因素来决定。

如利用溶剂萃取法提取某一抗生素时，必须使这一抗生素形成某一种化学状态才能进行萃取。青霉素、新生霉素需形成游离酸，红霉素、洁霉素则要形成游离碱，才能从水相转入有机相，与此相反，若将上述的抗生素从有机相转入水相时，都必须以成盐的状态才

能转移。例：用醋酸丁酯提取苄基青霉素，在0℃、pH 2.5 时测得 $K_{表}=30$，$K_P=10^{-2.75}$，按式（4-11），求得 $K_o=K_{表}(1+10^{pH-pK_P})=47$，于是，可按下式计算表观分配系数和水相pH 的关系。

$$K_{表}=\frac{K_o}{1+10^{pH-pK_P}}=\frac{47}{1+10^{pH-2.75}}$$

由上式可知，当 pH =4.4 时，$K_{表}=1$。即在此条件下，水相和醋酸丁酯相平衡浓度相等，萃取不可能进行。当 pH <4.4 时，青霉素能被萃取到醋酸丁酯相中，当pH >4.4时，青霉素从醋酸丁酯相转移到水相，称为反萃取。从理论上讲，pH 愈低，萃取效果愈好。但实际上青霉素在酸性条件下是极不稳定的，故生产上选择酸化 pH 为 2.0 ~2.2。反之，当青霉素在 pH 6.8 ~7.2 时，以成盐状态转入到相应的缓冲液中。

三、温度和萃取时间的影响

温度对生物活性物质萃取有很大影响。一般化合物的水解速度与温度的关系服从 Arrhenius 公式。

$$\lg K=\frac{E}{2.303RT}+\lg A$$

式中，K 为速度常数；E 为活化能；A 为频率因子。

大多数生物活性物质在高温下不稳定，故萃取一般应在低温下进行。另外，温度对分配系数有影响，如红霉素的分配系数与温度的关系见图 4-7。由于有机溶剂与水之间的互溶度随温度升高而增大，而使萃取效果降低。

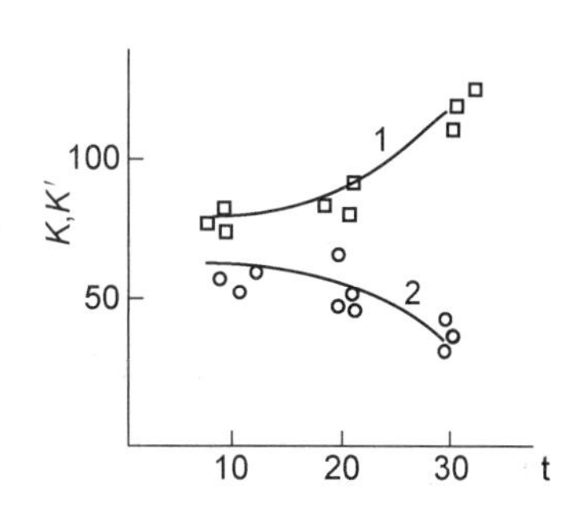

图 4-7　红霉素的分配系数与温度的关系

1. pH 9.0 萃取；2. pH 4.5 反萃取
K-萃取分配系数；
K′-反萃取分配系数

萃取时间也会影响药物的稳定性，如在青霉素萃取中特别注意 pH、温度与时间三者对青霉素稳定性的影响。因青霉素遇酸碱或加热都易分解而失去活性，而且分子很易发生重排，青霉素在酸性水溶液中非常不稳定，转入醋酸丁酯中稳定性提高，但随放置时间的延长，效价会有所下降（表4-1）。因此，在青霉素萃取过程中，温度要低，时间要短，pH 要严格控制。

表 4-1　醋酸丁酯中青霉素效价随时间的变化情况（室温）

时间（h）	效价的损失（%）	时间（h）	效价的损失（%）
2	1.96	8	2.78
4	2.52	24	5.32

四、盐析作用的影响

盐析剂（如氯化钠、氯化铵及硫酸铵）的影响有三个方面：①由于盐析剂与水分子结合导致游离水分子减少，降低了药物在水中的溶解度，使其易转入有机相；②盐析剂能降低有机溶剂在水中的溶解度；③盐析剂使萃余相相对密度增大，有助于分相。但盐析剂的用量要适当，用量过多会使杂质也转入有机相。

五、溶剂种类、用量及萃取方式的选择

不同溶剂对同一溶质有不同的分配系数（表4－2）。选择萃取溶剂应遵守下列原则：①分配系数愈大愈好，若分配系数未知，则可根据“相似相溶”的原则，选择与药物结构相近的溶剂；②选择分离因素大于1的溶剂；③料液与萃取溶剂的互溶度愈小愈好；④尽量选择毒性低的溶剂。按毒性大小，溶剂可分为：低毒性（乙醇、丙醇、丁醇、乙酸乙酯、乙酸丁酯、乙酸戊酯等）、中等毒性（甲苯、甲醇、环己烷等）和强毒性（苯、三氯甲烷、二氧六环、四氯化碳等）。工业生产中常用的溶剂为乙酸乙酯、乙酸丁酯、乙酸戊酯和丁醇等。⑤溶剂的化学稳定性要高，腐蚀性低，沸点不宜太高，挥发性要小，价格便宜，来源方便，便于回收。以上只是一般原则，实际上没有一种溶剂能符合上述全部要求，应根据具体情况权衡利弊选定。

表4－2　青霉素G的表观分配系数

溶　剂	$K_{表}$（pH 2.5）	$K_{表}$（pH 7.0）
乙酸戊酯	45	1/235
乙酸丁酯	47	1/186
乙酸乙酯	39	1/260
三氯甲烷	39	1/220
三氯乙烯	21	1/260
乙醚	12	1/190

萃取因素取决于浓缩比，如前所述 $E=K\frac{V_1}{V_2}$，V_1 为有机相体积，V_2 为料液体积，在选择浓缩倍数时，即要考虑到浓缩的目的，又要考虑到收率和质量。一般说，分配系数不太大的溶剂，浓缩倍数应小一些，如青霉素酸化第一步提取时采取1.5～2倍，而第二步碱化提取时分配系数对水来说可达180，则浓缩倍数可以大一些，一般可浓缩4～5倍。此外，抽提次数、采用的萃取方式都与收率有较大关系。以洁霉素为例，20℃，pH 10.0时，分配系数（丁醇/水）=18，根据萃取方式理论收率的计算方法，得出如表4－3的结果。

表4－3　不同萃取方式提取洁霉素的理论收率

浓缩比（丁醇/水）	收率（%）			
	单级	二级错流	二级逆流	三级逆流
1	94.7	99.0	99.7	99.98
1/2	90.0	96.7	98.9	99.88
1/3	85.7	93.8	97.7	99.61
1/4	81.8	90.5	96.1	99.14

从表4－3可以看出，溶剂用量小，即浓缩倍数愈大，收率愈低，特别对单级萃取收率的影响较大。但同样溶剂用量，对多级逆流萃取的收率影响要小的多，也优于错流提取。但溶剂用量少时，易乳化，给分离造成困难，故一般多采用三级逆流萃取。

扫码“学一学”

扫码“看一看”

第三节　双水相萃取

传统的溶剂萃取法一般是将水溶液中的溶质萃取到有机溶剂中，但许多生物大分子在有机溶剂中易变性失活，而且有些蛋白质有很强的亲水性，不能溶于有机溶剂中。双水相萃取技术（two-aqueous phase extraction）是一种新型分离技术，其特点可用于蛋白质等生物分子的分离，能保留产物的活性，整个操作可连续化，在除去细胞或碎片时，还可以纯化蛋白质2~5倍。与传统的过滤法或离心法去除细胞碎片相比，无论在收率上还是成本上都优越得多，与传统的盐析或沉淀法相比也有很大优势，如以β-半乳糖苷酶为例，用沉淀法和双水相萃取纯化的结果比较见表4-4。

表4-4　β-半乳糖苷酶不同纯化方法的比较

方　法	步骤数	流量（kg/h）	酶收率（%）	纯化倍数	总纯度（%）
沉淀法	3	0.77	63	3.5	23
双水相萃取	1	10~15	77	12.8	43

目前双水相萃取法已应用于几十种酶的中间规模分离。近年来，还报道了对小分子生物活性物质的亲和双水相萃取的研究，如头孢菌素C、红霉素、氨基酸等的研究，大大地扩展了应用范畴并提高了选择性，使双水相萃取技术具有更广阔的应用前景。

一、双水相的形成

双水相萃取法又称水溶液两相分配技术。不同的高分子溶液相互混合可产生两相或多相系统，如葡聚糖（dextran）与聚乙二醇（PEG）按一定比例与水混合，溶液混浊，静置平衡后，分成互不相溶的两个水相，上相富含PEG，下相富含葡聚糖（图4-8）。利用物质在互不相溶的两水相间分配系数的差异来进行萃取的方法，称为双水相萃取法。将它应用于生物活性物质的分离纯化首先是由Albertsson（1956年）提出的。许多高分子混合物的水溶液都可以形成多相系统。

图4-8　5%Dextran 500和3.5%PEG 6000系统所形成的两水相的组成（W/V）

当两种高聚物水溶液相互混合时，它们之间的相互作用可以分为3类：①互不相溶（incompatibility），形成两个水相，两种高聚物分别富集于上、下两相；②复合凝聚（complex coacervation），也形成两个水相，但两种高聚物都分配于一相，另一相几乎全部为溶剂水；③完全互溶（complete miscibility），形成均相的高聚物水溶液。

表4-5列出了一系列高聚物与高聚物、高聚物与低分子量化合物之间形成的双水相系统。两种高聚物之间形成的双水相系统并不一定是液相，其中一相可以或多或少地成固体或凝胶状，如PEG的分子量小于1000时与葡聚糖可形成固态凝胶相。

表 4-5　各种双水相系统

高聚物（P）	高聚物或低聚物（Q）
聚丙二醇	甲基聚丙二醇，聚乙二醇，聚乙烯醇，聚乙烯吡咯烷酮，羟丙基葡聚糖，葡聚糖
聚乙二醇	聚乙烯醇，葡聚糖，聚蔗糖
甲基纤维素	羟甲基葡聚糖，葡聚糖
乙基羟乙基纤维素	葡聚糖
羟丙基葡聚糖	葡聚糖
聚蔗糖	葡聚糖
聚乙二醇	硫酸镁，硫酸铵，硫酸钠，甲酸钠，酒石酸钾钠

二、双水相萃取的基本概念

（一）相图

两种高聚物的水溶液，当它们以不同的比例混合时，可形成均相或两相，可用相图来表示，如图 4-9。高聚物 P、Q 的浓度均以重量百分含量表示，相图右上部为两相区，左下部为均相区，两相与均相的分界线叫双节线（binodal line）。组成位于 *A* 点的系统实际上由位于 *C*、*B* 两点的两相所组成，同样，组成位于 *A′* 点的系统由位于 *C′*、*B′* 两点的两相组成，*BC* 和 *B′C′* 称为系线。当系线向下移动时，长度逐渐减小，这表明两相的差别减小，当达到 *K* 点时，系线的长度为零，两相间差别消失，*K* 点称为临界点。

双水相系统的相图可以由实验来测定。将一定量的高聚物 P 浓溶液置于试管内，然后用已知浓度的高聚物溶液 Q 来滴定。随着高聚物 Q 的加入，试管内溶液由均相突然变混浊，记录 Q 的加量。然后再在试管内加入 1ml 水，溶液又澄清，继续滴加高聚物 Q，溶液又变混浊，计算此时系统的总组成。以此类推，由实验测定一系列双节线上的系统组成点，以高取物 P 浓度对高聚物 Q 浓度作图，即可得到双节线（图 4-10）。相图中的临界点是系统上、下相组成相同时由两相转变为均相的分界点。如果制作一系列系线，连接各系线的中点并延长到与双节线相交，该交点 *K* 即为临界点，如图 4-10 所示。

（二）分配系数

溶质在两水相间的分配主要由其表面性质所决定，通过在两相间的选择性分配而得到分离。分配能力的大小可用分配系数 *K* 来表示，分配系数 *K* 与溶质的浓度和相体积比无关，它主要取决于相系统的性质、被萃取物的表面性质和温度等。

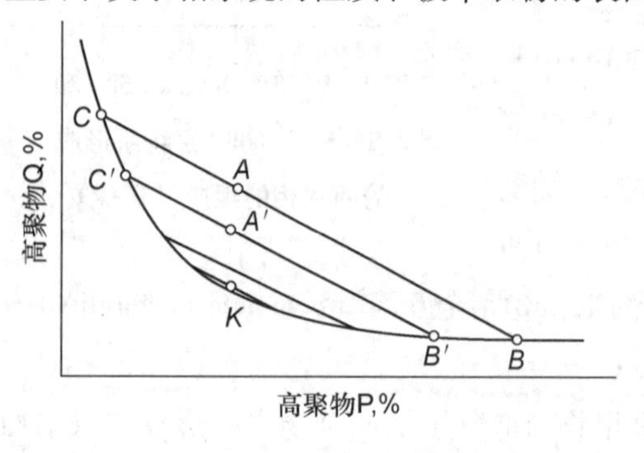

图 4-9　两水相系统相图

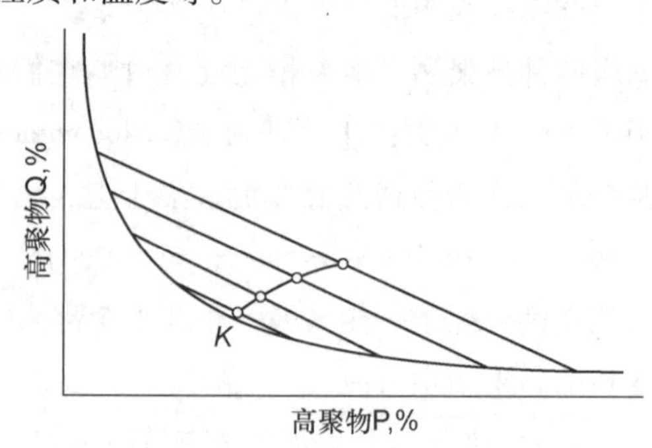

图 4-10　临界点测定图

$$K = \frac{C_t}{C_b} \tag{4-21}$$

式中 C_t、C_b 分别为被萃取物质在上、下相的浓度，单位为 mol/L。

在双水相萃取系统中，悬浮粒子与其周围物质具有复杂的相互作用，如氢键、离子键、疏水作用等，同时，还包括一些其他较弱的作用力，很难预计哪一种作用占优势。决定分配系数的因素包括很多，如粒子大小、疏水性、表面电荷、粒子或大分子的构象等，这些因素微小的变化可导致分配系数较大的变化，因而双水相萃取有较好的选择性。

三、影响双水相萃取的因素

双水相萃取受许多因素的制约，被分配的物质与各种相组分之间存在复杂的相互作用，作用力包括氢键、电荷力、范德华力、疏水作用和构象效应等。因此，形成相系统的高聚物分子量和化学性质、被分配物质的大小和化学性质对双水相萃取都有直接的影响。粒子的表面暴露在外，与相组分相互接触，因而它的分配行为主要依赖其表面性质。盐离子在两相间具有不同的亲和力，由此形成的道南电位对带电分子或粒子的分配具有很大的影响。下面以 PEG-Dextran 双水相系统为例，阐述一些影响双水相萃取的主要因素。

（一）成相高聚物的分子量

高聚物的分子量对分配的影响符合下列一般原则：对于给定的相系统，如果一种高聚物被低分子量的同种高聚物所代替，被萃取的大分子物质，如蛋白质、核酸、细胞粒子等，将有利于在低分子量高聚物一侧分配。举例来说，PEG-Dextran 系统中，PEG 分子量降低或 Dextran 分子量增大，蛋白质分配系数将增大；相反，如果 PEG 分子量增大或 Dextran 分子量降低，蛋白质分配系数则减小。也就是说，当成相高聚物浓度、盐浓度、温度等其他条件保持不变时，被分配的蛋白质易为相系统中低分子量高聚物所吸引，而易被高分子量高聚物所排斥。这一原则适用于不同类型的高聚物相系统，也适用于不同类型的被萃取物质。

上述结论表明了分配系数变化的方向，但是，分配系数变化的大小主要由被分配物质的分子量决定。小分子物质，如氨基酸、小分子蛋白质，它们的分配系数受高聚物分子量的影响并不像大分子蛋白质那样显著。

以 Dextran 500（MW500000）代替 Dextran 40（MW40000），即增大下相成相高聚物的分子量，被萃取的低分子量物质，如细胞色素 C 的分配系数的增大并不显著。然而，被萃取的大分子量物质，如过氧化氢酶的分配系数可增大到原来的 6 ~ 7 倍。

选择相系统时，可改变成相高聚物的分子量以获得所需的分配系数，特别是当所采用的相系统离子组分必须恒定时，改变高聚物分子量更加适用。根据这一原理，不同分子量的蛋白质可以获得较好的分离效果。

（二）成相聚合物浓度——界面张力

一般来说，双水相萃取时，如果相系统组成位于临界点附近，则蛋白质等大分子的分配系数接近于 1。高聚物浓度增加，系统组成偏离临界点，蛋白质的分配系数也偏离 1，即 $K>1$ 或 $K<1$，但也有例外情况，例如高聚物浓度增大，分配系数首先增大，达到最大值后便逐渐降低，这说明，在上、下相中，两种高聚物的浓度对蛋白质活度系数有不同的影响。

对于位于临界点附近的相系统，细胞粒子可完全分配于上相或下相，此时不存在界面吸附。高聚物浓度增大，界面吸附增强。例如接近临界点时，细胞粒子如位于上相，则当高聚物浓度增大时，细胞粒子向界面转移，也有可能完全转移到下相，这主要依赖于它们的表面性质。成相高聚物浓度增加时，两相界面张力也相应增大。

（三）电化学分配（electrochemical partition）——盐类的影响

双水相萃取时，盐对带电大分子的分配影响很大。例如，DNA 萃取时，离子组分微小的变化可使 DNA 从一相几乎完全转移到另一相。生物大分子的分配主要决定于离子的种类和各种离子之间的比例，而离子强度在此显得并不重要，这一点可以从离子在上、下相不均等分配时形成的电位来解释。表 4－6 列出了各种无机盐在 PEG-Dextran 双水相系统中的分配情况。

表 4－6　各种无机盐、酸和芳香族化合物的分配系数①

化合物	浓度，mol/L	K	化合物	浓度，mol/L	K
LiCl	0.10	1.05	K_2SO_4	0.05	0.84
LiBr	0.10	1.07	H_3PO_4	0.06	1.10
LiI	0.10	1.11	NaH_2PO_4	混合物，每种含 0.03	0.96
NaCl	0.10	0.99	Na_2HPO_4		0.74
NaBr	0.10	1.01	Na_3PO_4	0.06	0.72
NaI	0.10	1.05	枸橼酸	0.10	1.44
KCl	0.10	0.98	枸橼酸钠	0.10	0.81
KBr	0.10	1.00	草酸	0.10	1.13
KI	0.10	1.04	草酸钾	0.10	0.85
Li_2SO_4	0.05	0.95	吡啶②		0.92
Na_2SO_4	0.05	0.88	苯酚②		1.34

① PEG-Dextran 系统（7% Dextran 500，7% PEG 4000，*W/W*），② 0.025mol/L 磷酸盐（钠盐）缓冲液，pH 6.9

很明显，各种盐的分配系数存在着微小的差异，正是这种微小的不均等分配产生了相间电位。由于蛋白质等大分子在水溶液中常带有电荷，相间电位造成的静电力能影响所有带电大分子和带电细胞粒子在两相中的分配。

值得一提的是，界面电位几乎与离子强度无关，而且在含一定的盐时，离子浓度在 0.005～0.1mol/L 范围内，蛋白质的分配系数受离子强度的影响很小。也就是说，对一定的盐来说，蛋白质的有效净电荷与离子强度无关。

（四）疏水效应

选择适当的盐组成，相系统的电位差可以消失。排除了电化学效应后，决定分配系数的其他因素，如粒子的表面疏水性能即可占主要地位。成相高聚物的末端偶联上疏水性基团后，疏水效应会更加明显，此时，如果被分配的蛋白质具有疏水性的表面，则它的分配系数会发生改变。可以利用这种疏水亲和分配来研究蛋白质和细胞粒子的疏水性质，也可用于分离具有不同疏水性能的分子或粒子。

（五）温度及其他因素

温度在双水相分配中是一个重要的参数。但是，温度的影响是间接的，它主要影响相的高聚物组成，只有当相系统组成位于临界点附近时，温度对分配系数才具有较明显的作用。

pH 对酶的分配系数也有很大关系，特别是在系统中含有磷酸盐时，如图 4－11 所示。由于 pH 的变化会影响磷酸盐是一氢化物还是二氢化物磷酸盐的存在，而一氢化物磷酸盐对界面电位有明显的影响。如果界面电位为零时，蛋白质分配系数与其所带净电荷无关，即

K与 pH 无关。但也有例外情况。血清白蛋白在 pH 较低时其构象要随 pH 而变化，溶菌酶分子可形成二聚体，因而这些蛋白质的K值随 pH 而变化。所以，可以选择零电位相系统来研究它们的构象变化。

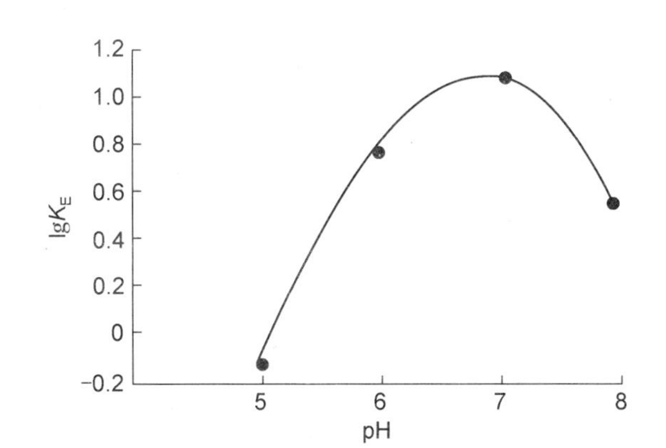

图 4-11　pH 对从 *Lactobocillus confusus* 细胞碎片中分离 *L*-羟异癸酸酯脱氢酶的影响

相系统为 18% 聚乙二醇 8000，7% 磷酸钾，20% 生物体

Dextran、FiColl、淀粉、纤维素等高聚物具有光学活性，它们应该可以辨别分子的 D、L 型。因此，对映体分子在上述高聚物相系统中具有不同的分配特征。同样，一种蛋白质对 D 或 L 型能选择性地结合而富集于一相中，可将此用于手性分配。例如，在含血清白蛋白的相系统中，D、L 型色氨酸可获得分离。

四、双水相萃取的应用

双水相萃取技术可应用于蛋白质、酶、核酸、人生长激素、干扰素等的分离纯化，它将传统的离心、沉淀等液-固分离转化为液-液分离，工业化的高效液-液分离设备为此奠定了基础。双水相系统平衡时间短，含水量高，界面张力低，为生物活性物质提供了温和的分离环境。双水相萃取操作简便、经济省时、易于放大。据报道，系统可从 10ml 直接放大到 $1m^3$ 规模（10^5 倍），而各种试验参数均可按比例放大，产物收率并不降低。这种易于放大的优点在工程中是罕见的。

例如 PEG-Dextran 系统特别适用于从细胞匀浆液中除去核酸和细胞碎片。系统中加入 0.1mol/L NaCl 可使核酸和细胞碎片转移到下相（Dextran 相），产物胞内酶位于上相，分配系数为 0.1～1.0。选择适当的盐组分，经一步或多步萃取，可获得满意的分离效果。如果 NaCl 浓度增大到 2～5mol/L，几乎所有的蛋白质、酶都转移到上相，下相富含核酸。将上相收集后透析，加入到 PEG-硫酸铵双水相系统中进行第二萃取，产物酶位于下相（硫酸铵相），进一步纯化即可获得所需的产品。

再如 Menge 等人报道了用双水相萃取法分离纯化干扰素的工业规模例子。适用于干扰素提取的双水相系统很多，如果在成相高聚物 PEG 上共价结合某种配基，则大大提高纯化的收率和浓缩倍数。如用一般的 PEG/Dextran 体系，不能将 β-干扰素与杂蛋白分开。Menge 等采用 PEG-磷酸酯与磷酸盐组成的双水相系统来萃取 β-干扰素，则杂蛋白完全被分配在下相而得到分离，并发现分配系数受很多因素影响，如成相组分浓度、加入的无机盐（NaCl）量、样品加量和上、下相体积比等等。在 PEG-磷酸酯、磷酸盐和 NaCl 三者之比为 2∶19∶7.5%（$W/W/V$），pH 5～5.9 的相系统中，上相中干扰素可纯化 350 倍以上，收

率为74%~100%，比活达$3\times10^6\sim7\times10^6$U/mg。

双水相萃取用于胞内酶的萃取以有较多的例子，如表4-7。

表4-7 用双水相系统从细胞匀浆中提取酶

微生物	酶	相组成	分配系数K	收率（%）
念珠菌	合成酶	PEG-4000/粗葡聚糖	2.95	81
	甲醛脱氢酶	PEG-4000/粗葡聚糖	10.80	94
	甲酸脱氢酶	PEG-4000/粗葡聚糖	7.0	91
	甲酸脱氢酶	PEG-1000/磷酸钾	4.9	94
	异丙醇脱氢酶	PEG-1000/磷酸钾	18.8	98
酵母菌	α-葡糖苷酶	PEG-4000/葡聚糖T-500	1.5	75
啤酒酵母菌	α-葡糖苷酶	PEG-4000/葡聚糖T-500	2.5	86
	葡萄糖-6-磷酸脱氢酶	PEG-1000/磷酸钾	4.1	91
链霉菌	葡萄糖异构酶	PEG-1550/磷酸钾	3.0	86
克雷白肺炎杆菌	支链酶	PEG-4000/葡聚糖T-500	2.96	91
	磷酸化酶	PEG-1550/葡聚糖T-500	1.4	85
大肠埃希菌	异亮氨酰基tRNA合成酶	PEG-6000/磷酸钾	3.6	93
	亮氨酰基tRNA合成酶	PEG-6000/磷酸钾	0.8	75
	苯丙氨酰tRNA合成酶	PEG-6000/磷酸钾	1.7	86
	延胡索酸酶	PEG-1550/磷酸钾	3.2	93
	天冬氨酸酶	PEG-1550/磷酸钾	5.7	96
	青霉素酰化酶	PEG-4000/粗葡聚糖	1.7	90
圆形芽孢杆菌	亮氨酸脱氢酶	PEG-4000/粗葡聚糖	9.5	98
芽孢杆菌	葡萄糖脱氢酶	PEG-4000/粗葡聚糖	3.2	95
产氨短杆菌	延胡索酸酶	PEG-1550/磷酸钾	0.24	90
纤维二糖乳杆菌	β-葡糖苷酶	PEG-1550/磷酸钾	2.2	98
乳酸杆菌	乳酸脱氢酶	PEG-4000/葡聚糖PL-500	6.3	95

五、双水相萃取技术的进展

双水相萃取技术不但可以进行分离生物大分子的分离和提取，而且在分离细胞碎片和胞内产物方面显示了可取代高速离心和膜分离的潜力，但在纯化生物大分子时与一般色谱法相比，分离度及纯化倍数不高，这也是双水相萃取需要改进的地方。经过前人多年的研究，已在双水相萃取的基础上又形成了双水相亲和分配技术，双水相萃取同膜分离相结合的技术以及液体离子交换剂等。

（一）廉价双水相体系的开发

高聚物-高聚物体系对活性物质变性作用小，界面吸附少，但价格高。因而寻找廉价的高聚物-高聚物双水相体系是一个重要发展方向。目前比较成功的是变性淀粉PPT（hydroxypropyl derivative of starch）代替昂贵的Dextran。PPT-PEG体系比PEG-盐体系稳定，和PEG-Dextran体系相图非常相似，现已被用于从发酵液中分离β-半乳糖苷酶、过氧化氢酶等。该体系具有以下优点。

1. 蛋白质溶解度大 蛋白质在PPT浓度小于15%时没有沉淀，但在PEG浓度大于5%时溶解度显著减小，在盐溶液中的溶解度更小。

2. **黏度小**　PPT 的黏度只是粗 Dextran 的 1/2，因而大大改善传质效果。

3. **价格便宜**　PPT 价格为每千克几十美元，而粗 Dextran 则要每千克几百美元，所以 PPT-PEG 双水相体系具有更广阔的应用前景。

（二）双水相亲和分配

双水相亲和分配法是由 Flanagan 和 Baronds 建立的。它是在双水相分流中的高聚物上连接特殊的基团或化合物，从而形成新的分配系统，即在 PEG 或 Dextran 上接上一定的亲和配基，这样不但使体系具有双水相处理量大的特点，而且具有亲和层析专一性高的优点。从亲和层析与亲和双水相在分离 6 - 磷酸葡萄糖脱氢酶时的结果对比中（表 4 - 8）可以看出，无论在处理量上还是在收率上，双水相亲和分配比亲和层析效果较好。

表 4 - 8　双水相亲和分配与亲和层析的比较

亲和配基	双水相亲和分配			亲和层析		
	处理量（u/ml）	染料浓度（μmol/ml）	收率（%）	处理量（u/ml）	染料浓度（μmol/ml）	收率（%）
Cibacron-Blue3GA	120	20 ~ 24	90	20	2	60
Procion-RedHE-3B	100	12 ~ 15	95	35	4	85

近年来，这方面研究进展很快，仅在 PEG 上可接的配基就有十多种，分离纯化的物质达几十种，产物的分配系数成倍的提高，并且取得了一定的成果。如乳酸脱氢酶等的分离纯化。人们目前正寻找新的配基来提高分离效果，此法既可应用于发酵液预处理，又可作为进一步分离纯化的手段。

（三）液体离子交换剂（liquid ion exchanger）

液体离子交换剂是在组成双水相萃取的高聚物上连接离子交换基团，形成可溶于水的离子交换剂。通常离子交换剂是不溶于水和有机溶剂的。这样在进行双水相萃取时就同时存在两种作用：分配作用及交换作用。如 PEG 6000 $-^{+}N(CH_3)_3$、PEG 6000 - $(H_2PO_4)_4$ 等。

液体离子交换法应用于生物大分子的分离纯化有很多成功的例子。用 PEG 6000 - $(H_2PO_4)_4$ 来分离纯化干扰素时，其分配系数可高达 170，而杂蛋白的分配系数只有 0.04，β 值为 4250，这是一般方法所不能达到的。

第四节　反胶束萃取纯化

扫码“学一学”

传统的溶剂萃取分离技术成本低，易于运作，已广泛用于多组分物质的分离。但是，由于缺乏相应的生化溶剂，采用该技术难以分离蛋白质、核酸等大分子生物活性物质。近年来，以反胶束溶液为新的溶剂系统的萃取分离技术，可以选择性分离某些生物活性分子，而逐渐引起了人们的重视。

1977 年 Luisi 等首先发现胰凝乳蛋白酶可以溶解于含双亲物质（表面活性剂）的有机溶剂中，超离心数据显示有机相中有反胶束的存在，同时，光谱分析表明这一过程未引起酶的变性；1979 年 Luisi 等考察了蛋白质溶液的 pH 值、蛋白质和双亲物质的浓度对蛋白质萃取率的影响及蛋白质在反胶束溶液中的光谱特性；1979 年 Menger 和 Yamada 对反胶束溶液中酶的性质进行了研究；随后的 20 多年里，反胶束萃取技术已广泛应用于蛋白质的分离

和纯化，并逐渐延伸至其他生物分子（氨基酸、抗生素、核酸）的分离研究。近年来，该技术结合其他一些技术、方法的应用正在研究和开发，显示了良好的应用前景。

一、基本原理

反胶束（reversed micelle），也称反胶团或反微团，是表面活性剂分散在连续的有机相中自发形成的纳米尺度的一种聚集体。通常表面活性剂分子由亲水憎油的极性头和亲油憎水尾两部分组成。将表面活性剂溶于水中，并使其浓度超过临界胶束浓度，即胶束形成时所需表面活性剂的最低浓度（critical micelle concentration，CMC），表面活性剂就会在水溶液中聚集在一起而形成聚集体。在通常情况下，水溶液中形成聚集体胶束，称为正常胶束（normal micelle）。在胶束中，表面活性剂的排列方向是极性基团在外，与水接触，非极性基团在内，形成一个非极性的核心，在此核心可以溶解非极性物质；但是如果将表面活性剂溶于非极性溶剂中，并使其浓度超过临界胶束浓度，便会在有机溶剂内形成聚集体，其中表面活性剂的非极性基团在外，与非极性的溶剂接触，而极性基团则排列在内，形成一个极性核，此极性核具有溶解极性物质的能力，这种聚集体成为反胶束。当含有此种反胶束的有机溶剂与蛋白质的水溶液接触后，蛋白质及其他亲水性物质能够溶于极性核内部的水中，由于周围的水层和极性基团的保护，蛋白质不与有机溶剂接触，从而不会造成失活。

反胶束溶液是透明的、稳定的热力学体系，很多方法可以应用于研究这种体系。如测定反胶束大小的方法有小角度X射线散射法、超离心沉降法、黏度-扩散法；测定反胶束溶液的临界胶束浓度（CMC）的方法有正电子湮灭法、光散射法、染料吸附法、^{1}HNMR法、介电增量法等。

二、反胶束体系

用于产生反胶束的表面活性剂有阳离子型（如季铵盐）、阴离子型（如AOT）和非离子型表面活性剂（如Triton）等，常用的表面活性剂及相应的有机溶剂见表4-9。

表4-9　常用的表面活性剂及其相应的有机溶剂

表面活性剂	有机溶剂
AOT	n-烃类（C_6~C_{10}）异辛烷，环己烷，四氯化碳，苯
CTAB	乙醇/异辛烷，己醇/辛烷，三氯甲烷/辛烷
TOMAC	环己烷
Brij60	辛烷
Triton X	己醇/环己烷
磷脂酰胆碱	苯，庚烷
磷脂酰乙醇胺	苯，庚烷

在反胶束萃取的早期研究中多用季铵盐，目前用得最多的是AOT，其化学名为丁二酸乙基己基酯-磺酸钠。这种表面活性剂的特点是具有双链，极性基团小，形成反胶束不需要加助表面活性剂（cosurfactant），并且所形成的反胶束较大，有利于蛋白质分子的进入。

三、反胶束萃取过程

反胶束选择性分离目标蛋白质包括两个过程：萃取过程（forward extraction）和反萃取过程（backward extraction）。萃取过程：目标蛋白质从主体溶液转移至反胶束溶液中的过

程；反萃取过程：目标蛋白质从反胶束溶液中转移至第二水相（或以固体的形式游离出来）的过程。这些过程可连续操作，反胶束可在两套系统中循环。一般传统的萃取装置都适应于这一操作，最常用的萃取装置有：混合器和沉淀器组合型、搅拌柱式、离心萃取器、膜萃取器等。图4－12示例了混合器/沉淀器组合型反胶束萃取的工艺流程。

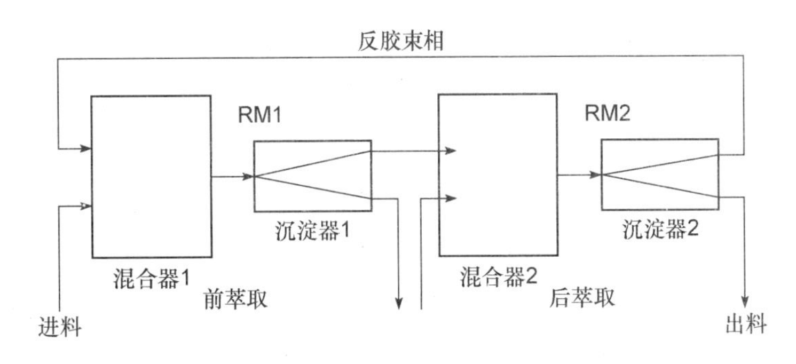

图4－12　混合器/沉淀器组合型反胶束萃取工艺流程示例

四、影响因素

多种因素影响生物活性物质如蛋白质等生物大分子的萃取，包括溶液的pH值、盐的浓度和离子种类、双亲物质的浓度和种类、蛋白质的结构和浓度等。通过控制这些参数，可以选择性分离某些蛋白质。

（一）表面活性剂的种类

最早应用于提取蛋白质等生物大分子的反胶束体系是单一反胶束体系，即只由一种表面活性剂构成的反胶束体系。这种反胶束体系种类较少，它一般只适用于小分子蛋白质、肽类和氨基酸的萃取，不能萃取分子质量较大的生物大分子，并且往往在两相界面上形成不溶性凝胶状物质。近年，有关混合反胶束体系（即采用两种以上的表面活性剂配伍构成的反胶束体系）的研究较多。Goto等用AOT/DOLPA混合反胶束体系萃取α－胰凝乳蛋白酶，发现混合反胶束体系的萃取能力高于一般的单一反胶束体系，并且比单一反胶束体系反萃容易。如果选择好配伍的表面活性剂的种类及配比，一般采用阴离子型表面活性剂和卵磷脂配伍，如AOT/卵磷脂，可使混合反胶束体系在萃取时具有较高的选择性。

（二）水相pH

水相pH决定了蛋白质表面带电基团的离子化状态，如果蛋白质的净电荷与表面活性剂头部基团的电性相反，蛋白质分子和表面活性剂头部基团之间就有静电相互吸附力存在。因此，对于带正电荷的表面活性剂，当水相pH高于蛋白质的等电点时，有利于蛋白质溶于反胶束中；对于阴离子表面活性剂则相反。

（三）温度

在有机溶剂中，当阳离子表面活性剂的组成一定时，提高温度，水溶性能力下降。因此在低温下（10℃）应用反胶束萃取，随着含酶反胶束溶液温度上升，通过从反胶束中排斥水，使之分离，酶被浓缩。

（四）离子强度

水相中的离子强度决定带电表面所赋予的静电屏蔽。在反胶束萃取中，静电屏蔽会产生两个重要的效应：首先，它降低了带电蛋白质分子和反胶束带电界面之间的静电相互作

用；其次，它降低了表面活性剂头部基团之间的静电排斥力，导致在高离子强度下反胶束颗粒变小。

（五）亲和反胶束萃取

亲和反胶束体系是在反胶束体系中导入与目标产物有特异性亲和作用的亲和助表面活性剂形成的，这种亲和助表面活性剂的极性基是一种亲和配基，可选择性的结合目标产物。采用亲和反胶束体系，可使目标产物的萃取率和选择性大大提高，而且可使操作范围（pH、离子强度）大大变宽。如 Wool 等通过向 AOT/异辛烷系统引入辛基 $-\beta-D-$ 吡喃葡萄糖苷，使伴刀豆球蛋白 A（conA）的萃取选择性由 10 提高到了 100，并使可发生萃取的 pH 范围增大。当向水相中加入 conA 的自由配基（如葡萄糖）时，conA 的萃取受到抑制，表明了亲和作用的重要性。这种萃取系统主要是静电作用和亲和作用（可能还有疏水相互作用）在联合起作用。

五、应用举例

（一）蛋白质类药物

随着基因工程技术的发展，越来越多的蛋白质基因被导入到大肠埃希菌、酵母菌中表达，通过工程菌培养，从发酵液中纯化制备。由于静电作用、疏水作用、空间作用以及亲和作用的存在，反胶束体系中的水核可以选择性地溶解蛋白质等生物大分子，并且生物大分子在反胶束体系的微环境与生物膜内相似，不易变性，同时通过调节反胶束体系的组成如表面活性剂的种类及用量、助表面活性剂的选择、有机相的种类、水相 pH 和离子强度等，可以使这种体系在提取生物大分子时具有高度选择性。反胶束萃取分离技术还具有样品处理量大、容易放大和可连续操作的特点，特别适用于生物产品的初级分离，它与其他方法如超离心、抗衡离子表面活性剂反提技术、亲和技术等结合使用，还可用于生物产品的高度纯化。因而这种方法越来越受到国内外研究者的重视。

对于反胶束萃取分离蛋白质及酶内产物已有较多研究，如 Carneiro 等从发酵液中分离纯化了通过基因重组获得的角质酶；Regalado 等从辣木根的粗提物中纯化了辣根过氧化酶；Krienger 等从橘青霉的粗提物中获得了纯的脂肪酶；Rahaman 等采用 AOT/异辛烷反胶束体系从发酵液中分离了胞外碱性蛋白酶；Jarudilokkul 等采用响应表面方法学（response surface methodology，RSM）对影响蛋白质萃取的因素进行优化，从重组的大肠埃希菌 TG2 细胞中分离了一种细胞色素 C，其纯度与采用常规柱色谱法相当；其他有报道用反胶束萃取的蛋白质还有胰蛋白酶、胃蛋白酶、乙醇脱氢酶、核糖核酸酶、溶菌酶、淀粉酶、过氧化氢酶等。

（二）氨基酸

氨基酸可以通过静电或疏水性作用增溶于反胶束中，具有不同结构的氨基酸处于反胶束体系的不同部位，疏水性氨基酸主要存在于反胶束界面，亲水性氨基酸主要溶解在反胶束的极性水池中。利用氨基酸与反胶束作用的差异，可以选择性分离某些氨基酸。如 Cheng 等从发酵液中分离了苯丙氨酸；Cardoso 等采用三辛基甲基氯化铵（TOMAC）/乙醇/正庚烷反胶束体系，对 3 种氨基酸：天冬氨酸（pI 3.0）、苯丙氨酸（pI 5.76）、色氨酸（pI 5.88）的萃取条件进行了研究，结果表明，即使等电点十分相近的苯丙氨酸和色氨酸，也可以完

全分离。

（三）抗生素

液－液萃取法广泛应用于抗生素工业。近年来研究表明，反胶束溶液可以用来萃取分离抗生素，而且对糖肽类抗生素的分离具有一定的优势。如 Fadnavis 等利用 AOT/异辛烷反胶束溶液分离了红霉素、土霉素、青霉素及放线酮，而且回收率较高；亦有报道将亲和配体胆甾醇－*D*－丙氨酰－*D*－丙氨酸酯固定于 AOT/异辛烷反胶束溶液中，对糖肽类抗生素——万古霉素（pI 8.1）的分离条件进行了研究，结果发现，通过万古霉素与胆甾醇－*D*－丙氨酰－*D*－丙氨酸酯亲和作用，万古霉素的萃取率可达 92.6%，再直接应用色谱分离即可以得到纯度 99% 以上的万古霉素。

（四）核酸

核酸较难溶于有机相，但是通过反胶束溶液可以使之分散到有机溶剂体系中，而且核酸构象不发生变化，这为从某些噬菌体头部或染色质中直接提取核酸提供了依据。Imre 和 Luisi 等于 1982 年首先报道脱氧核糖核酸 DNA（或核糖核酸 RNA）(20～30kDa）可以被 AOT/异辛烷反胶束溶液萃取；Goto 等研究了不同的反胶束体系（AOT，CTAB，TOMAC 等）对 300kDa 的 DNA（pH 6～8）的萃取过程，发现阳离子双亲物质形成的反胶束溶液，可以与 DNA 表面（带负电荷）发生静电作用形成离子型复合物，并且含两条烷基长链的双亲物质形成的反胶束溶液对该 DNA 的萃取率较高。

第五节　超临界流体萃取法

扫码“学一学”

超临界流体（supercritical fluid，简称 SCF）萃取技术，又称压力流体萃取、超临界气体萃取、临界溶剂萃取等，是利用处于临界压力和临界温度以上的一些溶剂流体所具有特异增加物质溶解能力来进行分离纯化的技术。早在 100 多年前，Hannay 就发现了无机盐在高压乙醇或乙醚中溶解度异常增加的现象。之后，人们从各个方面对这一特殊现象进行研究。处于超临界状态的流体对有机化合物溶解度的增加是非常惊人的，一般能增加几个数量级，有的甚至可达到按蒸汽压计算所得浓度的 10^{10} 倍（例如油酸在超临界乙烯中的溶解度）。1978 年联邦德国首先建成了从咖啡豆脱除咖啡因的超临界 CO_2 萃取工业化装置，生产出能保持咖啡原有色、香、味的脱咖啡因咖啡，超临界流体萃取开始进入工业化生产。20 世纪 80 年代以来，研究的范围涉及石油、食品、香料、医药、烟草和化工等领域，并取得一系列进展。

一、基本原理

超临界流体（SCF）是指处于超临界温度（T_c）和超临界压力（P_c）以上的特殊流体。当气体物质处于其临界温度和临界压力以上时，不会凝缩为液体，只是密度增大，因此，超临界流体相既不同于一般的液相，也有别于一般的气相，具有许多特殊的物理化学性质，如：流体的密度接近于液体的密度，黏度接近于气体，因而具有良好的溶解能力和传质特性；在临界点附近，超临界流体的溶解度对温度和压力的变化非常敏感；一些常用的超临界流体，如二氧化碳等的超临界温度在 10～35℃之间，许多热敏的生物物质的活性不会有

较大损失；超临界相态为均一相，作为反应介质具有良好的传质界面等等。表 4－10 列举了一些常用流体的超临界点性质。

表 4－10　某些超临界萃取剂的临界参数

流体	临界温度（℃）	临界压力（10^5Pa）	临界密度（g/cm^3）
CO_2	31.06	73.9	0.448
SO_2	157.6	79.8	0.525
N_2O	36.5	72.7	0.451
水	374.3	224.0	0.326
氨	132.4	114.3	0.236
苯	288.9	49.5	0.302
甲苯	318.5	41.6	0.292
甲醇	240.5	81.0	0.272
乙烷	－88.7	49.4	0.203
丙烷	－42.1	43.2	0.220
丁烷	10.0	38.5	0.228
戊烷	36.7	34.2	0.232
乙烯	9.9	51.9	0.227

能用作超临界流体的溶剂并不多，虽然表 4－10 中的化合物都可作为超临界流体，但以 CO_2 作为超临界流体的应用最为广泛。利用 CO_2 作为萃取剂主要有以下优点：①二氧化碳超临界温度（T_c＝31.06℃）是所有溶剂中最接近室温的，可以在 35～40℃的条件下进行提取，防止热敏性物质的变质和挥发性物质的逸散。②在 CO_2 气体笼罩下进行萃取，萃取过程中不发生化学反应；又由于完全隔绝了空气中的氧，因此，萃取物不会因氧化或化学变化而变质。③由于 CO_2 无味、无臭、无毒、不可燃、价格便宜、纯度高、容易获得，使用相对安全。④CO_2 是较容易提纯与分离的气体，因此萃取物几乎无溶剂残留，也避免了溶剂对人体的毒害和对环境的污染。⑤扩散系数大而黏度小，大大节省了萃取时间，萃取效率高。

二、影响超临界流体萃取的因素

（一）压力的影响

压力大小是影响流体溶解能力的关键因素之一。尽管不同化合物的溶解度存在着差异，但随着 CO_2 流体压力增加，绝大多数化合物都呈急剧上升现象。特别是在临界压力附近（7.0MPa～10.0MPa）各化合物溶解度参数增加值达 2 个数量级以上。如萘在 CO_2 中的溶解度随着压力的上升而急剧上升：在 7MPa 时，溶解度极小，当压力升为 25MPa 时，溶解度已近 0.07kg/L（图 4－13）。

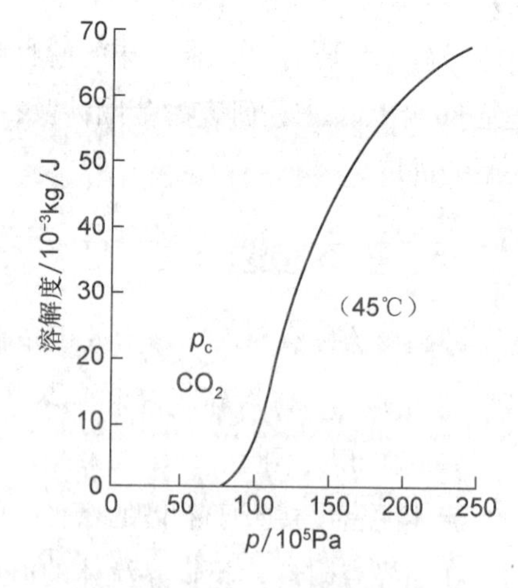

图 4－13　萘在 CO_2 中的溶解度与压力

溶解度与压力的关系构成超临界萃取的基础，一般认为压力增加时，分子间平均自由程减小，溶质与溶剂间的亲和性增强，从而增加了溶剂的扩散与渗透能力。根据萃取压力的变化范围，可将超临界萃取分为3类基本应用：一是高压区的全萃取，高压时，SCF的溶解能力强，可最大限度地溶解大部分组分；二是低压临界区的脱毒，在临界点附近，仅能提取易溶解的组分，或除去有害成分；三是中压区的选择萃取，在高低压区之间，可根据物料萃取的要求，选择适宜压力进行有效萃取。但当压力增大到一定程度后，则溶解能力增加缓慢，这是由于高压下超临界相密度随压力变化缓慢所致。如采用CO_2萃取时，对于烃类和极性低的脂溶性有机化合物，在7MPa～10MPa低压条件下即可进行，而对于包含羟基和羧基等极性功能基的有机化合物，则需提高萃取压力，但对于糖类和氨基酸类等极性更强的物质，40MPa压力下仍难以萃取。

（二）温度的影响

与压力相比，温度对CO_2流体中溶质溶解度的影响要复杂得多。一般温度增加，物质在CO_2流体中溶解度随之变小，往往出现最低值。综合起来看，温度对CO_2流体中的溶解度的影响主要有两个方面：一个是温度对流体密度的影响，随温度升高，CO_2流体密度降低，导致其溶剂化效应下降，对物质的溶解度也下降；另一个是温度对物质蒸气压的影响，随温度升高，物质的蒸气压增大，使物质在CO_2流体中的溶解度增大。

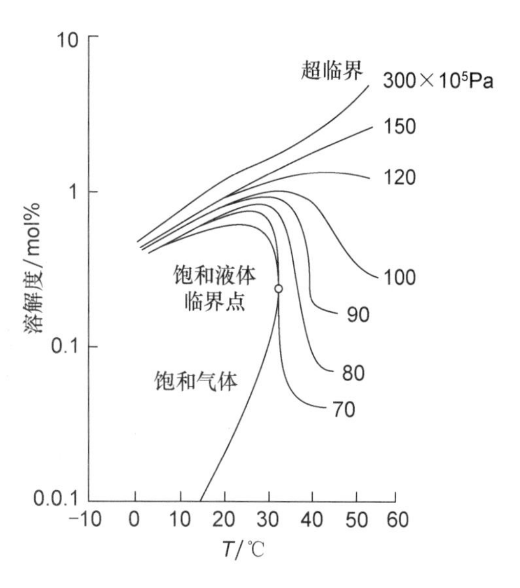

图4－14　萘在CO_2中的溶解度与温度的关系

如图4－14所示，当压力大于15MPa时，随着温度的升高，萘的溶解度也逐渐加大；但压力小于10MPa，则情况相反，在温度升高的同时，溶解度却急剧下降。这是由于溶剂CO_2的密度急剧减小的缘故。如在8MPa，80℃的临界点附近，只要温度上升几度，萘的溶解度就会降低10倍。这种在临界点附近，温度和压力稍有变化时，超临界流体的溶解能力发生很大变化的现象，在多种体系中都可以看到。因此可通过适当调整温度和压力，改变不同组分在超临界流体中的溶解度，达到分离效果。

（三）助溶剂

在超临界液体的萃取过程中，如果使用单一组分的纯气体，往往会遇到物料在超临界态流体中溶解度太低，选择性不高，溶解度对温度、压力变化不够敏感等问题，如超临界CO_2流体对极性较强溶质的溶解能力明显不足，使分离操作的能耗增加，时间延长，产品纯度不高。人们发现当在CO_2流体中加入少量第二溶剂，可以大大提高其对原来溶解度很小的溶质的溶解能力，这种第二组分溶剂称为辅助溶剂（entrainer），又称助溶剂、夹带剂、共溶剂（cosolvent）或修饰剂（modifier）。助溶剂可以多方面影响超临界流体的溶解度与选择性，以及其他操作性能，一般选用挥发度介于超临界溶剂和被萃取溶质之间，且具有很好溶解性能的溶剂，加入量多为1%～5%。常用的有甲醇、乙醇、丙酮、乙酸乙酯、乙腈等，如表4－11列举了几个超临界流体萃取辅助剂的实例。

表 4-11　超临界流体萃取助溶剂示例

被萃取物	超临界流体	助溶剂
咖啡因	CO_2	水
单甘酯	CO_2	丙酮
亚麻酸	CO_2	正己烷
青霉素 G 钾盐	CO_2	水
豆油	CO_2	己烷，乙醇
菜子油	CO_2	丙烷
棕榈油	CO_2	乙醇
EPA，DHA	CO_2	尿素

助溶剂的作用机制尚不明确，有观点认为其作用主要是化学缔合，与其极性有关。从经验上看，加入极性夹带剂对提高极性成分的溶解度有帮助，对非极性溶质作用不大；相反，非极性夹带剂对极性和非极性溶质都有增加溶解度的效能。在使用辅助溶剂时应当注意，有些助溶剂如甲醇、丙酮等都是有毒的，在实际操作中应合理选择，有时还需要对辅助溶剂进行分离。

（四）物料性质的影响

物料的粒度影响萃取效果，一般情况下，物料破碎减小了扩散路程，有利于 SCF 向物料内部迁移，增加了传质效果，但物料粉碎过细会增加表观流动阻力反而不利于萃取。一些菌体内物质如脂肪等存在于细胞内，萃取时应考虑使细胞破壁。在 CO_2 超临界萃取中，溶剂极性与其溶解度有密切的关系，强极性物质的溶解度远小于非极性物质。另外水分也是影响萃取效率的重要因素，如在萃取含萜类成分的植物精油时，精油萃取率会随物料含水量的增加而急剧衰减。目前认为，物料中含水量高时，其水分主要以单分子水膜形式在亲水性生物大分子界面形成连续系统，从而增加了超临界相流动的阻力。破坏传质界面的连续性水膜，使溶质与溶剂之间进行有效的接触，形成连续的主体传质体系就可减小水分的影响，如用高压脉冲电场能起到破坏水膜的作用，改善萃取效果。

三、超临界萃取的流程

超临界流体萃取的基本过程分成萃取阶段和分离阶段，将溶剂经热交换器冷凝成液体，用加压泵将压力升至工艺所需的某一超过临界的压力，同时调节温度，使其成为超临界流体溶剂并进入装有被萃取原料的萃取釜，经与被萃取原料充分接触后，选择性地溶解出所需的化学成分，然后含有溶解萃取物的高压流体经节流阀降压进入分离釜。对于原料为固体的萃取过程，通常有三种操作方法，即恒温萃取、恒压萃取和吸附法（图 4-15）。恒温萃取过程中，被萃取物质在萃取器中被萃取，经过膨胀阀后，由于压力下降，被萃取物质在超临界流体中的溶解度降低，因而在分离器中析出，被萃取物从分离器下部取出，溶剂由压缩机压缩并返回萃取器循环使用；恒压萃取过程中，被萃取物一定压力下被溶剂萃取，在分离器中通过改变温度，使被萃物质溶解度下降而与溶剂分离，分离后的流体经压缩和调温后循环使用；吸附法萃取过程中，在分离器内放置有仅能吸附被萃取物的吸附剂，被萃物质在分离器内因被吸附而与溶剂分离，后者可循环使用。

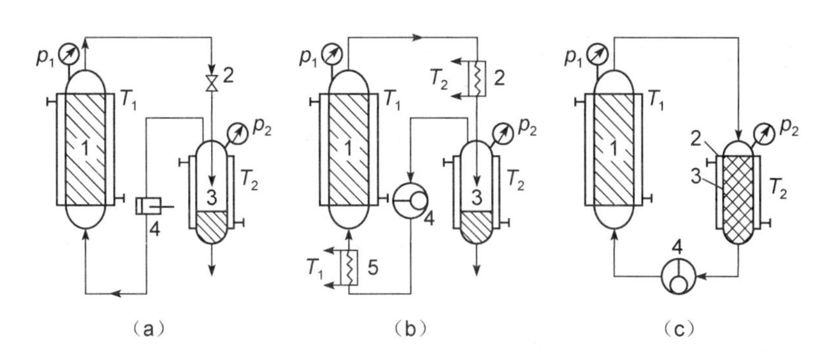

图 4-15　超临界 CO_2 萃取的三种基本流程

(a) 恒温萃取（$T_1=T_2$，$P_1>P_2$）1. 萃取釜；2. 减压阀；3. 分离釜；4. 压缩机

(b) 恒压萃取（$T_1<T_2$，$P_1=P_2$）1. 萃取釜；2. 加热器；3. 分离釜；4. 高压泵；5. 冷却器

(c) 吸附法（$T_1=T_2$，$P_1=P_2$）1. 萃取釜；2. 吸附剂；3. 分离釜；4. 高压泵

四、在生物制药领域的应用

由于超临界流体在常温或者不太高的温度下选择性地溶解的性质，适用于提取热敏性物质及易氧化物质，是超临界萃取技术优于精馏和液-液萃取之处，它具有以下的特点。

（1）具有广泛的适应性。由于超临界流体溶解度特异增高的现象普遍存在，只要选择适当的溶剂、超临界压力及温度，利用不同物质溶解度的差异，在理论上就可作为一种普遍、高效的萃取分离方法。

（2）萃取效率高，过程易于调节。超临界流体兼具气体和液体的特性，既有液体的溶解能力，又有气体良好的流动性、挥发性和传递性能，因而萃取效率较单一相溶剂高。由于在临界点附近，少量改变压力和温度，就可能显著改变流体的溶解能力，从而易于调节和控制分离过程。

（3）分离工艺流程简单。主要由萃取器和分离器二部分组成，不需要溶剂回收设备，与传统分离工艺相比不但流程简化，节省能耗，而且能消除溶剂残留物的污染。

（4）有些分离过程可在接近室温下完成（如二氧化碳等溶剂），特别适用于热敏性和化学不稳定性天然成分的分离。

（5）分离过程必须在高压下进行，设备及工艺技术要求高，投资比较大，普及应用较为困难。

目前超临界流体萃取在石油工业、医药工业、食品工业、化妆品香料工业、煤炭工业等方面得到了广泛的重视，已用于从咖啡中提取咖啡因，从啤酒花中提取有效成分，从大豆中提取豆油，从烟草中提取尼古丁以及从动植物体中提取其他有用成分等。

（一）提取生物活性物质

从动、植物中提取有效药物成分是目前超临界流体萃取在医药工业中应用较多的一个方面。文献报道用 SCF-CO_2 提取药用植物中的有效成分包括从黄芩根、西番莲叶、紫草中萃取贝加因、类黄酮、萘醌色素等几十种。从各种动物中提取药物成分也得到了较多的研究，如有报道成功地从多种鱼油中提取具有较高药用价值和营养价值的 EPA 和 DHA。

超临界萃取在提取氨基酸与蛋白质等方面也有研究，如 Harold 等研究了含水分的 CO_2 和 N_2 对氨基酸，如 L-谷酰胺、L-蛋氨酸、L-氨酸、L-丙氨酸等的影响。上述氨基酸在 30.0MPa 和 353K 条件下，与含水分的 CO_2 接触 6 小时后，只发现 L-谷酰胺有显著的组成变化（15%～23%），而在相同条件下用 N_2 处理，L-谷酰胺只有 10% 的损失，其他氨

基酸却未见分解现象。也就是说，除 L－谷酰胺外，上述其他氨基酸都能在高压下保持其结构的完整性。在对溶菌酶（lysozyme）所做的实验中，发现超临界状态对蛋白质结构变化影响不大，从而进一步展示出超临界流体技术在蛋白质分离和加工中应用的可能性。

（二）超临界流体萃取除杂

用传统提取方法得到的药物或药物的粗产品中常含有机溶剂和有害成分，而传统的除杂纯化方法不仅费时费力，成本高，而且很难达到现代药物的高纯度要求。纯二氧化碳提取本身不存在溶剂残留问题，用 SCF－CO_2 选择性提取技术可以有效地去除其他残留溶剂和有害成分。例如，在生产硫酸链霉素时，可以利用超临界 CO_2 萃取去除甲醇等有机溶剂，而且不会降低药效。又如，一些中草药中的残留农药 BHC、DDT 等经过 SCF－CO_2 萃取处理后可降到极低的含量。此外，超临界流体萃取还可以去除具有腥、臭味等异味的杂质，不仅提高了产品的质量和纯度，还可以延长产品的存放时间，拓宽产品的应用领域。

（三）超临界流体结晶技术

超临界流体结晶的过程可通过两种方法来实现，即快速膨胀法与抗溶剂法。

快速膨胀法（rapid expansion of supercritical solution，简称 RESS）是利用高密度的超临界流体溶解固体溶质，通过喷嘴快速泄压至 1 个大气压的低密度气体，溶质的溶解度急剧减小至万分之一以下，造成固体溶质结晶析出。一方面，它的过饱和程度非常大，膨胀时的温度在溶质的熔点以下；另一方面，这种过饱和状态在 10^{-5}s 以内短时间形成，膨胀后的温度、压力和其他物理性质以音速变化，这两种效果使得固体的物性大大改变。通过控制减压过程中的温度、溶剂的膨胀和溶质的过饱和度这 3 个主要因素以及所使用的喷嘴结构，就能得到各种形貌的颗粒，其半径从微米级至纳米级。利用该种方法进行重结晶，可以得到高纯度的产品。

气体抗溶剂法（gas anti－solvent，简称 GAS）是先用有机溶剂溶解溶质，再加入超临界流体如 CO_2 作抗溶剂，使溶质的溶解度大大下降，固体从溶液中结晶析出。这种方法可以弥补极性物质和大分子往往不溶于超临界 CO_2 而对 RESS 法的限制，扩大了超临界结晶法的应用范围。例如，将二氧化碳和胰岛素二甲亚砜溶液经一特制喷嘴，从顶部进入沉淀器，二者在高压下混合后流往沉淀器，胰岛素结晶就聚集在底部的过滤器上，控制温度（25～35℃）、压力（8.62MPa）、料液浓度（0.3mg/ml）、二氧化碳流速（94ml/min）、进料速度（0.3ml/min），可得到 2～4μm 胰岛素微细颗粒。

扫码“练一练”

（郑　珩　劳兴珍）

第五章　固相析出分离法

在生化物质的提取和纯化的整个过程中，目的物经常作为溶质而存在于溶液中，改变溶液条件，使它以固体形式从溶液中分出的操作技术称为固相析出分离法。这一方法是最古老的分离和纯化生化物质的方法，但目前仍广泛应用在工业上和实验室中，不仅适用于抗生素、有机酸等小分子物质的分离，在蛋白质、酶、多肽、核酸和其他细胞组分的回收和分离中应用得更多。按照一般的习惯，析出物为晶体时称为结晶法，析出物为无定形固体则称为沉淀法。溶质以固状物析出不但是它与溶剂分离的固化手段，更重要的是作为一种纯化分离方法，可控制析出条件，使大部分杂质不析出或少析出，具有设备简单、经济和浓缩倍数高等优点。

固相析出法主要包括盐析法、有机溶剂沉淀法、等电点沉淀法、结晶法及其他多种沉淀方法等。

第一节　盐 析 法

扫码“学一学”

扫码“看一看”

一、基本原理

盐析法（salt precipitation）是利用各种生物分子在浓盐溶液中溶解度的差异，通过向溶液中引入一定数量的中性盐，使目的物或杂蛋白以沉淀析出，达到纯化目的的方法。这是一种经典的分离方法，早在 19 世纪，盐析法就被用于从血液中分离蛋白质。由于它经济、不需特殊设备，操作简便、安全，应用范围广，较少引起变性（有时对生物分子具稳定作用），至今仍广泛用来回收或分离蛋白质（酶）等生物大分子物质。盐析法的主要缺点是沉淀物中含有大量盐析剂，而且硫酸铵易分解产生氨的恶臭味，产品不能直接用于医药上。但盐析法可作为初始的提取方法，再与多种精制手段结合起来，如采用超滤、凝胶色谱、透析等方法将无机盐去除，就可制得高纯度产品。

当向蛋白质溶液中逐渐加入中性盐时，会产生两种现象：低盐情况下，随着中性盐离子强度的增高，蛋白质溶解度增大，称盐溶现象。但是，在高盐浓度时，蛋白质溶解度随之减小，发生了盐析作用。产生盐析作用的一个原因是盐离子与蛋白质表面具相反电性的离子基团结合，形成离子对，因此盐离子部分中和了蛋白质的电性，使蛋白质分子之间电排斥作用减弱而能相互靠拢，聚集起来。盐析作用的另一个原因是中性盐的亲水性比蛋白质大，盐离子在水中发生水化而使蛋白质脱去了水化膜，暴露出疏水区域，由于疏水区域的相互作用，使其沉淀（图 5－1）。

蛋白质在水中的溶解度不仅与中性盐离子的浓度有关，还与离子所带电荷数有关，高价离子影响更显著，通常用离子强度来表示对盐析的影响。图 5－2 表示盐离子强度与蛋白质溶解度之间的关系，直线部分为盐析区，曲线部分表示盐溶。在盐析区，服从下列数学表达式（Cohn 经验式）：

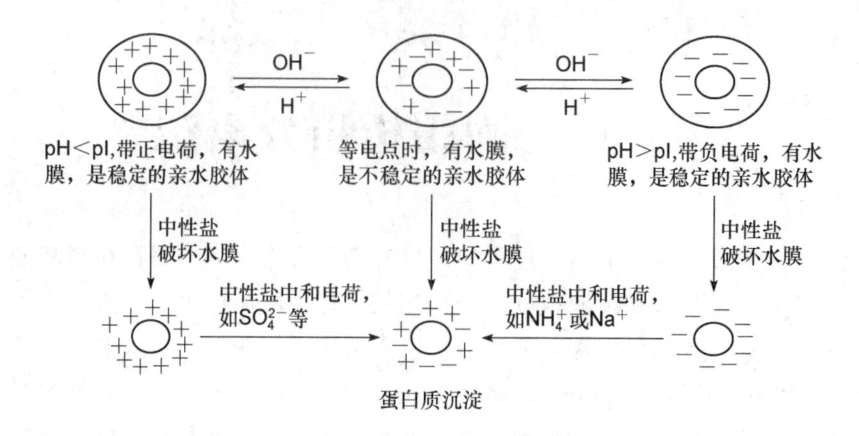

图5－1　蛋白质的盐析机制示意图

$$\lg S = \beta - K_S\mu \qquad (5-1)$$

式中，S 为蛋白质溶解度，g/L；μ 为盐离子强度，$\mu = 1/2\sum C_iZ_i^2$；C_i 为 i 离子浓度，mol/L；Z_i 为 i 离子化合价；β 为常数；K_S 为盐析常数。

这是一个直线方程，β 为纵坐标上的截距，不能直接用实验测得，是外推截距。其物理意义是当盐离子强度为零时，蛋白质溶解度的对数值，它与蛋白质的种类、温度和溶液 pH 有关，与无机盐种类无关。K_S 是盐析常数，与蛋白质和盐的种类有关，但与温度和 pH 无关。

以式（5－1）为基础将盐析方法分为两种类型。

（1）在一定的 pH 和温度下改变离子强度（盐浓度）进行盐析，称作 K_S 盐析法。

（2）在一定离子强度下仅改变 pH 和温度进行盐析，称作 β 盐析法。

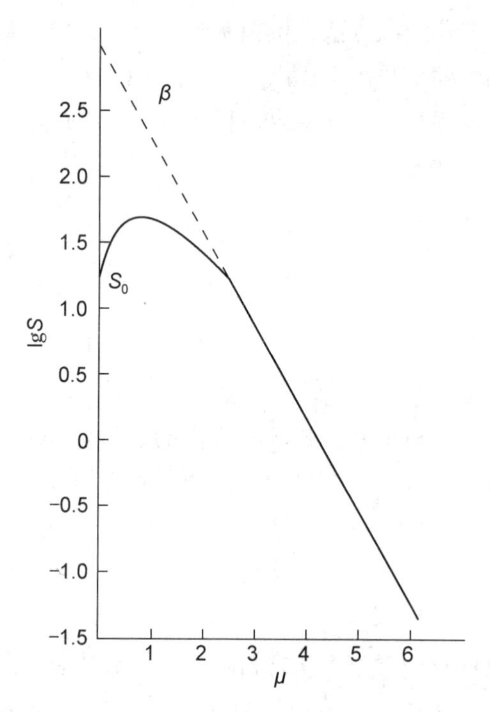

图5－2　碳氧血红蛋白的 lg$S$ 与（NH_4）$_2SO_4$ 离子强度 μ 的关系

pH 6.6；温度25℃；S_0 表示起始蛋白浓度（17mg/L），S 表示蛋白浓度（g/L）

在多数情况下，尤其是生产过程中，往往是向提取液中加入固体中性盐或其饱和溶液，以改变溶液的离子强度（温度及 pH 基本不变），使目的物或杂蛋白沉淀析出。这样做使被盐析物质的溶解度剧烈下降，易产生共沉淀现象，故分辨率不高。这就使 K_S 盐析法多用于提取液的前期分离工作。

在分离的后期阶段，为了求得较好的分辨率，或者为了达到结晶的目的，有时应用 β 盐析法。β 盐析法由于溶质溶解度变化缓慢且变化幅度小，沉淀分辨率比 K_S 盐析法好。

二、影响盐析的因素

（一）无机盐的种类

按照盐析理论，离子强度对蛋白质等溶质的溶解度起着决定性的影响，但在相同离子强度下，离子的种类对蛋白质的溶解度也有一定程度的影响。加上各种蛋白质分子与不同

离子结合能力的差异和盐析过程中的相互作用，蛋白质分子本身发生变化，使盐析行为远比经典的盐析理论复杂。在1888年，Hofmeister对一系列盐沉淀蛋白质的行为进行了测定，并根据它们的盐析能力，对阳离子和阴离子进行了排序，其中阴离子对盐析效果的影响可排序为：柠檬酸根>酒石酸根>SO_4^{2-}>F^->IO_3^->$H_2PO_4^-$>CH_3COO^->Cl^->ClO_3^->Br^->NO_3^->ClO_4^->I^->CNS^-；阳离子排序为Th^{4+}>Al^{3+}>H^+>Ba^{2+}>Sr^{2+}>Ca^{2+}>Cs^+>Rb^+>NH_4^+>K^+>Na^+>Li^+，该顺序被命名为Hofmeister序列，又称感胶离子序。对盐析能力的一般解释是半径小的高价离子在盐析时的作用较强，一般阴离子的盐析效果比阳离子好，尤其以高价阴离子更为明显。

选用盐析用盐要考虑以下几个问题。

（1）盐析作用要强。一般来说多价阴离子的盐析作用强，有时多价阳离子反而使盐析作用降低。

（2）盐析用盐要有足够大的溶解度，且溶解度受温度影响应尽可能小。这样便于获得高浓度盐溶液，有利于操作，尤其是在较低温度下的操作，不致造成盐结晶析出，影响盐析效果。

（3）盐析用盐在生物学上是惰性的，不致影响蛋白质等生物分子的活性，最好不引入给分离或测定带来麻烦的杂质。

（4）来源丰富、经济。

在蛋白质盐析中，$(NH_4)_2SO_4$是最常用的一种盐析剂，主要因为它价廉，在水中溶解度大，而且溶解度随温度变化小，在低温下仍具较大的溶解度（表5-1），因此常可得到较高离子强度的溶液，甚至在低温下也能盐析，$(NH_4)_2SO_4$还具有对大多数蛋白质的活力无损害等优点。但是它对金属具有腐蚀性，在储存过程中常会变酸，在较高pH的溶液中容易释放氨。其他盐析剂如硫酸钠和磷酸盐，虽然盐析能力较强，但其溶解度随温度变化显著，低温下溶解度很小，常不能达到使蛋白质和酶析出的浓度。

表5-1　常用盐析剂在水中的溶解度（g/100ml水）

中性盐	温度（℃）					
	0	20	40	60	80	100
$(NH_4)_2SO_4$	70.6	75.4	81.0	88.0	95.3	103
Na_2SO_4	4.9	18.9	48.3	45.3	43.3	42.2
$MgSO_4$	—	34.5	44.4	54.6	63.6	70.8
NaH_2PO_4	1.6	7.8	54.1	82.6	93.8	101

（二）溶质（蛋白质等）种类的影响

蛋白质种类不同，Cohn经验式中常数K_S和β都不同，因此不同蛋白质盐析沉淀所需的无机盐量也不同，图5-3表示几种蛋白质在$(NH_4)_2SO_4$溶液中的溶解度情况。

蛋白质沉淀的速度可用$-\frac{dS}{dP}$对盐饱和度（P）作图来表示，从图5-4可以看出，蛋白质沉淀的速率开始时十分迅速，以后逐渐变慢，因此从起始沉淀到沉淀结束，形成了具有尖峰的曲线，这就是蛋白质的盐析分布曲线。该曲线的峰宽由Cohn经验式中的K_s决定，而峰在横轴上的位置则由β值和蛋白质浓度决定。利用不同蛋白质盐析分布曲线在横轴上的位置不同，可采取先后加入不同量无机盐的办法来分级沉淀蛋白质，以达到分离目的。

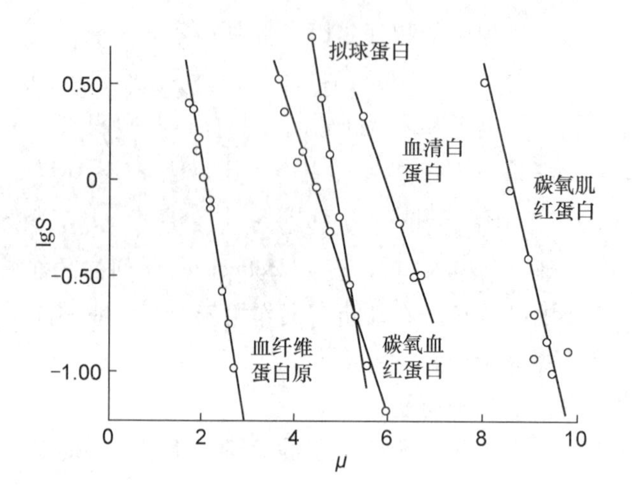

图 5-3 不同蛋白质溶解度与离子强度的关系

（三）蛋白质浓度的影响

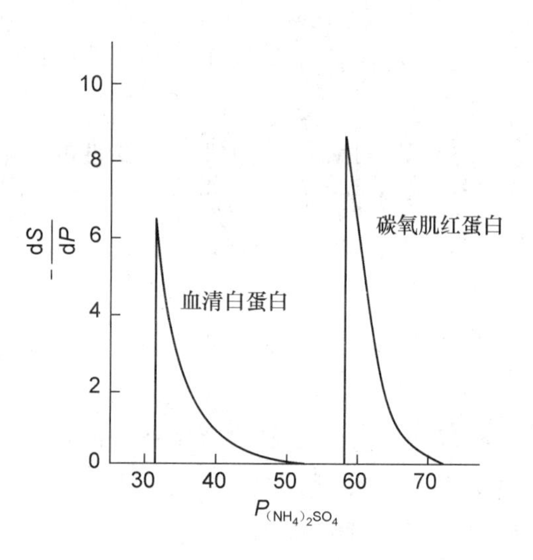

图 5-4 血清白蛋白和碳氧肌红蛋白的盐析分布曲线

蛋白质浓度不同，沉淀所需无机盐用量也不同。一般情况下，随蛋白质浓度提高，盐用量减少。图 5-5 表示两种不同浓度的碳氧肌红蛋白盐析分布曲线的变化。可见当浓度为 30g/L 时，使蛋白沉淀的 $(NH_4)_2SO_4$ 饱和度约58%～65%，但若将蛋白浓度稀释 10 倍，$(NH_4)_2SO_4$ 饱和度提高 66% 左右时才开始出现沉淀，其沉淀范围变为 66%～73%。由此可见，在实际操作中，如要将盐析分布曲线互相重叠的两个蛋白质分级沉淀，则可将该溶液适当稀释，就可能使重叠的曲线拉开距离而达到分级目的。但是，若沉淀的目的不是为了分离蛋白质，而是制取成品，那么料液中蛋白质浓度适当提高会使盐析收率提高和耗盐量减少，但过高的蛋白浓度会导致沉淀中杂质增多。

（四）温度的影响

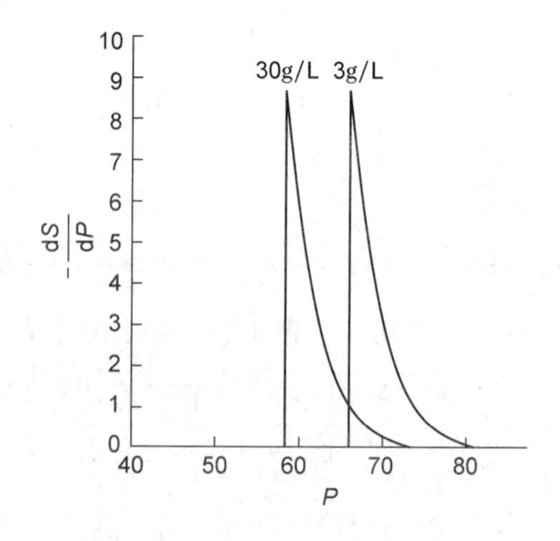

图 5-5 不同浓度碳氧肌红蛋白的盐析分布曲线

温度的变化会影响 β 值，常使其减小。在无盐或稀盐溶液中，大多数蛋白质溶解度是随温度升高而增大的，但在高盐溶液中常相反。图 5-6 为磷酸盐沉淀碳氧血红蛋白时温度对溶解度的影响，可见温度适当提高有利于蛋白质沉淀。但是，在提高温度时，必须考虑到蛋白质对热的敏感程度，例如 α-淀粉酶较耐热，常可升高温度或在发酵温度下盐析，而蛋白酶耐热性较差，受热易变性，应适当冷却后再盐析。大多数蛋白质都在室温下盐析。

（五）pH 的影响

蛋白质的离子化与溶液的 pH 有关，当溶液的 pH 在蛋白质等电点附近时，由于其净电荷为零，在水中溶解度减小，如图 5-7 所示，此时 β 值最小，所以往往调整选择蛋白质溶液的 pH 值于沉淀目的物等电点附近进行盐析，这样做产生沉淀所消耗的中性盐较少，蛋白质收率也高，同时可以部分地减少共沉作用。值得注意的是，蛋白质等高分子化合物的表观等电点受介质环境的影响，尤其是在高盐溶液中，分子表面电荷分布发生变化，等电点往往发生偏移，与负离子结合的蛋白质，其等电点常向酸侧移动。当蛋白质分子结合较多的 Mg^{2+}、Zn^{2+} 等阳离子时等电点则向高 pH 偏移。

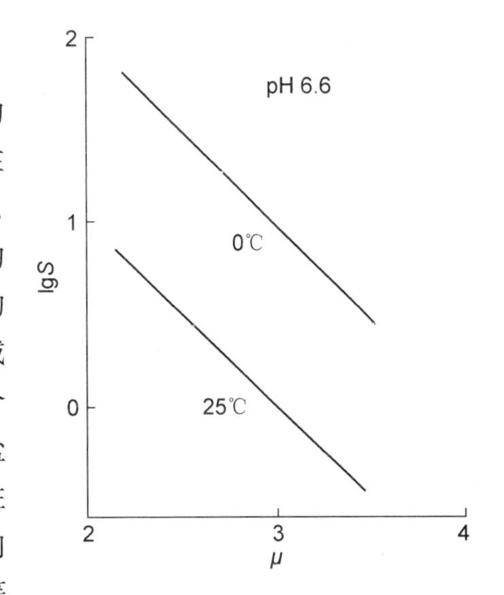

图 5-6　温度对溶解度的影响

不同蛋白质，分子中酸性和碱性基团比例不同，所以使其达到等电点的 pH 范围不同，图 5-8 为用磷酸盐盐析时，卵清蛋白和碳氧血红蛋白 pH 对 β 的影响。可见利用 β 值最低点时 pH 的不同，可以分级沉淀蛋白质。

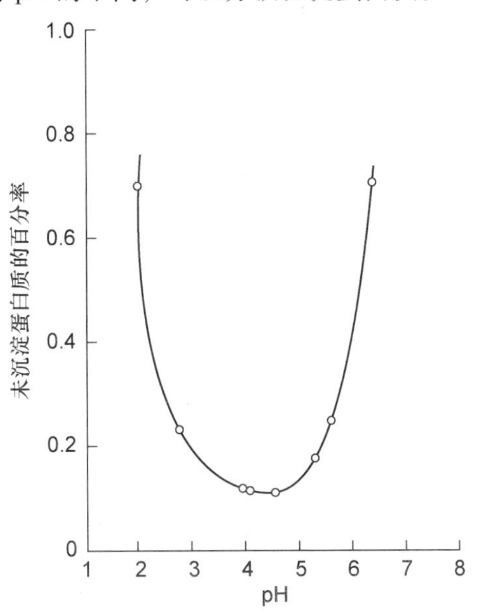

图 5-7　pH 对大豆蛋白溶解度的影响

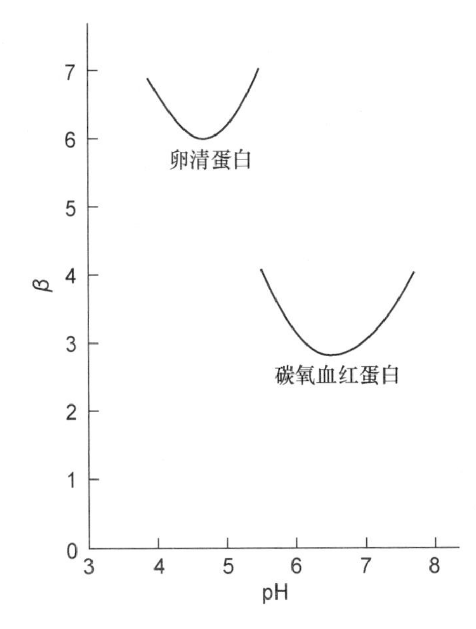

图 5-8　pH 对 β 的影响

三、盐析操作

（一）盐析用盐的浓度表示

无论在实验室中还是在生产上，除少数特殊要求的盐析外，大多数情况下都采用硫酸铵进行盐析，其他盐类的沉淀效果都不如硫酸铵。硫酸铵可按两种方式加入溶液中，一种是直接加入固体粉末，工业生产常采用这种方式，加入时速度不能太快，应分批加入，并充分搅拌，使其完全溶解和防止局部浓度过高。另一种是加入硫酸铵饱和溶液，在实验室和小规模生产中或 $(NH_4)_2SO_4$ 浓度不需太高时，可采用这种方式，它可防止溶液局部过浓，但加量较多时，料液会被稀释。

硫酸铵的加量有不同的表示方法。常用“饱和度”来表征其在溶液中的最终浓度，25℃时 $(NH_4)_2SO_4$ 的饱和浓度为 4.1mol/L〔即 767g $(NH_4)_2SO_4$/L 溶液〕，定义它为 100%饱和度，为了达到所需要的饱和度，应加入固体 $(NH_4)_2SO_4$ 的量，可从表 5－2 中查得，或由式（5－2）计算而得：

$$X = \frac{G(P_2 - P_1)}{1 - AP_2} \qquad (5-2)$$

式中，X 为 1L 溶液所需加入 $(NH_4)_2SO_4$ 的克数；G 为饱和溶液中的盐含量，0℃时为 515，20℃为 513；P_1 和 P_2 为初始和最终溶液的饱和度，%；A 为常数，0℃时为 0.27，20℃为 0.29。

由于硫酸铵溶解度受温度影响不大，式（5－2）也近似适用于其他温度场合。如果加入 $(NH_4)_2SO_4$ 饱和溶液，则加入的体积用式（5－3）计算：

$$V_a = V_o \frac{P_2 - P_1}{1 - P_2} \qquad (5-3)$$

式中，V_a 为加入的饱和 $(NH_4)_2SO_4$ 体积，L；V_0 为蛋白质溶液的原始体积，L。

表 5－2　25℃硫酸铵水溶液由原来的饱和度达到所需要的饱和度时，每升硫酸铵水溶液应加固体硫酸铵的克数（g）

		$(NH_4)_2SO_4$ 的终浓度百分饱和度（%）																
		10	20	25	30	33	35	40	45	50	55	60	65	70	75	80	90	100
		1L 溶液中需加入固体 $(NH_4)_2SO_4$ 的克数																
$(NH_4)_2SO_4$ 的初始浓度百分饱和度（%）	0	56	114	144	176	196	209	243	277	313	351	390	430	472	516	561	662	767
	10		57	86	118	137	150	183	216	251	288	326	365	406	449	494	592	694
	20			29	59	78	91	123	155	189	225	262	300	340	382	424	520	619
	25				30	49	61	93	125	158	193	230	267	307	348	390	485	583
	30					19	30	62	94	127	162	198	235	273	314	356	449	546
	33						12	43	74	107	142	177	214	252	292	333	426	522
	35							31	63	94	129	164	200	238	278	319	411	506
	40								31	63	97	132	168	205	245	285	375	469
	45									32	65	99	104	171	210	250	339	431
	50										33	66	101	137	176	214	302	392
	55											33	67	103	141	179	264	353
	60												34	69	105	143	227	134
	65													34	70	107	190	275
	70														35	72	153	237
	75															36	115	198
	80																77	157
	90																	79

（二）盐析方法和注意事项

1. 分步盐析法　分步盐析法在盐析应用中是最适用的常规操作法。例如用不断增加盐浓度的方法可以从血浆混合物中分别制取 3～5 种主要组分蛋白。生产上有时先以较低的盐浓度除去部分杂蛋白，再提高饱和度沉淀目的物。此外分步盐析也是了解高分子或其提取物的溶解度和盐析行为的有效手段。图 5－9 及图 5－10 即为两种提取液的分步盐析曲线。

由图5-9可见当盐析用盐浓度达到 W_1 时提取液中总蛋白含量下降了约3/4，而目的酶活力下降极少。当盐浓度上升到 W_2 时，90%以上的酶沉淀析出。图5-10中，当盐浓度达到 S_1 时乙酶大部分析出而甲酶很少析出。浓度上升到 S_2 时甲酶几乎全部析出，甲酶中所混乙酶很少，为进一步纯化提供了方便。

在用盐析曲线指导生产时有两点需注意：①试验用提取物的浓度应与生产时一致，且其他条件亦应力求相同；②有的生物活性物质在高盐浓度下其活力会受抑制，实验时须排除类似的干扰因素。

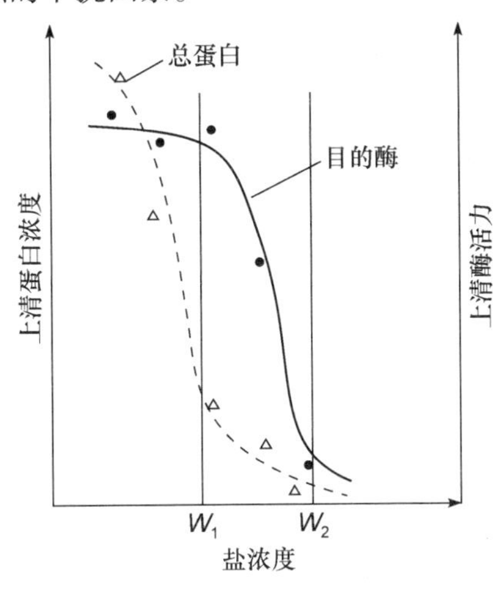

图5-9　单酶盐析曲线

图5-10　双酶盐析曲线

2. 重复盐析法　在实际操作中，有时为了避免蛋白浓度过稀造成体积过大，回收率较低的情况发生，盐析可采用稍高的蛋白质浓度。此时因高蛋白质浓度而发生的共沉淀作用会引起的分辨率不高的缺点，但可用重复盐析的方法加以克服。如在血清γ-球蛋白的制备中多次进行30%~33%硫酸铵饱和度的重复盐析以求得到较高纯度的γ-球蛋白。

3. 反抽提法　在实际制备操作中有时为了排除共沉淀的干扰，先在一定的盐浓度下将目的蛋白夹带一定数量的杂蛋白一同沉淀。然后再将沉淀用较低浓度盐溶液平衡，溶出其中的杂蛋白，达到纯化之目的，现以大肠埃希菌RNA聚合酶的制备为例加以说明（图5-11）。

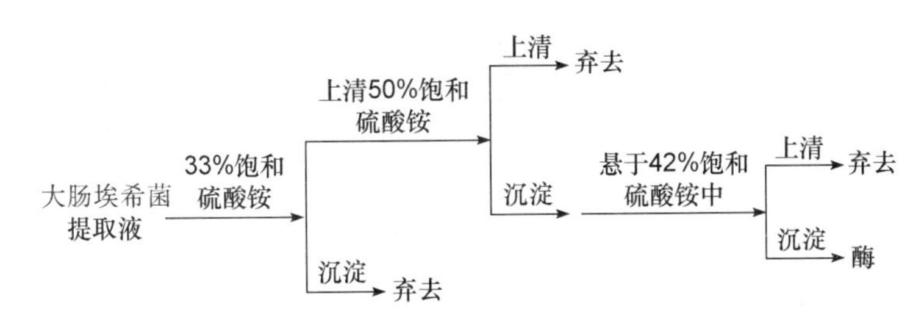

图5-11　大肠埃希菌RNA聚合酶的制备

4. 盐析注意事项　首先要防止盐析过程中的非均态出现，也就是常说的防止“局部过浓”。对于固体盐投入法，须先将盐粒磨细，在不断搅拌下分批缓缓加入到溶液中，边溶边加，不使容器底部留下未溶的固体盐，这样就能避免因局部过浓造成共沉淀和某些蛋白质的变性。用饱和盐溶液进行盐析时同样需要慢慢加入并不断搅拌。其次，由于盐析效果受温度影响较大，为了避免低温下蛋白质溶解度增大带来的损失，一般多在室温下（10~25℃）进行盐析，对少数不稳定，易失活的物质则在0~10℃盐析。盐析所得的沉淀通常需要经一段老化时间后进行分离。采用的分离方法须考虑介质相对密度和黏度。盐浓度较高时相对

密度大而黏度较小，用过滤法比较有利。盐浓度较小时，介质相对密度小而黏度大，用离心法比较方便。

第二节　有机溶剂沉淀

扫码“学一学”

在蛋白质溶液中，加入与水互溶的有机溶剂，能显著地减小蛋白质的溶解度而发生沉淀。有机溶剂沉淀法常适用于蛋白质、酶、核酸、多糖等物质的提取。与盐析法相比，有机溶剂沉淀法（organic solvent precipitation）具有如下优点：乙醇等有机溶剂易挥发除去，不会残留于成品中，产品更纯净；沉淀物与母液间的密度差较大，分离容易，适合于用离心分离收集沉淀物。但是有机溶剂沉淀法的主要缺点是容易使蛋白质变性，操作常需在低温下进行，使用上有一定的局限。另外，采用大量有机溶剂，成本较高，为节省用量，常将蛋白质溶液适当浓缩，并要采取溶剂回收措施。有机溶剂一般是易燃易爆的，车间和设备都应有防护措施。

一、基本原理

向水溶液中加入一定量亲水性的有机溶剂，降低溶质的溶解度，使其沉淀析出的分离纯化方法称为有机溶剂沉淀法，它的主要机制如下。

（1）亲水性有机溶剂加入溶液后降低了介质的介电常数，使溶质分子之间的静电引力增加，聚集形成沉淀。根据库仑公式：

$$F = \frac{q_1 q_2}{Kr^2} \tag{5-4}$$

两带电质点间的静电作用力在质点电量不变、质点间距离不变的情况下与介质的介电常数成反比，表5－3是一些溶剂的介电常数。

表5－3　一些溶剂的介电常数

溶　剂	介电常数	溶　剂	介电常数
水	80	2.5mol/L 尿素	84
20% 乙醇	70	5mol/L 尿素	91
40% 乙醇	60	丙酮	22
60% 乙醇	48	甲醇	33
100% 乙醇	24	丙醇	23
2.5mol/L 甘氨酸	137		

（2）水溶性有机溶剂本身的水合作用降低了自由水的浓度，压缩了亲水溶质分子表面原有水化层的厚度，降低了它的亲水性，导致脱水凝集。以上两种因素相比较，脱水作用可能较静电作用占更主要地位。

近年来的研究还认为有机溶剂可能破坏蛋白质的某种键如氢键，使其空间结构发生某种程度的变化，致使一些原来包在内部的疏水基团暴露于表面并与有机溶剂的疏水基团结合形成疏水层，从而使蛋白质沉淀，但当蛋白质的空间结构发生变形超过一定程度时，便会导致其完全的变性。

由表5－3可见乙醇、丙酮的介电常数都较低，是最常用的沉淀用溶剂，2.5mol/L 甘氨

酸的介电常数很大，可以作蛋白质等生物高分子溶液的稳定剂。

二、影响沉淀效果的因素

（一）有机溶剂种类及用量

沉淀用的有机溶剂一般要能与水无限混溶，一些与水部分混溶或微溶的溶剂如三氯甲烷等也有使用，但三氯甲烷一般利用其变性作用去除杂蛋白质；在选择有机溶剂时还要求其介电常数小，沉淀作用强，毒性小，对生物分子的变性作用小；此外还要考虑有机溶剂的挥发性，沸点过高不利于溶剂的除去和回收，成本高，沸点过低则挥发损失较大，且给劳动保护及安全生产带来麻烦。

目前常用的溶剂有乙醇、丙酮、甲醇等。其中乙醇应用最广，它的沉淀作用强，沸点适中，无毒，广泛应用于沉淀蛋白质、核酸、多糖等生物高分子及核苷酸、氨基酸等；丙酮的沉淀作用大于乙醇，用丙酮代替乙醇作沉淀剂一般可减少用量 1/4 到1/3，但其沸点低，挥发损失大，对肝脏有一定毒性，而且着火点低，这些缺点使得它的应用不及乙醇广泛；甲醇的沉淀作用与乙醇相当，但对蛋白质的变性作用比乙醇、丙酮都小，由于口服有强毒，限制了它的使用；其他溶剂如二甲基甲酰胺、二甲基亚砜、2－甲基－2,4－戊二醇（MPD）、乙腈等也可作沉淀剂使用，但远不如乙醇、丙酮、甲醇使用普遍。

进行有机溶剂沉淀时，欲使原溶液达到一定的溶剂浓度，需加入有机溶剂的体积和浓度可或按公式 5－5 计算：

$$V = V_0 \frac{S_2 - S_1}{100 - S_2} \tag{5-5}$$

式中，V 为需加入的有机溶剂的体积；V_0为原溶液体积；S_1为原溶液中有机溶剂的浓度；S_2为需达到的有机溶剂的浓度。

该公式与盐析公式一样未考虑混合体积的变化，实际上等体积的乙醇和水相混合体积会缩水 5%，如此的体积变化对大多数工作影响不大，在有精确要求的场合可按摩尔比计算，这样可将体积变化因素抵消。

（二）pH 的影响

溶液的 pH 对溶剂的沉淀效果有很大的影响，适宜的 pH 值可使沉淀效果增强，提高产品收率，同时还可减少杂质含量。许多蛋白质在等电点附近时溶解度最低，因此有机溶剂沉淀时，溶液 pH 应尽量在蛋白质等电点附近，但是 pH 的控制还必须考虑蛋白质的稳定性，例如很多酶的等电点在 pH 4～5 之间，比其稳定的 pH 范围低，因此 pH 应首先满足蛋白质稳定性的条件，不能过低或过高。另外，在控制溶液 pH 时还有一点要特别注意，即务必使溶液中大多数蛋白质带有相同电荷，而不要让目的物和主要杂质分子带相反电荷，以致出现较严重的共沉淀现象。

（三）温度

有机溶剂沉淀时，温度是重要的因素。有机溶剂存在下，大多数蛋白质的溶解度随温度降低而显著地减小，因此低温下（最好低于 0℃）沉淀得完全，有机溶剂用量可减少。实际操作中，还要考虑有机溶剂与水混合时热量的驱散，如乙醇与水混合时，会放出大量的稀释热，使溶液的温度显著升高，对不耐热的蛋白质影响较大，生产上常用搅拌、少量

多次加入的办法，以避免温度骤然升高损失蛋白质活力。

在沉淀过程中，有机溶剂引起蛋白质变性的危险随温度升高而增大，为了防止蛋白质变性，应在低温下沉淀。整个操作过程需要高度冷却，一般先将蛋白质溶液冷却到0℃左右，并把有机溶剂预冷到更低温度（一般为-10℃以下），在充分搅拌下加入冷的有机溶剂，以避免局部过浓引起蛋白质变性。温度的控制应根据蛋白质稳定性而异，稳定性较差的物质，冷却至低温是必要的，但对稳定性较好的物质，如淀粉酶，温度不需过低，沉淀温度可控制在10~15℃。

为了减少溶剂对蛋白质的变性作用，通常使沉淀在低温下作短时间的老化处理（0.5~2h）后立即进行过滤或离心分离，接着真空抽出剩余溶剂或将沉淀溶入大量缓冲液中以稀释溶媒，以减少有机溶剂与目的物的接触。

（四）无机盐的含量

较低无机盐离子的存在往往有利于沉淀作用，甚至还有保护蛋白质，防止变性，减少水和溶剂相互溶解及稳定介质pH作用。常用的所谓助沉剂多为低浓度的单价盐，有醋酸钠、醋酸铵、氯化钠等，离子强度以0.01~0.05mol/L为佳，通常不应超过5%。但在离子浓度较高时（0.2mol/L以上），由于盐溶作用，会增大蛋白质在有机溶剂-水溶液中的溶解度，须增加溶媒的用量才能使沉淀析出，并且沉淀物中可能夹带较多的盐。因此用硫酸铵盐析所得的沉淀物，如进一步用有机溶剂沉淀法纯化，应先脱盐，否则会增加有机溶剂用量。

（五）某些金属离子的助沉淀作用

多价阳离子，如Ca^{2+}、Zn^{2+}能与蛋白质结合形成复合物，使蛋白质溶解度大大降低，因此能沉淀得更完全，并能减少有机溶剂用量。使用锌盐时，溶液中应不含磷酸根离子，以免产生沉淀，常用的锌盐为醋酸锌或硫酸锌。实际操作时往往先加溶媒沉淀除去杂蛋白，再加Zn^{2+}沉淀目的物，如在胰岛素精制工艺中先调pH 4.2加入丙酮除去杂蛋白，然后上清再调pH 6.0加入醋酸锌得到胰岛素锌盐沉淀。

（六）样品浓度

与盐析相似，样品较稀时将增加溶剂投入量和损耗，降低溶质收率，还易产生稀释变性，但共沉作用小，分离效果较好。反之浓的样品会增加共沉作用，降低分辨率，但能减少溶剂用量，提高回收率，变性的危险也小于稀溶液，一般认为蛋白质的初始浓度以0.5%~2%为好，黏多糖则以1%~2%较合适。

第三节　其他沉淀方法

除了盐析沉淀法和有机溶剂沉淀法外，常用的沉淀法还有等电点沉淀法、成盐沉淀法、亲和沉淀以及用高分子聚合物和表面活性剂进行沉淀。

扫码“学一学”

一、等电点沉淀法

对于两性物质，等电点时净电荷为零，导致赖以稳定的双电层及水化膜的削弱或破坏，分子间排斥电位降低，吸引力增大，能相互聚集起来，发生沉淀。等电点沉淀法操作十分简便，试剂消耗少，给体系引入的外来物（杂质）也少，是一种常用的分离纯化方法。但是等电点沉淀法主要适用于水化程度不大，在等电点时溶解度很低的物质，如四环素在其等电点（pI = 5.4）附近，难溶于水，能产生沉淀，又如酪蛋白也能利用该法沉淀。但对于亲水性很强的物质，即使在等电点的 pH 下，仍不产生沉淀，再加上许多生物分子的等电点比较接近，故往往与其他沉淀法结合起来。在实际工作中等电点法常作为去杂手段。如胰岛素纯化时，调 pH 8.0 除去碱性杂蛋白，调 pH 3.0 除去酸性杂蛋白，粗提液经这样处理后纯度大大提高，有利于后步提取操作。另外在采用该法时必须注意溶液 pH 应首先满足所需物质的稳定性。

二、成盐沉淀法

生物大分子和小分子都可以生成盐类复合物沉淀，此法一般分为①可与生物分子的酸性功能团作用的金属复合盐法（如铜盐、银盐、锌盐、铅盐、锂盐、钙盐等）；②与生物分子的碱性功能团作用的有机酸复合盐法（如苦味酸盐、苦酮酸盐、丹宁酸盐等）；③无机复合盐法（如磷钨酸盐、磷钼酸盐等）。以上盐类复合物都具有很低溶解度，极容易沉淀析出，若沉淀为金属复合盐，可通以 H_2S 使金属变成硫化物而除去，若为有机酸盐、磷钨酸盐，则加入无机酸并用乙醚萃取，把有机酸、磷钨酸等移入乙醚中除去；或用离子交换法除去。但值得注意的是，重金属、某些有机酸和无机酸与蛋白质形成复合盐后，常使蛋白质发生不可逆的沉淀，应用时必须谨慎。

（一）金属离子沉淀法

许多生物活性物质（如核酸、蛋白质、多肽、抗生素和有机酸等）能与金属离子形成难溶性的复合物而沉淀。根据它们与物质作用的机制不同，可把金属离子分为三大类：第一类为能与羧基、含氮化合物和含氮杂环化合物结合的金属离子，如 Mn^{2+}、Fe^{2+}、Co^{2+}、Ni^{2+}、Cu^{2+}、Zn^{2+}、Cd^{2+}；第二类为能与羧基结合，但不能与含氮化合物结合的金属离子，如 Ca^{2+}、Ba^{2+}、Mg^{2+}、Pb^{2+} 等；第三类为能与巯基结合的金属离子，如 Hg^{2+}、Ag^{2+}、Pb^{2+}。分离出沉淀物后，应将复合物分解，并采用离子交换法或金属螯合剂 EDTA 等将金属离子除去。

金属盐沉淀生物活性物质已有广泛的应用，如锌盐可用于沉淀杆菌肽和胰岛素等，$CaCO_3$ 用来沉淀乳酸、柠檬酸、人血清蛋白等。此外，沉淀法还能用来除去杂质，例如微生物细胞中含大量核酸，它会使料液黏度提高，影响后续纯化操作，因此特别在胞内产物提取时，预先除去核酸是很重要的，锰盐能选择性地沉淀核酸。据报道，从大肠埃希菌中小规模连续分离 β - 半乳糖苷酶时，在细胞匀浆液中加入 0.05mol/L 的 Mn^{2+}，可除去 30% ~ 40% 核酸，而在这一步操作中酶无损失。除沉淀核酸外，还可采用 $ZnSO_4$ 沉淀红霉素发酵液中的杂蛋白以提高过滤速度；用 $BaSO_4$ 除去柠檬酸产品中的重金属；用 $MgSO_4$ 除去 DNA 和其他核酸等。金属沉淀法的主要缺点是：有时复合物的分解较困难，并容易促使蛋白质变性，应注意选择适当的操作条件。

（二）生成有机酸类复合盐沉淀法

含氮有机酸如苦味酸、苦酮酸和鞣酸等能够与有机分子的碱性功能团形成复合物而沉淀析出。但这些有机酸与蛋白质形成盐复合物沉淀时，常常发生不可逆的沉淀反应。工业上应对此法制备蛋白质时，需采取较温和的条件，有时还加入一定的稳定剂，以防止蛋白质变性。

（1）丹宁即鞣酸　广泛存在于植物界，其分子结构可看作是一种5-双没食子酸酰基葡萄糖，为多元酸类化合物。分子上有羧基和多个羟基。由于蛋白质分子中有许多氨基、亚氨基和羧基等，这样就有可能在蛋白质分子与丹宁分子间形成为数众多的氢键而结合在一起，从而生成巨大的复合颗粒沉淀下来。

丹宁沉淀蛋白质的能力与蛋白质种类、环境pH及丹宁本身的来源（种类）和浓度有关。由于丹宁与蛋白质的结合相对比较牢固，用一般方法不易将它们分开。故多采用竞争结合法。即选用比蛋白质更强的结合剂与丹宁结合，使蛋白质游离释放出来。这类竞争性结合剂有乙烯氮戊环酮（PVP），它与丹宁形成氢键的能力很强。此外还有聚乙二醇、聚氧化乙烯及山梨糖醇甘油酸酯也可用来从丹宁复合物中分离蛋白质。

（2）雷凡诺（2-乙氧基-6,9-二氨基吖啶乳酸盐，2-ethoxy-6,9-diaminoacidine lactate）　是一种吖啶染料。虽然其沉淀机制比一般有机酸盐复杂，但其与蛋白质作用主要也是通过形成盐的复合物而沉淀的。此种染料对提纯血浆中γ-球蛋白有较好效果。实际应用时以0.4%的雷凡诺溶液加到血浆中，调pH 7.6～7.8，除γ-球蛋白外，可将血浆中其他蛋白质沉淀下来。然后将沉淀物溶解再以5% NaCl将雷凡诺沉淀除去（或通过活性炭柱或马铃薯淀粉柱吸附除去）。溶液中的γ-球蛋白可用25%乙醇或加等体积饱和硫酸铵溶液沉淀回收。使用雷凡诺沉淀蛋白质，不影响蛋白质活性，并可通过调整pH值，分段沉淀一系列蛋白质组分。但蛋白质的等电点在pH 3.5以下或pH 9.0以上，不被雷凡诺沉淀。核酸大分子也可在较低pH值时（pH 2.4左右），被雷凡诺沉淀。

（3）三氯乙酸（TCA）　沉淀蛋白质迅速而完全，一般会引起变性。但在低温下短时间作用可使有些较稳定的蛋白质或酶保持原有的活力，如用2.5%浓度TCA处理胰蛋白酶、抑肽酶或细胞色素C提取液，可以除去大量杂蛋白而对酶活性没有影响。此法多用于目的物比较稳定且分离杂蛋白相对困难的场合。

三、亲和沉淀法

利用亲和反应原理，将配基与可溶性的载体偶联后形成载体-配基复合物（亲和沉淀剂），该复合物可选择性地与蛋白质结合，在一定条件下沉淀出来。配基包括：酶的底物、抑制剂、辅酶、免疫配基及有机染料等。如Schneider等将*N*-丙烯酰-对氨基苯脒、丙烯酰胺及*N*-丙烯酰-对氨基苯甲酸制备成聚合物，该聚合物在中性pH时是可溶的，但在较低的pH时则会沉淀析出。对氨基苯脒可作为胰蛋白酶的亲和配基，配基与酶亲和结合后，降低pH至4.0可生成沉淀；再将pH降至2.0，则可使沉淀解离。

四、高分子聚合物沉淀法

某些水溶性非离子型高分子聚合物，如不同分子量的聚乙二醇（PEG）、壬苯乙烯化氧（NPEO）、葡聚糖、右旋糖苷硫酸酯等能使蛋白质水合作用减弱而发生沉淀。该法较简便有效，且不容易破坏蛋白质活性。

用非离子多聚物沉淀生物大分子和微粒，一般有两种方法：一是选用两种水溶性非离子多聚物组成液-液两相系统，使生物大分子或微粒在两相系统中不等量分配，而造成分离。此法主要基于不同生物分子和微粒表面结构不同，有不同分配系数。加之离子强度、pH值和温度等因素的影响，从而增强了分离的效果。这一方法在第四章中作详细介绍。第二种方法是选用一种水溶性非离子多聚物，使生物大分子或微粒在同一液相中，由于被排

斥相互凝集而沉淀析出。用这种方法进行操作时，先离心除去粗大悬浮颗粒，调整溶液pH值和温度至适度，然后加入中性盐和多聚物至一定浓度，冷贮一段时间，即形成沉淀。应用最多的是PEG，因为它无毒，对成品影响小。PEG加量与蛋白质分子量有关，随分子量提高，沉淀所需加入的PEG量减少。PEG分子量不能太小，应大于4000，通常为6000～20000。PEG浓度常为20%，浓度过高会使溶液黏度增大，沉淀物分离困难。少量PEG的除去，可将沉淀物溶于磷酸缓冲液，然后用DEAE－纤维素离子交换剂吸附蛋白质，PEG不被吸附而除去，蛋白质再用0.1mol/L氯化钾溶液洗脱，最后经透析脱盐制得成品。

五、表面活性剂沉淀法

十六烷基三甲基季胺溴化物（CTAB）、十六烷基氯化吡啶（CPC）、十二烷基硫酸钠（SDS）等皆属于离子型表面活性剂。前者用于沉淀酸性多糖类物质，后者多用于分离胰蛋白或核蛋白。

十六烷基三甲基季胺溴化物和十六烷基氯化吡啶等阳离子表面活性剂是用于分离粘多糖的有效沉淀剂。CTAB分子［$CH_3(CH_2)_{14}CH_2N^+(CH_3)_3Br^-$］中，季胺基上的阳离子与粘多糖分子上的阴离子可形成季胺络合物。此络合物在低离子强度的水溶液中不溶解，但当溶液离子强度增加至一定范围，络合物则逐渐解离，最后溶解。其沉淀效果还与溶液的pH值有关。CTAB的沉淀效力极强，能从很稀的溶液中（如万分之一浓度）通过选择性沉淀回收黏多糖。

第四节　结　晶

扫码“学一学”

结晶（crystallization）是制备纯物质的有效方法。溶液中的溶质在一定条件下因分子有规则的排列而结合成晶体。晶体的化学成分均一，具有各种对称的晶状，其特征为离子和分子在空间晶格的结合点上呈有规则的排列。通常只有同类分子或离子才能排列成晶体，所以结晶过程有很好的选择性。通过结晶，溶液中的大部分杂质会留在母液中，经过滤、洗涤可得到纯度高的晶体。许多抗生素、氨基酸、维生素等就是利用多次结晶的方法制取高纯度产品的。但是结晶过程是复杂的，有时会出现晶体大小不一，形状各异，甚至形成晶簇等现象，因此附着在晶体表面及空隙中的母液难以完全除去，需要重结晶，否则将直接影响产品质量。

一、结晶过程

结晶是指溶质自动从过饱和溶液中析出形成新相的过程。溶液浓度等于溶质溶解度时，该溶液称为饱和溶液（saturated solution），溶质在饱和溶液中不能析出。溶质浓度超过溶解度时，该溶液称为过饱和溶液。溶质只有在过饱和溶液中才有可能析出，过饱和度是结晶的推动力。用热力学方法可推导出溶解度与温度、分散度之间的定量关系式即（Kelvin）公式。

$$\ln\frac{C_2}{C_1}=\frac{2\sigma M}{RT\rho}\left(\frac{1}{\gamma_2}-\frac{1}{\gamma_1}\right) \qquad (5-6)$$

式中，C_2 为小晶体的溶解度；C_1 为普通晶体的溶解度；ρ 为晶体密度；M 为晶体质量；σ 为晶体与溶液间的界面张力；γ_2 为小晶体的半径；γ_1 为普通晶体的半径；$C_2/C_1=S$ 为过饱和度；R 为气体常数；T 为绝对温度。

由式（5－6）看出，因为 $2\sigma M/RT\rho>0$，$\gamma_1>\gamma_2$，当 γ_2 变小时，溶解度 C_2 增大，即小晶体具有较大溶解度。形成新相（固相）需要一定的表面自由能，因为要形成新的表面，就需对表面张力作功，因此溶质浓度达到饱和浓度时，尚不能使晶体析出。微小的晶核具有较大的溶解度，因此在饱和溶液中，晶核是要溶解的。只有达到一定过饱和度时，晶核才能存在。当浓度超过饱和浓度达到一定的过饱和程度时，才可能析出晶体。因此结晶包括三个过程：①形成过饱和溶液；②晶核形成；③晶体生长。

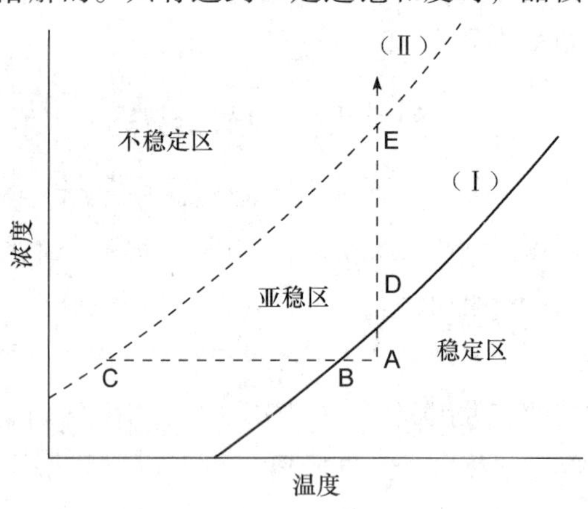

图 5－12　饱和曲线和过饱和曲线

溶解度与温度的关系还可以用饱和曲线和过饱和曲线表示，见图 5－12。图中的实线（Ⅰ）代表饱和曲线。虚线（Ⅱ）代表开始有晶核形成的过饱和曲线。饱和曲线与过饱和曲线根据实验大体上是相互平行的。这样就把浓度－温度图分成三个区域：稳定区，即不饱和区，不会产生沉淀结晶；不稳定区，即过饱和区，沉淀结晶能自动产生；亚稳区（即稳定区与不稳定区之间的区域），沉淀结晶也不能自动产生，在亚稳区中加入晶体，则能诱导产生结晶，晶体能生长；这种加入的晶体称为晶种。晶种可以是同种物质或相同晶型的物质，有时惰性的无定形物质也可以作为结晶中心，例如尘埃有时也能诱导结晶。在溶剂量保持不变的情况下，冷却 A 点所代表的溶液，沿直线 ABC 达到 C 时，才能自动产生沉淀结晶。另一方面，在等温下蒸发溶液，沿直线 ADE 达到 E 点时，方能自动产生沉淀结晶。在不稳定区的任一点溶液能立即自发结晶，而且生成很快，来不及长大，浓度即降至溶解度，结果就会形成大量细小晶体，这是工业结晶所不希望的。为得到颗粒较大而又整齐的晶体，通常需加入晶种并把溶液浓度控制在亚稳区，让晶体缓慢长大。

过饱和溶解度曲线与溶解度曲线不同，后者是恒定的，而前者受很多因素的影响而变动，例如有无搅拌、搅拌强度的大小、有无晶种、晶种的大小与多少、冷却速度的快慢等。一般地说，冷却和蒸发的速度（即产生过饱和的速度）越慢，晶种越小，机械搅拌越激烈，则过饱和曲线就愈向饱和曲线靠近。

二、过饱和溶液的形成

（一）蒸发法

蒸发法是借蒸发除去部分溶剂的结晶方法，它使溶液在常压或减压下加热蒸发除去一部分溶剂，以达到或维持溶液过饱和度，也就是图 5－12 中直线 ADE 所代表的过程。此法适用于溶解度随温度变化不显著的物系或随温度升高溶解度降低的物系，而且要求物质有一定的热稳定性。蒸发法多用于一些小分子化合物的结晶上，而受热易变性的蛋白质或酶类物质则不宜采用。如丝裂霉素（mitomycin）从氧化铝吸附柱上洗脱下来的甲醇－三氯甲烷溶液，在真空浓缩除去大部分溶剂后即可得到丝裂霉素结晶。灰黄霉素的丙酮提取液，

在真空浓缩蒸发掉大部分丙酮后即有灰黄霉素晶体析出。

（二）温度诱导法

蛋白质、酶、抗生素等生化物质的溶解度大多数受温度影响。若先将其制成溶液，然后升高或降低温度，使溶液逐渐达到过饱和，即可慢慢析出晶体。该法基本上不除去溶剂，也就是图5－12中直线ABC所代表的过程。例如猪胰α－淀粉酶，室温下用0.005mol/L pH 8.0的$CaCl_2$溶液溶解，然后在4℃下放置，可得结晶。

热盒技术也是温度诱导法之一，它利用某些比较耐热的生化物质在较高温度下溶解度较大的性质，先将其溶解（如在50℃以下），然后置于可保温的盒内，使温度缓慢下降以得到较大而且均匀的晶体供研究用。此法曾成功制备了胰高血糖素和胰岛素晶体。这两种蛋白质在50℃低离子强度缓冲液中有较高的溶解度和稳定性。

（三）盐析结晶法

这是生物大分子如蛋白质及酶类药物制备中用得最多的结晶方法。通过向结晶溶液中引入中性盐，逐渐降低溶质的溶解度使其过饱和，经过一定时间后晶体形成并逐渐长大。例如细胞色素C的结晶，向细胞色素C浓缩液中按每克溶液0.43g的比例投入硫酸铵细粉，溶解后再投入少量维生素C（抗氧化）和36%的氨水。在10℃下分批加入少量硫酸铵细末，边加边搅拌，直至溶液微浑。加盖，室温放置（15～25℃）1～2天后便见细胞色素C的红色针状结晶体析出。再按每毫升0.02g的量加入硫酸铵粉，数天后结晶完全。

盐析法的优点是可与冷却法结合，提高溶质从母液中的回收率；另外结晶过程可将温度保持在较低的水平，有利于热敏性物质结晶。

（四）透析结晶法

由于盐析结晶时溶质溶解度发生跳跃式非连续下降，下降的速度也较快。对一些结晶条件苛刻的蛋白质，最好使溶解度的变化缓慢而且连续。为达到此目的，透析法最方便。如糜胰蛋白酶的结晶：将硫酸铵盐盐析得到的沉淀溶于少量水，再加入适量含25%饱和度硫酸铵的0.16mol/L pH 6.0的磷酸缓冲液，装入透析袋，在室温下对含27.5%饱和度硫酸铵的相同磷酸缓冲液透析。每日换外透析液4～5次，1～2天后可见菱形猪糜胰蛋白酶晶体出现。

透析法同样可以用在盐浓度缓慢降低的结晶场合。如将赖氨酸合成酶溶液溶于0.2mol/L pH 7.0的磷酸缓冲液中装入透析袋，对0.1mol/L pH 7.0磷酸缓冲液透析，每小时换外透析液，直至晶体出现。这种透析法又称脱盐结晶法。

透析法还可用在向结晶液缓慢输入某种离子的场合。如牛胰蛋白酶结晶时，外透析液中有Mg^{2+}存在，它是牛胰蛋白酶结晶的条件。

（五）有机溶剂结晶法

向待结晶溶液中加入某些有机溶剂，其作用也是降低溶质的溶解度。常用的有机溶剂有乙醇、丙酮、甲醇、丁醇、异丙醇、乙腈、2,4－二甲基戊二醇（MPO）等。如天门冬酰胺酶的有机溶剂结晶法：将天门冬酰胺酶粗品溶解后透析去除小分子杂质，然后加入0.6倍体积的MPO去除大分子杂质，再加入0.2倍体积MPO可得天门冬酰胺酶精品。将得到的精品用缓冲液溶解后滴加MPO至微浑，置于4℃冰箱24小时后可得到酶结晶。又如利用卡那霉素易溶于水，不溶于乙醇的性质，在卡那霉素脱色液中加95%乙醇至微浑，加晶种并保温30～35℃即得卡那霉素晶体。

应用有机溶剂结晶法的最大缺点是有机溶剂可能会引起蛋白质等物质变性，另外结晶残液中的有机溶剂常需回收。

（六）等电点法

利用某些生物物质具有两性化合物性质，使其在等电点（pI）时于水溶液中游离而直接结晶的方法。等电点法常与盐析法、有机溶剂沉淀法一起使用。如溶菌酶（浓度3%～5%）调整pH 9.5～10.0后在搅拌下慢慢加入5%的氯化钠细粉，室温放置1～2天即可得到美丽的正八面体结晶。又如四环类抗生素是两性化合物，其性质和氨基酸、蛋白质很相似，等电点为5.4。将四环素粗品溶于pH 2的水中，用氨水调pH 4.5～4.6，28～30℃保温，即有四环素游离碱沉淀结晶析出。

（七）微量扩散法

微量扩散法的具体做法是将少量结晶样品溶液与相应的沉淀剂一道置于一个密封的环境中，通过气相扩散使样品中溶质达到饱和，慢慢长成晶体（图5－13）。该法优点如下。

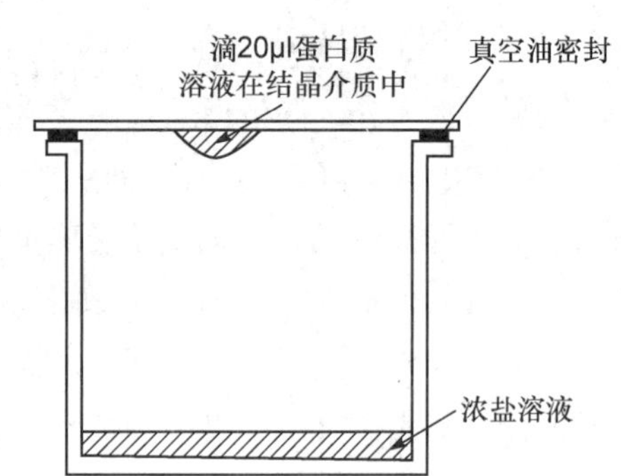

图5－13　微量蒸发扩散结晶装置示意图

（1）样品需量甚微，只要10μl以上的样液即可进行操作。

（2）由于是气相扩散，结晶条件的形成和发展十分缓慢而连续，对生成颗粒大的单晶比较有利（可供X射线衍射研究）。

（3）因用样少，条件易控（如选择、调整沉淀剂的种类，与样品的比例、扩散温度等），可以对该溶质的结晶条件进行广泛的摸索和筛选。

（八）化学反应结晶法

调节溶液的pH或向溶液中加入反应剂，生成新物质，当其浓度超过它的溶解度时，就有结晶析出。例如青霉素结晶就是利用其盐类不溶于有机溶剂，而游离酸不溶于水的特性使其结晶析出。在青霉素醋酸丁酯的萃取液中，加入醋酸钾－乙醇溶液，即得青霉素钾盐结晶；头孢菌素C的浓缩液中加入醋酸钾即析出头孢菌素C钾盐；又如利福霉素S（Rifamycin S）的醋酸丁酯萃取浓缩液中，加入氢氧化钠，利福霉素S即转为其钠盐而析出结晶。

（九）共沸蒸馏结晶

有些有机溶剂系统能与水形成恒沸混合物，纯水沸点为100℃，正丁醇沸点为117.7℃，但两者的混合物进行蒸馏时，蒸出来的是丁醇和水恒沸混合物（丁醇为57.5%、水为42.5%），共沸点为92.6℃，分别低于水和丁醇的沸点。同理三元系统也类似，如正丁醇、丁酯、水三者之间亦可形成共沸物（其重量百分组成为27.4%、35.3%、37.3%），其三元共沸点为89.4℃。无论二元或三元共沸点，都随真空度的提高而下降。因此，可在真空低温下进行共沸蒸馏结晶（azeotropic distillation crystallization），将溶剂蒸发后产品结晶析出，可缩短结晶的生产周期，同时还可减少热敏性抗生素之破坏，提高收率。

共沸蒸馏结晶的特点是晶体粗大，疏松易过滤，便于洗涤，晶体表面吸附杂质少，产品质量好。例如用于制备青霉素钾（钠）盐，将第一次或第二次醋酸丁酯萃取液进行共沸蒸馏结晶，共沸蒸馏除水效果好，终点水分可控制在0.6%左右，由于终点水分低，所以结

晶收率高。

在实际生产实践中，某一种物质的结晶过程往往是几种条件的综合应用，并不是靠某一种条件单独进行的。例如普鲁卡因青霉素结晶就是并用冷却法和化学反应结晶两种方法，先将青霉素钾盐溶于缓冲液中，冷却至5～8℃，并加入适量晶种，然后滴加盐酸普鲁卡因溶液，在剧烈搅拌下就能得到普鲁卡因青霉素微粒结晶。

三、提高晶体质量的途径

晶体的质量主要是指晶体的大小、形状和纯度等3个方面。工业上通常希望得到粗大而均匀的晶体，这种晶体比细小不规则晶体便于过滤与洗涤，在储存过程中不易结块。但对有些物质，药用时有些特殊要求。如非水溶性抗生素药用时，需做成悬浮液，为使人体容易吸收，粒度要求较细。普鲁卡因青霉素G是一种混悬剂，直接注射到人体中去，要求晶体在5μm以下。如颗粒过大，不仅不利于吸收而且注射时易阻塞针头，而且注射后产生局部红肿疼痛，甚至发热等症状。但晶体过分细小，粒子会带静电，由于相互排斥，四处跳散，并且会使比容过大，给成品分装带来不便。

（一）晶体大小

影响晶体大小的主要因素，归纳起来与过饱和度、温度、搅拌速度、晶种等直接有关。

1. 过饱和度　增加过饱和度能使成核速度和晶体生长速度增快，但对前者影响较大，因此过饱和度增加，得到的晶体较细小。例如青霉素钾盐结晶时，由于青霉素钾盐难溶于醋酸丁酯造成过饱和度过高，而形成较小晶体。采用共沸蒸馏结晶时，在结晶过程中始终维持较低的过饱和度，可得到较大的晶体。

2. 温度　当溶液快速冷却时，一般能达到较高的过饱和度，因而得到的晶体也较细小而且常导致生成针状晶（原因是针状结晶容易散热），反之缓慢的冷却常得到较粗大的晶体。例如土霉素的水溶液以氨水调pH至5，温度从20℃降低至5℃，使土霉素碱结晶析出，温度降低速度愈快，得到的晶体比表面就愈大，即晶体愈细。此外温度对溶液的黏度还有影响，一般在低黏度条件下能得到较均匀的晶体。

3. 搅拌速度　搅拌能促进成核和加快扩散，提高晶核长大的速度，但当搅拌强度到一定程度后，再加快搅拌效果就不显著，相反晶体还会被打碎。经验表明，搅拌愈快，晶体愈细。例如普鲁卡因青霉素微粒结晶搅拌转速为1000r/min，制备晶种时，则采用3000r/min的转速。一般可通过试验来确定较适当的搅拌速度，使晶体颗粒较大。搅拌还可防止晶体聚集形成结团（晶簇）现象的产生。

4. 晶种　加入晶种能诱导结晶，而且还能控制晶体的形状、大小和均匀度。结晶时是否加入晶种对结晶过程是有影响的，如图5－14所示。图5－14a表示不加晶种结晶时，溶液需迅速地冷却，此时溶液的状态很快穿过亚稳区而到达不稳定区的某一点，出现初级成核现象，溶液中有大量微小晶核骤然产生出来，在这种过程中成核速度和晶体生长速度都不能控制。所得晶体颗粒参差不齐，属于无控制结晶。

图5－14b表示结晶时加入适量晶种，溶液可以缓慢冷却，由于溶液中有晶种存在，且降温速率得到控制，在操作过程中结晶溶液始终处于亚稳区中，而晶体的生长速率完全由冷却速率加以控制，因为溶液不致进入不稳定区，所以不会发生初级成核现象，不会自动形成晶核，这样就能借助于加入晶种来诱导结晶，控制晶体的形状、大小和均匀度，这种“控制结晶”操作方法能够产生预定粒度的、合乎质量要求的均匀晶体。

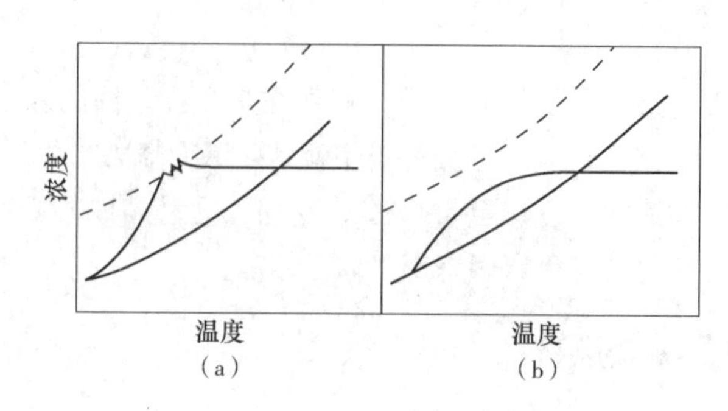

图5-14 晶种对结晶速度的影响

(a) 不加晶种; (b) 加晶种

从生产实际考虑，通常希望得到颗粒大而均匀的晶体，因此在结晶时，一般温度不宜太低，搅拌不宜太快，主要控制晶核形成速度远远小于晶体生长速度，最好将溶液控制在亚稳区而且在低的过饱和度下，在较长时间内只能产生一定量的晶核，而使原有晶种不断长晶体。这样得到的晶体颗粒粗大而整齐。

(二) 晶体形状

同种物质的晶体，用不同的结晶方法产生，虽仍属于同一晶系，但其外形可以完全不同。外形的变化是由于在一个方向生长延续受阻，或在另一方向生长加速所致。通过一些途径可以改变晶体外形，例如：控制晶体生长速度、过饱和度、结晶温度、选择不同的溶剂、调节溶液的 pH 和有目的地加入某种能改变晶形的杂质等。

在结晶过程中，过饱和度对某些物质的各晶面生长速度影响不同，提高或降低过饱和度有可能使晶体外形受到显著影响。

从不同溶剂中结晶常得到不同的外形，如光神霉素在醋酸戊酯中结晶得到微粒晶体，而从丙酮中结晶则得到长柱状晶体。又如普鲁卡因青霉素在水溶液中结晶得方形晶体，而从醋酸丁酯中结晶得方棒形晶体。

杂质会影响晶形，例如作为消沫剂的丁醇存在于普鲁卡因青霉素结晶中会影响晶形，醋酸丁酯存在会使晶体变得细长。

(三) 晶体纯度

杂质的存在对晶体生长有很大影响，并成为结晶过程中重要问题之一。杂质对晶体生长影响有多种情况，有的杂质能完全制止晶体的生长，有的则能促进生长，还有的能对同一种晶体的不同晶面产生选择性的影响，从而改变晶体外形。

结晶过程中，含许多杂质的母液是影响产品纯度的一个重要因素。由于晶体表面具有一定的物理吸附能力，因此表面上有很多母液和杂质黏附在晶体上。晶体愈细小，比表面积愈大，表面自由能愈高，吸附杂质愈多。

抗生素结晶后要进行过滤分离母液，同时还用一些有机溶剂或水来洗涤晶体表面残留母液以及所附着的色素等杂质，通过晶体洗涤的方法可以改变成品颜色和提高纯度。表面吸附的杂质一般可通过晶体洗涤加以去除，故加强洗涤有利于提高产品质量。

当结晶速度过大时（如过饱和度较高，冷却速度较快），常发生晶体聚结成为“晶簇”现象，此时易将母液中杂质包藏在内，或因晶体对溶剂亲和力大，晶格中常包含溶剂。为防止晶簇产生，在结晶过程中可适度的进行搅拌。为除去晶格中的溶剂，可采用重结晶的方法。如红霉素碱从丙酮中结晶时，每1分子红霉素碱可含1~3个分子丙酮，只有在水中

重结晶才能除去。

（四）晶体结块

晶体结块给使用带来不便。结块原因目前公认的有结晶理论和毛细管吸附理论两种。结晶理论认为由于物理或化学原因，使晶体表面溶解并重结晶，于是晶粒之间在接触点上形成了固体联结，即形成晶桥，而呈现结块现象。毛细管吸附理论认为由于细小晶粒间形成毛细管其弯月面上的饱和蒸汽压低于外部饱和蒸汽压，这就为水蒸气在晶粒间的扩散造成条件。这种水分的扩散会造成溶解的晶体移动，从而为晶粒间晶桥提供饱和溶液，导致晶体结块。

均匀整齐的粒状晶体结块倾向较小，即使发生结块，由于结构疏松，易弄碎；粒度不齐的粒状晶体，大晶粒之间的空隙充填着较小晶粒，结块倾向较大，且不易弄碎。大气湿度、温度、压力及储存时间等对结块也有影响。空气湿度高会使结块严重；温度高会导致化学反应使结块加快；晶体受压也会使晶粒紧密接触，导致结块严重；储存时间增长结块趋于严重，这是由于溶解及重结晶反复次数增多所致。为避免结块，在结晶过程中应控制晶体粒度，保持较窄的粒度分布及良好的晶体外形，还应储存于干燥、密闭的容器中。

（五）重结晶

重结晶（recrystallization）即将晶体用合适的溶剂溶解后再次结晶，能使纯度提高，因为杂质和结晶物质在不同溶剂和不同温度下的溶解度不同。

对于溶解度受温度影响较大的物质，可将产品溶解在热的溶剂中，然后缓慢降低温度析出晶体。另一种常用的重结晶方法是将溶质溶于对其溶解度较大的一种溶剂中，然后将第二种溶剂加热后缓缓地加入，一直到稍显混浊，结晶刚出现为止，接着冷却，放置一段时间使结晶完全。例如为了提高红霉素成品的纯度，可以在不同溶剂中进行重结晶，生产上采用丙酮加水的重结晶方法：将已干燥的红霉素碱以1∶7配比（W/V）的丙酮进行溶解，待溶于丙酮后以硅藻土为介质进行过滤，再用丙酮溶液1.5～2倍量体积的蒸馏水加入到丙酮溶液中，在室温条件下静置（24小时左右），即有红霉素精制品析出。通过重结晶的红霉素成品效价一般较原来产品要提高50～60U/mg。通过重结晶可使产品的色级及纯度等均获得提高，使原来不合格的产品转为合格品，使合格品的质量进一步提高。

重结晶的关键是选择一种合适的溶剂，用于重结晶的溶剂一般应具备下列条件：①溶质在某溶剂中的溶解度较大，当外界条件（如温度、pH等）改变时，其溶解度能明显地减小；②溶质易溶于某一溶剂而难溶于另一溶剂，且两溶剂互溶，则通过实验确定两者在混合溶剂中所占比例；③对色素、降解产物、异构体等杂质能有较好的溶解性；④无毒性或极其低微、沸点较低便于回收利用等。用于生物物质重结晶的溶剂一般有蒸馏水（或无盐水）、丙酮、石油醚、乙酸乙酯、低级醇等。

扫码"练一练"

（郑　珩）

第六章　吸附分离法

第一节　吸附的基本原理

扫码“学一学”

吸附法（adsorption method）指利用吸附作用，将样品中的生物活性物质或杂质吸附于适当的吸附剂上，利用吸附剂对活性物质和杂质间吸附能力的差异，使目的物和其他物质分离，达到浓缩和提纯目的的方法。吸附法具有下列特点。

（1）设备简单、操作简便、价廉、安全。

（2）少用或不用有机溶剂，吸附与洗脱过程中 pH 变化小，较少引起生物活性物质的变性失活。

（3）天然吸附剂（特别是无机吸附剂）的吸附性能和吸附条件较难控制，吸附选择性差，收率不高，难以连续操作。但是随着人工合成的高聚物吸附剂的发展，其性能已有很大改进。

由于吸附法比较快速，许多吸附剂又相当廉价，所以在大体积料液（稀溶液）中提取含量较少的目的物时具有特殊的优越性。如从人尿中提取尿激酶（UK）粗品，从孕妇尿中吸附人绒毛膜促性腺激素（HCG），从发酵液中吸附抗生素等。这种用法是吸附提取液中的有效成分，称作“正吸附”。正吸附易于在杂质少的溶液中进行。杂质过多时，吸附剂可能被杂质所饱和，不利于目的物的吸附。另外，吸附法还常用于去除提取液中的杂质，如用活性炭脱色等，称为“负吸附”。

一、吸附作用

固体内部分子或原子之间的力是对称的，彼此处于平衡状态。但在界面上的分子同时受到不相等的两相分子的作用力，因此界面分子的力场是不饱和的，即存在一种固体的表面力，能从外界吸附分子、原子或离子，并在吸附剂表面附近形成多分子层或单分子层。物质从流体相（气体或液体）浓缩到固体表面从而达到分离的过程称为吸附作用（adsorption），在表面上能发生吸附作用的固体微粒称为吸附剂（absorbent），而被吸附的物质称为吸附物（adsorbate）。

按照吸附剂和吸附物之间作用力的不同，吸附可分物理吸附和化学吸附。当吸附剂和吸附物之间作用力是通过分子间引力（范德华力）产生的吸附称为物理吸附（physical adsorption），这是最常见的一种吸附现象；如果在吸附剂和吸附物之间有电子的转移，发生化学反应而产生化学键，这种吸附称为化学吸附（chemical adsorption）。物理吸附是可逆的，可以成单分子层吸附或多分子层吸附，选择性较差。物理吸附与吸附剂的表面积、孔分布和温度等因素有密切的关系。化学吸附的选择性较强，即一种吸附剂只对某种或特定几种物质有吸附作用，只能形成单分子层吸附，吸附后较稳定，不易解吸，平衡慢。两种吸附的特点见表 6－1，有时这两种吸附作用是同时发生的，难以严格区分。

表 6-1　物理吸附与化学吸附的特点

项　目	物理吸附	化学吸附
作用力	范德华力	库仑力
吸附力	较小，接近液化热	较大，接近反应热
选择性	几乎没有	有选择性
吸附速度	较快，需要的活化能很小	慢，需要较高的活化能
吸附分子层	单分了或多分了层	单分子层

二、影响吸附的因素

一般认为吸附法的专一性不强，但只要充分了解吸附剂及吸附物的性质，尤其是吸附选择性，控制适当的吸附条件和吸附剂用量，可望得到满意的效果。

固体在溶液中的吸附比较复杂，影响因素也较多，主要有吸附剂的特性、吸附物的性质、二者的数量关系、吸附溶剂介质的性质和操作条件等。

（一）吸附剂的特性

吸附现象在界面发生，因此吸附剂比表面积愈大，吸附量愈多，可通过将吸附剂磨碎成小的颗粒来增加吸附剂表面积。吸附剂的粒度能够影响吸附容量但对吸附性质没有影响，但吸附剂颗粒过小，吸附柱流速太低，不利于工业上实际操作。将粉末吸附剂人工集合成疏松的聚集体可兼得吸附均匀和高流速的效果。

通过活化的方法也可增加吸附剂的吸附容量。所谓吸附剂的活化，就是通过处理使其表面具有一定的吸附特性或增加表面积。吸附剂的特性由于制备和活化方法不同，可有很大差别。如活性炭，在500℃活化后易吸附酸而不吸附碱，但在800℃活化者却易吸附碱而不吸附酸。凝胶状态的吸附剂如磷酸钙凝胶等，其吸附能力和陈化程度（即制得后放置时间）有关，原因是凝胶的表面积是随时间而改变的。制备和活化方法的不同对氧化镁吸附剂的影响更明显，用某种方法制备的氧化镁几乎全部分解所吸附的胡萝卜素，但在另一条件下制备的则不引起胡萝卜素的分解，而在又一条件下制取的却没有吸附作用。

另外还要求吸附剂的机械强度好，吸附速度快。影响吸附速度主要有吸附剂的颗粒度和孔径分布，颗粒度越小，吸附速度越快；孔径大，有利于吸附物向空隙中扩散，但孔径也要适当，以减少杂质的干扰，增加吸附选择性。

（二）吸附物的性质

吸附效果还与吸附物的性质，吸附物在溶液中的溶解度和解离状况，分子结构及能否与溶剂形成氢键有关。

（1）能使表面张力降低的物质，易为表面所吸附。这条规则是从吉布斯（Gibbs）吸附方程式来的。被固体吸附较多的液体，对固体的表面张力较小。

（2）一般极性吸附剂易吸附极性物质，非极性吸附剂易吸附非极性物质；因而极性吸附剂适宜从非极性溶剂中吸附极性物质；而非极性吸附剂适宜从极性溶剂中吸附非极性物质。如活性炭是非极性的，它在水溶液中是吸附一些有机化合物的良好吸附剂。硅胶是极性的，它在有机溶剂中吸附极性物质较为适宜。

（3）溶质从较易溶解的溶剂中被吸附时，吸附量较少。相反，洗脱时，采用溶解度较

大的溶剂，洗脱就较容易。吸附物若在介质中发生离解，其吸附量必然下降。例如两性化合物（氨基酸、蛋白质等）的吸附，最好在非极性或低极性介质内进行，这时离解甚微；若在极性介质内吸附，则应在其等电点附近的 pH 范围内进行。

（4）对于同系列物质，吸附量的变化是有规则的，分子愈大，极性愈差，因而愈易为非极性吸附剂所吸附，而愈难为极性吸附剂所吸附。

（5）吸附物若能与溶剂形成氢键，则吸附物极易溶于溶剂之中，吸附物就不易被吸附剂所吸附。如果吸附物能与吸附剂形成氢键，则可提高吸附量。

在实际生产中，脱色和除热原一般用活性炭，去过敏物质常用白陶土。在制备酶类等药物时，要求采用的吸附剂选择性较强，须选择多种吸附剂进行实验才能确定。

（三）吸附条件

1. 温度 吸附热越大，温度对吸附的影响越大。物理吸附，一般吸附热较小，温度变化对吸附的影响不大。对于化学吸附，低温时吸附量随温度升高而增加。温度对吸附物的溶解度有影响，吸附物的溶解度随温度升高而增大者，不利于吸附，适用低温吸附。但同时还要考虑吸附速度的影响，在低温时，有些吸附过程往往在短时内达不到平衡，而升高温度会使吸附速度加快，此时适当提高温度可使吸附量增加。

生化物质吸附温度的选择，还要考虑它的热稳定性。对酶来说，如果是热不稳定的，一般在0℃左右进行吸附；如果比较稳定，则可在室温操作。

2. pH 值 溶液的 pH 可控制吸附剂或吸附物解离情况，进而影响吸附量，对蛋白质或酶类等两性物质，一般在等电点附近吸附量最大。

3. 盐的浓度 盐类对吸附作用的影响比较复杂，有些情况下盐能阻止吸附，在低浓度盐溶液中吸附的蛋白质或酶，常用高浓度盐溶液进行洗脱。但在另一些情况下盐能促进吸附，甚至有的吸附剂一定要在盐的存在下，才能对某种吸附物进行吸附。例如硅胶对某种蛋白质吸附时，硫酸铵的存在，可使吸附量增加许多倍。

正是因为盐对不同物质的吸附有不同的影响，盐的浓度对于选择性吸附很重要，在生产工艺中也要靠实验来确定合适的盐浓度。

4. 溶剂的影响 单溶剂与混合溶剂对吸附作用有不同的影响。一般吸附物溶解在单溶剂中易被吸附，而溶解在混合溶剂（无论是极性与非极性混合溶剂或者是极性与极性混合溶剂）中不易被吸附。所以一般用单溶剂吸附，用混合溶剂解吸。

（四）吸附物浓度与吸附剂用量

一般情况下吸附物浓度大时，吸附量也大。但同时由于杂质的存在，浓度升高后吸附的杂质量也上升，吸附选择性下降。因此在使用吸附法时，为提高吸附选择性，常将料液进行适当稀释。如在用吸附法对蛋白质或酶进行分离时，常要求其浓度在1%以下；用活性炭脱色和去热原时，为了避免对有效成分的吸附，往往将药液稀释后进行。

应该注意的是，上面所说的吸附量，是指单位重量吸附剂所吸附物质的量。从分离提纯的角度考虑，还要考虑被吸附物质的总量，也就是应考虑吸附剂的用量。吸附剂用量增大，吸附物的平衡浓度要变小，每克吸附剂所吸附物质的量也要变少，但吸附物质的总量会多些。同时吸附剂用量过多，会导致成本增高、吸附选择性下降等，所以吸附剂的用量应综合各种因素，通过实验来确定。

第二节　常用吸附剂

吸附剂按其化学结构可分为两大类：一类是有机吸附剂，如活性炭、淀粉、聚酰胺、纤维素、大孔吸附树脂等；另一类是无机吸附剂，如白土、氧化铝、硅胶、硅藻土、碳酸钙等。在工业生产中常用的吸附剂有活性炭、白土、氧化铝、硅胶、大孔树脂等。

一、活性炭

活性炭是一种吸附能力很强的非极性吸附剂，一般为木屑、兽骨、兽血或煤屑等原料高温（800℃）碳化而成。具有价格低、来源方便等优点。但不同来源、制法、生产批号的产品，其吸附力就可能不同，很难标准化，结果不易重复。另外，由于活性炭色黑质轻，不易回收利用，往往易污染环境。

根据粗细程度，活性炭可分为粉末活性炭和颗粒活性炭。粉末活性炭比表面积大，吸附能力也强；颗粒活性炭比表面积小，吸附能力较差，但便于装柱使用，静态使用时易与溶液分离。锦纶活性炭是以锦纶为黏合剂，将粉末活性炭制成颗粒，其比表面积介于粉末活性炭和颗粒活性炭之间，吸附能力较两者弱。

活性炭的吸附作用在水溶液中最强，在有机溶液中较弱，溶剂中吸附能力的顺序如下：水 > 乙醇 > 甲醇 > 乙酸乙酯 > 丙酮 > 三氯甲烷。在水溶液中，酸性条件下吸附能力较强，而在 pH 6.8 以上时吸附能力较差。有报道其吸附热原能力以 pH 3 ~5 为最好。吸附剂分子结构对活性炭的吸附性能也有较大影响，一般地说，对具有极性基团的化合物吸附力较大；对芳香族化合物的吸附力大于脂肪族化合物；对分子量大的化合物的吸附力大于对分子量小的化合物。因此活性炭常用于去除色素和热原等，如在注射液生产中，加入液体 0.02% ~1% 的活性炭，可吸附水溶液中的色素、有味物质、酸、碱、盐和热原等，改善注射液的澄明度。在使用活性炭去杂时需注意其用量不宜太大，否则会造成精制的物质受到损失。

由于活性炭是一种强吸附剂，对气体的吸附力和吸附量都很大，气体分子占据了活性炭的吸附表面，会造成活性炭“中毒”，使其活力降低，使用前可加热烘干，以除去大部分气体。对于一般的活性炭可在 160℃ 加热干燥 4 ~5 小时；锦纶 - 活性炭受热易变形，可于 100℃ 干燥 4 ~5 小时。

除用于除杂外，活性炭还可用于生化药物的分离。例如用 766 型颗粒活性炭吸附 CoA：将酵母破壁后的提取液流经 766 型颗粒活性炭柱，流速为 1.9 ~2.1L/min，吸附完毕后，用自来水冲洗至流出液澄清，再用 40% 乙醇洗涤，至洗涤滴出液加 10 倍量的丙酮无白色浑浊，然后改用 3.2% 氨乙醇（40% 乙醇 10kg，加氨水 320ml）洗脱，当出现微黄开始收集，并在 pH 6.0 左右，洗脱至加过量丙酮无白色浑浊为止，洗脱液即进行浓缩。

二、人造沸石

人造沸石是人工合成的一种无机阳离子交换剂，其分子式为，$Na_2Al_2O_4 \cdot xSiO_2 \cdot yH_2O$，人造沸石在溶液中呈 $Na_2Al_2O_4 = 2Na^+ + Al_2O_4^{2-}$，而偏铝酸根与 $xSiO_2 \cdot yH_2O$ 紧密结合成为不溶于水的骨架。以 Na_2Z 代表沸石，M^+ 表示溶液中阳离子，则：

$$Na_2Z + 2M^+ \rightleftharpoons M_2Z + 2Na^+$$

例如用人造沸石吸附细胞色素 C：将心肌绞碎，用稀硫酸提取，清液用 2mol/L 氨水中

和至 pH 6.0，等电点沉淀法除杂蛋白，上清液中加入人造沸石（每升提取液加 10g 人造沸石）搅拌吸附，静止后取出人造沸石分别用蒸馏水、0.2% 氯化钠溶液、蒸馏水洗涤，直至洗液澄清，过滤抽干。将人造沸石装柱，用 25% 硫酸铵溶液洗脱，流出液变红时开始收集，至红色流尽洗脱完毕，合并洗脱液，再盐析，精制。

三、磷酸钙凝胶

在蛋白质的分离、精制中，较常用的吸附剂是磷酸钙凝胶，按制备方法的不同，磷酸钙凝胶可制成多种形式，如磷酸钙、磷酸氢钙、羟基磷灰石（又名羟基磷酸钙 [$Ca_5(PO_4)_3 \cdot OH$]），一般认为磷酸钙对蛋白质的吸附作用主要是其中 Ca^{2+} 与蛋白质负电基团结合。

实际应用中通常采用浓磷酸直接加入氢氧化钙溶液中，或者用磷酸盐溶液加入氯化钙溶液，生成磷酸钙凝胶，吸附沉淀蛋白质。

例如用磷酸钙凝胶吸附胰岛素：将胰脏绞碎，立即用含磷酸醇液提取，过滤，向提取液中加入氯化钙溶液，利用生成的磷酸钙凝胶将胰岛素吸附，然后用酸水解吸，进一步盐析精制。又如制备链激酶时用磷酸钙处理去除杂蛋白：经盐析得到链激酶沉淀，捣碎，加适量蒸馏水，并调 pH 至 7.2 使沉淀溶解，用 10% 氢氧化钠调 pH 8.0 ~ 9.0，在充分搅拌下加 15.2% 磷酸钠溶液 1 份（体积为酶液的 1/10 ~ 1/6），再加 22.6% 醋酸钙溶液 5 份，利用生成磷酸钙凝胶吸附杂蛋白，然后离心分离清液，用 10% 盐酸调 pH 7.2，供下步精制。

四、氧化铝

活性氧化铝是最常用的一种吸附剂，特别适用于亲脂性成分的分离，广泛地应用在醇、酚、生物碱、染料、甾体化合物、苷类、氨基酸、蛋白质以及维生素、抗生素等物质的分离。活性氧化铝价廉，再生容易，活性易控制；但操作不便，手续繁琐，处理量有限，因此也限制了在工业生产上大规模应用。

氧化铝有碱性、中性和酸性之分。碱性氧化铝由氢氧化铝经高温（380 ~ 400℃，3 小时）脱水制得，常用于从碳氢化合物中除去含氧化合物，以及某些对碱溶液比较稳定的色素、甾族化合物、生物碱、醇以及其他中性、碱性物质的分离；中性氧化铝由层析用碱性氧化铝加 3 ~ 5 倍重量的蒸馏水，在不断搅拌下煮沸 10 分钟，倾去上层液体，反复处理至水提取液 pH 7.5 为止，经活化后即可使用。中性氧化铝使用最广，适用于酸、酮、醌、某些苷以及酸碱溶液中不稳定化合物（如酯、内酯等）的分离；酸性氧化铝为工业氧化铝用水调成糊状，加入 2mol/L 盐酸，使混合物呈刚果红酸性反应，倾去上层清液，用热水洗至溶液呈刚果红弱紫色，过滤，加热活化备用。酸性氧化铝适用于天然及合成酸性色素及某些醛、酸的分离。

氧化铝的活性与含水量的关系很大，在一定的温度下除去水分后以使氧化铝活化。活化了的氧化铝再引入一定量水即可使活性降低。

五、硅胶

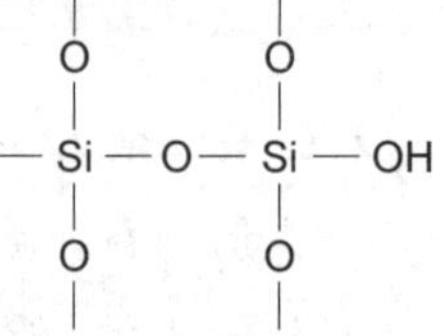

图 6-1　层析用硅胶的多孔性网状结构

层析用硅胶可用 $SiO_2 \cdot nH_2O$ 表示，具有多孔性网状结构，这种结构如图 6-1 所示：硅胶骨架表面有很多硅羟基，能吸附很多水分。这种水分几乎以游离状态存在，称自由水。其活性强弱和

自由水的含量有关，自由水多，活性低，自由水少，活性高（表6－2），当含水量高达16%～18%，硅胶的吸附作用很差，可作为分配层析的载体。硅胶分子内的水称结构水，如果加温高达500℃以上，结构水即逐渐失去，硅胶结构被破坏，失去活性。

表6－2 硅胶的活性与含水量的关系

硅胶活性等级	Ⅰ级	Ⅱ级	Ⅲ级	Ⅳ级	Ⅴ级
含水量（%）	0	5	15	25	38

活化后的硅胶极易吸水而降低活性，一般在用前于110℃再活化0.5～1h后使用。硅胶能吸附非极性化合物，也能吸附极性化合物。可用于芳香油、萜类、固醇类、生物碱、强心苷、蒽醌类、酸性化合物、磷酯类、脂肪类、氨基酸等的吸附分离。在前列腺素（PG）的制备中，应用硅胶柱分离PGE、PGA、PGF等效果良好。

六、硅藻土

硅藻土的主要成分是无定形的二氧化硅，由硅藻的遗体沉积而成。商品硅藻土是经过盐酸洗涤和煅烧等去杂质后的产品。国外商品Celite基本上也是一种硅藻土。

硅藻土具有吸附大量液体的能力。由于化学上稳定，具有孔隙和吸附能力弱的特点，它是一种好的助滤剂和澄清剂。

第三节 大孔网状聚合物吸附剂

扫码“学一学”

扫码“看一看”

大孔网状聚合物吸附剂（大网格吸附剂、大孔网状树脂，macroreticular adsorbent）于1957年首次合成成功，它和大孔网状离子交换树脂具有相同的大网格骨架。在合成树脂时，加入一种惰性组分，它不参与聚合反应，但能和单体互溶，称为致孔剂。待网络骨架固化和链结构单元形成后，用溶剂萃取或水洗蒸馏的方法将致孔剂去掉，就留下了不受外界条件影响的永久孔隙，其孔径远大于2～4nm，可达到100nm甚至1000nm以上，故称“大孔”。与大孔网状离子交换树脂相比，它不含离子交换树脂的功能团，仅保留了多孔的骨架，其性质与活性炭、硅胶等吸附剂相似，称为大孔网状聚合物吸附剂。

与活性炭等经典吸附剂相比，大孔网状聚合物吸附剂具有选择性好、解吸容易、理化性质稳定、机械强度好、可反复使用和流体吸力较小等优点。特别是可按照需要，通过不同的原料和合成条件改变其孔隙大小、骨架结构和极性，因此适用于吸附各种有机化合物。目前已应用于维生素B_{12}、大环内酯类抗生素、多肽类抗生素等的提取。对于一些弱电解质或非离子型的生物活性物，过去不能用离子交换法提取的，可考虑用大网格吸附剂。

一、大孔网状聚合物吸附剂的类型

大孔网状聚合物吸附剂按骨架的极性强弱，可分为非极性、中等极性、极性和强极性吸附剂四类。非极性吸附剂系由苯乙烯和二乙烯苯聚合而成，故称为芳香族吸附剂。中等极性吸附剂具有甲基丙烯酸酯的结构，也称为脂肪族吸附剂。含有硫氮、酰胺、氮氧等基团的为极性吸附剂（表6－3）。美国罗姆－哈斯（Rohm and Haas）公司首先于1966～1967年开始生产Amberlite系列，随后日本三菱化成公司生产Diaion系列大孔网状聚合物吸附剂，属于非极性吸附剂，相当于XAD－4，其性能见表6－4。各种类型大网格吸附剂的大

致结构示于图 6－2～图 6－7 中。

表 6－3　Amberlite 大孔网状聚合物吸附剂的物理性质

吸附剂		功能团	氮孔率		汞孔率		比表面（m^2/g）	平均孔径（Å）	骨架密度（g/cm^3）	湿真密度（g/cm^3）	偶极矩
			空隙度体积（%）	孔容（ml/g）	空隙度体积（%）	孔容（ml/g）					
非极性芳香族吸附剂	XAD－1	苯乙烯二乙烯苯	35.0				100	205	1.06	1.02	
	XAD－2	苯乙烯二乙烯苯	42.0	0.693	39.3	0.648	300	90	1.081	1.02	0.3
	XAD－3	苯乙烯二乙烯苯	38.7				526	44			
	XAD－4	苯乙烯二乙烯苯	51.3	0.998	50.2	0.976	784	50	1.058	1.02	
	XAD－5	苯乙烯二乙烯苯	43.4				415	68			
中等极性吸附剂	XAD－6	甲基丙酸酯	49.3				63	498			
	XAD－7	甲基丙酸酯	55.0	1.080	58.2	1.144	450	90	1.215	1.05	>1.8
	XAD－8	甲基丙酸酯	52.4	0.822	51.9	0.787	140	235	1.259	1.09	
极性吸附剂	XAD－9	硫氧基	44.9	0.609	40.2	0.545	69	366	1.262		3.3
	XAD－10	酰胺					69	352			
	XAD－11	酰胺	41.4	0.616			69	352	1.209		3.9
	XAD－12	强极性 N－O 基	45.1	0.787	50.4	0.880	22	1300	1.169		4.5
	XE－284	磺酸	47.2	0.657	39.1	0.544	571	44	1.437		>5.0

表 6－4　Diaion 大孔网状聚合物吸附剂的物理性质

吸附剂	比表面（m^2/g）	孔容（ml/g）	孔半径（Å）	吸附剂	比表面（m^2/g）	孔容（ml/g）	孔半径（Å）
HP－10	501.3	0.64	300	HP－40	704.7	0.63	250
HP－20	718.0	1.16	460	HP－50	589.8	0.81	900
HP－30	570.0	0.87	250				

图 6－2　XAD－2,4 的结构　　**图 6－3　XAD－7 的结构**　　**图 6－4　XAD－8 的结构**

表 6－3 中空隙度系指吸附剂中空隙所占的体积百分率。孔容系指每 1g 吸附剂所含的空隙体积。骨架密度系指吸附剂骨架的密度，即每 1ml 骨架（不包括空隙）的重量（g）。湿真密度系指空隙充满水时的密度，在实际使用时湿真密度不能小于 1，否则树脂就要上浮。偶极矩可以表征极性的强弱，偶极矩越大，极性越强。

二、大孔网状吸附法操作过程

（一）树脂选择

大孔网状聚合物吸附剂是一种非离子型共聚物，它通过范德华力从溶液中吸附各种有机物质。根据“类似物容易吸附类似物”的原则，一般非极性吸附剂适宜于从极性溶剂（例如水）中吸附非极性物质。相反，高极性吸附剂适宜于从非极性溶剂中吸附极性物质，而中等极性的吸附剂则对上述两种情况都具有吸附能力。

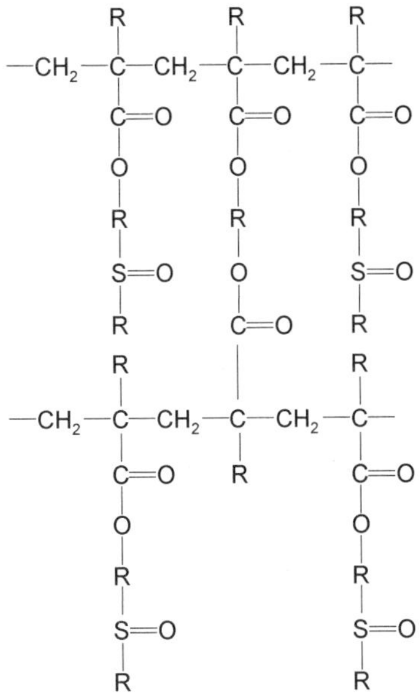

图 6－5　XAD－9 的结构

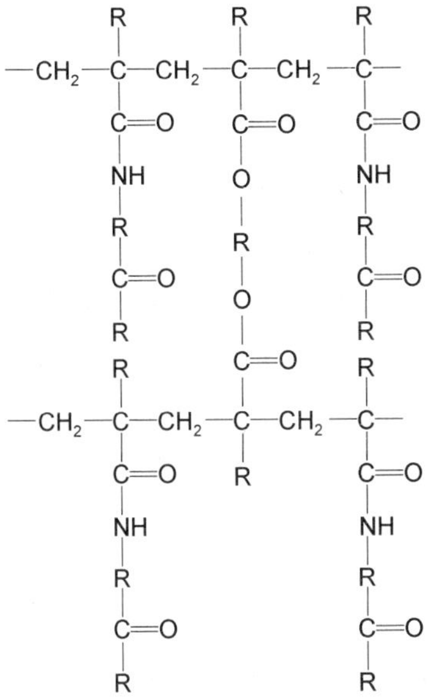

图 6－6　XAD－11 的结构

在选择树脂时还要考虑树脂孔径的影响。溶质分子要通过孔道而到达吸附剂内部表面，因此吸附有机大分子时，孔径必须足够大，但孔径增大，吸附表面积就要减少，同时亦使吸附的选择性下降。经验表明，孔径等于溶质分子直径之 6 倍比较合适。例如吸附酚等分子较小的物质，宜选用孔径小、表面积大的XAD－4，而对吸附烷基苯磺酸钠，则宜用孔径较大、表面积较小的 XAD－2 吸附剂。由于不同厂家在合成树脂时条件不完全相同，大孔网状树脂比表面积、孔径等物理性质也会有所差异，吸附性能也不尽相同，因而实际应用中常选用不同厂家、不同型号的大孔网状树脂，通过实验选择吸附量大、易解吸且吸附选择性较高的树脂。

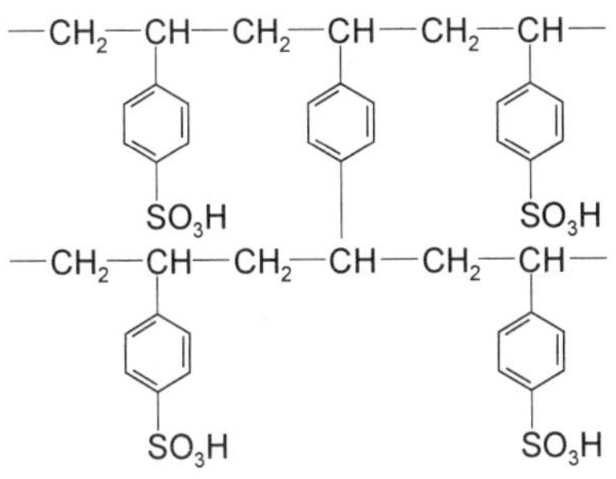

图 6－7　XE284 的结构

由于合成的大孔网状树脂可能会有小分子单体或其他杂质等残留，影响生物样品的分离纯化，甚至使活性成分失活，因而新购进的树脂使用前须进行预处理。通常使用的预处理方法为甲醇洗涤，至洗出液加水不出现浑浊。使用过的树脂可再生后反复使用，根据处理的样品中杂质不同，再生的方法也不相同，多用一种或数种有机溶剂清洗，如分别用甲醇、丙酮和乙酸乙酯洗涤，即可恢复树脂的吸附性能。

（二）吸附条件选择

溶液的 pH 会影响弱电解质的离解程度，因此也影响其吸附量。如用 XAD－4 从废水中吸附酚时，选用 pH 3.0 要优于 pH 6.5。但如溶质是中性物质，则溶液的 pH 对吸附没有影响。例如以某大孔网状吸附剂吸附维生素 B_{12}，在 pH 3、5、7 下的吸附量几乎相等，分别为 9120、9100、9070μg/ml。在选择吸附 pH 时还要考虑待分离目的物的稳定性，如用大网格树脂吸附法分离纯化红霉素时，因为红霉素为弱碱性抗生素，随 pH 上升解离减少，理论上可增加吸附量，但红霉素在碱性条件下易破坏，因此实际应用中在 pH 8.0～8.2 条件下进行吸附。

和离子交换不同，无机盐的存在对吸附不仅没有影响，反而会使吸附量增大。因此用大孔网状吸附剂提取有机物时，不必考虑盐类的存在，这也是大孔网状吸附剂的优点之一。

（三）洗脱条件选择

由于是分子吸附，而且大孔网状吸附剂对有机物质的吸附能一般低于活性炭，所以解吸比较容易。通常解吸有下列几种方法。

（1）最常用的是以低级醇、酮或其水溶液解吸。所选用的溶剂应符合两种要求。一种要求为溶剂应能使大孔网状聚合物吸附剂溶胀，这样可减弱溶质与吸附剂之间的吸附力。另一种要求为所选用的溶剂应容易溶解吸附物，因为解吸时不仅必须克服吸附力，而且当溶剂分子扩散到吸附中心后，应能使溶质很快溶解。

（2）对弱酸性物质可用碱来解吸。如 XAD－4 吸附酚后，可用 NaOH 溶液解吸，此时酚转变为酚钠，亲水性较强，因而吸附较差。NaOH 最适浓度为 0.2%～0.4%，如超过此浓度由于盐析作用对解吸反而不利。

（3）对弱碱性物质可用酸来解吸。

（4）如吸附系在高浓度盐类溶液中进行时，则常常仅用水洗就能解吸下来。

三、应用举例

由于大孔网状聚合物吸附剂与活性炭等经典吸附剂相比，有选择性好、易解吸、理化性质稳定、易再生反复使用等诸多优点，因而在天然药物有效成分提取等方面得到越来越广泛的应用，如维生素、生物碱、色素、赤霉素、四环素类抗生素、大环内酯类抗生素、头孢菌素、多肽及蛋白质等都有用大孔网状聚合物吸附剂来进行分离和纯化的例子（表 6－5）。

表 6－5　大孔网状聚合物吸附剂应用举例

名　称	分离方法	生物活性
Cephalosporin C	XAD－2 吸附，乙醇解吸	头孢类广谱抗生素
环脂肽 FR225654	Diaion HP－20 吸附，50% 甲醇洗涤，80% 甲醇洗脱	抑制糖异生作用，糖尿病药物
乳链球菌素 3147	Amberlite XAD－16 吸附，乙醇洗涤，异丙醇洗脱	抗 G^+ 菌
环脂肽 FR220897	Diaion HP－20 吸附，水、50% 甲醇洗涤，甲醇洗脱	抑制 1,3－β－葡聚糖，抗真菌
环脂肽 FR227673	Diaion HP－20 吸附，50% 甲醇洗涤，100% 甲醇洗脱	抑制真菌
Brasilicardin A	Diaion HP－20 柱吸附，50% 甲醇洗涤，甲醇洗脱	免疫抑制剂
Hygromycin A	Amberlite XAD－4 吸附水洗涤，甲醇洗脱	抗 G^+、G^- 菌；免疫抑制剂

续表

名　称	分离方法	生物活性
Phosphatoquinones A、B	Diaion HP－20 吸附，水洗涤，丙酮洗脱	酪氨酸磷酸酶抑制剂
Naphthoquinones 1－4	Diaion HP－20SS（Mitsubishi）吸附，0～100%的甲醇溶液梯度洗脱	cdc25A 磷酸酶抑制剂
Lymphostin（LK6－A）	Diaion HP－20 吸附，乙酸乙酯提取后浓缩，硅胶柱层析，以甲苯－乙酸乙酯－异丙醇分部洗脱	免疫抑制剂
Glucosylquestiomycin	Diaion HP－20 吸附，60%甲醇洗涤，甲醇洗脱	抗 G^+、G^-菌、酵母
Jerangolid A	发酵液中加入 XAD－16 吸附，活性物质结合到树脂上	抗真菌
Kalimantacins A，B，C	Diaion HP－20 吸附，水洗涤，25%丙酮洗涤，55%丙酮洗脱	抗细菌
Trichostatin A	Diaion HP－20 吸附，水、30%甲醇洗涤，100%甲醇洗脱	抗真菌，组蛋白脱乙酰酶抑制剂
NF00659 A_1，A_2，A_3，B_1，B_2	Diaion HP－20 吸附	抗肿瘤
Spirofungin	Amberlite XAD－16 层析，乙酸乙酯提取，Sephadex LH－20 层析，制备性 HPLC 纯化	抗真菌
16－Methyloxazolomycin	Diaion HP－20 吸附，水洗涤，甲醇洗脱	抗细菌
Kodaiststins	Amberlite XAD－7 吸附，甲醇解吸	葡萄糖－6－磷酸转移酶 T1 抑制剂

如用 SIP－1300 大孔吸附剂分离纯化超氧化物歧化酶（SOD），将猪血红细胞加水溶胀后，加入一定量 SIP－1300 大孔吸附剂（上海医药工业研究院生产，性能与 Amberlite XAD－4 相似），树脂吸附率可达 85.1%，吸附的树脂用 pH 5.0、0.05mol/L 乙酸－乙酸钠缓冲液洗涤，然后用 pH 10.0、0.01mol/L 的甘氨酸－氢氧化钠缓冲液和丙酮的混合溶液洗脱，当缓冲液与丙酮比例为 7∶3 时，洗脱效果较好。此工艺和传统的三氯甲烷－乙醇抽提工艺相比，虽然酶的总活力下降了 9.8%，但酶的纯度却有大幅度的提高（比活力提高了 11.3 倍）。

再如红霉素用 CAD－40 国产大孔吸附剂的提取工艺为：将发酵液稀释至 1800U/ml 左右，调 pH 至 10.0，以适当速度进行吸附，CAD－40 大孔吸附剂饱和后用 1～2 倍树脂体积蒸馏水（40℃）洗涤，用含 2%氨水的丁酯解吸，反萃取到酸性缓冲液，调 pH 至 9.8～10 在 40℃下正萃取到丁酯相得丁酯结晶液，结晶，70～80℃下烘干，得红霉素碱产品，收率 60%～70%，纯度 850～940U/mg。总收率高于溶剂萃取法，溶剂单耗下降 40%，使大孔网状树脂吸附法实现了工业化。

扫码“练一练”

（郑　珩）

第七章　凝胶层析

利用生化物质的分子量或分子大小差异进行分离-纯化的方法有多种，凝胶层析是其中较为简便，较为有效的一种。凝胶层析（gel chromatography）的别名很多，如分子筛层析（molecular sieve chromatography）、排阻层析（exclusion chromatography）、凝胶扩散层析、限制扩散层析等。但不管如何称谓，对该方法的实质没有影响。它是将样品混合物通过一定孔径的凝胶固定相，由于各组分流经体积的差异，使不同分子量的组分得以分离的层析（色谱）方法。

第一节　凝胶层析的基本原理

扫码“学一学”

扫码“看一看”

一、分离原理

凝胶层析的分离过程是在装有多孔物质（交联聚苯乙烯、多孔玻璃、多孔硅胶、交联葡聚糖等）填料的柱中进行的。柱的总体积为 V_t，它包括填料的骨架体积 V_g，填料的孔体积 V_i 以及填料颗粒之间的体积 V_0。

$$V_t = V_i + V_0 + V_g \tag{7-1}$$

$$V'_{1(柱中空间)} = V_i + V_0 \tag{7-2}$$

孔体积 V_i 中的溶剂为固定相，而在粒间体积 V_0 中的溶剂称为流动相。一个填料的颗粒含有许多不同大小的孔。这些孔对于溶剂分子来说是很大的，它们可以自由地扩散出入。如果对溶质分子大小合适的话，则可以不同程度地往孔中扩散，大个的溶质分子只能占有比较少的孔，而小个的溶质分子则除去能占有大孔外还可以占有另外一些较小的孔。所以随着溶质分子尺寸的减小可以占有的孔体积迅速增加。当具有一定分子量分布的高聚物溶液从柱中通过时，较小的分子在柱中停留时间比大分子停留的时间要长，于是样品各组分即按分子大小顺序而分开，最先淋出的是最大的分子。

其定量关系是：

$$V_e = V_0 + V_{i,ace} \tag{7-3}$$

这里 V_e 是淋出体积，V_0 是粒间体积，$V_{i,ace}$是对某种大小的溶质分子来说可以渗透进去的那部分孔体积，$V_{i,ace}$是总的孔体积 V_i 的一部分，是溶质分子量的函数，它和 V_i 之比等于分配系数 K。

$$K = \frac{V_{i,ace}}{V_i} \tag{7-4}$$

式（7-4）可以作为分配系数 K 的一种定义。下面我们将看出，关于 K 还有其他的定义。

从（7-2）和（7-3）式得到

$$V_e = V_0 + KV_i \tag{7-5}$$

$$K = \frac{V_e - V_0}{V_i} = \frac{V_e - V_0}{V' - V_0} \tag{7-6}$$

（一）平衡排除理论

图 7－1 是凝胶色谱示意图。

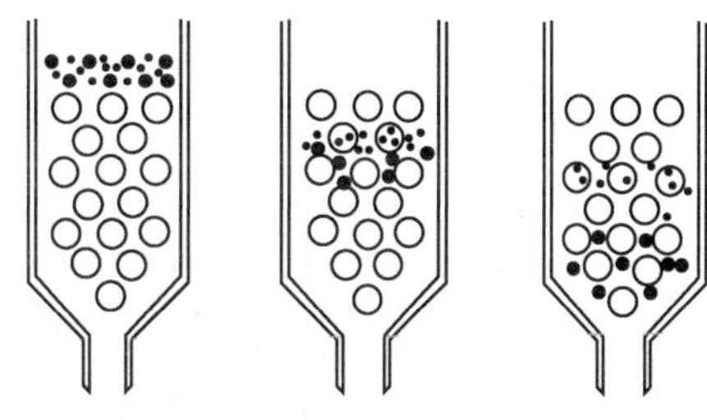

图 7－1　凝胶色谱示意图

○表示多孔填料颗粒；●表示大分子；

•表示小分子

最容易想象的是一个高聚物分子的流出体积是由在宏观的流动相和微观的孔体积中的平衡分配系数所决定。这里所谓平衡是指扩散的平衡，即溶质分子扩散进入一个填料颗粒的孔中并再出来所需要的时间远小于溶质区段在此停留的时间。换言之，就是当溶质层流过一个填料颗料这段距离时，溶质分子已多次进出于填料的孔，达到平衡。

然而由于大分子的扩散速度小，而且不容易进入填料颗粒比较小的孔，所以平衡的观点是不太好理解的。平衡条件只是在流速很慢时的一个极端情况。

（二）扩散分离理论

扩散理论的一个基本出发点就是认为溶质分子在流经色谱柱的过程中，在流动相和固定相之间没有达到平衡，因此势必存在着流速依赖性。

图 7－2 表示在两种不同流速下苯乙烯和窄分布的聚苯乙烯级分（分子量 41.1×10^4）的淋出曲线。苯乙烯的分子小，扩散速度快，容易在两相之间达到平衡，所以淋出曲线是一个很窄的近似高斯分布的峰，并且不太受流速的影响。相反，聚苯乙烯分子大，扩散系数小，它们渗入到凝胶中的程度小，所以比苯乙烯提前淋出。由于扩散速度小，在较高流速下两相之间来不及建立平衡，因此淋出曲线变得又宽又斜，因为不平衡的程度受流速的影响，所以淋出曲线呈现出流速依赖性。

（三）流动分离理论

很早以前就已发现这一现象，红细胞在毛细血管中流动时比血浆流得快。这种现象可以用细长的管中流动的液体里存在着流速场来定性地解释。由于红细胞较大，和毛细管的半径同数量级，所以在流动时被集中到管子的中心区域，在这里液体的流速比靠近管壁的流速要大。如果红细胞的存在对于流线的扰动不太强烈，则它们的平均速度大于血浆的速度（图 7－3）。

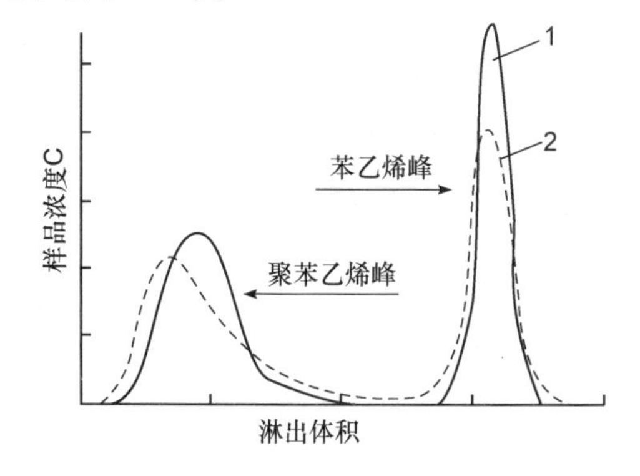

图 7－2　聚苯乙烯（分子量 41.1×10^4）和苯乙烯样品淋出曲线的流速依赖性

1. 流速为 0.65ml/min；2. 流速为 2.0ml/min，溶剂为甲苯

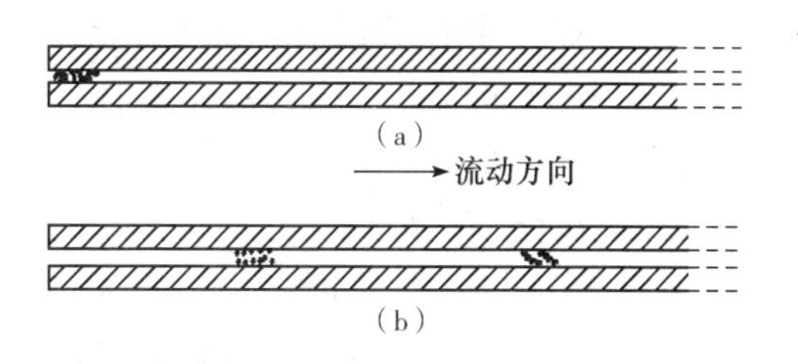

图 7－3　在毛细管中由于流动而分离的示意图

（a）不同尺寸的溶质分子进入毛细管；

（b）由于流动使分子按尺寸进行分离

如果一个毛细管中心所处的流线和管壁之间距离是 a，溶质分子半径为 R，那么当 $a>$ R 时该分子可以落入管中，而当 $a<$R 时则不能落入。

于是出现了这样的综合效应：管子的排除效应使得有些较大的溶质分子不能进入，而液体在管子外面的流速大于在管内的流速；对于那些能够落入管中的较大的分子又由于被流速场集中到管子的中心部分而加快了速度。粗看起来，似乎这两个效应综合起来即可说明由流动而使溶质按照尺寸的不同被分开了。图 7－4 表示一个多孔填料颗粒，每个孔相当于一个毛细管，体积大的溶质分子比体积小的进入孔的机会少。根据上面的叙述，较大的分子较先通过或绕过这个填料颗粒，使溶质能按其大小进行分离。但是为了得到在上述色谱实验中的流速，需要加极大的压力。

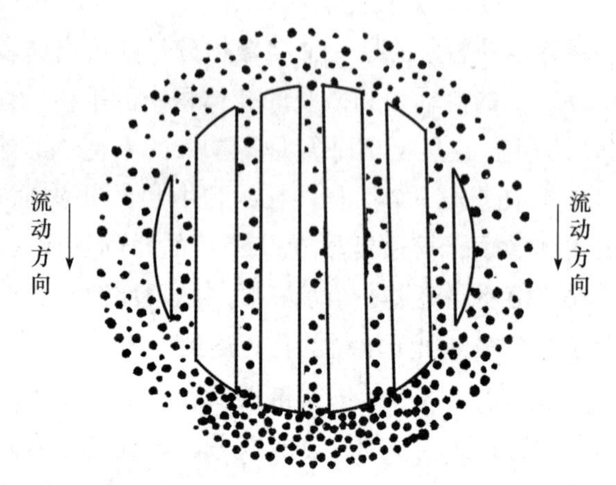

图 7－4　溶质分子通过多孔填料的流动分离示意图

关于各种机制的作用，目前已有了共同的看法，认为这些机制不是相互排斥的。问题不在于哪种机制发生，而是在于哪种机制占主导地位。平衡排除理论在分离过程中应起主要作用；流速较低时扩散分离是不重要的，但它的作用随流速的增加而增加；至于流动分离机制，只有在流速很高时才起作用。所以在一般的教科书中介绍凝胶层析时通常仅论及平衡排除理论。

为了方便地阐述不同分子量的物质在凝胶柱内的分离过程，先将凝胶柱的构造及有关术语重新作一说明，V_0 为凝胶柱床中凝胶颗粒之间的液相体积，称作空隙体积或“外水体积”。

V_i 为柱中凝胶颗粒内部所含的液相体积，称作“内水体积”。

V_t 为整个柱床的体积，是 V_0、V_i 及 V_g 之和，即：

$$V_t = V_0 + V_i + V_g = \frac{\pi}{4}d^2h \tag{7-7}$$

式中，d 为色谱柱直径；h 为凝胶柱床之高；V_g 为凝胶之固体网格成分所占的体积。

若将含有三种不同分子量物质的混合样品用某种规格的凝胶柱进行分离。首先将样品小心自柱床顶端加入，接着连续以水或其他溶液进行洗脱，并以分部收集器收集洗脱液，测定每管物质浓度，然后以洗脱体积（或管数）为横坐标，各物质浓度为纵坐标作图，即得如图 7－5 洗脱曲线。

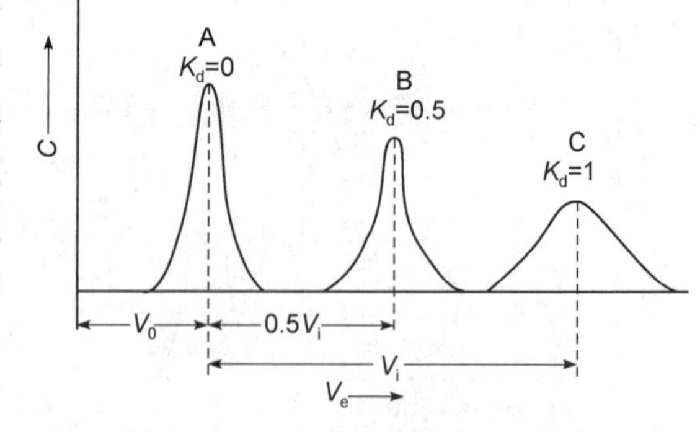

图 7－5　分子筛色谱的区带轮廓图

由图可见，最先流出的是物质 A，A 的分子量最大，大于该种凝胶的排阻限（粗略地讲就是 A 物质分子的直径大于凝胶的孔径），完全不能进入颗粒内部，只能从颗粒间隙流过，称“全排阻”。其流经体积最小，等于外水体积 V_0。最后流出的是物质 C，它的分子量最小，小于该种凝胶的渗入限，其分子

可以自由进出凝胶颗粒，这叫做“全渗入”。流经体积是外水体积与内水体积之和 V_0+V_i。而物质 B 的分子量介于渗入限与排阻限之间，其分子能够部分地进入凝胶颗粒之中，不能全部地不受限制的通过。这叫作“部分排阻”或“部分渗入”。它的流径体积 V_e 是全部外水体积加上内水体积的一部分，即

$$V_e = V_0 + K_d V_i \tag{7-8}$$

式 7－8 中 K_d 称作“排阻系数”（实际上如称渗入系数也许更确切）或“分配系数”。它反映了物质分子进入凝胶颗粒的程度。对一定种类规格的凝胶，物质的 K_d 值为该物质的特征常数。见表 7－1。

表 7－1　几种物质的 K_d 值

物质凝胶	凝胶				
	G－25	G－50	G－75	G－100	G－200
纤维蛋白原	0	0	0	0	0
血清白蛋白	0	0	0	0.2	0.4
血红蛋白	0	0	0.1	0.3	0.5
卵清蛋白	0	0	0	0.2	
胰蛋白酶	0	0	0.3	0.5	0.7
糜蛋白酶	0	0	0.3	0.5	0.7
细胞色素 C	0	0	0.4	0.7	
甘氨酸	0.9		1.0		
苯丙氨酸	1.2	1.0			
酪氨酸	1.4	1.1			
色氨酸	2.2	1.6	1.2		
硫酸铵	0.9				
氯化钾	1.0	1.0			
氯化钠	0.8				
葡萄糖	0.9				

排阻系数：

$$K_d = \frac{V_e - V_0}{V_i} \tag{7-9}$$

当 $K_d=1$ 时，洗脱体积 $V_e=V_0+V_i$，为全渗入；

当 $K_d=0$ 时，洗脱体积 $V_e=V_0$，为全排阻；

$0<K_d<1$ 时，洗脱体积 $V_e=V_o+K_dV_i$，为部分渗入。

在特殊情况下，某些物质的 K_d 值可以大于 1，这是因为该种物质分子与凝胶之间有吸附作用。有时，小分子物质的 K_d 值却小于 1，这是因为有水合作用的存在。其中包括该物质分子的水合作用，或者是凝胶本身的水合作用。如对于 Sephadex G 25（渗入限 1000d，

排阻限 5000d）氯化钠之 K_d 为 0.8，葡萄糖的 K_d 为 0.9。

由于 V_i 和 V_g 不易测算准确，加之对吸水量大的凝胶来说，V_g（对 V_e）的相对值较小，造成的偏差不大。所以有人干脆对 V_i 和 V_g 不加细算，而将整个凝胶作为固定相来看，用分配系数 K_{av}来代替 K_d。见式 7－10：

$$K_{av} = \frac{V_e - V_0}{V_t - V_0} \quad 或 \quad K_{av} = \frac{K_d V_i}{V_t - V_0} \qquad (7-10)$$

为了与 K_d 值相区别，称 K_{av}为“有效分配系数”。

前面所叙皆以分子量为各组分分离的依据。在实际工作中，由于分子形状的不同，再加上各种物质与凝胶之间非特异性吸附作用的差异，也可将分子量相近的物质分离开来。如牛血清白蛋白与兔血红蛋白。虽然它们的分子量都是 68000，仍然可以用凝胶过滤法分开。

二、凝胶层析的特点

（1）凝胶层析操作简便，所需设备简单。有时只要有一根层析柱便可进行工作。分离介质——凝胶完全不需要像离子交换剂那样复杂的再生过程便可重复使用。

（2）分离效果较好，重复性高。最突出的是样品回收率高，接近 100%。

（3）分离条件缓和。凝胶骨架亲水，分离过程又不涉及化学键的变化，所以对分离物的活性没有不良影响。

（4）应用广泛。适用于各种生化物质，如肽类、激素、蛋白质、多糖、核酸的分离纯化，脱盐、浓缩以及分析测定等。分离的分子量范围也很宽，如 Sephadex G 类为1×10^2 ~ 1×10^5；Sepharose 类为 1×10^5 ~ 1×10^8。

（5）分辨率不高，分离操作较慢。由于凝胶层析是以物质分子量的不同作为分离依据的，分子量的差异仅表现在流速的差异上，所以分离时流速必须严格把握。因而分离操作一般较慢。而且对于分子量相差不多的物质难以达到很好的分离。此外，凝胶层析要求样品黏度不宜太高。凝胶颗粒有时还有非特异吸附现象。

扫码“学一学”

第二节　凝胶的结构和性质

一、葡聚糖凝胶

葡聚糖凝胶又称交联葡聚糖凝胶，是最早的分子筛，也是目前凝胶层析中最为常用的材料。商品名为 Sephadex G 类。图 7－6 是交联葡聚糖的化学结构。

（一）结构

交联葡聚糖的基本骨架是葡聚糖（Dextran），它是由 α－1,6－糖苷链相连着多个 *D*－葡萄糖残基组成的线性分子（少数分枝为 1,3－糖苷键，占 5% 左右）。再经 3－氯－1,2－环氧丙烷为交联剂以醚键交联而成的具三维网状结构的高分子化合物（图 7－6）。其交联度是通过交联剂的加量及反应条件来控制的。交联度的大小对葡聚糖凝胶的性能及分离效果有最直接的影响，见表 7－2。

图 7－6　交联葡聚糖的化学结构

表 7－2　葡聚糖凝胶的性能与交联度的关系

编　号	交联度	吸液量	膨胀速度	凝胶网孔	分离限	凝胶强度
大	小	大	慢	大	大	小
小	大	小	快	小	小	大

（二）规格型号

具有上述分子结构的葡聚糖凝胶商品称作 Sephadex G 类。字母 G 后的编号为其吸液量［每克干胶溶胀时吸水体积（ml）的 10 倍。如 Sephadex G－25 每克干胶吸水量为 2. 5ml］。

凝胶除了在水中吸液溶胀外，还可在乙醇、甲酰胺、二甲亚砜等溶剂中溶胀和使用。凝胶的吸液量和溶胀时间随吸液量、溶剂品种和溶胀温度而异。吸水量小的凝胶，溶胀达到饱和时间短，如 Sephadex G－25 只须溶胀 3 小时，而吸水大的 Sephadex G－100 须在常温下溶胀 3 天才能饱和。

凝胶吸液量的多少间接地反映了凝胶孔径的大小，渗入限和排阻限的大小。如 Sephadex G－50 的分离限为 1500～30000，而 Sephadex G－150，达 5000～400000（对蛋白质而言）。从表 7－3 可以看出葡聚糖凝胶对蛋白质与多糖的分离范围有一定差别。这表示出它们结构上的差异。一般来说蛋白质分子为紧缩的椭圆结构。多糖分子则因为高度亲水，在分子内部固定了大量的水，使其体积比相同分子量的蛋白质分子大。

商品葡聚糖除注明与吸液量、分离范围有关的编号外，还应标明其粒度范围，如干胶直径为 100～300μm 的为粗粒，20～80μm 的为细粒，40～120μm 的为中粒。凝胶粒度的不同会给分离效果带来一定的影响，可根据使用要求加以选用。

表 7－3 列出了葡聚糖凝胶的主要规格和分离范围。

表 7-3 葡聚糖凝胶（G 类）的性质

凝胶规格		吸水量（ml/g 干凝胶）	膨胀体积（ml/g 干凝胶）	分离范围		浸泡时间（h）	
型号	干粒直径			肽或球状蛋白质	多糖	20℃	100℃
G-10	40~120	1.0±0.1	2~3	~700	~700	3	1
G-15	40~120	1.5±0.1	2.5~3.5	~1500	~1500	3	1
G-25	粗粒 100~300	2.5±0.2	4~6	1000~5000	100~5000	3	1
	中粒 50~150						
	细粒 20~80						
	极细 10~40						
G-50	粗粒 100~300	5.0±0.3	9~11	1500~30000	500~10000	3	1
	中粒 50~150						
	细粒 20~80						
	极细 10~40						
G-75	40~120	7.5±0.5	12~15	3000~70000	1000~50000	24	3
	极细 10~40						
G-100	40~120	10±1.0	15~20	4000~150000	1000~100000	72	5
	极细 10~40						
G-150	40~120	15±1.5	20~30	5000~400000	1000~150000	72	5
	极细 10~40		18~20				
G-200	40~120	20±2.0	30~40	5000~800000	100~200000	72	5
	极细 10~40		20~24				

（三）性质

葡聚糖凝胶能被强酸、强碱和氧化剂破坏。但对稀酸、稀碱和盐溶液稳定。如能耐受1mol/L 盐酸在100℃以下处理2小时，而不发生分解；在0.25mol/L 氢氧化钠溶液中60℃加热60天不被破坏。此外，它还能经受高压灭菌（$1kg/cm^2$，30分钟）。但以上这些已经接近葡聚糖凝胶稳定性的极限。葡聚糖凝胶的稳定性随交联度降低而下降。其对许多有机溶剂，如醇类、砜类、甲酰胺等稳定。可以在这些介质中使用。

葡聚糖凝胶含有少量羧基，故对阳离子有轻微的吸附作用（对阴离子排斥）。克服这种吸附作用的办法是增大分离介质的离子强度。如离子强度大于0.02mol/L 时，这种吸附便已微不足道了。

芳香族化合物和杂环化合物在葡聚糖凝胶上有时表现出滞留现象，也就使分配系数 K_d 值大于1（表7-1）。这可能是因为凝胶也有环状结构，氢键或范德华力在起作用。

由于这些非特异吸附作用的存在，第一次使用的新凝胶柱会吸附少量的蛋白质，使回收率下降，对分离也很不利。克服的办法是先用一些廉价的、较惰性的蛋白质，如牛血清白蛋白，加以饱和吸附，然后充分洗涤至无蛋白流出，再进行分离操作。

（四）保存

葡聚糖凝胶可以多次重复使用，如不加以妥善保存，势必造成浪费和相当的经济损失。保存的方法有干法、湿法和半缩法三种。

1. 湿法 用过的凝胶洗净后悬浮于蒸馏水或缓冲液中，加入一定量的防腐剂再置于普通冰箱中作短期保存（6个月以内）。常用的防腐剂有0.02%的叠氮化钠、0.02%的三氯叔

丁醇、20%乙醇；还有洗必泰、硫柳汞、醋酸苯汞等。

2. 干法　一般是用浓度逐渐升高的乙醇分步处理洗净的凝胶（如20%、40%、60%、80%等），使其脱水收缩，再抽滤除去醇，用60～80℃暖风吹干。这样得到的干胶颗粒可以在室温下保存，但处理不好时凝胶孔径可能略有改变。

3. 半缩法　这是以上两法的过渡法。即用60%～70%的乙醇使凝胶部分脱水收缩，然后封口，置4℃冰箱保存。

二、修饰葡聚糖凝胶

（一）亲脂性葡聚糖凝胶（Lipophilic Sephadex）

为了扩大葡聚糖凝胶在有机溶剂中的应用范围，在其骨架结构上引入一些有机基团，如甲基、羟丙基，使呈亲脂性，同时保留亲水性。如：Sephadex G－25 引入羟丙基即成 Sephadex LH－20 凝胶。可以在三氯甲烷、四氢呋喃、二氧六环中使用。它的吸水量下降为2g水/g干胶。对其他溶剂的吸液量因溶剂种类而异。其分离范围和非特异吸附的性质也有改变。

（二）交联葡聚糖离子交换剂（Sephadex -ion-exchanger）

详见第六章离子交换法。

（三）Superdex 系凝胶

由高交联度多孔琼脂糖与葡聚糖共价结合而成。它具有良好的理化稳定性，可在 pH 3～12 范围内使用。8mol/L 脲或去污剂对该类凝胶无影响。该凝胶有6个规格。见表7－4。

表7－4　Superdex 的性质

类　型	颗粒大小（μm）	分级范围（$\times 10^3$）	
		球形蛋白	多糖
Superdex	11～15	0.1～7.0	—
Superdex 30 制备级	24～44	～10.0	—
Superdex 75 制备级	24～44	3.0～70.0	0.5～30.0
Superdex 75	11～15	30. ～70.0	0.5～30.0
Superdex 200	11～15	10.0～600.0	1.0～100.0
Superdex 200 制备级	24～44	10.0～600.0	1.0～100.0

（四）Sephacryl 系凝胶

是由烯丙烷基葡聚糖经甲叉双丙烯酰胺共价交联制成的。理化稳定性好，为硬性凝胶，可耐高压灭菌（pH 7.0）。它可在 pH 2～11 范围内使用，还可耐受去污剂、盐酸胍（6mol/L）等洗脱液处理。见表7－5。

表7－5　几种 Sephacryl 的型号及物理性质

类　型	吸水时珠状颗粒直径（μm）	分子质量范围（$\times 10^3$）		排阻极限 DNA
		蛋白质	多糖	
Sephacryl－200 HR	20～25	1～100	—	—
Sephacryl－300 HR	20～75	5～250	1.0～80.0	118

续表

类　型	吸水时珠状颗粒直径（μm）	分子质量范围（$\times 10^3$）		排阻极限 DNA
		蛋白质	多糖	
Sephacryl－400 HR	25～75	10～1500	2.0～400.0	118
Sephacryl－500 HR	25～75	20～8000	10.0～2000.0	271
Sephacryl－1000 HR	25～75	—	40.0～20000	1078

Sephacryl 凝胶可分离蛋白质、核酸、多糖（含蛋白聚糖 Proteoglycans）乃至病毒颗粒。

三、聚丙烯酰胺凝胶

聚丙烯酰胺凝胶是一种全化学合成的人工凝胶。其商品名为生物凝胶－P（Bio－Gel P）。该凝胶由丙烯酰胺（单体）；以亚甲基双丙烯酰胺（双体）为交联剂，经四甲基乙二胺催化，通过自由基引发（光引发，化学引发等）聚合而成（图 7－7），再经干燥成形处理即制成颗粒状干粉商品，在溶剂中吸液溶胀后便成一定粒度之凝胶。

```
—CH2—CH—CH2—CH—CH2—CH—CH2—CH—
       |       |       |       |
       CO      CO      CO      CO
       |       |       |       |
       NH2     NH      NH2     NH
               |               |
               CH2             CH2
               |               |
—CH2—NH        NH      NH2     NH
       |       |       |       |
       CO      CO      CO      CO
       |       |       |       |
—CH2—CH—CH2—CH—CH2—CH—CH2—CH—
```

图 7－7　聚丙烯酰胺凝胶的结构

生物凝胶的孔径可以通过调整交联度，即聚合时双体的加入比例（一般 1%～25%），以及凝胶总浓度（一般为 5%～25%）加以控制。凝胶总浓度或交联度增加，孔径则减小。

与葡聚糖凝胶相比，生物凝胶的化学稳定性好，凝胶成分不易脱落，可在很宽的 pH 范围下使用（一般为 pH 2～11，过酸时酰胺键易水解）。机械强度也好，可在中压下使用并具有很好的流畅度。因凝胶骨架上没有带电基团，故无非特异吸附现象，有较高分辨率。生物胶还有一个特点是不为微生物所利用，使用和保存都很方便。

商品生物凝胶的编号大致上反映出它的分离界限，如 Bio－Gel P－100，将编号乘以 1000 为 100000，正是它的排阻限。P－10 乘以 1000 为 10000，接近其排阻限 20000。表 7－6 列举了各种型号生物胶的有关性质。

表 7－6　聚丙烯酰胺凝胶的性质

生物胶	吸水量（ml./g 干凝胶）	膨胀体积（ml/g 干凝胶）	分离范围（分子量）	溶胀时间（h）	
				20℃	100℃
P－2	1.5	3.0	100～1800	4	2
P－4	2.4	4.8	800～4000	4	2
P－6	3.7	7.4	1000～6000	4	2
P－10	4.5	9.0	1500～20000	4	2
P－30	5.7	11.4	2500～40000	12	3
P－60	7.2	14.4	10000～60000	12	3
P－100	7.5	15.0	5000～100000	24	5
P－150	9.2	18.4	15000～150000	24	5
P－200	14.7	29.4	30000～200000	48	5
P－300	18.0	36.0	60000～400000	48	5

粒度大小：P－2～P－10各型号的粒度直径都有粗（150～300μm）、中（75～150μm）、细（40～75μm）、极细（＜40μm）四种规格；P－30～P－300各种型号的粒度直径都只有粗、中、极细三种规格。

四、琼脂糖类凝胶

（一）琼脂糖凝胶

琼脂糖凝胶来源于一种海藻多糖琼脂。用氯化十六烷基吡啶或聚乙烯醇等将琼脂中带负电基团（碘酸基和羧基）的琼脂胶沉淀除去所得的中性多糖成分即为琼脂糖。其结构是由$\beta - D$－半乳糖与3,6－脱水－L－半乳糖以$\alpha-1,3$－和$\beta-1,4$－糖苷键相间连接而成的链状分子。其结构见图7－8。

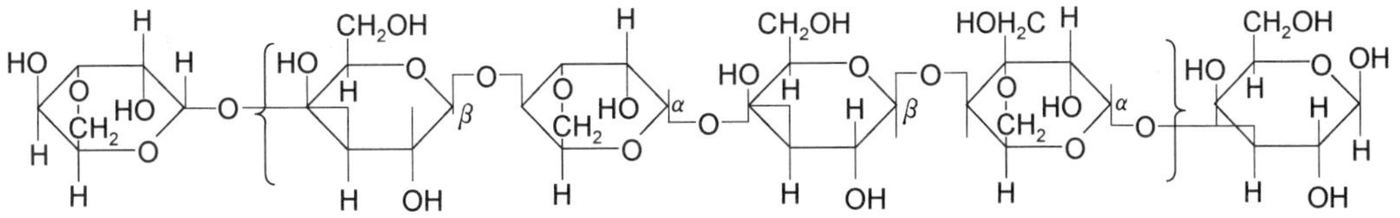

图7－8　琼脂糖凝胶的结构

琼脂糖凝胶的商品名有几种（因生产厂家而异）：如Sepharose（瑞典）；Sagavac（英国）；Bio-Gel A（美国）；Gelarose（丹麦）；Super Ago-Gel（美国）；我国上海产品所附英文名是仿瑞典Pharmacia公司的，为Sepharose B系列。

琼脂糖凝胶骨架各线形分子间没有共价键的交联。其结合力仅仅为氢键，键能比较弱。它不像葡聚糖那样，凝胶孔径由交联度决定，而是依赖于琼脂糖的浓度。

琼脂糖凝胶的化学稳定性较差，一般只能在pH 4～9范围内正常使用。凝胶颗粒的强度也较低，如遇脱水、干燥、冷冻、有机溶剂处理或加热至40℃以上即失去原有性能。市售商品是含0.02%叠氮化钠，10^{-3}mol/L EDTA的凝胶颗粒悬液。由于琼脂糖凝胶与硼酸形成配位化合物，使其结构改变，孔径发生变化，所以应避免在硼酸缓冲液中作分子筛层析操作。长期使用可有少量糖溶出。

琼脂糖凝胶颗粒的强度很低，操作时须十分小心。另外，由于凝胶颗粒弹性小，柱高引起的压力能导致变形，造成流速降低甚至堵塞，所以装柱和层析操作时应设法对柱压加以调整。

由于琼脂糖凝胶没有带电基团，所以对蛋白质的非特异性吸附力明显低于葡聚糖凝胶。在介质离子强度＞0.01mol/L时已不存在明显吸附。

琼脂糖凝胶的一个很大的特征是分离的分子量范围非常大，大大地超过生物凝胶和葡聚糖凝胶。分离范围随着凝胶浓度上升而下降，颗粒强度却随浓度上升而提高。

国内琼脂糖凝胶产品主要有3个规格：琼脂糖凝胶（Sepharose）2B、4B、6B分别表示琼脂糖浓度为2%、4%、6%。英国产品Sagavac的编号也表示琼脂糖的百分浓度。而美国Bio-Rod公司产品Bio-Gel A的编号则表示排阻限的百万分之一。如Bio-Gel A－1.5的排阻限为1.5×10^{6}。

表7－7、7－8列出了常见琼脂糖凝胶的性质和几种生物大分子有效分配系数。

表 7-7 琼脂糖凝胶的性质

商品名称	琼脂糖浓度（%）	分离范围（对蛋白质）
Sepharose 6B	6	$10^4 \sim 4\times10^6$
Sepharose 4B	4	$6\times10^4 \sim 2\times10^7$
Sepharose 2B	2	$7\times10^4 \sim 4\times10^7$
Bio - Gel A - 0.5m	10	$10^4 \sim 5\times10^5$
Bio - Gel A - 1.5m	8	$10^4 \sim 1.5\times10^6$
Bio - Gel A - 5m	6	$10^4 \sim 5\times10^6$
Bio - Gel A - 15m	4	$4\times10^4 \sim 1.5\times10^7$
Bio - Gel A - 50m	2	$10^5 \sim 5\times10^7$
Bio - Gel A - 150m	1	$10^6 \sim 1.5\times10^8$
Sagarac 10	10	$10^4 \sim 2.5\times10^5$
Sagarac 8	8	$2.5\times10^5 \sim 7\times10^5$
Sagarac 6	6	$5\times10^4 \sim 2\times10^6$
Sagarac 4	4	$2\times10^5 \sim 1.5\times10^7$
Sagarac 2	2	$5\times10^5 \sim 1.5\times10^8$

表 7-8 几种蛋白质在 Sephadex G-200，Sepharose 4B 和 6B 上的 K_{av} 值

蛋白质	分子量（$\times10^3$）	Stokes 半径（μm）	Sepharose		Sephadex G-200
			4B	6B	
核糖核酸酶	13.7	19.2	0.86	0.78	0.75
卵清蛋白	45	27.3	0.72	0.62	0.53
铁传递蛋白	71	36.1	0.68	0.53	0.40
葡萄糖氧化酶	186		0.60	0.42	0.27
甲状腺球蛋白	670	82.5	0.45	0.27	0.00
α-结晶蛋白	1000		0.38	0.22	0.00

（二）架桥琼脂糖凝胶（Sepharose CL）

架桥琼脂糖凝胶为琼脂线性分子经 1,3-二溴丙醇交联的产品，所以亦称交联琼脂糖凝胶（图 7-9）。它的凝胶孔径均匀，机械强度明显加大。表 7-9 列出了 Sepharose CL 的某些性质。

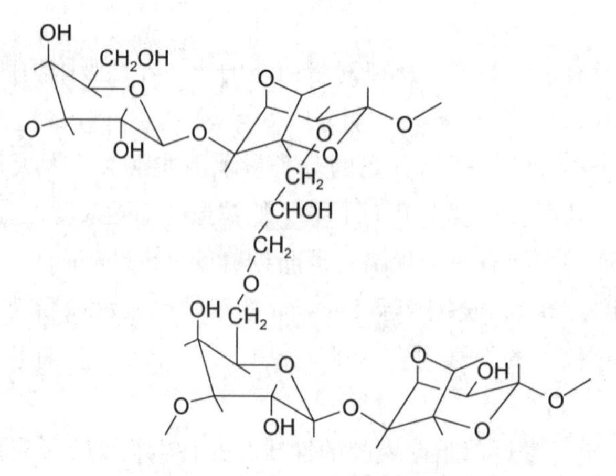

图 7-9 交联琼脂糖凝胶的结构

表 7-9 Sepharose CL 的性质

种类	膨润粒子的大小 (μm)	凝胶浓度 (%)	排出界限点 (分子量)		最大操作压 (cmH_2O)
			蛋白质	多糖体	
Sepharose CL-6B	40~120	6	4×10^6	1×10^6	90
Sepharose CL-4B	40~190	4	2×10^7	5×10^6	60
Sepharose CL-2B	60~250	2	4×0^7	2×10^7	30

* $1cmH_2O = 98.06Pa$

这类凝胶与琼脂糖凝胶相比，对热和化学物质的稳定性大大增加。在 pH 3~14 范围内稳定，在碱性介质中尤为稳定。在氧化剂的作用下，部分多糖链水解。

交联琼脂糖凝胶能用于有机溶剂，但从一个溶剂（A）转换到另一个溶剂（B）中时，必须逐步更换，首先 70% A/30% B，然后 30% A/70% B，最后达到纯 B。如果 A 和 B 不互溶，必须通过一个能互溶的中间介质来转换。

（三）超胶（Ultro-gel ACA）

所谓超胶是琼脂糖与聚丙烯酰胺的混合凝胶。它比 Sepharose 凝胶的化学稳定性好，强度也高，可在 pH 3~10 范围内使用，但对热的稳定没有改变。商品名称后面的编号皆为两位数，各表示混合胶中聚丙烯酰胺与琼脂糖的百分浓度。超胶的分离分子量范围介于琼脂糖凝胶与生物胶 P 之间，见表 7-10。

表 7-10 Ultro-gel 的性质

超胶的种类	丙烯酰胺 (%)	琼脂糖 (%)	膨润粒子的大小 (μm)	球状蛋白质的分离范围 (分子量)	最大流速* [ml/(cm²·h)]
ACA 22	2	2	60~140	100000~1200000	3.5
ACA 34	3	4	60~140	20000~350000	10
ACA 44	4	4	60~140	10000~130000	18
ACA 54	5	4	60~140	5000~70000	18

* 最大流速测定 2.5cm×100cm 柱

（四）Superose 系凝胶

Superose 系凝胶是由珠状琼脂糖经两次交联制得的可用于 HPLC 的高速凝胶过滤介质。它先与含双环氧基及多环氧基的混合长链交联，然后再用短链双功能剂交联。大大提高了理化稳定性，该类凝胶有 6% 和 12% 两个规格。

五、多孔玻璃微球

常见的有钠玻璃、硼玻璃和铅玻璃等。硼玻璃在 700~800℃ 高温下加热发生硼酸盐与硅酸盐之间的相分离，冷却后溶去硼酸盐便形成了多孔硅酸盐玻璃，进一步用化学方法和物理方法加工成孔径 100~2500Å（1Å=0.1nm）的一定粒度的玻璃小球，即所谓的多孔玻璃微球。为了便于操作，还可将若干小球黏合成较大的球型颗粒。

多孔玻璃微球的优点是化学稳定性高、强度大，能在高压下操作，并获得好的流速，故实验的重复性很好。缺点是因有大量的硅羟基存在，对糖类、蛋白质等物质有吸附作用。常用聚乙烯二醇浸泡加以钝化后使用。

多孔玻璃微球商品 Bio-Glas 后面的编号表示其孔径（Å），如 Bio-Glas500，其孔径即为

500Å。编号越大，分离分子量也越大，见表 7－11。

表 7－11　多孔玻璃微球的性质

型　号	颗粒大小		分离范围（分子量）
	粒度（目数）	平均孔径（Å）*	
Bio-Glas200	100～200	200	3×10^3～3×10^4
	200～400		
Bio-Glas500	100～200	500	10^4～10^5
	200～400		
Bio-Glas1000	100～200	1000	5×10^4～5×10^5
	200～400		
Bio-Glas1500	100～200	1500	4×10^5～2×10^6
	200～400		
Bio-Glas2500	100～200	2500	8×10^5～9×10^6
	200～400		

＊1Å＝0. 1nm

表 7－12　常用的商品化凝胶介质

名　称	基　质	制造商	名　称	基　质	制造商
Sephadex G（10－200）	交联葡聚糖	Pharmacia	Bio-Beads S-X 系列	苯乙烯－二乙烯苯	BioRad
Sepharose 2B，4B，6B	琼脂糖	Pharmacia			
Sepharose CL，4B，6B	交联琼脂糖	Pharmacia	Bio-GelP 系列	聚丙烯酰胺	BioRad
Sephacryl S 系列	聚丙烯酰胺－葡聚糖	Pharmacia	Bio-GelA 系列	琼脂糖	BioRad
			TSKgel SW 系列	硅胶	ToyoSoda
Superdex 系列	高交联琼脂糖－葡聚糖	Pharmacia	TSKgel Toyopearl HW 系列	亲水性聚乙烯醇	ToyoSoda
			TSKgel PW 系列	亲水性聚乙烯	ToyoSoda
Superose 系列	高交联琼脂糖（二次交联）	Pharmacia	TSKgel CW－35	纤维素	ToyoSoda
			Cellulofine	纤维素	Chisso

＊现重组为 Amersham pharmacia Biotech。

六、疏水性凝胶

常见的疏水性凝胶（hydrophobic gels）有两大类：聚甲基丙烯酸酯（polymethacrylate）凝胶和聚苯乙烯凝胶（styragel 和 Bio-Beads S）。Styragel 商品型号有 11 种，分离分子量范围为 1600～4×10^7，以二乙苯为介质的悬浮液供应。生物珠（Bio-Bead S）则以干胶应市，只有 3 种规格，分离分子量小于 2700，只适于分离分子量较小的物质。这两类凝胶专用于分离不溶水的有机物质。只能在有机溶剂中操作，凝胶体积不随溶剂而改变。

扫码“学一学”

第三节　凝胶层析的实验条件和操作

一、凝胶的选择和处理

（一）凝胶的选择

选择适宜的凝胶是取得良好分离效果的最根本保证。选取何种凝胶及其型号、粒度，

一方面要考虑凝胶的性质，包括凝胶的分离范围（渗入限与排阻限）还有它的理化稳定性、强度、非特异吸附性质等；另一方面还要注意到分离目的和样品的性质。

对生物样品来说，经常遇到的是两种分离形式。一种是只将分子量极为悬殊的两类物质分开，如蛋白质与盐类，称作类分离或组分离。另一类则是要将分子量相差不很大的大分子物质加以分离，如分离血清球蛋白与白蛋白，这叫作分级分离。后者对实验条件和操作要求都比较高。下面以最常用的葡聚糖凝胶类为例，分别加以讨论。

1. 类分离　目的是分开样品分子量悬殊的“较大分子组”和“较小分子组”两类物质，并不要求分离分子量相近的组分。选择凝胶时，应使样品中大分子组的分子量大于其排阻限，而小分子组的分子量小于渗入限。也就是说大分子的分配系数 $K_d=0$，小分子的 $K_d=1$，这样能取得最好的分离效果。例如从蛋白质溶液中除去无机盐，蛋白质的分子量都大于5000，而无机盐的分子量一般在几十到几百之间，所以常选用Sephadex G－25凝胶作为分离固定相，因为它的分离范围是1000～5000。被分离的两组物质的分子量正好落在分离范围的两侧。大分子组为“全排阻”，而小分子组为“全渗入”，其 K_d 值的差可达最大值1。对于分子量小于5000的肽类进行脱盐操作则常选用Sephadex G－15凝胶。

2. 分级分离　又称组分分离，目的是分开分子量不很悬殊的大分子物质。选择凝胶型号时必须使各种物质的 K_d 值尽可能相差大一些。为此，首先不能使它们的分子量都分布在凝胶分离范围的一侧，也就是 K_d 不要都接近0或1，而要使组分的分子量尽可能分布在凝胶分离范围的两侧，或接近两侧的位置。如果样品中含有3个组分的话，最好一个接近全排阻，另一个接近全渗入，第三个为部分渗入，且分子量大于渗入限的3倍，并小于排阻限的1/3。如分子量与渗入限比较靠近，不易与低分子组分分开。如分子量与排阻限比较靠近则不易与高分子组分分开。如用Sephadex G－200分离血清蛋白质的效果要比Sephadex G－150为好。但也有人选用G－150，那是因为G－200强度太低不便操作的缘故（图7－10）。

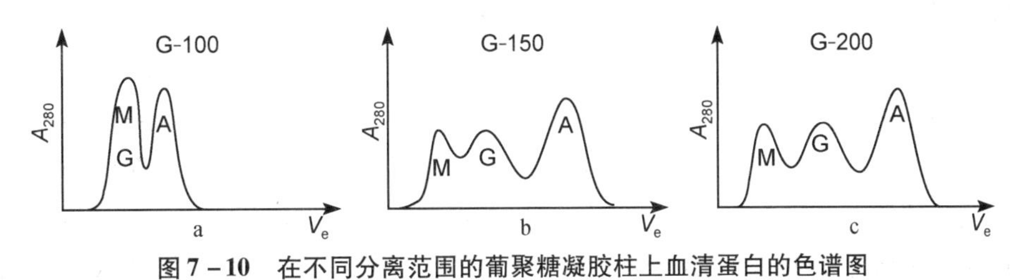

图7－10　在不同分离范围的葡聚糖凝胶柱上血清蛋白的色谱图

（二）凝胶粒度的选择

凝胶粒度的大小对分离效果有直接的影响。一般来说，细粒凝胶柱流速低，但洗脱峰窄，分辨率高，多用于精制分离或分析等。粗粒凝胶柱流速高，但洗脱峰平坦，分辨率低，多用于粗制分离、脱盐等。图7－11表示在同一流速下不同粒度的Sephadex G－25柱的洗脱效果。

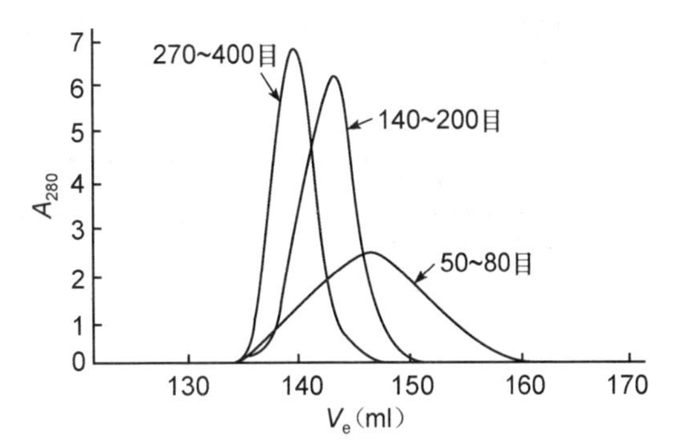

图7－11　凝胶粒度与洗脱效果的比较

此外，凝胶颗粒必须均匀。大小不均的凝胶颗粒必将影响分离效果。将干胶过筛或湿胶浮选都是使凝胶颗粒趋于粒度均一化的手段。

对于悬浮颗粒凝胶商品，不需溶胀，但要去除原悬浮介质（如防腐剂等），再将凝胶颗

粒悬浮于分离用介质中充分平衡后备用。悬浮介质可用布氏漏斗抽干去除，也可用反复倾倒法。后者还可除掉极细颗粒，有利颗粒均一化。

总之，凝胶粒径越小，理论塔板高度（HETP）越小。因此利用小颗粒凝胶是提高层析柱效的最佳途径。

（三）凝胶的预处理

凝胶在使用前必须溶胀，使干胶颗粒充分吸收溶剂介质，并达到平衡，体积不再涨大为止。商品干胶一般以10倍以上吸液量的溶剂浸泡。如Sephadex G－50，每克干胶需加水50g左右进行溶胀。吸液量大的干胶浸泡时间要比吸附量小的长得多。为节省时间，常用热法溶胀。即在水浴中加热溶胀（切不可直接加热）。这样做，除费时大大减少外，还能起到消毒杀菌、驱除颗粒内部气泡的作用。

二、凝胶层析柱的设计和制备

（一）层析柱的选择

凝胶层析用的层析柱，其体积和高径比与层析分离效果的关系相当密切。层析柱的长度与直径的比值一般称作“柱比”。层析柱的有效体积（凝胶柱床的体积）与柱比的选择必须根据样品的数量、性质以及分离目的加以确定。对于类分离，柱床体积一般为样品溶液体积的5倍或略多一些就够了，柱比5∶1到10∶1即可。这样流速快，节省时间，样品稀释程度也小。对于分级分离，则要求柱床体积大于样品体积25倍以上，甚至多达100倍。柱比也在25～100。无疑，用大柱、长柱时的分辨率明显比小柱、短柱高，可以使分子量相差不大的组分得以分离。但这样的柱阻力大，流速慢，费时长，样品稀释也相当严重，有时达10倍以上。

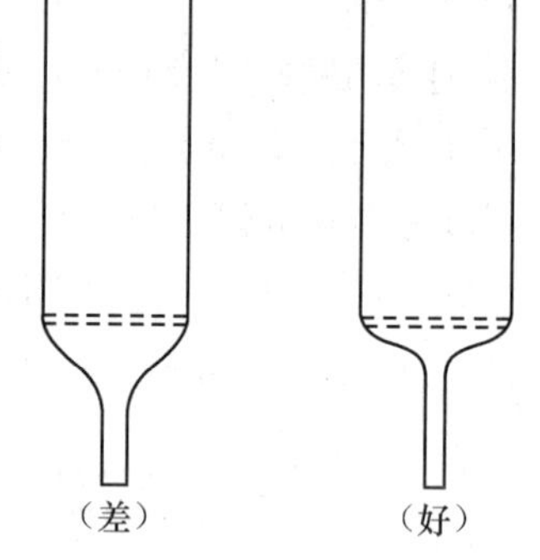

图7－12　层析柱“死体积”示意图

此外，层析柱下端缩口底部的支持物要满足两个要求：不易阻塞；死腔小（图7－12）一般在柱的下端缩口底部放一团玻璃棉，或者放一块垂熔玻璃板，在玻板上铺一层滤纸以防阻塞，在玻板下填充小玻珠，以克服死腔过大。洗脱组分在死腔混合或稀释，影响分离效果。必要时层析柱可以外加套管，通入适当温度的液体，进行循环，以保持需要的柱温。

现将不同规格的凝胶柱床所需不同型号葡聚糖凝胶（G）的量列于表7－13。

表7－13　凝胶柱床大小与所需凝胶量的关系

凝胶柱床			不同型号葡聚糖凝胶（G）的大致需要量（g）				
直径（cm）	高（cm）	容积（ml）	G－25	G－50	G－75	G－100	G－200
0.9	15	9.5	2.5	1	0.8	0.6	0.3
0.9	30	19	5	2	1.6	1.2	0.6
0.9	60	38	10	4	3	2.5	1.2
1.6	20	40	10	4	3	2.5	1.2
1.6	40	80	20	8	6	5	2.4
1.6	70	140	35	14	11	9	4.4
1.6	100	200	50	20	16	12	6

续表

凝胶柱床			不同型号葡聚糖凝胶（G）的大致需要量（g）				
直径（cm）	高（cm）	容积（ml）	G-25	G-50	G-75	G-100	G-200
2.6	40	210	50	20	17	12	7
2.6	70	370	90	35	30	20	12
2.6	100	530	130	50	44	30	17
5	60	1000	250	110	80	70	35

（二）凝胶柱的装填

凝胶层析与其他许多层析方法不同，溶质分子与固定相之间没有特异力的作用，样品组分的分离完全依赖于它们各自的流速（流径体积）差异。而流速又与装柱密切相关，因此装柱是层析的重要环节。

根据样品状况和分离要求选定层析柱后按常规要求进行清洗。正式装柱前必须检查柱底的凝胶支持物是否符合要求。常用的支持物有棉花、玻璃纤维、玻璃珠、垂熔玻璃等。要求它们不漏不堵，不吸附样品，且能保持一定的流速。如支持物是垂熔玻璃，最好在管底衬以尼龙纤维布或快速滤纸，以保证其不会在层析过程中部分堵塞而降低流速。另外，从支持物开始直到收集器，须注意避免造成流出液混合与稀释的“死体积”（或称死腔）和较粗的导液管以保持已经取得的高分辨率。

此外，对较细的层析柱要注意防止装柱时“管壁效应”的干扰。即凝胶颗粒下沉时在垂直方向上形成对流，而不是均匀下沉。这样会造成凝胶沉降面倾斜，密度不均。克服办法是在连续搅拌下小心装柱。但此法对过细的柱不合适，而往往采用玻璃表面处理的方法。具体做法是将1%的二甲基二氯硅烷的苯溶液倒满空层析管，5分钟后倒出，于室温下待苯挥发后玻璃表面形成薄膜，便可投入使用。

开始装柱时，为了避免胶粒直接冲击支持物，空柱中应留约1/5的水或溶剂。所用凝胶必须是用相应溶剂系统充分溶胀的。为了防止柱中出现气泡，凝胶悬液温度必须与室温平衡并用水泵减压排气。开始进胶后应当打开柱端阀门并保持一定流速。太快的流速往往造成凝胶板结，对分离不利。进胶过程须连续、均匀，不要中断，并在不断搅拌下使胶粒均匀沉降，使不发生凝胶分层和胶面倾斜（图7-13）。为此，层析柱要始终保持垂直。凝胶悬液浓度也需控制，过稀和过浓都会产生不利影响。过浓时难以均匀装柱；过稀时因体积太大，装柱费时太长，不易做到连续装柱，以致出现柱床分层。

（三）凝胶床的检查和维护

对装就的凝胶柱先用眼观察有无凝胶分层、沟流和气泡等现象。如表观无毛病，就用相当于2倍以上柱床体积的洗脱液（分离介质）按正常操作流速过柱，以稳定柱床。加液前最好在胶面上（床面）加盖网状支持物或快速滤纸片，防止加液冲动、破坏床面平整。为了进一步检查凝胶柱的质量，通常用一种大分子的有色物质溶液过柱，观察柱床有无沟流，色带是否平整。常见的检查物质为蓝色葡聚糖，其分子量为2×10^6。使用时配成0.2%~0.3%的溶液，加入量为每平方厘米床面0.5~1.0ml。用此蓝色葡聚糖还能测量析层柱的外水体积。蓝色葡聚糖在260nm及610nm处各有一个吸收峰，用来测定非常方便。

凝胶柱可因使用时间过长，一时流速过大，或柱高太大而造成凝胶颗粒变形，流速逐渐下降，甚至无法继续进行分离操作。凝胶层析柱由于进出口之间液位压力差形成的对凝

胶颗粒的压力称作“操作压”。各种凝胶根据其强度都规定了最大操作压的允许范围（表7－14）。以保证凝胶柱处于良好的状态，满足对分离效果和流速的要求。操作中减低操作压的办法是分柱串联或采用简单装置，如图7－14。

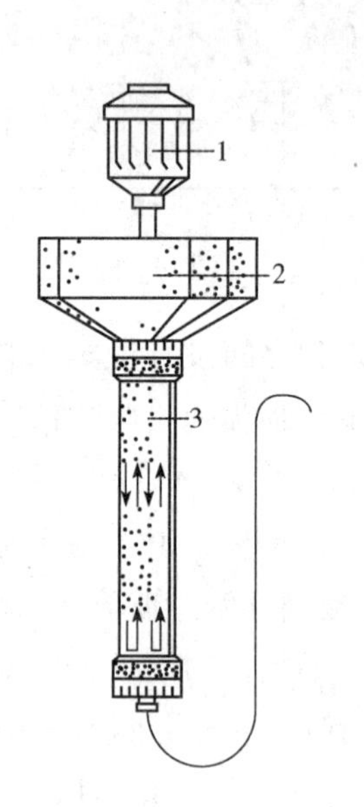

图7－13　简单装柱法之一

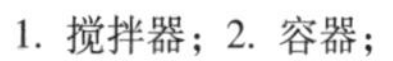
1. 搅拌器；2. 容器；

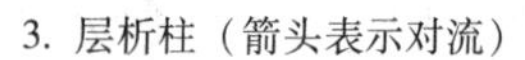
3. 层析柱（箭头表示对流）

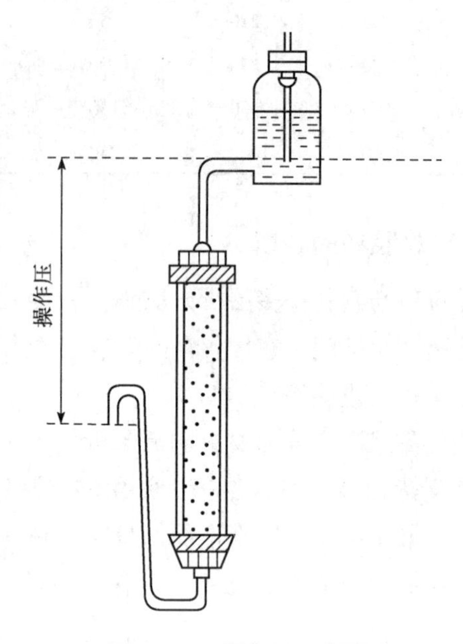

图7－14　操作压示意图

表7－14　层析床横截面所允许的最大压力

凝胶类型		极限值（cm H_2O）*
交联葡聚糖凝胶	G－10～G－50	>100
	G－75	50
	G－100	35
	G－150	15
	G－200	10
生物凝胶	P－2～P－60	>100
	P－100	50
	P－150	35
	P－200	25
	P－300	15
琼脂糖凝胶	10%	>50
	8%	>50
	6%	50
	4%	40
	2%	20
	1%	10

*1cm H_2O = 98.06Pa

三、凝胶层析操作

（一）样品和加样

由于凝胶层析的稀释作用，被分离样品浓度应大些为好，但样品浓度过大往往导致黏度增大，而使层析分辨率下降（图 7－15）。一般要求样品黏度小于 0.01Pa·s，这样才不致于对分离造成明显不良影响。对蛋白质类样品浓度以不大于4%为宜。如果样品浑浊，应先过滤或离心除去颗粒后上柱。

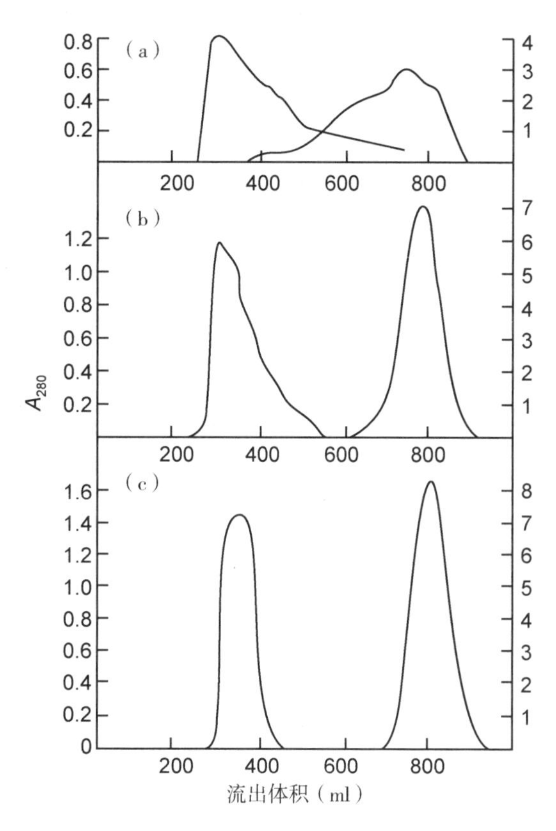

图 7－15　样品黏度对洗脱曲线的影响

（a）加葡聚糖 2000，使终浓度为 5%，相对黏度为 11.8；（b）加葡聚糖 2000，使终浓度为 2.5%，相对黏度为 4.2；（c）原样品的相对黏度为 1.0

柱：交联葡聚糖 G－25，4cm×85cm；流速 180ml/h；样品：0.1%血红蛋白＋1.0%氯化钠

前已叙及，样品及柱床体积比例悬殊时分离效果好（图 7－16），但过少的样品量不但会造成设备和器材的浪费，降低工作效率，还会造成样品稀释严重。

样品上柱是凝胶层析中一步关键操作。理想的样品色带应是狭窄且平直的矩形色谱带。为了做到这一点，应尽量减少加样品时样品的稀释以及样品的非平流流经层析凝胶床体。反之会造成色谱带扩散、紊乱，严重影响分离效果。

加样时应尽量减少样品的稀释及凝胶床面的搅动。这一点在分级分离时尤为重要，须严格按一定的操作顺序进行，通常有下列两种方法。

（1）直接将样品加到层析床表面。首先，操作要熟练而仔细，绝对避免搅混柱床表面。将已平衡的层析床表面多余的洗脱液用吸管或针筒吸掉，但不能完全吸干，吸至层析床表面 2mm 处为止。在平衡时床表面常常会出现凹陷现象，因此必须检查床表面是否均匀，如果不符合要求，可用细玻璃棒轻轻搅动表面层，让凝胶粒自然沉降，使表面均匀。加样时

不能用一般滴管，最好用带有一根适当粗细塑料管的针筒，或用下口较大的滴管，以免滴管头所产生的压力搅混床表面。一切准备就绪后，也可将出口打开，使床表面洗脱液仅剩1～2mm，关闭出口，轻轻加入样品至床面上1cm左右。再打开出口，使样液渗入凝胶床内。如此反复进行（样品体积较多时）直至样品加完后，用小体积的洗脱液洗柱床表面1～2次，尽可能少稀释样品。当样品将近流干时，像加样品那样仔细地加入洗脱液，待洗脱液渗入床内后，再小心引入较多量洗脱液，在床面上保持一定高度（常为2～5cm），然后接上恒压洗脱瓶开始层析。以上所有操作步骤，都必须时时注意层析床面的均匀性。如果在表面加了尼龙布等保护层，在加样品时，必须严格防止样品先从管壁缝向下流，以免影响分离效果。因为滤纸或玻璃丝对样品可能会产生一定的吸附作用，所以有时不能作为床表面的保护层。为了防止洗脱液对凝胶床面的直接冲击，应在床面以上保留3cm左右的液层高度，作为缓冲层。

（2）利用两种液体比重不同而分层的原理，将高比重样品加入床表面低比重的洗脱液之中，样品就慢慢均匀地下沉于床表面，再打开出口，使样品渗于层析床。如果样品比重不够大时，由于糖不干扰层析效果，可在样品加入1%的葡萄糖或蔗糖。当洗脱液流至床表面以上1cm左右时，关闭出口，然后将装有样品的滴管头插入洗脱液表层以下2～3mm处，慢慢滴入样品（切勿用力，以免搅混床表面），使样品和洗脱液分层，然后在上层再加适量洗脱液，并接上恒压洗脱瓶，开始层析。吸管的插入或取出都有可能带入气泡，因此在加样品时必须十分注意。尤其是取出滴管时，更应特别注意，洗脱液有可能倒吸而使样品稀释。

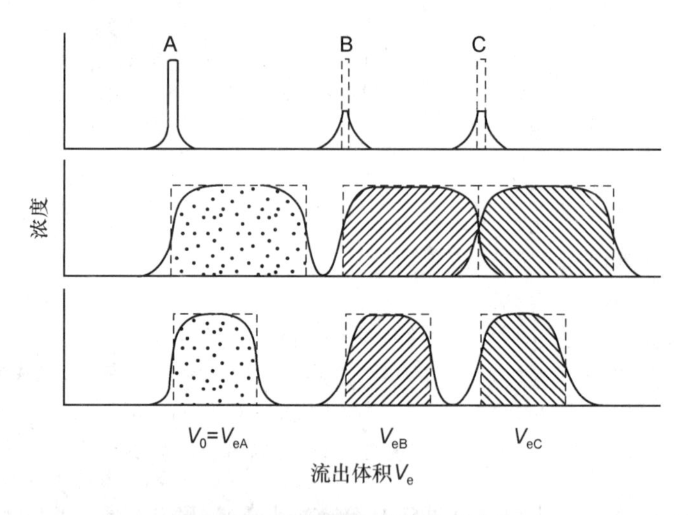

图7－16　样品体积对分离的影响

除了人工加样品外，也可用微量泵控制。在使用泵前，必须检查各接头处有否漏液现象，以防止因样品的流失而造成较大的实验误差。连接微量泵时，上行和下行层析都一样，在离进口端尽可能短的距离处接上一个三通阀门，并用聚四氟乙烯管相连。加样品时，将通洗脱液一相的阀门关住，使层析床和另一相相通。然后用小型微量泵，恒压调节瓶或注射器加样品。

（二）洗脱与收集

为了防止柱床积的变化，造成流速降低及重复性下降，整个洗脱过程中始终保持一定的操作压，并不超限是很必要的。流速不宜过快且要稳定。洗脱液的成分也不应改变，以防凝胶颗粒的涨缩引起柱床体积变化或流速改变。在许多情况下可以用水作洗脱剂，但为

了防止非特异吸附，避免一些蛋白质在纯水中难以溶解（析出沉淀），以及蛋白质稳定性等问题的发生，常采用缓冲盐溶液进行洗脱。洗脱用盐等介质应比较容易除去才好，通常，氨水、醋酸、甲酸铵等易发挥的物质用得较多。对一些吸附较强的物质也可采用水和有机溶剂（如水-甲醇，水-丙酮等）的混合物进行洗脱。

洗脱剂的流速对分离效果也有很大影响，图7-17显示了同一凝胶柱在不同流速下的洗脱曲线。可见较快的流速下得到的洗脱峰也宽。流速低洗脱峰窄而高。也就是说，流速较低，分辨率较高，样品稀释较轻。

洗脱时的流速与操作压有关，与凝胶的型号和粒度也有关。在同样的操作压下洗脱时往往编号小的葡聚糖凝胶，以及颗粒粗的凝胶流速大；编号大的，粒度细的流速慢。对于某种凝胶来说，在一定范围内流速（V）与操作压（P）成正比，与柱长（L）成反比：

$$V = K\Delta P/L \tag{7-11}$$

而对于强度差的凝胶，符合公式7-11的压力范围很小。进一步加大压力时，由于凝胶颗粒变形流速反而降低。常见的几种葡聚糖凝胶柱床承受压力与洗脱流速的关系见图7-18。

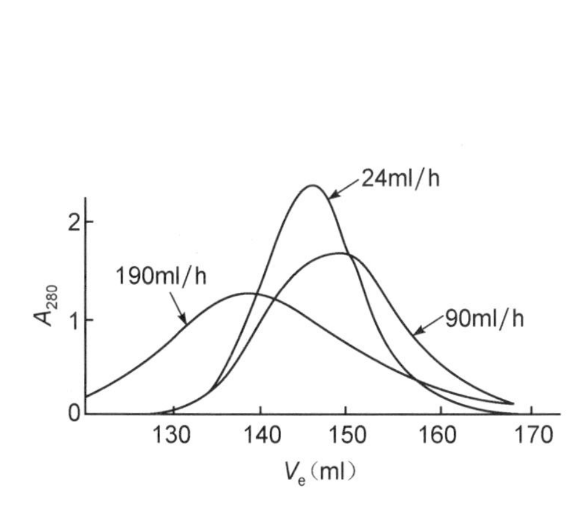

图7-17 流速对洗脱曲线峰型的影响图

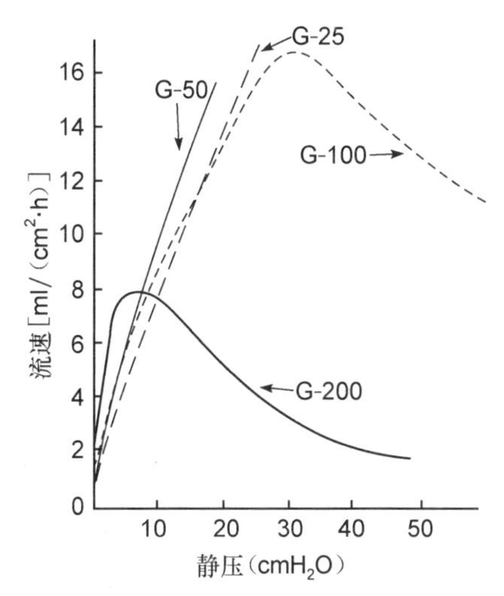

图7-18 葡聚糖凝胶柱床承受压力（cm水柱）与洗脱

有些比较精细的分离分析工作须在恒温条件下操作，一方面是为了防止温度的变化干扰分离、降低分辨率，另一方面也是为了防止蛋白质的变性失活。恒温范围一般为4~10℃。

洗脱液的收集多采用分部收集器。分部收集器有计时和计滴两种。计滴者能很好地控制每管洗脱液的准确数量。计时者每管收集量随流速波动而变化。欲达流速恒定之目的，可自制恒压加液装置（图7-14），更可靠的是使用微量恒流泵。

（三）凝胶柱的再生

凝胶柱在合理的使用下一般无需再生便可多次重复使用。凝胶柱如遇长期使用而板结或为不溶物污染及发生严重吸附时才须进行再生。对流速下降的板结凝胶柱，最简单的处理法是反冲。适当的反冲后往往可以恢复原来的流速。将凝胶颗粒取出漂洗后重新装柱也是恢复流速的好方法。如遇不溶物或吸附物污染，则必须将凝胶出柱，反复漂洗后再用稀酸、稀碱或其他溶剂浸泡处理。

四、主要参数测算

层析用凝胶柱在使用前一般都应了解其 V_0 和 V_i 的大小，对分析用凝胶柱尤其是这样。稳定的凝胶柱床，V_0 通常占柱床总体积 V_t 的30%左右。V_0 太大则说明柱床没有达到稳定。对于相同型号凝胶所装的凝胶柱来说，粗颗粒者的 V_0 往往比细粒者略大。

（一）V_0 及 V_i 的测算

V_0 和 V_i 的测算有两种方法。

1. 重量法

已知：

$$V_t = V_0 + V_i + V_g = \pi/4 \cdot d^2 h$$

$$V_i = g \cdot W_r$$

式中，g 为干胶重量；W_r 为"得水率"，即每克干胶之吸液量。

所以

$$V_0 = V_t - (V_i + V_g) \tag{7-12}$$

但这种算法不够准确，主要原因是 V_g 难以计算，它和凝胶的水化程度有关。一般粗略地将其估算为 $1cm^3/g$ 干胶。

2. 过柱法 已知物质的洗脱体积

$$V_e = V_0 + K_d V_i$$

如用全渗入（$K_d=1$）或全排阻（$K_d=0$）的物质过柱，测量其洗脱体积，便可计算出该凝胶柱的 V_0 值及 V_i 值。实验室中最常用的是蓝色葡聚糖（$K_d=0$）及重铬酸钾（$K_d=1$）、氧化氘（$K_d=1$）等。

（二）分配系数 K_d 及 K_{av} 的测标

已知分配系数

$$K_d = \frac{V_e - V_0}{V_i}$$

有效分配系数

$$K_{av} = \frac{V_e - V_0}{V_t - V_0}$$

当测得某物质的 V_e，并知道该凝胶柱的柱床总体积 V_t，内水体积 V_i 及外水体积 V_0 时，根据以上公式不难算出 K_d 和 K_{av} 的值。

K_d 与 K_{av}，甚至 V_e 被认为是一种组分（物质）对于某一个凝胶柱的特征常数。在判断各组分的分离情况，测定分子量以及预测放大柱床后的洗脱体积方面是很有用的。

（三）分离度

分离度（resolution），又称分辨率，为了判断分离物质对色谱柱在色谱柱中的分离情况，常用分离度作为柱的总分离效能指标。分离度表示相邻两峰的分离程度。用 R 表示，R 越大，表明相邻两组分分离越好。

凝胶层析中，两物质（A 和 B）和分离度（R）定义为：

$$R = \frac{\Delta V_e}{1/2(W_A + W_B)} \tag{7-13}$$

式中，W_A、W_B 分别为两物质洗脱峰的体积。也就是说，分离度与洗脱体积的差值成正比，而与两物质的洗脱峰宽度成反比（图 7－19）。

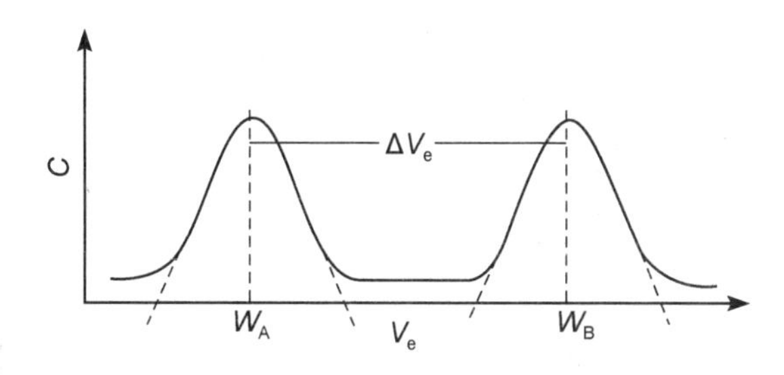

图 7－19　洗脱分离度示意图

当 R 值 >1，两物质完全分开，小于 1 时则不能完全分离。提高分离度的方法只有增大 ΔV_e 或减小两物质洗脱峰的体积。

因为
$$V_{e_A} = V_0 + K_{d_A} \cdot V_i \tag{7-14}$$
$$V_{e_B} = V_o + K_{d_B} \cdot V_i \tag{7-15}$$
所以
$$\Delta V_e = V_i(K_{d_B} - K_{d_A}) = \Delta K_d V_i \tag{7-16}$$

由于 ΔK_d 是常数，只有增大 V_i 才能使 ΔV_e 增加。这就是为什么进行组分分离时要求较大柱床体积的原因。

减少（$W_A + W_B$）的方法是浓缩样品（但黏度不能太大）；选用小粒度凝胶、流速适当减慢等。

分离度包含了两因素：选择性决定分离能力，表现在两个峰之间的距离上；柱效决定峰的扩张程度，表现在峰宽 W 上。

柱子的分离能力仅仅和填料颗粒的孔径大小，孔径分布以及孔径和溶质分子量分布的匹配有关；而柱效则和其他许多因素有关。其中如溶质分子的扩散，填料的粒度和分布，填料颗粒的几何形状，柱子的尺寸，流速等等。柱子装得好坏是个很重要的因素，然而即使对于一个装得很好的柱子，样品峰也会由于分子扩散、涡流扩散、传质阻力等作用而变宽。

有些资料、文献中还应用相对保留体积 V_e/V_0；保留常数 V_0/V_e；简化洗脱体积 V_e/V_i 等概念。这在讨论某些有关问题时显得比较方便。

五、凝胶层析的某些扩展

（一）上行凝胶层析

使用高得水值的软凝胶进行层析时，下行层析往往因重力作用使层析床压紧而影响流速。有时因操作压掌握不当，可使流动完全停止。遇到这种情况，只有重新装柱。为了避免这种情况，可利用流动和重力方向相反的上行层析法，即洗脱液向上流动的层析法。进行上向层析时，一般用微量泵控制流速，并在进口和出口端都用泵控制，使层析床受压恒定。不管压力如何恒定，层析床还是有压紧的可能。因此有人设计了一种反转柱，经一次上向层析后，反转一下，再进行第二次层析，如图 7－20。如此反复使用，可避免层析床的压紧。上向层析仅仅在于用软胶分离蛋白质时效果比较明显，例如用交联葡聚糖凝胶 G－200 分离某蛋白质样品，用下行层析只能分出 3 个峰，而上行层析却有可能分出 5～6 个峰。

若样品的比重高于洗脱液时，则不能使用上行层析法。

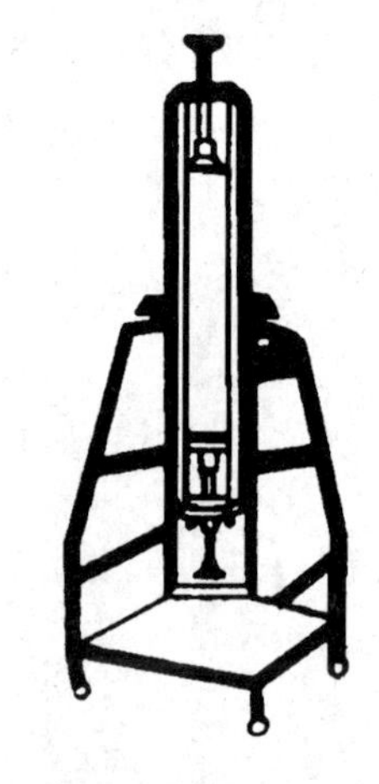

图 7-20　反转柱的一种

（二）增加有效床高

在分级分离时，由于溶质组分分子量极为类似，因而分辨率常达不到预期的要求。按凝胶层析的原理，增加床高可提高分辨力。然而，层析床高于 1m 或 1.5m 时，不但实验操作上比较困难，而且严重地影响流速，特别不适宜于软胶型的层析床。除了特殊凝胶层析床高度大于 1.5m 以外，一般可采用两种方式增加有效床高，这两种方式是串联层析和循环层析。

（1）串联层析，即用同样直径和长短的一组柱（根据需要而定），分别装柱后，第一个柱的出口接于第二柱的进口，依次类推。这样既增加了有效柱长，又可获得满意的流速。串联柱不能用重力调节流速，必须由微量泵控制，在柱相连时，接管之间绝对避免进入空气泡，以免影响层析效果。

（2）循环层析（recycling chromatography），即在同一根或两根柱上，样品反复进行层析。这种层析方法可使极为相近的几个组分，经数次循环后，有可能完全分离。循环的次数决定于溶质的分配系数（K_d）。在同一个系统中层析，可能有这样的缺点，即流动较快的溶质有可能赶上流动较慢的溶质，而使峰相互之间重新混合。所以循环层析一般都有自动分析装置，在检出仪上鉴别后可把不需要的组分分离除去，只将欲分离的物质进行循环层析。这样可达到完全分离的目的。曾用人血浆蓝蛋白样品，在交联葡聚糖凝胶 G-100 上重复层析 8 次，可将难以分离的 A、B 两个峰得以完全分离（图 7-21）。每次循环约 10 小时。通过自动分析仪分别将第三次的拖尾，第四次的 B 峰和第六次的拖尾分离了。当进行第八次分离时，总床高相当于 7.4m，A 峰得以完全分离。循环层析的设备比较复杂（图 7-21），但层析效果是极为明显的。有人曾经用交联葡聚糖 LH-20，经 6 次循环分离了只差一个甲基的茶油甾醇（$C_{28}H_{48}O$）和谷甾醇（$C_{29}H_{50}O$）两组分。

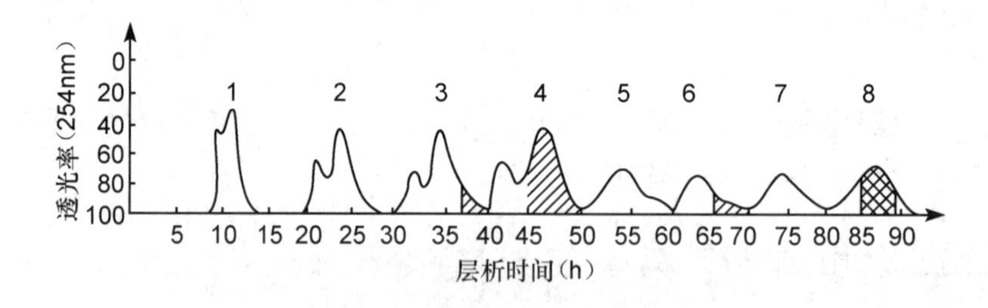

图 7-21　人血浆蓝蛋白的循环层析分离

柱：交联葡聚糖凝胶 G-100，3.2cm×93cm；样品：5.2ml（3%）；流速：20ml/h；洗脱液：0.1mol/L pH 8.0 Tris 缓冲液（含 0.5mol/L NaCl）

（三）薄层凝胶层析

用硅胶和纤维素粉作为支撑层，进行层析分离的方法，称薄层层析。随着凝胶层析的发展，曾发现细粒和超细粒的交联葡聚糖，亦可作为薄层层析的支撑载体。为了有别于通常的薄层层析，凡用交联葡聚糖作为支撑薄层的称“薄层凝胶层析”。

薄层凝胶层析和凝胶柱层析不同，除了在分离容量上有显著差别外（凝胶层析的分离

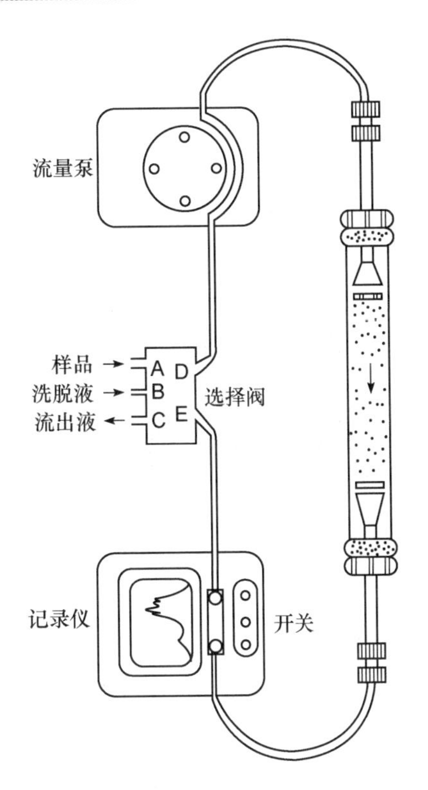

图 7-22 简单的循环层析装置

选择阀用于选择待循环液或废液，样品从 A→D 上柱，经 B→D 洗脱，经检出的废液由 E→C 排出，需循环的物质由 E→D 进入层析柱

量从数毫克至数百克，甚至达数千克范围的水平；而薄层凝胶层析仅数十微克水平），其应用范围也是不同的。在薄层凝胶层析时，物质分离的整个过程完全在层析床上，用不着像柱层析那样需要洗脱和分部收集。

这种方法只适用于分析，目前还不能用于制备。它之所以作为一种特殊的分析方法被普遍地采用，因有以下一些特点。

（1）每次分析所需要的样品量甚微，仅仅数微升（或数微克）就足够一次实验，这对于超微量的生化分析是极其实用的。

（2）设备简单，操作方便，分离迅速，整个操作常可在一天内完成。

（3）分辨率比同样长度的柱层析高。

（4）同一薄板可同时分析数个样品，作许多不同样品的比较分析。

（5）在同一个薄板上，加上参照物后，一俟层析完毕，就能按相对移动距离鉴别层析物的性质。

此外，薄层凝胶层析和普通的薄层层析不同。除了支撑薄层不同之外，其分离原理也各异。它们的主要区别差异并非是绝对的，有时二者结合使用，效果更好。如在交联葡聚糖G-10 薄层上覆盖一层纤维素或硅胶后，曾有效地分离了腺嘌呤、胞嘧啶、次黄嘌呤、胸腺嘧啶、尿嘧啶、黄嘌呤及其相应的各种核苷。

扫码“学一学”

第四节 色谱峰变宽的问题

前已叙及，凝胶色谱都是把某种样品的溶液注入到色谱柱的流动相开始的。尽管进样时间可以很短（矩形脉冲），但当液体通过色谱柱，连接管路以及检测池等部件后，色谱峰要变宽。所以一个分子量为单分散的样品的脉冲进行所产生的淋出曲线不是一个窄的矩形峰，而是一个比较宽的并有些斜的高斯峰。因此对于一个多分散的高聚物样品的凝胶色谱曲线，反映的不仅有样品的分子量分布，而且还有仪器造成的峰加宽效应。

一、峰宽的表示方法

图 7-23 表示一个高斯型的淋出曲线，横坐标是淋出体积 V_e，纵坐标是与溶质浓度有关的量，相应淋出曲线峰值的淋出体积用 V_e 表示。W 是峰宽，它是通过曲线的两个拐点的切线和基线交点之间的距离。拐点之间的距离等于 2δ，δ 称为峰的标准偏差，δ^2 称为峰的方差。

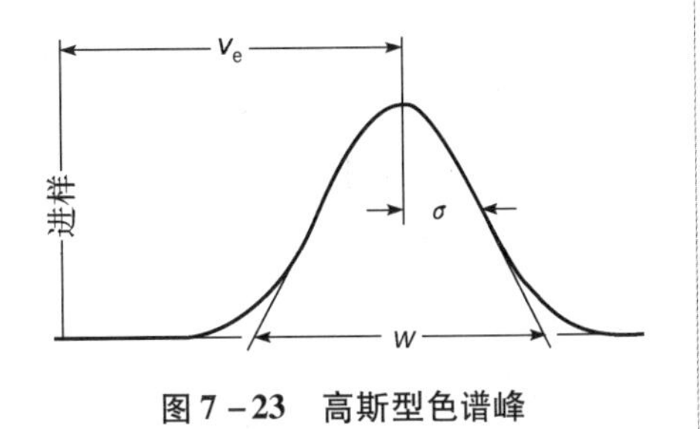

图 7-23 高斯型色谱峰

δ 和 δ^2 都是衡量峰的宽度的量。

$$W = 4\delta \tag{7-17}$$

二、溶液通过色谱柱造成的峰加宽

Giddings 提出的无规则行走模型所研究的是某个溶质分子在柱内的行为，而不是溶液层的总体。在这个模型中。溶质分子本身的运动是无规则的，但当它处在流动相中的时候，要在它的运动上加上流动相的速度。因此总的来说，溶质分子是沿着液流的方向运动。

根据无规则行走模型，在柱中发生的各种过程彼此是独立的，每一过程对总的理论塔板高度（或方差）有其自己的贡献。因此可以通过研究个别过程的效应，然后将它们加和以得到总的效应。

图 7－24　分子纵向扩散造成的峰加宽

（一）分子扩散

假设溶质以矩形脉冲进样方式注入柱中，由于在柱中存在浓度梯度，于是产生溶质分子的扩散现象（图 7－24）。不论是在流动相中还是在固定相中都有纵向（沿柱轴方向）扩散，但在固定相中扩散可以忽略不计，在流动相中由于溶质分子纵向扩散而造成的色谱峰加宽是：

$$(\mathrm{HETP})_d = 2\gamma D_m / V \tag{7-18}$$

式中，$(\mathrm{HETP})_d$ 为溶质分子纵向扩散对塔板高度的贡献；γ 为扰动因子，它表示柱内填料对于溶质分子扩散的扰动作用（$\gamma < 1$）；D_{m} 为溶质分子在流动相中的扩散系数；V 为流速。

溶质在柱中保留的时间越长，扩散效应也就越大，提高流速可以减少溶质在柱中停留的时间。使用颗粒度小而均匀的填料可以降低扰动作用。使用适当的溶剂（在其中溶质的扩散系数小）都可以降低由于溶质分子扩散而造成的色谱峰加宽效应。

（二）涡流扩散

当溶液通过装有填料的柱子时，溶质分子的流速可能有很大改变。例如有些溶质分子所在的流线正对着某个填料颗粒，而另一些分子所在的流线正好穿过填料颗粒之间的缝隙（图 7－25）。那些受阻的溶质分子要绕过填料颗粒、走了更多的路程，于是比那些通过缝隙的分子落后了，这样就造成色谱峰的加宽。这个效应纯粹是一种流体力学现象，其大小和填料颗粒的形状，尤其和颗粒的尺寸有关。涡流扩散对塔板高度（HETP）的贡献的表示式是：

$$(\mathrm{HETP})_{\mathrm{e}} = 2\lambda d_{\mathrm{p}} \tag{7-19}$$

式中，d_{p} 为填料颗粒的直径；λ 为是与填料及装填有关的常数。

实验证明，涡流扩散对凝胶色谱峰的加宽是比较重要的。当柱子的填料颗粒粒度一致而且装得均匀时，λ 的数值下降。由于柱子装得不好而存在大的沟槽时，λ 的值变大。柱子的直径很大或很小都不容易装得均匀而造成液流的不平滑。所以应用小而均匀的填料紧密地装在内径适当的柱中可以减小由涡流扩散造成的峰加宽，提高柱效。

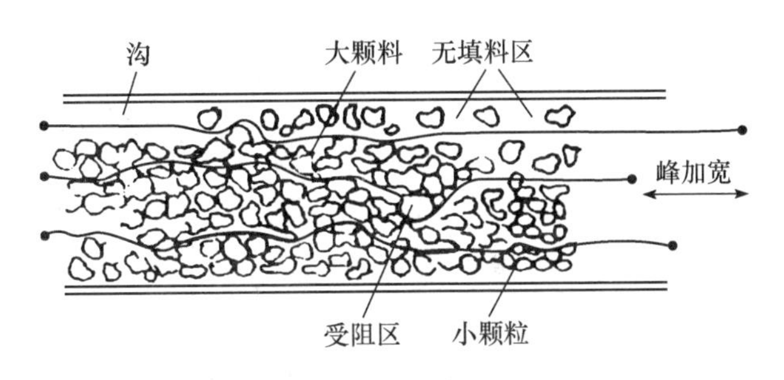

图 7 – 25　涡流扩散示意图

（三）流动相中传质阻力造成的色谱峰加宽

流动相在柱中的流速场是不均匀的。在没有填料的毛细管中，靠近管中心的流速最大，而与管壁相接触的分子流速为零。同样，在装有填料的柱中，填料的颗粒是不会非常均匀的，因此对流动相的影响在截面的不同位置也有差别。由于溶质分子有流速的梯度而导致溶质分子的浓度梯度，伴随这一现象而产生溶质分子从流体的一部分向另一部分移动（在同一截面上），即径向扩散。径向扩散的作用和流动相流速不平衡的作用是相反的，扩散速度越快，流速不平衡的影响就越小，很明显，这个效应和溶质在流动相中扩散系数成反比。

$$(\mathrm{HETP})_{\mathrm{m}} = \omega d_{\mathrm{p}}^{2} V / D_{\mathrm{m}} \tag{7-20}$$

这里 ω 是和填料几何结构有关的参数。为了减小在流动相中传质阻力造成的色谱峰加宽，应采用粒度小的填料，选用合适的溶剂（在其中溶质的扩散系数较大），以及降低流速等，如果填料装得规整而且紧密可以使柱参数 ω 减小。

（四）固定相中传质阻力造成的色谱峰加宽

在色谱柱中溶质分子的一部分 F 在流动相中，而另一部分（$1-F$）在固定相中。进入固定相中的那些溶质分子和那些在流动相中的溶质分子分开并落后于它们。在任何时候总有一些分子从固定相中脱离出来到流动相中去，而另一些分子则从流动相进至固定相中。这两个过程的总结果是：第一是使溶质层变宽；第二是溶质层作为一个整体以 FV 的速度运动，但对于某一个具体的溶质分子，它在流动相中的速度是和运载物质的速度相同。

上述理论由许多作者用相应的实验模型得到了证明。色谱柱内造成的峰加宽主要是由溶质在流动相中和在流动相与固定相之间的传质过程这两项贡献而成。

对于扩散系数小的大分子溶质，在整个流速范围内峰加宽是和流速无关的。相反，对于扩散系数大的小分子溶质，在流速增大时峰加宽迅速增大。但对于不同的支持介质，峰加宽的机制和程度也不尽相同。例如多孔硅胶孔径分布比较窄，在颗粒内部有许多较大的狭缝和孔彼此间通着；而交联聚苯乙烯的孔径分布比较宽，它的内部结构不像硅胶那样不规则。所以说对于多孔硅胶柱，峰加宽主要是传质效应，而对交联聚苯乙烯柱，峰加宽主要是流动相的贡献。

实验证明，填充介质粒度越小所造成的峰加宽效应也小，而混合粒度的填料与均一粒度的结果相差不大。

三、溶液在柱外产生的峰加宽

（一）连接管路

当液体流经细管时，径向速度梯度使矩形溶液脉冲变成抛物面形，并导致浓度的径向

梯度。这种浓度梯度产生径向扩散，于是使处于流型前缘的溶质分子流速降低和处于流型尾部的溶质分子速度增加。如果这个过程持续很久，则溶液层的形状逐渐变成一个宽的矩形，其浓度分布在沿管柱的方向是高斯形的，见图7－26。Ouano等在研究柱内流动相中的峰加宽时也讨论了连接管路中的贡献。因为连接管路都是圆柱形的，所以管体在层流条件下速度的分布是

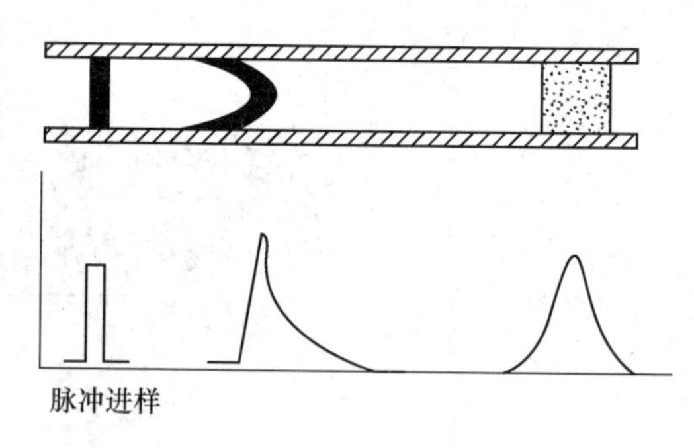

图7－26　在连接管路中的流型

$$V = V_o\left[1-\left(\frac{r}{R_r}\right)^2\right] = 2\bar{V}\left[1-\left(\frac{r}{R_r}\right)^2\right] \tag{7-21}$$

式中，R_r 为管的半径；V_o 为管中心处液体的流速；$\bar{V}$ 为平均流速。

峰加宽和溶质分子的分子量是有关的。但管径对于峰加宽的作用最大。管径的增大不仅造成峰加宽，还导致峰形变斜，所以降低连接管路的峰加宽的最有效方法是减小管径。

经过细管的淋出曲线和溶质分子量的关系见图7－26。实验条件是：管长为1m，内径为0.46mm，溶剂为三氯甲烷，流速为9.5ml/min，苯乙烯的淋出曲线是对称的，而分子量为1.8×10^6的聚苯乙烯的淋出曲线是斜的，并有很长的拖尾，定性地符合前面的推论。

（二）检测池

样品溶液经过色谱柱和一系列连接管路后，按溶质分子大小进行了分离，但在进入检测池时则要进行完全混合。然而一般示差检测池的体积只有数十微升，远小于柱中的空体积和连接管路的体积，所以这一项是可以忽略不计的。

第五节　凝胶层析的应用

扫码“学一学”

由于凝胶层析操作简便，分离条件十分温和，活性丢失少、产品收率近100%，故在生物化学及分子生物学实验室使用频率很高。又因为它分离机制简单，研究得比较透彻，所以容易规模放大。近年来出现的许多刚性或半刚性的凝胶介质（如Superose系，Superdex系，Sephacryl系），为凝胶层析的工业规模应用创造了条件。目前生物制药领域已出现了1000L以上的凝胶柱，处理量已由克级向千克级迈进。

一、脱盐和浓缩

脱盐用的凝胶多为大粒度的，高交联度的凝胶。此时溶液中蛋白质等大分子的$K_d=0$，盐类的$K_d=1$。由于交联度大，凝胶颗粒的强度较好，加之凝胶粒度大，柱层操作比较便利，流速也高。值得注意的是，有些蛋白质脱盐后溶解度下降，造成被凝胶粒吸附甚至以沉淀状态析出。遇上这种情况就必须改为稀盐溶液洗脱，所用溶液多为易挥发盐的缓冲溶液，洗脱完成后易于真空干燥法除去。用柱层析法脱盐时，要求样品的体积必须小于凝胶柱的内水体积V_i。在实际操作中由于扩散作用的存在，样品体积最好不大于内水体积的三分之一，以便得到理想的脱盐效果。

除应用凝胶层析脱盐外，还可以采用包埋法与直接投入法。前者是将样品置于透析袋中埋入干胶颗粒堆内，经过相当时间后，样品中的盐与水分一道为干胶所吸收。所谓直接

投入法，即将一定量的干胶投入盛样品容器或直接使样品溶液从干胶柱上流下。但这类方法都只能脱去部分盐。而且脱盐与脱水同时进行，样品得到了浓缩。

二、分子量测定

用凝胶过滤层析测定生物大分子的分子量，操作简便，仪器简单，消耗样品也少，而且可以回收。测定的依据是不同分子量的物质，只要在凝胶的分离范围内（渗入限与排阻限之间），洗脱体积 V_e 及分配系数 K_d 值随分子量增加而下降。对于一个特定体系（凝胶柱），待测定物质的洗脱体积与分子量的关系符合公式7－22：

$$V_e = -K\lg M + C \tag{7-22}$$

式中，K 与 C 是常数，分别为直线方程的斜率和外推截距。由图7－27可见，物质的洗脱体积与分子量成负相关，根据其他有关参数（V_e/V_0，V_e/V_t，K_d，K_{av}）都与溶质分子量的对数成反比。这个事实还可写作

$$K_{av} = -K'\lg M + C \tag{7-23}$$

图7－28是典型的球状蛋白质分子量和 K_{av} 的关系曲线。开始为低分子量物质，曲线比较平坦，因此包含在这个范围内的物质洗脱体积相当于整个床体积，即 $K_{av}=1$。随后曲线以直线下降，分子量的变化引起洗脱体积的改变，因而不同溶质得以分离，整个中间部分代表着凝胶的工作范围（$0<K_{av}<1$）。当溶质分子量超过所允许的工作范围时，曲线又平坦了。说明这一部分的洗脱体积相当于外水体积（即 $K_{av}=0$）。

分子量的测定方法有两种。

（1）求解法　为了求得上述方程中的两个常数 K 和 C。先以两个已知分子量的蛋白质过柱。设其分子量分别为 M_1、M_2，洗脱体积分别为 V_{e_1}、V_{e_2}，

解方程组：

$$V_{e_1} = C - K\lg M_1 \tag{7-24}$$

$$V_{e_2} = C - K\lg M_2 \tag{7-25}$$

求得 C 和 K_e 值代入方程便可计算得出其分子量。

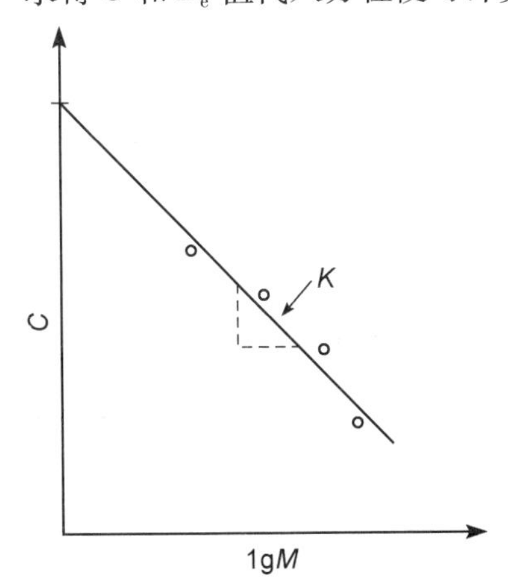

图7－27　洗脱体积与分子量的关系

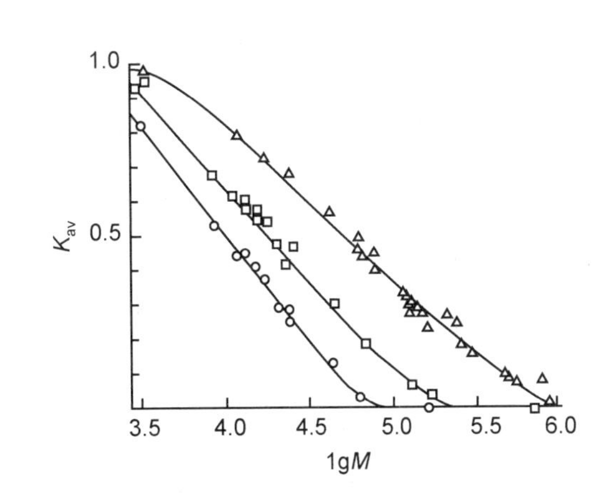

图7－28　溶质的洗脱特征和分子量之间的相互关系

－△－△－．交联葡聚糖G－200；－□－□－．交联葡聚糖G－100；－○－○－．交联葡聚糖G－75

（2）标准曲线法　对于特定的测定系统，先以3个以上（最好更多些）的已知分子量的标准蛋白（目前已有配套标准蛋白系列产品出售）过柱，测取各自的 V_e 值。以 V_e 作纵

坐标，lg$M$ 作横坐标制作标准曲线。在同一测定系统中测取未知物质的 V_e 值便可由标准曲线求得分子量。

因标准曲线法所用标准蛋白的数量多，方法回归效果较求解法为好，准确性较高。但用凝胶过滤法测得的分子量是近似分子量，误差往往在10%左右。对于线形分子的误差还可能大于此值。

在图7-29中曲线的近似直线部分相当于凝胶的分离范围。分子量在10000~150000之间的球形蛋白用此法测出的分子量误差在10%左右。常用于蛋白质、酶、多肽、激素、多糖、多核苷酸等大分子药物的分子量测定。

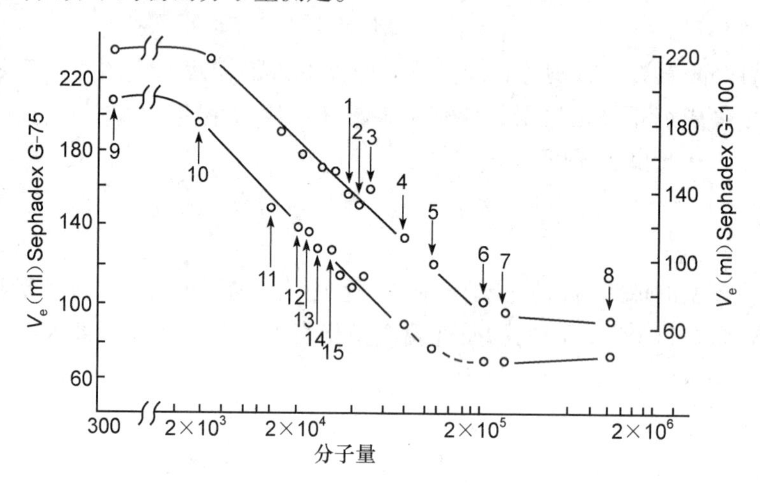

图7-29　一些球蛋白分子量与 V_e 的关系

柱：40cm×2.4cm；洗脱液：0.05mol/L Tris-HCl 缓冲液 pH 7.5（含0.1mol/L KCl）

1. 大豆胰蛋白酶抑剂；2. 细胞色素C二聚体；3. 胰凝乳蛋白酶原；4. 卵清蛋白；5. 血清白蛋白；6. 血清白蛋白二聚体；7. γ-球蛋白；8. 甲状腺球蛋白；9. 蔗糖；10. 胰高血糖素；11. 细胞色素C5611；12. 细胞色素C；13. 核糖核酸酶；14. α-乳清蛋白；15. 肌红蛋白

此外，用相对保留体积 V_e/V_o 或分配系数 K_d 对 lg$M$ 作图也是直线，也可用于分子量测定。

三、凝胶层析在生物制药中的应用

（一）去除热原

去热原往往是生产注射用生化药品的一个难题。应用较多的是各种吸附法。但由于吸附的专一性不强，一般都造成相当数量的产品损失或别的不利因素。用凝胶过滤法有时则比较方便。如用Sephadex G-25凝胶柱层析去除氨基酸溶液中的热原性物质效果较好（图7-30）。对Sephadex G-25来说，各种氨基酸的 K_d 值几乎都是等于1。而分子量巨大的热原性物质 K_d 值都等于0。若上柱量不超过柱床体积的30%，分离效果较满意。另外，用DEAE-Sephadex A-25除热原也取得较好效果（用超滤法去热原处理量较大，效果亦不错。见第十章）。

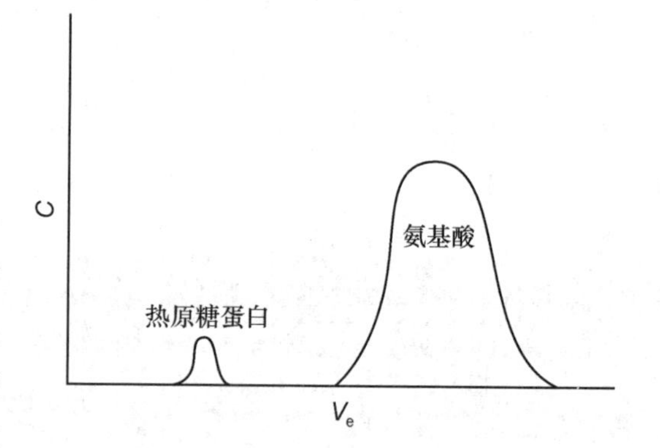

图7-30　Sephadex G-25分离氨基酸中热原示意图

（二）分离纯化

有人用 Sephadex G－50 纯化牛胰岛素及猪胰岛素，用它除去结晶胰岛素中前胰岛素和其他大分子抗原物质，这样大大改善了注射用胰岛素的品质。另外，用 QAE-Sephadex A－25 制备单组分胰岛素也取得了成功。凝胶层析在胰岛素制剂生产中有较多应用。

用葡聚糖凝胶分离多组分混合物除利用分子筛效应外，还可利用某些物质与凝胶具有程度不等的弱吸附作用。如用 Sephadex G－25 分离催产素和加压素混合物。用Sephadex G－25 分离氨基酸混合物（图 7－31），由于酸性氨基酸受到胶粒排斥而先被洗脱，而芳香族氨基酸有弱吸附作用故较后排出，碱性氨基酸吸附最强，所以最后排出。

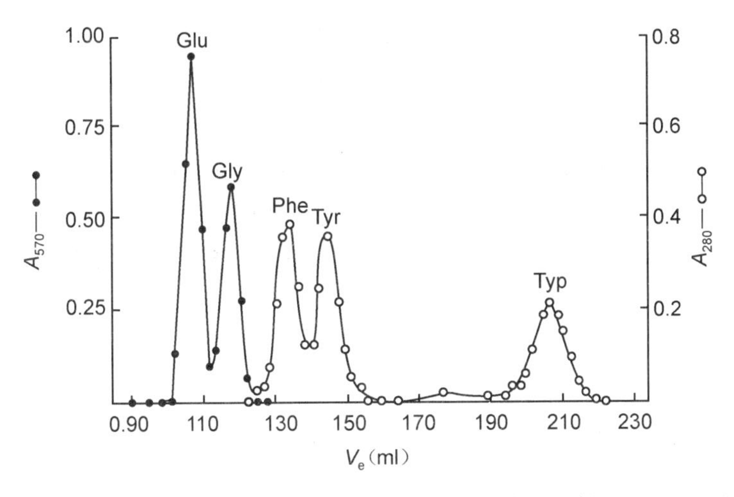

图 7－31　Sephadex G－25 柱层析分离氨基酸混合物（柱 2cm×45cm）

凝胶离子交换剂在分离纯化生化药物的应用已愈来愈广泛，还有用 DEAE-Sephadex A－50 精制透明质酸酶，制备溶菌酶等。透明质酸酶的精制方法是用稀酸抽提睾丸丙酮粉，经硫酸铵盐析，透析后冻干粗品。粗品溶于水，经 DEAE-Sephadex A－50 层析，以 0.02mol/L 磷酸缓冲液洗脱，精制后可得电泳纯产品。又如用 DEAE-Sephadex A－25 精制牛凝血酶，比活力达到 256U/mg。

扫码“练一练”

用 DEAE-Sephadex A－25 制备的固定化氨基酰化酶已经应用于 *DL*－氨基酸拆分。成功地将化学合成得到的消旋氨基酸转变为 *L*－氨基酸。

（何书英）

第八章　离子交换法

生命物质，如氨基酸、蛋白质、核酸等大多是“两性”物质，在水溶液中带有电荷。由于生物分子自身的性质差异，造成了在特定的介质中可带电荷种类或密度不同。这就给用离子交换方法进行分离－纯化提供了依据。因此离子交换法在生物化学和生物制药领域里的用途十分广泛。

第一节　基本原理

扫码“学一学”

扫码“看一看”

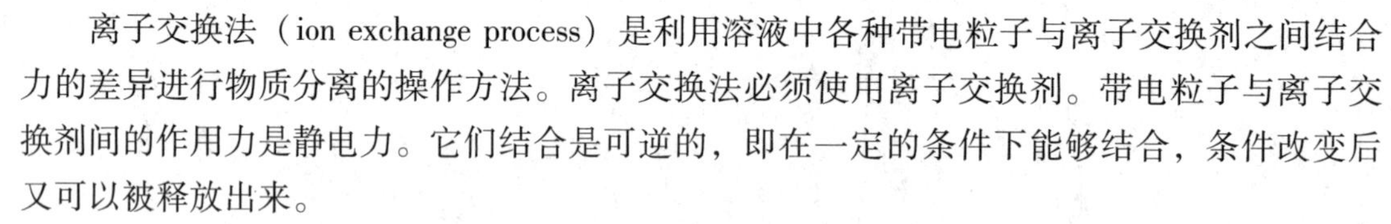

离子交换法（ion exchange process）是利用溶液中各种带电粒子与离子交换剂之间结合力的差异进行物质分离的操作方法。离子交换法必须使用离子交换剂。带电粒子与离子交换剂间的作用力是静电力。它们结合是可逆的，即在一定的条件下能够结合，条件改变后又可以被释放出来。

离子交换剂由惰性的不溶性载体、功能基团和平衡离子组成。平衡离子带正电荷的为阳离子交换树脂，平衡离子为负离子者称阴离子交换树脂。

离子交换现象可用下面的方程式表示：

$$R^-X^+ + Y^+ \rightleftharpoons R^-Y^+ + X^+$$

式中，R^-表示阳离子交换剂的功能基团和载体。X^+为平衡离子。Y^+为交换离子。离子交换反应同样符合质量作用定律。当反应体系中的离子浓度发生变化时，反应平衡即向左或向右移动。如向平衡体系中加入多量的X^+离子，反应倾向于生成R^-X^+，而释放出Y^+的方向。

在实验或应用中，若要进行选择性吸附，则须使目的物粒子具有较强的结合力，而其他粒子没有结合力或结合力较弱。具体做法是调节溶液的pH，使目的蛋白质，核酸或氨基酸这类两性物质的粒子带有相当数量的静电荷（如正电荷），而主要杂质粒子带相反电荷或较弱的电荷（正电荷）。然后选择适宜的树脂（如阳离子交换树脂），便可使目的物被离子交换树脂吸附，而杂质较少被吸附，或不吸附。

从树脂上洗脱目的物的方法主要有两种。

（1）调节洗脱液的pH，使目的物粒子在此pH下失去电荷，甚至带相反电荷，从而丧失与原离子交换树脂的结合力而被洗脱下来。

（2）用高浓度的同性离子根据质量作用定律将目的物离子取代下来。

对阳离子交换树脂而言，目的物的pK值愈大（愈碱），将其洗脱下来所需溶液的pH值也愈高。对阴离子交换树脂而言，目的物的pK值愈小，洗脱液的pH也愈低。图8－1显示了离子交换吸附和洗脱的基本原理。

生化物质在水溶液中带有不同电荷，对离子交换剂的吸附力也不同。利用这个性质，可将许多生化药物进行分离和纯制。目前离子交换技术在生物制药中的应用甚为广泛，超过了其他各种分离手段。

通常在pH大于物质的等电点的适当离子强度溶液中，物质带负电荷，可以用阴离子交换剂进行交换；而在pH小于等电点时，物质带正电荷，可以用阳离子交换剂进行交换。如

溶菌酶的等电点为 pH 11.0，蛋清的 pH 在 7～8，因此可用弱酸性羧酸型阳离子交换树脂（如 724 树脂或 Amberlite IRC－50）自蛋清中交换吸附溶菌酶。

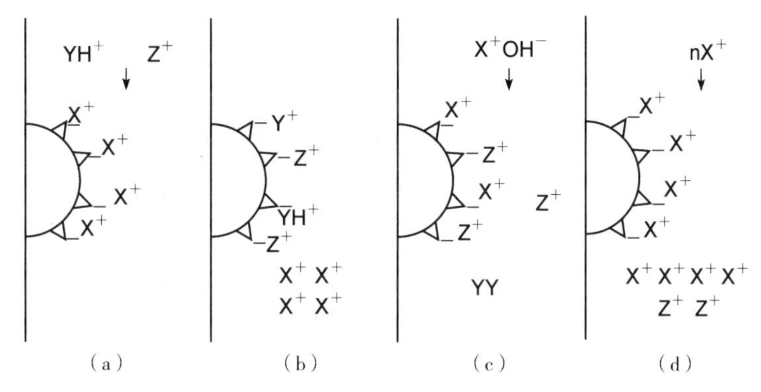

图 8－1　离子交换吸附、洗脱示意图

（a）X^+ 为平衡离子，YH^+ 及 Z^+ 为待分离离子；（b）YH^+ 和 Z^+ 取代 X^+ 而被吸附；

（c）加碱后 YH^+ 失去正电荷，被洗脱；（d）提高 X^+ 的浓度取代出 Z^+

离子交换技术是分离精制生化药物的主要工业手段之一。如细胞色素 C 的精制用弱酸性阳离子交换树脂；ADP 与 ATP 可用强碱性阴离子交换树脂进行分离精制；弹性酶用 Amberlite CG－50 树脂（弱酸性）进行分离；肝素、硫酸软骨素等常用多孔型或大孔型强碱性阴离子交换树脂进行分离精制；ACTH 的精制及胰岛素的纯化则分别用 CM－C（阳离子交换纤维素）和 DEAE－C（阴离子交换纤维素）；尿激酶的分离是用 724 树脂吸附并配合 DEAE－C 层析进行精制。

常见的离子交换剂有离子交换树脂，离子交换纤维素，葡聚糖凝胶离子交换剂等。各类交换剂均可按其可解离的功能基团性质分为阳离子交换剂（强酸、弱酸性）与阴离子交换剂（强碱、弱碱性）两大类。

第二节　离子交换树脂的结构与分类

扫码“学一学”

离子交换树脂由三部分构成：①惰性的不溶性的高分子固定骨架，又称载体；②与载体以共价键联结的不能移动的活性基团，又称功能基团；③与功能基团以离子键联结的可移动的活性离子，亦称平衡离子（或“反离子”）。如聚苯乙烯磺酸型钠树脂，其骨架是聚苯乙烯高分子塑料，活性基团是磺酸基，平衡离子为钠离子。

一、离子交换树脂的分类

离子交换树脂的活性基团是决定其交换特点的主要物质基础。它决定了树脂是酸性的阳离子交换剂还是碱性的阴离子交换剂，以及交换能力等诸多因素。同时也是离子交换剂分类的主要依据（表 8－1）。

表 8－1　离子交换树脂的性能

	阳离子交换树脂		阴离子交换树脂	
	强酸性	弱酸性	强碱性	弱碱性
活性基团	磺酸	羧酸	季胺	胺
pH 对交换能力的影响	无	在酸性溶液中交换能力很小	无	在碱性溶液中交换能力很小
盐的稳定性	稳定	洗涤时要水解	稳定	洗涤时要水解

续表

	阳离子交换树脂		阴离子交换树脂	
	强酸性	弱酸性	强碱性	弱碱性
再生	需过量的强酸	很容易	需过量的强碱	再生容易，可用碳酸钠或氨
交换速度	快	慢（除非离子化后）	快	慢（除非离子化后）

强酸或强碱树脂再生时，需3～5倍的再生剂；而弱酸或弱碱树脂再生时，仅需1.5～2倍量的再生剂。

（一）阳离子交换树脂

阳离子交换树按其酸性之强弱可以分为三类。

1. 强酸型阳离子交换树脂 强酸型树脂主要是磺酸型树脂。功能基团为磺酸根（$—SO_3H$）及甲基磺酸（$—CH_2SO_3H$）。

2. 中酸型阳离子交换树脂 中酸型树脂主要是磷酸型树脂，功能基团为磷酸根（$—PO_3H_2$）。

3. 弱酸型阳离子交换树脂 弱酸型树脂主要是羧酸型树脂和酚型树脂，功能基团分别为羧基（—COOH）和酚基（—⌬—OH）。

离子交换树脂的实际交换能力受自身解离情况的影响。强酸型交换树脂的交换能力几乎不受环境pH的影响。它在很宽的pH范围内都保持良好的交换能力。这是因为不论在酸性、中性范围内它都能较好地解离（图8－2）。

弱酸型的阳离子交换树脂在酸性环境中的解离度受到抑制，故交换能力差，只有在碱性或中性环境中有较好的交换能力（表8－2）。

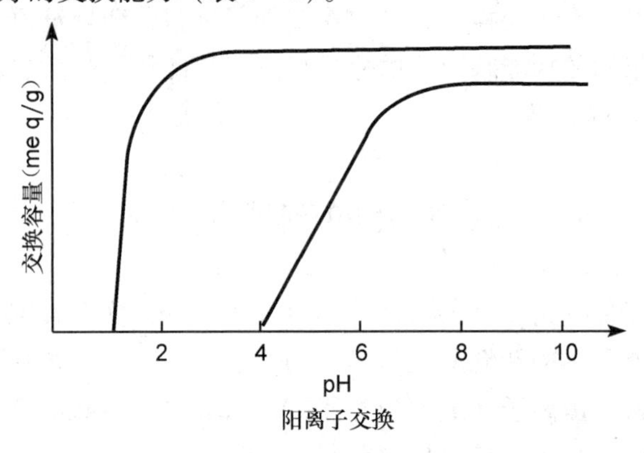

图8－2 强酸及弱酸型阳离子交换树脂的解离曲线

表8－2 724阳离子交换树脂在不同pH下的交换容量

pH	5	6	7	8	9
交换容量（meq/g）	0.8	2.5	8.0	9.0	9.0

（二）阴离子交换树脂

阴离子交换树脂也可根据功能基团的种类不同分为以下三类。

1. 强碱型阴离子交换树脂 强碱型阴离子交换树脂的功能基团多为季铵盐$—N^+{\equiv}R_3$。

强碱型离子交换树脂的交换能力受pH环境的影响较小。有两种强碱型阴离子交换树脂。一种含三甲氨基，称为强碱Ⅰ型，另一种含二甲基－β－羟基－乙胺基团，称为强碱Ⅱ型：

$$CH_3-\overset{|}{\underset{\underset{CH_3}{|}}{N^+}}-CH_3 \qquad CH_3-\overset{|}{\underset{\underset{CH_3}{|}}{N^+}}-C_2H_4OH$$

Ⅰ型　　　　　　Ⅱ型

Ⅰ型的碱性比Ⅱ型强，但再生较困难，Ⅱ型树脂的稳定性较差。

2. 弱碱型阴离子交换树脂　弱碱型阴离子交换树脂的活性基团是伯、仲、叔氨基，即—NH_2，—NHR，—NR_2，吡啶基等。

弱碱型阴离子交换树脂的交换能力同样受自身解离程度的影响，在碱性环境中交换能力低，仅适应于在中性及酸性环境中使用。

3. 中强碱型阴离子交换树脂　中强碱型阴离子交换树脂则兼有以上两类活性基团。二者的比例决定其碱性强弱。

各种树脂的强弱最好用其功能团的 pK 值来表征。常用树脂的 pK 值列于表 8－3 中。对于酸性树脂，pK 值愈小，酸性愈强，而对于碱性树脂，pK 值愈大，碱性愈强。

表 8－3　离子交换树脂功能团的电离常数

	功能团	pK
阳离子交换树脂	—SO_3H	<1
	—$PO(OH)_2$	pK_1 2～3
		PK_2 7～8
	—COOH	4～6
	—C_6H_4—OH	9～10
阴离子交换树脂	—$N(CH_3)_3OH$	>13
	—$N(C_2H_4OH)(CH_3)_2$	12～13
	—(C_5H_5N) OH	11～12
	—NHR，—NR_2	9～11
	—NH_2	7～9
	—C_6H_4—NH_2	5～6

有的树脂也可能含有一种以上的活性基团。例如，同时含磺酸基和酚羟基的树脂有国产的强酸 42、弱酸 122 树脂，前苏联的 KφY 树脂等。

还有一种既含有酸性基团，又含有碱性基团的“两性树脂”。其酸、碱基团可相互作用形成内盐，因此其交换机制较一般树脂复杂。我国曾合成两性树脂 HD－1 号，对金霉素具有良好的选择吸附性能。所谓“蛇笼树脂”，也是一种两性树脂，它适宜于从有机物质（如甘油）水溶液中吸附盐类，再生时用水洗，就可将吸着的离子洗下来。

二、离子交换树脂的命名

各类树脂命名编号如下：

强酸类	1～99 号
弱酸类	100～199 号
强碱类	200～299 号
弱碱类	300～399 号
螯合类	400～499 号

命名法还规定各种树脂除注明类别（如强酸、弱碱等）和编号外，还须标明载体的交联度。交联度是合成载体骨架时交联剂用量的重量百分数。它与树脂的性能有密切关系。在书写交联度时将百分号除去，写在树脂编号后并用乘号“×”隔开。如强酸1×7其交联度为7%。

但在国内的树脂商品中命名并不规范。同种树脂可出现不同的编号，但数字往往在600以上。如：

弱酸101×4树脂也被称为“724”树脂。

强酸1×7树脂也被称为“732”树脂。

强碱201×7树脂也被称作“717”树脂。

比较详细的商标名称常这样书写：×××型××性×离子交换树脂（编号×交联度）。此外，产品说明书还标明其载体、平衡离子、交换容量、比重、粒度、含水量等。国外离子交换树脂命名因出产国，生产公司而异。多冠以公司名，接着是树脂类别和编号。在编号前注明大孔树脂（MR），均孔树脂（IR）等缩写字母。在树脂使用之前最好查阅产品说明书，以求了解其结构（如骨架、活性基团、平衡离子）及性能和使用方面更多的细节。

三、离子交换树脂的骨架（载体）

离子交换树脂的载体是活性功能团的支持介质，对树脂性能有一定的影响。下面列举一些最常见的树脂载体的结构。

（一）苯乙烯型离子交换树脂

苯乙烯型离子交换树脂的骨架由苯乙烯与二乙烯苯经过氧苯甲酰催化聚合而成。这是最重要的一类离子交换树脂。由苯乙烯和二乙烯苯的共聚物作为骨架，再引入所需要的酸性基或碱性基。例如聚苯乙烯磺酸型阳离子交换树脂是由苯乙烯（单体）与二乙烯苯（交联剂）共聚后再磺化引入磺酸基而成的（图8-3）。其中苯乙烯是主要成分，形成线形直链并带有可解离的磺酸基，而二乙烯苯把直链交联起来形成网状结构，所得的产物类似海绵结构。磺酸根连在树脂上，氢离子与磺酸根的负电荷互相平衡，颗粒内部就像一个苯磺酸的溶液，只是负性根不能自由移动，只有氢离子才能与外来的离子相互交换。

（苯乙烯）　（二乙烯苯）　聚合　磺化

图8-3　聚苯乙烯型离子交换树脂的合成

聚合时，调节加入不同的悬浮液稳定剂和控制介质的温度、黏度及机械搅拌速度可得到不同大小规格的树脂（直径从 1μm ~ 2mm）。而改变二乙烯苯的量则可得到不同交联度的树脂。

树脂交联度即聚合反应中二乙烯苯占总投料重量的百分比数。合成后的载体，如用氯磺酸或发烟硫酸引入磺酸基可制成强酸型阳离子交换树脂。载体也可由氯甲醚进行氯甲基化后再引入季胺基团或伯、仲、叔氨基，成为碱型阴离子交换树脂。由于氯甲基化时的副反应，使得碱型阴离子树脂的交联度常高于阳离子交换树脂。

（二）丙烯酸型阳离子交换树脂

丙烯酸型阳离子交换树脂在载体聚合前已将活性基团引入单体。

将丙烯酸甲酯与二乙烯苯以过氧化苯甲酰作为引发剂，在水相悬浮聚合，共聚物再经水解即可得到该树脂（图 8 -4）。

H–C(=CH₂)–COOCH₃ + CH₂=CH–C₆H₄–CH=CH₂ → ⋯–C(H)(COOCH₃)–CH₂–CH(C₆H₄–CH–CH₂⋯)–CH₂⋯ —NaOH / 水解→ ⋯–C(H)(COONa)–CH₂–CH(C₆H₄–CH–CH₂⋯)–CH₂–

图 8 -4　丙烯酸型阳离子交换树脂的合成

属于这类树脂的有弱酸 110 树脂，用于链霉素提炼。经验表明，弱酸 110 树脂的交联度如大于 3%，链霉素等大分子不能进入全部活性中心，所以吸附容量较低。但如降低交联度，则由于膨胀度大，树脂机械强度就较差，且会使容积交换容量降低。为弥补这一不足，可以采用两次聚合的方法，即将一次聚合物与单体混合物（含有引发剂）搅拌混合，使聚合物吸饱单体，然后加热进行第二次聚合。两次聚合的聚合物比一次聚合的结构紧密。化学交联度虽然没有改变，但链相互牵制，也能限制链的移动（图 8 -5），其作用和化学交链一样。

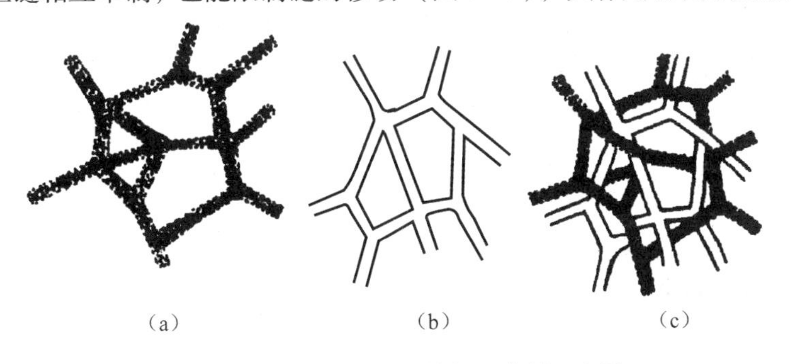

图 8 -5　两次聚合中链的相互牵制示意图

(a)(b) 一次聚合；(c) 二次聚合

这类树脂具很高的交换容量，每克干重树脂可交换 10meq（毫克当量）物质。在 pH 8 以下，这类树脂中的羧基不完全解离，因此要在高的 pH 值下树脂才有完全的交换量。由于相邻羧基距离较短而产生的缔合作用，故有很高的表观 pH 值，在低离子强度下特别明显。这种高度缔合的非离子化羧基使树脂的表面形成亲水层，对极性分子能起一种很有效的吸附作用。

属于这一类型的还有弱酸 101 ×4（724）树脂，它是由甲基丙烯酸、甲基丙烯酸甲酯和二乙烯苯三元共聚而得。

丙烯酸酯 - 二乙烯苯共聚物以多乙烯多胺胺解还可制得弱碱性树脂。

$$\cdots CH_2-CH(C_6H_4-CH(\cdots)-CH_2\cdots)-CH_2-C(H)(COOCH_3)\cdots + NH_2-C_2H_4NH-C_2H_4NH-C_2H_4NH-C_2H_4NH_2$$

$$\xrightarrow[\text{油浴加热}]{175\sim185℃} \cdots CH_2-CH(C_6H_4-CH(\cdots)-CH_2\cdots)-CH_2-C(H)\cdots-CONH-C_2H_4NH-C_2H_4NH-C_2H_4NH-C_2H_4NH_2+CH_3OH$$

由此得到的弱碱树脂还可与甲酸和甲醛发生甲基化反应，以增强其碱性，得到的树脂具有下列结构：

$$\cdots CH_2-CH(C_6H_4-CH(\cdots)-CH_2\cdots)-CH_2-C(H)\cdots-CONH-C_2H_4N(CH_3)-C_2H_4N(CH_3)-C_2H_4N(CH_3)-C_2H_4N(CH_3)_2$$

此即 703 树脂。

（三）多乙烯多胺——环氧氯丙烷树脂

环氧氯丙烷是很强的缩聚剂，它甚至能和叔氨基相结合，因而形成强碱性季胺基团。将环氧氯丙烷缓缓滴加到多乙烯胺中，形成树脂浆，然后将树脂浆在透平油中分散成球形，其反应如下：

$$-NH_2 + ClCH_2-\underset{O}{CH-CH_2} + HN\langle \longrightarrow -NH-CH_2-CH(OH)-CH_2-N\langle + HCl$$

继续反应：可得如下结构。

$$-CH_2-NH-CH_2-CH_2-N^+(CH_2-HCOH-CH_2\cdots)(CH_2-HCOH-CH_2\cdots)-CH_2-CH_2-N(CH_2-HCOH-CH_2\cdots)-CH_2-CH_2-$$

此即弱碱330（701）树脂，它同时含有伯、仲、叔胺，还含有少量季胺基团。

（四）聚乙烯吡啶系离子交换树脂

其是前苏联生产的一系列以乙烯吡啶及其衍生物聚合的离子交换树脂。这种树脂的特点是化学稳定性、热稳定性及辐射稳定性较高。

用于聚合反应的单体中以4－乙烯吡啶，5,2－乙基乙烯吡啶和4,2－甲基乙烯吡啶与二乙烯苯形成的共聚体交联度较均匀。其中以由4－乙烯吡啶单体聚合而成的阴离子树脂交换容量最高。

把聚乙烯吡啶树脂用磺甲烷或硫酸二甲酯、碘乙烷、溴乙烷等烷基化处理，可制得强碱性阴离子交换树脂。如在单体与二乙烯苯共聚时加入乙烯内酰胺或 *N*－乙烯吡啶烷酮等可制得对重金属及贵金属有选择性的螯合树脂。

（五）其他离子交换树脂

由丙烯酸或甲基丙烯酸在季胺型阴离子交换树脂（如 Dowex）中聚合而成的一类树脂称蛇笼树脂（snake-cage resins），其结构如下：

```
 ⋮                                             |
CH —⬡— CH2 — N+(CH3)3- O — CO — CH
 |                                             |
CH2                                           CH2
 |                                             |
CH —⬡— CH2 — N+(CH3)3- O — CO — CH
 |                                             |
CH2
 ⋮
```

由于树脂中的羧基（$—COO^-$）和季氨基［$—N^+(CH_3)_3$］是等当量的，故树脂在反应上是中性的。这类树脂可用于生物化学中的脱盐，例如一个 NaCl 溶液通过这类树脂柱，则 Na^+ 为树脂中的$—COO^-$除去，而 Cl^- 则为季氨基除去，故脱盐后的溶液没有明显的 pH 改变，随后用水洗柱即可回收盐。这类树脂也可用来从电解质中分离非电解质，因为非电解质直接通过柱流出。另外也用于从处于等电点状态的大分子两性物质中分离电解质，因为前者不能进入树脂的网孔中。

选择性离子交换剂是利用某些特殊的有机化合物可与某些金属离子起选择性反应的原理而制得。例如：螯形树脂是利用金属离子与有机试剂生成螯形化合物的性质而设计制备的。如用含汞的树脂分离含巯基的化合物（辅酶 A、半胱氨酸、谷胱甘肽等）；用螯合树脂处理含重金属离子的废水。

吸附树脂是一类有很大的表面积，吸附能力强，但离子交换能力很小的树脂，主要用于脱色和除去蛋白质等，也称为“脱色树脂”。

电子交换树脂这类树脂所交换的不是离子而是电子。交换反应是一个氧化－还原反应，也称“氧化还原树脂”，可用于氧化剂或还原剂再生。由于上述几种离子交换剂与生化物质的分离制备关系不大，这里不作详细介绍。常见的各种离子交换剂的特性见表8－4。

热再生离子交换树脂实质上是具有特殊结构的弱碱、弱酸离子交换树脂的复合物。它在室温下可从溶液中交换吸附一定量的盐，用90℃的水又可使盐解吸。但因受多种因素制约，交换容量和交换速度偏低，使用受限。

表8-4 各种离子交换剂的特性

树脂牌号	类型	功能基	粒度(mm)	含水量(%)	总交换容量(meq/g)	最高操作温度℃	允许pH范围	树脂母体或原料	国际对照产品
强酸1°	强酸	—SO_3H	0.3~1.2(16~50目)	45~55	4.5	110	0~14	苯乙烯、二乙烯苯，硫酸	Amberlite IR-120(美) Dowex 50(美) Ky-2(俄) Ky-2(俄)
强酸1×7(732)	强酸	—SO_3H	16~50目	46~52	4.5	120	0~14	苯乙烯、二乙烯苯，硫酸	Amberlite IR-120 Dowex 50(美) Zerolit 225(英) Ky-2(俄) タイヤイオソSKLB(日)
强酸010(732)	强酸	—SO_3H	0.3~1.2	45~55	4~5	<120(Na) 100(H)	1~14	苯乙烯、二乙烯苯，硫酸	Amberlite IR-120 Dowex 50(美) Zerolit 225(英) Ky-2(俄) タイヤイオソSKLB(日)
华东强酸42°	强酸	—SO_3H —OH	0.3~1.0	29~32	2.0~2.2	95(Na) 40(H)	1~10	酚醛树脂	Amberlite-100(美) Zerolit 315*(英)
多孔强酸Ⅰ°	强酸	—SO_3H	0.3~0.84		4~4.5	130~150	0~14	交联聚苯乙烯	Amberlit-200(美) Amberlyst-15(美)
粉末强酸1×8	强酸	—SO_3H	100~200目	40~50	>4.8	120	0~14	聚苯乙烯	Amberlite IR-120(美)
弱酸122°	强酸	—COOH —OH	0.3~0.84	40~50	3~4			水杨酸、苯酚、甲醛缩聚体	Zerolit 216(英)
多孔弱酸122°	弱酸	—COOH —OH	0.3~1.0		3.9			水杨酸、苯酚、甲醛缩聚体	
弱酸101×1-8(724)	弱酸	—COOH	0.3~0.84	<65	>9		1~14	丙烯酸型	Amberlite IRC-50(美) Zerolit 226(英) KБ-4Ⅱ$_2$(俄)
强碱201°	强碱	—$N^+(CH_3)_3X$	0.3~1.0	40~50	>2.7~3.5	70(Cl) 60(OH)	0~14	交联聚苯乙烯	Amberlite IRA-900(美)
强碱201×4(711)	强碱	—$N^+(CH_3)_3X$	0.3~1.2	40~50	>3.5	70(Cl) 60(OH)	0~14	交联聚苯乙烯	Amberlite IRA-401(美)
强碱201×7(717)	强碱	—$N^+(CH_3)_3X$	0.3~1.2	40~50	>3.0	70(Cl) 60(OH)	0~14	交联聚苯乙烯	Amberlite IRA-400(美)
多孔强碱201°	强碱	—$N^+(CH_3)_3X$	0.3~1.0		2.5~3.0	70(Cl) 60(OH)	0~14	交联聚苯乙烯	
多孔强碱D-254	强碱	—$N^+(CH_3)_3X$	0.3~1.0	40~50	2.5~3.0	70(Cl) 60(OH)		交联聚苯乙烯	
粉末201×8	强碱	—$N^+(CH_3)_3X$	100~200目	40~50	>3.0	70(Cl) 60(OH)		交联聚苯乙烯	Amberlite IRA-400(美)

续表

树脂牌号	类型	功能基	粒度（mm）	含水量（%）	总交换容量（meq/g）	最高操作温度℃	允许pH范围	树脂母体或原料	国际对照产品
大孔强碱202°（763）	强碱	$—CH_2CHOH$ $—CH_2OH$ $—(CH_3)_2X$	0.3～0.84	48～58	>3.4	50（OH）		交联聚苯乙烯	Amberlite IRA－911（美）
华东弱碱321°	弱碱	—NH—		37～40	4～6	50	0～7	间苯二胺多乙烯多胺甲醛缩聚体	Wofatit M（德）
弱碱330（701）	弱碱	$—N^+$ $—NH_2$	0.2～0.84	55～65	>9			多二多胺环氧氯丙烷缩聚体	Dowex A－30B（美）
弱碱311×2（704）	弱碱	NH^+ $—NH_2$	0.3～0.84	45～55	>5			交联聚苯乙烯	Amberlite IR－45（美） Zerolite G（英）
弱碱301°	弱碱	$—N(CH_3)_2$	0.3～1.0	45～50	3.0			交联聚苯乙烯	
多孔弱碱301°	弱碱	$—N(CH_3)_2$	0.3～1.0	45～55	1.1			交联聚苯乙烯	
大孔弱碱702°	弱碱	NH^+ $—NH_2$	0.3～0.84	57～63	>7.0	50（OH）	0～9		
大孔弱碱703°	弱碱	$—N(CH_3)_2$	0.3～0.84	58～64	>6.5	50（OH）	0～9		

第三节　离子交换动力学

扫码“学一学”

一、离子交换平衡

当 A_1 与 A_2 两种离子在树脂上达到交换平衡时，可用反应方程式 8－1 表示：

$$RA_2^{Z_2} + A_1^{Z_1} \rightleftharpoons RA_1^{Z_1} + A_2^{Z_2} \tag{8-1}$$

式中，R 代表离子交换树脂，Z_1 及 Z_2 分别为离子 A_1 与 A_2 的价电数。为了方便讨论，我们假设交换体系为稀溶液，此时离子浓度为活度的近似值。另外树脂在交换时无缩涨，不涉及化学位能或自由能的变化。也不涉及树脂弹性位能和溶剂分子的转移能。这样，8－1 式可写作相似于复分解反应的平衡反应式 8－2：

$$\frac{1}{Z_1}A_1 + \frac{1}{Z_2}\overline{A_2} \rightleftharpoons \frac{1}{Z_1}\overline{A_1} + \frac{1}{Z_2}A_2 \tag{8-2}$$

式中，A_1、A_2、$\overline{A}_1$、$\overline{A}_2$ 分别表示在溶液中与树脂表面的两种离子。此时如用 m_1、m_2 及 c_1、c_2 分别代表树脂上和溶液中的两种离子的浓度。则

$$\frac{m_1^{\frac{1}{Z_1}} \cdot c_2^{\frac{1}{Z_2}}}{m_2^{\frac{1}{Z_2}} \cdot c_1^{\frac{1}{Z_1}}} = K, \quad 即 \frac{m_1^{\frac{1}{Z_1}}}{m_2^{\frac{1}{Z_2}}} = K \frac{c_1^{\frac{1}{Z_1}}}{c_2^{\frac{1}{Z_2}}} \tag{8-3}$$

这就是尼柯尔斯基方程式。K 值的大小取决于树脂和交换离子的性质，以及交换条件。从 8－3 式可以看出，$K>1$ 时说明离子 A_1 比离子 A_2 对树脂有较大的吸引力；反之，$K<1$ 时树脂对 A_2 的吸引力大于 A_1。

在生物大分子（离子）进行交换时，由于位阻的存在，交换容量大为降低，因此树脂吸附的杂质增多。如用 $m_{大}$ 代表树脂大分子的交换量，m 为树脂总交换容量，8－3 式可改写作 8－4 式：

$$\frac{m_{大}^{\frac{1}{Z_{大}}}}{(m - m_{大})^{\frac{1}{Z_{小}}}} = K \frac{c_{大}^{\frac{1}{Z_{大}}}}{c_{小}^{\frac{1}{Z_{小}}}} \tag{8-4}$$

不难看出，在大分子的交换容量减少的同时，小分子的吸附量大增。这就是杂质增加的原因。若采用大孔型树脂，则对大分子的位阻减小，又因活性基团距离增大，有利于大分子的交换，减少杂质吸附。

二、离子交换速度

当 A、B 两种离子在树脂上进行交换时，可写作 8－5 形式：

$$R^-B^+ + A^+ \rightleftharpoons R^-A^+ + B^+ \tag{8-5}$$

图 8－6 中虚线表示固定于树脂颗粒表面的“水膜”。离子交换过程可分解为 5 个步骤：

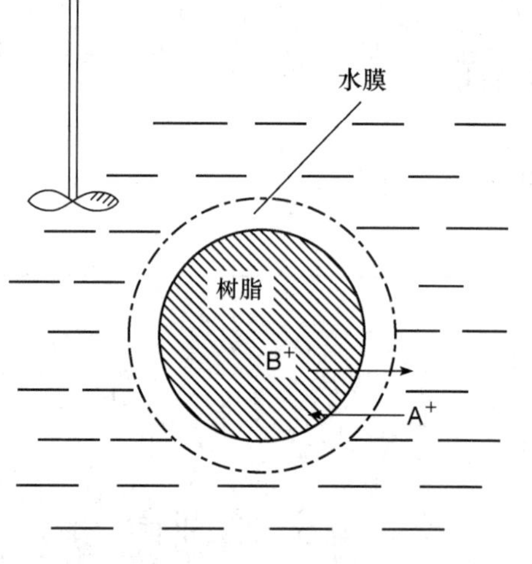

图 8－6 离子交换过程

（1）A^+ 从溶液扩散到树脂表面。因要通过水膜，称作膜扩散。膜扩散的速度取决于膜两边离子 A^+ 的浓度差和膜厚度。膜厚度与搅拌速度有关。

（2）A^+ 从树脂颗粒表面扩散到交换中心，称作粒子扩散。其速度取决于颗粒孔径、颗粒半径、树脂交换容量、离子 A^+ 的半径与电荷、平衡离子的性质（电荷、半径等）。

（3）离子 A^+ 与平衡离子（也称固定离子）B^+ 交换，相当于树脂发生复分解反应，速度极快。

（4）B^+ 从交换中心扩散到粒子表面。

（5）B^+ 穿过水膜再扩散到溶液中。

其中（4）及（5）为（1）和（2）的逆过程。

不难悟出，当树脂颗粒大，溶液离子浓度稀，树脂对离子吸附弱，搅拌快时，交换速度主要受粒子扩散限制。相反，在树脂颗粒小，溶液离子浓度大，树脂对离子吸附强、搅拌慢时，膜扩散限制大。但对蛋白质等生物大分子而言，则应多考虑粒子扩散（内部扩散）。其原因是载体骨架位阻的影响。而且交换反应伴随大分子外部形状的变化，牵涉的能量变化也较大，所以交换速度大大小于小离子。

离子交换速度的影响因素很多，综合起来主要有以下几个方面。

（1）树脂粒度　交换离子向内扩散的速度与粒子半径的平方呈反比，平衡离子向外扩散的速度与半径成反比。树脂粒度大交换速度慢。

（2）搅拌速度　搅拌速度能影响膜扩散速度，与交换速度呈正相关。搅拌速度增大到一定程度后影响渐小。

（3）树脂交联度　交联度大则树脂孔径小，离子运动阻力大，交换速度低。

（4）离子半径和离子价　离子水合半径增大，交换速度下降；离子每增加一个电荷，交换速度下降一个数量级。大分子在树脂中的扩散速度特别慢。

（5）温度　交换体系温度高时由于离子扩散加快，交换速度也加快，但必须考虑到生化物质对温度的稳定性。温度升高25℃，交换速度增加1倍。

（6）离子浓度　交换体系如是稀溶液，交换速度随离子浓度的上升而加快。但达到一定浓度后，交换速度不再随浓度上升。交换速度（V）与浓度成正比的范围在0.01mol/L以下，参见图8－7。

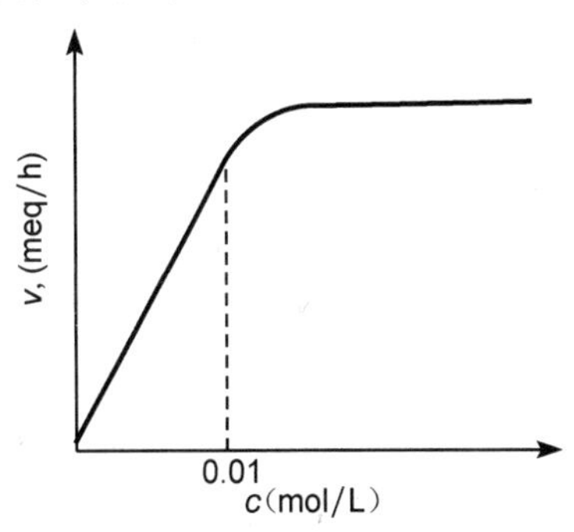

图8－7　离子浓度对交换速度的影响

三、离子交换的动力学

研究在固定床中离子交换的规律称为离子交换运动学。为了方便讨论，以图8－8表示一个翻转90°的离子交换柱。

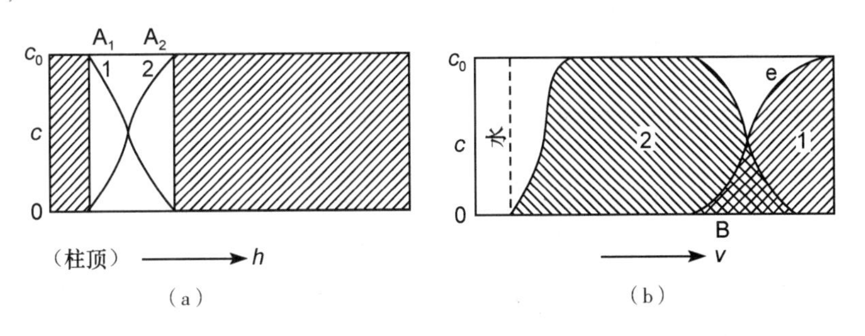

图8－8　离子交换层析

（a）c. 当量浓度；c_0. 原始当量浓度；V. 流出液体积；A_1～A_2. 交换带；

（b）B. A_1离子的漏出点；e. 离子的流出曲线；h. 柱的高度

请看交换带A_1→A_2中发生的变化：交换离子A_1由于不断被树脂吸附，其浓度从起始浓度c_o逐渐下降到0，而平衡离子A_2由于逐渐被释放，则浓度由0上升到c_o。

在实际工作中，都希望这种同时含有A_1、A_2两种离子的交换带尽可能地窄一些，以求较高的分辨率。交换带的宽窄由多种因素决定。不难理解，交换常数$K>1$时交换带要比$K<1$时狭窄，也就是说K值愈小交换带会愈宽。当然不仅是A_1、A_2两种离子对树脂的吸附力能影响交换带宽度。若A_1离子浓度过大，交换带也会比浓度小时宽。另外，柱床流速高于交换速度也会加宽交换带。流速愈快则交换带愈宽。此外两种离子的解离度和树脂的粒度也影响交换带的宽度。

扫码“学一学”

第四节 离子交换树脂的性能

一、离子交换树脂的基本要求

1. **有尽可能大的交换容量** 这样可以减少材料和设备投入，提高工作效率，得到较好的经济效益。

2. **有良好的交换选择性** 用以取得较好的分离效果。树脂的交换选择性受诸多因素的影响，其中也不乏树脂本身的因素。载体骨架均匀，交联度适宜是很重要的。

3. **化学性质稳定** 树脂应纯净，不含杂质，经受酸、碱、盐、有机溶剂及温度的作用不发生物理及化学变化或释放出分解物。

4. **化学动力学性能好** 树脂的交换速度快，可逆性好，易平衡，易洗脱，易再生；交换效率高，便于反复使用。

5. **物理性能好** 树脂颗粒大小合适，粒度均匀，比重适宜，且有一定的强度，这样不但有利于操作，交换效果也较好。

二、影响树脂性能的几个因素

1. **离子交换树脂具有的功能基团性质和数目** 这个数目是其交换容量的基础。当然，交换介质的酸碱度会影响树脂功能基团的解离度，从而影响它的实际交换容量。

2. **树脂的交联度** 交联度的大小可以说是仅次于树脂活性功能基团的第二个重要指征。它对树脂的比重、强度、交换选择性和动力学性质都有重要的影响。

3. **树脂骨架和平衡离子** 将于本章第五节讨论。

三、主要理化常数的测定

1. **含水量** 离子交换树脂的交联度与含水量和膨胀度有比较直接的关系，所以含水量的测定也是树脂交联度的间接测定。树脂含水量实质上是颗粒内部网格上存在的溶胀水。其测定方法较多。常用干燥法和离心法。干燥法通过树脂在105℃下烘干前后的重量加以计算求得。离心法是将树脂在400g离心力作用下离心30分钟甩去溶胀水。

2. **膨胀度** 取一定量风干树脂放入量筒，加水或缓冲液振摇24小时，测量前后体积之变化即可求得树脂在该介质中的膨胀系数$K_{膨胀}$，膨胀系数与交联度的关系可由图8-9表示。

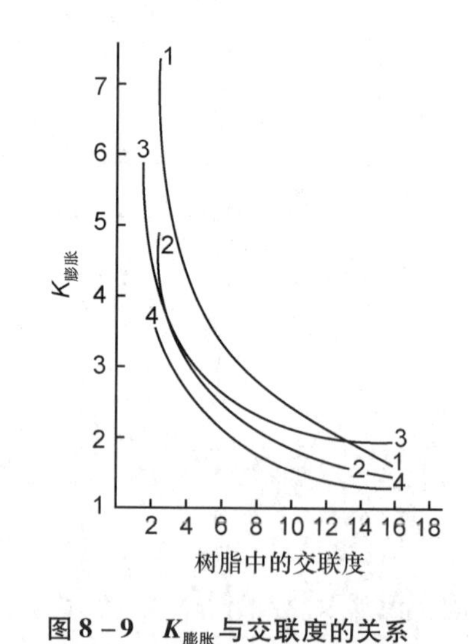

图8-9 $K_{膨胀}$与交联度的关系

1. 磺酸基树脂（H型）；2. 磺酸基树脂（Na）型；3. 羧基树脂（H型）；4. 弱碱树脂（Cl型）—$N(CH_3)_3Cl$

3. **湿真密度** 取处理成所需型式的湿树脂，在布氏漏斗中抽干。迅速称取2~5g抽干树脂，放入比重瓶中，加水至刻度称重。湿真密度按式8-6计算：

$$\gamma = \frac{W_2}{W_3} \tag{8-6}$$

式中，γ 为湿真密度；W_2为树脂称样重，g；W_3为被排挤的水重，g；$W_3 = W_1 - W_4$，W_1为满水的比重瓶（无树脂）加上样品之重，g；W_4为盛有水及树脂的比重瓶之重，g。

还有一种所谓有“湿视密度”表示法。它是树脂重量与目视体积（沉于容器底部的外观体积）之比。

4. 交换容量　交换容量是树脂最重要的特征参数，单位是 meq/g 树脂（毫克当量/克树脂）。还有一种体积交换容量，即 meq/ml 湿树脂。阳离子交换树脂（氢型）的测定方法是：向一定数量树脂中加入 NaOH 溶液，一天或数天后测定 NaOH 的剩余量，从消耗的碱量即可求出它的交换容量。

对阴离子交换树脂，因羟型不太稳定，市售多为氯型。测定方法是：取一定量的树脂装柱，用过量的 Na_2SO_4溶液进行离子交换洗脱，测定流出液中氯离子总量，即可求知树脂的交换容量。不过这样测定的仅是对无机小离子的交换容器，称作总交换容量。对生物大离子的实际交换容量要比总交换容量小得多。

5. 滴定曲线　和无机酸、碱一样，离子交换树脂也有滴定曲线。其测定方法如下。

分别在几个大试管中各放入 1g 树脂（氢型或羟型），其中一个试管中放入 50ml 0.1mol/L NaCl 溶液，其他试管中加入不同量的 0.1mol/L 的 NaOH 或 0.1mol/L 的 HCl，再稀释至 50ml，静置 1 昼夜（强酸或强碱树脂）或 7 昼夜（弱酸或弱碱树脂），令其充分达到平衡。测定平衡时的 pH。以每克干树脂所加的 NaOH 或 HCl 毫克当量数为横坐标，以平衡 pH 为纵坐标，就得到滴定曲线。各类树脂的滴定曲线见图 8－10。几种国产树脂的滴定曲线见图 8－11。

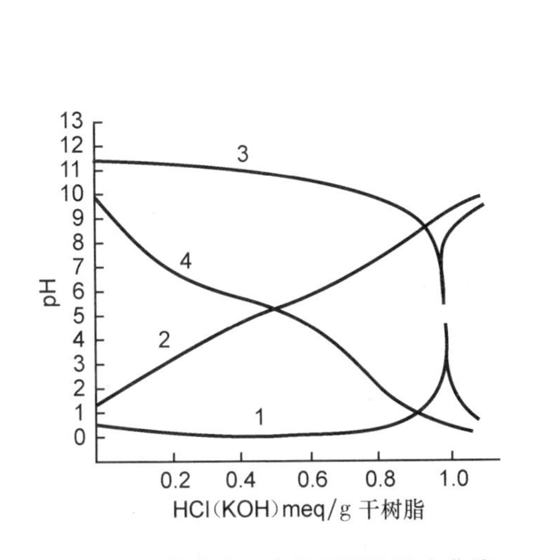

图 8－10　各类离子交换树脂的滴定曲线

1. 强酸树脂 Amberlite IR－120；2. 弱酸树脂 Amberlite IRC－84；3. 强碱树脂 Amberlite IRA－400；4. 弱碱树脂 Amberlite IR－45

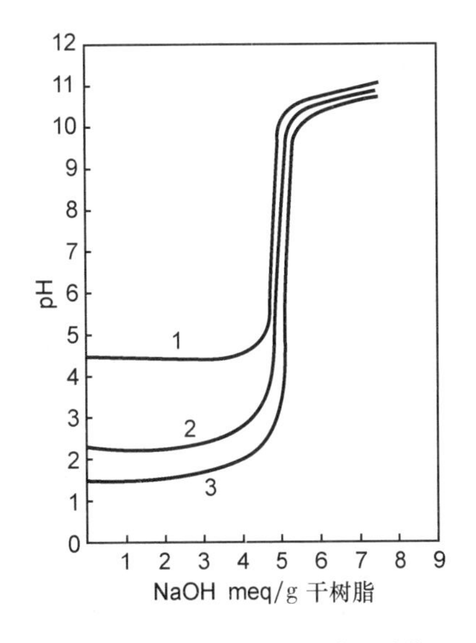

图 8－11　国产 1×12 阳离子交换树脂的滴定曲线

1. 无盐水；2. 0.01mol/L NaCl；3. 1mol/L NaCl

对于强酸性或强碱性树脂，滴定曲线有一段是水平的，到某一点即突然升高或降低，有如强酸或强碱滴定时的等当点，这表示树脂的功能团已饱和；而对于弱碱或弱酸性树脂，则无水平部分，曲线逐步变化。

由滴定曲线的转折点的位置，可估计其总交换容量；而由转折点的数目，可推知功能

团的种类数；曲线还表示交换容量随 pH 的变化。所以滴定曲线较全面地表征树脂功能团方面的性质。

扫码“学一学”

第五节　离子交换的选择性

影响离子交换选择性的因素很多，如离子水合半径、离子价、离子浓度，溶液环境的酸碱度，有机溶剂，还有树脂的交联度，活性基团的分布和性质、载体骨架等。下面分别加以讨论。

一、离子的化合价与水合半径的影响

溶液中某一离子能否与树脂上的平衡离子进行交换主要取决于这两种离子与树脂的相对亲和力和相对浓度。一般而言，电荷效应越强的离子与树脂的亲和力越大。而决定电荷效应的主要因素是价电数和离子半径（表 8－5，表 8－6）。对同价阳离子来说，往往原子序数增大，水合离子半径减小。如 $Li^+ > Na^+ > K^+ > Pb^+ > Cs^+$。

表 8－5　某些阳离子的离子半径和水化作用

离　子	离子半径（Å）	水合半径（Å）	水合摩尔数
Li^+	0.68	10.0	12.0
Na^+	0.98	7.9	8.4
K^+	1.33	5.3	4.0
NH_4^+	1.43	5.37	4.4
Rb^+	1.49	5.09	—
Cs^+	1.65	5.05	
Mg^{2+}	0.89	10.8	13.3
Ca^{2+}	1.17	9.6	10.0
Sr^{2+}	1.34	9.6	8.2
Ba^{2+}	1.49	8.8	4.1

表 8－6　强酸强碱树脂对各种离子的选择系数

树　脂	离子	离子	*K*
聚苯乙烯磺酸型（交联度 8%～10%）	H^+	Li^+	0.8
	H^+	Na^+	1.5～2.5
	H^+	K^+	3
	H^+	NH_4^+	3
	H^+	Ag^+	18
	H^+	Ti^+	24
	Na^+	K^+	8
	H^+	Ca^{2+}	42
聚苯乙烯苯甲胺型（交联度 8%）	Cl^-	F^-	0.1
	Cl^-	Br^-	2.5
	Cl^-	I^-	18
	Cl^-	NO_3^-	3
	Cl^-	OH^-	0.5
	ClO_4^-	SCN^-	0.6

一价阳离子亲和力的次序是：$H^+ \approx Li^+ < Na^+ < K^+ \approx NH_4^+ < Pb^+ < Cs^+ < Ag^+ < Ti^+$。

二价阳离子的亲和力的次序是：$Mg^{2+} \approx Zn^{2+} < Cu^{2+} \approx Co^{2+} < Ca^{2+} \approx Sr^{2+} < Pb^{2+} < Ba^{2+} < Ra^{2+}$。

阴离子的亲和力也有一定规律。对强碱性树脂各阴离子的亲和力次序如下：

$Ac^- < F^- < OH^- < HCOO^- < Cl^- < SCN^- < Br^- < CrO_4^{2-} < NO_3^- < I^- < C_2O_4^{2-} < SO_4^{2-}$ < 柠檬酸根。

对弱碱性树脂各负离子的亲和力次序如下：

$F^- < Cl^- < Br^- = I^- = Ac^- < MoO_4^{2-} < HPO_4^{2-} < AsO_3^{2-} < NO_3^-$ < 酒石酸根 < 柠檬酸根 < $CrO_4^{2-} < SO_4^{2-} < OH^-$。

其中氢氧根的亲和力最强。而对弱酸性树脂来说，氢离子也有极强的亲和力。可见对于弱酸或弱碱性树脂，亲和力还受活性基团性质的影响。

二、离子化合价与离子浓度的影响

在讨论这个问题时，为叙述方便，设离子交换平衡后溶液中两种离子的浓度比是一个定值 P，即

$$c_1/c_2 = P$$

$$c_1 = c_2 p \tag{8-7}$$

将 8－7 式代入尼柯尔斯基方程式，则

$$\frac{m^{\frac{1}{Z_1}}}{m_2^{\frac{1}{Z_2}}} = K\frac{(c_2p)^{\frac{1}{Z_1}}}{c_2^{\frac{1}{Z_2}}} = KP_1^{\frac{1}{Z}}\frac{c_2^{\frac{1}{Z_1}}}{c_2^{\frac{1}{Z_2}}} = KP^{\frac{1}{Z_1}}c_2^{\frac{Z_2-Z_1}{Z_1Z_2}} \tag{8-8}$$

根据 8－8 式，在交换离子（A_1）之价电数大于平衡离子（A_2），即 $Z_1 > Z_2$ 时，若溶液较稀（C_2 较小），m_1 的值将增大，有利于交换（当然，溶液过稀、体积过大会给操作带来不便）。所以说在稀溶液中，树脂吸附高价离子的倾向很大。现以链霉素离子的吸附为例加以说明（表 8－7）。

表 8－7　当有钠离子存在时，溶液的稀释对苯氧乙酸－酚－甲醛树脂吸附链霉素的影响

（树脂对链霉素的交换容量为 3.17 meq/g）

溶液中离子浓度 meq/ml		链霉素的吸附量 meq/g
链霉素	钠	
0.00517	1.500	0.256
0.00258	0.750	0.800
0.00103	0.300	1.93
0.00052	0.150	2.76

例如，当 $K=2$，$P=1$，$m_1+m_2=1$，$C_2=0.1\text{mol/L}$，$Z_2=1$ 时；

若 $Z_1=2$，则 $m_1=0.9$，$m_2=0.1$；

若 $Z_1=3$，则 $m_1=0.97$，$m_2=0.03$。

可见在较稀的溶液中，树脂几乎仅吸附高价离子。

三、交换环境的影响

（一）溶液的 pH

溶液的酸碱度直接决定树脂交换基团及交换离子的解离程度，不但影响树脂的交换容量，对交换的选择性影响也很大。对于强酸、强碱性树脂，溶液 pH 主要是左右交换离子的解离度，决定它带何种电荷以及电荷量，从而可知它是否被树脂吸附或吸附的强弱。对于弱酸、弱碱性树脂，溶液的 pH 还是影响树脂解离程度和吸附能力的重要因素。但过强的交换能力有时会影响到交换的选择性，同时增加洗脱的困难。对生物活性分子而言，过强的吸附以及剧烈的洗脱条件会增加变性失活的机会。另外，树脂的解离程度与活性基团的水合程度也有密切关系。水合度高的溶胀度大，选择吸附能力下降。这就是为什么在分离蛋白质或酶时较少选用强酸、强碱树脂的原因。

（二）离子强度

高的离子浓度必与目的物离子进行竞争，减少有效交换容量。另一方面，离子的存在会增加蛋白质分子以及树脂活性基团的水合作用，降低吸附选择性和交换速度。所以一般在保证目的蛋白质的溶解度和溶液缓冲能力的前提下，尽可能采用低离子强度。

（三）有机溶剂

交换溶液中如存在有机溶剂，往往会减弱树脂对有机离子的吸附能力，而倾向于吸附无机离子。其原因可能是有机溶剂降低了有机离子的解离程度。

四、树脂结构的影响

（一）树脂载体交联度

树脂交联度增加，其膨胀度下降，颗粒的弹性增加，各种离子交换的能级差加大，交换选择性增加。总的来说，在交换过程中，树脂体积缩小是放能的，树脂体积膨胀是吸能的。对等价离子而言，交换过程中，树脂体积改变引起的能量变化可用格雷戈公式（8－9）表示：

$$RT\ln\frac{\overline{a_1}a_1}{a_1\,\overline{a_2}} = \pi(\overline{V_2} - \overline{V_1}) \qquad (8-9)$$

式中，$\overline{a_1}a_2/a_1\,\overline{a_2}$为尼柯尔斯基方程中的交换常数 K 值；$\overline{a_1}$，$\overline{a_2}$和 a_1，a_2为树脂上及溶液中的两种离子的活度；π 为树脂渗透压（与树脂的弹性力有关，π 值随交联度上升而增大）。

从 8－9 式可见，交联度上升，π 值增加，K 值也增大。树脂潜在的选择能力提高。

图 8－12 表示在羧基树脂上，链霉素离子与钠离子的交换等温线。由图可见，在膨胀系数较小的树脂上，直线的斜率（K 值）较大，亦即树脂对抗生素离子的选择性随交联度增大而增大。

但是对于大离子的吸附，情况要复杂些。首先树脂必须要有一定的膨胀度，允许诸如抗生素等较大离子能够进入到树脂内部，否则树脂就不能吸附大离子。树脂的膨胀度对吸附抗生素的影响非常显著（图 8－13）。与吸附无机离子的场合不同，这里有互相矛盾着的两个因素在起作用：一个因素是选择性的影响，即膨胀度增大时，K 值减小，促使树脂吸附量降低；另一个因素是空隙大小的影响，即膨胀度增大，促使树脂吸附量增加，这是矛盾的两个方面。

当膨胀系数的值很小时，第二个因素即空间效应占主要地位，交换容量随膨胀系数而增加。当膨胀系数增大到一定值时，树脂内部为大分子所达到的程度变化就不大了，此时第一因素即选择性的影响占主要地位，因此交换容量随膨胀系数的增加而降低，在膨胀系数与交换容量的关系图上应出现一最高点（图 8 - 14）。

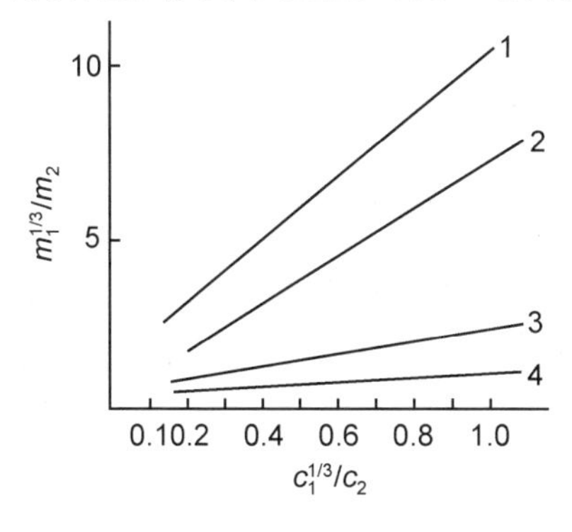

图 8 - 12　在甲基丙烯酸 - 丙烯酰胺树脂上链霉素与钠离子交换等温线树脂膨胀的关系

1. 膨胀系数 1.9；2. 膨胀系数 3；3. 膨胀系数 4.5；4. 膨胀系数 5.2；m_1 为树脂对链霉素吸附量，meq/g；$m_2 = m - m_1$，m 为树脂的最大交换容量，meq/g；C_1、C_2 为溶液中链霉素和钠离子浓度，meq/ml

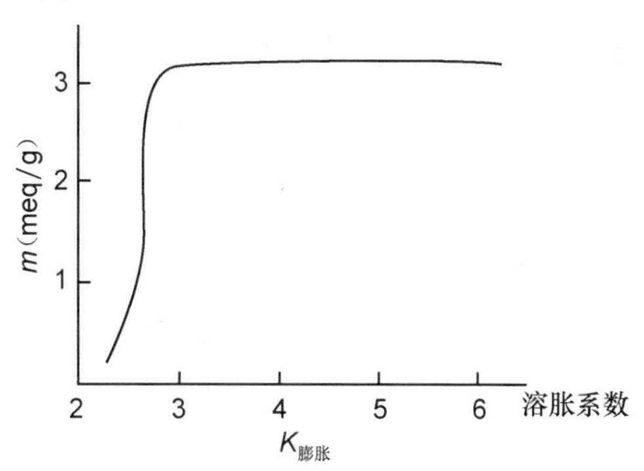

图 8 - 13　Amberlite IRA - 400 阴离子交换树脂对青霉素的交换容量与膨胀度的关系

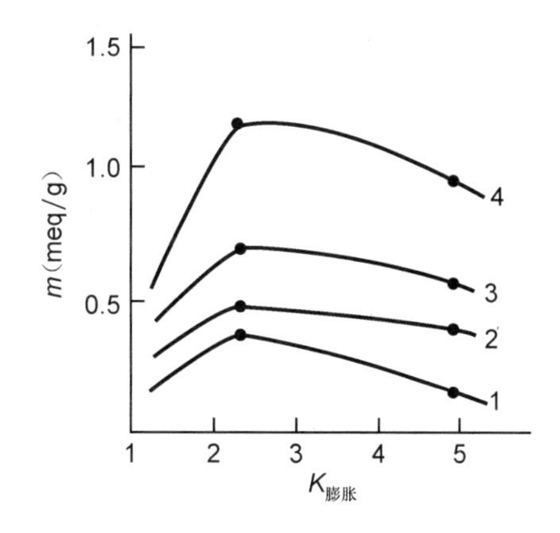

图 8 - 14　用磺酸基树脂 CóC 从含有 HCl 的溶液中，吸附土霉素的量与树脂膨胀度之间的关系

1. 0.1mol/L HCl；2. 0.25mol/L HCl；3. 0.5mol/L HCl；4. 1.0mol/L HCl；原始溶液中土霉素浓度为 0.4mg/ml；m 为对土霉素吸附量（meq/g）

若增大树脂的交联度，有机大分子便不能进入树脂内部，但无机离子不受阻碍（或者认为两者在树脂内扩散速度不等），利用这一原理将大分子和无机离子分开的方法，称为分子筛方法。链霉素洗脱液精制时，就利用强酸 1 × 25 树脂（若按重量法测交联度，应称为强酸 1 × 12.7 树脂）作为分子筛除去无机阳离子，然后再用弱碱 330 阴离子交换树脂（即 701 树脂）去除阴离子。强酸 1 × 25 树脂吸附链霉素的量很少。

（二）辅助力

离子交换树脂与被吸附离子间的作用力除静电力外，还存在着一种辅助力。这种辅助力存在于交换离子是有机离子的情况下。通常，无机离子进行交换时交换常数 K 值多在 1 ~ 10 之间。而有机离子交换时，K 值有时可高达 10^2 ~ 10^3。而且该离子的分子量愈大，K 值就有可能愈大。例如土霉素在磺酸型阳离子交换树脂上，对氢离子的交换常数可高达 1200。说明除库仑力还有别的作用力在起作用。这种作用力主要是氢键和范德华力。在这种辅助力足够大时，库仑力就处于次要地位了。如对芳香族化合物的吸附力而言，含萘环的树脂大于含苯环的，含苯环的树脂大于脂链树脂。

（三）其他结合力

某些树脂对金属离子有特殊的亲和力。如羧酸型树脂对二价金属离子 Ca^{2+}、Cu^{2+}、Ni^{2+} 等有较强的吸附能力。

五、偶极离子排斥作用

许多生化物质都是两性物质，其中有些是偶极离子，因为它们即使净电荷为零时，正电中心和负电中心并不重叠，遂成偶极。偶极离子在离子交换过程中的行为是很特殊的。现以氨基酸的离子交换为例，其交换反应可用 8-10 或 8-11 式表示：

$$RSO_3^-Na^+ + H_3^+NRCHCOO^- \rightleftharpoons RSO_3^-H_3^+NRCHCOO^- + Na^+ \quad (8-10)$$

$$RSO_3^-H^+ + H_3^+NRCHCOO^- \rightleftharpoons RSO_3^-H_3^+NRCHCOOH \quad (8-11)$$

式 8-10 中由于使用了钠型树脂，被吸附氨基酸的羧基所带的负电荷与树脂磺酸基之负电荷产生排斥力。这就是所谓偶极离子的排斥作用。因此使树脂对氨基酸的吸附量大大降低。

式 8-11 中使用的是氢型树脂，由于氨基酸羧基的解离度低，被取代之氢离子为羧基所固定，使被吸附的氨基酸不能形成偶极，故与树脂之磺酸基没有排斥力。实验证明离子交换柱流出液中确实不含氢离子。由此可见使用氢型树脂比钠型树脂对氨基酸偶极离子有较大的有效交换容量（表 8-8）。

表 8-8　氢型和钠型磺酸基树脂吸附氨基酸比较

氨基酸	吸附量（meq/g）	
	H 型	Na 型
Gly	2.20	0.020
Ala	1.75	0.01
Leu	1.92	0.030

氨基酸浓度为 0.01mol/L

这种偶极离子的排斥力随氨基酸 R 基碳链的加长而减弱。

如在丙酮中进行上述离子交换，由于树脂上吸附之氨基酸羧基的解离被抑制，氢型树脂与钠型树脂对氨基酸的交换量接近。

另一个实验是适当增加溶液中离子强度的时候，可使这种偶极排斥力减弱。从而增加了氨基酸的吸附量，但继续增加盐浓度时，氨基酸的吸附量开始下降（图 8-15）。

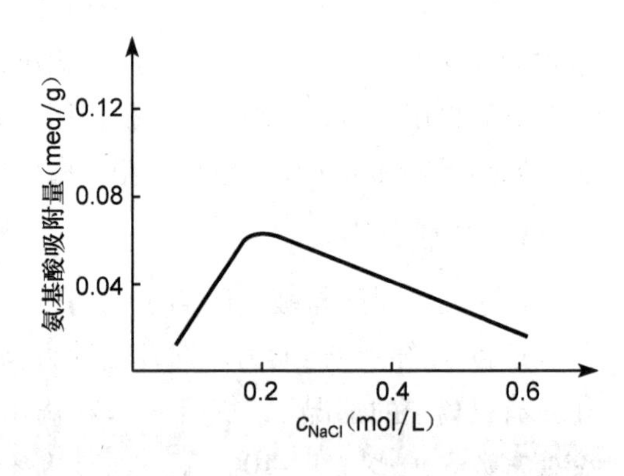

图 8-15　钠型树脂吸附量与盐浓度的关系

第六节　离子交换操作方法

扫码“学一学”

一、树脂的选择

选择离子交换树脂的主要依据是被分离物的性质和分离目的。包括被分离物和主要杂质的解离特征、分子量、浓度、稳定性、所处介质的性质以及分离的具体条件和要求。然后从性质各异的多种树脂中选择出最适宜的品种进行分离操作。

其中最重要的一条是根据分离要求和分离环境保证分离目的物与主要杂质对树脂的吸附力有足够的差异。当目的物具有较强的碱性或酸性时，宜选用弱酸性或弱碱性的树脂。这样有利于提高选择性，并便于洗脱。如目的物是弱酸性或弱碱性的小分子物质时，往往选用强碱或强酸树脂。如氨基酸的分离多用强酸树脂，以保证有足够的结合力，便于分步洗脱。对于大多数蛋白质，酶和其他生物大分子的分离多采用弱碱或弱酸性树脂，以减少生物大分子的变性，有利于洗脱，并提高选择性。

就树脂而言，要求有适宜的孔径。孔径太小交换速度慢，有效交换量下降（尤其对生物大分子），若孔径太大也会导致选择性下降。此外树脂的化学稳定性及机械性能也需考虑。在既定的操作条件下有足够的化学耐受性和良好的物理性能以利操作。一般树脂都有较高的化学稳定性，能经受酸、碱和有机溶剂的处理。但含苯酚的磺酸型树脂及胺型阴离子树脂不宜与强碱长时间接触，尤其是在加热的情况下。对树脂的特殊结合力也要给予足够的注意，如树脂对某些金属离子的结合以及辅助力的作用。

二、树脂的处理和再生

（一）树脂的外观特征

树脂的外观特征同其内在质量有密切的相关性。商品树脂应无杂质，颜色以浅为好，透明或半透明。好的树脂颗粒圆整，粒度均匀，有一定的强度。粒度过大时，交换速度低，如作柱层析则分辨率差；粒过细不便于操作，用作柱层析时流速太小。

（二）树脂的预处理

市售树脂在处理前先要去杂，过筛。粒度过大时可稍加粉碎。对于粉碎后的树脂或粒度不均匀的树脂应进行筛选和浮选处理，以求得粒度适宜的树脂供使用。经过筛、去杂后的树脂往往还需要水洗去杂（如木屑、泥沙），再用酒精或其他溶剂浸泡以去除残存的少量有机杂质。

树脂经上述多种物理处理后便可进入化学处理了。具体方法是用 8 ~ 10 倍量的1mol/L 盐酸及氢氧化钠溶液交替浸泡（搅拌）。例如 732 树脂在用作氨基酸分离前先以 8 ~ 10 倍于树脂体积的 1mol/L 盐酸搅拌浸泡 4 小时，然后用水反复洗至近中性。再以8 ~ 10倍体积的 1mol/L氢氧化钠溶液搅拌浸泡 4 小时。反复以水洗至近中性后又用 8 ~ 10 倍体积的 1mol/L 盐酸浸泡。最后水洗至中性备用。其中最后一步用酸处理使之变为氢型树脂的操作也可称为“转型”。对强酸性阳树脂来说，应用状态还可以是钠型。若把上面的酸—碱—酸处理，改作碱—酸—碱处理便可得到钠型树脂。对阴离子交换树脂，最后用氢氧化钠溶液处理便呈羟型，若用盐酸溶液处理则为氯型树脂。对于分离蛋白质、酶等物质，往往要求在一定的 pH 范围及离子强度下进行操作。因此，转型完毕的树脂还须用相应的缓冲液平衡数小时后备用。

（三）树脂的再生、转型和毒化

所谓再生就是让使用过的树脂重新获得使用性能的处理过程。离子交换树脂一般都要多次使用。对使用后的树脂首先要去杂，即用大量水冲洗，以去除树脂表面和孔隙内部物理吸附的各种杂质。然后再用酸、碱处理除去与功能基团结合的杂质，使其恢复原有的静电吸附能力。“转型”即树脂去杂后，为了发挥其交换性能，按照使用要求人为地赋予平衡

离子的过程。对于弱酸或弱碱性树脂须用碱（NaOH）或酸（HCl）转型。对于强酸或强碱性树脂除使用碱、酸外还可以用相应的盐溶液转型。在稳定性方面，碱性树脂比不上酸性树脂，在处理和再生过程中应加以注意。

毒化是指树脂失去交换性能后不能用一般的再生手段重获交换能力的现象。如大分子有机物或沉淀物严重堵塞孔隙，活性基团脱落，生成不可逆化合物等。重金属离子对树脂的毒化属第三种类型。对已毒化的树脂在用常规方法处理后，再用酸、碱加热（40～50℃）浸泡，以求溶出难溶杂质。也有用有机溶剂加热浸泡处理的。对不同的毒化原因须采用不同的措施。如果是生物污染的，用酶处理有时有一定效果。但不是所有被毒化的树脂都能逆转，重新获得交换能力。

三、基本操作方法

（一）离子交换操作的方式

一般分为静态和动态操作两种。静态交换是将树脂与交换溶液混合置于一定的容器中搅拌进行。静态法操作简单、设备要求低，是分批进行的，交换不完全。不适宜用作多种成分的分离。树脂有一定损耗。

动态交换是先将树脂装柱。交换溶液以平流方式通过柱床进行交换。该法不须搅拌、交换完全、操作连续。而且可以使吸附与洗脱在柱床的不同部位同时进行。适合于多组分分离，例如用一根 732 树脂柱可以分离多种氨基酸。

（二）洗脱方式

离子交换完成后将树脂所吸附的物质释放出来重新转入溶液的过程称作“洗脱”。洗脱方式也分静态与动态两种。一般说来，动态交换也作动态洗脱，静态交换也作静态洗脱。洗脱液分酸、碱、盐、溶剂等数类。酸、碱洗脱液旨在改变吸附物的电荷或改变树脂活性基团的解离状态，以消除静电结合力，迫使目的物被释放出来。盐类洗脱液是通过高浓度的带同种电荷的离子与目的物竞争树脂上的活性基团，并取而代之，使吸附物游离。实际工作中，静态洗脱可进行一次，也可进行多次反复洗脱，旨在提高目的物收率。

动态洗脱在层析柱上进行。洗脱液的 pH 和离子强度可以始终不变，也可以按分离的要求人为地分阶段改变其 pH 值或离子强度，这就是“阶段洗脱”，常用于多组分分离上。这种洗脱液的改变也可以通过仪器（如梯度混合仪）来完成，使洗脱条件的改变连续化。其洗脱效果优于阶段洗脱。这种连续“梯度洗脱”特别适用于高分辨率的分析目的。连续梯度的制备除用自动化的梯度仪（如原瑞典 Pharmacia-LKB 公司出品）外，还可以使用市售或自制的梯度混合器。图 8－16 为梯度形成示意图。A 瓶中是低浓度盐溶液，B 瓶中为高浓度盐溶液。洗脱开始后 A 瓶中的盐浓度随时间而改变，从起始浓度 c_A 逐渐升高，直至终浓度达 c_B，形成连续的浓度梯度。欲知某一时刻的洗脱液浓度，可以从 8－12 式求得：

$$c = c_A + (c_B - c_A)V^{\frac{A_A}{A_B}} \quad (8-12)$$

式中，c_A、c_B为两容器中的盐浓度；A_A和A_B分别为两容器的截面积；V为已流出洗脱液量对溶液总量的比值。

当两容器截面积相等，即 $A_A = A_B$时为线性梯度；$A_A > A_B$时为凹形梯度；$A_A < A_B$时为凸

形梯度。见图 8－16。

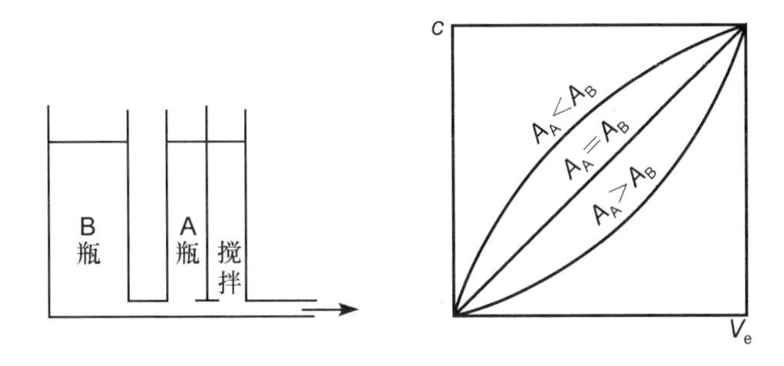

图 8－16　梯度混合仪及所形成的浓度梯度曲线

第七节　新型离子交换剂

一、大孔、均孔树脂

所谓大孔、均孔树脂是相对原有凝胶型树脂而言。凝胶型树脂一般是在载体凝胶骨架上引入活性基团而成。凝胶型树脂又称微孔型树脂，孔径小于 3nm，孔隙率和表面积也低，见表 8－9。

表 8－9　大孔型离子交换树脂与凝胶型离子交换树脂物理性质比较

树　脂	交联度	比表面积（m^2/g）	孔径（nm）	空隙度
大孔型	15%～25%	25～100	8～1000	0.15～0.55
凝胶型	2%～10%	<0.1	<3	0.01～0.02

（一）大孔型离子交换树脂

大孔型离子交换树脂（macroporous）又称大网格（macroticular）离子交换树脂。制造该类树脂时先在聚合物原料中加进一些不参加反应的填充剂（致孔剂）。聚合物成形后再将其除去，这样在树脂颗粒内部形成了相当大的孔隙。常用的致孔剂系高级醇类有机物，成形后用有机溶媒溶出。

大孔型离子交换树脂的特征如下。

（1）载体骨架交联度高，有较好的化学和物理稳定性及机械强度。

（2）孔径大，且为不受环境条件影响的永久性孔隙，甚至可以在非水溶胀下使用。所以它的动力学性能好，抗污染能力强，交换速度快，尤其是对大分子物质的交换很有利。

（3）表面积大，表面吸附强，对大分子物质的交换容量大。

（4）孔隙率大，比重小，对小离子的体积交换量比凝胶型树脂小。

目前国产大孔离子交换树脂在我国医药领域的应用非常广泛。例如链霉素的提取，过去采用的低交联度羧酸树脂，机械强度差，树脂损耗大，现国内外都逐渐改用大孔离子交换树脂，不仅提高了机械强度，而且由于交联度增大，交换容量也有所提高。国外广泛采用的 Amberlite IRC－84 树脂，虽然名称未变，实际上已经具有某种程度的大孔结构。目前国产大孔离子交换树脂品种较多，如 D81、D113、D151、D152、D290、D296、D261、280、D284、D315、D371、D392、D380、D382、D401 等品种。其中字母 D 代表大孔型树脂，后

面的三位阿拉伯数字代表离子交换树脂的型号，其命名按我国化工部（HG2－884－76）规定。第一位数字代表产品的分类：0 代表强酸性，1 代表弱酸性，2 代表强碱性，3 代表弱碱性，4 代表螯合性，5 代表两性，6 代表氧化还原。第二位数字代表不同的骨架结构：0 代表苯乙烯系，1 代表丙烯酸系，2 代表酚醛系，3 代表环氧系等。第三位数字为顺序号，用以区别基体、交联基等的差异。因此，D113 是大孔弱酸性丙烯酸系树脂。表 8－10 列出了一些国产大孔离子交换树脂品种。

表 8－10　国产大孔离子交换树脂品种

树脂型号	产品名称	功能基团	交换容量（mmol/g 树脂）	国外参照产品	用途
D072	大孔强酸性苯乙烯系阳离子交换树脂	—SO_3Na	≥4.2	（美）Amberlyst－15	水处理
D061	大孔强酸性苯乙烯系阳离子交换树脂	—SO_3Na	≥4.2	（美）Amberlite IRC－84	水处理，制药工业，食品工业等
D151	大孔弱酸性丙烯酸系阳离子交换树脂	—COOH	≥9.5（H 型）	（美）Amberlite IRC－84	水处理，制药工业，食品工业等
D152	大孔弱酸性丙烯酸系阳离子交换树脂	—COOH	≥9.5（H 型）	（美）Amberlite IRC－84	抗生素，酶及氨基酸的提取纯化
D113	大孔弱酸性丙烯酸系阳离子交换树脂	—COOH	≥10.8（H 型）	（德）Lewatit CNP 80	水处理及抗生素的提取分离
D290	大孔强碱性苯乙烯系阴离子交换树脂	—$N(CH_3)_3$	≥3.3	（美）Amberlite IRA－900 （法）Diaion A－161	药物的提取分离
D201	大孔强碱性苯乙烯系阴离子交换树脂	—$N(CH_3)_3$	≥3.7	（美）Amberlite IRA－900	水处理
D284	大孔强碱性Ⅱ型苯乙烯系阴离子交换树脂		≥3.4	（法）Duolite 120D	纯水制备
D370	大孔弱碱性苯乙烯系阴离子交换树脂	—$N(CH_3)_2$	≥4.4	（美）Amberlite IRA－93	水处理
D392	大孔弱碱性苯乙烯系阴离子交换树脂	—NH_2	≥4.8		制药工业及抗生素提取
D380	大孔弱碱性苯乙烯系阴离子交换树脂	—NH_2	≥6.5		链霉素提取

（二）均孔型离子交换树脂

主要是阴离子交换树脂。均孔型树脂（isoporous ion exchange resin）也是凝胶型树脂。与普通凝胶型树脂相比，骨架的交联度比较均匀。该类树脂代号为 IP 或 IR。普通凝胶型树脂在聚合时因二乙烯苯的聚合反应速度大于苯乙烯，故反应不易控制，往往造成凝胶不同部位的交联度相差很大，致使凝胶强度不好，抗污染能力差。

如果在聚合时不用二乙烯苯作交联剂，而采用氯甲基化反应进行交联，将氯甲基化后的珠体，用不同的胺进行胺化，就可制成各种均孔型阴离子交换树脂。简称 IP 型树脂。这样制得的阴离子交换树脂，交联度均匀，孔径大小一致，重量和体积交换容量都较高，膨胀度、比重适中、机械强度好，抗污染和再生能力也强。如 Amberlite IRA 型树脂即为均孔型阴离子交换树脂。

另外还有大孔均孔型离子交换树脂，它是二者特征的叠加，特别适用于分离大分子物

质，在此不作专门介绍。

关于均孔型、大孔型树脂和普通凝胶型树脂在结构和性能方面的比较见表 8－11 及图 8－17 所示。

表 8－11　凝胶型与大网孔离子交换树脂的性能比较

分类	强酸性阳树脂		弱酸性阳树脂	强碱性阴树脂（Ⅰ）		强碱性阴树脂（Ⅱ）		强碱性阴树脂		
	凝胶型	大网孔型		凝胶型	大网孔型	凝胶型	大网孔型	凝胶型	大网孔型	酚醛型
交换基	$-SO_3M$	$-SO_3M$	$-COOM$	$—N(CH_3)_3X$		$—(CH_3)_2X$ $—C_2H_4OH$	$—(CH_3)_2X$ $—C_2H_4OH$	$—N(R_2)$ $—NHR$ $—NH_2$	$—N(CH_3)_2$	多胺
型	Na	Na	H	Cl	Cl	Cl	Cl	OH	OH	OH
密度（g/L）	850	800	750	705	670	705	690	670	670	560
含水率（%）	44～48	46～51	43～50	42～48	56～62	38～44	42～44	40～45	40～45	40～50
有效半径（mm）	0.45～0.6	0.45～0.6	0.45～0.6	0.45～0.6	0.45～0.6	0.45～0.6	0.45～0.6	0.45～0.6	0.45～0.6	0.45～0.6
交换容量（meq/ml）（meq/g）	1.9 4.4	1.75 4.3	3.5 10.3	1.4 3.7	0.7 2.6	1.35 3.3	0.9 2.4	1.9 5.2	1.4 4.8	3.0 10
pH	0～14	0～14	4～14	0～14	0～14	0～14	0～14	0～9	0～9	0～7
膨胀度（%）	5 Na→H	5 Na→H	65 H→Na	20 Cl→OH	5 Cl→OH	10 Cl→OH	5 Cl→OH	15 OH→Cl	45 OH→Cl	20 OH→Cl
表面积（m^2/g）	<0.1	43		<0.1	63		45	无	25	
气孔率（ml/ml）	0.018	0.32		0.004	0.51		0.40	无	0.48	
平均孔径（nm）		28.8			64.5		50	<3	139	

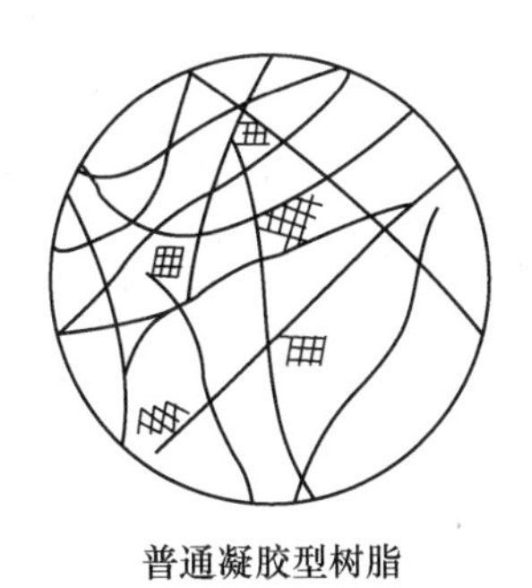

普通凝胶型树脂

大孔型树脂

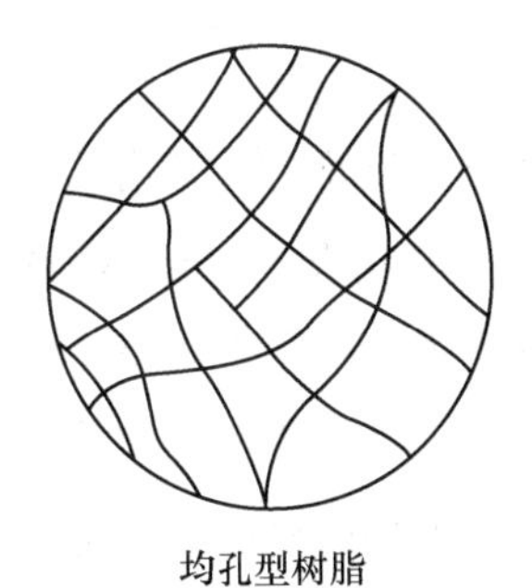

均孔型树脂

图 8－17　普通凝胶型和大孔型、均孔型树脂内部结构示意图

（三）灌注层析（介质）

美国 PerSeptive Biosystems 公司于 1989 年开发了灌注层析分离技术。“Perfusion chromatography”是该公司的注册商标。灌注层析的关键是其以 POROS 命名的固定相粒子的特殊结构：POROS 的基质是聚苯乙烯，含有两种大小不同的孔道。大孔直径为0.6～0.8μm，流

体以对流形式通过，称为穿透孔（throughpore）；小孔直径与一般介质一样，直径为500～1000Å，流体以扩散的形式通过，称为扩散孔（diffusive pore）。穿透孔之间以扩散孔相连，保证了POROS介质的大比表面积和溶质吸附容量。同时，扩散孔道长度小于1μm，溶质扩散所需时间极短，大大降低了利用传统介质进行层析分离的扩散传质阻力。

通常相同操作条件下，填料的粒度越小柱效越高。但填料粒度减小，则层析流速大大降低。这对“永恒”的矛盾，用高压系统（HPLC）得到了部分解决。而灌注层析则把这对矛盾巧妙地统一起来，大大改善了层析载体的传质效果。极大地提高了分离速度。

为使流体以对流的形式通过穿透孔，灌注层析要求在较高流速下操作，以使每个粒子两端产生足够的压差，推动流体进入穿透孔。对于POROS粒子，层析操作线速度超过300cm/h时，穿透孔内对流流动即占主导地位。PerSeptive Biosystems公司的灌注层析的操作线速度在500～5000cm/h，比包括高效液相层析（HPLC）在内的传统层析法高10～100倍。因为流体以对流形式透过穿透孔，并且扩散孔道很短（小于1μm），在如此高的流速下操作并不影响灌注层析的柱效。在高流速下HETP可用下式近似：

$$\text{HETP} = c'\frac{2d_p^2 u}{\lambda u d_p} = cd_p$$

式中，c与λ为常数，即理论塔板高度仅是粒径d的函数而与流速无关。这就是灌注层析在高流速下操作而不影响柱效的原因。在灌注层析的操作范围内（500～5000cm/h）这一结论是成立的。但当流速更高时，内扩散的影响再次出现，HETP随流速增大而增大。

POROS层析介质包括离子交换、疏水作用、亲和吸附和反相介质等，其中前三种介质的孔表面覆盖有葡聚糖等亲水性多糖，保证介质表面的亲水性和键合相应的配基。

灌注层析的最大特点是分离速度快，一般可在数分钟内完成，而利用HPLC则需数十分钟到1h以上。

二、多糖基离子交换剂

生物大分子的离子交换要求固相载体具有亲水性和较大的交换空间，还要求固相载体对其生物活性有稳定作用（至少没有变性作用），并便于洗脱。这些都是使用人工高聚物作载体时难以满足的。只有采用生物来源稳定的高聚物——多糖作载体时才能满足分离生物大分子的全部要求。根据载体多糖种类的不同，多糖基离子交换剂可以分为离子交换纤维素和葡聚糖离子交换剂两大类。

（一）离子交换纤维素

离子交换纤维素（ionic exchange cellulose）为开放的长链骨架，大分子物质能自由地在其中扩散和交换，亲水性强，表面积大，吸易附大分子；交换基团稀疏，对大分子的实际交换容量大；吸附力弱，交换和洗脱条件缓和，不易引起变性；分辨力强，能分离复杂的生物大分子混合物。

根据联结于纤维素骨架上的活性基团的性质，可分为阳离子交换纤维素和阴离子交换纤维素两大类。每大类又分为强酸（碱）型、中强酸（碱）、弱酸（碱）型三类。常用的离子交换纤维素的主要特征见表8－12。

表 8-12　常用的离子交换纤维素的特征

类型		离子交换剂名称	活性基结构	简写	交换当量 (meq/g)	pK	特点
阳离子交换纤维素	强酸型	甲基磺酸纤维素	$-O-CH_2-SO_3^-$（$-O-CH_2-S(=O)_2-O^-$）	SM-C			用于低 pH
		乙基磺酸纤维素	$-O-CH_2-CH_2-S(=O)_2-O^-$	SE-C	0.2~0.3	2.2	用于低 pH
	中强酸型	磷酸纤维素	$-O-P(=O)(O^-)-O^-$	P-C	0.7~7.4	$pK_1=1\sim2$ $pK_2=6.0\sim6.2$	在 pH > 4 应用，适用于中性和酸性蛋白质的分离
	弱酸型	羧甲基纤维素	$-O-CH_2-C(=O)-O^-$	CM-C	0.5~1.0	3.6	在 pH > 4 应用适用于中性和碱性蛋白质分离
阴离子交换纤维素	强碱型	二乙基氨基乙基纤维素	$-O-(CH_2)_2-N^+H(C_2H_5)-C_2H_5$	DEAE-C	0.1~1.1	9.1~9.2	在 pH < 8.6 应用，适用于中性和酸性蛋白质的分离
		三乙基氨基乙基纤维素	$-O-(CH_2)_2-N^+(C_2H_5)_2-C_2H_5$	TEAE-C	0.5~1.0	10	
		胍乙基纤维素	$-O-(CH_2)_2NH-C(=NH)-NH_2$	GE-C	0.2~0.5	>12	在极高 pH 仍可使用
阴离子交换纤维素	中强碱型	氨基乙基纤维素	$-O-CH_2-CH_2-NH_3^+$	AE-C	0.3~1.0	8.5~9.0	适用于分离核苷、核酸和病毒
		聚乙亚胺吸附的纤维素	$-(C_2H_4NH)_n-C_2H_4NH_2$	PEL-C		9.5	适用于分离核苷酸
	弱碱型	对氨基苄基纤维素	$-O-CH_2-C_6H_4-NH_2$	PAB-C	0.2~0.5		

* pK 为在 0.5mol/L NaCl 中的表观解离常数负对数

离子交换纤维素除外形为较长的纤维型外，还有进一步加工而成的微粒型。前者比较普通，适用于制备。后者粒度细，溶胀性小，适用于柱层析分离分析。

1. 离子交换纤维素的制备

(1) 羧甲基纤维素（CMC）的制备

$$\text{纤维素}-OH \xrightarrow[\text{碱化}]{NaOH} \text{纤维素}-ONa \xrightarrow[\text{（交联）}]{\text{二氯乙酸}} \xrightarrow[\text{（引入羧甲基）}]{\text{一氯乙酸}} \text{纤维素}-O-CH_2COOH\ \text{(CMC)}$$

纤维素　　　纤维素钠　　　（CMC）

(2) 二乙胺基乙基纤维素（DEAE-C）的制备

$$(C_2H_5)_2N-CH_2CH_2OH+SOCl_2 \longrightarrow (C_2H_2)2N-CH_2CH_2Cl\cdot HCl \xrightarrow{\text{纤维素}-ONa} \text{DEAE-C}$$

2. 离子交换纤维素的交换作用 离子交换纤维素与离子交换树脂相似，既可静态交换，也可动态交换，但因为离子交换纤维素比较轻、细，操作时须仔细一些。又因为它交换基团密度低、吸附力弱，总交换容量低，交换体系中缓冲盐的浓度不宜高（一般控制在0.001～0.02mol/L之间)，过高会大大减少蛋白质的吸附量。

3. 离子交换纤维素的选择 与离子交换树脂的选择相似，一般情况下，在介质中带正电的物质用阳离子交换剂；带负电物质用阴离子交换剂。物质的带电性质可用电泳法确定。对于已知等电点的两性物质，可根据其等电点及介质的pH确定其带电状态，同时考虑该物质的稳定性和溶解度，选择合适的pH范围。

实验室中最常用的为DEAE-C，CMC或DEAE-Sephadex，CM-Sephadex。如需在低pH下操作时，可用P－纤维素，SM－纤维素或SE－Sephadex，而需在pH 10以上操作的可用GE－纤维素。对大分子两性物质（如蛋白质)，其选择情况如图8－18所示。

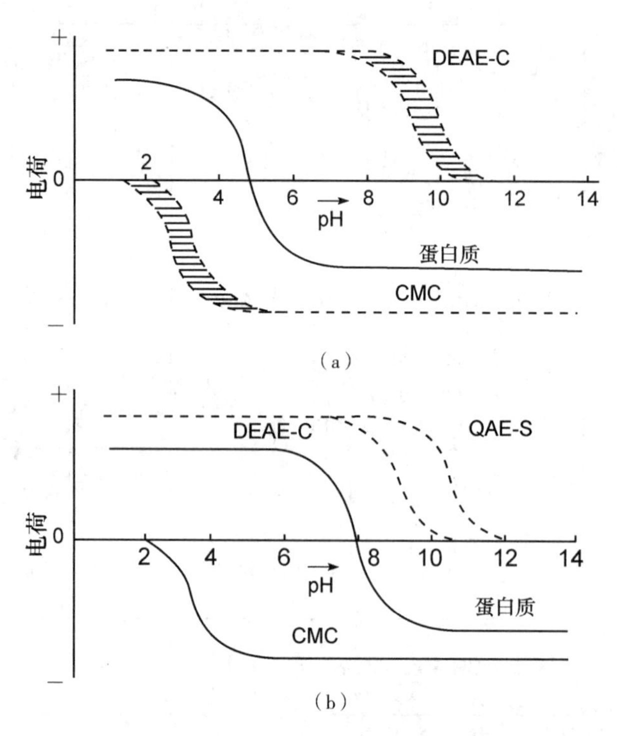

图8－18　蛋白质离子交换层析中交换剂的选择

(a) 酸性蛋白；(b) 碱性蛋白

图8－18 (a) 表示酸性蛋白质（等电点约为pH 5）的解离曲线和DEAE－纤维素及CM－纤维素的解离曲线。蛋白质作为一个阴离子，它的DEAE－纤维素柱层析可在pH 5.5～9.0范围内进行，在这个pH范围内，蛋白质和交换剂都是解离的，带相反的电荷。在CM－纤维素上层析则须限制在较窄的pH范围内（pH 3.5～4.5）进行。

图8－18 (b) 表示碱性蛋白质（pI＝8）和羧甲基纤维素，DEAE－纤维素及强碱离子交换剂QAE-Sephadex的解离曲线。蛋白质作为一个阳离子，用羧甲基纤维素层析可在pH 3.5～7.5之间进行，如作为阴离子用DEAE－纤维素，层析则仅限于pH 8.5～9.5的范围内进行，而用QAE－Sephadex可在pH 8.5～11.0之间进行。

在实际工作中，还须考虑目的物的稳定性和杂质情况。

4. 离子交换纤维素的解吸 对离子交换纤维素进行吸附后的洗脱一般比从离子交换树脂上的洗脱缓和。无论是升高环境的pH还是降低pH或是增加离子强度都能将被吸附物质

洗脱下来。现以羧甲基纤维素为例加以说明（图8－19），图中 H_2N-P 表示蛋白质，C 表示纤维素。

$$\boxed{C}-OCH_2COO^-H_3N^+-\boxed{P}\begin{cases}\xrightarrow{OH^-}\boxed{C}-OCH_2COO^-+H_2N-\boxed{P}+H_2O\\ \xrightarrow{H^+}\boxed{C}-OCH_2COOH+H_3{}^+N-\boxed{P}\\ \xrightarrow{NaCl}\boxed{C}-OCH_2COO^-Na^++H_3{}^+N-\boxed{P}-Cl^-\end{cases}$$

图8－19　离子交换纤维素的解吸过程

5. 离子交换纤维素的处理和再生　离子交换纤维素的处理和再生与离子交换树脂相似，只是浸泡用的酸碱浓度要适当降低，处理时间也从4h缩短为0.3～1h。离子交换纤维素在使用前须用多量水浸泡，漂洗，使之充分溶胀。然后用数十倍的（如50倍）0.5mol/L 盐酸和0.5mol/L 氢氧化钠溶液反复浸泡处理，每次换液皆须用水洗至近中性。第二步处理时按交换的需要决定平衡离子。最后以交换用缓冲液平衡备用。所要注意的是离子交换纤维素，相对来说不耐酸，所以用酸处理的浓度和时间须小心控制。对阴离子交换纤维素来说，即使在 pH 3 的环境中长期浸泡也是不利的。此外，在用碱处理时，阳离子交换纤维素膨胀很大，以致影响过滤或流速。克服的办法是在0.5mol/L 的 NaOH 中加上0.5mol/L 的 NaCl，防止过度膨胀。

（二）葡聚糖凝胶离子交换剂及琼脂糖凝胶离子交换剂

前者又称作离子交换交联葡聚糖，它是将活性交换基团连接于葡聚糖凝胶上制成的各种交换剂。由于交联葡聚糖具有一定孔隙的三维结构，所以兼有分子筛的作用。它与离子交换纤维素不同的地方还有电荷密度高，交换容量较大，膨胀度受环境 pH 及离子强度的影响也较大。表8－13列出一些常见葡聚糖离子交换剂的主要特征。

表8－13　常用的离子交换葡聚糖和琼脂糖

商品名	化学名	类型	活性基结构	反离子	对小离子吸附容量（meq/g）	对血红蛋白吸附容量（g/g）	稳定 pH
CM-Sephadex C－25	羧甲基	弱酸阳离子	$-CH_2-COO^-$	Na^+	4.5±0.5	0.4	6～10
CM-Sephadex C－50	羧甲基	弱酸阳离子	$-CH_2-COO^-$	Na^+		9	
DEAE-Sephadex A－25	二乙基氨基乙基	中强碱阴离子	$-(CH_2)_2-NH^+(C_2H_5)_2$	Cl^-	3.5±0.5	0.5	2～9
DEAE-Sephadex A－50	二乙氨基乙基	中强碱阴离子	$-(CH_2)_2NH^+(C_2H_5)_2$	Cl^-		5	
QAE-Sephadex A－25	季胺乙基	强碱阴离子	$-(CH_2)_2N^+(C_2H_5)(C_2H_5)-CH_2CH(OH)CH_3$	Cl^-	3.0±0.4	0.3	2～10

续表

商品名	化学名	类型	活性基结构	反离子	对小离子吸附容量(meq/g)	对血红蛋白吸附容量(g/g)	稳定 pH
QAE-Sephadex A-50	季胺乙基	强碱阴离子	$-(CH_2)_2N^+(C_2H_5)_2CH_2CHOHCH_3$	Cl^-		6	
SE-Sephadex C-25	磺乙基	强酸阳离子	$-(CH_2)_2-SO_3^-$	Na^+	2.3±0.3	0.2	2~10
SE-Sephadex C-50	磺乙基	强酸阳离子	$-(CH_2)_2-SO_3^-$	Na^+		3	
SP-Sephadex C-25	磺丙基	强酸阳离子	$-(CH_2)_2-SO_3^-$	Na^+	2.3±0.3	0.2	2~10
SP-Sephadex C-50	磺丙基	强酸阳离子	$-(CH_2)_2-SO_3^-$	Na^+		7	
CM-Sephadex CL-6B	羧甲基	强酸阳离子	$-CH_2COO^-$	Na^+	13±2	10.0	3~10
DEAE-Sephadex CL-6B	二乙基氨基乙基	中强碱阴离子	$-(CH_2)_2-NH^+(C_2H_5)_2$	Cl^-	12±2	10.0	3~10

这类离子交换剂命名时将交换活性基团写在前面，然后写骨架 Sephadex（或 Sepharose），最后写原骨架的编号。为使阳离子交换剂与阴离子交换剂便于区别，在编号前添一字母“C”（阳离子）或“A”（阴离子）。该类交换剂的编号与其母体（载体）凝胶相同。如载体 Sephadex G-25 构成的离子交换剂有 CM-Sephadex C-25、DEAE-Sephadex A-25 及、QAE-Sephadex A-25 等。该类离子交换剂由于载体亲水，对生物大分子的变性作用小。又因为具有离子交换和分子筛的双重作用，对生物分子有很高的分辨率。多用于蛋白质、多肽类生化药物的分离。

离子交换交联葡聚糖在使用方法和处理上与离子交换纤维素相近。一般来说，其化学稳定性较母体略有下降。在不同溶液中的胀缩程度较母体大一些。

离子交换交联葡聚糖有很高的电荷密度，故比离子交换纤维素有更大的总交换容量，但当洗脱介质的 pH 或离子强度变化时，会引起凝胶体积的较大变化，由此而影响流速，这是它的一个缺点。

扫码“学一学”

第八节　应用实例

一、无盐水制备

无盐水制备是利用氢型阳离子交换树脂和羟型阴离子交换树脂的组合以除去水中所有的离子，其反应式如下：

$$RSO_3H + MeX \rightleftharpoons RSO_3Me + HX \qquad (8-13)$$

$$R'OH + HX \longrightarrow R'X + H_2O \qquad (8-14)$$

式中，Me^+代表金属离子；X^-代表阴离子。

阳离子交换树脂一般用强酸性树脂（氢型弱酸性树脂在水中不起交换作用），阴离子交换树脂可以用强碱或弱碱树脂。弱碱树脂再生剂用量少，交换容量也高于强碱树脂，但弱碱树脂不能除去弱酸性阴离子，如硅酸、碳酸等。在实际应用时，可根据原水质量和供水要求等具体情况，采取不同的组合。如一般用强酸 - 弱碱或强酸 - 强碱树脂。当对水质要求高时，经过一次组合脱盐，还达不到要求，可采用两次组合，如：强酸 - 弱碱 - 强酸 - 强碱；强酸 - 强碱 - 强酸 - 强碱或强酸 - 强碱混合床。

当原水中重碳酸盐或碳酸盐含量高时，可在强酸塔或弱碱塔后面加一除气塔，以除去CO_2，这样可减轻强碱塔的负荷。

混合床系将阳、阴两种树脂混合而成，脱盐效果很好。但再生操作不便，故适宜于装在强酸 - 强碱树脂组合的后面，以除去残留的少量盐分，提高水质。

当水流过阳离子交换树脂时，发生的交换反应系可逆反应，如式 8 - 13 所示，故不能将全部 M^+离子都除去，这些阳离子就通过阳离子交换树脂而漏出。但在混合床中所发生的反应式可将式 8 - 13 和 8 - 14 合并来表示：

$$RSO_3H + R'OH + MeX \longrightarrow RSO_3Me + R'X + H_2O \qquad (8-15)$$

最后生成的反应产物是水，故反应完全，如无数对阳、阴树脂串联一样，所制得的无盐水，比电阻可达 $1.8\times10^7\Omega/cm$，而普通阳、阴树脂组合（称为复床）所制得的无盐水，比电阻最高约为 $10^6\Omega/cm$。

混合床另一重大优点是可避免在脱盐过程中溶液酸碱度的变化。经过第一柱（阳树脂）时，溶液变酸，而经过第二柱（阴树脂）时，溶液又变碱，这种酸碱度变化对于抗生素等不稳定物质的影响很大。在链霉素精制中，曾研究用强酸 1 ×25 和弱碱311 ×4树脂组成混合床脱盐，有一定的效果。

混合床的操作较复杂，其操作方法如图 8 - 20 所示。另外，无盐水也可用离子交换膜制造。

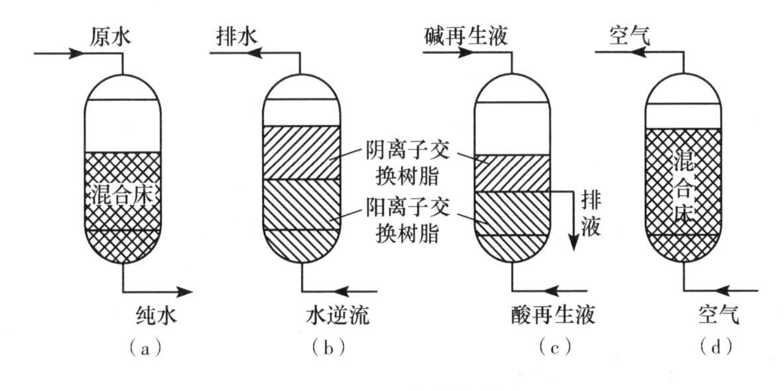

图 8 - 20　混合床的操作

(a) 为水制备时的情形；(b) 为制备结束，用水逆流冲洗。阳、阴树脂根据比重不同分层，一般阳树脂较重在下面，阴树脂在上面；(c) 为上部、下部同时通入碱、酸再生，废液自中间排出；(d) 为再生结束，通入空气，将阳、阴树脂混合、准备制水

有机物污染问题：通常以离子交换法处理水时，只考虑无机离子的交换，没有考虑有机杂质的影响。如果以地下水作为水源，则有机杂质的影响很小，但如果以地面水作为水源时，则有机杂质的影响不能忽视。有机物质一般为酸性，故对阴离子交换树脂污染较严重。污染分两种，一种系机械性阻塞树脂颗粒，经逆流一般可恢复，另一种为化学性不可逆吸附，如吸附单宁酸、腐植酸后，会促使树脂失效。

阴离子交换树脂因有机物污染后，一般颜色变深，用漂白粉处理，可使颜色变白，但交换能力不能完全恢复，而且会使树脂损坏。另一方法是用含 10% NaCl 和 1% NaOH 的溶液处理，能去除树脂上的色素。因为碱性食盐溶液对树脂没有损害，故可经常用来处理。处理后的树脂交换能力虽不能完全恢复，但有显著改善，大网格树脂或均孔树脂具有抗有机污染能力较强、工作交换容量高、再生剂耗用低、淋洗容易等优点，故用于水处理效果较好。强碱Ⅱ型树脂抗有机污染能力也较强。

再生方式在固定床制备无盐水时，一般采用顺流运行，即原水自上而下流过树脂层。再生时可以采用顺流再生，即再生液自上向下流动，也可以用逆流再生，即再生液自下而上流动。随着再生剂的通入，再生程度（即再生树脂占整个树脂量的百分率）也不断提高，但当再生程度达到一定值时，再要提高，再生剂耗量要大大增加，很不经济，因此通常并不将树脂达到百分之百的再生。顺流再生时，未再生树脂层在交换塔下部。无盐水的质量主要决定于离开交换塔时（即交换塔下部）的树脂层，故顺流再生时，出来的水质量差，相反，逆流再生时，交换塔下部树脂层再生程度最好。故水质较好，顺流再生时与逆流再生水质之比较见图 8－21。图 8－22（a）中当再生剂自下而上流动时，同时有水自上向下流动，两种溶液自塔上部的集液装置中排出。图 8－22（b）中，再生剂同时自塔的上部和下部通入，从而塔中部的集液装置中排出。也有采用塔的上部通入 0.3～0.5kg/cm^2 空气来压住树脂，出水的水质较好，再生剂耗量约为顺流再生的 0.5～0.7。

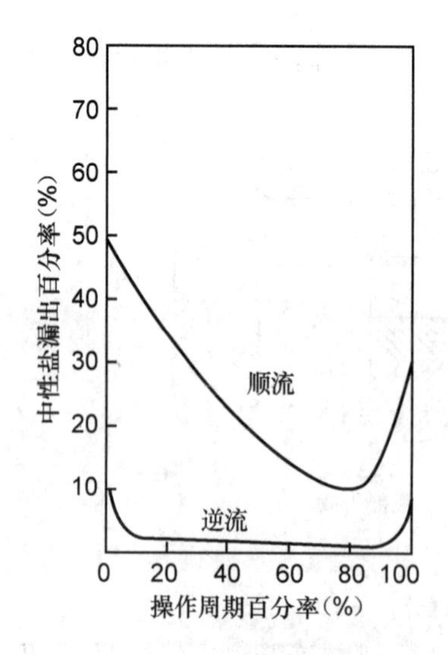

图 8－21　顺流与逆流再生之比较

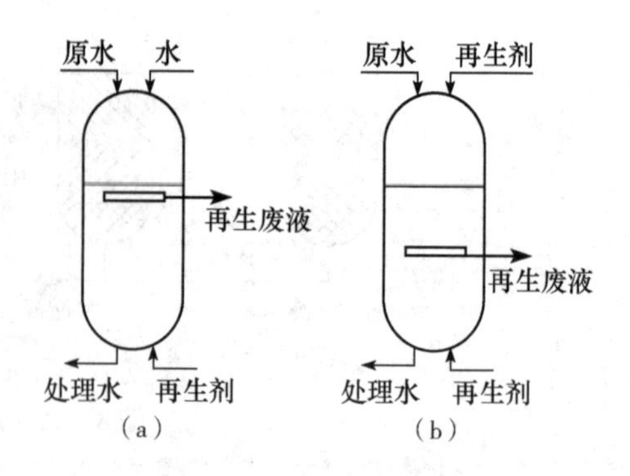

图 8－22　逆流再生操作方式

二、猪血粉水解制备 6 种氨基酸——离子交换树脂分离法

猪血粉 $\xrightarrow[\text{6mol/L HCl 24h}]{\text{水解}}$ 水解液（过滤后）$\xrightarrow[\text{加热}]{\text{赶酸}}$ 赶酸液 $\xrightarrow[\text{活性炭90℃, 2h}]{\text{调pH 3.4}}$

脱色液 $\xrightarrow[\text{过滤除酪氨酸等}]{\text{浓缩后静置1～2天}}$ 滤液 $\xrightarrow[\text{稀释调pH 2.5}]{\text{上离子交换柱}}$ $\xrightarrow[\text{0.05mol/L氨水}]{\text{洗脱开始}}$

{Asp（pH 3.5）; Glu（pH 4.5）; Leu（pH 4.5～7.5）} $\xrightarrow[\text{0.1mol/L氨水}]{\text{洗脱}}$ {His（pH 6.9～9.5）; Lys（pH 9.5～11）} $\xrightarrow[\text{2mol/L氨水}]{\text{洗脱}}$ Arg（pH 11～12）

三、重组门冬酰胺酶Ⅱ的纯化——离子交换纤维素纯化法

L－门冬酰胺酶（*L*－asparaginase，EC3. 5. 1. 1）广泛存在于动物的组织、细菌、植物和部分啮齿类动物的血清中，但在人体的各种组织器官中的分布未见报道。*L*－门冬酰胺酶活性形式为一同源四聚体，每一亚基由 330 个氨基酸组成，分子质量为 34564u，能专一地水解 *L*－门冬酰胺生成 *L*－门冬氨酸和氨。由于某些肿瘤细胞缺乏 *L*－门冬酰胺酶合成酶，细胞的存活需要外源 *L*－门冬酰胺的补充，如果外源门冬酰胺被降解，则由于蛋白质合成过程中氨基酸的缺乏，导致肿瘤细胞的死亡。因此，*L*－门冬酰胺酶是一种重要的抗肿瘤药物。用微生物，特别是大肠杆菌来生产 *L*－门冬酰胺酶已有广泛深入的研究。大肠杆菌能产生 2 种天冬酰胺酶，即 *L*－门冬酰胺酶Ⅰ和 *L*－门冬酰胺酶Ⅱ，只有 *L*－门冬酰胺酶Ⅱ才有抗肿瘤活性。

重组 *L*－门冬酰胺酶Ⅱ的 pI 为 4. 85，属于酸性蛋白质，在实验条件下（5mmol/L 磷酸缓冲液，pH 6. 4），此酶带负电荷，上样，吸附，之后改变洗脱液的盐离子强度（50mmol/L 磷酸缓冲液 pH 6. 4）进行洗脱。收集显示酶活性组分，冷冻干燥后即得高纯度的 *L*－门冬酰胺酶冻干粉。

大肠埃希菌 $\xrightarrow[\text{37℃、48h}]{\text{肉汤培养基}}$ 肉汤菌种 $\xrightarrow[\text{37℃、4～8h}]{\text{玉米浆}}$ 种子菌种 $\xrightarrow[\text{37℃、6～8h}]{\text{玉米浆}}$ 发酵液 $\longrightarrow$

菌体 $\xrightarrow[\text{pH 7.5、30℃}]{\text{(提取) 蔗糖抽提液}}$ 提取液 $\xrightarrow[\text{55\% 饱和度、pH 7.0}]{\text{(分级沉淀) }(NH_4)_2SO_4}$ 上清液 $\xrightarrow[\text{90\% 饱和度}]{\text{(分级沉淀) }(NH_4)_2SO_4}$ 沉淀 $\xrightarrow{\text{(离子交换) DEAE－纤维素(DE52)}}$

洗脱液 $\longrightarrow$ 冻干 $\longrightarrow$ *L*－天冬酰胺酶

第九节　离子交换聚焦色谱

扫码"学一学"

色谱聚焦（chromatofocusing）是一种高分辨的新型蛋白质纯化技术。Sluyterman 等首先发展了这一技术。这是根据蛋白质的等电点，结合离子交换技术的大容量色谱，能分离几百毫克蛋白质样品，洗脱峰被聚焦效应浓缩，峰宽度可达 0. 04～0. 05 pH 单位，分辨率很高，操作简单，不需特殊的操作装置。

本法适用任何水溶性的两性分子，如蛋白质、酶、多肽、核酸等。

一、色谱聚焦的原理

（一）pH 梯度的形成

一般的离子交换色谱中，pH 梯度的产生，通常是利用一个梯度混合容器。例如要得到

一个下降的 pH 梯度，混合器中盛高 pH 的起始缓冲液，另一个容器装低 pH 的限制缓冲液（limit buffer）。当溶液离开混合容器进到柱时，低 pH 限制缓冲液进入混合容器，与高 pH 缓冲液混合，使流出液的 pH 逐渐降低。

所不同的是色谱聚焦利用离子交换剂本身的带电基团的缓冲作用，当洗脱缓冲液不断滴到离子交换柱上时，柱内自动形成 pH 梯度。

例如要形成 pH 9 ~6 的下降梯度，色谱柱的 pH 比洗脱液高。可选择一个具有碱性缓冲基团的阴离子交换剂，如商品名为 PBE94 的阴离子交换剂装填在柱上，首先用起始缓冲液平衡到 pH 9。洗脱液的 pH（相应为限制缓冲液）选定为 pH 6，其中含商品名为“多缓冲剂”的成分与阴离子交换剂的碱性基团结合，最初从柱上流出的溶液 pH 接近于起始缓冲液（图 8 –23）。洗脱过程中在柱上某位点的 pH 随着更多的缓冲剂加入而逐渐下降，洗脱液形成随时间而变的 pH 梯度。最后形成一个滞后于柱内的下降的 pH 梯度。整个色谱柱被洗脱液所平衡，最后流出液的 pH 等于洗脱液的 pH（即 pH 6）。

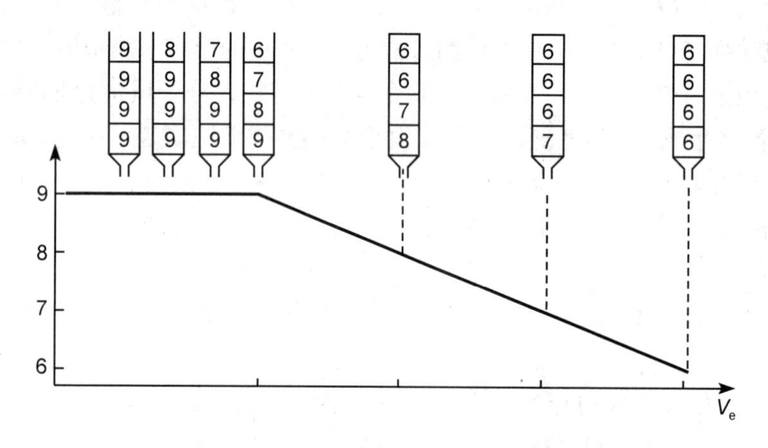

图 8 –23　PBE94 柱聚焦色谱的 pH 梯度示意图

（二）蛋白质的色谱行为

蛋白质所带的电荷取决于它们的等电点和介质的 pH。当介质的 pH 低于它的等电点时，蛋白质带正电荷，它不与阴离子交换剂结合，随洗脱液向下移动，然而，在蛋白质从柱顶向下移的过程中，其周围 pH 逐渐增高，当它移动到某一点，其环境的 pH 高于蛋白质等电点时，蛋白质由带正电荷变为负电荷，而与离子交换剂结合。随着洗脱过程的进行，所形成的 pH 梯度也不断下移，当 pH 下降至蛋白质的等电点时，蛋白质又重新脱离交换剂而下降，移至 pH 大于等电点时又重新结合，这样不断重复，直至蛋白质从柱下流出。不同的蛋白质有不同的等电点，在它们被离子交换剂结合以前将移动不同的距离，按等电点顺序流出。

（三）聚焦效应

当一种蛋白质在柱上随洗脱液下移至等电点处，此时其移动速度明显减慢。如果此时加上相同的第二个样品，它将以洗脱液移动的速度下降，直至追到正在慢移的第一个样品成分处（聚焦）。

然后这两个样品一起下移，从柱下一起洗脱出来。但是所有样品必须在第一个样品峰尚未被洗脱之前加入，否则就不能聚焦。如果加入的第二个样品的等电点比第一个样品高，它可以越过第一个样品区先被洗脱出来（图 8 –24）。

图 8－24　色谱聚焦的聚焦效应

二、多缓冲剂

多缓冲剂是一种两性电解质缓冲剂，性质与两性载体电解质相似，是分子量大小不同的多种组分的多羧基多氨基化合物，瑞典的 Pharmacia-LKB 公司专门设计生产的 Polybuffer 96 和 Polybuffer 74，它们分别适宜于 pH 9～6 和 pH 7～4 范围的色谱聚焦，这两种多缓冲剂相匹配的多缓冲交换剂是 PBE94。对于 pH 9 以上的色谱聚焦则选用 pH 8～10.5 的两性载体电解质（Pharmalyte）并配以相应的 PBE118。

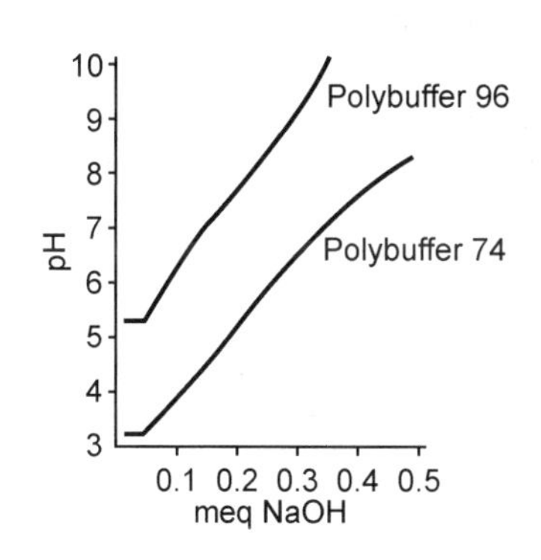

图 8－25　2ml 多缓冲剂用 0.1mol/L NaOH 滴定曲线

在使用的 pH 范围内，多缓冲剂 96 和 74 有很均衡的缓冲容量，当色谱聚焦时，能提供一个平滑的线性 pH 梯度，它们的滴定曲线见图 8－25。

多缓冲剂在 280nm 处吸收很低，但在 250nm 有较大的吸收，故洗脱液的监测应在 280nm 处进行（图 8－26）。

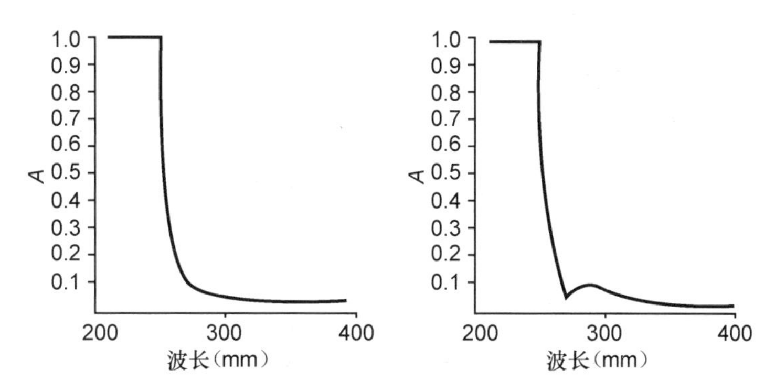

图 8－26　多缓冲剂的紫外吸收光谱

多缓冲剂通常以无菌的液体形式提供，用前稀释，3～8℃暗处储存。

三、多缓冲交换剂

PBE118 和 94 是以交联琼脂糖 6B（Sepharose 6B）为载体，并在糖基上通过醚键偶合上配基制成的。它们在 pH 3～12 的范围内对水、盐、有机溶剂是稳定的。它们也能在 8mol/L 脲中使用。多缓冲交换剂的交联性质使它有很好的物理稳定性和流速，并防止了由于不同 pH 值静电相互作用所引起的床体积的变化。它的盐型在 pH 7 时能耐受110～120℃的高压灭菌处理。

偶联于 Sepharose 6B 的配基经特别选择，确保在很宽的 pH 范围内有均衡的缓冲容量。

这两种缓冲交换剂的缓冲容量数据见表8－14。它们的滴定曲线见图8－27。它们的商品是以悬浮液形式提供（含24%乙醇）的。

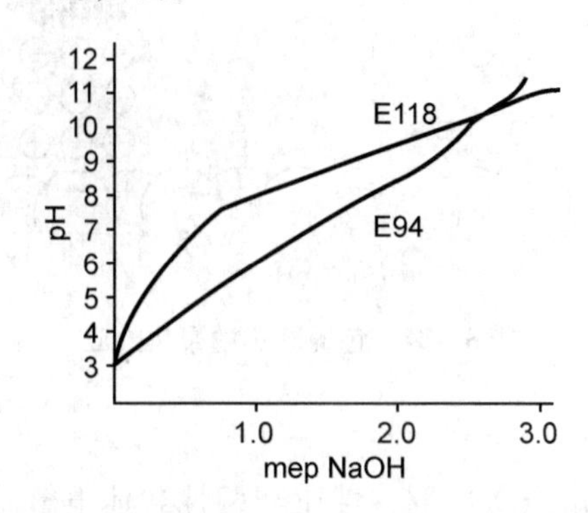

图8－27　10ml PBE118和PBE94在1mol/L KCl中的滴定曲线

表8－14　多缓冲交换剂PBE94和PBE118的缓冲容量

多缓冲交换剂	总容量 meq/100ml							
	pH 3～4	pH 4～5	pH 5～6	pH 6～7	pH 7～8	pH 8～9	pH 9～10	pH 10～11
PBE94	2.2	3.3	3.1	3.0	3.5	3.9	3.1	2.1
PBE118	0.6	0.3	0.9	1.7	2.8	3.7	4.6	4.9

四、操作步骤

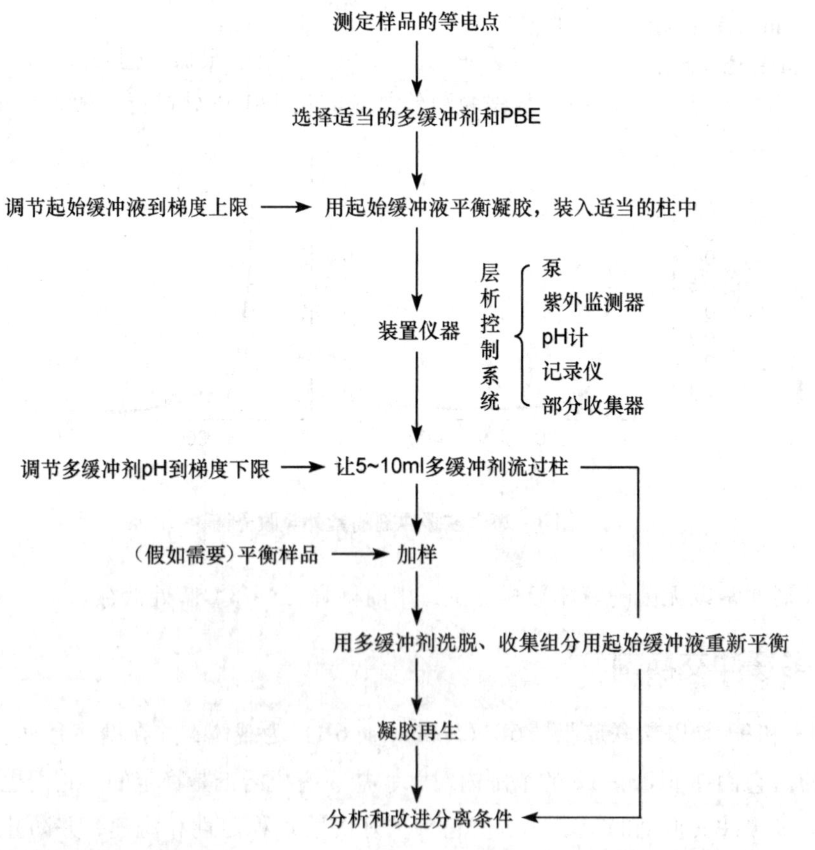

（一）凝胶和缓冲剂的选择

每次使用的多缓冲剂和多缓冲交换剂的pH间隔为3个单位。为了提高分辨率，选择的实验pH范围应包含要分离样品各组分等电点，并使其有2/3～1/2柱长的吸附解吸时间。

不同 pH 范围色谱聚焦缓冲剂和凝胶的选择见表 8－15。

表 8－15　不同 pH 范围色谱聚焦所用凝胶和缓冲剂

凝胶的 pH 范围	起始缓冲液	洗脱液	稀释倍数	所用溶液近似体积（以柱体积为 1 计算）		
				梯度开始前	梯度体积	总体积
10.5～9 PBE 118	—	—	—	—	—	—
10.5～8 PBE 118	pH 11 0.025mol/L 三乙胺－HCl	pH 8.0 pharmalyte－HCl	1∶45	1.5	11.5	13.0
10.5～7 PBE 118	pH 11 0.025mol/L 三乙胺－HCl	pH 7 pharmalyte－HCl pH 8～10.5	1∶45	2.0	11.5	13.5
9～8 PBE 94	pH 9.4 0.025mol/L 乙醇胺－HCl	pH 8.0 Pharmalyt－ HCl	1∶45	1.5	10.5	12.0
9～7 PBE 94	pH 9.4 0.025mol/L 乙醇胺－HCl	pH 7.0 Polybuffer96－ HCl	1∶10	2.0	12.0	14.0
9～6 PBE 94	pH 9.4 0.025mol/L 乙醇胺－HAC	pH 6.0 Polybuffer96－ HAC	1∶10	1.5	10.5	12.0
8～7 BPE 94	pH 8.3 0.025mol Tris－HCl	pH 7.0 Polybuffer96－ HCl	1∶13	1.5	9.0	10.5
8～6 PBE 94	pH 8.3 0.025mol/L Tris－HAC	pH 6.0 Polybuffer96－ HAC	1∶13	3.0	9.0	12.0
8～5 PBE 94	pH 8.3 0.025mol/L Tris－CH_3COOH	pH 5.0 Polybuffer96 （30%）＋ polybuffer74 （70%）－HAC	1∶10	2.0	8.5	10.5
7～6 PBE 94	pH 7.4 0.025mol/L 咪唑－HAC	pH 6.0 Polybuffer96－ HAC	1∶13	3.0	7.0	10.0
7～5 PBE 94	pH 7.4 0.025mol/L 咪唑－HCl	pH 5.0 Polybuffer74－ HCl	1∶8	2.5	11.5	14.0
7～4 PBE 94	pH 7.4 0.025mol/L 咪唑－HCl	pH 4.0 Polybuffer 74－ HCl	1∶8	2.5	11.5	14.0
6～5 PBE 94	pH 6.2 0.025mol/L 组氨酸－HCl	pH 5.0 polybuffer 74－ HCl	1∶10	2.0	8.0	10.0
6～4 PBE 94	pH 0.2 0.025mol/L 组氨酸－HCl	pH 4.0 polybuffer 74－ HCl	1∶8	2.0	7.0	9.0
5～4 PBE 94	pH 5.5 0.025mol/L 哌嗪－HCl	pH 4.0 Polybuffer 74－ HCl	1∶10	3.0	9.0	12.0

（二）凝胶柱的准备

色谱聚焦需要的凝胶量取决于样品的量、样品的性质、杂质情况以及实验分辨率要求。大多情况下，20～30ml 床体积已足够分离 1～20 mg 蛋白质/pH 单位。

装柱之前，凝胶必须用起始缓冲液平衡，每种 pH 范围相应的起始缓冲液见表 8－15。交换剂的反离子是 Cl^-，除 Cl^- 以外的单价阴离子也可作为反离子，但这些阴离子的 p*K* 值必须比梯度选择的最低点至少低 2 个 pH 单位。碳酸氢根离子（HCO_3^-）会引起 pH 梯度的变化，所以所有的缓冲液使用前必须除气。大气中的 CO_2 在 pH 5.5～6.5 条件下会使梯度变平坦，用醋酸根反离子可防止这一情况，但对多缓冲剂 74 则不能用醋酸根作为反离子。

柱装填的好坏直接影响分辨率，如操作得当，可达 0.02pH 带宽的分离效果。通常装柱过程如下。

（1）凝胶按 1∶1（*V/V*）悬浮于起始缓冲液中，除去气泡。

（2）将柱调垂直并除尽底部尼龙网下的气泡，关闭柱下端出口。

（3）在柱中放 2～3ml 起始缓冲液，在搅拌下将凝胶缓缓倒入柱中。

（4）打开柱底部开关，待凝胶沉降后仔细将柱顶部接头装好，排除所有气泡。

（5）用 10～15 个柱床体积起始缓冲液平衡至流出液的 pH 和电导系数与起始缓冲液相同。

色谱柱装填好坏可用有色的牛细胞素 C 检查，因其等电点为 pH 10.5，不被柱吸附，很快穿过柱流出。

（三）样品的准备

上样量取决于每个区带中蛋白质的量，通常每 10ml 床体积可加 100mg 的蛋白质样品，由于有聚焦效应，因此样品的体积不是重要的，只要在欲分离的物质从柱上流下之前加入样品，对分离结果均无影响，样品体积最好不超过 0.5 个床体积，样品不能含过量盐（$I < 0.05$）。

上样前样品要对洗脱液或起始缓冲液透析平衡，如果样品体积小于 10ml，最好先通过一个 Sephadex G－25 柱，用起始或洗脱缓冲液洗脱，以达到最好的平衡效果。如果缓冲液浓度很低，样品 pH 也不重要。

（四）上样和洗脱

上样最好通过一个加样器，为了确保样品均匀平整地加到床面上，可在床顶部小心铺一层 1～2cm 厚的 Sephadex G－25。上样前应先加 5ml 洗脱液以避免样品处于极端（过碱）的 pH 条件下。

上样后，首先用洗脱缓冲液淋洗，柱内 pH 梯度自动形成。梯度的 pH 上限由起始缓冲液确定，其下限由淋洗缓冲液的 pH 决定。

推荐使用的缓冲液组成及所用洗脱液体积见表 8－15。pH 梯度的斜率（或梯度体积）是由于洗脱的多缓冲剂浓度决定的。浓度高，所需的梯度体积小，pH 梯度斜率陡，洗脱峰窄，但分辨率下降。反之，pH 梯度斜率小，洗脱峰宽，但分辨率高。采用通常推荐的多缓冲剂浓度，总洗脱体积需 12～13 个床体积，洗脱时流速一般选择 30～40cm・h^{-1}。

（五）从分离的蛋白质中去除多缓冲剂的方法

（1）沉淀法　加入固体硫酸铵到 80%～100% 饱和度，放置 1～2 小时，使蛋白质沉淀。因为处在等电点 pH 的蛋白质很容易沉淀。离心收集沉淀，用饱和硫酸铵洗 2 次，然后透析

除硫酸铵。

（2）凝胶过滤　用 Sephadex G－75 可以将分子量大于 25000 的蛋白质和多缓冲剂分开。

（3）亲和色谱法　应用一个亲和色谱柱，分离的蛋白质通过柱时为柱中的亲和吸附剂所吸附，而多缓冲剂无阻留地流出柱外，然后，再将蛋白质洗下。

（4）疏水色谱法　利用载体与蛋白质组分疏水基团间的相互作用。在水相中提高中性盐的浓度或降低乙二醇的浓度，增强体系的亲水性可增强疏水基团的相互作用。

疏水色谱柱中装填苯基或酚基－琼脂糖 CL－4B，用 80% 饱和度硫酸铵平衡，每 10mg 蛋白质需 1ml 凝胶。用 2～3 个床体积的 80% 硫酸铵洗凝胶。蛋白质样品过柱时发生疏水吸附，然后再用低离子强度的缓冲液洗脱。

（六）多缓冲离子交换剂的再生

多缓冲交换剂的再生可以在柱上进行。凝胶用 2～3 个床体积的 1mol/L NaCl 淋洗，以除去结合物质。用 0.1mol/L HCl 洗涤则可除去结合牢固的蛋白质。假如使用 HCl，一旦洗完凝胶就要尽快平衡到较高的 pH。

五、应用实例

1. 蛋白质的一个模拟混合物的分离　分离条件如下：在 pH 7～4 范围内，柱比 10/20，床高 15cm，样品为 4ml 洗脱缓冲液含有马肌红蛋白（12mg）、碳酸酐酶（8mg）和白蛋白（12mg）；洗脱条件：起始缓冲液 0.025mol/L 咪唑－HCl，pH 7.4，洗脱缓冲液 0.075mmol/L（pH 单位·ml），多缓冲剂 74，pH 4，流速 12.5 cm/h。

图 8－28 显示了高分辨率和窄的分离峰。

2. 粗卵蛋白的分级分离　图 8－29 为粗卵蛋白在 pH 7～4 梯度上的分级分离。卵白过滤，用多缓冲剂 74 稀释，然后以 3000g 离心 10min，上 PBE94 柱，以 0.025mol/L 咪唑－HCl（pH 7.2）平衡，用 1∶10 多缓冲剂 74（pH 4）洗脱，分辨率良好。

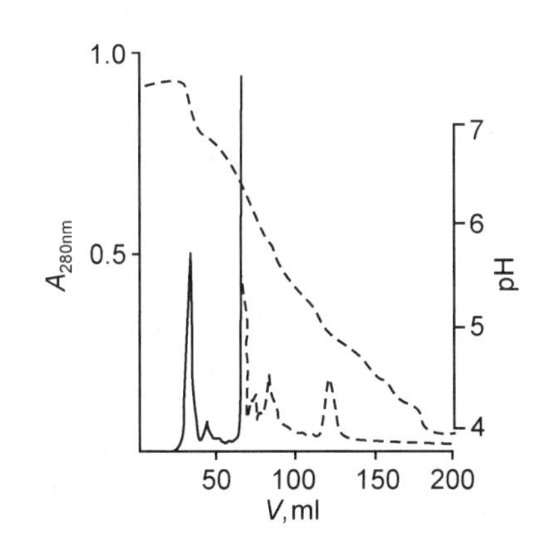

图 8－28　蛋白质的一个模拟混合物的分离

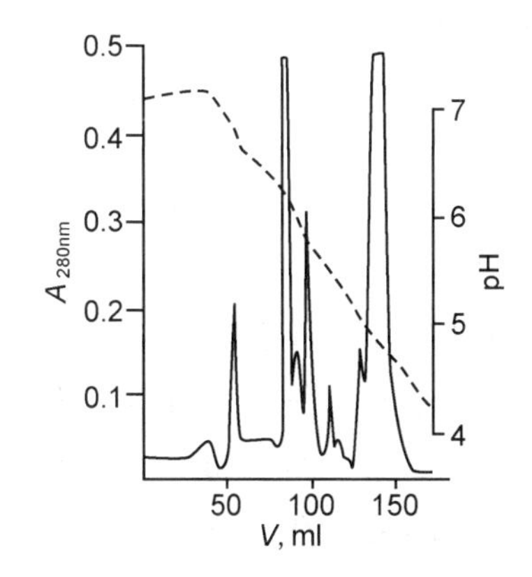

图 8－29　卵蛋白的分级分离

分离条件如下：柱 SR10/50，床高 30cm，样品 5ml，洗脱缓冲液含 0.5ml 卵白。洗脱条件：起始缓冲液 0.025mol/L 咪唑－HCl，pH 7.5，流速 40cm/h。

扫码“练一练”

（何书英）

第九章　亲和纯化技术

生物物质，特别是酶和抗体等活性物质，具有识别特定物质并与该物质的分子相结合的能力。这种识别并结合的能力具有排他性，即生物分子能够区分结构与性质非常相近的其他分子，选择性地与其中某一种分子相结合。生物分子间的这种特异性相互作用称为生物亲和作用（bioaffinity）或简称亲和作用（affinity），通过亲和作用发生的结合称为特异性结合（specific binding）或亲和结合（affinity binding），利用生物分子间的这种特异性结合作用的原理进行生物物质分离纯化的技术称为亲和纯化技术（affinity purification technology），其代表为亲和层析法（affinity chromatography）。该技术的要点为：①寻找可与底物（S）专一可逆结合的配基；②将配基（L）通过共价键偶联到基质，并要求偶联后 L 与 S 的亲和力不变；③L 与 S 吸附并与杂质分离，将杂质洗出；④洗脱目标物，即分离纯化。

利用生物亲和作用的原理纯化蛋白质的报道最早见于 1910 年，当时发现不溶性淀粉可以选择性地吸附 α-淀粉酶。但有意识地应用生物亲和作用纯化蛋白质的研究始于 20 世纪 50 年代初，1951 年 Campbell 等利用半抗原（对氨苯甲基，*p*-aminobenzyl）修饰纤维素制备的载体为亲和吸附介质（affinity adsorbent）从血清中纯化了抗体。但由于亲和吸附介质制备技术的障碍，亲和纯化技术的实用化进程缓慢，直到 1967 年 Axen 和 Cuatrecasas 等开发了利用溴化氰活化琼脂糖凝胶制备亲和吸附介质的方法，才使亲和纯化技术从研究走向实用，亲和层析这一名称也是在此时首次出现。20 世纪 80 年代以后，利用生物亲和作用的高度特异性与其他分离技术如膜分离、双水相萃取、反胶团萃取、沉淀分级和电泳等结合，相继出现了亲和过滤、亲和分配、亲和反胶团萃取、亲和沉淀和亲和电泳等亲和纯化技术。但除亲和层析外，其他亲和纯化技术尚未达到实用化的阶段。

本章从介绍生物亲和作用的本质入手，以亲和层析为主阐述各种亲和纯化技术的原理、特点、方法和应用。

第一节　亲和层析

扫码“学一学”

亲和层析是利用生物体中多数大分子物质具有于某些相应的分子专一性可逆结合的特性而建立的分离纯化技术。适用于从成分复杂且杂质含量远大于目标物的混合物中提纯目标物，还可以根据其生物功能将有活性与无活性的目标物分开。具有高效、高收率等优点。因此，亲和层析已成为生物产物分离纯化的常用技术之一。

扫码“看一看”

一、亲和层析的特点

亲和层析技术的最大优点在于，利用它从提取液中经过一次简单的处理便可得到所需的高纯度活性物质。例如以胰岛素为配基，珠状琼脂糖为载体制得亲和吸附剂，从肝脏匀浆中成功地提取到胰岛素受体，该受体经过一步处理就被纯化了 8000 倍。这种技术不但能用来分离一些在生物材料中含量极微的物质，而且可以分离那些性质十分相似的生化物质。此外亲和层析还有对设备要求不高、操作简便、适用范围广、特异性强、分离速度快、分离效果好、分离条件温和等优点，其主要缺点是亲和吸附剂通用性较差，故要分离一种物

质差不多都得重新制备专用的吸附剂，另外由于洗脱条件较苛刻，须很好地控制洗脱条件，以避免生物活性物质的变性失活。亲和层析的设计和过程大致分为以下三步（图9－1）：①配基固定化。选择合适的配基与不溶性的支撑载体偶链，或共价结合成具有特异亲和性的分离介质。②吸附样品。亲和层析介质选择性吸附酶或其他生物活性物质，杂质与层析介质间没有亲和作用，故不能被吸附而被洗涤去除。③样品解析。选择适宜的条件使被吸附的亲和介质上的酶或其他生物活性物质解析下来。

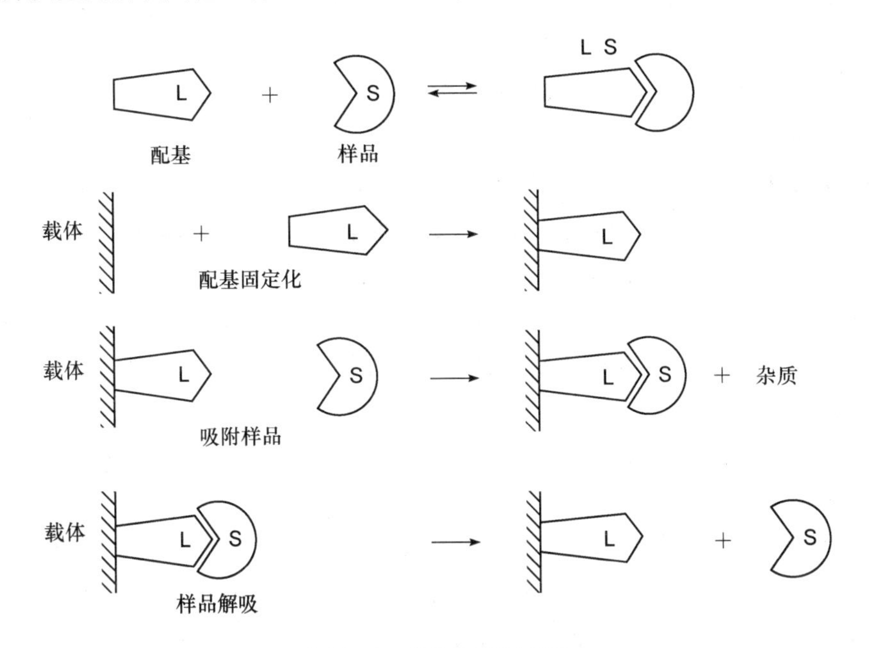

图9－1　亲和层析的原理

二、亲和层析载体

（一）亲和层析对载体的要求

载体在亲和层析中的作用是使配基固定化，同时提供了亲和对两物质特异性结合的空间环境。配基与亲和配体的结合势必受到载体的影响。所以载体的性质与亲和层析的效果有密切的关系。理想的载体应符合以下5个条件。

（1）载体必须能充分功能化，也就是说载体要具有足够数量的功能基团，或能方便地引入多个化学活性基因，以供与配基进行共价连接之用。

（2）载体必须有较好的理化稳定性和生物惰性，尽量减少非专一性吸附。这样的载体就能耐受亲和、洗涤、洗脱等各种条件下的处理而不改变其膨胀度、网孔结构和硬度等性质。此外，载体还应不易为酶破坏，也不能为微生物所利用，这样可使亲和固定相便于反复使用和保存。

（3）载体必须具有高度的水不溶性和亲水性。载体的亲水性往往是保证被吸附生物分子稳定性的重要因素之一。同时，亲水性还有助于亲和对达到亲和平衡，并减少因疏水相互作用造成的非特异性吸附。

（4）载体应具有多孔的立体网状结构，能使被亲和吸附的大分子自由通过。高度的多孔性对大分子自由流动是必需的，同时也为提高配基及配体的亲和有效浓度提供了条件，使之接近溶液中的状态，这种状态十分有利于亲和对的两种成分在自由溶液中发生的相互作用。

（5）理想的亲和层析载体外观上应为大小均匀的刚性小球，这样在层析柱中才能保持良好的疏通。通常精细载体小珠的分离作用能极大地促进扩散速率低的生物大分子达到扩散平衡，由细小的凝胶颗粒填充的亲和层析柱，流速虽慢些，但分离效果较好。

（二）常用载体

1. 纤维素 它是自然界中数量最大的大分子生物材料，取材十分方便。但由于纤维素结构紧密、均一性差，不利于大分子的渗入。活化后因带有电荷，非特异性吸附力较强，加上空间位阻等原因，其应用不如凝胶载体广泛。目前主要用于分离与核酸有关的物质，如用寡聚脱氧胸腺核苷酸纤维素作载体分离细胞提取液中的 mRNA。

市售纤维素商品为无定型微纤维、微晶纤维素以及柱状纤维素。

2. 琼脂糖凝胶 它是由 *D* - 半乳糖和 3,6 - 脱水 - *L* - 半乳糖相互结合的链状多糖，用于亲和层析的主要为交联珠状凝胶。其琼脂糖浓度有 2%、4%、6% 几种，相应的商品为 sepharose 2B、4B 和 6B（Pharmacia）和 Ultrogels A - 2，A - 4，A - 6（LKB）。这类载体能使吸附物质保持活性，能迅速活化并接上各种功能基团，结构疏松孔径大，流速快。例如，Sepharose 4B 的分子量排阻极限达上百万，便于大分子通过；载体几乎没有带电基团，非专一性吸附少。Sepharose CL 是用 2,3 - 二溴丙烷处理的交联琼脂糖，它的稳定性明显增加，能在 pH 3 ~ 14 中应用，Sepharose CL 凝胶的这种稳定性，扩大了亲和柱制备时化学反应选用的范围，并能经受比较剧烈的洗脱条件。

3. 葡聚糖凝胶 它是经环氧丙烷交联，具有立体网格的多糖类物质，其物理及化学性能比较稳定。亲和柱的不可逆吸附杂质（如变性蛋白、脂类等）可用强碱处理除去。与琼脂糖凝胶相比较，葡聚糖凝胶孔径太小，特别是经配基偶联后，凝胶膨胀度会进一步变小，所以它的应用也受到一定限制。

4. 聚丙烯酰胺凝胶 它是由丙烯酰胺与甲叉双丙烯酰胺经催化聚合形成的人工合成载体，是具有网状三维空间结构的凝胶型高聚物，商品名为 Biogel P。与葡聚糖凝胶一样，它也是一种干胶，遇水后溶胀成多孔凝胶。它具有稳定的理化性能，适用于稀盐溶液、洗涤剂、盐酸胍等溶液和许多有机溶剂，不受酶或微生物代谢产物的影响；有较多的可供化学反应的酰胺基，能制得配基含量较高的亲和柱，适用于亲和势比较低的系统。但是 pH 过高或过低的溶液中下酰胺基易水解，还应避免接触强氧化剂。此外，配基偶联后会使它的网格缩小，在一定程度上限制了它的应用。

5. 多孔玻璃珠（商品为 Bio-glass） 它的化学与物理稳定性较好，机械强度高，不但能抵御酶及微生物的作用，还能耐受高温灭菌和较剧烈的反应条件。缺点是亲水性不强，对蛋白质尤其是碱性蛋白质有非特异性吸附，而且可供连接的化学活性基团也少。为了克服这个缺点，做载体用的市售 Bio-glass 的商品都已事先连接了氨烷基（烷基胺）。用葡聚糖外包玻璃珠则可改善其亲水性，并增加化学活性基团。用抗原涂布的玻璃珠已成功地分离了免疫淋巴细胞。

6. 壳聚糖 壳聚糖为 *N* - 脱乙酰氨基葡萄糖的聚合物。结构中含有大量游离的氨基可供配基偶联，而且活化方便，活化时使用双功能试剂戊二醛，另外价格低廉且来源方便。采用壳聚糖作载体、戊二醛作交联剂，对抗凝血酶Ⅲ进行固定化，分离纯化低分子量肝素。

7. 其他载体 由聚丙烯酰胺和琼脂糖混合组成的一种新载体已投入应用，商品名为 Ultrogels ACA。它的特点是载体上既有羟基又有酰胺基，并且都能单独与配基作用。但这类载体不能接触强碱，以防酰胺水解，使用温度也不能超过 40℃。一种称作磁性胶（Magno-

gels ACA44）的载体是在丙烯酰胺与琼脂糖的混合胶中加入7%的四氧化三铁。因此，当悬浮液中含有不均匀粒子时，依靠磁性能将载体与其他粒子分离。磁性胶载体常用于酶的免疫测定、荧光免疫测定、放射免疫测定和细胞分离等的微量测定和制备。

Spheron或Sepharon是另一种新型载体，它是甲基丙烯酸羟乙酯与甲基丙烯酸乙二酯的非均相共聚物，通过充分交联，把具有微孔结构的微粒聚合成具有大孔结构的珠状粒子。这类载体在内部结构、孔径大小、孔径分布、比表面积及活性羟基的多少等方面可进行多种变化。其分子量排斥范围为2万～200万。与一般亲和载体相反，Spheron载体的大孔呈干燥状态，在有机溶剂和pH变化条件下，其体积不会发生变化。这类载体的甲基丙烯酸羟乙酯有较大的疏水性作用，产生明显的非专一性吸附，可用作疏水层析的载体。

三、亲和配基

（一）配基的选择

按照亲和层析的原理，原则上亲和层析的任何一方都可作为配基，配基的选用主要取决于分离对象。如分离酶蛋白时可选择小分子的底物，也可选择大分子的抑制剂。而作为理想的配基应符合以下要求。

1. 配基与配体有足够大的亲和力 它是配基对互补分子间的作用力，是制备高效亲和柱的重要参数。亲和柱亲和力大小，可用层析时洗脱体积粗略地加以估计。

$$\mathrm{E + L \rightleftharpoons EL}$$

E为被分离的酶，L为配基，EL为复合物。K_L为EL复合物的解离常数。根据化学反应平衡方程式：

$$K_L = \frac{[\mathrm{E}][\mathrm{L}]}{[\mathrm{EL}]} = \frac{[E_0 - \mathrm{EL}][L_0 - \mathrm{EL}]}{[\mathrm{EL}]}$$

E_0和L_0分别为原始的酶浓度和配基浓度，当$L_0 \gg E_0$时，$L_0 - [\mathrm{EL}] \approx L_0$，则

$$K_L = \left(\frac{E_0 - [\mathrm{EL}]}{[\mathrm{EL}]}\right) L_0$$

在亲和层析中，我们定义分配比k为：

$$k = \frac{\text{结合酶}}{\text{游离酶}} = \frac{[\mathrm{EL}]}{E_0 - [\mathrm{EL}]} = \frac{L_0}{K_L}$$

一般柱层析公式为：

$$V_e = V_0 + kV_0$$

式中，V_e为蛋白质洗脱体积；V_0为凝胶载体外水体积。

由此可导出亲和势与洗脱体积的关系式：

$$\frac{V_e}{V_0} = 1 + \frac{L_0}{K_L}$$

例如，洗脱体积为外水体积的10倍，配基浓度为1×10^{-3}mol/L时，配基与酶复合物的解离常数为：

$$\frac{10V_0}{V_0} = 1 + \frac{10^{-3}}{K_L}$$

$$K_L \approx 10^{-4}\mathrm{mol/L}$$

作为理想的配基，它必须对被分离纯化的高分子具有很高的亲和力，一般要求亲和势

在 $1\times10^{-4}\sim1\times10^{-8}$之间。

2. 配基与配体的结合应是专一的 配基与分离对象的结合应为专一性结合，这样才能保证分离与纯化的效果。如用牛胰蛋白酶抑制剂作配基就不能保证得到单一的胰蛋白酶，因为它与胰凝乳蛋白酶、激肽释放酶都有亲和作用。

3. 配基应具有化学活性 配基分子上需具有与载体偶联的化学基团，且使偶联反应尽可能简便、温和，以减少反应时配基亲和力的损失和载体结构改变。

（二）配基的浓度

对亲和势比较低的配基（$K_L\geq10^{-4}$mol/L），增加配基浓度有利于吸附。例如，将 N^6 -（6 - 氨基己烷）- AMP - Sepharose 用无配基的 Sepharose 稀释 200 倍，使甘油激酶、乳酸脱氢酶的吸附能力降低；同样的 NAD^+ 亲和柱用无配基的 Sepharose 稀释 21 倍，使乳酸脱氢酶吸附能力下降。与此相反，如果将上样的酶稀释 200 倍，则 N^6 -（6 - 氨基己烷）- AMP - Sepharose 亲和柱吸附甘油激酶和乳酸脱氢酶的能力不变；将上样酶稀释 21 倍，则 NAD^+ 亲和柱对乳酸脱氢酶的吸附能力不变。

当增加配基浓度有困难，而亲和势又比较低时，可用增加亲和柱的长度来提高吸附率。配基浓度太高容易使大分子配基上的活性中心互相遮盖，反而使亲和柱吸附力降低。这种现象在抗原、抗体、酶等大分子配基的亲和层析时更加明显。配基浓度太高又会使吸附力太强，造成洗脱上的困难；另外，随着配基浓度的增加，非专一性吸附也增加，而专一性吸附却降低。作为一个有效的吸附剂，理想的配基浓度为 1 ~ 10μmol/L，并以 2μmol/L 的凝胶为最好。

（三）配基偶联的位置

在一般情况下，亲和结合时配体分子与配基分子仅有一部分发生相互作用。为了保证亲和吸附剂有足够大的亲和能力，配基固定化时，其不参与亲和结合的部位与载体进行偶联。图 9 - 2 表示某一配基可通过 a、b、c、d、e 五个结合点偶联到载体上，但只有通过 e 结合的亲和柱才是有效的，因为它不参加与大分子的相互作用。例如 N^6 -（6 - 氨基己烷）- AMP - Sepharose 亲和柱，由于配基通过腺嘌呤 N^6 - 氨基接到载体上，所以它对醇脱氢酶和甘油激酶有吸附力，但对甘油醛 - 3 - 磷酸脱氢酶无吸附力；如果配基通过磷酸基接到载体上，则对甘油醛 - 3 - 磷酸脱氢酶就有吸附力。然而，上述两种连接法对己糖激酶都无亲和吸附作用。这说明这几个酶与 AMP 之间的互相作用的位置是有区别的。

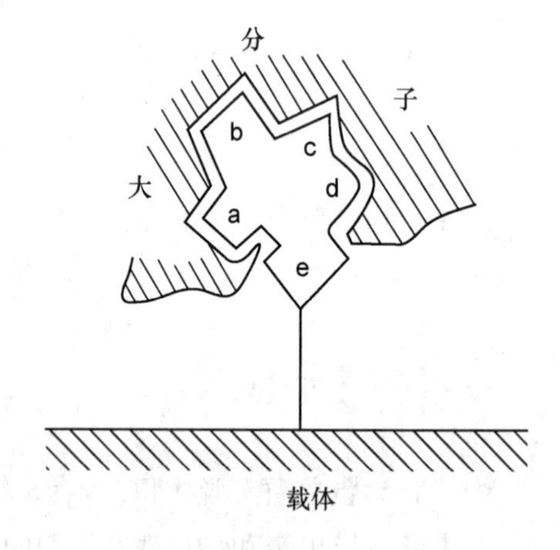

图 9 - 2　配基与载体结合位置的重要性

（四）配基分子的大小

制备亲和柱时，应首先选用大分子配基，因为小分子配基可供识别、互补的特殊结构较少，一旦偶联到载体上后，这种识别的结构更少。例如，某些酶对甘氨酸的识别主要是根据其电荷情况和甲基碳链的长短，如以甘氨酸作配基偶联到载体上，要不损害酶对它的识别，这种偶联点就难以找到。反之，用 AMP 作配基，可供偶联点多、

能制备具有各种亲和力的亲和柱。有时候用小分子物质（如酶的辅因子）作为配基直接偶联至琼脂糖凝胶珠粒上制备亲和层析介质时，尽管配基和酶间的亲和力在合适的范围内，但其吸附容量往往很低。这是由于酶的活性中心常是埋藏在其结构内部，它们与介质的空间障碍影响其与亲和配基的结合作用。为了改变这种情况可在载体和配基间插入一个“手臂”（图9－3）以消除空间障碍，手臂的长度是有限的，不可太短也不可太长，太短不能起消除空间障碍的作用，太长往往会使非特异性吸附增加。

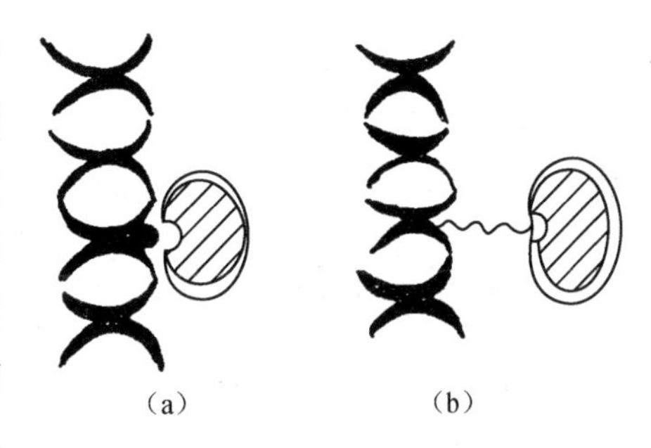

图9－3 应用“手臂”的原理

（a）配基直接与琼脂糖连接；
（b）配基的“手臂”与琼脂糖连接

（五）配基的类型

可以作为配基的物质很多，可为较小的有机分子，也可是天然的生物活性物质。根据配基应用和性质，可将其分为两大类：特殊配基和通用配基。

1. 特殊配基（special ligand）（表9－1）

表9－1 亲和层析中常用的特殊配基

被亲和物	配 基
酶	底物的类似物，抑制剂，辅因子
抗体	抗原，病毒，细胞
外源性凝集素	多糖，糖蛋白，细胞表面受体，细胞
核酸	互补的碱基顺序，组蛋白，核酸聚合物
激素，维生素	受体
细胞	细胞表面特异性蛋白，外源性凝集素

通常，某一抗原的抗体，某一激素的受体、某一酶的专一抑制剂均属特殊配基。以此类配基构成的亲和层析介质的选择特异性最高，分离效果亦最好。缺点是此种配基多系不稳定的生物活性物质，在偶联时活性损失大，价格昂贵，成本较高。

2. 通用配基（general ligand）（表9－2）

表9－2 通用配基亲和层析介质类型及应用范围

配基类型	应用范围
蛋白质 A-sepharose CL-4B，ConA-sepharose	IgG 及其有关的分子的 Fc 部分末端 α－*D*－呋喃葡萄糖、α－*D*－呋喃甘露糖
小扁豆外源性凝集素	与上相仿，但对单糖亲和力低
小麦芽外源性凝集素	*N*－乙酰基－*D*－葡糖胺
poly（A)-sepharose 4B	核酸及含有 poly（U）顺序，RNA－特异性蛋白寡核苷酸
Lysine-sepharose 4B	含有 NAD^+ 作为辅酶的酶类和依赖 ATP 的激酶
2′,5′－ADP－sepharose 4B	含有 $NADP^+$ 作为辅酶的酶类

以此类配基制备的亲和层析介质可用于一类物质的分离提纯，如用 NADH 作脱氢酶类亲和层析的通用配基，用 ATP 作激酶类亲和层析的通用配基，用外源性凝集素作糖蛋白类

亲和层析时的通用配基等。实际上，染料配基、硼酸盐配基等也应属于亲和层析中通用配基范畴。用通用配基制成的亲和层析介质的选择性低于用特殊配基制成的亲和层析介质，但应用范围广泛，其中不少已商品化，故应用方便。

四、载体的活化与偶联

（一）亲和层析载体的活化

亲和层析的载体由于其相对的惰性，往往不能直接与配基连接，偶联前一般需要先活化，活化方法很多，其中最常见的有以下 6 种。

1. 溴化氰活化法 亲和层析载体如琼脂糖、葡聚糖等，在碱性条件下用溴化氰处理，可引入活泼的“亚氨基碳酸盐”中间体（图 9－4）。再在弱碱的条件下直接与含有游离脂肪氨基或芳香族氨基的配基偶联，形成 *N*－取代的亚氨基碳酸盐、氨基甲酸酯和异脲衍生物。

—OH, —OH + CNBr → [—O—C≡N, —OH] 中间体

H_2O → —$OCONH_2$, —OH 氨基甲酸酯（惰性）

→ —O, —O >C═NH 亚氨基碳酸盐（活性）

图 9－4 多糖载体溴化氰活化过程

溴化氰活化多糖，特别是活性琼脂糖的简单方法如下：在通风橱内将一定量的琼脂糖与等体积的水混合，并加入装有 pH 计电极、磁力搅拌器的反应器中，另取事先粉碎的溴化氰（加入量为每 1ml 琼脂糖加 50～300mg CNBr）加入到上述悬浮液中，立即用 NaOH 调节至 pH 11。整个反应要求 pH 维持在 11±0.1，温度维持在 20℃左右，反应在 3～12 分钟内完成。反应结束后，将大量的冰屑迅速加入到反应液中，并迅速倾入布氏漏斗，用琼脂糖体积 10～15 倍量的冷缓冲液抽滤洗涤，缓冲液应与下步偶合反应所用的缓冲液相同。商品溴化氰为白色结晶，熔点 51.3℃，沸点 61.3℃，室温下易挥发产生剧毒和有刺激性的蒸气，因而全部操作应在良好的通风橱中进行。

2. 高碘酸氧化法 多糖与 0.1mol/L 的高碘酸钠氧化反应 24 小时会产生醛，在温和条件下，醛与赖氨酸上的 ε－NH_2进行亲核攻击，生成席夫碱，接着用硼氢化钠还原，生成稳定的烷基胺：

多糖载体 —OH, —OH + $NaIO_4$ → —CHO ⇌ —CH═N—R $\xrightarrow{NaBH_4}$ —CH_2—NH—R 稳定的烷基胺

用高碘酸盐氧化的多糖，它的配基偶联程度与用溴化氰活化一样。但用高碘酸氧化的琼脂糖，它对蛋白质类配基的偶联效果，远不如用溴化氰活化的琼脂糖好。

3. 环氧化法 在热的浓碱溶液中，多糖类化合物与环氧氯丙烷作用生成环氧化合物。在碱性条件下，其环氧化合物又能与氨基酸或蛋白质上氨基偶联。另外也有用双环氧衍生物，但它易使琼脂糖凝胶本身交联，这种交联虽促使它在碱性溶液中的稳定性增强，但层

析的通透性却受到限制，尤其一些稳定性较差的蛋白质不能采用这类活化载体。

$$\text{多糖载体}-OH + Cl-CH_2-\underset{\backslash O /}{CH-CH_2} \longrightarrow \text{多糖载体}-O-CH_2-\underset{\backslash O /}{CH-CH_2} + HCl$$

多糖载体　环氧氯丙烷　活化载体

4. **甲苯磺酰氯法**

$$\text{多糖载体}-OH + ClSO_2-C_6H_4-CH_3 \longrightarrow \text{多糖载体}-O-SO_2-C_6H_4-CH_3$$

多糖载体　对-甲苯磺酰氯　活化载体

$$\text{多糖载体}-OH + ClSO_2-CH_2CF_3 \longrightarrow \text{多糖载体}-O-SO_2-CH_2CF_3$$

多糖载体　三氟乙基磺酰氯　活化载体

甲苯磺酰氯法是近来较为理想的多糖活化方法。反应在无水丙酮中进行，以吡啶为催化剂。这个方法的主要优点有：①活化方便、迅速，产物可用紫外测定含量，并能在水中储存；②配基偶联条件温和，产物稳定；③与酶偶联效率高，一般在60% ~80%。

5. 双功能试剂法　二乙烯砜等双功能试剂，对琼脂糖类多糖的活化有许多优点：反应速度快，条件温和，能与氨基、糖类、酚、醇类等偶联。在与琼脂糖作用同时，二乙烯砜本身会聚合，活化后的产物需用水充分洗涤。二乙烯砜也会使琼脂糖交联，使载体刚性增加。已活化的载体在碱性条件下不稳定，易分解。

$$\text{多糖载体}-OH + CH_2=CH-SO_2-CH=CH_2 \longrightarrow \text{多糖载体}-O-CH_2-CH_2-SO_2-CH=CH_2$$

多糖载体　二乙烯砜　活化多糖

β-硫酸酯乙砜基苯胺，也适用于纤维素载体的活化，反应比较方便，试剂容易获得。

$$\text{纤维素载体}-OH + HO-\overset{O}{\underset{O}{\overset{\|}{\underset{\|}{S}}}}-OCH_2CH_2-\overset{O}{\underset{O}{\overset{\|}{\underset{\|}{S}}}}-C_6H_4-NH_2 \xrightarrow[\text{碱性}]{\text{醚化}}$$

纤维素载体　β-硫酸酯乙砜基苯胺

$$\text{纤维素载体}-OCH_2-CH_2-\overset{O}{\underset{O}{\overset{\|}{\underset{\|}{S}}}}-C_6H_4-NH_2 \xrightarrow[HNO_2]{\text{重氮化}}$$

$$\text{纤维素载体}-O-CH_2CH_2-\overset{O}{\underset{O}{\overset{\|}{\underset{\|}{S}}}}-C_6H_4-N^+\equiv NCl^-$$

纤维素重氮盐衍生物

6. 聚丙烯酰胺凝胶载体的活化法　这类载体具有大量可修饰的酰胺基，能在较广的pH范围内稳定使用。聚丙烯酰胺的酰胺基能被含氮化合物（乙二胺、水合肼等）置换产生游

离氨，或经碱水解产生多种衍生物。

$$-\mathrm{C(=O)-NH_2} \xrightarrow[90℃]{\text{乙二胺}} -\mathrm{C(=O)-NH-CH_2-CH_2-NH_2}$$

聚丙烯酰胺载体　　　　氨乙基-聚丙烯酰胺

$$-\mathrm{C(=O)-NH_2} \xrightarrow[50℃]{\mathrm{NH_2-NH_2}\text{（水合肼）}} -\mathrm{C(=O)-NH-NH_2}$$

聚丙烯酰胺载体　　　　酰肼-聚丙烯酰胺

（二）配基偶联的方法

1. 碳二亚胺缩合法　碳二亚胺为羧基活化剂。羧基活化后有两条反应路线：一是在亲核试剂进攻下，产生酰基化亲和产物和脲衍生物；二是进行分子内酰基转移，产生 *N* - 酰脲衍生物。常用羧基活化剂有好几种，如环二乙基碳二亚胺（DCC）不溶于水，但可溶于吡啶水溶液。反应中的脲衍生物可用有机溶剂（如乙醇、丁醇）洗涤除去。

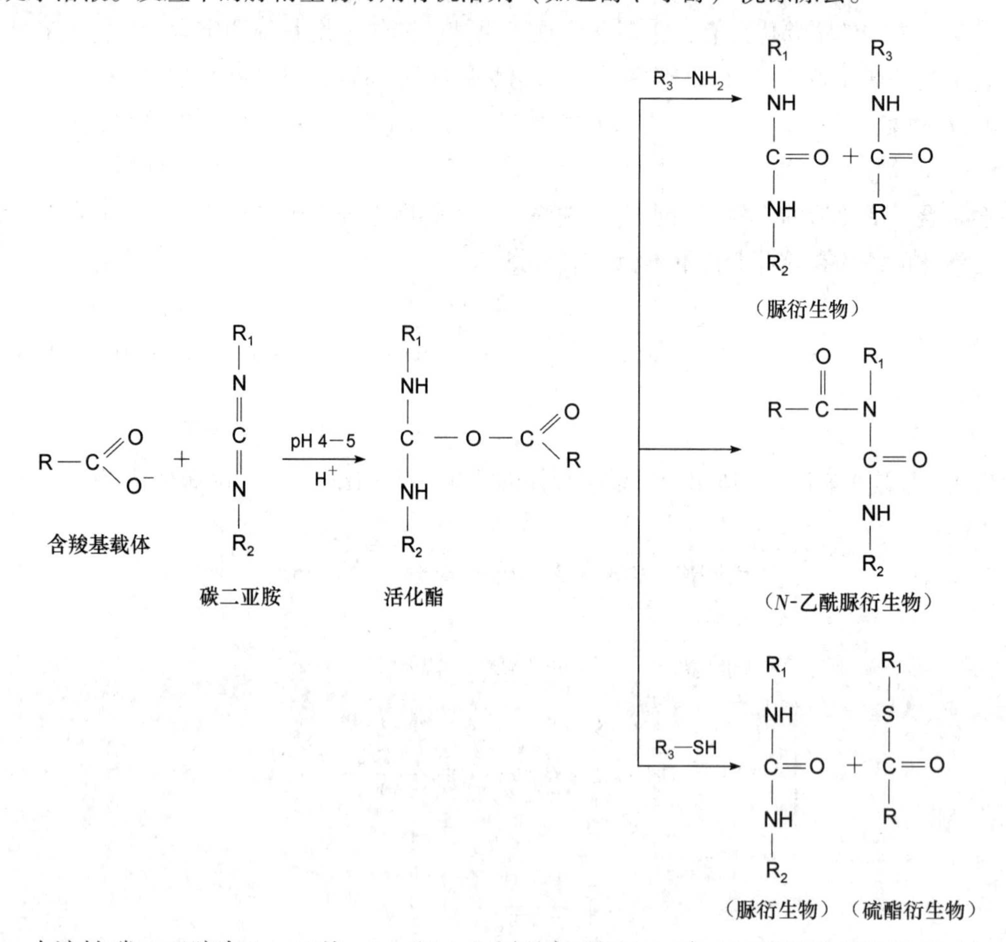

水溶性碳二亚胺有 1 - 乙基 - 3 - (3 - 二甲基氨丙基) - 碳二亚胺酸盐(EDC)和 1 - 环己烷 - 3 - (2 - 乙基吗啡啉) - 碳二亚胺 - 对甲苯磺酸盐(CMC)。

除了用 DCC 缩合法外，还常用 *N* - 乙氧羰基 - 2 - 乙氧基 - 1,2 - 二氢喹啉（EEDQ）于多肽合成。它先与羧基形成混合酸酐，接着再与配基反应：

$$\text{载体}-\overset{O}{\overset{\|}{C}}-OH + \text{EEDQ} \longrightarrow \text{载体}-\overset{O}{\overset{\|}{C}}-O-\underset{O}{\underset{\|}{C}}-C_2H_5 \xrightarrow{NH_2-R} \text{载体}-\overset{O}{\overset{\|}{C}}-NH-R$$

含羧基的载体　　EEDQ　　混合酸酐　　固定化配基

此法的优点是EEDQ稳定无毒，溶剂为水-乙醇溶液，适用于溶解度较低的配基，反应产物便于分离纯化，反应液pH稳定，反应时间较短。

2. 酸酐法　用ω-氨基烷基琼脂糖（或丙烯酰肼衍生物）与1%的琥珀酸酐水溶液作用，生成琥珀酸氨烷基琼脂糖衍生物（含羧基的载体）。当反应pH不再变动时，反应趋完全，继续将反应液在4℃静置5小时，或在室温静置1小时。

3. 叠氮化法　聚丙烯酰胺的酰肼衍生物溶于0℃的盐酸溶液中，迅速加入1mol/L的亚硝酸，反应液搅拌90秒，再加入脂肪胺类配基，反应一段时间，即可制得亲和层析用凝胶：

$$\text{载体}-\overset{O}{\overset{\|}{C}}-NH_2 \xrightarrow[47\sim50℃]{NH_2-NH_2} \text{载体}-\overset{O}{\overset{\|}{C}}-NH-NH_2 \xrightarrow[0℃]{HNO_2} \text{载体}-\overset{O}{\overset{\|}{C}}-N_3 \xrightarrow[pH\ 8.5\sim10.5]{R-NH_2} \text{载体}-\overset{O}{\overset{\|}{C}}-NH-R$$

聚丙烯酰胺载体　　酰肼衍生物　　叠氮衍生物　　固定化配基

4. 重氮化法　ω-氨基烷基琼脂糖衍生物，在pH 9.3的硼酸钠（或三乙胺）和40%（*V/V*）*N*，*N′*-二甲基甲酰胺（DMF）溶液中，与对硝基苯叠氮化合物在室温反应1h，制得对硝基苯甲酰氨烷基琼脂糖衍生物。产品先依次用50% DMF、25% DMF和水充分洗涤，接着用0.1mol/L连二亚硫酸钠在40～50℃还原40分钟，最后在0℃、0.5mol/L HCl溶液中用0.1mol/L亚硝酸钠处理7分钟，制得重氮盐衍生物。将所需配基与该琼脂糖重氮衍生物偶联反应，便可制成亲和层析柱。

$$\text{载体}-NH-(CH_2)_n-NH_2 \xrightarrow{\text{对硝基苯甲酰氯}} \text{载体}-NH-(CH_2)_n-NH-\overset{O}{\overset{\|}{C}}-C_6H_4-NO_2$$

含氨基载体　　对硝基苯甲酰胺烷基琼脂糖

$$\xrightarrow{\text{连二亚硫酸钠}} \text{载体}-NH-(CH_2)_n-NH-\overset{O}{\overset{\|}{C}}-C_6H_4-NH_2 \xrightarrow[0℃]{NaNO_2/HCl}$$

对氨基苯甲酰胺烷基琼脂糖衍生物

$$\text{载体}-NH-(CH_2)_n-NH-\overset{O}{\overset{\|}{C}}-C_6H_4-N_2^+Cl^- \xrightarrow[\text{R-咪唑}]{R-C_6H_4-OH} \text{固定化配基}$$

琼脂糖重氮盐

（三）用于固定化配基的凝胶衍生物

1. CNBr 活化的 Sepharose 4B 它是 Sepharose 4B 经 CNBr 活化，并在不破坏柱状结构的前提下，经冷冻干燥而制成。1g 冻干凝胶溶胀后的体积约为 3.5ml。CNBr 活化的 Sepharose 4B 可偶联蛋白和核酸类配基。例如，人血红蛋白偶联到活化 Sepharose 4B 上，制备成吸附血红蛋白抗体的亲和柱，用醋酸进行梯度洗脱。

2. AH－Sepharose 4B 和 CH－Sepharose 4B AH－Sepharose 4B[Sepharose－NH－$(CH_2)_6-NH_2$]和 CH－Sepharose 4B[Sepharose－NH－$(CH_2)_5$－COOH]为含有 6 个碳原子的“手臂”的琼脂糖衍生物，前者末端为氨基，后者末端为羧基。

AH-Sepharose 4B 用于含有羧基的一类配基。例如，UDP－葡萄糖醛酸偶联到 AH-Sepharose 4B 上，其亲和柱一步就能纯化鸡胚中的胶原转葡萄糖酶达 3000 倍。

3. 环氧活化型 Sepharose 6B 它是由 Sepharose 6B 与 1,4－双－(2,3－环氧丙氧基)丁烷活化而成：

$$\text{—O—}CH_2\text{—}\underset{\displaystyle OH}{\underset{|}{CH}}\text{—}CH_2\text{—O—}(CH_2)_4\text{—O—}CH_2\text{—}\underbrace{CH\text{—}CH_2}_{O}$$

它是由亲水“手臂”与多糖载体通过醚链形成的衍生物，可与含有胺基的配基形成烷基胺；与含有硫醇基形成硫醚；也能与羟基作用。每毫升溶胀型环氧活性型 Sepharose 6B 含环氧基 15～20μg 当量。这类衍生物适用于小分子配基的固定化（如胆碱、乙醇胺、糖类等）。它能与凝集素特异偶联，用于纯化凝集素，也能用于偶联脂多糖、蛋白等大分子配基。

4. 活化型亲和胶 10(Affi－Gel 10)和活化型亲和胶 15(Affi－Gel 15) 它是由 *N*－羟琥珀酰亚胺与琼脂糖的衍生物所形成的活化酯。Affi-Gel 10 的“手臂”长为 10 个碳原子，当在缓冲液中偶联配基或活化酯水解时，产生一些负电荷，有利于碱性或中性蛋白偶联；Affi-Gel 15 为 15 个碳原子的“手臂”，能产生一些正电荷，故有利于酸性蛋白的偶联。

$$\text{—}OCH_2\text{—CONH—}(CH_2)_2\text{—NHCO—}(CH_2)_2\text{—COON}\langle\text{succinimide ring, 2 C=O}\rangle$$

Affi-Gel 10

$$\text{—}OCH_2\text{—CONH—}(CH_2)_3\text{—}\overset{\displaystyle CH_3}{\overset{|}{\underset{\displaystyle H}{\underset{|}{N_+}}}}\text{—}(CH_2)_3\text{—NHCO—}(CH_2)_2\text{—COON}\langle\text{succinimide ring, 2 C=O}\rangle$$

Affi-Gel 15

5. CM-生物胶 A(CM Bio－gel A)、亲和胶 202 和亲和胶 102 它们都是琼脂糖活化型载体。CM Bio-gel A 无“手臂”末端的羧基衍生物，它也是一种离子交换剂；Affi-Gel 120 具有 10 个原子的“手臂”，末端也具有羧基，它的疏水作用比一般单纯碳氢键小；Affi-Gel 120 具有 6 个原子的“手臂”，末端为氨基，也没有疏水性。

$—O—CH_2COOH$

CM Bio-Gel A

$—OCH_2—CONH—(CH_2)_2—NH_2$

Affi-Gel 120

$—OCH_2—CONH—(CH_2)_2—NHCO—(CH_2)_2—COOH$

Affi-Gel 120

以聚丙烯酰胺凝胶为载体的有生物胶 P－2（Bio－Gel P－2）和生物胶 P－150（Bio－Gel P－150）。含有羧基的配基利用水溶性碳二亚胺就能在这类载体偶联组成亲和柱。

五、影响吸附剂亲和力的几个因素

为了提高亲和层析的效果，通常希望固定相的配基与流动相的配体具有较强的亲和力。其亲和力大小除由亲和对本身的解离常数决定外，还受许多因素的影响，其中包括亲和吸附剂的微环境、载体空间位阻、配基结构以及配基和配体的浓度、载体孔径等。

1. 配基浓度对亲和力的影响　亲和力是亲和层析的基础，合适的亲和吸附剂必须与配体有足够的亲和结合力。为了将亲和配体与其他物质分开，在实际亲和层析时，通常需要阻流值≥10。假设有效配基浓度为 10^{-3}mol/L，则亲和对解离常数应≤10^{-4}。也就是说，若解离常数＞10^{-4}时就不能使配基得到良好的分离。由此阻流值将小于 10。事实上，尽管配基以最适方式与载体偶联，亲和力的下降还是很明显的。配基固定化后其亲和力一般要下降 2～3 个数量级。所以如游离配基的亲和对解离常数大于 10^{-8}，就很难制得有效的亲和吸附剂。

对于低亲和力系统，为了取得较好的配体分离效果，必须提高载体上配基的有效浓度。此外，较高的配体浓度在亲和层析时呈现“累增效应”，即提高了亲和吸附剂的吸附能力，因为高的配体浓度有利于它在配基上的吸附和浓集。

2. 空间障碍的影响　有时亲和对两物质间原有的亲和力有影响，但当其一方制成亲和吸附剂时，与相应配体的亲和力肯定会完全丧失。除了配基与载体不适当偶联时可能发生分子结构变化外，很可能是空间位阻造成的。这种现象对于亲和力低或分子量较大的亲和以及小分子配基更明显。所以在制备该类吸附剂时需要在载体与配基之间插入一段适当长度的“手臂”，以增加与载体相连的配基的活动度并减轻载体的空间障碍。常用的“手臂”多为烃链。

3. 配基与载体的结合位点的影响　在多肽或蛋白质等大分子作配基时，由于它们具有数个可供偶联的功能基团，必须控制偶联反应的条件，使它以最少的键与载体连接，这样有利于保持蛋白质原有的高级结构，从而使亲和吸附剂具有较大的亲和能力。

蛋白质分子中的游离氨基常与溴化氰活化的琼脂糖，或者与其他载体的重氮衍生物、叠氮衍生物等发生反应而偶联。大多数蛋白质含有较多的 $\varepsilon-NH_2$，而且暴露在整个分子的表面，所以当偶联反应在 pH≥9.5 时，蛋白质分子便会通过很多氨基与载体相连；若在较低的 pH 条件下进行偶联，就能减少蛋白质分子与载体的连接点，从而提高了亲和吸附力。

4. 载体孔径的影响　载体的孔径大小对吸附剂的亲和能力有决定性影响。例如，对分子量较小的葡萄糖球菌核酸酶，用 Sepharose 4B 制得的吸附剂，比用 Bio-Gel P－300 制得的有较高的亲和力；而对分子量大的 β－半乳糖苷酶，用琼脂糖作载体吸附剂是有效的，用生

物胶作载体却无效。这是因为配基多位于凝胶环内，Bio-Gel 的孔径不够大，阻碍了配体的进入。

当配基与大分子对象的亲和力十分高（如抗原与抗体），或是配体是很大的颗粒（如细胞器和完整细胞），载体的多孔性就显得不很重要了，那是因为配体与配基的作用仅发生在凝胶表面，如用半抗原 Bio-Gel P－6 分离产生相应抗体的细胞，以及用胰岛素－琼脂糖分离含有胰岛素受体的脂肪细胞膜时，便是如此。

5. 微环境的影响 所谓微环境在这里主要指化学方面的，包括载体及“手臂”的电性、极性甚至于次级键对配基亲和力的影响。载体和“手臂”的存在会引起离子交换作用的发生，影响亲和吸附剂的吸附特异性。在选择载体、“手臂”以及进行连接反应时，都应当避免引入含离子键的基团。

极性很低或无极性的基团则由于疏水作用的存在，也会引起非特异性吸附作用。有时则有助于亲和力的提高，加强了亲和层析的效果；但在另外的场合下，却有碍于亲和配基与配体的结合，大大降低亲和层析效果。

配基与载体和“手臂”氢键的相互作用可能会使其强烈缔合，从而妨碍了与配体的亲和结合。如 AMP 衍生物借助含肽键和羟基的亲和“手臂”与 Sepharose 4B 连接制成的吸附剂完全不能与依赖于 NAD^+ 的脱氢酶亲和结合。

六、配基与间隔臂的连接

（一）含氮配基的连接

含氮配基在亲和层析中占有很大的比重，包括蛋白质、多肽、氨基酸衍生物和激素等。它们可以通过多种反应与载体之“手臂”相连接。连接方法主要有重氮法、碳二亚胺缩合法、双功能试剂法和 *N*－羟基琥珀酰亚胺法等。

1. 重氮法 “手臂”末端的芳氨基的载体经亚硝酸处理生成重氮化物。配基的氨基、酚基或咪唑基要与之反应而连接。

$$\text{载体}-C_6H_4-NH_2 \xrightarrow{HNO_2} \text{载体}-C_6H_4-N{=}N^+ \xrightarrow[\text{pH 9}]{L-NH_2} \text{载体}-C_6H_4-N{=}N-L$$

2. 叠氮法 “手臂”末端为酰肼的载体经亚硝酸处理生成重氮化物，在较稳定条件下可与配基的游离氨基反应形成肽键而偶联。配基的羟基及巯基也可与上述叠氮化物反应而连接。

$$\text{载体}-C(=O)-NH-NH_2 \xrightarrow{HNO_2} \text{载体}-C(=O)-N_3 \xrightarrow[\text{pH 9}]{L-NH_2} \text{载体}-C(=O)-NH-L$$

3. 碳二亚胺缩合法 碳二亚胺是一种羧基活化剂。具有伯胺功能基的配基可通过碳二亚胺与 ω－羧烷基衍生物偶联。它也可看作是脲的酸酐，因而在生化领域中应用十分广泛。

环二己碳二亚胺（DDC）不溶于水，但可在吡啶水溶液中与 ω－氨基烷基琼脂糖偶联，偶联反应在 pH 4.5～6.0 的蒸馏水中由酸催化缩合，也可用不含氨基、磷酸基和羧基的缓冲液。反应中配基浓度应大于“手臂”浓度，配基浓度与凝胶的反应混合比为 2∶1，加入碳二亚胺时要慢并不断低速搅拌。如 pH 下降可用 NaOH 水溶液调节。如果反应液为有机溶剂与水的混合液，则产物用同样缓冲液洗涤后，最后要用层析缓冲液洗涤。碳二亚胺用量

应比理论计算量多，一般比载体上空间“手臂”浓度大 10～100 倍。

4. 双功能试剂法　双功能试剂是同一分子中具有两个反应活性基团的化学试剂，常作为连接另外两个分子的“桥梁”。表 9－3 列出了可将带氨基的配基分子与其他分子相连接的一些双功能试剂。

表 9－3　可用于连接氨基的双功能试剂

试　剂	结　构
戊二醛	$OHC-(CH_2)_3-CHO$
琥珀酸酐	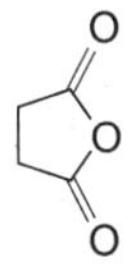 （五元环酸酐结构，含两个 C=O 及环 O）
二甲氧基辛二亚胺盐	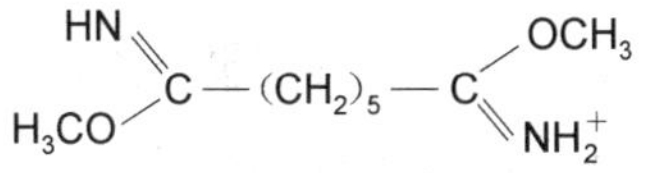 $HN=C(OCH_3)-(CH_2)_5-C(OCH_3)=NH_2^+$
二甲氧基丙二亚胺盐	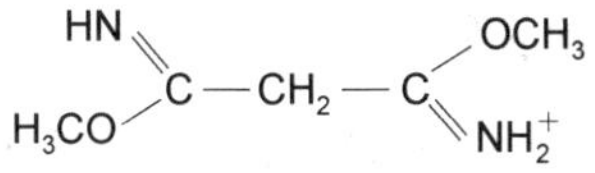 $HN=C(OCH_3)-CH_2-C(OCH_3)=NH_2^+$
双乙烯砜	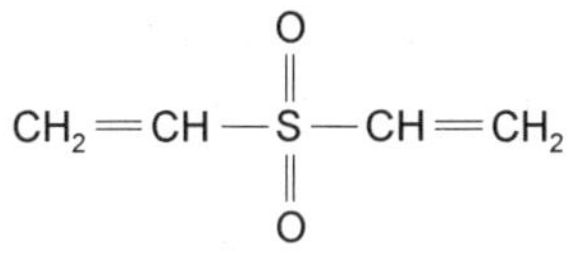 $CH_2=CH-SO_2-CH=CH_2$
β－硫酸酯乙砜基苯胺	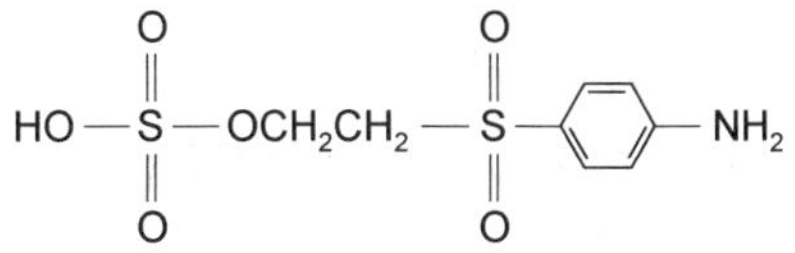 $HO-SO_2-OCH_2CH_2-SO_2-C_6H_4-NH_2$
己二异氧酸酯	$O=C=N-(CH_2)_6-N=C=O$
双重氮联苯	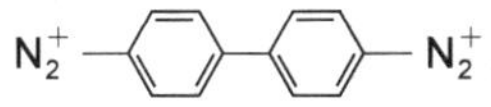 $N_2^+-C_6H_4-C_6H_4-N_2^+$
双环氧的乙烷类	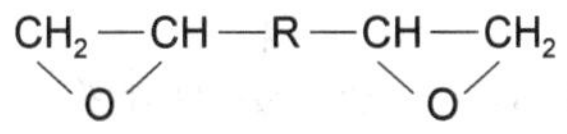 $CH_2-CH-R-CH-CH_2$（两端 CH_2-CH 经 O 成环氧）

5. 羟基琥珀酸亚胺法　ω－氨基烷基琼脂糖衍生物与 *O*－溴乙酰－*N*－羟基琥珀酸亚胺在 4℃、pH 7.5 反应 30 分钟，制得溴乙酰琼脂糖衍生物，可以与含有氨基、咪唑基或酚基化合物发生烷化反应：

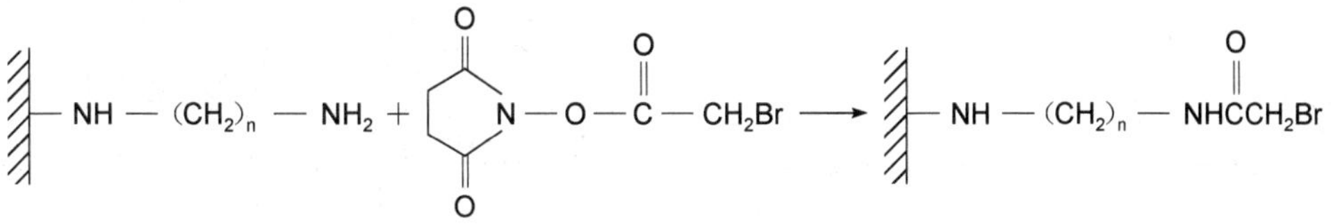

$$\text{载体}-NH-(CH_2)_n-NH_2 + \text{(琥珀酰亚胺)}N-O-\overset{O}{\overset{\|}{C}}-CH_2Br \longrightarrow \text{载体}-NH-(CH_2)_n-NH\overset{O}{\overset{\|}{C}}CH_2Br$$

含氨基的琼脂糖载体　　*O*－溴乙酰-*N*-羟基琥珀酰亚胺

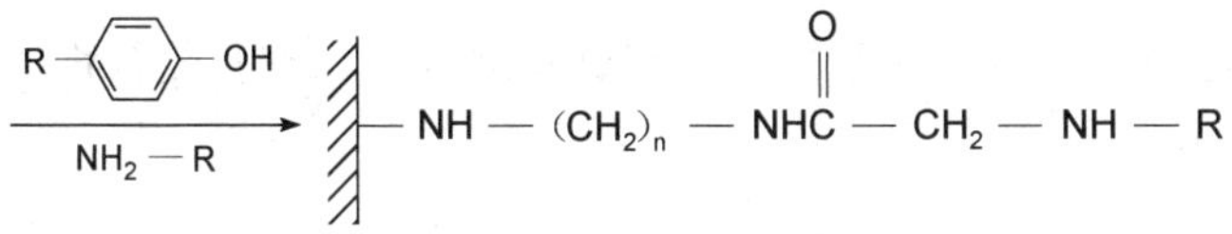

$$\xrightarrow[NH_2-R]{R-C_6H_4-OH} \text{载体}-NH-(CH_2)_n-NH\overset{O}{\overset{\|}{C}}-CH_2-NH-R$$

活化型*N*-羟基琥珀酰亚胺琼脂糖

如果用琼脂糖的羧酸衍生物，则可用 N，N'－环二己基碳二亚胺（DCC）和 N－羟基琥珀酸亚胺各 0.1mol/L 的二氧六环溶液，在室温反应 70min，生成活化型 N－羟基琥珀酰亚胺琼脂糖：

$$\text{载体}-NH-(CH_2)_n-C(=O)OH \xrightarrow[N\text{-羟基琥珀酰亚胺}]{DCC，二氧六环} \text{载体}-NH-(CH_2)_n-C(=O)-O-N(\text{琥珀酰亚胺})$$

$$\xrightarrow{NH_2-R} \text{载体}-NH-(CH_2)_n-C(=O)-NH-R$$

活化型N-羟基琥珀酰亚胺琼脂糖

用本法酯化后，再与配基作用，这样能防止含有氨基和羧基类配基的自身缩合。此法也适用于那些接触缩合剂（DCC）会变性的一些配基。

（二）含羧基配基的连接

除前述的碳二亚胺法外，还有混合酸酐法和 Ugi 反应。

1. 混合酸酐法 混合酸酐法是合成肽键的常用方法，配基的羧基经异丁基甲酰氯活化后，可连接到“手臂”是氨烷基的载体上。

$$(L)-COOH + (CH_3)_3C-C(=O)-Cl \longrightarrow (CH_3)_3C-C(=O)-O-C(=O)-(L) \xrightarrow[pH\ 8]{\text{载体}-NH_2} \text{载体}-NH-C(=O)-(L)$$

含羧基配基　　异丁基甲酰氯

2. Ugi 反应 众所周知，芳香烃异氰化物、羰基化合物与羧酸形成芳酰胺是著名的 Passerini 反应。将此反应加以改变，使反应物成为氨基化合物、羰基化合物、异氰化物和羧酸四种成分，即称为四成分的 Ugi 反应。它涉及胺与羰基化合物反应而形成一个亚胺离子，随后与异氰化物形成一种中间体，与亲核物（如羧酸）反应，重排后即形成含酰胺键的最终产物：

$$\text{载体}-NH_2 + HC(=O)-CH_3 \overset{H^+}{\rightleftharpoons} \text{载体}-\overset{+}{N}H=CH-CH_3 \xrightarrow[R'-C(=O)-OH]{R-\overset{+-}{NC:}} \text{载体}-N(C(=O)R')-CH(CH_3)-C(=O)-NH-R$$

四成分的 Ugi 反应已用来使蛋白质、肽、氨基酸等，与氨基化合物和羧基化合物的连接。

（三）含巯基配基的连接

1. 叠氮法 载体“手臂”末端为酰胺基时，经水合肼作用再由亚硝酸还原可得叠氮衍

生物。载体如带羧基，经酯化后，用水合肼处理成酰肼，再经亚硝酸处理也成叠氮化合物，后者在低温时与配基的巯基反应而偶联。

$$-COOH \xrightarrow[HCl]{CH_3OH} -C(=O)-OCH_3 \xrightarrow{H_2NNH_2} -C(=O)-N_3 \xrightarrow{L-SH} -C(=O)-S-L$$

2. 碳二亚胺缩合法　“手臂”末端为羧基的载体经碳二亚胺活化后，也可与含巯基的配基偶联生成硫酯衍生物。

3. 双功能试剂的利用　可用来连接含巯基配基的双功能试剂很多，如 *N*,*N*′-(1,3-苯基)-双-丁烯二酸酐亚胺,3,6-双-(汞甲基)二嗯烷,*N*,*N*′-次乙基-双碘乙酰胺，以及许多能使载体引入卤酰基的双功能试剂。

$$-COOH \xrightarrow{R_1N=C=NR_2} -C(=O)-O-C(=\overset{+}{N}H-R_1)-NH-R_2 \xrightarrow{L-SH} -C(=O)-S-L$$

硫酯衍生物

4. 巯基活化法　“手臂”末端为巯基的载体在 pH≥8 的条件下，经 2,2′-双吡啶二硫化物或 5,5′-二硫-双-(2-硝基苯甲酸) 活化，即能与含巯基的配基以双硫键偶联。

$$-SH + C_5H_4N-S-S-C_5H_4N \longrightarrow C_5H_5NS + -S-S-C_5H_4N \xrightarrow{L-SH} -S-S-L + C_5H_5NS$$

5. 巯基氧化法　含有硫醇的配基，与活化的硫醇基质偶联，最引人注目的方法是利用硫醇-二硫化物间的交换反应，将半胱氨酸或谷胱甘肽直接与溴化氰活化的琼脂糖连接，或者将 *N*-乙酰高半胱氨酸硫代内酯于 4℃下在 1mol/L $NaHCO_3$ (pH 9.7) 的缓冲液中与 ω-氨烷基醇琼脂糖反应 24h，同时加入微量咪唑作催化剂，即可将硫醇基引入聚合物中。

$$-NH(CH_2)_nNH_2 + \text{N-乙酰高半胱氨酸硫代内酯} \xrightarrow[pH\ 9.7]{4℃} -NH(CH_2)_nNHC(=O)-CH(NHCOCH_3)CH_2CH_2SH$$

(四) 含醛基、酮基、羟基配基的连接

1. 缩合加成法　脂肪醛或酮在温和的弱碱条件下，能迅速而可逆地与伯氨基反应形成席夫碱，席夫碱经温和的还原试剂（如硼氢化钠）还原产生稳定的烷氨基。

$$-NH_2 + R-CHO \rightleftharpoons -N=CH-R \xrightarrow{H^+} -NH-CH_2-R$$

这类还原性烷基方法对经核糖部分固定的核苷和核苷酸特别有用。例如 AMP、RNA、

UMP、GTP、NAD⁺、tRNA 等的核糖部分，经高碘酸氧化，与 6－氨基己基琼脂糖或相应的酰肼衍生物的末端氨基形成席夫碱，随后用硼氢化钠在 pH 8 的条件下还原，可制备一系列用于亲和色谱的固定化核苷酸。

2. 酸酐法 含羟基的配基可先用琥珀酸酐处理生成带羧基的化合物，再与载体偶联：

$$\text{(L)}-OH + \text{琥珀酸酐} \longrightarrow \text{(L)}-O-\overset{O}{\overset{\|}{C}}-(CH_2)_2-COOH \xrightarrow{\text{载体}-NH_2}$$

$$\text{载体}-NH\overset{O}{\overset{\|}{C}}-(CH_2)_2-\overset{O}{\overset{\|}{C}}-O-\text{(L)}$$

3. 酮肟法 带有酮基、特别是类固醇酮基的配基，能预先与 *O*－羧甲氧基胺半盐酸反应而固定。例如，6－酮－雌三醇或睾丸酮在适当试剂中与 *O*－羧甲氧基胺半盐酸回流，可分别转变成相应的 6－（*O*－羧甲基）肟或 3－（*O*－羧甲基）肟。

此外，经环氧化物活化的载体也易于同含有羟基的配基偶联，形成稳定的醚键。

七、亲和层析的吸附和洗脱

（一）影响吸附的条件

亲和吸附的强弱除与亲和吸附剂及配体的性质密切相关外，还与缓冲液的种类、离子强度、pH、温度和层析流速有关。亲和吸附的具体条件需要摸索，无特定规律可循。为了获得理想的层析分离和较集中的洗脱样品，层析柱用前必须充分平衡，流速尽可能慢。必要时关闭层析柱，静置 5～30 分钟。用抑制剂或底物类似物作配基亲和分离酶时，它的亲和势较低，所以流速应慢一些；而抗原－抗体的分离，由于亲和势高，流速可大些。上柱样品用平衡亲和柱的缓冲液溶解，浓度不能太高（一般在 20mg 蛋白/ml 左右），以防止一些大分子占据在载体的有效孔内。而上样体积也取决于亲和势的高低，亲和势低则上样体积应少。一般为柱床体积的 5%。温度升高会使吸附作用减弱。例如利用 N^6－(6－氨基己烷)－AMP－sepharose 吸附乳酸脱氢酶，洗脱时所需 NaOH 的量随温度上升而相应减少（图 9－5）。因此，为了有利于亲和络合物的形成，亲和层析操作常在 4℃左右进行。

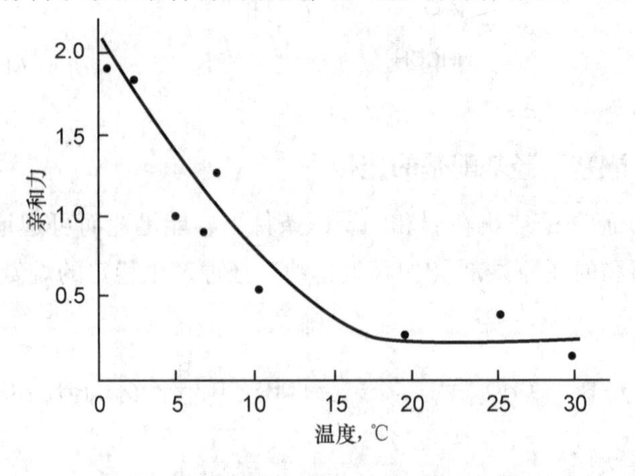

图 9－5　温度对亲和柱吸附效力的影响

亲和层析中的非专一性作用，常使亲和吸附力降低，所制备的样品纯度不高。亲和层析中非专一性吸附有以下几种情况。

1. 离子效应　任何具有离子基团的亲和吸附剂都会影响蛋白质等多聚电解质的洗脱行为。虽然这种相互作用对于许多离子交换色谱是重要的，但在亲和层析中却产生了非特异性结合。

配基与预先合成的基质－间隔臂组合物的不完全结合，能将一些无关的离子基团引入吸附剂中，这种情况在制备纯化胰蛋白酶和凝血酶的亲和吸附剂中已遇到。图9－6表明，苯甲脒基配基与胰蛋白酶活性部位的相互作用，推测系由带正电荷的酶与间隔分子ε－氨基乙酸上残存的羧基负离子相互作用的结果，即使90%的间隔分子被取代，残存间隔分子的非特异性作用仍十分明显。

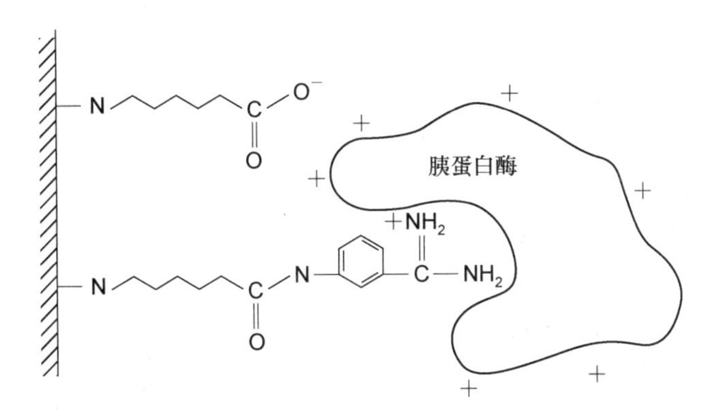

图9－6　胰蛋白酶和亲和吸附剂的相互作用

用溴化氰活化的方法将间隔分子偶联到基质上时，也会将不需要的电荷引入吸附剂，实验表明它与烷基伯胺偶联时所生成异脲键的 pK_a 值为10.4，在生理条件下即很快质子化。这种带正电荷的基团有时在层析中起主导作用。

$$\text{基质}\begin{cases}-OH\\-O-\underset{\underset{NH}{\|}}{C}-NHR\end{cases}\underset{-H^+}{\overset{+H^+}{\rightleftharpoons}}\text{基质}\begin{cases}-OH\\-O-\underset{\underset{NH_2^+}{\|}}{C}-NHR\end{cases}$$

表9－4比较了几种吸附剂对β－半乳糖苷酶的吸附作用。有的吸附剂有配基苯基硫代半乳糖吡喃苷，有的没有，但是酶能否吸附并不决定于配基的有无，而决定于吸附剂上阳离子的数量。

表9－4　β－半乳糖苷酶的亲和吸附作用

吸附剂	每一个活化位置上的阳离子数	酶能否吸附
基质$-O-C(=\overset{+}{N}H_2)-NH-(CH_2)_6-NH_3^+$	＋＋	能
基质$-O-C(=\overset{+}{N}H_2)-NH-(CH_2)_6-NH-C(=O)-(CH_2)_2C(=O)-O^-$	0	否

续表

吸附剂	每一个活化位置上的阳离子数	酶能否吸附
$—O—C(=\overset{+}{N}H_2)—NH—(CH_2)_6—NH—C(=O)—(CH_2)_2—C(=O)—NH—C_6H_4—[\text{糖环}(CH_2OH, OH, HO, OH)]_3$	+	能
$—O—C(=NH)—NH—C(=O)—(CH_2)_4—C(=O)—NH—C_6H_4—[\text{糖环}(OH, HO, OH, CH_2OH)]_3$	0	能

2. 疏水基团 在亲和层析的吸附剂上，还会有些疏水性的基团，与蛋白质结构中的疏水区相互吸引，形成非专一性的吸附。吸附剂上的疏水基团是由以下两种情况产生的。

（1）长的烃链结构的“手臂” O’carra 等在研究亲和层析纯化β-半乳糖苷酶时，制备一种没有吡喃半乳糖配基的凝胶，在吸附酶的能力上与相似长度的有配基的吸附剂相同。由于在这种吸附剂上的阳离子基团，虽然可以吸附酶，但是即使用0.5mol/L 氧化钾溶液洗脱，以减弱酶和配基之间的离子键亲和力，仍不能将酶洗下，推测这是由于吸附剂上的阳离子基团加强了苯环对酶的疏水作用。

（2）疏水性配基 配基上有芳香环则会出现非专一性吸附。Stevensen 等在纯化胰凝乳蛋白酶时选择4-苯丁基胺作为配基，制成吸附剂。由于酶对苯环有专一性，这种配基应该是专一的，但是对其他许多酸性蛋白质如卵白蛋白、卵球蛋白也都有吸附。可见它对胰凝乳蛋白酶的吸附也可能属于这类非专一的吸附作用。为了降低这种疏水性的非专一吸附，有时可采用有机溶剂处理。例如以底物甘胆酸偶联在琼脂糖凝胶上作为吸附剂，分离睾丸酮假单胞菌抽提液中的3-α-羟基类固醇脱氢酶，辅酶Ⅰ的存在增强了酶与底物的结合，但分离总不完全，这是由于酶和配基间在没有辅酶Ⅰ时也有吸附，即存在着疏水基团的相互作用，如在次分离酶的系统中加入10%的二甲基甲酰胺就可获得高纯度产品。可见，非专一性吸附是亲和层析中的一个干扰因素。

3. 复合亲和力（compound affinity） 所谓复合亲和力，即吸附剂的亲和结合过程，既涉及离子效应的应用，又有疏水作用，且这两种弱的作用还彼此增强，其结果使亲和力大大增强。在与固定配基在较弱的生物特异性相互作用系统中，若无复合亲和力便无亲和性，因而也不可能进行纯化，故复合亲和力的增强效应是值得注意的特性。在这一情况下，应当用尝试法来确定离子强度以获得良好的分离效果。对于亲和性高的系统，非特异性的相互作用是一种复杂的特性，建议除应用高浓度的盐和有机溶剂，为了获得最佳的纯化效果，还应对每一具体系统找出最佳的配基浓度、pH、离子强度和温度。

（二）亲和层析的洗脱

洗脱是指改变条件，使亲和络合物完全解离，从吸附剂上脱落下来并回收目的物的操作。洗脱方法主要有以下三种。

1. 非专一性洗脱 最常用的是通过改变洗脱剂的pH以影响电性基团的解离程度而洗脱。例如，利用A蛋白-sepharose CL-4B分离鼠IgG亚基时，从pH 6.5至pH 3.0可洗脱获得不同组分。在实际使用中，除了分阶段改变pH值，也可以采用pH的梯度洗脱。

靠离子强度的分步和梯度变化而进行的洗脱也是一种常用的方法。例如，用 Lys-Sepharose 4B 分离 r－RNA 时，NaCl 梯度变化（0.05～0.30mol/L）洗脱可获得不同 S 的 RNA。如果亲和势很高，则洗脱剂可用促溶离子。一些蛋白质变性剂（如脲或盐酸胍）也可应用，但洗脱后必须迅速稀释或透析，以使蛋白质恢复原状。

有些抗原－抗体复合物的形成是由疏水作用引起的。因此用降低缓冲液极性的物质（如 <10% 的二氧杂环乙烷溶液，<50% 的乙二醇溶液等）能达到洗脱目的。合适的非专一性洗脱，往往有利于分离和纯化工作的进行。例如，亲和势相同的几个酶被吸附在亲和柱上，可通过变化洗脱条件（pH、离子强度、介电常数）一一洗脱分离。

2. 特殊洗脱　当一些蛋白质的吸附十分紧密，不能用非专一性吸附方法洗脱时，可用特殊的化学方法裂解配基与载体的连接键，获得的配基－蛋白质络合物，再用透析或凝胶过滤除去配基，一些特殊键的断裂方法有：硫酯键用 pH 11.5（或 1mol/L）羟胺处理 30min；偶氮键用含有 0.1mol/L 连二亚硫酸钠的 0.2mol/L 硼酸缓冲液处理；二硫键用巯基乙醇、半胱氨酸、二硫苏糖醇和二硫赤藓糖醇等处理。有人用亲和层析纯化大肠杆菌 β－半乳糖苷酶时，选用 0.1mol/L 的硼酸缓冲液就能有很好的洗脱效果。这是由于硼酸盐同配基的相互作用，阻止用 pH 洗脱下来的酶重新同配基结合。如果用人血清来制取 α－半乳糖苷酶时，则可用非离子型去污剂进行洗脱。

3. 专一性洗脱　以酶的亲和层析为例，说明这类洗脱的方法。例如，酶 E 吸附在亲和柱上，S 为固定化配基，洗脱剂中含有游离配剂 I 并对酶的吸附产生影响，可能出现三种不同情况。

第一种是竞争性效应，即 ESI 三元络合物不如 EI 二元络合物稳定，因此增加洗脱剂中 I，会使 E 洗脱下来（柱上的固定化配基 S 与洗脱剂中游离配基 I 相一致时 S＝I）。这就是说，在洗脱剂中加入水溶性的竞争性配基，只洗脱与配基专一作用的酶，而不能洗脱吸附较牢固的酶类。常用的游离配基有酶抑制剂、辅酶、底物或结构类似物等。例如，用低浓度 NADH 能将 NAD^+ 互补的脱氢酶从 N^6－（6－氨基己烷）－AMP 琼脂糖上定量地洗脱下来；利用 0.5mmol/L NAD^+ 的 5mmol/L 丙酮酸溶液与乳酸脱氢酶形成三元络合物，也可将酶洗脱，这种洗脱方法又可称为正洗脱。

第二种情况是当 ESI 络合物的稳定性与 EI 相同时，I 的存在并不影响 E 对 S 的结合，用 I 不能达到洗脱的目的，这就是非竞争性效应。

第三种情况是反竞争性效应，即 ESI 三元络合物比 EI 二元络合物稳定，游离配基 I 的存在使酶与固定化配基 S 结合更紧密。反竞争性效应增加了酶与配基的结合力及亲和吸附的选择性，因此它能将专一吸附的蛋白与非专一吸附杂蛋白分开。例如，ε－氨基己烷－苯丙氨酸－CM－sepharose 亲和柱上柱液中加入 20mmol/L 氨基己酸（赖氨酸类似物），可促使羧肽酶 B 紧密的与 ε－氨基己烷－苯丙氨酸－CM－sepharose 结合，如果将氨基己酸的浓度或指数减少，酶将在洗脱液中流出而达到洗脱。在有序的双底物反应中，与配基互补的酶的亲和吸附，如果取决于 A 物的存在与否，则洗脱液中除去 A 物时，吸附在配基上的互补分子也会洗脱下来。例如，用 100μmol/L NADH 使乳酸脱氢酶强烈地吸附在固定化丙酮酸类似物上，若 NADH 从洗脱液中去除，则脱氢酶被迅速洗脱下来，这种洗脱方法也称负洗脱。前面讨论的三种情况可用以下反应方程表示：

$$\mathrm{ESI} \xrightarrow{k_1} \mathrm{ES} + \mathrm{I} \quad k_1 = \frac{[\mathrm{ES}][\mathrm{I}]}{[\mathrm{ESI}]}$$

$$EI \xrightarrow{k_2} E + I \quad k_2 = \frac{[E][I]}{[EI]}$$

因此，当 $k_2 < k_1$ 则为竞争性的；$k_2 = k_1$ 为非竞争性的；$k_2 > k_1$ 为反竞争性的。

（三）亲和吸附剂的再生

通常情况下亲和吸附剂经洗脱后，只须用亲和吸附缓冲液充分平衡后即可反复使用，无需特殊再生处理。例如，木瓜蛋白酶的亲和吸附琼脂糖可反复使用 20 次，EMA－胰蛋白酶分离胰蛋白酶抑制剂可反复使用 100 次以上。不过有的吸附剂在使用数次后亲和力下降，非特异吸附增加，这大多由变性蛋白沉积造成，用 6mol/L 脲洗柱除去沉积蛋白可恢复原来的吸附量和专一性。此外，二甲基甲酰胺、链霉蛋白也可作用“再生”。但当配基为肽或蛋白质时应慎用。表 9－5 列出了一些亲和层析中采用的配剂及洗脱条件。

表 9－5　亲和层析中配基的选择和洗脱条件

亲和对象	配　基	洗脱液
乙酰胆碱酯酶	对氨基苯－三甲基氯化铵	1mol/L NaCl
醛缩酶	醛缩酶亚基	6mol/L 尿素
羧肽酶 A	*L*－Tyr－D－Trp	0. 1mol/L 醋酸
核酸变位酶	L－Trp	0. 001mol/L－Trp
α－胰凝乳蛋白酶	*D*－色氨酸甲酯	0. 1mol/L 醋酸
胶原酶	胶原	1mol/L NaCl，0. 05mol/L Tris-HCl
脱氧核糖核酸酶抑制剂	核糖核酸	0. 7mol/L 盐酸胍
二氢叶酸还原酶	2,4－二氢－10－甲基蝶酰－*L*－谷氨酸	5－甲酰四氢叶酸
3－磷酸甘油脱氢酶	3－磷酸甘油	0. 5mol/L 3－磷酸甘油
脂蛋白脂酶	肝素	0. 16～1. 5mol/L NaCl 梯度洗脱
木瓜蛋白酶	对氨基苯－醋酸汞	0. 0005mol/L $MgCl_2$
胃蛋白酶，胃蛋白酶原	聚赖氨酸	0. 15～1. 0mol/L NaCl 梯度洗脱
蛋白酶	血红蛋白	0. 1mol/L 醋酸
血纤维蛋白溶酶原	*L*－Lys	0. 2mol/L 氨基己酸
核糖核酸酶－S－肽	核糖核酸酶－S－蛋白	50% 醋酸
凝血酶	对氯苯胺	1mol/L 苯胺－HCl
转氨酶	吡哆胺－5′－磷酸	0. 25mol/L 底物，1mol/L 磷酸盐，pH 4. 5
酪氨酸羟化酶	3－吲哆酪氨酸	0. 001mol/L KOH

八、其他亲和层析

随着生物技术的发展，还出现许多其他类型的亲和层析，如生物亲和层析、免疫亲和层析、金属离子亲和层析及有机染料亲和层析等。

（一）生物亲和层析

生物亲和层析（BAFC）是利用自然界中存在的生物特异性相互作用物质对的亲和层析，通常具有很高的选择性。典型的物质对有酶－底物、酶－抑制剂、激素－受体等。通常酶的底物并不是合适的亲和配基，因为它们易于转化成产物，而影响目的产物的结合能力，但是在某些条件下产物型配基也能与酶强烈地相互作用。因此，利用酶－产物型物质对更加有利于酶的纯化。另外，小分子量的竞争性抑制剂比蛋白抑制剂具有更多的优点，

因为它们通常含有所需的多肽序列或其他生物识别结构，且不易生物降解。有人以碱性磷酸酶抑制剂－对氨基苄基膦酸为配基以琼脂糖为载体，分离纯化从小牛肠中提取碱性磷酸酶（AKP），纯化倍数达3000倍，活性回收率达70%，纯度经SDS-PAGE鉴定为一条谱带。但是所使用的配基是自然界中天然存在的，价格较贵，种类有限，来源上有较大的局限性。特别是对于一些匹配关系不清楚或根本不存在上述物质对关系的蛋白，就不能通过这种方法筛选配基进行分离纯化。

（二）免疫亲和层析

免疫亲和层析（IAFC）以抗原抗体中的一方作为配基亲和吸附另一方的分离系统，称为免疫亲和层析。由于抗体与抗原作用具有高度的专一性，并且它们的亲和力极强（结合常数 K 在 10^8 ~ 10^9 之间）。所以许多典型的亲和层析纯化蛋白质的过程已经使用了单克隆抗体（简称单抗）作为亲和配基。目前，利用抗体－抗原模式，有可能得到每一种目标蛋白的单抗，然后以单抗为配基，通过亲和层析技术来分离纯化目标蛋白质。有人用纯化的草鱼生长激素（gcGH）单克隆抗体偶联到 CNBr 活化的 Sepharose 4B 凝胶上，制成亲和层析柱，纯化了重组鲤鱼生长激素（ruGH）。还有人利用麻蝇幼虫血淋巴凝集素的抗体制备亲和层析柱，通过免疫亲和层析一次性纯化了麻蝇幼虫血淋巴凝集素。冯小黎等用合成的α－干扰素单克隆抗体高效液相亲和介质纯化由大肠杆菌表达的基因重组人α－干扰素，纯化倍数为79倍，活性回收率为94%。

（三）金属离子亲和层析

金属离子亲和层析（IMAC）是利用金属离子的络合或形成螯合物的能力吸附蛋白质的分离系统。目前蛋白质表面暴露的供电子氨基酸残基，如组氨酸的咪唑基、半胱氨酸的巯基和色氨酸的吲哚基，十分有利于蛋白质与固定化金属离子结合，这也是IMAC用于蛋白质分离纯化的唯一依据。金属离子如锌和铜，已发现能很好的与组氨酸的咪唑基及半胱氨酸的巯基结合。含有不同数量这些基团的蛋白质可以通过金属离子亲和层析得到分离。它们具有以下优点：①蛋白质吸附容量大，是天然配基结合量的10~100倍；②价格便宜，投资低；③具有普遍适用性。金属离子配基具有很好的稳定性，吸附容量大，成本很低，且层析柱可长期连续使用，易于再生。有人以壳聚糖涂层固定化 Cu^{2+} 亲和层析分离超氧化物歧化酶（SOD），纯化倍数达20倍，活性回收率为90%。Anshuman 等利用固定化 Cu^{2+} 亲和层析分离大肠埃希菌细胞抽提物，通过不同的洗脱条件分别得到细胞色素C（cytochrome C）和溶菌酶（lysozyme）。金属离子亲和层析与免疫亲和层析比较起来，对蛋白质的特异性差，会发生非特异性吸附，结合常数 K 在 10^4 ~ 10^5 之间。为了增加结合的特异性，可以通过基因工程人工合成多组氨酸残基尾巴（polyH 尾巴），添加到蛋白质的C－末端。这种基因工程蛋白与料液中的其他蛋白质相比，将会对金属离子具有更高的特异性。在分离纯化后，可再将尾巴剪切掉。但是，运用基因工程的手段，便会产生与抗体配基同样的问题。另外，螯合在亲和载体上的金属离子在操作过程中有可能脱落而混入产品中，严重影响产品质量。

（四）有机染料亲和层析

有机染料如蒽醌化合物和偶氮化合物具有类似于 NAD^+ 的结构。因此，一些需要核苷酸类物质为辅酶的酶，对这些染料具有一定的亲和力。如果，把这些染料共价偶联到纤维素或琼脂糖等多糖载体上，就能制得亲和层析柱。常用的有有机染料和二羟金属偶氮复合

物。染料与多糖载体偶联的基本过程为：多糖载体中加入浓度为0.2%的有机染料，10分钟后加入4mol/L的NaCl溶液，再过10分钟后加入0.1mol/L的NaOH溶液，接着在30℃反应48小时。偶联后的衍生物依次用水、1mol/L NaCl、25%乙醇反复洗涤几次，最后盛放在1.0mol/L的磷酸缓冲液中备用。上述偶联反应发生在有机染料中三氮嗪上的氮原子与多糖载体上的羟基之间。在特殊的情况下，也可将染料中的氨基与活化多糖载体偶联。染料亲和层析已成功的分离纯化了多种酶，如分离纯化需以NAD^+、$NADP^+$、ATP为辅酶的酶类及激酶、水解酶、转移酶、核酸酶、聚合酶、合成酶和限制性内切酶、t-RNA合成酶，DNA连接酶等。另外，也成功地用于分离白蛋白、脂蛋白和干扰素等。

（五）拟生物亲和层析

拟生物亲和层析（biomimetic AFC）是利用部分分子相互作用，模拟生物分子结构或某特定部位，以人工合成的配基为固定相吸附分子目的蛋白质的亲和层析，尤以氨基酸（包括多肽）亲和层析（AALA）和染料亲和层析（DAFC）为代表。染料配基能通过共价键牢固地结合到亲和载体上。由于价格低廉，与蛋白质的结合容量高，并且不易为物理或化学物质所降解。因此也是一种较为理想的基因特异性配基。廉德君等利用活性蓝色染料柱（blue-sepharose）亲和层析分离纯化啤酒酵母脱氢酶组成型同工酶（ADHI），取得良好的效果。有人以F3GA（cibacron blue F3GA）为配基与Sephadex G-100交联获得亲和吸附blue-dex，用于免疫毒素（IT）的分离纯化。但是活性染料对蛋白质分子特异性较低且染料配基通常是有毒性的，且与蛋白质会发生非特异性相互作用。通过实验找到一种与特定目的蛋白很好结合的染料配基是可能的，但是产品回收纯度不高，特别是当分离复杂的体系时，难度更大。

多肽是亲和层析纯化生物大分子更有效的配基。因为它只含有一些氨基酸，所以即使脱落进入产物中也不会产生免疫反应。多肽配基与抗体配基比较起来稳定性更好，它们能在GMP条件下进行大规模的无菌生产，这样可以大大降低成本。与金属和染料配基相比，多肽具有更高的特异性，且通常是无毒性的。多肽由于与蛋白质结构的相似性，它们之间的相互作用通常是温和的，因此在分离过程中可以采用温和的洗脱条件，避免了蛋白质的变性、失活。Huang等人以EmphazeTMgel为载体，六肽Try-Asn-Phe-Glu-Val-Leu为配基，亲和层析分离S-蛋白，取得了成功。T. Makriyannis以三肽（Val-Ala-Arg）为配基。Ultrgel A6R agrose gel为载体，分离纯化胰蛋白酶（trypsin），纯化倍数为10倍，收率90%。然而，自然界中存在的与蛋白质等生物大分子有天然亲和性的多肽种类非常有限。因此在研究多肽亲和层析时，一个重要的问题是确定多肽的结构，弄清楚产生特异性亲和性的机制。肽与目标蛋白的亲和最终是由于它们的表面互补性，即电荷和疏水相互作用。但是即使当蛋白质的晶体结构已知，设计互补的氨基酸序列也是很困难的。目前可用组合化学技术加以克服。

扫码“学一学”

第二节 其他亲和纯化技术

随着亲和纯化技术的发展，从20世纪80年代开始，出现了一些其他类型的亲和纯化技术，如亲和过滤、亲和萃取、亲和反胶团萃取、亲和沉淀及亲和电泳等。这些技术的出现扩展了亲和技术的应用。

一、亲和过滤

亲和过滤（affinity filtration，AF）技术包括亲和错流过滤（affinity cross flow filtration，ACFF）和亲和膜（affinity membrane）分离两大方法。

（一）亲和错流过滤

ACFF 是将亲和技术与超滤技术结合，高分子底物经专一可逆的亲和反应后，用膜进行错流过滤，兼有亲和技术与膜过滤的优点。该技术由 Hedda 于 1981 年首先提出，现已被广泛应用于蛋白质、酶等生物大分子的分离纯化，是目前分离选择性最好、纯化倍数很高的实验室分离纯化方法。ACFF 的关键是大分子亲和配基及基质。基质常是聚合物组成的内核，大分子的亲和配基连接在内核表面。由这一配基对所要提取的目标物进行专一可逆的吸附，形成复合体，然后用膜对混合液进行错流过滤，复合体因分子巨大可被保留，杂质则随液体透过膜，从而实现了目标物与其他成分的分离。基质多为亲水性聚合物，如聚丙烯酰胺等。也有报道可用非水溶性基质，如各种菌类的完整细胞（酵母、芽孢杆菌、链球菌等细胞）。纳米硅石微粒、琼脂糖、凝胶、脂质体等也均被作为基质使用过。

该技术对膜的要求较高，所用的膜需具备如下条件：①对溶剂具有高渗透压；②分子截流范围窄；③具有相应的机械强度、化学及热稳定性；④抗污染能力强；⑤容易清洗和灭菌；⑥操作寿命长。

亲和过滤纯化技术实用化的关键是开发性能优良的亲和过滤介质。20 世纪 80 年代初以来，人们在亲和过滤介质的研究方面作了大量工作，同时也对亲和过滤工艺进行了卓有成效的探索。具有代表性的工作是利用高温杀死的酵母细胞为亲和过滤介质进行亲和过滤纯化伴刀豆球蛋白 A（con A）的研究。酵母细胞（直径约 5μm）表面含有多糖残基，因此可亲和吸附 con A。利用中空纤维膜组件的间歇亲和过滤流程示图 9 -7。

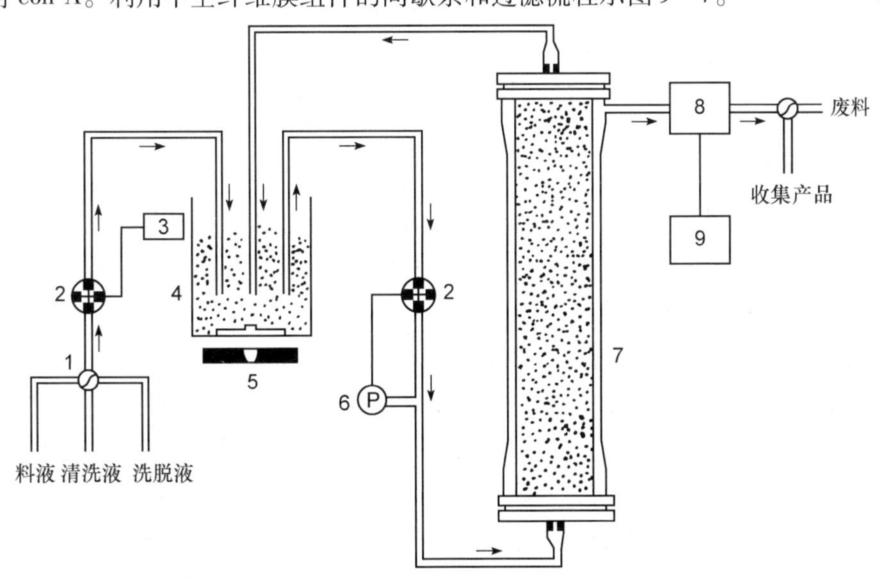

图 9 -7　利用中空纤维膜组件的亲和过滤流程

1. 三通阀；2. 蠕动泵；3. 液面监控仪；4. 接触器（吸附）；5. 磁力搅拌器；6. 压力表；7. 中空纤维膜组件（MMCO = 1000kD）；8. 紫外检测器；9. 记录仪

介质再生和洗脱剂回收利用的连续亲和过滤过程见图 9 -8，该过程由 4 个亲和过滤单元组成。第一个单元相当于图 9 -8 左端的吸附段（容器 1 = C_1）。料液连续加入，亲和过滤的透

过液主要为杂蛋白，进入容器 2（C_2）；从吸附段（C_1）以一定流速引出溶液（含亲和过滤介质）进入洗脱段（容器 3 = C_3），洗脱段中加入洗脱剂进行洗脱，透过液主要为目标蛋白，进入容器 4（C_4）。容器 4 的溶液再经超滤膜（解流相对分子质量为 10kD）超滤，滤出洗脱剂循环返回洗脱段。同时，洗脱段的流出液不像 CARE 过程那样直接循环返回吸附段，而是进入容器 5（C_5）。通过容器 5 加入清洗缓冲液透滤除去大部分洗脱剂后再返回吸附段。该过程中除 UF4 膜的截留相对分子质量较小，用于截留蛋白质外，其他 UF 膜用于截留亲和过滤介质，可选用截留相对分子质量较大的 UF 膜或微滤膜（根据介质的尺寸而定）。利用相对分子质量为 100kD 的聚丙烯酰胺为亲和载体，所用 UF1 至 UF3 的截留相对分子质量为 100kD。利用该连续亲和过滤工艺纯化粗胰蛋白酶，酶的收率达 77%，纯度达 97%。

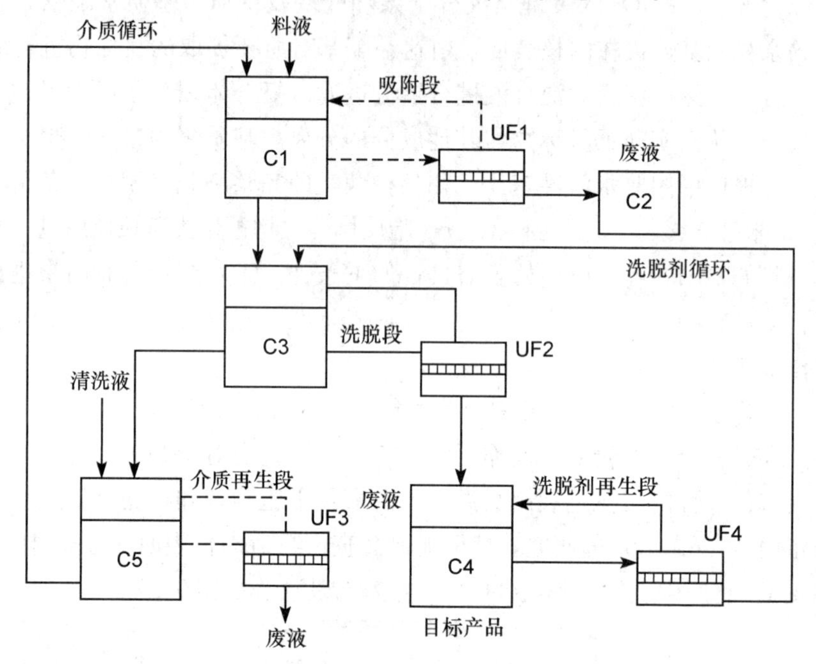

图 9-8　包括介质再生和洗脱剂回收利用的连续亲和过滤过程

（二）亲和膜

亲和膜（affinity membrane）利用亲和配基修饰的微滤膜为亲和吸附介质亲和纯化目标蛋白质，是固定床亲和层析的变型。所以，利用亲和膜的纯化方法又称膜亲和层析（membranbased affinity chromatography）。

传统的固定床型亲和层析利用多糖凝胶或硅胶等多孔粒子为固定相，床层压降随流速线性增大；由于软凝胶类固定相离子的机械强度较低，容易发生压密现象（受压变形），在较高压力下，流速随压力提高而下降。因此，利用软凝胶为固定相的层析操作速度有限。利用刚性粒子（如硅胶）为固定相虽然可通过增大压力提高流速，但高压操作势必增大设备投资。因此，层析柱一般采用径向放大的方式，以保证不增大压力的前提下提高层析柱的处理量。如果层析柱的体积一定（即料液处理能力一定），降低柱高而增大柱径可在相同压降下提高流速，即提高层析分离速度，因此"短粗"性亲和层析柱有利于提高分离操作速度。为使层析柱的分离速度达到可能的极限值，"理想"的层析柱几何形状应该是柱高无限低（实际的极限情况下等于介质直径），柱径无限大。但是，实际的固定床不可能实现这一"理想"，而微滤膜可接近这一"理想"状态，如图 9-9 所示。这就是利用微孔膜为亲和配基载体的原理。将一张微滤膜比喻为一个固定床，则

膜厚即为床层高度。图 9－10 为亲和膜吸附原理，亲和配基固定在膜孔表面，流体在对流透过膜的过程中目标蛋白质与配基接触而被吸附。

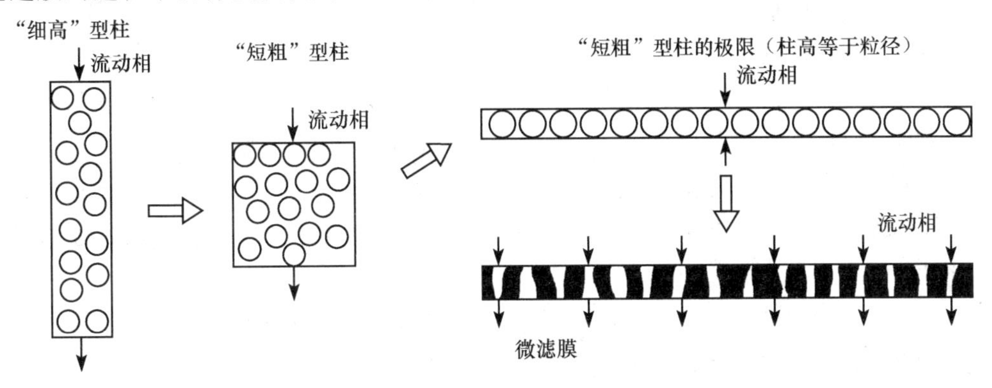

图 9－9　亲和膜概念的提出

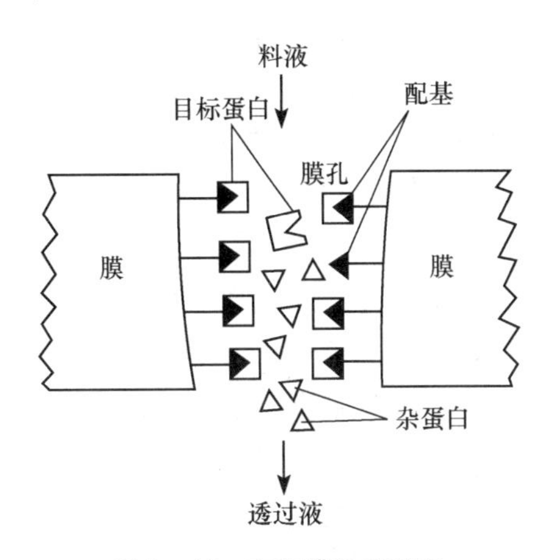

图 9－10　亲和膜吸附原理

利用多孔粒子为固定相的层析操作中，溶质分子在粒子内的扩散为速度控制步骤。例如，利用 BSA 抗体修饰的 Sepharose 为介质吸附 BSA，基于二级反应动力学常数计算的吸附反应时间是 5s，而内扩散所需的平均时间 t_D用下式近似计算：

$$t_D = \frac{L_D^2}{D}$$

其中，L_D为扩散路径长，D 为溶质的扩散系数。因为扩散路径（孔道）并非笔直，所以 L_D大于粒子半径。即使设 L_D与半径相等，BSA（$D = 6 \times 10^{-7} cm^2/s$）在粒径为 100μm 的 Sepharose 中扩散所需平均时间为（50×10^{-4}）$2/(6 \times 10^{-7}) = 41s$，远大于吸附反应时间。所以，在固定床层析操作中，除需考虑压降的限制外，还需保证溶质在多孔粒子内有足够的扩散时间，最大限度地提高配基的利用率。一般来说，溶质在层析柱内的平均停留时间（$t = V_0/F$，V_0和 F 分别为柱空隙体积和流量）要远大于 t_D的值。因此，内扩散传质阻力也限制了固定床层系的操作速度。为了在不影响配基利用率（吸附容量）的前提下提高分离操作速度，必须增大柱体积，这就意味着增加设备投资的操作成本（亲和吸附介质用量增大）。在微滤操作中，流体以对流的形式透过滤膜，与配基接触，大大降低了传质阻力，从而可在不影响亲和结合作用的前提下最大限度地提高操作速度。Brandt 等设计了一个体积为 0.773dm^3 的中空纤维型亲和膜设备，与利用 Sepahrose 凝胶为固定相的固定床型亲和层析设备的比较结果列于表 9－6。可以看出，在相同流量（1.4 dm^3/min）的情况下，亲和膜设备的体积和配基用量仅分别为固定床型层析设备的 1/1026 和 1/1384。因此，利用亲和膜的纯化过程不仅设备投资低，而且配基用量小，对于利用昂贵配基（如抗体）的分离体系无疑是非常有利的。

表 9－6　亲和膜与固定床亲和层析的比较

	中空纤维膜	100μm Sepharose 固定床
流动相停留时间（min）	0.014	34.7
设备体积（dm^3）	0.713	1070
平均流量（dm^3/min）	1.4	1.4
配基用量（g）	1.9	1950

综上分析结果，可归纳利用亲和膜的纯化过程具有如下优点：①传质阻力小，达到吸附平衡的时间短，配基利用率高。②压降小，流速快，设备体积小，配基用量低。

但是亲和膜吸附也存在一些缺点。从分离效果的角度，因膜的厚度（柱高）很小（一般为10～100μm），理论板数很低，吸附和清洗效率低。另一方面，膜的污染和膜孔的堵塞使操作速度、吸附效率和亲和膜的寿命下降，也是必须解决的问题。

除亲和膜外，用离子交换基团修饰微滤膜可制备离子交换膜（ion-exchange menbrane），用于生物产物的离子交换分离。离子交换膜的原理和特点与亲和膜相同，但分离的选择性不如亲和膜。

亲和膜式亲和色谱与现代膜技术的结合，是解决基因工程蛋白质大规模分离纯化工程的新探索。与传统的亲和柱色谱相比，它至少具有如下优点：①以高分子膜材料为载体，极大地改善了蛋白质向配基的传质。当溶液透过膜时，溶液中的目标蛋白质能和配基很快结合，充分利用了亲和吸附快速、高效的特点，分离周期很短。对于大规模蛋白质分离来说，分离周期越短，原料的处理量越大，同时价格昂贵的配基的利用率就越高；②亲和膜具有良好的流体通透性和机械稳定性，可在高流速下操作，设备操作压降低，易于放大；③由于亲和膜具有良好的流体通透性和机械稳定性，操作流速高，洗脱时间短。对于解离常数较小的亲和系统（如抗原－抗体、激素－激素受体），可有效地保护配基和蛋白质的生物活性。

亲和膜是一新型分离方法，是目前分离技术研究的热点之一。但是，与传统的凝胶色谱柱相比，亲和膜的吸附容量还不是太大，而且制造成本也较高。然而，随着制膜技术的发展，新型配基的开发和配基偶联技术的不断完善，亲和膜在大规模蛋白质（特别是基因工程蛋白质）分离纯化方面必将发挥越来越大的作用。

二、亲和萃取

利用聚乙二醇（PEG）/葡聚糖（Dx）或聚乙二醇/无机盐等双水相系统萃取分离蛋白质等大生物分子，特别是胞内酶的双水相萃取法。利用偶联亲和配基的PEG为成相聚合物进行目标产物的双水相萃取，可在亲和配基的亲和结合作用下促进目标产物在PEG相（上相）的分配，提高目标产物的分配系数和选择性。这就是亲和萃取（affinity extraction），又称亲和分配（affinity partitioning）。

设目标分子有 n 个亲和结合部位，即每个目标分子最多可结合 n 个亲和配基，每个结合部位彼此独立且与配基的结合常数相等，则目标分子的亲和分配系数为

$$m_A = m_0\left[\frac{1 + c_{LT}/K_{dT}}{1 + c_{LT}/(K_{dB}m_L)}\right]^n \tag{9-1}$$

其中，下标T和B分别表示上相和下相，m_A 和 m_0 分别为存在亲和配基和不存在亲和配基是目标分子的分配系数，m_L 为配基的分配系数，c_L 为配基浓度，K_d 为下述配基与目标分子反应的解离常数。

$$\frac{1}{n}EL_n \rightleftharpoons \frac{1}{n}E + L \tag{9-2}$$

$$K_d = \frac{c_{Lo}c^{1/n}}{c_{EL}^{1/n}} \tag{9-3}$$

式中，E表示目标分子；L表示配基；EL_n 表示一个目标分子与 n 个配基形成的复合体；c 为游离目标分子浓度；c_{Lo} 为游离配基浓度。

从式（9－1）可知，上相配基浓度CLT越高，m_A 越大（图9－11）。通过提高配基浓

度所能获得的最大分配系数为

$$m_k = \lim_{c_{LT}\to\infty} m_A = m_O\left(\frac{m_L K_{dB}}{K_{dT}}\right)^n \tag{9-4}$$

图9－11为利用不同三嗪色素和NADH为配基时富马酸脱氢酶的分配系数与配基浓度之间的关系。利用式（9－1）与实验数据拟合确定的各参数值列于表9－7。采用分配系数高且解离常数小的配基在较低的配基浓度下即可达到较好的亲和分配效果。图9－12为乳酸脱氢酶（LDH）异构体 LDH_1 和 LDH_5 的亲和分配行为。由于不同异构体酶的亲和分配系数不同，可通过调节配基浓度进行目标产物的选择性分离，提高产品的纯度和收率。

表9－7　式（9－1）与图9－11的实验数据拟合求得的各参数值

配　基	m_L	K_{dT}（μmol/dm³）	K_{dB}（μmol/dm³）	n
PEG-Cibacron Blue 3GA	10.7	204	100	1.8
PEG-Procion Red HE3b	15.6	1.5	0.3	1.6
PEG-NADH	3.1	0.6	0.5	1.7

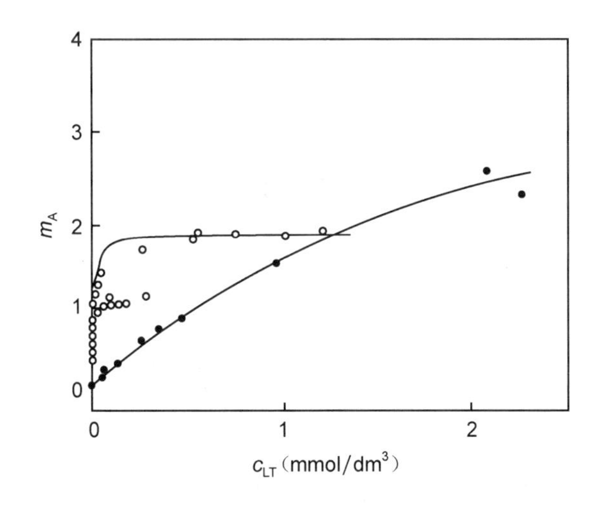

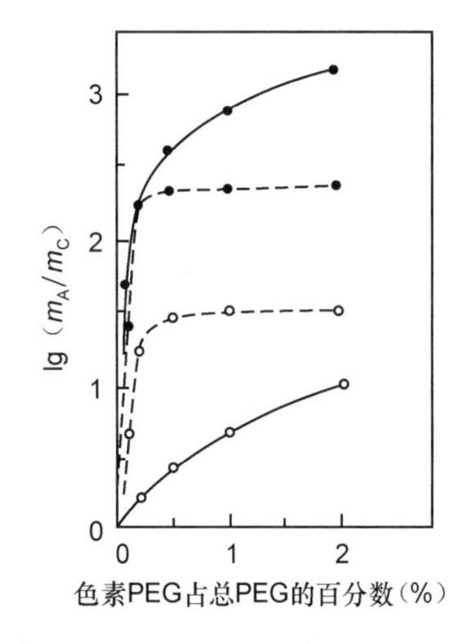

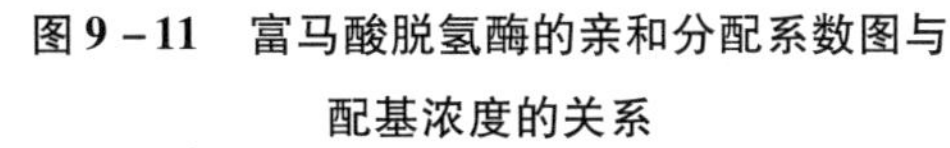

图9－11　富马酸脱氢酶的亲和分配系数图与配基浓度的关系

图9－12　LDH_1（○）和 LDH_5（●）的亲和分配

与其他亲和纯化技术一样，亲和分配纯化过程也可经过三步操作完成，即亲和分配（进料），杂蛋白值反萃取（清洗）和目标产物反萃取（洗脱）。图9－13为利用PEG－色素/aquaphase PPT（一种淀粉的羟丙基衍生物的商品名）系统从猪肌组织中连续萃取LDH的流程。猪肌组织直接在成相系统中匀浆，固形物分配在下相，而目标产物分配在上相。用离心分离机分相后，上相用纯下相溶液反萃取（清洗）一次，进入第二个分离机。从第二个分离机流出的上相与磷酸钠溶液（50%，pH 6.9～7.0）混合，形成PEG/磷酸钠双水相系统。由于LDH与色素的亲和作用下降，LDH被反萃到下相（磷酸钠溶液）中得到回收，而上相的PEG和PEG－色素返回匀浆机中循环再利用。

由于在高浓度盐溶液中许多亲和体系（如色素－脱氢酶）的结合力下降，因此PEG/盐系统的亲和分配效果一般不如双聚合物系统，特别是某些亲磷酸基的酶（如6－磷酸葡萄糖酸脱氢酶、丙酮酸激酶）与磷酸基的亲和力较高，不能用PEG/磷酸盐系统进行亲和分配。但也有些酶在PEG/磷酸盐系统中与色素保持较高的亲和作用。由于PEG/磷酸盐系统上、下相的疏水性相差较大，游离的色素基本完全分配在PEG相（分配系数为100），因此可直接用游离色素进行蛋白质的亲和分配纯化。图9－14为游离色素浓度对各种脱氢酶分配系

数的影响，利用较低浓度的色素，LDH 的分配系数即可提高 30 倍以上。

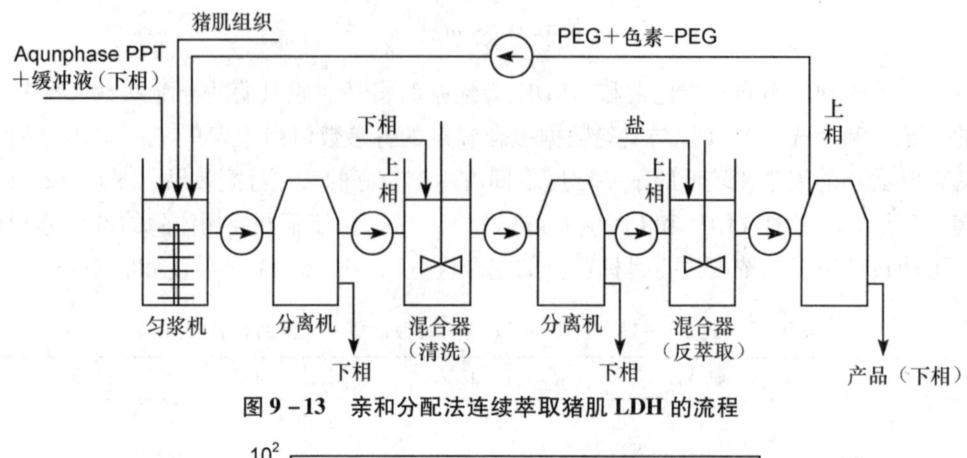

图 9－13　亲和分配法连续萃取猪肌 LDH 的流程

图 9－14　游离的 Ptocion Blue MX－R（PB）浓度对脱氢酶分配系数的影响

ADH－乙醇脱氢酶；G6PDH－葡萄糖－6－磷酸脱氢酶；GDH－谷氨酸脱氢酶；LDH－乳酸脱氢酶

在反萃取操作中，不同的亲和分配系统和目标产物可采用不同的方法。对于亲磷酸基的酶和静电相互作用影响较大的亲和体系，可利用磷酸盐溶液进行反萃取；利用 PEG/磷酸盐系统进行的萃取操作，可通过改变成相系统浓度或添加特异性洗脱剂（例如，目标分子的亲和配基）等方法降低目标产物的分配系数，实现反萃取。

三、亲和反胶团萃取

反胶团是表面活性剂在有机溶剂中形成的自聚集体，其内部的“水池”可溶解氨基酸、多肽和蛋白质等生物分子。因此，反胶团可用于生物产物的萃取分离。第四章已介绍了一般的反胶团萃取，亲和反胶团萃取（affinity-based resersed micellar extraction）是指在反胶团相中除通常的表面活性剂（如 AOT）以外，添加另一种亲水头部为目标分子的亲和配基的助表面活性剂（cosurfactant），通过亲和配基与目标分子的亲和结合作用，促进目标产物在反胶团相的分配，提高目标产物的分配系数和反胶团萃取分离的选择性。图 9－15 为亲和反胶团萃取原理示意图。一般将含有亲和配基的助表面活性剂称为亲和助表面活性剂（affinity cosurfactant）。

与前述的亲和分配相同，亲和反胶团萃取的分配系数也可用式（9－1）表示。其中 m_A 为亲和助表面活性剂的分配系数。如果亲和助表面活性剂主要存在于反胶团相，则 m_A 非常大，式（9－1）简化为

$$m_A = m_0\left(1+\frac{c_{LT}}{K_{dT}}\right)^n \qquad (9-5)$$

葡萄糖苷与伴刀豆球蛋白 A（conA）具有亲和结合作用，因此利用正辛基 $-\beta-D-$吡喃葡萄糖苷（octyl $-\beta-D-$glucopyranoside，OGP）可提高 con A 的萃取率。如图9－16 所示，在 OGP 的存在下 con A 的萃取率增大，而与 OGP 无亲和结合作用的核糖核酸酶 A 的萃取率不变。图9－17 为 OGP 浓度对 con A 分配系数的影响，随着 OGP 浓度增大，con A 分配系数增大，与式（9－5）一致。

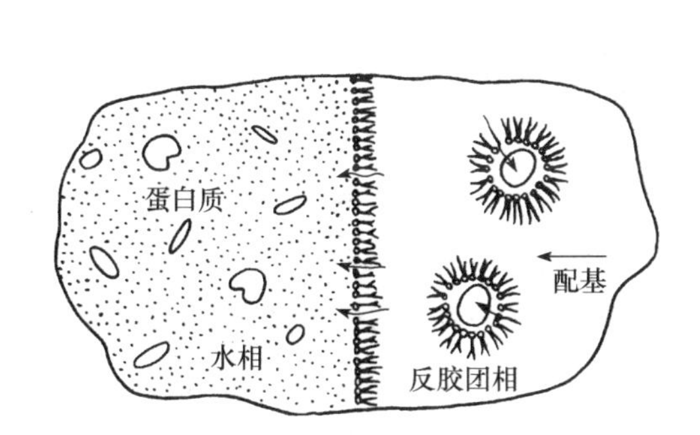

图 9－15　亲和反胶团萃取原理

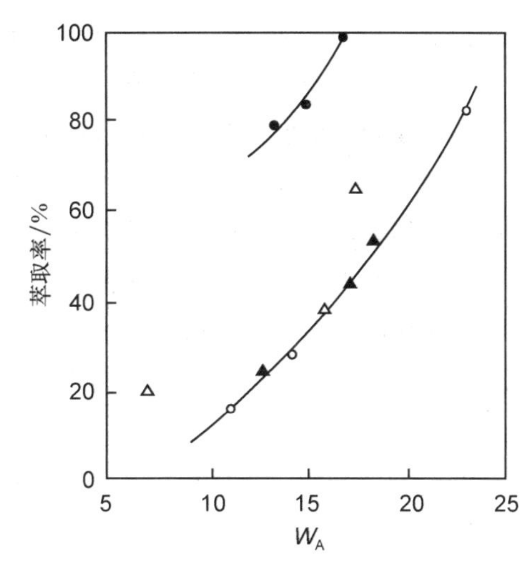

图 9－16　正辛基 $-\beta-D-$吡喃葡萄糖苷（OGP）对 conA 和核糖核酸酶 A 萃取率的影响

反胶团相：AOT/异辛烷

（○，●）conA，（△，▲）核糖核酸酶 A，（○，△）

从图 9－18 可以看出，通过添加助表面活性剂可使目标产物的萃取 pH 范围增宽。因此利用亲和反胶团萃取不仅可以提高目标产物的分配系数（收率），而且由于萃取操作的 pH 范围较宽，便于通过调节 pH 值提高萃取分离的选择性。

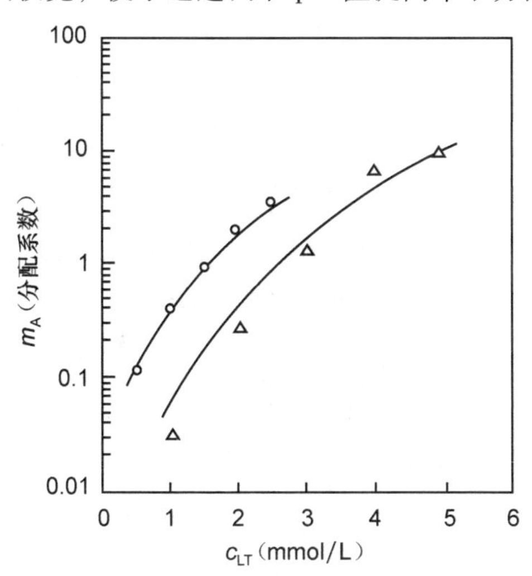

图 9－17　OGP 浓度对 con A 分配系数的影响

反胶团相：AOT/异辛烷；水相

pH＝7.2，离子强度＝0.1mol/dm^3

AOT（mmol/dm^3）＝（△）25，（○）50

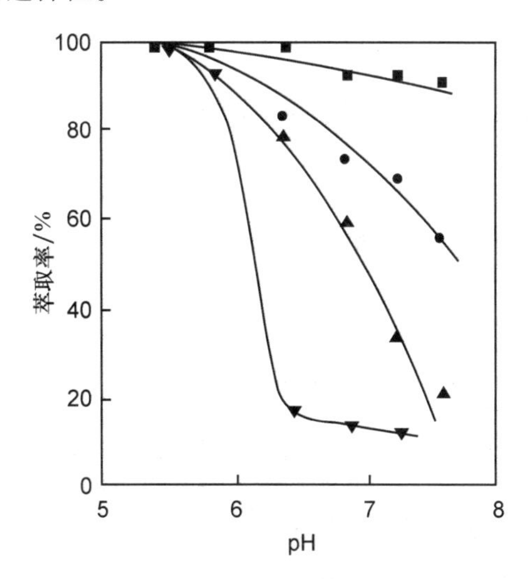

图 9－18　conA 萃取率与 pH 值和 OGP 浓度的关系

反胶团相：AOT/异辛烷（50mmol/dm^3）

OGP 浓度（mmol/dm^3）＝（▼）0，（▲）1，（●）2，（■）5

与亲和分配一样，配基与目标分子的解离常数越小（亲和结合常数越大），亲和分配系数越大（式9－5）。研究表明，如果解离常数较大，则疏水链长度存在最佳值，使亲和助表面活性剂促进目标产物亲和萃取的效果最佳。

上述研究多在强离子型表面活性剂（主要是AOT）中添加亲和组表面活性剂，虽然对提高萃取选择性效果明显，但由于离子型表面活性剂的萃取作用，选择性增大的程度有限。若利用非离子型或弱离子型表面活性剂的反胶团与蛋白质之间的静电作用弱，所以萃取能力低；非离子型表面活性剂的反胶团则无萃取能力。因此，开发性能优良的非离子型或弱离子型表面活性剂是亲和反胶团萃取研究的重要课题。这里所说的“性能优良”是指这些表面活性剂应为生物相容性，能够形成含水率较高的反胶团，并且容易相分离。

有关亲和反胶团萃取的较深入的研究工作始于1989年。有限的研究结果表明，引入亲和助表面活性剂无疑是提高反胶团萃取选择性的有效手段。与一般的反胶团萃取一样，亲和反胶团萃取的目标产物也可通过调节水相pH和盐浓度进行反萃取。如图9－19所示，随着水相盐浓度的增大，不管亲和助表面活性剂添加与否，反胶团相中的萃取率均下降。这是由于反胶团相的含水率随盐浓度的增大而降低，反胶团对蛋白质的空间排阻作用增大的结果。此外，向水相中添加目标产物的水溶性亲和配基，也可抑制目标产物向反胶团相的分配。例如，葡萄糖与con A的反胶团萃取时，随着水相葡萄糖浓度增大，con A的萃取率下降（图9－20）。利用目标产物亲和配基的反萃取法相当于亲和层析的特异性洗脱，有利于提高目标产物的纯度。

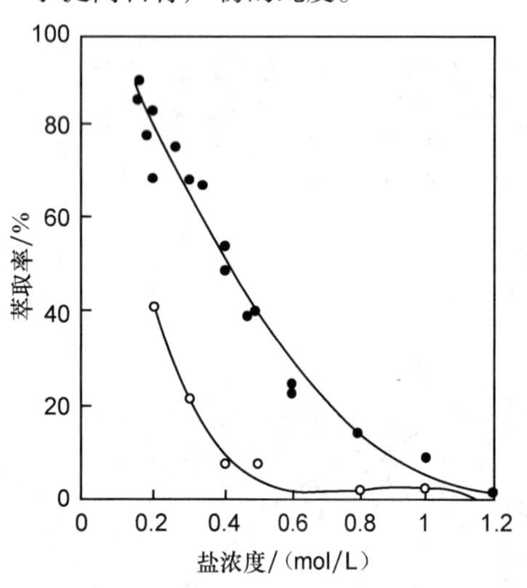

图9－19　盐浓度对亲和反胶团萃取con A的影响

（○）100mmol/dm³ AOT；

（●）10mmol/dm³ OGP＋100mmol/dm³ AOT

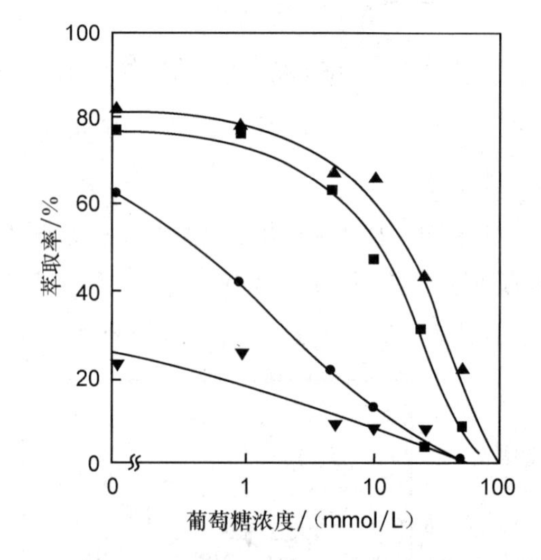

图9－20　葡萄糖浓度对亲和反胶团萃取con A的影响

OGP浓度（mmol/dm³）＝（▼）1，（●）2，（■）3，（▲）3.5

亲和柱表面活性剂的配基和疏水链长度是影响亲和反胶团萃取的重要因素。

四、亲和沉淀

亲和沉淀（affinity precipitation）是生物亲和相互作用与沉淀分离相结合的蛋白质类生物大分子的分离纯化技术。根据亲和沉淀的机制不同，亲和沉淀又分两种，即一次作用亲和沉淀（primary-effect affinity precipitation）和二次作用亲和沉淀（secondary-effect affinity precipitation）。

（一）一次作用亲和沉淀

水溶性化合物分子上偶联有两个或两个以上的亲和配基，前者成为双配基（bis-ligand）。后者称为多配基（polyligand）。双配基或多配基可与含有两个以上亲和结合部位的多价蛋白质（multivalent protein）产生亲和交联，进而增大为较大的交联网络而沉淀。显然，一次作用亲和沉淀机制与抗原-抗体的沉淀作用相似，通常当配基与蛋白质的亲和结合部位的摩尔比为1时沉淀率最高。

（二）二次作用亲和沉淀

利用在物理场（如pH、离子强度、温度和添加金属离子等）改变时溶解度下降、发生可逆性沉淀的水溶性聚合物为载体固定亲和配基，制备亲和沉淀介质。亲和介质结合目标分子后，通过改变物理场使介质与目标分子共同沉淀的方法成为二次作用亲和沉淀。

利用上述机制进行亲和沉淀后，离心或过滤回收沉淀，即可除去未沉淀的杂蛋白。沉淀经适当清洗后加入洗脱剂即可回收纯化的目标产物。

从亲和沉淀的机制和分离操作的角度可以看出，亲和沉淀纯化技术具有如下优点。

（1）配基与目标分子的亲和结合作用在自由溶液中进行，无扩散传质阻力，亲和结合速度快。

（2）亲和配基裸露在溶液之中，可更有效的结合目标分子，即亲和沉淀的配基利用率高。

（3）利用成熟的离心或过滤技术回收沉淀，易于规模放大。

（4）亲和沉析法可用于高黏度或含微粒（例如，不能在低离心力下降的细胞碎片）的料液中目标产物的纯化，因此可在分离操作的较初期采用，有利于减少分离操作步骤，降低成本。同时，在分离过程的早期阶段除去对目标产物有毒的杂质（如蛋白酶），有利于提高目标产物质量和收率。

自20世纪70年代末利用双辅酶（bis-NAD）亲和沉淀四价的乳酸脱氢酶（LDH）的研究结果发表以来，作为蛋白质类生物大分子的新型纯化技术，亲和沉淀法逐步引起人们的重视，80年代后研究论文逐渐增多。1983年，Flygare等利用bis-NAD从牛心组织抽提液中纯化了LDH，收率为90%，纯化倍数达48。但因NAD价格较高，且易生物降解，难于实现大规模应用。1983年后，人们开始研究利用三嗪色素为配基的一次作用亲和沉淀法，其中的代表性工作是利用Procion Blue H-B的类似物制备双配基，一次作用亲和沉淀法纯化兔肌LDH，收率达97%，纯度达电泳纯。

一次作用亲和沉淀虽然简单，但仅使用于多价、特别是4价以上的蛋白质，要求配基与目标分子的亲和结合常数高，沉淀条件难于掌握，并且沉淀的目标分子与双配基的分离需要透析或凝胶过滤等难于大规模应用的附加工具，实用上存在较大难度。因此，80年代中期以后，有关研究多集中于二次作用亲和沉淀法，其中主要是可逆沉淀性聚合物（亲和载体）的探索。

早期开发的可逆沉淀性亲和载体通过亲和配基分子与其他单体分子聚和而成。其中的苄脒基为胰蛋白酶的亲和配基，而苯甲酸基为pH敏感基团影响聚合物的溶解度。该聚合物可溶解于pH >6的水溶液，但当pH <5时即可发生完全的沉淀。将该聚合物加入到pH 8.0的牛胰抽提液中，充分混合后加酸使pH值降至4.0，则聚合物与胰蛋白酶的复合物即发生沉淀。离心回收沉淀并用pH 4.0的水溶液清洗后，再加酸使pH降至2.0，即可洗脱回收胰

蛋白酶。利用该方法纯化牛胰蛋白酶的收率为76%，纯度提高5.4倍，达92%。

二十五-10,12-二炔-1-醇磷脂乙醇胺[$CH_3(CH_2)_{11}C≡C—C≡C(CH_2)_9OPO_3HCH_2CH_2NH_2$]为含有共轭二炔结构单元的双亲性化合物，其水悬浮液在超声波处理下形成0.1~0.2μm的球形液泡状磷脂双分子膜，即脂质体（liposome，图9-21），表面为亲水性乙醇胺基团。

该脂质体溶液在紫外线照射下可发生聚合反应，形成聚合脂质体（polymerizef liposome，PLS）。向PLS溶液加入NaCl，当NaCl浓度超过0.17mol/dm^{3}时，在渗透压作用下PLS发生快速完全的沉淀。离心回收沉淀后向其中加入水或低浓度盐溶液，沉淀又重新溶解（分散）。因此，该PLS具有在盐的作用下发生可逆性沉淀的性质。利用这一性质，将粗制大豆胰蛋白酶抑制剂（STI）共价偶联在PLS表面，制成亲和沉淀介质STI-PLS。利用STI-PLS亲和沉淀纯化胰蛋白酶的结果列于表9-8。STI-PLS重复使用3次，纯化的胰蛋白酶收率保持在80%以上，纯化倍数达5.6以上。利用纯化的STI制备STI-PLS，亲和沉淀纯化胰蛋白酶的纯化倍数达到8，比活达到13000U/mg，接近了纯酶的水平。

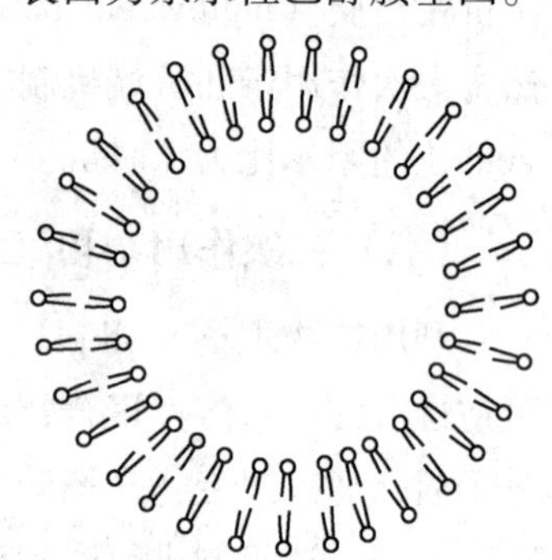

图9-21　脂质体结构式意图

表9-8　利用STI-PLS从猪胰抽提液中亲和沉淀化胰蛋白酶

重复使用次数	1	2	3
粗酶液活性（U/ml）	2841	2841	2841
粗酶液比活（U/ml）	1570	1570	1570
亲和沉淀上清液中酶活（%）	6.7	12.3	16.2
亲和沉淀酶活（%）	93.3	87.7	83.8
洗脱收率（%）	95.6	92.8	96.7
总收率（%）	89.2	81.4	81.0
洗脱酶比活（U/mg）	8770	9580	9870
纯化倍数	5.6	6.1	6.3

五、亲和电泳

亲和电泳（affinity electrophoresis，AEP）是将亲和技术与电泳技术结合起来，将亲和层析的吸附剂包埋到琼脂凝胶板上制成AEP载体。在电泳时，对配基具有亲和作用的化合物迁移率下降或保留在原点，现在AEP已经成为分析生物分子间特异作用的常用生化技术之一，被广泛应用于生物样品的分离纯化与鉴定。AEP包括外源凝集素亲和电泳和毛细管亲和电泳等。

1. 外源凝集素亲和电泳（lectin affinity electrophoresis，LAE）　外源凝集素亲和电泳是利用外源凝集素对目标蛋白质的特异性作用进行亲和电泳。LAE原理简单，操作方便。适用于分析血清糖蛋白和酶的微异质性。

2. 毛细管亲和电泳（capillary affinity electrophoresis，CAE）　将亲和技术应用于毛细管电泳，即形成了毛细管电泳的新分支——毛细管亲和电泳。其原理是：底物-配基复合物的解离常数K_d或结合常数K_b是表征底物与配基之间特异性作用的最主要参数。CAE可

根据底物、配基、与底物-配基复合物的迁移时间不同，采用毛细管区带电泳测定 K_d 或 K_b。由于底物与配基之间的相互作用在很多情况下具有立体选择性，因此，CAE 可用于手性药物及 DNA 片段的特异性分离。目前，CAE 的应用主要集中在：①研究底物与配基的特异性作用，得到热力学与动力学参数；②利用生物分子之间的空间特异性作用，提高毛细管电泳分离的选择性。

第三节　亲和纯化技术的应用

扫码“学一学”

随着现代生物技术的发展，亲和纯化技术的应用越来越广泛，除了传统意义上生物大分的分离纯化外，还用于生物大分子的相互作用研究，广泛应用于基础研究工作。以下以几个典型的实例介绍亲和纯化技术的应用。

一、亲和萃取法制备抑肽酶

抑肽酶（Trasylol，别名有抑胰肽酶、胰蛋白酶抑制剂）能抑制胰蛋白酶及糜蛋白酶，阻止胰脏中其他活性蛋白酶原的激活及胰蛋白酶原的自身激活。临床用于预防和治疗急性胰腺炎、纤维蛋白溶解引起的出血及弥漫性血管内凝血。目前国产抑肽酶制备工艺均采用亲和纯化技术。工艺路线如下：取新鲜牛肺 20kg，经过硫酸酸解后，进行板框过滤，滤液调整 pH 为 7.0～8.0 后成为抑肽酶粗提液，用于亲和萃取，加入到亲和萃取体系，亲和萃取后含抑肽酶的上相组分经过调整 pH 至 1.5～2.0 后用截留分子量为 10kD 的超滤膜进行超滤，滤出液过 3kD 的超滤膜进行超滤脱盐和浓缩，将从上述操作中获得的浓缩液进行冷冻干燥获得高纯度抑肽酶精品。

聚乙二醇 $\xrightarrow[\text{胰蛋白酶}]{\text{活化}}$ 活化聚乙二醇 $\xrightarrow[\text{pH 7.0}]{\text{胰蛋白酶}}$ 聚乙二醇-胰蛋白酶（亲和吸附剂）

新鲜牛肺 20kg $\xrightarrow[\text{硫酸}]{\text{酸解}}$ 酸解液 $\xrightarrow{\text{板框过滤}}$ 滤液 $\xrightarrow[\text{pH 7.0～8.0}]{\text{调 pH}}$

抑肽酶粗提液 $\xrightarrow[\text{30℃、45min、pH 7.0}]{\text{亲和萃取 亲和吸附剂}}$ 聚乙二醇-胰蛋白酶-抑肽酶 $\xrightarrow[\text{pH 1.5～2.0}]{\text{洗脱}}$

抑肽酶洗脱液 $\xrightarrow[\text{10kD 超滤膜}]{\text{超滤}}$ 超滤液 $\xrightarrow[\text{3kD 超滤膜}]{\text{浓缩}}$ 抑肽酶浓缩液 ⟶ 冻干 ⟶ 抑肽酶

二、Protein A 亲和层析凝胶纯化抗体

蛋白 A 能特异与抗体的 Fc 区结合，所以用 Protein A 亲和层析凝胶纯化抗体是大规模单克隆抗体（简称单抗）纯化的首选步骤，一步纯化可使蛋白纯度达 98% 以上，并可去除包括宿主蛋白、宿主外源 DNA、各种蛋白酶等绝大部分的杂质。在大规模生产中，Protein A 亲和层析纯化步骤的成本占整个抗体纯化成本的 35% 以上。H02 单抗是一种重组单克隆抗体，临床上用于类风湿性关节炎。（图 9-22）

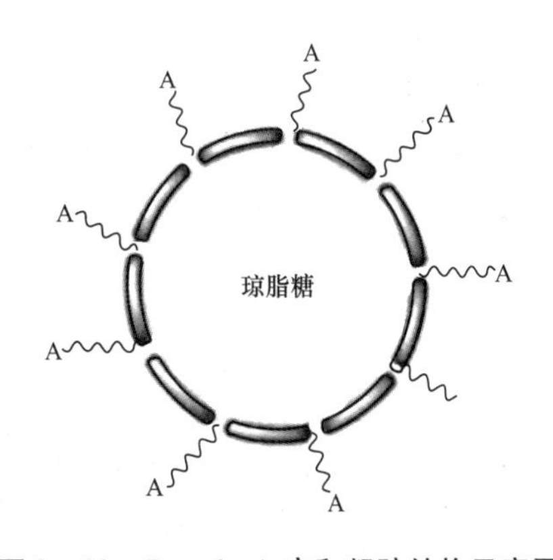

图 9-22　Protein A 亲和凝胶结构示意图

H02 单抗纯化流程：

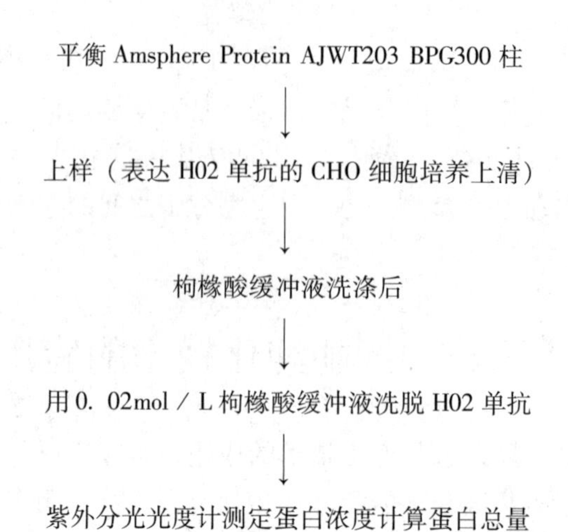

三、金属离子亲和层析纯化重组蛋白

金属离子亲和层析可用于纯化带有 6 个组氨酸标签的重组蛋白，将目的蛋白的 N 端联上 6 个组氨酸标签，洗脱是在一定 pH 下以不同浓度的咪唑洗脱。以 Ni^{2+} – Sepharose Fast Flow 为层析介质，以咪唑和 pH 洗脱方式对组氨酸标签融合蛋白进行纯化，纯化后的融合蛋白纯度大于 95 %，有利于下一步组氨酸标签融合蛋白的制备。

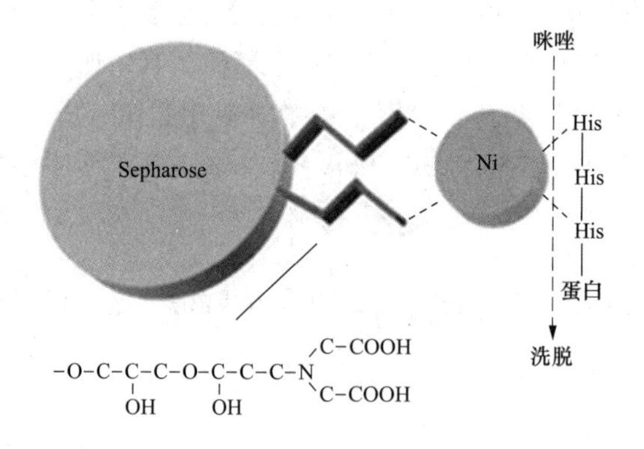

图 9 – 23　金属离子亲和层析纯化原理

四、谷胱甘肽琼脂糖亲和纯化重组融合蛋白

谷胱甘肽 S – 转移酶（GST）基因融合表达系统已经被广泛用于从 *E. coli* 中获得大量的目的蛋白。羧端含谷胱甘肽 S – 转移酶重组融合蛋白可以经过亲和层析进行纯化。谷胱甘肽琼脂糖介质可用来进行特异性 GST 重组蛋白和其他谷胱甘肽结合蛋白的纯化。大多数 GST 融合蛋白被过量的谷胱甘肽从谷胱甘肽琼脂糖介质上洗脱下来。在 GST 融合蛋白的蛋白与 GST 标签之间，可选择性加入水解位点，利用蛋白酶可将 GST 标签水解，得到目的蛋白。

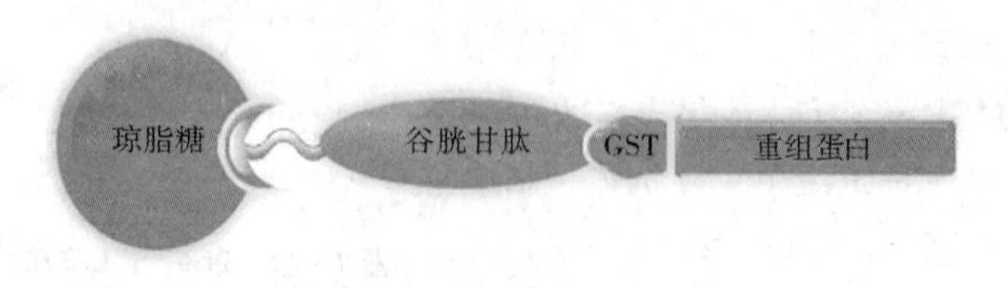

图 9 – 24　谷胱甘肽琼脂糖亲和纯化重组融合蛋白原理

五、生物分子相互作用研究

亲和纯化技术除了可以用于分离纯化生物大分子，还可以用于研究生物分子的相互作用，如酶/抑制剂、蛋白/蛋白、蛋白/DNA 等。GST pull down 就是一种研究蛋白相互作用的技术，其基本流程是：将“诱饵”蛋白与 GST 融合表达，当融合蛋白通过偶联了 GSH 的介质时，可以通过 GSH 和 GST 的亲和作用而吸附在介质上，当加入细胞提取物时，与诱饵蛋白相互作用的蛋白就会被吸附到介质上，再对其分析鉴定即可。

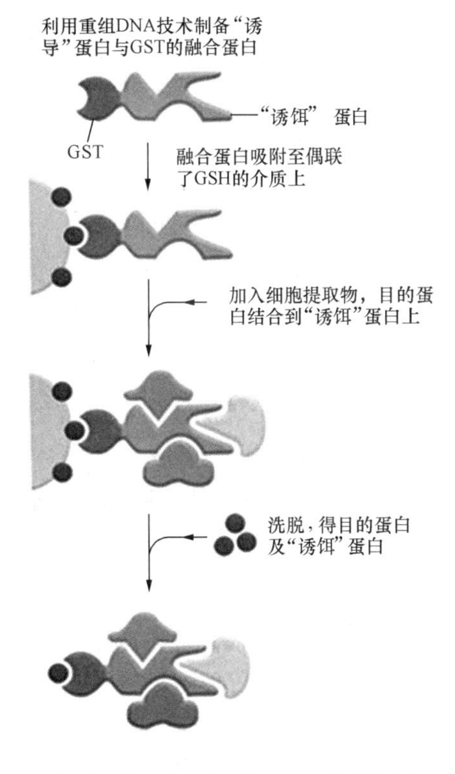

图 9－25　GST pull-down 技术原理

（何书英）

扫码“练一练”

第十章 离心技术

悬浊液静置时，密度较大的固体颗粒在重力作用下向容器底部移动的过程称为“沉降作用”。在自然条件下，沉降作用一般比较缓慢。同时由于扩散作用的反作用，沉降往往不够完全。尤其是在固体颗粒相对细小的情况下。

若以旋转产生的离心力代替重力，对液态非均一体系中“沉降系数”或“浮力密度”不同的物质颗粒进行离心分离将大大提高沉降速度和分辨率。离心技术不但可以用来进行分离纯化，还可用作分析手段，测定物质颗粒的沉降系数，扩散系数及分子量等参数。

离心技术有多种形式。

（1）离心沉降　按密度差异将悬浊液分作“固体沉淀”和“上层液”两大组分。

（2）离心过滤　辅以滤材，将悬浊液分为滤渣和滤液两部分。

（3）离心分离　借助梯度介质和超强离心力分开样液中沉降系数或密度不同的多种颗粒组分。

（4）离心分析　借助动态光学分析系统，测定组分颗粒的密度、分子量、沉降系数和扩散系数等物理参数。

离心分离和分析曾一度成为大分子核酸分离、纯化和分析的重要手段。所以有人称超离心技术在生物化学领域的广泛应用是分子生物学的一个里程碑。

扫码“学一学”

第一节 离心技术的基本原理

扫码“看一看”

一、离心力和相对离心力

设沉降对象为理想球型颗粒，质量为 m，颗粒与离心机转轴的中心距离为 r。离心机转子以角速度 ω 作旋转运动，该颗粒所受到的离心力为

$$F = m\omega^2 r \tag{10-1}$$

实际工作中，通常用离心力与重力的比值（倍数）来表示离心机的离心能力。这就是相对离心力（relative centrifugal force，RCF），也称为离心“分离因素”，用符号“×g”或“g”表示。

$$\text{RCF} = \frac{4\pi^2 N^2 rm}{3600\text{mg}} = \frac{4\pi^2 N^2 r}{3600 \times 980} = 11.18 \times 10^{-6} N^2 r(\times \text{g}) \tag{10-2}$$

二、沉降速度和沉降系数

（一）沉降速度

沉降速度（sedimentation velocity）即在离心力的作用下，物质粒子于单位时间内沿离心力方向移动的距离。

设一粒子：质量 m，密度 ρ，直径 d，体积 V，介质密度 ρ_0，黏度系数 η。

在离心力场中，粒子受 3 种力：离心力：$m\omega^2 x$；浮力：$m_0\omega^2 x$；摩擦力：$fv = 3\pi d\eta v$

(Stokes 流体力学定律)。式中 ω 为角速度，x 为离心半径，m_o 为粒子排出介质的质量，f 为摩擦系数，v 为沉降速度。

当粒子匀速沉降时，三种力处于平衡之中：

$$m\omega^2 x + (-m_o\omega^2 x) + (-fv) = 0 \tag{10-3}$$

粒子体积

$$V = \frac{m}{\rho} = \frac{m_0}{\rho_0} \tag{10-4}$$

$m_o = \frac{m\rho_o}{\rho}$ 代入式（10-3）得

$$m\omega^2 x - \frac{\rho_o m}{\rho}\omega^2 x - fv = 0$$

$$m\omega^2 x\left(1 - \frac{\rho_o}{\rho}\right) = fv$$

$$v = \frac{m\omega^2 x\left(1 - \frac{\rho_o}{\rho}\right)}{f} \tag{10-5}$$

将 $f = 3\pi d\eta$ 及 $m = \frac{\pi}{6}d^3\rho$ 代入（式 10-5）得

$$v = \frac{d^2(\rho - \rho_0)\omega^2 x}{18\eta} \tag{10-6}$$

由式（10-6）可见，粒子的沉降速度与 ω^2、x、$(\rho - \rho_0)$、d^2 成正比，而与 η 成反比。

（二）沉降系数

沉降系数（sedimentation coefficient）系指在单位离心力场中，颗粒的沉降速度。

$$S = \frac{v}{\omega^2 x} = \frac{d^2(\rho - \rho_o)}{18\eta} \tag{10-7}$$

可见沉降系数 S 受介质（溶剂）密度和黏度的影响。设同一粒子在两种不同介质中的沉降系数为：

$$S_1 = \frac{d^2(\rho - \rho_1)}{18\eta_1}$$

$$S_2 = \frac{d^2(\rho - \rho_2)}{18\eta_2}$$

$$\frac{S_1}{S_2} = \frac{(\rho_1 - \rho_2)n_2}{(\rho - \rho_2)n_1}$$

以纯水（20℃）为标准介质加以校正（被校正介质密度 ρ_0、黏度 η_0），于是

$$S_{20.\omega} = S_0\frac{(\rho - \rho_{20.\omega})}{(\rho - \rho_0)} \cdot \frac{\eta_o}{\eta_{o\omega}} \tag{10-8}$$

若温度为 t，粒子微分比容为 $\bar{V}$。则

$$S_{20.\omega} = \frac{S_{ot}\eta_{ot}}{\eta_{20.\omega}} \cdot \frac{1 - \bar{V}\cdot\rho_{20.\omega}}{1 - \bar{V}\rho_o t_s}$$

我们通常所说的“沉降系数”，即 $S_{20.w}$ 其量纲为“秒”。因其数值极小，为方便计，我们将 10^{-13} 秒定义为 1 个“S”单位。这样大多数生物分子或颗粒的沉降系数多在 1～200S 之间。如：

可溶性蛋白　　1 ~ 25S

DNA　　20 ~ 100S

微粒体　　100 ~ 1.5×10^4S

线粒体　　2 ~ 7×10^4S

此外，测定时，粒子浓度对 S 测值有影响（图 10 - 1）。

$$S = S_0 (1 - KC)$$

S_0 值为实测值的外推结果，设此时的粒子浓度为 0。

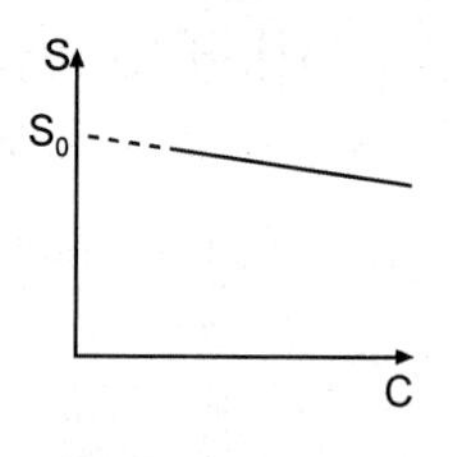

图 10 - 1　沉降系数与粒子浓度的关系

三、沉降时间和转子常数

（一）沉降时间

离心时间须严格控制。过短达不到分离要求，过长则可能造成样品组分凝集、挤压、甚至失活，还有区带变宽、甚至重新混合；长时间离心还会降低工效、增加消耗等。要正确决定离心时间，须了解各种粒子在不同离心条件下的沉降时间。

由 $S = \frac{v}{\omega^2 x}$ 及 $v = \frac{dx}{dt}$，可得

$$S = \frac{1}{\omega^2 x}\cdot\frac{dx}{dt}$$

$$\omega^2 x S = \frac{dx}{dt}$$

$$dt = \frac{1}{\omega^2 S}\cdot\frac{dx}{x}$$

设沉降粒子从 $X_1 \to X_2$ 就需时间为 T，则

$$T = \int dt = \int\frac{1}{\omega^2 S}\cdot\frac{dx}{x} = \frac{1}{\omega^2 S}\int \ln x$$

$$= \frac{1}{\omega^2 S}\ln\frac{x_2}{x_1} = \frac{1}{S}\left(\frac{\ln x_2 - \ln x_1}{\omega^2}\right)$$

若 T 以小时表示，令 $S' = 10^{-13}$S，$\omega = 2\pi n/60s$，则

$$T = \frac{1}{S'}\left(\frac{60}{2\pi n}\right)^2\cdot\frac{10^{13}}{3600}\ln\frac{x_2}{x_i}$$

$$= 2.54\times10^{11}\times\frac{1}{S'n^2}\ln\frac{x_2}{x_1} \qquad (10-9)$$

可见粒子沉降时间与沉降系数、转速（S、n）及离心管特征（χ_1、χ_2）有关。

（二）转子常数

在一定转速下，对特定转子而言，$\frac{1}{n^2}\ln\frac{\chi_2}{\chi_1}$为定值。令 $K = 2.54\times10^{11}\times\frac{1}{n^2}\ln\frac{\chi_2}{\chi_1}$则

$$T = \frac{K}{S'} \qquad (10-10)$$

K 为转子的效率因子，称作“转子常数”。它与转速及转子形状等因素有关。通常以最高转速最大容量时的 K 值作为该转子的特征常数。

∵　K 值与转速平方成反比。

∴ $\frac{K_1}{K_2} = \frac{n_2^2}{n_1^2}$

即转速愈高，K 值愈小，沉降时间愈短，此时的转子效率就愈高（但与分辨率无关）。

对于球形粒子，亦可用下列公式计算沉降时间

$$t = \frac{9\eta}{2\omega^2 d^2(\rho - \rho_0)} \cdot \ln\frac{x_2}{x_1}$$

非球形粒子，沉降时间比球形粒子长，其实际沉降时间：

$$T' = kT(k \geqslant 1)$$

设粒子长短轴比值为 C，与 k 值的关系见表 10－1。

表 10－1　粒子长短转化值 C 与校正数 k 值的关系

C	1∶1	3∶1	5∶1	10∶1	20∶1
k	1	1.1	1.25	1.5	2.0

四、分子量的计算

由式 10－6、10－7 得

$$S = \frac{m\left(1 - \dfrac{\rho_0}{\rho}\right)}{f} \quad (10-11)$$

对于单个分子

$$f = \frac{RT}{D'}$$

式中，R 为气体常数（8.313×10^3 J/mol·℃），T 为绝对温度，D' 为单分子扩散系数（cm^2/s）。

$$\therefore \quad S = \frac{D'm\left(1 - \dfrac{\rho_0}{\rho}\right)}{RT} = \frac{D'\mathrm{Nom}\left(1 - \dfrac{\rho_0}{\rho}\right)}{\mathrm{No}RT}$$

$$\text{又} \quad D = \frac{D'}{\mathrm{No}}, \qquad M = \mathrm{Nom}$$

$$\therefore \quad S = \frac{DM\left(1 - \dfrac{\rho_0}{\rho}\right)}{RT}$$

$$M = \frac{SRT}{D\left(1 - \dfrac{\rho_0}{\rho}\right)}$$

此即 Svedberg 方程式。由此公式求分子量须已知 S、T、ρ、ρ_0、D 5 个因素。

扫码“学一学”

第二节　离心机简介

一、离心机的种类

（一）离心机的分类

最简单的离心机必须具备驱动器和盛液器（转子）两个基本组成部分。其分类的依据

有多种。

1. 按转速高低及是否有冷冻来分

（1）普通离心机　一般转速小于6000r/min，无冷却装置或水冷（盘管）。

（2）高速离心机　转速8000～25000r/min，采用水冷或具冷冻装置。

（3）超速离心机　转速25000～80000r/min，具真空系统及冷冻装置。

2. 按结构分类

（1）台式离心机（较小型）；落地式离心机（中型、大型）。

（2）立式离心机（转轴垂直于地面）；卧式离心机（转轴是水平状态）。

（3）沉降式离心机（不用滤材）；过滤式离心机（多以滤布为滤材）。

（4）转头式离心机（离心管置于转子特定的空腔中），这是最常用，且使用最方便的一类离心机；管式离心机（只有一只随轴转动的盛液容器）；碟片式离心机；螺旋式离心机等。

（5）电动式离心机（大多数离心机都采用电机驱动）；透平式离心机（高速油流或气流驱动），该类机型运转平稳且可获取较高的转速。

3. 按工作性质分类

（1）制备型离心机，分析型离心机或制备分析兼用型离心机，由于仪器专业化程度的提高，兼用机已不多见。

（2）实验室用离心机，一般容量较小（毫升至升）；工业用离心机，容量较大（升至百升），单位时间处理料液量亦大（吨/小时）。

4. 按操作方式分类

（1）连续离心机，一般处理含渣量较小的料液（如管式离心机）；间歇式离心机，运作一段时间后须停机出渣；半连续式离心机。

（2）人工卸料（出渣）离心机；自动卸料离心机（如螺旋式离心机）。

（二）常用离心机

1. 普通离心机　转速通常小于6000r/min，水冷或无冷却；可以控时和调节转速。容量从1ml至数升，按大小可分台式离心机和落地式离心机。

2. 管式高速离心机　管式离心机是一种离心分离机。其转子半径较小，是一种转速高、分离效率也高的离心机。它的分离机构为一管式转筒，筒内有三个互成120°角的长条叶片，转筒上端悬于挠性轴上，下端由轴承支撑，通过皮带传动。料液在0.25×10^5～0.3×10^5Pa压力下自转筒底部压入，在离心力作用下轻、重液分层，重液贴于转筒内壁，轻液紧靠重液位于转筒中央。由于料液不断压入，使筒内分层的液体持续向上流动，轻液自近轴心流出孔排出，而重液自离轴心稍远的流出孔排出。若料液中含少量悬浮固体，则沉降于转筒内壁上（图10－2）。

管式离心机一般都配有多只“轻重液体流出孔分配盘”供选用，以分离轻重液比例不同的混合液。此类设备属于工业生产用的连续式离心沉降机，其转筒半径10cm以下，转速10000r/min以上，最高可达16000r/min，分离因素15000～60000g，用于分离两种轻重不同而又互不相溶的液体极为有效。对于溶液中含少量细微固体悬浮物的反应体系，固－液分离效果也较佳。但转管中允许积存的含液固形物不得超过6kg，故料液中固体粒子浓度不宜超过0.5%。一个操作过程结束后，通过人工操作从转筒内挖出固体沉淀物。

这种离心机在发酵工程、酶工程及细胞工程中可用于从反应体系中分离菌体和细胞，

也用于自生物材料抽提液中收集少量蛋白质、酶、核酸及多糖，以及除去抽提液中的少量残渣。

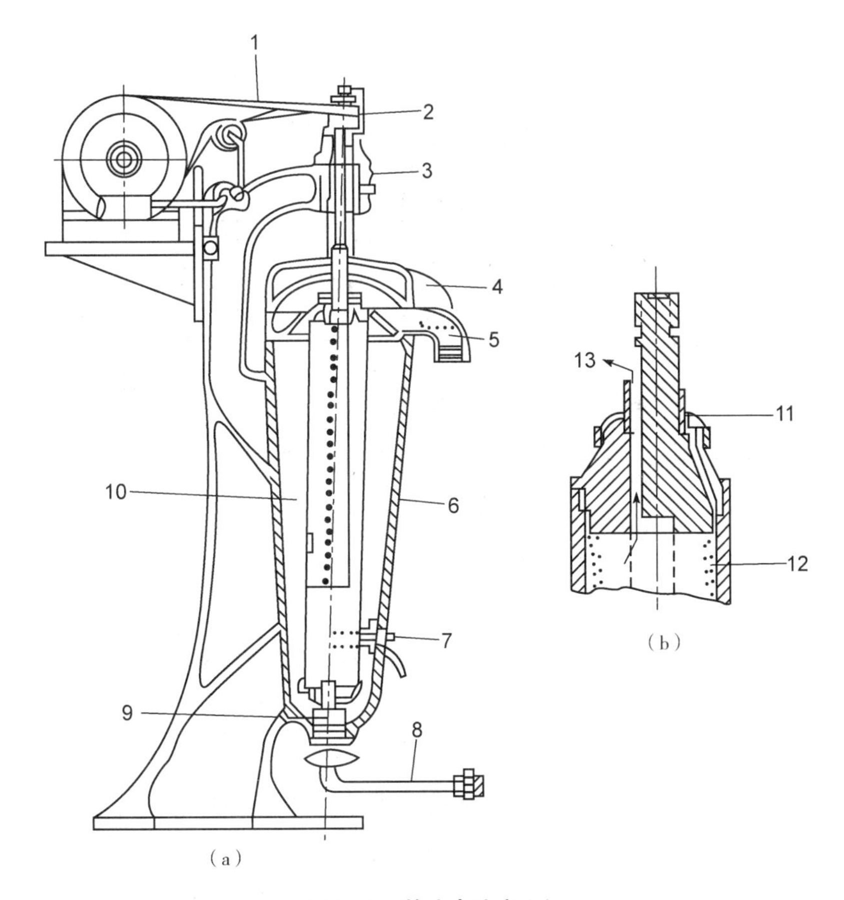

图 10－2　管式高速离心机

（a）结构示意图；（b）固－液分离时工作状态示意图

1. 平皮带；2. 皮带轮；3. 挠性轴；4. 轻液排出管；5. 重液排出管；6. 机座；7. 制动器；8. 料液入口管；9. 导轴承；10. 转筒；11. 石棉垫塞；12. 沉淀物；13. 清液出口

3. 碟片式离心机　碟片式离心机是在管式离心机基础上发展起来的离心设备。转子中加入的许多重叠碟片缩短了颗粒沉降距离，提高了分离效率。最初的设备需定期拆卸碟片，人工排除转子中固形物，此后逐渐发展了自动排渣碟片式离心机，实现了操作过程的连续化与自动化。根据排渣方式，碟片式离心机可分为以下三种类型（图 10－3）。

（1）标准型　本型离心机无特殊排渣装置，每次操作结束后需拆除碟片，进行人工排渣。主要用于液－液分离或含极少量固体料液的分离。

（2）自动间歇排渣型　本型与标准型不同之处在于其转子由上下两半组成，可定期开启，使沉降物借离心力甩出。主要用于含固形物较高的料液分离。

（3）连续排渣型（喷嘴型）　连续排渣型离心机不同于标准型与自动间歇型，其转子外缘装有若干喷嘴，操作过程中可连续排出含液量较高的流动性渣液。

4. 离心过滤机及其应用　借离心力进行过滤分离的设备称为离心过滤机。该设备是一种筐式离心机，过滤器是于多孔圆筒内另加过滤介质，立式转鼓悬挂于三根支柱上，习惯上称为三足式离心机，其结构见图 10－4。转鼓由主轴连接传动装置，再通过滚动轴承装于轴承座上，轴承座与外壳均固定于底盘上，再用三根摆杆悬挂三根支足的球面座上，摆杆上套有压缩弹簧以承受垂直方向的动负荷，电动机也装于底盘上，而三个支足装于同一底

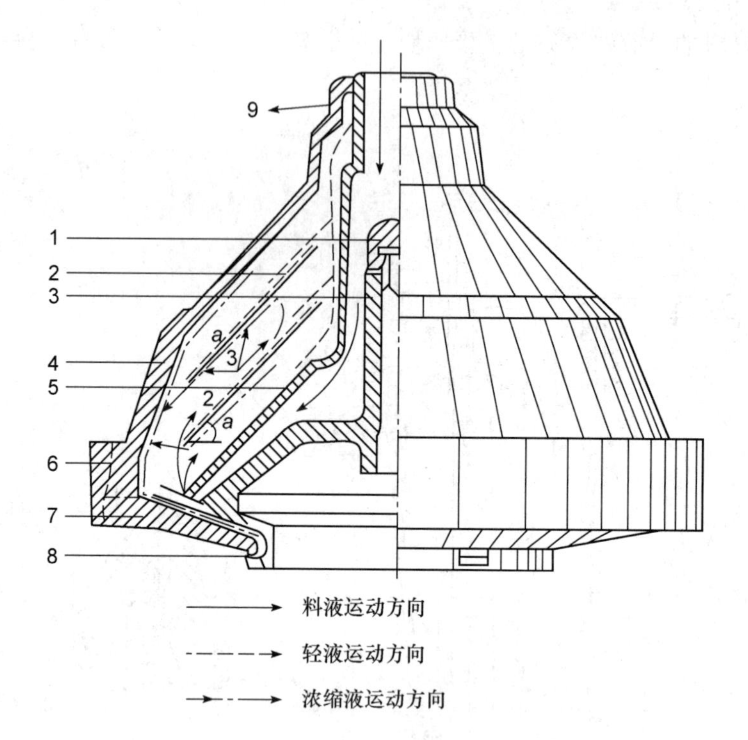

图 10－3　碟片式离心机转子结构及分离过程

1. 大螺帽；2. 碟片；3. 轴套；4. 转子盖；5. 碟片组支承板；
6. 紧固螺圈；7. 转鼓底；8. 浓缩物出口；9. 轻液出口

盘上，传动皮带轮上还装有离心式离合器和刹车装置。国产三足式离心机有 SS－450、600、800、1000 及 1200 等型号。这些数字即离心机转鼓的直径（mm）。

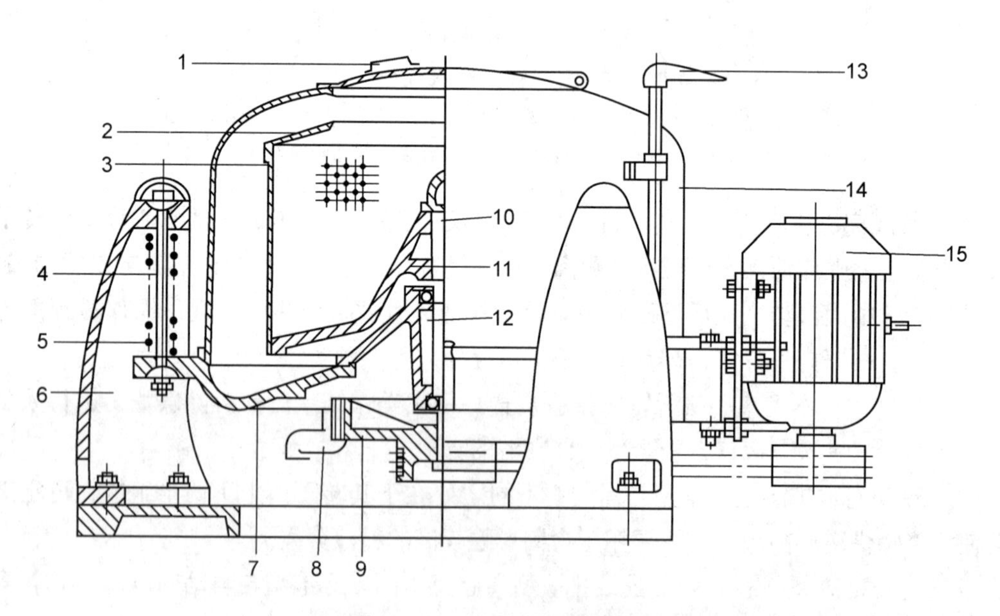

图 10－4　离心过滤机的结构

1. 机盖；2. 拦液板；3. 转鼓壁；4. 摆杆；5. 缓冲弹簧；6. 支足；7. 底盘；8. 滤液出口；
9. 制动轮；10. 主轴；11. 转鼓底；12. 轴承座；13. 制动器手把；14. 外壳；15. 电动机

三足式离心机结构紧凑，主轴短，机身矮，悬挂点高于机体重心，稳定性好，操作平稳，进出料方便，占地面积小，工业上应用广泛。其转速在 1500r/min 左右，分离因素在

300～3500g，可用于分离悬浮液中直径为0.01～1.0mm的颗粒和结晶状物质，如工业生产中用于收集L-天门冬氨酸、L-谷氨酸、L-苹果酸结晶及蛋白质和酶类沉淀物。这种离心机可获得含水量较低的产物，并可对产物进行洗涤而不破坏颗粒或晶体结构，适用于过滤周期长的溶液，且具有操作简单、适应性强的优点。其缺点是处理量有限，需人工卸料，劳动强度大。

目前已研制出全自动三足式离心机，型号为S-800型。通过刮刀或震动装置从底部卸料，并采用容积式液压传动装置，起动平稳，实现了无级变速，同时通过时间继电器使各阶段操作实现自动控制。

另外，除上述三足式离心机外，尚有沉降式三足离心机，此类设备转鼓无孔，有较高的转速及较大的分离因素。

5. 螺旋卸料离心机 螺旋卸料离心机是一种连续操作式固-液分离设备，其转动部分由转鼓与螺旋两部分组成，结构如图10-5所示。转鼓两端水平支承于轴承上，螺旋两端用两个止推轴承装于转鼓内，螺旋与转鼓内壁间有微小间隙。转鼓一端装有三角皮带轮，由电动机带动，转动时螺丝旋与转鼓间有一差动变速器使二者维持约1%转速差。料液由中心管加入，进料位置约在螺旋中部，其前面部分为沉降区，后面为甩干区。在离心力作用下，固形物被沉降于转鼓壁上，液体由左侧溢流孔排出。固体经螺旋从大端推向小端，同时甩干，经外壳排渣孔排出。调节溢流挡板上溢流口位置、转鼓转速和进料速度时，可以改变固形物含水量和液体澄清度，生产能力也随进料速度而改变。

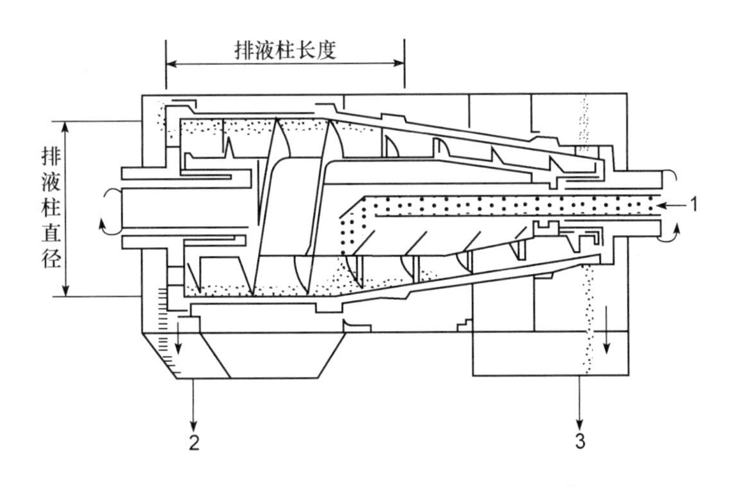

图10-5 螺旋卸料离心机结构与操作示意图

1. 料液进口；2. 液相出口；3. 固相出口

螺旋卸料离心机的重要特点是：①料液浓度变化不影响分离效率，适应范围广，从1%的稀悬浮液到50%的浓悬浮液的分离都适用；②对固体颗粒大小适应范围广；③占地面积小，处理量大；④一般耐受压力为1.01×10^5Pa左右，特殊型号可耐受压力为1.05×10^6Pa，并可用于易燃、易爆及密闭的含有毒物的操作场合；⑤对难于沉降的固体颗粒，可通过调节转鼓与螺旋的转速差来提高分离效率；⑥可加入凝聚剂，令其与物料接触，以加快固体沉降作用。

另外，螺旋卸料离心机尚有卧式与立式之分，立式者有较大分离因素，并耐压；卧式离心机转鼓有圆柱形、圆锥形及圆柱-圆锥形三种，圆柱形用于液相澄清；圆锥形用于固相脱水；圆柱-圆锥形既可用于澄清，也可用于脱水，为最常用者。

螺旋卸料离心机规格也较多，如 WL－200 型、WL－300 型及 WL－450 型等，其半锥角为11°，转速在 2000～4000r/min 之间，分离因素在 1000～2400g 之间。

近几年又出现了高速沉降式螺旋卸料机，其转速在 3000～6000r/min 之间，分离因素为 3000～4000g，是一种连续操作的固－液分离设备，各工序可在同一时间内连续进行，无需控制机构，整个操作期间功率消耗均匀，是一种效率高、适应性强及应用范围广的离心分离机，最适宜于处理难分离的黏性大物料，在医药、食品、化工及发酵工业中已广泛应用。如在医药工业中用于排除胰脏抽提液的胰渣，效果较过滤好，胰岛素收率高；在血粉生产中，动物血液经加热处理，再用该类离心设备离心可得干物质含量达 75% 的湿固体粉末，较喷雾干燥节省大量能源。在发酵工业中常用于淀粉精制及菌体收获。

6. 冷冻高速、超速离心机 高速离心机结构较为复杂，除驱动马达及速度控制装置外，均具有致冷系统、温度自控装置，并配备有几种转子及各种不同离心管，用于分离溶酶体、高尔基体、线粒体和微粒体等细胞器、生物大分子盐析沉淀物及细胞等。这类离心机有美国 Dupont Sorvall RC5B、Beckmann J_2－21、J_2－2IM；德国 Cryofuge 20－3、K－70、K－80；日本 Hitachi 20PR－52D，SCR－20BA、20BB；国产 GL－20、FL－20、GL－18 及 TGL－18 等。

超速离心机系指相对离心力在 100000g 以上的离心设备，通常转速在 60000r/min 以上，目前最高转速已达 160000r/min，相对离心力达 1000000g 以上。这类离心机又分为制备离心机、分析离心机及制备兼分析离心机，其样品处理量一般在 10ml 至数十毫升，多用于蛋白质、酶、核酸、多糖、细胞器的分离纯化及其沉降系数、分子量、扩散系数的分析和构象变化的观察。目前国外生产的制备性超速离心机有美国的 Beckmann L8 系列（80，70，55）、L5－B 系列（75，65，55）、Dupont 的 Sorvall、OPD B 系列（75，65，55），日本的 Hitachi SCP－H 系列（85，70，55）及 P－72 系列（85，70，55），德国 Heraeus Christ 的 Ultrafuge 75 及瑞士的 Kontron TGA 系列（75，65，55）等。

二、制备型超速离心机

在强大的离心力作用下，利用不同密度、质量、大小、形状的组分粒子间沉降行为的差异，将其分离纯化的方法称制备超离心。这些粒子包括生物大分子（主要是 DNA）、细胞器、病毒、细胞等。超离心的利用使分子生物学有了长足的发展，它分离能力强、分辨率高、条件温和，但设备要求高，较为昂贵。

制备型超速离心机主机由驱动系统、真空系统、恒温系统、控制系统、润滑系统等组成，这些部件安装于坚固的机架上。不同种类的转子和离心管是主机的必备配件。较为先进的机型还可选配各种附属设备，如分析光学附件、密度梯度形成－收集仪、切管器、用于区带转子操作的加样－取样器和密度梯度泵等。

（一）制备型超速离心机的五大系统

1. 驱动系统 超速离心机的驱动方式有：直流电动机通过变速齿轮箱驱动、油透平驱动、变频电动机直接驱动等。驱动部设有减震装置。冷却电动机的方式有风冷或水冷。目前，超速离心机大多使用变频电动机驱动，改变了直流电动机要更换碳刷的不便，而且加速过程更快。超速离心机驱动轴为弹性轴（高速离心机用的是刚性轴），在旋转时轴有一定的弹性弯曲，以便适应转子轻微的不平衡，而不至于引起震动或转轴损伤。

2. 真空系统 当转速在 20000r/min 以下时，旋转的转子与空气摩擦产生的热量较低，

仅用制冷机就可平衡摩擦升温和机房室温的影响。当转速超过 40000r/min 时，这样的摩擦生热就成为严重的问题，因此，超速离心机增加了真空系统。一般用油旋转真空泵，当转速在 60000r/min 以上可考虑在真空泵后加上油扩散泵，以加快抽气速度，提高真空度，保证温度和转速的稳定。

3. 恒温系统　为了平衡转子高速旋转的摩擦生热，离心机要有制冷装置。一般由密封式压缩机进行制冷，离心室的内侧就是由制冷系统中的一个大蒸发器组成的，有的蒸发器的冷凝管是盘旋在圆柱形金属板的外侧，也有的蒸发器的圆柱形金属板本身就盘旋有中空管道，这中空管道就是冷凝管。

超速离心机的离心室都是要抽真空的，所以热的传导形式主要靠热辐射，为保持恒温，可用红外线加热等方法来进行温度补偿。

4. 控制系统　控制系统主要由电磁元器件组成：信号的采集由特定功能的传感器完成，信号的处理由电子线路完成，目前先进的机型都引进了数字集成电路进行电信号的逻辑运算，使得可靠性和稳定性大大提高。信号的执行由输出的数字信号经过数模转换或直接对电磁继电器、电子开关等进行控制，通过这种弱电和强电的转换达到驱动和控制各种功能执行部件的作用。控制系统进行速度、温度、真空度及离心时间的设定、检测和控制。

5. 润滑系统　润滑系统使用润滑油循环来冷却、润滑驱动部的齿轮箱及轴承，在真空离心机上还起着密封的作用。润滑方式有：强制润滑系统，用供油泵把润滑油从油箱供应至齿轮箱和轴承，再用泄油泵回收；被动润滑油系统，当转轴旋转时将油吸到齿轮箱和轴承；重力润滑系统，用油杯自动注油，自动控制油平面。后两者的润滑方式在机器运转突然断电时，油润滑系统仍然能够工作，起到保护由于惯性还在运转的齿轮和轴承的作用。

（二）制备型超速离心机的主要配件

1. 转子（centrifuge rotor）　转子是超速离心机的核心设备之一，一般由铝合金或钛合金制成，其制造工艺要求苛刻，价格昂贵，需特别保养。在转子完好时，对各种转子的使用时间、次数及转数均有严格规定。转子类型较多，制备性离心机常用的转子有角度转子、水平转子及区带转子，其次为连续离心转子、垂直管转子及细胞洗脱转子。

（1）角度转子（fixed-angle rotor）　又叫角度头或定角转子，是最基本且又能达到最高转速的转子。离心管中心线与转轴呈 15°～35°角，转子机械强度高，重心低，运转平稳，寿命长，管内温度分布均匀，温差对流小，离心时间短，使用方便，但离心管外壁易产生强烈对流和涡流。同时管外侧会出现沉淀。这就是“壁效应”。离心结束后，区带有重新分布的趋势。该类转子适宜分离颗粒，而且颗粒之间差异较大者效果较好，常用于差速离心。经改进后的新型转子也可用于密度梯度离心及等密度离心（图 10－6）。

（2）水平转子（swing-out rotor）　该类转子又叫外摆式转子或甩平头。离心机启动前，离心管中心线与转轴平行，高速旋转后则与转轴垂直而与水平而平行，故称为甩平头。该类转子结构复杂、加工困难、机械强度低、重心高、容量小，低速运转时易摇摆，离心时间长，寿命短而价格高。离心过程中颗粒自转轴中心辐射地散离，沿管壁滑至管底，对流作用小，“壁效应”弱。适宜密度梯度离心尤其是等密度离心的高纯度分离。若离心管较长而真空度较低时，沿离心管中心线方向温差对流较大，影响分离效果。通常转速在 20000～40000r/min 时，真空度应在 10^{-2}mmHg 以下（图 10－7）。

（3）区带转子（zonal-Rotor）　该转子又叫 Anderson 转子，无离心管，而是用“十”字隔板将样品槽分为四个扇形室。低速转子材料为铝合金，高速转子为钛合金制造，样品、

溶剂与转子壁直接接触，要求材料有强耐腐蚀性，操作者应专门训练。该转子没有“壁效应”，适用于大量样品的密度梯度及等密度梯度离心，离心机使用效率高。操作时，在3000～4000r/min，用泵压出转子内容物，经配有流动池的检测仪自动检测、记录后分部收集，检出纯品管。整个区带离心操作过程中，要求离心机有特定区带程序并附有自动安全措施，要配置各种附属设备和仪器，操作过程复杂，设备较贵，但离心机使用效率高（图10－8）。

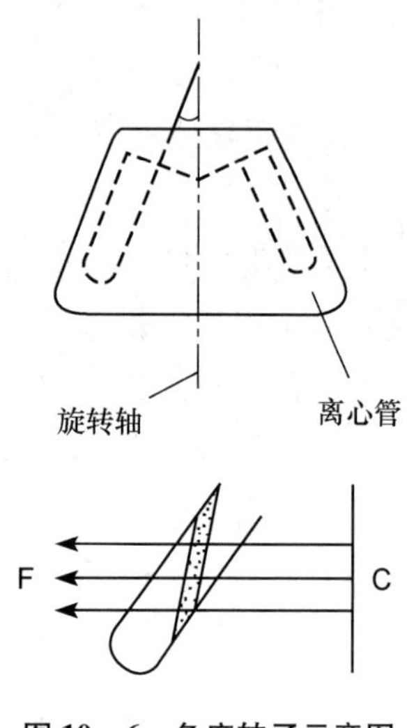

图10－6　角度转子示意图

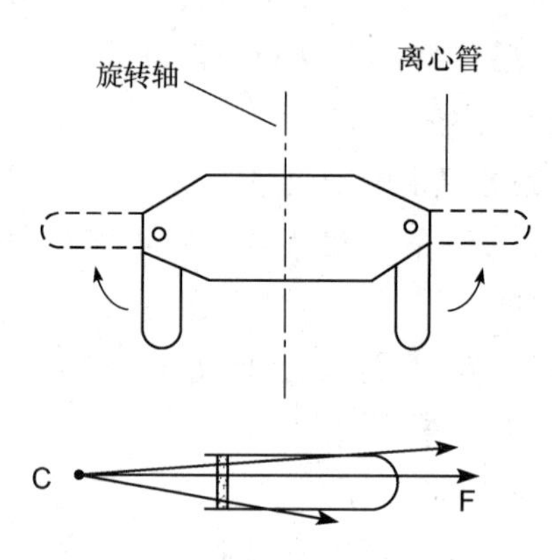

图10－7　外摆式转子示意图

（4）垂直转子（vertical-Tube-Rotor）　该类转子中离心管中心线与转轴平行，属于一种特殊类型的定角转子。离心时的碰撞及温差引起的对流不显著，颗粒沉降时间短。可用于差速、密度梯度及等密度离心，用于平衡等密度离心时效果最佳。但离心时，在加速与减速过程中，密度梯度存在着由水平→垂直→水平的转换过程。为避免转换过程产生涡流及不同密度梯度层的对流，离心机需具备0→1000r/min慢加速、1000→0r/min慢减速及慢加速、慢减速程序与正常程序之间的自动转换功能。

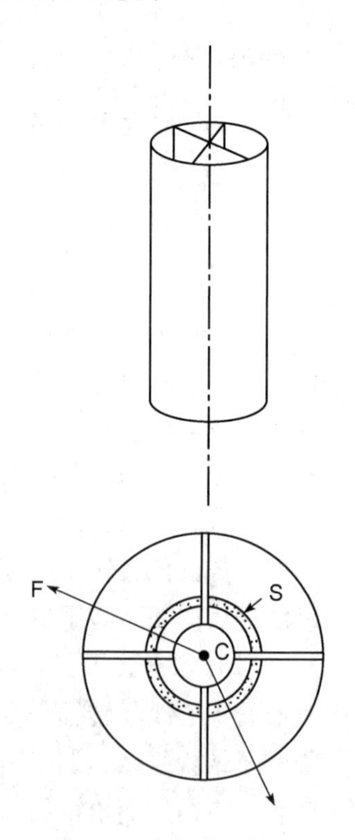

图10－8　区带－转子

（5）连续离心转子（continuous rotor）　这是一种低速或高速离心机转子，也有用于超速离心机者。如美国杜邦公司的Sorvall及贝克曼公司的JCF－Z转子，具有容量为660～2000ml的环槽形离心室，结构简单，在低速运转时加样，高速离心时排出清液，每分钟处理量为100～1500ml。可用于实验室研究工作，也可用于小规模生产，最适宜自培养液中收集菌体及细胞。

（6）细胞洗脱转子（cells elution rotor）　这是一种低速离心时连续分离型转子，最高转速不超过6000r/min，适用范围为1000～3000r/min，可装于带洗脱程序控制的Beckmann J－6M、J－6B及J2－21等系列离心机上，离心时可以从特制盖板开孔中观察洗脱行为，不需要密度梯度。最适于自动植物培养液或发酵液中连续分离单细胞和菌体，回收浓度及回收率均较高。

2. 离心管　制备性超速离心机中离心管是由管体和盖组件两部分组成。管体形式有光

口离心管、螺口离心瓶、一次性快密封管、连盖离心管及毛细管等，盖组件有密封盖组件及速压盖等。制造离心管的一般材质有塑料、不锈钢、铝合金及钛合金等，主要为塑料，如聚乙烯、聚丙烯、硝化纤维及聚碳酸酯等，以聚碳酸酯性能为最佳。管帽的作用是支撑管口以防变形，防止挥发失衡，密封样品，阻止外泄污染。对着有毒性、放射性，尤对具生物危险性的样品更需小心。

三、分析型超速离心机

分析型超速离心机是用于测定、分析生物大分子或其他一些颗粒的某些物理化学参数的离心机。它配备有特殊分析转子、光学检测系统、光电转换和照相系统。仪器的转速稳定性高，温度控制和测量精度也较高。

分析型超速离心机的转子有数个装离心池的小室，配以多种离心池，离心池可上下透光。分析型超速离心机在生物分子的研究中得到广泛的应用，可鉴定样品的纯度、生物分子间聚集与解离过程的特性、描述大分子构象的改变、测定沉降系数和热力学参数等。分析型超速离心实验与制备型超速离心实验有根本不同的地方：分析型超离心可实时观测样品的沉降情况，进行参数的测定；实验的目的是描述样品的主要特征，而不是制备或纯化某种样品。

第三节　离心分离的模式

扫码“学一学”

制备离心依照离心的分离要求、分离原理、是否使用密度梯度等因素，可分作“差分离心”（离心沉降）和“密度梯度区带离心（离心分离）”。后者主要分作“速度区带离心”和“等密度区带离心”两类。

一、差分离心法

差分离心法（differential centrifugation）亦称为“差速离心法”，其原理是依据不同大小和密度的颗粒在离心力场中沉降速度的差异进行离心分离。过程是将样品溶液在一定离心力场中离心一定时间使特定组分沉降于管底，分出上层液，沉淀物再用同样大小的离心力“淘洗”几次，即得颗粒大的较纯组分。上层液再用加大的离心力场离心一定时间，所得沉淀再经几次“淘洗”，又可获得中等大小的较纯组分。如此依次提高离心力，逐级分离和纯化所需组分，故称其为差分离心法。该法在离心过程中，大颗粒在向管底沉降时必然夹带小颗粒而产生共沉降作用，因此差分离心所得沉淀物只具有相对纯度而不具有绝对均一性（图 10 -9）。

二、速度区带离心法

速度区带离心法（rate-zone centrifugation）又叫速率区带离心法或分级区带离心法。离心操作时将样品液置于连续或不连续线性或非线性密度梯度液上，控制离心时间，使所需组分穿过部分梯度液，形成的分离区带在达到其等密度区之前即停止离心。此法特点是介质最大密度小于所有颗粒密度，即 $\rho > \rho_{max}$，故必须选择在密度最大的颗粒完全沉降以前即停止离心，但又须使各组分行进足够长的距离在梯度中形成不连续区带（图 10 - 10）。

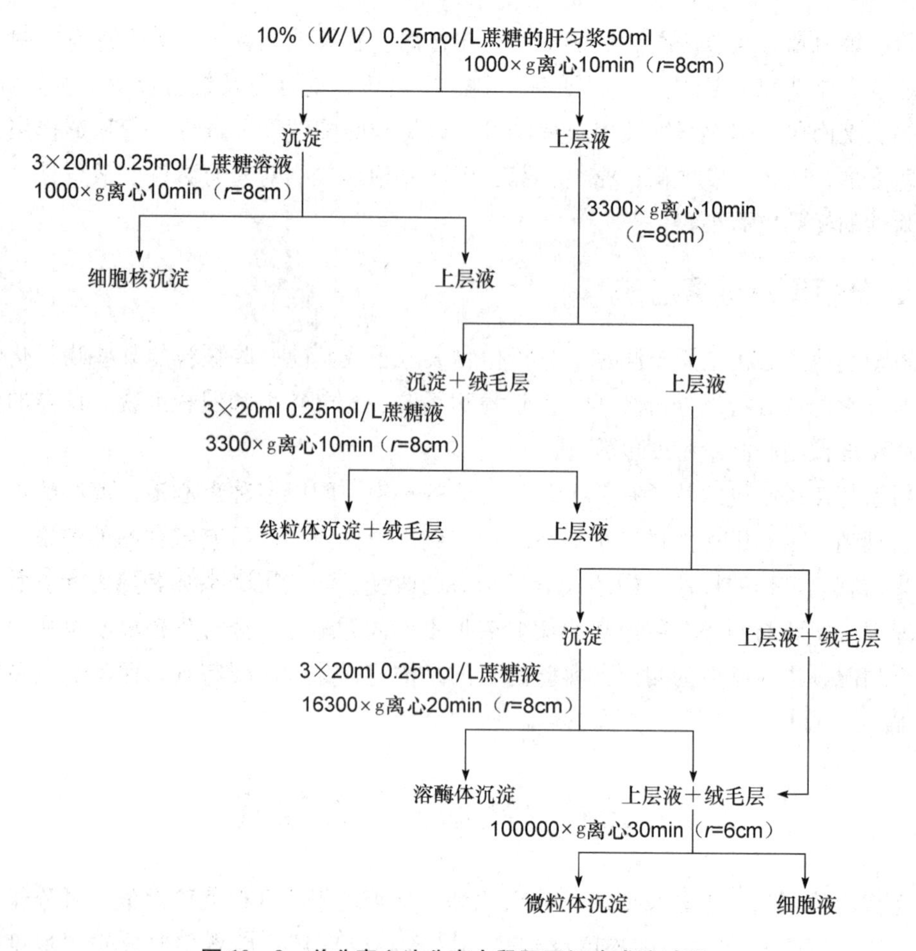

图 10－9　差分离心法分离大鼠肝亚细胞成分过程

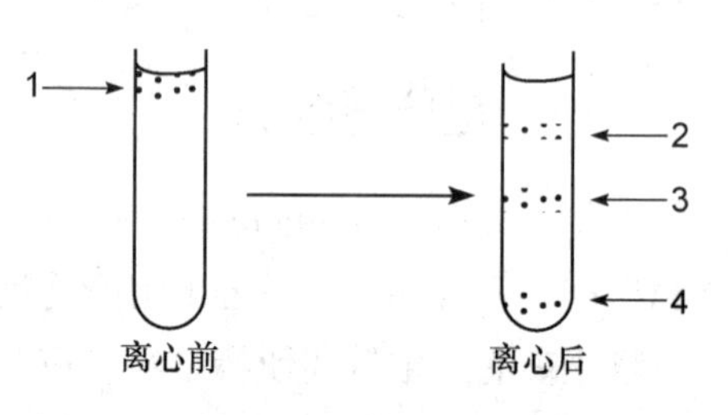

图 10－10　速度区带离心示意图

本法适于分离颗粒大小不同而密度相近的组分，如 DNA 与 RNA 混合物、核蛋白体亚单位及线粒体、溶酶体及过氧化物酶体等。

速度区带离心的特点如下。

（1）样品加于梯度介质的顶部、离心时间须严格控制。

（2）介质的密度亦须严格掌握：梯度最大值≤组分最小密度。

（3）样品的密度＜梯度密度最小值。

（4）分离依据是各组分之沉降系数差。

（5）分辨率受组分沉降系数、离心时间、颗粒扩散系数、介质黏度及梯度范围和形状的影响。

三、等密度区带离心法

等密度区带离心法（isopycnic zone centrifugation）也是一种“离心平衡法”，它是离心力作用下，不同密度的多组分颗粒在梯度介质中“向上”或“向下”移动。当移动至其密度与介质密度相等的位置便不再移动，形成静止区带－即“达到”离心平衡。区带的位置即该组分的“等密度点”（图 10－11）。

该法的特点如下。

（1）加样位置不拘。

（2）离心平衡后，区带的位置、形状、不受离心时间影响。

（3）梯度的密度范围应包括样品中所有组分颗粒之密度。

（4）分离依据是颗粒组分间“浮力密度”的差异，与颗粒大小，形状无关。

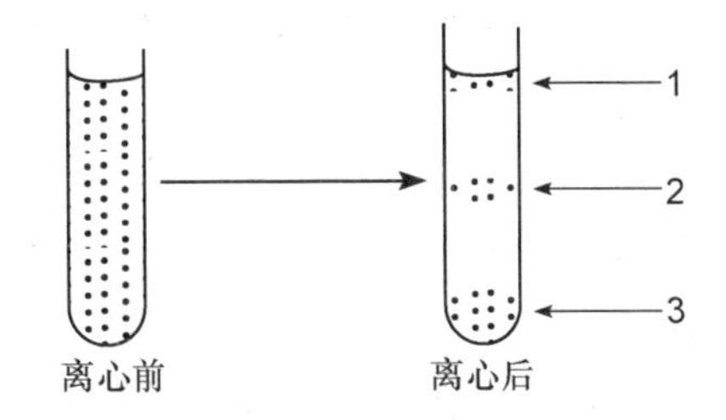

图10－11　等密度区带离心示意图

（5）离心力大小，组分颗粒的大小和形状，介质密度梯度的斜率和形状，黏度影响离心时间和分辨率（区带宽度）。

此处要提请注意的是，介质密度梯度既可以在离心前“预先制备”；也可“离心制备”。后者是一种分离生物大分子并测定其浮力密度的静力学离心技术。其过程是利用在离心力场中能自动形成密度梯度且在一定时间内保持密度相对稳定的物质（如 CsCl、Cs_2SO_4、RbCl 及 Rb_2SO_4 等）制备密度梯度液，离心前将样品与上述梯度溶液均匀混合，经足够时间离心后，样品中各组分在密度梯度液中分别向与其漂浮密度相等的区域靠近（沉降或上浮），最终形成以相应漂浮密度为中心的高纯度样品区带。该法可利用角度转子、水平转子及垂直管转子进行离心，转速常在 30000～40000r/min 之间，离心时间在 20～72 小时之间。本法在分离基因（DNA 片段）及 RNA 中已获得良好效果。

另外组分颗粒的密度并非一成不变的，有时会随介质环境而改变。如颗粒发生水合，密度即降低。反之，如果颗粒与梯度介质结合即密度升高。

四、密度梯度技术

（一）密度梯度的作用

离心管（或转子）中介质密度自管口（近轴点）到管底（远轴点）逐渐增大的状态称作“密度梯度”。

密度梯度的作用是：①提供良好的分离环境，增加分离层次，提高分辨率；②防止温差及振动等不良因素造成的对流或扰动影响离心过程和离心结果。

（二）梯度介质的基本要求

（1）梯度介质应自身密度大，且溶解度足够大，以便制作出密度范围大的密度梯度。

（2）理化性质稳定，生物惰性；离子强度低，渗透压小，黏度小。

（3）具某种可测性（如折射率）以测其浓度（密度），但不干扰分离组分的测定。

（4）便于除去或回收。此外还有纯度，价格等因素。

（三）密度梯度的设计

1. 梯度介质的选用

（1）盐梯度介质　该类介质形成的梯度密度高，如 CsCl（1.98）、Cs_2SO_4（2.01）、CsBr（1.72）等，黏度低，对密度梯度的制备和离心过程很有利。但由于其离子强度高、渗透压大，不宜用作细胞及细胞器的分离。多用于核酸类物质的分离纯化。尤其适用于等密度区带离心。

（2）小分子有机物　它们取材容易，十分价廉，如甘油、蔗糖等，该类介质密度低，

有一定的黏度和渗透压，多用作速度区带离心，分离生物大分子或小颗粒。也可作等密度区带离心，分离微生物细胞。

（3）三碘化苯衍生物　其密度比盐介质小，但比蔗糖大（D = 1.46）理化性质稳定，黏度小，渗透压亦小。应用十分广泛，从分离生物大分子（如蛋白质，核酸）直到完整细胞。

（4）有机高聚物　最常用的是牛血清蛋白（BSA）。该类介质与小分子有机物相比，渗透压明显要小，故可用来分离细胞器和动植物完整细胞。

（5）胶态二氧化硅　商品 Ludox（D = 1.2），黏度及渗透压皆较低，对分离不稳定颗粒特别有利。不足之处是在 pH 4 ~ 7.5 时稳定性欠佳；且高速离心时（$>1\times10^5g$）会产生沉淀，故不宜用作生物大分子或其复合物（如核蛋白）的分离。

表 10 - 2 列出了一些常用梯度介质的性质和用途。

表 10 - 2　一些常用梯度介质的性质和用途

品　名	分子量	最大密度	用　途
CsCl	169.4	1.9 ~ 1.98	DNA、RNA 及核蛋白体的分离
Cs_2SO_4	361.9	1.9 ~ 2.01	DNA 及 RNA 的分离
NaBr	102.91	1.53	脂蛋白的分离
NaI	149.9	1.9	DNA 及 RNA 的分离
酒石酸钾	235.3	1.49	病毒的分离
蔗糖	342.3	1.35	应用范围极广
蔗糖 - 葡萄糖	—	1.35	染色体的分离
蔗糖 - 重水	—	1.4	核糖核蛋白体分离
甘油	92.09	1.26	膜片段、核片段及蛋白质的分离
山梨醇	—	—	病毒及酵母等颗粒的分离
重水	20	1.11	肌动蛋白等成分的分离
Ficoll	400000	1.23	应用极广泛
右旋糖苷	~70000	1.05	微粒体分离
牛血清白蛋白	~69000	1.12	细胞分离
水合氯醛	165.4	1.91	染色体分离

2. 梯度的密度范围　差速区带离心：梯度最大密度应小于样品各组分之最小密度（避免形成等密度带）；顶部密度大于样液密度。

等密度区带离心：应包括样品中全部组分的密度。用盐介质作平衡等密度离心时，形成的梯度范围与介质本身性质，起始浓度，离心力大小及两端旋转半径有关：

$$\rho_2 - \rho_1 = \frac{\omega^2(r_2^2 - r_1^2)}{2\beta^\circ}$$

式中，β°为盐密度梯度的比例常数，与分子扩散及盐起始浓度有关。

3. 梯度的形状　有五种：直线型、阶梯型、凹型、凸型、复合型。

（1）直线型梯度　是最常用的密度梯度形式。对差速区带离心必须使用预形成梯度。等密度区带离心可使用预形成或离心形成的梯度。

注意：预形成梯度经长时间离心后，线型会发生变化。

（2）阶梯梯度　梯度容量大、分离快，主要用于组分颗粒区带很靠近的等密度区带离心。适用细胞器、病毒、完整细胞的分离。

但阶段梯度的设计必须源于线性梯度的分离数据。

（3）凹型梯度（对数型梯度）　常用于提高等密度区带离心时，较低密度颗粒的分辨率。

（4）凸型梯度（指数型梯度）　常用于提高等密度区带离心时，较高密度颗粒的分辨率。

（5）复合型梯度　包含“上述”两种以上的梯度形状；或既有差速区带离心的内容，也有等密度区带离心的内容。既利用颗粒沉降系数差、也利用密度差。一次离心即可彻底分离样品中各组分。但其设计必须基于前期分离的数据。

4. 梯度的容量　指在达到分离要求的情况下，样品的最大容纳量。它与样品的组成和分离要求有关；与介质的总体积，斜率、黏度有关；与转子的形式及转速有关。速度区带离心时还和样品的体积有关，所以分离要求高、容量下降；梯度斜率大容量亦下降。

5. 直线性梯度的斜率　样品组分性质悬殊时，可用大斜率，短离心管。此时区带窄，区带容量小，费时少。样品组分性质相近时，可用小斜率，长离心管。此时区带宽、区带容量大、费时长。通常，差速区带离心斜率 < 等密度区带离心斜率。差速区带离心时，大的斜率和离心力有“浓缩”作用。

离心形成的梯度斜率与离心力成正比（ω^2 和 r），与扩散力成反比：

$$\frac{\mathrm{d}\rho}{\mathrm{d}r} = \frac{\omega^2 r}{\beta^\circ}$$

总之，粗分时用大斜率；纯化、细分时用小斜率。

（四）密度梯度的制备

可用手工、梯度混合仪、离心形成法制备。

1. 不连续梯度的制备（阶梯梯度）　在离心管中先加入高浓度梯度介质，再逐渐加入低浓度梯度介质。但由于扩散作用，可慢慢转变为连续梯度。

扩散形成的时间还受温度、阶梯厚度、阶梯密度差的影响。

2. 混合梯度法　可借助梯度混合仪（图10－12）或自动梯度仪—能自动调节梯度斜率、形状、浓度等要素，还可同时制备几个梯度。

注意，制成的梯度放置过久，梯度斜率和形状会发生变化。

3. 离心平衡法　只适用于盐介质。盐液经过一定时间的超速离心后，当盐“分子”沉降速度等于相反方向的扩散速度时，即形成了“平衡密度梯度”。此时梯度中点密度等于介质的起始密度。而梯度斜率，取决于离心力大小（离心半径，转速决

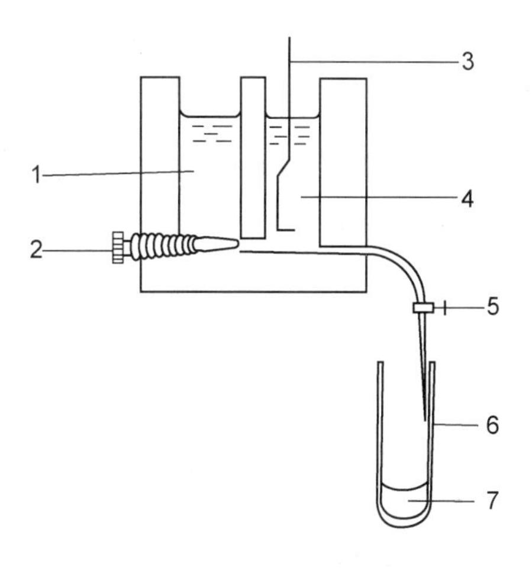

图 10－12　手动式梯度混合仪

1. 储液室；2. 螺旋活塞；3. 搅拌棒；4. 混合室；5. 控制活塞；6. 离心管；7. 梯度液

定），转子及离心管等因素。

反复冻融也可形成线性梯度。如20%蔗糖经冻融2～3次便可形成10%～30%的线型梯度。

扫码“学一学”

第四节　离心分离的操作

一、加样和离心

1. 样品准备　离心前须去除样品中的大颗粒及胶样不溶物。速度区带离心时，样品密度须低于梯度最小值，样品中须含有低浓度电解质（如0.2mol/L NaCl）可消除带相反电荷组分颗粒间互相吸引带来的不利影响（减小沉降速度和分辨率）

样品还须加缓冲剂或其他保护剂，如巯基乙醇、EDTA、某些金属离子（Mg^{2+}、Ca^{2+}）、酶底物等。

2. 加样　顶部加样—差速区带离心（沉降）；底部加样—漂浮差速区带离心；中部加样—平衡等密度区带离心；混合加样—平衡等密度区带离心。

差速区带离心：样品须少，少于梯度总体积之5%。

3. 离心　严格按使用说明操作。样品离心管须严格配平（工业天平，±0.01g）超离须在真空及低温进行，加减速要缓慢。变化剧烈会扰动梯度和区带，降低分辨率。

平衡等密度离心时，转速不能过高（导致CsCl结晶，破坏离心管，发生危险）。

二、梯度回收

须防温差，振动或扰动带来不良影响。

1. 底部穿刺法（图10－13）　适用于塑料管、黏度小的场合，十分方便。因从重梯度开始收集，须慢，这样可减轻沾壁和拖尾。

2. 取代收集法（图10－14）　不破坏离心管为其特征，分为取代法和虹吸法。

（1）取代法　①向上取代法：以重液从底部向上取代，由稀到浓收集；②向下取代法：以轻液从顶部向下取代，由浓到稀收集。

（2）虹吸法　靠负压吸引，从底部依次吸出梯度液；也有从顶部，由稀到浓吸出梯度液。

3. 切割法　梯度液黏度较大时，上述方法皆不适用，须采用切割法收集。

（1）冻结切割法　须快速冷冻而不形成冰晶。

（2）聚合切割法　将丙烯酰胺单体，双体，核黄素加入梯度介质中，离心完成后，光照聚合，然后切割。

4. 区带转子的离心和收集　以动态装料为例：在低转速下（3000rpm）先泵入低密度液，再逐渐升高密度。于是形成外高内低，同心圆密度梯度。再泵入少量更浓液作“衬垫”。加样后再引入更轻液为“覆盖层”。移去加液装置，升速到指定值。

离心达时后减速至3000r/min，接上加液装置泵入重液（同衬垫），由轻到重逐渐取代出梯度液。

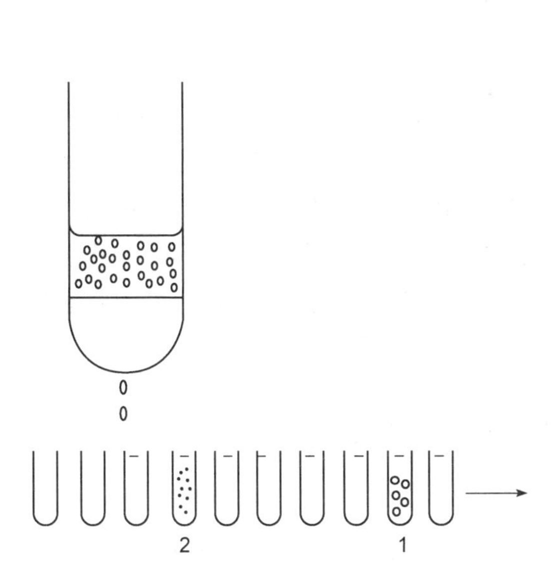

图 10－13　穿刺法分部收集示意图

1. 大颗粒；2. 中等颗粒

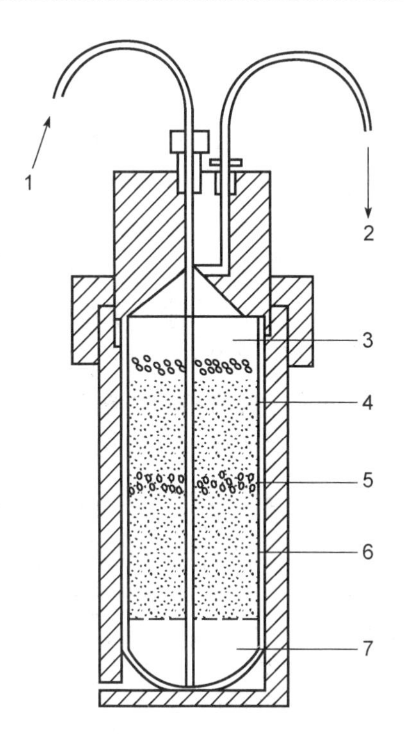

图 10－14　取代法分离梯度液示意图

1. 60%～70%蔗糖液；2. 梯度液分部收集；
3. 14.3%蔗糖浓度；4. 34.5%蔗糖浓度；
5. 40%蔗糖浓度；6. 45%蔗糖糖浓度

三、梯度的分析

1. 测定梯度浓度的意义

（1）指导，验证密度梯度的制备。

（2）了解组分区带所在梯度的位置及相应密度。

2. 梯度测定法

（1）折射法。省样（25μl）、省时，操作简单。

（2）比重直接测定法。

3. 样品组分测定　有紫外法、酶活力测定、放射测定法、免疫测定法、电泳法、光散射法等。介质往往影响测定，应注意设法消除。

四、离心的注意事项

高速与超速离心机属重要精密设备，其转速高，产生的离心力大，使用不当或缺乏定期的检修和保养，都可能产生严重的事故，因此使用离心机时必须严格遵守操作规程。

（1）确保选择的转子是合适的，并且很好地安装在转轴上。

（2）使用离心机时，必须事先在天平上平衡离心管（包含内容物）。离心管必须互相对称地放在转子中，以便使负载均匀地分布在转子的周围。

（3）确保选用合适的离心管：速度过高时离心管有可能会破裂。

（4）若要在低于室温的温度下离心，转子应该在使用前置于冰箱中或置于离心机的转子室内预冷。

（5）在离心机的转速达到设定的最大转速并运行平稳前不要离开。

（孔　毅）

扫码“练一练”

第十一章　膜分离技术

过滤技术是生物制药工艺中应用最广泛、最频繁的分离手段之一。从原材料处理直至产品的提取、纯化、精制都离不开过滤操作。最原始的、也是目前最常见的过滤是指利用多孔过滤介质阻留固体颗粒而让液体通过，使固－液两相悬液得以分离的过程。后来发展到固－气和液－气两相的过滤分离。但这些过滤都不是分子水平的。随着科学技术的进步，人们用人工制造的薄膜过滤介质实现了分子（离子）级水平的过滤分离。其中有透析法、超过滤、反渗透和电渗析等，这些都被称作膜分离技术（表11－1）。

表11－1　各种过滤技术的比较

	分离范围	分离动力	分离介质	用　途
一般过滤	>1μm	压力差	天然介质	固－液相分离
微孔过滤	0.01～1μm	压力差	人工微孔滤膜	固－气、液－气、固－液相分离
透析	5～100Å	分子扩散	天然或人工半透膜	分离分子量悬殊的物质
超级过滤	5～100Å	压力差	人工超滤膜	分离大小分子
反渗透	<5Å	压力差	人工反渗透膜	水与小分子分离
电渗透	<5Å	电能	人工离子交换膜	小分子、大分子、水

*1Å＝0.1nm

膜分离技术（membrane separation technology）是指用膜作为选择障碍层，允许某些组分透过而保留混合物中其他组分，从而达到分离目的的技术。膜可以是均相的或非均相的、对称型的或非对称型的、固态的或液态的、中性的或荷电的。膜厚度可以从几微米到几毫米不等。

膜分离过程与传统的分离方法，例如蒸馏、萃取等分离过程相比，具有如下特点：①高效。膜分离分离过程简单，整个过程需时少，是一种高效的分离方法。②节能。多数膜分离过程在常温下操作，被分离物质不发生相变，是一种低能耗、低成本的单元操作。③分离装置简单，操作方便。膜分离过程的主要推动力一般为压力，因此分离装置简单，占地面积小，操作方便，有利于连续化生产和自动化控制。④分离系数大，应用范围广。膜分离不仅可以应用于从病毒、细菌到微粒的有机物和无机物的广泛分离范围，而且还适用于许多特殊溶液体系的分离，如溶液中大分子与无机盐的分离，共沸点物或近沸点物系的分离等。⑤适合热敏物质的分离。膜分离过程通常在常温下进行，因而特别适合于热敏物质和生物制品（如蛋白质、酶、药品等）的分离、浓缩和富集。⑥工艺适应性强。膜分离的处理规模根据用户要求可大可小，工艺适应性强。⑦无污染。由于膜分离过程中不需要从外界加入其他物质，既节省了原材料，又避免了对环境的污染。

现代制膜技术是20世纪70年代开始的。各种新型人工膜和膜分离装置不断涌现。它们不但是生化分离、制备的有效手段，而且在废水处理、海水淡化、人工肾研究、医药生产等方面都发挥了越来越大的作用。

无论何种过滤技术，都力求在保证足够高的分辨率基础上，追求尽可能快的过滤速率。

前者由滤材的孔径、孔径分布及滤材对溶质分子的作用决定，而影响滤速（V）的因素较多：

$$V = \frac{n\pi d^4 \Delta P}{128\alpha\eta L}$$

式中，n 为毛细孔道数；d 为毛细孔道直径；L 为毛细孔道长度；ΔP 为滤材两面压力差；α 为毛细管弯曲校正系数；η 为料液黏度。

第一节　透　析

扫码“学一学”

透析（dialysis）是应用最早的膜分离技术。1861 年 Thomas Graham 首次利用来源于动物的半透膜去除多糖和蛋白质溶液中的无机盐。

膜分离技术的发展和制膜工艺的发展有直接的关系。早期的膜差不多都取自于动物体，来源有限，分离效果也差，不能大量应用，往往只能用于透析。20 世纪 30 年代初，Elford 制成硝化纤维素膜。后来 Graig 等人对赛璐玢（玻璃纸）透析管进行了细致地研究，用各种理化方法改变赛璐玢膜的孔径，克服再生能力低、流速慢等缺点，并对透析装置进行了改进，使透析技术前进了一步，即使在超滤技术相当发达的今天，透析法仍有一定用途，尤其是在实验室中处理小量试样时。

透析法的特点是用于分离两类分子量差别较大的物质，即将分子量 10^3D 以上的大分子物质与分子量在 10^3D 以下的小分子物质分离。由于是分子水平的分离，故无相的改变。透析法都是在常压下依靠小分子物质的扩散运动来完成的，此点不同于超滤。

透析法多用于去除大分子溶液中的小分子物质，此称为脱盐。其次常用来对溶液中小分子成分进行缓慢的改变，这就是所谓的透析平衡。如透析结晶等。

透析膜两边都是液体，一边是供试样品液，主要成分是生物大分子，是试验过程中需要留下的部分，被称作“保留液”（retentate）；另一边是“纯净”溶剂，即水或缓冲液，是供经薄膜扩散出来的小分子物质逗留的空间场所，或是提供平衡小分子物质的“仓库”，透析完成后往往是不要的，被称作“渗出液”（diffusate）。

一、透析膜

可以充当透析膜的材料很多，如禽类嗉囊、兽类的膀胱、羊皮纸、玻璃纸、硝化纤维薄膜等。人工制作透析膜多以纤维的衍生物作为材料。目前最常用的是赛璐玢透析膜，有平膜和管状膜两种，后者使用十分方便。用于制作透析膜的高聚物应具有以下特点。

（1）在使用的溶剂介质中能形成具有一定孔径的分子筛样薄膜。由于介质一般为水，所以膜材料应具有亲水性，它只允许小分子溶质通过而阻止大分子溶质通过。

（2）在化学上呈惰性。不具有与溶质、溶剂起作用的基团，在分离介质中能抵抗盐、稀酸、稀碱或某些有机溶剂，而不发生化学变化或溶解现象。

（3）有良好的物理性能。包括一定的强度和柔韧性，不易破裂，有良好的再生性能，便于多次重复使用。

日常使用的透析膜可以从市售的玻璃纸中进行筛选，也可以用硝酸纤维或醋酸纤维自制。表 11－2 中列出了几种市场上常见的透析膜。

表 11－2　几种商品透析膜

型号	相当于 Visking 公司型号	扁平宽度（英寸）	膜壁厚度（cm）
8	8/32	0.390	2×10^{-3}
20	20/32	0.984	8×10^{-4}
27	27/32	1.312	10^{-3}
36	36/32	1.734	10^{-3}
$1\frac{7}{8}$SS	$1\frac{7}{8}$SS	2.88～3.14	1.6×10^{-3}
$3\frac{1}{4}$SS	$3\frac{1}{4}$SS	4.65～5.10	3.5×10^{-3}

＊1 英寸＝2.54cm

透析管孔径大小可经机械作用和理化处理而改变。例如乙酰化作用可缩小膜的孔径，直至能阻滞甲醇分子通过；而用 64% $ZnCl_2$ 溶液浸泡时，膜的孔径可增大到能使分子量为 135000 的大分子通过。机械法对管膜孔径的影响可因作用方向而异。线型膨胀可使孔径减小 50%，而放射型膨胀作用由于管内液体静压力加大，可使管膜孔径增加1～2 倍以上。表 11－3 是 Union Carbide 各种型号透析管的渗透范围，表 11－4 是 Union Carbide 的三种透析管经不同处理后孔径的变化。

表 11－3　Union Carbide 各种型号透析管的渗透范围

型　号	近似膨胀直径（湿）（cm）	可透过的分子量	不能透过的分子量
8 透析管	0.62	5732	20000
18 透析管	1.40	3300	5732
20 透析管	1.55	30000	45000
27 透析管	2.10	5732	20000
36 透析管	2.80	20000	—
$1\frac{7}{8}$SS 透析管	4.70		
$3\frac{1}{4}$SS 透析管	8.13	（不详，但与 8 号管大致相同）	

表 11－4　不同处理方法对 Union Carbide 透析管孔径度的影响

透析管型号及处理方法	分子量范围
18DC 线形膨胀和乙酰化	100～2000
18DC 线形膨胀	2000～60000
18DC 未经处理	6000～12000
20DC 未经处理	12000～20000
20DC 加压放射形膨胀	20000～45000
20DC $ZnCl_2$ 处理	45000～135000

此外，某小分子溶质的渗透性也因溶液中存在某些微量表面活性剂而增加，可能是由于它们吸附在膜的“活性位置”上，改变了膜的理化特性。

各种纤维素透析膜片孔径度一般不如管状膜那样易于控制，透析的有效面积也小于管状膜。实验中样品量小，用透析管较方便，而工业上大量溶液透析脱盐时，用透析膜片有利。

商品透析管膜常涂甘油以防破裂，并含有极其微量的硫化物、重金属和一些具有紫外吸收的杂质。它们对蛋白质和其他生物活性物质有害，用前必须除去。Mophie 建议先用 50% 乙醇慢慢煮沸 1h，再分别用 50% 乙醇、0.01mol/L 碳酸氢钠溶液、0.001mol/L EDTA 溶液依次洗涤，最后用蒸馏水浸洗 3 次，基本可除杂质。实验证明，用 50% 乙醇处理对除去具有紫外吸收的杂质特别有效。

已处理好的管膜如果不用，可储存于 4℃ 蒸馏水中，如需长期储存，可加少量叠氮化钠、三氯甲烷以防细菌侵蚀。再用时需用蒸馏水充分漂洗。然后灌入溶剂，仔细检查，不漏即可用。

二、透析方法及装置

透析方法较简单，可将已处理及检查过的透析袋用棉线或尼龙丝扎紧底端，然后将待透析液（1～100ml）从管口倒入袋内。但不能装满，常留一半左右的空间，以防膜外溶剂大量渗入袋内时将袋胀裂，或因透析袋膨胀，而引起膜孔径的大小发生改变。装透析液后，即紧扎袋口，悬于装有大量纯净溶剂（水或缓冲液）的大容器内（量筒或玻璃缸），如图 11－1 所示。实验室小型透析装置常加上搅拌并定期（或连续）更换新鲜溶剂，这样可大大提高透析效果。

（一）旋转透析器

在透析容器下安装电磁搅拌器只能消除膜外溶剂的浓度梯度，而不能消除膜内溶剂的浓度差。Feinstein 介绍的透析装置，可使膜内外两侧液体同时流动，使透析速度大大增加，如图 11－2 所示。这种简单装置可放多个透析袋，透析速度比图 11－1 示意的装置约快 2～3 倍。

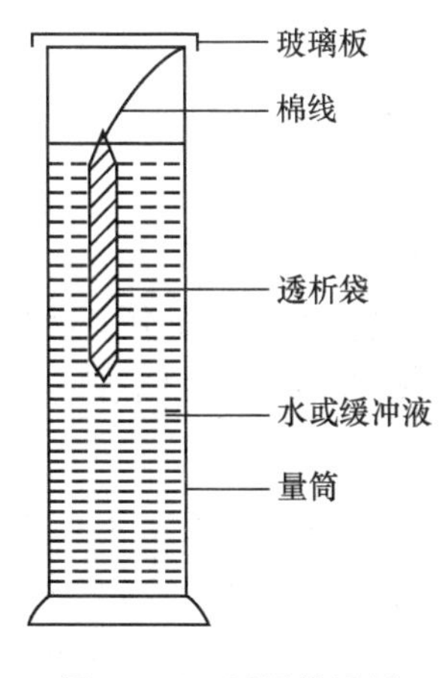

图 11－1　透析袋透析的简单装置

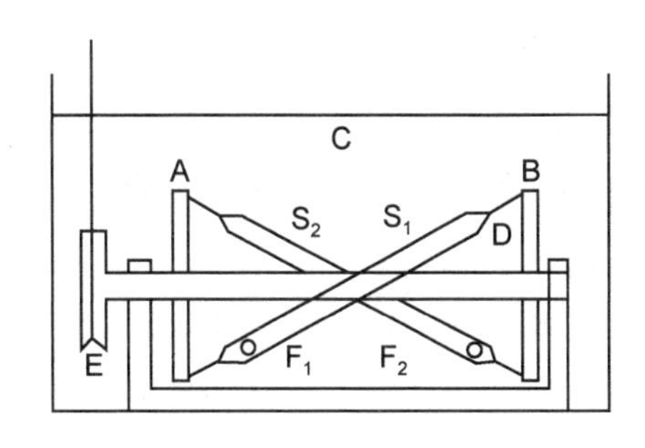

图 11－2　旋转透析器简图

A、B. 木轮；D. 横轴；S1、S2. 透析袋；F1、F2. 玻璃珠

O. 盛水或缓冲液的容器；D. 横轴

（二）平面透析器

圆筒形透析管虽然使用较方便，孔径易控制，但透析面积较小。用塑料框把透析管张开成为很薄的平面透析管，然后把它的两端连接到转动装置上，效率比管状旋转透析又有所提高。

（三）连续透析器

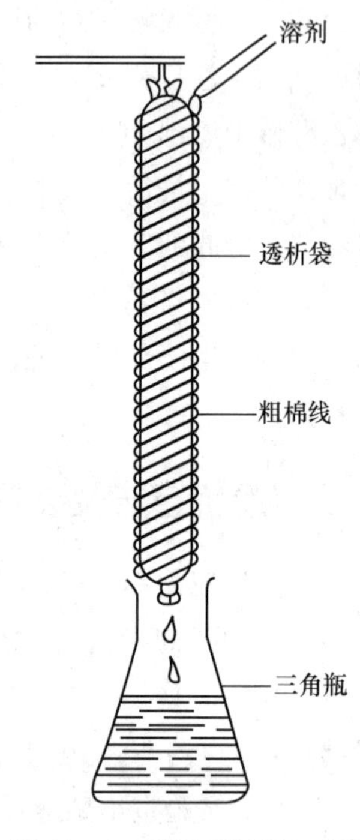

图 11－3　连续透析器示意图

上述各种装置在膜内外的透析物质达到平衡后必须更换新鲜溶剂，比较麻烦。Hospethom 介绍的简单装置如图 11－3 所示，用一根很长的粗棉线绕在两端扎紧的长透析管上，棉线缠绕的螺距应适当，以保证透析液有一定流速，溶剂沿棉线自上而下流动把透析管中扩散出的小分子不断移去。使用这种装置可使 50ml、0.9mol/L 硫酸铵溶液在 18/32 透析管内对蒸馏水透析 7 小时后，除去 99% 的盐。

连续透析装置有多种，其原理都是使溶剂更新以加大膜内外的浓度差，提高透析速度。此种装置除用于分离、浓缩外，还可用于酶促连续反应。我国轻工业部食品发酵工业研究所在研究天门冬氨酸的酶促合成时，用连续透析法使酶和底物溶液分别缓慢流入用半透膜隔开的压滤机形式的连续透析器中进行反应，可提高酶的利用率避免渗入杂质，天门冬氨酸转化率达 90% 以上。

（四）浅流透析器

可兼用于透析和超滤。样液经小沟由中心沿螺旋形浅道流向外周，沟底为平面膜，样液边流动边透析。当样液流至末端，透析即告完成。关于浅流透析的效率和各种因素的影响及其装置与原理，请看本章超滤部分。

为了提高透析效率，增加样品容量，人们还设计了反流连续透析器、减压透析器、中空纤维透析器等。

第二节　超滤技术

扫码“学一学”

扫码“看一看”

一、超滤的特征和用途

超滤技术（ultrafiltration technology）是最近几十年迅速发展起来的一项分子级薄膜分离手段。它以特殊的超滤膜为分离介质，以膜两侧的压力差为推动力，将不同分子量的物质进行选择性分离的一项技术。

超滤膜的最小截留分子量为 500 道尔顿，在生物制药中可用来分离蛋白质、酶、核酸、多糖、多肽、抗生素、病毒等。超滤的优点是没有相转移，无需添加任何强烈化学物质，可以在低温下操作，过滤速率较快，便于做无菌处理等。所有这些都能使分离操作简化，避免了生物活性物质的活力损失和变性。

由于超滤技术有以上诸多优点，故常被用作：①大分子物质的脱盐和浓缩，以及大分子物质溶剂系统的交换平衡；②大分子物质的分级分离；③生化制剂或其他制剂的去热原处理。

超滤技术已成为制药工业、食品工业、电子工业以及环境保护诸领域中不可缺少的有力工具。

二、超滤的基本原理

一般认为，超滤是一种筛分过程。超滤膜表面分布有一定大小和形状的孔，在一定的压力作用下，含有大、小分子溶质的溶液流过超滤膜表面时，溶剂和小分子物质（如无机盐类）透过膜，一般称滤液；而大分子溶质（如有机胶体）则被膜截留而作为浓缩液被回收。实际应用中发现，不仅是膜表面孔的大小对分离有影响，膜表面的化学特性对大分子溶质的截留也有着重要的影响。在超滤中，超滤膜对溶质的分离过程主要包括：在膜表面的机械截留；在膜表面及微孔内吸附；在孔内停留而被去除。

三、超滤膜

膜是超滤的关键器材。为了提高滤液的透过速度，膜表面单位面积上能穿过某种分子的“孔道数（n）”应该多，而孔道的长度（L）应该小。

（一）超滤膜的构造

早期的膜是“各向同性膜”［图 11－4（a）］，膜的厚度较大，孔隙为一定直径的圆柱形。这种膜流速低，易堵塞。

为了解决透过速度和机械强度的矛盾，最好的办法是制备在厚度方向上物质结构和性质不同的膜，即所谓“各向异性膜”。该类膜正反两面的结构不一致，又称各向异性扩散膜。膜质分为两层，其“功能层”是具有一定孔径的多孔“皮肤层”，厚度为0.1～1μm；另一层是孔隙大得多的“海绵层”，或称“支持层”，厚度约 0.1mm［图 11－4（b）］。“皮肤层”决定了膜的选择透过性质，而“海绵层”增大了它的机械强度。这种膜不易堵塞，流速要比各向同性膜快数十倍。目前超滤所用的膜基本上都是各向异性扩散膜。

另一类各向异性膜是所谓“喇叭口滤膜”。其孔隙不是圆柱体，而是梯形圆台，正面孔径小而反面孔径大，这种膜有较好的抗堵塞性能及较高的流速［图 11－4（c）］。根据使用要求，超滤膜可制成不同的形状和组合件，如平面膜、中空纤维膜、螺旋卷膜、组合式板膜、管状膜等。

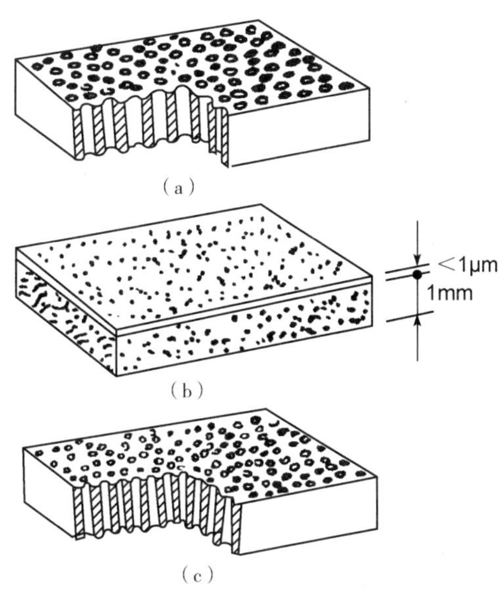

图 11－4　不同类型超滤膜的纵切面模式图

(a) 各向同性膜；(b) 各向异性膜；(c) 喇叭口滤膜

（二）超滤膜的制造

可用来制造超滤膜的材料很多，有纤维素硝酸酯（或醋酸酯）、芳香酰胺纤维（尼龙）、芳香聚砜、丙烯腈－氯乙烯共聚物等。这些材料制成的膜都可应用于水溶物质的分离。

制造膜的方法除常用的入水凝冻法外，尚有喷涂法或浮贴功能薄膜于微孔基膜上，也有以无辉放电法在微孔基膜上将膜材料聚合成一层超薄滤膜而制备复合膜。若膜质为无机材料，则用烧结或粘结法与多孔膜基结合成复合膜。

我国近年来也研制和生产各种超滤膜，并有大量商品应市。下面介绍应用较多的，纤维素醋酸酯的入水凝冻法制备各向异性膜的工艺。

1. 制膜材料　二醋酸纤维素［结合酸 54.5% ~56%，黏度 500cp（1cp = 0.01Pa·s），上海产］，溶剂为丙酮，添加剂为甲酰胺。

2. 制膜液的配制　将 25g 醋酸纤维素、100ml 丙酮、80ml 甲酰胺加入密封容器内，间歇搅拌使其溶解。用两层粗棉布、一层尼龙布在 2.94×10^5Pa 的压力下过滤，将淡黄色清亮黏稠滤液在室温静置 12 小时，待滤液中小气泡完全消失后，立即制膜。在此过程中需密封防止丙酮蒸发，制膜液放置过久会变性、发红，影响成膜质量。

3. 制膜操作　制膜工具为平滑玻璃板及刮膜刀（两端绕以直径为 0.27mm 的细铜丝，以控制膜的厚度）。制膜室最好恒温（20 ± 1）℃、恒湿（相对湿度 75% ~80%）。制膜液倒在玻璃板一端，立即用刮刀均匀刮膜，刮好的膜在空气中蒸发 5s 后立即把玻璃膜板浸入4 ~5℃的冷水中。1 小时后取出，自玻璃板上取下薄膜（实际厚度为 0.14 ~0.17mm）。贴在玻璃板上的一面为反面，孔径大；另一面为小孔径的功能面，即所谓“皮肤层”。制成的膜贮于 0.02% 的叠氮化钠水溶液中保存。大多数的膜制造不外乎上述的成胶、刮膜和成膜三个基本步骤。

刮膜后黏胶溶液表面的溶剂蒸发最快，醋酸纤维分子因此浓缩形成微密表层，该表层妨碍底层溶剂的蒸发。冷浸时溶剂和添加剂逐渐被漂洗出来，醋酸纤维素分子则形成凝胶而沉积下来。由于表层沉积快故结构细密孔径小，而底层沉积作用慢，所以结构疏松，形成较大的孔径。这样就形成了表层、底层结构不同的各向异性膜。

要制备优良的超滤膜，首先要选择合适的成膜材料，还要寻找适宜的制膜溶胶体系，即溶解膜基的溶剂、添加剂以及成膜材料对溶剂、添加剂的相对比例、膜胶液黏度等。再就是要探索适宜的成膜条件，包括刮膜的温度、湿度、蒸发时间、冷却的温度和时间等。适当地控制以上诸因素，可以制得不同孔径的膜。一般说来：①增加添加剂与成膜材料的比例或添加剂与溶剂的比例，可使膜表面孔径增大，而增加溶剂的比例会使膜表面孔径减小。②降低刮膜温度，或减少刮好的膜在空气中的蒸发时间，会使膜表面孔径增大。相反，升高刮膜温度或延长膜蒸发时间，可使膜孔径减小。③随甲酰胺量的增加，膜的孔径增大。如甲酰胺和丙酮之比为 50/60（*V/V*）时，可获得截留分子量 35000 的膜；当甲酰胺与丙酮之比为 35/65（*V/V*）时，可获得截留分子量 23000 的膜。

（三）超滤膜的选用

在实施超滤技术时，超滤膜的性能关系极大。商品膜的规格型号甚多，在选择时必须注意以下几点。

1. 截留分子量　超滤膜的孔径一般在 10 ~100Å，但超滤膜通常不以其孔径大小作为指标，而以截留分子量作为指标。分子量截留值（molecular weight cut-off value）是指阻留率达90%以上的最小被截留物质的分子量。它表示了每种超滤膜所额定的截留溶质分子量的范围，大于这个范围的溶质分子绝大多数不能通过该超滤膜。表11－5为一些超滤膜对各种溶质分子的阻留率。由于额定截留分子量的水平多以球形溶质分子的测定结果表示，而受试溶质分子能否被截留及阻留率的大小还与其分子形状、化学结合力、溶液条件及膜孔径差异有关，所以相同分子量的溶质阻留率不尽相同。用具有相同分子量截留值的不同膜材料制备的超滤膜对同一物质的阻留率也不完全一致。故分子量截留值仅作选膜的参考。一般选用的膜的额定截留值应稍低于所分离或浓缩的溶质分子量。

表11－5　Diaflo超滤膜的溶质分子阻留率

溶质分子名称	分子量	阻留率,%									
		UM＊0.5	UM_2	UM_{10}	PM_{10}	UM_{20}	PM_{30}	XM_{50}	XM_{100A}	XM_{100}	CF离心力
		(55)	(55)	(55)	(55)	(55)	(55)	(55)	(55)	(55)	(1000×g)
D－丙氨酸	89	80	0	0	0	0	0	0	0	0	—
DL－苯丙氨酸	165	90	0	0	0	0	0	0	0	0	—
色氨酸	204	80	0	0	0	0	0	0	0	0	—
蔗糖	342	80	50	25	0	—	0	0	0	0	—
棉子糖	594	90	—	50	0	—	0	0	0	0	—
杆菌肽	1400	75	60	50	35	—	—	g	—	—	—
菊粉	5000	—	80	60	—	5	—	V	—	—	—
葡聚糖T10	10000	—	90	90	—	—	—	—	—	—	—
细胞色素C	12400	>95	>95	90	90	—	45	30	35	0	10
聚乙二醇	16000	>95	>95	80	—	—	—	—	—	—	—
肌红蛋白	18000	>95	>95	95	<85	60	35	20	—	—	60
α－糜蛋白酶原	24500	>95	>98	>95	>95	90	75	85	25	0	—
胃蛋白酶原	35000	>99	>99	>99	>95	—	80	—	—	—	40
卵清蛋白	45000	>99	>99	>99	>99	—	—	—	—	—	—
血红蛋白	64000	>99	>99	>99	>99	>95	95	95	45	10	65
血白蛋白	67000	>98	>99	>98	>98	95	>90	>90	45	10	90
葡聚糖T110	110000	>99	>99	>99	30	—	20	10	5	0	0
醛缩酶	142000	>99	>99	>99	>99	—	>99	>95	—	50	>90
免疫球蛋白(7S)	160000	>98	>98	>98	>98	>98	>98	>98	90	60	—
脱铁铁蛋白	480000	>98	>98	>98	>98	>98	>98	>98	>95	85	—
免疫球蛋白(19S)	960000	>98	>98	>98	>98	>98	>98	>98	>98	>98	—

膜的型号，下面括号为操作压力（磅/英寸^2）；右起第一栏括号内为离心力（单位为×g）；1磅/英寸^2＝6.9kPa

表11－6列举了一些常见的超滤膜分子量截留值和流动速率。一些中空纤维对不同溶质分子的阻留率测定结果见表11－7。

表 11－6　一些常见市售超滤及透析膜的性质

型　号	制造单位	组成材料	流动速率 [ml/(cm^2·min)]（P=100 磅/英寸^2）**	分子量截留值（保留 80%～100%）
PEM 膜	Gelman	均质纤维素	0.02	60000（蛋白质）
Diaflo UM－0.5	Amicon	高分子电解质络合物（离子交换膜）	0.05	340（庶糖）
Diaflo UM－2	Amicon	高分子电解质络合物	0.1	600（棉子糖）
Diaflo UM－10	Amicon	高分子电解质络合物	0.3	10000（葡聚糖 10）
Diaflo PM－10	Amicon	芳族多聚物	0.5	10000（细胞素素 C）
Diaflo PM－30	Amicon	芳族多聚物	0.7	30000（卵白蛋白）
Diaflo XM－50	Amicon	烯类物质	0.7	50000（白蛋白）
DifloXM－100A	Amicon	烯类物质	0.9	100000（7S 球蛋白）
DiafloXM－300	Amicon	烯类物质	1.1	300000（硫铁蛋白）
HFA－100	Abcor Inc	非均质纤维素	0.07	10000（葡聚糖 10）
HFA－200	Abcor Inc	非均质纤维素	0.4	20000（葡聚糖 20）
HFA－300	Abcor Inc	非均质纤维素	1.4	70000（白蛋白）
PSAC	Millipore corp	非均质纤维素	0.33	75～1250（溴甲酚绿）
PSED	Millipore corp	非均质纤维素	0.75	25000（α－胰凝乳蛋白酶）
PSDM	Millipore corp	非均质纤维素	1.00	40000（卵白蛋白）
CXA－10	上海医工院	纤维素	>0.03*	12400（细胞色素 C）
CXA－25	上海医工院	纤维素	>0.1*	24500（α－糜蛋白酶原）
CXA－50	上海医工院	纤维素	0.25*	67000（牛血清白蛋白）

＊P＝45 磅/英寸^2　＊＊1 磅/英寸^2＝6.8948kPa

表 11－7　Diaflo 中空纤维膜的溶质分子阻留率

溶质分子名称	分子量	阻留率（%）				
		H_1P_2 H_5P_2	H_1P_5 $H_{10}P_5$	H_1P_{10} H_5P_{10} $H_{10}P_{10}$	$H_1\times50$ $H_{10}\times10$	H_1P_{100} 10×100
棉子糖	594	0	5	—	—	—
多聚－*DL*－丙氨酸	1000～5000	65	—	—	—	—
胰岛素	5000	—	15	0	0	0
PVP K_{15}	10000	80	70	50	0	0
肌红蛋白	17000	>98	95	90	30	0
PVP K_{30}	40000	>98	85	70	50	15
白蛋白	67000	>98	>98	>98	90	20
PVP K_{60}	160000	>98	>98	>98	—	70

2. 流动速率　又称流率，是超过滤技术效率的重要参数。通常用在一定压力下每分钟通过单位面积膜的液体量来表示。实验室中多用 ml/（cm^2·min）表示。工业上的流率比较

复杂，需注明具体条件才能比较，如加仑/（英尺^2·min）（GFD）。（1 加仑 =4.55 升）表示流率。膜流速不仅和它的孔径大小有关，而且和膜的结构类别有关。如早年的各向同性膜和近年来发展的各向异性不对称超滤膜，即使膜表面的孔径相似，但后者的流速要比前者大得多（而且选择性也较好）。

3. 其他　在使用超滤技术时除考虑分子量截留值和流率外，还须了解各种超滤膜的性质和使用条件。

（1）操作温度　不同的膜基材料对温度的耐受能力差异很大。如 UM、XM、HM、OM 型膜使用温度不超过 50℃，而 PM、HP 膜则能耐受高温灭菌（120℃）。

（2）化学耐受性　不同型号的超滤膜与各种溶剂或药物的作用也存在很大差异。使用前必须查明膜的化学组成，了解其化学耐受性。如 DM 型膜禁用强碱、氨水、肼、二甲基甲酰胺、二甲基亚砜、二甲基乙酰胺等；XM、HX 型超滤膜禁用丙酮、乙腈、糠醛、硝基乙烷、硝基甲烷、环酮、胺类等；UM 型膜则禁用强离子型表面活性剂和去污剂，而且可用的溶剂也不能超过一定的浓度，如磷酸缓冲液浓度不得大于 0.5mol/L，HCl 和 HNO_3 的溶液浓度不得超过 10%，酚浓度不得超过 0.5%，碱的 pH 值不能大于 12；PM 和 HP 型膜禁用芳香烃、氯化烃、酮类、芳香族烃化物、脂肪族脂类、二甲基甲酰胺、二甲基亚砜以及浓度大于 10% 的磷酸等。

（3）膜的吸附性质　由于各种膜的化学组成不同，对各种溶质分子的吸附情况也不相同。使用超滤膜时，希望它对溶质的吸附尽可能少些。此外，某些介质也会影响膜的吸附能力，例如磷酸缓冲液常会增加膜的吸附作用。有些膜（如聚砜材质膜）对某些蛋白或酶的吸附达 20%。须注意防范或回收。

（4）膜的无菌处理　许多生化物质及生物药物需要在无菌条件下进行处理，所以必须对超滤器及超滤膜实行无菌化。除了有的超滤器及膜可以进行高热灭菌外，不少膜及超滤器不耐受高温，因此通常采用化学灭菌法。常用的试剂有 70% 乙醇、5% 甲醛、20% 的环氧乙烷等。许多超滤设备制造公司还供应配套的清洁剂和消毒剂，给超滤工作带来了一定的便利。

四、超滤过程与装置

（一）浓差极化现象

超滤是在外压作用下进行的。外源压力迫使分子量较小的溶质通过薄膜，而大分子被截留于膜表面，并逐渐形成浓度梯度，这就是所谓“浓差极化”（concentration polarization）现象（图 11-5）。越接近膜，大分子的浓度越高，构成一定的凝胶薄层或沉积层。浓差极化现象不但引起流速下降同时影响到膜的透过选择性。在超滤开始时，透过单位薄膜面积的流量因膜两侧压力差的增高而增大，但由于沉积层也随之增厚，沉积层达到一个临界值时，滤速不再增加，甚至反而下降。这个沉积层，又称“边界层”，其阻力往往超过膜本身的阻力，好像在超滤膜上又附加了一层“次级膜”。对于各向同性膜，大分子的堆积常造成堵塞而完全丧失透过能力。所以在进行超滤装置设计时，克服浓差极化，提高透过选择性和流率，是必须考虑的重要因素。

克服极化的主要措施有震动、搅拌、错流等技术，但应注意过于激烈的措施易使蛋白质等生物大分子变性失活。此外，将某种水解酶类固定于膜上，能降解造成极化现象的大分子，提高流速。不过这种措施没有通用性，只适用于一些特殊情况。

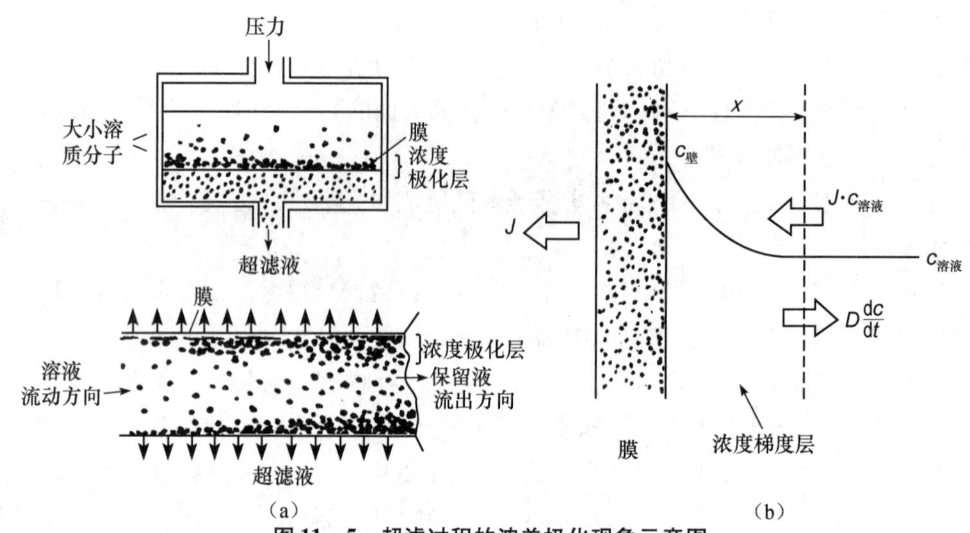

图 11－5　超滤过程的浓差极化现象示意图

(a) 超滤过程；(b) 浓差极化

(二) 实验用超滤器

1. 无搅拌式装置　结构简单，原理如图 11－6，其膜的使用面积小，浓差极化严重，滤速慢，常需较大压力。因此只适用于浓缩少量稀溶液。

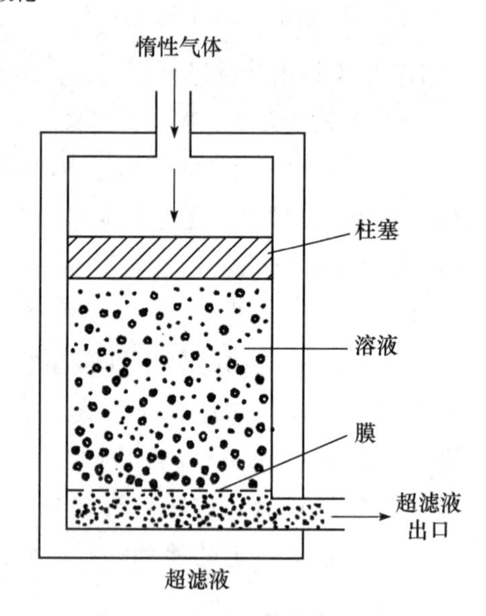

图 11－6　封闭系统无搅拌式超滤装置

2. 搅拌或振动式装置　超滤容器内装有磁力搅拌棒（图 11－7）或超滤器带有振动装置，用以加快膜面大分子的扩散作用，保持流速。单位时间内透过液体量与有效膜面积成正比，工作压力为 3～5 个大气压(1 个标准大气压＝101.3kPa)，使用方便，国内已有不少商品供应。

3. 小棒超滤器　棒心为多孔高聚物支持物，外裹某种规格的超滤膜。使用时将其插入待分离试液，开动连接棒的真空系统即可进行超滤，如图 11－8 盛试液的容器中也可安装搅拌器。小棒超滤器主要用于实验室中处理少量浓度较稀的大分子样液，可以同时处理多个试样。

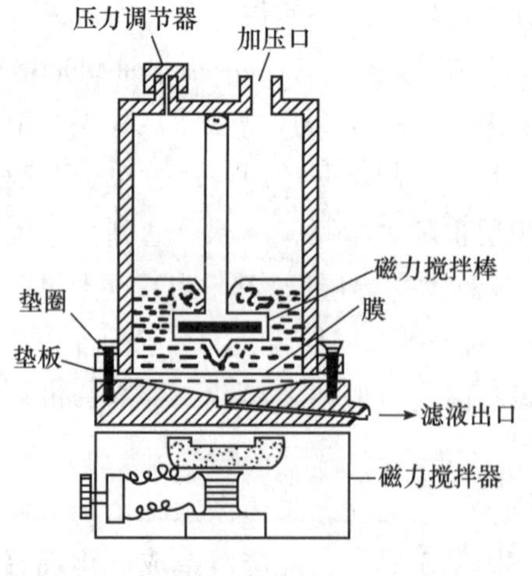

图 11－7　封闭系统有搅拌式超滤装置

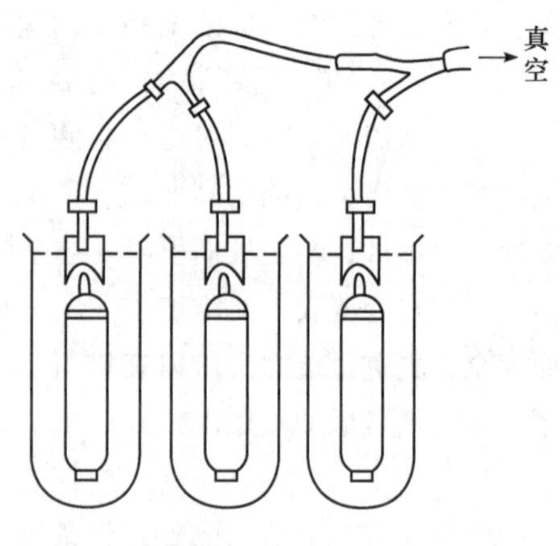

图 11－8　小棒超滤器

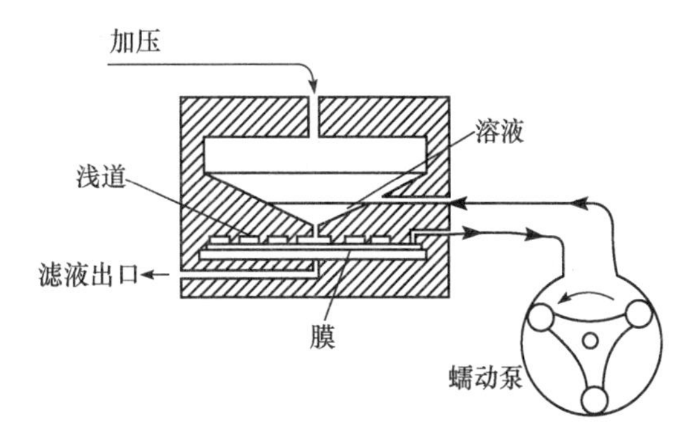

图 11-9　浅道系统超滤示意图

4. 浅道系统超滤装置　这类超滤器使液体通过螺旋形浅道，沿与膜平行的方向流动，浅道底部有膜。由于液体在超滤膜表面高速流动，浓度极化不显著。而且液体与膜的接触面积也大于一般搅拌型装置，故有很好的滤速。浅道系统超滤原理见图 11-9。超滤后被截留的大分子溶液从浅道末端流出，通过蠕动泵再循环，最后浓度可达 40%。该装置适用于大分子混合物的分级分离，以及细菌、病毒、热原的滤除，也用于大分子溶液的浓缩、脱盐。

5. 中空纤维系统超滤器　该超滤器的过滤介质是具有与超滤膜类似结构的中空纤维丝，每根纤维即为一个微型管状超滤膜。"内流型"纤维丝横切面内壁的表层细密，向外逐渐疏松，为各向异性膜管结构。中空纤维的内径一般为 0.2mm，表面积与体积的比率极大，所以滤速很高，故亦适合于工业使用。

（三）工业用超滤装置

工业用超滤设备较实验室用装置更大型，强度要求较高，且多为连续操作。它们共同的设计要求如下。

（1）具有尽可能大的有效过滤面积。

（2）为膜提供可靠的支撑装置。

（3）密封情况下提供引出滤过液的路径。

（4）尽可能清除或减弱浓差极化现象。

目前工业上使用较多的膜装置形式有组合板式、管式、螺旋卷式和中空纤维式。现将 4 种典型的装置介绍如下。

1. 组合板式　板式装置的基本元件是过滤板，它是在一多孔筛板或微孔板的两面各粘一张薄膜组成。过滤板有矩形或圆形，其放置方式有密闭型和敞开型两种。后者已很少使用。

密闭型：近年来国内外研制了全封闭的组合超滤膜（图11-10），它重量轻、过滤面积大，与相应的超滤器配合使用，适用于处理 10^2L 级的样品溶液。此类超滤器和膜以美国、日本和德国生产的商品种类较多，我国天津及上海等地也有生产。如果使用得当，膜的寿命可达数千小时。

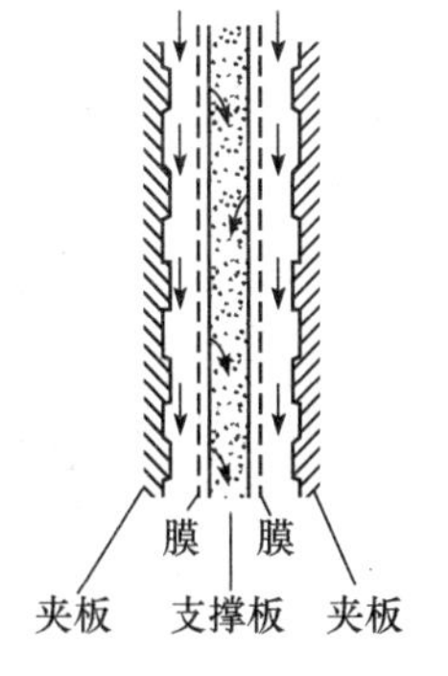

图 11-10　过滤板和夹板的组合

2. 管式　管式装置的型式很多。管的流通方式有单管（管径一般为 D25mm）及管束（管径一般为 D15mm）。液流的流动方式有管内流式和管外流式，管的形式有直通管式和狭沟管式。由于单管和管外流式液体的湍流情况不好，故目前趋向于采用管内流管束式装置。

管子是膜的支撑体，有微孔和钻孔两种。微孔管采用微孔环氧玻璃钢管或玻璃纤维环氧树脂增强管。钻孔管采用增强塑料管、不锈钢管或铜管，人工钻孔或用激光打孔（孔径约 1.5mm）。将管状膜用尼龙布（或滤纸）仔细包好装入管内（称间接膜），也可直接在管内浇膜（称直接膜）。管口的密封很重要，如有渗漏将直接影响其工作质量。

狭沟管式（图 11－11）也有内流和外流之分，它是在带有狭沟的管式筒形膜上包上编织物衬填，其目的是为了增加膜的强度。对于内流型，衬填应包在膜的外面［图 11－11（a）］，外流型则应包在膜的内面［图 11－11（b）］。内流型狭沟能起超湍流作用，而外流型则不能起此作用，仅作为透过液的流通道而已。

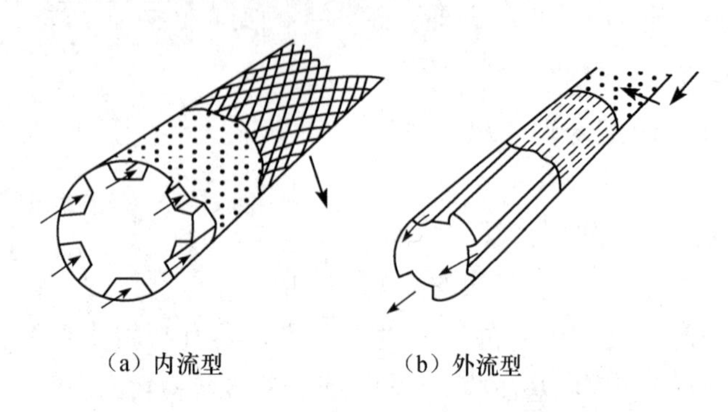

（a）内流型　　（b）外流型

图 11－11　狭沟管式超滤装置

管式超滤器装置由于结构简单、适应性强、压力损失小、透过量大、清洗安装方便，并能耐高压，适宜处理高黏度及稠厚液体物料，故比其他型式应用得更为广泛。

3. 螺旋卷式　螺旋卷式装置的主要元件是螺旋卷，它的制法是将膜、支撑材料、膜间材料依次叠好，围绕一中心管卷紧，即成一个膜组。料液在膜表面通过间隔材料沿轴向流动，而透过液则在螺旋卷中顺螺旋形向中心管流出。将第一个膜组与第二个膜组顺序连接装入压力容器中，即构成一个装置单元（图 11－12）。

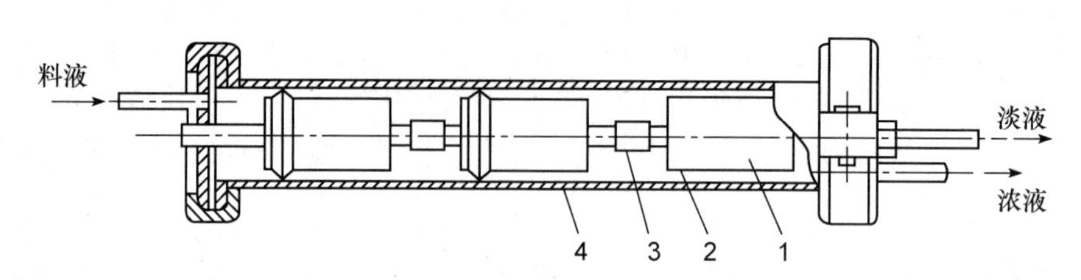

图 11－12　螺旋卷反渗透装置

1. 螺旋卷；2. 密封圈子；3. 连接器；4. 外壳

螺旋卷式的特点是螺旋卷中所包含的膜面积很大，湍流情况良好，耐压强度大，适用于反渗透。缺点是膜两侧的液体阻力都较大，膜与膜边缘的黏接要求高，制造、装配要求也高，清洗、检修不便等。

4. 中空纤维式　所谓中空纤维是用制膜材料制成的空心丝（表 11－8），由于中空纤维很细，它能承受很高压力而无需任何支撑物，故设备结构大大简化。通常用于反渗透及超过滤的中空纤维过滤器也有内流和外流之分。

表 11－8　中空纤维超过滤膜

性质	厂名	
	Amicon（美）	旭化成（日）
中空纤维组成	モダタッル类	丙烯腈类物质
	聚磺酸类	
中空纤维内径（mm）	0.5　1.1	0.8　1.4
		1.4　2.3

续表

性质	厂名	
	Amicon（美）	旭化成（日）
分子量截止值	10000，50000，80000	13000
纯水的透水率 [$m^3/(m^2 \cdot d \cdot kg/cm^2)$]	2，2.2，4.3	4.8　3.6
可能使用压力（kg/cm^2）	1.7	3
使用 pH 范围	1.5～1.3	2～10
可能使用温度（℃）	50	50

图 11－13 是一种外流型中空纤维过滤器。它是用环氧树脂将许多中空纤维丝的两端胶合在一起，形似管板，装入一管壳中。料液从一端经分布管流入，在纤维丝外流动，透过液自纤维丝中流出并从管板一端排出。高压料液在丝外流动有很多特点，如纤维丝承受向内的压力比承受向外压力的能力要大得多，而且即使纤维强度不够时，纤维丝只能被压扁直至中空部分被堵塞，而不会破裂。这就能防止因膜的破裂而使料液进入透过液中。当发生污染甚至流道堵塞时，对这样细的管子进行管内清洗是很困难的，而在管外清洗是颇为方便的。

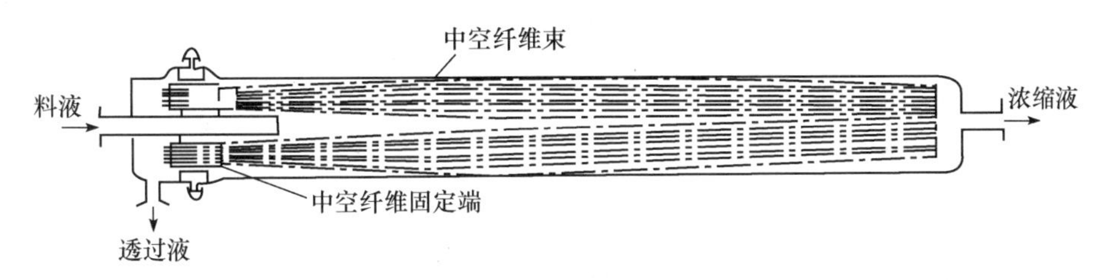

图 11－13　外流型中空纤维过滤器

用于超过滤的中空纤维过滤器因其操作压力不高，所以也有采用将料液流经管内（内流型）的操作装置（图 11－14）。

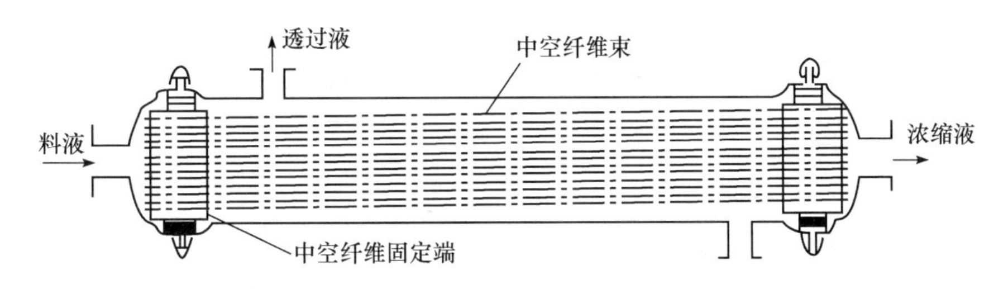

图 11－14　内流型中空纤维过滤器

中空纤维有细丝型和粗丝型两种。细丝型适用于黏性低的溶液，粗丝型可用于黏性较高和带有微小颗粒的料液。

中空纤维的缺点是不能处理胶体溶液，但如采用带有自动反洗装置的外流式过滤器，则对胶体溶液也能比较容易地处理。采用自动反洗操作可使浓差极化减到最低限度，膜表面几乎不需要定期冲洗，维护大为简化。

不论何种型式的膜装置，都必须将料液预先处理，除去其中的颗粒悬浮物、胶体和某些不纯物，这对延长膜的使用寿命和防止膜孔堵塞都是非常重要的。对料液的预处理还应包括调节适当的 pH 和温度。对料液需进行循环的场合，料液温度会逐渐升高，故需设置冷却器加以冷却。

（四）影响超滤流率和选择性的因素

超滤的透过率和选择性是由溶质分子特性（除了分子量外，还有分子形状、电荷、溶解度等因素）、膜的性质（除孔径外，还有膜结构、电荷等）以及膜装置和超滤运转条件等因素决定的。

1. 溶质分子性质和浓度 包括溶质分子大小、形状和带电性质。一般来说，比重大的纤维状分子扩散性差，对流率影响较大。在一定压力下浓缩到一定程度时，大溶质分子很容易在膜的表面达到极限浓度而形成半固体状的凝胶层，使流率达不到极限水平。而且，随着凝胶层的不断增厚，原先能透过膜的小分子溶质和溶剂也受阻碍，流率越来越慢，直至降到最低点。反之，比重较小的球形分子较易扩散，在一定压力下虽也形成浓度梯度，但不易形成凝胶层，且随着压力的增加，流率也有相应提高。溶液浓度对流率的影响是很容易理解的。在一定压力下，稀溶液比浓溶液流率高得多，一般稀溶液浓缩至一定浓度时流率才逐渐下降。用补充溶剂来稀释的办法，可以减少浓差极化，增高流率，便延长了过滤时间。

2. 超滤膜的性质 主要是指膜的孔径、结构及吸附性质。超滤膜的孔径大小是过滤选择性的关键因素。在保证分辨率的前提下，使用孔径大的滤膜有利于提高过滤效率。膜结构对超滤分离影响也较大。前已述及，各向异性膜不易被分子大小与孔径相当的溶质颗粒所堵塞，因而便于提高分辨率和流速。

此外，由于各种膜的化学组成不同，对各种溶液分子的吸附情况也不相同。使用膜时，应尽量选择吸附溶质少的。如某些缓冲液会增加膜对溶质的吸附，就应改用其他缓冲液。例如磷酸盐缓冲液常会增加膜的吸附作用，改用三羟基甲基氨基甲烷（Tris）缓冲液或琥珀酸缓冲液，则可减少溶质的损失和保证超滤时滤液的正常流速。

3. 超滤装置和操作条件 其中包括膜或组合膜的构造、超滤器的结构以及操作压力、搅拌情况和液体物料的温度、黏度、pH、离子强度等因素。设备方面须考虑有效过滤面积、防止极化的措施、操作压力和压力损失以及设备对物料黏度的限制等。

对于具有高度扩散性的溶质分子和较稀的溶液，增压能增加流率。但增压也常加速浓度极化，故开始增压时流率增加较快，当压力增至一定程度时，流率增加便减慢，二者并不成比例。对于易生成凝胶的溶质，一旦形成凝胶层，增压对流率就不再起作用。因此，对不同溶质，应选择不同的操作压力。

搅拌可以破坏溶质在膜表面形成的浓度梯度，即加快溶质分子的扩散，减少浓度极化，从而提高流率。如同时增压，则流率大大提高。对于易形成凝胶层的溶质，效果更为显著。对搅拌产生的切力较敏感的大分子（如酶和核酸），必须注意控制搅拌速度，以免破坏它们的活性。采用单程传送的浅道系统的超滤方法，有时能避免这种不良影响。振荡也是消除极化的手段，但使物料流动形成湍流或切流来消除极化更好。

升高温度通常可以降低溶液黏度及减少凝胶的形成。温度升高，溶质溶解度通常也增加，故升温可提高流率。因温度过高易使活性大分子变性，所以考虑升温提高流率时，对不同的溶质需严格地区别对待。

溶液 pH、离子强度及溶剂性质等因素对流率均有影响。可以认为，凡能增加溶质溶解度、降低膜吸附或减少溶质形成凝胶倾向等因素，都能增加超滤的流率。

五、超滤的操作和应用

（一）超滤膜和超滤器的处理

超滤膜一般不能干燥和受污染。新购的超滤膜都是密封包装的，使用前须按说明书检查是否破损及过滤效果，然后进行净化处理。超滤器用前必须洗净，按说明装好滤膜后还须检验是否有短路泄漏。如超滤器不大，滤膜又耐热，可进行高温灭菌。如滤器或滤膜不耐热，则应选用化学药物灭菌，如5%甲醛、70%乙醇、环氧乙烷（浓度<20%）、5%过氧化氢、0.1%过氧乙酸等。

超滤装置使用后须充分洗涤，再选用适当的溶液进一步对膜进行净化。常用的有盐水（1～2mol/L NaCl）、稀酸碱（0.1mol/L HCl 或 0.1mol/L NaOH）、稀氧化剂（万分之二以下的次氯酸钠）。若膜被蛋白质等生物大分子污染不易除净，还可选用变性剂（6mol/L 脲）、蛋白酶等，如用1%的胰蛋白酶液浸泡过夜，然后用大量水洗，可恢复流速。

超滤膜比较稳定，若操作正确，通常可用1～2年。暂时不用可保存在30%甘油、2%～3%甲醛、0.2%叠氮化钠等溶液中。

（二）过滤操作

生物制药中，超滤多用于过滤蛋白质、核酸、多糖等生物大分子溶液。一般操作压力在0.05～0.5MPa之间，对于“切流过滤”的膜装置，操作压为进口压力与出口压力的平均值，即

$$\Delta P = \frac{P_{\text{in}} - P_{\text{out}}}{2} \tag{11-1}$$

一般超滤装置的产品说明书中都注明操作压、消毒条件、流量等参数，使用前必须有全面的了解，才能正确操作。

通常使用前先用多量净水分数次在运转状态下洗涤超滤膜组件，直至将保养液充分去除干净。超滤接近完成时，还须向为数不多的保留液（大分子溶液）中加一定量的净水，重复超滤2次（或多次），以使脱去更多的小分子物质盐或提高小分子目的物的回收率。超滤完成后先用稀碱洗涤膜组可增加目的物回收率5%～10%。

超滤完成后，用1%的NaOH液循环洗涤膜组件20～30分钟。如遇吸附严重的膜（如聚砜材质的膜）须充分洗去膜间隙及被吸附的蛋白质和其他有机物。然后用大量水循环洗涤，直至洗涤用水pH小于8为止。最后将膜组充满保养液（含甘油、甲醛成分），并封住进出口，再用塑料袋套好可保存半年。

（三）应用

1. 浓缩和脱盐　使用超滤方法对生物大分子溶液进行浓缩或脱盐的情况最多。其优点是不消耗试剂，无相转移，可在低温下进行，操作简便。浓缩的同时还可脱掉盐和其他小分子杂质，既节省了能源和溶剂，也提高了经济效益。浓缩的效果随具体样品而异，蛋白质的最终浓度可达40%～50%。

脱盐的方法有稀释法和渗滤法两种。

（1）在稀释超滤法的操作过程中，盐离子等小分子杂质随溶剂（水）不断透过滤膜而除去，当浓缩到一定程度时再加入溶剂至原体积，如此反复多次，绝大部分小分子物质可

被除去。其脱盐程度可按式（11－2）计算：

$$c_f = \left(\frac{V_i}{V_d}\right)^n \times c_i \qquad (11-2)$$

式中，c_f 为超滤液中的最终盐浓度；c_i 为原样品溶液中的盐浓度；V_d 为原样品溶液的体积；V_i 为样品液的剩余体积；n 为重复稀释次数。

稀释超滤是分批进行的，振动型、搅拌型及小棒型滤器均可使用。

（2）渗滤法脱盐是连续进行的，原理与稀释法相同，可自动进行脱盐操作。在整个超滤过程中大分子浓度始终不变，对保持其稳定性有利。

2. 分级分离与纯化 当溶液中不同溶质的分子量相差较大时，可采用不同分子量截留值的超滤膜进行多次渗滤。如图 11－15 所示，按分子量截留值由大而小串联几个超滤器，各自保持一定体积，用 10～20 倍体积的缓冲液逐级洗下，不同分子量物质相应下移，在各滤器中获得不同分子量范围的组分，从而使大分子得到分离和纯化，同时也进行了浓缩。如Pellicon Cassette 系统及 Amicon Corporation DC_2 系统可用于胸腺素的脱热原、除盐及浓缩，并成功地从释放出血红蛋白的红细胞系统中将红细胞膜、血红蛋白及无机盐分开。在采用超滤装置进行不同分子量溶质的分级分离时，浅道系统型串联装置比搅拌系统型装置分离效果好。

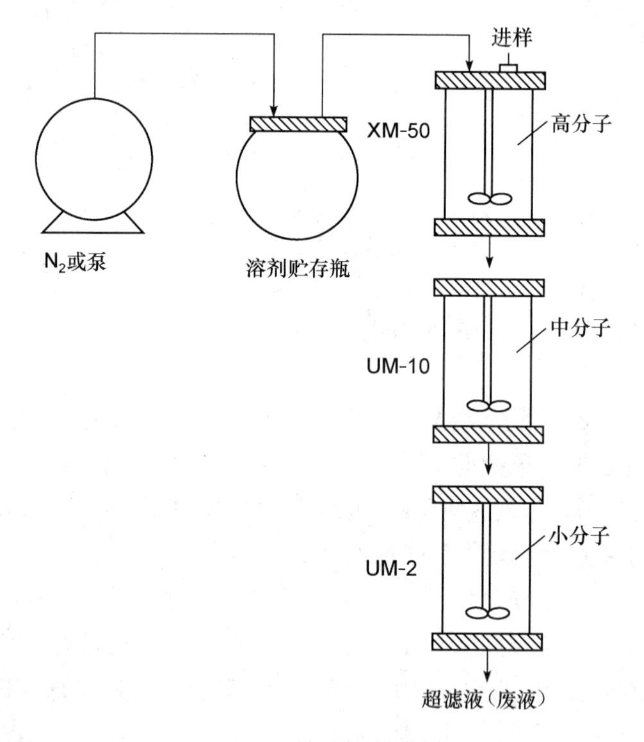

图 11－15 串联式超滤装置

3. 超滤分离与酶反应器（或发酵罐）联用 把超滤分离与酶反应器联用多见于酶促分解反应。即大分子底物变成小分子产物后被超滤除去，保留下来的酶分子和底物返回反应器再行反应。连续除去产物，反复进行反应，结果大大提高了底物利用率，减少了酶用量并增加了酶反应速度。超滤分离与酶反应器联用装置见图 11－16。这类装置已广泛用于纤维素糖化、蛋白酶对蛋白质的水解、淀粉酶对淀粉的水解以及大豆酶解产物的分离等。

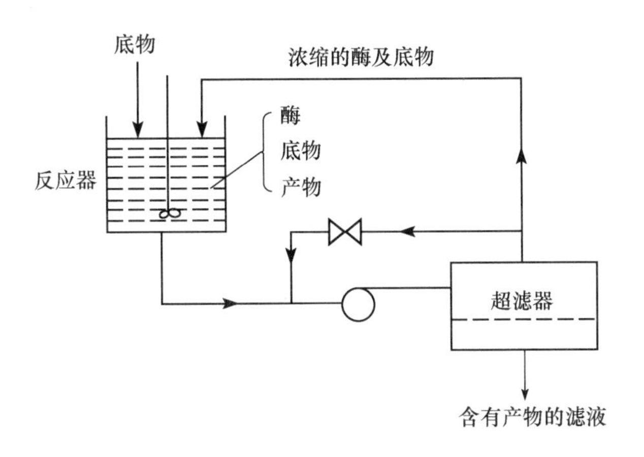

图 11-16　超滤分离与酶反应器联用装置简图

此外，用吸附、交联、共价键合等方法将各种酶做成单酶膜或多酶膜，已大量用于生化分析及食品、医药工业。

扫码“学一学”

第三节　微孔膜过滤技术

一、微孔膜的特点和应用范围

微孔膜过滤（microporous membrane filtration）又称“精密过滤”，是最近20多年发展起来的一种薄膜过滤技术，主要用于分离亚微米级颗粒，是目前应用最广泛的一种分离分析微细颗粒和超净除菌的手段。微孔膜过滤的优点如下。

（1）设备简单，只需要微孔滤膜和一般过滤装置便可进行工作。

（2）操作简单、快速，适于同时处理多个样品。

（3）分离效率高，重现性好。因膜孔径比超滤膜大，流速大大加快，且可在同一片微孔膜上进行分离、洗涤、干燥、测定等操作，所以不会因样品转移而导致损失。

（4）一些微孔滤膜具有结合生物大分子的特殊能力，根据这种选择结合作用建立的相应的结合测试分析方法，已经应用于基因工程等许多领域。

微孔膜过滤技术因其独特的优点已逐渐取代许多经典手段而成为独立的分离和分析方法，其适应性很强。从电子工业到空间技术，从家庭生活到生物工程，微孔膜过滤都有其用武之地。

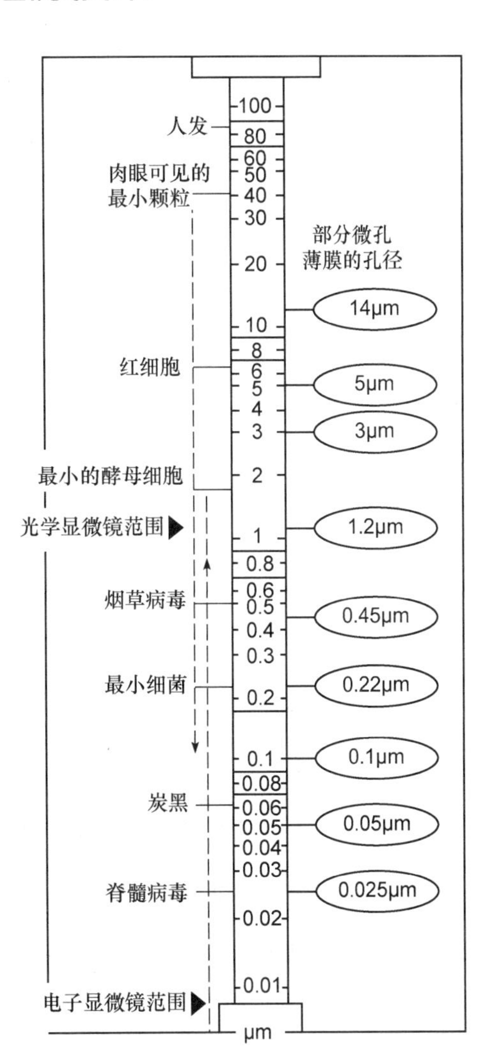

图 11-17　微孔滤膜孔径和细菌、微粒子大小的比较

微孔滤膜孔径在 0.025 ~ 14μm 范围内（图 11-17）操作压力在 1 ~ 10 磅/英寸^2 之间。

孔径为 0.01 ~ 0.05μm 的膜可以截留噬菌体、

较大病毒或大的胶体颗粒，可用于病毒分离。

孔径为0.1μm的膜用于试剂的超净、分离沉淀和胶体悬液，也有作生物膜模拟之用。

孔径为0.2μm的膜用于高纯水的制备、制剂除菌、细菌计数、空气病毒定量测定等。

孔径为0.45μm的微孔滤膜用得最多，常用来进行水的超净化处理、汽油超净、电子工业超净、注射液的无菌检查、饮用水的细菌检查、放射免疫测定、光测介质溶液的净化以及锅炉水中 $Fe(OH)_3$ 的分析等。

二、微滤的原理

微滤是以静压差为推动力，利用膜的筛分作用进行分离的膜过程，其分离机制与普通过滤相类似，但过滤精度较高，可截留0.03～15μm的微粒或有机大分子，因此又称为精密过滤。

微孔滤膜的截留机制大体上可分为以下四种（图11－18）。

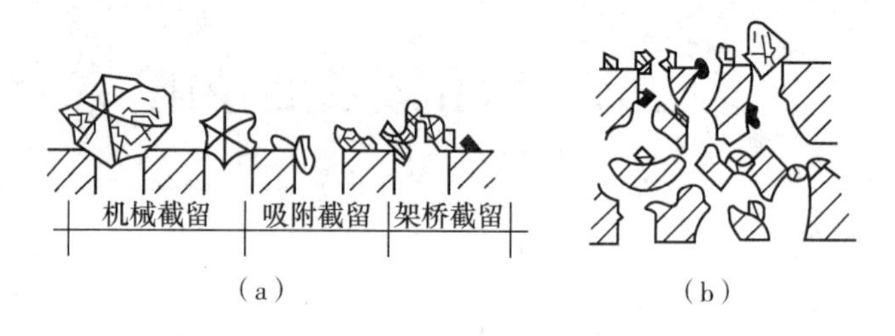

图11－18　微滤的原理

（a）膜表面的截留；（b）膜孔内部网络内的截留

1. 机械截留作用　机械截留作用指膜具有截留比它孔径大或与孔径相当的微粒等杂质的作用，此即筛分作用。

2. 物理作用或吸附截留作用　如果过分强调筛分作用就会得出不符合实际的结论。除了要考虑孔径因素外，还要考虑其他因素的影响，包括吸附和电性能的影响。

3. 架桥作用　通过电镜可以观察到，在微孔滤膜孔的入口处，微粒因架桥作用同样也可以被截留。

4. 膜内部截留　膜内部截留指将微粒截留在膜内部而不是在膜的表面。

三、微孔滤膜

由于微孔膜过滤技术的进步，微孔滤膜的商品种类日益增多，用来制膜的材料也相当多，如纤维素、纤维素酯、聚氯乙烯、聚四氟乙烯、聚乙烯、聚酰胺、丙烯腈/氯乙烯聚合物及聚碳酸酯，甚至玻璃纤维等。用各种材料以不同方法制造的微孔滤膜能够适应多种分离和测定的需要。

（一）微孔滤膜的种类

1. 再生纤维素膜　天然纤维素经化学处理后重新成形，其化学本质仍为纤维素（多糖）。该类膜能耐受热压灭菌的高温，也能经受各种有机溶剂的处理，但不能在水介质中使用。在必须处理少量含水过滤液时，为防止过度膨胀，应先将膜置于滤器中用酒精抽紧再用，可减少变形。

2. 纤维素酯膜　纤维素酯膜是目前使用最多的一类微孔滤膜，性能优良、成本较低。该类膜能耐受热压灭菌、亲水性强、孔径均匀。其中最常见的是醋酸纤维素膜，它的最大

特点是不吸附蛋白质、核酸等生物分子，滤速好，产品回收率高，膜的贮藏和使用安全。

硝酸纤维素膜：可耐受各种烃类、高级醇、氯化烃（除氯甲烷以外）的处理。在中等离子强度的条件下（如0.15mol/L）能结合单链DNA，此性质在基因工程操作中很有用。

混合纤维素酯膜：是醋酸纤维素和硝酸纤维素的混合膜，能耐受稀酸、稀碱、醚类、醇类、烃类及非极性氯代烃等，还可过滤 -200℃的超低温液体，但不能在冰乙酸、乙酸乙酯及丙酮介质中操作。该类膜能够结合DNA双链及蛋白质与DNA的复合物，此性质在基因工程操作中也发挥了重要的作用。

3. 聚四氟乙烯膜　化学性质极为稳定。可耐受强酸、强碱、强氧化剂、各种腐蚀性液体和各种有机溶剂，工作温度范围也大，为 -180 ~250℃。属于强憎水性膜。

4. 聚氯乙烯膜　物理、化学稳定性及憎水性均不及聚四氟乙烯膜，能耐受较强的酸和碱，但不耐高温，工作温度不能超过65℃。消毒只能使用乙醇、2% ~3%甲醛、0.1%硫柳汞等。

5. 超细玻璃纤维滤膜　由玻璃纤维、玻璃粉经聚丙烯酸胶黏剂黏结而成，一般厚度在0.25 ~1.0mm之间，实为深层型滤膜。因多用于处理气体介质，有时称作“空气超净过滤纸”。该类膜化学稳定性好，除氢氟酸及强碱外，能耐受各种化学试剂和有机溶剂，也不吸收空气中的水分，自身重量稳定性好，光学透过性亦佳，在许多有机溶剂中呈完全透明态。

超细玻璃纤维滤膜的流速比一般微孔膜大，对颗粒的截留量也比微孔滤膜大，可以阻留98%以上比额定截留值大的颗粒。但截留分辨率不如微孔滤膜，故常与微孔滤膜配合使用，作为预过滤材料，以提高过滤效率并延长微孔滤膜的使用寿命。

超细玻璃纤维滤膜在净化空气方面使用广泛，常用于制药车间、手术室、病房、精密仪表车间、电子工业及原子能、同位素实验室的空气净化处理，也用于过滤光学测定溶液中的干扰颗粒（如圆二色分析及拉曼光谱分析）。在药物代谢或其他微量测定中，常用于收集细胞或沉淀，比离心法方便、可靠。超细玻璃纤维滤膜在收集同位素标记的生物高分子样品来测定软β-射线方面也表现出相当的优越性，在核酸研究领域可代替混合纤维素酯膜进行操作。

为了适应特殊过滤和测定需要，以上多种材料还可用来制造各种专用的特种滤膜，如低萃出物滤膜、结合测定滤膜、预灭菌滤膜、憎水滤膜和特薄滤膜等。

（二）微孔滤膜的制备

微孔滤膜的制造方法与其他滤膜相似：先以适当的溶剂及添加剂将膜基材料制成溶胶液，然后铺成薄膜，最终移去溶剂（相转移）形成多孔的固体滤膜。因相转移的方法不同，可分为两种。

1. 自然蒸发凝结法　例如，纤维素酯用丙酮或冰醋酸溶解，加入溶胀剂及成孔溶剂搅拌制成胶液，然后过滤去杂质，静置或减压抽去微小气泡，在洁净的金属板、塑料板或玻璃板上铺展为薄胶层，溶剂蒸发后即成微孔滤膜。

2. 急速凝冻法　制法与超滤膜相同，即将膜基材料用溶剂溶解并加入添加剂制成溶胶液，在平面支持物上展成胶膜，溶剂少量挥发后立即投入凝固液中凝冻成膜。该法制得的微孔滤膜也是各向异性膜，上层膜面致密，孔径小，为功能层；下层为疏松的支持层。

（三）微孔滤膜的性质与检测

1. 孔径　微孔滤膜的孔径是滤膜赖以进行选择性过滤的最重要基础。另一个重要指征

是孔径的均一程度。它是良好分离效果的保证。微孔滤膜的孔径是相当均一的，如孔径为0.45μm的微孔滤膜，其孔径变化范围为（0.45±0.02）μm（图11－19）。因此，对除菌过滤、微粒检测等十分可靠，常作为保证手段，所以微孔滤膜常被称为“绝对过滤介质”。但微孔滤膜的孔隙并不是整齐的毛细管，而是多层相连的不规则孔形的重叠网状结构。因此，商品滤膜常用“平均孔径”“公称孔径”“最大孔径”等指标表示孔径规格。理论上应以最大孔径为准，但测得的最大孔径往往大于实际孔径。因此，在适当条件下，通常可以保证所有大于标定孔径值的细菌或颗粒均被截留，甚至可截留空气中直径小于孔径1/5到1/3的尘粒。

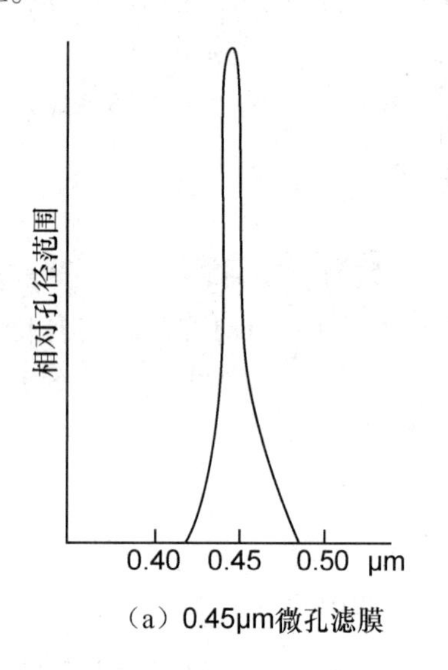

（a）0.45μm微孔滤膜

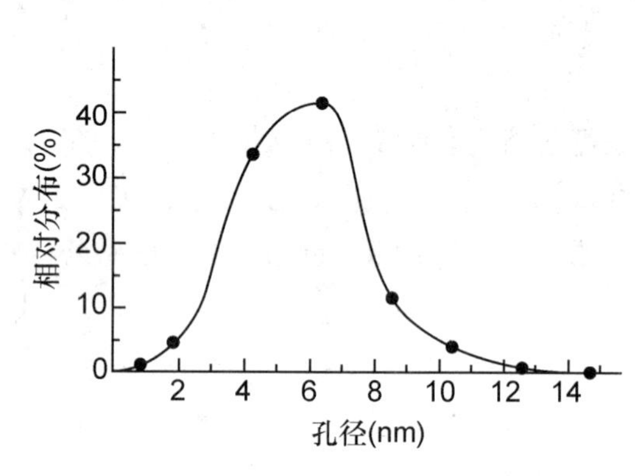

（b）Millipore公司PIGC超滤膜的孔径分布

图11－19　两类滤膜的孔径分布范围

检查膜孔径的方法较多，如气泡压力法、液体流速法、汞压入法、电镜法、颗粒过滤法、细菌过滤法等，这些方法大多是间接测量，易受干扰，精确性也较差，但相对来说比较方便。现将几种常见测定方法简介如下。

（1）气泡压力法　这是测定滤膜最大孔径的简易方法。气体排除微孔滤膜孔隙中的液体并在膜表面形成气泡时，须克服液体的表面张力（图11－20）。孔径与气体压力的关系为：

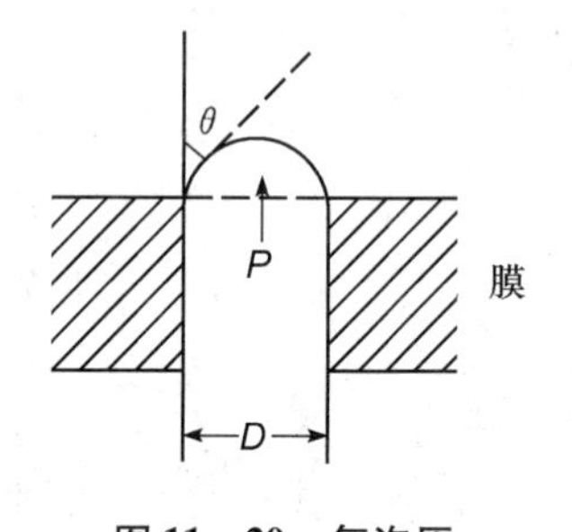

图11－20　气泡压力法示意图

$$D = 4K\sigma\cos\theta/P \qquad (11-3)$$

式中，D为孔膜直径，cm；σ为液体表面张力系数，dyn/cm（idyn＝10^{-5}）；P为气体压力，dyn/cm^2；θ为气－液表面与滤膜的接触角；K为孔型修正系数。

没有完全润湿的膜会影响测定结果，因此测定前，应先将滤膜完全润湿（亲水性膜用水，疏水性膜用乙醇）。然后根据膜孔径大小选用表面张力系数不同的液体进行测定。测定装置由耐压圆筒、压力表、压缩空气入口、滤膜固定圈等构成。

测定时，在多孔板上加3～5mm深的水或其他液体。在容器处于密封状态下引入压缩空气，使筒内压力缓慢上升，当膜面出现第一个气泡时，记下压力计读数，将此压力换算为dyn/cm^2，即可进行计算。通常，对于一般微孔滤膜，我们可以把孔型修正系数K及$\cos\theta$的值都视作1，则最大孔径

$$D = 4\sigma/P \qquad (11-4)$$

（2）水流量法　这是测定滤膜平均孔径的简易方法。操作时先将滤膜以蒸馏水完全润湿，装于滤器中，下接抽气瓶。开动真空泵，使真空度稳定于70mmHg，然后加入洁净蒸馏水100ml，准确记录抽滤100ml水所需的时间。按式（11－5）计算孔径：

$$r = K_{水} S \sqrt{\frac{V}{GP\,t}} \tag{11－5}$$

式中，r 为滤膜孔隙半径，cm；$K_{水}$ 为0.265；S 为膜的厚度，mm；V 为蒸馏水体积，ml；G 为干湿膜重量差，g；P 为压力差，dyn/cm^2；t 为过滤100ml水的时间，s。

（3）细菌过滤法　一般选用灵杆菌（0.5μm×1～5μm）检查孔径为0.45μm的膜，用绿脓杆菌（0.3μm×1～3μm）检查孔径为0.22μm的膜。操作时以无菌蒸馏水和细菌悬液配制含菌数为10^6个/ml的供试菌液，在无菌条件下分别用0.45μm及0.22μm孔径的滤膜过滤。滤出液加培养基于25℃培养72小时，或35℃培养48小时，如培养液不浑浊为合格。

2. 孔隙率及水萃取率　微孔滤膜孔隙总体积与滤膜总体积之比称作“孔隙率”。微孔滤膜的孔隙率一般都很高，可达80%～90%，每平方厘米的孔隙数可高达10^7个。滤膜的孔隙率可由其干重和湿重进行计算：

$$孔隙率(\varepsilon) = \frac{湿重 - 干重}{膜体积} \tag{11－6}$$

因制造微孔滤膜时使用甘油等添加剂，故含少量可溶性成分，这些物质在使用前能够洗涤除去，可用水萃取表示。测定时先将滤膜于105℃烘1小时，称重，然后于洁净蒸馏水中煮沸片剂，换水数次，取出烘干称重，计算水萃取率。通常微孔滤膜的水萃取率小于3%。

3. 厚度和重量　微孔滤膜的厚度范围一般为120～150μm，可用螺旋测微器加以测量。微孔滤膜的结构疏松，孔隙率高，所以相对密度很小，按面积计仅为5mg/cm^2。

4. 阻力和流速　微孔滤膜由于厚度小、孔隙率高和膜结构的特殊性，其过滤的阻力是很小的。滤速随孔径增大而加快，同时也受膜的结构影响。以各向同性膜为例，除阻力较大外，过滤时还易被与其孔径大小相当的颗粒阻塞，大颗粒虽不阻塞孔隙，但能在膜的表面堆积，降低滤速，增加压力也不会使大于孔径的颗粒穿过滤膜。一般来说，在一定范围内，压力增大滤速加快。

微孔滤膜对液体及气体的过滤速度比具有相同截留能力的滤纸要大40倍以上。液体流量是测定在25℃，700mmHg（或50mmHg）压力下，每平方厘米滤膜每分钟滤过的蒸馏水毫升数，气体流量是测定20℃时每平方厘米每分钟滤过的空气升数。

5. 其他理化性质　不同类型的微孔滤膜具有不同的理化性质。大多数微孔滤膜对滤液及溶质的有效吸附量极小，生物活性物质的损失很小。纤维素滤膜介电常数为4.5～5，电阻率为10^{10}Ω/cm，折射率η＝1.5。在膜上滴加相同折光率的溴油便可在折光仪上进行测定，考察膜对物质的吸附量。

微孔滤膜的使用温度范围多在－20～80℃之间。除塑料膜中的聚氯乙烯膜的温度耐受性较差外，其余类型的膜多能经受热压灭菌。

另外膜的不可燃成分应低，膜的灼烧剩余物一般应在0.5%以下。

四、微孔膜过滤设备和操作

（一）设备

过滤设备主要由滤器及其他附件组成，其中滤器是关键设备。它是由滤膜及其他附件

构成的膜组件如注射器式滤器、玻璃滤器、平板滤器、筒式滤器及多歧管式滤器等。构成滤器的材料有不锈钢、有机玻璃、塑料及聚四氟乙烯等。根据用途又可分为实验用滤器及工业用滤器。

平板滤器是由输出入端、圆形垫圈、滤膜及多孔支持网等构成的。两端借螺丝固定。该类滤器用于生理盐水、葡萄糖注射液及营养剂等的除菌、除微粒，属工业用滤器，可处理20～100L样液。其他工业滤器还有筒式滤器等，用于大体积样品的超净，具有面积大、滤速快的优点。

注射器式滤器有丢弃式与可拆式之分，主要用于实验室中少量样液的除菌及除尘的超净处理，也适用于医疗单位注射用。其他的实验室滤器有多歧管式滤器。一次可处理数十个样品，适用于分析工作。

（二）过滤操作与注意事项

1. 滤膜的支持和滤器的密封 操作过程中应保持环境清洁，滤膜前后要密封，防止高压差下短路和泄漏，要避免负压时因外界空气进入引起污染。滤膜很薄，无压缩余地，应选用软垫密封。滤膜强度差，应有特别支持体，如普通钻孔板、多孔烧结板、金属细网、光刻细孔板等。应选用边缘能平整密合的滤膜。

2. 过滤系统严密性的检查 严密性是保证过滤质量的关键操作，可用气泡点法（气泡－压力法）进行检查。基本原理是：要使气体将毛细管中的液体压出，必须具备克服该液体表面张力的压力。

滤器出口接入一盛水容器底部，先加少量溶液低压下缓缓过滤，使滤膜充分湿润并将出口管浸没。然后用滤过的压缩空气或氮气通入滤器入口，逐渐升压，当开始有连续气泡逸出时的压力与所标气泡点接近时即属合格。也可将气体压力升至略低于气泡点，并维持15～20分钟，若无连续气泡逸出即属合格。

3. 滤膜的润湿 微孔滤膜的润湿性能与使用效果有关，未完全润湿的滤膜会影响有效过滤面积及检测试验的准确性。用水可除去膜中甘油及表面活性剂，不易润湿的膜可用温水，也可将膜铺于水面，使膜中空气向上排出。对疏水性膜可先用水溶性有机溶剂（如乙醇）浸润，然后浸入水中。

4. 过滤速度 微孔滤膜过滤纯净溶液速度较快，但它是属于筛网型滤膜，膜孔易被直径与孔径大小相近的颗粒阻塞。除过滤极少量溶液外，一般需经预滤或其他预处理，通常先将样液用深层超细玻璃纤维滤膜预滤。

另外，滤膜的有效面积、膜两侧压力差、孔径大小与均匀性、孔隙率、料液黏度、温度等因素对流速均有影响。

在加压的方式上，正压比负压优越，除可获得较大压力差、增高滤速和设备利用率外，还可防止空气中细菌及杂质进入滤液造成再污染。

5. 过滤系统的清洗和消毒 为防止滤液的再污染，过滤系统必须认真清洗，凡是与滤液接触之外及设备接口处均应拆除清洗。不锈钢滤器受腐蚀的粗糙表面、螺纹、沟槽等都是富藏杂质及细菌的部位，应仔细洗刷。

清洗后的过滤系统必须清毒。除聚氯乙烯膜外，大多数滤膜可进行热压消毒。消毒前滤器必须干燥，以防消毒时膜中水分气化而压破滤膜，再将大滤器的进出口及小滤器用牛皮纸包裹后置于高压消毒釜中；0.1MPa压力，在121℃蒸汽消毒30分钟。管道间的滤器可用流通蒸汽消毒。若滤膜已润湿，蒸汽压力应超过气泡点。

除热压消毒外，一些醋酸纤维酯膜及再生纤维膜可于180℃干热消毒2小时。对不宜加热或不便加热的滤器及滤膜可用2%～3%甲醛水溶液或0.1%硫柳汞浸泡24小时，也可用环氧乙烷气体（如90%环氧乙烷加10%二氧化碳，800mg/m^2）消毒4小时。

6. 串滤技术　又称叠滤技术。液体通过孔径自大至小相串接的滤膜的过程称为串滤。串滤装置通常是在同一滤器中重叠放置数层滤膜，第一层可用超细玻璃纤维滤膜，然后依次放置不同孔径的微孔滤膜，在相邻两层微孔滤膜之间各放1～2层涤纶筛网或深层超细玻璃纤维滤膜作为分布层。

目前市售微孔滤膜种类较多，国内上海医药工业研究院生产的WX型微孔滤膜已在生产上广泛应用，其质量标准及规格如表11－9表示。

表11－9　上海医药工业研究院WX型微孔滤膜质量标准及规格

公称孔径（μm）	流量		孔隙率③（%）	气泡点④（kg/cm^2）
	水①	空气②		
5	500	35	84	0.42
3	400	20	83	0.70
1.2	300	15	82	0.75
0.8	200	11	81	1.15
0.65	150	10	80	1.4
0.45	50	4	79	2.2
0.3	40	3.5	77	3.0
0.22	20	2.5	75	4.1
0.15	13	1.5	74	4.9
0.1	2	0.5	74	7.0

注：① 水流量是在25℃、700mm Hg压差下，每平方厘米滤膜每分钟通过的蒸馏水毫升数。
② 空气流量是在25℃、700mm Hg压差下，每平方厘米滤膜每分钟通过的空气升数。
③ 误差范围在5%。
④ 测定时温度为25℃，以水为浸润剂。

五、微孔滤膜的应用

（一）在生物化学中的应用

1. 绝对过滤收集沉淀　不同孔径的微孔滤膜可用于过滤收集沉淀。在收集细胞和细胞器的研究工作中，一般称绝对过滤，实际也受到许多因素影响而不可能绝对。

（1）溶液的澄清　在许多生物分析工作中，例如测定光吸收、荧光、光学活性（圆二色性及旋反色散）或核磁共振以及制备聚丙烯酰胺凝胶电泳样液时，都需要高度澄清的溶液。若溶液中污染了极小粒子，一般滤纸及高速离心均无法除去，可用超细玻璃纤维滤纸配合微孔膜过滤。

在制备某些蛋白（如组蛋白）时，酸性抽提液静置数日或高速离心均不能澄清，无法用丙酮沉淀，需用超离心，但采用微孔膜过滤可以代替超离心法。

（2）酶活力测定　生物化学研究中，常用同位素示踪法来测定催化合成生物大分子的酶活性。即将标记底物与酶一起保温合成大分子产物，然后用沉淀剂（如沉淀蛋白质用三氯醋酸，沉淀核酸用过氯酸）将产物析出，用微孔滤膜收集沉淀并充分洗去底物，再干燥

滤膜，然后直接于闪烁液中进行均相（或非均相）测定。

2. **结合测定** 研究发现，在一定条件下硝酸纤维素酯滤膜及MF-（混合）纤维素酯滤膜能结合蛋白质和单链DNA。滤膜对蛋白质的结合与离子强度无关，而结合单链DNA与离子强度有关。现将两种滤膜结合情况列于表11-10中，供参考。

表11-10 两种滤膜结合各物质的性能

被结合物	Schleicher&Schuell 硝酸纤维素酯滤膜	Millipore MF-纤维素酯滤膜	离子强度
蛋白质	+	-	0.01~0.1
单链DNA	+	差	0.15（中等）
单链DNA	-	-	0.01
双链DNA	-	-	>0.05
双链DNA	+*	+**	0.001~0.005
单链DNA	-	-	0.01~1.0
蛋白质-双链DNA络合物	+	+	0.01~1.0

*仅在给定范围内做过。**无效结合

滤膜的这种性质可用于纯化许多物质及测定酶活性。

（1）蛋白质-DNA络合物的测定及纯化受体的测定 在适宜条件下，蛋白质混合物与放射性双链DNA能形成特殊的蛋白质-DNA络合物，络合了的DNA也随蛋白质一起结合于膜上。这类工作以使用Millipore公司的产品为最理想。这种方法也用于测定被纯化的受体，因为受体能结合到放射性DNA的某一特定位置上。此外还可测定某些反应中的DNA-酶中间物及某些特殊蛋白（如RNA聚合酶）在DNA分子上的结合位点。

（2）mRNA的测定及纯化 将含特定单链DNA的溶液通过滤膜并真空干燥。在适当条件下，将放射性RNA和已吸附单链DNA的滤膜置容器中，形成DNA-RNA杂交分子。通过吸滤及洗涤除去游离RNA，并用胰核糖核酸酶处理（不水解结合的RNA）除去残留RNA，即能测出专一结合的RNA，再加热到“熔融”温度，可释放出专一结合的RNA，使mRNA得到纯化。

（3）环状DNA的纯化 线状双螺旋DNA经碱处理可解旋并分开为单链。而环状DNA经碱处理虽变性，但两链仍缠集在一起，一旦pH调至中性或稍升温，则迅速恢复原状。若环状DNA分子两条链中一条有中断部位，则在处理过程中分离成一个线状单链和一个环状单链。此时若使它们处于中等离子强度下，用Schleicher&Schuell厂的硝酸纤维素酯滤膜过滤，则单链DNA分子结合于膜上，仅有环状双螺旋DNA分子通过滤膜并得以纯化。若需大量制备可用硝酸纤维素粉柱层析。

3. **其他应用**

（1）蛋白质含量测定 测定蛋白质含量的一般方法有双缩脲法及Folin-酚法。但小肽及氨离子对双缩脲法也呈阳性反应；芳香族氨基酸、尿酸、鸟嘌呤及黄嘌呤对Folin-酚法有干扰；而还原剂巯基乙醇对两法均有影响。虽然蛋白质经三氯醋酸沉淀再进一步洗涤，最后溶于碱液中进行测定可减少影响，但当样品很少时，无法用上法测定。此时将蛋白质用三氯醋酸沉淀（最后浓度5%~7%），用微孔滤膜收集沉淀，再用5~10ml三氯醋酸洗涤，最后将滤膜切成小块放入试管中，用双缩脲法或Folin-酚法进行测定。可避免各种因素的影响。

此外，利用硝酸纤维素膜对蛋白质的结合性质，可将电泳或其他色谱图进行转移和复制，这样有利于染色、保存或拷贝。

（2）核酸的测定　核酸的含量也可以像蛋白质一样，经过预处理后进行测定。如在RNA定量中，将收集有RNA的滤膜置于试管内，精确地加入4.0ml的0.3mol/L KOH，混合后于37℃保温60分钟，并间歇振摇之，取出滤膜置于水浴中冷却。精确地加入2.0ml冰冷的1.2mol/L过氯酸，混合后再冰浴10分钟，溶液用0.65μm孔径滤膜过滤或离心，上清液测260nm光吸收，吸收值乘32即为每毫升溶液中RNA的微克数。

若测定DNA含量时，酸化碱水解液得沉淀，则将沉淀溶于KOH溶液后，即可用二苯胺法测定溶液中的DNA含量。

（3）放射性标记物的超净　放射性标记物在储存过程中可能产生放射性杂质。它们可能被滤膜截留或吸附于沉淀上而引起高空白。若放射性标记物在使用前用微孔滤膜预滤，一般可除去潜在的干扰物。例如RNA聚合酶测定中用的$^{14}C-ATP$，由于产生的放射性分解物和RNA共沉淀，给出的空白对照计数可达6300cpm，当$^{14}C-ATP$溶液在使用前经微孔膜预滤后，则空白下降到200～300cpm。

（二）在制药工业中的应用

1. 药液中微粒及细菌的滤除　静脉注射液若受微粒及细菌的污染，则对人体的危害很大。微孔滤膜过滤在制药工业中对于滤除药液中微粒、微生物和检测药液的质量是不可缺少的保证手段。在药液微粒及微生物的过滤中涉及如何应用深层过滤和微孔滤膜过滤相配合，如何选择预滤介质，如何选择和设计微孔滤膜过滤系统以及如何处理过滤系统等许多事项，十分繁杂，具体操作可参考有关资料。

2. 抗生素的无菌检验　用微孔膜过滤进行无菌检验比常规法采样容量大、简便、快速、灵敏度高，并可避免抗生素本身的抑菌作用。其操作如下。

（1）设备和仪器　φ50mm、公称孔径0.45μm的混合纤维素酯微孔滤膜；φ50mm玻璃制微孔滤膜过滤器；500ml抽滤瓶；真空泵及真空表、真空橡皮管；培养皿，能吸附培养基又无抑菌作用的衬垫，扁头无齿不锈钢镊子。

（2）操作　将滤膜、滤器等全部器具进行清洗后严格热压消毒（120℃，30分钟）。将已消毒且润湿的滤膜装入消毒滤器中，再置于抽滤瓶上。取样，并以一定量的生理盐水稀释，加入滤器，真空泵抽滤至一定负压即停泵，待其缓慢抽滤，滤完后以一定量无菌生理盐水洗涤3次后抽干。移去滤器夹子，用无齿扁头不锈钢镊子小心取出微孔滤膜，放于盛培养基的培养皿中或放于吸饱培养基的衬垫上培养。一定时间后观察滤膜上的菌落生长情况，以判断药物质量。

第四节　膜分离技术

扫码“学一学”

一、反渗透

当利用半透膜将两种不同浓度的溶液隔开时，浓度较低的溶液中的溶剂会自发地透过半透膜向浓度较高的溶液中流动。如果在高浓度溶液侧加上一定的外压，恰好能阻止低浓度溶液侧的溶剂分子通过半透膜进入高浓度溶液侧，此外压称为渗透压。渗透压取决于溶液的系统及其浓度，且与温度有关，如果加在高浓度溶液侧的压力超过了渗透压，则使高

浓度溶液中的溶剂分子进入低浓度溶液内，此过程称为反渗透。

反渗透（reverse osmosis）是指在常压和环境温度下，溶剂在一定压力（10～100atm）下通过一个多孔膜，收集渗透液，使溶液中的一个或几个组分在原液中富集的一种分离方法。

目前，反渗透技术在料液分离、纯化和浓缩，锅炉水的软化，工业废水的回用以及微生物、细菌和病毒的分离等方面都有着广泛的应用。反渗透技术也是海水和苦咸水淡化中最经济的技术之一。

二、电渗析

电渗析（electrodialysis）是利用离子交换膜和直流电场的作用，从水溶液和其他不带电组分中分离带电离子组分的一种电化学分离过程。

电渗析使用的膜通常是具有选择透过性的离子交换膜，离子交换膜是一种由功能高分子物质构成的薄膜状离子交换树脂，分为阳离子交换膜和阴离子交换膜两种。离子交换膜之所以具有选择透过性，主要是由于膜上孔隙和离子基团的作用。

在此过滤过程中，料液被泵进窄小的隔室，隔室间用离子交换膜隔开，阳离子交换膜和阴离子交换膜间隔排列，分别选择性地透过阳离子和阴离子。考虑含有小分子电解质（如氯化钠）的蛋白质溶液，蛋白质大分子不能通过膜，但电解质却可以透过膜向两端的电极移动。在电场的作用下，阳离子（Na^+）通过阳离子交换膜向阴极移动，而阴离子（Cl^-）通过阴离子交换膜向阳极移动，如此就使得蛋白质溶液盐含量降低，蛋白质被纯化，而盐则从中间腔室富集到相邻腔室。

电渗析过程的浓缩液和稀释液均可以成为产品。前者主要为咸水淡化和制备饮用水，也可用于生物、医药、食品领域的水溶液脱盐和去离子。后者主要是生产盐。在生物分离过程中，根据过程要求可以从体系中脱除离子，如从蛋白质溶液脱盐、乳清中脱除矿物质和有机酸等。对于氨基酸混合物的分离，由于氨基酸同时带有酸性和碱性基团，通过调节溶液的 pH，可以使氨基酸带正电或负电。在电渗析过程中，当 pH 为某一个氨基酸的等电点时，则其他的氨基酸带正电荷或负电荷，从而发生迁移，使得具有不同等电点的氨基酸得以分离。通过此法，可以除去不带电氨基酸中的电解质杂质。

三、纳滤

纳滤（nanofiltration，NF）是指以孔径为纳米级的滤膜实现的过滤。其孔径介于反渗透膜和超滤膜之间，能够截留分子量为几百的物质。

纳滤和反渗透既有相似之处，亦有不同之处。其相似点在于：①两者均以膜两侧的压力差为推动力，以较致密膜为分离介质。②两者分离原理相似，都是基于渗透和反渗透现象。其不同点在于：纳滤膜的网格结构比反渗透膜较为疏松，表层孔径在纳米级范围，主要截留粒径为 1nm 左右的物质；反渗透膜更为致密，可截留组分为 0.1～1nm 小分子溶质，对 Na^+、Cl^- 等单价离子的截留率可达 90% 以上。纳滤膜对单价离子的截留率很低，但对二价或高价离子的截留率可达 90% 以上。

因此去除溶液中浓度较高的一价离子时需要采用反渗透，而纳滤特别适合于分离多价离子和相对分子质量在 500～2000 的微小有机或无机溶质。纳滤对非电荷溶质的截留机制是基于膜的纳米级微孔的筛分效应，而对极性（或荷电）溶质的截留则是由离子与膜之间

的静电相互作用和筛分效应二者共同决定的。纳滤过程之所以具有离子选择性，是由于膜面或膜内一般带有固定的负电荷基团，通过静电相互作用阻碍离子的渗透。

利用超滤膜将发酵液中的蛋白质、多肽、多糖等杂质截留，而抗生素透过超滤膜得到分离，然后利用纳滤膜可对抗生素透过液浓缩到很高倍数。水和小分子无机盐可以透过膜，而抗生素被纳滤膜截留浓缩。如今，纳滤膜已成功应用于红霉素、金霉素、万古霉素和青霉素等多种抗生素的浓缩和纯化过程。

（孔　毅）

扫码“练一练”

第十二章　制备型高效液相色谱

色谱技术是一种重要的分离分析技术，具有重现性好、分辨率高等优点，在生物、药物、化学工业等领域有着广泛的应用。最早的色谱是以制备色谱出现的。色谱鼻祖——俄国植物学家茨维特（Tswett，1872~1919）在1901年首次利用色谱技术时，其目的就是分离制备植物色素。随着化学工业、机械工业及电子技术的发展，人们研制出了高效液相色谱仪，色谱逐渐在分析上得到了广泛的应用，到今天已成为分离分析中必不可少的手段。

制备色谱是指采用色谱技术制备纯物质，即分离、收集一种或多种色谱纯物质。制备色谱中的“制备”这一概念指获得足够量的单一化合物，以满足研究或其他用途。制备色谱的出现，使色谱技术与工业生产建立了联系，目前已经成为生物制药不可缺少的分离工具。

第一节　制备型高效液相色谱基本理论

扫码“学一学”

一、塔板理论和速率理论

塔板理论和速率理论是色谱技术的两个最重要的理论。

1941年，Martin和Synge提出了著名的塔板理论。该理论阐明了色谱、蒸馏和萃取之间的相似性，将色谱柱设想成由许多液液萃取单元或理论塔板组成的分离系统，类似于精馏过程，色谱分离是一个分配平衡的过程。速率理论是运用流体分子规律，从微观过程出发研究色谱分离的动力学过程，根据组分在色谱柱内移动的物理模型导出速率方程，它有效解析了影响色谱峰展宽的各种因素。色谱过程（或色谱分离过程）的研究，常采用该理论。

塔板理论是将色谱过程假设为一串单个不连续步骤，且每个组分在每步中都能达到分配平衡。速率理论是将色谱过程作为一个连续的流动过程，每个组分以一定速率通过色谱体系时并未达到分配平衡，这种方法称为非平衡过程研究方法。前者属热力学理论，后者属动力学理论。

二、色谱的相关参数

（一）理论塔板数

为了能定量地描述分离的过程，人们模拟蒸馏理论，以理论塔板数（theoretical plate number，N）来表示分离效率。显然，塔板数越多，则塔板高度$\left(H=\dfrac{L}{N}\right)$越小，柱效能也就越高。

理论塔板数N的计算方法如式（12-1）

$$N = 5.54(t_R/w_{1/2})^2 \qquad (12-1)$$

式中，t_R为某组分的保留时间；$w_{1/2}$为该组分峰高一半处的色谱峰宽度。

（二）容量因子

容量因子（capacity factor，k'）为溶质在固定相中的总摩尔数与流动相中的总摩尔数之比。对于一定的柱子、溶剂和分离温度，在样品量够小的时候，k'是一个常数：

$$k' = \frac{\text{固定相中溶质的量}}{\text{流动相中溶质的量}} \quad \text{或} \ k' = \frac{t_R - t_o}{t_o} \tag{12-2}$$

式中，t_o 为流动相流经柱子所需的时间；t_R 为某组分流经柱子所需的时间。

（三）分离度

在色谱分析中，被分离组分之间的分离程度用 R 来衡量。分离度（resolution，R）定义为相邻两色谱峰保留值之差与峰底宽之和一半的比值。

$$R = \frac{t_{r_2} - t_{r_1}}{\frac{1}{2}(W_1 + W_2)} = \frac{2(t_{r_2} - t_{r_1})}{W_1 + W_2} \tag{12-3}$$

R 值越大表示分离越好。我们可根据所要求的纯度来选择合适的 R。在 R 一定时，也可降低纯度来提高得率。

（四）选择因子

选择因子（selection factor）表示色谱柱对难分离物质对的选择性的好坏。其表达如式（12-4）：

$$\alpha = \frac{k_2'}{k_1'} \tag{12-4}$$

选择因子 α 可以通过改变固定相的类型及流动相的组成来调整。

N，k'及 α 对 R 的影响可用式（12-5）

$$R_s = \frac{1}{4}\left(\frac{a-1}{a}\right)\left(\frac{k_2'}{1+k_2'}\right)N^{\frac{1}{2}} \tag{12-5}$$

式中，$\frac{a-1}{a}$为相对分离因子；$\frac{k_2'}{1+k_2'}$为保留程度因子；$N^{\frac{1}{2}}$为柱效因子。

这三个参数对分离度的影响可以独立地变化。我们可以利用分离式（12-5）使样品分离最佳化。首先调节的是 k'值，使 k'值在 1.5~5 之间，这样花费的分离时间不大。其次，选择合适的 N 值，使样品各组分既能分离又有较短的分离时间。如分离仍成问题，则可改变流动相的组成等因素来调节 α 值，从而使柱有更大的选择性，达到分离目的。

三、制备型高效液相色谱仪的组成

一般制备高效液相色谱要求高压泵输送流动相，由进样器导入样品，样品被流动相带入色谱柱进行分离，分离后的样品组分先后流入检测器进行检测，收集所需组分。制备型高效液相色谱仪一般包括六个部分：输液系统、进样系统、分离系统、检测系统、收集系统和数据处理系统。

（一）输液系统

主要是输液泵，一般要求泵的输液流速要比较高，而对泵的精密度和准确度要求不高。为了避免样品在制备过程中失去活性，制备液相一般都设计具有高惰性、耐腐蚀的流路系统，即泵、混合器、样品注射器、柱、检测器全部由钛或惰性聚合材料制成，以防止腐蚀和使样品失活。

（二）进样系统

在制备型 HPLC 中，样品通常是在不停流的情况下，用阀或蠕动泵导入的。样品环路和进样管可达几十毫升或更大。当然，也可在停流情况下导入样品，然后再启动泵。

（三）分离系统

制备型 HPLC 色谱分离的关键部件是色谱柱，所选用的色谱柱的大小应取决于待分离样品的量。增加色谱柱的直径意味着可以承载更多的样品，从而增加产量。增加色谱柱的长度则意味着可加入的样品量和分辨率的增大，但同时也增加了柱压。表 12－1 是几种典型色谱柱的直径与上样量的关系。

表 12－1　色谱柱的直径与上样量的关系

分离	柱内径		
	4.6mm	10mm	25mm
困难（α＜1.2）	1mg	20mg	100mg
容易（α＞1.2）	10mg	200mg	1～5g

（四）检测系统

高效液相色谱常用的检测系统有紫外检测器，示差折射检测器和荧光检测器三种。在制备型 HPLC 系统中，因为溶质的浓度相当高，故不必使用高灵敏的检测器。一般制备型 UV 检测器都配备短光程的检测池，或在检测前先对洗脱液进行分流，以减弱信号，使利于检测。示差折射检测器 RI 似乎更适用于制备色谱的检测。RI 和 UV 两种检测器的联合使用，对于准确检测出某一体系中的所有峰极为合适。可变波长的检测器在制备中相当有用。在样品浓度高时改变波长来测定样品，可降低检测灵敏度，减少在制备工作中检测器过载的可能性。许多化合物在较长的波长下无法检测，可利用较短的波长（190～220nm）来检测。

值得注意的是检测器不应连接窄内径的管子，因为这会限制流动相的流速，造成高的反压。市售的 RI 和 UV 两种检测器可装配大内径的管子。另外，亦可在大直径的柱出口进行分流。

（五）收集系统

手动部分收集器通常适合于收集已分离的一个或几个组分。若一次分离中收集的组分多或多次分离同一样品，使用自动部分收集器较方便。有些收集器还配备有制冷装置，以避免收集过程中由于温度过高而造成的样品的失活。

（六）数据处理系统

一般为专有软件，可以方便记录色谱图、比较色谱图以及给出色谱参数等，功能非常强大。

四、色谱柱的类型

按固定相对样品的保留机制，HPLC 大致可分为吸附色谱、键合相色谱、离子交换色谱、离子对色谱、凝胶渗透色谱、疏水色谱、亲和色谱等。

（一）吸附色谱

利用固定相对物质分子吸附能力的差异而实现对混合物分离的色谱。吸附色谱的色谱过程是流动相分子与物质分子竞争固定相吸附中心的过程。如以硅胶和大孔树脂为介质的色谱。

（二）键合相色谱

键合相色谱是基于液－液分配色谱发展起来的，将固定相共价结合在载体颗粒上，从而克服分配色谱中由于固定相在流动中有微量溶解，流动相通过色谱柱时的机械冲击，固定相不断损失，色谱柱的性质逐渐改变等缺点。如反相 C18 色谱柱。

（三）离子交换色谱（IEC）

离子交换色谱是根据待分离物质带电性能的不同而实现分离的方法，是分离离子型生物分子及小离子的有效方法。包括阴离子交换色谱和阳离子交换色谱。

（四）离子对色谱

离子对色谱是在拟进行色谱分离的离子化化合物中加入一种反离子，通过形成离子对使其表现为非离子化状态，然后再进行分离的一种色谱形式。

（五）凝胶渗透色谱（GPC）

凝胶渗透色谱也称体积排阻色谱，是通过控制固定相中孔的尺寸来分离溶液中的组分。小分子溶质可以自由地进出介质内孔，而大分子则被阻挡在外。因此小分子溶质在柱中停留的时间较长，出柱的时间就较晚。GPC 也可以实现溶液的脱盐操作，选择合适的固定相孔径就可以快速地实现样品缓冲液中生物大分子与盐类的分离。

（六）疏水色谱（HIC）

疏水色谱是根据不同的生物大分子疏水性的强弱不同而达到分离的一种色谱。蛋白质和多肽等生物大分子的表面常常暴露着一些疏水性基团，我们把这些疏水性基团称为疏水补丁，疏水补丁可以与疏水性层析介质发生疏水性相互作用而结合。不同的分子由于疏水性不同，它们与疏水性层析介质之间的疏水性作用力强弱不同，疏水作用层析就是依据这一原理分离纯化蛋白质和多肽等生物大分子的。疏水色谱的洗脱模式一般是采用从含有高浓度的无机盐的流动相向低浓度无机盐溶液洗脱。

扫码“看一看”

（七）金属螯合色谱

金属螯合色谱是基于不同的蛋白质与固定金属的配位作用的不同而进行分离的。该色谱在基因工程产品的分离纯化过程中广泛应用。

（八）亲和色谱

亲和色谱是基于固定相上固载的亲和配基与溶质间复杂的、专一的相互作用而进行分离。亲和介质基本的构建方法是将亲和配基共价地结合在间隔臂的一端，再将间隔臂的另一端固定在固定相上。在色谱分离的过程中，亲和配基就可以从液相主体中专一性地吸附目标组分。

五、制备色谱与分析色谱的区别

从目的来看，分析色谱目的在于分离、鉴别以及鉴定，不需要对样品进行回收。而制备色谱的目的在于从混合物中分离得到纯的化合物，是一个纯化的过程。

从原理来看，分析色谱基本为线性色谱，而制备色谱为非线性色谱。分析色谱追

求的目标是微量（高灵敏度）、快速、高分辨率和回收率（以便定量），由于进样量很少（微克级），远未达到固定相饱和状态，样品在流动相和固定相之间的浓度关系呈线性，因此分析色谱基本上是在线性色谱的范畴下工作。而制备色谱因追求大的负荷（ >1mg/g），固定相接近饱和或超饱和，导致流动相与固定相中的样品浓度不呈线性关系，各组分峰形不再为对称的高斯峰，“拖尾”现象较为常见。负荷量愈大拖尾愈严重，甚至还会出现“伸舌”。

非线性色谱的显著特点有：①色谱峰型不对称，经常出现“拖尾”或“前延”峰。②色谱峰的保留时间随着样品量的大小而变化，这种情况将会使得原本可以分开的组分发生重叠，使分离变得困难。③色谱峰的高度与样品量的大小不再呈正比关系，此时再采用峰高来进行定量会产生较大的误差。

第二节　分离方案的设计

扫码“学一学”

在生物化学研究中，常需纯化生物分子。从生物材料中提取特定的组分一般需以下两个步骤：利用溶解度的差异先进行粗提，然后再用色谱法进行纯化。第一步往往是高容量、低分离度的，而第二步常是低容量、高分离度的（所谓容量是指样品的处理量）。

一、影响制备色谱效能的四个因素

在色谱分离技术中有四个重要因素需要优化，它们分别是分辨率（resolution）、分离速度（speed）、回收率（recovery）以及样品容量（capacity）。它们相互之间紧密相关，对一个参数进行优化往往会影响到其他的参数。例如，增加洗脱液的流速往往会降低分辨率，分辨率也会因为上样量的增大而降低。在制备型 HPLC 中，主要考虑样品容量、回收率和产率，也要考虑分离速度和分辨率。图 12 - 1 是该四个参数之间的关系。

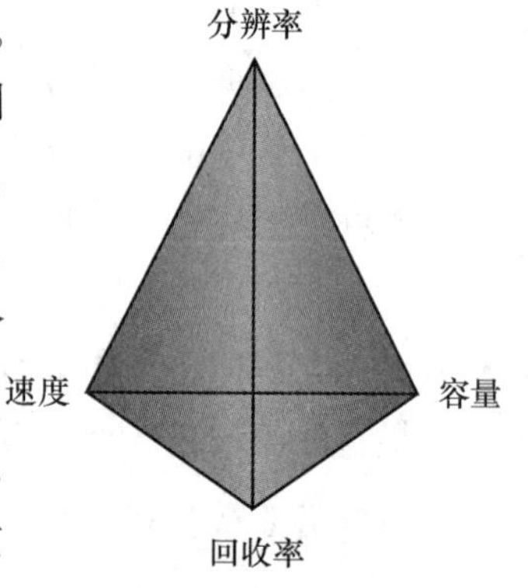

图 12 - 1　影响制备色谱效能的四个因素

色谱分离中的容量是指样品的体积或样品中溶质的量。它受到色谱柱类型、柱参数（如柱长、填充剂力度、传质阻力等）的影响。

在纯化的开始阶段，速度是一个最重要的环节。需要尽可能快地将样品中的污染物如蛋白酶等必须去除的物质除去。

在整个纯化的过程中，回收率的重要性逐渐增加，因为被纯化产品的价值在逐渐增加。

高分辨率的获得是通过对色谱介质及各种色谱操作参数的（流动相组成、洗脱梯度、温度、流速等）优化而实现的。高分辨率在分离的最后阶段尤为重要，它决定产品的最终纯度。

对于某种特定的色谱技术，可能对于上述的参数之一是最优的，因此在进行样品纯化时，应该有逻辑地将不同的色谱方法组合起来，恰当地选择色谱技术，使纯化步骤尽可能的少。

二、色谱方法之间的组合

复杂的生物样品常需经过一系列色谱过程才能获得预期纯度的特定组分。为了维持高的回收率，还应减少分离的步骤和纯化所需要的时间。

各种方法的选择性互补很重要，对于一个较难分离纯化的组分，往往要充分利用该物质的多种分子特征，如分子量、分子电性、疏水性、极性甚至生物特异性，不可能只利用一种分子性质便能将其充分纯化。其次是一般先采用分辨率偏低但比较温和的方法，后采用分辨率高、相对剧烈的方法如反相色谱。再其次是须考虑从每一个步骤获取的部分应尽可能地适合于下一个步骤对样品的要求（如 pH、离子组成等），这对于减少分离步骤是很关键的。图12－2 提供了一些色谱操作的合理组合。

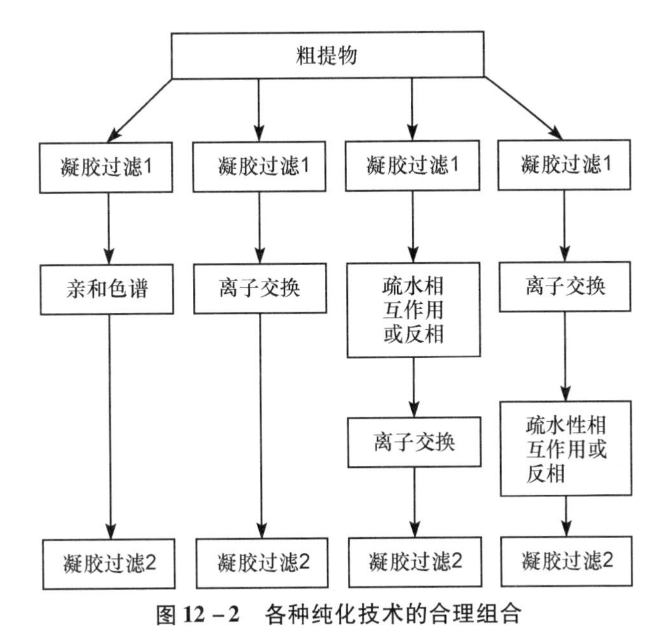

图 12－2　各种纯化技术的合理组合

注：凝胶过滤 1，2 分别代表不同分离范围的凝胶过滤介质。

三、分离条件的最佳化

在前文中已经介绍过，分离度 R 常作为柱的总分离效能指标，定义为相邻两色谱峰保留时间之差的 2 倍于色谱峰峰宽之和的比值。对于待分离物的分离度还可以表示成如下的关系式：

$$R = \frac{\sqrt{N}}{4}\left(\frac{\alpha - 1}{\alpha}\right)\left(\frac{k'}{k' + 1}\right) \qquad (12-6)$$

式 12－6 中，N 为理论塔板数，代表柱效。α 为分离因子，k'为容量因子，可以反映流出峰的出峰时间。

虽然前面已经讲过，制备色谱不属于线性色谱，峰曲线不服从高斯函数，因此分离因子、柱效以及容量因子之间没有上述的等式，但该式仍然是指导我们进行制备色谱条件优化的重要关系式。

1. 分离因子　在分离因子、理论塔板数、容量因子三个因素中，分离因子是最重要的。我们可以这么理解，要想获得较大量的样品，那就应该使它们在流出色谱柱之前分得足够开，也就是要使其分离因子足够大。那么如何才能获得较大的分离因子呢？在样品不

变的前提下，其主要取决于固定相与流动相的性质。

2. 理论塔板数 在制备色谱中，要想获得较大量的样品，除了在出色谱柱之前使其分得足够开之外，还应该使其峰宽尽量窄，也就是要使其具有一定的理论塔板数。

参考第一章介绍的塔板理论和速率理论，柱效的影响因素主要有如下几个因素。

（1）样品 制备色谱为了最大效率地获得目标产物，总是在样品适量过载的情况下操作，但是当色谱严重过载时，色谱柱的柱效会类似于指数下降。有学者认为，制备色谱上样量应该控制在组分峰的容量因子下降10%左右比较合适。

（2）固定相的影响 固定相的性质如颗粒直径、颗粒的形状、颗粒孔径的大小、颗粒表面化学性质等对柱效也有很大的影响。

（3）流动相的影响 流动相的性质如流动相的组成、化学性质、黏度、扩散性质等对柱效也会有较大的影响。

（4）色谱柱的影响 色谱柱的性质如柱本身的结构是否合理、固定相填充是否均匀、填充是否紧密等也会对柱效有较大的影响。

3. 容量因子 容量因子是调整保留时间与死时间之比，反映溶质分子在色谱柱中移动的速度。分离度会随着容量因子的增大而增大，但是当容量因子增大到一定的数值之后，分离度的增大将变得很缓慢。因此在制备色谱中，我们不会无限制地增大容量因子。因为容量因子的增大是以大量的溶剂消耗和时间的增加为代价的。

总而言之，我们在制备色谱分离时，应当千方百计地增大分离因子，尽可能增大进样量。我们也适当增加柱效，通常增加柱效的最简便方法就是较少进样量，使其在接近线性的条件下操作 。而对于容量因子，一般控制在1～5的范围即可。

四、制备型HPLC中经常遇到的情况以及处理办法

在图12－3（a）的情况中，单个主成分的制备分离最好利用图12－4表示的方法。开始时用小量样品进行分析分离［图12－4（a）、（b）］，通过k'、α和N的最佳化提高分离度，接着，增加样品上柱量，直到峰开始重叠［图12－4（c）］。如果制备少量高纯样品，可按图12－4（c）的上样量进行分离。为了增加产率可逐渐增大柱的内径或进行重复分离。制取大量纯物质时，往往使柱子过饱和，虽然峰是重叠的，但可采取中心切割（the heart－cut range），以收集高纯组分［图12－4（d）］，然后分析其纯度，合并足够纯的部分。

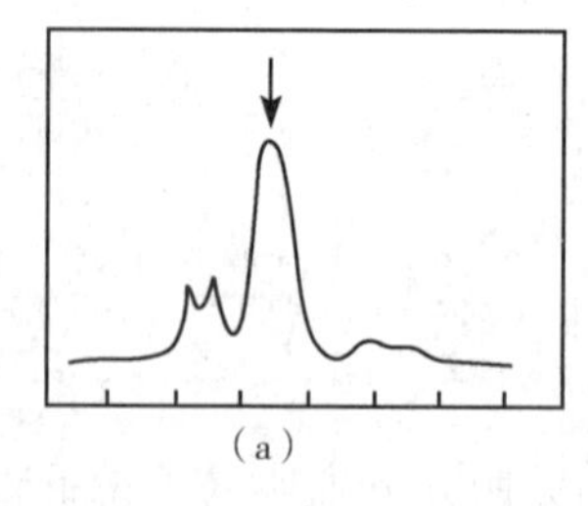
（a）

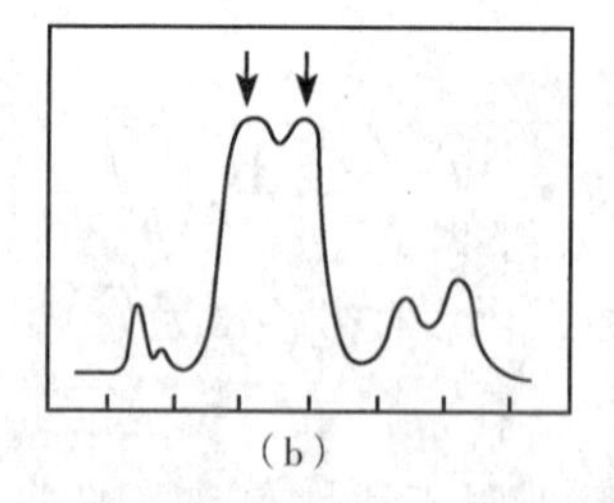
（b）

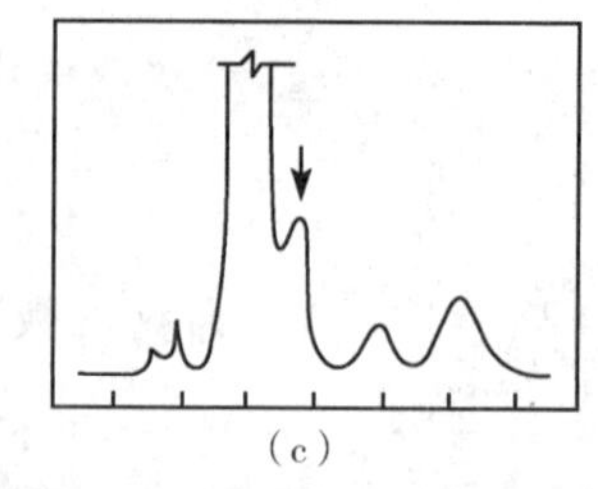
（c）

图12－3 制备型HPLC的一些典型情况

（a）待分离的成分呈单一主峰；（b）两个或更多的主要成分；（c）待分离的成分含量较少

中心切割技术可用于难分离物质与其他杂质的初分。如图12－5（a）为一个混合物的分析色谱图，组分1和2含量高且严重叠加。处理时，首先可以增加上样量使柱大大地过载，利用恒溶剂系统（isocratic separation mode），采取中心切割以收集峰1和峰2部分［图

12-5（b）中的阴影部分］。收集后立即增加流动相的强度，快速去除杂质。将柱平衡到最初的恒溶剂状态。峰1和峰2可以通过再次色谱分离达到高分离的效果（例如，减小上样量，再循环等）［图12-5（c）］。

手动和自动循环常可用来分离难分离的组分。如图12-6所示，重叠峰前后翼的组分A和B为高纯物质，可直接收集，中间重叠部分为A+B可再循环分离后收集含纯组分的两翼。由于样品最初的大批杂质已通过中心切割技术去除，所以重复分离可迅速进行。

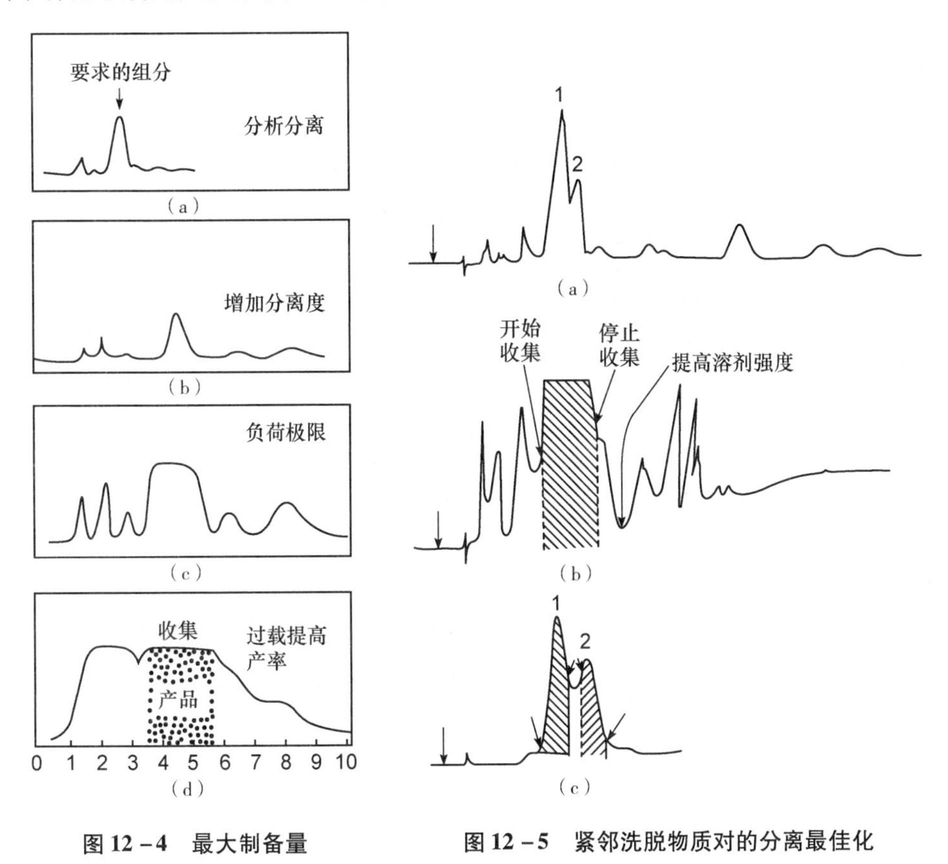

图12-4　最大制备量

图12-5　紧邻洗脱物质对的分离最佳化

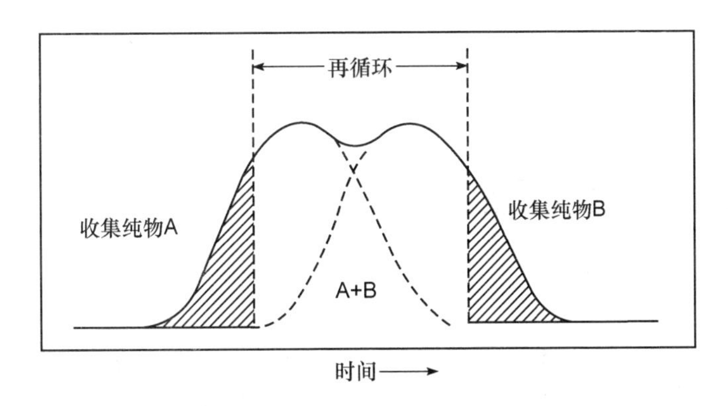

图12-6　两个未完全分离组分的收集

当期望收集的物质是少量或痕量成分时，如图12-3（c），可利用一个略微不同的制备步骤：如图12-7（a）所示，在负载极限（loading limit）观察到痕量组分通过分离最佳化后，使柱过载来进行富集（enrich）［如图12-7（b）］，但组分必须在预期的范围内分部收集。然后收集的各部分分别用合适的技术分析，将含高痕量组分的部分浓缩，再进行色谱分离。

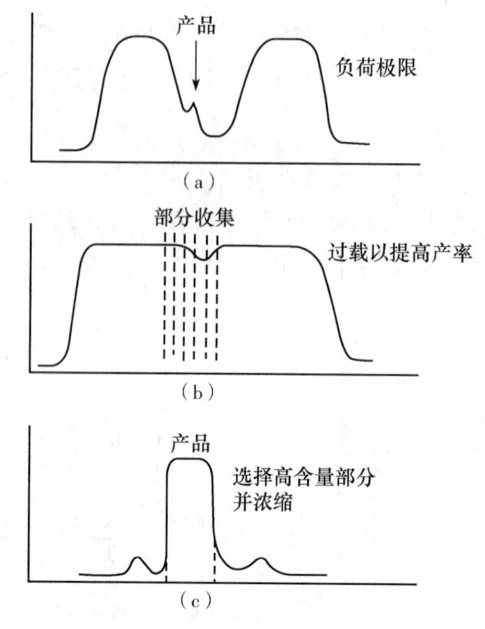

图 12 －7　小量和痕量组分的分离

（a）负载极限；（b）过载收集；（c）选择含量高的部分合并、浓缩，再进行色谱分离

扫码“学一学”

第三节　实验条件的选择

最佳的制备型 HPLC 包括一套不同于一般分析型色谱的操作条件。表 12 －2 列出了两者典型的操作参数。在本节中，我们将较详细地讨论制备型 HPLC 使用的独特实验条件。

表 12 －2　分析与制备型 HPLC 典型操作参数的比较

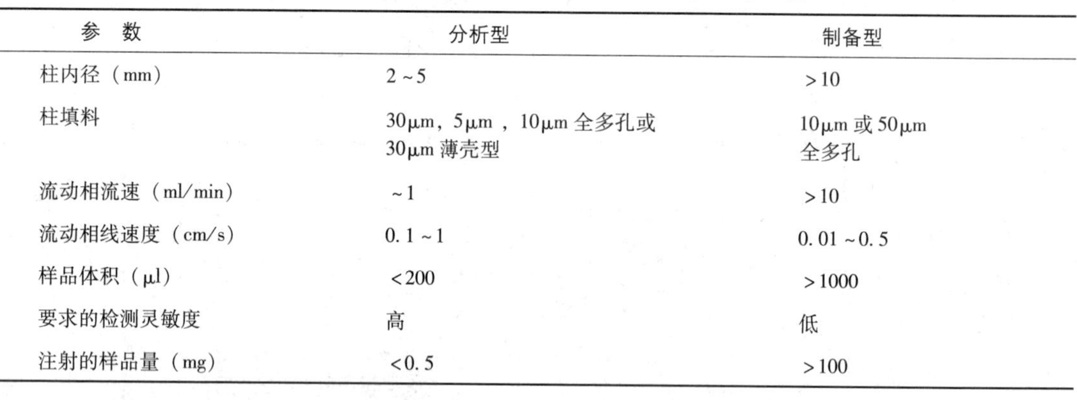

参　数	分析型	制备型
柱内径（mm）	2～5	>10
柱填料	30μm，5μm，10μm 全多孔或 30μm 薄壳型	10μm 或 50μm 全多孔
流动相流速（ml/min）	～1	>10
流动相线速度（cm/s）	0.1～1	0.01～0.5
样品体积（μl）	<200	>1000
要求的检测灵敏度	高	低
注射的样品量（mg）	<0.5	>100

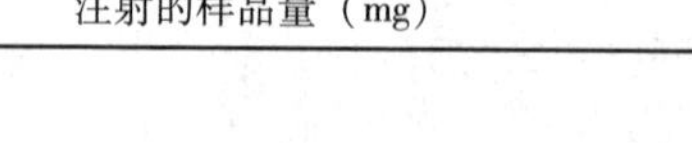

一、柱的选择和装填

在制备型 HPLC 中，样品容量的增加通常需要加大柱子的内径。作为商品销售的有 8cm 内径的制备柱。工厂大规模处理高纯物常使用更大内径的柱（如 30～80cm 内径的柱）。

不锈钢管能承受 200kg 的压力，常作制备柱。压力为 10～15kg 时，可以用玻璃柱。像分析柱一样，制备柱加工成直型。当需长柱时，可以将数柱串联起来。

制备型 HPLC 的填装技术和分析型相同。当粒度小于 20μm 时，用较大的匀浆罐湿法填装。粒度大于 20μm 时；利用轻敲柱外壁的干填法可获满意的结果，但敲打时必须相当轻，以减少填料按大小分层的现象。

另外，欲获得重复的分离，柱填充后的柱效应能重复，这在医药生产中很重要。对于

较小的柱子，理论塔板数应大于1200。

二、柱填料

选择合适的柱填料不仅应考虑其化学性质，还应注意以下几点：①颗粒大小；②色谱柱长度；③操作压力。只有综合考虑上述各种因素，才能得到好的分离效果。

表12－3列出了商品化的聚合物骨架材料。

表12－3 商品化的聚合物骨架材料

固定相基质	主要用途	可能的优点	可能的局限性
硅胶	HIC、RPC	可承受高水力学压力	高密度
琼脂糖	AC	生物相容性好	流速低、温度稳定性差
葡聚糖	GPC	交联后强度高于琼脂糖	有机溶剂中不稳定
羟基磷灰石	吸附色谱	可承受高水力学压力	采用微细颗粒时才可能实现高效分离

制备型HPLC应使用全多孔的填料。表面多孔的或薄壳型的固定相很少用于制备色谱，因为在键合类型相同时，两者的样品容量是全多孔填料的1/5甚至更小，用于分离大量物质，不但不方便，且价格昂贵。

只要可能的话，就应尽量使用液－固吸附色谱（LSC），如硅胶。这种方法为制备分离提供了最大的灵活性和便利，分离度好、产量高、价格便宜。如果柱上有强保留的杂质时，该柱宜作一次性使用。通过选择合适的流动相，LSC也能用于组分范围宽的样品的分离。LSC允许使用的流动相对许多组分有较大的溶解度，因此，可以有较高的进样量和制备产量。而且，LSC一般使用的溶剂有相当大的挥发性，易从收集部分中去除。当然，制备分离也可以用其他填料。目前，许多用复合、交联技术制备的适合生物样品的新型填料已有市售。如日本岛津公司的Shim-pack Bio（T）系列柱，柱管为钛金属，其填料的基质有3种类型：Shim-pack PREP，通用型硅胶；Shim-pack PA，用于生物样品的高分子聚合物；Shim pack HAc，用于生物样品的羟基磷灰石。

金属螯合亲和色谱（MCAC）能成功地纯化大量的蛋白质。因为几乎所有的蛋白质中都有三种氨基酸；组氨酸、胱氨酸和色氨酸，它们往往可与过渡金属离子形成复合物。正是由于蛋白质中上述三种氨基酸残基的暴露，使得带有合适金属离子（如Cu^{2+}，Zn^{2+}）的螯合琼脂糖凝胶可选择性地吸附蛋白质，达到分离纯化的目的。在制备型HPLC中，用小粒度填料好，还是用大粒度填料好，这取决于分离目的和实验室的实验条件。图12－8显示了填充剂粒度和柱长对于样品容量的影响。在样品负荷较大，压力降相同时，大颗料填装的长柱，柱效较高。在α很小的分离制备中，要求较高的N值，宜用小粒度的填装柱，进样量相对较小，对分离有利。当α

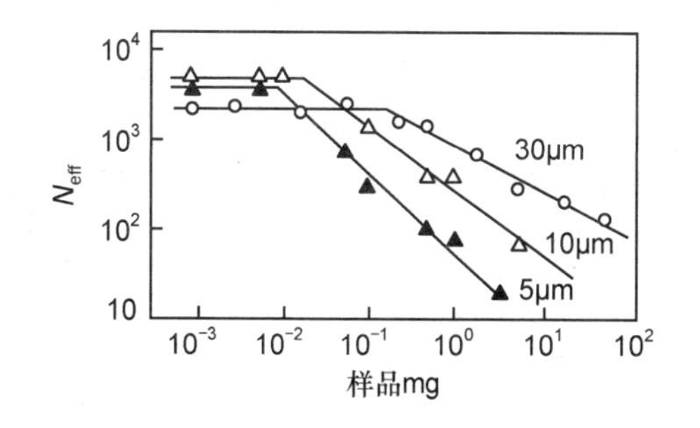

图12－8 粒度大小和柱长对于样品容量的影响

▲：licrosorb SI-100 5μm 10cm×0.3cm；△：lichro-sorb SI-100 10μm，50cm×0.30cm；○. lichro-sorb SI-100 30μm，200cm×0.3cm。
流动相：正已烷（含水量为饱和态时的50%）；流速：0.8cm/s；柱温：22℃；样品：苯乙醚；Neff：有效塔板数

很大时，用大颗粒填装柱，对过载进样是有好处的。表 12－4 列举了不过载情况下，分离度相同时，分析型、半制备型、制备型 LSC 柱的一些参数。在柱过载情况下的直接比较无法进行，分离度的概念不再确切。

表 12－4　分离度相同时的分析和制备参数

实验参数	分析柱内径 0.46cm	制备柱内径 2.3cm	半制备柱内径 1.0cm	制备柱内径 2.3cm
多孔颗粒大小（μm）	10	10	10	30
柱长（cm）	25	25	25	100
洗脱液流速（cm/s）	0.5	0.5	0.5	~0.08
理论塔板数	4000	4000	4000	4000
柱中硅胶的大约重量（g）	3	78	14	250
每次分离的最大样品量（mg）	3	78	14	250
典型的分离时间（min）	5~10	5~10	5~10	50~200
产率相同纯度（mg/min）	0.6	16	3	5
柱子价格	低	高	适中	适中

三、洗脱剂

可利用相同填料的分析柱，选择最适合于分离目的和要求的流动相的组成（如溶剂的配比，离子强度，pH 等），将其直接或略加修改后用于制备分离。有一点必须特别注意，即要防止强保留的杂质缓慢洗脱下来，因为它会污染随后分离的样品。

和使用分析型液相色谱（LC）一样，在进行一个新的分离以前，必须确保制备柱和流动相之间的平衡。当水或其他极性改性剂的多少引起吸附剂活性的变化时，平衡更是特别重要的。在制备型 LC 中利用梯度洗脱不大方便，因为柱子的再平衡需要花费大量的溶剂。

像在分析型色谱中一样，制备型 LC 宜利用黏度相对低的流动相（保持高的柱效），且溶剂必须和检测器相匹配。高的柱温可以降低流动相的黏度、增加溶解度差的热稳定样品的浓度，但这样做在实验上不太方便。尤其对稳定性差的生化物质。

为了能方便地从收集部分中去除流动相，流动相应相对地易挥发。为了减少峰形的拖尾，分离时往往在流动相中添加一些挥发性小的试剂，如乙酸吗啉，但这可能增加操作麻烦。溶剂（流动相）必须是高纯度的，这一点特别重要。不挥发性的杂质在去除流动相时将被浓缩，而引起污染，可以利用新鲜的蒸馏水或特别纯化的 HPLC 溶剂把它减至最小。

制备 LC 的目的往往是获取高的产量，为此希望提高样品的上柱量。选择合适的溶剂溶解样品是很重要的工作。若注射的样品的溶剂强度大于初始的流动相，往往会引起柱分离效果严重下降，所以，宁可将注射的样品溶于溶剂强度弱于初始流动相的溶剂中。有时在 LSC 中，样品在流动相里的溶解性受到低极性溶剂的限制。因为溶剂强度一般随溶剂极性的增加而增加，所以简单地增加溶剂的极性是不合适的。可以通过采用二元溶剂系统来调节溶剂强度 ε° 和极性（P'）之间的关系。图 12－9 为几种常用二元溶剂的强度 ε° 和极性 P' 之间的关系。为了增加样品的溶解度，可以在溶剂强度相同的情况下，选择极性大的溶剂来溶解样品。

对于分子量大的，稳定性较差的蛋白质来说，在作凝胶色谱时，须采用组成恒定的流

动相（如离子强度，pH 等）；作离子交换色谱时则采用盐浓度梯度洗脱或 pH 梯度洗脱；对亲和色谱来说阶段洗脱是使用最多的方式，少数情况下才会使用梯度洗脱（如要获取单组分的同工酶）。

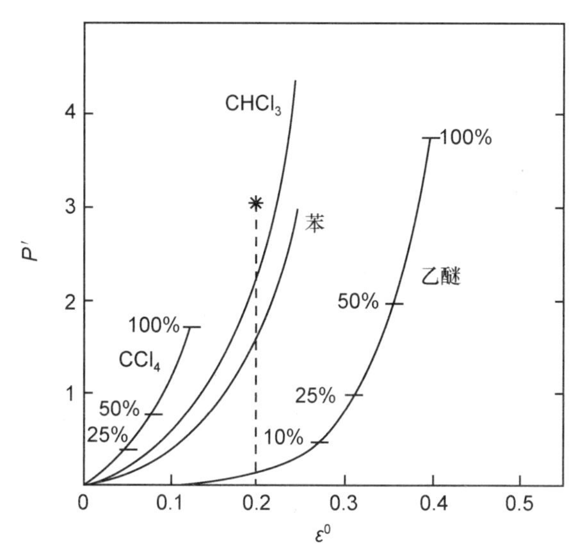

图 12－9　液固色谱中流动相的强度

图中各溶剂存在于己烷的二元混合物

第四节　操作变量的确定

扫码“学一学”

一、样品的进样量

在制备 HPLC 中，样品的注射体积很重要，一般要在整个柱的横截面上进样，以充分利用整个柱填料，减小入口处的过载。为了减少柱入口处的过载，宜注射低浓度大体积的样品，不宜注射高浓度小体积的样品。

样品进样的体积与柱的内径、柱长、流动相和固定相的类型、样品的溶解性以及分离目的有关。为了获得最大的分离度，样品体积应不超过欲收集的洗脱峰的1/3，且不能过载。α 值较大时，进样体积可大些，以克服溶解度的限制。

表 12－5 为制备型 LSC 进样量与分离难易的关系（柱长 50cm，全多孔填料）。

表 12－5　分离难易与进样量的关系

柱内径，mm	困难的分离，α < 1.2（mg）	容易的分离，α > 1.2（mg）
2	0.2 ~ 2	5 ~ 25
8	10 ~ 50	100 ~ 500
25	100 ~ 500	1000 ~ 5000

在 α < 1.2 时，为了获得最大的分离度，应使柱不过载；当 α > 1.2 时，即注入过载体积的样品，仍可产生足够的分离度。柱子在不过载的情况下，分离有时似乎是由个别溶质的注射量而不是由样品的整个质量来决定的。

一根不过载的柱其样品容量随柱横截面积增大而呈线性增大。只要流动相的线速度保持不变，溶质的保留时间不会随柱内径的增加而变化。流动相线速度相同时，获取单位溶质所消耗的溶剂的量与柱的内径无关。

二、制备产率

提高样品产率的条件归纳如下。

(1) 产率随分离度的提高而增加，所以应选择合适的流动相，使柱的选择性 α 最佳化。仅利用增加柱压来增加柱的塔板数，只能稍微增加单位时间的产量。

(2) 不过载的柱子，k'值较小时，产率较高。k'值对过载柱产率影响的报道尚不多见。

(3) 用全孔填料时产率高于用薄壳型的。

(4) 对于 α 值小的分离，宜利用小粒度（5~10μm）填料的柱子；在 α 较大时，使用较大颗粒、大内径的柱，将获得较高的产率，且价格便宜。

(5) 柱的样品容量和产率随柱横截面积的增加而增大。

(6) 产率随柱长、流动相流速的增加而增加，特别在过载情况下尤其如此。

表 12-6 为各种类型柱的样品产率。表中数据证实了前面一些关于改进制备色谱产率的准则。从方法 a 到方法 b，样品产率随相应的柱截面积的增加而增加。方法 a 和 b 处于容量极限状态；从方法 b 到 c 是通过柱子进样量过载来增加产率的。以上产率提高 10 倍，分离度下降到原来的 50%，产量损失可达 10%~25%。具体损失情况取决于如何收集重叠峰。方法 c 到 d 的产率提高是通过进一步增加柱内径来获得的。以上数据表明，柱过载可提高单位时间的产量，物质的纯度也可不下降。

表 12-6 各种类型柱的产率

方 法	薄壳型颗粒（μm）；产率（mg/min）	全多孔颗粒（μm）；产率（mg/min）	凝胶颗粒颗粒（μm）；产率（mg/min）
a. 分析柱 50cm×0.2cm	30；0.01~0.02	10；0.1~0.2	10；1~2
b. 放大柱 50cm×2cm 在负载极限	30；1~2	30；5~20	50；100~200
c. 制备柱 50cm×2cm 过载		30；50~200	50；1000
d. 制备柱 50cm×5cm 过载		70；200~1000	50；2500

三、回收率计算和纯度鉴定

组分中的溶剂可用热的氮气流蒸发去除。大体积的溶剂可利用真空旋转蒸发器去除。对于不稳定的生物大分子冷冻干燥是一种温和的处理过程，能有效地去除一些溶剂，如水、二氧六环和苯。对于稳定性较好的生化物质，真空干燥是较经济的方法。在浓缩和干燥过程中，应设法减少已纯化样品的污染和降解。

在所需要的部分被收集以后，应用高效分析型 LC、TLC（薄层层析）或其他合适的分析技术测定其纯度。如果分离的组分纯度不够，可以再用 LC 方法进一步纯化。

为了确定样品制备回收率，即样品的所有组分是否都已从柱上洗脱下来，可对分离制备的物质实行称重，比较收集到的各个部分的总重量和注射样品的重量。纯化组分的产率也可利用这个方法来测定。

确定一个收集组分纯度的方法，是先对分离的峰进行很窄范围的中心切割，以得到所期望的最高纯度的对照用样品。然后用这个纯品作为下一个制备分离产物的 LC 分析标准样品。用 LC 技术对蛋白质生物分子进行最终鉴定时，多采用反相色谱（RP-LC），其分辨率高于凝胶色谱、离子交换色谱、吸附色谱等方法。

扫码“学一学”

第五节　制备型高效液相色谱的应用

一、肽的分离

分离纯化肽的最常用和最成功的方法是反相高效液相色谱（RP－HPLC）。这不仅是因为它对肽的分辨力很高，还因为它以水为主体的流动相与肽的生物学性质相适应。尽管有时添加酸或有机溶剂会使肽的构象发生改变，但这些因素除去后，肽通常能恢复原状，故活力回收比较高（>80%）。此外，离子交换 HPLC 也是分离纯化肽的有效方法。如用反相色谱不能很好分离的肽混合物，用离子交换色谱往往能得到较好的结果。

分离肽的 RP－HPLC 的固定相多为 C_8～C_{18}烷基、苯烷基和氰基键合相硅胶（孔径>10nm）。

根据流动相的不同，RP－HPLC 又可分作“缓冲液反相色谱”和“离子对反相色谱”。

（一）缓冲液反相色谱

即在标准反相色谱流动相（有机溶剂－水）中加入缓冲液以控制离子化合物的解离度。缓冲值常为 pH 4～5。这对肽的稳定性有利，但有时洗脱能力较差。

（二）离子对反相色谱

通常控制流动相在 pH 2～3 范围内。此时肽有较好的溶解度，且分子中酸性基团极少电离，而带正电荷的碱性基团则与流动相中的负离子（又称反离子）形成所谓“离子对”化合物。常用的反离子有三氟乙酸、七氟丁酸、甲酸、醋酸和磷酸，它们分别与三乙胺成盐。其中三氟乙酸、七氟丁酸易挥发，便于从分离组分中除去。此外还有不同链长烷基的硫酸或磺酸盐等。流动相中的烷基愈大或浓度愈高，肽的保留时间愈长。

分离肽的流动相中可使用的溶剂，依洗脱能力递减次序排列为：正丙醇>异丙醇>四氢呋喃≈二氧六环>乙腈>≈乙醇>甲醇。其中乙腈最常用，因其在 UV 210nm 附近有很好的透光度，洗脱能力也强。但当肽的疏水性很强时应当改用正丙醇。流动相中的有机溶剂含量一般不超过 60%。

肽的检测一般在 UV 200～230nm 处测量光吸收，因肽键和肽分子中多数发色团的吸收峰在此范围内，故有较高的灵敏度。如流动相有较大吸收时，可采用荧光检测。不过即使仪器有分流装置，仍要损失少量肽作为荧光衍生物后再行测量。含有色氨酸残基、酪氨酸残基的肽本身有荧光，可直接测定。

二、蛋白质的分离

与其他 HPLC 方法相比，人们普遍认为反相色谱是分离纯化蛋白质的有效方法。虽然对肽的 RP－HPLC 已积累了许多可供借鉴的成功经验；但是蛋白质的情况比肽复杂，因此需要某些特殊的考虑，须在填料、流动相、仪器三方面进行适当的选择。

（一）填料

用于分离蛋白质的 RP－HPLC 的主要填料基质为多孔硅胶微粒和有机多聚物（孔径 30

~50nm）。硅胶微粒的强度好，键合化学清楚，但不耐碱，最好在 pH <7.5 的条件下使用（目前一些公司已研制出在一定程度上耐碱的硅胶基质的反相填料。如安捷伦公司的 20RBAX extend C_{18}可在 pH 10 以下使用）。键合相同基团的多聚物填料与硅胶分辨率相似，但拖尾小，收率高，且耐高温（120℃以上）。

（二）流动相

流动相由水相缓冲液及不同浓度的有机溶剂组成。流动相对蛋白质分离的影响因素主要有以下几个方面。

1. pH 蛋白质与反相固定相的作用主要取决于蛋白质的极性。极性愈小则与疏水固定相作用愈强。流动相的低 pH 使蛋白质羧基解离受到抑制，因而极性降低，加强了它与反相键合相的作用。对大多蛋白质而言，使用 pH 2.5~3.5 的流动相可以得到最好的分离。必须注意的是有些蛋白质或酶在低 pH 时不稳定或由于接近等电点而产生沉淀。

2. 离子强度和离子对试剂 增加离子强度也增加了蛋白质与键合相的疏水作用。在多数情况下，较高的离子强度（>0.2）可使蛋白质有较好的分辨率和回收率。但有些蛋白质，如卵白蛋白及磷酸化酶 b，在低离子强度下收率反而高。

缓冲液中的盐还能通过形成离子对改变蛋白质分子表面极性，从而影响它的保留性。如果反离子是疏水的（如三氟乙酸根、七氟丁酸根），则使复合离子对保留时间增长。如果反离子是亲水的（如磷酸根、甲酸根），则复合离子对保留时间减少。

3. 有机溶剂 通过疏水作用结合在反相柱上的蛋白质可用有机溶剂来洗脱，故有机溶剂的选择是改变蛋白质保留性的重要手段之一。较常用的有乙腈和丙醇，其他还有甲醇、乙醇、二氧六环、四氢呋喃等。对蛋白质而言，疏水性较大的丙醇是较好的溶剂。而使用复合溶剂（如异丙醇－乙醇、乙腈－异丙醇等）可降低有机溶剂总浓度并改善分辨率及回收率。

4. 表面活性剂 表面活性剂常常用来溶解蛋白质。一般来说，阳、阴离子表面活性剂对蛋白质分离不利，而非离子型表面活性剂对分离影响小。只有两性离子表面活性剂可以减少高分子量、疏水性较强的蛋白质的拖尾，使分离得以改善。

5. 温度 蛋白质在 RP－HPLC 过程中构象可能改变，这与温度有关。为了防止蛋白质的不可逆变性和失活，分离一般在室温或低温下进行。

（三）仪器

由于蛋白质在反相柱上的保留性对流动相中有机溶剂的含量十分敏感，所以必须采用梯度洗脱，以保证分离效果良好。

蛋白质的检测与肽类相似，主要用紫外吸收和荧光法。蛋白质在 215nm、254nm 和 280nm 处有吸收，尤其是 215nm 处的肽键吸收很强，可以检出 5~10pmol 的肽或 50~500ng 的蛋白质；而 280nm 处的灵敏度仅为 215nm 处的 1/10。荧光检测灵敏度更高，理想情况下可达 10^{-15}mol。溶剂中只要不含胺类就可用该法检测。蛋白质样品（除含有色氨酸外）均须先与荧光试剂反应生成荧光物质，荧光试剂主要是邻－苯二甲醛和荧光胺。

尽管 RP－HPLC 分离蛋白质时有较高的分辨率，但它对于一些稳定性较差的组分可导致失活也是一个不争的事实。对此我们可以通过填料的选择和流动相组成的研究加以调整，消除失活因素或将其降至最低。

同时还可采用离子交换色谱或凝胶色谱对蛋白质样品进行纯化，只要载体选择恰当，

操作条件控制好，也能得到理想的分离效果。

下面列举一个用制备型 HPLC 分离蛇毒类凝血酶的例子，以方便读者的理解。

尖吻蝮（Agkistrodon acutus）蛇毒类凝血酶（thrombin-like enzyme）是一种丝氨酸蛋白酶，属胰蛋白酶家族。它切除纤维蛋白原中的纤维蛋白肽 A，但不切除纤维蛋白肽 B，不激活凝血因子XIII，故由其产生的纤维蛋白的侧链不能交联，易被体内纤溶酶降解，导致体内纤维蛋白原浓度降低而表现出抗凝活性。临床上用于治疗脑梗死、血栓闭塞性脉管炎、股动脉栓塞、肺栓塞等疾病。以下是从尖吻蝮蛇毒中生产蛇毒类凝血酶的中试工艺。

1. 尖吻蝮蛇毒的预处理　称蛇毒 5g，溶于 50ml 浓度为 0.05mol/L pH 为 8.5 的 Tris-HCl 缓冲液中，40℃放置 24 小时使蛇毒充分溶解。蛇毒溶液于 7000r/min 的条件下离心 15 分钟，取上清液用 0.02mol/L Tris-HCl（pH 8.5）缓冲液透析 24 小时，透析后的蛇毒用 0.01mol/L Tris-HCl（pH 8.5）缓冲液稀释至 250ml。稀释液经 0.45μm 的微孔滤膜过滤后可直接上层析柱。

2. 离子交换色谱分离　样品：预处理过的蛇毒溶液 20ml（20mg/ml）。层析柱：FF DEAE（16/10）20ml，缓冲溶液：A：0.02mol/L Tris-HCl，pH 8.0，B：含 0.3mol/L NaCl 的 A 液。

流速：3ml/min，上样后用缓冲溶液 A 洗柱 40ml。

洗脱梯度：0～0.3mol/L NaCl 200ml。

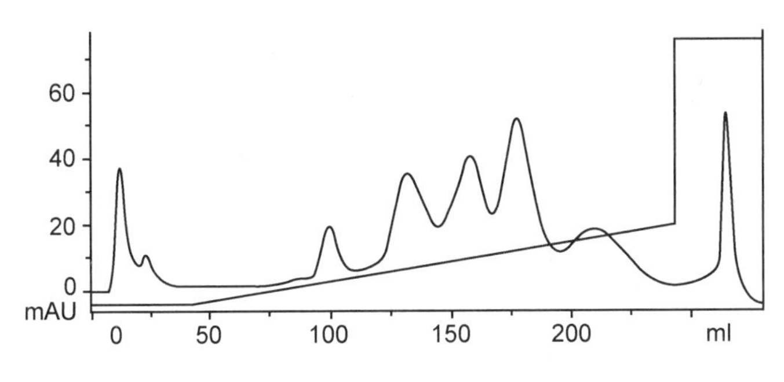

图 12-10　离子交换分离色谱图

3. Phenyl Sepharose 色谱分离　层析柱：Phenyl Sepharose HP（16/10）14ml。缓冲溶液：A：0.02mol/L Tris-HCl，pH 7.5，B：含 2mol/L 硫酸铵的 A 液。

流速：3 ml/min，上样后用缓冲溶液 B 洗柱 40ml。

梯度洗脱：1.6～0mol/L 硫酸铵 120ml。

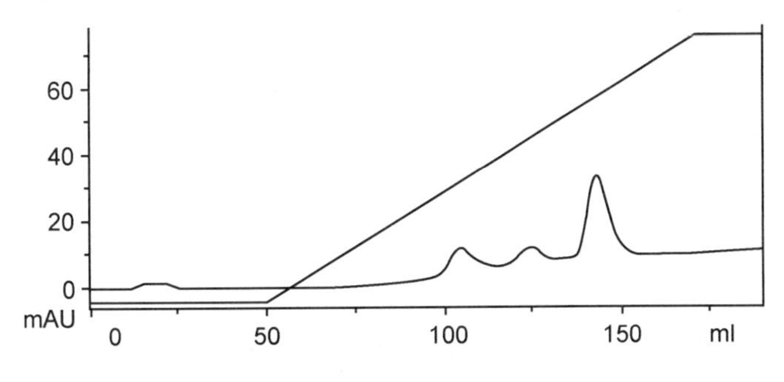

图 12-11　疏水色谱分离色谱图

通过以上纯化得到纯度大于 98% 的蛇毒类凝血酶。

三、多糖的分离

分离多糖的 HPLC 多为高效体积排阻色谱（HPSEC）。它具有快速、高分辨和重现性好的特点。这种方法完全按分子筛原理分离，样品分子与固定相之间无相互作用。目前最常见的商品柱是 μBondagel 柱系和 TSK 柱系，如表 12－7、12－8 所示，常用水、缓冲液和含水的有机溶剂如二甲亚砜作流动相。流动相上柱前必须经过过滤和除气。样品如含较多盐类或蛋白质也须预先除去。

表 12－7　μBondagel 商品柱（Waters Assoc）

型　号	分离范围（分子量）	型号	分离范围（分子量）
μPorasil GPC 6×10^{-3}μm	100～10000	μBondagel E－1000	50000～2000000
μBondagel E－125	2000～50000	μBondagel E－Linear	2000～2000000
μBondagel E－500	5000～500000	μBondagel E－high A	15000～7000000

表 12－8　TSK 商品柱（Bio－Rad）

型　号	分离范围（分子量）	型号	分离范围（分子量）
Bio－Gel TSK－30	～100000	Bio－Gel TSK－50	10000～2000000
Bio－Gel TSK－40	1000～70000	Bio－Gel TSK－60	100000～20000000

多糖大多采用直接检测，常用示差折射仪（RI）。RI 具中等灵敏度，其线性关系的最低敏感量为 20μg，最大敏感量为 400μg。如果是酸性多糖还可用紫外检测，但多数是紫外检测与示差折射检测联用。

四、核酸与核苷酸的分离纯化

用 HPLC 分离核酸时多用反相色谱法，填料有 Super Pac 或 Mono RPC 等。分离核苷酸还可使用离子交换色谱的填料 Mono Q 等。

核酸、DNA 限制性片断（restriction）和质粒的分离可以在 1h 内完成，样品回收率一般为 80%～90%，且易自动化，只要用 260nm 光吸收来进行检测。

核苷酸的分离用得较多的是离子交换色谱。样品必须用盐的浓度梯度加以洗脱，氯化钠浓度可达 1.2mol/L。色谱系统须用高耐腐蚀的钛金属。泵须附一个装置，以连续冲洗积累于密封圈上的盐。若用 RP－HPLC 分离核苷酸，一般须在较温和的流动相中进行。常用的是二乙胺的醋酸缓冲液，有时也用甲酸溶剂系统。挥发性盐和溶剂可简化分离后的处理。组分复杂的样品在分离度要求高时，控制流速，流动相梯度和柱温显得比较重要。例如胸腺嘧啶核苷和鸟嘌呤核苷对温度高度敏感，在 26℃ 或 35℃ 时洗脱顺序不同。

五、脂类的分离

分离脂类时，LSC 是首选的方法，特别适用于异构体的分离。图 12－12 为合成维生素 A 时中间体的分离。峰 1 为 α－11－反式－C_{18}－酮，峰 2 为 9－顺式－C_{18}－酮，它们在不到 15min 内分离成相对纯的部分（阴影部分）。这证明制备型 LC 对于解决有机合成中的迅速纯化问题能力很强。

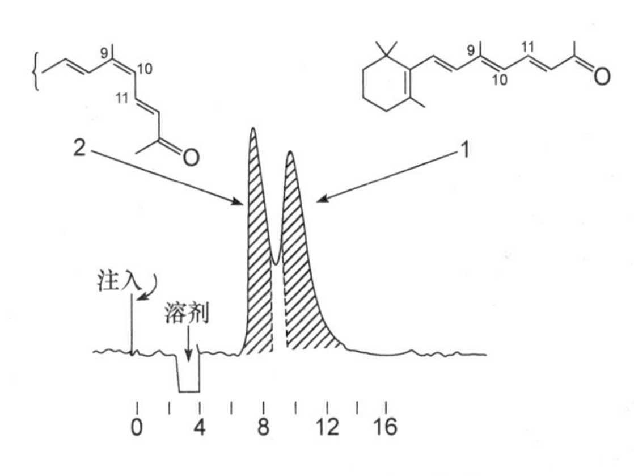

图 12－12　LSC 进行异构体

柱：30cm×4.7cm Prepak/500 硅胶柱；流动相：11%二乙醚己醇；流速：250ml/min；
检测器：RI；样品：820mg 混合物

第六节　新型制备色谱技术

一、灌注色谱技术

在研制开发用于过滤或作为催化剂载体的膜和大孔聚合物颗粒时发现，当膜的孔径达到500nm 时，只要两边有微小的压力差，便可引发孔内的对流传质。因此人们联想到，如果在色谱填料颗粒上有这种横穿粒子的特大的对流传质孔，被分离溶质便会随流动相一道迅速接近介质的内孔表面，而不是靠浓度梯度进行扩散传质，因而能加快传质过程。因为该过程与肾脏或其他器官的灌注过程十分类似，故将依据以上原理设计的色谱命名为“灌注色谱”。图 12－13 为灌注色谱的填料的示意图。

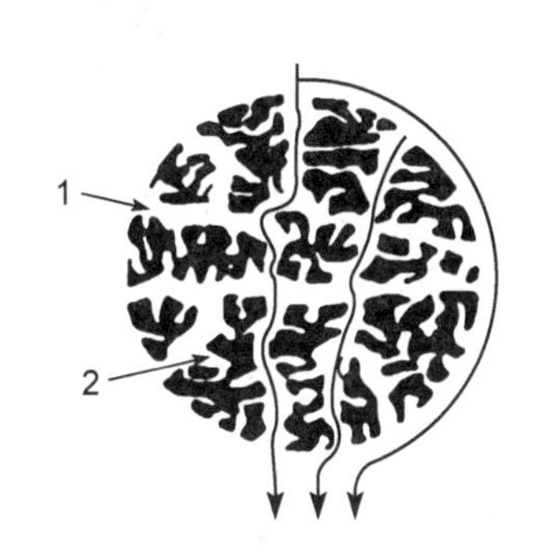

图 12－13　灌注色谱填料示意图

1. 穿透孔 2. 扩散孔

从结构上看，灌注色谱介质上的穿透孔把一个大颗粒分割成聚集在一起的若干较小的颗粒，对于每个较小颗粒而言，又都是对流传质的。因此，灌注色谱实际上既具有无孔填料和膜的快速分离能力，又具有 HPLC 多孔填料高容量的特点，也不增加柱阻力。在高流速下，大分子容易在颗粒内部传递，分离度和柱容量基本保持不变。

二、顶替色谱技术

顶替色谱又叫置换色谱或取代色谱。该技术是在流动相中加入一种溶质，该溶质比样品中任何一种组分在色谱柱上的作用力都强。当样品上样后，利用该流动相进行洗脱，流动相中的溶质会对色谱柱中的样品组分按照它们与色谱固定相的作用力大小依次被顶替。作用力小的样品组分先被顶替，作用力大的后被顶替。

三、径向流色谱技术

径向流色谱的色谱分离原理与传统的色谱技术相同，即利用物质在两相中的分配系数

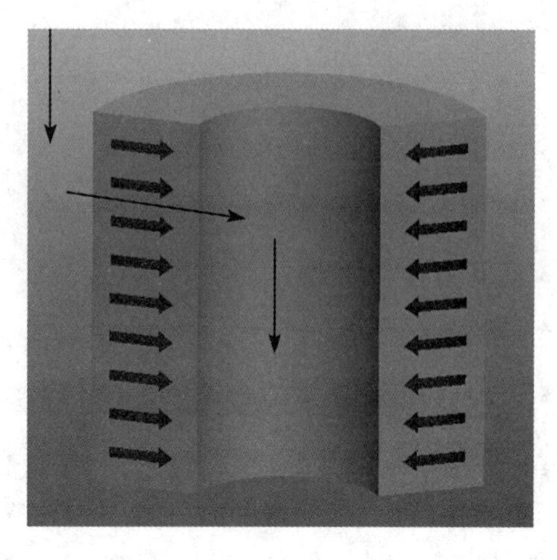
图 12－14　径向流色谱示意图

扫码“练一练”

差异来进行分离，当两相作相对移动时，被分离物质在两相间经反复多次分配，原来微小的分配差异便会产生很大的效果，从而使各组分分离。

径向流色谱柱采用了径向流动技术，流动相携带样品沿径向迁移，不同于传统轴向色谱柱的流体在柱内从一端流向另一端。在径向柱内，动相和样品可以从色谱柱的周围流向柱圆心，也可以从柱心流向柱的周围（图12－14）。因此，径向流色谱显示了操作压力低、线性放大容易、分离效率高及样品处理量大等突出优势。

（孔　毅）

第三篇

重要生物药物制造工艺

第十三章　生化药物制造工艺

第一节　生化药物一般制造方法

扫码“学一学”

生化药物（biochemical medicine）是指运用生物化学研究方法，从生物体中经提取、分离、纯化等手段获得的天然存在的生化活性物质或将上述这些物质加以结构改造或人工合成创造出的自然界没有的新活性物质。生化药物的有效成分和化学本质多数比较明确清楚，通常按照其化学成分可分为氨基酸类药物、多肽类药物、蛋白质类药物、核酸类药物、多糖类药物、脂类药物等。本节将介绍上述几类生化药物的一般制造方法。

一、氨基酸类药物制造方法

氨基酸是构成蛋白质的基本组成单位。依据天然是否存在，可以将氨基酸分为蛋白质氨基酸、非蛋白质氨基酸和衍生氨基酸。蛋白质氨基酸存在于动物、植物和微生物的蛋白质里，是构成天然蛋白质的组成成分，大约有20种，通常讲的氨基酸就是这一类。这类氨基酸绝大多数都以结合状态存在，其游离存在的甚少；自然界中，还存在一些特殊的氨基酸，它们不是蛋白质的组成成分，多以游离形式存在，称非蛋白质氨基酸。一些非蛋白质氨基酸具有独特的生物学功能和药用价值。衍生氨基酸是采用酶催化修饰或化学修饰，在氨基酸的活性基团（如—NH_2，—COOH，—OH 等）上进行甲基化、乙基化、乙酰化、酰胺化、磷酸化等形成氨基酸衍生物，如：谷氨酰胺、精氨酸盐酸盐、5－羟色氨酸等。

自20世纪50年代开始，氨基酸应用范围不断扩大，广泛应用于医药、食品、保健、饲料、化妆品、农药、制药、科学研究等领域，形成了一个朝气蓬勃的新兴工业体系，被称为氨基酸工业，生产技术日新月异，品种和产量逐年增加。氨基酸及其衍生物在医药领域的应用包括改善患者营养状况，治疗消化道疾病、肝病、脑及神经系统疾病，还有的氨基酸例如偶氮丝氨酸可用于肿瘤的治疗。据市场分析预测，对药用氨基酸的需求在逐年增加。在一定程度上说，药用氨基酸作为发展中的产业，“永不衰退”的医药产品市场潜力很大，前景十分诱人。

目前构成天然蛋白质的20种氨基酸的生产方法有天然蛋白质水解法、发酵法、酶转化法及化学合成法等四种。氨基酸及其衍生物类药物已有百种之多，但主要是以20种氨基酸为原料经酯化、酰化、取代及成盐等化学方法或酶转化法生产。现仅对这四种氨基酸生产方法进行介绍。

（一）水解法

水解法是最早发展起来的生产氨基酸的基本方法。它是以毛发、血粉及废蚕丝等蛋白质为原料，通过酸、碱或酶水解成多种氨基酸混合物，经分离纯化获得各种药用氨基酸的方法。目前用水解法生产的氨基酸主要有 *L*－胱氨酸和 *L*－半胱氨酸。水解法生产氨基酸的主要过程为水解、分离和结晶精制三个步骤。

1. 蛋白质水解　目前蛋白质水解分为酸水解法、碱水解法及酶水解法三种。

（1）酸水解法　蛋白质原料用6～10mol/L盐酸或8mol/L硫酸于110～120℃水解12～24小时，除酸后即得多种氨基酸混合物，此法优点是水解迅速而彻底，产物全部为L－型氨基酸，无消旋作用。缺点是色氨酸全部被破坏，丝氨酸及酪氨酸部分被破坏，且产生大量废酸污染环境。

（2）碱水解法　蛋白质原料经6mol/L氢氧化钠或4mol/L氢氧化钡于100℃水解6小时即得多种氨基酸混合物。该法水解迅速而彻底，且色氨酸不被破坏，但含羟基或巯基的氨基酸全部被破坏，且产生消旋作用。工业上多不采用。

（3）酶水解法　蛋白质原料在一定pH和温度条件下经蛋白水解酶作用分解成氨基酸和小肽的过程称为酶水解法。此法优点为反应条件温和，无需特殊设备，氨基酸不破坏，无消旋作用。缺点是水解不彻底，产物中除氨基酸外，尚含较多肽类。工业上很少用该法生产氨基酸而主要用于生产水解蛋白及蛋白胨。

2. 氨基酸分离　氨基酸分离方法较多，通常有溶解度法、特殊试剂沉淀法、吸附法及离子交换法等。

（1）溶解度法　是依据不同氨基酸在水中或其他溶剂中的溶解度差异而进行分离的方法。如胱氨酸和酪氨酸均难溶于水，但在热水中酪氨酸溶解度较大，而胱氨酸溶解度变化不大，故可将混合物中胱氨酸、酪氨酸及其他氨基酸分开。

（2）特殊试剂沉淀法　是采用某些有机或无机试剂与相应氨基酸形成不溶性衍生物的分离方法。如邻二甲苯－4－磺酸能与亮氨酸形成不溶性盐沉淀，后者与氨水反应又可获得游离亮氨酸；组氨酸可与$HgCl_2$形成不溶性汞盐沉淀，后者经处理后又可获得游离组氨酸；精氨酸可与苯甲醛生成水不溶性苯亚甲基精氨酸沉淀，后者用盐酸除去苯甲醛即可得精氨酸。因此可从混合氨基酸溶液中分别将亮氨酸、组氨酸及精氨酸分离出来。本法操作方便，针对性强，故至今仍用于生产某些氨基酸。

（3）吸附法　是利用吸附剂对不同氨基酸吸附力的差异进行分离的方法。如颗粒活性炭对苯丙氨酸、酪氨酸及色氨酸的吸附力大于对其他非芳香族氨基酸的吸附力，故可从氨基酸混合液中将上述氨基酸分离出来。

（4）离子交换法　是利用离子交换剂对不同氨基酸吸附能力的差异进行分离的方法。氨基酸为两性电解质，在特定条件下，不同氨基酸的带电性质及解离状态不同，故同一种离子交换剂对不同氨基酸的吸附力不同，因此可对氨基酸混合物进行分组或实现单一成分的分离。

3. 氨基酸的精制　分离出的特定氨基酸中常含有少量其他杂质，需进行精制，常用的有结晶和重结晶技术，也可采用溶解度法或结晶与溶解度法相结合的技术。如丙氨酸在稀乙醇或甲醇中溶解度较小，且pI为6.0，故丙氨酸可在pH 6.0时，用50%冷乙醇结晶或重结晶加以精制。此外也可用溶解度与结晶技术相结合的方法精制氨基酸。如在沸水中苯丙氨酸溶解度大于酪氨酸100倍，若将含少量酪氨酸的苯丙氨酸粗品溶于15倍体积（W/V）的热水中，调pH 4.0左右，经脱色过滤可除去大部分酪氨酸；滤液浓缩至原体积的1/3，加2倍体积（V/V）的95%乙醇，4℃放置，滤取结晶，用95%乙醇洗涤，烘干即得苯丙氨酸精品。

（二）发酵法

现在20多种氨基酸绝大多数都可以用发酵法生产或试生产，目前发酵法生产氨基酸产量最大的是谷氨酸，其次为赖氨酸，其他有苏氨酸、异亮氨酸、缬氨酸、精氨酸、组氨酸、

脯氨酸、鸟氨酸、瓜氨酸等，产量急速增长，品种逐年增加。

氨基酸发酵法有广义与狭义之分。狭义者系指通过特定微生物在以糖为碳源、以氨或尿素为氮源以及其他成分的培养基中生长，直接产生氨基酸的方法。广义者除直接发酵法外，尚包括添加前体发酵法及酶转化技术生产氨基酸法。在此仅简述直接发酵法。

1. 发酵的基本原理 生物化学中称酵母无氧呼吸过程为发酵，反应过程中电子供体与受体皆为有机物，有时电子受体为电子供体的分解产物，氧化作用不完全，最终形成还原性产物。工业上，发酵就是微生物纯种培养过程，实质上是利用微生物细胞中酶的作用，将培养基中有机物转化为细胞或其他有机物的过程，且有厌氧及好氧发酵之分，氨基酸发酵属好氧的不完全氧化过程。微生物通过固氮作用、硝酸还原及自外界吸收氨使酮酸氨基化成相应的氨基酸，称为初生氨基酸，主要有甘氨酸、*L*－丙氨酸、*L*－天门冬氨酸及*L*－谷氨酸等。微生物通过转氨酶作用，将一种氨基酸的氨基转移到另一种α－酮酸上，生成的新的氨基酸亦称为初生氨基酸，如谷草转氨酶可使谷氨酸的氨基转移至草酰乙酸上生成*L*－天门冬氨酸，谷丙转氨酶可使谷氨酸氨基转移至丙酮酸上生成*L*－丙氨酸等。在微生物作用下，以初生氨基酸为前体转化成的其他氨基酸称为次生氨基酸，如*L*－天门冬氨酸是*L*－赖氨酸、*L*－蛋氨酸、*L*－苏氨酸、*L*－异亮氨酸、*L*－丙氨酸及二氨基庚二酸的前体，*L*－谷氨酸是*L*－脯氨酸、*L*－鸟氨酸、*L*－瓜氨酸及*L*－精氨酸的前体，而甘氨酸则是*L*－丝氨酸、*L*－半胱氨酸、*L*－胱氨酸及*L*－苏氨酸的前体。因此，大多数氨基酸均可通过以初生氨基酸为原料的微生物转化作用而产生。另外，有些氨基酸可以有机化合物和铵盐为前体，在相应酶作用下而产生，如肉桂酸和氨在苯丙氨酸解氨酶作用下，可生成*L*－苯丙氨酸；吲哚和丝氨酸在色氨酸合成酶作用下转化成*L*－色氨酸等。发酵法中氨基酸的碳链主要来自糖代谢中间产物，如草酰乙酸、α－酮戊二酸、赤藓糖－4－磷酸、磷酸烯醇丙酮酸、丙酮酸、3－磷酸甘油酸及分枝酸等。微生物界糖代谢产物、氨基酸及各种氨基酸之间的转化关系见如13－1所示。

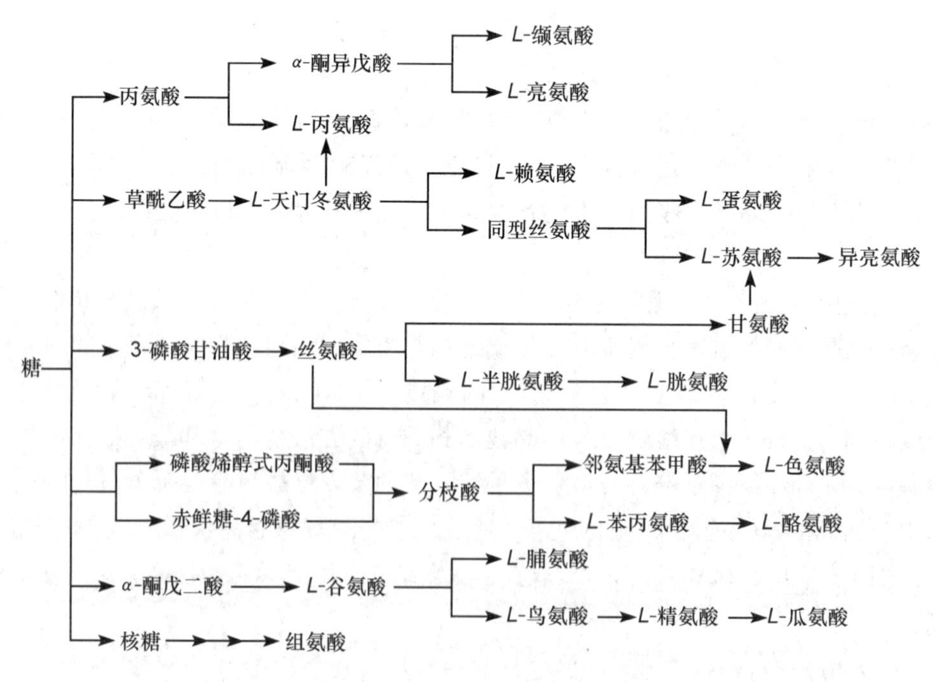

图13－1 微生物界糖代谢中间产物及氨基酸之间的转化关系

2. 发酵法的基本过程 发酵法生产氨基酸的基本过程包括培养基配制与灭菌处理、菌

种诱变与选育、菌种培养、灭菌及接种发酵、产品提取及分离纯化等步骤。工业发酵培养基中碳源通常用淀粉水解糖、糖蜜、干薯粉、甲醇、乙醇及石油醚等，氮源一般为硫酸铵、尿素或豆饼水解液等。氨基酸发酵中，菌种主要为细菌，其次为酵母属，可采用野生型菌株，如棒状杆菌属、短杆菌属、节杆菌属及黄色杆菌617等均为发酵生产*L*－谷氨酸之优良野生型菌株；谷氨酸棒状杆菌KY9003及谷氨酸棒状杆菌49都是生产*L*－脯氨酸的良好野生型菌株；其他野生型菌株，如阴沟气杆菌及产气杆菌用于生产缬氨酸；明胶棒状杆菌用于生产*DL*－丙氨酸等。另外也有许多氨基酸是用经人工诱变法选育的营养缺陷型变异株生产的，如高丝氨酸缺陷型谷氨酸棒状杆菌用于生产赖氨酸，北京棒状杆菌突变株ASl. 586发酵生产缬氨酸等。现代生物工程采用细胞融合技术及基因重组技术改造微生物细胞，已获得多种高产氨基酸杂种菌株及基因工程菌，如用北京棒状杆菌和钝齿棒状杆菌原生质体融合形成的杂种，其中70%杂种细胞产生两亲菌株所产生的氨基酸。而基因重组技术已构建了产生*L*－谷氨酸、*L*－苯丙氨酸、*L*－赖氨酸、*L*－色氨酸、*L*－精氨酸、*L*－脯氨酸、*L*－苏氨酸、*L*－酪氨酸、*L*－组氨酸及高丝氨酸的基因工程菌，其中苏氨酸及色氨酸基因工程菌已投入工业生产。

氨基酸发酵方式主要是液体通风深层培养法，其过程是由菌种试管培养逐级放大直至数吨至数百吨发酵罐。发酵结束，除去菌体，清液用于提取、分离纯化和精制有关氨基酸，其分离纯化及精制方法和过程均与水解法相同。

（三）酶转化法

酶法是20世纪70年代兴起的生产方法，为发酵工程的发展注入了活力，它是利用生物酶催化的立体专一性反应，从底物生产光学活性的氨基酸。反应大多在水溶液中进行，条件温和、选择性高、底物浓度高、转化率高、副产物少、生产工艺简单、分离精制容易。随着基因工程技术的迅速发展，有关酶的产量和活性显著提高，加上固定化技术和生物反应器研究成果的配合，使酶法生产氨基酸的技术取得了重大进展。

1. 基本原理　酶转化法亦称为酶工程技术，实际上是在特定酶的作用下使某些化合物转化成相应氨基酸的技术。如在*L*－色氨酸合成酶催化下使吲哚和*L*－丝氨酸合成*L*－色氨酸，在苯丙氨酸解氨酶作用下使反式肉桂酸和铵盐合成*L*－苯丙氨酸，在天门冬氨酸酶催化下使富马酸和铵盐生成*L*－天门冬氨酸，以及*DL*－氨基酸的酶拆分等均为典型实例。另外，有些氨基酸的添加前体发酵法实乃从直接发酵法过渡到酶转化法的中间性实用技术。

2. 基本过程　本法基本过程是利用化学合成、生物合成或天然存在的氨基酸前体为原料，同时培养具有相应酶的微生物、植物或动物细胞，然后将酶或细胞进行固定化处理，再将固定化酶或细胞装填于适当反应器中制成所谓“生物反应堆”，加入相应底物合成特定氨基酸，反应液经分离纯化即得相应氨基酸成品。其分离纯化和精制的原理及方法与水解法相同。

酶工程法与直接发酵法生产氨基酸之反应本质相同，皆属酶转化反应，但前者为单酶或多酶的高密度转化，而后者为多酶低密度转化。两者相比，酶工程技术工艺简单，产物浓度高，转化率及生产效率较高，副产物少，固定化酶或细胞可进行连续操作，节省能源和劳务，并可长期反复使用。如聚丙烯酰胺凝胶包埋的精氨酸脱亚胺酶用于生产*L*－瓜氨酸，37℃反应半衰期为140日，可连续使用300日。

（四）化学合成法

氨基酸都是低分子化合物，采用化学合成手段制造氨基酸占有一定的地位，特别是以

石油化工产品为原料时，价格低廉、成本低，适合工业化生产。

化学合成法是以α-卤代羧酸、醛类、甘氨酸衍生物、异氰酸盐、乙酰氨基丙二酸二乙酯、卤代烃、α-酮酸及某些氨基酸为原料，经氨解、水解、缩合、取代及氢化还原等化学反应合成α-氨基酸的方法。氨基酸种类较多、结构各异，故不同氨基酸的合成方法也不相同。不过通常可归纳为一般合成法和不对称合成法两大类。一般合成法的产物皆为*DL*-型氨基酸混合物，需进行拆分才能得到*L*-型产品，*DL*-氨基酸拆分有接种法（物理化学法）、氨基酰化酶法（酶法）、非对映体法（化学法）等。不对称合成法产物为*L*-型氨基酸。一般合成法包括卤代酸水解法、氰胺水解法、乙酰氨基丙二酸二乙酯法、异氰酸酯（盐）合成法及醛缩合法等；不对称合成法包括直接合成、α-酮酸反应及不对称催化加氢等方法。上述各类方法的基本原理及其反应过程在有机化学及药物化学中均有详述，故在此从略。

理论上所有氨基酸皆可由化学合成法制造，但在目前只有当采用其他方法生产很不经济时才采用化学合成法生产，如甘氨酸、*DL*-蛋氨酸及*DL*-丙氨酸等。其他如*DL*-色氨酸、*DL*-苯丙氨酸、*L*-脯氨酸及*L*-苏氨酸等十多种氨基酸也有采用合成法生产的。

二、多肽与蛋白质类药物制造方法

多肽和蛋白质是生物体广泛存在的重要生化物质，具有多种多样的生理生化功能，是一类重要的生物药物。

（一）多肽类药物

活性多肽是生化药物中非常活跃的一个领域，尤其是近年来更有突飞猛进之势。动物体内已知的活性多肽主要是从内分泌腺、组织器官、分泌细胞和体液中产生获得的。目前，主要的多肽类药物有以下几种。

1. 多肽激素

（1）垂体多肽激素　促皮质素（ACTH）、促黑激素（MSH）、脂肪水解激素（LPH）、催产素（OT）、加压素（AVP）。

（2）下丘脑激素　促甲状腺激素释放激素（TRH）、生长素抑制激素（GRIF）、促性腺激素释放激素（LHRH）。

（3）甲状腺激素　甲状旁腺激素（PTH）、降钙素（CT）。

（4）胰岛激素　胰高血糖素、胰解痉多肽。

（5）胃肠道激素　胃泌素、胆囊收缩素-促胰酶素（CCK-PZ）、肠泌素、肠血管活性肽（VIP）、抑胃肽（GIP）、缓激肽、P物质。

（6）胸腺激素　胸腺素、胸腺肽、胸腺血清因子。

2. 多肽类细胞生长调节因子　表皮生长因子（EGF）、转移因子（TF）、心钠素（ANP）等。

3. 其他多肽类药物　Exendin-4、齐考诺肽（Ziconotide）等。

4. 含有多肽成分的其他生化药物　骨宁、眼生素、血活素、氨肽素、妇血宁、脑氨肽、蜂毒、蛇毒、胚胎素、助应素、神经营养素、胎盘提取物、花粉提取物、脾水解物、肝水解物、心脏激素等。

（二）蛋白质类药物

如果说多肽类生化药物是以激素和细胞生长调节因子作为其主要阵容的话，那么，蛋白质生化药物除了蛋白质类激素和细胞生长调节因子外，还有像血浆蛋白质类、黏蛋白、胶原蛋白及蛋白酶抑制剂等大量的其他生化药物品种，主要蛋白质类药物有以下几种。

1. 蛋白质激素

（1）垂体蛋白质激素　生长素（GH）、催乳激素（PRL）、促甲状腺素（TSH）、促黄体生成激素（LH）、促卵泡激素（FSH）。

（2）促性腺激素　人绒毛膜促性腺激素（HCG）、绝经尿促性腺激素（HMG）、血清性促性腺激素（SGH）。

（3）胰岛素及其他蛋白质激素　胰岛素、胰抗脂肝素、松弛素、尿抑胃素。

2. 血浆蛋白质　白蛋白、纤维蛋白溶酶原、血浆纤维结合蛋白（FN）、免疫丙种球蛋白、抗淋巴细胞免疫球蛋白、Veil's 病免疫球蛋白、抗 - D 免疫球蛋白、抗 - HBs 免疫球蛋白、抗血友病球蛋白、纤维蛋白原、抗凝血酶Ⅲ、凝血因子Ⅶ、凝血因子Ⅸ。

3. 蛋白质类细胞生长调节因子　干扰素（IFN）α、干扰素 β、干扰素 γ、白细胞介素类（IL）、神经生长因子（NGF）、肝细胞生长因子（HGF）、血小板衍生的生长因子（PDGF）、肿瘤坏死因子（TNF）、集落刺激因子（CSF）、组织纤溶酶原激活因子（tPA）、促红细胞生成素（EPO）、骨发生蛋白（BMP）。

4. 黏蛋白　胃膜素、硫酸糖肽、内在因子、血型物质 A 和 B 等。

5. 胶原蛋白　明胶、氧化聚合明胶、阿胶、新阿胶、冻干猪皮等。

6. 碱性蛋白质　硫酸鱼精蛋白。

7. 蛋白酶抑制剂　胰蛋白酶抑制剂、大豆胰蛋白酶抑制剂等。

8. 植物凝集素　PHA，ConA。

目前用于多肽和蛋白质类药物的制造方法主要有三种：提取分离纯化法、化学合成和基因工程法。这里重点介绍提取分离纯化法和多肽的化学合成。

（三）多肽与蛋白质类药物提取、分离纯化

1. 材料选择　采用提取分离纯化法获得的多肽及蛋白质类药物，其原料的主要来源有动植物组织和微生物等，原则是要选择富含所需蛋白质多肽成分的、易于获得和易于提取的无害生物材料。

对天然蛋白质类药物，为提高质量、产量和降低生产成本，对原料的种属、发育阶段、生物状态、来源、解剖部位、生物技术产品的宿主菌或细胞都有一定的要求，了解这些，可使分离纯化工作事半功倍，反之则收效甚微。

（1）种属　牛胰含胰岛素单位比猪胰高，牛为 4000IU/kg 胰脏，猪为 3000IU/kg 胰脏。抗原性则猪胰岛素比牛胰岛素低，前者与人胰岛素相比，只有 1 个氨基酸的差异，而牛有 3 个氨基酸的差异。

由于种属特异性的关系，用猪垂体制造的生长素对人体无效，不能用于人体。

由动物细胞产生的干扰素与人干扰素抗原有交叉反应，而对一些非同源性动物的某些细胞抗病毒活性作用并不下降。

（2）发育生长阶段　幼年动物的胸腺比较发达，老龄后逐渐萎缩，因此胸腺原料必须采用幼龄动物。

HCG 在妊娠妇女 60 ~ 70 日的尿中达到高峰，到妊娠 18 周已降到最低水平。然而 HMG

必须从绝经期的妇女尿中获取，错过这个时期，原料中有效成分的含量就低了。

肝细胞生长因子是从肝细胞分化最旺盛阶段的胎猪或胎牛肝中获得的，若用成年动物，必须经过肝脏部分切除手术后，才能获得富含肝细胞生长因子的原料。

（3）生物状态　动物饱食后宰杀，胰脏中的胰岛素含量增加，对提取胰岛素有利，但胆囊收缩素的分泌使胆汁排空，对胆汁的收集不利。

（4）原料来源　血管舒缓素可分别从猪胰脏和猪颚下腺中提取，两者生物学功能并无二致，而稳定性以颚下腺来源为好，因其不含蛋白水解酶。

（5）原料解剖学部位　猪胰脏中，胰尾部分含激素较多，而胰头部分含消化酶较多，如分别摘取则可提高各产品的收率。

胃膜素以采取全胃黏膜为好，胃蛋白酶则以采取胃底部黏膜为好，因胃底部黏膜富含消化腺。

2. 提取　提取是分离纯化的第一步，它是将目的物（制备物）从复杂的生物体系中转移到特定的人工液相体系中（通常是水、缓冲液、稀盐溶液或有机溶剂）。提取的总要求是最大限度地把有效成分提取出来，关键是溶剂的选择。提取所用溶剂的选择标准，首先对被制备物具有最大溶解度，并在提取中尽可能减少一些不必要的成分。为了更好地达到以上两个目的，常用的手段是调整溶剂的 pH、离子强度、溶剂成分配比和温度范围等。

3. 分离纯化　多肽及蛋白质的分离纯化是将提取液中的目的蛋白质与其他非蛋白质杂质及各种不同蛋白质分离开来的过程，常用的分离纯化方法如下。

（1）根据蛋白质等电点的不同来纯化蛋白质　蛋白质、多肽及氨基酸都是两性电解质，在一定 pH 环境中，某一种蛋白质解离成正、负离子的趋势相等，或解离成两性离子，其净电荷为零，此时环境的 pH 即为该蛋白质的等电点。在等电点时蛋白质性质比较稳定，其物理性质如导电性、溶解度、黏度、渗透压等皆最小，因此可利用蛋白质等电点时溶解度最小的特性来制备或沉淀蛋白质。

两性物质的等电点会因条件不同（如在不同离子强度的不同缓冲溶液中，或含有一定有机溶媒的溶液中）而改变。当盐存在时，蛋白质若结合了较多的阳离子（如 Ca^{2+}、Zn^{2+} 等），则等电点向较高的 pH 偏移。因为结合阳离子后相对的正电荷增多了，只有 pH 升高才能达到等电状态。例如胰岛素在水中的等电点为 5.3，在含有一定锌盐的水－丙酮溶液中等电点约为 6.0。反之，蛋白质若结合较多的阴离子（如 Cl^-、SO_4^{2-} 等），则等电点移向较低的 pH。蛋白质在介质中的等电点是和介质中其他成分的存在有关系的，应根据具体情况，确定操作中的 pH。

用等电点沉淀法可以将所需要的蛋白质从溶液中沉淀出来，还可以将提取液中不需要的杂蛋白通过改变 pH 而沉淀除去，一般是将 pH 分别调到需提纯物质等电点的两侧。具体还应考虑到两侧的 pH 是否会使所提纯的蛋白质变性，以及不需要的主要杂蛋白的等电点范围等。

用等电点法沉淀蛋白质常需配合盐析操作，而除去不需要的杂蛋白时，常需配合热变性操作。

等电聚焦电泳除了用于分离蛋白质外，也可用于测定蛋白质的等电点。

一些蛋白质多肽的等电点见表 13－1。

表 13－1　一些蛋白质、多肽的等电点（pI）

蛋白质	pI	蛋白质	pI
HCG	3.2～3.3	ACTH	6.6
白蛋白	4.7	血红蛋白	6.8～7.0
生长素	4.9	IL－2	6.8～7.1
胰解痉多肽	4.9～5.7	γ－球蛋白	7.3
胰岛素	5.3	催产素	7.7
干扰素－α	5～7	胰高血糖素	7.5～8.5
干扰素－β	6.5	胰蛋白酶抑制剂	10～10.5
干扰素－γ	8.0	鱼精蛋白	12.0

（2）根据蛋白质分子形状和大小的不同来纯化蛋白质　蛋白质的一个主要特点是分子大，而且不同种类的蛋白质分子大小也不相同。由此可以用凝胶过滤法、超滤法、离心法及透析法等将蛋白质与其他小分子物质分离，也可将大小不同的蛋白质分离。

用超滤法时，超滤膜截留分子量常与实际情况不一致。分子量相近的蛋白质由于在介质中有呈线性溶质或者是球形溶质的区别，可能出现不同的结果。

一些蛋白质、多肽的分子量见表 13－2。

表 13－2　一些蛋白质、多肽的分子量

蛋白质、多肽	分子量	蛋白质、多肽	分子量
γ－球蛋白	150000	IL－2	15000
tPA	65000～67000	ANP	6000，10000
白蛋白	65000	胰解痉多肽	11700
血红蛋白	64450～68000	胰蛋白酶抑制剂	6000
HCG	47000～59000	胰岛素	5800
EPO	34000～39000	鱼精蛋白	4000～8500
干扰素－α	20000	ACTH	4600
干扰素－β	20000～25000	降钙素	3500
干扰素－γ	20000	降高血糖素	3485
生长素	22000	催产素	1007
TNF	17000		

葡聚糖凝胶含有少量的酸性基团，故有较弱的离子交换作用，此外还有吸附作用。在纯化蛋白质时，可采用低浓度的盐溶液（0.01mol/L），或者用与待分离蛋白质相同的标准蛋白质预先使凝胶柱平衡，以期不损失所分离的蛋白质。

凝胶过滤分离蛋白质见图 13－2。

（3）根据蛋白质溶解度的不同来纯化蛋白质　蛋白质的溶解度受溶液的 pH、离子强度、溶剂的电解质性质及温度等多种因素的影响。在同一特定条件下，不同蛋白质有不同的溶解度，适当改变外界条件，可以有选择地控制某一种蛋白质的溶解度，达到分离的目的。属于这一类的分离方法有蛋白质的盐溶与盐析法、结晶法和低温有机溶剂沉淀法。

蛋白质盐析最佳浓度的选择可参考表 13－3。

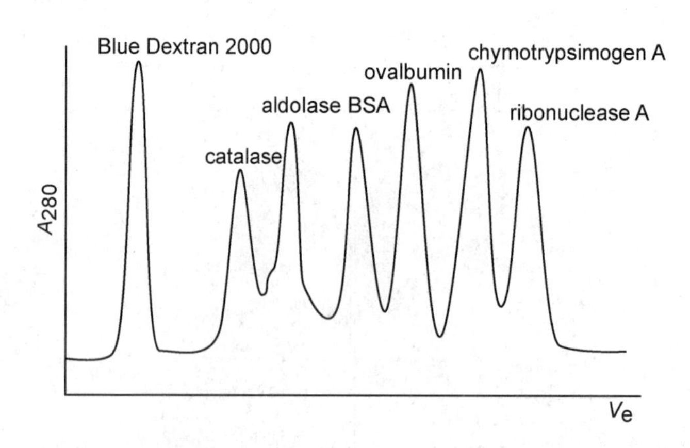

图 13-2 蛋白质在 Sephadex G-200 SF 柱上的分离图

表 13-3 硫酸铵分级沉淀酶蛋白的浓度选择

	饱和度（%）	酶沉淀（%）	蛋白沉淀（%）	纯化倍数
初试	0~40	4	25	
	40~60	62	22	2.8
	60~80	32	32	1.0
	80，上清部分	2	21	
	结论：40%~60%酶与蛋白沉淀比60%~80%好，确定再按45%~70%进行试验			
再试	0~45	6	32	
	45~70	90	38	2.4
	70，上清部分	4	30	
	结论：45%~70%酶与蛋白沉淀回收率高，但纯化倍数不及初试，考虑到纯度，进行第三次试验，48%~65%			
三试	0~48	10	35	3.0
	48~65	75	25	
	65，上清部分	15	40	
	结论：48%~65%也有较好的回收，而且纯化倍数也提高了。故再试和三试所采用的酶蛋白硫酸铵分级沉淀的浓度，可酌情选用			

乙醇和丙酮是有机溶剂沉淀法中最常用的有机溶剂，由于丙酮的介电常数小于乙醇，故丙酮沉淀能力比乙醇强。根据实践，用30%~40%乙醇沉淀的物质，改用丙酮可减少10%左右，即可用20%~30%丙酮、70%~80%乙醇沉淀的物质，用丙酮浓度50%~60%就够了。

（4）根据蛋白质电离性质的不同来纯化蛋白质 离子交换剂作为一种固定相，本身具有正离子或负离子基团。它对溶液中不同的带电物质呈现不同的亲和力，从而使这些物质分离提纯。

蛋白质、多肽或氨基酸具有能够离子化的基团。对蛋白质的离子交换层析，一般多用离子交换纤维素或以葡聚糖凝胶、琼脂糖凝胶、聚丙烯酰胺凝胶等为骨架的离子交换剂。主要是取其有较大的蛋白质吸附容量、较高的流速和分辨率等优点。

可按不同情况选择离子交换条件：① 一般来说，对已知等电点的物质，在 pH 高于其等电点时，用阴离子交换剂；在 pH 低于其等电点时，用阳离子交换剂。② 对等电点不明的物质，可参照其电泳结果。一般说，在中性或偏碱性条件下进行电泳时向阳极移动较快的物质，在同样条件下可被阴离子交换剂吸附；而向阴极移动或向阳极移动较慢的，可被

阳离子交换剂吸附。③ 如果吸附得太牢，可改用交换当量较小的交换剂，或改变条件降低交换剂上带电基团的解离度。

各种蛋白质在 DEAE－琼脂糖凝胶柱上进行工业化规模层析纯化的情况如图13－3所示。

（5）根据蛋白质功能专一性的不同来纯化蛋白质　主要的手段是亲和层析法，即利用蛋白质分子能与其相应的配体进行特异的、非共价键的可逆性结合而达到纯化的目的。

一些蛋白质如胰岛素、胰高血糖素、催乳素、生长素、HCG、HMG 以及酶类都可用专一的抗体作为配基进行纯化，染料配基亲和层析亦用于 IL－2 的纯化。

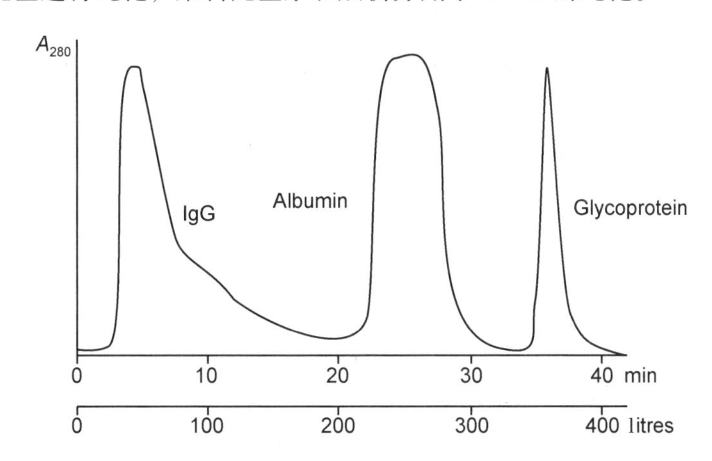

图 13－3　蛋白质在 DEAE－Sephadex Fast Flow 柱上的分离

用亲和层析纯化某种蛋白质，有时并不能取得预期的效果。原因之一就是非专一性吸附问题，亲和层析中所用的吸附剂常会非专一地吸附一些无关的蛋白质而与专一吸附的蛋白质相混杂，影响了分离效果。

非专一性吸附主要来自吸附剂上的离子基团和疏水基团。解决这一问题的方法是从制备吸附剂的步骤上着手，或者选用效能优良的吸附剂。

固相化金属亲和层析（immobilized metal affinity chromatography，IMAC）是新发展的一种亲和层析技术。蛋白质分子中的咪唑基和巯基可与一些金属元素（如 Cu^{2+}、Zn^{2+}等）形成配位结合，使蛋白质得到分离纯化。现已成功地应用 IMAC 技术分离纯化了人血浆 α_2－SH 糖蛋白、干扰素、乳铁传递蛋白、胃肠道多肽、SOD、胃蛋白酶、α_2－巨球蛋白、α_1－抗胰蛋白酶等。

（6）根据蛋白质疏水基团与相应的载体基团结合来纯化蛋白质　蛋白质分子上有疏水区，它们主要由酪氨酸、亮氨酸、异亮氨酸、缬氨酸、苯丙氨酸等非极性的侧链密集在一起形成，并暴露于分子表面。这些疏水区，能够与吸附剂上的疏水基团结合，再通过降低介质的离子强度和极性，或用含有去垢剂的溶剂，提高洗脱剂的 pH 等方法将蛋白质洗脱下来。

用含酚基疏水基团的琼脂糖 Phenyl Sepharose 纯化重组人表皮生长因子（rhEGF），纯度可达 94%，回收率达 82%。

（7）根据蛋白质在溶剂系统中分配的不同来纯化蛋白质　这是一种以化合物在两个不相溶的液相之间进行分配为基础的分离过程，称之为逆流分溶，利用逆流分溶技术分离垂体激素、氨基酸、DNA 是很有效的。

（8）根据蛋白质的选择性吸附性质来纯化蛋白质　在蛋白质分离中，最广泛使用的吸

附剂有结晶磷酸钙（羟灰石）、磷酸钙凝胶、硅胶、皂土沸石、硅藻土、活性白土、氧化铝以及活性炭等。诸如催产素、胰岛素、HCG、HMG、细胞色素 C 等都可以通过吸附层析技术进行纯化。

（9）根据蛋白质的某些特殊性质进行纯化　如：白蛋白在弱酸性条件下加辛酸钠可耐受67℃的温度，而其他蛋白质将变性。球蛋白或白蛋白在碱性条件下，可以和利凡诺作用，形成络合物而与其他蛋白质分离。细胞色素 C 和胰岛素可用一定浓度的蛋白沉淀剂如三氯醋酸沉淀，而保存其活力。

又如：酶蛋白——超氧化物歧化酶（SOD）能抵抗蛋白水解酶的水解，因而可用蛋白水解酶降解其他蛋白质，以便于 SOD 进一步的纯化。

4. 分离纯化方法的选择　分离纯化是整个生化制备过程的核心部分。生物体的组成成分千千万万种，分离纯化的实验方案也千变万化。没有一种分离纯化方法可适用于所有物质的分离纯化，一种物质也不可能只有一种分离纯化方法。所以对于某一物质，究竟选用什么分离纯化方法最理想，主要是根据该物质的物理化学性质和具体实验条件而定。认真参考借鉴前人经验可以避免许多盲目性，节省实验摸索时间。即使是分离一个新的未知组分，通过分析预试验的初步结果，参考别人对类似物质分离纯化经验，也可以帮助少走些弯路。下面对分离纯化各阶段对各种方法的选择的一般原则作简单的讨论。

（1）分离纯化早期使用方法的选择　分离纯化的早期，提取液中的物质十分复杂，制备物质浓度较稀、在理化性质上与被制备物相似的杂质数量较多。因此在这一阶段选用一些分辨能力较高的分离纯化方法一般认为不大合适。原因是一种高分辨率的分离纯化方法在大量杂质存在情况下，不论是根据物质分子大小或物质带电性质而进行分离，都不可能使被分离的物质集中于一个区域。只可能在预定区域中得到一些理化性质相近的同类物，而把真正要分离的成分漏掉。出现这类现象的主要原因，是高分辨率的分离方法在杂质多的情况下位置效应比较严重，大批理化性质相近的分子在相同分离条件下，彼此在电场中或力场中竞相占据某一位置。这样，被目的物占据的机会就很少，或者分散在一个很长区域中而无法集中于一点。高分辨率的分离方法大部分是根据物质二个以上理化因素而建立的，一次分离物质的量不大，即负荷能力都比较小。如电泳法虽有较高分离能力，但如果早期使用电泳法，不仅得不到理想效果，而且掺杂着大量类似物，给以后纯化工作带来更大困难。

早期分离纯化用萃取、沉淀、吸附等一些分辨率低的方法比较有利。这些方法不仅负荷能力大，一次分离的量多，同时可以除去大部分理化性质相差较大的杂质。萃取、沉淀、吸附分离方法既起着分离提纯的作用，又起着浓缩的作用，可为以后进一步分离纯化创造良好的基础。

离子交换树脂分离有时也用于早期纯化，如搅拌交换或短胖柱交换方法用于发酵液中分离浓缩抗生素是比较常见的。纤维素离子交换色谱也常直接用于粗抽提液中进行多种蛋白质的制备，没有出现明显的同位效应，且具有较高的负荷能力。

亲和色谱法由于具有极高生物特异性，分离目的物受到理化性质相似的杂质干扰极少，因此能从比较复杂的组织抽提液或细菌发酵液中一步提取分离出所需的物质，提纯倍数可达一百倍以上。如从大肠埃希菌粗抽提液中提纯 β-半乳糖苷酶，即达电泳纯，亲和色谱是一种既优越又简便的方法。用于早期分离一些含量少而又不稳定的生物大分子是一个值得推广的方法。

总的来说，早期分离提纯的方法，选择的原则一般是从低分辨率到高分辨率，而且负荷量较大为合适。但随着许多新技术的建立，一个特异性方法其分辨率越高，便意味着提纯步骤的简化，提纯步骤的减少，回收率便越高，具有生理活性物质变性的危险性就越少，

这是所有生化制备研究工作人员所希望的。如上述亲和层析和纤维素离子交换色谱就是很好的例子。当然所谓低分辨能力的分离纯化方法如有机溶剂沉淀、盐析、有机溶剂萃取等也不限于分离的早期使用，在整个分离制备过程中可经常反复应用，而每次应用其分离的能力和效果也是不同的。

（2）各种分离纯化方法的使用顺序　生物体内各种物质的分离都是在液相中进行的，故这些物质的分配系数、分子量大小、离子电荷性质及数量和外加环境条件的差别等因素构成不同分离方法的基础。而每一种分离方法又都在特定条件下发挥作用。因此，在相同或相似的条件下连续用同一种分离方法就不大适宜。例如纯化某一两性物质时，前一步已利用该物质阴离子的性质，使用了阴离子交换色谱分离方法，那么下一步提纯时应用阳离子交换色谱或作为一个阳离子应用电泳方法分离，则比再用其阴离子性质作色谱或电泳具有更好的分离效果。各种分离方法的交叉使用对于除去大量理化性质相近的杂质也较为有效。某些杂质在各种条件下带电性质可能与制备物相似，但分子大小及形状与制备物相差较大；而另一些杂质的分子大小形状可能与制备物相似，但在某种条件下与制备物带电性质不同。在这样的情况下，先用分子筛、超速离心沉降或膜过滤方法除去分子量相差较大的杂质，然后在一定 pH 和离子强度范围下使制备物变成有利的离子状态，便能有效地进行色谱分离。当然，这两种步骤的先后顺序反过来应用也会得到同样效果。

纯化方法顺序先后的安排，应考虑到有利于减少工序，提高效率。如在盐析法后采取吸附法，必然因为盐离子过多影响吸附效果。中间增加透析脱盐一步，则使操作大大复杂化。如倒过来先吸附，后盐析，吸附洗脱时的含盐洗脱液即可直接进行盐析，则可达到操作简化、节省原料和时间的目的。此外，分离体积过大时使用盐析法和有机溶剂沉淀法都能达到浓缩效果，但使用盐析法成本就低得多。

对于未知物通过各种方法的交叉分离纯化，还可以进一步了解制备物的性质，以补充预试验时所获得的知识片面性。但不论是已知物或未知物，当条件改变时，连续使用同一分离法是允许的，如分级盐析和分级有机溶剂沉淀等。分离纯化中期，有时由于某种原因（如样品含盐太多，或样品量过大等），一个方法一次分离效果不理想，可以连续使用两次，这种情况在凝胶过滤、DEAE - 纤维素色谱等中比较常见。当分离纯化工作已进行至后期时，大部分杂质已经除去，欲制备的物质已十分集中，重复应用先几步所应用的方法，对进一步肯定所制备的物质在分离过程中其理化性质有无变化有着新的意义。

（3）分离纯化后期的保护性措施　各种活性物质在生物体内的含量一般都是很少的。有的本来含量就极低，再由于多步骤的纯化过程的流失，到了分离制备后期可获得的产品已经是十分微量了。如果所制备的物质是未知物质，分离纯化方法还属于探索性质，分离过程中损失更为严重。因此，到了分离工作后期，更需注意避免产品的损失。后期产品的损失主要途径有玻璃器皿的吸附，操作过程样品液体的残留，空气的氧化和某些事先无法了解的因素，当然后者是很难避免的。所以对于一些探索性的制备实验，为了取得一定量（哪怕是很少也好）的产品，提供分析鉴定之用，常常需要加大原材料的用量，并在后期纯化工序中注意保持样品溶液较高浓度，以防止制备物在稀溶液中变性，有时加入一些电解质以保护生化物质的活性，减少样品溶液在器皿中的残留量等，这些都是十分重要的。

（4）对分离纯化每一步骤方法的优劣进行综合评价　每一个分离纯化步骤方法的好坏，除了从分辨本领和重现性两方面考虑外，还应注意方法本身回收率的高低，特别是制备某些含量很低的物质时，回收率的高低十分重要。

因此，在实际工作中常常对分离纯化的每一步骤方法的纯化倍数和回收率进行计算。一个好的分离纯化方法应该是提纯倍数和回收率同时有较大的提高。但必须指出，整个分

离纯化步骤是连续进行的，有时前一步骤虽然提纯程度和回收率都不高，但它是必需的，前一步主要为下一步提供更有利的分离纯化基础。

5. 溶液中蛋白质浓度的测定 在蛋白质分离纯化过程中，蛋白质浓度的测定是不可缺少的手段。溶液中蛋白质的浓度可根据它们的物理、化学性质，如折射率、相对密度、紫外光吸收来测定；可用化学反应方法，如凯氏定氮、2，2′-联喹啉-4，4′-二羧酸法（BCA 法）、福林-酚反应测定；也可用染色法，如氨基黑、考马斯亮蓝测定；此外还可用荧光激发、氯胺 T、放射性同位素计数等灵敏度较高的方法。上述方法中，紫外吸收法、BCA 法、福林-酚试剂法、考马斯亮蓝染色法最为常见，它们操作简单，不需要昂贵的设备。以下主要介绍这几种方法。

（1）紫外吸收法

① 280nm 光吸收法：取 3ml 蛋白质溶液，以缓冲液作为对照，用光径为 1cm 的石英比色杯，在 280nm 处测定光吸收值。通常以浓度是 1mg 蛋白质/ml 溶液的 A_{280} 为 1.0 进行估算。若已知该蛋白质的摩尔消光系数，可直接计算出样品溶液中蛋白质的浓度。

② 280nm 和 260nm 的吸收差法：若样品中含有嘌呤、嘧啶等吸收紫外光的核酸类物质，在用 A_{280} 来测定蛋白质浓度时，会有较大的干扰。由于核酸在 260nm 的光吸收比 280nm 更强，因此可利用 280nm 及 260nm 的吸收差来计算蛋白质的浓度。常用下列经验式估算：

$$\text{蛋白质浓度 (mg/ml)} = 1.45A_{280} - 0.74A_{260}$$

假设 1mg 蛋白质/ml 溶液的 A_{280} 为 1.0。

③ 215nm 和 225nm 的吸收差法：蛋白质的肽键在 200～250nm 有强的紫外光吸收，其光吸收强弱在一定范围内与浓度成正比，且波长越短光吸收越强。若选取 215nm 可减少干扰及光散射，用 215nm 和 225nm 光吸收差值与单一波长测定相比，可减少非蛋白质成分引起的误差。因此，对稀溶液中蛋白质浓度的测定可用 215nm 和 225nm 光吸收差法。常用下列经验公式：

$$\text{蛋白质浓度(mg/ml)} = 0.144(A_{215} - A_{225})$$

测定范围为 20～100μg 蛋白质/ml。

（2）BCA 法 本方法依据蛋白质分子在碱性溶液中将 Cu^{2+} 还原为 Cu^{+}，Cu^{+} 与 BCA 结合形成紫色复合物，在一定范围内其颜色深浅与蛋白质浓度呈正比，以蛋白质对照品溶液作标准曲线，采用比色法测定样品蛋白质含量。

本法用 562nm 比色测定，范围为 20～200μg 蛋白质/ml。

（3）福林-酚试剂法 本方法的原理是在碱性溶液中形成铜与蛋白质复合物，然后该复合物中的酪氨酸和色氨酸残基还原磷钼酸-磷钨酸试剂（福林试剂），产生深蓝色。

本法可用 750nm 比色测定，范围为 0.03～0.3mg 蛋白质/ml；或 500nm 比色测定，范围为 0.05～0.5mg 蛋白质/ml。本法的标准曲线线性较差。

（4）考马斯亮蓝 G-250 染色法 考马斯亮蓝 G-250 在酸性溶液中为棕红色，当它与蛋白质通过疏水作用结合后，变为蓝色，可在 595nm 比色测定。本法反应快，操作简便，消耗样品量少，但不同蛋白质之间的差异较大，且标准曲线线性较差。测定范围为 0.01～1.0mg 蛋白质/ml。

高浓度的 Tris、EDTA、尿素、甘油、蔗糖、丙酮、硫酸铵、去垢剂对测定有干扰，缓冲液浓度过高、改变测定液 pH 会影响显色。考马斯亮蓝染色能力很强，比色杯不洗干净会

影响光吸收值，注意不可使用石英比色杯。

6. 纯度检查　测定蛋白质的纯度是一项艰巨的工作。难于从蛋白质制剂中检测出被污染蛋白质的原因是被污染蛋白质的量可能低于很多常规分析方法的检验极限。往往用一种方法检验所得的结果认为是纯的，而换另一种更灵敏的方法就会发现是不纯的了。蛋白质的纯度是化学和物理学的概念，它和蛋白质所具有的生物活性有着更复杂的关系，蛋白质的聚合状态、辅基的存在、蛋白质的变性作用等极大地影响其生物活性，而这些因素的影响往往是用一般纯度检查的方法所查不出来的，这是值得注意的一种情况。常用蛋白质纯度检查的方法有：

（1）HPLC 或 FPLC　这是蛋白质纯度检查常用的有效方法。美国药典已规定把 HPLC 用于胰岛素纯度的检测项目中。

（2）电泳法　凝胶电泳呈现单一区带，是纯度的一个重要指标，说明样品的荷质比（电荷/质量）是均一的。如果在不同的 pH 下进行凝胶电泳都是一条区带，则结果更加可靠。SDS－PAGE 电泳法也适用于含有相同亚基的蛋白质的纯度检查。

①等电聚焦法（isoelectric focusing，IEF）：是基于蛋白质等电点的不同来进行分辨的。虽然具有相同等电点的蛋白质会有重叠现象，但此法对确定制品中被污染蛋白质的等电点性质上是有意义的。

②毛细管电泳法：是指以弹性石英毛细管为分离通道，以高压直流电场为驱动力，根据供试品中各组分淌度（单位电场强度下的迁移速度）和（或）分配行为的差异而实现分离的一种分析方法。根据分离模式不同，毛细管电泳法可以分为毛细管等电聚焦电泳（CIEF）、还原型毛细管凝胶电泳（CE－SDS）、毛细管区带电泳（CZE）等。目前，毛细管电泳越来越多地应用到蛋白质的纯度分析中。

（3）免疫化学法　主要有免疫扩散、免疫电泳、双向免疫电泳扩散、放射免疫分析、酶标免疫分析等。此法适用于能产生特异性抗体的蛋白质，无论是检查所需要的或者是被污染的蛋白质都适用。在制品中被污染蛋白质的检查可确定其均一性，对微量有效成分的检查亦具有重要意义。

（4）生物测定法　利用动物体或动物的离体器官、细胞进行生物效价的测定，这种方法接近动物临床所产生的生物学效应，因此实际意义也更大。

（5）分光光度法

① 紫外分光光度法：纯蛋白质的 A_{280}/A_{260} 为 1.75。此法可检查有无核酸存在。不同的蛋白质在紫外区的吸收峰有微小的差别。由于其特异性，可作为定性或定量测定的参考。

② 红外分光光度法：由于蛋白质的分子结构有一定的能级而有别于其他非蛋白质物质，故红外光谱为人们提供了“分子指纹”。

（四）多肽的化学合成

多肽的合成是 20 世纪 50 年代开始获得重大发展的。1953 年 Du Vigneau 合成了催产素，1963 年 R. Schwyzer 合成了 ACTH，1965 年中国科学院在世界上首次合成了牛胰岛素，从而使肽的合成化学发展到一个新的阶段。多肽的全合成不仅具有很重要的理论意义，而且具有重要的应用价值。通过多肽全合成可以验证一个新的多肽结构；设计新的多肽，用于研究结构与功能的关系；为多肽生物合成反应机制提供重要信息；同时也是多肽药物制备的有效方法。

多肽合成是一个重复添加氨基酸的过程，合成一般从C端（羧基端）向N端（氨基端）进行。早期的多肽合成是在溶液中进行的，称为液相合成法。现在多采用固相合成法，与液相法相比，固相法大大的降低了每步产品提纯的难度。近几十年来，固相法合成多肽以其省时、省力、省料、便于计算机控制、便于普及推广的优势而成为多肽与蛋白质合成中的一个常用技术。无论是液相多肽合成还是固相多肽合成都已是成熟的技术且有几十年的历史，然而应该指出的是直到现在，人们还只能合成一些较短的肽链，对于合成蛋白质还有诸多的困难，而在生物体内，核糖体上合成肽链的速度和产率都是惊人的，那么，是否能从生物体合成蛋白质的原理上得到一些启发，应用在多肽合成上，这是一个令人感兴趣的问题，也许是今后多肽合成的发展方向。

对于多肽合成一般需要以下几个主要步骤：氨基保护和羧基活化；羧基保护和氨基活化；接肽和除去保护基团。

1. 基团保护 要实现控制多肽合成，必须做到事先把不应与接肽反应试剂发生作用的官能团，如N－末端氨基酸残基的自由—NH_2、C－末端氨基酸残基的自由—COOH以及侧链上的一些活泼基团，特别是—SH等，加以封闭或保护。待肽链形成之后，再将保护基除去。作为保护基，必须既能在接肽时起到保护作用，而在接肽以后，又能很容易地除去，且不致引起肽链的断裂。

常用的氨基保护剂有苄氧羰基（Cbz，需要用较强的酸解条件才能脱除）、叔丁氧羰基（Boc，可用三氟乙酸TFA脱除）和9－芴甲氧羰基（Fmoc，可用哌啶—CH_2Cl_2或哌啶－DMF脱除），其中Fmoc最常用。

羧基的保护通常是用无水乙醇或甲醇在盐酸存在下进行酯化，使羧基接上烷基。除去保护基可在常温下用氢氧化钠皂化法。

有些氨基酸除了含氨基和羧基外，还有其他功能基团，在合成肽时，都要用适当的保护基团加以保护。例如组氨酸的咪唑基、丝氨酸的羟基、酪氨酸的酚基、半胱氨酸的巯基等，都可用苄基（Bz）保护，用钠氨法除去。谷氨酸和天门冬氨酸的β－及γ－羧基可用β－及γ－苯甲酯保护，用催化氢化法除去。精氨酸的胍基用对甲基磺酰基（Tos－）保护。

2. 肽的液相合成法 接肽反应除用缩合剂合成外，还可以用分别活化参与形成肽链的氨基和羧基的方法来完成。因活化氨基的反应激烈，而且常常产生消旋化，所以，总是采用羧基活化的方法，也就是说，合成肽的常规方法是从C－端向N－端进行。

肽的合成法可分为阶梯伸长法（stepwise elongation）和片断缩合法（fragment condensation）。阶梯伸长法是将带有R—O—CO—型保护基（如Z、Boc等）的氨基酸（不是肽）的羧基活化，从肽的C－端开始每次接上一个氨基酸，逐步递增的办法。这是合成比较小的肽或肽段常采用的方法。片断缩合法是由小肽缩合成大肽的方法，为了避免消旋，常用叠氮法接肽。

（1）阶梯伸长法 常用于活化羧基的方法是混合酸酐法和活化酯法。

DCC法（*N*,*N*－二环已基碳二亚胺）得到广泛应用。使用碳二亚胺试剂时，首先使N－端保护的氨基酸同DCC反应，形成酐以后，加入另一氨基酸，缩合成肽。

$$(R_1CO)_2O \xrightarrow{R_2—NH_2} R_1—CO—NH—R_2$$

另一常用的方法是活化酯法。带有氨基保护基的氨基酸对硝基芳香族酯，能与另一氨基酸酯的氨基缩合成肽。

$$H—Gly—OME \xrightarrow{Z—Leu—OC_6H_4NO_2} Z—Leu—Gly—OME$$

（2）片断缩合法　由小肽合成大肽时常用叠氮法，因叠氮法有较好的产品光学纯度（不消旋）。

$$Z—NH—CR_1H—COOCH_3 \xrightarrow{NH_2NH_2} Z—NH—CR_1H—CONH—NH_2 \xrightarrow{HNO_3}$$

$$Z—NH—CR_1H—CON_3 \xrightarrow{NH_2CR_2—COOCH_3} Z—NH—CR_1HCONHCR_2H—COOCH_3$$

由小肽接成大肽时，为了保证光学纯度，应尽量利用 Gly 和 Pro 这两个氨基酸的C－末端接肽。

3. 肽的固相合成法　1963 年，R. B. Merrifield 创立了将氨基酸的 C 末端固定在不溶性树脂上，然后在此树脂上依次缩合氨基酸，延长肽链、合成蛋白质的固相合成法（solid phase synthesis）。在固相法中，每步反应只需简单地洗涤树脂，便可达到纯化目的。克服了经典液相合成法中的每一步产物都需纯化的困难，为自动化合成肽奠定基础。为此，Merrifield 获得 1984 年诺贝尔化学奖。今天，固相法得到了很大发展。除了 Merrifield 所建立的用 Boc（叔丁氧羰基）保护 α－氨基的 Boc 固相合成法之外，又发展了 α－氨基用 Fmoc（9－芴甲氧羰基）保护的 Fmoc 固相合成法。以这两种方法为基础的各种肽自动合成仪也相继出现和发展，并仍在不断得到改造和完善。

Boc 合成法是采用 TFA（三氟乙酸）可脱除的 Boc 为 α－氨基保护基，侧链保护采用苄醇类。合成时将一个 Boc－氨基酸衍生物共价交联到树脂上，用 TFA 脱除 Boc，用三乙胺中和游离的氨基末端，然后通过 DCC 活化、耦联下一个氨基酸，最终的脱保护多采用 HF 法和 TFMSA（二氟甲磺酸）法。用 Boc 法已成功地合成了许多生物大分子，如活性酶、生长因子、人工蛋白等。

在 Boc 合成法中，反复地用酸来脱保护，这种处理带来了一些问题：如在肽与树脂的接头处，当每次用 50% TFA 脱 Boc 基时，有约 1.4% 的肽从树脂上脱落，合成的肽越大，这样的丢失越严重；此外，酸催化会引起侧链的一些副反应。Boc 合成法尤其不适于合成含有色氨酸等对酸不稳定的肽类。1978 年，Chang、Merienolfer 和 Atherton 等人采用 Carpino 报道的 Fmoc（9－芴甲氧羰基）基团作为 α－氨基保护基，成功地进行了多肽的 Fmoc 固相合成。Fmoc 法与 Boc 法的根本区别在于采用了碱可脱除的 Fmoc 为α－氨基的保护基。侧链的保护采用 TFA 可脱除的叔丁氧基等，树脂采用 90% TFA 可切除的对烷氧苄醇型树脂和 1% TFA 可切除的二烷氧苄醇型树脂，最终的脱保护避免了强酸处理。下面介绍 Fmoc 固相肽合成法的基本原理和过程。

如图 13－4 所示，首先将一个用 Fmoc 基团对 α－氨基进行保护的氨基酸通过一个支臂连接到一个不溶性载体上，随后将 α－氨基脱保护，用溶液洗涤氨基酸—支臂—树脂。将第二个预先活化的 α－氨基保护的氨基酸通过偶联反应连接上去。此外，也可以用 α－N 端及侧链保护的肽片断代替单个的氨基酸进行偶联反应，缩合反应完成后，用溶液洗涤，重复进行脱保护、偶联，直至达到所需要的肽链长度。最后将肽－支臂－树脂裂解。这种延长肽链的固相合成法既可采用间断的方法，也可使用连续流动的方法。

4. 合成肽链的纯化　多肽合成以后，由于在介质中存在着副产物，因此仍然有分离、纯化的问题，但这比在天然原料中进行纯化要方便得多。蛋白质分离纯化的一般技术手段都可以酌情配合使用，如结晶法、超滤法、高效液相色谱、亲和层析等。

（三）基因工程法

基因工程技术就是将重组对象的目的基因插入载体，拼接后转入新的宿主细胞，构建成工程菌（或细胞），实现遗传物质的重新组合，并使目的基因在工程菌内进行复制和表达的技术。基因工程技术是制备多肽和蛋白质药物的重要方法。

利用基因工程技术制备蛋白质类药物的主要程序是：目的基因的克隆，构建 DNA 重组体，将 DNA 重组体转入宿主菌构建工程菌，工程菌的发酵，外源基因表达产物（蛋白质药物）的分离纯化，产品的检验等。以上程序中的每个阶段都包含若干细致的步骤，这些程序和步骤将会随研究和生产条件的不同而有所改变。

第一个氨基酸
$Cl^{\ominus}$
弱碱条件
Fmoc
第二个氨基酸
（DCC）
弱碱条件
Fmoc
束缚二肽
HF
二肽

图 13－4　Fmoc 固相法示意图

三、核酸类药物制造方法

核酸类药物可分为两大类，一类为具有天然结构的核酸类物质，缺乏这类物质会使机体代谢失调，发生病态，提供这类物质，有助于改善机体的物质代谢和能量平衡，加速受

损组织的修复，临床上已广泛应用于放射病、血小板减少症、白细胞减少症、慢性肝炎、心血管疾病等，属于这一类的核酸药物有ATP、辅酶A、脱氧核苷酸、CTP、UTP、腺苷、混合核苷酸、辅酶Ⅰ等。这类核酸类药物的制备多数采用分离提取或发酵法；第二类为天然结构碱基、核苷、核苷酸结构类似物或聚合物，这一类核酸类药物是当今人类治疗病毒、肿瘤、艾滋病等的重要手段，也是产生干扰素、免疫抑制的临床药物，已经在临床上应用的抗病毒核苷酸类药物包括三氟胸苷、叠氮胸苷、5′-碘脱氧尿苷、三氮唑核苷、无环鸟苷、丙氧鸟苷、阿糖腺苷、双脱氧肌苷等。这类核酸类药物主要是以核酸类物质为前体通过“化学法”或“酶法”进行半合成制备获得。

现对具有天然结构的核酸类物质的分离提取及其发酵生产方法进行介绍。

（一）工业用RNA与DNA的提取与制备

1. 工业用RNA的提取与制备　从微生物中提取RNA是工业上最实际和有效的方法。人们已经发现一些最常见的菌体含有丰富的核酸资源，如啤酒酵母、纸浆酵母、石油酵母、面包酵母、白地霉、多种抗生素的菌丝体——青霉素、制霉菌素等菌体。

通常在细菌中RNA占5%～25%，在酵母中占2.7%～15%，在霉菌中占0.7%～28%，面包酵母含RNA 4.1%～7.2%。在菌体内RNA含量的变化受培养基组成影响，其中关键是铵离子浓度和磷酸盐浓度。培养酵母菌体收率高，易于提取RNA，在工业上主要由RNA生产5′-核苷酸。啤酒酵母是提取RNA的很好资源。取100g压榨啤酒酵母（含水分70%），加入230ml水（含3g氢氧化钠），20℃以下缓慢搅拌30分钟。用6mol/L盐酸调节pH至7.0，搅拌15分钟，离心得清液255ml。冷至10℃以下，用6mol/L盐酸调节至pH 2.5，置冷处过夜，离心得RNA 1.8g（纯度80%）。

2. 工业用DNA的提取　取新鲜冷冻鱼精20kg，用绞肉机粉碎两次成浆状，加入等体积水，搅拌均匀，倾入反应锅内，缓慢搅拌，升温至100℃，保温15分钟，迅速冷却至20～25℃，离心去除鱼精蛋白等沉淀物，获得35L含热变性DNA的溶液，经精确测定DNA含量后直接可用于酶法降解生产脱氧核苷酸。如要制成固体状DNA，在热变性DNA溶液中逐渐加入等体积95%乙醇，离心可获得纤维状DNA，沉淀用乙醇、丙酮洗涤，减压低温干燥得DNA粗品，产品含热变性DNA 50%～60%。

（二）核苷酸的制备

核苷酸的制备方法主要有降解法、发酵法和半合成法。即以DNA或RNA为原料经酶或化学降解的方法制备，也可以选育某种特定遗传性状的菌种经发酵法生产，还可以从核苷经化学方法磷酸化生产核苷酸。

1. 酶解法及碱水解法制备核苷酸

（1）酶解法制备脱氧核苷酸（图13-5）。

（2）酶解法制备戊糖核苷酸　单核苷酸在工业上已获得广泛应用，其中腺苷酸（AMP）用于生产ATP、辅酶A、辅酶Ⅰ、3′,5′-环腺苷酸和阿糖腺苷。胞苷酸（CMP）用于生产胞二磷胆碱、阿糖胞苷、聚肌胞。鸟苷酸用于生产5-氟尿嘧啶核苷、阿糖尿苷，鸟苷酸钠（GMP）是食品增鲜剂，也是合成抗病毒药物三氮唑核苷、无环鸟嘌呤的原料。

我国从20世纪60年代开始使用核酸酶P_1降解核糖核酸生产单核苷酸，日本年产呈味核苷酸（肌苷酸和鸟苷酸）3000吨，其中60%是使用酶法生产的。

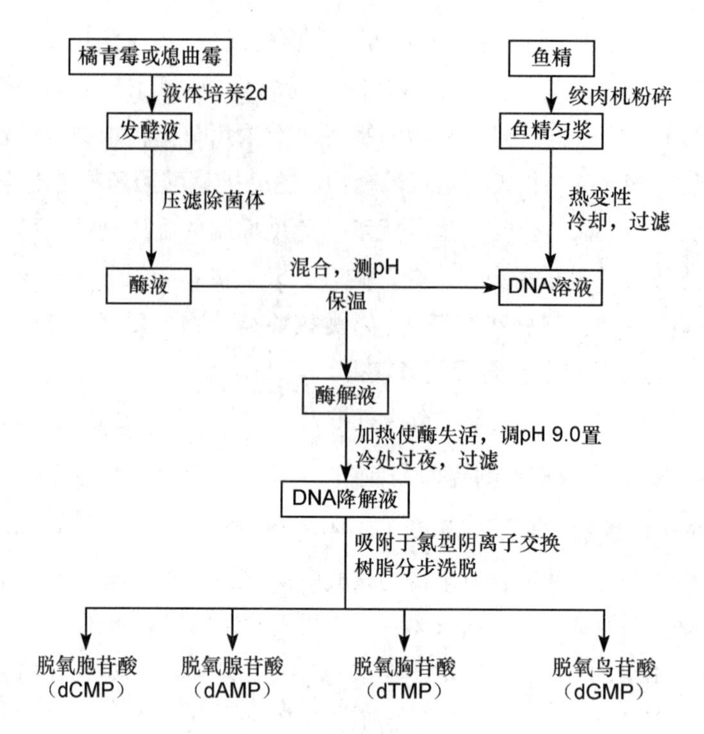

图 13－5　酶解法制备脱氧核苷酸的工艺流程

酶解法生产5′－单核苷酸的工艺流程见图13－6。

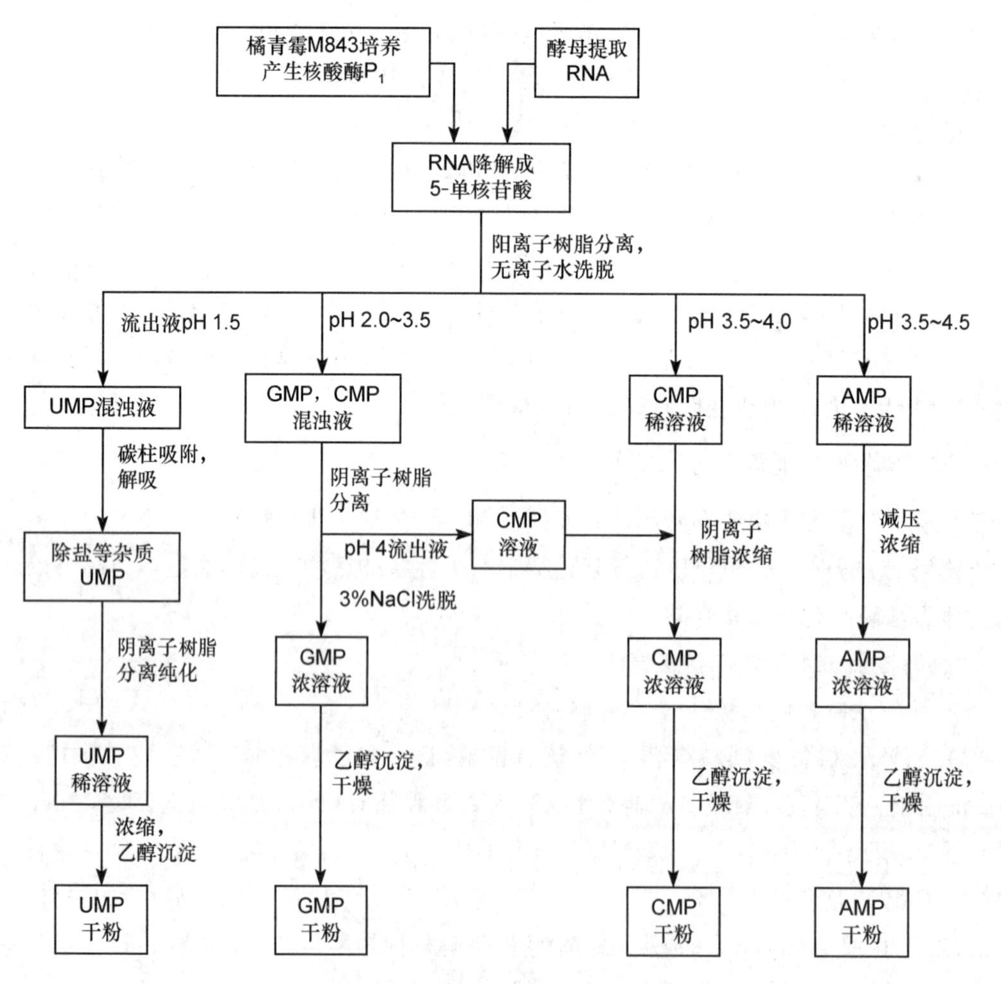

图 13－6　酶解法生产5′－单核苷酸

（3）双酶法生产肌苷酸和鸟苷酸（I+G）　呈味核苷酸的主要品种是肌苷酸和鸟苷酸，商品名简称为（I+G），用核酸酶 P_1 降解 RNA 可获得 AMP 和 GMP，其中 AMP 经脱氨生成 IMP。双酶法生产（I+G）工艺流程见图 13-7。

含有 I+G 的酶解液应用阳离子交换树脂交换吸附，树脂柱 H/D=2.5~3.1/1，单核苷酸上柱量为5%，用去离子水洗脱，（I+G）集中在同一洗脱区段内，与 UMP、CMP 及各类核苷分开，含（I+G）的洗脱液，经薄膜浓缩，冷却后，可以获得在水中结晶的（I+G）产品。

（4）菌体自溶法生产核苷酸　磷酸二酯酶在合适的条件下降解细胞内的 RNA 可产生 5′-核苷酸。在国内用谷氨酸产生菌菌体自溶法生产 5′-核苷酸。

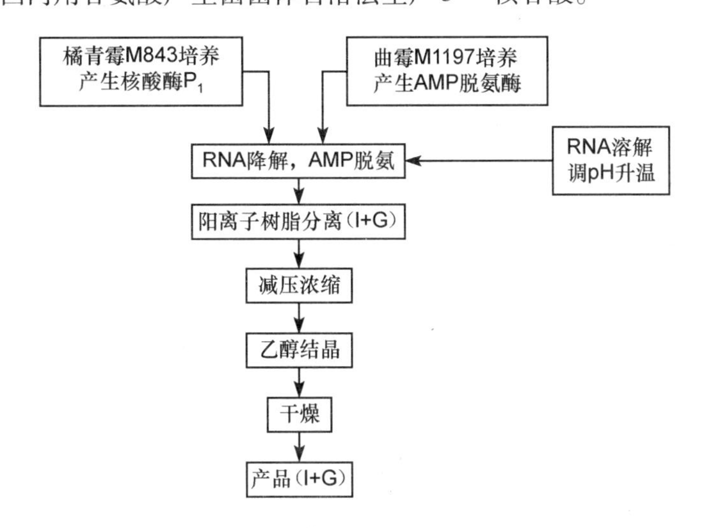

图 13-7　双酶法生产肌苷酸和鸟苷酸的工艺流程

① 菌体自溶法生产核苷酸的工艺流程：

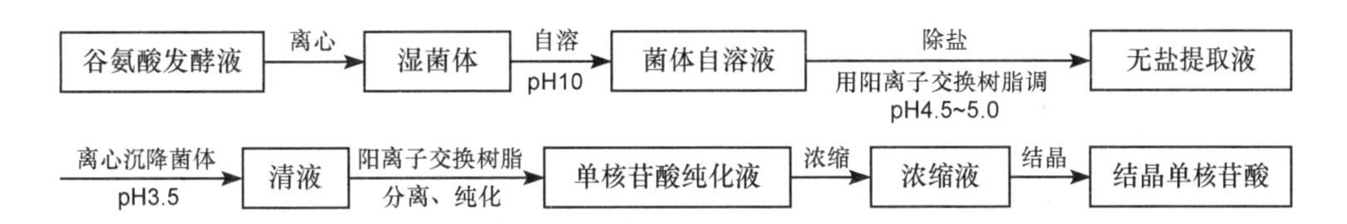

② 自溶工艺概要：配制含纯碱 0.2%，小苏打 0.1% 的 pH 10 水溶液，将溶液加热至 70℃，在搅拌情况下缓慢加入谷氨酸湿菌体达 3%，65℃保温 30 分钟，加 732 强酸性阳离子树脂控制 pH 4.5，停止搅拌让树脂沉降，取上层含菌体的溶液，加盐酸调 pH 3.5，冷处静置 1 小时沉降菌体，上清液含 5′-核苷酸，用离子交换树脂层析分离（方法同前述酶解法）。自溶法可以综合利用味精厂的废弃菌体，但自溶所产生的 5′-核苷酸浓度较低，一般仅为 0.6mg/ml，总收率较低。

（5）碱水解法生产 2′,3′-混合核苷酸　用酶法降解 RNA 得到的是 5′-核苷酸，对于生产呈味核苷酸必须是 5′-端带有磷酸基团的 5′-IMP 和 5′-GMP。此外，还可利用 RNA 结构中的磷酸二酯键对于碱性条件不稳定的特性，很容易生成 2′,3′-混合核苷酸。取 RNA 配成3%~5% 的水溶液，加氢氧化钠达 0.3mol/L，升温至 38℃，保温 16~20 小时，用 6mol/L 盐酸中和至 pH 7.0，从 RNA 水解成 2′,3′-混合核苷酸的降解度达到 95% 以上，将 2′,3′-混合核苷酸制成每片含 50~100mg 的片剂，经临床使用，对非特异性血小板减少症、白细胞减少症、肿瘤的化疗和放疗后的升白细胞均有较好疗效。

2. 发酵法生产核苷酸

（1）发酵法生产肌苷酸（IMP） 肌苷酸是一种高效增鲜剂，在谷氨酸钠（味精）中添加2%，鲜度可以增加3倍，因此在味精中添加肌苷酸钠（或鸟苷酸钠）后成为第二代特鲜味精。用发酵法生产肌苷酸在日本已工业化，年产量上千吨，发酵水平达到40～50g/L，对糖转化率达15%，总收率达80%。

① 产氨短杆菌嘌呤核苷酸生物合成途径、代谢调控和肌苷酸发酵机制：产氨短杆菌嘌呤核苷酸生物合成途径如图13-8所示。对5′-IMP的生物合成来说，关键的酶是PRPP转酰胺酶，此酶受ATP、ADP、AMP及GMP反馈抑制（抑制度达70%～100%），被腺嘌呤阻遏。

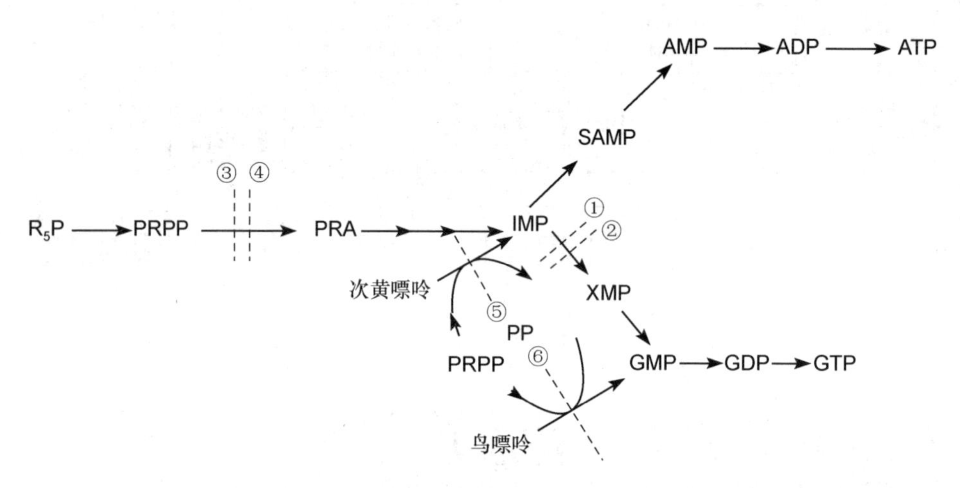

图13-8 产氨短杆菌嘌呤核苷酸生物合成的调节机制（虚线为受反馈抑制或阻遏的位置）

①鸟嘌呤阻遏；②受GMP的反馈抑制；③被腺嘌呤阻遏；④受ATP、ADP、AMP及GMP的反馈抑制；⑤受GMP和ATP的反馈抑制；⑥受GTP的反馈抑制

因此利用产氨短杆菌直接发酵法生产肌苷酸，第一步是用诱变育种的方法筛选缺乏SAMP合成酶的腺嘌呤缺陷型菌株，在发酵培养基中提供亚适量的腺嘌呤，这些腺嘌呤除了通过补救合成途径合成菌体适量生长所需的DNA和RNA之外，没有多余的嘌呤衍生物能够产生反馈抑制或阻遏，从而解除了PRPP转酰胺酶的活性影响。此外，产氨短杆菌自身的5′-核苷酸降解酶活力低，故产生的肌苷酸不会再被分解成其他产物。另一个涉及直接累计肌苷酸的重要因子是细胞的透性。虽然产氨短杆菌在正常生长状态下，其细胞膜对于5′-IMP的透性是很差的，但只要在培养基中锰离子限量的情况下，产氨短杆菌的成长细胞呈伸长、膨润或不规则形，此时的细胞膜不仅易于透过肌苷酸，而且嘌呤核苷酸补救合成所需的几个酶和中间体核糖-5′-磷酸都很易透过，在胞外重新合成大量肌苷酸。为此日本学者提出了产氨短杆菌腺嘌呤缺陷菌株的肌苷酸发酵机制（图13-9），在使用大型发酵罐的工业生产中，要把Mn^{2+}控制在10～20μg/L的浓度十分困难，因为工业原料和工业用水都含有较多的Mn^{2+}，为此，利用诱变育种的方法选育了对Mn^{2+}不敏感的变异株，使用发酵培养基含Mn^{2+}高达1000μg/L时，肌苷酸的生物合成仍不受影响。

② 产氨短杆菌的诱变育种和肌苷酸累积：由上文可知，直接发酵法生产肌苷酸的关键是要解除腺嘌呤衍生物的反馈抑制，使用腺嘌呤缺陷型菌株，提供亚适量的腺嘌呤培养基，改变细胞膜的透性，选育Mn^{2+}不敏感性变异株，最后使菌本身的5′-核苷酸降解酶活力

低。经过诱变育种已得到能够符合上述条件的产氨短杆菌，并在工业生产上取得成效。相应诱变株产生5′-肌苷酸，次黄嘌呤的变化水平见表13-4。

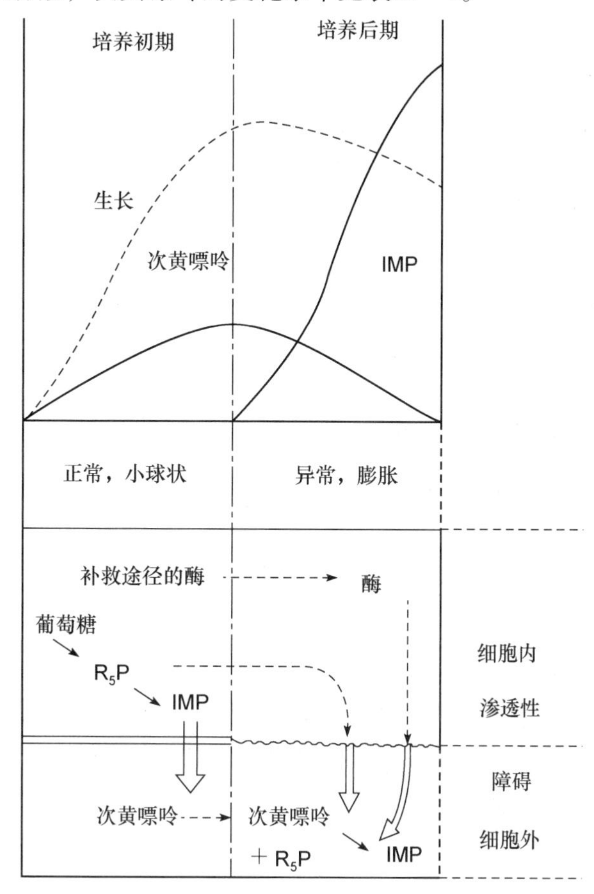

图13-9　产氨短杆菌腺嘌呤缺陷型菌株的IMP发酵机制

表13-4　肌苷酸产生菌株诱变过程的产量变化（mg/ml）

菌　株	5′-IMP*	Hx**	总5′-IMP***
Ky13102	1~2	8~10	9~12
Ky13171	7~8	4~6	11~13
Ky13184	8~10	7~8	15~18
Ky13198	9~12	5~6	15~18
Ky13361	12~16	2~3	15~19
Ky13363	18~20	微量	18~20
Ky13369	20~27	微量	20~27

*以5′-IMP·Na_2·7.5H_2O计算；**Hx换算成5′-IMP·Na_2·7.5H_2O；***总5′-IMP是*和**二者之和

（2）发酵法生产黄苷酸（XMP）及酶法转化成鸟苷酸　鸟苷酸钠是比肌苷酸钠更强的增鲜剂（在味精中添加2%鲜度增强4.6倍），它还是三氮唑核苷和无环鸟嘌呤的原料，因此在食品工业和制药行业中需求量很大。按照肌苷酸发酵生产的机制，直接发酵生产鸟苷酸同样需要三个条件：解除GMP的反馈抑制，改变细胞对GMP的透性和不分解生成的GMP。然而在产氨短杆菌的嘌呤核苷酸生物合成途径中，GMP位于合成途径的“终端产

物”，缺乏磷酸化酶的生物体将不能合成 RNA 和 DNA。因此不可能找到一种遗传性状能直接累积大量 GMP 的产氨短杆菌，大量的研究工作证实直接发酵产生 GMP 的产量都很低，没有生产价值。黄苷酸（XMP）是鸟苷酸的前体产物，选育丧失 GMP 合成酶的鸟嘌呤缺陷型菌株就可能积累大量黄苷酸，也可以再加上腺嘌呤缺陷型遗传标记，并在发酵过程中添加限量的鸟嘌呤和腺嘌呤，完全解除鸟嘌呤对肌苷酸脱氢酶的反馈抑制和鸟嘌呤、腺嘌呤衍生物对 PRPP 转酰胺酶的反馈抑制，从而使 XMP 在发酵培养基中的累积大大提高。已培养选育了将黄苷酸转化成鸟苷酸的菌株，这类菌株及其发酵条件必须具备以下几点：①5′-核苷酸分解能力微弱；②用抗狭霉素或德夸霉素强化 GMP 合成酶特性；③在 Mn^{2+} 过量的培养基中需添加表面活性剂改变其膜透性；④供给 NH_4^+ 维持培养基 pH 7.5～8.0。目前使用产生 XMP 的菌株与将 XMP 转化为 GMP 的菌株混合培养的方法，通过控制接种量调节二株菌的生产比例，可产生大量 XMP 并能高效率地转化成 GMP。GMP 的发酵产率在 10g/L 左右。

Ky3454（野生型）
IUV↓
Ky13102（A^L）
NTG↓
Ky13171（A^LMn^1）
NTG↓
Ky13184（$A^LMn^1G^-$）
NTG↓
Ky13198（$A^LMn^1G^-$）
NTG↓
Ky13361（$A^LMn^2G^-$）
NTG↓
Ky13362（$A^LMn^2G^-$）
NTG↓
Ky13369（$A^LMn^2G^-$）
肌苷酸产生菌诱变图谱

3. 半合成法制备核苷酸 由于发酵法生产核苷的产率很高，因此工业生产的呈味核苷酸（肌苷酸钠和鸟苷酸钠）估计有 40%～50% 的产量是由发酵法生产核苷后经提取、精制再经磷酸化制取。目前工业生产使用的方法是不保护核苷核糖上 2′,3′-羟基，直接在 5′-羟基上磷酸化。也即将核苷悬浮于磷酸三甲酯或磷酸三乙酯中，在冷却条件下加入氯化氧磷，进行磷酸化，从核苷生产 5′-核苷酸收率可达 90%。

例 1：肌苷 2mmol/L 悬浮于 5ml 磷酸三乙酯中，温度控制 0℃，添加氯化氧磷 6mmol/L，水 2mmol/L，反应 2 小时，5′-IMP 摩尔产率达 91%。

例 2：鸟苷 2mmol/L 悬浮于 5ml 磷酸三甲酯中，温度控制 0℃，添加氯化氧磷 6mmol/L，水 2mmol/L，反应 6 小时，5′-GMP 摩尔产率达 90%。

（三）核苷的制备

核苷的制备主要有化学法和发酵法。

1. RNA 化学水解法制备核苷

（1）核苷生产工艺流程（图 13-10）。

（2）核苷产品质量（表 13-5）。

表 13-5 核苷产品质量分析

核苷	含量（%）	(Z-250nm) (Z-260nm)		(Z-280nm) (Z-260nm)		(Z-290nm) (Z-260nm)		熔点（℃）
		测定值	标准值	测定值	标准值	测定值	标准值	
鸟苷	>90	0.963	0.97	0.92	0.69	0.45	0.50	>230
腺苷	>95	0.848	0.86	0.234	0.22	0.037	0.03	226～229
尿苷	≥99	0.735	0.75	0.35	0.36	0.036	0.03	162～165
胞苷	>90	0.466	0.45	2.01	2.06	1.44	1.58	206～210

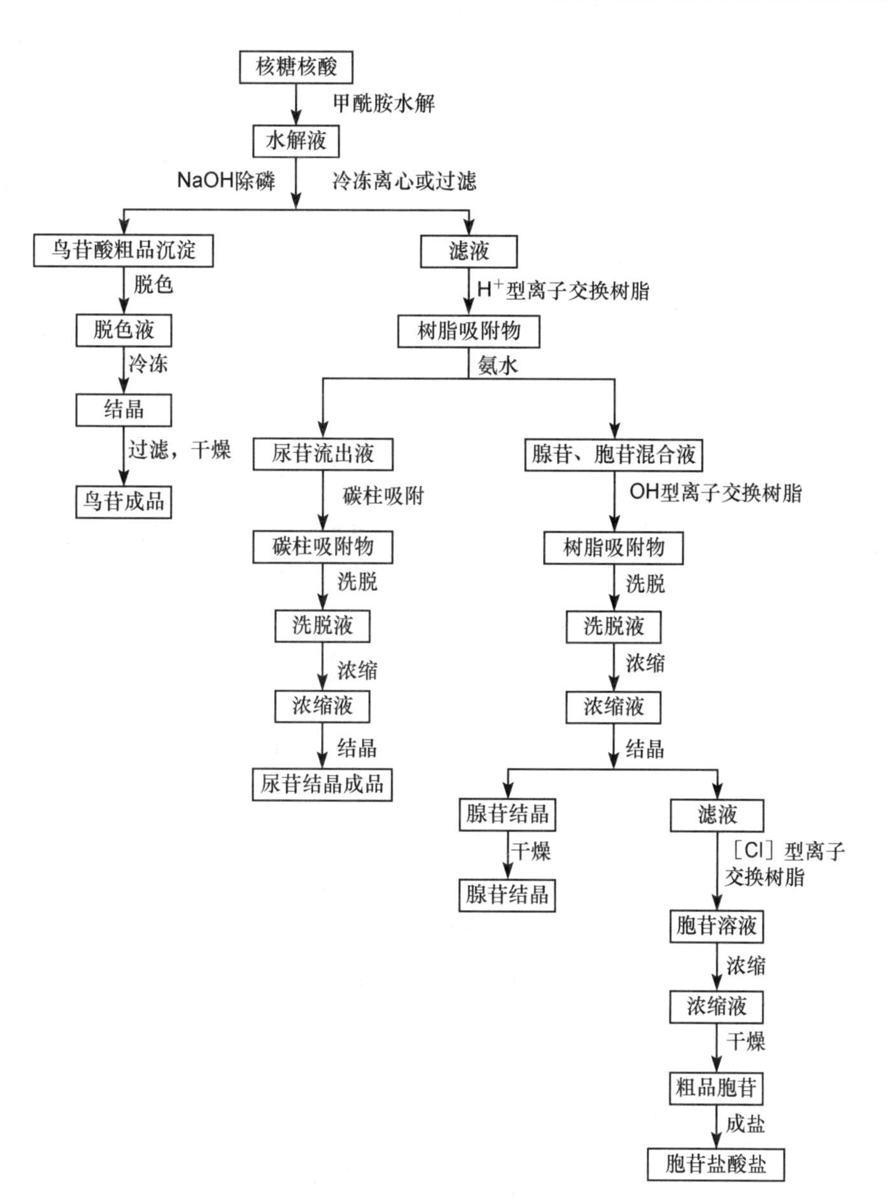

图 13－10　核苷生产工艺流程图

（3）RNA 经甲酰胺化学水解制核苷　取 40g RNA（含量 80%），经上述工艺以甲酰胺化学水解，树脂分离，结晶可制得四种核苷，收率见表 13－6。

表 13－6　RNA 水解及核苷的收率

核苷名称	收得量（g）	收率（%）
鸟苷	34	8.4
腺苷	25	6.3
尿苷	20	5.0
胞苷	8.1	2.1

2. 发酵法生产核苷　发酵法生产核苷是近代发酵工程领域中的杰出成果，产率高、周期短、控制容易且产量高。日本味之素公司和武田制药厂发酵法生产核苷的产量达上千吨，我国每年发酵法生产肌苷也达 400～500 吨。用发酵法生产各种核苷的菌株有着许多共同特点：①它们都使用磷酸单酯酶活力很强的枯草芽孢杆菌或短小芽孢杆菌为诱变出发菌株；

②它们都是通过使用物理或化学诱变方法选育出在遗传性状上具有特定标记的诱变菌；③它们在发酵培养时必须提供限量的生长因素，并且好氧，在某一特定的范围内累积大量核苷。因此，我们首先从枯草杆菌嘌呤核苷酸合成途径（图 13-11）及代谢调控机制上探讨发酵法生产核苷菌种的选育。

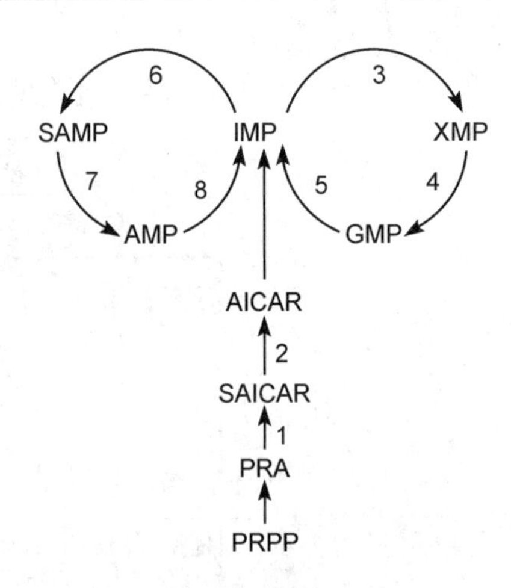

图 13-11　枯草杆菌的嘌呤核苷酸合成途径

1-PRPP 转酰胺酶；2 及 7-SAMP 裂解酶；3-IMP 脱氢酶；4-XMP 氨化酶；5-GMP 还原酶；6-SAMP 合成酶；8-AMP 脱氨酶

在上述合成途径中，嘌呤核苷酸生物合成的第一个酶即 PRPP 转酰胺酶受 AMP、ADP 的强烈抑制，而受鸟嘌呤衍生物的抑制很弱。IMP 脱氢酶和 SAMP 合成酶可分别受最终产物 GMP 和 AMP 的反馈抑制。因此，枯草杆菌的腺嘌呤缺陷型（经诱变缺失 6 号或 7 号酶）当培养基中提供限量腺嘌呤时，累积肌苷。由于鸟嘌呤衍生物强烈抑制 IMP 脱氢酶，因此，枯草杆菌的鸟嘌呤缺陷型（经诱变缺失 4 号酶）当培养基中提供限量鸟嘌呤时累积黄苷。由于腺嘌呤衍生物调控 IMP 合成的总途径（即影响 PRPP 转酰胺酶活力），而鸟嘌呤衍生物则侧重调控分支合成途径的酶（即 3 号 IMP 脱氢酶），因此，枯草杆菌的腺嘌呤、黄嘌呤双重缺陷型，当在培养基中提供限量腺嘌呤时就累积腺苷。

（1）发酵法生产肌苷

① 根据上述代谢调控机制和诱变育种所能获得的遗传标记，一株肌苷产生菌的选育经过如图 13-12 所示。

② 发酵工艺主要条件：a. 碳源为葡萄糖，用淀粉、大米水解糖，糖蜜经转化酶作用后也可作碳源；b. 肌苷含氮量很高（20.9%），故在发酵培养基中要保证充足的氮源，通常使用氯化铵、硫酸铵和尿素，如能使用氨气，则既可作氮源，又可调节发酵培养基的 pH；c. 磷酸盐的可溶性对不同的肌苷产生菌具有不同的影响，矮小芽孢杆菌产肌苷的过程受可溶性磷酸盐的抑制；d. 镁离子、钙离子对产肌苷有促进作用；e. 在培养基中提供的生长因子腺嘌呤或酵母粉必须亚适量；f. 肌苷产生菌的最适发酵温度是 30～40℃，pH 6.0～6.2；g. 在产肌苷时期需要大量通风，保证高溶氧和低 CO_2 分压。

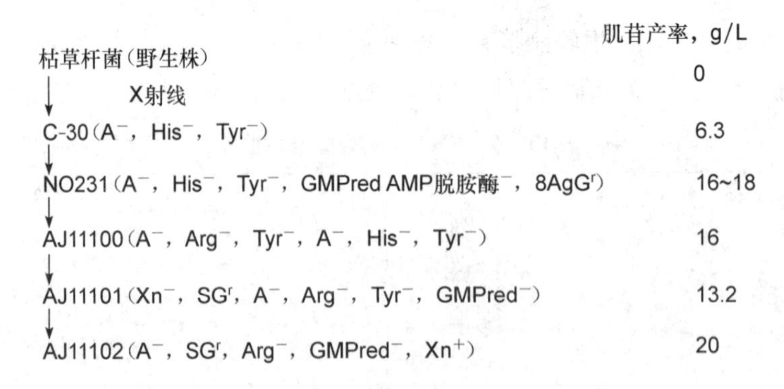

图 13-12　肌苷产生菌的选育

A^-—腺嘌呤缺陷型；His^-—组氨酸缺陷型；Tyr^-—酪氨酸缺陷型；$GMPred^-$—GMP 还原酶缺失；Xn^-—黄嘌呤缺陷型；SG^r—磺胺胍抗性；Arg^-—精氨酸缺陷型；Xn^+—黄嘌呤回复

（2）发酵法生产鸟苷和黄苷　鸟苷产生菌株的遗传特性：①嘌呤核苷分解活性低，而嘌呤核苷酸酶分解活性高；②SAMP 合成酶、GMP 还原酶缺失；③解除 AMP、GMP 对

PRPP 转酰胺酶、肌苷酸脱氢酶和 GMP 合成酶的反馈抑制。由于经过诱变育种后的肌苷产生菌已经能够满足①②两项条件，而③项所涉及的部分反馈抑制也已被解除，因此选用肌苷产生菌作为鸟苷生产菌的出发菌株最为合适。对于黄苷产生菌株主要遗传性状与鸟苷产生株相类似，它的代谢阻塞是缺少 GMP 合成酶，即选育鸟嘌呤缺陷型或鸟嘌呤和腺嘌呤双重缺陷型，在培养基中限量供给腺嘌呤、鸟嘌呤后发酵培养就能累积大量黄苷。

由肌苷产生菌为出发菌株的诱变育种途径及相应的肌苷、黄苷、鸟苷的产率参见表 13－7，13－8。

表 13－7　甲硫氨酸亚砜、德夸菌素抗性株核苷产率（g/L）

菌株	肌苷	黄苷	鸟苷	总核苷
1411	11.0	0	5.5	16.5
14119	4.8	0	9.6	14.4
AG169	0	6.0	8.0	14.0
GP－1	0	3.4	10.6	14.0
MG－1	0	0	16.0	16.0

表 13－8　黄嘌呤缺陷型及其回复株、德夸菌素抗性株核苷产率（g/L）

菌株	肌苷	黄苷	鸟苷	总核苷
AJ11100（A^-，Arg^-，$GMPred^-$）	16.0	1.5	0	17.5
↓				
AJ11101（Xn^-，SG^r）	14.0	0	0	14.0
↓				
AJ11613（Xn^+）	2.0	16.0	6.0	24.0
↓				
AJ11614（Dec^r）	0	0	20.0	20.0

（3）发酵法生产腺苷　使用产氨短杆菌为出发菌株，经诱变育种后用于发酵法直接生产 AMP 或 GMP 是很困难的，这是由于产氨短杆菌嘌呤核苷酸生物合成途径是从磷酸核糖焦磷酸（PRPP）经肌苷酸（IMP）然后分成两条支链途径，最终合成 AMP 和 GMP。而使用枯草杆菌类菌株为出发菌株，由于其嘌呤核苷酸合成途径是从磷酸核糖焦磷酸（PRPP）经肌苷酸（IMP）然后分成两条环形途径，因此只要阻塞某一代谢途径——选育遗传缺陷型菌株，抗嘌呤核苷酸类似物——解除反馈抑制，加之此类菌自身 5′－核苷酸酶的活力强，就能产生相应缺陷型累积产物。与鸟苷和黄苷的选育机制相似，腺苷产生菌也是使用肌苷产生菌为出发菌株，经多次的诱变育种获得一株腺嘌呤回复、黄嘌呤缺陷、GMP 还原酶缺失、抗 8－氮黄嘌呤为主要遗传标记的变异株。

① 腺苷产生菌诱变育种图谱如图 13－

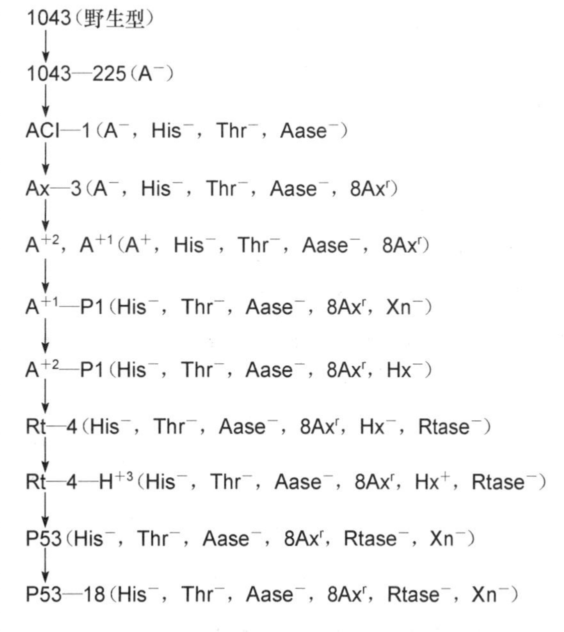

图 13－13　腺苷产生菌育种图谱及遗传性状

A^-：腺嘌呤缺陷型；His^-：组胺酸缺陷型；Thr^-：苏氨酸缺陷型；$Aase^-$：腺嘌呤酶缺失；$8Ax^r$：8 杂氮黄嘌呤抗性；A^+：腺嘌呤回复；Hx^-：次黄嘌呤缺陷型；$Rtase^-$：GMP 还原酶缺失；Xn^-：黄嘌呤缺陷型

13所示，各诱变株腺苷、腺嘌呤产率见表13－9）。

表13－9　各诱变株腺苷、腺嘌呤的产率（g/L）

菌株	腺苷	腺嘌呤	菌株	腺苷	腺嘌呤
A^{+1} – P1	9.32	0.78	P48	7.61	1.96
P53	13.46	1.50	P53 – 18	16.27	1.82

② 腺苷产生菌的稳定性：用肌苷产生菌经过诱变育种获得了高产的腺苷发酵生产菌，但是在工业生产中，经常会发生异常发酵现象，肌腺苷产量逐渐下降。肌苷、鸟苷等发酵生产时也有类似情况。而腺苷产生菌最为严重，究其原因是腺苷产生菌的主要遗传标记黄嘌呤缺陷型和腺嘌呤缺陷型缺失容易回复（表13－10）。

表13－10　黄嘌呤缺陷型回复及腺苷产率

实验次数*	活细胞数，细胞/ml（A）	Xn**数，细胞/ml（B）	（B）/（A）	腺苷，g/L
1	1.4×10^{9}	7.5×10^{2}	$5/10^{7}$	11.3
2	1.8×10^{9}	2.0×10^{2}	$1/10^{7}$	11.0
3	2.4×10^{9}	4.0×10^{3}	$2/10^{6}$	12.3
4	1.1×10^{9}	1.5×10^{4}	$1/10^{5}$	12.7
5	1.2×10^{9}	1.0×10^{7}	$1/10^{2}$	1.7
6	1.4×10^{9}	5.0×10^{7}	$1/10^{2}$	微量
7	8.0×10^{8}	1.5×10^{2}	$2/10^{7}$	15.0

*使用P53－18菌株进行实验1～6，使用P53－18的单菌落进行实验7，**Xn为黄嘌呤回复株。

从表13－10可见，当黄嘌呤回复株达到1/100时，腺苷产量很低（几乎不产），而将原菌株P53－18进行单菌落筛选分纯，在发酵时回复株保持在$2/10^{7}$时，腺苷产量又可到15g/L。此后的研究发现黄嘌呤缺陷型的回复，既不在种子培养阶段，又不在发酵过程之中，而是在斜面保持阶段。对保存时间不同的斜面菌种进行黄嘌呤缺陷型恢复菌株数统计和腺苷产率测定，发现即使保存147d的斜面，经活化后发酵，腺苷的产率仍可达到13～15g/L，回复株是$1/4.5\times10^{6}$，而同样经过147d，但斜面反复移植12次，腺苷产率只及50%（7.4g/L），回复株到$1/10^{3}$。显然，保存期间斜面的反复移植是黄嘌呤缺陷型标记的回复和腺苷产率下降的主要原因。以后在培养基组成成分的研究中发现，只要在斜面中以鸟嘌呤、鸟苷取代酪源氨基酸后，再反复移植的斜面菌种，其回复株比例不会大幅度增大，腺苷的产量也会稳定下来。但斜面菌种的移植，由于存在10^{-6}～10^{-7}比率的回复株，久而久之又会造成不正常发酵。彻底解决的方法是在斜面移植过程中生产大量回复株的同时，还有一些菌株并不回复——即原来的遗传标记黄嘌呤缺陷型，被标记为“NB”的这类黄嘌呤缺陷型的遗传性状是稳定的。实验证实此类菌种移植16次没有发现黄嘌呤缺陷型回复株，且腺苷产量达15g/L，这是工业规模发酵法生产腺苷成功的基础。

四、酶类药物制造方法

目前临床上应用的酶类药物已达上百种，近年来治疗酶的新品种不断涌现，如tPA衍生物，尿激酶原，纳豆激酶，重组蚓激酶等。2009年我国自主研发的注射用尖吻蝮蛇血凝酶正式上市，这是利用我国特有的蛇种——尖吻蝮蛇体内的毒液研制出的新一代临床止血药，对于手术切口出血具有良好的止血效果。目前临床上应用的酶类药物主要有以下几类。

①助消化酶类：如胃蛋白酶、胰酶、凝乳酶、纤维素酶和麦芽淀粉酶等；②消炎酶类：如溶菌酶（常用于五官科）、胰蛋白酶、糜蛋白酶，胰 DNA 酶、菠萝蛋白酶等，用于消炎、消肿、清疮，排脓和促进伤口愈合；③心脑血管疾病治疗酶：防治血栓的酶制剂有纤溶酶、尿激酶、链激酶、蚓激酶、蛇毒降纤酶。凝血酶可用于止血，弹性酶能降低血脂，用于防治动脉粥样硬化和脂肪肝，胰激肽原酶有扩张血管、降低血压的作用；④抗肿瘤酶类：*L*－天冬酰胺酶用于治疗白血病和淋巴肉瘤，谷氨酰胺酶、蛋氨酸酶、组氨酸酶、酪氨酸氧化酶和核糖核酸酶也有不同程度的抗肿瘤作用；⑤其他治疗用酶：超氧化物歧化酶（SOD）用于治疗风湿性关节炎和放射病。PEG－腺苷脱氨酶（Pegademase Bovine）用于治疗严重的综合免疫缺陷症。DNA 酶可降低痰液黏度，用于治疗慢性气管炎。细胞色素 C 用于组织缺氧急救（如 CO 中毒）。玻璃酸酶用作药物扩散剂和关节炎治疗。青霉素酶可治疗青霉素过敏。

酶类药物的制备主要有提取分离和基因工程法，现对酶类药物的提取分离方法进行介绍。

（一）酶类药物的原料来源及选择

动物、微生物以及植物是酶类药物的主要原料来源。

生物材料和体液中虽然普遍含有酶，但在数量和种类上差别很大。生物组织中酶的总量虽然不少，但每一种含量非常小，从已获得的资料看，单种酶的含量常在 0.0001%～1%。因此进行选料时应注意以下几点：考虑原料中被提取酶的含量；注意不同生长发育情况及营养状况，如用微生物为原料，往往菌体产量高时不一定产酶量高，故需测其活力来决定提取酶阶段；用动物器官提取酶，则要考虑动物年龄及饲养条件等因素；从简化提纯步骤着手，如从鸽肝中提取乙酰化酶，需将动物饥饿后取材，可减少肝糖原，以简化纯化步骤；要从原料来源是否丰富考虑等。

从动物或植物中提取酶受到原料的限制，随着酶应用日益广泛和需求量的增加，工业生产的重点已逐渐转向微生物。用微生物发酵法生产药用酶，不受季节、气候和地域的限制，生产周期短，产量高，成本低，能大规模生产。

（二）生物材料的预处理

生物细胞产生的酶分为细胞外酶和细胞内酶。对细胞外酶只要用水或缓冲液浸泡，滤去不溶物，就可得到粗抽提液，不必破碎细胞。对于细胞内酶，则需使细胞膜破裂，制成无细胞的悬液后再行提取。动物细胞较易破碎，通过一般的机械处理、反复冻融或将组织经丙酮迅速脱水干燥制成丙酮粉即可达到目的。细菌细胞具有较厚的细胞壁，较难破碎，需要用超声波、溶菌酶、某些化学试剂在适宜的 pH 和温度下处理一段时间，使菌体自溶。有时为了大量保存或有利于提取，可先采用干燥法。因为干燥常能导致细胞自溶，增加酶的释放，从而在后处理中破壁不必太剧烈就能达到预期目的。

（三）酶的提取

一般在提取前，应通过调查研究，文献检索，详细了解欲提取酶的性质，例如等电点、pH、温度、激活剂、抑制剂、稳定性等。提取方法主要有水溶液法，有机溶剂法和表面活性剂法三种。

1. 水溶液法　常用稀盐溶液或缓冲液提取。经过预处理的原料，包括组织糜、匀浆、细胞颗粒以及丙酮粉等，都可用水溶液抽提。为了防止提取过程中酶活力降低，一般在低

温下操作，但对温度耐受性较高的酶如超氧化物歧化酶，却应提高温度，使杂蛋白变性，以利于酶的提取和纯化。在胃蛋白酶的提取中，为了水解黏膜蛋白，需37℃，2~3小时的水解提取。pH的选择对提取也很重要，应考虑：①酶的稳定性；②酶的溶解度；③酶与其他物质结合的性质。选择pH的总原则是：在酶稳定的pH范围内，选择偏高等电点的适当pH。例如，透明质酸酶为pH 3.6，鸽肝乙酰化酶为pH 8.0，前列腺素酶为pH 5~6。这是一般规律，在特殊情况下还得采用特殊方法。如胰脏中的核酸酶、胰蛋白酶、胰乳蛋白酶要在酸性条件下提取，因为这些酶在酸性条件下稳定。一般来说，碱性蛋白酶用酸性溶液提取，酸性蛋白酶用碱性溶液提取。

许多酶在蒸馏水中不溶解，而在低盐浓度下易溶解，所以提取时加入少量盐可提高酶的溶解度。盐浓度一般以等渗为好，相当于0.15mol/L NaCl的离子强度最适宜于酶的提取。

2. 有机溶剂法 某些结合酶如微粒体和线粒体膜的酶，由于和脂质牢固结合，用水溶液很难提取，为此必须除去结合的脂质，且不能使酶变性，最常用的有机溶剂是丁醇。丁醇具有下述性能：①亲脂性强，特别是亲磷脂的能力；②兼具亲水性，0℃在水中的溶解度为10.5%；③在脂与水分子间能起类似去垢剂的桥梁作用。丁醇提取法有二种：一种称均相法，丁醇用量小，搅拌后即成均相，抽提时间较长。然后离心，取下层液相层，但许多酶在与脂质分离后极不稳定，需加注意。另一种称二相法，适用于易在水溶液中变性的材料。其方法是：在每克组织或菌体的干粉中加5ml丁醇，搅拌20分钟，离心，取沉淀（注意：均相法是取液相，二相法是取沉淀）。接着用丙酮洗去沉淀上的丁醇，再在真空中除去溶剂，所得干粉可进一步用水提取。

3. 表面活性剂法 表面活性剂分子具有亲水性的或疏水性的原子基团。有阳离子型、阴离子型和非离子型的，有天然的，也有人造的。如胆酸、磷脂、十二烷基硫酸钠等。表面活性剂能与蛋白质结合而分散在溶液中，故可用于提取结合酶，但此法用得较少。

（四）酶制剂的工业提取法

把酶从菌体中或培养液中提取出来，并使之达到使用目的要求的纯度，这是酶提取和精制的任务。用途不同，对酶的质量要求也不同，其生产方法亦有明显不同。工业生产的酶有二种剂型——液体制剂和粉剂。

1. 发酵液的预处理及过滤 预处理的目的主要有三：一是改变悬浮液中固体粒子的物理特性，如提高硬度，加大颗粒尺寸，改变其表面类型等；二是使某些可溶的胶黏物质变成不可溶；三是改变液体的某些物理性质，如降低黏度和密度。

微生物发酵液的分离、过滤，常采用的设备是转鼓式真空吸滤机、离心沉降分离机和板框压滤机。放线菌发酵液一般比霉菌发酵液难以过滤，目前采用自动排渣的离心沉降分离机或自动板框压滤机。枯草杆菌酶的发酵液是一个难过滤的典型实例，由于菌体自溶，核酸、蛋白质及其他有机黏性物质造成的混浊物，如不经过适当的预处理就进行过滤或离心沉降，不但速度慢，也得不到澄清的酶液。现在处理方法是，在发酵液中加絮凝剂或凝固剂，这样可有效地改变悬浮粒子的分散状况。常用的絮凝剂有聚丙烯酰胺、右旋糖酐和聚谷氨酸等。

2. 酶液的脱色 有些经过过滤的酶液，色泽较深，需经过适当程度的脱色。工业上廉价的脱色剂是活性炭，用量通常为0.1%~1.5%。目前工业上大规模使用脱色树脂（如Duolite S030）。国内生产的几种脱色树脂，效果都较好。

3. 盐析法 盐析法是酶制剂工业中常用方法之一，$MgSO_4$、$(NH_4)_2SO_4$、Na_2SO_4是常

用的盐析剂，其中用得最多的是 $(NH_4)_2SO_4$，因为它的溶解度在较低温度下仍相当高，这点很重要，因为不少酶在低温下才稳定。盐析法的优点是在常温下不会造成酶的失活，若分级沉淀应用得当，杂蛋白杂质也较少，适用于多种酶沉淀。

4. 有机溶剂法　用有机溶剂沉淀蛋白质及用分级沉淀法纯化蛋白质已有悠久的历史。其沉淀蛋白质的能力为丙酮 > 异丙醇 > 乙醇 > 甲醇。当然上述顺序不是一成不变的，因为还要受温度、pH、离子强度等因素影响。丙酮沉淀能力最好，但挥发损失多，价格较贵，所以工业上通常采用乙醇作为沉淀剂。

5. 喷雾干燥直接制备粉末酶制剂　喷雾干燥是一种干燥手段，但它有很大局限性，尤其药用酶制剂都很难过温度这一关。喷雾干燥用于菌体干燥，而药用酶常用冷冻干燥。

除上述方法外，工业上提取酶制剂的方法还有丹宁沉淀法、白土活性氧化铝吸附法、pH 或加热沉淀法，蛋白质表面变性法等。

（五）酶的纯化

酶的纯化是一个十分复杂的工艺过程，不同的酶，其纯化工艺可有很大不同。评价一个纯化工艺的好坏，主要看 2 个指标，一是酶比活，二是总活力回收。当然要二者兼得是很难的，重要的是如何将有关方法有机结合在一起。目前的状况是经验多于理论。因此，只要大胆实践，应该说是可以找到一种理想工艺的。目前，国内外纯化酶的方法很多，如盐析法、有机溶剂沉淀法、选择性变性法、柱层析法、电泳法和超滤法等，本节重点讨论酶在纯化过程中遇到的一些技术难点。

1. 杂质的除去　酶提取液中，除所需酶外，还含有大量的杂蛋白、多糖、脂类和核酸等，为了进一步纯化，必须先将它们一一除去。

（1）pH 和加热沉淀法　利用蛋白质酸碱变性性质的差别可以通过调 pH 和等电点除去某些杂蛋白，也可利用不同蛋白质对热稳定的差异，将酶液加热到一定温度，使杂蛋白变性而沉淀，超氧化物歧化酶就是利用这个特点，加热到 65℃、10 分钟，以除去大量的杂蛋白。

（2）蛋白质表面变性法　利用蛋白质表面变性性质的差别，也可除去杂蛋白。例如制备过氧化氢酶时，加入三氯甲烷和乙醇进行振荡，可以除去杂蛋白。

（3）选择性变性法　利用蛋白质稳定性的不同，除去杂蛋白。如对胰蛋白酶、细胞色素 C 等少数特别稳定的酶，甚至可用 2.5% 三氯乙酸处理，这时其他杂蛋白都变性而沉淀，而胰蛋白酶和细胞色素 C 仍留在溶液中。

（4）核酸沉淀剂法　在用微生物制备酶时，常含有较多的核酸，为此，可用核酸酶，将核酸降解成核苷酸，使黏度下降便于离心分离。也可用一些核酸沉淀剂如三甲基十六烷基溴化铵、硫酸链霉素、聚乙烯亚胺、鱼精蛋白和二氯化锰等。

（5）将酶与底物结合，用加热法除去杂蛋白　近来发现，酶和底物结合或竞争性抑制剂结合后，稳定性大大提高，这样就可用加热法除去杂蛋白。

2. 脱盐和浓缩

（1）脱盐　酶的提纯以及酶的性质研究中，常常需要脱盐。最常用的脱盐方法是透析和凝胶过滤。

① 透析：最广泛使用的是玻璃纸袋，由于它有固定的尺寸、稳定的孔径，故已有商品出售。由于透析主要是扩散过程，如果袋内外的盐浓度相等，扩散就会停止，因此要经常换溶剂，一般一天换 2 ~ 3 次。如在冷处透析，则溶剂也要预先冷却，避免样品变性。透析

时的盐是否去净，可用化学试剂或电导仪来检查。

② 凝胶过滤：这是目前最常用的方法，不仅可除去小分子的盐，而且也可除去其他小分子量的物质。用于脱盐的凝胶主要有 Sephadex G－10、G－15、G－25 以及 Bio－Gel P－2、P－4、P－6 及 P－10。

（2）浓缩　酶的浓缩方法很多，有冷冻干燥法、离子交换法、超滤法、凝胶吸水法、聚乙二醇吸水法等。

① 冷冻干燥法：这是最有效的方法，它可将酶液制成干粉。采用这种方法既能使酶浓缩，酶又不易变性，便于长期保存。需要干燥的样品最好是水溶液，如溶液中混有有机溶剂，就会降低水的冰点，在冷冻干燥时样品会融化起泡而导致酶活性部分丧失。另一方面低沸点的有机溶剂（如乙醇、丙酮），在低温时仍有较高的蒸气压，逸出水汽捕捉器而冷凝在真空泵油里，会使真空泵失效。

② 离子交换法：常用的交换剂有 DEAE Sephadex A 50，QAE－Sephadex A 50 等，当需要浓缩的酶液通过交换柱时，几乎全部的酶蛋白会被吸附，然后用改变洗脱液 pH 或离子强度等法即可达到浓缩目的。

③ 超滤法：超滤法有操作简单，快速而且温和，操作中不产生相变等优点，但影响超滤的因素很多，如膜的渗透性、溶质形状、大小及其扩散性、压力、溶质浓度、离子环境和温度等。

④ 凝胶吸水法：由于 Sephadex Bio－Gel 都具有吸收水及吸收小分子量化合物的性能，因此用这些凝胶干燥粉末和需要浓缩的酶液混在一起后，干燥粉末就会吸收溶剂，而用离心或过滤方法除去凝胶，酶液就得到浓缩。这些凝胶的吸水量每克约 1～3.7ml。在实验室为了浓缩酶液体积，可将样品装入透析袋内，然后用风扇吹透析袋，使水分逐渐挥发而使酶液浓缩。

3. 酶的结晶　结晶是指溶质以晶体形式从溶液中析出的过程。把酶提纯到一定纯度以后（通常纯度应达 50% 以上），采用相应的方法可使其结晶，虽然结晶的酶并非达到绝对的纯化，但伴随着结晶的形成，酶的纯度经常有一定程度的提高。从这个意义上讲，酶的结晶既是提纯的结果，也是提纯的手段，此外，为研究蛋白质空间结构提供 X 射线衍射样品，也是酶结晶的重要目标之一。因此，酶的结晶为获得较高纯度的酶和酶的应用创造了条件，也为酶的结构与功能等研究提供了适宜的样品。

酶结晶的明显特征在于有序性，蛋白质分子在晶体中均是对称性排列，并具有周期性的重复结构。形成结晶的条件是设法降低酶分子的自由能，从而推动建立起一个有利于结晶形成的相平衡状态。当分子间的吸引力大于排斥力的时候便发生结晶过程。

蛋白质分子多数处于含水的环境中，蛋白质分子与水分子结晶形成稳定的水合物。当蛋白质的浓度非常高的时候，溶液中就没有足够可以与蛋白质结合的水分子用于形成水合物，在蛋白质分子之间也没有足够的水分子可以把它们充分隔开，于是蛋白质就以无定形沉淀或结晶的形式从溶液中析出。

（1）酶的结晶方法　酶的结晶方法主要是缓慢地改变酶蛋白的溶解度，使其略处于过饱和状态。改变酶溶解度的方法主要有以下几种。

① 盐析法：在适当的 pH、温度等条件下，保持酶的稳定，慢慢改变盐浓度进行结晶。结晶时采用的盐有硫酸铵、枸橼酸钠、乙酸钠、硫酸镁和甲酸钠等。利用硫酸铵结晶时一般是把盐加入到一个比较浓的酶溶液中，并使溶液微呈混浊为止。然后放置，并且非常缓

慢地增加盐浓度。操作要在低温下进行，缓冲液 pH 要接近酶的等电点。我国利用此法已得到羊胰蛋白酶原、羊胰蛋白酶和猪胰蛋白酶的结晶。由于低温时酶在硫酸铵溶液中溶解度高，温度升高时溶解度降低。当把酶的抽提液放置在室温时，蛋白质会逐渐析出，多数酶就可形成结晶。有时也可交替放置在 4℃冰箱中和室温下来形成结晶。

② 有机溶剂法：酶液中滴加有机溶剂，有时也能使酶形成结晶。这种方法的优点是结晶悬液中含盐少。结晶用的有机溶剂有：乙醇、丙醇、丁醇、乙腈、异丙醇、二噁烷、二甲亚砜、二氧杂环已烷等。与盐析法相比，用有机溶剂法易引起酶失活。一般要在含少量无机盐的情况下，选择使酶稳定的 pH，缓慢地滴加有机溶剂，并不断搅拌，当酶液微呈混浊时，在冰箱中放置 1 ~ 2 小时。然后离心去掉无定形物，取上清液在冰箱中放置令其结晶。加有机溶剂时，必须不使酶液中所含的盐析出来。所使用的缓冲液一般不用磷酸盐，而用氧化物或乙酸盐。用这方法已获得不少酶结晶，如 *L* – 天冬酰胺酶。

③ 复合结晶法：有时可以利用某些酶与有机化合物或金属离子形成复合物或盐的性质来结晶。

④ 等电点法：在一定条件下，酶的溶解度明显受 pH 影响。这是由于酶所具有两性离子性质决定的。一般地说，在等电点附近酶的溶解度很小，这一特征为酶的结晶条件提供了理论根据。例如在透析平衡时，可改变透析外液的氢离子浓度，从而达到结晶的 pH。许多酶的结晶过程中，对 pH 相当敏感，例如胃蛋白酶、胰凝乳蛋白酶、胰蛋白酶、过氧化氢酶、脱氧核糖核酸酶等。

⑤ 透析平衡法：利用透析平衡进行结晶也是常用方法之一。它既可进行大量样品的结晶，也可进行微量样品的结晶。大量样品的透析平衡结晶是将样品装在透析袋中，对一定的盐溶液或有机溶剂进行透析平衡，这时酶液可缓慢地达到过饱和而析出结晶。这个方法的优点是透析膜内外的浓度差减少时，平衡的速度也变慢。利用此法已获得过氧化氢酶、已糖激酶和羊胰蛋白酶等结晶。

⑥ 气相扩散法：该方法与透析平衡法的原理一样，通过在一个封闭体系内，在能使某种蛋白质结晶的较高沉淀剂浓度的溶液与含有较低沉淀剂浓度的蛋白质溶液之间发生蒸汽扩散，最后两者达到平衡，蛋白质溶液内沉淀剂浓度逐渐增加使得蛋白质的溶解性降低，达到过饱和析出从而结晶。

⑦ 接种法：不易结晶的蛋白质和酶，有的需加入微量的晶种才能结晶，例如，在胰凝乳蛋白酶结晶母液中加入微量胰凝乳蛋白酶结晶可导致大量结晶的形成。生长大的单晶时，也可引入晶种，加晶种以前酶液要调到适于结晶的条件，然后加入一个大晶种或少量小晶种，在显微镜下观察，如果晶种开始溶解，就要追加更多的沉淀剂，直到晶种不溶解为止。当达到晶种不溶解又无定形物形成时，将此溶液静置，使结晶慢慢生长。超氧化物歧化酶就是用此法结晶的。

（2）结晶条件的选择　在进行酶的结晶时，要选择一定条件与相应的结晶方法配合。这不仅是为了能够得到结晶，也是为了保证不引起酶活力丧失。影响酶结晶因素很多，下列几个条件尤为重要。

① 酶的纯度：酶只有到相当纯后才能进行结晶。总的来说酶的纯度越高，结晶越容易，长成大的单晶可能性也越大。杂质的存在是影响单晶长大的主要障碍，甚至也会影响微晶的形成。在早期的酶结晶研究工作中，大都是由天然酶混合物直接结晶的，例如由鸡蛋清中可获得溶菌酶结晶，在这种情况下，结晶对酶有明显的纯化作用。

② 酶的浓度：结晶母液通常应保持尽可能高的浓度。酶的浓度越高越有利于溶液中溶质分子间的相互碰撞聚合，形成结晶的机会也越大，对大多数酶来说，适宜的蛋白质浓度通常为5～10mg/ml。

③ 温度：温度的变化会引起酶溶解度的改变。一般来说，在低离子强度下通常是随着温度的增加酶溶解度增大，在高离子强度下酶的溶解度随着温度的增加反而减小。大多数酶结晶的温度通常在4～25℃范围内进行。不同的酶需要的结晶温度不同。例如，溶菌酶溶解度随温度升高而增大，溶菌酶的结晶和温度有很大关系，逐渐变化的温度能使得溶菌酶具有更好的晶体形状和质量。和常温相比，4℃时生长的溶菌酶晶体形态上有更大缺陷，比如出现裂纹等，并且纯度较低。

④ pH：除沉淀剂的浓度外，在结晶条件方面最重要的因素是pH。有时只差0.2个pH就只得到沉淀而不能形成微晶或单晶。调整pH可使结晶长到最佳大小，也可改变晶形。结晶溶液pH一般选择在被结晶酶的等电点附近。一般来说，越靠近最佳pH，晶型越单一，所得晶体质量越高。

⑤ 沉淀剂：在酶的结晶中，沉淀剂主要分为两大类：a. 盐类，如硫酸铵；b. 有机溶剂类，如异丙醇。两类沉淀剂对蛋白质作用机制完全不同，但是它们的目的都是增大蛋白质之间的吸引力，促进构成晶体的键的生成。对于沉淀剂类型和浓度选择几乎完全要靠经验。

⑥ 时间：结晶形成的时间长短不一，从数小时到几个月都有，有的甚至需要1年或更长时间。一般来说，较大而性能好的结晶是在生长慢的情况下得到的。一般希望使微晶的形成快些，然后慢慢地改变沉淀条件，再使微晶慢慢长大。

⑦ 金属离子：许多金属离子能引起或有助于酶的结晶，特别是某些二价金属离子能促进晶核长大。例如羧肽酶、超氧化物歧化酶、碳酸酐酶，在二价金属离子存在情况下，有促进结晶长大作用。在酶的结晶过程中常用金属离子有Ca^{2+}、Zn^{2+}、Co^{2+}、Cu^{2+}、Mg^{2+}、Mn^{2+}、Ni^{2+}等。

在酶结晶的实际操作过程中，过饱和的酶溶液在许多的结晶试剂中并不能顺利地形成晶核，而是以无定形的沉淀出现。目前为止，对于生物大分子的结晶条件仍没有太多的规律可循。随着科学技术的日益更新，现今酶结晶的第一步通常是将一些常规的沉淀剂、添加剂和不同pH值的缓冲液以稀疏矩阵的方式组合出一系列的结晶条件，采用高通量筛选技术进行结晶条件的初筛。另外，也有一些试剂盒是根据生物大分子结晶数据库中的信息，将蛋白质最易结晶的条件集中起来用于新蛋白结晶条件的筛选。美国Hampton Research公司等提供的晶体筛选试剂盒在用于蛋白质结晶条件的初筛方面具有使用方便，操作快捷等优点。

4. 酶分离和纯化工作中的注意事项 酶是蛋白质，一般不太稳定。提纯过程中，酶纯度越高，就越不稳定，酶分离纯化时尤其要注意以下几点。

（1）防止酶蛋白变性 为防止酶蛋白变性，应避免pH过高或过低，应避免高温，一般要在中性pH和低温（4℃左右）下操作。为防止酶蛋白的表面变性，不可剧烈搅拌，以免产生泡沫。应避免酶和重金属或其他蛋白变性剂接触。如要用有机溶剂处理酶液，操作尽可能在低温下、短时间内进行。

（2）防止辅因子的流失 有些酶除酶蛋白外，还含有辅酶、辅基和金属等辅因子。在进行超滤、透析等操作时，要防止这些辅因子的流失。

（3）防止酶被蛋白水解酶降解 在提取液尤其微生物培养液中，除所需酶外，还常常同时存在一些蛋白水解酶，要及时采取有效措施将它们除去。如果操作时间长，还要防止杂菌污染酶液，造成所需要酶的失活。

五、糖类药物制造方法

糖类是自然界广泛存在的一大类生物活性物质，已发现不少糖类物质及其衍生物具有很高药用价值，有些已在临床广泛应用。多糖类药物近来很引人注目，尤其在抗凝、降血脂、提高机体免疫和抗肿瘤、抗辐射方面都具有显著药理作用与疗效。如 PS-K 多糖和香菇多糖对小鼠 S_{180} 瘤株有明显抑制作用，已作为免疫型抗肿瘤药物，猪苓多糖能促进抗体的形成，是一种良好免疫调节剂，还有茯苓多糖、云芝多糖、银耳多糖、胎盘脂多糖等都已在临床应用。1938 年 Meyer 提出把动物来源的含有氨基己糖的多糖统称为黏多糖（mucopolysaccharide），又称糖胺聚糖（glycosaminoglycan）。研究发现黏多糖分子中除氨基己糖外多含有糖醛酸和硫酸化的糖残基，因此也称为酸性黏多糖。在多糖类药物中有相当一部分是属于黏多糖，如肝素、透明质酸、硫酸软骨素等。肝素是天然抗凝剂，用于防治血栓、周围血管病、心绞痛、充血性心力衰竭与肿瘤的辅助治疗。硫酸软骨素有利尿、解毒、镇痛作用。右旋糖酐可以代替血浆蛋白以维持血液渗透压，中分子量右旋糖酐用于增加血容量，维持血压，以抗休克为主；低分子量右旋糖酐主要用于改善微循环，降低血液黏度；小分子量右旋糖酐是一种安全有效的血浆扩充剂。海藻酸钠能增加血容量，使血压恢复正常。另外，一些硫酸化多糖具有显著的抗病毒作用，是抗病毒药物研究的一个重要方向。随着糖生物学的发展，糖类在生命过程中的重要作用不断被揭示，对糖类药物的研究也越来越受到重视。

糖类药物种类繁多，其分类方法也有多种，按照含有糖基数目不同可分为以下几类。

（1）单糖类　如葡萄糖、果糖和氨基葡萄糖等。

（2）低聚糖类　如蔗糖、麦芽乳糖、乳果糖等。

（3）多糖类　多糖又有多种，根据其来源不同又可分为：①来源于植物的多糖，如黄芪多糖、人参多糖、刺五加多糖；②来源于动物的多糖，如肝素、透明质酸、硫酸软骨素等；③来源于微生物的多糖，如香菇多糖、猪苓多糖、灵芝多糖、云芝糖肽等。

（4）糖的衍生物　如 1,6-二磷酸果糖、6-磷酸葡萄糖、磷酸肌醇等。

现对糖类药物的制备方法进行介绍。

（一）单糖及小分子寡糖的制备

游离单糖及小分子寡糖易溶于冷水及温乙醇，如葡萄糖、果糖、半乳糖、阿拉伯糖、鼠李糖，双糖类如蔗糖、麦芽糖，三糖类如棉子糖、龙胆糖，四糖类如来苏糖，以及多元醇类，如卫矛醇、甘露醇等。可以用水或在中性条件下以 50% 乙醇为提取溶剂，也可以用 82% 乙醇，在 70～78℃下回流提取。溶剂用量一般为材料的 20 倍，需多次提取。植物材料磨碎经乙醚或石油醚脱脂，拌加碳酸钙，以 50% 乙醇温浸，浸液合并，于 40～45℃减压浓缩至适当体积，用中性醋酸铅去杂蛋白及其他杂质，铅离子可通过 H_2S 除去，再浓缩至黏稠状。以甲醇或乙醇温浸，去不溶物如无机盐或残留蛋白质等。醇液经活性炭脱色、浓缩、冷却，滴加乙醚，或置于硫酸干燥器中旋转，析出结晶。单糖或小分子寡糖也可以在提取后，用吸附层析法或离子交换法进行纯化。

（二）多糖的分离与纯化

多糖可来自动物、植物和微生物。来源不同，提取分离方法也不同。植物体内含有水

解多糖衍生物的酶，必须抑制或破坏酶的作用后，才能制取天然存在形式的多糖。供提取多糖的材料必须新鲜或及时干燥保存，不宜久受高温，以免破坏其原有形式，或因温度升高，使多糖受到内源酶的作用。速冻冷藏是保存提取多糖材料的有效方法。

提取方法依照不同种类的多糖的溶解性质而定。如昆布多糖、果聚糖、糖原易溶于水；壳多糖与纤维素溶于浓酸；直链淀粉易溶于稀碱；酸性黏多糖常含有氨基己糖、己糖醛酸以及硫酸基等多种结构成分，且常与蛋白质结合在一起，提取分离时，通常先用蛋白酶或浓碱、浓中性盐解离蛋白质与糖的结合键后，用水提取，再将水提取液减压浓缩，以乙醇或十六烷基三甲基溴化铵（CTAB）沉淀酸性多糖，最后用离子交换色谱法进一步纯化。

1. 多糖的提取　提取多糖时，一般需先进行脱脂，以便多糖释放。方法是将材料粉碎，用甲醇或乙醇－乙醚（1∶1）混合液，加热搅拌1～3h，也可用石油醚脱脂。动物材料可用丙酮脱脂、脱水处理。

多糖的提取方法主要有以下几种。

（1）难溶于冷水、热水，可溶于稀碱液者　这一类多糖主要是不溶性胶类，如木聚糖、半乳聚糖等。用冷水浸润材料后用0.5mol/L NaOH提取，提取液用盐酸中和、浓缩后，加乙醇沉淀得多糖。如在稀碱中仍不易溶出者，可加入硼砂，对甘露聚糖、半乳聚糖等能形成硼酸络合物的多糖，此法可得相当纯的物质。

（2）易溶于温水、难溶于冷水和乙醇者　材料用冷水浸过，用热水提取，必要时可加热至80～90℃搅拌提取，提取液用正丁醇与三氯甲烷混合液除去杂蛋白（或用三氯乙酸除杂蛋白），离心除去杂蛋白后的清液，透析后用乙醇沉淀得多糖。

（3）黏多糖　黏多糖基本上由特殊的重复双糖单位构成，在此双糖单位中，包含一个*N*－乙酰氨基己糖。黏多糖的组成结构单位中有两种糖醛酸：*D*－葡萄糖醛酸和*L*－艾杜糖醛酸，两种氨基己糖：氨基－*D*－葡萄糖和氨基－*D*－半乳糖。另外，还有若干其他单糖作为附加成分，其中包括半乳糖、甘露糖、岩藻糖和木糖等。在组织中黏多糖几乎毫无例外地以共价键与蛋白质相结合。这些蛋白聚糖（proteoglycan）中，已确定存在以下三种类型的糖－蛋白连接方式：①木糖和丝氨酸间的*O*－糖苷键；②*N*－乙酰氨基半乳糖和丝氨酸或苏氨酸羟基间的*O*－糖苷键；③*N*－乙酰氨基葡萄糖和天冬酰胺的酰胺基之间的*N*－氨基糖残基的键。

有些黏多糖可用水或盐溶液直接提取，但因大部分黏多糖与蛋白质结合于细胞中，因此需用酶解法或碱解法使糖－蛋白质间的结合键断裂，促使多糖释放。碱解法可以防止黏多糖分子中硫酸基的水解破坏，也可以同时用酶解法处理组织。提取液中的残留蛋白可以用蛋白质沉淀剂或吸附剂如硫酸铝、硅藻土等除去。

一般组织中存在多种黏多糖。纯化时，需要对黏多糖进行分离纯化。可利用各种黏多糖在乙醇中溶解度的不同，以乙醇分级沉淀法进行纯化分离；或利用黏多糖聚阴离子电荷密度的不同，用季铵盐络合物法，阴离子交换层析法和电泳法进行分离、纯化。

1）碱解法：多糖与蛋白质结合的糖肽键对碱不稳定，故可用碱解法使糖与蛋白质分开。碱处理时，可将组织在40℃以下，用0.5mol/L NaOH溶液提取，提取液以酸中和，透析后，以高岭土、硅酸铝或其他吸附剂除去杂蛋白，再用乙醇沉淀多糖。黏多糖分子上的硫酸基一般对碱较稳定，但若硫酸基与邻羟基处于反式结构或硫酸基在C－3或C－6上，此时易发生脱硫作用。如肝素、硫酸乙酰肝素的氨基葡萄糖C－6上有硫酸基，C－3上可为游离羟基或硫酸基。另外，肝素或硫酸皮肤素分子上的艾杜糖醛酸C－2上有时含硫酸

基，而 C-3 上有羟基与之成反式结构，因此对这类多糖不宜用碱解法提取。

2）酶解法：蛋白酶水解法已逐步取代碱提取法而成为提取多糖的最常用方法。理想的工具酶是专一性低的、具有广泛水解作用的蛋白酶。鉴于蛋白酶不能断裂糖肽键及其附近的肽键，因此成品中会保留较长的肽段。为除去长肽段，常可与碱解法合用。酶解时要防止细菌生长，可加甲苯、三氯甲烷、酚或叠氮化钠作抑菌剂，常用的酶制剂有胰蛋白酶、木瓜蛋白酶和链霉菌蛋白酶及枯草杆菌蛋白酶。酶解液中的杂蛋白可用 Sevag 法、三氯醋酸法、磷钼酸-磷钨酸沉淀法、高岭土吸附法、三氟三氯乙烷法、等电点法去除，再经透析后，用乙醇沉淀即可制得粗品黏多糖。

2. 多糖的纯化　多糖的纯化方法很多，但必须根据目的物的性质及条件选择合适的纯化方法。而且往往用一种方法不易得到理想的结果，因此必要时应考虑合用几种方法。

（1）乙醇沉淀法　乙醇沉淀法是制备黏多糖的最常用手段。乙醇的加入，改变了溶液的极性，导致糖溶解度下降。供乙醇沉淀的多糖溶液，其含多糖的浓度以 1%～2% 为佳。如使用充分过量的乙醇，黏多糖浓度少于 0.1% 也可以沉淀完全。向溶液中加入一定浓度的盐，如醋酸钠、醋酸钾、醋酸铵或氯化钠有助于使黏多糖从溶液中析出，盐的最终浓度 5% 即足够。使用醋酸盐的优点是在乙醇中其溶解度更大，即使在乙醇过量时，也不会发生这类盐的共沉淀。一般只要黏多糖浓度不太低，并有足够的盐存在，加入 4～5 倍乙醇后，黏多糖可完全沉淀。可以使用多次乙醇沉淀法使多糖脱盐，也可以用超滤法或分子筛法（Sephadex G-10 或 G-15）进行多糖脱盐。

加完乙醇，搅拌数小时，以保证多糖完全沉淀。沉淀物可用无水乙醇、丙酮、乙醚脱水，真空干燥即可得疏松粉末状产品。

（2）分级沉淀法　不同多糖在不同浓度的甲醇、乙醇或丙酮中的溶解度不同，因此可用不同浓度的有机溶剂分级沉淀分子量大小不同的黏多糖。在 Ca^{2+}、Zn^{2+} 等二价金属离子的存在下，采用乙醇分级分离黏多糖可以获得最佳效果。

（3）季铵盐络合法　黏多糖与一些阳离子表面活性剂如 CTAB 和十六烷基氯化吡啶（CPC）等能形成季铵盐络合物。这些络合物在低离子强度的水溶液中不溶解，在离子强度大时，这种络合物可以解离、溶解、释放。使其溶解度发生明显改变时的无机盐浓度（临界盐浓度）主要取决于聚阴离子的电荷密度。黏多糖的硫酸化程度影响其电荷密度，根据其临界盐浓度的差异可以将黏多糖分为若干组（表13-11）。

表 13-11　用季铵盐分级分离黏多糖

组　别	每个单糖残基具有的阴离子化基团	硫酸基与羧基的比值
组Ⅰ：透明质酸软骨素	0.5	0
组Ⅱ：硫酸软骨素硫酸乙酰肝素	1.0	1.0
组Ⅲ：肝素	1.5～2.0	2.0～3.0

降低 pH 可抑制羧基的电离，有利于增强硫酸黏多糖的选择性沉淀。季铵盐的沉淀能力受其烷基链中的亚甲基数的影响，还可以用不同种季铵盐的混合物作为酸性黏多糖的分离沉淀剂如 Cetavlon 和 Arguad 16 等（季铵盐混合物的商品名）。

应用季铵盐沉淀多糖是分级分离复杂黏多糖与从稀溶液中回收黏多糖最有用方法之一。

（4）离子交换层析法　黏多糖由于具有酸性基团如糖醛酸和各种硫酸基，在溶液中以聚阴离子形式存在，因而可用阴离子交换剂进行交换吸附。常用的阴离子交换剂有 D_{254}，Dowex-1×2，ECTEOlA-纤维素，DEAE-C，DEAE-Sephadex A-25 和Deacidite FF。

吸附时可以使用低盐浓度样液，洗脱时可以逐步提高盐浓度，如梯度洗脱或分步阶段洗脱。以 Dowex -1 进行分离时，分别用0.5，1.25，1.5，2.0和3.0mol/L NaOH 洗脱，可以分离透明质酸、硫酸乙酰肝素、硫酸软骨素、肝素和硫酸角质素。以 DEAE - Sephadex A -25 层析时，分别用0.5，1.25，1.5和2.0mol/L NaCl 洗脱，可以依次分离透明质酸、硫酸乙酰肝素、硫酸软骨素和硫酸皮肤素与硫酸角质素和肝素。

（5）凝胶过滤法　凝胶过滤法可根据多糖分子量大小不同进行分离，常用于多糖分离的凝胶有 Sephadex G 类、Sepharose 6B、Sephacryl S 类等。

此外，区带电泳法、超滤法及金属络合法等在多糖的分离纯化中也常采用。如应用区带电泳法可分离透明质酸、硫酸软骨素与肝素等。

3. 溶液中多糖浓度的测定

（1）蒽酮 - 硫酸比色法测定糖含量　糖类遇浓硫酸脱水生成糠醛或其衍生物，可与蒽酮试剂结合产生颜色反应，反应后溶液呈蓝绿色，于620nm 处有最大吸收，吸收值与糖含量呈线性关系。

2mg/ml 蒽酮试剂：溶解200mg 蒽酮于浓硫酸中，当日配制使用。

标准曲线：准确称取干燥至恒重的葡萄糖10mg 于100ml 容量瓶中，加水至刻度，分别吸取0，0.1，0.2，0.4，0.6，0.8，1.0ml 标准溶液置带塞试管中，补足蒸馏水至1ml，加入2mg/ml 蒽酮试剂4ml，混匀，沸水浴煮10min。冷却后测定620nm 处的吸光度。以“0”管作空白对照，以吸光度对葡萄糖浓度作图得标准曲线。

取样品液0.1ml，按上述步骤操作，测定光密度，以标准曲线计算多糖含量。

（2）3，5 - 二硝基水杨酸（DNS）比色法测定还原糖　在碱性溶液中，DNS 与还原糖共热后被还原成棕红色氨基化合物，在一定范围内还原糖的量与反应液的颜色强度呈比例关系，利用比色法可测定样品中的含糖量。

DNS 试剂：DNS，1%；苯酚，0.2%；亚硫酸钠，0.05%；氢氧化钠，1%；酒石酸钾钠，1%。

标准曲线：准确称取干燥至恒重的葡萄糖100mg 于100ml 容量瓶中，加水至刻度，分别吸取0，0.2，0.4，0.6，0.8，1.0ml 标准溶液置带塞试管中，补足蒸馏水至1ml，分别加入3ml DNS 试剂，沸水浴煮沸15min 显色，冷却后用蒸馏水稀释至25ml，测定550 nm 处的吸光度。以“0”管作空白对照，以吸光度对葡萄糖浓度作图得标准曲线。

取样品液1ml，按上述步骤操作，测定光密度，以标准曲线计算多糖含量。

（3）苯酚 - 硫酸比色法　苯酚 - 硫酸试剂可与多糖中的己糖、糖醛酸起显色反应，在490nm 处有最大吸收，吸收值与糖含量呈线性关系。

5%苯酚溶液：精密称取25g 重蒸的苯酚，加水溶解，定容至500ml，置棕色试剂瓶，放在4℃冰箱备用。

标准曲线：准确称取干燥至恒重的葡萄糖10mg 于100ml 容量瓶中，加水至刻度，分别吸取0，0.1，0.2，0.3，0.4，0.5，0.6，0.7，0.8ml 标准溶液置带塞试管中，补足蒸馏水至1ml，振摇混匀。各管再加入5%苯酚溶液1ml，振摇混匀，迅速加入5ml 硫酸，振摇混匀，室温放置20 分钟后，在490nm 波长处分别测定吸光度。以葡萄糖溶液的浓度为横坐标，吸光度为纵坐标，绘制标准曲线。

吸取样品液0.1ml，按上述步骤操作，测定光密度，以标准曲线计算多糖含量。

（4）葡萄糖氧化酶法测定葡萄糖　葡萄糖氧化酶专一氧化 β - 葡萄糖，生成葡萄糖酸和过氧化氢，再利用过氧化物酶催化过氧化氢氧化某些物质（如邻甲氧苯胺）使其从无色转变为有色，通过比色法计算葡萄糖含量。葡萄糖溶液中 α－葡萄糖和 β－葡萄糖存在着动态平衡，随着 β－葡萄糖的氧化，最终所有 α－型全部转变成 β－型被氧化。此法专一性高、灵敏，适用于测定生成葡萄糖的酶反应。

（5）Nelson 法　还原糖将铜试剂还原生成氧化亚酮，在浓硫酸存在下与砷钼酸生成蓝色溶液，在 560nm 下的吸收值与糖含量呈线性关系。此方法重复性较好，产物稳定，测定范围为 0. 01 ~0. 18mg。

4. 纯度检查　多糖的纯度只代表某一多糖的相似链长的平均分布，通常所说的多糖纯品也是指具有一定分子量范围的均一组分。多糖纯度的鉴定通常有以下几种方法：比旋度法、超离心法、高压电泳法、常压凝胶层析法和高效凝胶渗透色谱法，其中高效凝胶渗透色谱法是目前最常用的、也较准确的方法，发展较快，而凝胶过滤法被普遍认为是实验室中最简便可用的方法。

（1）常压凝胶层析法　凝胶层析法是根据在凝胶柱上不同分子量的多糖与洗脱体积成一定关系的特性来进行的。凝胶层析的分离过程是在装有多孔物质（交联葡聚糖、多孔硅胶、多孔玻璃等）填料的柱中进行的。选择适宜的凝胶是取得良好分离效果的保证。

（2）高效凝胶渗透色谱法　HPLC 法具有快速、分辨率高和重现性好的优点，因此得到越来越多的应用。用于 HPLC 的凝胶柱均为商品柱，可直接使用。其填料有疏水性的，也有亲水性的，而且每根柱的孔径不同，分离分子量的范围亦不同。选用哪一种性质的填料和用多大的排阻限和渗透限，主要取决于被分离溶质的性质和可能的分子量大小。在实际操作中，对于未知分子量的样品，通常是采用分离范围较广的凝胶柱如Line－柱进行粗分离，确定分子量大致范围及分离条件，再据此选定合适的凝胶柱进行细分离。为提高柱效和分离度，常用几根孔径大小不同的柱串联起来，或几根相同的柱串联，以及用一根柱再循环操作。多糖的检测不采用柱后衍生化方法，而是采用直接检测。最常用的为示差折射检测器，具有中等灵敏度。对于酸性多糖则可以用紫外检测，但多数是采用 RI 和 UV 同时检测。

（3）比旋度法　不同的多糖具有不同的比旋度，在不同浓度的乙醇中具有不同溶解度，如果多糖的水溶液经不同浓度的乙醇沉淀所得的沉淀具有相同比旋度，则该多糖为均一组分。

（4）超离心法　如果多糖在离心力场作用下形成单一区带，说明多糖微粒沉降速度相同，表明其分子的密度、大小和形状相似。

六、脂类药物制造方法

脂类是脂肪、类脂及其衍生物的总称。脂类物质在化学组成和结构上有着很大的差异，但是它们有一个共同的物理性质：不溶或微溶于水，易溶于乙醚、三氯甲烷、苯等有机溶剂，脂类化合物的这种特性，称为脂溶性。脂类物质在体内以游离或结合形式存在于组织细胞中。脂类药物是一些有重要生化、生理、药理效应的脂类化合物，具有较好的预防和治疗疾病的效果。

目前，随着生物制药工业的发展，人们不断发现新的脂类药物及其新的用途，有的已进入临床，为人类疾病的预防和治疗作出贡献。

依据化学结构可以将脂类药物分为以下几类。

（1）脂肪类　亚油酸、亚麻酸、花生四烯酸、二十碳五烯酸（EPA）和二十二碳六烯酸（DHA）等。

（2）磷脂类　卵磷脂、脑磷脂、豆磷脂等。

（3）糖苷脂　神经节苷脂。

（4）萜式脂类　鲨烯。

（5）固醇及类固醇　胆固醇、谷固醇、胆酸和胆汁酸、蟾毒配基（bufogenins）等。

（6）其他　胆红素、辅酶 Q_{10}、人工牛黄、人工熊胆等。

脂类是广泛存在于生物体内的物质，脂类生化药物种类繁多，具有多种生理、药理效应，临床上可用于治疗胃肠道疾病、心血管疾病、炎症等。

脂类药物的制备从原理上可分为直接提取、水解法、化学合成或半合成法以及生物转化法；经以上方法提取的脂类物质分别可以用溶解度法、吸附分离法和超临界提取法等进行分离纯化。应该指出的是在脂类药物的制备和分离纯化过程中上述的方法都是穿插互用的。

（一）脂类药物的制备

1. 直接提取　在自然界中，有些脂类药物是以游离形式存在的，如卵磷脂、脑磷脂、亚油酸、花生四烯酸及前列腺素等。因此，可根据各自的溶解性质，采用相应溶剂系统直接抽提出粗品，再经分离纯化获得纯品。

2. 水解法　在生物体内有些脂类药物与其他成分构成复合物，含这些成分的组织需经水解或适当处理后再水解，然后分离纯化，如脑干中胆固醇酯经丙酮抽提，浓缩后残留物用乙醇结晶，再用硫酸水解和结晶才能获得胆固醇。原卟啉以血红素形式与珠蛋白通过共价结合成血红蛋白，后者于氯化钠饱和的冰醋酸中加热水解得血红素，血红素于甲酸中加还原铁粉回流除铁后，经分离纯化得到原卟啉。又如辅酶 Q_{10}（CoQ_{10}）与动物细胞内线粒体膜蛋白结合成复合物，故从猪心提取 CoQ_{10}时，需将猪心绞碎后用氢氧化钠水解，然后用石油醚抽提及分离纯化，在胆汁中，胆红素大多与葡萄糖醛酸结合成共价化合物，故提取胆红素需先用碱水解胆汁，然后用有机溶剂抽提。胆汁中胆酸大都与牛磺酸或甘氨酸形成结合型胆汁酸，要获得游离胆酸，需将胆汁用10%氢氧化钠加热水解后分离纯化。

3. 化学合成或半合成法　来源于生物的某些脂类药物可以相应有机化合物或来源于生物体的某些成分为原料，采用化学合成或半合成法制备，如用香兰素及茄尼醇为原料可合成 CoQ_{10}。其过程是先将茄尼醇延长一个异戊烯单位，使成 10 个异戊烯重复单位的长链脂肪醇；另将香兰素经乙酸化、硝化、甲基化、还原和氧化合成2，3－二甲氧基－5－甲基－1，4－苯醌。上述两化合物在 $ZnCl_2$ 或 BF_3 催化下缩合成氢醌衍生物，经 Ag_2O 氧化得 CoQ_{10}。另外以胆酸为原料经氧化或还原反应可分别合成去氢胆酸、鹅去氧胆酸及熊去氧胆酸，称为半合成法。上述三种胆酸分别与牛磺酸缩合，可获得具有特定药理作用的牛磺去氢胆酸、牛磺鹅去氧胆酸及牛磺熊去氧胆酸。又如血卟啉衍生物是以原卟啉为原料，经氢溴酸加成反应的产物再经水解后所得产物。

4. 生物转化法　发酵、动植物细胞培养及酶工程技术可统称为生物转化法。来源于生物体的多种脂类药物亦可采用生物转化法生产。如用微生物发酵法或烟草细胞培养法生产 CoQ_{10}；用紫草细胞培养生产紫草素，产品已商品化；另外以花生四烯酸为原料，用绵羊精囊、*Achlya americana* ATCC 10977 及 *Achlya bisexualis* ATCC 11397 等微生物以及大豆（Amsoy 种）的类脂氧化酶－2 为前列腺素合成酶的酶原，通过酶转化合成前列腺素。其次以牛

磺石胆酸为原料，利用 *Mortie - rella ramanniana* 菌细胞的羟化酶为酶原，使原料转化成具有解热、降温及消炎作用的牛磺熊去氧胆酸。

（二）脂类药物的分离

脂类生化药物种类较多，结构多样化，性质差异甚大，通常用溶解度法及吸附分离法等来分离。

1. 溶解度法　依据脂类药物在不同溶剂中溶解度差异进行分离的方法，如游离胆红素在酸性条件溶于三氯甲烷及二氯甲烷，故胆汁经碱水解及酸化后用三氯甲烷抽提，其他物质难溶于三氯甲烷，而胆红素则溶出，因此得以分离；又如卵磷脂溶于乙醇，不溶于丙酮，脑磷脂溶于乙醚而不溶于丙酮和乙醇，故脑干丙酮抽提液用于制备胆固醇，不溶物用乙醇抽提得卵磷脂，用乙醚抽提得脑磷脂，从而使 3 种成分得以分离。

2. 吸附分离法　根据吸附剂对各种成分吸附力差异进行分离的方法，如从家禽胆汁中提取的鹅去氧胆酸粗品经硅胶柱层析及乙醇 - 三氯甲烷溶液梯度洗脱即可与其他杂质分离。前列腺素 E 粗品经硅胶柱层析及硝酸银硅胶柱层析分离得精品。CoQ_{10}粗品经硅胶柱吸附层析，胆红素粗品也可通过硅胶柱层析及三氯甲烷 - 乙醇梯度洗脱分离。

经分离后的脂类药物中常有微量杂质，需用适当方法精制，常用的有结晶法、重结晶法及有机溶剂沉淀法。如用层析分离的 PGE 可经乙酸乙酯 - 己烷结晶精制，用层析分离后的鹅去氧胆酸及自牛羊胆汁中分离的胆酸需分别用乙酸乙酯及乙醇结晶和重结晶精制，半合成的牛磺熊去氧胆酸经分离后需用乙醇 - 乙醚结晶和重结晶精制。

3. 超临界流体萃取　近年来，超临界流体萃取也已广泛用于脂类药物的分离纯化中，超临界流体（SCF）是指热力学状态处于临界点（Pc，Tc）之上的流体。SCF 是气、液界面刚刚消失的状态点，此时流体处于气态与液态之间的一种特殊状态，具有十分独特的物理化学性质。超临界萃取就是利用 SCF 在临界点附近体系温度和压力的微小变化，使物质溶解度发生几个数量级的突变性质来实现其对某些组分的提取和分离。通过改变压力或温度来改变 SCF 的性质，达到选择性地提取各种类型化合物的目的。

常用作 SCF 的溶剂有 CO_2、H_2O、C_2H_6、C_3H_6、NH_3、甲苯等。其中 CO_2 是工业上最常用萃取剂，例如对 SF - CO_2 萃取蕃茄红素进行研究，蕃茄红素是抗氧化很强的类胡萝卜素，其清除单线态氧的速率常数是目前常用抗氧化剂维生素 E 的 100 倍，在一定条件下番茄红素的收率可达 90%，所得产品无异味无溶剂残留。为提高蛋黄粉的利用价值，需将蛋黄粉中的甘油三酯和胆固醇与卵磷脂分离，传统的方法为溶剂法和高温煎煮法，前者有溶剂残留，后者使卵磷脂分解，颜色加深，酸度增高，利用 SFE 方法则可避免上述的缺点。

第二节　重要生化药物制造工艺

扫码“学一学”

一、*L* - 天冬氨酸

目前医药工业中，用酶工程法生产的氨基酸已有十多种，如用延胡索酸和铵盐为原料经天冬氨酸酶催化生产 *L* - 天冬氨酸（*L* - Aspartic acid，Asp），用 *L* - 天冬氨酸为原料在天冬氨酸 - β - 脱羧酶作用下生产 *L* - 丙氨酸，以吲哚和 *L* - 丝氨酸为原料在色氨酸合成酶催化下合成 *L* - 色氨酸，在精氨酸脱亚胺酶催化下使 *L* - 精氨酸转变为 *L* - 瓜氨酸，以甘氨酸及甲醇为原料在丝氨酸转羟甲基酶催化下合成 *L* - 丝氨酸，以甘氨酸和乙醛为原料在苏氨酸

醛缩酶催化下生成 *L*－苏氨酸。此外，*DL*－蛋氨酸、*DL*－缬氨酸、*DL*－苯丙氨酸、*DL*－色氨酸、*DL*－丙氨酸及 *DL*－苏氨酸等分别经氨基酰化酶拆分获得了相应的 *L*－氨基酸，并已投入了工业化生产。现仅以酶转化法生产 *L*－天冬氨酸为例，说明酶工程技术在药用氨基酸工业中的应用。

（一）结构与性质

L－Asp 存在于所有蛋白质分子中，含两个羧基和一个氨基，为酸性氨基酸，分子式为 $C_4H_7NO_4$，分子量为 133.10，结构式为：

$$\mathrm{HOOC{-}CH_2{-}\underset{\underset{\displaystyle NH_2}{|}}{CH}{-}COOH}$$

L－Asp 的化学名称为 α－氨基丁二酸或氨基琥珀酸，纯品为白色菱形叶片状结晶，等电点为 2.77，熔点为 269～271℃。溶于水及盐酸，不溶于乙醇及乙醚，在 25℃水中溶解度为 0.8，在 75℃水中为 2.88，在乙醇中为 0.00016。在碱性溶液中为左旋性，在酸性溶液中为右旋性。$[\alpha]_D^{25}$ 为 +5.05°（*c* = 0.5～2.0，在水中），$[\alpha]_D^{25}$ 为 +25.4°（*c* = 0.5～2.0，在 5mol/L HCl 中）。

（二）*L*－Asp 的酶转化反应

$$\mathrm{HOOC{-}CH{=}CH{-}COOH + NH_3 \xrightarrow{\text{天冬氨酸酶}} HOOC{-}CH_2{-}\underset{\underset{\displaystyle NH_2}{|}}{CH}{-}COOH}$$

（三）工艺路线

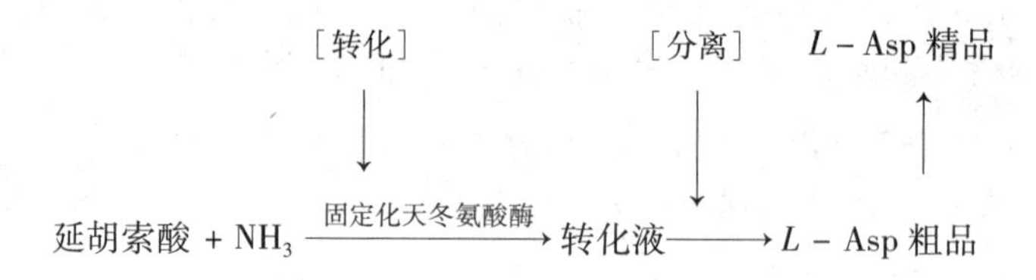

（四）工艺过程

1. 菌种培养 大肠埃希菌（*Escherichia coli*）ASl. 881 的培养：斜面培养基为普通肉汁培养基。摇瓶培养基成分（%）为玉米浆 7.5，反丁烯二酸 2.0，$MgSO_4 \cdot 7H_2O$ 为 0.02，氨水调 pH 6.0，煮沸后过滤，500ml 三角烧瓶中培养基装量 50～100ml。从新鲜斜面上或液体中培养种子，接种于摇瓶培养基中，37℃振摇培养 24h，逐级扩大培养至 1000～2000L 规模。培养结束后用 1mol/L HCl 调 pH 5.0，升温至 45℃并保温 1 小时，冷却至室温，转筒式高速离心机收集菌体（含天冬氨酸酶），备用。

2. 细胞固定 取湿菌体 20kg 悬浮于 80L 生理盐水（或离心后的培养清液）中，保温至 40℃，再加入 90L 保温至 40℃的 12% 明胶溶液及 10L 1.0% 戊二醛溶液，充分搅拌均匀，放置冷却凝固，再浸于 0.25% 戊二醛溶液中。于 5℃过夜后，切成 3～5mm 的立方小块，浸于 0.25% 戊二醛溶液中，5℃过夜，蒸馏水充分洗涤，滤干得含天冬氨酸酶的固定化 *E. coli*，备用。

3. 生物反应堆的制备 将含天冬氨酸酶的固定化 *E. coli* 装填于填充床式反应器（ϕ40cm × 200cm）中，制成生物反应堆，备用。

4. 转化反应 将保温至 37℃的 1mol/L 延胡索酸铵（含 1mmol/L $MgCl_2$，pH 8.5）底物溶液按一定空间速度（SV）连续流过生物反应堆，控制达到最大转化率（＞95%）为限

度，收集转化液制备 *L* - Asp。

5. 产品纯化与精制　生物反应堆转化液经过滤澄清，搅拌下用 1mol/L HCl 调 pH 2.8，5℃结晶过夜，滤取结晶，用少量冷水洗涤抽干，105℃干燥得 *L* - Asp 粗品。粗品用稀氨水（pH5）溶解成 15% 溶液，加 1%（*W/V*）活性炭，70℃搅拌脱色 1h，过滤，滤液于 5℃结晶过夜，滤取结晶，85℃真空干燥得药用 *L* - Asp。

（五）检验

L - Asp 应为白色菱形叶片状结晶，含量应在 98.5% ~ 101.5% 之间，$[\alpha]_D^{25}$ 为 +24.8° ~ +25.8°，干燥失重不大于 0.2%，炽灼残渣小于 0.1%，氯化物不大于 0.02%，铵盐不大于 0.02%，硫酸盐小于 0.02%，铁盐小于 10ppm，重金属小于 10ppm，砷盐不大于 1ppm。

含量测定：精确称取干燥样品 130mg，移至 125ml 小三角烧瓶中，以甲酸 6ml、冰醋酸 50ml 的混合液溶解，采用电位滴定法，以 0.1mol/L 高氯酸溶液滴定至终点，滴定结果以空白试验校正即得。1ml 0.1mol/L 高氯酸溶液相当于 13.310mg $C_7H_7NO_4$。

（六）作用与用途

L - Asp 有助于鸟氨酸循环，促进氨和 CO_2 生成尿素，降低血中氨和 CO_2，增强肝功能，消除疲劳。临床上一般使用复方制剂门冬氨酸钾镁注射液（每 1ml 中，含无水门冬氨酸钾 45.2mg，无水门冬氨酸镁 40mg）或门冬氨酸钾镁片（每片含门冬氨酸钾 166.3mg 和门冬氨酸镁 175mg），用于低钾血症、低钾及洋地黄中毒引起的心律失常、病毒性肝炎、肝硬化和肝性脑病的治疗。同时 *L* - Asp 还是复合氨基酸输液的原料。

二、鲑降钙素

（一）结构与性质

天然降钙素（calcitonin，CT）是由哺乳动物的甲状旁腺细胞或非哺乳类有脊椎动物的后腮体所分泌的一种生物活性多肽，它是生物体内钙代谢的主要调节因子。降钙素分子量约为 3500，溶于水和碱性溶液，不溶于丙酮、乙醇、三氯甲烷、乙醚、苯、异丙醇及四氯化碳等，难溶于有机酸。25℃以上避光保存可稳定 2 年，水溶液于 2 ~ 10℃可保存 7 日。活力可被胰蛋白酶、胰凝乳蛋白酶、胃蛋白酶、多酚氧化酶、H_2O_2 氧化、光氧化及 *N* - 溴代琥珀酰亚胺所破坏。

降钙素广泛存在于多种动物体内，在人及哺乳动物体内主要存在于甲状腺、甲状旁腺、胸腺和肾上腺等组织中，鱼类则在鲑、鳗、鳟等的终鳃体里含量较多。已从人、牛、猪的甲状腺和鲑、鳗终鳃中分离出纯品，其中鲑降钙素（salmon calcitonins，sCT）对人的降钙作用比其他哺乳动物中分离出的降钙素要高 25 ~ 50 倍，作用时间约长 5 倍。目前鲑降钙素作为治疗骨质疏松症等代谢性骨病的防治药已被载入多国药典。鲑降钙素由 32 个氨基酸组成，氨基酸序列如下：

```
┌───────────┐    10                  20                 30
C S N L S T C V L G K L S Q E L H K L Q T Y P R T N T G S G  T P—NH2
```

鲑降钙素分子 N 端的 Cys - 1，7 二硫环结构并非其降血钙活性和活化腺苷酸环化酶的能力所必需，其分子中部 8 ~ 22 残基间序列形成的两亲性螺旋结构虽对于表现高强度的降血钙活性是重要的，但其序列并非完全不能改变。鲑降钙素呈现其生物活性的关键功能区是

其N端3～6残基代表的活化区和C端24～32残基间存在的受体结合区。

（二）生产工艺

提取降钙素所用原料主要有猪甲状腺和鲑、鳗的心脏或心包膜。用化学合成和基因工程技术制备降钙素已获成功。下面介绍化学合成法生产鲑降钙素的工艺。

1. 固相肽链组装 称取Rink树脂1 g置于自制反应器中，加入DMF溶胀30分钟，滤除DMF。将Fmoc－氨基酸、缩合试剂HBTU、催化剂HOBT各0.4mmol及NMM 0.6mmol溶于适量DMF中，将其加入到反应器中，于40℃左右振摇2小时。滤去反应液，以甲醇、DMF交替洗涤树脂各2次，用无水乙醚洗一次。取少许树脂以茚三酮法检测，若表明偶联反应未完全，则需重复上样反应一次；若表明偶联反应已完全，则以适量20%哌啶/DMF（*V/V*）溶液脱除Fmoc基。反应10分钟后，滤除反应液，用甲醇、DMF交替洗涤树脂各2次，进行下一个氨基酸残基的偶联。如此依次由C端第一个氨基酸向N端延伸，直到肽链组装完毕。

2. 肽树脂的裂解和侧链保护基的脱除 在装有$CaCl_2$干燥管的茄形瓶中，加入0.5ml乙二硫醇、0.1ml间甲酚、1.17ml苯甲硫醚、7.5ml三氟乙酸和1.32ml三甲基溴硅烷。外用冰浴冷却至0℃，加入200mg保护肽－树脂，于0℃反应40分钟。滤出反应液，减压除去挥发性的三氟乙酸和三甲基溴硅烷，用无水乙醚洗涤残余物3次，过滤。将固体溶于无离子水中，经G－15脱盐，冰冻干燥，得粗肽干粉25mg左右。

3. 二硫键的形成 将肽的干粉按0.1mg/ml的浓度溶于无离子水中，用1mol/L的氨水溶液调pH到7.0，搅拌下缓慢滴加$K_3Fe(CN)_6$水溶液（2mg/ml），直到反应液呈淡黄色为止，维持反应至少1小时。用10%乙酸调pH至4.5，将反应后的溶液通过羧甲基纤维素（CM－22）离子交换柱，先用无离子水洗去$K_3Fe(CN)_6$，再用50%的乙酸将肽洗脱下来，再经G－15脱盐，得氧化后的粗肽15mg左右。

4. RP－HPLC纯化 将目的肽粗品在Waters 600－486型高效液相色谱仪上分析，然后用Bondapak C_{18}（20μm，8.0mm×300mm）型半制备柱进行分离纯化，梯度洗脱的缓冲液为A液：0.1%三氟乙酸水溶液，B液：0.1%三氟乙酸乙腈溶液，B液从20%到50%为30分钟，50%到100%为5分钟，流速2ml/min，检测波长215nm，灵敏度0.05AU。

（三）检验方法

生物活性测定方法：通过比较降钙素标准品与供试品对大鼠血钙降低的程度，以测定供试品的效价。标准品和供试品用经过0.1mol/L醋酸钠溶液稀释过的0.1%白蛋白溶液溶解。将降钙素标准品按标示效价配制成高、低2种浓度的溶液，一般高浓度标准品溶液的浓度控制在50～100mIU/ml，高、低浓度的比值不得大于3：1。将供试品也配制成高、低2种浓度的溶液，其浓度之比值应与标准品相等，供试品与标准品各剂量组所致反应平均值应相近。选用健康合格、同一性别、同一来源的大鼠，于腹部皮下注射或尾静脉注射相应浓度的标准品和供试品溶液后1h自眼静脉丛取血，用适宜的方法如邻甲酚酞络合剂测定血钙值。照生物检定统计法中量反应平行线测定法计算效价。

（四）作用与用途

鲑降钙素对破骨细胞有急性抑制作用，能减少体内钙由骨向血中的流动量。对许多骨代谢疾病引起的骨痛症状有疗效。临床上用于治疗禁用或不能使用常规雌激素与钙制剂联合治疗的早期和晚期绝经后骨质疏松症以及老年性骨质疏松症；继发于乳腺癌、肺癌或肾

癌、骨髓瘤和其他恶性肿瘤骨转移所致的高钙血症；变形性骨炎。剂型有注射液（1ml：50IU）、鼻喷剂（120IU/喷）和喷雾剂（100IU/喷）。

三、肝素与小分子肝素

（一）肝素

1. 结构与性质　肝素（heparin）是天然抗凝剂，是一种含有硫酸基的酸性黏多糖。其分子具有由六糖或八糖重复单位组成的线状链状结构。三硫酸双糖是肝素的主要双糖单位，*L*－艾杜糖醛酸是此双糖的糖醛酸。二硫酸双糖的糖醛酸是 *D*－葡萄糖醛酸。三硫酸双糖与二硫酸双糖以 2：1 的比例在分子中交替联结。其分子结构的一个六糖重复单位如图13－14 所示。

CH_2OSO_3H　CH_2OSO_3H　CO_2H　CH_2OSO_3H

COOH　CH　COOH　CH　CH　CH　CH

OSO_3H　$NHSO_3H$　OSO_3H　$NHSO_3H$　OH　$NHSO_3H$

三硫酸双糖单位　三硫酸双糖单元　二硫酸双糖单元

图 13－14　肝素分子的六糖重复单位结构式

在其六糖单位中，含有 3 个氨基葡萄糖。

分子中的氨基葡萄糖苷是 α－型，而糖醛酸苷是 β－型。肝素的含硫量为 9%～12.9%，硫酸基在氨基葡萄糖的 2 位氨基和 6 位羟基上，分别形成磺酰胺和硫酸酯。在艾杜糖醛酸的 2 位羟基也形成磺酰胺。整个分子呈螺旋形纤维状。

肝素分子量不均一，由低、中、高三类不同分子量组成，平均分子量为 12000±6000。商品肝素至少含有 21 种不同分子量组成，其分子量从 3000 到 37500，两种不同组成间的分子量差距约为 1500～2000，即相当于一个六糖或八糖单位。

肝素及其钠盐为白色或灰白色粉末，无臭无味，有吸湿性，易溶于水，不溶于乙醇、丙酮、二氧六环等有机溶剂，其游离酸在乙醚中有一定溶解性。比旋度：游离酸（牛、猪）$[\alpha]_D^{20}=+53°\sim+56°$；中性钠盐（牛）$[\alpha]_D^{20}=+42°$；酸性钠盐（牛）$[\alpha]_D^{20}=+45°$。肝素在 185～270nm 有特殊吸收峰，在 $890cm^{-1}$，$940cm^{-1}$ 有红外特征吸收峰，1210～$1150cm^{-1}$的吸收值可用于快速测定。肝素分子中含有硫酸基与羧基，呈强酸性，为聚阴离子，能与阳离子反应成盐。肝素的糖苷键不易被酸水解，*O*－硫酸基对酸水解相当稳定，*N*－硫酸基对酸水解敏感，在温热的稀酸中会失活，温度越高，pH 越低，失活越快。在碱性条件下，*N*－硫酸基相当稳定。与氧化剂反应，可能被降解成酸性产物，因此使用氧化剂精制肝素，一般收率仅为 80% 左右。还原剂的存在，基本上不影响肝素的活性。肝素结构中的 *N*－硫酸基与抗凝血作用密切相关，如遭到破坏其抗凝活性则降低。分子中游离羟基被酯化，如硫酸化，抗凝活性也下降，乙酰化不影响其抗凝活性。

肝素具有聚阴离子性质，能与多种阳离子反应成盐。这些阳离子包括金属阳离子（Ca^{2+}，Na^+，K^+），有机碱的长链吡啶化合物如十六烷基氯化吡啶（CPC）、番木鳖碱、碱性染料－天青 A 等，阳离子表面活性剂（长链季铵盐）如十六烷基三甲基溴化铵；阳离

子交换剂和带正电荷的蛋白质如鱼精蛋白等。

肝素与碱性染料如天青A、甲苯胺蓝等反应可使染料的光吸收向短波方向移动，如天青A在pH 3.5时的特征吸收峰为620nm，与肝素结合后其最大吸收移向505～515nm，在此波长下光吸收值增加与肝素浓度成正比。

用过量醋酸与乙醇能沉淀肝素得到失活产物，失活肝素的分子组成与分子量变化不大。但分子形状变化很大，使原来螺旋形的纤维状分子结构发生改变，分子变短、变粗。

肝素酶能使肝素降解成三硫酸双糖单位和二硫酸双糖单位。乙酰肝素酶Ⅱ能将四糖单位降解为一个三硫酸双糖单位和一个二硫酸双糖单位。肝素活性还与葡萄糖醛酸含量有关，活性高的分子片段其葡萄糖醛酸含量较高，艾杜糖醛酸含量较低。

硫酸化程度高的肝素具有较高的降脂和抗凝活性。高度乙酰化的肝素，抗凝活性降低甚至完全消失，而降脂活性不变。小分子量肝素（分子量4000～5000）具有较低的抗凝活性和较高的抗血栓形成活性。

2. 生产工艺 肝素广泛分布于哺乳动物的肝、肺、心、脾、肾、胸腺、肠黏膜、肌肉和血液里。因此肝素可由猪肠黏膜、牛肺、猪肺提取。其生产工艺主要有盐解-季铵盐沉淀法、盐解-离子交换法和酶解-离子交换法。肝素在组织内和其他黏多糖一起与蛋白质结合成复合物，因此肝素制备过程包括肝素蛋白质复合物的提取、解离和肝素的分离纯化两个步骤。

提取肝素多采用钠盐的碱性热水或沸水浸提，然后用酶如胰蛋白酶、胰酶（胰脏）、胃蛋白酶、木瓜蛋白酶和细菌蛋白酶等水解与肝素结合的蛋白质，使肝素解离释放。也可以用碱性食盐水提取，再经热变性并结合凝结剂如明矾、硫酸铝等除去杂蛋白。所得的粗提液，仍含有未除尽的杂蛋白、核酸类物质和其他黏多糖，需经阴离子交换剂或长链季铵盐分离，再经乙醇沉淀和氧化剂处理等纯化操作，即得精品肝素。

（1）盐解-离子交换生产工艺

1）工艺路线

$$\text{猪肠黏膜}\xrightarrow[\text{pH 9.0, 50～55℃, 2h}]{[\text{提取}]}\text{提取液}\xrightarrow[\text{714 树脂}]{[\text{吸附}]}\text{树脂吸附物}\xrightarrow{[\text{洗涤}]}\text{树脂吸附物}$$

$$\xrightarrow[\text{3mol/L NaCl}]{[\text{洗脱}]}\text{洗脱液}\xrightarrow[\text{乙醇}]{[\text{沉淀}]}\text{粗品肝素}\xrightarrow[\text{1\% NaCl, pH 1.5}]{[\text{溶解}]}\text{滤液}\xrightarrow[H_2O_2\text{, pH 11.0}]{[\text{脱色}]}\text{滤液}$$

$$\xrightarrow[\text{乙醇}]{[\text{沉淀}]}\text{肝素钠精品}$$

2）工艺过程

①提取：取新鲜肠黏膜投入反应锅内，按3%加入NaCl，用30% NaOH调pH 9.0，于53～55℃保温提取2小时。继续升温至95℃，维持10分钟，冷却至50℃以下，过滤，收集滤液。

②吸附：加入714强碱性Cl^-型树脂，树脂用量为提取液的2%。搅拌吸附8小时，静置过夜。

③洗涤：收集树脂，用水冲洗至洗液澄清，滤干，用2倍量1.4mol/L NaCl搅拌2小时，滤干。

④洗脱：用2倍量3mol/L NaCl搅拌洗脱8小时，滤干，再用1倍量，3mol/L NaCl搅拌洗脱2小时，滤干。

⑤沉淀：合并滤液，加入等量95%乙醇沉淀过夜。收集沉淀，丙酮脱水，真空干燥得粗品。

⑥精制：粗品肝素溶于15倍量1% NaCl，用6mol/L盐酸调pH 1.5左右，过滤至清，随即用5mol/L NaOH调pH 11.0，按3%量加入H_2O_2（H_2O_2浓度30%），25℃放置。维持pH 11.0，第2日再按1%量加入H_2O_2，调整pH 11.0，继续放置，共48小时，用6mol/L盐酸调pH 6.5，加入等量的95%乙醇，沉淀过夜。收集沉淀，经丙酮脱水真空干燥，即得肝素钠精品。

（2）酶解－离子交换生产工艺

1）工艺路线

猪肠黏膜 —[酶解]（胰浆，NaCl，pH 8.5，40～45℃；pH 6.5，90℃）→ 滤液 —[吸附]（D－254树脂，pH 7.0，5h）→ 树脂吸附物 —[洗涤]（2mol/L NaCl；1.2mol/L NaCl）→ 树脂吸附物

—[洗脱]（5mol/L NaCl；3mol/L NaCl）→ 洗脱液 —[沉淀]（乙醇）→ 沉淀物 —[脱水，干燥]（无水乙醇，丙酮）→ 粗品肝素 —[溶解]（2% NaCl）→ —[脱色]（溶液，$KMnO_4$，pH8.0，80℃，2.5h）→

滤液 —[沉淀]（乙醇，pH6.4）→ 沉淀物 —[溶解]（1% NaCl）→ 溶液 —[沉淀]（乙醇）→ 沉淀物 —[脱水，干燥]（无水乙醇，丙酮，乙醚）→ 精品肝素钠

2）工艺过程

①酶解：取100kg新鲜肠黏膜（总固体5%～7%）加苯酚200ml（0.2%），气温低时可不加。在搅拌下，加入绞碎胰脏0.5～1kg（0.5%～1%），用10% NaOH调pH至8.5～9.0，升温至40～45℃，保温2～3小时。维持pH 8.0，加入5kg NaCl（5%），升温至90℃，用6mol/L HCl调pH 6.5，停止搅拌，保温20分钟，过滤即得。

②吸附：取酶解液冷至50℃以下，用6mol/L NaOH调pH 7.0，加入5kg D－254强碱性阴离子交换树脂，搅拌吸附5小时，收集树脂，水冲洗至洗液澄清，滤干，用等体积2mol/L NaCl洗涤15分钟，滤干，树脂再用2倍量1.2mol/L NaCl洗涤2次。

③洗脱：树脂吸附物用半倍量5mol/L NaCl搅拌洗脱1小时，收集洗脱液，再用1/3量3mol/L NaCl洗脱2次，合并洗脱液。

④沉淀：洗脱液经纸浆助滤，得清液，加入用活性炭处理过的0.9倍量的95%乙醇，冷处沉淀8～12小时，收集沉淀，按100kg黏膜加入300ml的比例，向沉淀中补加蒸馏水，再加4倍量95%乙醇，冷处沉淀6小时，收集沉淀，用无水乙醇洗1次，丙酮脱水2次，真空干燥，得粗品肝素。

⑤精制：粗品肝素溶于10倍量2% NaCl，加入4% $KMnO_4$（加入量为每亿单位肝素加入0.65mol $KMnO_4$）。加入方法：将$KMnO_4$调至pH 8.0，预热至80℃，在搅拌下加入，保温2.5小时。以滑石粉作助滤剂，过滤，收集滤液，调pH 6.4，加0.9倍量95%乙醇，置于冷处沉淀6小时以上。收集沉淀，溶于1% NaCl中（配成5%肝素钠溶液），加入4倍量95%乙醇，冷处沉淀6小时以上，收集沉淀，用无水乙醇、丙酮、乙醚洗涤，真空干燥，得精品肝素，最高效价140U/mg以上，收率2万U/kg肠黏膜（换算成总固体7%计）。

3. 检验方法

（1）生物检定法　测定肝素生物效价有硫酸钠兔全血法、兔全血法、硫酸钠牛全血法和柠檬酸羊血浆法。兔全血法系将肝素标准品和供试品用健康家兔新鲜血液比较两者延长血凝时间的程度，以决定供试品的效价。抽取兔的全血，离体后立即加到一系列含有不同量肝素的试管中，使肝素与血液混匀后，测定其凝血时间。按统计学要求，用生理盐水按等比级数稀释成不同浓度的高、中、低剂量稀释液，相邻两浓度的比值不得大于10∶7。如高∶中∶低剂量分别为5U/ml∶3.5U/ml∶2.4U/ml。

英国药典和日本药局方采用硫酸钠牛全血法，是取 Na_2SO_4 牛全血，加入凝血激酶（从牛脑提取）和肝素溶液，测定标准品与供试品的凝血时间，决定样品效价。美国药典用羊血浆法测定肝素效价，是取柠檬酸羊血浆，加入标准品和供试品，重钙化后，观察凝固程度。如标准品和供试品浓度相同，凝固程度也相同，则说明它们效价相同。

肝素的标准生物效价是以每毫克肝素（60℃，266.64Pa 真空干燥 3 小时）所相当的单位数来表示。1U 为 24 小时内在冷处可阻止 1ml 猫血凝结所需的最低肝素量。国际常用的标准品是 WHO 的第三次国际标准，以国际单位表示为 173IU/mg。我国使用中国食品药品检定研究院颁发的标准品（如 S.6 为 158IU/mg）。美国采用美国药典标准，称为美国药典单位（USPU）。曾对我国标准品 S.6（158IU/mg）用羊血浆法测定，结果为美国药典标准 142.2USPU/mg（此数可供参比）。

（2）天青 A 比色法　此法系利用天青 A 与肝素结合后的光吸收值变化为测定依据。以巴比妥缓冲液固定测定 pH 和离子强度，并以西黄蓍胶为显色稳定剂，在 505nm 测定吸收值，结果与生物检定法接近。适用于肝素生产研究过程中控制检测。因为变色活性与黏多糖的阴离子强度有关，所以变色测定值也是抗凝血活性的有用参考指标。

4. 作用与用途　肝素是典型的抗凝血药，能阻止血液的凝结过程，用于防止血栓的形成。因为肝素在 α－球蛋白参与下，能抑制凝血酶原转变成凝血酶。肝素还具有澄清血浆脂质，降低血胆固醇和增强抗癌药物等作用。临床广泛用作各种外科手术前后防治血栓形成和栓塞，输血时预防血液凝固和作为保存新鲜血液的抗凝剂。小剂量肝素用于防治高脂血症与动脉粥样硬化。广泛用于预防血栓疾病、治疗急性心肌梗死和用作肾病患者的渗血治疗，还可以用于清除小儿肾病形成的尿毒症。剂型主要为注射液（0.2ml∶5000 抗 Xa 因子国际单位），也有肝素钠含片（2400 抗 Xa 因子国际单位）。另外，肝素软膏在皮肤病与化妆品中也已广泛应用。

（二）小分子肝素

1. 结构与性质　肝素通过与 ATⅢ结合并抑制Ⅱa 因子和 Xa 因子活性而发挥抗栓、抗凝作用，而与 ATⅢ的结合是通过随机分布于肝素分子中特定的五糖分子调控的。肝素与 ATⅢ、Xa 结合，使 Xa 失活而发挥抗栓作用，这一过程需 5 个糖基单位即可；同样肝素与 ATⅢ、Ⅱa 结合，使Ⅱa 失活而发生抗凝作用，但这一过程需要 18 个糖基单位为条件。而肝素总量中大于 18 个糖基单位的量约占 90%，而小分子肝素（low molecular weight heparin，LMWH）总量中大于 18 个糖基单位的量不超过 50%，这就决定了 LMWH 具有较高的抗 Xa 因子活性及较低的抗Ⅱa 因子活性。

LMWHs 由于制备方法的不同，其生化与药理性质有显著的区别，体内抗栓活性及出血副作用也不同。LMWHs 是由 UFH 经裂解而得的片段，NMR 研究证明，不同 LMWHs 在分子量、分子量分布、末端结构、硫酯化的类型等方面存在差异，而这些差异可导致相应的生物活性的不同，包括与 ATⅢ结合的能力、抗 Xa 因子活性与Ⅱa 因子活性。

LMWHs 的制备方法包括过氧化物裂解、亚硝酸裂解、肝素酶裂解及苯甲基化后碱水解，见表 13－12。这些不同方法引起分子特定结构发生变化，包括硫酸化类型、还原末端及非还原末端的结构特征。亚硝酸及过氧化物降解作用于没有硫酸化的糖醛酸，而肝素酶作用于 *N*－硫酸化的葡萄糖胺与 C－2 硫酸化艾杜糖醛酸的结合键。Dalteparin 用亚硝酸降解，还原末端为 2,5 脱水 *D*－甘露糖，非还原末端为糖醛基；而 Tinzaparin 由肝素酶降解，与亚硝酸降解位点一致，但 LMWHs 还原末端为 *N*－硫酸化葡萄糖胺，非还原末端为艾杜糖

醛基脱氢产生4,5不饱和糖醛酸，见表13－13。

表13－12　小分子肝素的制备方法

通用名	商品名	生产公司	制备方法	批准市场
Nadroparin	Fraxiparin	Sanofi 法国	亚硝酸降解	法国、德国
Enoxaparin	Lovenox	Rhone－poulenc 法国	苯甲基化后碱水解	美国
	Clexane	Avantis		德国、西班牙
Dalteparin	Fragmin	Pharmacia－Upjohn 瑞典	亚硝酸降解	美国、日本
		Kissei		英国、德国
Sandoparin	Certoparin	Sandoz AG 德国	硝酸异戊酯降解	德国
Tinzaparin	Logiparin	Novo－nordisk 丹麦	肝素酶降解	丹麦、美国
	Innohep	Braun		德国
Reviparin	Clivarin	Knoll AG 德国	亚硝酸降解	加拿大、德国
Pharnaparin	Fluxum	Opocin 意大利	过氧化物降解	意大利

表13－13　小分子肝素的化学结构特征

LMWHs	制备方法	结构特征
Enoxaparin	苯甲基化后碱水解	非还原末端为艾杜糖醛酸脱氢
Tinzaparin	肝素酶降解	产生4,5不饱和糖醛酸
Dlateparin	亚硝酸降解	还原末端为2,5脱水D－甘露醇
Sandoparin	硝酸异戊酯降解	还原末端为2,5脱水D－甘露醇
Reviparin	亚硝酸降解	还原末端为2,5脱水D－甘露醇
Nadroparin	亚硝酸降解	还原末端为2,5脱水D－甘露醇

2. 生产工艺

（1）工艺路线

$$\text{肝素钠}\xrightarrow{\text{降解}(NaNO_2)}\text{降解液}\xrightarrow{\text{还原}(NaBH_4)}\text{反应液}\xrightarrow{\text{沉淀}}\text{小分子肝素粗品}$$

$$\xrightarrow[\text{乙醇}]{\text{沉淀}}\xrightarrow[\text{乙醇}]{\text{沉淀}}\text{小分子肝素精品}$$

（2）工艺过程

①降解：取肝素钠以蒸馏水溶解，用6mol/L HCl调pH至2.8，加$NaNO_2$反应，反应温度为18～25℃用KI试纸控制终点。

②还原：以20%的NaOH调节pH至9.8，反应温度为18～25℃，加$NaBH_4$反应2小时。

③沉淀：调节pH至5.5～6.6，95%乙醇沉淀，得小分子肝素粗品。

④小分子肝素粗品用蒸馏水溶解，以20%的NaOH调节pH至10.0～10.5，加1%的H_2O_2，18～25℃反应24小时，用6mol/L HCl调pH至5.5～6.6，95%乙醇沉淀。

⑤沉淀用蒸馏水溶解，加95%的乙醇沉淀，得小分子肝素精品。

3. 检验方法　小分子量肝素钠是一种硫酸氨基葡聚糖的钠盐，其分子量小于8000的部分应不低于60%。按干燥品计算，每1mg小分子量肝素钠含抗Xa因子活性不得少于70A Xa IU，抗Xa因子活性与抗Ⅱa因子活性比应不小于1.5。

（1）抗Xa因子活性测定

测定法　取16支试管，加抗凝血酶Ⅲ溶液50μl，再分别加入不同浓度的供试品（或对

照品）溶液50μl（每种浓度两支），轻轻摇匀勿产生气泡。然后置37℃水浴保温1分钟，加入牛血Ⅹa因子溶液100μl，迅速混匀，在水浴中精确保温1分钟，加入发色底物溶液250μl，精确反应4分钟，加醋酸375μl终止反应，以三羟甲基氨基甲烷－氯化钠缓冲液（pH 7.4）作为空白对照，在波长405nm处测定吸收度，以溶液吸收度和浓度的对数，照生物检定统计法［《中国药典》（2020年版）通则1431］中量反应平行线测定法计算出供试品的抗Ⅹa因子活性，可信限率（FL%）不得大于10%。

（2）抗Ⅱa因子活性测定

测定法　取16支试管，加抗凝血酶Ⅲ溶液50μl，再分别加入不同浓度的供试品（或对照品）溶液50μl（每种浓度两支），轻轻摇匀勿产生气泡。然后置37℃水浴保温1分钟，加入凝血酶溶液10μl，迅速混匀，在水浴中精确保温1分钟，加入发色底物溶液250μl，精确反应4分钟，加醋酸375μl终止反应，以三羟甲基氨基甲烷－氯化钠缓冲液（pH 7.4）作为空白对照，在波长405nm处测定吸收度，以溶液吸收度和浓度的对数，照生物检定统计法［《中国药典》（2020年版）通则1431］中量反应平行线测定法计算抗Ⅱa因子活性，可信限率（FL%）不得大于10%。

4. 作用和用途　小分子量肝素钠具有抗Ⅹa因子活性，药效学研究表明小分子量肝素钠对体内、外血栓，动静脉血栓的形成有抑制作用，而对凝血和纤溶系统影响小。产生抗栓作用时，出血可能性小。小分子肝素皮下注射后能完全吸收，生物半衰期长，几乎是肝素的2倍。尽管各种本品的抗FⅩa效价与抗FⅡa效价比值不同，但吸收模型颇相似，其生物利用度为87%～98%，而肝素只有10%～30%。小分子量肝素诱导血小板聚集的能力比肝素弱，在抗血栓效果相同条件下比肝素出血减少。小分子肝素在体内主要分布于肝脏和肾脏，此外心脏、脑、肺、血液内也有少量分布，无积蓄性。

在欧洲不少国家（法国、德国、荷兰等）小分子量肝素已获准用于预防手术后血栓栓塞。目前正在申请其他临床适应证，如已确定的深静脉血栓及其手术后肺栓塞、血液透析时的体外循环抗凝剂等。最近小分子肝素已被用于特殊的适应证，如经皮肤穿刺冠状血管成形术（PTCA）后，心脏瓣膜置换术后、弥漫性血管内凝血（DIC）、急性心肌梗死、不稳定的心绞痛和急性外周血管闭塞。使用剂型为注射液（1ml：9500抗Ⅹa因子国际单位）。

四、胰激肽原酶

胰激肽原酶（pancreatic kininogenase，PK），又称胰激肽释放酶（pancreatic kallikrein），是从猪胰脏中提取的一种蛋白质水解酶，属于内切蛋白水解酶类。在生物体内，胰激肽原酶以酶原形式存在，可作用于激肽原释放激肽，而激肽对体内的血管和平滑肌有明显的作用。

（一）化学组成与性质

猪胰激肽释放酶是一种糖蛋白，含有唾液酸，在腺体中以酶原形式存在。随着唾液酸含量的不同，可以得到1～5个组分，除去唾液酸并不影响酶的活性。其中常见的有A、B两种形式，相对分子量分别为26800、28600，均有两条肽链，N－末端是异亮氨酸和丙氨酸，C－末端是丝氨酸和脯氨酸。两者的氨基酸组成相同，都有229个氨基酸残基，但含糖量不同，A含糖5.5%，B含糖11.5%。猪胰激肽释放酶的活性中心为丝氨酸和组氨酸。等电点为3.9～4.1。

一般说，纯度越高稳定性越差。干燥粉末在－20℃保存数月活力不变，在水溶液中不

稳定，但在 pH 8 的水或缓冲液中，可在冷冻状态下保存相当时间不失活。猪胰激肽释放酶在 40～50℃稳定，58℃开始失活，90℃失活 50%，98℃还保留 30% 活力。pH 4～10 的范围稳定，在尿素中 48h 活力丧失 50%，8mol/L 盐酸胍中活性全部丧失。用硼氢化钠降解二硫键未见有严重的活性丧失。重金属离子 Hg^{2+}、Cu^{2+}、Mn^{2+}、Ni^{2+} 等对激肽释放酶有不同程度的抑制作用。巯基化合物及螯合剂，如 EDTA 等可逆转金属离子对酶的抑制。Ca^{2+}、Mg^{2+} 对酶活性无影响，相反，高浓度 Ca^{2+}（1mol/L）可使酶活性增加 15%～20%。某些胰蛋白酶抑制剂，如抑肽酶、二异丙基氟磷酸等对胰激肽释放酶均有抑制作用。

（二）生产工艺

1. 技术路线

$$\text{猪胰丙酮粉}\xrightarrow[10℃、12h]{[提取]\ HAc}\text{滤液}\xrightarrow[4h]{[沉淀]\ 丙酮、乙醚}\text{沉淀物}\xrightarrow[pH\ 8]{[分级沉淀]\ NaCl、氨水、丙酮}\text{粗制品}$$

$$\xrightarrow[pH\ 4.5、2h]{[吸附]\ 乙酸缓冲液、Amberlite\ CG-50}\text{吸附物}\xrightarrow[pH\ 5、1h]{[洗脱]\ 乙酸缓冲液、NaCl}\text{洗脱液}\xrightarrow{（透析、冻干）}\text{精制品}$$

2. 工艺过程

（1）提取、沉淀　猪胰制成丙酮粉后，加 20 倍量 0.02ml/L 乙酸，于 10℃搅拌提取 12 小时，离心，滤渣加 10 倍量 0.02mol/L 乙酸提取 6 小时，合并滤液，加冷丙酮至体积分数达 33%，过滤。滤液补加冷丙酮至 70%，静置 4 小时，离心，收集沉淀物，用丙酮、乙醚脱脂脱水，真空干燥，得沉淀物。

（2）分级沉淀　沉淀物加 50 倍量 2g/L（0.2%）冷氯化钠，用氨水调 pH 为 8，搅拌溶解，纸浆过滤，滤液应澄清，清液冷至 2～3℃，加冷丙酮至体积分数达 40%，室温静置过夜。离心清液补加冷丙酮至体积分数为 60%，静置 4 小时，离心，沉淀用丙酮、乙醚洗涤，真空干燥，即得粗制品。

（3）吸附、洗脱、透析、冻干　取粗制品溶于 0.001mol/L、pH 4.5 乙酸缓冲液中，离心，清液加入弱酸性阳离子交换树脂 Amberlite CG－50，m（树脂）：m（粗制品）＝50：1，搅拌吸附 2 小时，收集树脂，用 0.001mol /L、pH 4.5 乙酸缓冲液漂洗树脂至无泡沫。树脂用 2 倍量 1mol/L、pH 5 的氯化钠搅拌洗脱 1 小时，分离树脂，洗脱液透析脱盐，冻干，即得精制品胰激肽释放酶。

（三）检验方法

效价测定：效价测定的原理，即胰激肽原酶可催化水解底物苯甲酰精氨酸乙酯（BAEE）生成 *N*－苯甲酰－*L*－精氨酸，而后者的吸光系数较大。具体操作是在规定条件下，在底物溶液中加入供试品溶液或对照品溶液，按照紫外－可见分光度法以底物溶液为空白，读取 1 分钟的吸光度 A_0 和 3 分钟的吸光度 A，分别求得供试品溶液和对照品溶液的 ΔA 值（$\Delta A = A - A_0$），即可用下式计算效价：

$$效价/mg = \frac{供试品溶液\ \Delta A \times 对照品溶液的单位数 \times 稀释倍数}{对照品溶液\ \Delta A \times 供试品量(mg)}$$

然后按氮测定法测定供试品的蛋白质含量，由测得的酶活性和蛋白质含量即可计算每 1mg 蛋白质中含胰激肽原酶的单位数。

（四）作用与用途

胰激肽原酶是组成机体内血管舒缓素－激肽系统的重要成分，在胰激肽原酶的作用下，

激肽原释放出激肽，激肽一方面具有松弛血管平滑肌、扩张血管、改善循环和一定的降血压作用；另一方面，激肽使微血管扩张，微血管内血流速度加快，使器官组织的血流灌注增加，代谢改善。胰激肽原酶还可以激活纤溶酶，提高纤溶系统活性，抑制血小板聚集，降低血液黏度、抑制血栓形成、防止微血管基底膜增厚等改善微循环作用。胰激肽原酶在临床已经广泛应用多年，由于其生理和药理作用，主要用于微循环障碍性疾病，如糖尿病引起的肾病、周围神经病、视网膜病、眼底病及缺血性脑血管病，也可用于高血压病的辅助治疗。剂型有注射液（10 单位/支，40 单位/支）和肠溶片（120 单位/片）。

五、门冬酰胺酶

门冬酰胺酶（asparaginase）又称天冬酰胺酶，是从大肠埃希菌或欧文菌中提取制备的具有酰胺基水解作用的酶。1922 年 Clementi 发现豚鼠血清中存在天冬酰胺酶，1953 年 Kidd 发现豚鼠血清中有抑癌作用的物质，其活性成分是蛋白质，1961 年 Broome 确定了其有效成分是天冬酰胺酶。后来，Mashburn 等报告指出从大肠埃希菌中分离出天冬酰胺酶，具有同样抗癌活性。

自然界中，天冬酰胺酶广泛存在于动植物及微生物中，动物体内的天冬酰胺酶主要存在于哺乳动物和鸟类的胰、肝、肾、脾和肺中。

（一）化学组成与性质

大肠埃希菌能产生 2 种天冬酰胺酶，即天冬酰胺酶Ⅰ和天冬酰胺酶Ⅱ，其中天冬酰胺酶Ⅱ具有抗癌活性。

天冬酰胺酶呈白色粉末状，微有湿性，溶于水，不溶于丙酮、三氯甲烷、乙醚和甲醇。水溶液 20℃储存 7 日，5℃储存 14 日均不减少酶的活力。干品 50℃、15 分钟酶活力降低 30%，60℃ 1h 内失活。最适 pH 8.5，最适温度 37℃。

L－天冬酰胺酶的产生菌是霉菌和细菌，故可用作制造酶的原料。

（二）生产工艺

《中国药典》将来自大肠埃希菌或欧文菌的门冬酰胺酶作为独立品种分别收载，现仅对大肠埃希菌发酵工艺进行介绍。

1. 技术路线

大肠埃希菌 —[菌种培养] 肉汤培养基，37℃、48h→ 肉汤菌种 —[种子培养] 玉米浆，37℃、4～8h→ 种子菌种 —[发酵罐培养] 玉米浆，37℃、6～8h→ 发酵液 —[离心]→

菌体 —[提取] 蔗糖抽提液，pH 7.5、30℃→ 提取液 —[分级沉淀] $(NH_4)_2SO_4$，55% 饱和度、pH 7.0→ 上清液 —[分级沉淀] $(NH_4)_2SO_4$，90% 饱和度→ 沉淀 —[离子交换] DEAE－纤维素(DE52)→

洗脱液 —[离子交换] CM－纤维素(CM52)→ 洗脱液 → 冻干 → *L*－天冬酰胺酶

2. 工艺过程

（1）菌种培养　采用大肠埃希菌 *E. Coli* A. S. 1. 357，培养基为牛肉汁 100ml，蛋白胨 1g，氯化钠 0.5g，琼脂 2～2.5g，37℃，在试管中培养 24 小时，茄瓶培养 8 小时，锥瓶培养 16 小时。

（2）种子培养　培养基用玉米浆 30kg，加水至 300kg，接种量 1%～1.5%，37℃，通气搅拌培养 4～8 小时。

（3）发酵罐培养　取玉米浆 100kg 加水至 1000kg，接种量 8%，37℃，通气搅拌培养

6～8 小时，离心分离发酵液，得菌体，加 2 倍量丙酮搅拌，压滤，滤饼过筛，自然风干成菌体干粉。

（4）蔗糖溶液抽提　将菌体细胞中加入 5 倍体积的蔗糖溶液（蔗糖 40%，溶菌酶 200mg/L，EDTA 10mmol/L，pH 7.5），在 30℃振荡 2 小时，8000r/min 离心 20 分钟，收取上层酶液。

（5）硫酸铵分级沉淀　取上述酶液，加入 $(NH_4)_2SO_4$，至 55% 饱和度，调 pH 至 7.0，室温搅拌 1 小时，离心除去沉淀。取上清液加入 $(NH_4)_2SO_4$ 到 90% 饱和度，离心收集沉淀。

（6）纯化　将沉淀用 50mmol/L、pH 7.0 磷酸缓冲液溶解并透析。透析后的酶液，通过预先用 10mmol/L、pH 7.6 的磷酸缓冲液平衡的 DEAE－纤维素层析柱（1cm×30cm），用 30mmol/L 磷酸缓冲液洗脱，流速为 40ml/h，收集天冬酰胺酶活性组分，再调整 pH 4.8，通过预先用 50mmol/L pH 4.9 的磷酸缓冲液平衡的 CM－纤维素层析柱（1cm×8cm），用 50mmol/L、pH 5.2 的磷酸缓冲液洗脱，收集酶活性组分，冷冻干燥，即得 *L*－天冬酰胺酶冻干粉。总收率为 31%，比活为 220U/mg 蛋白。

（三）重要说明

1. *L*－天冬酰胺酶　原来是从豚鼠的血清中提取的，含量很低，后来开发为用发酵法生产，采用大肠埃希菌、黏质赛氏杆菌（*Serralia marcescens*）等产生菌制备。酶制剂分解血中的天冬酰胺变成天冬氨酸和氨，抑制白血病细胞的生长。我国应用大肠埃希菌发酵法生产，供临床上作为抗肿瘤药物使用。美国 *L*－天冬酰胺酶的商品名称为 Elspar。

2. 蔗糖溶液提取法（收率高）　大肠埃希菌产生的无抗癌活性的天冬酰胺酶 I，存在于细胞质中，而有抗癌活性的天冬酰胺酶 II 则分泌到细胞周质中。用蔗糖溶液提取细胞，主要是提取位于细胞周质中的酶。提取结束时，多数细胞并未发生破裂，提取液的黏稠度不大，用 8000r/min 离心除去细胞。我国传统生产工艺的提取方法是将细胞制成丙酮粉，再用硼酸缓冲液浸提细胞，加入氯化锰沉淀核酸。由于细胞全部破裂，提取的粗酶液比活为 2.26U/mg。蔗糖溶液提取不用易燃易爆的丙酮，提取的粗酶液比活为 4.8U/mg 蛋白。

传统纯化工艺有 6 步，总收率 18.8%，酶制剂的比活力为 200.6U/mg，与日本的 Leunase 和德国的 Crasnitin 的比活力相似。蔗糖溶液提纯工艺有 3 步纯化，总收率为 31%，比活力为 22U/mg。两个工艺相比，后者有明显的改进。

3. 反复冻融法和超声破壁法　据文献报道，提取方法除丙酮干燥破壁和蔗糖溶液提取外，还有反复冻融法和超声破壁法。

反复冻融法是将菌体在－30℃和室温两种温度反复冻融 9 次，用 30mmol/L 磷酸缓冲液（pH 7.5）浸提 30 分钟，8000r/min 离心吸取上清酶液。

超声破壁法是将 1g 湿菌体悬浮在 40ml、10mmol/L、pH 7.5 磷酸缓冲液中，超声波处理 10 分钟，处理过程中用冰浴降温。用氯化锰沉淀核酸，离心 20 分钟，吸取上清酶液。

（四）作用与用途

临床上门冬酰胺酶适用于治疗急性淋巴细胞性白血病（简称急淋）、急性粒细胞性白血病、急性单核细胞性白血病、慢性淋巴细胞性白血病、霍奇金病及非霍奇金病淋巴瘤、黑色素瘤等，剂型为注射液（5000 单位/支，10000 单位/支）。

六、胞二磷胆碱

（一）结构与性质

胞二磷胆碱（citico line，CDP－choline，cytidine diphosphocholine）其化学名称为胞嘧啶核苷－5′－二磷酸胆碱钠盐（cytidine－5′－diphosphate choline monosodium），本品为白色无定形粉末，易吸湿，易溶于水，几乎不溶于乙醇、三氯甲烷、丙酮等有机溶剂。1% 水溶液 pH 2.5～3.5，注射液 pH 7.0。

（二）生产工艺

1. 酶合成法 胞二磷胆碱由微生物菌体所提供的酶系催化胞苷酸和磷酸胆碱而合成，国内使用啤酒生产中废弃的酵母，反应体系为：

磷酸二氢钾－氢氧化钠缓冲液（pH 8.0）	200μmol/ml
CMP	20μmol/ml
磷酰胆碱	30μmol/ml
葡萄糖	100μmol/ml
$MgSO_4 \cdot 7H_2O$	20μmol/ml
酵母泥	550mg/ml

上述反应体系于28℃保温20小时，胞二磷胆碱对胞苷酸的收率为80%。

2. 黏性红酵母发酵法 国外发现一种黏性红酵母可高产胞二磷胆碱。

菌体培养基（g/L）：葡萄糖50；多胨5；酵母膏2；KH_2PO_4 2；$(NH_4)_2HPO_4$ 2；$MgSO_4 \cdot 7H_2O$ 1；pH 6.0，经28℃，22小时培养，收集菌体，菌体经0.2mol/L 磷酸缓冲液 pH 7.0 洗涤，备用。

产生胞二磷胆碱的反应体系（g/L）：葡萄糖140；$(NH_4)_2HPO_4$ 2；$MgSO_4 \cdot 7H_2O$ 6；5′－$CMPNa_2$ 20；磷酰胆碱20，析干菌体50；反应体系中保持磷酸缓冲液 pH 7.0、0.2mol/L，30℃，28小时产胞二磷胆碱9.8g/L，对5′－CMP 收率92.5%。

提取工艺：反应液离心除去菌体，用0.5mol/L KOH 调 pH 8.5，上 Dowex－1×2（甲酸型）树脂，水洗后用甲酸梯度洗脱，在0.04mol/L 甲酸洗脱液中收集产品，含胞二磷胆碱溶液上活性炭柱，丙酮－氨水溶液洗脱，减压浓缩，乙醇中结晶。

（三）作用与用途

胞二磷胆碱是卵磷脂生物合成的前体。当脑功能下降时，脑组织内卵磷脂含量显著减少。本品能促进卵磷脂生物合成，兴奋脑干网状结构，特别是上行网状联系，提高觉醒反应，降低“肌放电”阈值，恢复神经组织机能，增建脑血流量和脑好氧量，从而改善脑循环和脑代谢，大大提高患者的意识水平。临床用于减轻严重脑外伤和脑手术伴随的意识障碍，治疗帕金森症、抑郁症等精神疾患，剂型为注射液（2ml∶0.25g，2ml∶0.1g）。由于胞

二磷胆碱是在 ATP 存在下参与磷脂的合成反应，故合用 ATP 可提高本品疗效，用于脑外伤、脑出血患者可合用止血剂和防水肿药，用于震颤麻痹可合用 *L* – 罗巴，用于精神病可合用镇静剂。

七、辅酶 Q_{10}

辅酶 Q_{10}（coenzyme Q_{10}，CoQ_{10}）是辅酶 Q 类的重要成员之一。辅酶 Q 类广泛存在于生物界、又有苯醌型结构，故又称泛醌，在细胞内 CoQ 类与线粒体内膜相结合，是呼吸链中的重要递氢体。

（一）组成与性质

辅酶 Q 是醌类化合物，都是 2,3 – 二甲氧基 – 1,4 – 苯醌的衍生物，第 6 位上有 1 条2 – 甲基丁烯（2）基支链。

自然界存在的辅酶 Q，不同生物的 n 值为 6 ~ 10，人体辅酶 Q 的 n = 10，即为辅酶 Q_{10}，余类推。

辅酶 Q_{10}化学名称为 2,3 – 二甲氧基 – 5 – 甲基 – 6 – [（+）聚 – [2 – 甲基丁烯（2）] 基] – 苯醌，为黄色或淡橙黄色，无臭、无味、结晶性粉末，易溶于三氯甲烷、苯、四氯化碳，溶于丙酮、乙醚、石油醚；微溶于乙醇，实际上不溶于水和甲醇。遇光易分解成微红色物质，对温度和湿度较稳定，熔点 49℃。

（二）生产工艺

CoQ_{10}的制备方法有三种：动植物组织提取法、微生物发酵法和化学合成法。国内早期曾用动植物组织提取法，目前完全依赖进口，国外多采用微生物发酵法，尤其是日本早在 20 世纪 70 年代就实现了微生物发酵法工业生产 CoQ_{10}。化学合成法合成条件苛刻，步骤繁多且化学合成的 CoQ_{10}的异戊二烯单体大多为顺式结构，生物活性低，副产物多，提纯成本高。现仅对微生物发酵法进行介绍。

天然的辅酶 Q 类广泛存在于好气性生物中，从低等微生物至高等动植物，含量差异很大。在微生物中，尤其在各种细菌中，有其特有的分布规律，在不需要氧呼吸细胞中无辅酶 Q，如革兰阳性菌，而革兰阴性菌则具有高浓度的辅酶 Q，主要是 $CoQ_{8\sim10}$。酵母及真菌类也有各种辅酶 Q。经长期筛选有几种微生物作为生产 CoQ_{10}的主要菌种。

荚膜红假单胞菌（*Rhodopseudononas capsulatus*）属紫色非硫细菌科（*Athiorbodaceae*），是日本早期研究发酵生产辅酶 Q_{10}的菌种之一，1kg 干菌体可得 CoQ_{10}1.5 ~ 1.8g。

脱氮假单胞菌（*Pseudomonas denitrificans*）系假单胞菌属（*Pseudomonas*）为日本用于研究生产的菌种，1kg 可得 CoQ_{10} 1.55g。

还有甲烷微环菌（*Microcyclus*）、鱼精蛋白杆菌（*Protaminobacter*）、放射形土壤杆菌（*A. radiobacter*）、红酵母（*Rhodotoruin*）、铁艾酵母（*Tilletiopsis*）、根癌病土壤杆菌（*Agrobacteium tumefacious*）、隐球酵母（*Cryptrococus*）、假丝酵母（*Condida nosellus*）、外担子菌（*Exobasidium*）等。

辅酶 Q_{10}的化学组成是由芳香环和异戊烯基侧链组成的。芳香环在不同的生物中其合成途径不同，在动物器官中，主要是苯丙氨酸和酪氨酸，直接前体是由酪氨酸经一系列中间芳香酸形成的对羟基苯甲酸，也可由肾上腺素合成。在微生物中，是由莽草酸经对羟基苯甲酸合成芳香环，另一条合成芳香环的途径是乙酸 – 丙二醛途径，这是微生物中所特有的。

关于葡萄糖生成对羟基苯甲酸，一般遵循芳香基合成莽草酸的途径。

在1976年日本召开的CoQ_{10}国际专题会议上，Rudney提出由芳香环合成CoQ_{10}的途径和异戊烯基侧链的生物合成路线。

据日本专利，在*P. Schuglkillienon*菌中加入异戊烯基乙醇溶液，CoQ_{10}的产量增加按每升肉汤培养物算可达75%，干细胞按克计算可增加39%。日本采用*Paracoccus denitrificans*发酵，加入有关前体或代谢物质，如*L*-赖氨酸、*L*-苯丙氨酸、原儿茶酸、*p*-香豆酸、*p*-羟基苯甲酸、反式桂皮酸、莽草酸、甲硫氨酸、甲羟戊酸、异戊间二烯醇及香草醛，天然物为蚕粪、烟草提取物，加入量为培养基的0.1%～2%，最好为0.5%～1%，均可使CoQ_{10}产量增加。

1. 技术路线

根瘤土壤杆菌 —[斜面培养] pH 7.0～7.5,30℃,24h→ 活化菌种 —[种子培养] pH 7.0,30℃,24h→ 种子液 —[发酵] pH 7.0,30℃,36h→

发酵液 —[离心] 8000r/min×15min→ 湿菌体 —[离心]→ 上清 —[石油醚萃取]→ 萃取液 —[水洗] 40℃以下减压浓缩→

浓缩液 —[吸附、洗脱] 硅胶柱,乙醚-石油醚→ 洗脱液 —[结晶] 无水乙醇→ 精品CoQ_{10}

2. 工艺过程

（1）菌种发酵　将菌种接入斜面培养基（斜面培养基：葡萄糖1%，酵母膏0.5%，蛋白胨1%，氯化钠0.5%，pH 7～7.5）活化24小时，再接入种子培养基（种子培养基：葡萄糖2%，蛋白胨1%，酵母膏1%，氯化钠0.5%，pH 7～7.5）中培养至对数生长期，以2%的接种量接入发酵培养基［发酵培养基：糖蜜（糖浓度5%），硫酸铵1%，KH_2PO_4 0.05%，K_2HPO_4 0.05%，$MgSO_4 \cdot 7H_2O$ 0.025%，玉米浆4%，$CaCO_3$ 2%，pH 7.0］中培养，同时加入适当前体异戊二烯醇、醋酸盐、烟叶、胡萝卜于发酵罐内发酵36小时。

（2）提取、浓缩　发酵液以8000 r/min离心15分钟，倾去上清，得湿菌体，称重，加入10倍体积丙酮搅拌抽提，抽提后离心去除菌体，所得上清液用石油醚萃取3次，合并萃取液，用水洗涤至近中性，在40℃以下减压浓缩至原体积的1/10，得澄清浓缩液。

（3）吸附、洗脱　将浓缩液上硅胶柱层析，先以石油醚洗脱，除去杂质，再以乙醚-石油醚混合溶剂梯度洗脱，收集黄色带部分含CoQ_{10}的洗脱液，减压蒸去溶剂，得黄色油状物。

（4）结晶取黄色油状物加入热的无水乙醇，使其溶解，趁热过滤，滤液静置，4℃冷却结晶，滤干，真空干燥，即得CoQ_{10}成品。

（三）作用与用途

辅酶Q_{10}在人体呼吸链中质子移位及电子传递中起重要作用，可作为细胞代谢和细胞呼吸激活剂，还是重要的抗氧化剂和非特异性免疫增强剂，具有促进氧化磷酸化反应，保护生物膜结构完整性的作用。在临床上辅酶Q_{10}可用于心血管疾病、肝炎及癌症的辅助治疗。剂型包括注射液（250ml：5mg）、片剂（10mg/片）和胶囊（10mg/粒）。

扫码“练一练”

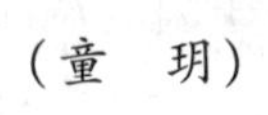

第十四章　微生物药物制造工艺

第一节　微生物药物概述

扫码"学一学"

一、微生物药物的定义和发展

微生物药物（microbial medicines）是指由微生物在其生命活动过程中产生的生理活性物质及其衍生物，包括抗生素、维生素、氨基酸、核苷酸、酶、激素、免疫抑制剂等一类化学物质的总称，是人类控制感染等疾病、保障身体健康，以及用来防治动、植物病害的重要药物。微生物药物的概念是随着现代生物技术的发展，由抗生素一词含义的不断扩充而形成的。它大概经历了以下几个发展阶段。

（一）传统抗生素

从20世纪40年代初青霉素用于临床以来，抗生素为人类健康做出了卓越的贡献。1929年英国科学家Fleming发现了在青霉菌落周围细菌不能生长的现象，并把这个青霉菌分离出来培养，发现其培养液能抑制各种细菌生长，他把其中的活性成分命名为青霉素（penicillin），虽然他当时并没有分离出这种物质，但提示了将其用于临床作为化学治疗的可能性。10年后Chain和Florey经过进一步研究制得青霉素结晶并应用于临床，证明了它是一个有效的抗菌物质，标志着抗生素时代的开始。

抗生素工业的兴起，归因于两个原因：一是青霉素的临床效果和工业化生产带来的巨大效益；二是随着微生物学、生物化学、医学和化学工程等学科的发展和配合，使抗生素的研究不断深入，形成一门新兴学科并迅速发展。继Fleming发现青霉素后，最杰出的抗生素先驱是美国放线菌专家Waksman，他与同事在1941年从放线菌培养液中找到紫放线菌素。接着他又在1944年发现了第一个用于临床的从放线菌产生的抗生素——链霉素。由于Waksman开拓了寻找新抗生素来源的途径，使人们在仅10年左右的时间内相继发现了众多的抗生素：如1947年找到第一个广谱抗生素——氯霉素和由细菌产生的多黏菌素；1948年发现了金霉素；1949年发现了新霉素；1950年发现了制霉菌素和土霉素、鱼素；1952年发现了红霉素；1953年发现了四环素等。到目前为止，世界上已筛选出的抗生素达9000种以上，应用于临床治疗的有百余种左右（不包括半合成抗生素）。

（二）半合成抗生素

随着青霉素等抗生素的大量使用，临床上出现耐药菌，以及一些天然抗生素存在毒副作用较大、不能口服等缺点，促使药物化学家试图通过对原有抗生素进行结构改造，来获得具有更好临床效果的新衍生物，在20世纪60年代抗生素发展进入一个新的研究领域，即半合成抗生素时代。1957年，英国的Chain利用大肠埃希菌酰胺酶裂解青霉素G制成了6－氨基青霉烷酸（6－APA）。同年，英国Beecham公司从6－APA合成了苯乙基青霉素，以后又合成了耐青霉素酶的甲氧苯青霉素等。Glanxo公司在半合成青霉素发展的启发下，将头孢菌素C化学裂解得到7－氨基头孢烷酸（7－ACA）母核，先后合成了如头孢噻吩、

头孢唑啉、头孢他啶等抗菌活性较强的半合成头孢菌素类抗生素，掀起了半合成头孢菌素工作的高潮。此外，对其他各类抗生素的结构改造也取得了较好的效果，如四环类抗生素改造得到强力霉素和二甲胺四环素等；氨基糖苷类抗生素改造得到阿米卡星、阿贝卡星、地贝卡星等；大环内酯类抗生素改造得到乙酰螺旋霉素、乙酰麦迪霉素和罗红霉素、阿齐霉素、甲红霉素等。可以说，20 世纪 50 年代至 60 年代是从微生物的代谢产物中发现各种抗生素的黄金时代，而随后的从已有抗生素结构改造来获得疗效更高、毒副作用更小的半合成药物是抗生素发展的又一个黄金时代，且还在化学药物治疗中发挥着重要作用。

（三）微生物来源的其他活性物质

从传统抗生素的研究开发转到从微生物代谢产物中寻找生理活性物质的研究，可追溯到 20 世纪 60 年代初梅泽滨夫领导的研究小组所开创的酶抑制剂的研究。他们发现了一系列可作为生化工具的酶抑制剂，如亮肽素（leupeptins）、antipain、抑糜蛋白素（chymostatin）和 bestatin 等。其中，由 S. olivoreticuli 所产生的 bestatin 不仅是氨肽酶 B 和亮氨酸氨肽酶抑制剂，还有恢复已经损伤的免疫功能、活化细胞毒吞噬细胞、刺激细胞介导的免疫性等生理活性，使得人们从本质上开始真正认识到微生物的次级代谢产物中不仅仅能发现具有抗菌活性的物质，还能找到具有广泛生理活性的化学物质，而可能被开发成各种药物而应用于临床。1978 年，瑞士山道士公司把真菌产生的环孢素 A 用于肾移植，在临床上取得了十分突出的疗效；从微生物代谢物中发现的洛伐他汀和通过微生物转化获得的普伐他汀，是 β - 羟基 - β - 甲基戊二酰辅酶 A 还原酶抑制剂，已作为降血脂药物应用于临床，对高脂血症的治疗产生了深远的影响；微生物产生的其他生理活性物质还有植物生长调节剂、受体拮抗剂、抗氧化剂、抗生素增效剂等等。应用传统的模型，从微生物代谢物中寻找新抗生素的几率越来越低，但是随着筛选其他活性物质模型的建立，越来越多不同类型的生理活性物质被陆续发现，微生物来源的生理活性物质已经成为微生物药物的重要组成部分。

二、微生物药物的分类

（一）抗生素类药物

提起抗生素大家并不生疏，譬如有人患了细菌性肺炎，要用青霉素治疗；肺结核患者需注射链霉素；阿米巴菌痢患者应服用巴龙霉素；支原体患者，就得服用红霉素等等。像青霉素、链霉素、巴龙霉素和红霉素等，这些药物都属于抗生素。由于早期发现的一些抗生素，如青霉素、链霉素、红霉素等均来源于微生物的生命活动，而且主要应用于细菌感染的疾病防治上，故认为“抗生素是微生物在新陈代谢过程中所产生，可抑制它种微生物生长及活动，甚至杀死它种微生物的一种化学物质”。随着抗生素事业的不断发展，把抗生素的来源仅限于“微生物所产生”就显得狭隘了。抗生素的来源不仅限于细菌、放线菌和霉菌等微生物，植物及动物也能产生抗生素，例如蒜素、小檗碱、鱼腥草素及鱼素等就是由植物或动物产生的。抗生素的应用范围已远远超出了抗菌范围。有的抗生素对肿瘤细胞有抑制作用，如博莱霉素可治疗皮肤和头颈部鳞状上皮细胞癌；有的抗生素对原虫有抑制作用，如巴龙霉素可以治疗阿米巴痢疾；有些抗生素有抑制某些异性酶的活力，如抑胃酶素对胃蛋白酶具有抑制作用，可治疗胃溃疡病。抗生素除抗菌作用外还有其他生理活性，如新霉素、两性霉素 B 等具有降低胆固醇的作用，有的抗生素还有镇咳、止血、改善心血管功能、刺激机体生长、增强机体免疫功能的效果。所以也不能把抗生素仅仅看作是抗菌药物。比较确切的抗生素定义应为“抗生素是微生物在其生命活动过程中所产生的（或由其他方法

获得的），能在低微浓度下有选择地抑制或影响它种生物功能的有机物质”。

以往抗生素的命名较为混乱，同名异物或同物异名的混乱现象较多。以后，经过了严格的鉴别，将同一物质归纳为一类，统一了命名。现在对常用抗生素的命名基本上根据：①凡是由动植物或菌类产生的抗生素，其命名根据动物学、植物学或菌属学的名称而定。例如：青霉素、链霉素、赤霉素、灰黄霉素、蒜素、小檗碱、鱼素等；②抗生素的化学结构或性质已经明确可根据其族命名。例如：四环素、氯霉素、环丝氨酸、重氮丝氨酸等；③对一些有纪念意义或按抗生素产生菌的出土地方命名及习惯上已采用的俗名仍可继续使用。例如：创新霉素、正定霉素、庐山霉素、平阳霉素、井冈霉素、金霉素、土霉素等。

抗生素的种类繁多，性质复杂，用途又是多方面的。因此对其进行系统、完善的分类有一定的困难。只能从实际出发进行大致分类。一般以生物来源、对象、作用机制、生物合成途径、化学结构作为分类依据。这些分类方法有一定的优点和适用范围，但某些缺点也是很明显的。下面简要介绍几种分类方法。

1. 根据抗生素的生物来源分类　微生物是产生抗生素的主要来源，可分为：①放线菌产生的抗生素；②真菌产生的抗生素；③细菌产生的抗生素；④植物及动物产生的抗生素。其中以放线菌产生的为最多，放线菌产生的抗生素主要有氨基糖苷类（链霉素、新霉素、卡那霉素等），四环类（四环素、金霉素、土霉素等），放线菌素类（放线菌素 D 等）、大环内酯类（红霉素、螺旋霉素、柱晶白霉素等）和多烯大环内酯类（制霉菌素、抗滴虫霉素 Trichomycin 等）等；真菌次之，如青霉菌属产生的有青霉素和灰黄霉素等，头孢菌属产生的有头孢菌素等；细菌又次之，如多黏菌素、杆菌肽、短杆菌素（Tyrothricin）等，此类具有复杂的化学结构，是环状或链环状多肽类物质，由肽链将多种不同氨基酸结合而成，含有自由氨基，其化学性质一般为碱性，这类抗生素多数对肾脏有毒性；来源于高等植物和动物的不多，如中药中已提纯的抗微生物物质有常山碱、小檗碱、白果酸及白果醇等。

2. 根据抗生素的作用对象分类　按照抗生素的作用对象分类便于应用时参考。某些抗生素的抗菌谱较广，例如四环素和氯霉素等能抑制几类微生物，也有作用很专一的抗生素，如青霉素 G 对革兰阳性细菌有效，但这样的抗生素并不太多。

（1）抗革兰阳性细菌的抗生素　主要有青霉素、红霉素和新生霉素等。

（2）抗革兰阴性细菌的抗生素　主要有多黏菌素等。

（3）抗真菌的抗生素　主要有放线菌酮、制霉菌素、灰黄霉素、两性霉素等。

（4）抗结核分枝杆菌的抗生素　有链霉素、新霉素、卡那霉素、巴龙霉素和环丝氨酸等。

（5）抗癌细胞的抗生素　主要有放线菌素 D、丝裂霉素 C、博莱霉素（Bleomycin），柔毛霉素、阿霉素等。

（6）抗病毒和噬菌体的抗生素　除了青霉素及四环类抗生素对立克次体及较大的病毒有作用外，还有一些抑制病毒和噬菌体的抗生素如艾霉素（Ehrlichin）等。

（7）抗原虫的抗生素　青霉素和红霉素能抗梅毒螺旋体，四环类抗生素能抗阿米巴原虫。此外，对原虫有抑制能力的还有嘌呤霉素（puromycin）、巴龙霉素、抗滴虫霉素和蒜素等。

3. 根据抗生素的作用机制分类　按作用机制分类，对理论研究具有重要的意义，已有许多抗生素按已知作用机制分类的范例。根据抗生素的主要作用可分五类。

（1）抑制细菌壁合成的抗生素　青霉素、瑞斯托菌素（Ristocetin）等。

（2）影响细胞膜功能的抗生素　如多烯类抗生素等。

(3) 抑制核酸合成的抗生素　如影响 DNA 结构的博来霉素、丝裂霉素 C 及柔毛霉素等。

(4) 抑制蛋白质合成的抗生素　如四环素、红霉素、链霉素及氯霉素等。

(5) 抑制生物能作用的抗生素　如抑制电子转移的抗霉素（antimycin）、抑制氧化磷酸化作用的短杆菌肽 S（gramicidin S）和寡霉素（oligomycin）等。

(6) 影响细胞内 Na^+、K^+平衡的抗生素：如盐霉素等。

根据作用机制分类的缺点是：作用机制已经清楚的抗生素还不多。一种抗生素可以有多种作用机制，而不同种类的抗生素也可以有相同的作用机制。例如氨基糖苷类抗生素和大环内酯类抗生素都能抑制蛋白质合成等。

4. 根据抗生素的生物合成途径分类　按生物合成途径分类便于将生物合成途径相似的抗生素互相进行比较，以寻找它们在合成代谢方面的相似之处，引出若干抗生素生源学（即抗生素在产生菌菌体内的功能）的推论。因此，研究抗生素的构造、代谢途径和产生菌之间的关系，就可为寻找新菌种提供方向。按照此方法可分为：①氨基酸、肽类衍生物；②糖类衍生物；③以乙酸、丙酸为单位的衍生物等。这种分类方法的缺点是很多抗生素的生物合成途径还没有研究清楚。有时不同的抗生素可以有相同的合成途径。

5. 根据抗生素的化学结构分类　根据化学结构，能将一种抗生素和另一种抗生素清楚地区别开来。化学结构决定抗生素的理化性质、作用机制和疗效，例如对于水溶性碱性氨基糖苷类和多肽类抗生素，含氨基愈多，碱性愈强，抗菌谱逐渐移向革兰阴性菌；大环内酯类抗生素对革兰阳性、革兰阴性球菌和分枝杆菌有活性，有中等毒性和副作用。结构上微小的改变常会引起抗菌能力的显著变化。现在根据习惯的分类方法，将抗生素分为下列十类。

(1) β-内酰胺类抗生素　这类抗生素都包含一个四元内酰胺环，其中有青霉素、头孢菌素和最近发现的一系列抗生素，如头孢哌酮、头孢匹罗、亚胺培南、米罗培南等。

(2) 氨基糖苷类抗生素　这类抗生素既含有氨基糖苷，又含有氨基环醇结构，其中包括链霉素、双氢链霉素、新霉素、卡那霉素、庆大霉素、春日霉素和有效霉素等。

(3) 大环内酯类抗生素　这类抗生素含有一个大环内酯作为配糖体，以苷键和 1～3 个分子的糖相连。其中医疗上比较重要的有红霉素、柱晶白霉素、麦迪加霉素等。

(4) 四环类抗生素　这类抗生素是以四并苯为母核，包括金霉素、土霉素和四环素等。由于含四个稠合的环也称为稠环类抗生素。

(5) 多肽类抗生素　这类抗生素多由细菌，特别是产生孢子的杆菌产生。它们含有多种氨基酸，经肽键缩合成线状、环状或带侧链的环状多肽类化合物。其中较重要的有多黏菌素（polymyxin）、放线菌素和杆菌肽（bacitracin）等。

(6) 多烯类抗生素　化学结构特征不仅有大环内酯，而且内酯中有共轭双键，属于这类抗生素的有制霉菌素、两性霉素 B、曲古霉素、球红霉素等。

(7) 苯烃基胺类抗生素　属于这类抗生素的有氯霉素、甲砜氯霉素等。

(8) 蒽环类抗生素　属于这类抗生素的有柔红霉素、阿霉素、正定霉素等。

(9) 环桥类抗生素　这类抗生素含有一个脂肪链桥经酰胺键与平面的芳香基团的两个不相邻位置相联结的环桥式化合物，如利福霉素、利福平等。

(10) 其他抗生素　凡不属于上述九类者均归其他类，如磷霉素、创新霉素等。

现将各种分类方法及代表性抗生素归纳如表 14-1，这些分类方法各有一定的优、缺点和适用范围。

表 14－1　抗生素的分类

分类方法	种　类	举　例
根据生物来源	1. 由放线菌产生的抗生素	链霉素、红霉素、四环素
	2. 由真菌产生的抗生素	青霉素、头孢菌素
	3. 由细菌产生的抗生素	多黏菌素、杆菌肽
	4. 由植物及动物产生的抗生素	地衣酸、绿藻素、蒜素
根据抗生素的作用对象	1. 抗革兰阳性细菌的抗生素	青霉素、红霉素、新霉素
	2. 抗革兰阴性细菌的抗生素	多黏菌素
	3. 抗真菌的抗生素	放线酮、制霉菌素、灰黄霉素、两性霉素
	4. 抗肿瘤的抗生素	放线菌素 D、丝裂霉素、博来霉素、阿霉素
	5. 抗结核分枝杆菌的抗生素	链霉素、新霉素、卡那霉素
	6. 抗病毒和噬菌体的抗生素	艾霉素（Ehrlichin）
	7. 抗原虫的抗生素	嘌呤霉素、巴龙霉素
根据抗生素的作用机制	1. 抑制细胞壁合成的抗生素	青霉素、瑞斯托菌素
	2. 影响细胞膜功能的抗生素	制霉菌素、两性霉素
	3. 抑制核酸合成的抗生素	丝裂菌素、博来霉素、柔红霉素
	4. 抑制蛋白质合成的抗生素	链霉素、红霉素、四环素、氯霉素
	5. 抑制生物能作用的抗生素	抗霉素（抑制电子转移）、短杆菌肽（抑制氧化磷酸化）
	6. 影响细胞内 Na^+、K^+ 平衡的抗生素	盐霉素
根据抗生素的生物合成途径	1. 氨基酸、肽类衍生物	
	1）简单的氨基酸衍生物	环丝氨酸、重氮丝氨酸
	2）寡肽衍生物	青霉素、头孢菌素
	3）多肽衍生物	多黏菌素、杆菌肽
	4）多肽大环内酯抗生素	放线菌素
	5）含嘌呤和嘧啶基团的抗生素	曲古霉素、嘌呤霉素
	2. 糖类衍生物	
	1）糖苷类抗生素	链霉素、新霉素、卡那霉素、巴龙霉素
	2）与大环内酯相连的糖苷类衍生物	红霉素、碳霉素
	3. 以乙酸、丙酸为单位的衍生物	
	1）乙酸衍生物	四环类抗生素、灰黄霉素
	2）丙酸衍生物	红霉素
	3）多烯类抗生素	制霉菌素、曲古霉素
根据抗生素的化学结构	1. β－内酰胺类抗生素	青霉素、头孢菌素、硫霉素、亚胺培南
	2. 氨基糖苷类抗生素	链霉素、新霉素、卡那霉素、庆大霉素
	3. 大环内酯类抗生素	红霉素、螺旋霉素、麦迪霉素
	4. 四环类抗生素	四环素、金霉素、土霉素
	5. 多肽类抗生素	多黏菌素、放线菌素、杆菌肽
	6. 多烯类抗生素	两性霉素、曲古霉素、制霉菌素
	7. 苯羟基胺类抗生素	氯霉素、甲砜氯霉素
	8. 蒽环类抗生素	柔红霉素、阿霉素、正定霉素
	9. 环桥类抗生素	利福霉素
	10. 其他抗生素	磷霉素、创新霉素

（二）维生素类药物

目前采用微生物发酵技术生产的维生素类药物及其中间体有维生素 B_2（核黄素）、维生素 B_{12}（氰钴胺素）、2－酮基－*L*－古龙酸（维生素 C 原料）、β－胡萝卜素（维生素 A 前体）、麦角甾醇（维生素 D_2前体）等。

（三）氨基酸类药物

目前氨基酸主要用于生产大输液及口服液，有些氨基酸尚有其特殊用途。如精氨酸盐及谷氨酸钠亦用于肝性昏迷的临床抢救，解除氨毒。*L*－谷氨酰胺用于治疗消化道溃疡，*L*－组氨酸亦为治疗消化道溃疡辅助药等。

首先采用微生物发酵生产氨基酸的是日本科学家木下祝郎，他于 1956 年首创利用谷氨酸棒状杆菌生产谷氨酸。此后，随着氨基酸生物合成代谢及其调节机制的深入研究，人们进而采用人工诱发缺陷型和代谢调节型突变株，使氨基酸发酵生产的品种不断增多和产量迅速增加；利用微生物细胞内酶将底物转化为氨基酸也是一种重要的生产方法，这种方法随着固定化酶技术的兴起而得以迅速发展和广泛应用。目前，采用微生物发酵法生产的氨基酸有谷氨酸、脯氨酸、缬氨酸、赖氨酸、胍氨酸、亮氨酸、鸟氨酸、苯丙氨酸、蛋氨酸、苏氨酸、高丝氨酸、酪氨酸、色氨酸和组氨酸等；利用酶转化生产的氨基酸有天冬氨酸、丙氨酸、蛋氨酸、苯丙氨酸、色氨酸、赖氨酸、酪氨酸、半胱氨酸、谷氨酰胺及天冬酰胺等。

（四）核苷酸类药物

这类药物一旦缺乏会对机体代谢造成障碍，提供这类药物，有助于改善机体的物质代谢和能量平衡，加速受损组织的修复，促使缺氧组织恢复正常生理功能。临床上广泛用于血小板减少症、白细胞减少症、急慢性肝炎、心血管疾病等代谢障碍，其中直接用微生物发酵法制取的有 DNA、肌苷酸（5′－AMP）、黄苷酸（XMP）、肌苷、黄苷、鸟苷、腺苷、腺嘌呤等；通过前体发酵制备的有腺苷酸（AMP）、三磷酸腺苷（ATP）、辅酶 A（CoA）、胞二磷胆碱等；通过酶转化法生产的有腺苷酸、肌苷酸、鸟苷酸等。

（五）酶与辅酶类药物

以微生物作为酶源具有生产周期短，成本低的优点。通过环境改变或遗传变异，有可能大大提高酶的活性和产量。基因工程技术、蛋白质工程技术的发展，使得微生物体可生产其自身没有的，甚至是自然界不存在的特殊蛋白质和酶，大大扩展了微生物发酵技术的应用领域。酶工程技术的迅速发展和应用，也极大地促进了对微生物酶的研究和开发。目前可用发酵法生产的治疗用酶有：链激酶、胶原酶、脂肪酶、纤维素酶、天冬酰胺酶、葡聚糖酶、α－淀粉酶、酸性蛋白酶等。

通过微生物发酵法生产的辅酶如辅酶Ⅰ（NAD）、辅酶Ⅱ（NADP）、辅酶 A（CoA）等已广泛用于肝病和冠心病的治疗。

（六）酶抑制剂

日本梅泽滨夫等率先在微生物发酵液中探索有价值的酶抑制剂方面进行了研究，他们从 1956 年起，至少发现了 50 多种酶抑制剂。临床上应用较早的酶抑制剂是由棒状链霉菌产生的 *β*－内酰胺酶抑制剂。*β*－内酰胺酶能水解青霉素等 *β*－内酰胺类抗生素中的酰胺键，从而使这类抗生素失活，这是细菌对这类抗生素产生耐药性的主要原因。棒酸等 *β*－内酰胺酶抑制剂自身抗菌活性不强，但它们与 *β*－内酰胺类抗生素联合使用时，却能显著地增强后者的治疗效果。目前两者的复方制剂已广泛应用于临床。

临床上获得巨大成功的另一类由微生物产生的酶抑制剂是β-羟基-β-甲基-戊二酰辅酶A（HMG-CoA）还原酶抑制剂。1976年日本远藤等报道从桔青霉的代谢产物中发现一个具有抑制HMG-CoA还原酶活性的物质ML-236B（compactin）。此后，在红色红曲霉、土曲霉中相继发现活性更强HMG-CoA还原酶抑制剂，后证实其主要成分为同一物质，即洛伐他丁。1983年Serizawa等报道，通过微生物转化ML-236B而获得一个新的羟基化的化合物，称为普伐他丁。目前发现的HMG-CoA还原酶抑制剂有数十个，其中已有三个作为降血脂药物应用于临床。这类药物由于针对性强、疗效显著、毒副作用少、耐受性好而受到广泛重视和好评。

实际上目前开发中的微生物来源的酶抑制剂已涉及降血脂、降血压、抗血栓、抗肿瘤、抗病毒、抗炎等各种药物领域，这也是当前微生物药学研究中的热门方向。

（七）免疫调节剂

免疫调节剂包括免疫抑制剂及免疫增强剂。从微生物中最早分离出来的免疫抑制剂是1968年Lazary等人由真菌*Pseudeurotium ovalis*产生的sequiterpene化合物叫ovalicin，它是增殖淋巴细胞和淋巴瘤细胞DNA合成的强效抑制剂。由于毒性问题这种药物至今并没在临床上应用，但是它促进了环孢素的发现。在器官移植中第一个真正有选择性的免疫抑制剂是1983年广泛应用于临床的环孢素A。自从这种微生物代谢产物引入临床后，器官移植发生了一场革命，极大地提高了心、肝、胰和骨髓在常规基础上移植的成功率，与此同时也拉开了人们从微生物中寻找强效、低毒的新型免疫抑制剂的帷幕。到目前为止已有近30个属于不同化学类型和不同微生物来源的免疫抑制剂。从微生物来源看，真菌、链霉菌、稀有放线菌和细菌均能产生不同化学结构类型的免疫抑制剂（从海绵中也已分离出免疫抑制剂）。

尽管从微生物次级代谢产物中发现免疫增强剂的机会比免疫抑制剂要少，但在20世纪70年代末发现的bestatin具有较强的免疫增强作用。其被应用于临床研究后，发现它对多种肿瘤患者有免疫治疗作用。这也促进人们从微生物代谢产物中寻找新的免疫增强剂。

（八）甾体类激素

以微生物转化法生产激素获得成功的第一个实例是美国普强公司，他们于1952年用无根霉一步法在11α位置上羟化孕酮获得成功，而用合成法将氧从12位移到11位则要10个步骤。用微生物所进行的甾体转化主要有羟化、脱氧、加氢、环氧化等反应以及侧链或母核开裂反应等。目前可的松、氢化可的松、泼尼松、地塞米松等甾体激素化学合成工艺中，已有反应可用微生物转化来实现，并有良好的发展前景。

第二节　抗生素制造工艺

扫码“学一学”

一、β-内酰胺类抗生素

（一）概述

β-内酰胺类抗生素（β-lactam antibiotic）是一类在结构上具有β-内酰胺环（β-lactam），呈抗菌活性的天然或经化学改造的化合物的总称。由于它们的毒性在已知的抗生素中是最低的，且容易通过化学改造得到一系列高效、广谱、抗耐药菌的半合成抗生素，因而受到人们的高度重视，成为目前品种最多、使用最广泛的一类抗生素。

β-内酰胺类抗生素一般依据其母核来分类，即以β-内酰胺环所结合环的不同进行分类，

其代表性结构见图 14-1。其中作为天然物的母核有青霉烷 penam（青霉素类 penicillins）、头孢烯 cephem（头孢霉素类 cephalosporins）、碳霉素烯（硫霉素 thienamycin 和橄榄酸类 carbapenem）、氧青霉烷（克拉维酸 clavulanic acid）和单环 β-内酰胺（monobactam）诺卡菌素类（nocardicins）等几种。以下对几类 β-内酰胺类抗生素的作用特点做一简要介绍。

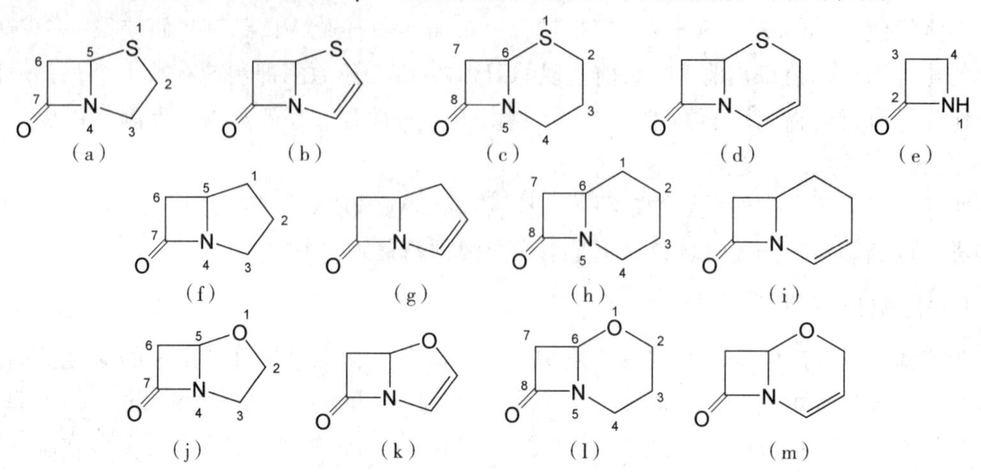

图 14-1　β-内酰胺类抗生素的分类

（a）青霉烷*；（b）青霉烯；（c）头孢烷；（d）头孢烯*；（e）单环 β-内酰胺；
（f）碳青霉烷*；（g）碳青霉烯*；（h）碳头孢烷；（i）碳头孢烯；
（j）氧青霉烷*；（k）氧青霉烯；（l）氧头孢烷；（m）氧头孢烯
* 天然产物

1. 青霉素类抗生素　这类抗生素分子中具有共同的青霉烷母核，抑制繁殖期细菌细胞壁的合成，具有毒性低、杀菌活力高、选择性强、抗菌谱广、体内分布好的特点，故临床应用比较广泛。表 14-2 列举了临床上应用的一些青霉素类抗生素。

表 14-2　临床上应用的青霉素

抗菌作用类型		应用的主要品种
抗 G^+ 的窄谱青霉素	注射用	青霉素 C
	口服用	青霉素 V、非奈西林（Phenethicillin）、丙匹西林（Propicillin）
耐青霉素酶的青霉素	注射用	甲氧西林（Methicillin）
	口服用	苯唑西林（Oxacillin）、氯唑西林（Cloxacillin）、双氯西林（Dicloxacillin）、氟氯西林（Flucloxacillin）、奈夫西林（Nafcillin）
广谱青霉素	原药型	氨苄西林（Ampicillin）、阿莫西林（Amoxicillin）、环己西林 Ciclacillin）
	酯型前药	匹氨西林（Pivamipicillin）、酞氨西林（Talampicillin）、巴氨西林（Bacampicillin）、仑氨西林（Lenampicillin）
抗 G^- 的青霉素	胺型前药	海他西林（Hetacillin）
	脒型原药	美西林（Mecillin）
	酯型前药	匹美西林（Pivmecillin）、巴美西林（Bacmecillin）
	甲氧基型	替莫西林（Temocillin）
抗绿脓广谱青霉素	原药型	羧苄西林（Carbenicillin）、磺苄西林（Sulbenicillin）、替卡西林（Ticarcillin）、阿朴西林（Aspoxicillin）
	酯型前药	卡茚西林（Carincillin）、卡非西林（Carfecillin）
	酰脲型	呋苄西林（Furbenicillin）、阿洛西林（Azlocillin）、美洛西林（Mezlocillin）、阿帕西林（Apalcillin）、哌拉西林（Piperacillin）
β-内酰胺酶抑制剂	克拉维酸型	奥格门汀（Augmentin，安灭菌）、泰门汀（Timentin）
	舒巴坦型	优立新（Unasyn）、舒他西林（Sultamicillin）、舒哌酮（Sutperazon）
	他唑巴坦型	他唑西林（Tazocillin）

2. 头孢菌素类抗生素　分子结构中含有头孢烯结构，与青霉素类结构的不同在于母核7-氨基头孢烯酸（7-ACA）取代了6-氨基青霉烷酸（6-APA），这种差异使头孢类抗生素可以耐青霉素酶。作用机制与青霉素类相似。表14-3列举了临床上应用的一些头孢菌素类抗生素。

表14-3　临床上应用的头孢菌素

分类		应用的主要品种
第一代	注射用	头孢噻吩（Cefalothin）、头孢噻啶（Cefaloridine）、头孢唑啉（Cefazolin）、头孢乙腈（Cefacetrile）、头孢匹林（Cefapirin）、头孢替唑（Ceftezole）
	口服用	头孢来星（Cephalolycin）、头孢氨苄（Cefalexin）、头孢拉定（Cefradin）、头孢羟氨苄（Cefadroxail）、头孢曲秦（Cefatrizine）、头孢克洛（Cefaclor）、头孢沙定（Cefroxadine）
第二代	注射用	头孢孟多（Cefamandole）、头孢替安（Cefotiam）、头孢尼西（Cefonicid）、头孢呋辛（Cefuroxime）、头孢西丁（Cefoxitin）、头孢美唑（Cefmetazole）
	口服用	头孢呋辛乙酰氧基甲酯（Cefuroxime Axetil）
第三代	注射用	头孢噻肟（Cefotaxime）、头孢唑肟（Ceftizoxime）、头孢甲肟（Cefmenoxime）、头孢曲松（Ceftriaxone）、头孢他啶（Ceftazidime）、头孢唑南（Cefuzonam）、头孢咪唑（Cefpimizole）、头孢匹胺（Cefpiramide）、头孢哌酮（Cefoperazone）、头孢替坦（Cefotetan）、头孢拉宗（Cefbuperazone）、头孢米诺（Cefminox）、拉氧头孢（Latamoxel）、氟氧头孢（Flomoxel）
	口服用	头孢克肟（Cefixime）、头孢特仑特戊酰氧基甲酯（Cefteram Pivoxil）
第四代	注射用	头孢齐定（Ceftazidine）、头孢匹罗（Cefpirom）、头孢匹美（Cefpime）、头孢立定（Cefelidin）
	酶抑制剂合剂	Sulperazon

第一代对除了肠球菌属、MRSA和表皮葡萄球菌属以外的多数G^+球菌有抗菌活性，对大肠埃希菌、肺炎克雷伯杆菌和奇异变形杆菌也有一定活性，但对其他肠杆菌及铜绿假单胞菌无效。第二代的抗G^+球菌活性比第一代低，但对多数G^-杆菌具有较强活性，尤其对流感嗜血杆菌、肠杆菌属和吲哚阳性变形杆菌的抗菌活性更强，但对铜绿假单胞菌也无效。对各种β-内酰胺酶较稳定，头孢呋辛尤为突出。肾毒性一般较小。第三代头孢菌素不论在抗菌谱或抗菌力方面均优于第二代，对G^-菌包括肠杆菌、沙雷菌、吲哚阳性变形杆菌及铜绿假单胞菌均有较好的效果，但对G^+球菌尤其是金葡菌的活性不如第一代强，并有内出血的副反应。第四代头孢菌素类抗生素的特点是增强了对G^+球菌的活性，其特性与第三代的头孢地秦相似。

（二）理化性质

β-内酰胺类抗生素大多是白色、类白色结晶或无定形粉末，温度升高时易分解。母核上都带有一个羧基，其盐类易溶于极性溶剂如水中。当它们以游离酸形式存在时，可溶于有机溶剂中。但当结构中有其他取代基如氨基或酰基时，对此性质有影响。

β-内酰胺类抗生素通常很活泼，它们的化学活性大都和β-内酰胺环有关。Bayer张力学说解释了不同大小环状结构化合物的稳定性，他提出碳原子有4个价键，每两个键之间的正常夹为109°28′，在这种情况下最稳定。把氨苄青霉素结晶中各键间形成的角度进行测定，发现在β-内酰胺环中，键夹角在84°~95°之间，与109°28′偏差许多，说明β-内酰胺环的不稳定性。内酰胺环中羰基很易被亲核和亲电试剂作用，使环打开而失去活性，由于为稠环系统，环的应力增加，因而反应性能更强。在很多情况下，青霉素很易水解，在碱性下生成青霉噻唑酸，遇酸失去CO_2生成失羧青霉噻唑酸。

与青霉素相比，头孢菌素较不易发生开环反应。如醇能很快地和青霉素的β-内酰胺环起作用，但头孢菌素较稳定，可以把甲醇作为重结晶的溶剂。头孢菌素对酸也较稳定。在青霉素6-酰基α位上，或头孢菌素7-酰基α位上引入吸电子基团如甲氧基、甲氧亚氨基等就会阻碍降解反应，因而苯氧甲基青霉素和氨苄青霉素对酸较稳定，可以口服。

（三）β-内酰胺类抗生素的制备

1. 青霉素

（1）青霉素的结构和性质　青霉素的基本母核为β-内酰胺环和噻唑烷环并联组成的N-酰基-6-氨基青霉烷酸，其侧链上的R基可为不同基团取代（图14-2）。青霉素是弱酸性物质，易溶于醇类、酮类、醚类和酯类溶剂中，其游离酸在水中的溶解度很小，但其金属盐类易溶于水，而几乎不溶于乙醚、三氯甲烷和醋酸丁酯。工业上利用此原理，通过将青霉素G游离酸与醋酸钾反应生成钾盐，使之从醋酸丁酯相中结晶析出，可得到高纯度的青霉素G钾盐。

RCONH　S　CH_3　CH_3　N　O　COOH

图14-2　青霉素

青霉素是一种不稳定的化合物，它在水溶液中极易被破坏而失活，温度升高或在酸性、碱性条件下分解更快。例如在24℃下，青霉素G溶液pH 6时相对较稳定，半衰期为14日；当pH为11时，半衰期为1.7小时；当pH为2.0时，半衰期仅为20分钟，因此在制备时尤其要考虑其稳定性，在低温下进行提取，以减少破坏。

（2）生产工艺　现国内青霉素的生产菌种按菌丝的形态分为丝状菌和球状菌两种。丝状菌根据孢子颜色又分为黄孢子丝状菌及绿孢子丝状菌，目前生产上用产黄青霉菌的变种，是绿色丝状菌；球状菌根据孢子颜色分为绿孢子球状菌和白孢子球状菌，目前生产上多用白孢子球状菌。丝状菌和球状菌对原材料、培养条件有一定差别，产生青霉素的能力也有差距。

国内青霉素生产厂大都采用绿色丝状菌。球状菌发酵单位虽高，但对原材料和设备的要求较高，且提炼收率也低于丝状菌，需继续对比考察。

由于新的高产菌种不断取代低产菌种，发酵工艺不断改进，发酵单位已提高到50000U/ml以上的水平。但发酵液中青霉素的浓度仍很低，折合重量计算仅含2.5%，需经浓缩很多倍才便于结晶，况且发酵液中尚含有大量杂质，应预先去除。提取青霉素的方法有几种：早期曾用活性炭吸附法；目前多采用溶剂萃取法；此外也试验过沉淀法或离子交换法，但都未用于生产。溶剂萃取法提取青霉素钾成品的一般工艺路线如下：

发酵液 —[板框过滤或鼓式过滤]→ 滤洗液
（冷却至10℃下，过滤，用10% H_2SO_4调pH 5.0±0.1，加PPB溶液，冲水量20%～30%）

滤洗液 —[BA提取]→ 丁酯萃取液
（加1/3BA，加PPB，10% H_2SO_4调pH 2.0～2.5逆流萃取）

—[脱水脱色]→ BA清液
（加0.3%活性炭搅拌10min后压滤，冷冻脱水（-10℃下），水分在0.9%以下过滤得BA清液）

BA清液 —[结晶]→ 湿晶体
（加温至15℃左右，加KAC-C_2H_5OH溶液适当搅拌，结晶后静置1h以上，甩滤）

—[分离，洗涤，干燥]→ 青霉素G钾盐成品
（挖出湿晶体放入洗涤罐，用丁醇（4～6L/10亿）洗涤，用乙酸乙酯（2L/10亿）顶洗，挖出粉子真空干燥）

由于青霉素性质很不稳定，整个提炼过程应在低温、快速，严格控制pH值下进行，注意对设备清洗消毒减少污染，尽量避免或减少青霉素效价的破坏损失。

① 发酵液预处理和过滤：发酵液放罐后，首先要冷却。青霉素菌丝较粗，一般过滤较容易，目前采用鼓式过滤及板框过滤。为了加快滤速，可利用菌体作为板框压滤机中的助滤剂。必要时在过滤前用硅藻土等介质做预铺层，再加些絮凝剂如十五烷基溴代吡啶

（PPB）等，进行二次过滤。

② 萃取：在酸性 pH 2 左右时青霉素是游离酸溶于有机溶剂，在中性 pH 7 左右时青霉素是盐而溶于水，一般从滤液萃取到醋酸丁酯时，pH 选择 2.0～2.5，而从丁酯反萃取到水相时，pH 选择 6.8～7.2 之间。萃取需在低温（10℃以下）条件下进行，在设备上常用冷盐水（夹层或蛇管）进行冷却，以降低温度。同时加入 PPB 破乳化。

③ 脱色和脱水：用水洗涤，以除去无机酸和硫酸根，再用活性炭脱色。丁酯萃取液中残留水分会降低成品收率，用 -18～-20℃ 冷盐水冷却，使水成为冰而析出，水分可降至 1.0% 以下。

④ 结晶：青霉素游离酸在有机溶剂中的溶解度是很大的，当它与某些金属或有机胺结合成盐之后，由于极性增大溶解度大大减小而自溶剂中析出。

⑤ 洗涤干燥：用丁醇和乙酸乙酯分别洗涤晶体，真空干燥。

（3）检验方法　青霉素含量测定使用高效液相色谱法：以十八烷基硅烷键合硅胶为填充剂，流动相为 A∶B（70∶30），其中流动相 A 为 pH 7.0 的 0.1mol/L 磷酸盐缓冲液，流动相 B 为水；检测波长为 225nm。取青霉素及对照品适量，加水溶解并定量稀释成 1ml 中约有 1mg 的溶液，精密量取 20μl 注入液相色谱仪，记录色谱图，按外标法以峰面积计算，其结果乘以 1.1136，即为供试品中青霉素 G 钾盐的含量（以效价单位计）。

（4）制剂及用途　注射用青霉素为钾盐或钠盐结晶性粉末，密封于安瓿中，剂量有 20 万单位、40 万单位、80 万单位等。临用前用注射溶媒溶解后肌内注射或静脉注射给药，成人常用剂量为每日肌内注射 80～200 万单位，分 3～4 次给药。由于青霉素类抗生素会产生严重的过敏反应，因此在注射前需详细询问病人的过敏史，或进行皮肤试验（常用皮内注入 10～100 单位青霉素），20min 后，如局部出现红肿并有伪足，肿块直径大于 1cm 时为阳性反应，即不能使用青霉素。如阴性，则可予注射，且病人在注射后需观察 10min 无反应后再走。作为临床上常用的抗菌药，本品适用于 A 组及 B 组溶血性链球菌、肺炎链球菌、对青霉素敏感金葡菌等革兰阳性球菌所致的各种感染，如败血症、肺炎、脑膜炎、扁桃体炎、中耳炎、猩红热、丹毒、产褥热等。也用于治疗草绿色链球菌和肠球菌心内膜炎（与氨基糖苷类联合）；梭状芽孢杆菌所致的破伤风、气性坏疽、炭疽、白喉、流行性脑脊髓膜炎、李斯特菌病、梅毒、淋病、钩端螺旋体病、放线菌病等。

2. 头孢菌素 C

（1）头孢菌素 C 的结构和性质　头孢菌素 C（CPC）结构如图 14-3 所示，为两性化合物，分子中有 2 个羧基和 1 个氨基，pK 值分别为 <2.6（侧链羧基）、3.1（核羧基）、9.8（侧链 NH_3^+ 基），在中性和偏酸性下呈酸性，能与碱金属结合生成盐类。其钠盐含 2 个结晶水，为白色或淡黄色结晶性粉末，易溶于水，不溶于有机溶剂。对稀酸及重金属离子均稳定，水溶液 pH >11 时迅速失活。

图 14-3　头孢菌素 C

（2）生产工艺　在头孢菌素 C 生物合成过程中常伴随产生性质相近的去乙酰头孢菌素

（DCPC）、去乙酰氧头孢菌素（DOCPC）和青霉素 N 等多种头孢菌素 C 类似物，这些都给其分离纯化带来较大困难。虽然吸附法、溶媒提取法、离子交换法及沉淀法都可用来分离，但上述任何一种单一的传统方法，均达不到满意的效果。目前工业上主要采用多种分离纯化方法相结合的生产工艺，先用大孔网状吸附剂从发酵液中初步分离出头孢菌素 C，然后经离子交换法纯化，最后采用络盐沉淀法进行结晶。具体工艺流程如下：

头 C 发酵液 $\xrightarrow[H_2SO_4]{[酸化]}$ 酸化发酵液 $\xrightarrow[板框]{[过滤]}$ 头 C 滤液 $\xrightarrow[大孔网状吸附剂]{[吸附]}$ 饱和树脂（Ⅰ）$\xrightarrow[丙酮水溶液]{[解吸]}$ 一次头 C 解吸液 $\xrightarrow[阴离子树脂]{[吸附]}$ 饱和树脂（Ⅱ）$\xrightarrow[NaOAc 水溶液]{[解吸]}$ 二次头 C 解吸液 $\xrightarrow[Zn(OAc)_2]{[沉淀水晶]}$ 头 C 锌（络）盐结晶液 $\xrightarrow[板框]{[过滤]}$ 头 C 锌盐湿品 $\xrightarrow[气流干燥]{[干燥]}$ 头 C 锌盐成品

① 预处理：发酵终止时，一般 CPC 游离酸含量为 18 ~ 20mg/ml，除 CPC 外还含有 5% ~ 15% 的 DCPC 及微量 DOCPC。因此，先使发酵液冷却至 15℃以下，再用硫酸酸化至 pH 2.5 ~ 3.0，放置一定时间，使 DCPC 内酯化而易于与头 C 分离。然后板框或真空鼓式过滤机过滤，并用水顶洗滤渣。收集、合并滤液和洗液于低温（10℃）下保存。

② 大孔网状吸附剂的吸附与解吸：滤液在进入吸附柱之前一定要澄明，以免污染树脂。国外常用 Amberlite XAD - 2，XAD - 4 及 Diaion HP - 20 等。国产大孔网状吸附剂有 SKC - 02、SIP - 1300、312 等，其性能与 XAD - 4 相似。CPC 的最适吸附 pH 应为 2.5 ~ 3.0，XAD - 4 的吸附容量为 15 ~ 20g/L 树脂。吸附完毕，需用 2 ~ 4 倍吸附体积去离子水洗涤，除去 SO_4^{2-} 等阴离子，以免干扰后续离子交换树脂的纯化。然后用 15% ~ 25% 乙醇，丙酮或异丙醇水溶液来解吸。收集解吸液收率约为 90%。

③ 离子交换树脂的纯化：CPC 分子中氨基碱性较弱，不能用阳离子交换树脂处理。用强碱性树脂，吸附力强但解吸困难，故采用弱碱性阴离子交换树脂，常用 Amberlite IRA - 68、Amberlite IR - 4B 及国产医工 - 82、330 等。吸附前预先用醋酸溶液处理树脂使成醋酸型，再开始吸附，330 树脂对 CPC 的交换容量为 60 ~ 80g/L 树脂。吸附完毕，用去离子水洗涤树脂，然后以 1.5% ~ 2.5% 的醋酸钠（钾）水溶液解吸。解吸收率一般也有 90% 左右。

④ 沉淀结晶 CPC 可与二价重金属离子 Cu^{2+}、Zn^{2+}、Ni^{2+}、Co^{2+}、Fe^{2+}、Pb^{2+} 等形成 1 : 1摩尔比的难溶性络盐微晶沉淀。将 CPC 浓度为 30 ~ 50mg/ml 的离子交换解吸液，放入结晶罐中冷却至 5℃，加入醋酸锌搅拌使溶解，然后再加入结晶液体积 30% 的乙醇或丙酮，即逐渐析出头 C 锌盐微晶沉淀。结晶收率为 85% ~ 90%。此法简单，收率也好，但由于重金属盐的选择性较差，而且需在一定浓度下才能析出络盐结晶，因此只能用于经过纯化后的 CPC 水溶液。

（3）用途　头孢菌素 C 抗菌活性比较低，疗效差，但其优点是对酸及对各种细菌产生的 β - 内酰胺酶较青霉素稳定，可口服；抗菌谱广，对厌氧菌有高效；引起的过敏反应较青霉素类低；作用机制同青霉素，也是抑制细菌细胞壁的生成而达到杀菌的目的。对头孢菌素 C 的侧链改造，增强了抗菌活性，扩大了抗菌谱，发展了第一、二、三、四代等众多临床上使用的头孢菌素。

二、氨基糖苷类抗生素

（一）概述

氨基糖苷类（aminoglycosides）抗生素是在分子中含有氨基糖苷结构的一大类抗生素。

它们的化学结构都是以氨基环醇与氨基糖缩合而成的苷，其名称应为氨基糖苷－氨基环醇类（aminoglycoside－aminocyclitol）抗生素，但因上述名称沿用已久，故仍用此名。

链霉素是瓦克斯曼（Waksman S. A.）于1944年发现的第一个氨基糖苷类抗生素。以后，又陆续发现了新霉素（Neomycin）、卡那霉素（Kanamycin）、艮他霉素（庆大霉素，Gentamicin）和托普霉素（Tobramycin）等。据不完全的统计，至今已发现的天然氨基糖苷类抗生素达百种以上，如果包括半合成的衍生物和微生物转化的新抗生素，累计不下数千种。表14－4列举了临床上应用的氨基糖苷类抗生素，还有少数抗生素是用于农业的，如春日霉素用于防治稻瘟病，有效霉素（井岗霉素）对植物的致病真菌有效。

表14－4　临床上应用的氨基糖苷类抗生素

名　称	（英文名称）	产生菌	发现年代	抗菌活性*
链霉素	（streptomycin）	*S. gresius*	1944	G^+，G^-，分枝
新霉素	（neomycin）	*S. fradiae*	1948	G^+，G^-，分枝
巴龙霉素	（paromomycin）	*S. rimosus* *Forma paromomycinus*	1959	G^+，G^-，分枝
卡那霉素	（kanamycin）	*S. kanamyceticus*	1957	G^+，G^-，分枝
卡那霉素B	（kanendonycin）	*S. kanamyceticus*		G^+，G^-，分枝
艮他（庆大）霉素	（gentamicin）	*M. purpurea*	1963	G^+，G^-，分枝
紫苏霉素	（sisomicin）	*M. inyoensis*	1970	G^+，G^-，分枝
核糖霉素	（ribostamycin）	*S. ribosidificus*	1970	G^+，G^-
青紫霉素	（lividomycin）	*S. treptomyces 503*	1971	G^+，G^-，分枝
托普霉素	（tobramycin）	*S. tenebrarius*	1967	G^+，G^-，分枝
丁胺卡那霉素	（amikacin）	半合成	1972	G^+，G^-
双去氧卡那霉素B	（dibekacin）	半合成	1971	G^+，G^-，分枝

G^+，系指革兰阳性菌；G^-系指革兰阴性菌；分枝，系指分枝杆菌

氨基糖苷类抗生素的抗菌谱广，作用很强，对革兰阳性和阴性菌都有抗菌作用。如链霉素对球菌、分枝杆菌、巴氏杆菌、布鲁杆菌和嗜血杆菌等都有显著的抑制作用。特别是用于治疗各种结核病、显示出很好的疗效，还用于治疗革兰阴性菌所引起的泌尿道感染、肠道感染、结核性脑膜炎、败血症、肺炎、腹膜炎及百日咳等。但这类抗生素最大缺点是对第八对脑神经、肾脏等组织的毒副作用较强，有的抗生素（如新霉素）长期使用后，会对听觉造成不可恢复性的损害，使肾脏损害，出现蛋白及管型尿，血液中非蛋白氮升高。因此，在医疗上应用受到一定的限制。为了得到抗菌活性强、毒性小的新抗生素，目前除了从自然界进行筛选外，同时还对其进行化学改造，并已取得了良好结果，如紫苏霉素的抗菌作用比艮他霉素强2倍，用于抗铜绿假单胞菌则比艮他霉素强5倍，其化学改造的衍生物乙基紫苏霉素（netilmicin）对肾脏及听觉的毒性比目前应用的氨基糖苷类抗生素都小。

同β－内酰胺类抗生素一样，这类抗生素长期或大量使用都会导致耐药菌的产生，这就限制其临床的使用。耐药菌能产生各种钝化酶——已知的主要有磷酸转移酶、腺苷转移酶和乙酰转移酶，使氨基糖苷类抗生素分子中的某些活性基团钝化，从而失去活性。

（二）氨基糖苷类抗生素的制备

1. 链霉素

（1）链霉素的结构和性质　链霉素是由链霉胍同链霉糖和葡萄糖胺衍生物所构成的糖

苷。其分子中含胍基，呈强碱性，结构如图 14-4 所示。

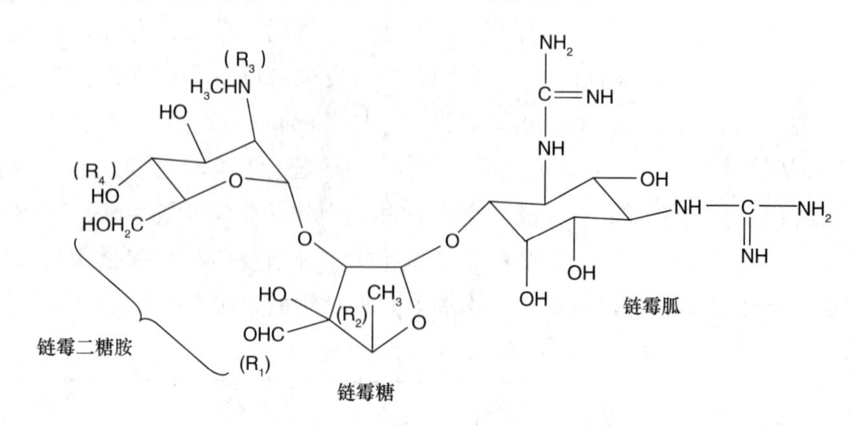

图 14-4 链霉素族的结构

Streptobiosamine——链霉胍；*L*-Streptose——链霉糖（R_1 = CHO，R_2 = CH_3）

Streptobiosamine——*N*-甲基-*L*-葡萄糖胺（R_3 = CH_3，R_4 = H）

名称	R_1	R_2	R_3	R_4
链霉素（Streptomycin）	CHO	CH_3	CH_3	H
双氢链霉素（Dihydrostroptomycin）	CH_2OH	CH_3	CH_3	H
甘露糖链霉素（Mannosidostreptomycin）	CHO	CH_3	CH_3	*D*-甘露吡喃糖

链霉素比较稳定，含水量为 3% 的成品在室温下放置，至少 2 年无显著变化。但链霉素的游离碱或其盐均易吸收空气中的水分而潮解，潮解后含水量增加，容易分解破坏，稳定性显著下降。链霉素的水溶液比较稳定，但其稳定性受 pH 和温度的影响较大。其硫酸盐的水溶液在 pH 4~7 间，室温下放置数星期，仍很稳定，如在冰箱中保存，则 3 个月内活性无变化。短时间加热，如在 70℃ 加热半小时，对活性无明显影响。100℃ 加热 10 分钟，活性约损失一半。最稳定的 pH 是 4.0~4.5。由于链霉素分子中含有很多亲水性基团（羟基和氨基），故很易溶于水，而难溶于有机溶剂。链霉素盐酸盐易溶于甲醇，难溶于乙醇，而硫酸盐即使在甲醇中也很难溶解。

（2）生产工艺　链霉素的提取，早期采用活性炭吸附法。后来亦采用过溶剂萃取法，或直接沉淀法，上述方法用于工业生产都有一定的困难，目前均采用离子交换法。其工艺流程如下：

发酵液 —[酸化处理] 1~2 倍量水稀释，草酸酸化 pH 2.8~3.2 加热 70~75℃→ 酸化液 —[过滤或离心] 板框过滤 离心分离→ 酸化滤洗液 —[中和] 冷却至 15℃以下，10% NaOH 中和 pH 6.7~7.2→

中和滤液 —[一次离子交换] 110-Na 型树脂吸附（20 万 U/ml）→ 饱和树脂 —[一次洗脱] 水洗至澄清 5%~6% H_2SO_4洗脱→ 一次洗脱液 —[二次离子交换] NaOH 中和后 401 树脂吸附（10 万 U/ml）→ 饱和树脂

—[二次洗脱] 先用无盐水挤压，再以 8% H_2SO_4单罐循环洗脱 3~4 次→ 二次洗脱液 —[精制] NaOH 中和，1×14-H 型、330-OH 型树脂精制→ 精制液 —[活性炭脱色] pH 4.3~5.0，0.2%~3% 活性炭，透光度 90% 以上→ 精脱液

—[薄膜浓缩] <35℃/-0.00266MPa（24 万~36 万 U/ml）→ 蒸发浓缩液 —[脱色、无菌过滤、喷雾干燥]→ 硫酸链霉素成品

① 预处理及过滤：发酵终了时，链霉菌所产生的链霉素，有一部分是与菌丝体相结合的。用酸、碱或盐作短时间处理以后，与菌丝体相结合的大部分链霉素就能释放出来。工业上，常采用草酸或磷酸等酸化剂处理，以草酸效果较好，可用草酸将发酵液酸化至 pH 3 左右，直接蒸汽加热 70~75℃，维持 2 分钟使蛋白质凝固，提高过滤速度。迅速冷却，过滤或离心分离。滤液用 NaOH 调 pH 至 6.7~7.2。

② 交换和洗脱：链霉素在中性溶液中，是三价的阳离子，可用阳离子交换树脂吸附，生产上通常用钠型羧酸树脂，如弱酸 101×4（#724）和弱酸 110×2×3（两次聚合，交链度为 3%）等来提取链霉素。树脂饱和后用大量软水洗净树脂，然后通入 5%～7% 低温硫酸洗脱。一次洗脱液中还存在链霉胍、链胍双氢链霉糖、二链霉胺、色素等杂质，应用苄胺树脂与链霉素上醛基的相互作用，可通过树脂吸附去除链霉胍等不含醛基的杂质，吸附饱和树脂用无盐水洗净后同前用低温硫酸洗脱得到二次洗脱液。

③ 精制：高交链度的氢型磺酸树脂的结构紧密，金属小离子可以自由地扩散到孔隙度很小的树脂内部与阳离子交换，而有机大离子就难于扩散到树脂内部进行交换。用高交联度的 1×14－H 型树脂来精制链霉素溶液，溶液中的小离子和链霉素有机大离子在树脂上的吸附速度不同，从而起到离子筛的作用，达到分离的目的。然后用弱碱性阴离子交换树脂（330－OH 型）来去除硫酸根等阴离子

④ 脱色、干燥：通过减压浓缩，活性炭脱色，然后喷雾干燥获得成品。

（3）检验方法　其含量测定使用抗生素微生物检定法中的管碟法或浊度法测定，1000 链霉素单位相当于 1mg 的 $C_{21}H_{39}N_7O_{12}$。

（4）制剂及用途　链霉素口服在肠道不吸收，因此主要用其硫酸盐制成无菌粉末，注射用硫酸链霉素以链霉素计 0.75g（75 万单位）、1g（100 万单位）等规格，临用前加入注射溶媒溶解后肌内注射给药。成人肌内注射一日 0.75～1g，分 1～2 次用，1～2 周一疗程，用于治疗结核病、鼠疫、百日咳、细菌性痢疾、泌尿道感染和主要由革兰阴性细菌引起的其他传染病。

2. 卡那霉素

（1）卡那霉素的结构和性质　卡那霉素（Kanamycin）是 1957 年从放线菌（*S. kanamyceticus*）培养液中分离出的氨基糖苷类抗生素，由于 R_1 和 R_2 基团的不同，可区分为卡那霉素 A、B、C 三种成分。临床上使用的主要成分是卡那霉素 A，而 B 的成分严格控制在 5% 以下（因其毒性较高，但卡那霉素 B 在临床上也有应用，称为卡内多霉素），C 成分含量极微。其结构如图 14－5 所示。

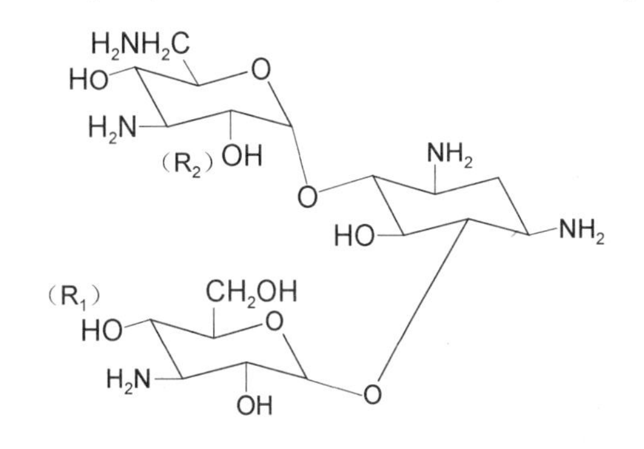

图 14－5　卡那霉素

硫酸卡那霉素为白色或类白色粉末，无臭，味苦，有吸湿性。易溶于水，在乙醚或三氯甲烷中几乎不溶，不溶于乙醇、丙酮、苯及乙酸乙酯。在 pH 2～11 范围内较稳定，在 pH 6～8 加热煮沸时，活力可维持 30 分钟；加热至 120℃，1 小时，活力仅破坏 5%，暴露在阳光中变黑，但对效价没有影响。

（2）生产工艺

工艺流程如下：

发酵液 →[酸化、稀释]（HCl 调 pH 5～5.5，加水稀释）→ 稀释发酵液 →[静态吸附]（1×12－H 型吸附，搅拌 4h）→ 饱和树脂

→[洗脱]（用稀 HCl，NH_4Cl 洗涤）→[脱色]（201×4 树脂 2%～2.8% 氨水洗脱）→ 洗脱脱色液 →[成盐、结晶]（用 H_2SO_4 调 pH 3.2～8.4 加乙醇结晶 2h）→ 结晶液

→[离心、洗涤]（以 95% 及 50% 乙醇分次洗涤）→ 粗晶 →[溶解、脱色]（无盐水溶解至 20 万 U/ml，调 pH 7.0，加 1%～5% 活性炭脱色过）→ 精制液 →[喷雾干燥]→ 原料药

利用卡那霉素盐类在水溶液中能离解成二价阳离子的特性，采用强酸型阳离子交换树脂（1×12）进行提纯浓缩。树脂交换容量为20万U/ml树脂。对饱和树脂的洗涤极为重要。用强碱性阴离子交换树脂（201×4）脱色，加硫酸成盐，乙醇结晶，用无盐水溶解，经活性炭脱色，除热原后直接制成水针剂或经喷雾干燥后分装成粉针剂。

（3）制剂及用途　制剂为注射用硫酸卡那霉素粉针，每支含0.5g（50万U）或1g（100万U）。成人肌内注射一次0.5g，一日1～2次，用于敏感菌所致的系统感染，如肺炎、败血症、尿路感染等。

三、大环内酯类抗生素

（一）概述

大环内酯类抗生素（macrolides antibiotics）是以一个大环内酯为母体，通过羟基，以苷键和1～3个分子糖相连的一类抗生物质。根据大环内酯结构的不同，这类抗生素又分为三类：①多氧大环内酯（polyoxo macrolide）；②多烯大环内酯（polyene macrolide）；③蒽沙大环内酯（ansa－macrolide）。

多氧大环内酯抗生素，按大环内酯环的组元数，又分为12、14和16元环三类。医疗使用的大环内酯抗生素有14元环的红霉素（erythromycin）、竹桃霉素（oleandomycin），16元环的柱晶白霉素（leucomycin）、交沙霉素（josamycin）、螺旋霉素（spiramycin）、麦迪加霉素（medecamycin）等。近年来还发现普拉特霉素（platenomycin）、针棘霉素（espinomycin）和麦里多霉素（maridomycin）等抗生素。

（二）大环内酯类抗生素的制备工艺

1. 红霉素（Erythromycin）

（1）红霉素结构和性质　红霉素是由红色链霉菌（*S. erythraeus*）产生的一种碱性多组分抗生素（图14－6），由于R_1、R_2、R_3及R_4不同，所以红霉素是由红霉素A、B、C、D、E及F等组分组成。

图14－6　红霉素各组分的结构

组分	R_1	R_2	R_3	R_4
A	OH	CH_3	H	H
B	H	CH_3	H	H
C	OH	H	H	H
D	H	H	H	H
E	OH	CH_3	－O－	－O－
F	OH	CH_3	OH	H

红霉素 A 为主要组分，B 和 C 的理化性质和抗菌谱与红霉素相似，而其活性只有红霉素 A 的 30% ~60% 左右，红霉素 E 抗菌活性很低。红霉素 A 与 B 最大的区别是在酸性溶液中 B 比 A 稳定，利用此性质可得纯红霉素 B。红霉素碱可以含 1 分子或 2 分子结晶水。

红霉素是白色或类白色的结晶，微吸湿性，味苦，易溶于醇类、丙酮、三氯甲烷、酯类，微溶于乙醚。溶解度在 55℃ 时为最小。在室温和 pH 6 ~8 条件下其水溶液最稳定。

（2）制备工艺　目前国内外分离纯化红霉素主要采用溶剂萃取法和大孔树脂吸附法。以下介绍大孔树脂吸附法纯化的工艺流程：

发酵液 →［预处理，过滤］（0.1% 甲醛，3% $ZnSO_4$，NaOH 调 pH 7.8 ~8.2）→ 滤洗液 →［树脂吸附］（CAD－40 树脂吸附，浓度 3.5 万 U/ml，流速 1/25（*V/V*·min））→ 饱和树脂 →［树脂洗涤］（40℃ 水洗涤，氨水 pH 10）→ 洗涤后的 →［树脂解吸］（饱和树脂丁酯用 2% 氨水混合，丁酯用量 1∶0.5 ~1，流速 1/130（*V/V*·min））→ 丁酯洗脱液 →［提取分离］（pH 4.7 ~5.2 醋酸缓冲液）→ 酸性缓冲液 →［结晶，分离］（碱化 pH 9.8 ~10，△38 ~40℃）→ 湿晶体 →［干燥］（制颗粒，干燥（70 ~80℃/740mmHg））→ 红霉素碱成品

红霉素是一种碱性抗生素，利用它在不同酸、碱度能溶解在不同溶剂中的特性，采用在乙酸丁酯及在水溶液中正反萃取，以达到提纯和浓缩的目的，最后在含有27 万 ~30 万 U/ml 的丁酯溶液中冷冻结晶，即得红霉素碱成品，其工艺要点分述如下。

① 发酵液的预处理和过滤：采用硫酸锌沉淀蛋白质，促使菌丝结团加快滤速，由于硫酸锌呈酸性，为防止红霉素被破坏，用 NaOH 调 pH 7.8 ~8.2，也有用碱式氯化铝来代替硫酸锌。

② 吸附：红霉素在碱性环境中以分子形式存在，易被树脂吸附。考虑到其稳定性，吸附在中性偏碱（pH 7.8 ~8.2）的环境中进行。

③ 洗涤、解吸：饱和树脂用氨水洗涤后，用乙酸丁酯解吸。

④ 反萃取：红霉素在碱性条件下易溶于有机溶剂，在酸性条件下易溶于水，将洗脱液中的红霉素反萃取到 pH 4.7 ~5.2 的醋酸缓冲液中。

⑤ 结晶：将溶液用氨水或 $NaHCO_3$ 调 pH 10，降低红霉素在水溶液中溶解度，结晶析出。

⑥ 洗涤、干燥：得到红霉素碱成品。

（3）检验方法　其含量测定方法为：精密称取本品适量，加乙醇（10mg 加乙醇 1ml）溶解后，用灭菌水定量制成每 1mg 中约含 1000 单位的溶液，照抗生素微生物检定法中管碟法或浊度法测定，可信限率不得大于 7%。1000 红霉素单位相当于 1mg 的 $C_{37}H_{67}NO_{13}$。

（4）制剂及用途　红霉素在酸性条件下不稳定，能被胃酸破坏，因此口服为肠溶片，静脉注射或静脉滴注可用乳糖酸红霉素（Erythromycin Lactobionate）。肠溶片规格为每片 250mg，剂量为每次 1 片，每日 2 次，主要用于耐青霉素的金葡菌感染及对青霉素过敏的金葡菌感染。亦用于溶血性链球菌及肺炎球菌所致的呼吸道、军团菌肺炎、支原体肺炎、皮肤软组织等感染，此外，对白喉病人，以该品及白喉抗毒素联用则疗效显著。

2. 麦迪霉素（midecamycin）

（1）麦迪霉素结构和性质　麦迪霉素是由生米加链霉菌（*S. Mycarofacieus*）生产的 16 元环内酯抗生素，国内称麦白霉素，是由四川抗生素研究所于 1974 年从南川药物所标本园森林土壤中分离得到的生米加链霉菌四川变种所产生的一个大环内酯抗生素。由于 R_1、R_2、R_3不同，所以麦迪霉素是由 A_1、A_2、A_3及 A_4组成，A_1为主要组分。其化学结构式如图14－7

所示。

图 14-7　麦迪霉素各组分的结构

组分	R_1	R_2
A_1	H	COC_2H_5
A_2	H	$COCH_2C_2H_5$
A_3	=O	COC_2H_5
A_4	=O	$COCH_2C_2H_5$

麦迪霉素为白色结晶性粉末，无臭、有苦味，易溶于甲醇、乙醇、丙酮、三氯甲烷、乙酸乙酯、乙酸丁酯等溶剂，极微溶于水，不溶于石油醚及正己烷，在水中的溶解度随温度升高而降低。在 pH 2～9.0 之间的水溶液中最稳定，遇碱水解产生丙酸，遇酸水解产生氨基碳霉糖。对热、湿、光均稳定。

我国的麦迪霉素和日本相比，组分有很大区别。经研究发现 *S. mycarofaciens* 1748 产生的麦迪霉素含 $MDMA_1$、$A_2\alpha$、$A_2\beta$（$MDMA_2$）、A_3（$MDMA_3$）、B_1（leucomycin A_6）、B_2（YL-704C_2）、C（leucomycin A_8）和 D 8 种组分。其中主组分 A_1 占 30%～35%，B_1（leucomycin A_6）占 30% 左右，抗菌活性 B_1 低于 A_1。国产麦迪霉素产品中由于柱晶白霉素（leucomycin）A_6所占比例较大，疗效较低，所以我国卫生部 1989 年颁布的《抗生素药品质量标准》中改名为麦白霉素（meleumycin，MLM），即麦迪霉素 A_1 及柱晶白霉素 A_6 多组分的混合物，并规定了质量标准：产品中 A_1 组分不得低于 40%。

（2）麦迪霉素的生产工艺

发酵液 —[酸化，过滤] 草酸酸化 pH 2.5～3.0→ 滤洗液 —[提取，离心分离] NaOH 调 pH 8.5～9，BA 提取二次→ 一次 BA 萃取液 —[提取分离] HCl 调 pH 2.0～2.5→ 一次酸水提取液 —[静置分离] NaOH 调 pH 8.5～9 用 BA 提取二次→ 二次 BA —[静置分离] HCl 调 pH 2.0～3.5 用蒸馏水提取→ 二次酸水 —[去残溶剂] 减压空气搅拌→ —[结晶] 5% NaOH 调 pH 8.5～9.0 40℃搅拌 20min→ 结晶液 —[洗涤，干燥] 热 pH 8.5 无盐水洗涤 60～70℃真空干燥→ 麦迪霉素成品

利用它在不同的酸碱度溶解在不同溶剂中的特性，以丁酯和酸性水溶液反复萃取，最后转入酸性水相，pH 调至碱性，析出麦迪霉素游离碱，经洗涤干燥后即得成品。麦迪霉素结晶前必须将水溶液中残留之丁酯去除尽，以免结晶时发生结胶现象。麦迪霉素在水中溶解度随温度升高而降低，因而结晶时要保温，并趁热过滤。提炼过程中碱化和酸化时避免 pH 高于 9.0 或低于 2.0，以减少麦迪霉素之破坏，提高收率和产品质量。

（3）制剂及用途　制剂为肠溶片，每片 0.1g，成人一日 0.8～1.2g，分 3～4 次服用。抗菌谱及作用机制与红霉素相似，抗菌作用稍低于红霉素。临床主要用于革兰阳性菌感染，

如金葡菌、链球菌及肺炎球菌等引起的上呼吸道感染、肺炎、扁桃体炎、急性咽喉炎、中耳炎、尿路感染及皮肤软组织感染等，对多种红霉素耐药菌有效。

四、四环素类抗生素

（一）概述

四环素类抗生素（tetracycline antibiotics）系以四并苯（萘并萘）为母族的一族抗生素。其中有实际应用价值的有（不包括半合成产品）四环素（Ⅰ）；5－羟基四环素，即土霉素（Ⅱ）；7－氯－四环素，即金霉素（Ⅲ）和6－去甲基－7－氯四环素即去甲基金霉素（Ⅳ），其结构式和环上碳原子的位置如图14－8所示。

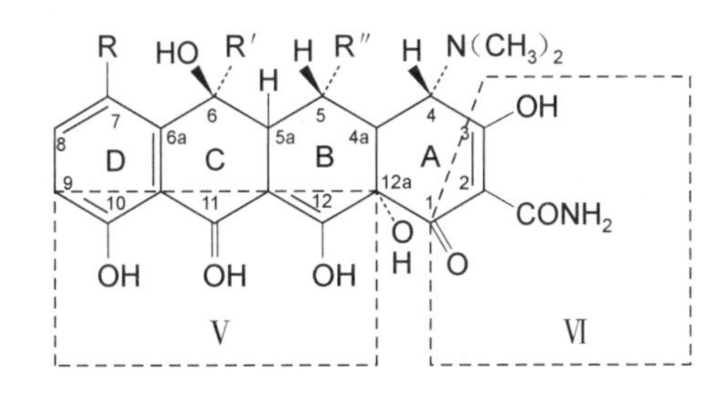

图14－8　四环素类抗生素的结构式

Ⅰ四环素 tetracycline	$C_{22}H_{24}N_2O_8$，	R＝R″＝H，	R′＝CH₃
Ⅱ土霉素 oxytetracycline	$C_{22}H_{24}N_2O_9$，	R＝H，	R′＝CH_3，R″＝OH
Ⅲ金霉素 chlorotetracycline	$C_{22}H_{23}ClN_2O_8$，	R＝Cl，	R′＝CH_3，R″＝H
Ⅳ去甲基金霉素 demethytetracycline	$C_{21}H_{21}ClN_2O_8$，	R＝Cl，	R′＝R″＝H

四环素类抗生素都是黄色结晶性物质。从水中结晶得到的四环素含6分子结晶水，水的含量达到19.6%。从含水有机溶剂中结晶得到的四环素可含3分子结晶水。从水中结晶得到的土霉素则含2分子结晶水，水的含量达到7.5%，加热时就失去结晶水。它们都有吸湿性，含水量分别低于19.6%和7.5%的四环素和土霉素放在空气中要吸收水分。四环素类抗生素是两性化合物，其结构中三羧基甲烷系统Ⅵ具有酸性（pK_a 3.3），酚二酮系统Ⅴ也具有酸性（pK_a 6.5），但酸性较弱。碱性是由于二甲氨基（pK_a 7.5）的存在。因此它能和各种酸、碱形成盐，其中以盐酸盐最重要，广泛用于医疗上。游离的四环素（即成偶极离子形式）习惯上称为四环素碱或游离碱。四环类抗生素的游离碱系统Ⅵ中氢离子和二甲氨基结合形成内盐。

（二）四环素类抗生素的制备工艺

四环素类抗生素及其衍生物的理化性质都很相似，根据四环素类抗生素的理化性质可采用沉淀法、溶剂萃取法或离子交换法，从发酵液中提取。近年来由于发酵单位的不断提高，各生产厂家多采用沉淀法并用少量有机溶剂加以精制。单纯用溶剂萃取法进行提炼的已不多，用离子交换法的就更少。在此主要以四环素为例，并重点阐述沉淀法的工艺。

1. 四环素类抗生素结构和性质　固体四环素类抗生素很稳定。如金霉素在20℃时储存3～5年效价并不降低。土霉素在真空下，105℃加热140小时，活性仅损失20%。四环素在37℃储存时，生物活性虽不见降低，但其中4－差向脱水四环素含量增加很多，后者对人体有毒。低温储存可避免此现象。四环素类抗生素的水溶液在不同pH下的稳定性差别很大。例如，金霉素在碱性条件下很不稳定，在pH 14.0，9.8，7.6时的半衰期分别为40

秒，3.5 小时和 12 小时。在酸性条件下四环素较稳定，而去甲基金霉素表现出异常的稳定性。四环素类抗生素对各种氧化剂，包括空气中的氧气在内，都是不稳定的。其碱性水溶液特别容易氧化，颜色很快变深形成黑色色素。成品在储存中颜色变深和空气中的氧化作用也有关。

四环素类抗生素在弱酸性溶液中比较稳定。在较酸的溶液中（$pH<2$）时，6 位上的叔羟基易脱落而生成水，形成脱水衍生物，脱水衍生物的抗菌活性很低，脱水四环素的抗菌活性为四环素的 1/6，其细胞毒性比四环素大 250 倍；在弱酸性（pH 2～6）溶液中，四环素类抗生素不对称碳原子 C－4 可逆地发生异构化，形成差向衍生物，生物活性大大降低；脱水差向四环素抗菌活性为四环素的 1/8，其细胞毒性也比四环素大 250 倍，但在酸性或碱性溶液中都稳定。由于脱水衍生物及差向衍生物毒性增大，因而在成品中要严格控制这些杂质的含量。

四环素类抗生素能和很多高价金属离子如 Ca^{2+}，Mg^{2+}，Ba^{2+}，Fe^{3+}，Al^{3+} 等形成螯合物，最主要的螯合位置是 11，12β－二酮系统，这一性质常用来从发酵液中提取四环素。例如四环素能和 Ca^{2+}，Mg^{2+}，$Ca^{2+}-Mg^{2+}$ 或 $Ba^{2+}-Mg^{2+}$ 形成复盐而沉淀，其中以 Ca－Mg，Ba－Mg 复盐溶解度最低。由于 β－二酮是酸性基团，故沉淀应在碱性中（pH 8.5～9.0）进行。

四环素类抗生素还能和其他很多物质形成复合物，如硼酸、磷酸、α－羟基酸、六聚偏磷酸盐、甲醇、氯化钙等，因此四环素类抗生素在制备过程中容易夹带杂质。如土霉素能和 $CaCl_2$ 以不同比例形成复合物，土霉素碱在纯甲醇中的溶解度为 7500U/ml（20℃），当有 $CaCl_2$ 存在时，土霉素碱在甲醇中溶解度随着 $CaCl_2$ 浓度增加而增加，而其盐酸盐在酸性甲醇中溶解度则随 $CaCl_2$ 浓度增加而减少。利用此性质可自碱制备盐酸盐。

四环素和尿素能形成等摩尔比复合物，不溶于水，当溶于有机溶剂时，复合物即分离成四环素和尿素。四环素与尿素的反应有特异性；尿素和金霉素、土霉素、差向四环素、脱水四环素等都不能形成沉淀而自水中析出。这一性质常用来精制四环素。

2. 四环素的生产工艺

发酵液 —[酸化过滤]（草酸调 pH1.7～1.8，$ZnSO_4$0.25%黄血盐 0.2%，硼砂 0.2% 压滤，滤渣用 0.3% 草酸水顶洗）→ 滤洗液 —[粗品结晶]（用氨水调 pH 4.8，板框过滤用水顶洗）→ 粗制游离碱 —[溶解]（加 1∶15 丁醇，加 HCl 调 pH 2～2.5，板框过滤）→

丁醇萃取液 —[连续结晶]（用氨水（含 2% Na_2SO_3 和尿素）调 pH4.8，5℃下搅拌 2h）→ 结晶液 —[分离洗涤]（甩滤分离，水淋洗后再甩干）→ 湿四环素碱 —[气流干燥]（进风 120～130℃，出风 70～80℃）→ 成品

粗制游离碱 —[尿素复盐结晶]（加水，加尿素，加 HCl 溶解，氨水调 4.6，过滤）→ 尿素复盐结晶 —[溶解]（加 1∶10（*W/V*）丁醇，加 1∶0.27（*W/V*）HCl 溶解过滤）→ 丁醇萃取液

—[结晶]（加热至 36℃，保温 1h，搅拌 5h）→ 结晶液 —[分离洗涤]（过滤分离，2 倍量丙酮洗涤）→ 湿晶体 —[固定床气流干燥]（粉层温度 60℃，60 目过筛）→ 四环素盐酸盐成品

四环类抗生素能和钙盐、镁盐、某些有机胺、蛋白质等形成不溶性化合物。在发酵过程中这些不溶性化合物积聚在菌丝内，而溶液中抗生素浓度不高。例如发酵结束后，液相浓度有的仅 100～300U/ml。在预处理时，尽量使抗生素溶解，将发酵液酸化到 pH 1.5～2，抗生素就转入液体中，酸化通常用草酸或草酸和无机酸的混合物。草酸的优点是能去除钙离子，析出的草酸钙能促使蛋白质凝固，提高过滤速度；缺点是价格较贵和加速四环素、金霉素的差向化。同时加入黄血盐和硫酸锌，去除铁离子和蛋白质。

四环素成品中常含有差向四环素、脱水四环素和 2－乙酰－2－去酰胺四环素（ADT）

等杂质。

差向四环素不是从发酵液中带来的，而是在提炼过程中产生。提炼过程中防止差向四环素形成的方法有：降低温度，缩短操作时间，去除能促进差向反应的阴离子和选择适宜的 pH 值等。从四环素碱制备盐酸盐的过程中能去除差向四环素 50% 左右。在生产中最好少用草酸，当要沉淀钙、镁离子时，可加入计算量的草酸，避免溶液中有大量过剩草酸根离子存在。为减慢差向化，必须在预处理过程中进行冷却，并缩短操作时间。例如用草酸酸化时，在26℃操作时间13～14 小时，原液中差向四环素含量达到15%～16%；如温度降低至20℃操作，时间缩短到3 小时，差向四环素含量可降低到7%。

差向化合物形成后很难除去。为减少成品中差向四环素的含量，可通过四环素与尿素生成复合物而纯化。例如四环素粗品溶液加入 1～2 倍量尿素，调至 pH 3.5～3.8，就沉淀出四环素－尿素复合物。此复合物可转变为四环素盐酸盐，其方法与从碱转变为盐酸盐的方法相同，如上所述，制备盐酸盐时用丁醇作为溶剂，也可用丁醇－乙醇（3∶1）混合溶剂。加入乙醇可使浓度提高到 20 万 U/ml，降低母液中四环素损失，提高设备生产能力和能更有效地去除差向四环素和 ADT 等杂质。

采用沉淀法提取四环类抗生素，对结晶的控制非常重要。对四环类抗生素盐酸盐的颗粒度控制更为重要。若颗粒太细胶囊不易装入，且粉尘飞扬影响劳动保护；若颗粒太粗，色泽较深，且易形成包含母液杂质的晶簇，使残留溶剂量增加，而影响产品质量。控制结晶颗粒大小，主要是适宜地控制晶体成长的速度和晶核形成的速度。其影响因素除了溶液浓度、结晶温度、搅拌速度外，还有杂质含量、加热速度和结晶液中的水分含量等。如盐酸四环素结晶液中水分含量（包括尿素复盐的水分和丁醇中的水分总含量）太高，晶体会很细，则无法过滤烘烤。

第三节　其他微生物药物

扫码“学一学”

一、微生物产生的酶抑制剂

微生物产生的酶抑制剂的研究与开发，是由日本著名的微生物学家梅泽滨夫提出的。他自发现卡那霉素以后，又发现了一些具有酶抑制剂作用的抗生素，这为开发微生物资源提供了新的途径。酶抑制剂不仅可以作为生物学、生物化学以及免疫学分析研究的工具，而且可以作为一种新的治疗手段应用于临床。

随着病理学、生理学的不断发展，许多病都从酶的水平上加以阐明，不少非感染性的生理疾病与人体某些酶的失控有关。抑制或促进其活性，可以达到预防或治疗这些生理性疾病的目的。例如降血压药物卡普托利是血管紧张素转移酶抑制剂，治疗前列腺肥大的药物 Prosca 是 5α－睾丸酮还原酶抑制剂。有目的、有计划地寻找酶抑制剂，特别是从微生物代谢产物中筛选酶抑制剂，是近年来的热门研究领域。其主要研究方向有β－内酰胺酶抑制剂、胆固醇生物合成酶抑制剂、肾素－血管紧张素系统酶抑制剂等。

（一）β－内酰胺酶抑制剂

β－内酰胺类抗生素包括青霉素类、头孢菌素类及非典型β－内酰胺类等，为品种最多、研究进展最快、临床上应用最广泛的一大类药物。在世界抗生素市场中β－内酰胺类抗生素占主导地位。从第一个β－内酰胺类抗生素——青霉素上市至今已有 60 多年历史，由于长期大量的应用，细菌对这类抗生素的耐药程度越来越严重。细菌产生耐药性的机制主要有

产生钝化酶灭活抗生素、抗生素作用靶点发生变异、细菌外膜通透性改变以及增强抗生素外排等。而产生β-内酰胺酶是β-内酰胺类抗生素耐药的主要原因，该酶水解β-内酰胺环使这类抗生素失效。解决这一问题的途径是将β-内酰胺酶抑制剂与β-内酰胺类抗生素配伍，通过酶抑制剂灭活β-内酰胺酶，使抗生素发挥原有的抗菌作用。

20 世纪 70 年代初，人们开始从微生物中筛选β-内酰胺酶抑制剂，最早发现一株橄榄色链霉菌发酵液中存在能抑制β-内酰胺酶的化合物，被称为橄榄酸。虽然橄榄酸因为体内代谢快，穿透细菌细胞壁或细胞膜的能力较差等原因未能应用于临床，但促进了微生物中β-内酰胺酶抑制剂筛选工作的发展。1976 年从棒状链霉菌的代谢产物中分离得到了克拉维酸，它是一种强效的β-内酰胺酶抑制剂，对金葡菌β-内酰胺酶、质粒介导的酶以及克雷伯菌、变形杆菌及脆弱拟杆菌等产生的染色体介导的酶都有较强的抑制作用。克拉维酸是第一个被应用于临床的β-内酰胺酶抑制剂，它本身所具的抗菌活性很弱，但它与羟氨苄青霉素组成的复合剂奥格门汀、与羧噻吩青霉素组成的复合剂替门汀都具有很好的协同作用，并应用于临床。

（二）胆固醇生物合成酶抑制剂

冠状动脉粥样硬化性心脏病简称冠心病，是严重危害人类健康的一种常见病，已成为发达国家人口死亡的主因之一。其病理特征为脂肪（主要成分为胆固醇）沉积于动脉内壁形成斑块，构成动脉血管粥样硬化。血中总胆固醇（TC）或低密度脂蛋白（LDL）的水平与冠心病的发生率密切相关，降低血中总胆固醇水平可有效地预防或治疗冠心病。血中胆固醇主要来源于从饮食中吸收和内源生物合成，限制其中任一途径，均可以达到降低血浆胆固醇水平的目的。

胆固醇生物合成从乙酰 CoA 开始，经甲羟戊二酰 CoA、甲羟戊酸、异戊烯醇焦磷酸酯、鲨烯等大约二十多步反应最终合成胆固醇，参与胆固醇生物合成的各种酶的形成和其活力的高低都会影响最终产物的生成量。从微生物代谢中已经发现了多种胆固醇生物合成酶抑制剂，如 HMG-CoA 合成酶抑制剂、HMG-CoA 还原酶抑制剂、鲨烯合成酶抑制剂等，其中尤其是微生物来源的 HMG-CoA 还原酶抑制剂在临床中的成功应用，开创了降血脂药物研究的新领域。

1. HMG-CoA 还原酶抑制剂 最初于 1976 年从桔青霉的代谢产物中发现 ML-236B（Compactin，美伐他汀），实验研究表明它在动物和人体内有很好的降胆固醇效果。1979 年远藤等从红色红曲霉的发酵液中分离出一个抑制 HMG-CoA 还原酶活性更强的物质 Monacolin K。1980 年 Alberts 等报道从土曲霉的发酵液中发现一个 HMG-CoA 还原酶抑制剂，称为 mevinolin（Lovastatin，洛伐他汀），后经 Alberts 等研究证实，Mevinolin 与 Monacolin K 为相同的物质。1983 年 Sirizawa 等报道，通过微生物转化 ML-236B 而获得一个新的羟基化化合物，称为普伐他汀（Pravastatin）。其他根据这些化合物结构合成或半合成的衍生物还有辛伐他汀（Simvastatin）、阿伐他汀（Atorvastatin）、氟伐他汀（Fluvastatin）、罗伐他汀（Rosuvastatin）等，除美伐他汀作为合成普伐他汀的原料药外，其他几个均应用于临床，并且在市场上均表现出众。2001 年，阿伐他汀、辛伐他汀、普伐他汀全球年销售分别达到 69.33 亿、66.7 亿、36.13 亿美元，洛伐他汀在 1992 年销售额也曾高达 15 亿美元。这类药物针对病因、疗效显著、毒副作用小、耐受性好，用这类药物治疗高血脂病的同时可降低冠心病和心肌梗死的发病率和死亡率，大约降低 50%～60%。这类药物的发现，是长期以来寻找降血脂药物的一个突破性进展。

2. HMG-CoA 合成酶抑制剂 HMG-CoA 合成酶将短链脂肪酸前体乙酰 CoA 和乙酸

乙酰 CoA 缩合成羟甲基戊二酰 CoA，是整个胆固醇生物合成途径必经的第一步反应。抑制该酶活性，可以降低体内胆固醇的合成，为寻找降血脂药提供新的途径。

1233A 又名 F－244、L－659699，最早由 Aldridge 等于 1971 年从 *Cephalosporin* 菌株发酵液中筛选到的抗真菌活性物质，后来在 1987 年时 Greenspan 等在筛选胆固醇生物合成酶抑制剂过程中，分别从 *Scopulariopsis* sp. 和 *Fusarium* sp. 的发酵液中分离得到的专一性抑制剂，IC_{50}值为 0.65μmol/L。其结构如图 14－9 所示。

图 14－9　1233A 的化学结构

3. 鲨烯合成酶抑制剂　HMG－CoA 还原酶抑制剂类药物通过降低体内甲羟戊酸的水平来达到抑制胆固醇生物合成的目的。这类药物在临床上疗效显著，但从人体的代谢途径可以发现，甲羟戊酸除了在胆固醇生物合成中占有重要地位外，它还是一些非甾体类异戊二烯，如多萜醇、泛琨和异戊烯 tRNA 的必需前体。因此，HMG－CoA 还原酶抑制剂在有效地抑制了胆固醇的生物合成的同时，也影响了人体的其他一些重要的代谢途径。基于这些研究，对固醇生物合成的抑制出现作用于单一甾体生物合成途径的抑制更为合适，其中比较引人注目的靶酶为鲨烯合成酶（SQS）。

鲨烯合成酶（EC2.5.1.2）是类异戊二烯途径的一个重要支点，它是催化甾体生物合成的第一个限速步骤。鲨烯合成酶通过催化法呢基二磷酸（FPP）经过还原性二聚作用，产生中间体前鲨烯二磷酸，在 NADPH 的还原作用下得到鲨烯。因为鲨烯合成酶在胆固醇生物合成途径中的关键位置，且对该酶的抑制不会影响到细胞中重要的非甾体多聚类异戊二烯。因此目前对鲨烯合成酶及其抑制剂的研究已成为降血脂药物发展的一个重要方向。

对于微生物来源的鲨烯合成酶抑制剂的研究始自 20 世纪 90 年代初。目前已从微生物代谢物中发现多个具有鲨烯合成酶抑制活性的酶抑制剂，如 Zaragozic acid A、B 和 C 等，其结构如图 14－10 所示。ZAs 族化合物的结构与前鲨烯焦磷酸（PSPP）的结构相类似，都具有一个酸性中心和两条长疏水侧链，竞争性抑制鲨烯合成酶。一些 ZAs 族化合物对鲨烯合成酶的 IC_{50}为 5～26nmol/L。

1993 年 Merck 公司的 Harris 报道了由绿色木霉的代谢产物中发现的具有鲨烯合成酶抑制活性的化合物，其结构如图 14－11 所示。它们抑制鼠和酵母鲨烯合成酶的 IC_{50}为 0.14～15μmol/L；

二、微生物产生的免疫调节剂

（一）微生物产生的免疫抑制剂

1968 年 Lazary 等人从真菌 *Pseudeurotium ovalis* 的代谢产物中分离到 ovalicin，它是增殖淋巴细胞和淋巴瘤细胞 DNA 合成的强效抑制剂。这是最早从微生物中发现的免疫抑制剂，虽然由于毒性问题没有用于临床，但它推动了微生物中免疫抑制剂的筛选和发现。

1969～1970 年瑞士山道士公司在筛选抗真菌药物时，从光泽柱孢菌和多孔木霉菌的代谢产物中发现具有窄谱抗真菌活性的环孢素 A。后发现该物质具有较强的免疫抑

制作用，能抑制T淋巴细胞增殖、分化等，影响淋巴细胞的功能。环孢素于1978年应用于临床肾移植，1983年获得FDA批准用于临床器官移植。人体器官移植发生的免疫排斥作用往往导致器官移植失败，环孢素A的发现大大地增加了器官移植的成功率，可以说是器官移植一次革命性的突破。除了器官移植中的免疫抑制外，环孢素A还对自身免疫性疾病如类风湿关节炎、系统性红斑狼疮、牛皮癣、哮喘、再生障碍性贫血等疾病的治疗有效。

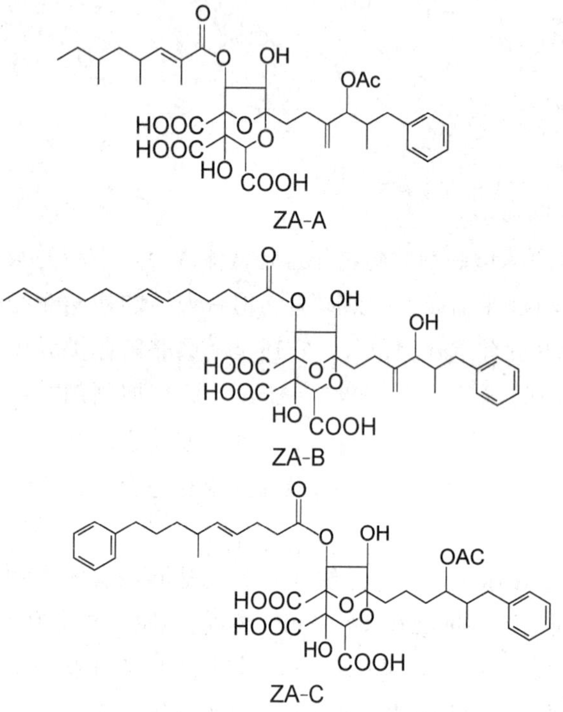

ZA-A

ZA-B

ZA-C

图14－10　Zaragozic acid A、B、C的化学结构

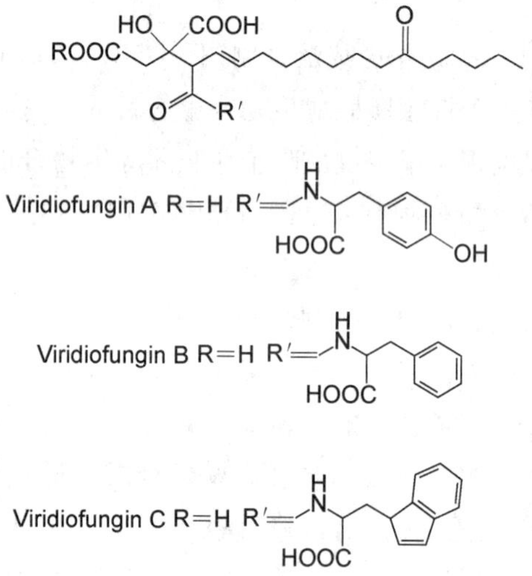

Viridiofungin A R=H

Viridiofungin B R=H

Viridiofungin C R=H

图14－11　Viridiofungin系列化合物

除了环孢素A外，临床上研究或应用的微生物来源的免疫抑制剂还有FK－506、雷帕霉素（rapamycin，RPM）、脱氧精胍菌素（15－deoxyspergualin，DSG）、咪唑立宾（mizoribine，MZB）和麦考酚酸（mycoyehenolic acid，MPA）等。FK－506是*Streptomyces tsukubaensis*产生的大环内酯类免疫抑制剂，它的免疫抑制作用机制与环孢素A相似，主要是抑制IL－2产生、IL－2R的表达和Tc细胞的产生，但它抑制各种免疫反应的作用较环孢素A强100倍；雷帕霉素是从*Streptomyces hygroscopicus*代谢产物中分离到的结构中含三烯的大环内酯类抗真菌抗生素，后因其结构与FK－506相似，故重新研究了其免疫抑制作用，结果表明抑制免疫作用的强度与FK－506相似或更强。它与环孢素A联合使用具有协同作用，对其他自身免疫性疾病也有很好的疗效；脱氧精胍菌素是从*Bacillus lacterosporus*发酵产物精胍菌素经化学改造得到的一种免疫抑制剂，其体外免疫抑制作用与环孢素相似或稍强，其作用特点是不仅可以预防排斥反应的发生，而且可以抑制正在进行的排斥反应。咪唑立宾和麦考酚酸均为青霉菌产生，虽然它们化学结构不同，但免疫作用机制相似，都是抑制T和B细胞免疫反应，抑制DNA合成，同时使细胞内三磷酸鸟苷耗竭，加入GMP或GTP可抵消它们的抑制作用。

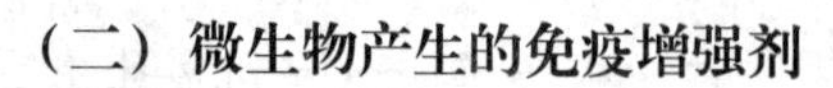

（二）微生物产生的免疫增强剂

乌苯美司（Bestatin）是梅泽滨夫等人1976年从橄榄网状链霉菌的发酵液中分离得到的能

抑制细胞膜的氨肽酶 B 和亮氨酸氨肽酶，是可提高免疫细胞功能的免疫增强剂。它的结构如图 14 - 12 所示。

乌苯美司能够刺激巨噬细胞、T 细胞、骨髓细胞，促进各种免疫细胞产生细胞因子，如 IL - 1、IL - 2 等，活化自然杀伤细胞、细胞毒 T 细胞等发挥抗肿瘤作用。临床上对急性白血病、恶性黑色素瘤、肺癌、胃癌等有明显的缓解作用。

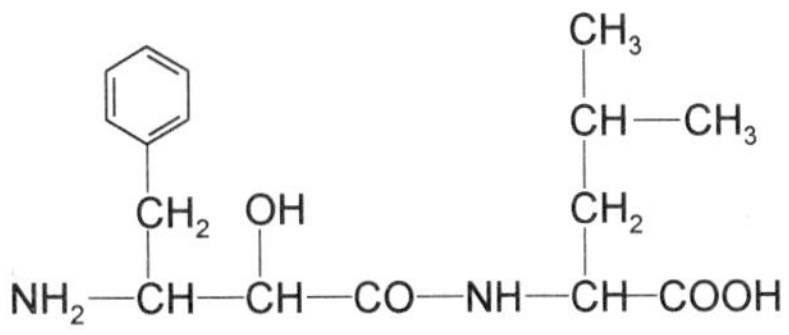

图 14 - 12　乌苯美司的结构

三、生物来源的具有神经保护作用的物质

由于神经细胞受到损害而引起神经系统功能发生障碍，从而导致各种神经疾病，如老年痴呆症、帕金森综合征、亨廷顿舞蹈症等越来越被人们所重视。对于那些已经步入老龄化社会的发达国家，这个问题尤为严峻。当务之急是开发出能治疗这些神经疾病的有效药物。40 多年来，许多具有神经保护功能的物质被相继发现，如：神经生长因子（NGF），对外周神经细胞和中枢神经细胞的存活都有必不可少的作用；脑源性神经营养因子（BDNF），维持着感觉神经元、海马神经元、小脑神经元等的活性。还有与 NGF 相似的 NT - 3（4）、NT - 4/5（5）、NT - 6（6）等。这些物质在离体实验中通过与相应受体的结合能有效的阻止神经细胞的衰退和死亡，从而起到保护神经细胞的作用。但是由于血脑屏障的存在，这些大分子的蛋白复合物不能进入脑组织，而给它们的临床应用带来困难，因此，从微生物的代谢产物中寻找那些有神经保护作用且能通过血脑屏障的小分子化合物，为具有神经保护作用物质的研究开辟了一个更广泛的领域。

在近十多年里，从微生物的发酵产物中先后发现了大约十几种具有神经保护活性的物质，如 PS - 990 是从 *Acremonium* sp. KY12702 的培养液中分离得到的，PS - 990 能抑制钙调节蛋白依赖性的磷酸二酯酶（calmodulin - dependent phosphodiesterase，CaM - PDE），减少细胞内 cAMP 的降解，从而促进神经细胞突触的延长。其结构如图 14 - 13 所示。

BU - 4514N 是从 *Microtetraspora* sp. T689 - 92 的发酵产物中分离得到的，有明显的类似 NGF 的活性。其结构如图 14 - 14 所示：当 BU - 4514N 的浓度在 6. 3 ~ 12. 5μg/ml 时能显著的增加细胞轴突产生的数量和长度（表 14 - 5）。

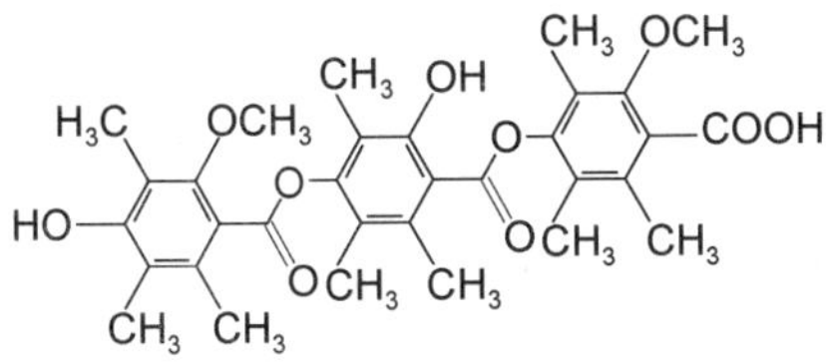

图 14 - 13　PS - 990 的结构

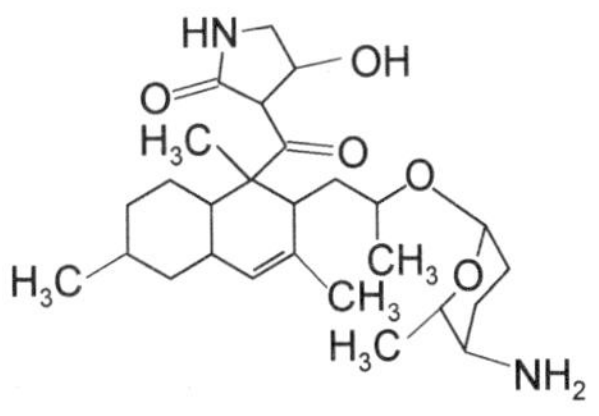

图 14 - 14　BU - 4514N 的结构

表 14 - 5　BU - 4514N 和 NGF 对轴突生长的影响

化合物	浓　度	轴突数*/总细胞数	比例（%）
BU - 4514N	12. 5μg/ml	244/1123	21. 7
	6. 3μg/ml	149/1570	9. 5
	3. 1μg/ml	25/1848	1. 4
	1. 6μg/ml	2/1611	0. 12

续表

化合物	浓　度	轴突数*/总细胞数	比例（%）
NGF	0.1ng/ml（有效对照）	2/1565	0.13
	5ng/ml（阳性对照）	72/1053	6.8
	0ng/ml（阴性对照）	0/1298	0

*长度超过10mm的总轴突数

四、微生物来源的受体拮抗剂

受体是细胞中一类生物活性分子，其功能是特异性地识别和结合化学信使，如药物激素、神经递质等配基，然后在体内放大其反应，是体内信息传递的重要途径。根据对受体配基结合的拮抗作用，可以筛选出特异性强、毒性小的具有药理作用的药物。如从 *Cytospora* sp. 的发酵液中分离得到的 Cytosporin A、B、C 是血管紧张素Ⅱ受体拮抗剂，能阻断血管紧张素与其受体结合，从而降低血压。从曲霉分离到的 Asperlicin 是缩胆囊素受体拮抗剂，缩胆囊素为肽类激素，对胰液和胃液的分泌、胆囊收缩及肠道运动有调节作用，其受体拮抗剂有可能作为治疗与缩胆囊素有关的胃肠系统疾病。从链霉菌分离到的六肽类催产素受体拮抗剂，有可能用于延缓早产。目前研究的还有内皮素受体拮抗剂、肾上腺受体拮抗剂和白三烯受体拮抗剂以及艾滋病的 CD4/gp120 结合拮抗剂等。

五、制造工艺举例

（一）环孢素

1. 环孢素的结构和性质　环孢素又名环孢素 A（Cyclosporin A，CyA），是由 11 个氨基酸组成的环状多肽，是土壤中一种真菌的活性代谢物。1978 年英国首次将 CyA 应用于临床肾移植，此后 CyA 又用于肝、心、肺、胰腺、骨髓等器官的移植，均取得令人满意的效果，明显提高病人的生存率。环孢素 A 的结构如图 14－15 所示，它可溶于甲醇、乙醇、丙酮、乙醚或三氯甲烷，微溶于水及饱和碳氢化合物，其纯品为白色针状结晶，熔点148～151℃。

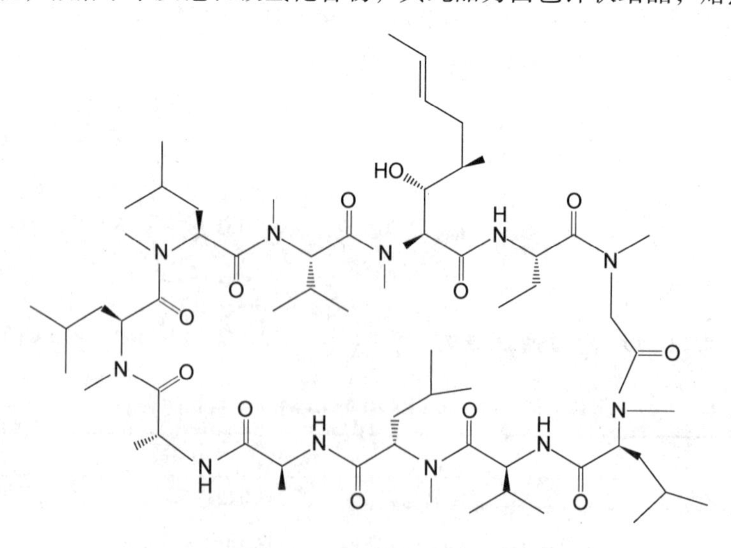

图 14－15　环孢素 A 的结构

2. 制备工艺　环孢素 A 生产上以多孔木霉菌（*Tolypocladium inflatum Cams*）为生产菌株。75L 罐内装 50L 种子培养基，接种 5×10^9 个孢子，pH＝5.4～4.3，培养 72 小时，得到

一级种子液。750L发酵罐内装500L发酵培养基，种入上述一级种子液，培养6天，得二级种子液。4500L发酵罐内装3000L发酵培养基，发酵12天，得到环孢素发酵液。往发酵液中加入等体积的乙酸丁酯提取，分出有机层，减压蒸发，得粗品，粗品中含环孢素A和环孢菌素C组分，可通过硅胶柱层析等方法进一步纯化。其制备工艺如下：

发酵液 —[萃取] 醋酸丁酯萃取→ 萃取液 —[洗涤，脱水] 5% $NaHCO_3$和水洗、无水 Na_2SO_4脱水→ 有机相 —[浓缩，干燥] 减压浓缩至干→ 粗提物 —[硅胶柱层析] 2%～10%的甲醇－三氯甲烷梯度洗脱→ 组分Ⅰ和组分Ⅱ —[葡聚糖LH－20层析] 甲醇洗脱→ 洗脱液 —[脱色] 活性炭→ —[浓缩、干燥]→ 分别得到环孢素A和环孢素C白色粉末

（1）萃取发酵液加入等体积乙酸丁酯（或乙酸乙酯）萃取，环孢素易溶于有机相，被萃取到酯相中。

（2）浓缩有机溶剂层用5% $NaHCO_3$和水洗后，用无水Na_2SO_4脱水，减压浓缩蒸去溶剂，得到粗品。

（3）硅胶柱层析粗品上150～200目硅胶柱，用2%～10%的甲醇－三氯甲烷梯度洗脱，分管收集。检测后合并相同组分的洗脱液，减压浓缩后可得到组分Ⅰ和组分Ⅱ两种样品。

（4）葡聚糖凝胶层析将两种样品分别经葡聚糖LH－20纯化，甲醇洗脱，合并有活性的部分。活性炭脱色，减压浓缩至干，可分别得到组分Ⅰ和组分Ⅱ的白色粉末，分别对应于环孢素A和环孢素C。

3. 检验方法　其含量测定采用高效液相色谱法：用十八烷基硅烷键合硅胶为填充剂，以乙腈－水－叔丁基甲醚－磷酸（430∶520∶50∶1）为流动相，检测波长为210nm，柱温70℃。取供试品及对照品适量，用乙腈－水（1∶1）混合溶液溶解并定量稀释成每1ml中约含1.25mg的溶液，精密量取20μl注入液相色谱仪，记录色谱图，按外标法以峰面积计算供试品中环孢素的含量。

4. 制剂及用途　临床上使用口服溶液，规格为100mg×50ml，用于器官移植前抑制机体免疫力。剂量依病人情况而定，一般器官移植前的首次量为每日每千克体重14～17.5mg，于术前4～12小时1次口服，按此剂量维持到术后1～2周，然后根据肌酐和环孢素血药浓度，每周减少5%，直到维持量为每日每千克体重5～10mg止。

（二）洛伐他汀

1. 洛伐他汀的结构和性质　洛伐他汀为第一个上市的HMG－CoA还原酶抑制剂，它具有显著的降血脂效果，一般可使血浆总胆固醇下降30%～40%，低密度脂蛋白下降35%～40%，甘油三酯中等程度下降，还有升高高密度脂蛋白的作用。洛伐他汀最初于1979年从红色红曲霉的发酵液中分离得到，后来在土曲霉的发酵液中也发现该物质。它的结构中有类似HMG－CoA的基团（图14－16），在肝脏中内酯环水解开环，成为有活性的结构。洛伐他汀纯品为白色针状结晶，易溶于甲醇、乙醇、丙酮、乙酸乙酯、苯等有机溶剂，游离酸不溶于水。

图14－16　洛伐他汀的结构

2. 制备工艺　洛伐他汀可通过土曲霉发酵生产，工艺流程如下：

发酵液 —[预处理、过滤] NaOH调pH 10，15℃搅拌3h→ 滤液 —[萃取] 硫酸调pH 3.0，乙酸丁酯萃取→ 萃取液 —[浓缩] 60℃减压浓缩→ 浓缩液 —[硅胶柱层析] 展开剂为乙酸乙酯－石油醚（7∶3）→ 洗脱液 —[脱色、减压浓缩]→ 白色针状晶体

（1）洛伐他汀发酵法生产的产生菌主要为土曲霉，发酵生成的洛伐他汀以游离酸为主，由于游离酸在水中溶解度较小，因而大部分存在于菌丝体中。发酵到达终点时，先将发酵液调至碱性，使洛伐他汀溶出，然后再过滤去除菌体。

（2）洛伐他汀在酸性条件下易溶于甲醇、乙酸丁酯等有机溶剂中，将滤液调 pH 3 后，将其萃取到乙酸丁酯中。

（3）丁酯萃取液经减压浓缩后上硅胶层析柱，用乙酸乙酯－石油醚（7∶3）的混合溶剂展开，收集含洛伐他汀部分的洗脱液，经活性炭脱色后减压浓缩，可析出洛伐他汀晶体。

3. 检验方法 其含量测定使用高效液相色谱法：用十八烷基硅烷键合硅胶为填充剂，以乙腈－0.01%磷酸（60∶40）为流动相，检测波长为238nm，理论塔板数按洛伐他汀峰计算不低于3000。取供试品及对照品约20mg，精密称定，置100ml量瓶中，加乙腈使溶解并稀释至刻度、摇匀，精密量取10μl注入液相色谱仪，记录色谱图，按外标法以峰面积计算供试品中洛伐他汀的含量。

4. 制剂及用途 用于治疗高胆固醇血症和混合型高脂血症，规格有10mg、20mg、40mg（片剂）及10mg、20mg（胶囊）等。

扫码“练一练”

（郑 珩 劳兴珍）

第十五章　生物制品与生物技术药物制造工艺

第一节　生物制品基本概念

生物制品（Biological Products）指是以微生物、细胞、动物或人源组织和体液等为起始原材料，应用传统技术或现代生物学技术制成，用于人类疾病的预防、治疗和诊断人类疾病的制剂，如疫苗、血液制品、生物技术药物、微生态制剂、免疫调节剂、诊断制品等。

生物制品的发展始自人类长期生活经验的积累，人们很早就认识到患过某种传染病的人，恢复健康后，一般就不会再得同样的疾病了，即获得对该病的抵抗力。如在公元1000年，我国人们已开始使用从轻症天花病人中分离的痘枷干粉吹入健康儿童鼻中，或者取痘浆滴入健康儿童鼻中，这是人类使用疫苗来预防疾病的最早记录。1796年，英国医生Edward Jenner进行了一次具有历史意义的新尝试，他从一位患牛痘的挤奶女工手上出现的痘疱中采取痘浆接种于一名8岁儿童的胳膊上，2个月后，再接种人的天花脓疱浆，但不见发病，证明这个孩子已经获得了对天花的免疫力。Jenner于1798年就此发表了论文，开创了世界上最早的弱毒活病毒疫苗，即牛痘苗的应用，从而诞生了最早的生物制品。此后，1881年法国科学家Louis Pasteur用理化和生物学方法制备了减毒的炭疽菌苗，1885年制备了狂犬疫苗，带动了疫苗的研究。19世纪以来，用疫苗免疫人畜，明显减少了传染病的发生。其中比较成功的是破伤风、白喉类毒素疫苗的应用，其效果可达95%以上。其中天花已被根除，创造了使用疫苗在自然界中彻底消灭一种致病微生物的医学奇迹。

20世纪70年代后，现代生物技术发展使生物制品在产品结构上发生了很大变化，尤其是基因工程技术、单克隆抗体技术、蛋白质工程和基因治疗等技术的发展，极大地扩展了生物制品的研究内容。根据其所用材料、制法或用途，生物制品可以分为细菌类疫苗、病毒类疫苗、抗血清与抗毒素、血液制品、细胞因子、重组DNA药物和诊断用品等。生物制品根据其用途还可分为预防类制品、治疗类制品和诊断类制品。

一、生物制品的分类

（一）预防类制品

1. 细菌类疫苗　细菌类疫苗（bacterial vaccine）是由有关细菌、螺旋体或其衍生物制成的减毒活菌苗、灭活菌苗、亚单位菌苗、基因工程菌苗等，如卡介苗、Vi多糖疫苗（表15－1）。其中亚单位疫苗还可分为类毒素和纯化菌苗，类毒素由有关细菌产生的外毒素脱毒后制成，纯化菌苗则主要为荚膜细菌纯化的多糖菌苗。

表15－1　常用细菌类疫苗

减毒活菌苗	死菌苗	亚单位菌苗	基因工程菌苗
卡介苗	百日咳疫苗	肺炎球菌多糖菌苗	口服福氏宋内菌痢疾双价活疫苗
鼠疫活疫苗	伤寒疫苗	伤寒Vi多糖疫苗	

续表

减毒活菌苗	死菌苗	亚单位菌苗	基因工程菌苗
炭疽活疫苗	副伤寒疫苗	A型脑膜炎球菌多糖疫苗	
布氏菌活疫苗	钩端螺旋体疫苗	破伤风疫苗（类毒素）	
伤寒疫苗		白喉疫苗（类毒素）	

2. **病毒类疫苗**　病毒类疫苗是由病毒、衣原体、立克次体或其衍生物制成的减毒活疫苗、灭活疫苗、亚单位疫苗、基因工程疫苗等，如麻疹减毒活疫苗、重组乙肝疫苗（表15－2）。

表15－2　常用病毒类疫苗

减毒活疫苗	灭活疫苗	亚单位疫苗	基因工程疫苗
风疹活疫苗	乙型脑膜炎灭活疫苗（Vero细胞）	流感病毒裂解疫苗	重组乙型肝炎疫苗
水痘活疫苗	狂犬病疫苗		
腮腺炎活疫苗	流感全病毒灭活疫苗		
麻疹活疫苗	双价肾综合征出血热灭活疫苗		
脊椎灰质炎疫苗	森林脑炎灭活疫苗		
乙型脑炎减毒活疫苗	甲型肝炎灭活疫苗（人二倍体细胞）		
甲型肝炎减毒活疫苗			

3. **联合疫苗**　联合疫苗是指由两种或两种以上不同病原的抗原按特定比例混合，制成预防多种疾病的疫苗（表15－3）。

表15－3　常用的联合疫苗

细菌类联合疫苗	病毒类联合疫苗
伤寒甲型副伤寒联合疫苗	甲型、乙型肝炎联合疫苗
伤寒甲型乙型副伤寒联合疫苗	麻疹、风疹联合疫苗
白喉类毒素、百日咳菌苗和破伤风类毒素混合制剂	风疹、腮腺炎联合疫苗
	麻腮风联合疫苗

（二）治疗类生物制品

1. **免疫血清及抗毒素**　免疫血清及抗毒素（antisera and antitoxin）是由特定抗原免疫动物如免疫马、牛或羊，经采血、分离血浆或血清，而后精制而成。抗细菌和病毒的称抗血清，抗蛇毒和其他毒液的称抗毒血清，这两者统称为免疫血清；抗微生物毒素的称抗毒素，见表15－4，其中部分亦常兼作预防剂。

表15－4　常用的免疫血清和抗毒素

抗血清	抗毒血清	抗毒素
抗狂犬病血清	抗蛇毒血清	白喉抗毒素
抗炭疽血清		气性坏疽抗毒素
		肉毒抗毒素

2. **血液制品**　血液制品（blood products）指源自人类血液或血浆的治疗产品，如人血白蛋白、人免疫球蛋白、人凝血因子、红细胞浓缩物等（表15－5）。

表15－5　常用的血液制品

正常人血液制品	免疫球蛋白类
人纤维蛋白原	破伤风人免疫球蛋白
人血白蛋白	狂犬病人免疫球蛋白
人免疫球蛋白	乙型肝炎人免疫球蛋白
人凝血酶原复合物	
人凝血因子Ⅷ	

3. 细胞因子　细胞因子（cytokines）或称为细胞生长调节因子，系在体内和体外对效应细胞的生长、增殖和分化起调控作用的一类物质。这类物质大多是蛋白质或多肽，亦有非蛋白质形式存在者。细胞因子由健康人血细胞增殖、分离、提纯或重组DNA技术制成，如干扰素（IFN）、白细胞介素（IL）、集落刺激因子（CSF）、红细胞生成素（EPO）等。

4. 重组DNA产品　重组DNA产品（recombinant DNA products）是指利用重组DNA技术制备的生物制品。重组DNA技术，又称基因工程（gene engineering），是指按人的意志，将重组对象的目的基因插入载体，拼接后转入新的宿主细胞，构建成工程菌（或细胞），实现遗传物质的重新组合，并使目的基因在工程菌内进行复制和表达的技术。应用重组DNA技术制备的药物有重组激素类药物如重组人生长素（rhGH）、胰岛素（insulin）、人促卵泡激素（rhFSH）等，重组生长因子如干扰素、白细胞介素等，重组疫苗如基因工程乙肝疫苗以及基因工程抗体等。

（三）诊断类制品（diagnostic reagents）

1. 体外诊断制品　由特定抗原、抗体或有关生物物质制成的免疫诊断试剂或诊断试剂盒，如乙型肝炎病毒表面抗原诊断试剂盒、丙型肝炎病毒抗体诊断试剂盒、人类免疫缺陷病毒抗体诊断试剂盒、梅毒螺旋体抗体诊断试剂盒、梅毒快速血浆反应素诊断试剂、梅毒甲苯胺红不加热血清试验诊断试剂、抗A抗B血型定型试剂等，用于体外免疫诊断。

2. 体内诊断制品　由变态反应原或有关抗原材料制成的免疫诊断试剂，用于皮内接种，以判断个体对病原的易感性或免疫状态。如卡介菌纯蛋白衍生物、布氏菌纯蛋白衍生物、结核菌素纯蛋白衍生物、锡克试验毒素等，用于体内免疫诊断。

（四）其他制品

主要是指微生态制剂，系由人体内正常菌群成员或具有促进正常菌群生长和活性作用的无害外籍细菌，经培养、收集菌体、干燥成菌粉后，加入适宜辅料混合制成。用于预防和治疗因菌群失调引起的相关症状和疾病。微生态活菌制品必须由非致病的活细菌组成，无论在生产过程、制品贮存和使用期间均应保持稳定的活菌状态。它可由一株、多株或几种细菌制成单价或多价联合制剂。根据其不同的使用途径和方法可制备成片剂、胶囊剂、颗粒剂或散剂等多种剂型。

二、生物制品的质量控制

生物制品必须强调质量第一的原则。预防类生物制品与药品不同，药品是用于病人，而这些生物制品是用于健康人群，特别是用于儿童的计划免疫，其质量的优劣，直接关系到亿万人尤其是下一代的健康和生命安危。质量好的生物制品必须具备两个重要条件：安全和有效。实践证明，应用质量好的制品，可以使危害人类健康的疾病得到控制或消灭；

质量不好或者有问题的制品，不仅在使用后得不到应有的效果，浪费大量的人力和物力，甚至可能带来十分严重的后果。

（一）生物制品质量控制的内容

生物制品的质量控制应包括安全性、有效性及可控性。各种需要控制的物质，系指该品种按规定工艺进行生产和贮藏过程中需要控制的成分，包括非目标成分（如残留溶剂、残留宿主细胞蛋白质以及目标成分的聚合体、降解产物等）。改变生产工艺时需相应地修订有关检测项目和标准，具体如下。

（1）生产过程中如采用有机溶剂或其他物质进行提取、纯化或灭活处理等，生产的后续工艺应能有效去除，去除工艺应经验证，残留量应符合残留溶剂测定法的相关规定。

（2）除另有规定外，制品有效性的检测应包括有效成分含量和效力的测定。

（3）各品种中每项质量指标均应有相应的检测方法，以及明确的限度或要求。

（4）除另有规定外，可量化的质量标准应设定限度范围。

（5）复溶冻干制品的稀释剂应符合药典规定，药典未收载的稀释剂，其制备工艺和质量标准应经国务院药品监督管理部门批准。

（二）生物制品质量控制的基本要素

质量控制的基本要素包括检测方法、标准物质和质量标准，即根据不同产品的生物学、理化特性及生产工艺特点，研究开发相应的质量控制检测方法，为保证检验检测的准确性和可比性，应研究建立相应的检测用标准物质。质量控制检测方法和相关标准物质又是生物药物质量标准的两个重要技术支撑点，通常终产品只有在经过检测并符合质量标准后才能放行，只有采用符合一定质控标准的产品才能在非临床安全评价、临床试验等研究中获得可靠的数据。

三、生物制品标准物质

生物制品是具有生物活性的制剂，它的效力一般是采用生物学方法检定的。由于试验动物的个体差异，所用试剂或原材料的纯度或敏感性不一致等原因，往往导致同一批制品的检定结果也有较大差异。为了解决这个问题，使检定的尺度统一，消除系统误差，从而获得一致的结果，就需要在进行检定试验的同时，用一已知效力的制品作为对照，由对照结果来校正检定试验结果。这种用作对照的制品，就是生物制品标准物质，也就是通常所说的标准品或参考品。

生物制品标准物质是指用于生物制品效价、活性、含量测定，或其性状鉴别、检查的生物制品标准品、生物参考品或对照品。它们是进行生物方法试验时，以其表示的生物效价或活性在不同地点、不同条件、不同操作者间得出相对一致性结果的一种工具。

（一）生物制品标准物质的分级

关于生物制品标准物质的级别，可根据研究时协作标定范围和使用要求的不同，共分为三级。

1. 国际标准物质　系一级标准物质（包括国际生物制品标准品和估计生物参考试剂），由世界卫生组织指定专门的协作中心负责制备。

2. 国家标准物质　系二级标准物质，是由各国使用国际标准物质标定的本国国家标准物质。除此之外，一些区域型组织或处于同一地区的几个国家，可形成一个网络，根据本

地区生物制品的生产和质控需要及特点，可组织研制地区性的标准物质，也被认为是二级标准物质。

3. 工作标准物质　系三级标准物质，是指在一定范围内使用而建立的标准物质，是非法定的生物制品标准物质，一般由生产企业自己研究制备。

（二）生物药国际标准品的主要意义

（1）可支持全球范围内高质量产品的质量控制，促进国际监管标准的融合。

（2）便于生物药物的研发与比较研究。

（3）保证试验适用于多个企业生产研发的同一种产品。

（4）可帮助鉴定产品质量的变化，研发人员可用其检测出低质量产品。

（5）促进产品的透明度。

（6）可对上市产品生物活性的变化情况进行持续监测。

（7）可在国家层面进行市场监管，防止相关伪造品。

（8）标准品也应有相应的质量标准，以提高公众监督对产品质量的信心，特别是在处理严重不良反应和危机时，可支持产品应对挑战。

（三）生物制品标准物质的必备条件

生物制品标准物质是一种实物计量标准，它必须具备以下条件，才能发挥它统一量值的作用。

1. 材料均匀　标准物质是某一个特定品种的标示量，是对这一批标准物质而言的定值数据。因此标准物质必须是非常均匀的物质，其原材料应与待检样品同质，不应含有干扰性杂质，这是标准物质最基本的特征之一。要做到材料均匀，在制备标准物质时，必须采取措施保证其均匀性，进行精确分装，对制备好的样品要做均匀性检查。

2. 性能稳定　生物制品标准物质应有足够的稳定性和高度的异质性，并有足够数量，负责制备分发的单位要提供标准物质的有效期限。在这一期限内，标准物质的特性量值保持不变，使用者可以放心使用。为提供这一期限，制备单位要进行稳定性考察，以实验数据推测使用的有效期限。如果标准物质需要添加保护剂等，保护剂应对标准物质的活性、稳定性和试验操作过程无影响，并且其本身在干燥时不挥发。

3. 准确定值　量值准确是标准物质的另一个基本特征。标准物质作为统量值的实物计量标准，就是凭借该值及定值准确度进行量值传递。所以标准物质的特征量值必须由具有良好仪器设备的实验室、有经验的操作人员，采用完善的试验设计、准确可靠的测量方法进行测定。协作标定是保证准确定值的重要方法，新建标准物质的研制或标定，一般需经至少 3 个有经验的实验室协作进行。参加单位应采用统一的设计方案、方法和记录格式，标定结果须经统计学处理。

4. 程序合法　标准物质的制备、分装、研究、确认、分发必须经过一套经国家认可的合法程序。

扫码“学一学”

第二节　疫　苗

一、概述

疫苗在人类防治疾病上发挥了重要作用。19 世纪以来，用疫苗免疫人畜，明显减少了传染病的发生。其中比较成功的是破伤风、白喉类毒素疫苗的应用，其效果可达95%以上。20世纪后，疫苗得到迅速发展，特别是近30年来，随着分子生物学、分子免疫学、蛋白化学等的发展，疫苗研究已进入到使用现代生物技术进行新型疫苗研究的阶段。目前获准生产并提供给人群应用的疫苗已有20多种，见表15－6。这些疫苗的广泛使用，使曾经严重危害人类生命与健康的疾病，如：天花、小儿麻痹、麻疹、白喉、百日咳、结核等疾病的流行得到有效控制。其中天花已被根除，创造了使用疫苗在自然界中彻底消灭一种致病微生物的医学奇迹。

表15－6　已用于人类疾病预防的主要疫苗

	疫　苗	类　型	国内外生产状况	
			国内	国外
1	小儿麻痹（OPV）	减毒活疫苗（Ⅰ－Ⅲ型联合）	+	+
	小儿麻痹（IPV）	灭活疫苗（Ⅰ－Ⅲ型联合）	−	+
2	麻疹	减毒活疫苗	+	+
3	卡介苗（BCG）	减毒活疫苗	+	+
4	白喉－百日咳－破伤风（DPT）	亚单位疫苗（联合）	+	+
		亚单位疫苗（基因工程P）	−	+
5	乙型肝炎	亚单位疫苗（血源）	+	+
		亚单位疫苗（CHO）	+	+
		亚单位疫苗（基因工程酵母）	+（引进）	+
6	乙脑	减毒活疫苗	+	−
		灭活疫苗	+	+
7	流脑	亚单位疫苗（多糖）	+	−
8	甲肝	减毒活疫苗	+	+
		灭活疫苗	+	+
9	流感	灭活疫苗	+	+
		减毒活疫苗（遗传重配）	−	+
10	狂犬	灭活疫苗	+	+
11	风疹	减毒活疫苗	+	+
12	腮腺炎	减毒活疫苗	+	+
	麻疹－风疹－腮腺炎（MMR）	减毒活疫苗（三种联合）	+	+
13	出血热	灭活疫苗	+	+
14	腺病毒（Ad4，Ad7）	减毒活疫苗	−	+
15	水痘	减毒活疫苗	−	+
16	黄热病	减毒活疫苗	*	+
17	轮状病毒腹泻	减毒活疫苗（人－猴遗传重配）	−	+
		减毒活疫苗（人－养遗传重配）	+	−
18	伤寒	灭活疫苗	+	+
		减毒活疫苗（Ty21a）	−	+
19	钩端螺旋体	灭活疫苗	+	−
20	霍乱	亚单位＋灭活（CTB＋WC）	−	+
		亚单位＋灭活（基因工程CTB＋WC）	*	+
		减毒活疫苗（基因工程CDV－HgR）	−	+

续表

疫 苗		类 型	国内外生产状况	
			国内	国外
21	鼠疫	减毒活疫苗	*	+
22	斑疹伤寒	灭活疫苗	*	+
23	布氏杆菌	减毒活疫苗	+	+
24	炭疽杆菌	减毒活疫苗	*	+
25	痢疾	减毒活疫苗（基因工程 FS）	+	-
26	链球菌肺炎	亚单位疫苗（多糖）	-	+
27	嗜血杆菌流感	亚单位疫苗（多糖）	-	+
28	痘苗（天花）	减毒活疫苗	+*	+*

注：“+”为已投入生产，“-”为未生产，“*”为已停止生产。

二、疫苗的种类与发展

随着分子生物学、分子免疫学等发展及现代生物技术在新疫苗研制中的应用，新型疫苗以基因工程疫苗为主体，包括基因工程疫苗、合成肽疫苗、遗传重组疫苗、抗独特型抗体疫苗等。目前新型疫苗的研究主要集中在改进传统疫苗和研制传统技术不能解决的新疫苗两方面，包括肿瘤疫苗、避孕疫苗及其他非感染性疾病疫苗的研究。

（一）常规疫苗

常规疫苗有灭活疫苗和减毒活疫苗两类。

灭活疫苗是指用物理或化学方法杀死或灭活培养增殖的标准微生物株制成的预防制剂。由于灭活疫苗在体内不能繁殖，故接种剂量大，次数多，接种后可能出现发热、全身或局部反应。其免疫效果较差，且不持久，但安全性高。

减毒活疫苗是指采用病原微生物的自然弱毒株或经培养传代等方法减毒处理后获得致病力减弱、免疫原性良好的病原微生物减毒株制成的疫苗。接种减毒活疫苗更接近于自然感染，疫苗进入体内后有一定的繁殖力，可激发机体对相应抗原微生物产生较强的免疫力，一般只需接种一次，免疫效果可靠持久。减毒活疫苗缺点是不易保存，另外需注意防止减毒株变异或野生株污染。由于减毒活疫苗的免疫效果一般优于灭活疫苗，因此研制出更多的减毒活疫苗，为疫苗研究的方向。

（二）亚单位疫苗

设法除去病原体中对激发保护性免疫无用的甚至有害的成分，保留其有效的免疫原成分，所制成的疫苗，称亚单位疫苗（subunit vaccine）。例如用化学试剂裂解流感病毒，提取其血凝素、神经氨酸酶制成的流感亚单位疫苗，用乙型肝炎病毒表面抗原作为有效免疫原制成的亚单位疫苗等。亚单位疫苗具有较高的安全性，但其免疫效果一般较差。

（三）基因工程疫苗

基因工程疫苗（gene engineered vaccine）是指用重组 DNA 技术克隆并表达保护性抗原基因，利用表达的抗原产物或重组体本身制成的疫苗。主要包括基因工程亚单位疫苗、基因工程载体疫苗、核酸疫苗、基因缺失活疫苗及蛋白工程疫苗等。

基因工程亚单位疫苗（gene engineered subunit vaccine）主要指将基因工程表达的蛋白抗原纯化后制成的疫苗。用基因工程技术制备抗原，具有产量大、纯度高、免疫原性强等优点，不仅可用来代替常规方法生产亚单位疫苗，还可用于病原体难于培养或有免疫病理作用的疫苗研究。例如，用基因工程技术在酵母、哺乳动物细胞中表达乙肝表面抗原，纯化后制成基

因工程乙肝疫苗，该疫苗高效、价廉，已基本取代传统的血源疫苗。目前正在研究的基因工程亚单位疫苗主要有甲肝、丙肝、戊肝、EBV、出血热、血吸虫及艾滋病等疫苗。

载体疫苗（vectored vaccine）是指利用微生物做载体，将保护性抗原基因重组到微生物中，使用能表达保护性抗原基因的重组微生物制成的疫苗。这种疫苗多为活疫苗，抗原不需纯化，免疫接种后靠重组体在机体内繁殖产生大量保护性抗原，刺激机体产生特异性免疫保护反应，载体本身可发挥佐剂效应增强免疫效果。用于这类疫苗的载体通常为特定微生物疫苗株，以保证载体的安全性，如痘苗病毒、脊灰病毒、腺病毒、卡介苗等，其缺点是有些人曾感染过腺病毒，或接种过痘苗或卡介苗，对载体已具有免疫力，接种后重组体不一定繁殖，影响免疫效果。

核酸疫苗（nucleic acid vaccine），或称基因疫苗（gene vaccine），指用能够表达抗原的基因本身即核酸制成的疫苗。核酸疫苗进入机体后，在注射部位吞噬了外源抗原基因的免疫细胞内直接表达外源抗原，从而诱发机体免疫反应。核酸疫苗的特点是易于制备、保存、可多次免疫，并易制成多联多价疫苗，但目前尚不能确定外源核酸是否会整合到染色体中引起癌变，能否引起免疫病理作用，如自身抗核酸抗体的产生，免疫耐受等，尚需更多的研究来考查其安全性问题。

基因缺失活疫苗（gene deleted live vaccine）就是用分子生物学技术去除与毒力有关基因获得缺失突变株制成的活疫苗。与传统方法制备的自然突变株相比，基因缺失突变株具有突变性状明确、稳定、不易返祖的优点，因而是研究开发安全有效的新型疫苗的重要手段。如缺失毒素A亚单位和其他毒力相关基因的霍乱活菌苗已获准上市；去除与毒力及宿主范围相关基因的痘苗病毒和腺病毒，不仅可直接用作减毒活疫苗，而且可作为安全有效的基因工程疫苗载体。

蛋白工程疫苗（protein engineered vaccine）是指将抗原基因加以改造，使之发生点突变、插入、缺失、构型改变，甚至进行不同基因或部分结构域的人工组合，以期增强其产物的免疫原性，扩大反应谱，去除有害作用或副反应的一类疫苗。如将恶性疟原虫的环子孢子蛋白的重复序列四联体连接到呼吸道合孢病毒的糖蛋白穿膜部分上，使本来在细胞内表达的疟原虫蛋白表达于细胞膜表面，以增强其免疫原性。

（四）合成肽疫苗

合成肽疫苗（synthetic peptide vaccine）是指用化学方法合成能够诱发机体产生免疫保护的多肽制成的疫苗。该方法是建立在对抗原表位进行分析预测，并通过筛选确定有保护性抗原作用肽段基础上的。传统疫苗目前在制造上有一些缺点难以克服，如许多病毒和寄生虫体外培养困难，存在生物性危害和安全性问题，病毒培养过程中可能发生遗传变异而使抗原性消失等。用人工合成肽抗原疫苗可克服传统疫苗的许多缺点，如①可大规模化学合成，易于纯化；②人体应用非常安全，HIV的短肽疫苗在美国已应用于临床，尽管其疗效不是很理想，但在人群中应用是安全可行的；③可制备多价疫苗，如将多个微生物的表位连接在一个载体上，接种后可同时预防多种疾病；④可制备非常限定的单一功能的中和抗体，排除非相关抗体的产生，从而大大降低副反应；⑤在短肽上连接一些化合物制备成内在佐剂，大大提高免疫效应。目前合成肽疫苗已在预防疟疾中试用。

（五）遗传重组疫苗

遗传重组疫苗（genetic recombinant vaccine）是指经遗传重组方法获得的重组微生物制成的疫苗。通常是将对人体无致病性的弱毒株与强毒株混合感染，筛选对具有野毒株强免疫同时对人体不致病的重组菌株。目前已研制成功的有流感减毒活疫苗和小儿轮状病毒减

毒疫苗等。

（六）抗独特型抗体疫苗

抗独特型抗体疫苗（anti－idiotype antibody vaccine）是指使用与特定抗原的免疫原性相近的抗体（ab2）做抗原制成的疫苗。每一种抗体分子与抗原结合的高变区称为独特型（idiotype），如果将针对某一抗原表位的单克隆抗体（ab1）免疫同系小鼠，则可获得一系列抗独特型抗体（ab2），其中有些与特定抗原表位的结构相同或非常相似，因而能模拟抗原的作用，诱发机体产生相应的抗体（ab3）。目前抗独特型疫苗尚处于理论性研究阶段，但随着技术进步，有可能应用于常规方法很难获得的抗原。

三、病毒类疫苗的制造方法

不同疫苗的制备方法各异，图 15－1 介绍了常规病毒类疫苗的制备工艺流程。

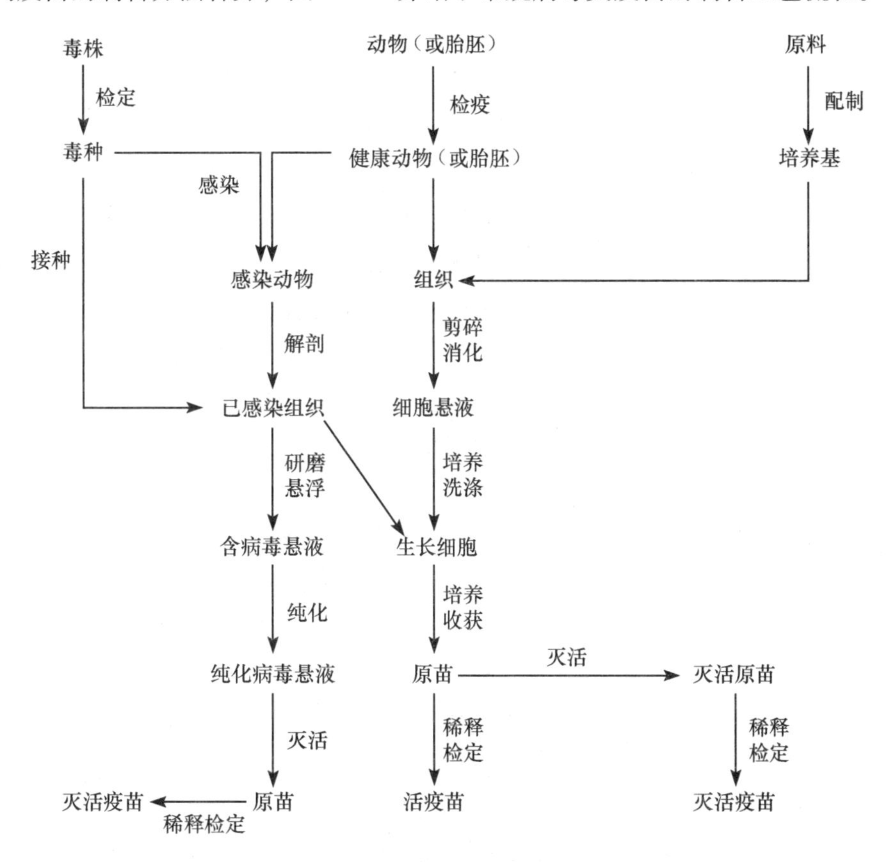

图 15－1　常规病毒类疫苗制备的工艺流程

（一）毒种的选择和减毒

用于制备疫苗的毒株，一般需具备以下几个条件，才能获得安全有效的疫苗。

（1）毒种必须持有特定的抗原性，能使机体诱发特定的免疫力，足以阻止有关病原体的入侵或防止机体发生相应的疾病。

（2）毒种应有典型的形态和感染特定组织的特性，并在传代的过程中，能长期保持生物学特性。

（3）毒种易在特定的组织中大量繁殖。

（4）毒种在人工繁殖的过程中，不应产生神经毒素或能引起机体损害的其他毒素。

（5）如系制备活疫苗，毒种在人工繁殖的过程中应无恢复原致病力的现象，以免在疫苗使用时，机体发生相应的疾病。

（6）毒株在分离时和形成毒种的全过程中应不被其他病毒所污染，并需要保存历史记录。

用于制备活疫苗的毒种，往往需要在特定的条件下将毒株经过长达数十次或上百次的传代，降低其毒力，直至无临床致病性，才能用于生产。例如制备流感活疫苗的甲2、甲3和乙等不同亚型毒株，需分别在鸡胚中传6～9、20～25及10～15代后才能使用。又例如制备麻疹活疫苗的Schwarz株，需传代148代后方能合乎要求。

（二）病毒的繁殖

1. 繁殖方法 所有动物病毒，只能在活细胞中繁殖。若需大量繁殖，首先要寻找能受感染的活细胞。在通常的情况下，病毒可用下列几种方法繁殖。

（1）原代细胞培养 将产于同一种群的适宜日龄、体重的一批动物，获取目标组织或器官并在同一容器内消化制成均一悬液分装于多个细胞培养器皿培养获得的细胞为一个细胞消化批。源自同一批动物，于同一天制备的多个细胞消化批可为一个细胞批，可用于一批病毒原液的制备。

（2）鸡胚细胞培养 生产病毒性疫苗的鸡胚细胞应来自SPF鸡群。来源于同一批鸡胚、于同一容器内消化制备的鸡胚细胞为一个细胞消化批；源自同一批鸡胚、于同一天制备的多个细胞消化批可为一个细胞批，可用于一批病毒原液的制备。

（3）传代细胞培养 将工作细胞库细胞按规定传代，同一种疫苗生产用的细胞扩增应按相同的消化程序、分种扩增比率、培养时间进行传代。采用生物反应器微载体培养的应按固定的放大模式扩增，并建立与生物反应器培养相适应的外源因子检查用的正常对照细胞培养物。

（4）鸡胚培养 应使用同一供应商、同一批的鸡蛋或鸡胚用于同一批疫苗原液的生产。

2. 维持液和生长液 细胞培养多用Eagle液，199综合培养基或RPMI1640培养基为维持液，如作为细胞生长液，还需加入小牛血清。Eagle液亦可掺入部分水解乳蛋白以代替部分氨基酸。199综合培养基自1950年首次使用后，经不断改进，又产生了858、1066、NCTC109等多种配方。这些培养基的成分均很复杂，它们含有氨基酸、维生素、辅酶、核酸衍生物、脂类、糖类和无机盐等。

3. 培养条件的控制

（1）pH的控制 细胞培养一般应在pH 7.0±0.2下进行，有些细胞的最适pH还要略低一些。相反，pH太高将影响细胞生长。培养基中的磷酸盐和碳酸氢钠有助于保持pH的稳定。

（2）CO_2的提供 细胞在生长过程中所产生的CO_2，将溶解于培养液中而形成碳酸氢盐，后者不仅对培养基而且对细胞内部起着缓冲作用。若CO_2离开培养基进入空气中，培养液pH的升高。要防止这一点，可将周围空气中的CO_2分压保持在5%左右。

（3）氧的提供 细胞的生长需要氧。在培养细胞的过程中，应不断向培养液中提供无菌的空气，以保持一定的氧分压。为达到此目的，可用通气、摇瓶或转瓶培养的方法。但不论用哪一种方法，都应先通过试验来确定最适的通气量或最适的转动频率，否则细胞不能充分生长和繁殖。

（4）培养容器内壁洁净度的控制 目前在疫苗的生产中，细胞多采用贴壁培养法。如

培养容器的内壁不清洁，将影响细胞的贴壁，故容器洗涤时，需选用优良的清洁剂，以除去容器壁上的蛋白质和脂类物质。传统的清洁剂是硫酸－铬酸混合液。它是一个强氧化剂，在使用时，应注意防止腐蚀和污染环境。在容器洗涤后，应用大量的水冲去残余的酸和铬酸离子，以防止细胞“中毒”。近来，许多合成洗涤剂可以用来取代硫酸－铬酸混合液，但对特定的细胞必需事先通过试验，经确定洗涤剂性质对细胞和人体均不产生危害作用后，始能用于疫苗生产。

（5）细菌污染的控制　细胞培养的过程中，易受细菌的污染。要保证无菌，不但培养基和所用的容器事先要彻底灭菌，还要保证在中途进入培养液的任何气体和液体都是无菌的。此外，培养液中还可以加入一定量的抗生素，如青霉素和链霉素，以抑制可能污染的细菌生长。

（6）培养温度和时间的控制　细胞培养的温度一般为37℃，上下变动范围最好不超过1℃，以免细胞生长不良或死亡过快。各种细胞培养所需的时间不同，一般为2～4天，大多为3天。培养时间太短，细胞未能充分繁殖，培养时间太长，细胞繁殖太盛，导致从容器壁上剥落，影响病毒的培养，故应掌握适当的培养时间。

（三）病毒的灭活

不同的疫苗，其灭活的方法不同，有的用甲醛溶液（如乙型脑炎疫苗、脊髓灰质炎灭活疫苗和斑疹伤寒疫苗等），有的则用酚溶液（狂犬疫苗）。所用灭活剂浓度则与疫苗中所含的动物组织量有关。如鼠脑疫苗、鼠肺疫苗等含有较多量动物组织的疫苗，需较高浓度的灭活剂，若用甲醛溶液，用量一般为0.2%～0.4%。如系组织培养的疫苗一般含动物组织量少，灭活剂的浓度可低一些，若用甲醛溶液，一般为0.02%～0.05%。灭活温度和时间，需视病毒的生物学性质和热稳定性质而定。有的可于37℃下灭活12天（如脊髓灰质炎灭活疫苗），有的仅需18～20℃下灭活3天（如斑疹伤寒疫苗）。其原则是要以足够高的温度和足够长的时间破坏病毒的毒力，而以尽可能的最低温度和最短时间来尽量减少疫苗免疫力的损失。这种相互对立的矛盾，往往是通过试验选取最适的灭活温度和时间来解决。

（四）病毒类疫苗的纯化

对于全病毒疫苗主要是去除培养物中的培养基成分或细胞成分，以及在工艺过程中加入的试剂等，以降低疫苗接种后可能引起的不良反应。用细胞培养所获得的疫苗，动物组织量少，一般不需特殊的纯化，但在细胞培养的过程中，得用换液的方法除去培养基中的牛血清。

（五）病毒类疫苗的冻干

病毒类疫苗的稳定性较差，一般在2～8℃下能保存12个月，但当温度升高后，效力很快降低。在37℃下，许多疫苗只能稳定几天或几小时，故非常不利于在室温下运输。为使疫苗的稳定性提高，可用冻干的方法使之干燥。这样，疫苗的有效期往往可延长至2倍或2倍以上，在室温下其效价的损失亦较慢。

冻干的要点是：①冷冻，即将疫苗冷冻至共熔点以下。②真空升华，即在真空状态下将水分直接由固态升华为气态。③升温缓慢，即升温的过程尽量缓慢，不使疫苗在任何时间下有融解情况发生。④冻干好的疫苗应在真空或充氮后密封保存，使其残余水分保持3%以下。这样的疫苗将能保持良好的稳定性。

四、细菌类疫苗的制造方法

细菌类疫苗制品和类毒素的制备，均由细菌培养开始，但前者系用菌体作为进一步加工的对象，而后者则对细菌所分泌的外毒素进行加工。图 15－2 概括了一般细菌类疫苗和类毒素制备的工艺流程。

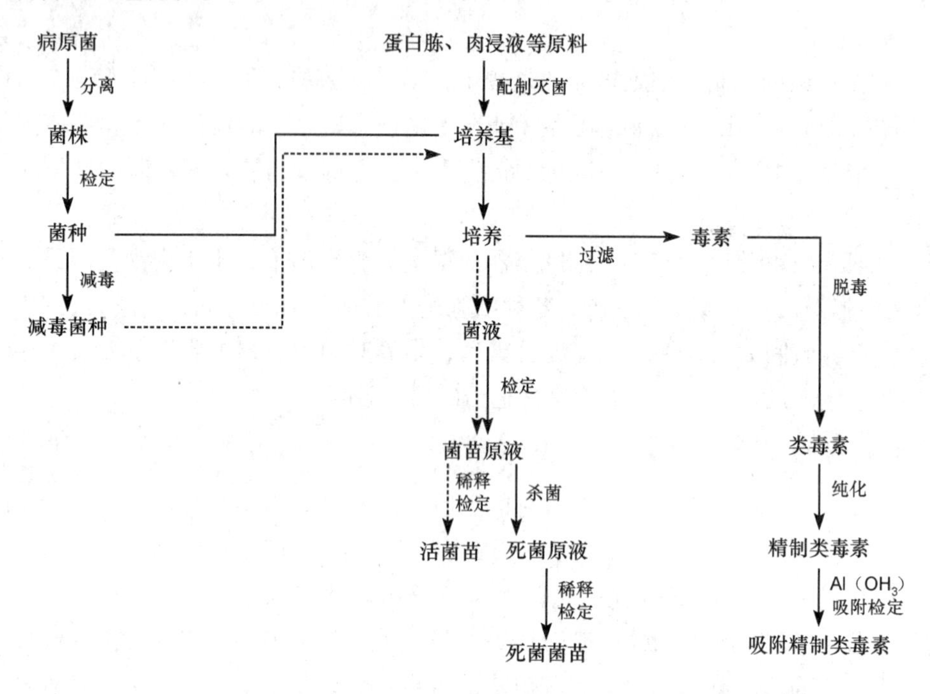

图 15－2　细菌类疫苗和类毒素制备的工艺流程

（一）菌种的选择

用于细菌类疫苗的菌种，一般须具备以下几个条件才能制成安全有效的疫苗。

（1）菌种必需持有特定的抗原性，能使机体诱发特定的免疫力，足以阻止有关病原体的入侵或防止机体发生相应的疾病。

（2）菌种应具有典型的形态、培养特性和生化特性，并在传代的过程中，能长期保持这些特性。

（3）菌种应易于在人工培养基上培养。

（4）如系制备死菌菌苗，菌种在培养过程中应产生较小的毒性。

（5）如系制备活菌苗，菌种在培养过程中应无恢复原毒性的现象，以免在菌苗使用时，机体发生相应的疾病。

（6）如系制备类毒素，则菌种在培养的过程中应能产生大量的典型毒素。

总之，制备菌苗和类毒素的菌种，应该是生物学特性稳定，能获得副作用小、安全性好和效力高产品的菌种。

（二）培养基的营养

水、糖、有机酸和脂类等碳源，动、植物蛋白的降解物和各类氨基酸等氮源，钾、镁、钴、钙、铜、硫酸盐和磷酸盐等无机盐类，都是培养微生物所需要的一般营养要素。但由于某类微生物生理上的特殊性，往往需要某一些营养物才能生长，例如结核杆菌需以甘油作为碳源；有些分解糖类能力较差的梭状芽孢杆菌需以氨基酸作为能量及碳与氮的来源；

又如百日咳杆菌生长需要谷氨酸和胱氨酸作为氮源。

培养致病菌时，在培养基中除应含有一般碳源、氮源和无机盐成分外，往往还需添加某种生长因子。生长因子是某些细菌生长时所必需而自身不能合成，需要摄自外界的一些微量的有机化合物。不同的细菌需要不同的生长因子。

（三）培养条件的控制

1. 气体　各种细菌在生长时与空气中的氧关系很大。习惯上人们按照对氧的需要将细菌分成需氧菌、厌氧菌和兼性厌氧菌三大类。在培养特定的细菌时，必需严格控制培养环境的氧分压。培养需氧菌时，需要有高氧分压的环境，而培养厌氧菌时，就需要降低并严格控制环境中的氧分压。

2. 温度　致病菌的最适培养温度，大都接近人体正常温度（35～37℃），但不同的病原菌，仍略有不同。故在制备菌苗时，必需先找出菌种的最适培养温度，在生产工艺中加以严格控制，以获得最大的产量和保持细菌的生物学特性和抗原性，否则有时一度之差会大大地影响培养的结果。

3. pH　同一细菌能在不同的 pH 下生长，随培养的 pH 不同，细菌的代谢可能不同，这是由于抑制或增进了某些细菌酶的活性而引起的。因此在培养中需严格控制培养基的 pH，以使它们按预定的要求生长、繁殖和产生代谢产物。

4. 光　制备生物制品的细菌，一般都不是光合细菌，不需要光线的照射。故培养不应在阳光或 X－射线下进行，以防止核糖核酸分子的变异，从而改变细菌的生物学特性。

5. 渗透压　相对说来，细菌的细胞壁较坚固，所以它们能在低渗环境下生长。培养基的渗透压不必和细菌细胞质的渗透压一样高，而高渗透压环境往往能使细菌收缩以致死亡。与此相反，一些嗜盐菌的细胞壁较脆弱，对它们则需要高浓度的盐来提高培养基的渗透压，防止细胞壁的破裂。

（四）杀菌

只有死菌菌苗制剂在制成原液后需要用物理或化学方法杀菌，而活菌苗不必经过此步骤。各种菌苗所用的杀菌方法不相同，但杀菌的总目标是彻底杀死细菌而又不影响菌苗的防病效力。以伤寒菌苗为例，可用加热杀菌法、甲醛溶液杀菌、丙酮杀菌等方法杀死伤寒杆菌。

（五）细菌类疫苗的纯化

不同类型菌苗的纯化工艺技术及目的要求不尽相同，对于全菌体疫苗主要是去除培养物中的培养基成分或细胞成分，对于亚单位疫苗、多糖疫苗、蛋白质疫苗等，除培养基或细胞成分外，还应去除细菌本身的其他非目标抗原成分，以及在工艺过程中加入的试剂等。应对纯化工艺过程进行验证，并设立抗原纯度、免疫活性、残留物限度等质量控制标准，具体要求一经确立不得随意改变。

（六）稀释、分装和冻干

经杀菌的菌液，一般用含防腐剂的缓冲生理盐水稀释至所需的浓度，然后在无菌条件下分装于适当的容器，封口后在2～10℃保存，直至使用。有些菌苗，特别是活菌苗，亦可于分装后冷冻干燥，以延长它们的有效期。

五、疫苗产品的质量检定

疫苗质量检定检验项目一般包括一组批签发检验，包括无菌试验、内毒素检查试验、一般安全性试验、鉴别试验、免疫原含量测定、纯度测定、效力测定、稳定性试验，以及其他一些试验，描述疫苗的特征。但通常依据疫苗品种的不同制订的检验方法各异，其中包括鉴别试验、含量测定、效价检测、纯度测定和稳定性试验。

（一）鉴别试验

为了确定该疫苗含有目的组分应进行鉴别试验，包含对蛋白质/多肽疫苗的部分末端氨基酸序列分析、质谱分析、肽图分析、免疫印迹、ELISA 检验；对于多糖蛋白质结合疫苗的核磁共振法检验；对于 DNA 疫苗、病毒载体、灭活细菌疫苗/灭活病毒疫苗的定量 PCR 测定或限制性片段长度多形性分析；对于质粒 DNA 疫苗，美国 FDA－CBER 建议在进行Ⅰ期临床研究之前提供载体的全部序列。对于 DNA 疫苗，琼脂糖凝胶电泳仍是描述 DNA 制剂和检测核酸污染物最有用的方法；凝胶电泳与限制性酶切分析方法的结合使用特别有助于分析限制性片段长度多形性；克隆和序列分析技术在发现质粒、插入和缺失突变等杂质的检验中也有非常有用。对于病毒载体；美国 FDA－CBER 建议长度小于 40kb 的载体应该通过测定整个载体基因组的序列来描述其特征；有多种结构存在时，鉴别试验应该能够区分每个结构和检测出交叉污染。

（二）抗原含量测定

抗原含量测定是指测定每剂疫苗中的抗原的量，包括对质粒 DNA 和病毒（活的、灭活的和重组的病毒）疫苗的 Q－PCR 检测；对于多肽蛋白质疫苗，应用 Lowry 法、酶联免疫等抗原含量测定方法；对于以多糖为基础的疫苗，应用体积排斥层析法结合多角度激光散射或比色法定量；对于重组病毒载体疫苗，应用层析法定量。

（三）效力测定

效力测定是指用于评价一个疫苗的特定生物学效应和免疫原性强度的试验。因此，在疫苗开发的早期必须研究建立效力检测指标。在开展临床试验之前，应建立最终效力检验方法，而检测方法的建立基于其主要作用机制，确定通过体液免疫应答和（或）细胞免疫应答测定。效力实验包括体内试验和体外试验。

1. 体内效力检测 疫苗的效力检测大多在动物中进行，如对灭活疫苗采用动物感染法测定减少发病/致死或感染病毒（荷菌）量检测疫苗效力。但由于动物实验存在一些问题，如波动大造成判定标准的限度范围较宽，对于批签发检验不能提供必要的精确度；有些疫苗采用动物模型来预测人体免疫功效不够理想。

2. 体外效力检测 对病毒灭活疫苗用细胞培养法测定减少感染病毒量评价疫苗免疫效果；对于蛋白质/多肽疫苗，测定目的抗原的含量和生物活性，包括体外相对活性和应用体内试验测定该疫苗的免疫原性；对于核酸疫苗进行转染效率和目的基因表达的检测，可以应用定量的体外测定与定性的体内生物检测。当体外检测有足够证据表明与其免疫原性之间存在相关性时，体外检验可以替代常规批签发检测的体内免疫原性试验。

但当产品的高级结构可以完全用物理化学方法确定，并能证明与生物活性的相关性时，亦可用物理化学方法取代生物学方法测定产品的生物学活性。

（四）纯度测定

疫苗产品纯度定义为抗原含量所占的比例。因为生产和储存过程中不可避免地会有残留物和杂质产生或增加，纯度检测也需要对此进行评价。纯度检测方法的建立依赖于疫苗的类型，例如对于某些疫苗，特别是传统的活病毒疫苗，可能对处理非常敏感，操作不当可能损失效价，对于这类疫苗，为了保持效价仅应该最小限度地纯化，但会不可避免地存在大量细胞性杂质，因而不能生产高纯度的疫苗。这些疫苗纯度的测定应该集中在指标，如效价/总蛋白质比值和残留细胞核酸的量，以替代仅测定一个百分比纯度值；并且也应将此指标应用于评价疫苗生产过程中批间一致性的比较。另一方面，对于某些疫苗，如多肽疫苗、纯化蛋白质疫苗、重组腺病毒疫苗，纯度检测方法较健全，能够保证获得高度纯化的制剂和批间高度一致性的产品。

在疫苗纯度检查方法中，高压液相层析法、毛细管凝胶电泳法和聚丙烯酰胺凝胶电泳法是最常用的方法。可用于检验疫苗原液中目的抗原的含量和纯度。

（五）稳定性试验

稳定性试验是用于证明上市疫苗在最终容器中稳定的试验，实验结果应用于设置在适当储存条件下的保存期限，实时稳定性研究能够证明疫苗的稳定性。但是在热加速稳定性研究中，可以提供疫苗产品稳定性或不稳定的早期提示。稳定性试验通常包括效价检测、物理降解温度（冻干制品）、pH、无菌和内毒素检查、活菌/病毒存活率（活疫苗）检测。

（六）病毒安全性检测

在开发或生产期间，应用人类或动物细胞生产疫苗面临的问题主要是内、外源病毒污染的可能性，为了确保生产用细胞安全可靠，应对细胞库（主细胞库和工作细胞库）、病毒种子库（主种子库和工作种子库）和每一批疫苗进行广泛的安全性和分析检验，包括一系列体外、体内和分析检验。病毒安全性试验的项目和范围基于所用细胞系的种类、组织来源、历史起源以及病毒的分离、生产用毒种的培养基组分、方法和其他有关因素。

检测病毒污染物的体外安全性试验是指将存活的细胞或细胞裂解物（包括它们的培养基）暴露于敏感指示细胞的单层培养物中，检测外源病毒。指示细胞的选择依赖于被检测细胞的种类和处理细胞可能出现的病毒类型，如应用牛血清，那么培养基可能污染牛源性病毒。在体外检测中应该应用以下细胞类型：同种属、人类细胞和不同种属细胞。通常选用非人类灵长类细胞；且所用的检测方法对于各种各样的动物和人类病毒是敏感的。如应用显微镜评价培养细胞的病理学改变的信号或进行血细胞吸附试验，即将这些培养物的上清液与各种动物种属的红细胞接触，观察红细胞的凝集来检测动物病毒。

检测病毒污染物的体内安全性试验是指将存活细胞或细胞裂解产物（包括它们的培养基）接种到无特定病原体小鼠和鸡胚中，检测病毒污染物。美国 FDA 也规定，在某些情况下可以应用豚鼠、家兔和猴进行试验。

病毒性污染物安全性试验项目包括应用透射电子显微镜（TEM）的经典方法，以及新技术如各种各样的 PCR 检验（如常规 PCR、Q－PCR 和 RT－PCR）。

（七）残余杂质检测

对残余杂质进行限制的意义是：可能具有毒性，引起安全性问题；可能影响疫苗的免疫原性，或使产品变质；也反映产品生产工艺的稳定性。因此，除了对疫苗本身进行的定性检验之外，还有必要检验终产品中可能潜在的危险污染物。

残余杂质可分为工艺相关杂质和产品相关杂质两大类。工艺相关杂质包括微生物污染，热原，细胞成分（例如细胞蛋白质、DNA、其他组分），培养基中的成分，来自生产过程的物质（如产品纯化亲和柱中的抗体、其他试剂等）；产品相关的杂质包括突变物、错误裂解的产品、二硫化物异构体、二聚体和多聚体、化学修饰的形态、脱去酰氨基的或氧化的形态、其他降解产物等（主要是存在于重组疫苗）。

根据 WHO 颁布的有关规定，在生物制品的成品和原液检定中应该至少列入外源 DNA、外源蛋白质等检测项目，并且建议对内毒素、蛋白质加合物等进行检测。另外，WHO 还建议通过对生产过程的严格管理和认证，消除最终产品中病毒、支原体、细菌、有害物质等致病原的潜在威胁。

1. 宿主细胞残余蛋白质含量测定 在临床使用中需要反复多次注射的药品，则需要对残余宿主细胞蛋白（HCP）含量进行测定。HCP 的监测方法有 ELSA 和免疫印迹及液相色谱（LC）法，ELISA 检测 HCP 以双抗体夹心法为宜。理论上不同宿主细胞的残留蛋白含量应用相应的标准来检测，在实际中很难操作。一般生产疫苗所采用的细胞为 CHO 细胞、vero 细胞和一倍体细胞等；工程菌有大肠埃希菌、酵母菌等。而不同表达体系、不同种类疫苗对残余宿主细胞蛋白含量标准要求不同，如来自大肠埃希菌的产品为不大于 0.1%、来自 CHO 细胞表达预防性疫苗为不大于 0.05%。

所有的重组疫苗虽经多步纯化工艺，但很难去除全部宿主细胞的残余蛋白污染，只能通过工艺验证保证最大限度地去除。宿主细胞残余蛋白污染的不良后果是过量会引起机体免疫反应、过敏毒性。

2. 宿主细胞残余 DNA 的测定 残留 DNA 目前还只是潜在风险，尚未有人体风险的实例报道，需要进行系统的研究。控制产品 DNA 限量，不仅基于安全上考虑，也是评价、控制相关产品工艺稳定的重要手段。

目前，国内外残留 DNA 常用的定量方法有：DNA 杂交和斑点杂交分析、总 DNA 阈值试验和 Q－PCR。目前，国际上普遍采用 Q－PCR 方法，这将是残余 DNA 检测方法的发展趋势；另外，建立国际统一的测定 DNA 标准品也是必要的。

3. 外源因子检测 疫苗可能被疫苗产品和生产过程应用的各种各样的辅料，如胰酶、牛血清或原代动物源性细胞污染，因而需要开展相关外源因子检查，以保证无外来微生物和细胞污染。但常规的外源因子检测技术方法在检测限、灵敏度等方面存在一定的局限性，因而需要不断开展检测方法研究；随着新的高通量检测技术发展，尤其是多重 PCR、微芯片技术、大规模并行测序技术等先进技术的应用及联合应用，使得许多新的病毒外源性因子被检测出来。如采用微芯片技术（microarray）进行微生物外源因子检测的方法，可以在 24 小时内检测出几乎所有已知序列的病毒或其他微生物，其中还包括一些寡核苷酸探针，可以用于检测一些与已知微生物基因组比较同源的未知微生物。

PCR 被认为是检测疫苗外来物质的一个有效的替代方法，并且已经开发和验证了大量不同种类的 PCR 试验用于疫苗质量控制和终产品的检验。

4. （小、胎）牛血清 在生产过程中如使用（小、胎）牛血清，必须确保证明不是来自疯牛病疫区或具有疯牛病风险的国家并测定其残留量。

5. 残余抗生素 原则上不主张使用抗生素，明确禁止使用青霉素或 β－内酰胺类抗生素。如果在生产工艺中必须使用抗生素，不仅要在纯化工艺中去除，而且要对终产品中残余量进行检测。不同的生产工艺中可以使用抗生素的种类不同，一般不超过 1 种。

6. 内毒素含量测定（LAL）　在检测中必须使用国家内毒素标准，合理设定增强、抑制对照，采用固定厂家的鲎试剂盒，均为保证测定准确性的必要条件。

综上所述，终产品中存在的一些杂质与质量和安全性密切相关，应证实清除杂质过程的有效性。主要杂质清除工艺的验证是确定终产品质量控制指标限度的依据。通过清除或者限制已知杂质量，可避免由此带来的特殊危险。对于最终产品来说，污染物越少意味着安全性越高。通常，对微量的生物大分子可采用酶联免疫或其他适宜的方法进行定量或限量分析；对小分子物质则采用气相色谱等分析化学方法或敏感的生物学方法进行限量分析；对具有自我复制和繁殖能力的病毒和支原体等危险致病因子用生物学、分子生物学、生物化学和免疫学等方法进行多重检测，确保最终制品的安全性。对检测方法进行方法学验证是保证检测结果可靠性的重要条件，通常采用重复性试验、加入内标或外标物质、建立平行方法等手段。另外，建立标准化的操作程序也是保证检测结果可靠和准确的重要手段。

（八）安全性检测项目

1. 无菌试验　注射用制品无菌试验有直接培养法和滤膜法。口服或外用制剂菌检项目有需氧菌、厌氧菌、真菌和支原体。

2. 热原试验　热原测定一般采用家兔法进行，每只家兔耳静脉注射人用最大量的 3 倍量，共 3 只。静脉注射判定标准为每只体温不得超过 0.6℃，3 只升温总和不得超过 1.6℃。

普通家兔由于质量还不够稳定，常常影响热原试验结果，特别是对于边缘产品的判定很困难。目前我国清洁级家兔已研究成功，一旦大规模普及将有利于解决这一问题。

3. 异常毒性试验　该试验针对注射剂疫苗制品，主要检查生产工艺中是否含有有效成分以外的、混入的、不可预测的有害物质。常用小鼠和豚鼠，注射量一般要求按 WHO 关于生物制品的注射量——小鼠 0.5ml/只和豚鼠 5ml/只进行。实验过程无异常反应，动物健存体重增加为合格。

（九）水分、装量、pH 检测

冻干是保证产品稳定性的重要工艺，而残余水分对制品在效期内保持效力有重要影响。水分检测主要针对冻干制剂的要求，控制制品的水分不超过规定的标准。目前，国际上公认的冻干生物制品的水分测定标准为不超过 3.0%。所采用的方法有化学法和称量减重法。

如果采用水针剂型，申报新剂型需要提供稳定性试验的资料，以证明在有效期内生物学活性不会有明显降低。如果添加了其他化学稳定剂也要提供安全性的资料。水针剂型有降低生产成本、使用方便等优点。

pH 的意义在于反映制品的生产工艺稳定，因而两种剂型均应进行检测。

第三节　主要疫苗的制造工艺

扫码"学一学"

一、重组乙型肝炎疫苗（酵母）

（一）概述

据统计，全球约 20 亿人曾感染过乙肝病毒，每年约有 100 万人死于乙肝病毒感染所致的肝脏衰竭、肝硬化和原发性肝癌，全世界无症状乙肝病毒携带者超过 2.8 亿，我国约占 1.3 亿。目前我国有乙肝患者 3000 万，接种乙肝疫苗是预防乙肝病毒感染最有效的方法。

由于乙肝病毒（HBV）尚不能在实验室离体培养，因此不能采用传统培养病毒的方法制备疫苗。完整的 HBV 颗粒（Dane 颗粒）是直径为 42nm 有包膜的球形颗粒。1963 年 Blumberg 等在澳大利亚土著居民的血液中发现了“澳大利亚抗原”（澳抗），而后证明其为病毒表面颗粒（HBsAg），并存在于乙肝携带者的血液中。HBsAg 是机体感染 HBV 后最先出现的血清学指标，本身不具有传染性，由于 Dane 颗粒也具有由 HBsAg 组成的脂蛋白外壳，因此 HBsAg 具有免疫原性，可以刺激机体产生相应抗体。自 1970 年 Krugman 证实热灭活的 HBsAg 能引起机体免疫反应后，各国相继采用无症状乙肝携带者的血浆制成血源性疫苗。

由于血源性疫苗的安全性及携带者的血浆来源受限，对乙肝疫苗的质量、产量和广泛接种都会造成潜在的问题。伴随着分子生物学的飞速发展，基因工程乙肝疫苗应运而生。1981 年，Rutter 首先在酵母中表达了 HBsAg。1982 年 Valenzula 等采用酿酒酵母成功表达了 HBsAg，并被美国 FDA 批准上市。其后，比利时史克必成公司采用酿酒酵母制成的疫苗通过 FDA 批准上市。日本熊木、武田制药、韩国绿十字、盐野义、美国安进、阿根廷、古巴、德国等的酵母基因工程乙肝疫苗也都先后上市。我国从美国默克公司引进了重组酵母乙肝疫苗的技术，生产的抗原为 adw 亚型主蛋白中非糖基化的 p24。2004 年 3 月，我国又推出汉逊酵母表达的重组乙肝疫苗。由于哺乳动物细胞能够表达带有糖基化的抗原，更接近野生型，从而成为基因工程乙肝疫苗的重要系统。1981 年法国巴斯德研究所的 Tiollai 等和美国西奈山医学中心的 Chrisman 等在哺乳动物细胞中成功表达了 HBsAg。英国、以色列等国也有相关疫苗上市。我国上市的哺乳动物细胞表达的疫苗为 CHO 细胞表达的 adr 亚型的 S 抗原。通过纯化手段获得的基因重组蛋白安全性更高，但免疫保护作用有赖于添加佐剂以提高其免疫原性，延缓抗原被清除的时间而保证疫苗的效力。

酵母为低等真核微生物，易于在营养成分简单的培养基中高密度发酵培养，利用工业化生产，表达量高。目前世界上大规模生产和上市的疫苗大多数由该表达系统制备而成。现就重组酵母乙肝疫苗（酿酒酵母）的制备方法作一简要介绍。

（二）制备工艺

酿酒酵母（*Saccharomyces cerevisiae*）是单细胞真核生物，它不仅具有原核生物生长快、便于培养和遗传操作的优点，而且还具有典型真核生物的特性，并且不产生有毒产物，因而被认为是表达外源蛋白，特别是真核生物蛋白的适宜宿主。

乙肝病毒是一种蛋白包裹型的双链 DNA 病毒，具有感染力的病毒颗粒呈球面状，直径为 42nm，基因组仅为 3.2kb。HBsAg 包括三种蛋白成分，即小分子蛋白（S 蛋白），中分子蛋白（M 蛋白）和大分子蛋白（L 蛋白），它们拥有共同的 C 端。使用酵母菌进行蛋白的表达必须构建穿梭载体，这些载体同时带有细菌和酵母的复制原点和选择标记，能在细菌和酵母中进行质粒复制和表型选择。构建表达重组 HBsAg 的酿酒酵母工程菌时，选用腺嘌呤、亮氨酸营养缺陷型的菌株，此菌株不含天然的 2μ 质粒。使用编码亮氨酸的 2μ 质粒作为载体，将编码 adw 亚型 HBsAg S 蛋白的基因引入载体，并使用 3－磷酸甘油醛脱氢酶（GAPDH）启动子和乙醇脱氢酶Ⅰ（ADHⅠ）终止子对 S 蛋白的基因表达进行调控。在用大肠埃希菌 DH5α 进行质粒检测和扩增之后，提取质粒并转化入酿酒酵母细胞，转化子表达出具有免疫活性的重组蛋白，以球形脂蛋白颗粒的形式存在，平均颗粒直径为 22nm，其结构和形态均与慢性乙肝病毒携带者血清中的病毒颗粒相同。

1. 工程菌构建 以 Dane 颗粒为模板，采用聚合酶链式反应获得 HBV 基因组 DNA 后，

使用限制性内切酶*EcoR* Ⅰ对HBV基因组DNA和大肠埃希菌克隆载体pBR322进行酶切并分别回收带有黏性末端的基因组DNA和线型载体，使用T4 DNA连接酶进行连接，选出重组体质粒。HBV S蛋白基因作为一个*EcoR* Ⅰ -*Acc* Ⅰ段组成的3′部分被克隆进入pUC19载体中。含有GAPDH表达盒的pBR322质粒在GAPDH启动子与ADH Ⅰ转录终止区之间拥有一个唯一的*Hind*Ⅲ位点，上述含有HBV S蛋白的完全ORF以适当的方向插入在GAPDH启动子与ADH Ⅰ转录终止区之间的*Hind*Ⅲ位点中。然后用*Sph* Ⅰ酶切下这个表达盒，并且连接至穿梭载体pcl-1上，用此方式组建的载体在经过大肠埃希菌扩增后用于转化酵母属酿酒酵母的2150-2-3株，筛选可以高效表达HBV S蛋白的单克隆作为工程菌菌种。

2. 发酵 取工作种子批菌种，于适宜温度和时间经锥形瓶、种子罐和生产罐进行三级发酵，收获的酵母菌应冷冻保存。

3. 纯化 用细胞破碎器破碎酿酒酵母，除去细胞碎片，以硅胶吸附法粗提HBsAg，疏水色谱法纯化HBsAg，用硫氰酸盐处理，经稀释和除菌过滤后即为原液。

4. 原液检定 进行无菌检查、蛋白含量测定、特异蛋白带检查、N端氨基酸序列测定、纯度测定和细菌内毒素检查。

5. 甲醛处理 原液中按终浓度为100μg/ml加入甲醛，于37℃保温适宜时间。

6. 铝吸附 每1μg蛋白质和铝剂按一定比例置2~8℃吸附适宜时间，用无菌生理氯化钠溶液洗涤，去上清液后再恢复至原体积，即为铝吸附产物。

7. 配制 蛋白质浓度为20.0~27.0μg/ml的铝吸附产物与铝佐剂等量混合，即为半成品。

8. 半成品检定 包括吸附完全性和化学检定。后者又包括硫氰酸盐含量、Triton X-100含量、pH值、游离甲醛含量、铝含量和渗透压摩尔浓度等检测项。

9. 分批、分装和包装。

10. 成品检定 包括鉴别试验、外观、装量和化学检定等检测项。

（三）成品

1. 剂型 注射剂。

2. 作用与用途 接种本疫苗后，可刺激机体产生抗乙型肝炎病毒的免疫力。用于预防乙型肝炎。

3. 规格 每支0.5ml。每次人用剂量0.5ml（含HBsAg 10μg）。

二、重组抗幽门螺杆菌疫苗

（一）概述

人幽门螺杆菌（*H. pylori*）是慢性活动性胃炎、消化性溃疡、胃癌的主要致病因子。在全世界范围内具有较高的发病率，被WHO列为Ⅰ类致癌因子而受到广泛重视。目前治疗的方法主要是联合应用抗生素，但弊端较多，且不能根治感染。如何预防和治疗因人幽门螺杆菌引发的胃病被列入WHO的重大攻关项目，成为全球生物医药研究领域的热点课题。

由于*H. pylori*感染的致病机制涉及细菌因素、宿主因素，与宿主所处的环境以及饮食相关，*H. pylori*感染的确切致病机制还不完全清楚；由于*H. pylori*感染引起的免疫反应不能清除感染而使得宿主产生慢性炎症等原因，*H. pylori*疫苗目前都还存在着保护率不高的问题，尤其是在*H. pylori*自然宿主中尚未取得大的突破，而且这些抗原是否能针对所有

H. pylori 菌株产生保护性也有待进一步确认。目前国内外 *H. pylori* 亚单位疫苗的研究是热门，其中：UreB（尿素酶亚单位 B）、HspA（热休克蛋白 A）、HpaA（黏附素）、NAP（中性粒细胞激活蛋白）、AhpC（烷基过氧化氢还原酶）是 *H. pylori* 疫苗目前正在研究的主要有效亚单位，采用其中任何一种抗原制备成的疫苗为亚单位单价疫苗，采用其中任何两种或以上的抗原组合制成的疫苗为双价/多价疫苗。目前 *H. pylori* 预防性亚单位疫苗研究发展趋势是双价/多价抗原 + 分子内佐剂，并已得到动物试验的验证，单价疫苗的保护率通常低于 80%，双价疫苗的保护率可达 90% 以上，rLTB - rUreB - rHpaA 更高达 100%，表明双价/多价抗原免疫效果更好。

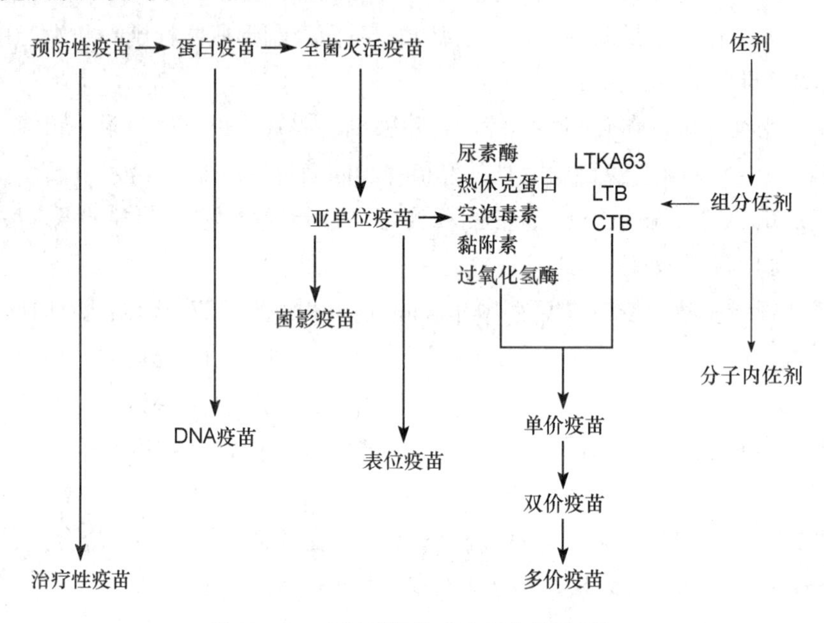

图 15-3　幽门螺杆菌疫苗研究发展历程

口服重组幽门螺杆菌疫苗于 2009 年 3 月 23 日获得国家食品药品监督管理局（SFDA）新药证书批准，主要用于预防幽门螺杆菌感染，属国家Ⅰ类生物制品。此疫苗是采用基因工程技术，将幽门螺杆菌的尿素酶亚单位 B（UreB）与黏膜免疫佐剂大肠埃希菌不耐热肠毒素亚单位 B（LTB）基因重组制成的基因工程疫苗，用于预防幽门螺杆菌感染。Ⅲ期临床研究结果表明：受试人群血清抗体阳转率大于 85%，预防感染的总保护率达到 72.10%，免疫效果肯定。疫苗为口服剂型，服用方便、接种人群依从性较好，而且证实对受试人群具有较好的安全性。

（二）制备工艺

1. 发酵工艺

（1）生产菌种　-70℃以下保存的甘油管菌种（工作种子批），置于 37℃水浴 2 分钟。

（2）菌种活化　取合格的菌种接入 500ml 摇瓶中，37℃，200r/min 培养活化 5 小时后，进行吸光值测定和发酵液杂菌检查。

（3）一级种子罐培养　将已活化的菌种接入装有 10L 培养基的种子罐中，按 37℃，培养 12 小时，转入二级种子罐，发酵液杂菌检查。

（4）二级种子罐培养　控制参数 37℃、通气量 40%、500r/min 搅拌，将种子液继续在 80L 培养基中培养 5 小时，转入发酵罐，发酵液杂菌检查。

（5）发酵罐培养　控制参数 37℃、pH 7.5、通气量 5.51L/min、DO_2（溶解氧浓度）=

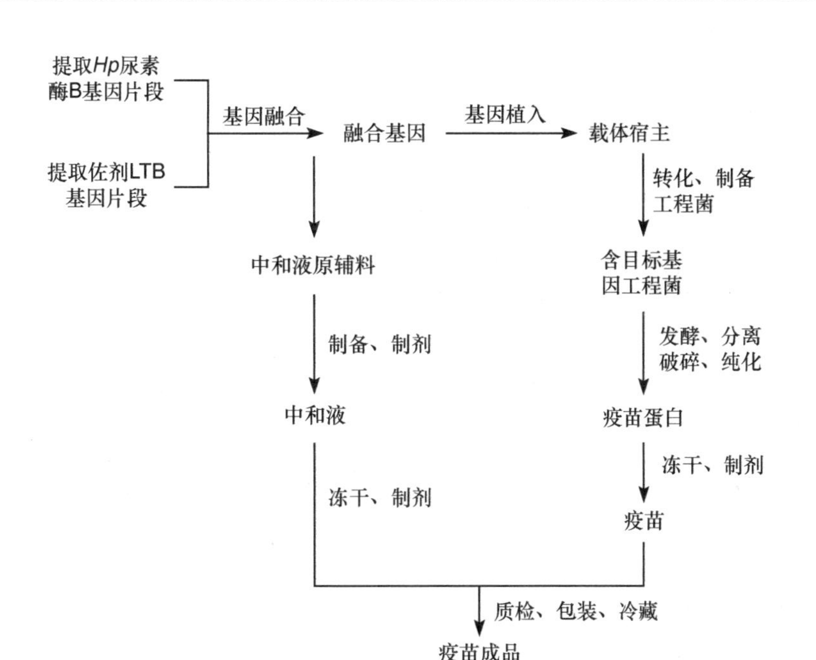

图15－4　口服重组幽门螺杆菌疫苗生产流程示意图

51，将种子液继续在800L培养基中培养10小时，发酵液杂菌检查。当OD600（浊度）=58后，用15℃冷却水降温。

（6）菌体收集　将已降温的发酵液输送至连续流离心机，10000×g离心。沉淀菌体于4℃冷库中保存。发酵残液排入污水罐蒸汽灭菌处理。

2. 提取纯化主要工序及工艺条件

（1）菌体破碎　将菌体悬浮于4℃的TE缓冲液中，70MPa破菌3次后，将悬浮液输送至连续流离心机，15000×g离心，收集沉淀。

（2）第一次洗涤　将上述沉淀悬浮于洗涤液Ⅰ中，4℃下气动搅拌10分钟后，输送至连续流离心机，15000×g离心，收集沉淀。重复洗涤2次。

（3）第二次洗涤　将上诉沉淀悬浮于洗涤液Ⅱ中，4℃下气动搅拌15分钟后，输送至连续流离心机，15000×g离心，收集沉淀。重复洗涤2次。

（4）裂解　将上述沉淀溶解于裂解液中，4℃下搅拌10小时后，输送至连续流离心机，15000×g离心，收集上清液。菌体沉淀于121℃，30分钟蒸汽灭菌后外送焚烧。

（5）离子交换层析　将裂解后上清液调pH、电导率达规定值后，接到柱系统中开始离子交换层析，4℃下进行，收集洗脱液。

（6）脱盐层析　将离子交换层析收集液调节pH、电导率达规定值后上柱进行脱盐层析，4℃下进行，收集洗脱液。

（7）冻干　本品使用8%的甘露醇作为赋形剂，0.050%的EDTA－2Na作为稳定剂进行冻干，每支冻干粉剂含15mg疫苗蛋白。

（8）质检、包装和冷藏。

（三）成品

1. 剂型　口服剂型。

2. 作用与用途　接种本疫苗后，可刺激机体产生抗幽门螺杆菌的免疫力。用于预防幽门螺杆菌感染。

3. 规格 每支冻干粉剂含15mg疫苗蛋白。

三、流行性乙型脑炎疫苗

（一）概述

流行性乙型脑炎（Japanese encephalitis，乙脑）是亚洲最常见的一种病毒性脑炎。据估计，乙脑病毒每年至少造成5万例临床病例，其中多数为10岁以下儿童，导致约1万人死亡，另有约1万5千例病例留有长期的神经-精神性后遗症。近几十年来，乙脑在一些以前无地方性流行的地区出现了暴发。乙脑感染通过蚊子传播；蚊子从有病毒血症的动物（通常是猪或水禽）中获得感染。每250~500例感染者中仅约有1例出现临床症状。目前还没有针对乙脑的特异性抗病毒治疗方法。虽然在一些国家通过使用杀虫剂和改进农业活动可降低乙脑的发生率，但疫苗接种仍是唯一最有效的控制措施。

20世纪30年代起，曾研究用感染病毒的鼠脑或鸡胚组织，用福尔马林灭活做成疫苗。选用合适毒株感染小白鼠，待出现典型症状时，取脑研磨用磷酸盐缓冲液制成5%悬液，经0.2%福尔马林灭活，制成灭活疫苗，但因用脑组织制备，含有脑炎发生原，应用时曾发生过严重变态反应而停止使用。后改为乙醚纯化鼠脑疫苗，后又改为鸡胚细胞生产。毒株感染鸡胚单层细胞，滴度达高峰时收获，以0.05%福尔马林灭活，制成灭活疫苗，但此种疫苗滴度低，免疫效果不理想；对多数国家来说，每剂疫苗的价格相对较高。细胞培养的减毒活疫苗只需要较少的接种剂次即可实现长期保护，在多数情况下价格也较便宜，因此是替代鼠脑提纯乙脑疫苗的一种较有吸引力的疫苗。

表15-7 流行性型脑炎的研究发展历程

疫苗	基质	效力	副作用	价格
灭活	鼠脑	2~3，>95%	强烈：触痛、红肿20%；轻度全身症状10%~30%（头痛、肌痛、发热）全身性荨麻疹、面部血管性水肿、呼吸窘迫0.6%	高
灭活	地鼠肾细胞	2~3，>90%	轻微：肿胀4%、头痛1%、发热6%	高
减毒，活	地鼠肾细胞	1，80%~100%	少见：头痛0.03%、发热0.46%、恶心0.03%	低

（二）制备工艺

现就乙型脑炎减毒活疫苗的制备方法作一简要介绍。本品系用乙型脑炎病毒减毒株接种于原代地鼠肾细胞，经培养、收获病毒液，加入适宜稳定剂冻干制成。为淡黄色疏松体，使用灭菌注射用水或灭菌PBS复溶后为橘红色或淡粉红色澄明液体。复溶后每瓶0.5ml、1.5ml、2.5ml。每1次人用剂量为0.5ml，含乙型脑炎活病毒应不低于5.4lg PFU。生产用细胞为原代地鼠细胞或连续传代不超过五代的地鼠肾细胞，生产用毒种为乙脑病毒SA14-14-2减毒株或其他经批准的减毒株。

1. 细胞制备 选用10~14日龄的地鼠，无菌取肾，剪碎，经胰酶消化，用培养液分散成细胞，制备细胞悬液，分装培养瓶，置37℃±1℃培养。细胞生长成致密单层后用生理盐水充分洗涤，换入维持液（含适量灭能新生牛血清和乳蛋白水解物的Eagle液或其他适宜培养基）。来源于同一批地鼠、同一容器内消化制备的地鼠肾细胞为一个细胞消化批；源自同一批地鼠、于同一天制备的多个细胞消化批为一个细胞批。

2. 种子批的建立 原始种子批传代应不超过第六代，主种子批应不超过第八代，工作种子批应不超过第九代，生产的疫苗应不超过第十代。

3. 原液制备

（1）病毒接种和培养　挑选生长致密的单层细胞，用洗涤液充分冲洗后加入适量维持液，按0.001MOI接种病毒，36℃±1℃培养。

（2）病毒收获　种毒后72小时左右细胞出现病变时收获病毒液。根据细胞生长情况，可换以维持液继续培养，进行多次病毒收获。同一细胞批的同一次病毒收获液检定合格后，可合并为单次病毒收获液。

（3）单次病毒收获液检定及保存　进行病毒滴定、无菌检查和支原体检查。于2~8℃保存不超过30天。

（4）单次病毒收获液合并　同一细胞批的多个单次病毒收获液检定合格后，经澄清过滤，合并为一批原液。

（5）原液检定　进行病毒滴定、无菌检查、支原体检查和逆转录酶活性检查。

4. 半成品制备　将原液按固定的同一病毒滴度适当稀释，加入适宜稳定剂即为半成品。

5. 半成品检定　进行病毒滴定和无菌检查。

6. 冻干　复溶后每瓶0.5ml、1.5ml、2.5ml。每1次人用剂量为0.5ml，含乙型脑炎活病毒应不低于5.4lg PFU。

7. 质检、包装和冷藏。

（三）成品

1. 剂型　注射用冻干制剂。

2. 作用与用途　接种本疫苗后，可刺激机体产生抗乙型脑炎病毒的免疫力。用于预防流行性乙型脑炎。

3. 规格　复溶后每瓶0.5ml。每1次人用剂量为0.5ml，含乙型脑炎活病毒不低于5.4lg PFU。

四、卡介苗

（一）概述

1882年德国的柯霍（Robert Koch）首次发现结核杆菌，并证明结核分枝杆菌是结核病的病原菌，可侵犯全身各组织器官，但以肺部感染最多见。卡介苗（Becille Calmette－guerin）是Nocard于1902年从牛体分离的一株牛型结核杆菌，对人有致病力，天然寄生于牛体。Calmette和Gulrin二人观察到，如果向培养这株结核杆菌的甘油土豆培养基中加入牛胆汁，则在培养期间杆菌的形态发生变化，并逐步缓慢地丧失其毒力。他们从1906年开始采用这个方法，约每2~3星期传代一次，前后共传了231代，经约13年时间，终于获得一株毒力稳定的减毒株。该株仅可使牛产生发热反应，但不使之形成结核；注入豚鼠体内非但不引起发病，而且可赋予其保护力。1921年Well－Halle首次将此用于一名死于结核产妇的乳婴，经6个月婴儿健康无恙，从此开始用于人群预防接种。

卡介苗是一种用来预防儿童结核病的预防接种疫苗。接种后可使儿童产生对结核病的特殊抵抗力。由于这一疫苗是由两位法国学者Calmette和Gulrin发明的，为了纪念发明者，将这一预防结核病的疫苗定名为“卡介苗”。目前，世界上多数国家都已将卡介苗列为计划免疫必须接种的疫苗之一。卡介苗接种的主要对象是新生婴幼儿，接种后可预防发生儿童结核病，特别是能防止那些严重类型的结核病，如结核性脑膜炎。现就皮内注射用卡介苗

的制备方法作一简要介绍。采用卡介菌 D2 PB302 菌株，严禁使用通过动物传代的菌种制造卡介苗。

（二）制备工艺

1. 种子批制备 卡介菌在苏通培养基上生长良好，培养温度在 37～39℃之间。抗酸染色应为阳性。在苏通马铃薯培养基上培养的卡介菌应是干皱成团略呈浅黄色。在牛胆汁马铃薯培养基上为浅灰色黏膏状菌苔。在鸡蛋培养基上有突起的皱型和扩散型两类菌落，且带浅黄色。在苏通培养基上卡介菌应浮于表面，为多皱、微带黄色的菌膜。

2. 原液的制备

（1）生产用种子 启开工作种子批菌种，在苏通马铃薯培养基、胆汁马铃薯培养基或液体苏通培养基上每传一次为一代。在马铃薯培养基培养的菌种置冰箱保存，不得超过 2 个月。

（2）生产用培养基 生产用培养基为苏通马铃薯培养基、胆汁马铃薯培养基或液体苏通培养基。

（3）接种与培养 挑取生长良好的菌膜，移种于改良苏通综合培养基或经批准的其他培养基的表面，置 37～39℃静置培养。

（4）收获和合并 培养结束后，应逐瓶检查，若有污染、湿膜、浑浊等情况应废弃。收集菌膜压干，移入盛有不锈钢珠瓶内，钢珠与菌体的比例应根据研磨机转速控制在一适宜的范围，并尽可能在低温下研磨。加入适量无致敏原稳定剂稀释，制成原液。

（5）原液检定 进行纯菌检查与浓度测定。

3. 半成品的制备 用稳定剂将原液稀释成 1.0mg/ml 或 0.5mg/ml，即为半成品。

4. 半成品检定 进行纯菌检查、浓度测定、沉降率测定、活菌数测定和活力测定。

5. 冻干。

6. 质检、包装和冷藏。

（三）成品

1. 剂型 注射剂（冻干）。

2. 作用与用途 接种本疫苗后，可使机体产生细胞免疫应答。用于预防结核病。

3. 规格 按标示量复溶后每瓶 1ml（10 次人用计量），含卡介菌 0.5mg；按标示量复溶后每瓶 0.5ml（5 人次用计量），含卡介苗 0.25mg。每 1mg 卡介菌含活菌数应不低于 1.0×10^6CFU。

扫码“学一学”

第四节 重组治疗蛋白类药物

一、重组药物的分离纯化

20 世纪 70 年代随着重组 DNA 技术上的突破，生物制药领域已成为基因工程开发的前沿，是生物技术研究与应用开发中最活跃、发展最快的一个高新技术产业，利用蛋白质工程技术对现有蛋白质类药物进行改造，使其具有较好性能，是获得具有自主知识产权生物技术药物的最有效途径之一，引起社会的巨大投资兴趣，也创造了巨大的医药生物技术产业，使基因工程药物不断进入商品市场。重组治疗蛋白类药物的分离纯化在其生产工艺与

研发过程具有极其重要的地位。重组蛋白类药物由于其是通过基因工程手段获得蛋白类药物，在原料的源头上与天然生化药物相比具有可控性、含量较高等特点，使其在分离与纯化上也有自身的一些特点。

（一）重组蛋白质类药物的分离与纯化

蛋白质类药物的原料来源有动物细胞、植物组织和细胞微生物等，由于采用基因工程手段，重组产物往往含量较高，对不同产品的宿主菌或细胞也有一定的要求，了解这些对分离纯化工作具有积极的意义，往往起到事半功倍作用。

重组药物的分离纯化一般包括固液分离、细胞破碎、浓缩与初步纯化、高度纯化直至得到纯品以及成品加工。其一般流程如图 15－5 所示。

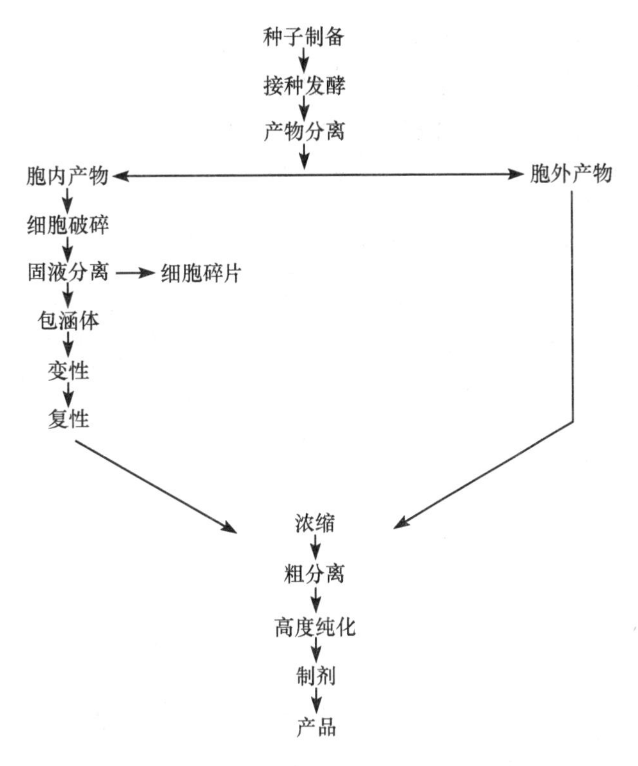

图 15－5　基因工程药物分离纯化的一般流程

对于各单元操作可参考前面各章节叙述，在操作过程中需注意：①操作条件温和，能保持目的产物的生物活性；②选择性要好，能从复杂的混合物中有效地将目的产物分离出来，达到较高的纯化倍数；③收率要高；④两个技术之间要能直接衔接，不需要对物料加以处理调整。

1. 重组蛋白纯化策略　纯化重组蛋白时，应充分了解目的蛋白的性质、明确纯化的目标（活性、纯度、规模、经济性等）以及合理运用纯化策略，这样就会达到事半功倍的效果。

（1）充分了解目的蛋白　在设计分离纯化方法之前要充分了解目的蛋白的物理化学性质及其在细胞中的存在部位。如目的蛋白质的等电点、分子量、稳定性等，目的蛋白是存在于细胞内还是分泌到细胞外，是否存在于细胞器内等，这些都要事先了解，然后根据这些性质来选择合适的分离方法。

（2）充分明确纯化目标　纯化蛋白之前，要明确对纯化蛋白的目标要求；如目的蛋白的活性、纯度、蛋白量等。对分离纯化工艺的要求，如重复性、是否放大、经济性等。

(3) 层析技术的运用　根据蛋白质不同性质，以及与杂蛋白的差异，选择不同的层析技术（表15-8）。

表15-8　层析技术的选择

蛋白质的性质	方　法	蛋白质的性质	方　法
电荷（等电点）	离子交换（IEX）	疏水性	疏水（HIC）
分子量	凝胶过滤（GF）	特异性结合	亲和（AC）

(4) 纯化策略

① 纯化三部曲：纯化问题所涉及的具体步骤最终取决于样品的性质，但都可共同参考以下三个阶段。

捕获阶段：澄清、浓缩和稳定目的蛋白。

粗纯阶段：除去大多数大量杂质，如其他蛋白、核酸、内毒素和病毒等。

精制阶段：除去残余的少量杂质和必须除去的杂质。

在三阶段纯化策略中每一种方法的适用性，见表15-9。

表15-9　层析技术的适用性

技　术	主要特点	捕　获	中度纯化	精　制	样品起始状态	样品最终状态
IEX	高分辨率 高容量 高速度	★★★	★★★	★★★	低离子强度 样品体积不限	高离子强度或 pH改变 样品浓缩
HIC	分辨率好 容量好 高速度	★★	★★★	★	高离子强度 样品体积不限	低离子强度 样品浓缩
AC	高分辨率 高容量 高速度	★★★	★★★	★★	结合条件特殊 样品体积不限	洗脱条件特殊 样品浓缩
GF	高分辨率 （使用 Superdex）		★	★★★	样品体积（总柱 体积的5%）和 流速范围有限制	缓冲液更换 （如果需要） 样品稀释

注：★表示该种层析技术在纯化各阶段使用的频率。

② 精细纯化步骤：纯化过程中，步骤越少，损失的越少，收率越高。尽量缩短分离纯化的时间，以防止因长时间操作而影响产品的活性。

③ 合理衔接层析技术：纯化时，可以将分离机制互补的技术进行组合，交替运用不同的层析方法，如离子交换（IEX）和疏水层析（HIC）交替进行。因为离子交换（IEX）是低盐结合高盐洗脱，而疏水层析（HIC）是高盐结合低盐洗脱，它们恰好互补，其衔接不需要通过脱盐或浓缩就可以进行，充分地提高了纯化效率。

通常重组蛋白分离纯化时，所设计的合理纯化路线见表15-10。

表15-10　纯化路线设计

纯化阶段	合理衔接层析技术				
捕获	AC	AC	AC	IEX	HIC
中度纯化			IEX	HIC	IEX
精细纯化		GF	GF	GF	GF

④ 线性放大：如果研制生物制品，要产业化时，就需要经历小试、中试、投产三个阶

段，所以在下游生物制品纯化时，就要考虑到线性放大。放大过程中，要注意固定以下条件：填料、缓冲液、线性流速、样品浓度、样品体积和柱床体积比例。适当放大：柱直径，体积流速，上样体积。

2. 包涵体的分离纯化　重组蛋白通常在胞内表达，但一些蛋白也可分泌到细胞周质或分泌到培养基中。虽然蛋白的分泌有利于其折叠、溶解和二硫键的形成，但一般在细胞内表达的蛋白产量很高。然而在细胞内聚集的重组蛋白通常以包涵体形式存在，形成一些缺乏生物学活性、错误折叠的不溶聚合物。

变性的重组蛋白是包涵体的主要成分，因此离心对包涵体进行初始分离是有效的纯化步骤，天然重组蛋白通过复性从包涵体中回收得到。尽管分子量小的蛋白可以直接复性，但是很多情况下，对于那些不含有二硫键的蛋白而言，直接复性仍然是很困难的，复性的最佳条件因蛋白不同而异。表 15－11 对从包涵体中纯化蛋白的优、缺点进行了总结。

表 15－11　包涵体的优缺点

优　点	缺　点
高表达水平可以降低发酵成本； 可以分离到高纯度，并直接用作抗原； 通常不能被蛋白酶水解； 允许一些毒性蛋白的表达	复性蛋白的步骤复杂且不能预测

包涵体纯化的特殊之处在于包涵体分离、溶解及复性，下面将对这三方面进行详细介绍。

（1）包涵体分离　破碎细胞后，通过离心来分离包涵体。这是一种很有效的纯化步骤，因为目的蛋白一般是包涵体的主要成分，而在离心时 DNA 及细胞壁碎片可以和包涵体一起被沉降下来，产生细胞碎片的大小取决于破碎细胞所采用的方法，经常使用的是高压匀浆及超声破碎。高压匀浆（在 20000psi①下用 French press 进行 3 轮破碎）能够减小细胞碎片，因此在离心时可以与包涵体立即分离。细胞破碎后，用 DNase（如 10～20μg/ml）会降低 DNA 污染，而加入去垢剂（如 1% Triton X－100）能够减少与包涵体相连的膜物质。

（2）溶解　包涵体溶解通常使用的变性剂是盐酸胍和尿素，盐酸胍和尿素能破坏离子间相互作用，解除维系蛋白质稳定性的非共价键，引起蛋白质的变性。溶解包涵体所用的缓冲液一般为 pH 8.0、50mmol/L Tris－HCl，溶解温度和时间因蛋白不同而异，如果蛋白含有二硫键则可在变性液中加入少量的还原剂（如 1～10mmol/L DDT）。

（3）复性　溶解后，蛋白必须经过正确复性才有活性。那么，就要除去变性剂使得蛋白折叠及形成正确的分子内交联，复性是包涵体纯化流程中最关键的一步。复性经常从蛋白去折叠开始，而以形成天然蛋白质结束，其中形成聚集体是竞争性步骤。

复性成功的秘诀在于促进主要途径而抑制导致聚集体形成的途径。在实验中怎样才能实现并不是十分清楚，因此一个特定蛋白所合适的复性条件必须在实验中确立。通常，为了保证复性成功要仔细优化大量参数，如蛋白浓度、温度、反应时间、二硫化物交换试剂（如氧化性＋还原性谷胱甘肽）、缓冲液添加剂［如尿素、盐酸胍（抑制聚集体形成）或者精氨酸、甘油、盐（提高折叠效率）］。

（4）带有二硫键蛋白的复性　如果蛋白中存在两个以上的半胱氨酸，那么不可能立即形成正确的二硫键。随着半胱氨酸数目增加，二硫键的可能组合数也在增加，如果二硫键是正确折叠所必须的话，应该在溶解包涵体时加入少量还原剂（如 1～10mmol/L DDT），这

种还原剂能够被复性用的二硫化物置换试剂所取代，加入二硫化物置换试剂（如氧化型+还原型谷胱甘肽或者巯基乙胺+光胺）是为了提供氧化还原作用力。这些试剂同半胱氨酸形成各种二硫化物中间体，这些二硫键的形成或断裂反应是可逆的，直到最有利的蛋白二硫键形成，这种平衡才会被破坏，这个过程被称作氧化型折叠，氧化型折叠的产率很大程度上依赖于氧化还原试剂的浓度及 pH。

（5）复性方法　包涵体复性方法有很多种，包括透析、稀释和利用层析方法复性。表 15－12 比较了不同的复性技术。

表 15－12　不同复性技术的优缺点

复性技术	优　点	缺　点
透析	简单	慢，使用大量的缓冲液
稀释	简单	慢，蛋白浓度会稀释到很低浓度
凝胶过滤	在一步操作中直接进行自动化复性并纯化	样品体积受限
亲和层析	直接进行自动化复性并纯化	需要带有标签（如 His）
离子交换层析	对样品体积没有要求	应该避免使用与离子交换相反电荷的添加剂
	快速并且简单	
	直接进行自动化复性并纯化	

① 利用凝胶过滤复性：凝胶过滤复性是利用一种树脂通过“cage－like”效应来抑制聚集的特点。另外，通过凝胶过滤不断地除去复性过程中连续产生的聚集体也可能提高复性率，原因在于：即便是少量聚集体的存在也能加速进一步的聚集。从理论上讲，凝胶过滤复性比简单稀释或者透析更能提高复性产率。

目前采用了两种不同的实验方法。一种是用复性缓冲液来平衡柱子，然后把含有溶解状态下的包涵体样品上到柱子中。在通过柱子的过程中，溶解缓冲液的组分会滞留在柱子上，或者在上样前用以梯度性降低比例的溶解缓冲液和复性缓冲液的混合物来平衡柱子，然后用复性缓冲液洗脱蛋白。第二种方法是缓慢性地将蛋白转移到一个无变性剂的环境中，很多实验证明这种做法是可取的。

② 利用亲和层析对带有组氨酸标签的蛋白进行复性：在一种吸附介质（如 IMAC）上进行复性，变性蛋白会可逆地固定在其上，这种固定在接下来除去变性剂后会有利于防止聚集体形成。这种技术的另一个优点是：只要在介质的结合载量范围内，对于样品的体积没有要求。

一般带有大亲和标签或大蛋白亲和配体的亲和体系不适于柱上复性。在这种情况下，标签和亲和配体之间的结合经常依赖于标签、配体或者两者的正确构象。在变性条件下，它们之间就不会相互结合。

使用带有组氨酸标签的蛋白是一种简单而有效的纯化方法，并且使柱上复性法成为可能。高浓度变性剂有利于组氨酸标签结合到螯合的二价金属离子上，因此组氨酸标签的蛋白可被变性液溶解并结合到 Ni 柱上。在蛋白从柱子上洗脱下来前将杂蛋白去除并将蛋白转换到非变性缓冲液中，以不断上升的咪唑浓度将蛋白洗脱下来。一旦复性，蛋白即可利用其他方法如凝胶过滤得到进一步纯化以除去聚集体，满足更高的纯度要求。

③ 使用离子交换层析进行复性：与亲和层析相同，用离子交换层析复性需求变性蛋白可逆性地结合在树脂上，这种结合在接下来除去变性剂后有利于防止聚集体形成，对于带

有组氨酸标签的蛋白而言，吸附到 IMAC 介质上的条件基本相同，但是吸附到离子交换树脂上的条件将因目的蛋白的电荷性质而定。阳离子交换树脂（如 SP Sepharose）和阴离子交换树脂（如 Q Sepharose）已成功用于复性，与离子变换树脂结合通常需要低离子强度。低 pH 能够促进与阳离子交换树脂结合，而高 pH 则能够促进与阴离子交换树脂结合，复性的蛋白都可以通过改变盐浓度梯度来进行洗脱。复性完成后，蛋白即可用其他层析方法如凝胶过滤得到进一步纯化以除去聚集体来满足更高的纯度要求。

3. 抗体的分离纯化　抗体是一种特殊的蛋白质分子，被用作体外诊断试剂、治疗疾病的药物、免疫亲和层析的配基等，在生命科学研究、生物技术及医药领域中有着广泛的应用，尤其是抗体作为各种免疫分析的核心试剂，对免疫分析结果的灵敏度、特异性起着至关重要的作用。不论是多克隆抗体、单克隆抗体还是基因工程抗体，也不论用何种方法生产抗体，都需要在后期对抗体进行分离和纯化，所以根据目的抗体，选择合适的分离纯化方式是十分重要的。常用的分离纯化方法有离子交换层析，疏水层析和凝胶过滤法等（详见本章第五节）。

由于每种单克隆抗体的分子量、等电点、电荷数、疏水性、糖基化程度等生化性质各不相同，故纯化单克隆抗体之前，既要了解它们的共同性质，又要了解它们各自的性质，从而制定相应的纯化方法。表 15－13 描述了根据单克隆抗体的性质设计的纯化策略。

表 15－13　单抗的基本性质和纯化策略

生化性质	单抗特性	纯化策略
分子量	IgG 约 146～170kDa（重链 50kDa，轻链 25kDa）；IgM 约 900kDa（五聚体）	单抗样品纯化一般可选择超滤膜，并且凝胶过滤能有效去除抗体聚集体。选择超滤膜和分子筛介质时除了考虑分子量，还须考虑单抗不同亚型的空间结构和形状，如人 IgG_3 较细长，需要选分子量较小的超滤膜。可以使用更大孔径（50～100kDa）超滤膜对抗体进行浓缩并且收率极高，在浓缩单抗的同时，可以有效地去除大量蛋白酶（约为 60～70kDa）和 BSA 等杂质，这样可有效避免纯化过程中蛋白酶对抗体的破坏，使终产品更均一、活性更好
等电点	从 4.5～9.5 不等，大部分超过 6.0	大多数 IgG 的等电点高于一般血清蛋白，建议用阳离子交换层析捕获并浓缩抗体或使用流穿模式的阴离子交换层析除去大部分杂蛋白、DNA 和内毒素（单抗流穿）
疏水性	大多数 IgG 疏水性较强	大多数 IgG 可以在 0.5～1.0mol/L 硫酸铵下结合疏水介质，让大部分杂蛋白流穿。单抗在硫酸铵 30%～50% 时会沉淀，可重溶后直接上疏水层析
糖基化	IgG 含 2%～3% 糖基，IgM 含 12% 糖基	主要在重链的 Fc 区产生 N－link 的糖基化。注意：抗体糖基化不均一，所带电荷也不同，等电聚焦电泳呈多条带，这会影响离子交换层析效果
pH 稳定性	稳定性较好	IgG 在水溶液或一般的缓冲液中都比较稳定。但应避免较极端的 pH，如低 pH 会促使蛋白聚集；pH＞8.5，脱酰胺酶可能降解单抗
多聚体、复合物的形成	没有保护剂的情况下 IgG 浓度高于 2mg/ml 容易形成二聚体、多聚体	pH、盐浓度、buffer 种类、温度等都会影响抗体的聚集动力学。如 pH＜3，抗体会发生不可逆聚集；盐浓度过高会加速疏水聚集；碱性单抗在多价阴离子缓冲液中易形成稳定的离子复合物，导致抗体之间的聚合；在 0.3～1.0mol/L NaCl 中，单抗与核酸可形成可逆的复合物，离子交换层析纯化时须留意
溶解度	大多数 IgG 在中性偏碱和低电导的缓冲液中是稳定可溶的	有些单抗在温度低于 37℃时溶解度会降低，易结晶，纯化过程避免冷室操作

抗体或者抗体片段通常是从天然或重组体系中提取的，来源的选择会影响到样品处理和纯化的步骤，因为不同来源的杂质和需要的目的分子纯度是不同的，然而，通常情况下，选择一个与目的分子高度亲和的介质即可一步获得高纯度的目的分子。

表 15-14 不同宿主生产抗体的纯化策略

抗体来源	优/缺点	主要相关杂质	纯化策略
鼠/兔等动物	直接免疫动物，方法成熟，产量可达1~15g/L。单抗亲和力高，但生产周期长，难以大量生产	动物腹水中各种生物大分子、脂类	由于HAMA反应，鼠源单抗大多仅用于诊断试剂，规模较小，产品纯度要求较低（电泳纯90%~95%）。Protein A或G亲和层析配合凝胶过滤一般已可以达到所需纯度
杂交瘤细胞	5%~10%小牛血清培养基表达量为10g/L，但纯化困难，并有动物源污染风险。无血清培养基表达量可达1~4g/L	培养基内的杂蛋白，如血清白蛋白、转铁蛋白、酶、小牛IgG、脂类以及宿主蛋白和DNA	用于诊断试剂和治疗性单抗，后者纯度要求较高（95%~99%）。需要多步层析去除宿主杂质。转铁蛋白、牛IgG与目标抗体性质接近，污染问题十分显著。一般可通过优化疏水层析和离子交换层析去除。若白蛋白的量较多，可先用蛋白A、蛋白G等亲和层析法直接捕获抗体
CHO/NS0等哺乳动物细胞	利用基因工程技术将抗体人源化。目前上万升发酵罐的单抗表达量可达1~10g/L	宿主、培养基内的杂蛋白、核酸、脂类等	主要为治疗性单抗。临床剂量大（数十至几百毫克/剂），批产量达千克级，纯度要求极高（>99%）。约80的下游工艺用Protein A亲和层析进行快速捕获，再配合离子交换、疏水层析等进行精纯，以达到治疗用要求
E. coli	利用基因工程技术表达人源化小分子抗体（Fab，ScFv）、特殊抗体及抗体融合蛋白。相比动物细胞，生产周期短，成本较低，但与相应抗原结合靶点减少	宿主杂蛋白、核酸、脂类、内毒素等	对于*E. coli*表达的蛋白，可以使用中空纤维柱结合层析进行纯化。包涵体可考虑先用凝胶过滤纯化，再进行柱上复性，提高回收率。也可用中空纤维柱来梯度复性，不但容易放大，而且效率更高
酵母	表达量高，培养规模容易放大，相比细胞成本低；糖基化仍然存在问题影响比活，难以表达全长抗体	宿主细胞蛋白及培养基中蛋白	用中空纤维柱做样品的澄清，之后用离子交换层析结合疏水层析进行纯化
转基因动物	可表达全长抗体，能正确糖基化；但转基因较困难，表达不稳定	动物蛋白及宿主抗体	转基因动物分泌表达如动物乳中，可采用超滤技术进行分级分离，从而降低纯化难度，然后用高分辨率的疏水层析和离子交换层析分离宿主抗体
转基因植物	降低了动物细胞污染的可能性，能够大规模低成本生产；破碎细胞及分离纯化难度加大	色素、植物细胞杂蛋白等	用亲和层析纯化植物表达抗体效果比较好，会有少量色素吸附在亲和树脂上，但可用凝胶过滤除去

以上介绍的几种方法和策略是目前对抗体进行纯化较成熟而且常用的，根据不同的目标和条件，可以采用比较适宜的方法对所要制备的抗体进行纯化。随着抗体技术在生物学领域应用的不断延伸，特别是对于一些物种未知抗体的需求越来越迫切，抗体的制备和纯化方法也将得到提高与改进，这对抗体技术的发展和应用是一个很大的推进。大量的制备抗体变得很方便，并且会有更多的抗体应用于科学研究中，促进生命科学的发展。

4. 蛋白质的分离和纯化需考虑的环境因素 在蛋白质分离和纯化过程中，为了避免蛋白质的变性、微生物的污染、提高得率等，操作通常需要在低温环境中进行，尽可能保证环境的洁净度，为了防止蛋白酶的破坏作用，常常使用蛋白酶抑制剂苯甲磺酰基氟化物（PMSF），很多重组蛋白含有二硫键，为了防止二硫键被还原，通常加入保护剂如巯基乙醇、DDT等。

（二）确定目的蛋白质的检测方法

如何确定溶液中的重组蛋白质及其浓度，是蛋白质分离纯化工艺的关键组成部分，通常可根据它们的物理、化学性质，如折射率、比重、紫外光吸收来建立适合的检测方法。它如同一双“眼睛”，可及时发现重组蛋白自然存在状态。该检测方法特异性越高越有利于目的蛋白的分离纯化。蛋白质含量测定的常用方法有紫外吸收法、双缩脲法、福林-酚试

剂法、考马斯亮蓝染色法。

（三）纯度检查

测定蛋白质的纯度是化学和物理学的概念，它与蛋白质所具有的生物活性有着密切的关联，重组蛋白的纯度是其质量控制的重要指标之一，对其临床使用具有极其重要的参考价值，纯度检查的常用方法有：电泳法、HPLC 或 FPLC、免疫化学法（适用于产生特异性抗体的蛋白）和生物测定法等。

二、重组药物的质量控制

为了使药物有效地发挥作用，对其适应证、用法用量和使用注意事项等必需有明确的规定，故药物必须制定严格的质量标准以加强药品的质量控制，确保病人用药的安全有效。重组治疗蛋白类药物与一般的化学药物有较大的区别，如：生物药物大多数为大分子药物、相对分子质量不是定值、稳定性差等，故其质量控制和对它有效成分的检测有它自己的特征。如：需做热原质检查、过敏实验、异常毒性等实验。对有效成分的检测除了一般的化学方法外，还要对制品的特异性生理效应或专一生化反应拟定其生物活性的检测。定量的方法也与化学药物有所不同。

重组药物与其他传统方法生产的药品有许多不同之处，它利用活细胞作为表达系统，并具有复杂的分子结构。它的生产涉及到生物材料和生物学过程，如发酵、细胞培养、分离纯化目的产物，这些过程有其固有的易变性。同时由于重组技术所获得的蛋白质产品往往在极微量下就可产生显著效应（如白介素-12 每剂量仅 0.1μg），任何药物性质或剂量上的偏差，都可能贻误病情甚至造成严重的危害。因此，对基因工程药物产品进行严格的质量控制是十分必要的。

重组药物的质量控制包括原材料、培养过程、纯化工艺过程和最终产品的质量控制。原材料质量控制往往采用细胞学、表型鉴定、抗生素抗性检测、限制性内切酶图谱测定、序列分析与稳定性监控等方法。需明确目的基因的来源、克隆经过，提供表达载体的名称、结构、遗传特性及其各组成部分（如复制子、启动子）的来源与功能，构建所用位点的酶切图谱，抗生素抗性标志物等；应提供宿主细胞的名称、来源、传代历史、检定结果及其生物学特性等；还需阐明载体引入宿主细胞的方法及载体在宿主细胞内的状态，如是否整合到染色体内及在其中的拷贝数，并证明宿主细胞与载体结合后的遗传稳定性；提供插入基因与表达载体两侧段控制区内的核苷酸序列，详细叙述在生产过程中，启动与控制克隆基因在宿主细胞中表达的方法及水平等。

在培养过程的质量控制上，要求种子克隆纯而且稳定，在培养过程中工程菌不应出现突变或质粒丢失现象。生产重组药物应有种子批系统，并证明种子批不含致癌因子，无细菌、病毒、真菌和支原体等污染，并由原始种子批建立生产用工作细胞库。原始种子批须确证克隆基因 DNA 序列，详细叙述种子批来源、方式、保存及预计使用期，保存与复苏时宿主载体表达系统的稳定性。对菌种最高允许的传代次数、持续培养时间等也必须详细说明。

在纯化工艺过程的质量控制上，要考虑到尽量除去污染病毒、核酸宿主细胞杂质蛋白、糖及其他杂质，并避免在纯化过程带入有害物质。如用柱层析技术应提供所用填料的质量认证证明（ISO 90001 证书），并证实从柱上不会脱落有害物质。上样前应清洗除去热原等。纯化工艺的每一步均应测定浓度，计算提纯倍数、收率等。纯化工艺过程中应尽量不加入

对人体有害的物质，若不得不加时，应设法除净，并在最终产品中检测残留量，应远远低于有害剂量，同时还要考虑到多次使用的积蓄作用。

对最终产品的质量控制主要包括产品的鉴别、纯度、活性、安全性、稳定性和一致性。目前有许多方法可用于对重组技术所获得蛋白质药物产品进行全面鉴定，如用各种电泳技术分析、高效液相色谱分析、肽图分析、氨基酸成分分析、部分氨基酸序列分析及免疫学分析的方法等；对其纯度测定通常采用的方法有还原性及非还原性 SDS - PAGE、等电点聚焦、各种 HPLC、毛细管电泳（CE）等，需有两种以上不同机制的分析方法相互佐证，以便对目的蛋白质的含量进行综合评价；在其杂质控制上要检测内毒素、热原、宿主细胞蛋白、残余 DNA 等；对其生物活性需采用国际或国家参考品，或经过国家检定机构认可的参比品，以体内或细胞法测定制品的生物学活性，并标明其活性单位；在安全性上需按照《中国生物制品规程》进行无菌试验、热原试验、毒性和安全试验；由于蛋白质结构十分复杂，可能同时存在多种降解途径，因此须在实际条件下长期观测稳定性，对产品一致性、纯度、分子特征和生物效价等多方面的变化情况加以综合评价，确定产品的贮藏条件和使用期限等。

（一）重组药物质量检验的程序与方法

1. 重组蛋白质的纯度分析 重组蛋白质的纯度分析是产品的一项重要质控指标。但纯度要求实际上是一个相对指标。根据不同品种的纯度要求有 95%、99% 或 99.9%。蛋白质的纯度一般指的是样品有无含其他杂蛋白，而不包括盐类、缓冲液离子、SDS 等小分子在内。

常用的重组蛋白质的纯度检定方法有：聚丙烯酰胺凝胶电泳和 SDS - PAGE，毛细管电泳（CE），等电聚焦（IEF），HPLC（包括凝胶排阻层析，各种反相 HPLC、离子交换色谱、疏水色谱）；也用一些化学法，如观察末端是否均一等。表 15 - 15 比较了检定蛋白质纯度的各种方法。在鉴定蛋白质纯度时，至少应该用两种以上的方法，而且两种的分离机制应当不同，这样的判断才比较可靠。在重组蛋白质鉴定中，还常常发现其 N - 末端不均一，存在着微观差异。例如新型 Ⅱ - 2（Ser - 125）的 N 端，部分是 Ala - Pro - Thr - Ser - Ser—·—·，部分是带有 Met，故其序列应是 Met - Ala - Pro - Thr - Ser - Ser…。但一般不影响其生物活性，仍认为是均一的。

表 15 - 15　几种检定重组蛋白纯度的方法的比较

特　性	HPLC	SDS - PAGE、IEF	CE
分离机制	极性、非极性分配分子	电荷、等电点	电荷等
大小、离子交换	10 ~ 120min	几小时	10 ~ 30min
分析所需时间			
分辨力	好	好	好
样品体积	10 ~ 50μl	10 ~ 50μl	10 ~ 50μl
灵敏度范围	ng ~ μg	ng ~ μg	pg
定量准确性	+	±	+
析出方式	紫外、荧光、折射、	染色（可见、荧光）银染放射	同 HPLC
电化学、放射性		自显影	
仪器价格	中 ~ 高	中 ~ 高	中 ~ 高
日常消耗	低	高	低

续表

特　性	HPLC	SDS－PAGE、IEF	CE
自动化	√	高	√
人力操作	低	高	低
制备级	√	√	微量级制备
收集样品	√	√	较困难

2. 重组蛋白质的氨基酸组成分析　在重组蛋白质的氨基酸组成分析中，一般含50个氨基酸残基的蛋白质（如胰岛素）定量分析是接近理论值（即与序列分析结果一致），而含100个左右氨基酸残基的蛋白质组成分析与理论值则产生较大偏差。且分子量越大，偏差越严重。但氨基酸组成分析对产品纯度仍可以提供重要信息。

氨基酸分析已有蛋白质水解，自动进样、氨基酸分析和定量报告联成一个系统的氨基酸自动分析仪出售。氨基酸分析有柱后反应法和柱前衍生法两大类。前一种方法是将蛋白质水解成游离氨基酸，经色谱分离后，氨基酸与茚三酮，荧光胺或邻苯二甲醛等试剂显色，然后再进行分析检测；后一种方法是蛋白质水解后的游离氨基酸先和荧光试剂作用生成衍生物，再经柱分离，直接检测氨基酸衍生物的荧光。

蛋白质水解方法通常采用5.7mol/L HCl，真空状态下，在110℃水解24小时，也有在150℃下快速水解4小时。为防止色氨酸遭破坏，可加入3mol/L巯基乙磺酸或4mol/L甲磺酸，还可以加入保护剂十二烷硫醇和EDTA。为了准确分析半胱氨酸，通常可在水解蛋白质前用甲酸把半胱氨酸氧化成磺基丙氨酸或先还原蛋白质再用磺乙酸把半胱氨酸转变成甲基半胱氨酸。还有报道用DTDPA（3，3′－Difhiodipropionic Alid）与半胱氨酸和胱氨酸形成CyS－MPA，此衍生物与在HPLC中，可以与其他氨基酸衍生物分开，故可准确定量半胱氨酸。

（1）重组蛋白质的浓度测定和分子量测定　蛋白质浓度的测定方法有凯氏定氮法、TCA比浊法、双缩脲法、染料结合比色法、Folin－酚法和紫外法。紫外法比较方便又不损耗蛋白质样品。如已知某样品的摩尔消光系数，则可以准确地测定蛋白质浓度。在未知摩尔消光系数的情况下，可以简单地测定280nm和260nm光吸收值，然后用公式计算蛋白质浓度。

$$\text{蛋白质浓度（mg/ml）}=1.55A_{280}-0.76A_{260}$$

或

$$\text{蛋白质浓度（mg/ml）}=1.45A_{280}-0.74A_{260}$$

用考马斯蓝G－250测定蛋白质浓度，是在酸性条件，使试剂与蛋白质产生反应后，特征性吸收峰由465nm转移到595nm，在一定蛋白质浓度范围内，595nm的吸光度与蛋白质浓度呈线性关系，故可作定量依据。本法灵敏度高，测定的蛋白质浓度范围较宽。

Lowry法（Folin－酚法）是应用最为普遍的蛋白质浓度测定法。但本法也有不足之处，如受多种物质（尤其是去垢剂）的干扰，另外Lowry试剂本身稳定性欠佳，测定时要求在一定浓度下和保温条件下进行。如今已涌现出一些更简便、更灵活的方法，甚受欢迎。

凝胶过滤法是测定蛋白质分子量的最常用方法，已广泛使用的是Sephadex系列（G－75、G－100）等。采用HPLC凝胶过滤系统（如waters 1～60，125，250和Backman TSK2000SW，3000SW、4000SW），测定蛋白质分子量只需1小时。

SDS－PAGE是实验室测定蛋白质分子量的常规方法，在SDS存在下，蛋白质表面带大量负电荷而呈杆状分子，根据其分子形状和大小不同来测定其分子量样品用量约1μg、误

差约5% ~10%。

凝胶过滤法是测定完整的蛋白质分子量，SDS - PAGE 测定的是蛋白质亚基分子量，同时用这两种方法测定同一蛋白质的分子量，可以方便地判定样品蛋白质是否为寡聚蛋白质。

（2）肽谱分析　通常可用 HPLC 和 CE 进行肽谱分析。HPLC 主要是用 RP - HPLC，根据肽的长短和疏水性质来分离，如果肽亲水性太强，则难于在柱上滞留而达不到分离效果；如肽的疏水性很强，又较难洗脱下来，而 CE 法有时可用避免这些缺点，也可以用SDS - PAGE 进行肽谱分析，但有一定的局限性。如对分子量大的肽段，比较容易分辨开，但对小分子肽、常常无法分辨或在染色洗脱过程中丢失。

（3）蛋白质的二硫键分析　二硫键和巯基与蛋白质的生物活性密切相关。测定巯基的方法有 PMCB 法，DTNB 法和 NEMI 法等。

基因工程药物的硫 - 硫键是否正确配对，是一个重要问题。如 IL - 2 分子中有Cys - 58 和 Cys - 105 形成的硫 - 硫键，而 Cys - 105 是以游离巯基形式存在、如果发生错误配对、不但生物活性只有原来的 1/400，而且会形成抗原性，为此应用蛋白质工程法将 IL - 2 的 Cys - 125 改为 Ser 或 Ala，使其生物活性和热稳定性获得很大改善。为了证明重组 IL - 2 的硫 - 硫键配对是否正确，在 pH 8.5 下用^{3}H - 碘乙酸处理 IL - 2，使游离巯基与^{3}H - 碘乙酸作用形成衍生物。然后再还原打开双硫键，并用^{14}C - 碘乙酸处理，结果^{3}H - 标记仅在肽 - Ⅱ上（Cys - 125），而肽 - Ⅱ基本上无^{14}C - 碘乙酸的放射性。相反^{14}C - 的放射性全在肽 - 12 和肽 - 14 上（Cys - 58 与 Cys - 105 的硫 - 硫键位置上），因此说明 rIL - 2 的硫 - 硫键结构与天然 IL - 2 是一致的。

（4）重组蛋白的生物活性分析　重组蛋白的生物活性分析方法分为体内生物学活性测定方法和体外生物学活性测定方法两种。重组蛋白是一种抗原，均有相应的抗体或单克隆抗体，可用放射免疫分析法或酶标法测定重组蛋白的免疫学活性。但免疫学活性不能代替生物学活性。所以基因工程药物必需测定生物学活性。免疫学活性测定方法精确、灵敏、快速。可作为中间品质量控制方法。

①体内生物学活性测定方法。首先要根据重组蛋白的生物学性质建立合适的生物学模型，如测定生长激素的活性要将大鼠的脑垂体切除，使其自身不能分泌生长激素，然后再注射生长激素，由于其生物效应使大鼠体重增加，证明其促进机体生长。或用未成年去垂体大鼠，观察其胫骨骨骺软骨增宽来测定 HGH 的生物学活性。又如 EPO 的生物学活性测定要用输血或缺氧条件下造成多血症动物模型，使内源性的 EPO 生成受到抑制。然后将待检样品及^{59}Fe 同位素注入动物体内，通过测定外周血红细胞^{59}Fe 掺入率来间接推算出待检样品中 EPO 的活性。本法灵敏度高（0.05U），能比较好地反映出 EPO 体内生物学活性，但此法处理动物费时，且需要价值昂贵的设备，同位素又易污染环境。所以体内生物活性测定方法常常遇到困难，作为常规分析难以推广应用。

② 体外生物学活性测定方法。重组蛋白的体外生物学活性测定最早采用靶细胞培养计数法，该法操作繁琐、周期长、重复性差，往往只能得到定性的结果。随着各种依赖细胞株的克隆成功以及^{3}H - TdR 掺入法的应用，体外生物活性测定方法有了较大提高。但^{3}H - TdR 掺入法有放射性污染，所用器材价格昂贵，难以推广应用。70 年代末期各实验室应用酶法进行细胞计数的研究，其原理是通过测定活细胞线粒体或溶酶体内的酶活性反应细胞的生长状态和数量，能准确地表达细胞生长的即时状态，且酶反应具有较高的特异性和选择性。其中以 MTT 比色法应用最多，因为 MTT 法特异性强、稳定性好、操作简便。现将常

用的细胞依赖株和有关的重组蛋白列于表 15－16。

MTT 比色法可以标准化用于常规分析，是重组蛋白活性测定较为理想的方法之一。

某些重组蛋白能保护细胞不受病毒侵害，如干扰素类蛋白，可用细胞毒抑制试验来测定干扰素的体外活性。通常以每 ML 干扰素标本的最高系数度仍能保护半数细胞（50%）免受病毒攻击的稀释度的倒数定为干扰素单位，以国际单位（IU）表示，并用国家标准品校正结果。本法已成为干扰素体外生物活性测定的常规方法。

表 15－16　常用的细胞依赖株和有关的重组蛋白

重组蛋白名称	依赖细胞株	来源
IL－2	CTLL－2	人白血病细胞免疫的 C_{57}BL/6 小鼠脾
G－CSF	NFS－60	Retrovirus 诱导培养的人白血病细胞
GM－CSF　IL－3　EPO	TF－1	人红白血病骨髓
EPO	UT－7	不详

3. 重组人促红细胞注射液量控制的相关程序和检测方法　重组药物的产品质量与生产设备、原料、辅料、水、器具、动物、制造过程所用的工程细胞、原液、半成品、成品、检定、保存、运输及有效期等均有严格的规定。下面以《中国药典》（2020 年版）中关于重组人促红细胞注射液（CHO 细胞）为例，说明其质量控制的相关程序和检测方法。

（1）基本要求　生产和检定用设施、原材料及辅料、水、器具、动物等应符合“凡例”的有关要求。

（2）制造　工程细胞：重组人促红细胞生成素工程细胞系由带有人促红细胞生成素基因的重组质粒转染的 CHO－$dhfr^-$（二氢叶酸还原酶基因缺陷型细胞）细胞系。

① 细胞库建立、传代及保存。由原始细胞库的细胞传代，扩增后冻存于液氮中，作为工作细胞库。各级细胞库细胞存于液氮中，检定合格后方可用于生产。

② 主细胞库及工作细胞库细胞的检定。应符合“生物制品生产检定用动物细胞基质制备及检定规程”规定。主要包括：外源因子检查（细菌和真菌、支原体、病毒检查均应为阴性），细胞鉴别试验（应用同工酶分析、生物化学、免疫学、细胞学和遗传标记物等任一方法进行鉴别，应为典型 CHO 细胞），人红细胞生成素表达量（应不低于原始细胞库细胞的表达量），目的基因核苷酸序列（应与批准的序列相符）。

细胞的复苏与扩增从工作细胞库来源的细胞复苏后，于含灭能新生牛血清培养液中进行传代、扩增，供转瓶或细胞培养罐接种用。新生牛血清的质量应符合规定。

（3）检定原液检定

① 蛋白质含量。用 4g/L 碳酸氢铵溶液将供试品稀释至 0.5～2mg/ml，作为供试品溶液。以 4g/L 碳酸氢铵溶液作为空白，测定供试品溶液在 320nm、325nm、330nm、335nm、340nm、345nm、350nm 的光吸光度。用读出的吸光度的对数与其对应波长的对数作直线回归，求得回归方程。照紫外－可见分光光度法，在波长 276～280nm 处，测定供试品溶液最大吸光度 A_{max}，将 A_{max} 对应波长带入回归方程求得供试品溶液由于光散射产生的吸光度 $A_{光散射}$。按下式计算供试品蛋白质含量，应不低于0.5mg/ml。

$$蛋白质含量(mg/ml) = (A_{max} - A_{光散射})/7.43 \times 供试品稀释倍数 \times 10$$

② 生物学活性。体内法、体外法（按酶联免疫法试剂盒说明书测定）。

③ 体内比活性。每 1mg 蛋白质应不低于 1.0×10^5IU。

④ 纯度。电泳法：依法测定。用非还原型 SDS－聚丙烯酰胺凝胶电泳法，考马斯亮蓝染色，分离胶胶浓度为 12.5%，加样量应不低于 10μl，经扫描仪扫描，纯度应不低于 98.0%；高效液相色谱法：依法测定；亲水硅胶体积排阻色谱柱：排阻极限 300kD，孔径 24nm，粒度 10μm，直径 7.5mm，长 30cm，流动相为 3.2mmol/L 磷酸二钠－1.5mmol/L 磷酸二氢钾－400.4mmol/L 氯化钠，pH 7.3；上样量应为 20～100μg，在波长 280nm 处检测，以人红细胞生成素色谱峰计算的理论板数应不低于 1500。按面积归一化法计算人红细胞生成素纯度，应不低于 98.0%。

⑤ 分子量。依法测定。用还原型 SDS－聚丙烯酰胺凝胶电泳法，考马斯亮蓝 R250 染色，分离胶浓度为 12.5%，加样量应不低于 1μg，分子量应为36～45kD。

⑥ 紫外光谱。依法测定，用水或生理氯化钠溶液将供试品稀释至 0.5～2mg/ml，在光路 1cm、波长 230～360nm 下进行扫描，其最大吸收峰为 279nm ±2nm；最小吸收峰应为 250nm ±2nm；在 320～360nm 处应无吸收峰。

⑦ 等电聚焦。取尿素 9g、30% 丙烯酰胺单体溶液 6.0ml、40% pH 3～5 的两性电解质溶液 1.05ml、40% pH 3～10 的两性电解质溶液 0.45ml、水 13.5ml，充分混匀后，加入 *N*，*N*，*N′*，*N′*－四甲基乙二酰胺 15μl 和 10% 过硫酸铵溶液 0.3ml，脱气后制成凝胶，加供试品溶液 20μl（浓度应在每 1ml 含 0.5mg 以上），照等点聚焦电泳法进行，同时做对照。电泳图谱应与对照品一致。

⑧ 唾液酸含量。每 1mol 人红细胞生成素应不低于 10.0mol。

⑨ 外源性 DNA 残留量。每 10000IU 人红细胞生成素应不高于 100pg。

⑩ CHO 细胞蛋白质残留量。用双抗体夹心酶联免疫法检测，应不高于蛋白质总量的 0.05%。

⑪ 细菌内毒素检查。每 10000IU 人红细胞生成素应小于 2EU（凝胶限度试验）。

⑫ 牛血清白蛋白残留量。依法测定，应不高于蛋白质总量的 0.01%。

⑬ 肽图。供试品经透析、冻干后，用 1% 碳酸氢铵溶液溶解并稀释至 1.5mg/ml，依法测定，其中加入胰蛋白酶（序列分析纯），37℃ ±0.5℃保温 6 小时，色谱柱为反相 C_8 柱（25cm ×4.6mm，粒度 5μm，孔径 30nm），柱温为 45℃ ±0.5℃；流速为 0.75ml/min；进样量为 20μl；按表 15－17 进行梯度洗脱（表中 A 为 0.1% 三氟乙酸水溶液，B 为 0.1% 三氟乙酸－80% 乙腈水溶液）。

表 15－17　人红细胞生成素胰蛋白酶反相 C_8 柱洗脱梯度条件

编号	时间（min）	流速（ml）	A（%）	B（%）
1	0.00	0.75	100.0	0.0
2	30.00	0.75	85.0	15.0
3	75.00	0.75	65.0	35.0
4	115.00	0.75	15.0	85.0
5	120.00	0.75	0.0	100.0
6	125.00	0.75	100.0	0.0
7	145.00	0.75	100.0	0.0

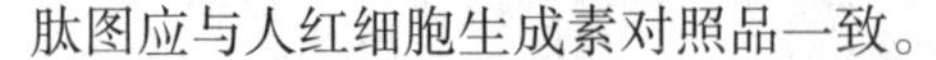

肽图应与人红细胞生成素对照品一致。

⑭ N 端氨基酸序列（至少每年测定 1 次）：用氨基酸系列分析仪测定，N 端序列应为：Ala－Pro－Pro－Arg－Leu－Ile－Cys－Asp－Ser－Arg－Val－Leu－Glu－Arg－Tyr。

（4）半成品检定

① 细菌内毒素检查。每1000IU人红细胞生成素应小于2EU（凝胶限度试验）。

② 无菌检查。依法检查，应符合规定。

（5）成品检定

① 鉴别试验。按免疫印迹法或免疫斑点法测定，应为阳性。

② 物理检查。外观：应为无色澄明液体；可见异物：依法检查，应符合规定；装量：依法检查，应不低于表示量。

③ 化学检定。pH：依法测定，应符合批准的要求；钠离子含量：应不大于190mmol/L；枸橼酸离子含量：如制品中加入枸橼酸钠，则枸橼酸离子应不大于25mmol/L；若制品中加入人蛋白做稳定剂，则应符合经批准的要求；渗透压摩尔浓度：依法测定，应符合批准的要求。

④ 生物学活性。体外法：按酶联免疫法试剂盒说明书测定，应为标示量的80%～120%；体内法：依法测定，应为标示量的80%～140%。

⑤ 无菌检查。依法检查，应符合规定。

⑥ 细菌的内毒素检查。每1000IU人红细胞生成素应小于2EU；5000IU/支以上规格的人红细胞生成素，每支应小于10EU（凝胶限度试验）。

⑦ 异常毒性检查。依法检查（小鼠试验法），应符合规定。

4. 保存、运输及有效期　于2～8℃避光保存和运输。自生产之日起，按批准的有效期执行。

5. 使用说明　应符合“生物制品包装规程”规定和批准的内容。

三、主要重组药物的制造工艺

（一）细胞因子干扰素类药物制造工艺

干扰素（Interferon）指由干扰素诱生剂（Interferon inducer）诱导有关生物细胞所产生的一类高活性、多功能诱生蛋白。这类诱生蛋白从干扰素产生细胞中产生并释放出来后，可作用于其他相应的同种生物细胞，并使其获得广谱的抗病毒、抗肿瘤和免疫调节活性。干扰素的临床疗效引起了医学界的极大重视，使干扰素制剂的研发与生产更具现实意义。1986年美国FDA批准了Roche公司的重组干扰素α2a以及Schering公司的重组干扰素α2b进入市场，用于治疗白血病。中国预防医学科学院病毒所、长春生物制品研究所和中国食品药品检定研究院联合研发了具有自主知识产权的重组干扰素α1b滴眼液于1990年进入市场，也是我国自主研制的第一个基因工程药物，随后又共同研发了重组干扰素α1b注射液，商品名为赛若金，深圳科兴生物制品有限公司生产。

1. 重组人干扰素α1b（rhIFN－α1b）　rhIFN－α1b是由166个氨基酸残基组成的蛋白，内含5个Cys，形成两条二硫键，游离Cys的存在易使二硫键错配，形成分子间的聚合体。其理论分子量在19392，利用等电点沉淀发现在5～6之间会出现多条带，说明其等电点的不均一性。它对酸十分稳定，在pH 2的溶液中亦不会失活，利用这一性质有利于纯化，但它对蛋白酶十分敏感，易失去活性。目前主要采用大肠埃希菌表达体系生产rhIFN－α1b，利用的原核载体为pBV X载体，重组载体图谱如图15－6所示，也有采用甲醇酵母工程菌发酵工艺的研究。

（1）大肠埃希菌工程菌发酵生产工艺　rhIFN－α1b为胞内可溶表达，故分离纯化的主

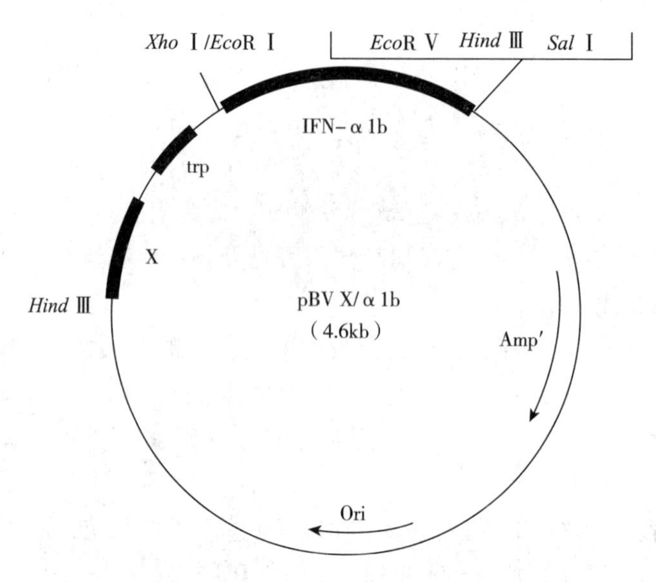

图 15－6　表达重组人 IFN－α1b 的 pBV X/α1b 质粒图谱

要步骤包括菌体破碎、粗纯化和精细纯化，早期经典的纯化路线为：离心收集菌体、酸化、离心、碱中和、盐析、离心、盐析、离心获得粗品，再经过离子交换、亲和层析和 S－100 分子筛凝胶层析，收集目的峰后过滤除菌后，以人血白蛋白、氯化钠为辅料分装冻干。主要流程可扼要描述如图 15－7 所示。

工程菌的发酵与收集
↓
菌体破碎与粗品制备
↓
沉淀与疏水层析
↓
阴离子交换层析与浓缩
↓
阳离子交换层析与浓缩
↓
凝胶过滤层析
↓
无菌过滤分装

图 15－7　rhIFN－α1b 分离纯化工艺流程图

（2）甲醇酵母工程菌发酵生产工艺　采用高效分泌表达rhIFN－α1b 的甲醇酵母工程菌发酵，收集离心后的上清液，超滤脱盐，经离子交换柱和分子筛柱层析纯化等步骤，得到高纯度、高比活性的 rhIFN－α1b。该工艺的重复性好，时程短，可为大规模的生产所使用。

发酵液→连续流离心→超滤脱盐→S－Sepharose Fast Flow 强阳离子交换层析→超滤浓缩→S－100 分子筛层析。

甲醇酵母发酵液经高速离心（8000～10000r/min）离心后收获发酵液上清，用超滤膜（截留相对分子质量为10000）超滤脱盐，收集被截留部分，稀释后 S－Sepharose Fast Flow 强阳离子交换层析柱分离，用 NaCl 浓度梯度的 NaAc 缓冲液进行洗脱，收集 rhIFN－α1b 洗脱主峰并超滤浓缩，再经 S－100 分子筛层析柱分离，收集洗脱主峰即为 rhIFN－α1b。该工艺稳定性好，批次差异见表 15－18。

表 15－18　连续 5 次 S－100 分子筛层析纯化结果

测定项目	实验				
	1	2	3	4	5
蛋白浓度（μg/ml）	495	509	403	570	443
活性（$\times10^7$IU/ml）	1.22	1.22	1.22	1.22	1.22
比活性（$\times10^7$IU/ml）	2.46	2.40	2.36	2.36	2.36
HPLC 纯度（%）	98.20	98.10	98.20	98.20	98.20
二聚体（%）	1.30	1.50	1.70	1.50	1.60

利用甲醇酵母工程菌进行发酵罐发酵，所得的 rhIFN－α1b 分泌表达于发酵上清液中，后续纯化就不必进行高压匀浆，既简化了纯化步骤，又保全了因高压匀浆而造成的干扰素活性损失。S－Sepharose Fast Flow 离子交换层析的线性流速快，目的蛋白载量大，作为第一步的粗纯分离介质，仅一步纯化即可使纯度达到 80% 左右。离子交换层析纯化的样品超滤浓缩后，S－100 分子筛层析高度纯化，重复性好，rhIFN－α1b 纯度经 HPLC 检定，可以达到 98% 以上，比活性可达到 2.4×10^7 IU/mg，且对于 rhIFN－α1b 二聚体的分离效果良好，最终二聚体含量仅 1.47%。等电点、残余 DNA 含量、残余宿主菌体蛋白含量、蛋白 N－端 15 个氨基酸残基序列的测定等，均可达到了临床注射使用的标准。

（3）制剂与适应证　目前，临床使用剂型有冻干粉针剂型、1ml 水针剂型和滴眼液。运德素即属重组人干扰素 α1b 注射液，运德素适用于治疗病毒性疾病和某些恶性肿瘤。已批准用于治疗慢性乙型肝炎、丙型肝炎和毛细胞白血病。规格：40μg∶1ml/支。

2. 重组人干扰素 α2b（rhIFN－α2b）　人 IFN－α2b 的基因是从感染新城疫病毒的人血白细胞中分离 mRNA，逆转录获得 cDNA，ORF 矿全长为 498bp，编码 165 个氨基酸，生产上将该基因片段克隆到 pVG3，重组质粒转化腐生型假单胞菌。重组质粒图谱如图 15－8 所示。

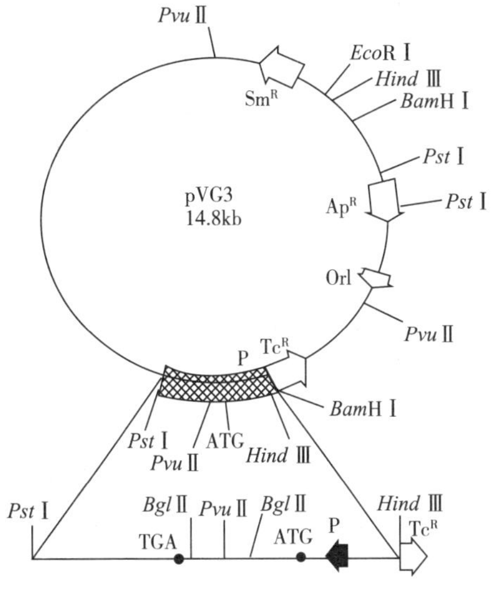

图 15－8　表达重组人 IFN－α2b 的 pVG3//α2b 质粒图谱

（1）重组人干扰素－α2b 的发酵工艺过程

① 发酵收集菌体。

② 菌体裂解。用纯化水配制裂解液，置于冷室中，降温至 2～10℃。将－20℃冷冻的菌体破碎成 2cm 以下的碎块，加入到 pH 7.5 的裂解缓冲液中，低温搅拌 2 小时，利用冰冻复融分散，将细胞完全破裂，释放干扰素蛋白。

③ 沉淀。用絮凝剂如聚乙烯亚胺，对菌体碎片进行絮凝。再用醋酸钙溶液，对菌体碎片和 DNA 等进行沉淀。

④ 离心。在 2～10℃下，离心，收集上清液。

⑤ 盐析。用 4mol/L 硫酸铵对上清液进行盐析，2～10℃静置过夜。

⑥ 离心与保存。将盐析液高速离心，收集沉淀即为粗干扰素，4℃冰箱保存。

⑦ 溶解粗干扰素。在 2～10℃下将粗干扰素倒入匀浆器中，加入 pH 7.5 磷酸缓冲液，等电点沉淀。

⑧ 沉淀除杂质。待粗干扰素完全溶解后，用磷酸溶液调节至 pH 5.0，进行蛋白质等电点沉淀。

⑨ 离心。将悬浮液在连续流离心机上高速离心，收集上清液。

⑩ 疏水色谱。利用干扰素的疏水性采用疏水色谱进行吸附（疏水层析）。

⑪ 沉淀。用磷酸调洗脱液 pH 至 4.5，收集于 10℃下静置过夜，进行等电点沉淀。

⑫ 超滤。将沉淀悬浮液用 1000kD 的超滤膜进行过滤，在 2～10℃下收集滤液。

⑬ 透析。调整溶液 pH 至 8.0，在 10kD 的超滤膜上，在 2～10℃下，用 5mmol/L 缓冲液透析。

⑭ 阴离子交换色谱分离。采用盐浓度线性梯度进行洗脱，收集干扰素峰，浓缩备用。

⑮ 阳离子交换色谱分离。采用盐浓度线性梯度进行洗脱，配合 SDS - PAGE 收集干扰素峰，浓度备用。

⑯ 凝胶过滤色谱分离。用含有 150mmol/L NaCl 的 10mmol/L 磷酸缓冲液（pH 7.0）清洗系统和树脂后上样，在低温下，用相同磷酸缓冲液进行洗脱，收集目的峰，合并低温保存备用。

⑰ 无菌过滤分装。用 0.22μm 滤膜过滤干扰素溶液，分装后，于 -20℃以下的冰箱中保存。

（2）制剂与适应证　目前，重组人干扰素 α2b 临床使用为冻干粉针剂型和水针剂型等，规格主要有 100 万 IU/瓶和 300 万 IU/瓶等。重组人干扰素 α2b 具有广谱抗病毒、抗肿瘤、抑制细胞增殖以及提高免疫功能等作用。干扰素与细胞表面受体结合，诱导细胞产生多种抗病毒蛋白，抑制病毒在细胞内繁殖，提高免疫功能包括增强巨噬细胞的吞噬功能，增强淋巴细胞对靶细胞的细胞毒性和天然杀伤性细胞的功能。

临床用于治疗某些病毒性疾病，如急慢性病毒性肝炎、带状疱疹、尖锐湿疣；也用于治疗某些肿瘤，如毛细胞性白血病、慢性髓细胞性白血病、多发性骨髓瘤、非霍奇金淋巴瘤、恶性黑色素瘤、肾细胞癌、喉乳头状瘤、卡波肉瘤、卵巢癌、基底细胞癌、膀胱癌等。

（二）白介素与肿瘤坏死因子（TNF - α）类药物制造工艺

1. 白介素 -2　白介素 -2（Interleukin -2，IL -2）是在研究 T 细胞长时间生长的条件下发现的。1976 年 Morgan 等人用丝裂原［植物血凝素（PHA）、刀豆蛋白 A（Con）A 等］刺激 T 淋巴细胞产生一种因子，当时命名为 T 细胞生长因子（TCGF），并于 1979 年在国家淋巴因子会议上正式命名为白细胞介素 -2。它是由 T_H 细胞产生的免疫调节因子，是一种糖蛋白，由 133 个氨基酸残基组成的单链蛋白，有 3 个半胱氨酸残基（Cys），分别位于第 58、105 和 125 位，含有一个二硫键即第 58 位与第 105 位残基形成二硫键。糖基化与否对蛋白活性没有影响，而正确的二硫键对活性是必须的，因此重组的 IL -2 通常将 125 位游离的半胱氨酸残基突变为丝氨酸或者丙氨酸，这样就有利于重组蛋白产生正确的二硫键。N 端 20 个氨基酸残基组成信号肽，在分泌时被切除。它不仅对 T 细胞，且对 NK、LAK、TIL 和 B 细胞都有活化和激活作用，其中由 IL -2 诱导 LAK 细胞和IL -2 激活 TIL 激活在肿瘤临床治疗中疗效显著，而备受关注。但由于自然人IL -2来源有限，无法满足临床上的大量应用，自从人 IL -2 基因被克隆并在*E. coli*中高水平地表达后，这使用基因工程的方法生产大量 rhIL -2 成为临床现实。目前上市的人重组IL -2 就是利用大肠埃希菌表达体系生产的基因工程药物。

重组大肠埃希菌工程菌表达的人重组 IL -2 在菌体内是以包涵体状态存在，这主要是由于人重组 IL -2 具有较强的疏水性。在包涵体内人重组 IL -2 为还原状态，也没有形成二硫键，所以无活性。在经分离纯化后，要氧化处理使其第 58 位的半胱氨酸残基和第 105 位的半胱氨酸残基间形成二硫键，这样才可产生生物学活性。

90 年代初 IL -2 在美国问世，1991 年，中国科学院上海生化研究所和军医医学科学院承接了“八五”重点攻关课题——基因重组白细胞介素 -2。中国科学院上海生化研究所根据在表达质粒中 PR 与 PL 正向串联与反向组合，其表达率基本相同，但加终止信号是有益的，且终止密码子与终止信号之间的距离，以及 IL -2 基因 3′端的长短，对表达效率影响很大，构建了表达 IL -2 的 pLY/IL -2 质粒（图 15 -9），表达水平可达 50%，经纯化后蛋

白的比活性可以达到 $1.6\times10^7 \sim 2.2\times10^7$，1994 年获一类新药证书。卫生部批准按照 GMP 标准试生产，并在指定医院进行临床试验，随后基因重组白细胞介素－2 通过卫生部组织的第三期临床审定，首批获得正式生产文号。这是我国继干扰素后第二个正式进入市场的基因工程高科技药品。虽然以大肠埃希菌作为宿主表达 IL－2 取得了很大成功，但是由于原核生物与真核生物之间的巨大差异，使得它的应用受到了限制。从 1997 年开始，发展了酵母细胞表达系统，特别是巴斯德毕赤酵母的应用使得 IL－2 的品质进一步得到提高。

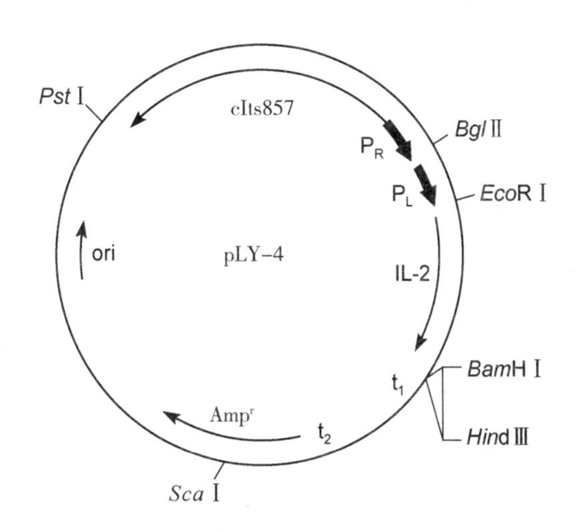

图 15－9　表达重组人 IL－2 的 pLY/IL－2 质粒图谱

（1）重组大肠埃希菌工程菌表达的人重组 IL－2 的分离纯化工艺路线见图15－10。

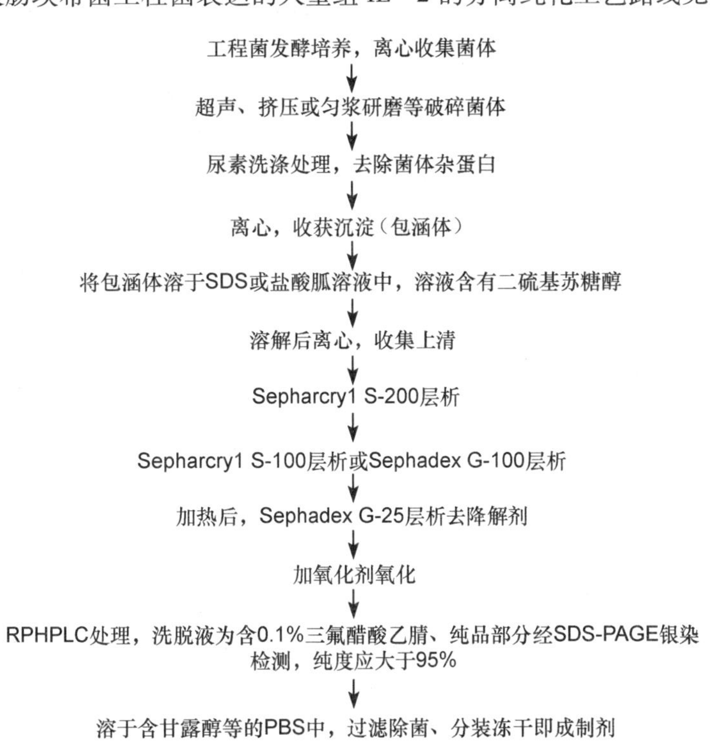

图 15－10　人重组 IL－2 分离纯化工艺流程图

（2）白介素－2 的来源及生物学活性　天然白介素－2 产生细胞有末梢血淋巴细胞、脾细胞、扁桃腺细胞、骨髓细胞和人白血病来源的传代 jurkat 细胞系。其生物学作用可刺激 T 细胞增生，促 T 细胞增殖，维护整个 NK 细胞的活化、分化和增殖，调节 NK 细胞保持它的自然杀伤力，诱导细胞毒性 T 淋巴细胞产生和增殖，诱导淋巴因子活化淋巴细胞产生，促 B 细胞增殖分化作用以及与其他白介素等的协同作用等。

（3）重组白介素－2 的化学修饰　为了提高人重组 IL－2 抗酶消化的能力，延长其在体内的作用时间，提高药效、并降低或消除其在体内的免疫原性，可通过对人重组 IL－2 进行 PEG 修饰。1992 年有人利用 N－羟基丁二酰胺活化 PEG 修饰 rIL－2，作用时间提高 10

倍，而且免疫原性下降，抗肿瘤性能提高，毒副作用有所降低。1997 年及其后都有人用 PEG 修饰 rIL－2 得到生物活性基本不变而抗原性降低的修饰蛋白的报道；随后白介素－2 的化学修饰研究与其他蛋白的化学修饰一样成为了研究的热点。

除了 PEG 修饰外，其他改善 IL－2 作用时间和效果的方法也是研究的热点，如白细胞介素－2 长循环脂质体等。

（4）重组人白介素－2 制剂、规格和临床应用　临床剂型多为冻干粉针剂，规格有 20 万 IU/瓶、50 万 IU/瓶、100 万 IU/瓶。白介素－2 是机体免疫调节网络中的核心物质，与其他细胞因子有协同和拮抗作用，共同完成机体免疫功能的平衡调节作用；能刺激 NK 细胞、CTL、LAK 细胞的活化和增殖，也能促使 T 淋巴细胞、NK 细胞产生干扰素、肿瘤坏死因子等。因此重组人白介素－2 在抗病毒、抗细菌感染和抗肿瘤等疾病治疗中能够进行广泛应用。临床适应证：肾细胞癌、黑色素瘤、乳腺癌、膀胱癌、肝癌、直肠癌、淋巴癌、肺癌等恶性肿瘤的治疗，用于癌性胸腹水的控制，也可以用于淋巴因子激活的杀伤细胞的培养；用于手术、放疗及化疗后的肿瘤患者的治疗，可增强机体免疫功能；用于先天或后天免疫缺陷症的治疗，提高病人细胞免疫功能和抗感染能力；各种自身免疫病的治疗，如类风湿性关节炎、系统性红斑狼疮、干燥综合征等；对某些病毒性、杆菌性疾病、胞内寄生菌感染性疾病，如乙型肝炎、麻风病、肺结核、白色念珠菌感染等具有一定的治疗作用。

2. 肿瘤坏死因子（TNF－α）　肿瘤坏死因子－α（TNF－α）主要由单核细胞和巨噬细胞产生的一种非糖基化可溶性多功能细胞因子，由 157 个氨基酸残基组成。其主要生物学活性是能够杀伤多种肿瘤细胞，引起肿瘤细胞坏死，具有潜在的抗肿瘤药物的开发前景而引起国内外的广泛重视。1984 年重组 TNF 获得成功，1985 年即获得美国 FDA 批准用于临床。临床研究表明，大剂量应用 TNF－α 会产生严重的毒副作用，而小剂量又难以达到治疗效果。故如何提高天然 TNF－α 对肿瘤细胞的杀伤活性、降低对组织器官的毒副作用，已成为研究的一个重要课题，也是其能否作为一种抗肿瘤药物应用于临床的关键问题。对天然TNF－α结构与功能关系的研究表明，适当改变其结构，可提高其杀伤肿瘤细胞的活性，降低其对组织器官的毒副作用。为此，可利用蛋白质工程技术，对人 TNF－α（hTNF－α）基因进行改造，筛选出符合临床需求重组 TNF－α。

（1）hTNF－α 基因的结构改造　将 hTNF－α 基因的 5′端 17 个氨基酸的编码序列删除，基因中 $Pro^{8}Ser^{9}Asp^{10}$ 的编码序列用 Arg－Lys－Arg 的编码序列取代，同时 Leu^{157} 的密码子被 Phe 的密码子所取代。将突变基因插入大肠埃希菌高表达质粒 pBV220 的 *Eco*RI 和 *Bam* HI 之间，转化大肠埃希菌 DH5α 株，诱导后可高效表达人重组 TNF－α。重组表达载体构建图谱见图 15－11（以 TNF60 突变体为例）。

（2）新型重组突变 TNF－α（nrmTNF）的纯化　工程菌发酵培养后，由于重组突变 TNF－α 表达后不溶，在工程菌内已包涵体的形式存在，故收获菌体，进行细胞破碎后通过以下工艺路线进行纯化。

细胞破碎→热变性→离心收集上清→硫酸铵沉淀→离心收集沉淀→PBS 溶解沉淀后离心收集上清→上清经高效疏水色谱柱分离如 Q－Sepharose F. F. 和 S－Sepharose F. F 层析柱纯化后→检测纯度符合要求后→过滤除菌并分装冻干。

（3）重组突变 TNF－α 的活性鉴定　通常应用 L929 细胞进行杀伤实验来分析 TNF－α 的生物学活性和比活性的测定，以中国食品药品检定研究院所提供的 hTNF－α 标准品为对照。

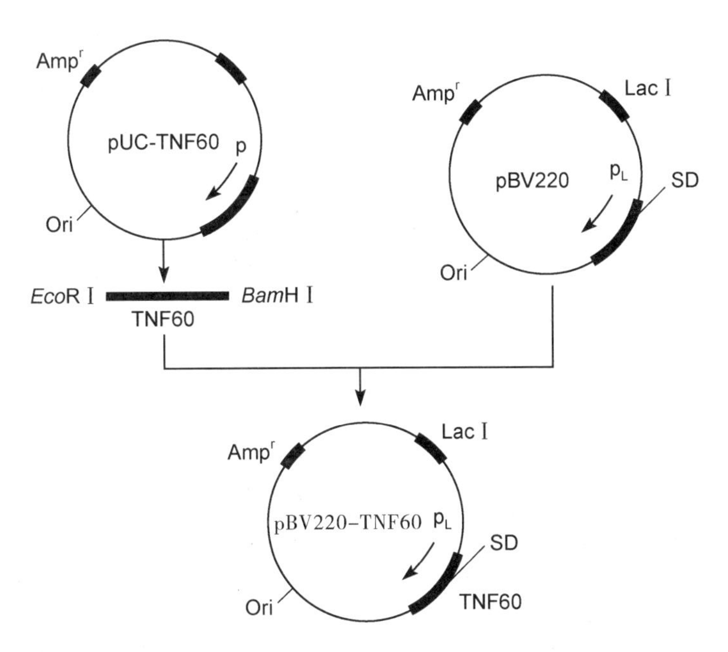

图 15－11　表达重组人 TNF－α 的 pBV－TNF60 质粒图谱

（4）临床使用的制剂、规格和临床适应证　重组人肿瘤坏死因子为白色冻干粉针剂，加水溶解后溶液为无色或微带黄色的澄清、透明液体，12.5mg/瓶。

临床主要适应证有中度及重度活动性类风湿关节炎、18 岁及 18 岁以上成人中度至重度斑块状银屑病以及活动性强直性脊柱炎等。

（三）血细胞生长因子类药物制造工艺

1. 重组人促红素（rhEPO）（CHO 细胞）　促红胞生成素（erythropoietin，EPO），又称红细胞生成素、红细胞刺激因子，是一种酸性糖蛋白，人的 EPO 基因位于第 7 号染色体长臂 11～12 区，有 4 个内含子和 5 个外显子，其 mRNA 长度为 1.6kb，编码 193 个氨基酸残基组成的前体蛋白，带有 27 个氨基酸残基组成的信号肽，翻译后第 166 位精氨酸残基也被去除，故成熟的促红胞生成素由 165 个氨基酸残基组成的酸性糖蛋白。Carnot 于 1960 年在失血兔子的外周血中发现一种可作用于造血系统而使红细胞加速生成的物质，30 年后这种物质才被证实并被命名为促红细胞生成素。它可与骨髓内红系前体细胞表面的特异性 EPO 受体结合，促进其血红蛋白的合成并使之分化增殖成红细胞，从而调节体内红细胞和血红蛋白的生理平衡。

1985 年 Lin 等用几种合成的寡核苷酸探针从 Charon4A 人胎肝基因组文库中克隆到 EPO 的完整基因，并在 CHO 细胞中获得了高效表达。目前人们已在大肠埃希菌、酵母、地鼠肾细胞（BHK）和昆虫细胞中广泛地开展了该基因的表达表达。但原核细胞表达的 EPO 由于不能糖基化，在体内无活性。而在酵母和昆虫细胞表达的 EPO，其糖基中缺少唾液酸，在体内也无活性，故国内外尚采用 CHO 和 BHK 细胞进行生产的，其表达水平一般为每日 5～15μg/10^6。

（1）重组人红细胞生成素的表达细胞系的建立　将携带人 EPO 基因的重组真核表达质粒 prEPO 和携带二氢叶酸还原酶基因的 pDHFR（图 15－12）共同转染到二氢叶酸还原酶缺陷的中国仓鼠卵巢细胞（CHOdhfr$^-$）。DHFR 可被叶酸类似物甲氨蝶呤（Methopterin，MTX）所抑制，不断提高 MTX 浓度，绝大多数细胞死亡，但在极少数幸存下来的抗性细胞

中，*dhfr* 基因均得以扩增。进行性选择抗甲氨蝶呤的细胞系，结果会导致与 *dhfr* 串联在一起的外源基因的共扩增，拷贝数可增加几百到几千倍，从而使目的基因高水平表达，从而抵消甲氨蝶呤的抑制效应。获得抗性克隆后，按 1nmol/L、5nmol/L、25nmol/L、100nmol/L、200nmol/L、1000nmol/L 使 MTX 浓度逐次升高的方法，筛选抗性克隆后继续培养，利用酶联免疫分析法确认所得到的细胞可表达人红细胞生成素。

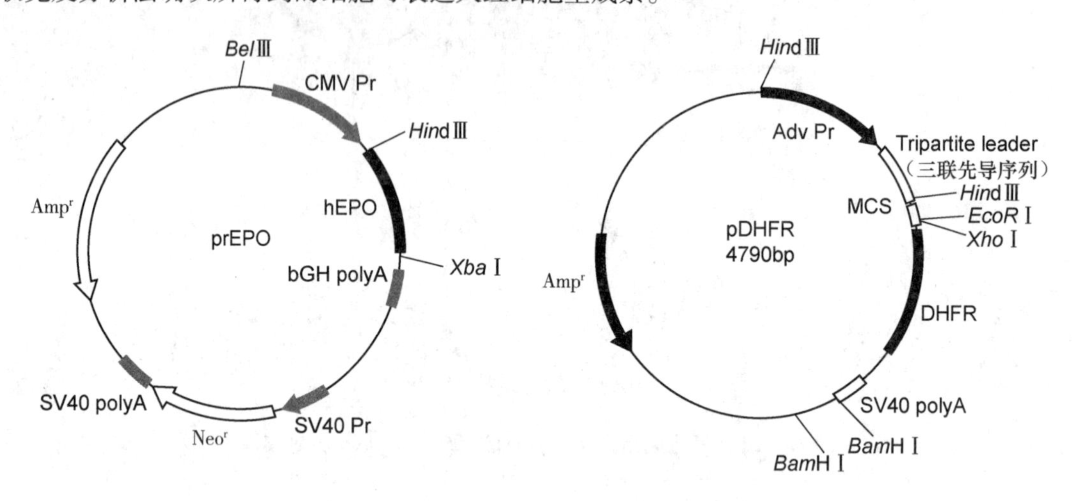

图 15－12　表达重组人 rEPO 的 prEPO 和共转染的 pDHFR 质粒图谱

（2）CHO 细胞培养与主要工艺　反应器灭菌处理后，加含有血清的 DMEM 培养基，将种子细胞接入，控制好条件使细胞贴壁后，进行扩增培养。使细胞完全贴壁后连续培养大约 10 天后，进行灌流培养，其产生的重组人促红素，分泌到培养液中，收获培养物培养过程中，在 4～8℃保存。

重组人红细胞生成素的分离工艺如下。

① CM－Sepharose 亲和色谱柱顶先用 Na－HAc－异丙醇活化，并用 20mmol/LTris－HCl 平衡缓冲液平衡。

② 收获培养物，滤膜过滤，上 CM 亲和色谱柱，平衡缓冲液平衡。

③ 用 0～ 2mol/L NaCl、20mmol/L Tris 洗脱液梯度洗脱。

④ 收集活性洗脱峰，在 10mmol/L Tris 透析液中透析过夜。

⑤ 活性组分上预先平衡的 DEAE 离子交换柱。

⑥ 用 0～1mol/L NaCl－Tris 洗脱液梯度洗脱，收集活性洗脱峰。

⑦ 用乙腈平衡的 RP－HPLC 柱层析分离，以 10%～70% 的乙腈溶液梯度洗脱，收集无活性洗脱峰。

⑧ 上凝胶柱（预先用 20mmol/L 柠檬酸盐缓冲液平衡），用 20mmol/L 柠檬酸盐缓冲液平衡并洗脱，收集活性洗脱峰，即为红细胞生成素。

（3）临床使用的制剂、规格和临床适应证　中国和美国目前临床使用的主要为重组人促红素－β，主要为白色冻干粉针剂，规格有 1000IU/瓶、2000IU/瓶、3000IU/瓶、4000IU/瓶。临床主要用于因慢性肾衰竭引致的贫血，包括行血液透析、腹膜透析和非透析治疗者。

EPO 是第一个被发现并被批准应用于临床的造血生长因子，也是迄今为止产量最高的基因工程产品，美国 2000 年的销售额为 35 亿美金。它除用于多种贫血，包括慢性肾衰性贫血、恶性肿瘤放疗和化疗引起的贫血、艾滋病继发性贫血、早产儿贫血等。在这里需要提及的是，由于它可以提高红细胞和血红蛋白的量，提高氧的交换和利用，因此有些运动

员为了提高成绩常使用它，这是违反国际奥委会的规定的。因为该药同样也可以带来不良反应，如约有10%的人可出现流感样综合征，有的可因为红细胞压积、血管阻力和血黏度增加，导致血压升高、血栓形成等，所以国际奥委会已将其列入禁止运动员使用的兴奋剂之一。

2. 重组人粒细胞刺激因子（rhG－CSF）

（1）人类G－CSF的结构和一般特性　人类G－CSF是一类小分子糖蛋白，分子量为17.76～21.63kD。人G－CSF的mRNA有两种不同的形式，分别编码174残基和177个氨基酸残基的成熟蛋白。两种mRNA来源于同一前体分子，通过选择性剪接形成两种不同的G－CSF分子。174个氨基酸残基的G－CSF比177个氨基酸残基的G－CSF生物学活性高出50倍以上。G－CSF最初从注射内毒素的小鼠肺组织中提纯，之后利用基因工程的方法通过各种载体获得重组的G－CSF（rhG－CSF）。利用大肠埃希菌表达G－CSF分子，没有后续糖基化修饰，但其生物功能与天然糖基化修饰后的G－CSF分子生物学活性没有差异。但糖基能增加G－CSF的稳定性，防止G－CSF之间的积聚，使其半衰期延长。利用基因工程技术通过各种载体细胞表达rhG－CSF，其在功能、药物作用乃至结构均与天然G－CSF相似。

G－CSF可促进中性粒系细胞的增殖和分化，同时激活血液中成熟中性粒细胞的功能。G－CSF在集落刺激因子家族中，是目前已知的促进髓性白细胞系最终分化为粒细胞和巨噬细胞的最强诱导因子。G－CSF可以受到细菌内毒素、TNF、IL－1和GM－CSF的诱导生成，前列腺素E_2可以抑制G－CSF的生成。在上皮、内皮和成纤维细胞中，G－CSF的分泌由IL－17的诱导。目前临床使用的重组人粒细胞集落刺激因子的宿主菌为大肠埃希菌工程菌，工程菌经过经发酵、分离和高度纯化后获得的重组人粒细胞刺激因子制成，含适宜稳定剂，不含防腐剂和抗生素。

原第一军医大学分子免疫学研究所通过RT－PCR从人脾脏单核细胞中获得hG－CSF基因，成功构建重组原核表达质粒pJGW1－hG－CSF与pGPI－2共同转化大肠埃希菌，筛选获得高效表达重组人G－CSF的工程菌，重组质粒图谱如图15－13。

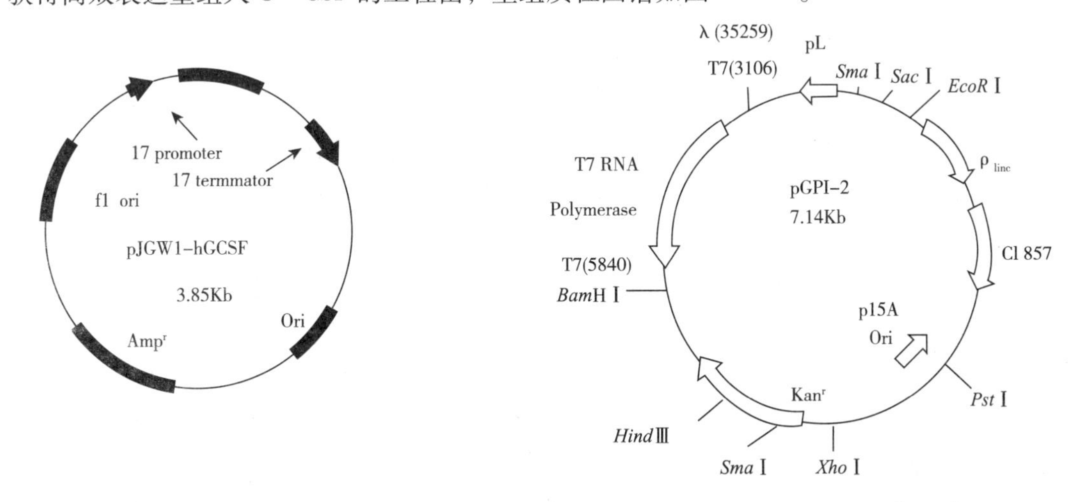

图15－13　表达重组人G－CSF的pJGW1－hG－CSF和辅助pGPI－2质粒图谱

（2）重组人G－CSF的制备工艺　重组人G－CSF的制备工艺主要包括大肠埃希菌工程菌的大量培养，接着进行后处理过程，最后得到人重组G－CSF制品，一般需要经过以下几个步骤。

① 制备工程菌种子液。

② 工程菌规模化培养。

③ 收集菌体破碎，离心后收集沉淀。

④ 用尿素和盐酸胍变性使包涵体溶解，离心后获得粗提物。

⑤ 用含还原性谷胱甘肽、氧化性谷胱甘肽和醋酸钠的尿素缓冲体系低温复性。

⑥ 透析除去复性剂。

⑦ 超滤后，Sepharose 4B 分子筛凝胶层析。

⑧ 过滤除菌分装冻干。

（3）重组人 G－CSF 临床使用的制剂、规格及适应证　目前临床使用的重组人 G－CSF 主要为冻干粉针，常用规格有 50μg/瓶、100μg/瓶、250μg/瓶。

临床主要适应证有用于骨髓移植时中性粒细胞数减少症、预防抗肿瘤化疗药物引起的中性粒细胞减少症及缩短中性粒细胞减少症的持续期间、骨髓增生异常综合征的中性粒细胞减少症、再生障碍性贫血的中性粒细胞减少症、先天性及原发性中性粒细胞减少症以及免疫抑制治疗（肾移植）继发的中性粒细胞减少症等。

G－CSF 由单核巨噬细胞、血管内皮细胞、成纤维细胞和骨髓间质细胞产生。正常人血液中含量低于 30ng/ml。其生理功能主要有：

① 多位点刺激造血干细胞、祖细胞，促进其增殖、分化和活化。

② 作用于粒细胞、单核巨噬细胞增殖分化的过程，促进其成熟及释放。

③ 促进抗原递呈细胞（APC）的功能，增强机体的免疫应答。

④ 加快骨髓抑制的恢复，提高免疫功能。

（四）生长因子类药物制造工艺

1. 重组人表皮生长因子（rhEGF）　hEGF 的基因位于 4 号染色体的 q25～q27 区，全长 120kb，含有 24 个外显子和 23 个内含子。外显子大小相似，多在 150bp 左右。24 个外显子实际上编码的是 hEGF 的前体，而成熟的 hEGF 只由两个外显子编码，有趣的是这两个外显子在 hEGF 序列的天门冬酰胺 32（asparamide，Asn）残基处接合，基本代表了 hEGF 相对独一立的两个区域（1～33 残基和 34～53 残基）。hEGF 前体大约有 1200 个氨基酸残基，成熟的 hEGF 序列位于前体的 C 末端附近（971－1023）。hEGF 前体除具有产生成熟的 hEGF 功能外，可能本身也有生物活性，包括受体结合以及刺激细胞增殖，该前体蛋白是含有 9 个 EGF 结构域分子量为 130kD 的跨膜蛋白，成熟的可溶性 EGF 片断位于其前体蛋白最靠近跨膜区的 EGF 结构域单元。EGF 具有促进间叶细胞和上皮细胞的增殖和分化。在体外，EGF 是成纤维细胞、上皮细胞和内皮细胞的有丝分裂原，促进上皮细胞培养中的集落形成。在体内，EGF 促进上皮细胞和血管的形成，并抑制胃酸的分泌。

（1）重组人表皮生长因子制备的工艺路线概况　如从 *S. eerevisiae* 分泌体系中提纯 rhEGF 方法为：工程酵母菌规模化发酵，离心收集发酵液，经 Phenyl Sepharose FF（HS）层析分离后收集活性峰上 Q Sepharose HP 层析柱，收集活性峰后再经 SuPerdex 75 PG 分离有效峰，纯度提高至 95%，过滤除菌后分装冻干制成剂型。

（2）重组人表皮生长因子（rhEGF）的主要指控指标如下。

1）生物学活性：小鼠 BALB/c 3T3 细胞剂量依赖增殖试验测定 ED_{50} 小于 2ng/ml，相应比活性为 5.0×10^5IU/mg。

2）纯度：由以下方法测定纯度大于 95.0%。① 体积排阻高效液相色谱（SEC－

HPLC)；② 还原和非还原 SDS－PAGE，银染。

3）分子量：还原性 SDS－PAGE，分子量为6.0kD＋/－10%。

4）等电点：IEF 分析，等电点为4.0～5.0。

5）氨基酸序列：N－末端氨基酸残基序列为：Asn－Ser－Asp－Ser－Glu。

（3）重组人表皮生长因子的主要生物学功能　rhEGF 具有多种生物学作用，主要体现在以下几方面。

① 在体内刺激皮肤组织、角膜、肺、气管上皮组织的生长繁殖。

② 加速角膜创伤的修复。

③ 加速胃溃疡的治疗和抑制胃酸的分泌。

④ 组织培养时促进人皮肤上皮细胞、角膜上皮细胞和哺乳动物上皮细胞生长。

⑤ 增强表皮细胞的蛋白质、RNA 的合成和细胞代谢。

⑥ 诱导新生眼睑的打开。

⑦ 对某些癌症的治疗有一定的疗效等。

（4）重组人表皮生长因子临床使用制剂、规格和适应证　目前重组人表皮生长因子在临床主要以外用为主，制剂有透明凝胶剂、喷雾剂和滴眼液。透明凝胶剂规格有，喷雾剂规格有15ml/支（2000IU/ml），滴眼液规格为4ml：4万IU/支。

目前临床主要用于皮肤烧烫伤创面（浅Ⅱ度至深Ⅱ度烧烫伤创面）、残余创面、供皮区创面及慢性溃疡创面等的治疗。滴眼液用于各种原因引起的角膜上皮缺损，包括角膜机械性损伤、各种角膜手术后、轻度干眼症伴浅层点状角膜病变、轻度化学烧伤等。

2. 重组牛碱性成纤维细胞生长因子（rbFGF）　牛碱性成纤维细胞生长因子广泛存在于人体和动物的多种正常组织中，是一种含量极低的生物活性物质，能促进来源于中胚层及神经外胚层细胞增殖，刺激细胞 DNA、核多糖体和蛋白质的合成，促进上皮细胞发生多形及有丝分裂反应，促使血管、肌肉和神经生长的作用，因而对修复组织特别有效。临床应用于治疗各种难愈性溃疡、神经系统疾病的治疗、各种烧伤、创伤等临床疾病的治疗。bFGF 由155个氨基酸残基的组成，其多肽链的功能区，包括肝素结合区和受体结合区两部分，因此用肝素亲和层析纯化 bFGF，效果比较理想、工艺稳定、重复性好。

采用引物对5′－ATGAATTCATGGCCGCCGGGAGCATCA－3（含 *EcoR* Ⅰ酶切位点）和5′－GCACTCGAGAGCTCTTAGCAGACAT－3（含 *Xho* Ⅰ酶切位点）进行 PCR，将 PCR 产物酶切后亚克隆入原核表达载体 pET－28a 上，重组质粒 pET－28a－bFGF（图15－14）转化大肠埃希菌 BL21。

（1）重组牛碱性成纤维细胞生长因子的制备工艺

① 工程菌规模化培养后，收集菌体破碎处理后，离心收上清液，上清液即为 rbFGF 粗提蛋白。

② CM 柱层析，用含有0.6mol/L NaCl 的20mmol/L 的 pH 7.0的磷酸缓冲液洗脱，收集活性洗脱峰。

③ 肝素亲和层析：将 CM 柱收集的活性峰加入该柱后，用平衡液平衡洗涤，然后用含有1.2mol/L NaCl 的20mmol/L PB/pH 7.0缓冲液洗脱，收集活性蛋白峰进行各项检定。

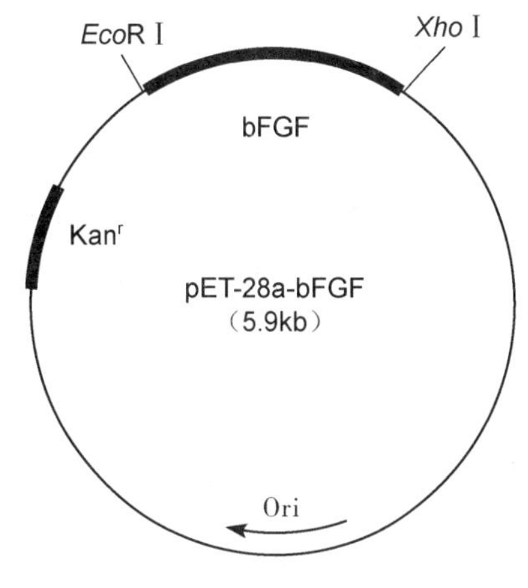

图15－14　表达牛 bFGF 重组质粒图谱

（2）rbFGF 活性的测定　利用 MTT 增殖法进行其生物活性的测定。

（3）重组牛碱性成纤维细胞生长因子临床主要制剂、规格和适应证　重组牛碱性成纤维细胞生长因子临床主要以外用为主的液体剂型、凝胶和滴眼液，液体剂型常用规格为35000IU/瓶，凝胶规格一般为每支21000IU/5g，滴眼液规格有每支21000IU/5ml。临床主要适应证为各种急慢性体表溃疡（包括糖尿病溃疡、放射性溃疡、褥疮、瘘窦等；新鲜创面（包括外伤、刀伤、冻伤、激光创面、供皮区创面、手术伤口等）；烧烫伤（浅Ⅱ度、深Ⅱ度、肉芽创面等）。

（五）心血管疾病治疗药物制造工艺

1. 重组尿激酶原（r-proUK）　尿激酶原是一种碱性蛋白，等电点为8.9～9.05。比活性为$1\times10^5\sim1.3\times10^5$U/mg。它与尿激酶有同样的抗原决定簇，可与尿激酶抗体起反应。但二异丙基氟磷酸（DFP）不能使它失活。它在液体条件下很不稳定，与UK一样会自动分解，因此必须即时冻干。重组尿激酶原作为第二代的又一个特异性溶栓药，单链尿型纤溶酶原激活剂-尿激酶原（prourokinase，proUK）目前已在多国批准上市。在德国，它是用大肠埃希菌表达的，称为Saruplase。在美国，使用骨髓瘤细胞表达，称为Prolyse。在我国，南京大学采用大肠埃希菌表达系统，而军事医学科学院生物工程研究所则采用CHO细胞表达系统。

proUK基因位于第10号染色体上，全长为6387bp，含有10个内含子，11个外显子。天然的或由动物细胞表达的proUK是由411个氨基酸残基组成的双链糖蛋白，相对分子质量为50000～54000（差异来源于糖基化的水平）。在它分子内有12对二硫键，具有三个蛋白结构区：①类表皮生长因子结构区，由第5～49位氨基酸残基组成，该结构区的功能还不清楚；② Kringle结构区。由第50～136位氨基酸组成，该区的功能与纤维蛋白的结合有关；③丝氨酸蛋白酶结构区，位于proUK羧基端，其中His^{204}，Asp^{255}与Ser^{356}构成该酶活性中心，Asn^{302}为糖基化位点。

proUK分子中存在4个酶切位点，第一个位点位于Lys^{158}与Ile^{159}之间，可被纤溶酶、胰蛋白酶和激肽释放酶等水解；第二个酶切位点位于Lys^{135}与Lys^{136}之间，高相对分子质量双链UK的$Lys^{135}-Lys^{136}$可被纤溶酶继续水解，脱去N-端135个氨基酸残基即成为低相对分子质量双链UK，其相对分子质量为33000，活性同高相对分子质量双链UK；第三个酶切位点位于Glu^{143}与Leu^{144}之间；第四个酚切位点位于Arg^{156}与Phe^{157}之间，该肽键可被蛋白酶裂解产生相对分子质量为32000的单链UK。它和t-PA一样，具有特异的溶栓作用，但二者选择性得溶解纤维蛋白的作用机制是不同的。

proUK在体内主要受肝细胞膜上的特异性受体所介导，并在肝细胞溶酶体中被降解。天然糖基化的和重组的非糖基化尿激酶原的药代动力学变化无显著差异。但非糖基化的proUK对纤溶酶原的活化作用更敏感，这导致了非糖基化的proUK不如糖基化的proUK在血浆中稳定和作用的特异性。

原核表达人proUK基因基因时，利用*Rca* Ⅰ和*Nco* Ⅰ互为同尾酶的关系，将人proUKcDNA基因与经*Bam*H Ⅰ酶解，Klenow补平，*Nco* Ⅰ酶解的表达载体pET-11d连接，转化*E. coli* JM109并筛选获得工程菌株。pET-11d-pro-UK的构建过程如图15-15所示。

（1）重组proUK的生产工艺

① 大肠埃希菌表达的rh-proUK纯化工艺路线：以1L表达菌的菌液为原料，经体外变复性处理，获得了总活性为500000IU的proUK，再经Zn^{2+}选择性沉淀初分后，在尿激酶抗

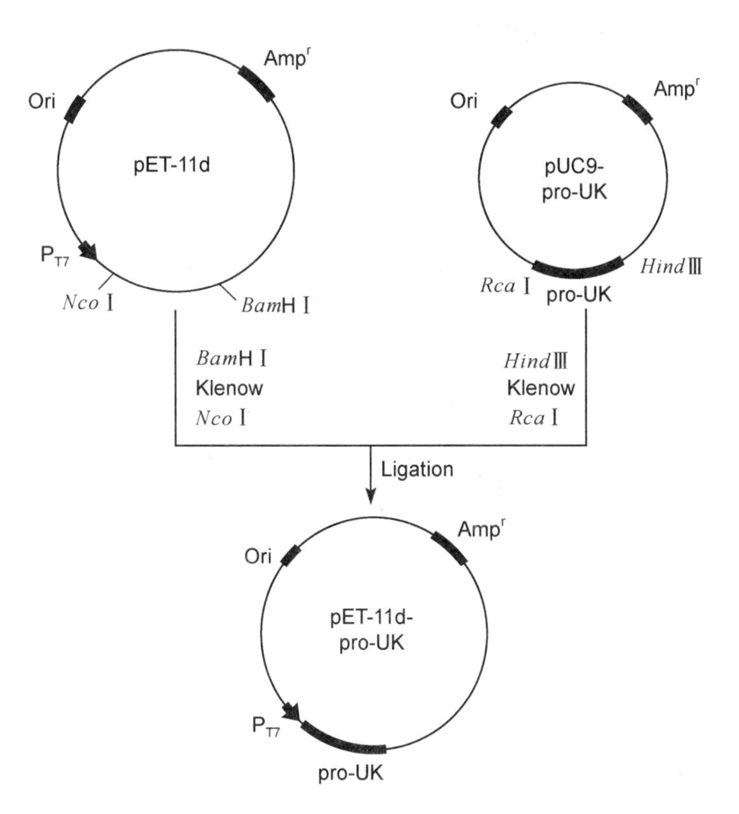

图 15－15　表达重组 proUK 重组质粒的构建

体亲和柱上，用 3～5mol/L $MgCl_2$ 洗脱得一蛋白峰，在 Fibrin－plate 上检查具有纤溶活性，将活性部分按每 10ml 加 1g Benzamidine－Sepharose CL 4B 湿胶，亲和吸附除去双链分子，即得 rh－proUK 纯品，冷冻干燥，分装。

② CHO 细胞表达人 proUK 纯化工艺路线：细胞培养采用搅拌式生物反应器，Avgerinos 报道采用 Cytodex 微载体低血清灌流培养，也有采用多孔微载体的无血清灌流培养，细胞的逐级扩大采用细胞的珠间自动转移。

已报道多种纯化方法，如 Stump 等用锌螯合琼脂糖凝胶吸附色谱－Sp－Sephadex 阳离子交换色谱－Sephadex G－100 凝胶过滤－苯甲醚 Sepharose 亲和色谱－单克隆抗体亲和色谱 5 步纯化。Avgerinos 用 S－Sepharose 阳离子交换色谱－对氨基苯甲醚亲和色谱－Mono－S 阳离子交换色谱－对氨基苯甲醚亲和色谱 4 步纯化等，肖成祖等则采用了 Stresmline SP 阳离子交换色谱－凝胶过滤－对氨基苯甲醚亲和色谱－QAE 阴离子交换色谱 4 步法，纯度达 98% 以上，回收率在 60% 左右。

（2）rhproUK 临床主要制剂、规格和适应证　rhproUK 临床主要制剂为冻干粉针剂型，规格为 5mg（50 万 IU）/支。临床主要用于血栓引起的心梗、脑梗、肺梗的急救用药，同时是预防和治疗下肢深静脉栓塞和眼底微循环的治疗。

2. 重组组织型纤溶酶原激活剂（rt－PA）　重组组织型纤溶酶原激活剂（rt－PA）作为第二代特异性的溶栓药与 1987 年被 FDA 批准上市。它是由美国 Genetich 公司用 CHO 细胞表达的，也是第一个用动物细胞大规模生产的基因工程产品。

rt－PA 是继链激酶和尿激酶之后的第二代溶栓药，与第一代溶栓药相比较，具有对血栓有特异性溶栓作用的显著优点。血液中游离的 t－PA 对纤溶酶原的亲和力很低，一般不对血液中的纤溶酶原会产生激活作用。却与纤维蛋白却有很强的亲和力，当 t－PA 与纤维

蛋白结合时对纤溶酶原的激活作用比游离的 t－PA 强 100 倍。而正常情况下人的血液中很少有纤维蛋白，故一般不会产生非特异性的全身性纤溶状态。当有血栓产生时，t－PA与血栓中的纤维蛋白结合，而促进 t－PA 对纤溶酶原的激活作用，形成纤溶酶，水解纤维蛋白，使血栓溶解。形成的纤溶酶多数结合在复合体中起作用，少量进入血液可被 α_2－抗纤溶酶作用和失活，避免了对全身纤溶系统的作用。

（1）t－PA 基因的结构　人的 t－PA 基因位于第 8 号染色体的 p12～q11.2 区，全长 36594bp，由 14 个外显子和 13 个内含子组成。天然的或用重组技术制备的 t－PA 是一单链分子，含 527 个氨基酸残基的糖蛋白，相对分子质量为 67000～72000，有 17 对二硫键和三个糖基化位点。当受纤溶酶、组织激肽释放酶等的作用时，^{275}Arg－^{276}Ile 的肽键被裂解形成双链。N－端为重链或 A 链。C－端为轻链或 B 链。重链包括指状结构区（finger domain，F 区），生长因子同源结构区（growth factor homologous domain，G 区）和 2 个环状或 Krigle 结构区（K1 和 K2 区）。轻链与其他丝氨酸酶有同源性，其活性中心由^{235}His、^{374}Asp、^{481}Ser 组成。单链和双链均具有生物活性，但前者的特异性较后者强，但后者的溶栓作用较前者强。它的等电点在 7.8～8.6 之间，在 pH 5.8～8.0 时较稳定。

（2）rt－PA 生产工艺　第一个大量生产并被批准上市的 rt－PA 是美国 Genetich 公司产品。他们使用的是经基因工程构建的 CHO 工程细胞株。细胞培养采用 10000L 搅拌灌式生物反应器，并用批式生产工艺，由于每批的生产周期短，因此产量有限、成本高。以后陆续出现了多种其他的生产工艺，有的采用比重较轻的多孔微载体的搅拌式罐流培养法，有的采用比重较重的多孔微载体的流化床灌流培养法，它们的特点都是生长周期长、产量高、生产成本有所下降。据 Runstadler 报道，采用 Verax 2000 型流化床生物反应器，生产量大幅度提高，尽管流化床的体积仅 24L，但每天的灌流量平均可达 20g，生产周期长达 27 日（他用 Verax10 进行试验时，生长周期曾长达 180 日）。对产品的纯化过去采用的是螯合锌琼脂糖层析－ConA 琼脂糖层析－凝胶过滤－透析等多步纯化，最近有报道，采用 Streamline SP 阳离子扩张柱床和赖氨酸－Sepharose 4B 柱亲和吸附色谱两步，比活即可达 600000U/mg，回收率高达 98%。由于生产工艺不同，产品中的单双链比例有所不同。Genetech 公司早期生产的产品双链含量为 90% 以上，以后改进工艺后的产品单链含量为 60%～75%。单链和双链二者在溶栓率和特异性方面略有差异，前者的溶栓效率不如后者，半衰期更短，但特异性较强。

由于 rt－PA 在体内的半衰期很短，剂量需要很高，这既增加了患者的负担，也减弱了它特异性的表现。为此一些学者利用基因工程技术对其分子结构进行了改造，至今已取得了很好的成绩，两个衍生物 Reteplase（r－PA）和 Tenecteolase（TNK－t－PA）已被批准上市。其中 TNK－t－PA 也是用 CHO 工程细胞表达的，它是将野生型 t－PA 分子中的 Thr^{103}用 Asn 替代、Asn^{117}用 Gln 替代，并将 Lys^{296}－His－Arg－Arg 4 个氨基酸换成 4 个 Ala。其结果：①通过用 Asn 取代 Kringle1 环中的 Thr^{103}以及用 Gln 取代 Asn^{117}，使糖基化位点发生了移位，大大降低了与肝细胞膜受体的结合力；②用 4 个 Ala 取代了原来与 PAI－1 的结合位点，即 Lys^{296}－His－Arg－Arg，使该突变体对抗 PAI－1 的抑制能力较野生型大了 200 倍，由于上述两个原因，该突变体的半衰期大大延长，与野生型相比，前者为（17±7）分钟，而后者为（3.5±1.4）分钟。由此临床用药量已从野生型的 100mg 下降至 40mg 以下，而血管开通率可高达 80%。该药的生产工艺与野生型t－PA 基本相同。

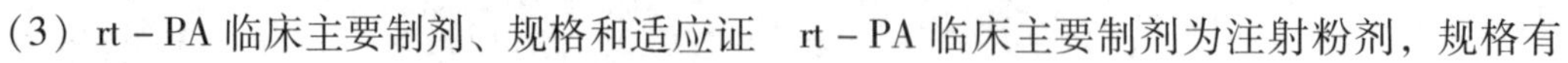

（3）rt－PA 临床主要制剂、规格和适应证　rt－PA 临床主要制剂为注射粉剂，规格有

20mg/瓶，50mg/瓶。临床主要用于急性心肌梗死的溶栓治疗；用于血流不稳定的急性面积肺栓塞的溶栓疗法；用于急性缺血性脑卒中的溶栓治疗时，必须在脑梗死症状发生的3小时内进行治疗，且需经影像检查（如CT扫描）除外颅内出血的可能。

3. 重组水蛭素Ⅱ　1884年，John Haycraft博士发现欧洲医用水蛭会分泌出某种阻止血液凝结的物质以利于水蛭吸食血液。在20世纪初人们发现这种物质的化学本质是一种蛋白质，并命名为水蛭素（Chirudin），但直到1950年以后才从医用水蛭的唾液腺分离到具有生物活性的水蛭素，并对水蛭素的药理学，包括抗凝作用，对血小板、各种细胞的影响，抗血栓效果及动力学、毒性等都进行了系统的研究。70年代初确定了水蛭素是凝血酶的特异抑制剂，80年代确定了水蛭素的氨基酸顺序。由于天然材料来源有限，限制了它的研究和应用。直到通过基因工程技术获得较大量的重组水蛭素，才使其开发研究得到了迅速的发展，开始了大规模的临床应用和药理学研究。

（1）重组水蛭素分子生物学性质研究　Markward于1954年从水蛭的唾液腺中分离获得水蛭素纯品，开始对其组成结构和理化性质进行研究。20世纪60年代进一步发展了天然水蛭素的分离和纯化技术，测出水蛭素由65个氨基酸残基组成的酸性多肽，分子量为7000D。20世纪70年代确证了肽链的组成和一级结构。20世纪80年代完成了二级和三级结构分析。该蛋白N－端有3个二硫桥，使N－端肽链绕叠成密集形核心环肽结构。C－端富含酸性氨基酸残基，具亲水性，游离在分子表面。肽链中部还有一个由Pro－Lys_{47}－Pro组成的特殊序列，使之不易被一般蛋白酶所降解。

水蛭素是现在知道的最强的凝血酶特异性抑制剂。水蛭素的作用机制非常简单，它通过直接与凝血酶结合发挥抗凝作用，而不需要其他血浆因子的参与。带负电的C－端结合在凝血酶的带正电的纤维蛋白原识别位点，最小保持抗凝活性的片段为酸性C－端的10～12个肽段，C－端12具有最大活性的最小肽段。N－端密集链段则同凝血酶催化位点结合，抑制凝血酶的催化作用。Tyr^{63}的硫酸化可提高抗凝活性，Thr^{56}，Glu^{57}，Ile59是抗凝中必不可少的，水蛭素47位赖氨酸残基同靠近凝血酶催化位点附近的精氨酸侧链（ArgSide Chain Pocket）带负电荷的碱基，起着促N－端与活性位点结合等重要作用，Lys47也通过氢键和静电两种作用力同时影响水蛭素的三维结构，2分子结合比例为1∶1，解离常数为$K=2.3\times10^{-14}$mol/L，故复合物非常稳定，使凝血酶不能分解纤维蛋白原，及不能诱导血小板反应，也使凝血酶的刺激成纤维细胞增生和平滑肌细胞收缩等作用受抑制，从而达到抗凝的效果。水蛭素存在10种以上的变异体，主要的3种简称为rHV1、rHV2、rHV3。这些变异体中都不含精氨酸、色氨酸和蛋氨酸。它们具有较高的同源性和基本相似的一级结构，其主要差别是N－端序列不同，但都具有相似的抗凝活性。核磁共振研究表明，水蛭素的变异体中不存在二级结构的α螺旋构型。N－端的5个氨基酸残基为疏水基团，C－端则为亲水集团，并游离在分子的表面。研究认为水蛭素肽链的二级和三级结构对其抗凝活性起决定性作用，其N端的3个二硫桥键则是决定分子二级结构及其稳定性的关键，将二硫键氧化，或分子发生蛋白降解，则失去抗凝活性。若C－端羧基被酯化，或失去C－端氨基酸，也会失去与凝血酶结合的能力。可见水蛭素的C－端部分是抗凝活性所必需的，含二硫键的N－端疏水结构对水蛭素抗凝血酶作用亦有重要影响。

（2）水蛭素稳定性　单纯温度升高到100℃或pH改变，不影响其活性，只有碱性条件下加热才能失活。在pH 13条件下经80℃处理15分钟活性完全损失。在体内，水蛭素不被降解，皮下注射重组水蛭素后半衰期为1～2小时，8小时后降到最低水平，

需1次/8小时才能达到有效浓度。静脉注射消除半衰期为1小时，70%～85%以活性组分经肾排出。水蛭素还可抗胰蛋白酶水解，经胃蛋白酶和糜蛋白酶消化后，N－端核心区未被破坏，依然有很高的抗凝活性，使水蛭素可成为一种口服药。但水蛭素在复杂酶环境下不稳定，不同pH的大鼠肝肾器官的组织匀浆物会使水蛭素及其与凝血酶复合物迅速降解，碱性条件下水蛭素与凝血酶复合物相对稳定，而水蛭素在酸性和高剂量的条件下能减小降解作用。另外，水蛭素在肠道冲洗物及亚细胞片段中也会迅速降解。

（3）重组水蛭素的纯化工艺　目前多采用分泌表达的工程菌生产重组水蛭素，规模化发酵培养后，离心收集发酵液上清，用大孔树脂层析，收集活性峰经DEAE纤维素DE52层析，收集重组水蛭素所在峰部再经反相高效液相色谱层析，三步层析纯化后可得到纯度为95%以上的纯品。

（4）重组水蛭素临床主要制剂、规格和适应证　重组水蛭素临床主要制剂为粉针剂和水针剂，规格有30AT－U/瓶、100AT－U/瓶，水针剂2ml/瓶。

重组水蛭素临床主要用于弥漫性血管内凝血（DIC）、手术后血栓形成、体外循环、血管成形术、深静脉血栓形成等的抗血栓治疗。

（5）药理学研究　血小板激活可成为血栓形成的核心。血小板激活也促进了凝血系统。无论是内源性凝血系统或外源性凝血系统，其最后共同途径是凝血酶被激活，激活的凝血酶使凝血因子Ⅰ转变为纤维蛋白单体，从而使血液凝固和血栓形成得以完成。重组水蛭素可抑制凝血酶的促凝作用，使凝血过程减慢，其作用不需抗凝血酶Ⅲ和其他辅因子协助。重组水蛭素的作用机制是抑制凝血酶上凝血因子Ⅰ的结合位点，使凝血因子Ⅰ不能和凝血酶结合，从而直接抑制了凝血过程。水蛭素与凝血酶的亲和力强，反应速度极快，1μg水蛭素可以中和5μg的凝血酶。重组水蛭素与天然水蛭素在结构上稍有不同，即位于63位的酪氨酸处是非硫酸酯化的，这使得它与凝血酶的结合能力只有天然水蛭素的1/10～1/15，如将重组水蛭素硫酸酯化，则与天然水蛭素相差无几。血小板激活可成为血栓形成的核心。血小板激活也促进了凝血系统。无论是内源性凝血系统或外源性凝血系统，其最后共同途径是凝血酶被激活，激活的凝血酶使凝血因子Ⅰ转变为纤维蛋白单体，从而使血液凝固和血栓形成得以完成。肝素抑制血小板的效果不如重组水蛭素。

（6）水蛭素在生物样品中的测定方法　通常的HPLC法不适用，因水蛭素分子中缺少生色基团，紫外检测灵敏度很低，加之水蛭素缺少脂溶性，难以通过有机溶媒萃取富集。可选择的方法有生物测定法、免疫测定法和同位素标记示踪法。

水蛭素可影响凝血酶时间（TT），部分凝血酶时间（APTT）的延长，并与水蛭素血药浓度具有相关性。0.2ml血样加入0.05ml凝血酶溶液后测定血凝时间，根据TT延长并借助标准曲线计算本品浓度。在一定浓度范围内APTT的对数值与水蛭素浓度的对数值间存在线性关系。

（7）水蛭素的主要临床应用　重组水蛭素临床上多用于治疗不稳定性心绞痛（USA）、急性心肌梗死（AMI）、血管成形术、术后血栓形成、血液透析、体外循环、弥散性血管内凝血（DIC）等。

① 治疗肝素相关性血小板减少症：部分患者在应用肝素后可引起血小板减少或血栓形成，这是肝素的又一严重并发症。其可能机制是肝素与血小板结合，作为半抗原发挥作用，刺激机体产生抗血小板抗体，引起血小板过快清除。在少数患者还可出现血栓形成，原因

尚不清楚。Schiele 等应用重组水蛭素治疗 6 例患者，临床症状改善，未见新的血栓形成，也无出血并发症，提示重组水蛭素对这种疾病是有效的治疗措施。

② 治疗不稳定型心绞痛：在不稳定型心绞痛的发病中，冠状动脉血栓形成是主要因素。目前肝素和溶栓疗法已不再显示其优点。重组水蛭素在预防冠状动脉血栓形成方面优于肝素，为临床不稳定型心绞痛的治疗提供了一个比较完善有效的治疗方法。

③ 预防深层静脉栓塞（DVT）：在髋骨置换、整形外科等手术中，病人承担着深层静脉栓塞（VIE）的风险，即抗栓预防不够或使用的抗栓治疗没有很好地防治血栓。现在，预防 VIE 的价值越来越被接受，大量临床试验表明水蛭素比肝素（UFH）和低分子量肝素更有效地预防深层静脉栓塞，是一种很好的治疗 VIE 替代品。

④ 治疗弥散性血管内凝血（DIC）：DIC 为毛细血管内发生血小板凝聚和纤维蛋白沉积，产生微循环障碍的临床表现。水蛭素能抑制微血栓的形成从而可治疗 DIC，且比肝素更为有效。临床上，以 8 小时为间隔，皮下注射 0.1mg/kg 水蛭素，患者血小板计数和纤维蛋白原含量可接近正常。另外 Mukundan 还证实：用水蛭素治疗肝素诱导的血小板减少症同时伴有 DIC 倾向的病人，结果 DIC 的指标均获得改善，表明水蛭素对 DIC 具有良好的效果，尤其是对于 HITTS 的病人，用其他药物治疗无效的情况。

（六）激素与治疗酶制造工艺

1. 重组人胰岛素　人胰岛素（human insulin）是多肽激素，由胰脏 β 细胞合成。人胰岛素基因是单拷贝，位于染色体 11 短臂上，由 3 个外显子和 2 个内含子组成，全长 1430bp。转录后加工形成成熟 mRNA，翻译后得到由 pre、B、C、A 区域组成的 109 个氨基酸的前胰岛素原。穿越内质网，跨膜运输后，N－端 23 个氨基酸的信号肽（single peptide，pre 区）被特异性蛋白酶切除，形成 86 个氨基酸残基的胰岛素原（proinsulin）。胰岛素原由 N－端 B 链、C－端 A 链和中间连接的 C 肽（35aa）组成，只有 10% 胰岛素活性，C 肽有助于形成构象和二硫键。在高尔基体加工形成二硫键，由Ⅰ型内蛋白酶 PC3 切除 C 肽和 B 链的连接，Ⅱ型内蛋白酶（PC2）切除 C 肽与 A 链的连接，生成成熟的胰岛素分泌到胞外，进入血液循环。

成熟的胰岛素由 AB 双链组成，A 链具有 21 个氨基酸残基，B 链具有 30 个氨基酸残基，3 对二硫键，2 对链间二硫键，位置分别是 A－7 和 B－7、A－20 和 B－19 之间；1 对链内二硫键，A－6 和 A－11 之间。单体分子量为 5807u，pI 5.30～5.35。胰岛素结晶由 2 个锌原子和 6 个胰岛素单体分子形成的六聚结晶体，六聚体形成受 B 链第 6、10、14、17、18 位和 A 链第 13、14 位氨基酸影响，胰岛素分子中的半胱氨酸对维持其四级结构极其重要。

（1）重组人胰岛素的生产工艺　重组人胰岛素的生产应用两种宿主表达系统，即大肠埃希菌和酵母表达系统。国内外几种重组人胰岛素的分离纯化技术不尽相同，但采取的技术路线在以下几个方面有共同点：①粗制提取，包括吸附、超滤和包涵体的洗涤；②色谱分离，一般先用离子交换色谱，而后用分子筛制作色谱，最后用反向色谱处理；③重结晶，虽然不作为去除杂蛋白的手段，但可去除色谱过程中加入的有机溶剂残留物及其他有害杂质。

1）大肠埃希菌系统产生重组人胰岛蛋白：用大肠埃希菌表达胰岛素有两个优点，一是表达量高，一般表达产物可以达到大肠埃希菌总蛋白量的 20%～30%；二是表达产物为不溶解的包涵体，所以经过水洗后表达产物的纯度就可达 90% 左右，因而易于下游纯化。其

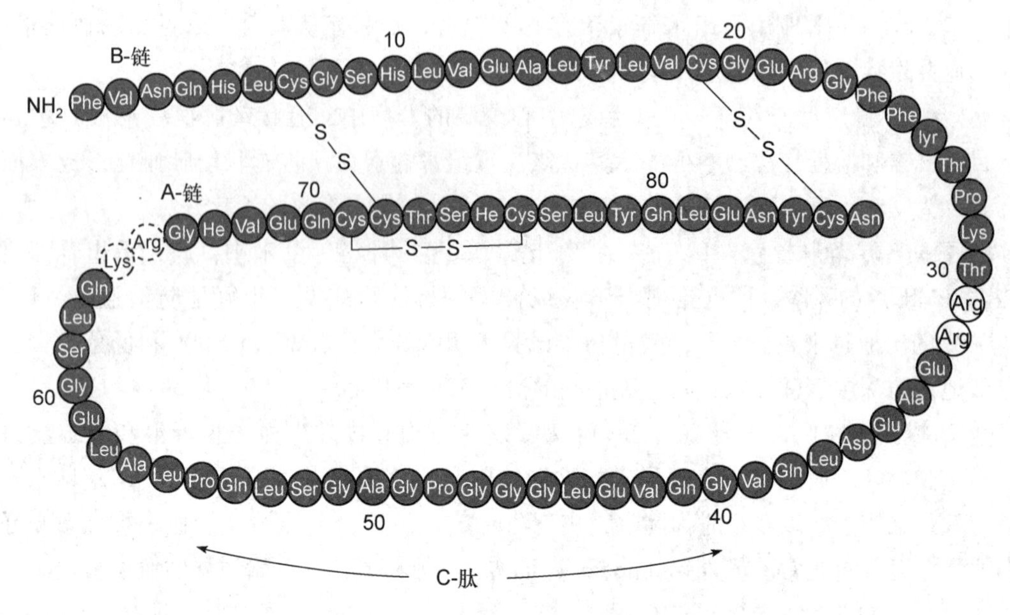

图 15-16　人胰岛素原的氨基酸序列

缺点是表达出的胰岛素尚没有生物活性，需要变性和复性过程。

由于胰岛素没有糖链，大肠埃希菌系统产生重组人胰岛素时有 2 条途径。目前以第二条路线为主。

第一条路线是 Eli Lilly 公司在20 世纪80 年代初研发的，胰岛素 A 链和 B 链基因分别与半乳糖苷酶基因连接，形成融合基因，分别在基因工程大肠埃希菌中表达 A 链和 B 链，发酵生产包涵体融合蛋白，色谱纯化表达的胰岛素链。用溴化氰（CNBr）切除 Met - 肽键，使 A 链、B 链与半乳糖苷酶分开。然后在适宜条件下 A 链和 B 链共同孵育，通过化学氧化作用，促进链间二硫键的形成，把 2 条链连接起来，折叠得到有活性的重组人胰岛素 crb (recombinant human insulin in which A - and B - chains are expressed separately in bacteria)。该路线步骤多，收率低，成本高，活性受到限制，现已淘汰。

第二条路线是仿照胰岛素的天然合成过程，生产胰岛素原，然后再酶水解形成具有活性的重组人胰岛素。首先分离纯化胰岛素原 mRNA，通过反转录得到胰岛素原 cDNA，在该 cDNA 的5′端加上 ATG 起始密码子，通过基因工程技术将该 cDNA 与 β - 半乳糖苷酶编码基因相连接构建重组质粒，转化大肠埃希菌，构建工程菌。用强启动子构建高效表达载体，如色氨酸启动子，所用诱导物是 3 - β - 吲哚丙烯酸。重组大肠埃希菌进行高密度发酵，当菌体达到一定密度时，把 3 - β - 吲哚丙烯酸加入到发酵液中，诱导胰岛素原的表达。一般胰岛素原表达量可达 3 ~5g/L。经发酵表达、纯化得到胰岛素原融合蛋白，继而以 CNBr 裂解、纯化得到胰岛素原，再在体外通过酶切除去 C 肽，纯化后得到活性胰岛素。这条路线仅需一次发酵与纯化，用这种方法制备的胰岛素称为人胰岛素 prb（recombinant human insulin in which proinsulin is expressed in bacteria）。

对于形成包涵体的胰岛素原，高压（80MPa）匀浆破碎菌体，离心、水洗等分离纯化包涵体，尿素溶解包涵体并复性，获得微小胰岛素原，经过 Trypsin（胰蛋白酶）和 CPB（体外循环）处理，获得胰岛素粗制品，离子交换和反相液相色谱纯化，三重结晶，得到胰岛素纯品。

2）酵母系统获得生产重组人胰岛素：用酵母表达人胰岛素的工艺优点是，表达产物二

硫键的结构和位置正确，不需要复性加工处理。其缺点是表达量低，发酵时间长。

酵母表达载体的结构基因由以下几个部分组成：信号肽、前肽序列（lead sequence）、蛋白酶切位点和微小胰岛素原。前肽序列是酵母交配因子的前序列，其作用是引导新合成的微小胰蛋白酶原通过正确的分泌途径，即从细胞内质网膜到高尔基体，随后分泌到胞外。在分泌过程中微小胰岛素原形成正确的二硫键，然后由酵母细胞内的蛋白酶在赖氨酸-精氨酸酶位点将前体肽链切除，最后有正确构象的微小胰岛素原分泌至细胞外。值得注意的是该表达结果中胰岛素B链没有第30位的苏氨酸，其原因是表达完整的B链会使微小胰岛素原的分泌降低。有正确构象的微小胰岛素原经初步纯化、胰蛋白酶消化和转肽酶反应加上B30苏氨酸后形成人胰岛素。

选择贝克酵母作为宿主，比酿酒酵母分泌量大。贝克酵母在其内质网的氧化条件下使蛋白质中形成二硫键。贝克酵母可在成分简单的培养基中生长，培养基黏度低、搅拌容易，可实现高密度发酵。贝克酵母不会产生热原或对人有毒的物质。

酵母培养基中含有必要的维生素、无机盐、纯的单糖或二糖（如葡萄糖和蔗糖）作为碳源和能源。主发酵罐体积为$80m^3$，最适发酵条件在pH 5，温度32℃左右。在发酵过程中要防止酵母的呼吸抑制作用发生，因此主发酵罐中要分批碳源，并实时测定溶解O_2和尾气中的CO_2量。

酵母菌分泌单链微小胰岛素原，微小胰岛素原是胰岛素A链、B链的融合蛋白，连接A链、B链的多肽比胰岛素原C肽短。发酵结束后离心去除酵母细胞，培养液经超滤澄清并浓缩，以离子交换柱吸附和沉淀去除大分子杂质，得到纯化的微小胰岛素原。用胰蛋白酶和羧肽酶处理，得到胰岛素粗品。再通过离子交换色谱、分子筛色谱、两次反相色谱去除链接肽和有关降解杂质，重结晶后得到的终产品纯度达97%以上。

（2）重组胰岛素临床主要制剂、规格和适应证　重组人胰岛素临床主要制剂为水针剂，常规重组人胰岛素3ml∶300unit（笔芯），中效胰岛素（低精蛋白锌胰岛素，按3∶7比例进行混合），中效胰岛素的制剂每100IU胰岛素中含有常规胰岛素30IU和低精蛋白锌胰岛素70IU。临床适应证为糖尿病。

2. 重组人生长激素

（1）生长激素的生物合成　生长激素（growth hormone，GH或somatotropin/Somatorophin）是动物脑垂体前叶外侧的特异分泌细胞分泌的一种促进生长的蛋白质激素。生长激素具有种属特异性，人生长激素（human growth hormone，hGH）为一链多肽的球形蛋白质，在血中的半衰期为17～45分钟，正常人分泌率为400μg/d，男女无显著区别。人生长激素受生长素释放激素正调控，受生长素释放抑制激素负调控，无论在白天或夜晚皆呈脉冲式释放，间隔为3～4小时。一般生长激素在饥饿或低血糖时分泌量最高，睡眠期间分泌最高。

人类的基因组中含有两个生长激素基因hGH-N和hGH-V，位于17号染色体长臂17q22-24上。人生长激素由于表达基因的不同，转录后mRNA的成熟方式不同，蛋白翻译后的加工方式不同，蛋白质与蛋白质之间的作用方式不同，最终导致了人的生长激素的多样性和不均一性。hGH-N主要在垂体中表达，编码产物包括22kD、20kD、17kD和5kD生长激素4种。hGH-V基因在妊娠后半期的胎盘中表达，虽然是由191个氨基酸残基组成，但序列与hGH-N编码产物不同。

通常所说的人生长激素一般都是特指22ku生长激素，由191个氨基酸残基组成，无糖

基化，在53与165、182与189位之间的4个半胱氨酸残基形成两对分子内二硫键，分子量22124D，等电点为5.2。人生长素分子具有一大一小两个环，以亲水性球形蛋白的形式存在于人体中，占垂体中生长激素的70%～75%，占血液中生长激素的53%左右。

根据世界卫生组织的国际标准，人生长激素的活性用生物法检测，去垂体大鼠体重增加或胫骨骨骺宽增加，活性为3.0U/mg。

人生长激素的晶体结构表明，生长激素与受体之间有两个结合位点，位点1先与第一个受体结合，然后再通过位点2与第二个受体结合，形成三分子复合物，发挥其生物学活性。

（2）重组人生长激素的生产工艺　第一代重组人生长激素是采用包涵体技术生产的，含有甲硫氨酸，由192个氨基酸残基组成。目前国际上90%以上的生长激素都采用分泌型表达技术，在生产技术的N－端增加分泌信号肽序列（通常是细胞因子的序列），可实现在大肠埃希菌中的分泌表达，其表达的生长激素与天然生长激素的构想完全相同。利用基因工程技术，构建成高效分泌型基因工程菌，使其表达合成重组人生长激素结构和天然人生长激素完全一致，重组表达质粒图谱如图15－17所示。

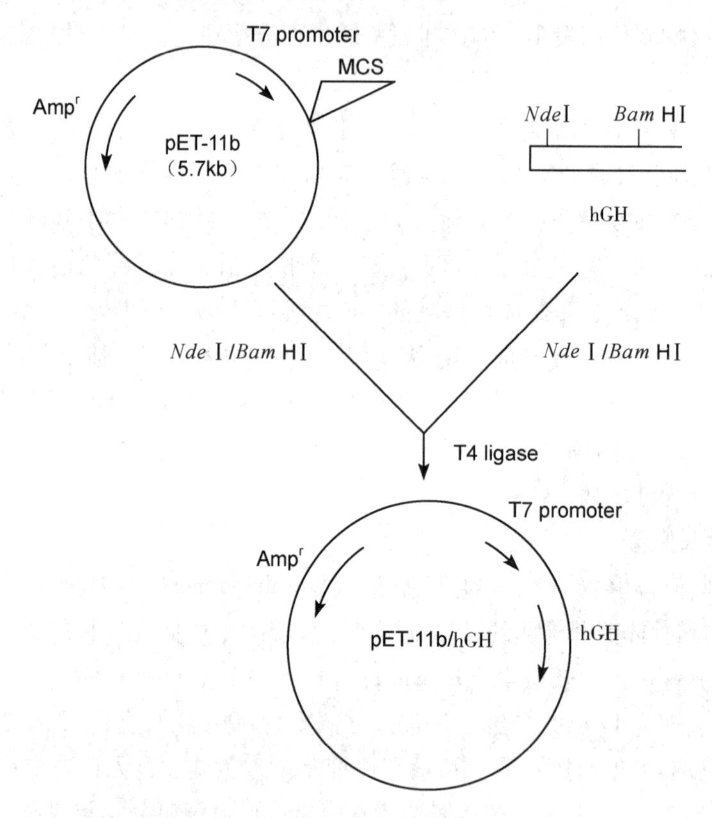

图15－17　表达重组人hGH重组质粒的构建

① 重组人生长激素生产工艺流程：与传统的包涵体技术相比，分泌表达技术使生长素以天然构象直接分泌于菌体之外的培养液中，避免了重折叠，收率高，受菌体蛋白污染少，纯度高，更安全。另外还有哺乳动物细胞培养生产的重组人生长激素。

② 基因工程大肠埃希菌发酵工艺：种子培养过夜，然后进行发酵，发酵时间一般为16～18小时，培养温度为37℃，期间发酵液的pH维持在7.0～7.5，溶解氧不能低于20%。另外在培养过程中需要添加葡萄糖及微量元素。

③ 重组人生长激素分离工艺：将发酵菌体进行冻融破碎处理后，按一定比例，加入

4℃的由10mmol/L Tris和1mmol/L EDTA组成的pH 7.5的缓冲溶液中，80r/min搅拌1小时，离心后收集上清液。在上清液中加入硫酸铵至饱和浓度45%，4℃放置2h，10000r/min离心30分钟，收集沉淀。将沉淀用10mmol/L Tris和1mmol/L EDTA组成的pH 8.0的缓冲溶液溶解，用Sephadex G脱盐。

④ 重组人生长激素纯化工艺：采用DEAE - Sepharose，Phenyl - Sepharose进行色谱，然后再加入固体硫酸铵，使硫酸铵饱和浓度达到45%，沉淀2h，离心收集。将收集得到的沉淀溶解后，进一步利用Sephacryl S - 11HR及DEAE - Sepharose进行纯化，得到的原料药半成品可以在 - 20℃下长期存放。

⑤ 重组人生长激素制剂质量控制：含重组人生长激素应为标示量的90.0% ~ 110.0%。《中国药典》（2020年版）规定，pH应为6.8 ~ 8.5。溶液应澄清无色，无肉眼可见杂质。含水分不得过3.0%，无菌检查应符合规定。每毫克重组人生长激素中含内毒素的量应小于5EU，相关蛋白含量不得过13.0%，其高分子蛋白含量不得过6.0%。遮光，密闭，2 ~ 8℃保存。

（3）重组人生长激素临床主要制剂、规格和适应证　重组人生长激素临床主要制剂为水针剂和粉针剂，临床规格有4IU/瓶、10IU/瓶等。重组人生长激素主要用于因内源性生长激素缺乏所引起的儿童生长缓慢、用于重度烧伤治疗、已明确的下丘脑 - 垂体疾病所致的生长激素缺乏症和经两种不同的生长激素刺激试验确诊的生长激素显著缺乏。

2. 重组人超氧化物歧化酶　超氧化物歧化酶（Superoride Dismutase，SOD）是一类广泛存在于生物界的金属酶类，为生物体防御活性氧（ROS）毒害的关键性“武器”，可催化超氧阴离子（O_2^-）发生歧化反应，从而清除O_2^-具有抗衰老、防辐射及治疗炎症等一系列功能，已被广泛应用于食品及医疗保健行业。

超氧化物歧化酶（SOD）能有效地清除体内的氧自由基。人SOD按其所含金属的不同可分为3类：铜锌超氧化物歧化酶（Cu/Zn - SOD）、锰超氧化物歧化酶（Mn - SOD）、细胞外超氧化物歧化酶（EC - SOD）。Cu/Zn - SOD主要存在真核细胞，Mn - SOD主要存在于原核生物和真核生物的线粒体中，在高等植物中的过氧化物酶体中也有。Fe - SOD主要存在于原核生物和某些植物的叶绿体中。Mn - SOD在抗衰老、抗炎、抗肿瘤等方面发挥着作用，具有重要的医学价值。

从自然界提取Mn - SOD，来源少，分离纯化方法繁琐且收率低，无法满足研究和临床需要。今年来，采用异丙基 - β - D - 硫代半乳糖苷（IPTG）诱导表达重组人Mn - SOD（rhMn - SOD）的研制工作取得了可喜的成果，但IPTG对人体具有潜在毒性，且价格昂贵，不利于大规模发酵生产。利用基因工程方法构建表达质粒pET - Mn - SOD等并成功转化大肠埃希菌BL21（DE3）获得重组菌，进行了乳糖诱导表达，规模化制备rhMn - SOD具有积极的意义。

近年研究发现，Mn - SOD与炎症、衰老及肿瘤等多种疾病有关，传统的Mn - SOD纯化方法较繁琐且费时费力，不利于规模化生产。目前通过构建表达质粒pYL - 4/rhSOD并转化大肠埃希菌JF1125获得重组菌，重组表达质粒图谱如图15 - 18。

（1）重组超氧化物歧化酶的纯化工艺　主要利用rhMn - SOD对热稳定的性质，用热变性法替代传统的硫酸铵分级沉淀蛋白质，并通过DEAE离子交换层析和葡聚糖凝胶G100分子筛分离，收集目的峰，超滤处理，再经葡聚糖凝胶层析，用醋酸钾梯度洗脱后，收集活性峰超滤浓缩，脱盐，冷冻干燥。具体工艺路线可扼要概括如下。

① 粗酶液的制备。

② 粗酶液的变性处理。

③ DEAE 离子交换层析纯化。

④ 葡聚糖凝胶分子筛（如 G100）分离纯化。

⑤ 用联苯三酚法测重组 SOD 活性。

⑥ 用 Bradford 法测蛋白质含量及聚丙烯酰胺凝胶电泳分析重组酶纯度。

⑦ 过滤除菌后分装冻干。

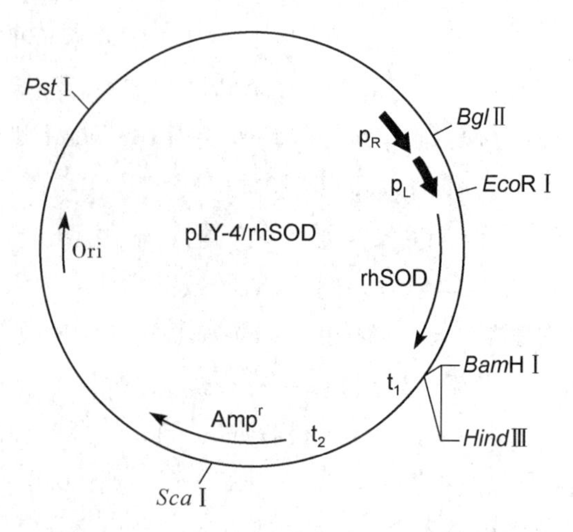

图 15－18　表达重组人 SOD 重组质粒图谱

人超氧化物歧化酶（hSOD）是人体内超氧自由基的天然清除剂，对炎症、缺血再灌注损伤、辐射等损伤均有一定疗效，还可减少抗癌药物对机体的毒副作用。rhSOD 作为药物酶制剂，具有医用价值及临床应用前景，但作为生物大分子，动植物来源的 rhSOD 均存在抗原等安全问题，可能诱发免疫反应。近年来，美日等国已开发出基因工程产品，并进入临床实验阶段。其临床适应证为早产儿氧中毒引起的呼吸系统疾病及神经系统疾病。此外，对 rhSOD 在基因治疗及作为 AIDS 的辅助治疗等方面的研究也正在进行中。我国除开展直接从人血中提取 hSOD 外，也开展重组人 SOD 的研究。

（2）重组人超氧化物歧化酶临床主要制剂、规格和适应证　重组人超氧化物歧化酶临床主要制剂为粉针剂，规格有 0.5mg/瓶。重组人超氧化物歧化酶临床主要用于骨性关节炎、类风湿性关节炎、颞颌关节机能障碍、降低放疗与化疗副反应、烧伤、家族性肌萎缩性侧索硬化（FALS）等。

扫码“学一学”

第五节　治疗性抗体制造工艺

1890 年，贝林格和北里柴三朗发现白喉抗毒素，建立了血清疗法，开创了抗体制药。1891 年，法国人 Babes 用采自经狂犬病疫苗免疫的人或犬的全血治疗被疯狼严重咬伤的患者。此后动物来源的血清抗体被用于肺炎、白喉、麻疹等传染病的早期治疗，开辟疾病治疗的新途径。抗体（antibody）泛指抗毒素一类的物质，引起相应抗体产生的物质称为抗原（antigen）。此时应用于治疗的抗体实质为多克隆抗体（polyclonal antibody，PcAb）。1975 年 Köhler 和 Milstein 成功建立了杂交瘤技术，获得鼠源性单克隆抗体（monoclonal antibody，McAb），开创了抗体技术的新时代，但由于该方法获得的单抗是鼠源性，人的免疫系统可以识别这种单抗，用于疾病治疗时会引起人抗鼠抗体（human antimurine antibody，HAMA）反应，将其清除出体外，因此在临床应用上受到很大限制。20 世纪 80 年代以来，随着分子生物学技术的发展和抗体基因结构的阐明，DNA 重组技术开始应用于抗体的改造，先后出现了嵌合抗体（chimeric antibody）和人源化抗体（humanized antibody），这两类抗体可以弥补鼠源性抗体的不足。进入 20 世纪 90 年代，随着 PCR 技术、抗体库技术（antibody repertoire）和转基因技术的发展，治疗性单抗最终实现全人源化，同时各种抗体衍生物也不断涌现，它们从不同角度克服了抗体的临床应用局限，使抗体最终可应用于临床治疗 。人源化单克隆抗体与鼠单克隆抗体相比，具有以下优点：特异性强；应用于人体时，由于是同

源性免疫球蛋白，不易发生过敏反应及免疫复合性疾病；在人体内半衰期较长，鼠源性单克隆抗体在人体内半衰期1~2日，人-鼠嵌合抗体的半衰期为4~15日，人源化抗体的半衰期为3~24日，全人源化抗体的半衰期为24日以上；可制备用于人的抗独特型抗体。至此，抗体药物发展经历了三代：第一代抗体药物源于动物多价抗血清，主要用于细菌感染疾病的早期被动免疫治疗；第二代抗体药物是利用杂交瘤（hybridoma）技术制备的单克隆抗体及其衍生物。其在难治性疾病，如恶性肿瘤、病毒性感染、传染性疾病、风湿性关节炎、自身免疫系统疾病、心血管疾病和Crohn病等的诊断、治疗、预防和蛋白质提纯等方面显示了重要作用。但是杂交瘤技术单抗由于存在异蛋白引起HAMA反应，导致抗体在人体内迅速被清除，半衰期缩短，甚至产生严重的免疫反应等；为减少或避免HAMA反应，出现了第三代抗体药物即基因工程抗体（genetic engineering antibody，GEAb）。基因工程抗体包括人源化抗体、单价小分子抗体（Fab、单链抗体、超变区多肽等）、多价小分子抗体（双链抗体、三链抗体、微型抗体）、某些特殊类型抗体（双特异抗体、抗原化抗体、细胞内抗体、催化抗体、免疫脂质体）及抗体融合蛋白（免疫毒素、免疫黏连素）等新型基因工程抗体。目前研究用于临床治疗的抗体基本都属于第三代抗体药物。截至2018年，美国食品药品管理局（FDA）共批准64个单抗类药物，表15-19列出了其中部分单抗类药物。抗体药物为一些重要疑难疾病如肿瘤、自身免疫性疾病和烈性传染病等的治疗带来了新的曙光。抗体药物是由基因工程、细胞工程、发酵工程技术研发的生物技术产品，也是全球生物技术领域产业化最为成功的产品。抗体药物技术集成了20世纪50年代以来生命科学发展最前沿的成果和生物工程最关键的技术，是生物制药实现产业化的重要标志。在已上市的抗体药物中，由雅培（Abbott）公司开发的Humira销售额占据了2018年度处方药销售额排行榜第一名，而Keytruda（帕博利珠单抗）、Herceptin（曲妥珠单抗）、Avastin（贝伐单抗）、Rituxan（利妥昔单抗）、Opdivo（纳武利尤单抗）和Stelara（优特克单抗）分别占据了2018年处方药销售排行榜的第三、四、五、六、七、十位。至此，2018年处方药销售排行榜前十位的药物中单抗类药物占据了七位。这些抗体药物在取得巨额商业利润的同时也取得良好的社会效益。

表15-19　部分FDA批准用于治疗的单抗

单抗名称	商品名	适应证	生产厂家	类型	批准时间
Muromonab-CD3	Orthoclone	抗肾移植排斥	Ortho Biotech	鼠源，IgG2a	1986
Abciximab	ReoPro	止血	Centocor	嵌合，IgG1，Fab	1994
Rituximab	Rituxan	B细胞型非何杰金氏淋巴瘤	Genentech	嵌合，IgG1，κ	1997
Daclizumab	Zenapax	抗肾移植排斥	Hoffman-La	人源化，IgG1，κ	1997
Basiliximab	Simulect	抗器官移植排异	Novartis	嵌合，IgG1，κ	1998
Palivizumab	Synagis	RSV引起的幼儿呼吸道疾病	MedImmune	人源化，IgG1，κ	1998
Infliximab	Remicade	Crohn's病，风湿性关节炎	Genentech	嵌合，IgG1，κ	1998
Trastuzumab	Herceptin	乳腺癌	Genentech	人源化，IgG1，κ	1998
Gemtuzumab Ozogamicin	Mylotarg	急性复发性髓样白血病	Wyeth-Ayerst	人源化，IgG4，κ	2000
CrotalidaeFab	CroFab	抗响尾蛇毒素	Fougera	绵羊 Fab	2000
digoxin antibody	DigiFab	地高辛过量	Protherics	绵羊 Fab	2001
Alemtuzumab	Campath	B细胞慢性白血病	Ilex Pharmaceutics	人源化，IgG1，κ	2001
Ibritumomab Tiuxetan	Zevalin	B细胞型非何杰金氏淋巴瘤	IDEC	鼠源，IgG1，κ，Y90标记	2002

续表

单抗名称	商品名	适应症	生产厂家	类型	批准时间
Adalimumab	Humira	关节炎	Abbot	全人，IgG1，κ	2002
Omalizumab	Xolair	哮喘	Genentech	人源化，IgG1，κ	2003
Tositumomab - I 131	Bexxar	淋巴瘤	Smithkling Beecham	鼠源，IgG2aλ，^{131}I 标记	2003
Efalizumab	Raptiva	银屑病	Genentech	人源化，IgG1，κ	2003
Cetuximab	Rebitux	结直肠癌	Imclone	嵌合，IgG1	2004
Bevacozimab	Avastine	结直肠癌	Genentech	人源化，IgG1	2004
Natalizumab	Tysabri	多发性硬化症	Biogen Ided Inc.	人源化，IgG4，κ	2004
Ranibizumab	Lucentis	老年黄斑病变	Genentech	人源化，Fab	2006
Panitumumab	Vectibix	结直肠癌（三线治疗）	Amgen	全人，IgG2	2006
Eculizumab	Solirisi	阵发性睡眠性血红蛋白尿症	Alexion Pham	人源化	2007
Certolizumab pegol	Cimzia	类风湿关节炎	UCB	人源化	2008
Canakinumab	Ilaris	隐热蛋白 - 相关周期综合症	Novartis	全人	2009
Golimumab	Simponi	风湿性关节炎；银屑病关节炎；强直性脊柱炎	Centocor	人源化	2009
tocilizumab	RoActemra	类风湿关节炎	Genentech	人源化，IgG1，κ	2010
denosumab	Prolia	骨质疏松高危骨折	Amgen	全人，IgG2	2010
denosumab	Xgeva	实体瘤骨转移	Amgen	全人，IgG2	2010
Belimumab	Benlysta	红斑狼疮	HGS，GSK	全人源化	2011
Ipilimumab	Yervoy	转移性黑色素瘤	BMS	全人源化	2011
Brentuximab Vedotin	Adcetris	淋巴瘤	Seattle Genetics	抗体 - 药物结合物	2011
Pertuzumab	Perjeta	乳腺癌	Roche	人源化，IgG1	2012
Raxibacumab		吸入性炭疽病	GSK	全人源化，IgG1	2012
		乳腺癌	Roche	人源化，IgG1 抗体 - 药物结合物	2013
		慢性淋巴白血病	Roche	人源化，IgG1	2013
		Castleman 氏病	Janssen Biotech	嵌合型，IgG1	2014
		Crohn's 病，溃疡性结肠炎	Takeda	人源化，IgG1	2014
		胃癌	Eli Lilly.	全人源化，IgG1	2014
		黑色素瘤	Merck	人源化，IgG4	2014
Nivolumab	Opdivo	肺癌	Bristol - Myers Squibb	全人源化，IgG4	2015
Daratumumab	Darzalex	多发性骨髓瘤	Janssen Biotech	人源化，IgG1	2015
Avelumab	Bavenbcio	转移性默克尔细胞癌	Emd Serono Inc.	全人源化，IgG1	2017

一、单克隆抗体

抗体是机体在抗原刺激下所产生的特异性球蛋白，又称为免疫球蛋白（Ig）抗体的作用机制是：在少数情况下，抗体与抗原结合后对机体有直接保护作用，如中和毒素。20 世纪 50 年代末期，电镜结果结合 Poler 和 Nisonoff 研究结果，建立了经典的免疫球蛋白单体的 Y 结构模式，天然的抗体分子由 4 条肽链组成对称结构，包括两条相同的重链和两条相同的轻链。4 条肽链通过二硫键和其他分子间力作用连接在一起，形成近似 Y 形的球状蛋白。

Y 形结构的两个臂为 Fab 段，每个 Fab 段由一个轻链和部分重链组成；剩下的重链部分称为 Fc 段。根据氨基酸序列保守性的高低，又可把重链和轻链分为可变区和恒定区，可变区中的互补决定区（CDR）与抗体结合抗原的多样性有关；而恒定区的结构与抗体的生物学活性有关（图 15－19）。抗体的作用机制是：在少数情况下，抗体与抗原结合后可以直接对机体起保护作用，如中和毒素；多数情况下需通过功能灭活或消除外来抗原。抗原的效应功能有 2 类，一类是激活补体，产生多种效应，如细胞裂解，免疫黏附及调理作用，促进炎症反应；另一类是通过抗体分子中的 Fc 段与细胞表面 Fc 受体相互作用，介导调理作用或抗体依赖性细胞毒作用。

抗体的产生曾有多种学说，其中克隆选择学说已经被实验证实并得到学术界的广泛承认。克隆选择学说是由澳大利亚免疫学家伯内特于 1957 年提出的抗体形成理论。这一理论认为抗体是天然产物，以受体的形式存在于细胞表面，动物体内存在着许多免疫活性细胞克隆，不同克隆的细胞具有不同的表面受体，能与相应的抗原决定簇发生互补结合。一旦某种抗原进入体内与相应克隆的受体发生结合后便选择性地激活了这一克隆，使它扩增并产生针对这一抗原决定簇的结构与功能完全相同的大量抗体（即免疫球蛋白），即单克隆抗体。分子生物学技术的应用也已经证明并克隆出编码抗体 Ig 分子 V 区和 C 区的基因，同时应用克隆 cDNA 片断为探针证明了 B 细胞在分化发育中编码 Ig 基因结构，阐明了免疫球蛋白 V 区基因的重排及突变，形成 V 区基因结构组合的无限可能性，解释了抗体多样性的起源以及遗传和体细胞突变在抗体多样性形成中的作用，日本的利根川进因发现抗体多样性的遗传学原理，获得 1987 年诺贝尔生理学和医学奖。

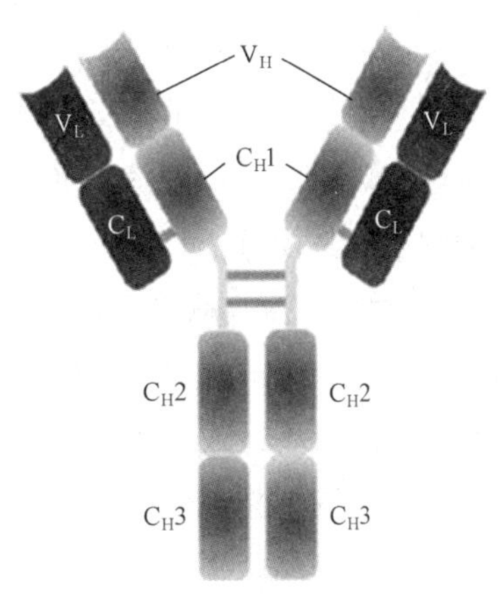

图 15－19　抗体分子结构

抗体按照制备方法分为三类：①多克隆抗体（polyclonal antibody，PcAb），采用传统方法制备，抗原免疫动物后所得抗体。由于抗原分子具有多种抗原决定簇（antigenic determinant），每一种决定簇可激活具有相应抗原受体的 B 细胞产生免疫应答，可产生多种针对不同抗原决定簇的抗体，这些多组分的抗体混合物称为多克隆抗体；②单克隆抗体（monoclonal antibody，McAb），通过杂交瘤技术制备，针对一种抗原决定簇的抗体称为单克隆抗体；③基因工程抗体（genetic engineering antibody，GEAb），采用基因工程的手段研究抗体与功能的关系，并对抗体基因进行改造和重组等，由此制备出的抗体。本节内容主要涉及后两种抗体。

（一）传统单克隆抗体的制备

一个骨髓瘤细胞与一个具有分泌抗体能力的 B 淋巴细胞融合形成的杂交瘤细胞，通过无性繁殖所形成的细胞系，这一细胞系的每一个细胞均具有相同的特性且高度均一。由这一细胞系分泌的抗体由于为同一细胞克隆所产生，抗体分子的均一性极高，活性、亚类、亲和力均相同。由于在筛选融合细胞时，系由一个细胞集落（即克隆）增殖而来，故称为单克隆，而由此细胞产生的抗体即为单克隆抗体（McAb，简称单抗）。1975 年德国学者 Köhler 和美国学者 Milstein 将小鼠骨髓瘤细胞和绵羊红细胞免疫的小鼠脾细胞在体外进行细胞融合，形成部分杂交瘤细胞，这种细胞既具有大量无限生长的特性，又具有合成和分泌

抗体的能力，从而开创了抗体技术的新纪元。单克隆抗体与常规抗体相比具有如下优点：①单一特异性，与一个抗原决定簇反映；②可重复性，能够提供完全一样的抗体制剂；③一旦成功制备，即可无限量地供应；④生产单克隆抗体，不一定需要纯的抗原；⑤灵敏性高，能查出混合物中存在的用常规方法检查不出的少量成分。

1. 抗原 制备特定抗原的单克隆抗体，首先要制备用于免疫的特异性抗原，再用抗原进行动物免疫。免疫抗原从纯度上说虽然不要求很高，但高纯度的抗原使获得目的单抗的机会增加，同时可以减轻筛选的工作量。因此免疫抗原纯度越高越好，尤其是初次免疫所用的抗原。但是多数情况下抗原物质只能得到部分纯化，甚至是极不纯的混合物，此时单克隆抗体的获得就取决于后期筛选方法的种类及其特异性和敏感性。例如制备恶性肿瘤细胞表面抗原的单克隆抗体时，情况很复杂，需要用整个肿瘤细胞作为免疫抗原，此时就要制定详细周密的筛选方案，确保最后筛选获得的单克隆抗体可特异性识别目标抗原而非肿瘤细胞表面其他分子。

2. 动物免疫 动物体内的 B 淋巴细胞在特定外来抗原刺激下，可大量增殖变成浆细胞，以分泌针对该抗原的抗体。这种抗体具有特异性，动物免疫作用就是用特定的外来抗原对动物进行一次或多次免疫，以刺激能分泌该抗原抗体的 B 淋巴细胞大量增殖，从而得到大量转移的 B 淋巴细胞。

免疫动物品系和骨髓瘤细胞在种系发生上距离越远，免疫动物产生的杂交瘤越不稳定，故一般采用与骨髓瘤细胞供体同一品系的动物进行免疫。免疫动物的选择根据所用的骨髓瘤细胞可选用小鼠和大鼠作为免疫动物。因为，所有的供杂交瘤技术用的小鼠骨髓瘤细胞系均来源于 BALB/c 小鼠，所有的大鼠骨髓瘤细胞都来源于 LOU/c 大鼠，所以一般的杂交瘤生产都是用这两种纯系动物作为免疫动物。有时为了特殊目的而需进行种间杂交，则可免疫其他动物。种间杂交瘤染色体易丢失，分泌抗体的能力不稳定。就小鼠而言，初次免疫时以 8 ~ 12 周龄为宜，雌性鼠较便于操作。在选择动物时应考虑到动物品系的基因对抗原免疫应答的影响。为避免小鼠反应不佳或免疫过程中死亡，可同时免疫 3 ~ 4 只小鼠。常用的动物免疫的方法有以下几种。

（1）体内免疫法 通常指皮下、肌肉及腹腔免疫，多适用于各种颗粒性抗原和可溶性抗原，剂量可根据抗原种类及性质决定，一般颗粒性抗原如细胞的用量以 10^7 细胞为宜，且无需加佐剂；而可溶性抗原以目的抗原组分 10 ~ 100μg 为宜，并加适宜的佐剂。

（2）脾内免疫法 将动物麻醉后，借助于外科手术暴露脾脏，将抗原直接注入脾脏。此种方法一般需抗原量少，适用于一些来源有限且昂贵的抗原免疫。但效果不很理想，且抗原要求高，操作繁琐。

（3）体外免疫法 从脾脏或外周血中分离 B 淋巴细胞，体外在某种刺激因子（PHA 等）存在下与抗原共培养，达到免疫的目的。此种方法多用于制备人单克隆抗体的免疫，如乙肝疫苗基础免疫后，取人外周血分离 B 淋巴细胞与乙肝表面抗原共培养，制备人抗乙肝单克隆抗体。这种方法免疫效力不高，且影响因素太多，目前仅在一些基础研究中应用。

选择合适的免疫方案对于细胞融合杂交的成功，获得高质量的 McAb 至关重要，免疫方案应根据抗原的特性不同而定，用于免疫的抗原大致可分为两类：可溶性抗原和颗粒抗原。

1）可溶性抗原免疫原性较弱，一般要加佐剂，半抗原应先制备免疫原，再加佐剂。常用佐剂：福氏完全佐剂、福氏不完全佐剂。常规的免疫方案见图 15－20 所示。

目前可溶性抗原（特别是一些弱抗原）的免疫方案也不断有所更新，如：①将可溶性抗原颗粒化或固相化，一方面增强了抗原的免疫原性，另一方面可降低抗原的使用量；②改变抗原注入的途径，基础免疫可直接采用脾内注射；③使用细胞因子作为佐剂，提高机体的免疫应答水平，增强免疫细胞对抗原的反应性。

2）颗粒性抗原免疫性强，不加佐剂就可获得很好的免疫效果。以细胞性抗原为例，免疫时要求抗原量为（1～2）$\times 10^7$个细胞。常规免疫方案如图 15－21 所示。

3. 细胞融合　细胞融合一般包括制备饲养细胞层、制备骨髓瘤细胞、制备免疫脾细胞及融合等四个步骤。

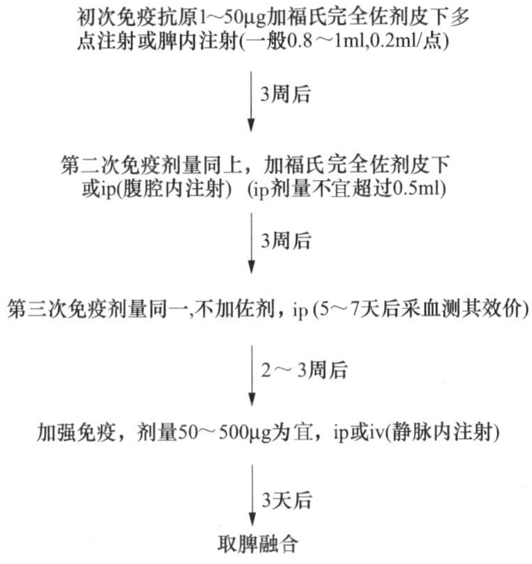

初次免疫抗原1～50μg加福氏完全佐剂皮下多点注射或脾内注射(一般0.8～1ml,0.2ml/点)

↓ 3周后

第二次免疫剂量同上，加福氏完全佐剂皮下或ip(腹腔内注射)（ip剂量不宜超过0.5ml)

↓ 3周后

第三次免疫剂量同一,不加佐剂，ip (5～7天后采血测其效价)

↓ 2～3周后

加强免疫，剂量50～500μg为宜，ip或iv(静脉内注射)

↓ 3天后

取脾融合

图 15－20　可溶性抗原的常规免疫方案

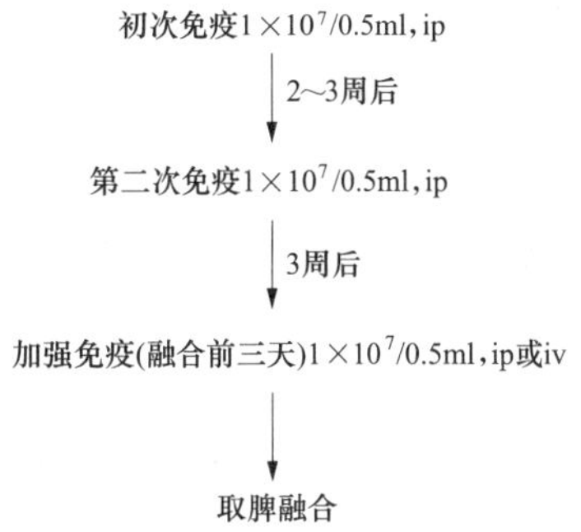

初次免疫1×10^7/0.5ml, ip

↓ 2～3周后

第二次免疫1×10^7/0.5ml, ip

↓ 3周后

加强免疫(融合前三天)1×10^7/0.5ml, ip或iv

↓

取脾融合

图 15－21　颗粒性抗原常规免疫方案

（1）饲养细胞的选择　在组织培养中，单个或少数分散的细胞不易生长繁殖，若加入其他活细胞，则可促进这些细胞生长繁殖，所加入的这种细胞被称为饲养细胞。在制备 McAb 的过程中，许多环节均需要加饲养细胞，如在杂交瘤细胞筛选、克隆化和扩大培养过程中，加入饲养细胞是十分必要的。常用的饲养细胞有：小鼠腹腔巨噬细胞（较为常用）、小鼠脾脏细胞或胸腺细胞。也有人用小鼠成纤维细胞系 3T3 经放射线照射后作为饲养细胞。饲养细胞的量一般为 2×10^4或 10^5细胞/孔。

（2）骨髓瘤细胞的选择　在 B 淋巴细胞杂交瘤技术中，主要使用多发性骨髓瘤细胞作为亲本细胞，这种细胞是由抗体合成细胞克隆衰变而成的肿瘤细胞，目前常用的骨髓瘤细胞系及其性状见表 15－20，骨髓瘤细胞应和免疫动物属于同一品系，这样杂交融合率高，也便于接种杂交瘤在同一品系小鼠腹腔内产生大量 McAb。无论采用小鼠或大鼠杂交瘤技术，应尽可能选择自身不合成或至少不分泌任何免疫球蛋白分子或片断的骨髓瘤细胞作为亲本细胞。无论选用哪种骨髓细胞，其细胞必须处于良好的生长状态，处于对数生长期的瘤细胞最佳。一般认为骨髓瘤细胞浓度低于 1×10^4/ml 时生长缓慢，大于 10^6/ml 时细胞分裂逐渐停止，因此，一般细胞传代选择（1～5）$\times10^5$/ml 的浓度，在融合前 1 天倍比传代一次后用于融合。融合时，活细胞数应至少大于 90%。

表 15-20 可供融合的人和鼠源骨髓瘤细胞系

名称	来源	耐受	表达 Ig 链	
			H	L
P3-X63-Ag8（X63）	BALB/c 骨髓瘤 MOPC-21	8-杂氮鸟嘌呤	r_1	κ
P3-X63-Ag8.653（X63-Ag8.653）	P3/X63-Ag8	8-杂氮鸟嘌呤	—	—
P3-NS/1-Ag4-1（NS-1）	P3/X63-Ag8	8-杂氮鸟嘌呤	—	κ（非分泌型）
P3-X63-Ag8.U1（P3U1）	（X63×BALB/c 脾细胞）杂交瘤	8-杂氮鸟嘌呤	—	—
SP2/0-Ag14（SP2/0）	（X63×BALB/c 脾细胞）杂交瘤	8-杂氮鸟嘌呤	—	—
Fast-Zero（FO）	BALB/c 骨髓瘤	8-杂氮鸟嘌呤	—	—
S194/5.XXO.BU.1	P3/X63-Ag8	5-溴脱氧尿嘧啶核苷	—	—
MOPC11-45.6TG1.7	BALB/c 骨髓瘤 MPC-11	6-巯基嘌呤	r_{2b}	κ
210.RCY3.Ag1.2.3	Lou 大鼠骨髓瘤 R210	8-杂氮鸟嘌呤	—	κ
GM15006TG-A12	人骨髓瘤 GM1500	6-巯基嘌呤	r_1	κ
U266AR	人骨髓瘤 U-266	8-杂氮鸟嘌呤	ε	λ

（3）脾淋巴细胞的准备　取经免疫的 BALB/c 小鼠，摘除眼球放血。将小鼠处死，无菌摘取脾脏，研磨制取脾 B 淋巴细胞悬液，经氯化铵破碎红细胞后，洗涤调整细胞浓度为（1～5）$\times 10^7$/ml 备用。

（4）脾细胞与骨髓瘤细胞的融合　细胞融合是杂交瘤技术的中心环节。将免疫脾 B 淋巴细胞于骨髓瘤细胞按（5～10）∶1 混合后离心弃上清，缓慢加入分子质量4000～6000D 的 50% 聚乙二醇（PEG）1ml，间隔 1min 后，缓慢滴入无血清培养液，终止融合剂的作用，经洗涤去除融合剂后加入所需量的细胞培养液，分别接种于 96 孔培养板内。

4. 阳性克隆的筛选与克隆化　杂交瘤细胞的筛选：细胞融合后，可产生多种融合细胞，如脾-脾、脾-瘤、瘤-瘤的融合细胞以及许多未融合的骨髓瘤细胞，这些细胞中只有脾-瘤融合细胞才有意义，但其他细胞都比脾-瘤融合的杂交瘤细胞增殖更快，并能将其淘汰。在 HAT 选择培养液中培养时，由于骨髓瘤细胞缺乏胸苷激酶或次黄嘌呤鸟嘌呤核糖转移酶，故不能生长繁殖，而杂交瘤细胞具有上述两种酶，在 HAT 选择培养液中可正常生长繁殖。HAT 选择培养基筛选获得的脾-瘤融合细胞中仅少数可以分泌专一性的单抗，且多数培养孔中混有多个克隆，它们所克隆、分泌的抗体也有可能不同，因此，在克隆化培养之前，必须进行抗体检测即阳性克隆的筛选，选出所需的杂交瘤细胞。检测抗体应根据抗原的性质、抗体的类型不同，选择不同的筛选方法。原则为快速、简便、特异、敏感的方法，以便于进行大规模筛选，常用以下方法。

（1）荧光免疫技术　该法适用于细胞表面抗原的 McAb 的检测。用于多种抗原的杂交瘤抗体检测，如细胞性抗原（包括细菌和动物细胞）、感染细胞中的病毒抗原和膜抗原等。具有操作简单、敏感性高，可直接观察抗原定位等优点，在 McAb 的筛选与鉴定上具有重要的应用价值。

（2）免疫酶技术　将抗原抗体反应的特异性和酶对底物显色反应的高效催化作用有机结合而成的免疫学技术。由于它特异性强、灵敏度高，现已广泛用于筛选和鉴定单抗。可用于可溶性抗原（蛋白质）、细胞和病毒等 McAb 的检测。

（3）放射免疫测定（RIA）　该法可用于可溶性抗原、细胞 McAb 的检测。用放射性同位素标记抗原或抗体，以检测相应抗原或抗体的定量方法。在筛选和鉴定单抗时常用抗原固相法，即用抗原包被聚乙烯微板，借以检测样品中的 McAb。

（4）酶联免疫吸附检测（ELISA）　该法可用于可溶性抗原、细胞和病毒等 McAb 的检测。将抗原或抗体吸附在固相载体表面使抗原抗体反应在固相载体表面进行的一种检测技术。该技术将抗原抗体反应的特异性与酶对底物的高效催化作用有机地结合起来，通过酶作用于底物后呈现的颜色变化来显示抗原抗体特异反应的存在。因此特异性强、灵敏度高、反应快速、结果可以定量，也可对抗原、抗体以及抗原－抗体复合物进行定位分析。

（5）荧光激活细胞分类仪（FACS）　适合于细胞表面抗原的 McAb 的检测。

（6）免疫荧光分析（IFA）　用于细胞和病毒 McAb 的检测。

（7）间接血凝试验（PHA）　又称被动血凝试验。以包被可溶性抗原的红细胞作为指示系统，当被检抗体与包被在红细胞上的抗原产生特异性反应时，导致红细胞呈凝集现象。该法具有灵敏、快速、容易操作和无需昂贵仪器等优点，而且经改用醛化红细胞以后，克服了重复性差的缺点。

在筛选获得了阳性克隆后，需要将抗体阳性孔克隆化，成为杂交瘤克隆化。因为经过 HAT 筛选后的杂交瘤克隆不能保证一个孔内只有一个克隆。在实际工作中，可能会有数个甚至更多的克隆，可能包括抗体分泌细胞、抗体非分泌细胞、所需要的抗体（特异性抗体）分泌细胞和其他无关抗体的分泌细胞。要想将这些细胞彼此分开就需要进行克隆化。克隆化的原则是，对于检测抗体阳性的杂交瘤尽早克隆化，否则抗体分泌的细胞会被抗体非分泌的细胞所抑制，因为抗体非分泌细胞的生长速度比抗体分泌的细胞生长速度快，二者竞争的结果会使抗体分泌的细胞丢失。即使克隆化过的杂交瘤细胞也需要定期的再克隆，以防止杂交瘤细胞的突变或染色体丢失，从而丧失产生抗体的能力。由单个阳性杂交瘤细胞开始，通过增殖繁衍而获得大量杂交瘤细胞的克隆化培养是继专一杂交瘤细胞筛选之后，获取纯净单克隆抗体的又一重要步骤。它确保杂交瘤所分泌的抗体具有单克隆性以及从细胞群中筛选出具有稳定表型的杂交瘤细胞。即使克隆化了的杂交瘤细胞也需要再次或多次进行克隆化培养。另外，长期液氮冻存的杂交瘤细胞，复苏后其分泌抗体的功能仍有可能丢失，因此也应作克隆化，以检测抗体分泌情况。通常在得到针对预定抗原的杂交瘤以后需要连续进行 2～3 次克隆化，又是还需进行多次。克隆化的方法很多，如有限稀释法、软琼脂法、单细胞显微操作法、单克隆细胞集团显微操作法和荧光激活细胞分类仪（FACS）分离法。

这里介绍最简单也是使用最广泛的两种方法：有限稀释和软（半固体）琼脂平板法。

①有限稀释法：从阳性分泌孔收集细胞，经逐步稀释，一般稀释至 0.8 个细胞/孔。具体的操作是将含有不同数量的细胞悬液接种至含饲养细胞完全培养液的 24 孔板中进行培养，中期镜检观察，适量补加完全培养液，当肉眼可见细胞克隆时，选择只有一个集落的培养孔，并用 ELISA 检测上清中抗体的含量。

②软琼脂法：用含有饲养细胞的 0.5% 琼脂液作为基底层，将含有不同数量的细胞悬液与 0.5% 琼脂液混合后立即倾注于琼脂基底层上，凝固，37℃孵育，4～5 天后即可见针尖大小白色克隆，7～10 天后直接移种至含饲养细胞的 24 孔板中进行培养。

由于单细胞克隆培养时细胞处于不利的生长环境，因此在克隆过程中也必须加入饲养细胞使它生长和繁殖。

5. 单克隆抗体的大量制备 目前大量生产单克隆抗体的方法包括体内诱生（小鼠法和活牛法）和体外培养（用生物反应器大量培养杂交瘤细胞）两种，体内诱生是利用生物体作为反应器，主要是在小鼠或大鼠腹腔内，杂交瘤细胞生长并分泌单克隆抗体，是目前商业用单克隆生产的主要方法。体外培养法有悬浮培养、中空纤维法、包埋培养和微囊化培养几种。

（1）体内接种杂交瘤细胞，制备腹水或血清。

①实体瘤法：对数生长期的杂交瘤细胞按 $1\times10^7\sim1\times10^7$ml 接种于小鼠背部皮下，每处注射0.2ml，共2~4点。待肿瘤达到一定大小后（一般10~20天）则可采血，从血清中获得单克隆抗体，含量可达到1~10mg/ml。但采血量有限。

②腹水的制备：为了使杂交瘤细胞在腹腔内增殖良好，可于注入细胞的几周前，预先将降植烷（pristane）或液体石蜡注入腹腔内，以破坏腹腔内腹，建立杂交瘤细胞易于增殖的环境。然后注射 1×10^6 杂交瘤细胞，接种细胞7~10天后可产生腹水，密切观察动物的健康状况与腹水征象，待腹水尽可能多，而小鼠频临死亡之前，处死小鼠，收集腹水一般一只小鼠可获1~10ml腹水。腹水中单抗体含量可达5~20mg/ml，这是目前最常用的方法。另外也可用血清来生产单克隆抗体，将杂交瘤细胞皮下植入动物体内，一段时间后，出现肿瘤，采集血清制备单克隆抗体，一般血清中抗体的含量为1~10mg/ml，但血清非常有限。

（2）体外使用旋转培养管大量培养杂交瘤细胞 为了真核细胞的大规模体外培养，一些生物技术公司开发了培养杂交瘤细胞的生物反应器（也称为培养罐或发酵灌）及培养基。培养前必须筛选高产单抗的杂交瘤细胞。动物细胞培养用生物反应器主要有搅拌式、鼓泡式、气升式、中空纤维、固定床、流化床生物反应器及一些新型生物反应器。搅拌式生物反应器开发较早，应用较广。搅拌式生物反应器靠搅拌桨提供液相搅拌动力，有较大的操作范围、良好的混合性和浓度均匀性，此外反应器可以连接监测培养物的温度、pH、溶氧度、葡萄糖消耗等参数的电极，再配合微载体、灌注培养技术，可使细胞密度达到 10^7 cells/ml以上。另外搅拌式生物反应器最大的优点是能培养各种类型的动物细胞，培养工艺容易放大，产品质量稳定，适合工业生产，不足之处是机械搅拌所产生的剪切力对细胞有一定的损伤。气升式生物反应器的基本原理是气体混合物从底部的喷射管进入反应器的中央导流管，使得中央导流管侧的液体密度低于外部区域从而形成循环。它在结构上和搅拌式大同小异，显著特点是用气流代替不锈钢叶片进行搅拌，因此产生的剪切力相对温和。1985年Celtech公司应用气升式生物反应器进行杂交瘤细胞的大规模培养。填充床生物反应器在反应器中填充一定材质的填充物，供细胞贴壁生长。营养液通过循环灌注的方式提供，并可在循环过程中不断补充。细胞生长所需要的养分也可以在反应器外通过循环的营养液携带，因而不会有气泡伤及细胞。这类反应器剪切力小，适合细胞高密度生长。中空纤维生物反应器是开发较早且正在不断改进的一类特殊的填充床式生物反应器。这类反应器由中空纤维管组成，管壁是多孔膜，CO_2 和 O_2 等小分子可以自由透过膜扩散，动物细胞附着在中空纤维管外壁生长，可以方便地获取养分。中空纤维反应器由于剪切力小，细胞培养环境温和，培养细胞密度较高，产品容易分离提纯，因而广泛应用于动物细胞的培养。波浪袋生物反应器是独特的细胞培养装置，不同于其他生物反应器，培养规模最大可达100L。旋转式生物反应器由于没有搅拌剪切力的影响，细胞可以在相对温和的环境中进行三维生长。

一般情况下，体外培养法多采用培养液，添加胎牛或小牛血清。由于培养液中含血清

成分，总蛋白含量可达100μg/ml以上，给纯化带来困难。又易产生支原体污染，而且血清批次间质量差异太大，直接影响杂交瘤细胞生长。所以，近年来发展起来的无血清培养法，虽然可减少污染有利于的纯化，但产量不高。近年主要利用悬浮培养方式，以增加细胞生长空间，使杂交瘤细胞生长旺盛，单克隆抗体产量亦得到提高。连续悬浮培养的细胞密度可达2.0×10^7个/ml，收集的单克隆抗体可达400μg/ml左右。20世纪60~70年代开创微载体悬浮培养法以及包埋培养和微囊化悬浮培养法，增大单位体积的表面积，利于杂交瘤细胞生长，细胞密度可达10^8个/ml，并有利于分离纯化，能收获更多的单克隆抗体。可生产抗体0.5~1g/L，经离子交换层析后纯度可达99%。目前单克隆抗体小规模生产采用滚瓶或转瓶，大规模培养采用生物反应器。

体外和体内培养法各有所长也各有不足，有人对腹水抗体与体外细胞培养上清中的抗体进行比较，结果表明，腹水抗体的Ig浓度比培养上清高50倍，特异活性也高10倍。体外培养法每毫升细胞培养液可获得10μg抗体，而体内诱生法每毫升腹水可获得5~20mg抗体，并且可以有效地保存杂交瘤细胞株和分离已经污染杂菌的杂交瘤细胞株，缺点是小鼠腹水中混有来自小鼠的多种杂蛋白，给纯化带来难度。体外生产抗体也有优点，如无小鼠蛋白污染之忧，同时用人的骨髓瘤制备人的McAb也只能在体外培养。

单克隆抗体的整个制备流程如图15-22所示。

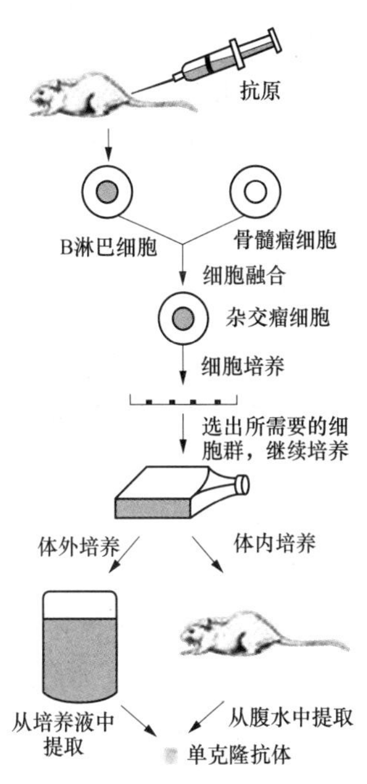

图15-22　单克隆抗体制备流程

6. 单克隆抗体的鉴定和检测　对制备的McAb进行系统地鉴定是十分必要的。应对其做如下方面的鉴定。

（1）抗体特异性的鉴定　除用免疫原（抗原）进行抗体的检测外，还应用与其抗原成分相似的其他抗原进行交叉试验，方法可用ELISA、IFA法。例如：①制备抗黑色素瘤细胞的McAb，除用黑色素瘤细胞反应外，还应用其他脏器的肿瘤细胞和正常细胞进行交叉反应，以便挑选肿瘤特异性或肿瘤相关抗原的单抗体；②制备抗重组的细胞因子的单抗体，应首先考虑是否与表达菌株的蛋白有交叉反应，其次是与其他细胞因子间有无交叉。

（2）McAb的Ig类与亚类的鉴定　由于不同类和不同亚类的免疫球蛋白生物学特性差异较大，诸如补体活化、免疫调理、抗体依赖的细胞介导的细胞毒性作用（antibody-dependent cell-mediated cytoxicity，ADCC）效应等，因此要对制备的杂交瘤细胞产生的单克隆抗体，进行Ig类和亚类的鉴定，一般在用酶标或荧光素标记的第二抗体进行筛选时，已经基本上确定了抗体的Ig类型。如果用的是酶标或荧光素标记的兔抗鼠IgG或IgM，则检测出来的抗体一般是IgG类或IgM类。至于亚类则需要用标准抗亚类血清系统做双扩或夹心ELISA来确定McAb的亚类。在做双扩试验时，如加入适量的PEG（3%），将有利于沉淀线的形成。

（3）McAb中和活性的鉴定　用动物的或细胞的保护实验来确定McAb的生物学活性。例如，如果确定抗病毒McAb的中和活性，则可用抗体和病毒同时接种于易感的动物或敏感的细胞，观察动物或细胞是否得到抗体的保护。

（4）McAb识别抗原表位的鉴定　用竞争结合试验、测相加指数的方法，测定McAb所识别抗原位点，来确定McAb识别的表位是否相同。

（5）McAb亲和力的鉴定　抗体的亲和力是指抗原与抗体结合的牢固程度。亲和力越大表示抗体的结合反应越快，抗原-抗体复合物越不易解离。亲和力的大小是由分子的大小、抗体结合的位点以及抗原决定簇之间的立体构型的适合程度决定的。亲和力决定实验方法的灵敏度。因此，亲和力是评价抗体质量的重要指标。抗体亲和力的大小以亲和常数表示，亲和常数就是表示抗血清中抗体分子的浓度。通常用ELISA或RIA竞争结合试验来确定McAb与相应抗体结合的亲和力，它可为正确选择不同用途的单克隆抗体提供依据。抗体亲和力的测定设计抗体结合部位和抗原决定簇，因此抗体和抗原须为高纯度的溶液。

（6）McAb效价鉴定　根据抗原性质不同，抗体效价的测定方法不同。一般可溶性抗原采用双向琼脂扩散的方法，颗粒性抗原采用凝集实验的方法。

（7）McAb纯度鉴定　抗体的纯度鉴定可采用双向琼脂扩散试验、免疫电泳、对流免疫电泳、SDS-PAGE电泳等。

另外，对杂交瘤细胞进行染色体分析，不仅可作为鉴定的客观指标，还能帮助了解其分泌抗体的能力。杂交瘤细胞的染色体在数目上接近两种亲本细胞染色体数目的总和，在结构上除多数为端着丝粒染色体外，还应出现少数标志染色体。染色体数目较多又比较集中的杂交瘤细胞能稳定分泌高效价的抗体，而染色体数目少且分散的杂交瘤细胞分泌抗体的能力较低。有时根据需要不同，还应对单克隆抗体的纯度和识别抗原的相对分子质量进行测定。

（二）基因工程抗体技术

由于传统的单抗是动物源性，用于临床治疗时具有很大的局限性，问题主要集中在免疫学和药理学两方面：鼠源单抗可诱发HAMA反应，免疫原性限制了它在人体内的应用；不能有效激活补体和Fc（免疫球蛋白Fc段）受体相关的效应系统，且生物半衰期很短；抗体分子大而难以穿透肿瘤毛细血管降低了其靶向特异性；难以获得稀有抗体；抗原用量大，免疫程序长，价格昂贵，难以大量生产。为使单克隆抗体药物更好地用于临床，需要对抗体进行改造。随着分子生物学和分子免疫学技术的发展和抗体基因结构的阐明，1984年诞生了第一个基因工程抗体——人-鼠嵌合抗体。但真正以基因工程操作的方式制备的抗体始于1989年底，英国剑桥的Winter小组与Scrips研究所的Lemer小组的创造性工作，他们利用PCR技术克隆人的全部抗体基因，并重组于原核表达载体中，用标记抗原就可筛选到相应抗体，当时称为组合抗体库技术。20世纪90年代后，陆续出现人源化抗体、单价小分子抗体（Fab、单链抗体、单域抗体等）、多价小分子抗体（双链抗体、三链抗体、微型抗体等）、融合蛋白抗体（免疫抗体、免疫黏连素等）及特殊类型抗体（双特异抗体、抗原化抗体、细胞内抗体等）。近年发展的噬菌体抗体库技术及核糖体展示抗体库技术，更易于筛选高亲和力抗体和利用在体外进行的方法对抗体形状进行改造。基因工程抗体（genetically engineered antibodies，GEAb），即按人工设计重新组装的新型抗体分子，它即保留或增加了天然抗体的特异性和生物学活性，又去除或减少了无关结构，降低或基本消除抗体的免疫原性，使抗体人源化，并改善抗体的药物动力学，具有生产简单，价格低廉，容易获得稀有抗体的优点，具有广阔的临床应用前景。抗体的优化、改造的各种方法主要是从免疫学和药理学两方面着手的，也包

括一些其他方法，旨在降低单克隆抗体的免疫原性，改善药动学特性，提高病灶部位血药浓度等，使单克隆抗体更有效、安全地用于临床。

为了克服鼠源性单抗药物在应用中的限制，人们尝试对其进行抗体人源化改造。这一研究主要经历了三个阶段，即嵌合抗体、改型（CDR 移植）或表面重塑抗体和抗体库技术，按照其构建的原理及方式，可以把重组抗体分成三类即嵌合抗体、人源化抗体和人源抗体，这三种重组抗体的特点见表 15－21，确切的改造策略如图 15－23 所示。

表 15－21　重组抗体的分类

类型	构建原理	人源化程度	亲和力	备注
嵌合抗体	鼠源的可变区序列插入到含有人抗体恒定区的表达载体中	70%	很好	仍然可以诱发 HAMA 反应
人源化抗体				
1. 改型抗体	鼠 CDR 区移植到人单抗骨架	90%～95%以上	—	
2. 表面重塑	对鼠 CDR 或 FR 表面残基修饰	—	—	
人源（全人）抗体				
1. 抗体库	核糖体、噬菌体展示技术	100%	10^7～10^8mol/L	要求库容量 10^6～10^9；大容量是关键
2. 转基因鼠技术				

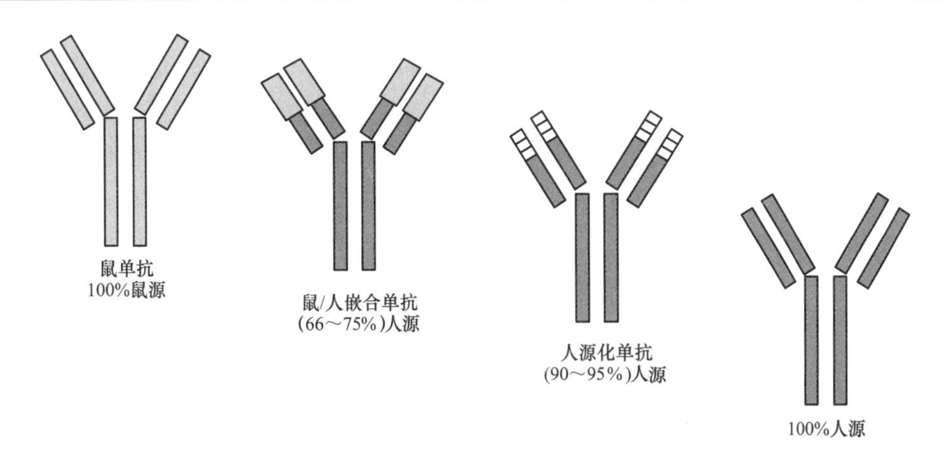

图 15－23　三种重组抗体的基因工程改造策略

（1）免疫学方面的改造　鼠源性单克隆抗体作为外源性蛋白用于人体时，能被人体免疫系统识别，产生免疫应答，既产生人抗鼠抗体（HAMA）。通过人源化或全人源化改造，可降低单克隆抗体药物的免疫原性。

1）单克隆抗体的人源化改造：单克隆抗体人源化是用人的可变区基因编码鼠源性单克隆抗体的可变区部分。人源化的基本原则是大大降低或基本消除抗体的免疫原性，同时保持或提高抗体的亲和力和特异性。单克隆抗体人源化主要有三种方法。

①嵌合型单克隆抗体：对鼠源性单克隆抗体的恒定区进行人源化，即将鼠单克隆抗体的可变区与人的恒定区进行组合，最大限度保持抗体的亲和力和特异性。由于含有人的 Fc 段，能与人效应细胞上的 Fc 受体结合，诱导细胞毒性效应，延长抗体在人体的半衰期。嵌

合抗体保留了抗原抗体结合特异性，有效降低了鼠源性单克隆抗体免疫原性。但嵌合抗体保留了鼠单克隆抗体的可变区，仍可以不同程度引起 HAMA 反应，而且嵌合单克隆抗体中鼠抗体蛋白成分减少，增加了临床反复使用单克隆抗体治疗的可能性。

②改型单克隆抗体：改型单克隆抗体是将鼠源性抗体中与抗原结合的残基与人抗体拼接构建而成，Riechmann 等通过 CDR 移植，将鼠单克隆抗体的可变区中相对保守的框架区（FR）换成人的 FR，只保留抗原结合部位 CDR，得到改型单克隆抗体，也就是可变区的人源化。改型单克隆抗体还可通过部分 CDR 移植、特定决定区转移制备。改型单克隆抗体既有鼠源性单克隆抗体的特异性，又有较高的亲和力，人源性可达 90% 以上，是真正意义上的单克隆抗体人源化。CDR 移植是人源化单克隆抗体制备的常用策略，经亲和力重塑后得到的改型单克隆抗体保持了原有的特异性和大部分亲和力，在很大程度上减弱了抗体的免疫原性和不良反应。但简单的 CDR 移植会使抗体亲和力降低甚至完全丧失，可通过补偿所致提高抗体亲和力。

③镶面抗体：镶面抗体即表面氨基酸残基的人源化。它是将抗体表面的氨基酸残基团替换成人抗体中常见的氨基酸，使可变区片断 Fv 表面人源化。这种方法从抗原抗体识别角度改造抗体表面氨基酸残基，降低抗体免疫原性，同时更可靠地保留原抗体的特异性。

2）单克隆抗体全人源化：单克隆抗体全人源化是指全部抗体分子都由人类基因编码。完整的全人源化单克隆抗体来源于人体细胞或基因工程小鼠，或用抗体表达噬菌体文库技术产生抗体，主要有以下几种途径获得全人源化单克隆抗体。

①人 B 细胞杂交瘤技术：将人的 B 淋巴细胞分离出来，使之与荧光标记的抗原相结合，通过荧光标记选择能产生特殊抗体的 B 细胞，采用 EB 病毒转化，得到少量单克隆抗体。该项技术曾用于人抗 RhD 及 Rh 分型抗体方面，但难以把握，应用受到一定的限制。

②噬菌体展示技术：噬菌体是一种细菌病毒，可通过与宿主细胞特异性受体结合，将其 DNA 注入并整合进宿主基因组新的噬菌体颗粒，噬菌体在真核细胞中不能复制，，对人体细胞没有侵染性安全性得到了保证。

20 世纪 80 至 90 年代，伴随多项分子生物学技术的发展，产生了噬菌体展示技术。1985 年 Smith 首次将外源基因插入丝状噬菌体基因组中，使表达的外源肽与噬菌体外壳蛋白一起展示在噬菌体表面，噬菌体展示技术初步形成。1990 年 McCafferty 等人报道用丝状噬菌体及其衍生的噬菌粒展示技术构建出抗体库，并从中筛选出人源性抗溶菌酶的单链抗体，使抗体制备技术进入全新的时代。

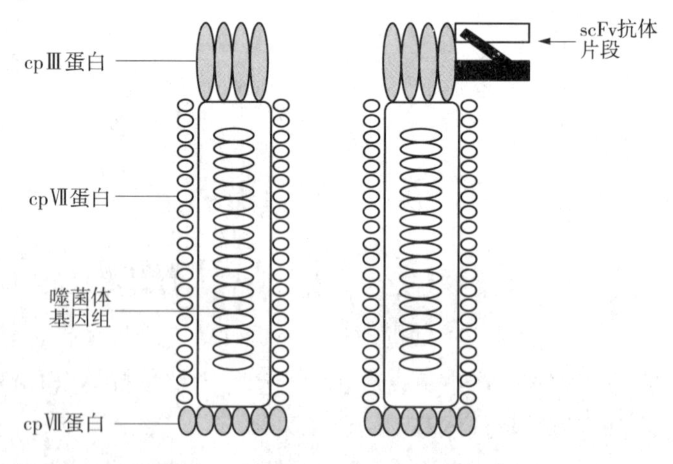

图 15－24　噬菌体展示原理示意图

噬菌体展示技术的基本原理：用已构建好的噬菌体质粒为载体，如常用的噬菌体质粒 pCANTAB－5E，pComb3 等，将外源基因插入噬菌体衣壳蛋白基因特定部位，外源基因编码的氨基酸可形成融合蛋白表达在噬菌体衣壳蛋白表面（图 15－24），并且被展示的蛋白可保持相对独立的生物学活性。

噬菌体抗体库的一般构建方案：a. 通过 PCR 的方法从体外免疫的细胞、杂交瘤细胞、致敏或非致敏的 B 淋巴细胞（可采用外周血淋巴细胞、骨髓淋巴细胞、脾细胞等）中提取总 RNA 并反转录得到 cDNA 文库；b. 应用抗体轻链和重链引物，根据建库需要，通过 PCR 技术扩增出不同的 Ig 基因片段，再将重链和轻链随机拼接构建多样性的抗体基因库；c. 将抗体基因库克隆到噬菌体表达载体中，目前常用的载体有 λ 噬菌体、丝状噬菌体和噬菌粒三种，其中后二者是目前构建表面表达的噬菌体抗体库的常用载体；d. 通过高效转化在大肠埃希菌中表达并扩增，即得到针对某种抗原的初级噬菌体抗体库；e. 然后用某种特定抗原为靶标，对初级抗体库进行 3～5 轮重复的“吸附－洗脱－扩增”筛选流程，最终筛选出抗原特异高亲和力的抗体。构建抗体库的过程如图 15－25 所示。

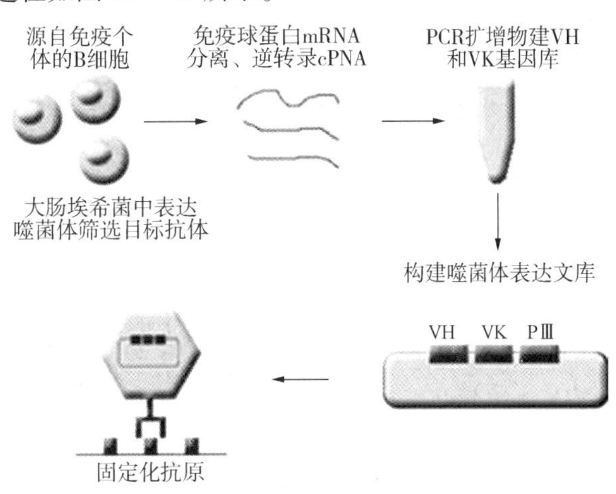

图 15－25　噬菌体抗体库构建过程

根据抗体基因的来源，抗体库又分为天然抗体库（也称非免疫抗体库）和免疫抗体库。a. 天然抗体库的抗体基因来源于未经免疫的个体，一般多以未经免疫的供体的外周血淋巴细胞、脾淋巴细胞或骨髓淋巴细胞为来源。天然抗体库的构建突破了传统概念中抗体需经抗原免疫的限制，可用于筛选人源性抗体。由于天然抗体库不倾向于任何特异的抗原，故常用来分离针对多种抗原的抗体。b. 免疫抗体库的抗体基因片段来自于经过抗原免疫的各种动物，也可以直接来源于人。由于经过免疫选择，免疫抗体库中针对相应抗原的特异性抗体丰度必然比天然抗体库高得多，更有利于从较小库容量的抗体库中筛选出针对特定免疫原的高亲和力、高特异性抗体。

为了扩增抗体基因，通常有 3 种扩增设计思路：a. 在框架区（FR）1 和 FR4 或 J 区（铰链区）设计引物，但此方法在引物区引入的氨基酸突变可能对抗体的亲和力有潜在影响；b. 在信号肽和 C 区设计引物，克隆后测序，再在 FR1 和 FR4 区根据测序的结果设计引物，可获得完全真实的 V 区序列，但信号肽序列变化较大，不易设计；c. 5′－RACE 或 3′－RACE，其中的特异引物可针对 C 区或 poly A 区，用此方法也可获得完全真实的 V 区序列，且不易漏过可用的抗体基因，但操作繁琐。部分随机化抗体库是在某一天然抗体基因的基础上保持抗体的大体结构不变，即 4 个 FR 和 12 个互补决定区（通常为 CDR1 和 CDR2）不变，只针对最关键的 CDR3 随机化。随机化的策略主要有：简并密码子，如 NNN、NNK（N＝A、C、G 或 T，K＝G 或 T）等策略，具有一定的氨基酸偏向性，而且能引入终止密码；三核苷酸密码，针对除半胱氨酸外（抗体可变区特定的 2 个半胱氨酸形成二硫键，引入其他的半胱氨酸可能会导致二硫键的错误配对，从而影响抗体空间结构）的 19 种氨基酸的密码子。完全随机化抗体库保留抗体的 FR 不变，所有 CDR 全部随机化合成。FR 来源于已知的天然抗体基因或人工设计，要求具有很高的序列通用性而且能够适应多样的 CDR 结构。全合成抗体库具有极高的多样性，但同时也对库容量提出更高的要求，因此操作上难度较高。

噬菌体抗体库的筛选是通过反复几轮“吸附－洗脱－扩增”的过程，从多样性的

抗体库中筛选出对目的抗原具有特异性的抗体。根据筛选时抗原性质的不同，噬菌体抗体库的筛选方法有以下几种。a. 固相抗原筛选法：即将抗原包被在固相介质表面，如亲和柱、酶标板或免疫试管上等，再加入备选的噬菌体，然后通过一定的方法洗脱后回收带有亲和力抗体的噬菌体颗粒。这种方法是目前多数噬菌体抗体药物的筛选方法，操作比较简便成熟。b. 液相抗原筛选方法：这种方法用生物素标记的抗原在液相中与抗体库溶液混合孵育，再与包被有链亲和素的磁珠相互作用，通过磁场，能与抗原特异性结合的噬菌体抗体就可与未结合的抗体分离。这种方法由于可以增加噬菌体与抗原的接触机会，所以在筛选大库容量的抗体库时效果更优越一些，但相对而言技术难度较大，成本也较高。c. 细胞筛选法：这种方法的特点是不需要提纯或确定抗原，可以用于筛选常规技术难以获得的针对某一类别细胞表面分子的特异性抗体。由于采用完整细胞进行淘洗，不仅省去了纯化抗原的复杂操作过程，还能更有利于保持天然靶抗原的原有活性，但该方法存在一定的不确定性。d. 组织或体内筛选法：组织筛选法是直接应用有活性的组织块对抗体库进行分选；体内筛选法是将抗体库溶液直接注入机体内进行筛选。这两种方法的特点是可以更直观了解抗体在现实机体内的分布情况，但筛选时干扰因素较多，获得结果不稳定。

③转基因小鼠技术：用转基因小鼠作为起点，先通过基因敲除技术使小鼠自身的基因失活，再将人免疫球蛋白1个基因嵌于小鼠基因组内，使鼠携带人抗体基因组件，创造出携带人抗体重、轻链基因簇，自身抗体基因失活的转基因小鼠，然后在抗原免疫刺激下产生人序列的抗体。这样得到的抗体有较高的靶向亲和力，功效强，在临床治疗上发挥重要作用。转基因小鼠是目前生产全人单克隆抗体的理想方法，拥有完整的小鼠识别抗原和动员抗原的抗体系统。对转基因抗体的追踪调查显示，尚未发现针对转基因抗体的抗体反应。转基因制备难度较大，技术上尚未真正突破，而且转基因通常会有体细胞的突变，可能导致不完全的人序列。另外，转基因技术小鼠不能携带整套人抗体基因，只能产生某些类型的免疫球蛋白，不适合某些特殊用途。这种方法与传统杂交瘤技术一样需要依赖抗原和自然免疫反应，产生抗体数量有限。构建人Ig基因的方法有三种：Ig基因小位点法、PI噬菌体载体法及酵母人工染色体法（YAC）。1997年Mendez等应用YAC等一系列技术分别将1020kb的人IgH链基因组和800kb的人Igκ链基因组导入人Ig基因组失活小鼠，这种转入Ig基因小鼠的B细胞携带有人的膜Ig，可正常发育、成熟，并能有效进行同种型转换和亲和力成熟。任何靶抗原均可被用于免疫该小鼠，使其产生高亲和力的人抗体，这标志基因工程抗体研制进入基因组时代。

除了转基因小鼠外，目前又出现转染色体小鼠技术，该技术一个用染色体转移技术将人染色体转入小鼠，通过微细胞介导染色体转移技术将人14号染色体上产生重链的胚系片段和2号染色体上5~50Mb的κ轻链片段转染到胚胎干细胞，获得小鼠经人血白蛋白免疫之后，可产生抗人血白蛋白的人免疫球蛋白，再次免疫后可产生IgM。这种小鼠携带人微小染色体，即从人14号及2号染色体上分离的含有全部人抗体重轻链胚系基因簇（包括所有的V、D、J片段和抗体恒定区）的染色体片段。这种携带微染色体的小鼠能够提供几乎完全相同的人免疫球蛋白基因环境并在小鼠体内精确重现人抗体的产生过程。

治疗性单抗历经了鼠源性单抗、鼠/人嵌合抗体和全人源化抗体3个发展阶段，使鼠源性蛋白成分从100%降至33%，乃至0%，成为真正的人源性抗体。嵌合抗体在人体内的半衰期约为4～5天，人源化抗体的半衰期约为3～24天，重组的人源抗体半衰期约为1～24天。人源化及全人源化抗体是目前单抗研究的热点，随着单抗人源化程度的提高，免疫原性的降低和抗原抗体亲和力的增强，人源化单克隆抗体在疾病治疗方面的应用将会越来越广泛。

（2）药理学方面改造　完整抗体相对分子质量较大，穿透血管能力较差，到达病灶部位的药量不足。随着抗体库技术的基因工程化，对抗体分子的结构和功能进行改造，使抗体小分子化，以提高单抗药物在肿瘤组织的浓度。

小分子抗体相对分子质量较小，为完整IgG的1/6～1/2，易渗透到病灶部位。此外，小分子抗体仅含有V区结构，免疫原性弱，可以改善抗体在体内的药理学特性，进一步增强抗体的临床疗效。但小分子抗体与抗原的结合能力较弱，半衰期短。目前小分子化单克隆抗体有Fab片断、单链抗体、单域抗体等。

1）Fab片断：Fab片断是由重链（VH－CH1）和完整轻链（VL－CL）通过二硫键形成的异二聚体，它不含Fc段，相对分子质量小，为完整抗体的1/3，有较强的穿透力，免疫原性低，能够于多种药物偶联作为导向药物的载体。与其他小分子抗体相比，虽然体积较大，但是却能够最好地保留全抗体的亲和力，因而目前应用最为成功。比利时UCB公司开发的单抗类药物Cimzia（certolizumab）就是Fab片段，用于治疗自身免疫性疾病。

2）单链抗体（single－chain antibody fragment，scFv）：单链抗体是利用基因工程方法使抗体重链可变区（VH）与轻链可变区（VL）通过一段约5～25个氨基酸的连接肽，首位拼接形成的重组蛋白。单链抗体技术的基本原理是从B淋巴细胞中提取RNA，经RT－PCR分别扩增出抗体的VH和VL编码基因，再用人工合成的一条编码寡核苷酸接头（linker）将两者连接成ScFv基因，然后通过大肠埃希菌表达系统进行表达。单链抗体能自发折叠成天然构象，保持Fv的特异性和亲和力，稳定性大大提高。单链抗体分子大小仅为完整IgG的1/6，穿透力强，易于达到一般抗体不能到达的局部组织，免疫原性低，体内清除快，易于大肠埃希菌发酵生产和进行基因工程改进等优点。单链抗体的独特组成是其多肽接头，多肽接头可设计为具有特殊功能的位点，如金属螯合、连接毒素或药物等，可用于影像和临床治疗。单链抗体只有一个结合位点，亲和力较低，可以通过采用错配PCR、DNA改组技术、单链重叠延伸法，随即突变抗体重链可变区，建立次级噬菌体单链抗体突变库，利用噬菌体展示技术从中筛选出高亲和力单链抗体突变。

单链抗体具有以下特点：①只含有抗体的可变区，但保持了完整的抗原结合位点；②缺乏Fc段，不与具有Fc受体的非靶细胞结合。提高了靶抗原识别的定向能力，避免了对补体介导细胞免疫的激活；③免疫原性低，用于人体几乎不会产生抗鼠抗体反应；④分子量小，容易穿透血管壁组织及实体瘤；在非靶向组织中滞留时间短、血液清除快。可以作为靶向肿瘤药物、射线等的良好载体，适用于免疫显像诊断和导向治疗；⑤可在其基因的3′端连接适当的目的分子构建双功能抗体；⑥能直接与肿瘤细胞、病毒表面上的抗原结合；⑦由于分子量小，不需要进行糖基化修饰即可形成有功能的抗体分子，因而容易在原核表达系统中表达获得；⑧易于基因操作和基因工程大量生产，实用性强。

单链抗体因特异性好，与其他效应分子构建成多种具有新功能的抗体分子，适用于疾病的免疫显像诊断和肿瘤等疾病导向治疗。主要应用于：①放射免疫疗法；②免疫毒素治疗；③体内药物解毒作用。

单链抗体虽然有其独特的一面，但由于构建时使用的多肽接头本身就是新的抗原，因此尚不能完全解决免疫原性问题。

3）单域抗体（single domain antibody，sdAb）：Ward 等 1989 年发现单独的 VH 区也具有与抗原结合的能力，并且有完整抗体的特异性，将其称为单域抗体。他们用 PCR 方法从免疫脾细胞的基因组 DNA 中分离出 VH 区，在大肠埃希菌中表达得到抗体。单域抗体分子大小仅为完整 IgG 分子的 1/12，因而组织穿透力强，容易进入细胞，到达完整抗体不易接近的部位。单域抗体作为具有抗原特异性的基本单位，能用于有效应功能和结合亲和性的抗体的构建。但与抗原亲和力较低，且由于过多的暴露了抗体的疏水性表面，在一定程度上影响了抗体功能的发挥。

（3）其他改造技术

1）双价抗体和双特异抗体：单链抗体是利用 DNA 重组技术将轻链可变区和重链可变区基因通过一短肽链连接起来的抗体片断，具有分子小、免疫原性低、穿透能力强、半衰期短等特点，但单链抗体仅有一个抗原结合位点，与天然抗体相比，其稳定性于亲和力较低。为了克服这一缺陷，借鉴基因工程技术，将两个相同或不同的 ScFv 组配起来，形成具有两个相同或不同抗原结合位点重组抗体，称为双价抗体和双特异抗体，即同一抗体分子的 2 个抗原结合部位可分别结合 2 种不同抗原表位，有较高的靶向性。但它存在一定的免疫原性，效能较低。重组双特异性抗体可有效地提高抗体活性。

2）抗体与蛋白融合：抗体融合蛋白是抗体的一部分被非抗体序列替代，将抗体分子片断与其他蛋白融合，形成具有新特性的产物。抗体融合蛋白有许多生物学功能：抗体 Fab 段或 Fv 与其他生物活性蛋白融合，可将特定的生物学活性物质导向靶部位，更有效地发挥生物学效应，降低不良反应，在临床治疗中具有良好的应用前景。非抗体蛋白与抗体分子的 Fc 段融合，融合产物可延长蛋白分子半衰期，改善药动学特性。

3）抗体亲和力改造：抗体亲和力表示抗体与抗原结合能力的大小，各种人源化单克隆抗体亲和力均比鼠源性的弱，亲和力越小，抗体用量就越多，产生不良反应就越大。同错配 PCR、DNA 改组、链置换、致突变大肠埃希菌等方法可以提高抗体亲和力。在体内抗体亲和力成熟的过程中，抗原刺激下抗体可变区基因发生细胞突变，产生高亲和力变种；体外亲和力成熟策略通过模拟体内亲和力成熟从而构建出完全随机化突变、部分随机化突变、密码子突变或热点突变等容量库，然后筛选出高亲和力抗体。

4）最小识别单位：最小识别单位仅由 CDR 构成，是目前最小的抗体分子。常用重链 CDR3，因为其多样性丰富，但由于亲和力较低，因此在实际应用中具有很大的局限性。

5）抗体偶联：将单克隆与其他物质偶联可更有效地靶向定位于目的细胞，有效提高病灶部位药物浓度，减轻对正常细胞的伤害作用，达到增效、减毒、特异性杀伤癌细胞的作用。单克隆抗体偶联物主要有生物毒素偶联物，酶类偶联物、化学免疫偶联物、放射性元素偶联物。

小分子抗体的特点总结见表 15 - 22。小分子抗体往往亲和力低，须进一步改造提高，目前常用随机进化策略如易错 PCR、DNA 改组、链交换、形态建成等方法，以及定向进化策略如计算机模拟定点突变等提高抗体的亲和力。此外，小分子抗体相比完整抗体，容易降解和被肾脏过滤，因此半衰期较短，必要的时候须进一步提高其半衰期，目前常用 Fc 段和白蛋白等融合蛋白及聚乙二醇化等方法。

表 15－22　小分子抗体的特点

小分子抗体	特　点
Fab 片断及重组 Fab	用木瓜蛋白酶分解全分子抗体纯化得到 Fab 片断，如果恒定区片断是人源性的则称为重组 Fab。它具有与亲本全分子抗体相同的抗原特异性但组织穿透能力更强，结构稳定，制作简单。如抗 Crohn 病的 Cimzia
Fv 和单链抗体 ScFv	将重链可变区 V_H和轻链可变区 V_L通过共价键结合得到完整抗原结合活性的最小功能片断即为 Fv。如用一段肽链将二者连接起来形成单一链分子即得到单链抗体（ScFv）。穿透力强但亲和力往往下降
双价抗体和双特异抗体	一条单链抗体分子上的 V_H和 V_L与另一条相同的单链抗体分子上的 V_L和 V_H分别配对形成双价的抗体分子
单域抗体	比 Fv 更小的亚单位结构组成的具有抗原结合活性的分子，如重链可变区
最小识别单位	抗体互补决定区 CDR 衍生的多肽小分子，该多肽具有亲和单抗的亲和力和选择性，无免疫原性
抗体融合蛋白	导向抗体与毒素、免疫黏附素、酶或细胞因子联合或 Fc 段与功能蛋白融合等
特殊类型抗体	细胞内抗体和抗原化抗体等

（三）单克隆抗体在治疗中的应用

由于抗体是机体在抗原性物质的刺激下产生的一种免疫球蛋白（主要由淋巴细胞产生），抗体能与细菌、病毒或毒素等异源性物质结合而发挥预防、治疗疾病作用。抗体分子是生物学和医学领域用途最广泛的蛋白分子。以肿瘤特异性抗原或肿瘤相关抗原、抗体独特型决定簇、细胞因子及其受体、激素及一些癌基因产物等作为靶分子，利用传统的免疫方法或通过细胞工程、基因工程等技术制备的多克隆抗体、单克隆抗体、基因工程抗体，可广泛应用于疾病诊断、治疗及科学研究等领域。近年来抗体药物以其高特异性、有效性和安全性正在发展成为一大类新型诊断和治疗剂，创造出巨大的社会效益和经济效益。

抗体药物即由抗体物质组成的药物，具有天然、副作用小、有明确的靶向性、作用机制明确、疗效好等优点，已成为生物技术药物的主力军，也是国际生物医药研发的热点。抗体药物从组成上来讲分为 2 类，一类是抗体本身即是药物；另一类是由抗体本身与治疗药物（如放射性核素、毒素等）结合构成。抗体药物具有以下特点。

特异性　抗体跟抗原表位的结合是高度特异的，一种抗体只能与相对应的另一种抗原结合，这是抗体药物发挥治疗作用的重要基础，对于抗肿瘤抗体药物的研究表明，其特异性主要表现为特异性结合、选择性杀伤靶细胞、体内靶向性分布和具有更强的疗效。

多样性　抗体药物的多样性主要表现在抗体结构的多样性、靶抗原的多样性和作用机制的多样性等方面。

制备抗体药物的定向性　抗体药物有确定的序列，可定向制造，即根据需要，通过工程手段更改序列，制备具有不同的治疗作用的抗体药物，获得更佳的疗效。抗体药物是针对特定的分子靶点定向制造的。可针对特定的靶分子，定向制备相应的抗体，也可根据需要选择相应的“弹头”药物或“效应分子”，制备相应的免疫偶联物或融合蛋白。

单抗药物由于具有明确的靶向作用，因而其治疗领域主要集中在肿瘤、自身免疫性疾病、病毒感染等方面。

1. 治疗性单抗药物

（1）抗肿瘤作用　目前，已经有许多针对肿瘤细胞受体、关键基因和调控分子为靶点的新型单抗治疗药物上市。单抗药物具有特异性高、副作用低等特点。

①利妥昔单抗（Rituximab）：在自身免疫性疾病形成过程中，B 细胞起重要作用。CD20 是前 B 细胞向成熟淋巴细胞分化过程中表达的表面抗原，参与调节 B 细胞的生长和分化，但 CD20 抗原在人体内的表达具有很高的特异性，只表达于前 B 和成熟 B 淋巴细胞，在造血干细胞、后 B 细胞、正常血浆细胞及其他正常组织中不存在。研究发现 95% 以上的 B 淋巴细胞型的非霍奇金淋巴瘤都表达 CD20 抗原，由于 CD20 抗原与抗体结合后不会被细胞内吞，也不会从细胞膜上脱落，也不以游离抗原形式在血浆中循环，因此体内不存在游离 CD20 抗原与外源性抗体竞争性结合，因此使用 CD20 抗体治疗非霍奇金淋巴瘤从理论上可行。利妥昔单抗（美罗华）是由罗氏公司研发的一种针对 CD20 抗原的人鼠嵌合型单克隆抗体，是第一个被 FDA 批准用于临床治疗的单抗。进入人体后可与 CD20 特异性结合导致 B 细胞溶解，从而抑制 B 细胞增殖，诱导成熟 B 细胞凋亡，但不影响原始 B 细胞。它能通过介导抗体依赖的细胞毒性作用、补体依赖的细胞毒性作用和抗体与 CD20 分子结合引起的直接效应，通过抑制细胞生长、改变细胞周期以及促进凋亡等方式杀死淋巴瘤细胞，临床上主要用于治疗 CD20 阳性细胞非霍奇金淋巴瘤。本药除活性成分外，还含有枸橼酸钠、聚山梨醇酯 80、氯化钠和注射用水，为无色澄清液体，储存于无菌、无防腐剂、无致热原的单剂瓶中，药品规格为50ml:500mg。美罗华对成年病人的推荐剂量为每平方米体表面积 375mg，静脉给入，每周 1 次，共 4 次。

②曲妥珠单抗（Trastuzumab）：曲妥珠单抗是一种针对 HER-2/neu 的重组人源化 IgG 单克隆抗体，能特异性识别细胞表面受体蛋白 Her-2，使其通过内吞噬作用离开细胞膜进入细胞内，抑制其介导的信号传导，起到抑制肿瘤细胞生长的作用，达到治疗肿瘤的目的。经临床研究发现，曲妥珠单抗用于治疗辅助化疗后的 Her-2 阳性乳腺癌患者，明显延长了患者的无病生存期。

③阿伦珠单抗（Alemtuzumab）：阿伦珠单抗是一个基因重组人源化、非结合型单抗，作用靶点为正常与异常 B 淋巴细胞的 CD52 抗原，CD52 广泛分布于正常的 B 淋巴细胞、T 淋巴细胞、单何细胞、巨噬细胞，同时 B 淋巴细胞瘤、T 淋巴细胞瘤及慢性淋巴细胞白血病细胞表面也高表达，但 CD52 不表达于造血干细胞。阿伦珠单抗与带 CD52 的靶细胞结合后，通过宿主效应子的补体依赖性细胞毒性作用、抗体依赖性细胞毒性作用和细胞凋亡促进作用等机制诱导细胞死亡。阿伦珠单抗作为一种作用机制独特的单克隆抗体，对源于 B 和 T 细胞的各种恶性肿瘤具有很好的治疗作用，其治疗慢性淋巴细胞性白血病的缓解率为 87%，其中完全缓解率达 19%，目前也有人尝试将阿伦珠单抗用于治疗 T 细胞淋巴瘤。

④西妥昔单抗（Cetuximab）：西妥昔单抗是由德国默克里昂制药公司研发的 IgG1 型人鼠嵌合单克隆抗体，由小鼠股静脉内抗表皮生长因子的抗体与人体重链和轻链恒定区的构成，通用名为爱必妥，药品规格为 500ml:1000mg，适应证为结肠直肠癌。西妥昔单抗是表皮生长因子受体拮抗剂，可与表达于正常细胞和多种肿瘤细胞表面的表皮生长因子受体特异性结合，并竞争性阻断表皮生长因子和其他配体。表皮生长因子受体信号途径在肿瘤的发生发展过程中起重要作用，它参与控制细胞的存活、增殖、血管生成、细胞运动、细胞的入侵及转移等。西妥昔单抗可以以高出内源配体约 5~10 倍的亲和力与生长因子受体结合，阻碍内源配体的结合，抑制受体的功能，阻断受体的磷酸化作用和与受体相关联激酶的活性，进一步诱导生长因子受体内吞而导致受体数量下调，抑制细胞生长，诱导细胞周期停留在 G1 期，增加 Bax 表达和减少 bcl-2 表达，并减少基质金属蛋白酶和血管内皮生长因子的产生，诱导癌细胞的凋亡。

⑤贝伐单抗（Bevacizumab）：贝伐单抗商品名为阿瓦斯汀（Avastin），是 Genentech 公司开发的一种重组的人源化单克隆 IgG 抗体，2004 年 2 月 26 日获得美国 FDA 的批准，是美国第一个获得批准上市的抑制肿瘤血管生成的药。本品包含了人源抗体的结构区和可结合血管个生长因子的鼠源单抗的互补决定区，它是通过中国仓鼠卵巢细胞表达系统生产的。产品为无色透明，浅乳白色或灰棕色，pH 值为 6.2 的无菌液体，阿瓦斯汀有 100mg/4ml 和 400mg/16ml 两种规格，不含防腐剂，贝伐单抗推荐剂量为 5mg/kg，每两周给药 1 次，静脉输注。研究发现，在肿瘤的快速生长增殖过程中，肿瘤组织需要形成新的血管以满足它对养分的需要，而血管内皮生长因子（VEGF）在肿瘤血管新生的过程中起重要作用。VEGF 家族包括 VEGF－A、VEGF－B、VEGF－C、VEGF－D 等多个相关因子，而在肿瘤新生血管形成中最重要的是 VEGF－A 因子，它可促进血管内皮细胞生长、增殖，并与血管内皮细胞产生的生长因子受体相结合，激活下游信号转导通路，最终促进新生血管的声称。贝伐单抗是与 VEGF 结合的重组人源化单克隆抗体，能与 VEGF－A 结合，阻止其作用于 VEGF 受体，通过抑制新生血管形成减少肿瘤的供血、供氧和其他营养物质的供应，从而抑制肿瘤生长。临床试验证明，贝伐单抗联合化疗对非小细胞肺癌、转移性乳腺癌及转移性肾癌等多种实体瘤有效。

（2）抗免疫排斥反应　1997 年 12 月美国 FDA 批准 Zenapax（Daclizumab，罗氏公司生产）上市。这是靶向 CD25 的人源化单抗，是第一个无严重不良反应的免疫抑制剂，适应证为预防无高度免疫的同种异体肾移植患者的器官排斥反应，与包括环孢素和皮质类固醇的免疫抑制剂方案合用。本品通过抑制 IL－2 与其受体的结合而阻断 IL－2 信号通路，从而阻断免疫反应的发生。

（3）抗自身免疫性疾病　英夫利昔单抗（Infliximab）：英夫利昔单抗是由美国 Centocor 公司研发的靶向肿瘤坏死因子的人源化嵌合单抗，用于治疗克罗恩病（Crohns disease）和类风湿关节炎。α－肿瘤坏死因子（TNF－α）是一种炎性细胞因子，在类风湿性关节炎、克罗恩病和强直性脊柱炎患者的相关组织和体液中可测出高浓度的 TNF－α，本品可减少炎性细胞向关节炎症部位的浸润，减少介导细胞黏附的分子的表达，减少化学诱导作用及组织降解作用。本品用药剂量为 3mg/kg 到 20mg/kg。

①贝利单抗（Benlysta）：贝利单抗是一种人源化单克隆抗体，能结合并中和可溶性B－细胞活化因子。B－细胞活化因子主要通过骨髓细胞（单核细胞、巨噬细胞、树突状细胞）分泌，在 B 细胞成熟、存活以及免疫球蛋白转化重组过程和 T－细胞共刺激方面发挥作用。在自身免疫性疾病如系统性红斑狼疮、类风湿性关节炎及 B－淋巴肿瘤患者血浆中，B－细胞活化因子表达水平上调。贝利单抗通过抑制 B－细胞活化因子改善这类疾病症状。

②戈利木单抗（Golimumab）：戈利木单抗是强生旗下的 Centocor OrthoBiotech 公司研制的靶向肿瘤坏死因子（TNFα）的人源化单抗，2009 年 FDA 批准上市，主要用于内风湿性关节炎、银屑病关节炎和强直性脊柱炎的治疗。由于 TNF 介导人体内多种炎症反应，过量表达会使人体产生疾病，临床上表现为风湿性关节炎、银屑病关节炎、强直性脊柱炎等。作为 TNFα 的抗体，戈利木单抗对可溶性和跨膜性 TNFα 均有很高的亲和力，抑制了 TNFα 与 TNF 受体的结合，最终达到缓解或治疗疾病的目的。

③优特克单抗（Ustekinumab）：优特克单抗是 Centocor OrthoBiotech 公司生产的人源化单抗，特异性抗 IL－12 和 IL－23 的 p40 亚基，IL－12 和 IL－23 在牛皮癣中可促进皮肤过度生长和炎症发生蛋白的活性，优特克单抗可以通过抑制这两个细胞因子而达到治疗牛皮

癣的目的。

（4）抗病毒感染　1998年美国FDA批准靶向呼吸道合胞病毒（RSV）F蛋白A抗原表位的帕利珠单抗用于治疗婴幼儿严重下呼吸道合胞病毒感染。

2. 单抗导向药物的临床应用　随着对单抗药物的不断深入研究，如今单抗既可以直接治疗疾病，也可以与“弹头”药物偶联构成免疫偶联物，用作“弹头”的物质主要有：化疗药物、放射性物质和生物毒素。单抗与不同物质偶联的产物分别称为放射免疫偶联物、化学免疫偶联物和免疫毒素。

（1）放射免疫偶联物　在放射性免疫偶联物抗肿瘤治疗中，常用的放射性核素有^{186}Rec、^{67}Cu、^{131}I、^{213}Bi和^{212}Pb等。放射线可直接作用于DNA分子，导致其损伤或断裂，其在生物体内电离水分子产生自由基，自由基再损伤生物大分子，导致细胞损伤，放射性免疫偶联物是利用对肿瘤有特异性亲和力的抗体作为载体，携带高活性放射性同位素，进入体内后靶向肿瘤组织，借助放射性同位素的电离辐射效应杀伤肿瘤细胞或抑制其生长，同时又降低了对正常组织的放射性损伤。FDA批准的放射免疫药物有治疗非霍奇金淋巴瘤的托西莫单抗，为^{131}I标记的抗CD20单抗，其作用机制类似于利妥昔单抗。替伊莫单抗是^{90}Y标记的抗CD20单抗，可用来治疗滤泡性淋巴瘤和非霍奇金淋巴瘤。

（2）化学免疫偶联物　化学药物可以和抗肿瘤单抗类药物进行偶联，给药后偶联物质通过单抗的导向作用结合到抗原阳性的肿瘤细胞表面，引发偶联物的内化，相当大的一部分完整的化学药物游离出来通过和DNA分子结合发挥其细胞毒作用，从而通过抑制细胞DNA或蛋白质合成、干扰破坏细胞核酸或蛋白质功能、抑制细胞有丝分裂等方式来杀伤肿瘤细胞。偶联物常用的化学药物有：顺铂、环磷酰胺、鬼臼乙叉苷、阿霉素、紫杉醇、甲氨蝶呤、长春花碱等。Gemtuzumab Ozogamicin（商品名Mylotarg）是人源化重组的抗CD33单抗与卡奇霉素的免疫偶联物，已被FDA批准用于复发和耐药的急性淋巴细胞白血病的治疗。卡奇霉素对肿瘤细胞的杀伤能力是阿霉素的1000倍左右，但其巨大的毒性对正常细胞组织也造成了损伤，因此产生了很大的不良反应。Mylotarg中抗体部分发挥了导向作用，有效降低了卡奇霉素的系统毒性，同时保留了卡奇霉素强力的抗肿瘤效应，给药后免疫偶联物聚集在CD33阳性的白血病细胞表面，随后抗体与CD33的结合引发偶联物的内化，被溶酶体酶降解，大部分抗菌药物游离出来发挥药效。

（3）免疫毒素　免疫毒素类抗肿瘤药物对肿瘤细胞表面抗原具有特异的亲和性，可释放毒素到肿瘤细胞而不伤害正常细胞。一旦毒素进入细胞，则通过抑制蛋白合成或改变信号传递等途径杀死肿瘤细胞。早在20世纪70年代，人们就发现了核糖体失活蛋白有抗肿瘤活性，这些毒素常被看成为制备免疫毒素类抗肿瘤药物的首选毒素。目前临床用于抗肿瘤制剂的毒素主要有：白喉毒素、相思豆毒素、蓖麻毒素等。

3. 抗体药物发展趋势　抗体药物是近年来复合增长率最快的一类生物技术药物，具有巨大的经济价值和社会价值。抗体作为特异的接头分子是链接基因组、蛋白组和系统生物学的重要工具，它介导了靶分子之间的相互作用并发挥效应。抗体生产制备不仅提供现代生命科学研究的重要工具，在基因和蛋白质的结构和功能研究方面有着不可或缺的作用，同时更是生物制药领域的主要组成部分。目前国内外处于临床前、临床研究的各类生物技术药物中抗体类制品最多，尤其以抗肿瘤抗体最多。根据美国药物研究和生产者协会的调查报告，目前正在进行开发和已经投入市场的抗体药物主要有以下几种用途：①器官移植

排斥反应；②肿瘤免疫诊断；③肿瘤免疫显像；④肿瘤导向治疗；⑤哮喘、牛皮癣、类风湿关节炎、红斑狼疮、急性心梗、脓毒症、多发性硬化症及其他自身免疫性疾病的治疗；⑥抗独特型抗体作为分子瘤苗治疗肿瘤；⑦多功能抗体（双特异抗体、三特异抗体、抗体细胞因子融合蛋白、抗体酶等）的特殊用途。

抗体药物的发展经历了鼠源性单抗、人源化单抗和全人抗体三个重要时期，基因工程抗体技术的发展，使抗体药物的性能更趋向高特异性、高亲和性、低排斥性，并使抗体药物的生产逐步走向高产量、高纯度、低成本，大大促进了抗体药物产业的发展。研究与应用新分子靶点、抗体的人源化、抗体药物的高效化、抗体药物分子的小型化、研究具有抗体功能的融合蛋白，这是当前抗体药物研发的主要趋势。具体体现在以下几方面。

（1）新靶点、新表位抗体的发现和研究　发现新的具有自主知识产权的靶点，是发展抗体药物的关键环节之一。目前国内外上市的治疗肿瘤、自身免疫性疾病、移植排斥等疾病的抗体药物的主要靶点有 CD20、CD6、CD3、CD11、Her2、VEGF 及表皮细胞生长因子受体（EGFR）等。代表性产品有利妥昔单抗，曲妥珠单抗、阿瓦斯汀等。

（2）抗体的高通量、大规模制备技术　常用的技术包括杂交瘤快速筛选技术、抗体库技术和记忆 B 细胞分选技术等。今年来又有新的发展。

（3）抗体功能化制备新技术　抗体功能化制备技术是针对抗体药物应用研究的新概念，通过抗体库筛选及功能化重组技术，进一步提高抗体药物效果。

（4）抗原表位确定技术　表位是抗原分子中几个氨基酸残基组成的特殊结构，可以被其相应抗体特异识别并结合，由 5～7 个氨基酸组成，最多不超过 20 个氨基酸残基。表位鉴定主要采取竞争检测、分段表达、肽库、质谱技术及结构解析等方法。

（5）人源化及全人抗体的构建及优化技术　人源化及全人抗体近年来发展很快。在 FDA 批准的抗体药物中，人源化及全人抗体药物已占 80%。这类抗体具有以下优点：排斥反应发生率较低；抗体相对分子量小，利于进入病灶核心部位，可采用多种方式大量表达，降低生产成本。

（6）抗体工程药物标联及增效技术　将抗体与放射性同位素、化疗药物或毒素进行标联，既可以利用抗体的特异性靶向功能使药物分子集中作用于肿瘤细胞，提高药物疗效，又可以降低抗体或化疗药物用量，减少药物对机体的副作用。

（7）抗体下游关键技术　抗体下游关键技术的开发是实现抗体产业化的关键一环。大规模抗体基因克隆及载体构建、动物细胞规模化培养技术等，都成为抗体药物研发的瓶颈。

（8）抗体组药物突起　目前国际上抗体药物和抗体组药物是生物医药研究与开发的热点。单克隆抗体药物引导了生物技术的第二次革新浪潮，而抗体组药物是在基因工程药物、基因组药物和传统的抗体药物的研究与开发的基础上应用基因组学、蛋白质组学、免疫组学和系统生物学，以及抗原表位组学与抗体组学的最新成果来研制抗体药物。抗体组学是在基因组学和蛋白组学基础上，结合鼠、兔、人杂交瘤技术及基因工程抗体技术，经过抗体靶标高通量筛选，建立大规模抗体库，大规模高通量筛选、优化，最终应用于研究、诊断及治疗的一门抗体新兴学科。抗体组药物以高通量、整体化、信息化和系统化为特点，大大提高了抗体药物的研发速度，缩短药物研发周期。由于抗体组药物的筛选利用了基因芯片、蛋白芯片和组织芯片等高通量技术，减少了研发成本和风险，同时既可获得广谱的抗体药物，又可获得个性化的抗体药物。

（四）单克隆抗体在诊断中的应用

单抗在传染病、免疫性疾病、内分泌性疾病的诊断和早孕诊断方面，大大优于传统的

抗血清，具有特异性强、灵敏度高和易标准化等优点。目前单抗的诊断主要应用于一些感染性疾病和肿瘤的诊断。再比如，人脱嘌呤脱嘧啶核酸内切酶是一种肿瘤相关抗原，其单克隆抗体有可能作为某些肿瘤早期诊断的敏感而特异的指标。

1. 针对传染性疾病中病原体的单抗诊断试剂 单抗主要通过鉴定病原体来诊断人是否感染疾病。具体方法是将病原体分离，免疫实验动物获得免疫细胞，再同骨髓瘤细胞杂交建立相应的杂交瘤细胞株，分泌单克隆抗体，可以同病原体发生特异性的抗原－抗体反应，通过免疫荧光试验或 ELISA 试验对疾病进行诊断。例如，美国 Centorco 公司与麻省总医院联合制备的抗乙型肝炎病毒表面抗原（HBsAg）单抗，比当前最佳抗血清敏感 100 倍，能从抗血清确认的阴性人群中检查出 60% 的漏诊带病毒者。脑膜炎奈瑟氏菌是脑膜炎和爆发性败血症的首要致病菌，武汉生物制品研究所成功研制了 B 群脑膜炎奈瑟氏菌单克隆抗体诊断试剂，用于脑膜炎的临床诊断。

2. 针对肿瘤抗原的单抗诊断试剂 单克隆抗体技术问世后，众多肿瘤临床与实验研究人员就试图利用单克隆抗体去诊断和治疗肿瘤。目前，单克隆抗体应用于肿瘤诊断方面已经取得了良好的结果。利用肿瘤发展中可能在血清等体液中表达的某些抗原，单克隆抗体检测这些相关抗原是否表达及其表达水平，可作为一种辅助诊断的粗筛方法。例如甲胎蛋白，在 75% 肝癌患者血清中甲胎蛋白含量超过 320μg/L，但其他非肿瘤肝病患者中只有不到 2% 超过这一水平，因此检测甲胎蛋白在肝癌诊断中具有重要的参考价值。当切除肝癌后血清中甲胎蛋白含量明显下降，如肝癌复发或出现转移，甲胎蛋白水平又重新升高，所以这一指标也可判断疾病复发。又如癌胚抗原，可作为另一辅助诊断指标。在正常人体中癌胚抗原含量为 0～5μg/ml，然而在某些肝脏疾病、消化道疾病、乳腺和肺脏疾病中可有不同水平的升高。癌胚抗原在肿瘤诊断中没有实际意义，但在已经确诊的肿瘤患者中，则是一个判断肿瘤恶化程度的重要判断指标。

同位素标记的单克隆抗体用于体内肿瘤显像定位对诊断肿瘤患者是否有转移病灶具有十分重要的意义。如用同位素标记的抗癌胚抗原单克隆抗体用于显像定位人结肠癌及结肠癌转移灶已取得了很好的效果。

二、基因工程抗体制造工艺

（一）抗体工程药物及其表达系统

单克隆抗体在临床和商业上的成功对其生产从质和量上都有了更高的要求，因此推动了不同的更高效的抗体表达系统的发展。同时，根据用途不同，除全长抗体以外，Fab 片段、Fab′2 片段、scFv 片段等衍生物也逐渐受到重视，因此相应表达系统的开发成为必然。对抗体产量的不同要求及其不同的用途使不同的系统各有所长，例如，制备发挥效应作用的抗体由于结构和翻译后加工复杂，需要糖基化修饰和正确的蛋白质折叠，因此必须采用真核生物表达系统，而制备不需要 Fc 区域发挥功能的抗体片断则可以选择经济高效的低等微生物表达系统。常见的重组抗体的表达系统见表 15－23。

表 15－23　重组抗体的表达系统

试　剂	表达体系	特点及应用	备注
大肠埃希菌	常用于高效表达 Fv、Fab、ScFv 等功能片断	缺少转录及翻译后加工机制，表达的蛋白质不能适当折叠、糖基化修饰或正确形成二硫键	

续表

试　剂	表达体系	特点及应用	备注
酵母	具有强启动子，可对表达蛋白质进行翻译后加工与修饰		
昆虫杆状病毒	可正确完成蛋白质翻译后加工和糖基化	大批量生产有一定困难	
哺乳动物细胞	正确地翻译后修饰、遗传稳定，成为嵌合抗体最合适的宿主	常用细胞有非洲绿猴肾（COS）细胞、骨髓瘤细胞 SP2/0、中国仓鼠卵巢（CHO）	
植物表达系统	可表达多种形式的抗体	在蛋白质糖基化上与动物细胞略有差异	
转基因动物	表达量高，与天然产物完全一致，分离纯化容易		

1. 大肠埃希菌表达系统　大肠埃希菌是表达无糖基化小分子的理想工具，大肠埃希菌表达外源蛋白成本低，产量大，但缺点是由于大肠埃希菌缺乏糖基化修饰功能，不能对表达的抗体进行糖基化修饰，表达出来的全分子抗体无糖基化，不能与 Fc 段受体结合，因此表达的完整抗体没有免疫效应功能，因此大肠埃希菌表达系统往往用来表达 Fv、Fab、ScFv 等抗体片断。

与全抗体相比，抗体片断如 Fab，Fab′2、scFv 等由于结构简单、体积小，避免了大肠埃希菌表达系统存在的很多缺陷，如正确折叠、可溶性、热稳定性和构象稳定性等，同时这些片断也包含了 CDR 区域，可与抗原特异性结合，且不需要糖基化等处理，因此是大肠埃希菌表达系统表达抗体药物的主要产物。大肠埃希菌作为原核生物系统，其主要缺陷是不能有效表达正确折叠的多结构域复杂抗体，因此仅限于抗体片段的制备，但是抗体片断的缺点是体积小不稳定，容易被降解，同时，包涵体形成、蛋白酶降解以及二硫键形成阻碍了利用该系统生产正确折叠和有生物活性的复杂蛋白质。根据产物表达后定位的结构不同，可分为两类：将抗体产物定位于还原性的细胞质基质或氧化性的周质腔或培养基 。

细胞质基质定位表达的蛋白质由于其外源性、高表达率和缺少二硫键，多数以包涵体形式积累，此种表达方式多数情况下需要体外复性以获得活性。该法适于制造基于抗体的融合蛋白，如免疫毒素，这类蛋白若以溶解或分泌形式合成易被细胞内降解。但这种表达方式获得的蛋白需要破细胞，然后对包涵体洗涤，体外复性，使抗体在体外重折叠恢复成有功能的分子，此过程往往效率不高，得到的活性蛋白产量低。因此，目前更倾向于分泌表达。

周质腔定位表达与上述细胞质定位表达的区别主要是周质腔比细胞质基质更具氧化性，同时含有多种辅助蛋白质折叠和组装的酶，有助于抗体在氧化环境中形成二硫键并正确折叠，因此抗体的折叠和分泌过程在原核生物内即可完成，同时抗体产物的纯化也更容易。这种方式表达的抗体活性较高，但产量低于包涵体方式的表达。有报道利用成功合成并在周质腔中成功组装全长抗体，该抗体有较长的半衰期且可与新生儿 Fc 受体结合，但是由于缺乏糖基化，不能与各种其他 Fc 受体结合，因此只适用于不需要抗体效应功能的研究或医疗用途。

目前，对大肠埃希菌表达系统的优化主要集中在以下几个方面：①通过突变将稀有密码子替换为大肠埃希菌的常用密码子，相当于提高转运 RNA 的相对浓度，从而提高翻译效率；②通过 CDR 嫁接将不溶性 scFv 片段的接触残基嫁接到表达好且稳定的 scFv 片断支架

上，提高可溶性产物的表达和重组分子的热稳定性；③与抗体片断同时表达分子伴侣和折叠酶，有研究表明大肠埃希菌中分子伴侣过量表达可提高可溶性功能蛋白质的产量；④使抗体片断和其他蛋白质形成融合蛋白以方便纯化及减少不溶性重组抗体包涵体的形成。此外，还可利用弱启动子和降低环境温度以降低产物的合成速率，减少包涵体形成。

2. 酵母表达系统 酵母是能羰基化和分泌抗体的最简单真核生物，同时不需要特殊培养基就能迅速生长和大规模发酵。作为另一种微生物表达系统，酵母生产重组抗体或抗体片断同样有生产周期短的优势，且这些细胞可在廉价的培养基上培养到100g/L的高密度，相比哺乳动物细胞系统有更大的生产力，主要用于生产一些不适用大肠埃希菌表达系统的抗体或其他蛋白质，这类产品活性往往依赖于正确折叠或糖基化作用。目前基于酵母系统表达药用蛋白质大都利用啤酒酵母（*Saccharomyces serevisiae*），但是其他酵母也逐渐被发展，如毕赤酵母（*Pichia pastoris*）等。早期Horwitz用啤酒酵母表达了具有抗原结合活性的嵌合抗体分子，但由于蛋白在酵母细胞中过度糖基化以及糖基中含较多的甘露糖，不能激活人的补体反应。Freya等利用酵母毕赤酵母的重组株成功合成了有活性的抗癌胚抗原scFv抗体片段，ELISA检测证明其活性是利用细菌周质腔途径生产的相同抗体的三倍。值得注意的是在酵母中异源启动子不能起作用，必须使用酵母自身的启动子如乙醇氧化酶启动子。

3. 昆虫细胞表达系统 昆虫细胞可进行信号肽的切除，N、O糖基化等蛋白质翻译后加工，并能进行适当的细胞分区和胞外分泌表达。昆虫表达系统主要包括杆状病毒表达系统和稳定转化系统两种。

杆状病毒表达系统中抗体在细胞内的表达水平是原核细胞的50～100倍，并且仍为可溶性。杆状病毒表达系统以分泌表达形式表达免疫球蛋白，并且抗体的轻链和重链可形成正常的四肽链结构，形成的抗体分子具有正常的抗原结合功能。虽然昆虫细胞糖基化与哺乳细胞有差异，但表达的抗体仍然可以与Fc受体结合，能激活补体。Edelman等在sfO9中成功表达人抗RhOD全分子抗体，细胞上清中抗体含量为10mg/L，经凝集试验和ADCC证实有良好的生物学功能。

稳定转化系统克服了杆状病毒感染引起细胞死亡的缺点，Mahiouz等将抗EO选择素的单链抗体基因克隆于果蝇金属硫蛋白启动子下，转染果蝇细胞，筛选稳定转化的细胞克隆，培养上清中抗体含量达到0.2～0.4mg/L，而用大肠埃希菌表达时，培养上清及外周质可溶性蛋白均未检测到抗体。

4. 哺乳动物细胞表达系统 哺乳动物表达系统在重组抗体或抗体片段的生产方面占据主导地位，因为其具有原核表达系统无法比拟的优势：能正确折叠、组装，可糖基化单克隆抗体蛋白质。尤其对于那些需要ADCC和补体介导的体内裂解等生理作用的抗体，这些优势显得尤其重要。早期哺乳动物细胞表达抗体是将抗体基因重新导入淋巴细胞，利用SV40或IgG启动子和增强子表达抗体，因为它能对表达的抗体进行正确的翻译后加工，产生具有正常生物学特性和效应的抗体分子。这一系统表达的嵌合抗体具有补体依赖型细胞毒作用及ADCC功能，但缺点是表达量低，这一系统逐渐被淘汰。目前最常用的哺乳动物表达系统是中国仓鼠卵巢（CHO）细胞，但是其他细胞系，如鼠骨髓瘤细胞（NS0），幼仓鼠肾细胞（BHK），人胚胎肾细胞（HEK－293）和人视网膜细胞等也可表达基因工程抗体。

5. 植物细胞表达系统 高等植物细胞表达系统由于拥有内膜系统，分子伴侣折叠和组装重组蛋白的机制都与哺乳动物细胞类似。植物抗体可分泌到细胞外，易于纯化，利用特

异的启动子豆球蛋白 B4 基因可使抗体集中表达于种子，更易于保存。植物细胞中表达的基因工程抗体含量可达叶总蛋白的 1.3%，生产成本比其他任何来源抗体都要低。植物抗体易于保藏，不需要提取就可直接用于预防和治疗某些疾病。值得注意的是，植物细胞的糖基化与哺乳细胞相似，但能产生一些不同于哺乳细胞的糖类残基——唾液酸，植物抗体会出现一些不寻常的生物学特性，如抗体的生物分布、在血清中的半衰期以及某些生物学效应功能，因此植物抗体是否适用于体内尚待研究。

将编码抗体的转基因稳定得导入植物体的方法有两种，分别是土壤农杆菌介导的转化和基因枪转化。土壤农杆菌介导的转化是将外源基因导入植物细胞核，编码抗体重链和轻链的基因同时得到表达并能合成全长抗体。基因枪转化法可将外源基因插入植物细胞核或质粒基因组，如叶绿体转基因法适于生产 scFv 抗体片段，因为叶绿体中表达的外源蛋白可形成二硫键，但由于缺乏糖基化系统，不适于合成全长抗体。相比起来，土壤农杆菌介导转化适于大多数双子叶植物，而基因枪转化法更适合一些谷物。

目前已有多个报道利用植物合成了抗体，包括全长抗体、单链抗体、Fab 片段、scFv 片段、双功能 Fv 片段、双抗和微抗体，具体生产哪一种形式的抗体取决的产物的用途，如是否需要发挥效应功能等。抗体形式确定以后，需要选择相应的表达系统、转化手段及合适的亚细胞定位。例如，对于 Fc 区域有糖基化位点的全长抗体或大的单链抗体，产物应定位到内质网进行糖基化修饰、二硫键形成和正确的组装，而对于无需糖基化修饰但含有二硫键的位抗体和 Fab 抗体片段，则需定位到只形成二硫键修饰的亚细胞结构。值得一提的是叶绿体也能正确加工重组蛋白，整合到叶绿体基因组的转基因有多方面的优势，如无位置效应，无基因失活，高表达及最小化环境因素影响等，因此叶绿体是不要求糖基化的抗体定位的理想亚细胞结构。

6. 转基因动物　由于鼠源抗体的免疫原性，因此其注入人体后经常被迅速清除或活性受到抑制，无法正常发挥其生理活性，因此鼠抗体的发展一直受到限制，克服该局限的一个策略是根据人抗体的基因序列改变 CDR 位点的氨基酸残基，实现鼠源抗体人源化，但嵌合抗体仍然有一定的免疫原性，同时人源化需要简短的分子生物学技术，且有可能牺牲亲和力和抗体效力。

人 B 细胞是抗体的主要来源，但人免疫系统对人抗原的天然耐受限制了利用人 B 细胞获得抗体的方法，利用转基因动物生产人抗体正在逐渐发展起来。该方法的核心思想是利用编码人抗体的基因序列库转化鼠细胞以形成转基因鼠，在抗原刺激下，该转基因鼠可分泌合成人抗体，该抗体没有人源化鼠抗体的免疫原性，该法也避免了直接接种患者来刺激 B 细胞产生抗体。

制造转基因鼠的方法主要有：①通过原核微注射将重组的小位点转基因导入小鼠。②利用酵母原生质体融合体将基于酵母人工染色体的小位点转基因导入小鼠。转基因鼠会进行 VDJ 重组、体细胞变异和相应的抗体类型转换，从而获得特异性的抗体。这两种方法都没有失活鼠内源性的位点，因此 B 细胞分泌的人抗体中混有少部分鼠抗体，不过这个亚群不影响从杂种细胞系中分离纯人单克隆抗体。③小细胞介导的染色体转移：从人成纤维细胞产生的小细胞与鼠胚胎干细胞融合后产生多能细胞系，该细胞系有一条单独的人染色体或染色体片段，随着细胞分裂而复制和分离，但不整合到鼠内源染色体中，此法适于导入最大片段的人胚系抗体基因库。

发展转基因鼠技术的动力是鼠源性单克隆抗体的免疫原性，尽管转基因鼠生产的人抗

体尚处于临床研究中，目前的调查结果是乐观的。Foon 等对 88 个接种了转基因鼠人抗体的作了追踪调查，未发现任何针对转基因抗体的抗体反应，这表明这种分子是低免疫原性的。当然，研究还有待进一步深化。

（二）抗体药物的分离纯化

通过不同方法获得的基因工程抗体往往与多种杂蛋白混杂在一起，为了获得成分相对单一的抗体药物，就必须对抗体药物进行分离纯化。从成分的角度分析，抗体分子是一类蛋白质分子，与其他蛋白质一样，它有一定的等电点、溶解度、荷电性及疏水性，可以用电泳、盐析沉淀或其他层析技术进行分离、纯化。抗体的纯化有 2 个原则：根据抗体的用途和抗体的来源确定纯化工艺。在实际生产中，往往要针对不同抗体和其生产宿主的特性制定纯化策略，针对单抗的基本性质制定的具体纯化策略见表 15 – 13，针对生产宿主制定的具体策略见表 15 – 14。常用的抗体下游生产模板如图 15 – 26 所示。

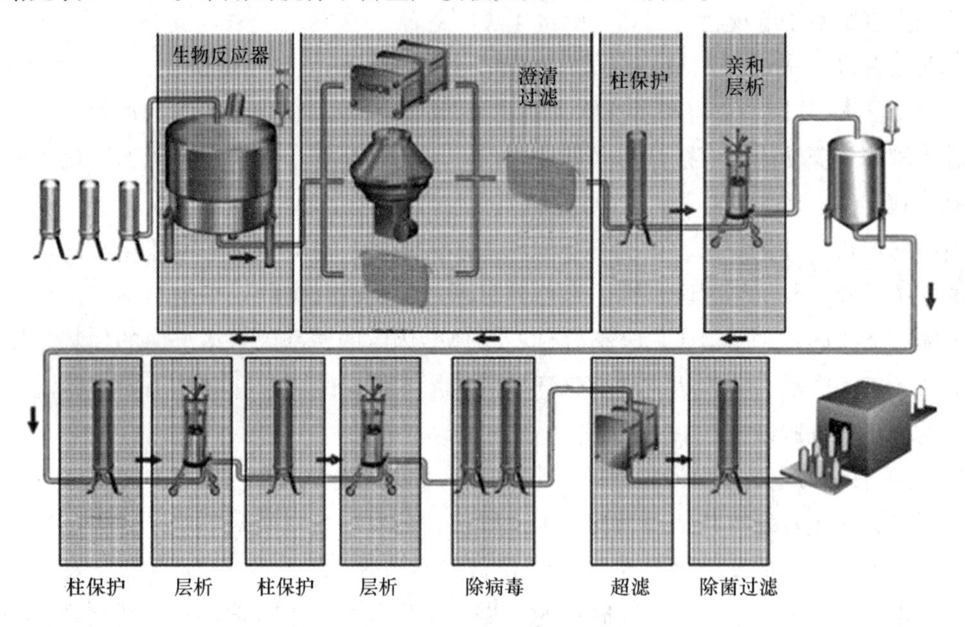

图 15 – 26　抗体生产下游模板

一般用于检测等用途的抗体，一步亲和层析达到大于 90% ~95% 的纯度即可满足要求。而治疗用抗体一般使用动物细胞大规模高密度无血清悬浮培养进行生产，不仅对终产品的单体含量有严格的规定，还必须去除各种潜在的杂质以满足药品安全的要求，因此在蛋白 A 亲和层析之后还需要进行多维纯化。

2003 年初，中国 SFDA 下属的中国药品与生物制品检定所（NICPBP）公布了《人用单克隆抗体质量控制技术指导原则》。生产者除须保证最终抗体产品纯度，还需要验证所用的纯化方法能有效对潜在的污染物，如宿主细胞蛋白（HCP）、免疫球蛋白、宿主 DNA、用于生产腹水抗体的刺激物、内毒素、其他热原物质、培养液成分、层析凝胶析出成分（脱落的蛋白 A 配基）进行去除；并能有效的去除/灭活病毒。也就是说，在设计下游工艺时，需多角度充分综合考虑抗体本身的性质，抗体的来源，发酵培养技术，发酵液蛋白浓度，宿主杂质，抗体批间的差异，潜在污染及病毒灭活等问题。目前，用 CHO 细胞大规模生产（超过 1 万升培养罐）的单抗表达水平已在 1 ~10 g/L。

单克隆下游的分离纯化工艺包括一系列的膜分离技术和层析技术。膜分离技术通常用于培养液的固液分离（澄清，代替离心机），样品的浓缩、纯化中间产物的缓冲液置换以衔

接不同的层析步骤，以及终产品的制剂和无菌过滤等；而层析技术则凭借高的分辨率去除特定杂质。因此，将膜分离技术和层析技术有效的结合成为下游分离纯化工艺开发的关键。

1. 细胞培养液的预处理　首先需去除培养液中的细胞和细胞碎片，最常用的方法是离心，但一次分离不完全，细胞液离心后还需采用深层过滤去除残留的细胞碎片，避免纯化时堵塞色谱柱。深层过滤是非均相分离的基本方法之一，主要用于除去水和废水中的悬浮物、胶体、微生物等，也可用于血液制品和其他生物制品的生产。深层过滤适用于过滤固含量很少的悬浮物，除去其中的细小颗粒。除了传统的离心方法，目前对细胞培养液开发了先进的膜处理技术

（1）中空纤维膜　中空纤维滤膜是GE公司近年来发展起来的新型切向流膜分离技术，与盒式膜包相比，中空纤维膜可以直接处理高固含量和高黏度的粗料液，具有容尘量高、速度快、剪切力小、成本低等优点。目前，中空纤维微滤膜已经广泛用于生物制药的各个领域

对于动物细胞培养液，可以将高密度的培养液直接用中空纤维微滤膜（0.22～0.45μm）进行澄清，而无需事先经过离心和预过滤，步骤少，速度快，收率高，成本低。和离心机比较，具有极高的澄清度，因此中空纤维澄清后的细胞培养液可直接进蛋白A亲和层析进行纯化。

中空纤维膜澄清细胞培养液有澄清步骤少，速度快，成本低，利于控制内毒素，低剪切力，工艺耐用性强，易于线性放大等优势。

（2）Kvick盒式膜包　多步层析纯化得到的洗脱峰可以使用GE公司开发的Kvick盒式膜包进行快速浓缩和缓冲液置换，其优点是无热原，孔径均一，速度快，易于线性放大。

2. 盐析法　盐类对于蛋白质的溶解有双重作用，当少量盐类存在时，盐类分子和水分子对蛋白质分子的极性基团产生静电作用力，使蛋白质的溶解度增大；当大量盐类存在时，水的活度降低，带电离子破坏蛋白质周围的水化层，使蛋白质表面的电荷被中和，引起蛋白质相互聚集而沉淀。基于上述原理，盐析法利用抗体与杂质蛋白之间对盐浓度敏感程度的差异来分离。一般通过选择某一特定的盐浓度，令大部分杂质呈现“盐析”状态，而抗体蛋白则处于“盐溶”状态。目前用于盐析的盐类主要是硫酸铵，因为它的溶解度大，对温度不敏感，分级沉淀效果好，对蛋白质有稳定结构的作用，价格低廉，可处理大量样品。

3. 正辛酸－饱和硫酸铵法　正辛酸－饱和硫酸铵可以在偏酸的条件下沉淀血清或者腹水中除IgG外的蛋白质，使杂蛋白沉淀除去，上清液中只含有IgG，所以该法一般用来纯化IgG1和IgG2b，不能用于IgM、IgA的纯化，对IgG3的纯化效果也不佳。实际操作中，正辛酸的量随抗体的来源不同而有所差异。正辛酸－饱和硫酸铵纯化法具有下列优点：①快速：整个操作过程1天内即可完成；②简单易行：仅用2次沉淀，无需复杂的仪器及设备；③价格低廉：实验中所用试剂均为普通试剂；④一次可纯化大量抗体：本法与柱层析法不同，不受样本量限制；⑤应用范围广：可用于多种动物血清及小鼠腹水中抗体及单克隆抗体的纯化。

4. 亲和层析　目前，约70%～80%的抗体纯化使用Protein A、Protein G亲和层析。蛋白A（Protein A）来源于金黄色葡萄球菌的一个株系，它含有5个可以和抗体IgG分子的Fc段特异性结合的结构域。蛋白A作为亲和配基被偶联到琼脂糖基质上，可以特异性的和样品中的抗体分子结合，而使其他杂蛋白流穿，具有极高的选择性，一步亲和层析就可达到超过95%的纯度。1个蛋白A分子至少可以结合2个IgG。蛋白A也可以结合另一些免疫球

蛋白，如用于某些种属的 IgA、IgM 的纯化。

天然（Native Protein A）和重组的蛋白 A（rProtein A）对于 IgG 的 Fc 段有着相似的特异结合。重组的蛋白 A 经改造后含有一个 C 末端半胱氨酸，可以单一位点偶联于琼脂糖上，降低了空间位阻，增加了与 IgG 的结合能力。蛋白 A 与 IgG 的结合强度很大程度上依赖于该抗体的种属和亚型，而其动态结合能力则决定于结合强度（解离常数）及传质阻力等多种因素（例如上样时样品在柱内的停留时间）。

蛋白 G 是一种源自链球菌 G 族的细胞表面蛋白，为三型 Fc 受体。其通过类似于蛋白 A 的非免疫机制与抗体的 Fc 段结合。像蛋白 A 一样，蛋白 G 可以与 IgG 的 Fc 区域特异性结合，不同的是，Protein G Sepharose 可以广泛、更强地结合更多类型的 IgG，多克隆 IgG 及人 IgG，同时血清蛋白结合水平更低，纯度更高，配基脱落也相对更低。此外，蛋白 G 还可以和某些抗体的 Fab 和 $F(ab')_2$段结合。

Protein A 亲和色谱是纯化抗体首选的方法之一，优点较多：①选择性好，一步纯化所得抗体的纯度 >99%；②可浓缩抗体，洗脱液的抗体浓度 >10g/L；③可有效灭活病毒；④适用于所有人源的（非 IgG3）抗体和 Fc 融合蛋白，减少缓冲液的种类和用量。但 Protein A 亲和色谱也有局限性：①Protein A 凝胶价格昂贵，是普通色谱介质的 10 倍；②抗体在低 pH 条件下洗脱，易形成高分子聚合物和沉淀；③脱落的 Protein A 配基会与抗体一起被洗脱，影响抗体的安全性。

目前常用的用于大规模纯化的商品化的亲和色谱介质有 MabSelect、MabSelect Xtra 和 MabSelect Sure。MabSelect 是第一个使用高流速琼脂糖凝胶作为骨架的新型蛋白 A 层析介质，专为大规模抗体纯化而设计，适合快速高效的进行抗体生产和放大，已经成为单抗纯化和放大的标准介质。MabSelect 的 Protein A 配体经基因工程改造，C 端含一个半胱氨酸，可与琼脂糖凝胶单点结合，增加了 Protein A 与琼脂糖凝胶的结合量，同时增加了与 IgG 的有效结合。在流速 500cm/h 和柱床高度 20cm 的条件下，该介质对 IgG 的动态载量达 30g/ml。Mabselect Xtra 介质是目前市场上所有的商品化蛋白 A 介质中载量最高的亲和层析介质，其动态载量超过 41mg/ml 介质（停留时间 2.4min）。在工艺生产过程中可以有效减少层析柱的体积，从而降低生产成本。Mabselect Xtra 介质是在 Mabselect 介质的基础上优化而来，它使用孔径更大的多孔高流速琼脂糖作为骨架，同时减小介质粒径（75u）。这样不仅增加了比表面积和配基密度，还降低了传质阻力，从而有效的增加动态载量。MabSelect Xtra 的动态结合能力较基于 Protein A 的市售其他色谱介质高 30%，可达 38mg/ml，配基泄漏水平 30~40mg/L，洗脱液中宿主细胞蛋白含量在 300~700mg/L，尤其在纯化高水平表达液中的抗体时，可有效降低生产成本。MabSelect Sure 是唯一耐强碱的 Protein A 亲和层析介质。在生物药物的生产过程中，为避免细菌、内毒素或病毒的污染，需要对层析系统、介质等进行在位消毒（SIP），以保证产品的质量。另外，变性的蛋白、脂类和 DNA 等分子会不可逆的沉淀在层析柱的顶部而降低柱效和传质速度，从而影响收率和产品质量。在高浓度的碱原位清洗条件下，MabSelect Sure 较常规基于 Protein A 的色谱介质稳定。抗体主要和 Protein A 的 B 区结合，但也会和其他区域结合，这会导致不同抗体或抗体亚类之间的洗脱 pH 范围较广，不适合作为模板纯化各种抗体，而 MabSelect Sure 的 Protein A 介质只含有 B 区，不同抗体或抗体亚类之间的洗脱 pH 范围较窄，适合作为模板纯化各种抗体。

层析技术是抗体分离纯化的核心技术，一般采用经典的三步纯化策略：粗纯-中间纯化-精细纯化。其中，粗纯的主要目的是捕获、浓缩和稳定样品；粗纯一般使用蛋白 A 亲

和层析一步即可达到95%以上的纯度；中间纯化和精细纯化去除特定的杂质，如DNA、聚集体和变体等，常用的层析技术有离子交换、疏水层析等，达到最终治疗用抗体所需的纯度。

5. 离子交换色谱　亲和色谱纯化后的单抗主要采用阳离子交换色谱、阴离子交换色谱、疏水作用色谱等方法去除宿主细胞蛋白质、高分子聚合物、DNA、内毒素和脱落的Protein A配基等杂质。

阳离子交换色谱主要采用吸附-洗脱模式，由于DNA、宿主细胞蛋白质、脱落的Protein A配基和内毒素均带负电，与阳离子介质结合力弱而被除去，而目标抗体被保留，可通过改变pH洗脱下来。阴离子交换色谱主要采用流穿模式，既杂质保留在柱上，而目标抗体穿过色谱柱，这需要目标抗体具有较高的等电点。阴离子交换柱处理量大，动态载量高，操作简单，适合作为最后精制步骤除去痕量杂质。

6. 疏水层析法　亲和色谱之后疏水层析也常用于单克隆抗体的精制。在组成蛋白质的常见的20种氨基酸中，有8种氨基酸的侧链是非极性的，属疏水性氨基酸。多数蛋白质分子都是折叠的，这样可以使其中大多数疏水性氨基酸残基包埋在分子内部，因而与周围的水性环境隔离。包埋在内部的疏水性基团通常与临近的疏水基团发生作用。不同的蛋白质分子表面的疏水性氨基酸残基的数量和类型不同，因而表面的疏水程度也不同。疏水层析根据蛋白质分子表面疏水性的不同分离蛋白质，需要蛋白质表面疏水基团和共价连接到适当基质的疏水基团之间发生疏水作用。由于免疫球蛋白大多是疏水的，且不同的抗体的疏水程度也不同，所以在一般的情况下，疏水层析能够除去大多数宿主免疫球蛋白的其他杂质。常用的疏水层析柱材料有Phenyl Superose和Alkyl Superose。但因为疏水层析的操作复杂，并无通用的程序可循（需要大量的条件摸索），柱再生困难，洗脱时要采用剧烈的洗脱条件等因素，目前较少采用这种方法。

7. 凝胶过滤层析法　凝胶过滤层析法又称空间排阻层析，工作原理是应用该技术进行分离的蛋白质分子具有相似的分子结构而其分子量有差别而进行分离纯化，简而言之，凝胶过滤层析是通过分子量的差异将蛋白质分离开来。应用凝胶过滤层析时，将含有抗体的溶液通过装有多孔性介质填料的层析柱床，收集流出的抗体组分。当样品从层析柱的顶端向下运动时，大的抗体分子不能进入凝胶颗粒而迅速洗脱。小的抗体分子能够进入凝胶颗粒，其在凝胶柱中的迁移被延缓。因此，抗体分子从凝胶过滤柱洗脱的先后顺序一般是按照分子量的大小由高到低。所用的大多数凝胶基质都是化学交联的聚合物分子如葡萄糖、琼脂糖、丙烯酰胺和乙烯聚合物制备的，交联程度控制凝胶颗粒的平均孔径。交联程度越高，平均孔径越小，凝胶颗粒的刚性越强。在任何给定的条件下使用什么孔径的凝胶取决于目标抗体的分子量和主要杂质蛋白质的分子量。

8. 核酸和内毒素的去除　DNA含量用DNA分子杂交法测定，每一剂量残余宿主DNA含量不高于100pg。热原检测主要采用家兔法及鲎试剂法，美国FDA规定注射用抗体药物每剂量内毒素含量必须少于5EU/kg患者体重，但实际生产中内毒素的内控指标要远远低于此限，一般要低至少5~10倍。这对于每剂量数十、甚至几百毫克的治疗用抗体制品，仍颇具挑战。核酸、内毒素常以聚体存在，分子量、表面电荷等理化性质很不均一，难以用某一种手段一次性去除。但可以根据它们与抗体性质多方面的差异，在设计下游工艺纯化目标产品的同时，充分利用过滤、层析等步骤逐步加以去除，尽量避免节外生枝地加入专门去除核酸、内毒素的步骤。

9. 脱落亲和配基（蛋白 A）的去除 药监当局严格规定生产者不仅须检测从蛋白 A 亲和层析脱落的配基 - 蛋白 A 的残留量（商品化的蛋白 A ELISA 检测试剂盒），还须验证其去除方法的有效性。

微量脱落的蛋白 A 常与目标抗体形成蛋白 A - IgG 复合物。阴离子交换层析是去除蛋白 A - IgG 复合物的最有效办法，蛋白 A - IgG 复合物具有很强的结合在阴离子交换介质上的倾向，但这些复合物通常不会形成独立的峰，而是时常显现出拖尾或肩峰。可以采用抗体流穿的方式，使蛋白 A - IgG 复合物结合在柱子上，这样的最大好处是可以大大减小阴离子柱的体积。

阳离子交换层析也可以去除蛋白 A 配基，可以在抗体与蛋白 A 解聚的 pH 条件下进行。酸性较强的蛋白 A 在一定条件下不结合阳离子交换介质或者在梯度早期洗脱，从而实现与抗体 IgG 的分离。阳离子交换层析纯化抗体可以采用线性 pH 梯度洗脱的方式，相比常用的盐浓度梯度而言，pH 梯度洗脱所得峰体积更小，也具有更低的电导，适合下一步的离子交换层析的衔接。

凝胶过滤层析如 Superdex 200 或 Sephacryl 300 在合适的条件下，也可除去蛋白 A - IgG 复合物，该聚合物会率先从柱上洗脱下来，接下来是分子量约 150kD 的目标 IgG，最后是分子量约 34kD 的残留的游离重组蛋白 A。

10. 病毒的灭活和清除 近年来，各种病毒的出现和传播日益受到关注。哺乳动物细胞或转基因动物培养的生物制品，其下游工艺须要能够有效地除去潜在的病毒污染物，SFDA 公布的《人用单克隆抗体质量控制技术指导原则》也建议加入病毒去除或灭活方法。一般规定整个工艺总病毒去除能力至少 10 log 以上，并含有两个有效的病毒去除或灭活步骤（每步病毒去除或灭活至少 4 log 以上）。常用的病毒去除或灭活方法包括：低 pH 孵育、加热、S/D（溶剂/去污剂）、纳滤等，如在蛋白 A 层析后用加热与 3mol/L KSCN 共处理的办法去病毒效果非常理想，对不同的样本病毒的去除至少达到了 13 log 以上，但是要综合考虑目标抗体分子的稳定性。

一般抗体常用的低 pH 灭活病毒条件为：pH 3.3 ~ 3.8，室温下孵育 45 ~ 60 分钟。其中抗体浓度、pH 和温度对灭活效果影响显著。

非脂包膜病毒对低 pH 和去污剂等化学灭活方法有很强的耐受性，而且低 pH、加热、S/D 容易使一些抗体失活变性。

纳米膜过滤法简称纳滤法，纳滤膜早期称为“低压疏松型反渗透膜”，是 80 年代初继典型的反渗透复合膜之后开发出来的。纳滤膜孔径范围介于 1 ~ 5nm，截留分子量界限 200 ~ 1000D，而多数病毒直径在 100nm，较小的病毒直径也有 18 ~ 22nm，因此纳滤膜可有效截留病毒达到去除病毒的目的。

（三）治疗性抗体制造工艺举例

1. 抗肿瘤的治疗性抗体——Herceptin

（1）结构与性质 赫赛汀（Herceptin），又称曲妥珠单抗（trastuzumab），是 Genentech 公司研制的靶向人表皮生长因子受体 2（HER2）的人源化单克隆抗体。HER2 是人表皮生长因子受体家族的第 2 类成员，分子量为 185kD，具有酪氨酸激酶活性，结构上与表皮生长因子受体 EGFR 具有同源性，其编码基因称为 HER2/neu 基因。HER2 受体与配体结合后，HER2 受体自身磷酸化并激活其酪氨酸激酶活性，最终促进细胞增殖，HER2 基因过度表达可导致细胞过度增殖和表型恶性转化。

20 世纪 90 年代初，Genentech 公司获得了识别 HER2 鼠源性单克隆抗体 mAb4D5，该单抗可特异性抑制高表达 HER2 的人肿瘤细胞的增殖，但由于 HAMA 反应，限制了其在肿瘤治疗中的应用。Genentech 公司通过基因转换突变手段对 mAb4D5 进行人源化改造，构建包含 mAb4D5 的 CDR 区，人源抗体的 FR 框架区及 IgG1 恒定区的人源化单抗 humAb4D5，在对 mAb4D5 进行人源化改造时，对人源化单抗重链和轻链可变区的 CDR 区和 FR 区的某些氨基酸位点进行突变，获得一系列人源化单抗，从中筛选出一株与 HER2 有高亲和力（K_d =0. 1nM）的人源化单抗 humAb4D5 -8，该株单抗有 5 个 FR 区氨基酸残基位点来自于鼠抗 mAb4D5，相较 FR 区于全人源化，保留 FR 区这些鼠源性残基位点大大提高了该株人源化单抗与 HER2 的亲和性，并能高效介导对高表达 HER2 分子的乳腺癌细胞 SK - BR - 3 的抗体依赖的细胞介导的细胞毒性作用（antibody - dependent cell - mediated cytotoxicity，ADCC），抑制乳腺癌细胞的增殖。因此，Genentech 公司就选用这株抑制肿瘤活性最强的人源化单抗 humAb4D5 -8，将其开发成单克隆抗体药物，命名为 Herceptin。

（2）生产工艺

1）曲妥珠单抗生产用细胞株：曲妥珠单抗是由重组中国仓鼠卵巢细胞（CHO）表达的，细胞株在无血清培养基中培养。首先建立种子批系统，分主细胞库（Master cell bank，MCB）和生产细胞库（Working cell bank，WCB）两个层级。曲妥珠生产时，首先从主细胞库或生产细胞库中解冻细胞，采用种子培养和发酵培养方式将培养规模从 80L 提高到 12000L。生产细胞株发酵培养后，收集培养上清，进入产品纯化步骤。

2）纯化工艺

①第一步：收集发酵培养的 CHO 工程细胞上清，使用 650 ~ 1000cm^2的一次性纤维素过滤柱加压过滤，控制压力不超过 30psi，检测滤液澄清度及目标蛋白含量。

②第二步：用 pH 7. 2 ~ 7. 6 的 Tris 缓冲液平衡内径为 32mm 的 Protein A 亲和层析柱。上样后，先用平衡缓冲液冲洗，再用含 100 ~ 400mM NaCl，pH 7 ~ 8 的 50mM Tris - HCl 缓冲液洗脱，最后再用 pH 3. 0 ~ 3. 8 的柠檬酸缓冲液洗脱（此步骤曲妥珠单抗被洗脱下来）。

③第三步：洗脱液在酸性条件下室温孵育 45 ~ 60min 以灭活病毒，然后再中和 pH 值。

④第四步：用 pH 6. 8 ~ 7. 2 的 Tris 缓冲液平衡过的阴离子交换层析柱进一步纯化，曲妥珠不与阴离子交换柱结合，存在于穿透峰中，此纯化步骤可清除内毒素、宿主细胞 DNA 和蛋白等杂质。通过阴离子交换柱的穿透峰再用有效过滤面积为 0. 01m^2的除病毒过滤器过滤以达到清除病毒的目的。

⑤第五步：滤液用 pH 6. 8 ~ 7. 2 的 Tris 缓冲液平衡过的阳离子交换柱层析纯化，目的蛋白在用 NaCl 梯度洗脱过程中被洗脱。此步骤可清除宿主细胞 DNA 和蛋白。该洗脱液在压力 5 ~ 10psi 条件下，用 50kDa 的 TFF 膜浓缩并完成缓冲液置换，再使用 0. 2μm 滤器过滤。至此，曲妥珠的纯化工艺完成，接下来进行制剂工艺加工。

（3）作用和用途　Herceptin 主要临床治疗过表达 HER2 分子的乳腺癌和转移性胃癌。临床应用指南要求患者的肿瘤组织 HER2 表达水平必须在 3^+ 水平（免疫组化方法检测）。病人之前至少接受过两种化疗药的治疗才能接受 Herceptin 的单药治疗，并且两种化疗药其中一种必须是蒽环类化疗药或紫杉醇类药物。对于雌激素受体阳性的病人，必须接受过激素治疗才可使用 Herceptin。此外，Herceptin 也可与紫杉醇联合用药用于治疗哪些不能使用蒽环类药物的病人。临床推荐剂量是首剂量为 4mg/kg 体重，此后每的用药剂量是 2mg/kg 体重。

2. 自身免疫性疾病的治疗性抗体——Humira

（1）结构与性质　Humira抗人肿瘤坏死因子（TNF－α）的人源化单克隆抗体，通用名为阿达木单抗（Adalimumab），是由英国剑桥抗体技术公司与美国雅培公司联合研制的世界第一个全人序列的单克隆抗体药物TNF－α。TNF－α是一种在炎症和免疫应答中出现的细胞因子，在风湿性关节炎患者的滑膜液中，TNF－α水平升高，并在病理性炎症和关节破坏方面起重要作用。阿达木单抗可特异性与TNF－α结合并阻断其与细胞表面的TNF受体结合。

阿达木单抗的研发路线与hercetpin完全不同，通过噬菌体抗体库技术，以TNF－α为抗原，通过吸附－洗脱－扩增的过程，筛选与TNF－α有特异性亲和作用的抗体由人单克隆D2E7重链和轻链可变区及人IgG1κ恒定区经二硫键结合构成的二聚物，由1330个氨基酸组成，分子量接近148kD，是一个完全人源化的治疗性单抗。

英国剑桥抗体公司是通过以下研发路线获得阿达木单抗：①构建人源性噬菌体抗体库。抽取两名健康人志愿者的外周血，分离淋巴细胞，大约10^8B淋巴细胞，提取总RNA，逆转录获得cDNA，设计特异性的引物，PCR扩增抗体κ、λ轻链及γ重链的第一条cDNA，构建抗体轻链和重链的基因文库。取大约50ng扩增产物，再用含ApaLⅠ和NotⅠ限制性内切酶的引物扩增cDNA第二条互补链。扩增完成后，三个抗体基因组文库（κ、λ轻链及γ重链）用ApaLⅠ和NotⅠ限制性内切酶消化并插入到丝状噬菌体载体fd－tet中，构建成三个噬菌体抗体库，分别为γ亚型V_HC_H1抗体重链库，$V_\lambda C_\lambda$轻链库和$V_\kappa C_\kappa$轻链库。②抗体库的筛选。利用之前已获得的一株与TNF－α有高亲和力的鼠源性单抗MAK195，分别将其重链和轻链克隆噬菌体载体，转染到大肠埃希菌表达。将之前构建的人源性噬菌体抗体库$V_\lambda C_\lambda$轻链库转染到已表达MAK195重链的大肠埃希菌中，收集子代噬菌体，与TNF－α包被的载体结合，采用Elisa方法经过几轮筛选获得与TNF－α有高亲和力的人源性轻链。再将此λ轻链基因扩增后转染大肠埃希菌表达，然后将人源性V_HC_H1抗体重链库转染这些大肠埃希菌中，再同样的Elisa方法筛选获得与TNF－α有高亲和力的人源性重链。将上述两步骤获得的高亲和力的人源性轻链和重链结合，即构成与TNF－α有高亲和力的人源性抗体的Fab片段，通过基因工程手段与人源性Fc片段相连，得到全人源化的抗TNF－α的IgG抗体。整个筛选过程如图15－27所示。

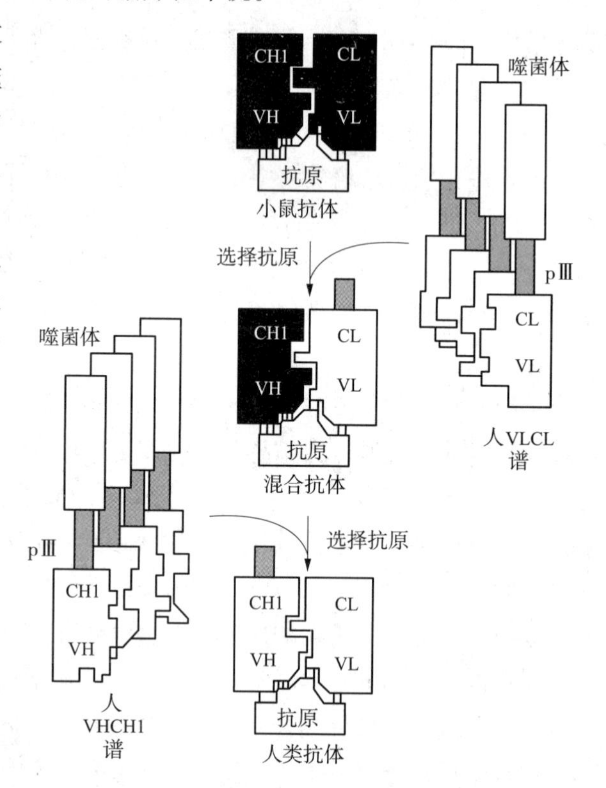

图15－27　阿达木单抗的筛选过程

（2）作用和用途　阿达木单抗的适应证是类风湿性关节炎、银屑病关节炎、中度到重度银屑病等自身免疫性疾病，主要用于缓解抗风湿性药物治疗无效的结构性损伤的中至重度类风湿性关节炎成年患者的体征与症状，本品可单独使用，也可与甲氨蝶呤或其他抗风

湿性药物合用。Humira 制剂为预填充于注射器中的澄明液体，规格为 40mg/0.8ml，2～8℃低温冷藏保存。由于阿达木单抗在体内的半衰期为 12～14 天，与人体天然抗体免疫球蛋白 IgG 相仿，因此 Humira 推荐剂量为每 2 周皮下注射一次，老年患者也不需要调整剂量。因为厂商生产的形式是配有酒精棉擦的预充式针剂注射液，所以在经过医生的指导后患者也可以自行注射，与英夫利昔单抗相比，简便易行，不必前往医疗机构输液而节省时间。

第六节　基因治疗与基因药物

扫码“学一学”

一、基因治疗

（一）基因治疗的概念

基因治疗（gene therapy）是指将基因作为药物导入特定的细胞内从而对某些疾病进行治疗的一种方式。基因不仅仅指编码蛋白质的 DNA 序列，有些 DNA 序列并没有蛋白质产物，但是功能同样重要并且在遗传上是独立的功能单位，如编码核糖体 RNA（ribosomal RNA，rRNA）、转运 RNA（transfer RNA，tRNA）和小核 RNA（small nuclear，snRNA）等的 DNA 序列，以 RNA 为基础的遗传现象也被发现，还有的基因是由相距很远甚至定位在不同染色体上的外显子组合而成的，现在认为，基因就是一整套编码连续的功能产物的基因组序列的集合。另外，小干扰 RNA（small interfering，siRNA）、微小 RNA（microRNA）等调控手段逐步成熟，因此可以将基因治疗定义为“通过将特定遗传信息导入合适的靶细胞进行疾病治疗的一种方式”。

1989 年，美国 FDA 批准了第一例试验性质的基因治疗临床方案，Steven A. Rosenberg 等人将携带新霉素抗性基因的逆转录病毒在体外导入肿瘤患者的骨髓细胞中，然后将细胞回输至患者体内，一段时间之后从患者体内分离的血细胞表现出了新霉素抗性，从而表明基因治疗是可行的。随后基因治疗在一例因腺苷脱氨酶（adenosine deaminase，ADA）缺陷而导致的重症联合免疫缺陷症（severe combined immunodeficiency，SCID）患儿身上显现出了初步的效果，但由于患者在接受基因治疗的同时也进行外源 ADA 的补充治疗，因此基因治疗的效果受到了质疑，然而从安全性的角度来说这一基因治疗方案是成功的。

2000 年在患有 X 染色体连锁 SCID（X－SCID）的患儿身上基因治疗表现出了非常好的效果，这一案例也被称为首次成功的基因治疗临床试验。除了用于遗传病的治疗外，基因治疗还被广泛应用在肿瘤等疾病上，2006 年 Rosenberg 等人将特异性识别黑色素瘤相关抗原 MART－1 的 T 细胞抗原受体（T cell receptor，TCR）基因转入黑色素瘤患者的淋巴细胞中，再将淋巴细胞回输患者，接受治疗的 17 人中有两人的肿瘤完全消退，取得了非常突出的疗效，让人们看到了肿瘤治疗的希望。

2007～2008 年间，德国血液学家 Gero Hütter 利用骨髓移植的方法治愈了一名同时患有白血病和 AIDS（acquired immune deficiency syndrome）的患者，他利用 CCR5－Δ32（该变异受体导致其不能被 HIV 识别）纯合子供体的骨髓细胞对患者进行长期多次的移植治疗，最终使得患者体内的造血细胞全部被移植的细胞所替代，由于移植的供体细胞不能被 HIV 感染，因此彻底治愈了患者的 AIDS。严格说这一治疗不算是经典意义上的基因治疗，因为他使用的是未经人工基因改造的骨髓细胞，但是由于起到治疗 AIDS 作用的正是供体骨髓细胞中的 CCR5－Δ32 基因，它为抗 AIDS 的临床基因治疗拓宽了思路，因此从另外一层意义

上来说它也属于广义的基因治疗。

（二）基因治疗的策略及其分子机制

1. 基因修正 基因修正是指将特定的目的基因导入特定的细胞，通过定点的同源重组，让导入的正常基因精确地置换基因组内原有的缺陷基因，不涉及基因组的其他改变。基因修正通常有两种方式。

（1）基因置换 是指用正常的基因原位替换病变细胞内的整个缺陷基因，使细胞内的DNA完全恢复正常状态。这种治疗方法最为理想，但目前由于技术原因尚难直接用于临床，多半是用于动物胚胎实验研究。

（2）基因修复 是指将缺陷基因的突变碱基序列纠正而正常序列予以保留。这种基因治疗方式最后也能使缺陷基因得到完全恢复，但是操作上要求高技术难度大，目前还只是处于起始研究阶段。

2. 基因增补 基因增补也称基因修饰（gene modification），一般是指仅将正常基因导入缺陷细胞或其他细胞，使目的基因的表达产物能修饰缺陷细胞的功能或使原有的某些功能得以恢复或加强，而缺陷基因仍然存在于细胞内，目前基因治疗大多采用这种方式。基因增补大致又可以分为以下几类。

（1）针对基因失活的增补治疗 这是最普遍的一种基因治疗方式，大部分遗传病的基因治疗都是采用的这种策略，如前面提到的由于腺苷脱氨酶缺陷导致的重症联合免疫缺陷症的治疗，就是将一个正常的ADA基因导入细胞内，以弥补缺陷ADA基因的功能。除了遗传病，很多情况下肿瘤的基因治疗也是采用这种策略，这是由于几乎一半的人类肿瘤均存在抑癌基因的失活，对于此类肿瘤，应将正常的抑癌基因导入肿瘤细胞中，以补偿突变或缺失的抑癌基因，重建其功能，从而抑制原癌基因异常表达，进而达到诱导肿瘤细胞凋亡、控制肿瘤细胞异常增生的目的。

研究较多的抑癌基因有p53、Rb、p16INK4/CDKN2等。p53是目前研究最广泛和深入的抑癌基因，被认为是与肿瘤关系最密切的肿瘤抑制基因，60%以上的肿瘤存在p53基因的突变，这些突变大多发生在DNA结合区，主要位点是C175，248和282。P53通过上调p21、mdm 2、GADD45等基因，在DNA损伤所致的G1/S停顿中起重要作用；p53还通过调节一些与凋亡有关的基因如Bax、DR5、IGFs和干扰生长因子的信号转导通路引起细胞凋亡，同时诱导癌细胞提高对化疗药物及放疗的敏感性。世界上第一个获准上市的抗癌基因药“今又生”就是重组腺病毒携带的p53基因。其他还有p16、p21、p27、Rb等抑癌基因也都显示了良好的肿瘤抑制效果，为肿瘤基因治疗提供了新的候选药物。

（2）针对表达水平不足的增补治疗 如1型糖尿病患者，由于患者体内胰岛β细胞遭到破坏，造成胰岛素分泌不足，从而导致血糖升高，这时可以将受控表达的胰岛素基因导入患者肌肉细胞、成纤维细胞或者肝细胞中，进行增补治疗，以恢复患者胰岛素的正常水平。

在肿瘤的治疗中有时也会用到这种策略。肿瘤细胞的生长需要有充分的血液供应以满足对营养的需要，因此血管生成可以作为肿瘤治疗的靶位点，现在已经发现了多种血管生成抑制因子，包括血管抑素（angiostatin）、内皮抑素（endostatin）、VEGF单抗、血小板因子4、EMAP－Ⅱ、TIMPs和IP－10等。研究表明，联合应用表达内皮抑素的腺病毒和低剂量的化疗药物Gemcitabine可以有效地抑制人肺癌细胞株在裸鼠体内的成瘤和生长。

（3）具有附加功能的增补治疗 有时需要将特定的目的基因转入靶细胞内，以赋予其

额外的特定功能，并利用这种附加的功能达到治疗的目的。例如，多药耐药（multidrug resistance，MDR）是肿瘤细胞免受药物攻击的重要的细胞防御机理，可将细胞内的药物包括化疗药物泵出细胞外，细胞可因此对化疗药物产生耐受。导致这种现象的原因是 MDR 基因的存在，将耐药基因 MDR1 转入造血干细胞中，有效表达后可使骨髓细胞产生对化疗药物的耐药性，从而减少化疗过程中骨髓抑制和并发症的发生，以维持造血和免疫功能的正常发挥，同时还可以增加化疗药物的使用剂量，加强对肿瘤细胞的杀伤，提高抗肿瘤的效果。

3. 基因沉默　基因沉默（gene silencing）是指在筛选鉴定了致病基因或异常表达基因为病因后，可以通过特异性的阻断、干扰、抑制等手段降低或封闭致病基因的表达。目前基因沉默的策略主要包括反义核酸（antisense nucleotides）技术、RNA 干扰（RNA interference，RNAi）技术、miRNA 调控技术和甲基化寡核苷酸（methylated oligonucleotides，MON）技术等。

（1）反义核酸技术　反义核酸技术是根据核酸碱基互补原则，利用人工制备或生物合成针对特定目的基因靶序列的反义 DNA 或 RNA，引入细胞后封闭特定基因表达的技术。一般包括反义寡脱氧核糖核苷酸和反义 RNA 技术。

①反义寡脱氧核糖核苷酸（antisense oligodeoxynuclecotide，ASODN）：ASODN 能够与双链 DNA 专一性序列结合，形成三螺旋 DNA，从而阻止基因转录或 DNA 复制。其作用机理是在 DNA 结合蛋白的识别位点处，ASODN 与靶基因结合形成三螺旋结构，从而位点专一性的干扰 DNA 与蛋白质结合、启动子的转录起始与延伸，进而阻止基因复制和转录。

②反义 RNA（antisense RNA）：反义 RNA 分子通过与靶基因 mRNA 特定序列互补结合，抑制该 mRNA 的加工与翻译。目前发现的反义 RNA 的作用位点主要包括：mRNA 5′端非翻译区，包括核糖体结合位点（RBS）；mRNA 5′端编码区，主要是起始密码 AUG；mRNA 5′端帽子形成位点；前 mRNA 外显子与内含子结合部；mRNA Poly A 形成位点。针对不同靶基因的反义 RNA 技术已被应用于肿瘤的基因治疗，主要包括癌基因、端粒酶相关基因、肿瘤自分泌生长因子和受体、蛋白激酶、肿瘤血管生成相关基因、基底膜降解基因等。

（2）RNA 干扰技术　RNAi 的实质是在转录后水平的靶 mRNA 降解。其基本过程是，外源性（如病毒）或内源性的 dsRNA 在细胞内与一种具有 dsRNA 特异性的 RNA 酶Ⅲ型内切核酸酶 Dicer 结合为酶 - dsRNA 复合物，随即被切割成 21 ~ 23 碱基的 RNA 片段——siRNA，siRNA 与 Dicer 形成 RNA 诱导的沉默复合物（RNA induced silencing complex，RISC）。siRNA 作为引导序列，按照碱基互补原则识别靶基因转录出的 mRNA，并引导 RISC 结合 mRNA。随后 siRNA 与 mRNA 在复合体中换位，核酸酶 Dicer 将 mRNA 切割成 21 ~ 23 碱基的片段，从而破坏特定目的基因转录产生的 mRNA，使其功能沉默。而新产生的 siRNA 片段可再次与 Dicer 酶形成 RISC 复合体，介导新一轮的同源 mRNA 降解，从而产生级联放大效应，显著增强了对基因表达的抑制作用。

（3）miRNA 调控　miRNA 是在真核生物中发现的一类长约 19 ~ 24 个碱基的非编码单链小分子 RNA。与 siRNA 不同，miRNA 是内源性的，目前已发现 1917 个人类 miRNA，记录于 miRbase 数据库（http：//www. mirbase. org/）。成熟的 miRNA 是从 70 ~ 100 个碱基长的发夹形前体 microRNA（pre - microRNA）经 RNaseⅢ Dicer 剪切而形成。miRNA 和相应的靶 mRNA 的 3′端非翻译区互补，参与基因转录后负性调控。推测 miRNA 参与了约三分之一人类基因的调节。

（4）核酶　核酶存在于生物细胞中，是一类具有催化活性的 RNA 分子，具有高度专一

内切核酸酶的活性，可以特异性地剪切 RNA 分子。

天然核酶可分为四类：①异体催化剪切型，如 RNaseP；②自体催化剪切型，如植物类病毒、拟病毒和卫星 RNA；③第一组内含子自我剪接型，如四膜虫大核 26SrRNA；④第二组内含子自我剪接型。自我剪切型核酶，包括锤头状核酶、发夹状核酶、丁型肝炎病毒（HDV）核酶及链孢霉线粒体 vsRNA 自我剪切核酶等。目前研究较多的两种核酶是锤头状核酶和发夹状核酶，它们的结构较其他核酶简单。

（5）甲基化寡核苷酸技术　研究发现 DNA 甲基化与人类发育和肿瘤等疾病有密切关系，特别是 CpG 岛甲基化所致抑癌基因转录失活是肿瘤发生的重要机制。甲基化寡核苷酸技术是指针对靶基因序列合成甲基化寡核苷酸片段，MON 与基因的一条链互补结合形成半甲基化 DNA，半甲基化 DNA 表现为复制叉样结构，为 DNA 甲基化转移酶 - 1（DNA methyltransferase - 1，DNMT - 1）的优先底物，DNMT - 1 使其完全甲基化，然后 MON 分离出去，甲基化的第一链与未甲基化的互补链退火形成第 2 个半甲基化 DNA，同样在 DNMT - 1 的作用下完成完全甲基化。基因启动子的甲基化可以导致其转录失活，因此通过甲基化寡核苷酸技术，我们就可以对所要研究的目的基因进行特异的灭活与封闭。

4. 自杀基因治疗　自杀基因（suicide gene）治疗的基本原理是将哺乳动物没有的药物酶基因转入靶细胞内，该基因表达的产物可以将无毒性的药物前体转化为有毒性的药物，影响细胞的 DNA 合成，从而引起靶细胞死亡，因此自杀基因治疗也被称为基因介导的酶解药物前体治疗（gene directed enzyme prodrug therapy，GDEPT）。目前自杀基因治疗被广泛应用于肿瘤治疗及造血干细胞移植后移植物抗宿主反应（graft versus host disease，GVHD）的预防。

自杀基因治疗主要有以下几类。

（1）HSV/TK 基因与 GCV 系统　Moolten 首先将单纯疱疹病毒胸苷激酶（herps simplex virus thymidine kinase，HSV/TK）基因转入肿瘤细胞，肿瘤细胞编码表达的 HSV/TK 对无毒的前药阿昔洛韦或更昔洛韦（ganciclovir，GCV）有高亲和力，结合后可有效催化前药分子的磷酸化，从而形成单磷酸化分子形式，并最终使前药分子转变为三磷酸化分子。三磷酸化分子可有效掺入到细胞分裂时延长的 DNA 链上，引发 DNA 链终止与细胞死亡。HSV/TK 系统的优势在于，使用的前药无毒，同时由于肿瘤细胞增殖旺盛，因此前药转化的三磷酸分子的掺入具有较强的靶向性。

（2）CD 基因与 5 - FC 系统　由来源于大肠埃希菌或者真菌的胞嘧啶脱氨酶（cytosine demaninase，CD）和前药 5 - 氟胞嘧啶（5 - flucytoine，5 - FC）组成。正常哺乳动物不含有 CD，将 CD 基因转入肿瘤细胞后，编码产生的胞嘧啶脱氨酶将前药 5 - FC 脱氨基转化形成 5 - 氟尿嘧啶（5 - fluorouracil，5 - FU），随后形成 5 - 氟脲苷酸（5 - FuTP）或 5 - 磷酸 -5 - 氟 -2 - 脱氧尿嘧啶（5 - FduTP）。前者可以整合 RNA，干扰 RNA 的合成。后者则抑制腺苷酸合成酶，干扰 DNA 的合成，并最终导致肿瘤细胞死亡。此外，还可将 CD 基因与其他基因构建成融合基因用于自身基因治疗，如将酵母 CD 基因和尿嘧啶磷酸核糖基转移酶（uracil phosphoribosyl transferase，UPRT）基因构建为融合基因，UPRT 可将 5 - FU 直接转化为 5 - 氟尿嘧啶单磷酸（5 - FuMP），并最终转化为 5 - 氟尿嘧啶脱氧核苷酸（5 - FduMP）和 5 - FuTP，可以绕过多种竞争酶的干扰，从而大大增强了靶细胞对 5 - FC 和 5 - FU 的敏感性。

（3）VZV - TK 基因与 6 - 甲氧基嘌呤阿拉伯核苷（araMP）系统　水痘 - 带状疱疹病

毒胸苷激酶（varicella - zoster virus thymidine kinase，VZV - TK）基因转入细胞后可将 araMP 一磷酸化为 AraMMP，再经 AMP 脱氨酶、腺苷酸琥珀酸盐合成酶裂解酶、AMP 激酶和核苷二磷酸激酶这四种细胞酶代谢成为高毒性的腺嘌呤阿拉伯核苷三磷酸（ara - ATP），抑制肿瘤细胞生长。

5. 免疫基因治疗　利用免疫基因进行治疗的疾病主要包括肿瘤、白血病、自身免疫性疾病、感染性疾病等，用于治疗的免疫基因主要有细胞因子、T 细胞抗原受体（TCR）、抗体及经过改造的融合基因、协同刺激分子（co - stimulatory molecule）以及各种抗原基因等。

（三）基因治疗的转移载体与导入途径

1. 转移载体　目前基因治疗的转移载体主要分为非病毒载体和病毒载体两大类。前者基于大分子材料，通过化学的方法将裸 DNA、RNA 或者真核表达质粒导入靶细胞内；后者基于逆转录病毒、慢病毒、腺相关病毒等整合型载体和腺病毒等非整合型载体，通过病毒介导的生物方法将目的基因导入靶细胞内。

理想的基因治疗载体应具有以下特点：①必须易于高滴度大规模商品化生产；②持续稳定性，即在一定时期内能够持续表达或者精确地调控遗传物质；③免疫惰性，载体成分在导入后不激活宿主的免疫反应；④组织靶向性，即能够定向地进入特定的细胞类型；⑤导入的遗传物质的大小没有限制；⑥带有合适的调控序列，可以有效地转导、调节和表达外源遗传物质；⑦随细胞分裂而复制和均匀分配，或者整合到靶细胞染色体特异性基因位点上，避免随机整合；⑧对分裂和未分裂细胞都有感染性。当前采用的各种载体各有优缺点，尚缺少真正理想的载体。

（1）病毒载体系统

①逆转录病毒（retrovirus，RV）载体：逆转录病毒载体为 RNA 病毒，基因组编码在一条单链 RNA 分子上，进入细胞后逆转录成双链 DNA，并整合在细胞染色体中。载体的设计分为两部分：一是携带目的基因、标记基因的重组逆转录病毒载体，病毒的大部分序列已被外源基因所取代，仅保留包装信号 Ψ 及相关序列；二是包装细胞系，这种细胞含有所有的病毒衣壳蛋白，但不能独自包装出病毒颗粒。将重组逆转录病毒载体导入包装细胞后，可产生有感染能力但是复制缺陷型的病毒，将此病毒转染靶细胞，可使外源基因稳定地插入靶细胞的染色体中。

目前使用的逆转录病毒载体为鼠白血病病毒改造而来，只转染处于分裂状态的细胞，基因转移效率高，宿主范围广，病毒基因组能稳定地整合入宿主细胞染色体内，但整合过程中可能引起插入突变，从而引起靶细胞癌变。

②慢病毒（lentivirus，LV）载体：慢病毒载体是以 HIV - 1 为基础发展起来的一种病毒载体，携带有外源基因的 LV 载体在包装质粒和包装细胞系的辅助下，可包装成为有感染力的病毒颗粒。LV 载体包含了包装、转染、稳定整合所需要的遗传信息，包装质粒可提供所有的转录及包装 RNA 到重组假病毒颗粒中所需要的所有辅助蛋白，LV 载体和包装质粒同时共转染细胞，在细胞中进行病毒的包装，包装好的假病毒颗粒分泌到细胞外的培养基中，离心取得上清液后，即可直接用于宿主细胞的感染。包装质粒一般由两个质粒组成，一个质粒表达 Gag 和 Pol 蛋白，另一个质粒表达 Env 蛋白，其目的是降低恢复成野生型病毒的可能。基于同样的目的，为减少包装质粒和 LV 载体的同源性，还将包装质粒上的病毒 5′ LTR 替换成巨细胞病毒（CMV）的立早期启动子，将 3′ LTR 换成 SV40 的 polyA 等。LV 具有可感染分裂细胞及非分裂细胞、转移基因片段容量较大、目的基因表达时间长、不易诱发宿

主免疫反应等优点，已成为当前基因治疗中载体研究的热点。

③腺病毒（adenovirus，AV）载体：腺病毒载体是一种线性双链 DNA 无包膜病毒，AV 的基因由 E1（E1A、E1B）、E2A、E2B、E3、E4 组成，E1 基因与 AV 的复制有关，E1 的去除可引起复制缺陷，也为治疗基因的插入腾出了空间。目前基因治疗中所应用的 AV 载体一般缺失整个 E1A 和部分 E1B 基因，必须由 293 细胞提供 E1 蛋白才能复制出具有感染能力的病毒，这些重组病毒可在许多细胞中表达外源基因，却不能在 E1 缺陷的细胞中复制。外源 DNA 也能代替 E3 区，E3 区的缺失使其能逃避宿主的免疫系统。AV 载体有广宿主性，能有效地感染非分裂状态的细胞，与 RV 相比，AV 表达效价高，外源基因的容纳量大，另外其 DNA 不能整合于靶细胞基因组中，因此没有致癌的危险，但容易从靶细胞中丢失，因此表达不够稳定。

④腺相关病毒（adeno - associated virus，AAV）载体：腺相关病毒是一种无包膜的单链线状 DNA 病毒，属细小病毒科，是一种缺损型病毒，它只与辅助病毒（如 AV 或 HSV）共同感染时才能进行有效地复制和产生溶细胞性感染。在辅助病毒不存在的情况下，AAV 的 DNA 可以 dsDNA 的形式特异地整合入人类的 19 号染色体的长臂中，从而减少插入突变的危险性。AAV 主要感染非分裂细胞，宿主范围广，易生长，获得的滴度高，稳定性好，便于浓缩、纯化和灭活辅助病毒。AAV 被公认为是最安全的病毒载体，在基因治疗和疫苗研究中受到广泛重视，适用于体内外基因治疗、遗传病基因治疗、获得性慢性疾病的治疗。

⑤单纯疱疹病毒（herpes simplex virus，HSV）载体：单纯疱疹病毒载体是一类双链 DNA 病毒，可感染非分裂细胞，病毒滴度高，可容纳长约 50kb 的外源基因，包括正常启动子、增强子序列的完整基因的插入，HSV 对神经系统有天然的亲和性，可在神经系统中呈隐性感染，因此可作为中枢神经系统靶向的良好载体。由于野生型单纯疱疹病毒对人类具有明显的致病性，能够从潜伏状态激活，所以目前仅限于某些神经系统恶性肿瘤的临床治疗试验。与其他病毒载体不同的是，在重组 HSV 中使用外源启动子效果很差，表达时间短。

（2）非病毒载体系统

①脂质体：脂质体分阳性脂质体、中性脂质体、阴性脂质体以及 pH 敏感的脂质体，其他新型用于基因治疗的脂质体仍在不断地被合成，如双四铵化合物（diquaternary ammo nium compounds）等。

阳性脂质体体外应用较多，如商品化的 Lipofectin。阳离子脂质体结构一般包括疏水基团和氨基基团，增加分子中氨基基团的数目，以及增加氨基基团与疏水基团之间的距离有利于 DNA 的释放。阳离子脂质体与 DNA 形成的复合物颗粒大小从 50nm 到 1μm 不等，大颗粒的转染效率优于小颗粒。脂质体经聚乙二醇修饰后，可降低脂质体 - DNA 复合物颗粒之间的相互聚集，降低与血液成分的相互作用，使脂质体 - DNA 复合物颗粒由大颗粒变成小颗粒，同时不影响脂质体与细胞的亲和力。

体内应用中发现脂质体 - DNA 复合物局部注射后，报告基因仅表达在注射点周围。静脉注射脂质体 - DNA 复合物后，血液中可发生成簇的多聚脂质体，但聚合物体积一般小于红细胞，血浆中大部分脂质体复合物快速由肺内皮细胞、肝窦中 Kupffer 细胞以及脾中的巨噬细胞清除。

②阳离子多聚物（polycation）：阳离子多聚物可浓缩富含阴离子的 DNA，然后黏附到细胞表面的硫酸黏多糖上，经内吞进入细胞从而使目的基因表达。报道的阳离子多聚物种

类很多，如聚乙烯亚胺（poly ethylenimine，PEI）、聚丙烯亚胺树突状物、聚酰胺树突状物、多聚赖氨酸、多聚组氨酸、聚氨基葡萄糖等以及上述聚合物的聚乙二醇修饰物。其中研究较早的是多聚赖氨酸，后来发现PEI性能更佳，是目前研究的热点。PEI可抑制溶酶体，在吞噬泡酸性环境中质子化、正电荷增加，对DNA提供更大的保护作用，有利于质粒逃离吞噬泡。PEI分子有分枝形和线型两种，分枝形的PEI体外应用相对偏好，线形PEI体内应用较好。PEI糖基化或聚乙二醇化增加了其生物兼容性，可形成囊泡状结构，屏蔽表面多余的正电荷，有利于体内应用。

阳离子多聚物偶联上配体，通过受体介导的内吞途径进入靶细胞，可增加转染效率和靶向性。偶联的配体有去唾液酸酸性糖蛋白（asialooro somucoid）、半乳糖、甘露糖、内皮细胞生长因子、转铁蛋白以及各种单抗等。

③多肽载体：多肽载体是由配体区、结合DN A的阳离子区、核定位信号区、两性分子功能区组成的四位一体的合成短肽。如THALWHT寡肽可特异结合气道上皮，并被吞入细胞内。多肽载体的DNA结合部分多是碱性氨基酸，如精氨酸、赖氨酸、组氨酸，其中精氨酸结合质粒的能力优于赖氨酸；同时发现加入组氨酸可增加转染效率，其机制可能是组氨酸的咪唑基类似于吞噬泡去稳定剂，有助于载体DNA复合物逃离吞噬泡。另外在多肽载体中加入少许色氨酸、半胱氨酸可增加转染效率，其中半胱氨酸有助于多肽载体之间相互交联。与阳离子多聚物相比，多肽载体/DNA复合物补体系统活化作用弱，不足之处在于阳离子负荷相对偏少。

Legendre等人用二油磷脂酰乙醇胺－吡啶二硫丙酸酯（dioleoy lphosphat idylethanolamine －*N*－［3－（2－pyridy ldithio）propio nate］）与20个氨基酸左右的蜂毒肽（melittin）偶联，制备了二油酰蜂毒肽（dioleoyl melittin），后者可与质粒DNA形成环形颗粒，有效地转染真核细胞，从而建立了多肽转基因载体的方法。

④纳米基因载体：纳米载体是指由纳米生物材料制备、尺寸界定在1～100nm的药物载体，具有生物兼容性、可生物降解、药物缓释和药物靶向传递等良好的特性。

以纳米脂质体为例，其主要由磷脂及胆固醇合成，磷脂和胆固醇本身是细胞膜的主要成分，由于其自身的仿生物膜的特点，可以通过其与细胞膜的融合或胞吞作用将目的基因导入细胞。高分子纳米材料如聚乳酸（polylactide，PLA）、聚丙交酯－乙交酯［poly（lactide－co－glycolic acid），PLGA］、壳聚糖（chitosan）等作为基因治疗载体目前也受到广泛的关注，其中PLA、PLGA由于最终在体内降解为二氧化碳和水，已经被美国FDA批准作为临床药用的辅助材料。此外，组织细胞摄取了纳米粒后，根据所选用的材料在体内的水解速度不同，可实现所负载核酸分子的可控、缓慢释放，如PLGA纳米粒载体可通过逐渐水解使目的基因缓慢释放达一月之久。由于这些良好的生物学特性，药物纳米载体开始成为新一代基因治疗载体的研究新热点之一。

2. 导入途径　基因治疗主要有两种途径：*ex vivo*和*in vivo*，可以根据不同的疾病和导入基因的不同性质予以选择。

（1）*ex vivo*途径　*ex vivo*意为体外、离体或者间接体内，是指先在体外将外源基因导入细胞，再将含有外源基因的细胞回输体内的基因治疗方法。这种方法靶向性好，相对比较安全，导入基因的效率较高，但是容易受到所选靶细胞的限制，并且对操作和环境设施的要求比较严格，过程繁琐，因此推广难度较大，不易形成规模。

（2）*in vivo*途径　*in vivo*意为体内、在体或者直接体内，是指直接将外源基因导入体

内，使其在体内转入靶细胞的基因治疗方法。以这种方式导入的治疗基因及其转移载体必须充分证明其安全性，而且进入体内后转移载体要能将目的基因有效地导入靶细胞，使其正常地表达，因此在技术上要求很高，其难度明显高于 *ex vivo* 的模式。但是这种方法类似传统给药的操作流程简便易行，容易推广，利于大规模产业化生产。

（四）基因转移的靶细胞

基因治疗的靶细胞主要分为两大类：生殖细胞（germ－line cell）和体细胞（somatic cell）。生殖细胞基因治疗是将正常基因转移到患者的生殖细胞（精子、卵细胞或早期胚胎）使之表达基因产物，以达到治疗目的。从理论上讲，生殖细胞的基因治疗是可行的，并且能使遗传病得到根治，但由于当前基因治疗技术还不成熟，以及涉及一系列的伦理学问题，因此目前生殖细胞的基因治疗仅在动物中进行，通过转基因动物来生产治疗药物或建立疾病模型等。就人类而言，一般不考虑生殖细胞的基因治疗，而是更多地采用体细胞基因治疗，这样基因型的改变只限于某一类体细胞，其影响也只限于某个体的当代。

基因治疗合适的靶细胞应该是容易从体内取出和回输，能在体外增殖和进行基因操作，能在体内保持相当长的寿命或者具有分裂能力的细胞，这样才能使被转入的基因长期有效地发挥“治疗”作用。基因治疗中靶细胞的选择还应该从实际出发，即对于不同疾病的基因治疗选用不同类型的靶细胞。如以肝细胞为靶细胞治疗家族性高胆固醇血症，以中枢神经系统细胞为靶细胞治疗帕金森病。目前常用的靶细胞有干细胞、淋巴细胞、肿瘤细胞、成纤维细胞、肌肉和皮肤组织等。

1. 造血干细胞（hematopoietic stem cell，HSC）　造血干细胞是最早被发现的一种干细胞，也是目前研究最多的一种干细胞。它具有两个重要的特征：①高度的自我更新或自我复制能力；②可分化为所有类型的血细胞。由于造血干细胞存在于血液循环之中，因而极利于外源转染基因的表达产物释放入血液，而且 HSC 从鉴定、分离纯化到体外培养、扩增以及自体或异体移植等已具备一套成熟的技术路线，利用成熟的骨髓移植技术结合有效的病毒载体和基因转导策略可将基因转导至 HSC，并使转导基因终生存在于血细胞内。因此 HSC 是最早、也是公认为最理想的基因治疗的靶细胞之一，并已为临床所普遍使用。目前已报道的以造血干细胞为靶细胞的基因治疗涵盖 ADA－SCID、地中海贫血、肿瘤、心血管疾病和艾滋病等，此外，NeoR 或 LacZ 等中性基因标记的造血干细胞还可用于评价骨髓移植后恶性肿瘤复发的原因和造血重建。

造血干细胞的主要来源包括骨髓、胎肝、动员的外周血。近年来的研究表明脐血富含更原始的、能重建造血功能的干细胞，具有较强的自我增殖及多向分化的能力，是造血干细胞的又一丰富来源。由于造血干细胞在形态上无法与其他细胞相区别，所以只能利用造血干细胞的表面标志对其进行分离，人造血干细胞标志物的表达情况是：$CD34^{+}/CD38^{-}/Lin^{-}/C-kit^{+}/KDR^{+}/CD133^{+}$等，可根据需要选择其中的标志性分子进行正性或负性筛选得到含有处于不同发育阶段的造血干/祖细胞，通过理化方法或生物学方法导入基因直接用于治疗，或先在体外利用造血干/祖细胞的多向分化潜能，通过细胞因子的不同组合，诱导其发生定向分化，从而产生大量的功能细胞再用于基因治疗。

2. 间充质干细胞（mesenchymal stem cells，MSCs）　间充质干细胞是存在于骨髓、脂肪、胎盘、结缔组织和器官间质内的一类具有自我更新、增殖和多向分化潜能的成体干细胞，可分化为成骨细胞、软骨细胞、脂肪细胞、肝细胞、肌细胞以及神经元细胞等。间充质细胞较为原始，分化能力强，可在体外进行分离、培养，生物学特性稳定，其低免疫

原性使其适宜于不同个体之间的移植与治疗，而无需经过严格的配对，是细胞治疗的理想靶细胞，在骨科疾病、神经系统疾病、自身免疫性疾病、肝脏疾病和心脏疾病等治疗中获得广泛应用。

人肝细胞生长因子（hHGF）基因修饰的人骨髓间充质干细胞经酒精性肝硬化血清诱导可明显促进其向肝样细胞分化，是基因治疗终末期肝病的有效途径。另外，将 MSCs 作为受体细胞，携带抗肿瘤因子如 干扰素（interferon，IFN）、白细胞介素（interleukin，IL）、TNF 相关的凋亡诱导配体（TNF related apoptosis - inducing ligand，TRAIL）等，依靠 MSCs 向肿瘤部位特异性迁移的特性，可杀伤或抑制肿瘤细胞生长。

3. 诱导多潜能性干细胞（induced pluripotent stem cells，iPS）　诱导多潜能性干细胞是通过在分化的体细胞中表达特定的几个转录因子，以诱导体细胞的重编程而获得的可不断自我更新且具有多向分化潜能的细胞。由于 iPS 既避免免疫排斥，又不涉及伦理道德问题，因此在细胞替代治疗上具有广泛且重要的临床应用价值。

Hanna 等人率先在小鼠中用 iPS 细胞治疗了镰刀形红细胞贫血症（sickle cell anemia，SCA）。他们利用人源化的镰刀形红细胞贫血症小鼠模型［小鼠的 α 和 β - 珠蛋白分别被人的 α，Aγ 和 β^S（sickle）- 珠蛋白所替代］，首先，将患病小鼠尾尖成纤维细胞重编程为 iPS 细胞，然后通过同源重组的方法用人野生型 β^A - 珠蛋白基因替代了 β^S - 珠蛋白基因，接着把遗传修饰后的 iPS 细胞定向分化为造血祖细胞（hematopoietic progenitors，HPs），并将纯化后的 HPs 移植入 $h\beta^S/h\beta^S$ 雄性小鼠中。对比未移植 HPs 的对照组小鼠，移植 iPS 细胞分化而来的 HPs 有效地抑制了镰刀形红细胞贫血症症状，如多染性细胞降低、红细胞大小不等现象，红细胞变形减少，同时红细胞数目增加。

4. T 淋巴细胞（Tlymphocyte）　T 淋巴细胞简称 T 细胞，是重要的免疫细胞，可以作为抗原特异性 TCR 基因导入的靶细胞，用于肿瘤、病毒感染、自身免疫性疾病等的基因治疗。

T 细胞根据表达的 TCR 种类的不同可以分为 $\alpha\beta^+$ 和 $\gamma\delta^+$ 两类，其中 $\alpha\beta^+$ T 细胞占外周血 T 细胞的 90% ~95%，是外周血中的主要免疫效应细胞，在抗感染免疫、肿瘤免疫、免疫调节等过程中发挥重要作用。既往的研究已证明，肿瘤和病毒感染等患者体内存在特异性识别疾病相关抗原的 T 细胞克隆，这提示可以通过分选和扩增这些特异性的 T 细胞克隆，尤其是其中的细胞毒性 T 淋巴细胞（cytotoxic T lymphocyte，CTL），用于肿瘤或病毒感染等患者的免疫治疗。体外实验完全证实了这种可能性，因此针对特异性抗原的 T 细胞过继性免疫治疗对于包括肿瘤在内的很多疾病是一种很有潜力的治疗方法。但真正能用于病人治疗的方案却寥寥无几，其原因在于短时间内很难培养获得足够数量的 CTL 用于治疗。所以，如何获得足够数量的肿瘤抗原特异性 CTL 是更为主要的问题。

近年来，肿瘤相关抗原特异性 TCR 基因的相继分离，使得通过转导 TCR 基因产生抗原特异性的 T 细胞成为可能，也为得到有治疗价值的 T 细胞提供了有力的手段。目前的研究是通过将能够识别肿瘤或病毒抗原的 TCR 基因转入普通 T 细胞中，使其也能表达这种独特型的 TCR 分子，经大量扩增后成为能够特异性杀伤靶细胞的基因修饰 T 淋巴细胞，这种 T 细胞又被称为 TCR - T。有资料显示，TCR 基因修饰的小鼠和人的 CTL 可在体外长期保持识别特异性，并可在体内介导抗病毒和抗肿瘤等保护作用，在治疗恶性肿瘤、自身免疫性疾病和病毒感染性疾病方面具有巨大的潜能。TCR 分子识别的抗原肽需要由主要组织相容性复合体（major histocompability complex，MHC）提呈到细胞表面，由于涉及到 MHC 的配型，应用较为受限，因此有学者提出了嵌合抗原受体（chimeric antigen receptor，CAR）的

概念，洪堡大学 Zelig Eshhar 教授将抗体的轻重链连接到 TCR 的恒定区上，制备成嵌合抗原受体（CAR），用于修饰 T 细胞，这种细胞被称为 CAR－T。

5. 肿瘤细胞 肿瘤是严重危害人们生命健康的恶性疾病，尽管手术和放化疗等传统治疗手段在不断发展和改进，但是治疗效果依然没有很好的提高，因此基因治疗就成为肿瘤治疗研究的热点。目前肿瘤的基因治疗占所有临床治疗案例的近 65%，其中相当一部分是将肿瘤细胞作为基因导入的靶细胞，通常的策略包括增加肿瘤细胞的免疫原性、抑制癌基因的表达、表达正常的抑癌基因以及导入自杀基因等。

6. 成纤维细胞（fibroblast） 成纤维细胞是结缔组织中最常见的细胞，由胚胎时期的间充质细胞分化而来。在结缔组织中，成纤维细胞还以其成熟状态——纤维细胞（fibrocyte）的形式存在，二者在一定条件下可以互相转变。成纤维细胞作为结缔组织的主要细胞类型，取材及移植都比较方便，且外源基因在其中能实现较长时间地稳定表达，因此是治疗皮肤病、癌症、神经性疾病例如帕金森病等理想的基因治疗的靶细胞。

目前的相关报道有：将高分泌 IFN－α 的成纤维细胞体内移植后，能显著提高机体的 NK 活性和巨噬细胞杀伤活性；成纤维细胞介导的人 IFN－α 基因疗法能显著增强机体的免疫功能，具有较强的抗黑色素瘤的作用；酪氨酸羟化酶（tyrosine hydroxylase，TH）和 GTP 环水解酶－1（guanosine triphosphate cyclohydrolase 1，GCH1）基因修饰的成纤维细胞，对帕金森病（parkinson disease，PD）大鼠模型具有一定的疗效；人生长激素重组载体在原代成纤维细胞中的表达可应用于生长激素缺乏症的基因治疗。

7. 肌肉和皮肤组织 肌肉是基因药物治疗常用的靶组织，人体内肌肉含量丰富，可转基因的容量大、面积广，可引入一种或多种基因。肌肉细胞一般在注射后 1～3 天即可表达，7～14 天到达高峰，可持久表达治疗性的蛋白质或多肽。肌肉组织与其他组织如心、脑、肝等组织相比功能单一，肌肉的损伤不会直接威胁到生命，另外，与静脉内注射的基因药物不同，药物基因主要在肌肉局部组织表达，很难传播到其他组织，因此肌肉组织是十分安全高效的基因治疗靶器官。

皮肤亦是一种有效的基因转移的靶组织，一般采取皮内或皮下注射基因药物，在表皮、真皮等细胞表达治疗性的蛋白质或多肽。转基因后 4h 可检测到外源基因的表达，1～3 天到达高峰，表达可持续一周左右。由于皮肤细胞不断更新，因而基因药物在其中存在和表达的时间较短，常用于银屑病、红斑狼疮等皮肤病和皮肤肿瘤的治疗。

8. 其他组织和细胞 除了上述的细胞和组织外，心、脑、肝、肾等都可以作为基因药物治疗的靶器官。在血管内注射基因药物，基因转移较快，其弥散的组织多，范围广，不仅可被血管内皮细胞、单核和巨噬细胞所摄取，还能广泛分布在心、肝、肺等器官中，因此静脉注射常用于肝癌和肺癌的肿瘤治疗。另外，用肝细胞作为靶细胞治疗人类低密度脂蛋白受体缺乏症也已批准用于临床试验，它还可治疗苯丙酮尿症，α_1－血抗胰蛋白酶缺乏症等代谢异常的疾病。

（五）重要疾病的基因治疗

基因治疗最初针对的疾病主要是遗传病，但目前研究最多的则是肿瘤，另外基因治疗在心血管疾病、感染性疾病、自身免疫性疾病、内分泌疾病、呼吸系统疾病、中枢神经系统疾病等方面都有了较深入的研究。

1. 遗传病

（1）遗传病的分类 遗传病可以分为 4 类。

①单基因遗传病：指由单个基因发生突变所引起的疾病，其发生主要受一对等位基因控制，它们的遗传方式遵循孟德尔分离定律。如血红蛋白病、严重联合免疫缺陷病、氨基酸和糖类及脂类代谢异常病等。

②线粒体遗传病：指由线粒体 DNA 突变引起线粒体代谢酶缺陷，使 ATP 合成障碍、能量来源不足导致的疾病。目前发现的线粒体遗传病集中在神经和肌肉系统，如 Leber 遗传性视神经病、MERRF 综合征、MELAS 综合征、链霉素耳毒性耳聋、神经病伴运动性共济失调和视网膜色素变性等。

③多基因遗传病：指由多个基因与环境因子共同作用所引起的遗传性疾病，其发生不是决定于一对等位基因，而是由两对或两对以上的等位基因所决定。如常见的原发性高血压、冠心病、哮喘、精神分裂症、消化性溃疡、强直性脊椎炎等。

④染色体病：指由体内、外因素导致的先天性的染色体数目异常或结构畸变引起的疾病，如染色体部分断裂后出现的染色体易位、缺失和倒位等染色体畸变。染色体病通常伴有发育畸形和智力低下，同时也是导致流产和不育的重要原因，如 Down 综合征、Edwards 综合征、Patau 综合征、Turner 综合征等。

（2）常见遗传病的基因治疗　基因治疗目前多限于某些单基因遗传病，常被选择的是已经在临床上经过基因治疗获得疗效的少数几种疾病，如 ADA－SCID 和 X－SCID、囊性纤维化、血友病等。

①重症联合免疫缺陷症：ADA－SCID 是由于 ADA 缺乏造成核酸代谢产物的异常累积，致使 T、B 淋巴细胞发育不全，功能障碍，从而导致严重的细胞、体液免疫缺陷。1990 年，美国国家卫生研究院（NIH）批准了 ADA 缺乏症的临床基因治疗方案：先应用聚乙二醇包被的胎牛 ADA 进行补偿治疗，以提高患者外周血 T 淋巴细胞的数目；获取 T 淋巴细胞并在体外培养，将人 ADA 基因以逆转录病毒载体导入 T 淋巴细胞；然后将转化的淋巴细胞回输入患者体内。该方案对两例 ADA 缺乏症的女孩进行了 7 次和 11 次的临床基因治疗，导入的 ADA 基因可表达，ADA 水平由原来相当于正常人的 1% 上升到 25%，免疫系统趋于正常，未见明显副反应。近来，研究者们将携带有 ADA 基因的逆转录病毒体外转导至患者自体 $CD34^{+}$ 骨髓细胞，并将这些细胞重新回输患者体内，在经过平均 4 年的随访后，所有转导的细胞均稳定存在于血液中并分化成含有 ADA 的骨髓细胞和淋巴细胞，无毒副反应。这些事例表明遗传病的基因治疗是可以获得成功，说明基因治疗是可行的。

除了 ADA－SCID，X－SCID 也很早就有基因治疗的案例报道，X－SCID 是由于 X 染色体上的 IL－2RG 基因发生突变所致，该基因编码一个受体亚基，是 IL－2、IL－4、IL－7、IL－9、IL－15 和 IL－21 受体的重要组成部分，它的缺陷影响 T 细胞、B 细胞、NK 细胞等免疫细胞的发育，导致严重的免疫缺陷。2000 年有 11 例患有 X－SCID 的患儿接受基因治疗后效果显著，这是基因治疗历史上治疗效果首次取得广泛认同的案例，尽管后来有 3 例患者接受治疗后导致了白血病，但是总的治疗效果还是值得肯定的。

②囊性纤维化（cystic fibrosis，CF）：囊性纤维化是主要影响胃肠道和呼吸系统的常染色体隐性遗传疾病，其发病机制为囊性纤维化跨膜转导调节因子（cystic fibrosis transmembrane conductance regulator，CFTR）基因突变，导致 CFTR 氯离子通道功能障碍引起致死性的遗传性囊性纤维化病。应用腺病毒载体携带正常的 CFTR 基因导入呼吸道上皮的基因治疗试验已经成功。1992 年，NIH 批准三个研究机构对 CF 基因治疗进行Ⅰ期临床试验。2002 年，通过呼吸道并利用腺相关病毒载体携带 CFTR 基因的药物 tgAAVCF 进行了Ⅱ期临床试

验，结果显示其安全性明确，肺功能改善明显，IL-8 水平得到降低，转基因达显著水平。

③血友病：血友病是一种常见的遗传性凝血功能障碍性疾病，是由于编码凝血因子的基因异常引起凝血因子缺乏所致。根据患者所缺乏凝血因子的种类不同，将常见的血友病分为血友病 A、血友病 B 和血友病 C，它们分别缺乏凝血因子Ⅷ（factor Ⅷ，F Ⅷ）、凝血因子Ⅸ（factor Ⅸ，F Ⅸ）和凝血因子Ⅺ。其临床治疗主要依靠凝血因子替代治疗，如输血浆、凝血酶原复合物或补充凝血因子浓缩制剂等。以上替代疗法在应用过程中均存在不同程度的副作用，受到一定的限制，且不能从根本上治愈血友病。基因治疗可从基因水平上纠正基因的缺陷，有望成为治愈血友病最理想的治疗方法。

血友病 A 所缺乏的 F Ⅷ分为三大区域，依序排列为 A1、A2、B、A3、C1、C2，已知 A、C 区域与 F Ⅷ凝血功能有关，因此血友病 A 基因治疗必须导入 A、C 两区域的密码子。有学者对 6 例严重血友病 A 患者实施基因治疗，通过电穿孔将携带有删除 B 区域的 F Ⅷ基因质粒转染到患者自身皮肤成纤维细胞，体外培养后，注入患者的大网膜，结果有 4 例患者 F Ⅷ水平提高 1% ~2%，最高达到 4%，F Ⅷ水平提高最高的患者，临床症状的改善持续大约 10 个月，但 F Ⅷ水平最后降至 0.5% 以下。可见长期疗效并不肯定，仍需进一步改变基因治疗的策略和方法。

我国复旦大学遗传学研究所应用逆转录病毒载体转移 F Ⅸ基因到培养的中国仓鼠卵巢细胞（CHO）中，得到较好表达。后又将该基因转移至患者皮肤成纤维细胞中，产生了高滴度有凝血活性的 F Ⅸ蛋白，实验中未发现致畸和致癌现象。1991 年对 2 例血友病 B 患者进行了世界上首次血友病 B 基因治疗的 I 期临床试验，经治疗后患者症状有不同程度减轻，体内 F Ⅸ浓度增加，但也只能达到正常值的 5%。英国研究人员采用的 AAV 血清型 8 作为载体进行血友病 B 的基因治疗，接受治疗的高剂量组患者在 8 周的治疗中，其血清 F Ⅸ水平达到了正常值的 8% ~ 12%。血友病 B 的临床基因治疗起步不久，患者大多只能从重型转变为轻型，还很难完全消除患者的症状，因此需要选择更好的表达载体和靶细胞，更有效的基因转移方式，以便获得 F Ⅸ 的长期高效表达。

2. 肿瘤　目前肿瘤基因治疗中常用的治疗策略主要有：①导入直接杀伤或抑制癌细胞生长的基因，如抑癌基因、自杀基因、溶瘤病毒基因等；②沉默与肿瘤发生发展有关的基因；③导入可提高免疫应答的基因，如细胞因子、TCR 的编码基因、抗原基因等。

（1）导入抑癌基因　p53 基因是肿瘤基因治疗中最常用的抑癌基因，野生型 P53 蛋白在维持细胞正常生长、抑制恶性增殖中起着重要作用。p53 基因时刻监控着基因的完整性，当细胞中 DNA 受到损伤时，p53 基因被激活，p53 蛋白结合并诱导下游靶基因表达，如果细胞受损过重，则走向程序性死亡或凋亡，否则使细胞停止生长以便进行 DNA 修复。p53 基因突变不仅会失去肿瘤抑制活性，而且导致新的癌基因活动，促进肿瘤发生。因此针对抑癌基因突变造成的肿瘤，导入正常的抑癌基因是有效的治疗途径之一。

（2）自杀基因治疗　自杀基因在肿瘤治疗方面的研究已有多年历史，目前该疗法在肝癌、结直肠癌、胃癌等消化系统肿瘤进行了大量临床前和临床试验研究。HSV-TK/GCV 系统和 CD/5-FC 系统是目前研究最深入、应用最广泛的自杀基因系统。

近年很多研究已趋向于自杀基因联合其他基因治疗方案，通过相互协同作用，增强抗肿瘤效果。如自杀基因与免疫基因联合治疗，有学者将 HSV-TK 与 IL-2 联合转染荷瘤裸鼠，给予 GCV 后具有明显的剂量和时间依赖性杀伤效应，且旁观者效应明显，其抗瘤作用显著强于两种基因单独应用。还有研究将腺病毒载体介导的 HSV-TK 和单核细胞趋化因子-1

（MCP－1）组成的联合治疗基因（Ad－TK－MCP－1）转染 Huh7 皮下致瘤的裸鼠，结果发现，转染 Ad－TK－MCP－1 的细胞中 HSV－TK 的表达水平以及对 GCV 的敏感性均优于单独的 HSV－TK 基因。现在已设计出应用 HSV－TK 基因治疗肿瘤的较成熟的临床试验方案。

（3）沉默与肿瘤发生发展有关的基因　有很多基因同肿瘤的发生发展密切相关，如癌基因、端粒酶基因、信号分子等，可以利用基因沉默的一些手段，如反义 RNA、RNAi、miRNA 等对这些基因进行干扰，以阻止肿瘤细胞失控的生长。

针对不同靶基因的反义 RNA 技术已被应用于肿瘤的基因治疗，主要包括如下几类：癌基因，如针对癌基因 Bcl－2、Bcl－xl，c－myc，c－jun 等；端粒酶相关基因，如针对端粒酶 RNA、端粒酶催化亚单位（human telomerase catalytic subunit，hTERT）设计反义 RNA，以降低肿瘤细胞端粒酶活性，抑制肿瘤细胞增殖；肿瘤自分泌生长因子和受体。如针对 EGF/EGFR、IGF/IGFR、TGF/TGFR 基因设计反义 RNA，以抑制肿瘤细胞增殖；蛋白激酶基因，如针对具有细胞增殖、基因表达诱导以及阳离子通道调节等功能，且在肿瘤细胞中高表达的蛋白激酶 A 基因设计反义 RNA；肿瘤血管生成相关基因，如 VEGF 基因等；基底膜降解基因，如和肿瘤细胞降解基底膜进而浸润转移密切相关的基质金属蛋白酶（matrix metalloproteinases，MMPs）－14，MMP－7 基因等；耐药基因，有人将多药耐药基因 MDR1 的反义核苷酸导入具有抗药性的红白血病细胞，培养一段时间后这种细胞对阿霉素和正定霉素的抗药性明显下降。

由于 miRNA 也参与细胞凋亡、分化和发展进程，因此有学者认为，把 miRNA 作为肿瘤生物治疗的靶分子将比用编码基因作为靶分子更加有效。研究表明某些 miRNA 可作为癌基因或者肿瘤抑制基因，如在结肠癌中，miR－143 和 miR－145 明显下调，是肿瘤抑制基因；在乳腺癌中 miR－125a 的作用是抑制肿瘤生长和诱导凋亡，是肿瘤抑制基因；miR－17～92 在肺癌和淋巴瘤中表达增强，是一个致癌基因。因此 miRNA 相关的肿瘤基因治疗就包括两方面：一方面引入与具有癌基因特性 miRNA 互补的反义寡聚核苷酸可有效地灭活肿瘤中的 miRNA，延缓其生长；另一方面过表达那些具有肿瘤抑制基因作用的 miRNA。在一些研究中已确立了以 miRNA 为基础的治疗措施的有效性，如 miR－15a 和 miR－16－1 在慢性淋巴细胞白血病中诱导细胞凋亡，miR－125 在乳腺癌细胞中降低了其转移和侵袭能力，miR－let－7 可抑制 MAPK 激活，降低甲状腺癌 TPC－1 细胞生长。这些研究结果都显示 miRNA 作为基因治疗靶标的巨大潜力。

（4）免疫基因治疗　免疫基因治疗是从免疫学的角度出发，通过增强肿瘤微环境中的免疫反应，提高机体的特异性抗肿瘤免疫力达到杀伤肿瘤细胞，并且降低对正常细胞和组织不利影响的目的。

常用的抗肿瘤免疫基因治疗策略如下。

①转染细胞因子基因：细胞因子在感染、炎症和免疫反应时被释放，很多细胞因子如干扰素、肿瘤坏死因子（TNF）、白介素等都有抑制肿瘤的作用。将编码细胞因子的基因导入肿瘤细胞并在其中表达，不仅能够产生针对原发肿瘤细胞的免疫应答，而且还能诱导产生针对转移肿瘤细胞的系统应答。有研究者利用 AAV 为载体，通过肿瘤坏死因子相关诱导凋亡配体（TRAIL）进行基因治疗，显著促进了人结直肠癌肿瘤细胞坏死和凋亡。

②在 T 细胞中导入特异性 TCR 基因：TCR 基因修饰 CTL（TCR－T）的应用研究最早开始于黑色素瘤，因为黑色素瘤细胞的抗原性相对较强，易于被机体免疫系统识别，是大

多数抗肿瘤免疫应答的研究模型。1999 年，Clay 等人首先在黑色素瘤模型上进行相关的研究表明了利用外源 TCR 基因改造 T 细胞的可行性，随后很多研究者陆续证明了这一点，国内也有相关的研究报道。2006 年，Rosenberg 领导的研究团队在《科学》杂志发表了他们在黑色素瘤患者中进行的 I 期试验结果，在对 17 例患者进行 TCR – T 过继性回输治疗之后，有 2 例患者的瘤体发生了消退，有 15 例病人体内 TCR 基因修饰 T 细胞的比例在 2 个月后仍达 10% 以上，这一临床试验为 TCR – T 的应用奠定了良好的基础。

③在 T 细胞中导入 CAR 基因：有不少研究者结合抗体和 TCR 两者的优点，对抗体进行改造（胞内区融合 CD3/CD28 分子、与 TCR 组成嵌合分子等），以修饰 T 细胞用于抗肿瘤治疗，即嵌合抗原受体修饰的 T 细胞（chimeric antigen receptor – enginecred T cells，CAR – T）疗法，如 Junghans 等人利用改造的特异性识别癌胚抗原（CEA）的免疫球蛋白基因转染患者的 T 细胞，用于治疗转移性乳腺癌病人，他们还利用胞内区连有 CD28 相关结构域的嵌合抗体分子改造 T 细胞用于胃癌的临床治疗。2017 年 8 月 31 日，诺华公司用于治疗 B 细胞前体急性淋巴性白血病的 CAR – T 获批上市（商品名为 Kymriah），定价 47.5 万美元，同年 10 月 18 日，Kite 公司的 Yescarta 也在美国获批上市，定价 37.3 万美元，这两种 CAR – T 产品的上市开启了肿瘤免疫治疗的新里程。

④转染协同刺激分子基因：将协同刺激分子基因导入肿瘤细胞中能够促使其更有效地刺激活化淋巴细胞，诱导抗肿瘤免疫反应。目前发现的共刺激分子有多种，其中最有代表性的是 B7 分子，B7 能够与 T 细胞表面的 CD28 和 CTLA4 结合，结合 CD28 可激活 T 细胞，增强或放大免疫反应，结合 CTLA4 可抑制过于强烈的免疫反应。由于肿瘤细胞一般低表达或不表达 B7，因此可以将外源 B7 导入肿瘤细胞中，以活化 T 细胞的抗肿瘤免疫反应。系列的动物和临床试验都表明利用 B7 修饰肿瘤细胞可以增强机体的抗肿瘤反应，还有研究者将其和IL – 2 等细胞因子联合进行基因治疗，也取得了较好的效果。

⑤导入相关抗原基因：可以将肿瘤抗原基因导入专职抗原提呈细胞以提高肿瘤的免疫原性，刺激机体产生抗肿瘤免疫反应，如树突状细胞（dendritic cells，DC）瘤苗。有学者用表达乳腺癌相关抗原 BA46 的重组 AAV 转导 DC 细胞诱导了快速而且强烈的 BA46 特异 MHC 相关的杀伤性细胞免疫反应。此外还可以将 MHC I 类抗原基因导入肿瘤细胞内，通过增加肿瘤抗原肽的提呈增加其免疫原性，从而有效地激活机体抗肿瘤免疫反应，降低肿瘤细胞的致瘤性。

目前，免疫基因治疗的临床研究已有大量成功报道，但理想的肿瘤免疫基因治疗方法仍有待确定，并随肿瘤的类型而变化。

有关抗肿瘤的基因治疗除了上述提到的这些方法，还可以将耐药基因导入患者的造血干细胞，以增强造血系统抵抗化疗药物导致的骨髓抑制作用，从而有利于增加化疗过程中的药物使用剂量，提高治疗效果。另外利用溶瘤病毒杀伤肿瘤细胞也是一种可选的治疗方法。

3. 感染性疾病　感染性疾病的基因治疗包括针对感染病原体的基因治疗和操纵免疫应答的基因治疗两种策略。目前，只在人类免疫缺陷病毒（human immunodeficiency virus，HIV）、肝炎病毒、疱疹病毒、人类乳头瘤病毒、人巨细胞病毒等少数几种病毒感染性疾病中开展。

（1）AIDS 的基因治疗　获得性免疫缺陷综合征（acquired immune deficiency syndrome，AIDS），又称为艾滋病，是人类因为感染 HIV 后特异性破坏 $CD4^+$ 细胞，导致免疫缺陷，并

发一系列机会性感染及肿瘤，严重者可导致死亡的综合征。HIV 感染时，通过其外膜的 Gp120 与靶细胞膜上的 CD4 分子结合，同时与胞膜上趋化因子受体 CXCR4 或 CCR5 结合，Gp120 构象改变，暴露 Gp41，使病毒核心进入靶细胞。HIV 可通过直接、间接方式杀伤靶细胞和诱导细胞凋亡，感染的基本特征是 $CD4^+$ T 淋巴细胞数量减少和功能障碍。

AIDS 的基因治疗策略主要有以下几种：①利用反义核酸、RNAi、miRNA 等手段作用于 HIV 的 tat、rev、nef、vpu、gag 等基因，通过干扰 HIV 在细胞内的复制、包装等过程，达到抑制 HIV 的作用。②核酶是具有催化 RNA 切割反应活性的反义 RNA，HIV - 1 的基因组或转录产物一直是核酶基因治疗最重要的靶 RNA 之一。在核酶基因治疗 AIDS 时，应用最广的是锤头状结构和发夹结构，有研究者设计针对 gag、nef、env 序列的核酶，能有效地切割靶序列，抑制病毒的复制。③将可溶性 CD4 分子的编码基因导入淋巴细胞或血管内皮细胞中进行表达，分泌的可溶性 CD4 分子与 HIV 包膜蛋白上的 Gp120 结合，竞争性保护 $CD4^+$ T 细胞。④HIV 包膜糖蛋白是诱发机体产生保护性抗体的主要抗原成分，在细胞中表达 HIV 的病毒蛋白模拟病毒感染可以诱发细胞毒性淋巴细胞（CTL）的免疫应答，从而预防和治疗 HIV 的感染，针对 Gp120 的基因治疗策略已进入临床治疗阶段。⑤Tat 蛋白在 HIV 基因复制和转录过程中都有极为重要的反式调控作用，将突变形式的 tat 基因导入体内，大量表达的突变体与正常 Tat 竞争，使其完全或大部分失去反式调控作用，从而抑制或干扰 HIV 基因组的正常功能。⑥细胞表面趋化因子受体 CCR5 是 HIV - 1 入侵机体细胞的主要辅助受体之一，通过对造血干细胞进行基因改造，干扰细胞中 CCR5 蛋白的表达，再把这些细胞回输体内，也能抑制 HIV 的分裂增殖，这一发现为基因治疗 AIDS 提供了新思路。

AIDS 基因治疗的各种方案还都处于试验阶段，有一些方案显示出良好的治疗前景，并已进入临床试验，但还远未达到满意的疗效，今后的研究还任重而道远，但人类终将征服 AIDS。

（2）乙型肝炎（hepatitis B virus，HBV）的基因治疗　HBV 慢性感染的发病率和死亡率很高，国内外应用的抗病毒药物有干扰素、核苷类似物等，虽然有一定疗效，但不能彻底根除乙肝病毒在体内的慢性感染，目前尚无特异的治疗方法。某些前瞻性的工作表明，乙肝的基因治疗是一种可行的治疗方法，目前常用的策略如下。

①针对 HBV 基因特定功能区合成反义寡脱氧核糖核苷酸（ASODN），最初设计的靶位点集中于 S 基因区和 C 基因区，发现 ASODN 能显著抑制 HBV 表面抗原（HBsAg）分泌，还能抑制 HBV 颗粒产生及 HBV DNA 复制中间体形成，此后的研究发现针对 X 基因起始区的 ASODN 能特异性抑制 X 基因表达。有研究用鸭乙型肝炎病毒（DHBV）感染的北京鸭进行反义寡核苷酸抗 DHBV 研究，结果表明，互补于前 S 基因 5 ′端的 ASODN 在体内和体外均能完全阻断 DHBV 基因表达，另一研究结果表明 ASODN 对 DHBV 复制不仅具有明显抑制作用，而且还存在剂量 - 反应关系。

②应用核酶技术同样显示出效果，有研究针对 HBV 的前基因组 RNA 和编码 HBsAg，X 蛋白的 mRNA 构建了三个发夹状核酶，并以逆转录病毒载体将其转染入表达有 HBV 的人肝细胞中，结果 HBV 病毒水平减少了 66%，经修饰过的核酶可抑制 HBV 的表达达 83%。

③在 RNA 干扰技术方面的研究更多，如有研究构建针对表达 HBsAg 和 HBeAg 基因序列的发夹样 siRNA，结果导致 HepG2 细胞 HBsAg、HBeAg 和 HBV mRNA 的表达水平显著下降；另一研究基于 HBV X 蛋白设计了三个不同的 siRNA，结果表明 HBsAg 和 HBx mRNA 表达水平均有显著下降。近几年大多数研究采用 siRNA 质粒表达载体和 siRNA 病毒表达载体

的方法。

④基因疫苗也被用于抗 HBV 的研究，将 HBV S 大蛋白及中蛋白真核表达载体注射转基因小鼠，结果 90% 以上小鼠 HBsAg 清除，而对照组只有 20% 有效。目前的研究方向主要集中于如何提高基因疫苗诱导的免疫原性，研究安全有效的基因疫苗策略。

基因治疗乙型肝炎的研究目前多为应用各种表达 HBV 的细胞株及动物模型的研究阶段，要应用于临床还有很多问题需要解决。

4. 心血管疾病 随着心血管疾病分子机制和基因转移技术的快速发展，基因治疗现在已成为心血管疾病治疗的新方向。1993 年，Wilson 和 Grossman 应用低密度脂蛋白受体（LDL－R）基因治疗家族性高胆固醇血症并获得成功，成为心血管疾病治疗的里程碑，此后大量有关心血管疾病基因治疗的相关研究陆续开展。

（1）家族性高胆固醇血症（familial hypercholeslerolemia，FH） 家族性高胆固醇血症又称家族性高 β 脂蛋白血症，是最典型的常染色体显性遗传性疾病，临床特点是高胆固醇血症、特征性黄色瘤、早发心血管疾病和阳性家族史。FH 是儿童期最常见的遗传性高脂血症，也是脂质代谢疾病中最严重的一种，可导致各种危及生命的心血管疾病并发症出现，是冠脉疾病的一种重要危险因素。研究显示，60% 以上家族性高胆固醇血症患者都是细胞膜表面 LDL－R 基因突变导致 LDL－R 缺如或异常引起，而基因治疗有望从根本上解决 LDL－R 缺陷，从而治愈该疾病。

Wilson 及 Grossman 等采用基因治疗方法对一位 29 岁女性 FH 患者进行治疗。他们在体外将携带有正常 LDL－R 基因的逆转录病毒载体转入患者自体肝脏细胞，再通过导管回输入肝静脉，4 个月后患者肝组织原位杂交检测发现，肝细胞有转入基因表达，而且血清 LDL/HDL（高密度脂蛋白）比率下降。18 个月后随访，患者 LDL 水平稳定下降。之后，Grossman 及 Raper 等对 5 位纯合子 FH 患者进行了逆转录病毒载体携带 LDL－R 基因的治疗，治疗 3～6 个月，患者血浆总胆固醇下降 1%～20%。除了 LDL－R 基因外，目前发现脂蛋白脂肪酶（LPL）基因突变也是家族性高胆固醇血症的重要原因，利用腺病毒等载体导入 LPL 基因在高脂血症动物模型体内显示了较好的效果。

（2）高血压（hypertensive） 尽管目前有关高血压发病的分子机制已有较深入的研究，但由于高血压致病因素复杂，有关高血压的基因治疗目前以动物实验为主。一氧化氮合酶（nitric oxide synthases，NOS）、激肽酶原、心房肽、血管紧张素Ⅱ受体 AT_1 和血管紧张素原的反义核酸等都被尝试用于高血压的基因治疗。静脉注射心房肽和激肽酶原基因质粒 DNA 能使自发性高血压大鼠血压下降 2.8kPa 和 6.1kPa，其作用可维持 6 周。该治疗方法操作简单，还可重复应用，而应用肌肉注射和皮下注射激肽酶原同样有效。用病毒载体介导 NOS 基因治疗肝门静脉高压，结果肝脏血窦内皮细胞和星状细胞中 NOS 增加，血流阻力降低。此外，应用 AT_1 的反义核酸经静脉注射可抑制血管紧张素Ⅱ的生成和作用，也可使血压下降，并抑制心肌肥厚和纤维化的发生。

（3）梗死性血管病 梗死性血管病是由于血栓形成、动脉粥样硬化等原因引起血管阻塞导致器官、组织的缺血、损伤和坏死，以脑梗死、冠状动脉栓塞和再狭窄等最为常见。目前的治疗方法主要是药物溶栓或手术治疗。随着发病相关的分子机制认识增加，现已针对不同发病因子开展了多种基因治疗。Maraia Barinaga 等体外应用重组组织型纤溶酶原激活剂（t－PA）基因转染内皮细胞，然后在血管内支架和同系移植膜上培养，再植入血管腔内，可使血管壁内 t－PA 升高 10～30 倍，有效防止了血栓形成和再狭窄。Isner 等报道，将

编码血管内皮生长因子（VEGF）的裸 DNA 直接注射至 5 例心梗患者心肌内，可明显改善心功能，左心射血分数增加 5%，三硝酸甘油用量可降低至 9.8mg/kg。目前应用缺陷型腺病毒载体携带 VEGF121 基因的治疗已进入临床试验。此外，针对多种血管活性物质如血管紧张素、NO 合成酶等基因的反义核酸和基因均可用于梗死性血管病的基因治疗。

（4）高脂血症和动脉粥样硬化　高脂血症是动脉粥样硬化最主要的致病因素，其致病基因主要是与脂代谢有关的基因，包括载脂蛋白、脂蛋白脂肪酶、低密度脂蛋白和清道夫受体（scavenger receptor，SR）、卵磷脂胆固醇转酰酶（LCAT）等。SR 基因在肝脏 HDL 清除中具有重要作用，因此有人提出应用 SR 反义核酸可治疗动脉粥样硬化。除此以外，转染载脂蛋白 A1、E 基因或载脂蛋白 E 的反义核酸均可明显降低血浆 LDL 水平，减少动脉粥样硬化病变面积。

5. 自身免疫性疾病（autoimmune diseases）　自身免疫性疾病是指机体对自身抗原发生免疫反应而导致自身组织损害所引起的疾病，常见的有类风湿性关节炎、Ⅰ型糖尿病、多发性硬化症等。自身免疫性疾病最重要的病理生理机制是发生针对自体组织细胞的细胞免疫应答和体液免疫应答，并有多种细胞因子参与。传统的药物治疗大多没有特异性，而且需要长期服用，副作用较大，基因治疗与之相比则具有作用时间长、具有靶向性以及副作用小等优点，因此是自身免疫性疾病治疗的一种重要策略。现已有较多自身免疫性疾病的基因治疗研究处于临床前和临床研究阶段。

（1）类风湿关节炎（rheumatoid arthritis，RA）　类风湿关节炎是以关节炎症、进展性骨及软骨的破坏为特征的累及多关节、多系统的慢性自身免疫性疾病，其发病机制尚不明确。RA 在自身免疫性结缔组织病中患病率居首位，可发展为关节僵直、畸形、致残而严重影响劳动力。目前针对已知 RA 致病因子开展了多个基因治疗实验和临床研究。Kim 等将携带有编码人可溶性 TNF 受体（soluble TNF receptor，sTNFR）p75 和人 IgGl 融合基因（S TN-FR：Fc）的载体注入 RA 小鼠腓肠肌中，5 日后 sTNFR：Fc 表达水平达到高峰，模型小鼠足肿胀变形程度则明显下降。进一步开展临床研究发现，关节腔内或局部注射携带 TNFR：Fc 融合基因的 AAV 载体安全性和耐受性均较好。此外，对 Th1 细胞有调节/抑制功能的 TGF－β、可溶性细胞因子受体 IFN－γR、TNFR－Ig、受体拮抗剂 IL－12p40 等分子均在 RA 动物模型中也显示了良好的治疗效果。1996 年美国 Pittsburgh 大学医学中心的研究人员应用 IL－1Ra 基因治疗 9 个患类风湿关节炎的绝经期妇女，研究显示该方法安全有效，已准备进一步开展Ⅱ期的有效性评价。另一个将编码单纯疱疹病毒胸腺嘧啶激酶基因转入关节腔治疗 RA 的研究也已进入Ⅰ期。

（2）多发性硬化症（multiple sclerosis，MS）　多发性硬化是一种中枢神经系统脱髓鞘疾病，在中青年中多见，临床特点是病灶广泛播散，并常有缓解复发的神经系统损害症状。研究显示 IL－4 和 IL－10 基因对实验性自身免疫性脱髓鞘炎（EAE）均有较好的治疗效果，脑脊液中注射 IL－Ra 、TGFβ 和 CTLA－Ig 等基因也被证实可缓解 EAE 症状。此外，髓磷脂碱蛋白（MBP）是 MS 发病中一种主要的自身抗原，可刺激 MS 患者体内产生 MBP 特异性的自身抗体、T 细胞和多种细胞因子，目前 Garren 等应用编码 MBP 的质粒 BHT－3009 作为 DNA 疫苗，能明显减少患者外周血中 MBP 特异性自身抗体的含量，并能有效诱导免疫耐受，降低复发率。该治疗方法的安全性在临床Ⅰ期和Ⅱ期都已被证明。

（3）1 型糖尿病（type I diabetes）　1 型糖尿病即胰岛素依赖性糖尿病，是由于感染（尤其是病毒感染）、毒物等因素诱发的机体异常产生针对自体胰岛 β 细胞的体液和细胞免

疫应答，导致胰岛β细胞分泌胰岛素减少，多数患者体内可检出抗胰岛β细胞抗体。由于正常胰岛素的分泌和发挥作用受血糖水平的调控，因此与其他疾病的基因治疗不同，1型糖尿病治疗基因要求具有可调控性，由糖敏感元件及胰岛素敏感抑制元件构成的组合启动子可在一定程度上调控外源胰岛素基因的表达水平。研究显示，将编码胰岛素的裸DNA转导入肌肉和肝细胞内，或者利用逆转录病毒将编码基因转导入成纤维细胞及外分泌腺体中均可实现胰岛素的分泌。除了利用基因治疗进行胰岛素补偿，为机体递送具有促进胰岛细胞生长或抑制胰岛组织发生炎症的细胞因子也是1型糖尿病基因治疗的重要途径。

（六）基因治疗及基因药物的研究进展

截至2014年6月，全世界已经批准或正在进行的基因药物临床试验已经超过2000个。其中美国批准的临床试验数量超过总数的六成（1312个，占总数的63.2%）。批准基因药物临床试验数量超过50个的国家还包括英国（206个，占9.9%）、德国（83个，占4%）、法国（51个，占2.5%）和瑞士（50个，占2.4%）。截止到以上时间点，中国获批的基因治疗临床试验数量为37个，占比为1.8%，主要有对血友病B、人恶性脑胶质瘤、晚期非小细胞肺癌和缺血性心脏病治疗等多个基因治疗方案。

进入临床研究的基因治疗方案以每年近百例的速度增加，令人欣慰的是，Ⅱ期、Ⅱ/Ⅲ期及Ⅲ期临床试验的合计比例已经由2007年的19.1%，2004年的15%，逐渐上升到了2014年的21.3%。据再生医学联盟（ARM）发布的报告显示，截至2019年第一季度，全世界正在进行中的基因治疗临床试验有372项，其中大部分为Ⅱ期临床试验（217项，占比58%），Ⅰ期临床试验有124项（33%），Ⅲ期临床试验有32项（9%）。提示基因治疗和基因药物的临床应用前景依然乐观。

伴随着临床试验的不断进展，医药界对基因药物的投资热度不减。仅从2013年至2014年，美国企业界对于基因治疗的投资额超过了6亿美元。2012年7月，由荷兰uniQure公司申报的基因药物Alipogene Tiparvovec注射剂（商品名：Glybera）获得了欧洲药品管理局（European Medcines Agency，EMA）的推荐，并于同年12月获得了欧盟委员会的批准。从而成为西方药品监管部门（包括EMA和FDA）批准的第一个基因药物。该药物将被用于治疗严格限制膳食脂肪仍发生严重或反复性胰腺炎的脂蛋白脂肪酶（LPL）缺乏患者。其机理是以腺相关病毒载体（AAV1）携带人LPL（S447X）基因，通过肌肉注射后，使患者肌细胞表达有功能的LPL，由此改善患者的脂肪代谢并减少胰腺炎发作频率，该药物的获批与上市成为基因治疗和基因药物领域的里程碑事件。

1. 新型基因药物传输系统 理想的基因药物传输系统或者载体应该能够保护其所携带的基因片段免受体内核酸酶的降解，有效穿透血管壁和周围组织到达靶细胞。并继续克服胞膜、内涵体/溶酶体、胞浆和核膜等胞内屏障，才能成功转染靶细胞并最终发挥治疗作用。同时载体还应该具有较低的毒性和免疫原性，较好的转染效率、生物相容性和靶向性。

尽管采用非病毒载体的比重正不断增加，病毒载体仍然是目前主流的基因载体，截止2014年其使用比例在基因治疗临床试验中仍超过三分之二。逆转录病毒（retrovirus，RV）尽管具有转染效率高的优势，但由于其可整合入宿主染色体，存在插入后激活宿主染色体上的原癌基因的风险。特别是在X-SCID的临床试验中，出现了由于重组逆转录病毒载体MLV的LTR激活宿主染色体原癌基因所导致的白血病，这一事例进一步增强了研究者对逆转录病毒安全性的担忧。基因治疗临床试验中逆转录病毒的应用比例已经由2004年的28%下降至2014年的19.1%。与逆转录病毒载体相比，腺病毒（adenovirus，AV）载体具有转

染效率高、目的基因表达效率高、可感染非分裂期细胞等优势，已经成为目前应用比例最高的基因治疗用载体（488例，占22.8%）。经改良的重组腺病毒载体通常免疫原性更低并能实现较持久的外源基因表达。其中辅助依赖型腺病毒（HDAd）缺乏所有腺病毒编码序列，具有较强的安全性。而条件增殖腺病毒（CRAd）是一类仅在分裂细胞内特异增殖的新型重组腺病毒。通过对腺病毒的基因改造可使其复制后具有肿瘤特异性，能够有效裂解肿瘤细胞，并释放子代病毒感染周围肿瘤细胞，是肿瘤基因治疗的良好载体。腺相关病毒（adeno－associated virus，AAV）作为基因载体，具有安全性高，携带基因表达长效，感染谱广泛及宿主免疫反应较小等优点，已经成为基因治疗最有发展前景的载体之一。目前的研究热点是对AAV衣壳蛋白（Cap）进行改造，通过衣壳镶嵌型AAV、衣壳嵌/杂合体AAV以及对衣壳进行化学修饰及DNA改组（DNA shuffling）等方法，有效提高了AAV的感染特性和靶向性，降低了免疫原性，并为AAV的进一步改造提供了极大空间。

目前应用于基因治疗的非病毒载体主要为高分子载体，包括合成高分子载体（如聚乙烯亚胺、聚甲基丙烯酸酯、嵌段共聚物等）和天然高分子载体（如多聚赖氨酸，β－环糊精、壳聚糖、葡聚糖等糖类高分子）等，其中水溶性阳离子高分子（包括聚阳离子基因载体和阳离子脂质体载体）是最重要的核酸类药物输送用高分子材料。阳离子高分子可通过电荷相互作用与带负电荷的核酸分子形成复合物，经细胞内吞等途径进入胞内，并最终使其携带的基因片段表达于靶细胞。其他类型的含高分子的基因载体，如电中性高分子、PEI/纳米金复合物等高分子/无机杂化材料也已被广泛研究和应用。

2. 基因组学与生物信息学的发展为基因治疗提供新的发展点　随着各类基因组计划的实施，基因药物的发展也将迈入一个更加多元化的发展时期。一些新的研究思路和手段不断涌现，使得基因药物呈现出一些新的发展趋势。尽管人类的基因99.99%是相同的，但在药物作用机制、药物代谢转化、药物毒副作用等方面都存在着个体差异。在后基因组时代，基因组研究的重心将转向基因功能，即由测定基因的DNA序列、解释生命的所有遗传信息转移到从分子整体水平对生物学功能的研究上，在分子层面上探索人类健康和疾病的奥秘。随着功能基因组研究的深入，新的具有治疗作用的基因、疾病相关的基因和药物作用的靶基因将不断被发现，从而为基因治疗提供新的发展点。

与此同时，基因组学及相关学科和技术的发展提供了连数学家们都感到恐惧的海量生物信息。面对如此多的信息资源，如何利用这些宝贵的信息资源成了后基因组或者功能基因组时代的重要科学问题，正是在这种背景下产生了生物信息学、生物芯片、基因敲除、酵母双杂交等一系列基因组学高通量研究新技术。这些技术不仅在基因组学特别是功能基因组学研究中发挥了重要作用，也是目前药靶发现和验证的核心技术手段。

从基因药物针对的疾病和靶标看，目前针对的疾病以癌症为首位，同时覆盖炎症、糖尿病、心血管疾病以及AIDS等病毒感染疾病。未来发展趋势将包括以下几个方向：①疾病治疗特别是多基因相关疾病的治疗将向多靶标发展；②靶标特别是药物受体研究向亚型发展；③系统研究感染性疾病特别是新型病毒感染性疾病治疗的靶标将向宿主发展；④药靶特别是新型高特异性药靶的选择将由胞膜向胞内转移。

3. 新的基因修饰技术的发展

（1）ZFN技术　锌指核酸酶（ZFN）又可称为锌指蛋白核酸酶（ZFPN），是一类人工合成的具有特定DNA序列识别能力的核酸内切酶。ZFN由DNA识别结构域（DNA－binding domain）和DNA切割结构域（DNA cleavage domain）融合而成，发挥作用的时候，先由DNA识别结构域结合到特定的基因组区域，然后DNA切割结构域再将特定区域的DNA双链切割开。人们可以通过改造ZFN的DNA结合结构域，使其靶向定位于不同的DNA序

列，从而使得 ZFN 可以结合复杂基因组中的目的序列，并通过 DNA 切割结构域进行切割。目前 ZFN 技术已被广泛应用于靶向基因的改造，对于疾病的基因治疗具有重要的潜在意义和非常广泛的应用前景。

ZFN 的 DNA 识别结构域是由锌指构成的重复结构，一般包括 3 ~ 4 个独立的锌指（Zinc finger，ZF），每个锌指结构能够识别 3 个碱基，因此整个 DNA 结合结构域可以识别 9 ~ 12bp 长度的特异性序列（而 ZFN 二聚体，则包含 6 ~ 8 个锌指，可以识别 18 ~ 24bp 长度的特异性序列）。增加锌指的数量可以扩大 ZFN 特异性识别 DNA 序列的长度，从而获得更强的序列特异性。在具体操作中，一般通过模块化组合单个 ZF，来获得特异性识别足够长的 DNA 序列的锌指 DNA 结合域。ZFN 技术具有极佳的特异性和效率，既可用于基因的敲除失活，也可用于导入目标基因，使基因激活或阻断，或者人为改造基因序列，使之符合人们的要求。经 ZFN 技术改造后导入治疗性基因的质粒或干细胞可被导入人体，实现基因治疗。此外，ZFN 技术也可以直接用于有害基因的修补替换或是直接删除，以达到相关治疗目的。

（2）TALEN 技术　转录激活样效应因子核酸酶（TALEN）是将转录激活样效应因子（transcription activator - like effector，TALE）与核酸酶人工融合而成的一种具有特异性基因组编辑功能的核酸内切酶。TALE 最初是在植物致病菌黄单胞杆菌属（Xanthomonas）中发现的，这类植物致病菌通过Ⅲ型分泌系统将 TALE 蛋白注射到植物细胞质中，然后 TALE 被转运到细胞核中，模拟真核细胞的转录因子指导宿主细胞基因转录。由于 TALE 具有序列特异性结合能力，研究者通过将 Fok I 核酸酶与一段人造 TALE 连接起来，就形成了 TALEN 这种具有特异性基因组编辑功能的强大工具。2011 年《Nature Methods》将其列为年度技术，2012 年《Science》将其列入年度十大科技突破，并称其为基因组的巡航导弹技术。

TALEN 的结构包括几个重要功能部分：N 端的核定位信号（Nuclear localization signal，NLS）、C 端的核酸内切酶、中间的可识别特定 DNA 序列的串联 TALE 重复序列。天然 TALE 的可重复单元数目一般为 8.5 ~ 28.5 个，常见的为 17.5 个。每个重复单元包括 33 ~ 35 个氨基酸，能够特异识别一种碱基，最后的 0.5 个单元只含有前面的 20 个氨基酸。

在 TALE 的这 33 ~ 35 个氨基酸中，位于第 12 和第 13 位的两个相邻的氨基酸被称为重复可变双残基（repeat variable diresidue，RVD），这两个氨基酸决定了每个重复单元所识别的 DNA 碱基，例如：HD 识别 C、NI 识别 A、NG 识别 T、NN 识别 A 或 G。由于每个重复单元对应一个碱基，因此可将不同的重复单元串联起来，使之识别特定的 DNA 序列。然后在 N - 端加上核定位信号，并在 C 端融合上 Fok Ⅰ 核酸内切酶，就构建成了 TALEN。TALEN 技术最具应用价值的领域莫过于基因治疗，如采用来自患者自身的 iPS 细胞，利用 TALEN 技术对有缺陷的基因进行改造，然后把改造后正常的细胞重新输入患者体内，达到治疗疾病的目的。

（3）CRISPR 技术　不论是 TALEN 技术还是 ZFN 技术，其发挥作用都依赖于 DNA 序列特异性结合蛋白模块的合成，这一步骤非常繁琐费时。而基于 CRISPR 及其相关蛋白（CRISPR - associated protein，Cas）的 CRISPR/Cas 技术作为一种最新涌现的基因组编辑工具，能够完成 RNA 导向的 DNA 识别及编辑。CRISPR/Cas 技术使用一段序列特异性向导 RNA 分子（sequence - specific guide RNA）引导核酸内切酶到达靶点处，从而完成基因组的编辑。CRISPR/Cas 系统的开发为构建更高效的基因定点修饰技术提供了全新的平台。

CRISPR/Cas 系统最早是在细菌的天然免疫系统内发现的，其主要功能是对抗入侵的病毒及外源 DNA。1987 年大阪大学（Osaka University）的研究人员在 E. coli K12 的碱性磷酸酶基因附近发现了成簇的规律间隔的短回文重复序列（CRISPR），而在 CRISPR 附近区域还存在着一部分高度保守的 Cas 基因，这些基因编码的蛋白具有核酸酶活性的功能域，可以

对 DNA 序列进行特异性的切割。其中 CRISPR 由一系列高度保守的重复序列与同样高度保守的间隔序列相间排列组成。目前普遍认为有 40% 的细菌基因组具有这样的结构。

CRISPR 基因座首先被转录成前体 CRISPR RNA（pre - crRNA），然后在 Cas 蛋白或是核酸内切酶的作用下被剪切成一些小的 RNA 单元，即成熟 crRNA（由一个间隔序列和部分重复序列组成）。Ⅱ型 CRISPR/Cas 系统 crRNA 的成熟还需要反式激活的 crRNA（Trans - activating crRNA，tracrRNA）的帮助：tracrRNA 的 5′端与成熟的 crRNA 3′端有部分序列（约 13bp）能够配对进而形成茎环结构，对维持 crRNA 与靶点的配对可能十分重要。

成熟的 crRNA 与特异的 Cas 蛋白形成核糖核蛋白复合物，再与外源 DNA 结合并寻找其上的靶序列（又称前间隔序列 protospacer），crRNA 的间隔序列与靶序列互补配对，外源 DNA 在配对的特定位置被核糖核蛋白复合物切割，形成 DNA 的双链断裂（DSB）。通常 protospacer 的相邻几个碱基序列很保守，被称为 PAM（protospacer adjacent motifs），具有 5′ - GG - N18 - NGG - 3′的特征。

CRISPR/Cas 系统除了能够进行基因敲除、敲入等基因编辑功能之外，还可用于基因的表达调控。比如将 Cas9 蛋白进行突变，使其丧失核酸内切酶的活性（Dead Cas9，dCas9），但仍然保持在 sgRNA 的指导下进行特异性的 DNA 结合的能力，从而特异性的干扰转录延伸、RNA 聚合酶的结合或转录因子的结合，最终实现基因表达的抑制。这一系统称为 CRISPR 干扰技术（CRISPR interference，CRISPRi）。除了实现转录抑制外，将 dCas9 与转录激活因子融合后，也可以激活特异的目的基因转录。

二、主要基因药物的制备

（一）反义药物（antisense agents/antisense drugs）

主要指反义寡核苷酸（Antisense oligodeoxynucleotide，ASODNs），即其核苷酸序列可与靶 mRNA 或靶 DNA 互补，抑制或封闭基因的转录和表达，或诱导 Rnase H 识别或切割 mRNA，使其丧失功能（图 15 - 28）。与直接作用于致病蛋白的传统药物不同，反义药物能与特定基因结合，从基因水平上干扰致病蛋白的产生过程，从而达到治疗疾病的目的。从理论上说，反义药物可用于治疗任何由基因不当表达引起的疾病（比如病毒感染、心血管疾病、癌症和炎症等等）。而且与传统药物比较：①反义核苷酸是针对特定的靶 mRNA（DNA）的序列设计合成，具有极高的特异性；②反义核酸是针对已知序列的靶基因设计合成的，由于靶基因序列已知，反义核酸仅有 15 ~ 30 个碱基，结构简单，容易设计和体外大量合成；③反义核酸进入细胞内与细胞周期无关，既可进入增殖期细胞又可进入非增殖期细胞；④反义寡核苷酸不含病毒序列，不会产生免疫反应，也不会整合入宿主染色体内与蛋白质作为靶点比较，更易合理设计新药物，由于作用于遗传信息传递的上游，所需药量较低，副作用可能较少，因此也更高效低毒。正因如此，反义技术一经面世，即已引起人们关注，反义药物也成为近年来新药研究和开发的一个热点。

1. 反义药物的类型　经典的反义药物是指与靶基因序列互补的反义核酸，但是随着研究的不断深入，对其调控基因表达的机制了解的越来越多，现在把 siRNA、核酶等具有类似调控作用的基因药物都纳入了广义的反义药物的范畴。

（1）反义核酸　反义核酸包括反义寡脱氧核苷酸（ASODN）和反义 RNA，是一段与靶基因（DNA 或 mRNA）的某段序列互补的天然存在或人工合成的核苷酸序列，反义核酸通过碱基配对方式特异性的与病毒靶基因结合形成杂交分子，从而在复制、转录和翻译水平调节靶基因的表达，或诱导 RNase H 识别并切割 mRNA，进而使其功能丧失。

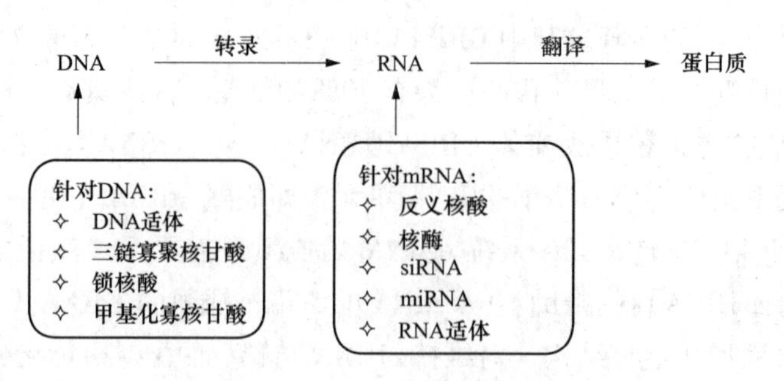

图 15－28　反义药物的作用位点

反义核酸的治疗最早由 Zamecnik 和 Stephenson 在 1978 年提出。Zamecnik 和 Stephenson 最早在实验室里合成了一种长度为 13 个脱氧核苷酸序列的反义寡核苷酸以抑制罗氏（Rous）肉瘤病毒 mRNA 的表达取得成功，他们首次提出了反义寡脱氧核糖核酸能够抑制特定基因表达的概念，并预测了在治疗病毒性疾病和癌症方面的前景。

反义核酸具有合成方便、序列设计简单、选择性高、亲和力强等特点。但由于体内广泛存在的核酸酶，不经修饰的反义核酸不论在体液内还是细胞中都极易被降解，不能发挥其反义作用。故多采用修饰的寡核苷酸，以增强其核酸酶抗性。ASODN 的修饰方法有多种，如硫代、磷酸三酯、甲基磷酸化、α－寡核苷酸、二硫代磷酸酯、2′－修饰、2′－5′连接及肽核酸等。一般来说，反义核酸的修饰可分为三类。

① 第一代反义核酸：第一代反义寡核苷酸含骨架修饰，如核酸中磷酸的非桥羟基上的氧原子被硫原子取代（磷硫酰）、被甲基取代（甲基膦酸酯）或被胺取代（氨基磷酸酯）（图 15－29）。

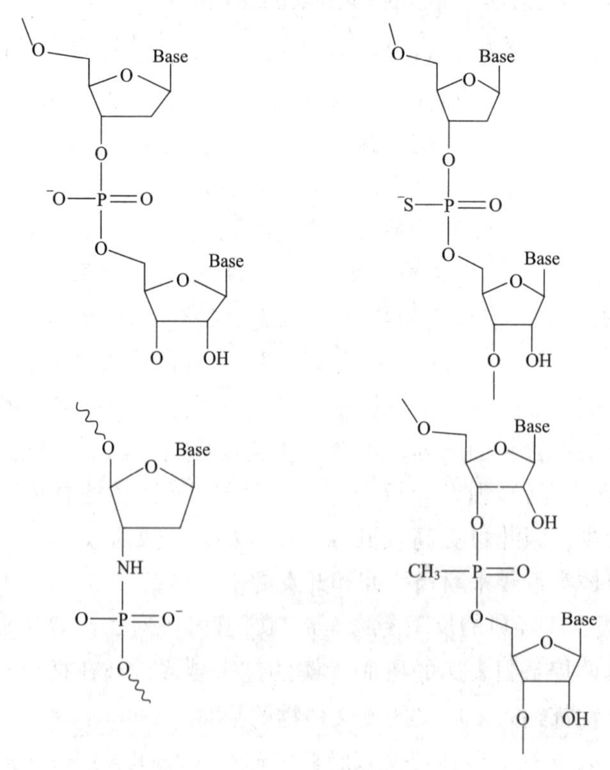

图 15－29　第一代反义核酸

经修饰后的反义核酸显著提高了化合物在各种环境中对核酸酶的稳定性，而且保

留了其原本亲和性以及对 RnaseH 的激活活性。这些当中又以硫代磷酸酯寡聚脱氧核苷酸（Phosphorothioate oligodeoxynucleotide，PS ODN）为第一代反义化合物的主要代表，也是至今为止研究最多和应用最广泛的反义核酸，其主要缺点是对靶 RNA 分子的亲和性较低以及存在某些毒副反应，比如，ODN 能与某些蛋白（特别是那些能和带有多个负电荷的分子相互作用的蛋白，如肝磷脂结合蛋白）产生非特异性结合，从而引起细胞毒性；又如，ODN 中的 CpG 模体（CpG motif）有可能在哺乳动物体内诱发先天性免疫反应，给机体造成多方面的损害。研究发现，改变给药方式和给药剂量可以降低这种全身性免疫反应的危险性。不过，即使是采取缓慢静脉输注方式，第一代 ASODN 药物也不可能得到广泛应用，这主要是因为科学家们尚未找到合适的药物传输系统，无法将足够浓度的药物输入靶细胞，因而也使得 ASODN 药物不能有效抑制靶 mRNA 的表达。被美国食品药品管理局（FDA）批准上市的福米韦生（Famirirsen，ISIS2922）是由 21 个硫代磷酸酯寡聚脱氧核苷酸组成的第一代 ASODN 药物。

② 第二代反义核酸：第二代反义药物是在核糖骨架的第 2 位点采用烷基修饰，2′-*O*-甲基和 2′-*O*-甲氧乙基修饰是其主要类型，为典型的混合骨架寡核苷酸（MBO）（图 15-30）：中间是 PS-ODN 片段，能够提供激活 RnaseH 活性的信息；5′端和 3′端为对核酸酶稳定的修饰寡核苷酸，主要是对核糖的 2 号位烷基化的 PS-ODN。因此一个 MBO 分子通常由中间 8~10 个碱基的 PS-ODN 和两端的 4~6 个甲基化的PS-ODN 组成。

R=—CH_3
R=—$CH_2CH_2OCH_3$

图 15-30　在核糖骨架的第 2 位点采用烷基修饰的第二代反义核酸

对第一代反义药物的骨架结构进行适当的修饰，从而提高了反义药物的靶标亲和性、核酸酶抗性，减少其毒副作用，避免免疫反应的产生；此外，还通过一些重要的化学和制剂改造，改善了反义药物的稳定性，增加了口服、灌肠等新给药途径。目前，由 Isis 制药开发的针对载脂蛋白-100 的第二代反义 RNA 药物 ISIS301012 已进入Ⅲ期临床试验阶段，如果获得批准，该药可用于降血脂治疗。其他还有若干第二代反义药物也在临床试验当中。

③ 第三代反义核酸：相比于未经修饰的 DNAs 和 RNAs，各种能增加热稳定性的核苷酸类似物已经被研制出，即第三代反义核酸。它们是含一些结构元件如两性离子的寡核苷酸（分子中含阳性和阴性两种离子），包括肽核酸（含有一段假基因肽骨架）、锁核酸（LNAs）/桥核酸（BNAs）、己糖醇寡核苷酸、吗啉代寡核苷酸等多种形式（图 15-31）。

第三代反义核酸的代表为肽核酸（peptidenucleic acids，PNAs）。肽核酸是以肽链骨架代替核糖磷酸骨架的 DNA 类似物，是用手性不对称的中性肽链骨架置换脱氧核糖磷酸而成。1991 年由丹麦科学家 Nielsen 等首先报道了肽核酸，可特异的靶向作用于 DNA 的大沟槽，其骨架的结构单元为 *N*（2-氨基乙基）-甘氨酸，碱基部分通过亚甲基羰基连接于主骨架的氨基氮上。

用于防治病毒的特异性抗病毒反义核酸药物（肽核酸），其特征是针对病毒多条保守性基因的特定位点设计高效、特异性的反义寡核苷酸序列，采用特定工艺人工合成并用肽骨架构建修饰而成相应肽核酸基因片段及壳聚糖包装反义寡核苷酸，使其具备高水平

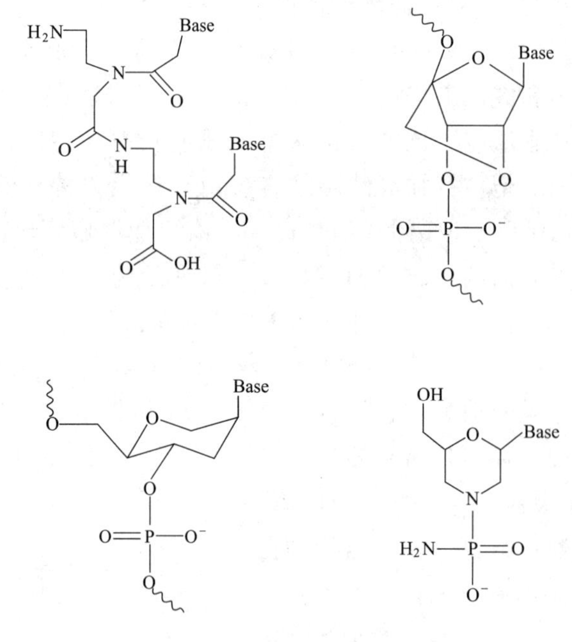

图 15-31　第三代反义核酸

的生物利用度、稳定理化性能及高效安全的疗效，核酸药物序列与病毒靶基因互补，根据碱基互补原理，反义核酸序列特异性地与病毒的应的靶基因相结合，诱导核酶对靶基因进行降解，从而阻断靶基因的转录与表达，抑制病毒在机体内复制与装配，以达到防治病毒病的目的。

（2）siRNA　目前 siRNA 的研究在很多疾病中都有涉及，如在肿瘤的基因治疗方面，有研究者针对肿瘤相关信号通路分子、凋亡抑制分子、肿瘤血管生成相关分子、多药耐药基因等不同的靶点设计不同的 siRNA 药物，从多个方面开展抗肿瘤的研究。在抗病毒方面，针对病毒识别、复制和包装的重要基因设计 siRNA 抑制其对宿主的感染，首个进入临床试验的抗病毒 siRNA 药物是由 Alnylam 公司研发的 ALN-RSV01，经鼻腔给药能有效对抗小鼠呼吸道合胞病毒（RSV），Ⅰ期临床试验显示出了较好的安全性和耐受性，并已完成Ⅱ期临床试验。在其他疾病方面也有类似的研究，如利用 siRNA 抑制 Survivin 蛋白表达进而抑制瘢痕成纤维细胞的增殖，抑制角蛋白 K6a 基因表达治疗先天性厚甲症，抑制稳定表达淀粉样前体蛋白小鼠内源性 β-分泌酶的活性以治疗阿尔茨海默症，抑制 TNF-α 的表达，减轻关节内的炎症等，显示 siRNA 在各类疾病治疗方面都有良好的应用前景。

目前，一些生物技术公司和制药企业在致力于研究和开发用于疾病治疗的 siRNA，已有若干 RNA 干扰药物进入临床试验阶段（表 15-24）。

表 15-24　批准进入临床试验的 siRNA 药物

疾病	siRNA 药物	靶点	导入方式	临床试验阶段	公司或机构
湿性老年性黄斑变性	Bevasiranib	VEGF	玻璃体腔注射	Ⅲ期（终止）	OPKO Health
湿性老年性黄斑变性	Sirna-027	VEGFR-1	玻璃体腔注射	Ⅱ期（终止）	Sirna Therapeutics
艾滋病相关淋巴瘤	shRNA	HIV 的 tat 和 rev	慢病毒介导	Ⅰ期临床	Benitec 和 the city of hope

续表

疾病	siRNA 药物	靶点	导入方式	临床试验阶段	公司或机构
呼吸道合胞病毒	ALN - RSV01	病毒衣壳 N 基因	滴鼻和喷雾	Ⅱ期临床	Alnylam
实体肿瘤	CALAA - 01	RRM2 亚基	静脉注射	Ⅰ期临床	Calando Pharmaceuticals
肝癌	ALN - VSP02	KSP 和 VEGF	静脉注射	Ⅰ期临床	Alnylam
先天性厚甲症	TD101	角蛋白基因 K6a	注射	Ⅰ期临床	PC Project 和 TransDerm
实体肿瘤	PTC299	VEGF	口服	Ⅱ期临床	PTC Therapeutics

（3）核酶　Sarver 首先报道核酶在体外培养的细胞中成功地抑制了 HIV 的复制，从而引起了越来越多的医学和生物工作者的重视，但在实际应用中，核酶同样面临着稳定性和有效位点的选择等问题。对于核酶，提高其稳定性较反义核酸更困难，因为对核酶进行的修饰可能引起其构象的改变，造成酶活性的降低甚至失活。因此对核酶修饰，除化学修饰外，研究者还利用含 Pol 启动子的载体在细胞内表达核酶，并且可通过改造启动子进行诱导表达或组织特异性表达。

目前，通过人工设计核酶将目的核酸分子切成特异的片段已得到广泛应用，但由于核酶具有不稳定性及切割效率低的缺点，要使其能够得到广泛应用，还需要加深对核酶的认识和研究。

反义药物的广泛应用有赖于药物设计的有效性、生物稳定性及作用位点靶向性的提高。随着相关研究的不断深入，越来越多的反义药物从实验室研究进入了临床试验阶段，针对的疾病包括风湿性关节炎、牛皮癣、肾移植排斥、炎症性肠病等，但最主要的仍然是病毒感染和肿瘤，目前部分已进入了临床试验的反义药物列于表 15 - 25。

表 15 - 25　一些进入临床试验的反义药物

化合物	开发公司	靶点	临床期	说明
Fomiversen（Vitravene）	ISIS/CIBA Vision	CMV mRNA	Ⅳ	视网膜炎
Mipomersen（ISIS301012）	Genzyme With ISIS	Apob - 100	Ⅲ	高胆固醇血症
Alicaforsen（ISIS 2302）	ISIS	ICAM - 1	Ⅲ	节段性肠炎
Alicaforsen（ISIS 2302）	ISIS	ICAM - 1	Ⅱ	溃疡性结肠炎
LErafAON	NeoPharma	Raf Kinase	Ⅰ	晚期癌症
ISIS 5132	ISIS	Raf Kinase	Ⅱ	实体癌：卵巢癌或其他
ISIS 14803	ISIS	IRES/Translation HCV	Ⅱ	丙型肝炎病毒（HCV）
ISIS 3521	ISIS	PKC - α	Ⅲ	实体瘤
Genasense（Augmerosen，Oblimersen，G 3139）	Genta	Bcl - 2	Ⅲ	恶性黑色素瘤，非霍奇金淋巴瘤（NHL），卷曲淋巴细胞性淋巴瘤（CLL）
GEM231	Idera	PKA	Ⅱ	实体癌
ISIS 2503	ISIS	Ha - ras	Ⅱ	实体瘤
ISIS 5231	ISIS	C - rat	Ⅱ	卵巢癌
ISIS 104838	ISIS	TNF - α	Ⅱ	类风湿关节炎

续表

化合物	开发公司	靶点	临床期	说明
ISIS 113715	ISIS	PTP－IB	Ⅱ	糖尿病
ISIS 107428	ISIS	VLA－4	Ⅰ	多发性硬化症
ISIS 369645	ISIS	IL4R－alpha	Preclinical	哮喘
MG 98	MethyGene	DNA methyltransferase	Ⅱ	头与颈和转移性肾癌
GEM 240	Idera	MDM2	Preclinical	结肠癌，乳腺癌和脑癌
GTI 2040	Lorus Therapeutics	R2 component ofRibonuclieotide reductase	Ⅱ	肾癌
GTI 2501	Lorus Therapeutics	R1 component ofRibonuclieotide reductase	Ⅰ	淋巴瘤和实体癌
OGX 225	OncoGeneX	IGFBP 2 and 5	Ⅰ	前列腺癌
OGX 427	OncoGeneX	HSP 27	Preclinical	前列腺癌
OGX－011（ISIS112989）	OncoGeneX Technology	clusterin	Ⅰ/Ⅱ	前列腺癌、乳腺癌和肺癌
ATL 1103	Antisense Therapeutics Ltd.	Growth Hormone Receptor	Ⅰ	肢端肥大症
AVI 5126	AVI Biopharma	c－myc inhibitor	Ⅱ	心血管疾病
AVI 4126	AVI Biopharma	c－myc mRNA	Ⅰ	再狭窄，癌症和多囊肾脏疾病
Monarsen（EN101）	Ester Neurosciences	AchE	Ⅰ	重症肌无力症
Affinitak（ISIS 521 and LY900003）	ISIS/Eli Lily	PKC－α	Ⅲ	非小细胞肺癌（NSCLC）
AP 11014	Antisense Pharma	TGF－β1	Preclinical	肺癌，前列腺癌
AP 12009	Antisense Pharma	TGF－β2	Ⅰ/Ⅱ	恶性胶质瘤
AEG 35156	Aegera Therapeutics	XIAP	Ⅰ	实体瘤
LY 2181308（ISIS 23722）	Eli－Lilly/ ISIS	Survivin	Ⅰ	实体癌
LY 2275796	Eli－Lilly/ ISIS	Elf－4E	Preclinical	实体瘤细胞系
G4460/LR3001	Genta	c－myb	Ⅰ	慢性髓细胞样白血病（CML）
ISIS 345794	ISIS	Stat－3	Preclinical	实体瘤细胞系

2. 反义药物的制备手段 以反义核酸和 siRNA 为例，反义药物的制备主要有两种手段，化学合成和载体表达。

（1）化学合成 目前反义核酸的化学制备方法主要有固相磷酸三酯法和亚磷酰胺法。其基本原理是将所要合成的核酸链的末端核苷酸先固定在一种不溶性高分子固相载体上，然后再从此末端开始将其他核苷酸按顺序逐一接长。每接长一个核苷酸残基则经历一轮相同的操作，由于接长的核酸链始终被固定在固相载体上，所以过量的未反应物或反应副产物可通过过滤或洗涤的方法除去。合成至所需长度后的核酸链可从固相载体上切割下来并脱去各种保护基，再经纯化即可得到最终产物。目前化学法制备已达到微量化、自动化、程序化程度，是较理想的制备方法。

固相亚磷酰胺法合成时，末端核苷酸的 3′－OH 与固相载体成共价键，5′－OH 被 4，4′－二甲氧基三苯甲基（DMTr）保护，下一个核苷酸的 5′－OH 亦被 DMTr 保护，3′－

OH 上的磷酸基上有—N（C_3H_3）$_2$ 和—OCH_3 两个基团，每延伸一个核苷酸需 4 步化学反应（图 15－32）。

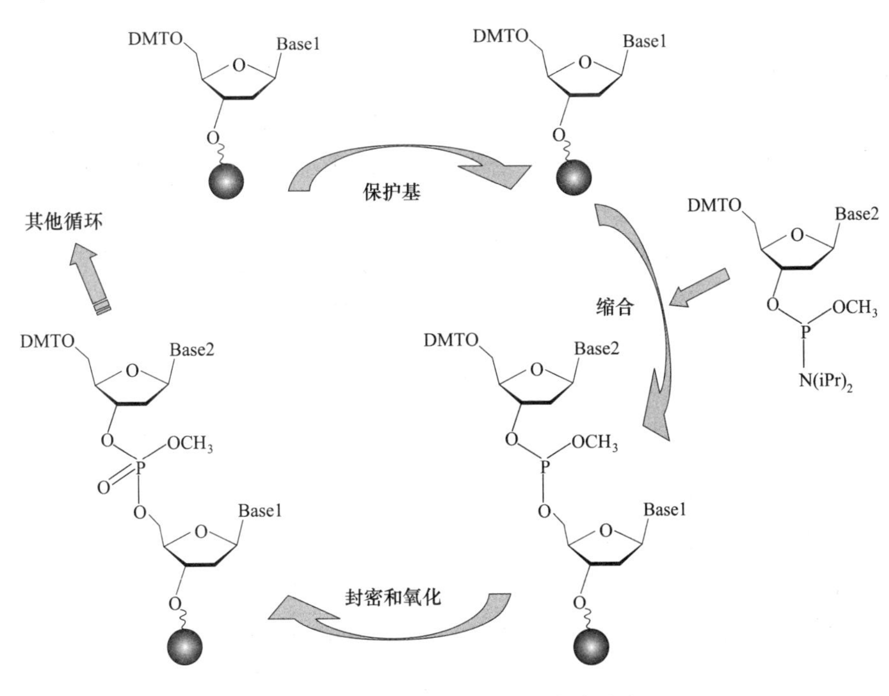

图 15－32　固相亚磷酰胺法合成流程

① 脱保护基（deblocking）：末端核苷酸的 DMTr 用三氯乙酸/二氯甲烷溶液脱去，游离出 5′－OH。反应完成后用乙腈去除 TCA，再用氩气去除乙腈。

② 缩合（coupling）：新生成的 5′－OH 在四唑催化下与下一个核苷 3′－磷酰亚胺单体缩合使链增长，缩合形成的是亚磷酸三酯连接键。这一步反应非常快，并且对水的存在很敏感，因此一般在无水乙腈中进行，反应完成后经乙腈洗涤去除未反应的化合物。

③ 封闭（capping）：缩合反应中会有少量 5′－羟基（小于 0.5%）没有参加反应，用乙酸酐和 1－甲基咪唑封闭 5′－羟基，使其不能再继续发生反应，这种短片段在纯化时可以分离去除。

④ 氧化（oxidation）：新增核苷酸链中的磷为三价亚磷，需在弱碱条件下（如嘧啶、二甲基吡啶或三甲基吡啶）用碘将其氧化成为更稳定的五价磷。

上述步骤循环一次，核苷酸链向 5′－OH 方向延伸一个核苷酸。反应过程可根据需要对反义寡核苷酸进行修饰。最后根据寡核苷酸片段长度重复即可得到 DNA 片段粗制品。

最后对其进行切割、脱保护基（一般对 A、C 碱基采用苯甲酰基保护，G 碱基用异丁酰基保护，T 碱基不必保护，亚磷酸用腈乙基保护）、纯化（常用的有 HAP、高效薄层色谱、高效液相色谱等方法）、定量等合成后处理即可得到符合实验要求的反义寡核苷酸片段。

（2）载体表达

① 反义核酸的表达：这一类方法的原理是将特定的反义序列的靶序列取出，反向插入到一个较强的启动子下游，迫使原先的正、反链互为颠倒，于是转录出反义 RNA。这一技术的优点在于，可将基因工程处理过的靶序列留在靶细胞内，随细胞的生理活动不断产生出反义 RNA，直接作用于靶序列，解决了需多次运送反义核酸分子的问题。

② siRNA 的表达：多数 siRNA 载体常用的启动子有 T7、H1 - RNA、人 Val - tRNA、U5、U6 等，这些表达载体是通过添加一串（3 到 6 个）T 来终止转录的。在转染哺乳动物细胞时，可将插入序列设计成含基因特异序列的反转重复序列，它在体内表达后自发形成小发卡 RNA（small hairpim RNAs，shRNA）。shRNA 继而被加工成 siRNA 分子，执行特异基因的沉默。要使用这类载体，一般需要先化学合成 2 段编码短发夹 RNA 序列的 DNA 单链，退火为双链，克隆到相应载体的 polⅢ启动子下游。这种方法产生的 siRNA 能够更长时间地抑制目的基因的表达，这种方法目前多限于体外细胞系的研究。

3. FDA 批准的第一个反义药物 - ISIS2922 目前唯一被美国食品药品管理局（FDA）批准上市的反义寡核苷酸药物是 Isis 制药公司生产的晶体内注射液福米韦生（ISIS2922），1998 年 8 月在美国首次上市。

（1）结构与性质 此药由 21 个硫代磷酸酯寡聚脱氧核苷酸组成，核苷酸序列为 5′ - GCGTTTGCTCTTCTTCTTGCG - 3′，分子式为 $C_{204}H_{263}N_{63}O_{114}P_{20}S_{20}$，结构式如图 15 - 33 所示，主要用于治疗 AIDS 病人并发的巨细胞病毒性视网膜炎。

（2）生产工艺 目前大规模合成技术开发较好的有美国海布里敦（Hybridon）和 ISIS 两家公司，这两家公司的批量规模均在公斤级，成本约为 250USD/g。此外，还有两家生产克级 DNA 合成仪的公司：美国的应用生物系统公司（原 PE 公司）和瑞典的法玛西亚公司（Pharmacia）。PE 出品的仪器有 390ZDNA/RNA 合成仪、391DNA 合成仪。其中 390ZDNA/RNA 合成仪最大可合成 3g 左右，采用 Ar 驱动，震荡式反应，合成周期 24 小时，合成产物与消耗原料摩尔比约为 1∶4。Pharmacia 公司仪器型号为 OligoPilotⅡ，最大可合成 10g 左右，采用泵驱动，流过式反应，合成周期 5 小时左右，合成产物与消耗原料摩尔比约为 1∶2。

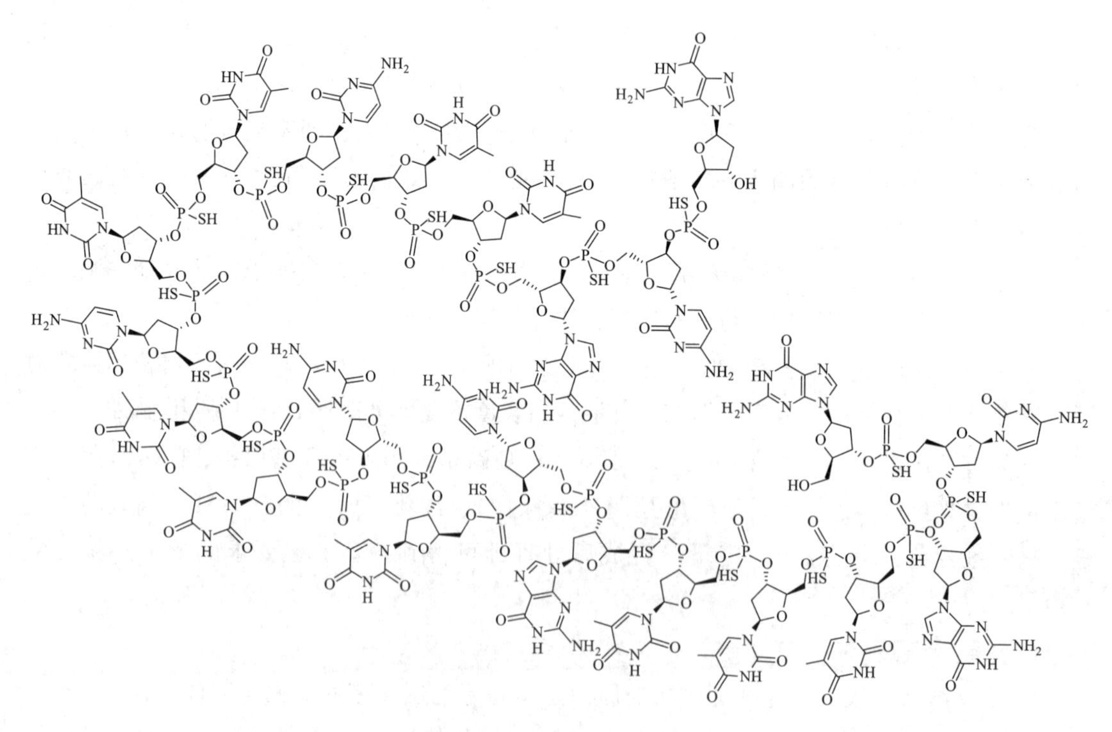

图 15 - 33 福米韦生结构

1）工艺路线

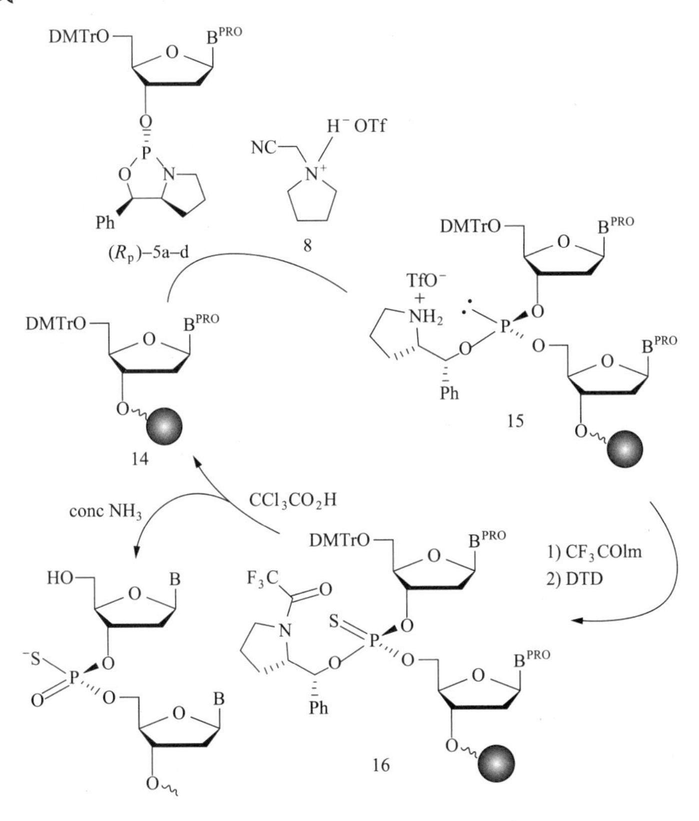

图 15－34　福米韦生的固相合成过程

2）工艺过程

①合成起始原料。四种核苷酸单体（用乙腈将单体配制成 0.2mol/L 溶液）、乙腈、三氯乙酸、四唑、10% 硫代试剂。分别将这些试剂安装到合成仪相应位置，其中单体、乙腈、四唑应加入适当分子筛。

②合成步骤。a. 脱保护基：利用三氯乙酸处理结合于固相载体的核苷酸或寡核苷酸，脱去其 5′羟基官能团上的二甲氧基三苯甲基（DMT）保护基团，露出反应性的 5′端。b. 缩合：亚磷酰胺保护的核苷酸单体，与活化剂四氮唑混合，得到核苷亚磷酸活化中间体，它的 3′端被活化，与固相载体上连接碱基的 5′－羟基发生缩合反应，形成 3′→5′磷酸酯链；c. 硫代反应：由硫原子取代磷酸酯链中非桥氧原子。d. 封闭反应：缩合反应中会有少量 5′－羟基，用乙酸酐和 *N*－甲基咪唑封闭没有参加反应的 5′－羟基，使其不能再继续发生反应，这种短片段在纯化时可以分离去除。e. 氧化反应：在氧化剂碘的作用下，亚磷酰形式转变为更稳定的磷酸三酯（图 15－34，表 15－26）。

表 15－26　化学合成参数

指标	参数
合成柱体积（CV）	6～7ml
载量	93μmol/g
氩气压力	21Pa
洗柱	8 CV
流速	300cm/h
DAN 单体浓度	0.2mol/L
偶联反应	3min
硫代试剂	0.25 CV
硫代反应	0.5min

经过以上五个步骤，一个脱氧核苷酸被连接到固相载体的核苷酸上。再以三氯乙酸脱去它的5′-羟基上的保护基团DMT，重复以上步骤，直到所有要求合成的碱基被接上去。最后获得5′-GCGTTTGCTCTTCTTCTTGCG -3′粗制品。

合成后的寡核苷酸链仍结合在固相载体上，且各种活泼基团也被保护基封闭着，要经过以下合成后处理才能最后应用。

切割：固相载体上的硫代磷酸酯寡聚脱氧核苷酸链用浓氨水可将其切割下来。切割后的寡核苷酸具有游离的3′-OH。

脱保护：完全脱去切割后的寡核苷酸磷酸基及碱基上的一些保护基。磷酸基的保护基β-氰乙基在切割的同时即可脱掉；而碱基上的保护基苯甲酰基和异丙酰基则要在浓氨水中55℃放置15小时左右方可脱掉。

纯化：采用高效液相色谱法进行分离纯化，去掉短的寡核苷酸片段，盐及各种保护基等杂质。

定量：Oligo DNA以OD_{260}值来计量。260nm波长下吸光度为1的单链DNA溶液定义为1 OD_{260}，1 OD Oligo DNA的重量约为33mg。

根据定量结果将经过纯化、除菌的寡核苷酸分装成330μg/0.05ml/支即可包装成成品注射液。

（3）作用与用途　福米韦生抗病毒机制主要依赖于反义作用：福米韦生可以与人类CMV mRNA的特异序列互补结合，形成杂交分子，然后被RNA H酶识别，并使mRNA水解失活，而福米韦生不受影响，且可与另一mRNA的特异序列杂交发生同样的反应，最终使CMV复制所必需的蛋白质合成受阻，从而发挥特异而强大的抗病毒作用。另外，非反义机制也参与福米韦生的抗病毒作用。研究表明，福米韦生抑制CMV基因表达是序列依赖性的反义作用，而抑制CMV进入宿主细胞是序列非依赖性的非反义作用。福米韦生作为AIDS患者并发的CMV视网膜的二线治疗药物，适用于对其他治疗措施不能耐受或没有效果或有禁忌的患者。

巨细胞病毒（CMV）侵袭视网膜上的靶细胞，利用人类DNA进行病毒自我复制而致病。对于免疫功能正常者，CMV通常引起轻度或无症状性感染，不需治疗。而对免疫功能受损者，如艾滋病患者，CMV可导致视网膜炎。据统计，大约15%～40%艾滋病患者患有CMV视网膜炎，致使眼部光敏组织逐渐破坏，最终导致失明。福米韦生能有效地治疗CMV视网膜炎是因为其对CMV复制所必需的2种蛋白质的表达具有抑制作用，因此可延缓或中止疾病的进展。

总之，反义药物经过30多年的发展，除了第一代反义药物福米韦生的获批上市，近年来，其他利用反义技术开发的新药频频受挫，专家认为，其中的原因是多方面的，例如，某些反义药物无法使靶基因（即所谓“致病基因”）序列完全沉默，与疾病真正有关的靶基因尚不明确，另外反义药物如何有效达到靶基因等等。但是科学家们对反义药物的研究情景充满乐观，相信若干年后能够有望研发出造福人类的多种反义药物。

（二）抗肿瘤基因药物

1. 抗肿瘤基因药物现状　基因药物作为治疗肿瘤的新方法，受到人们的重视程度越来越高。基因药物与传统药物相比具有很多优点，最突出的优点就是高度特异，能够从根本上治疗肿瘤，并且能够真正做到个性化给药。恶性肿瘤基因治疗的基本策略包括：免疫性基因治疗、病因性基因治疗（针对癌基因、抑癌基因）、自杀基因治疗和溶瘤腺病毒基因治

疗等。由于研发成熟度的问题，到目前为止经过批准获得新药证书的只有国内开发的重组人 p53 腺病毒注射液（今又生）。今又生是由深圳市赛百诺基因技术有限公司研制成功的、拥有自主知识产权的一类新药，其中发挥抗肿瘤作用的是抑癌基因 p53，该产品于 2003 年 10 月获得了原国家食品药品监督管理局颁发的新药证书，2004 年 1 月获得准字号生产批文，同年 4 月获得药品 GMP 证书，是世界首个获准上市的基因治疗药物。

2. 抗肿瘤基因药物的不同给药方式　人类基因治疗的目的是在目标靶点或其附近的细胞在恰当的时期安全的有效地表达某种外源性 DNA，并且能使其产生的量达到治疗效果。然而，遗传物质作为治疗介质的过程给药途径的不同对基因药物的药效有一定的影响作用。不同肿瘤所采用的给药途径不同，以肝癌为例常用的给药途径主要有静脉注射、经肝动脉给药、瘤内注射、经门静脉给药等途径。

（1）静脉内注射　静脉内给药是较为常用的一种给药途径，通过静脉给药，使到达肿瘤部位的基因表达产物杀伤肿瘤细胞，增强机体抗肿瘤免疫力。自杀基因治疗，就常用静脉内给药途径。但是静脉途径给药有它明显缺点：由于静脉用药到达全身载体复合物有免疫原性导致一方面全身反应、毒副作用大且作用不能持久，另一方面由于肝癌血供主要来自肝动脉，静脉全身给药真正到达肝癌组织发挥作用的有效药物浓度有限。

（2）肝动脉内注射　肝动脉给药与静脉全身给药相比可以有效提高肿瘤局部的药物浓度。有研究表明，肝动脉内给药后肝内药物浓度是静脉全身给药的 2 ~ 6 倍。因此，经导管选择性将 DNA 载体复合物精确和特异运送到靶组织血管内将可能成为基因运送的较好方法。

（3）瘤内注射　瘤内注射在抑癌基因治疗、自杀基因治疗、反义基因治疗、免疫基因治疗及联合基因治疗中都得到广泛的应用。瘤内注射可以减少机体与载体的接触面积，减少机体的免疫反应和载体的毒副作用。

（4）门静脉注射　研究发现大部分肝癌细胞受肝动脉和门静脉双重供血，门静脉供应肿瘤周边血液，肝动脉则直接进入癌结节中心，两者之间形成细小的吻合，而癌周边又是生长最活跃的部位。因此，尝试采用肝动脉和门静脉双重注射，将是较有前途的方法。

3. SFDA 批准的第一个抗肿瘤基因药物——重组人 P53 腺病毒　2004 年 1 月 20 日，我国拥有自主知识产权的重组人 p53 腺病毒注射液（用于治疗头颈部肿瘤），获得原国家食品药品监督管理局的生产文号，成为世界上第一个上市的基因治疗药物，该基因药物利用重组 5 型腺病毒作为载体、p53 作为目的基因进行抗肿瘤治疗。

（1）技术路线　重组载体构建→病毒包装→细胞接种→病毒感染和繁殖→介质更新→细胞收集→裂解细胞→利用 Benzonase 处理裂解液→澄清裂解液→裂解液除盐→阴离子交换柱纯化→分子筛精纯→安全性评价。

（2）工艺过程

①重组载体构建：利用 PCR 方法克隆目的基因 p53，电泳（5V/cm）后切胶回收目的基因片段，分光光度计测定浓度，分别取 1μg 的目的基因和腺病毒载体 pDC315，利用合适的限制性内切酶对其进行酶切消化。回收酶切产物，测定浓度后按照一定的摩尔比（目的基因∶载体 =3∶1）进行连接反应（4℃过夜），连接时目的基因和载体的总量不超过 50ng，连接体积不超过 10μl。取 10μl 连接产物转化感受态细胞（化学法或者电穿孔法），转化后的细胞铺于选择性固体培养基上，37℃倒置过夜培养。待培养基表面长出合适大小的克隆（直径约 1mm），挑取一定数目的克隆进行阳性鉴定（菌落 PCR 法或者酶切法），对阳性克

隆进行序列测定。确定目的基因的序列完整无误后，将阳性克隆放大培养（10～100ml）后提取质粒，并去除内毒素，处理好的重组质粒测定浓度后储存于-20℃备用。

②病毒包装：取构建好的重组载体和腺病毒骨架质粒各2μg，利用合适的无血清细胞培养基稀释至250μl。取阳离子脂质体50μl，利用同样的无血清培养基稀释至250μl。分别室温放置5分钟后，将两者轻柔但充分地混匀，室温放置20分钟。取500μl混合好的质粒-脂质体复合物，轻轻加入生长密度约50%～70%的HEK293细胞中（6孔板的1孔），将细胞置于37℃培养箱（5% CO_2）中4～6小时。吸去所有的培养基，用37℃无菌PBS轻轻洗涤细胞2～3次，然后加入2ml新鲜的完全培养基，于37℃培养箱（5% CO_2）中培养。细胞长满后正常传代培养，约2周后显微镜下可观察到细胞病变。待病变细胞约占90%时收集细胞，将细胞反复冻融3次裂解细胞释放病毒，12000g离心15分钟，上清即为所需的粗病毒液。将收获的病毒按$TCID_{50}$方法测定滴度，按Karber方法计算。

③细胞接种：取重组腺病毒包装细胞按1×10^7密度接种到细胞培养板中，培养基采用DMEM培养基，培养基中补加5mM青霉素/链霉素和10%的胎牛血清，37℃培养直至达到70%～90%融合。

④病毒扩增和繁殖：用保存的高感染滴度的重组腺病毒感染包装细胞，感染复数（multiplicity of infection，MOI）=10，感染后细胞在37℃继续培养，每隔30分钟摇动一次以增强病毒吸附，2～4小时后添加完全培养基到细胞培养板继续培养。

⑤病毒收集：在显微镜下观察细胞直至出现病变，收集细胞。细胞沉淀重悬在裂解缓冲液中（50 mmol/L Tris，2 mmol/L $MgCl_2$，5%甘油，pH 8.0），反复冻融3次以充分裂解细胞释放重组腺病毒。裂解液经3000g，4℃离心10分钟以除去细胞碎片。

⑥阴离子柱纯化：每12.5 ml病毒裂解液加1200 U的Benzonase，后37℃孵育1小时，孵育后3000g，4℃离心10分钟，上清液用0.8μm的滤膜过滤。用氯化钠调腺病毒样品盐浓度至380mmol/L。

用含0.4mol/L NaCl的平衡液平衡阴离子柱至电导和pH平衡，把调好盐浓度的腺病毒样品加到已平衡好的阴离子交换柱上，用平衡液洗平后进行梯度洗脱，梯度洗脱时盐浓度的变化从0.4mol/L NaCl到0.6mol/L NaCl。

⑦分子筛精纯：选合适孔径的分子筛填料，用含0.15mol/L NaCl的平衡液平衡分子筛柱，后把阴离子柱洗脱所得的腺病毒样品上到分子筛柱上，继续用平衡液洗脱，收集腺病毒峰。

将经过纯化、除菌的重组人p53腺病毒分装成每支1×10^{12} VP/ml即可包装成成品注射液。

（3）制品质量控制　对纯化所得的重组腺病毒样品可参考以下进行质量控制。

①无菌试验：按《中国药典》（2020年版）四部进行。

②病毒颗粒数测定：取重组腺病毒样品250μl，加等体积0.2% SDS溶液裂解，振荡混匀，56℃水浴中放置10分钟。等温度降至室温时，瞬时离心。以病毒稳定液与0.2% SDS溶液等体积混匀后的溶液作空白对照，测定波长260nm与280nm处的吸光值，平行实验2次。计算公式：

$$病毒颗粒数=A_{260nm}\times稀释倍数\times1.1\times10^{12}$$

③具有感染能力病毒颗粒的测定：组织培养半数感染剂量（$TCID_{50}$）法测定滴度，人胚肾293细胞用DMEM培养液制成浓度约为1×10^5/ml的悬液，以100μl/孔接种于96孔板

（同时按10倍稀释制备病毒稀释液分别感染上述细胞）。每排前10个孔分别加入100μl同一浓度的病毒稀释液，第11、12孔加入等体积2% BSA的DMEM做阴性对照。置于CO_2孵箱内37℃培养10天，然后在荧光倒置显微镜下观察，判断并记录每排细胞病变效应情况。判断的标准是只要有少量细胞发生病变效应即为阳性，若不能判断是细胞病变效应还是细胞死亡时，则与后面的阴性对照比较。按照下述公式计算滴度：$t = 10^{1+d(s-0.5)}$ IU/ml，其中d = Log10稀释倍数，s = 从第一次稀释起的阳性率之和，2次平行实验得到的滴度值应相差≤100.7。

病毒感染滴度/病毒颗粒数（IU/VP）应高于3.3%。

④效力实验：根据插入目的基因的不同，检测插入基因的表达活性和插入基因的生物学活性。

⑤复制型病毒（RCA）检测：采用A549细胞检测法，每3.0×10^{10} VP中不应高于1RCA（即1RCA/3.0×10^{10}VP）。检测方法：接种A549细胞于12个12孔板，每孔4×10^5个细胞，置于5% CO_2、37℃培养箱中培养过夜。将3×10^{10} VP特检品于120ml DMEM + 10% BSA中稀释，感染10个12孔板，同时设定阴性对照和阳性对照。同样条件下持续培养2周，荧光倒置显微镜下观察每板是否存在CPE。判断标准为：10个板A549细胞中无CPE形成，RCA检测结果即为合格。

⑥腺相关病毒检测：采用PCR法，应无腺相关病毒的污染。

⑦残留量测定：应根据生产工艺及成品的添加成分，对有潜在危险性的成分进行残留量检测。

⑧内毒素检测：利用鲎试剂凝胶法检测制品中内毒素的含量。

⑨纯度检测：纯度检测利用紫外分光光度计法和HPLC法检测。

（4）作用与用途　本品由正常人肿瘤抑制基因p53和改构的5型腺病毒基因重组而成，前者是今又生发挥肿瘤治疗作用的主体结构，后者主要起载体作用，携带治疗基因p53进入靶细胞内发挥作用。

p53基因普遍存在于人体细胞中，是细胞“基因组保护神”，是人体功能最强大的肿瘤抑制基因。在所有恶性肿瘤中，约50%以上会出现该基因的突变。这种基因编码的蛋白质是一种转录因子，其控制着细胞周期的启动。p53蛋白主要分布于细胞核内，能与DNA特异结合，其活性受磷酸化、乙酰化、甲基化、泛素化等翻译后修饰调控。正常p53的生物功能好似“基因组卫士（guardian of the genome）”，在G_1期检查DNA损伤点，监视基因组的完整性，如有损伤，p53蛋白阻止DNA复制，以提供足够的时间使损伤DNA修复；如果修复失败，p53蛋白则引发细胞凋亡；如果p53基因的两个拷贝都发生了突变，对细胞的增殖失去控制，导致细胞癌变。将正常的p53基因导入肿瘤细胞内就能够阻滞肿瘤细胞周期的运转，抑制细胞进入S期，使其停留于G_1期；如果细胞内DNA受损已不能修复，p53蛋白则可以起始细胞凋亡程序，诱导肿瘤细胞死亡。国家药品监督管理部门已批准今又生与放疗联合可试用于现有治疗方法无效的晚期鼻咽癌的治疗；今又生对其他40余种人类主要实体瘤有明确疗效；国外已批准52个重组人p53腺病毒制品临床试验方案用于26种恶性肿瘤的治疗。

4. 重组人5型腺病毒（安柯瑞）　2005年重组人5型腺病毒（安柯瑞）通过CFDA的审批，2006年上市，在临床上用于治疗鼻咽癌。安柯瑞是对人5型腺病毒进行基因重组而得的一种溶瘤腺病毒，主要通过特异性地感染肿瘤细胞，在肿瘤细胞内复制，造成肿瘤细胞裂解，引起机体免疫反应，使肿瘤细胞死亡，对正常组织细胞没有破坏作用，是世界

上第1个溶瘤细胞病毒药物，属于肿瘤免疫治疗产品。早期认为安柯瑞的作用机制主要是通过p53信号途径实现的，但是其完整的作用机制还有待于进一步的探索研究。临床研究表明鼻咽癌患者瘤内注射安柯瑞后能够在局部消除肿瘤，还可以增强放疗和化疗的疗效，特别是对放疗化疗不敏感的患者提供了新的治疗途径，而且减轻患者痛苦。安柯瑞需要在肿瘤局部给药，使其在临床上的应用也受到一定限制。但是在2014年，全球肿瘤病毒疗法领域的研究有了突破性的进展，美国安进公司发布了其研发的OncoVex（T－Vec）的Ⅲ期临床试验结果，表明该药物用于治疗致死性皮肤癌黑色素瘤时安全有效。OncoVex（T－Vec）和安柯瑞的作用机理一样，通过直接进入实体瘤内导致癌症细胞死亡，该药物是全球十大制药公司之一美国安进公司于2011年以10亿美元的价格购得，并已经向美国食品药品监督管理局（FDA）递交新药上市申请，2015年成为美国FDA批准的第一个溶瘤病毒药物。

（1）技术路线　病毒包装→细胞接种→病毒感染和繁殖→介质更新→细胞收集→裂解细胞→利用Benzonase处理裂解液→澄清裂解液→裂解液除盐→阴离子交换柱纯化→分子筛精纯→安全性评价。

（2）工艺过程

①病毒包装：利用分子生物学方法删除腺病毒E1B－55kDa基因片段及E3－19kDa基因片段，使用筛除后的腺病毒骨架质粒2μg，利用合适的无血清细胞培养基稀释至250μl。取阳离子脂质体50μl，利用同样的无血清培养基稀释至250μl。室温放置5分钟后将两者混匀，混合物于室温放置20分钟。取500μl混合好的质粒－脂质体复合物，逐滴加入汇合度约50%～70%的HEK293细胞中（6孔板的1孔），将细胞置于37℃培养箱孵育4～6小时。吸去培养基，用37℃无菌PBS轻柔洗涤细胞2～3次后加入2ml完全培养基，于37℃培养箱（5% CO_2）中继续培养。细胞长满后正常传代培养，约2周后显微镜下可观察到细胞病变。待病变细胞约占90%时收集细胞，将细胞反复冻融3次裂解细胞释放病毒，12000×g离心15分钟，上清即为所需的粗病毒液。将收获的病毒按$TCID_{50}$方法测定滴度，按Karber方法计算。

②细胞接种：取重组腺病毒包装细胞按1×10^7密度接种到细胞培养板中，培养基采用DMEM培养基，培养基中补加5mmol/L青霉素/链霉素和10%的胎牛血清，37℃培养直至达到70%～90%融合。

③病毒扩增和繁殖：用保存的高感染滴度的重组腺病毒感染包装细胞，感染复数（multiplicity of infection，MOI）=10，感染后细胞在37℃继续培养，每隔30分钟摇动一次以增强病毒吸附，2～4小时后添加完全培养基到细胞培养板继续培养。

④病毒收集：在显微镜下观察细胞直至出现病变，收集细胞。细胞沉淀重悬在裂解缓冲液中（50mmol/L Tris，2mmmol/L $MgCl_2$，5%甘油，pH 8.0），反复冻融3次以充分裂解细胞释放重组腺病毒。裂解液3000g，4℃离心10分钟以除去细胞碎片。

⑤阴离子柱纯化：每12.5ml病毒裂解液加1200 U的Benzonase，后37℃孵育1小时，孵育后3000g，4℃离心10分钟，上清液用0.8μm的滤膜过滤。用氯化钠调腺病毒样品盐浓度至380mmmol/L。

用含0.4mmol/L NaCl的平衡液平衡阴离子柱至电导和pH平衡，把调好盐浓度的腺病毒样品加到已平衡好的阴离子交换柱上，用平衡液洗平后进行梯度洗脱，梯度洗脱时盐浓度的变化从0.4mmol/L NaCl到0.6mmol/L NaCl。

⑥分子筛精纯：选合适孔径的分子筛填料，用含0.15mmol/L NaCl的平衡液平衡分子筛柱，后把阴离子柱洗脱所得的腺病毒样品上到分子筛柱上，继续用平衡液洗脱，收集腺

病毒峰。将经过纯化、除菌的重组人5型腺病毒分装成1×10^{12}VP/ml/支即可包装成成品注射液。

（3）制品质量控制　对纯化所得的重组腺病毒样品可参考以下进行质量控制。

①无菌试验：《中国药典》（2020年版）四部进行。

②病毒颗粒数测定：取重组腺病毒样品250μl，加等体积0.2% SDS溶液裂解，振荡混匀，56℃水浴中放置10min。等温度降至室温时，瞬时离心。以病毒稳定液与0.2% SDS溶液等体积混匀后的溶液作空白对照，测定波长260nm与280nm处的吸光值，平行实验2次。计算公式：

$$病毒颗粒数 = A_{260}\text{nm} \times 稀释倍数 \times 1.1 \times 10^{12}$$

③具有感染能力病毒颗粒的测定：组织培养半数感染剂量（$TCID_{50}$）法测定滴度：人胚肾293细胞用DMEM培养液制成浓度约为1×10^5/ml的悬液，以100μl/孔接种于96孔板（同时按10倍稀释制备病毒稀释液分别感染上述细胞）。每排前10个孔分别加入100μl同一浓度的病毒稀释液，第11、12孔加入等体积2% BSA的DMEM做阴性对照。置于CO_2孵箱内37℃培养10天，然后在荧光倒置显微镜下观察，判断并记录每排细胞病变效应情况。判断的标准是只要有少量细胞发生病变效应即为阳性，若不能判断是细胞病变效应还是细胞死亡时，则与后面的阴性对照比较。按照下述公式计算滴度：$T=10^{1+d(s-0.5)}$IU/ml，其中$d=\log10$稀释倍数，$s=$从第一次稀释起的阳性率之和，2次平行实验得到的滴度值应相差≤100.7。

病毒感染滴度/病毒颗粒数（IU/VP）应高于3.3%。

④效力实验：根据插入目的基因的不同，检测插入基因的表达活性和插入基因的生物学活性。

⑤复制型病毒（RCA）检测：采用A549细胞检测法，每3.0×10^{10} VP中不应高于1RCA（即1RCA/3.0×10^{10}VP）。检测方法：接种A549细胞于12个12孔板，每孔4×105个细胞，置于5% CO_2、37℃培养箱中培养过夜。将3×10^{10}VP特检品于120ml DMEM+10% BSA中稀释，感染10个12孔板，同时设定阴性对照和阳性对照。同样条件下持续培养2周，荧光倒置显微镜下观察每板是否存在CPE。判断标准为：10个板A549细胞中无CPE形成，RCA检测结果即为合格。

⑥腺相关病毒检测：采用PCR法，应无腺相关病毒的污染。

⑦残留量测定：应根据生产工艺及成品的添加成分，对有潜在危险性的成分进行残留量检测。

⑧内毒素检测：利用鲎试剂凝胶法检测制品中内毒素的含量。

⑨纯度检测：纯度检测利用紫外分光光度计法和HPLC法检测。

（4）作用和用途　安柯瑞是利用基因工程技术删除人5型腺病毒E1B－55kD和E3－19kDa基因片段而获得的一种溶瘤性腺病毒，删除E1B－55kDa基因片断主要是让安柯瑞具有特异溶瘤的特点，删除E3－19kD基因片断主要是为了增加机体清除的概率，增加用药安全性。安柯瑞感染肿瘤细胞后可以在其中大量复制并裂解肿瘤细胞，释放出大量的子代病毒继续感染和裂解其他肿瘤细胞，这种方法基于病毒的复制能力，病毒自我扩增，然后从初始感染的细胞开始在肿瘤中扩散，从而达到对肿瘤的连续杀伤作用。同时，通过调动机体的免疫系统，杀灭受感染癌细胞及其周围尚未受感染的癌细胞。

扫码“练一练”

（高向东　吕正兵　章　良　邵红伟　沈　晗）